Meyna / Althaus / Braasch / Plinke / Schlummer
Sicherheit und Zuverlässigkeit technischer Systeme

Bleiben Sie auf dem Laufenden!

Hanser Newsletter informieren Sie regelmäßig über neue Bücher und Termine aus den verschiedenen Bereichen der Technik. Profitieren Sie auch von Gewinnspielen und exklusiven Leseproben. Gleich anmelden unter
www.hanser-fachbuch.de/newsletter

Arno Meyna
Dirk Althaus
Andreas Braasch
Fabian Plinke
Marco Schlummer

Sicherheit und Zuverlässigkeit technischer Systeme

HANSER

Die Autoren:
Univ.-Prof. Dr.-Ing. habil. Arno Meyna, Emeritus „Sicherheitstheorie und Verkehrstechnik", Bergische Universität Wuppertal; zugleich Geschäftsführer des Instituts für Qualitäts- und Zuverlässigkeitsmanagement GmbH (IQZ), Wuppertal
Dr.-Ing. Dirk Althaus, Geschäftsführer des Instituts für Qualitäts- und Zuverlässigkeitsmanagement GmbH (IQZ), Wuppertal
Prof. Dr.-Ing. Andreas Braasch, Institut Naturwissenschaften, Hochschule Ruhr West; zugleich Geschäftsführer des Instituts für Qualitäts- und Zuverlässigkeitsmanagement GmbH (IQZ), Wuppertal
Dr.-Ing. Fabian Plinke, Handlungsbevollmächtigter des Instituts für Qualitäts- und Zuverlässigkeitsmanagement GmbH (IQZ), Niederlassung Hamburg
Dr.-Ing. Marco Schlummer, Geschäftsführer des Instituts für Qualitäts- und Zuverlässigkeitsmanagement GmbH (IQZ), Wuppertal

Alle in diesem Buch enthaltenen Informationen wurden nach bestem Wissen zusammengestellt und mit Sorgfalt getestet. Dennoch sind Fehler nicht ganz auszuschließen. Aus diesem Grund sind die im vorliegenden Buch enthaltenen Informationen mit keiner Verpflichtung oder Garantie irgendeiner Art verbunden. Autoren und Verlag übernehmen infolgedessen keine Verantwortung und werden keine daraus folgende oder sonstige Haftung übernehmen, die auf irgendeine Weise aus der Benutzung dieser Informationen – oder Teilen davon – entsteht, auch nicht für die Verletzung von Patentrechten, die daraus resultieren können.
Ebenso wenig übernehmen Autor und Verlag die Gewähr dafür, dass die beschriebenen Verfahren usw. frei von Schutzrechten Dritter sind. Die Wiedergabe von Gebrauchsnamen, Handelsnamen, Warenbezeichnungen usw. in diesem Werk berechtigt also auch ohne besondere Kennzeichnung nicht zu der Annahme, dass solche Namen im Sinne der Warenzeichen- und Markenschutz-Gesetzgebung als frei zu betrachten wären und daher von jedermann benützt werden dürften.

Bibliografische Information der deutschen Nationalbibliothek:
Die Deutsche Nationalbibliothek verzeichnet diese Publikation in der Deutschen Nationalbibliografie; detaillierte bibliografische Daten sind im Internet unter *http://dnb.d-nb.de* abrufbar.

Dieses Werk ist urheberrechtlich geschützt.
Alle Rechte, auch die der Übersetzung, des Nachdruckes und der Vervielfältigung des Buches, oder Teilen daraus, vorbehalten. Kein Teil des Werkes darf ohne schriftliche Genehmigung des Verlages in irgendeiner Form (Fotokopie, Mikrofilm oder ein anderes Verfahren), auch nicht für Zwecke der Unterrichtsgestaltung, reproduziert oder unter Verwendung elektronischer Systeme verarbeitet, vervielfältigt oder verbreitet werden.

© 2023 Carl Hanser Verlag München
www.hanser-fachbuch.de
Lektorat: Dipl.-Ing. Volker Herzberg, Julia Stepp
Herstellung: Melanie Zinsler
Titelmotiv: © gettyimages.de/Yuichiro Chino und © shutterstock.com/VectorForever
Coverkonzept: Marc Müller-Bremer, www.rebranding.de, München
Coverrealisation: Max Kostopoulos
Satz: Eberl & Koesel Studio, Kempten
Druck und Bindung: CPI books GmbH, Leck
Printed in Germany

Print-ISBN: 978-3-446-46003-4
E-Book-ISBN: 978-3-446-46808-5

Inhalt

Vorwort XVII

Das Institut für Qualitäts- und Zuverlässigkeitsmanagement (IQZ) XIX

**Teil I: Essenzielle Anforderungen an die Sicherheits-
und Zuverlässigkeitstechnik** 1

1 Herausforderungen für Staat, Gesellschaft
und Unternehmen 3
1.1 Fragmente der Explikation der Sicherheits- und
Zuverlässigkeitstechnik 3
1.2 Aktuelle Herausforderungen 11

2 Zuverlässigkeit bei Haftungs- und Gewährleistungsfragen ... 17
2.1 Haftungsgrundlage 17
    2.1.1 Außervertragliche Haftung 18
    2.1.2 Vertragliche Haftung 19
    2.1.3 Stand der Technik 20
    2.1.4 Gewährleistungsmanagement zwischen Unternehmen . 21
2.2 Schadteilanalyse Feld und No-Trouble-Found-Prozess 23

3 Normative Anforderungen in der Sicherheits-
und Zuverlässigkeitstechnik 26
3.1 Einleitung zu normativen Anforderungen im rechtlichen Kontext 26
3.2 Überblick über die Begrifflichkeiten: Safety, Security und Reliability .. 31

Teil II: Zuverlässigkeit im Produktentstehungsprozess ... 37

4 Zuverlässigkeit im Produktentwicklungsprozess ... 39
4.1 Zuverlässigkeitsprozess ... 39
4.2 Bereiche, Rollen und Verantwortlichkeiten ... 46
4.3 Wirtschaftlichkeitsaspekte und Zuverlässigkeitsziele ... 48
4.4 Reifegrad, Musterstände und Freigabeprozesse in der Automobilindustrie ... 51

5 Funktionale Sicherheit im Produktentwicklungsprozess ... 55
5.1 Der sicherheitstechnische Prozess ... 55
    5.1.1 Allgemeine Einführung in die Funktionale Sicherheit ... 55
    5.1.2 Die Sicherheitsgrundnorm IEC 61508 ... 58
    5.1.3 Der sicherheitstechnische Prozess in der zivilen Luftfahrtindustrie ... 62
    5.1.4 Funktionale Sicherheit für Straßenfahrzeuge ... 74
5.2 Unterstützende und begleitende Prozesse als Grundvoraussetzung für die Funktionale Sicherheit ... 91

6 Datenquellen und -management ... 100
6.1 Rohdatenerfassung und -management ... 101
6.2 Nutzungsdaten ... 101
6.3 Felddaten ... 102
6.4 Datenschutz am Beispiel Automotive ... 105

7 Nutzungs- und belastungsabhängige Produktentwicklung ... 108
7.1 User Experience, Marktanalysen und Use Cases ... 110
7.2 Kundencluster und -profilerstellung ... 112
7.3 Design for Reliability, nutzungs- und belastungsabhängige Zuverlässigkeit ... 113

Teil III: Grundlagen der Zuverlässigkeits- und Sicherheitsanalyse ... 115

8 Mathematische Grundlagen aus der Wahrscheinlichkeitsrechnung ... 117
8.1 Mengenalgebra ... 117
    8.1.1 Grundbegriffe und Definitionen ... 117

		8.1.2 Mengenoperationen	118
8.2	Grundbegriffe der Wahrscheinlichkeitsrechnung		120
	8.2.1	Wahrscheinlichkeitsbegriff	120
	8.2.2	Axiomsystem von Kolmogorov	121
	8.2.3	Die bedingte Wahrscheinlichkeit	124
	8.2.4	Unabhängige Ereignisse	126
	8.2.5	Regel von der totalen Wahrscheinlichkeit	126
	8.2.6	Satz von Bayes	127
8.3	Zufallsgrößen und ihre Wahrscheinlichkeitsverteilung		129
	8.3.1	Grundbegriffe	129
	8.3.2	Erwartungswert und Momente einer Verteilungsfunktion	133
	8.3.3	Quantil, Median und Modalwert	138

9 Zuverlässigkeits- und Sicherheitskenngrößen 141

9.1	Zuverlässigkeitskenngrößen nicht reparierbarer Systeme	141
9.2	Empirische Zuverlässigkeitskenngrößen und weitere Zuverlässigkeitsmerkmale	150
9.3	Zuverlässigkeitskenngrößen reparierbarer Systeme, Instandhaltung ..	153
9.4	Sicherheitskenngrößen	156

10 Wichtige Verteilungsfunktionen 160

10.1	Wichtige Lebensdauerverteilungen und ihre Zuverlässigkeitskenngrößen		160
	10.1.1	Exponentialverteilung	160
	10.1.2	Weibull-Verteilung	164
	10.1.3	Die spezielle Erlang-Verteilung	172
	10.1.4	Die Normalverteilung	176
	10.1.5	Die logarithmische Normalverteilung	179
	10.1.6	Asymptotische Extremwertverteilung	184
10.2	Wichtige diskrete Verteilungsfunktionen		190
	10.2.1	Binomialverteilung	190
	10.2.2	Poisson-Verteilung	193
	10.2.3	Hypergeometrische Verteilung	195

11	Ausfallratenmodelle	201
11.1	Zeitliches Verhalten der Ausfallrate	201
11.2	Ausfallratenangaben	202
11.3	Ausfallratendatenhandbücher	204
11.4	Ausfallratenmodelle	207
11.5	Zeitliche Schwankungen der Ausfallrate	214

Teil IV: Methoden der Zuverlässigkeits- und Sicherheitsanalyse ... 217

12	Einführung in die Methoden der Zuverlässigkeits- und Sicherheitstechnik	219
12.1	Allgemeine Einführung	219
12.2	Methodenvergleich	223

13	Zuverlässigkeitsanalyse einfacher Systemstrukturen	229
13.1	Grafische Darstellung von Systemkonfigurationen	230
	13.1.1 Zuverlässigkeits-Blockschaltbild	230
	13.1.2 Fehler- oder Funktionsbäume: Darstellung mithilfe logischer Symbole der Booleschen Algebra	230
	13.1.3 Zustandsdiagramme (Zustandsübergangsgraphen)	231
13.2	Logisches Seriensystem	232
13.3	Logisches Parallelsystem	233
13.4	Parallel-Seriensystem	237
13.5	Brückenkonfiguration	239
13.6	Berücksichtigung mehrerer Ausfallarten	242
	13.6.1 Logisches Seriensystem bei zwei Ausfallarten	244
	13.6.2 Logisches Parallelsystem bei zwei Ausfallarten	245
	13.6.3 Logisches Parallel-Seriensystem bei zwei Ausfallarten	247
	13.6.4 Beliebige Konfigurationen	250

14	Zuverlässigkeitserhöhung in Planung und Praxis	252
14.1	Allgemeine Maßnahmen zur Zuverlässigkeitserhöhung	252
14.2	Begriff und Definition der Redundanz	255
14.3	Redundanzarten, Grundprinzipien	256
14.4	Aktive Redundanz	257

14.5	mvn-System	258
14.6	nvn-System	262
14.7	Standby-System – passive Redundanz	265

15 Systembetrachtung ... 269

15.1	Begriffliche Exemplifikationen	269
15.2	Technisches System	270
15.3	Elektrik/Elektronik/Software-Systemarchitekturen	272
15.4	Ausfallverhalten von Elektrik/Elektronik/Software-Konfigurationen	273

16 Boolesche Modellbildung ... 275

16.1	Begriffe und Regeln der Booleschen Algebra		275
	16.1.1	Die Boolesche Funktion	275
	16.1.2	Grundverknüpfungen	277
	16.1.3	Axiome der Booleschen Algebra	280
	16.1.4	Karnaugh-Veitch-Diagramm	282
	16.1.5	Kanonische Darstellung von Booleschen Funktionen	284
	16.1.6	Shannonsche Zerlegung	290
	16.1.7	Die Boolesche Funktion mit reellen Variablen	292
16.2	Die Systemfunktion		294
16.3	Einführung von Wahrscheinlichkeiten		297
16.4	Fehlerbaumanalyse		299
	16.4.1	Einführung	299
	16.4.2	Darstellung monotoner Strukturen durch Minimalpfade und Minimalschnitte	302
	16.4.3	Quantitative Fehlerbaumauswertung	306
16.5	Importanzkenngrößen		315
	16.5.1	Strukturelle Importanz	315
	16.5.2	Marginale Importanz	318
	16.5.3	Fraktionale Importanz	320
	16.5.4	Barlow-Proschan-Importanz	321
16.6	Bestimmung der mittleren Häufigkeit von Systemausfällen sowie der mittleren Ausfall- und Betriebsdauer		324
16.7	Induktive Zuverlässigkeits- und Sicherheitsanalyse		327

17	**Zuverlässigkeitsbewertung mithilfe der Fuzzy-Logik**	**330**
17.1	Grundlagen der Fuzzy-Logik	331
	17.1.1 Verknüpfung unscharfer Mengen	334
	17.1.2 Fuzzy-Relation	336
	17.1.3 Erweiterungsprinzip	340
17.2	Prinzipieller Ablauf einer Fuzzy-Anwendung	341
	17.2.1 Fuzzifizierung	342
	17.2.2 Fuzzy-Inferenz	342
	17.2.3 Defuzzifizierung	343
17.3	Anwendung der Fuzzy-Logik bei der FMEA	348
	17.3.1 Eingangsgrößen	348
	17.3.2 Fuzzifizierung	351
	17.3.3 Verarbeitungsregeln	354
	17.3.4 Berechnung der Zugehörigkeitsgrade	355
	17.3.5 Defuzzifizierung	357
17.4	Fuzzy-Fehlerbaumanalyse	357
	17.4.1 Das Fuzzy-Modell	358
	17.4.2 Praktisches Anwendungsbeispiel	362
18	**Einführung in die stochastischen Prozesse**	**366**
18.1	Beurteilungskriterien stochastischer Prozesse	368
	18.1.1 Definitionsspezifische Beurteilungskriterien	369
	18.1.1.1 Markov-Bedingungen	369
	18.1.1.2 Regenerationspunkte des Prozesses	369
	18.1.2 Anwendungsspezifische Beurteilungskriterien	370
	18.1.2.1 Akzeptanz von stochastischen Abhängigkeiten zwischen den Elementen des Prozesses	370
	18.1.2.2 Anwendbare Verteilungsfunktionen der Zufallszeiten	370
	18.1.3 Klassifizierung stochastischer Prozesse anhand der Beurteilungskriterien	371
18.2	Analysemöglichkeiten eines Parallelsystems mit zwei identischen Einheiten	373

19 Markovsche Modellbildung 380

19.1 Der Markovsche Prozess mit diskretem Parameterbereich und endlich vielen Zuständen (Markov-Kette) 380

    19.1.1 Zustandsgleichung 380

    19.1.2 Zustandsklassen 383

    19.1.3 Die absorbierende homogene Markov-Kette 385

    19.1.4 Ergodensatz für Markovsche Ketten 389

19.2 Der Markovsche Prozess mit kontinuierlichem Parameterraum und diskretem Zustandsraum 392

    19.2.1 Zustandsgleichungen 392

    19.2.2 Laplace-Transformation der Zustandsgleichung 398

19.3 Der Semi-Markov-Prozess 405

    19.3.1 Einführung 405

    19.3.2 Definition und Grundbegriffe 405

    19.3.3 Der absorbierende Semi-Markov-Prozess 412

    19.3.4 Der ergodische Semi-Markov-Prozess 416

20 Monte-Carlo-Simulation 421

20.1 Einführung 421

20.2 Grundlagen der Monte-Carlo-Simulation 423

20.3 Generierung von Zufallszahlen 425

20.4 Methoden zur Generierung beliebig verteilter Funktionen .. 429

20.5 Direkte Monte-Carlo-Simulation 432

    20.5.1 Generierung eines Zustandsübergangs 432

    20.5.2 Last-Event-Schätzer 434

    20.5.3 Free-Flight-Schätzer 434

20.6 Anwendungsbeispiel 437

21 Zuverlässigkeitsbewertung mithilfe der Graphentheorie 444

21.1 Gerichteter Graph 445

    21.1.1 Einige Grundbegriffe 445

    21.1.2 Lineare Flussgraphen 447

    21.1.3 Auswertung der linearen Flussgraphen mithilfe der Mason-Formel 450

21.2 Anwendung der linearen Flussgraphen auf diskrete Markov-Prozesse 453
    21.2.1 Inhomogene Prozessdarstellung 453
    21.2.2 Homogene Prozessdarstellung 454
    21.2.3 Asymptotisches Verhalten 457
    21.2.4 Erwartungswert und Eintrittswahrscheinlichkeit 457
21.3 Anwendung der linearen Flussgraphen auf stetige Markov-Prozesse 458

22 Neuronale Netze 466
22.1 Grundlagen 467
    22.1.1 Das biologische Paradigma 467
    22.1.2 Aufbau und Arbeitsweise eines künstlichen Neurons 468
    22.1.3 Aufbau eines neuronalen Netzes 472
    22.1.4 Arbeitsweise neuronaler Netze 473
22.2 Anwendung in der technischen Zuverlässigkeit 477
    22.2.1 Neuronale Schätzung der Parameter einer Verteilungsfunktion 477
    22.2.2 Neuronale Zuverlässigkeitsprognose 481

Teil V: Zuverlässigkeitsprüfung und -bewertung 487

23 Stichprobenverteilung 489
23.1 Stichprobenverteilung des Mittelwertes 489
23.2 Stichprobenverteilung der Varianz 493
23.3 Stichprobenverteilung der Mittelwerte bei unbekannter Varianz 494
23.4 Stichprobenverteilung für die Differenz und Summe zweier arithmetischer Mittelwerte 495
23.5 Stichprobenverteilung des Quotienten zweier Varianzen 497

24 Grenzwertsätze und Gesetze der großen Zahlen 498
24.1 Grenzwertsätze und Approximationen 498
    24.1.1 Approximation der Binomialverteilung durch die Poisson-Verteilung 498
    24.1.2 Approximation der hypergeometrischen Verteilung durch eine Binomialverteilung 498
    24.1.3 Approximation der Poisson-Verteilung durch eine Normalverteilung 499

	24.1.4 Approximation der Binomialverteilung durch die Normalverteilung	499
	24.1.5 Approximation der hypergeometrischen Verteilung durch die Normalverteilung	500
	24.1.6 Zentraler Grenzwertsatz	501
24.2	Gesetz der großen Zahlen	502
	24.2.1 Tschebyscheffsche Ungleichung	502
	24.2.2 Satz von Bernoulli	504

25 Statistische Schätzung von Parametern ... 505

25.1	Eigenschaften von Schätzfunktionen	505
25.2	Vertrauensintervalle	507
25.3	Konfidenzintervall für den Erwartungswert und die Varianz bei normalverteilter Grundgesamtheit und Bestimmung des Stichprobenumfangs	508
	25.3.1 Konfidenzintervall für den Erwartungswert	508
	25.3.2 Konfidenzintervall für die Varianz	512
	25.3.3 Bestimmung des Stichprobenumfangs	513
25.4	Die Maximum-Likelihood-Methode (M-L-M)	517
	25.4.1 Maximum-Likelihood-Schätzer für die Parameter der Binomial- und Poisson-Verteilung	520
	25.4.2 Maximum-Likelihood-Schätzer für den Parameter einer Exponentialverteilung	521
	25.4.3 Maximum-Likelihood-Schätzer für die Parameter der Normal- und Lognormalverteilung	521
	25.4.4 Maximum-Likelihood-Schätzer für die Parameter der Weibull-Verteilung	521
25.5	Maximum-Likelihood-Methode bei zensierter und gestutzter Stichprobe	524
25.6	Die Momentenmethode	532
	25.6.1 Momentenschätzer für den Parameter einer Exponentialverteilung	534
	25.6.2 Momentenschätzer für die Parameter einer Lognormalverteilung	536
	25.6.3 Momentenschätzer für die Parameter einer Weibull-Verteilung	536
25.7	Lineare Regression und die Methode der kleinsten Quadrate	536

26 Bestimmung des Verteilungstyps 539
26.1 Wahrscheinlichkeitsnetz der Weibull-Verteilung 539
26.1.1 Konstruktion des Wahrscheinlichkeitsnetzes 539
26.1.2 Gebrauchsanweisung für das Wahrscheinlichkeitsnetz der Weibull-Verteilung nach Stange und Gumbel (DGQ-Lebensdauernetz) 540
26.2 Tests zur Überprüfung des Verteilungstyps – Anpassungstests 547
26.2.1 Der Chi-Quadrat-Anpassungstest 547
26.2.2 Der Kolmogorov-Smirnov-Test (K-S-T) 552
26.3 Vergleich der beiden Anpassungstests 559

27 Test- und Prüfplanung – Testverfahren 560
27.1 Statistische Verfahren 564
27.1.1 Der Binomialprüfplan als attributiver Abnahmeprüfplan 564
27.1.2 Sequenzialprüfung 566
27.1.3 Success Run 569
27.1.4 Sudden-Death 574
27.1.5 Vorwissen und Test 581
27.1.6 End-of-Life-Test 581
27.2 Beschleunigte Lebensdauertests 583
27.2.1 Das Arrhenius-Modell 583
27.2.2 Das Eyring-Modell und dessen Modifikation 584
27.2.3 Das Peck-Modell 585
27.2.4 Dauerschwingversuch nach Wöhler 586
27.2.5 Hochbeschleunigte Testmethoden 590

28 Felddatenanalyse 593
28.1 Allgemeine Einführung 593
28.2 Schichtliniendiagramme und Beanstandungsverläufe 596
28.3 Zuverlässigkeitsprognosen für mechatronische Systeme in Kraftfahrzeugen bei nicht vollständigen Daten 604
28.3.1 Zuverlässigkeitsprognosen für Systeme im Kraftfahrzeug während der Nutzungsphase 604
28.3.2 Zuverlässigkeitsprognosen für zeitnahe Garantiedaten 610

Literaturverzeichnis 616

Anhang A 631

Anhang B 649

Anhang C 655

Anhang D 657

Anhang E 660

Index 665

Der Verlag und die Autoren haben sich mit der Problematik einer gendergerechten Sprache intensiv beschäftigt. Um eine optimale Lesbarkeit und Verständlichkeit sicherzustellen, wird in diesem Werk auf Gendersternchen und sonstige Varianten verzichtet; diese Entscheidung basiert auf der Empfehlung des Rates für deutsche Rechtschreibung. Grundsätzlich respektieren der Verlag und die Autoren alle Menschen unabhängig von ihrem Geschlecht, ihrer Sexualität, ihrer Hautfarbe, ihrer Herkunft und ihrer nationalen Zugehörigkeit.

Vorwort

Sicherheit und Zuverlässigkeit zählen zu den wichtigsten Anforderungen, die heute an ein technisches System gestellt werden. Das vorliegende Werk zu dieser vielseitigen Thematik wurde durch ein Autorenteam des Instituts für Qualitäts- und Zuverlässigkeitsmanagement GmbH (IQZ) erstellt, das seit vielen Jahren auf dem Gebiet der Sicherheit und Zuverlässigkeit tätig ist und daher über ein breit gefächertes und fundiertes Spezialwissen verfügt.

Das Werk basiert einerseits auf Vorlesungs- und Seminarunterlagen sowie Abschlussarbeiten einschließlich Dissertationen, wobei Teilbereiche davon auch im Lehrbuch von Meyna/Pauli (siehe Lit.) enthalten sind, das ebenfalls im Carl Hanser Verlag publiziert wurde, und andererseits auf Erkenntnissen der vielfältigen industriellen Projekte und dem damit verbundenen Erfahrungsschatz der Autoren.

Die Implementierung, die Erstellung der Bilder, Tabellen etc. sowie die umfangreiche Korrespondenz mit den Autoren und dem Verlag erfolgte durch Frau Xenia Rein, die mit Verve und vielen Anregungen am Gelingen des Werks einen erheblichen Anteil hatte. Dafür möchten sich die Autoren ganz herzlich bei Frau Rein bedanken.

Dem Lektor des Carl Hanser Verlags, Herrn Dipl.-Ing. Volker Herzberg, möchten die Autoren für seine vielen Anregungen und, insbesondere aufgrund der Covid-19-Pandemie, für das entgegengebrachte Verständnis und Vertrauen ihren Dank aussprechen.

Möge das Werk dazu dienen, die dargelegten Erkenntnisse der hochinteressanten Fachdisziplin *Zuverlässigkeits- und Sicherheitstechnik* in Forschung und Lehre sowie insbesondere in der Praxis zu nutzen, weiterzuentwickeln und damit zur Verbesserung der Qualität technischer Produkte einen Beitrag zu leisten.

Wuppertal/Hamburg im Dezember 2022

Arno Meyna
Dirk Althaus
Andreas Braasch
Fabian Plinke
Marco Schlummer

Das Institut für Qualitäts- und Zuverlässigkeitsmanagement (IQZ)

Alle Autoren dieses Buches sind Geschäftsführer bzw. leitende Mitarbeiter des Instituts für Qualitäts- und Zuverlässigkeitsmanagement GmbH (IQZ).

Ihr Qualitäts-Zulieferer.
Institut für Qualitäts- und Zuverlässigkeitsmanagement GmbH

www.iqz-wuppertal.de

Das IQZ wurde als innovatives Beratungsunternehmen aus der Bergischen Universität Wuppertal heraus gegründet und hat seine Geschäftstätigkeit im Juni 2012 aufgenommen. Das IQZ bietet seinen Kunden wissenschaftsnahe, lösungsorientierte und ganzheitliche Beratungsdienstleistungen, welche den Stand von Wissenschaft und Technik widerspiegeln, unter anderem in folgenden Bereichen:

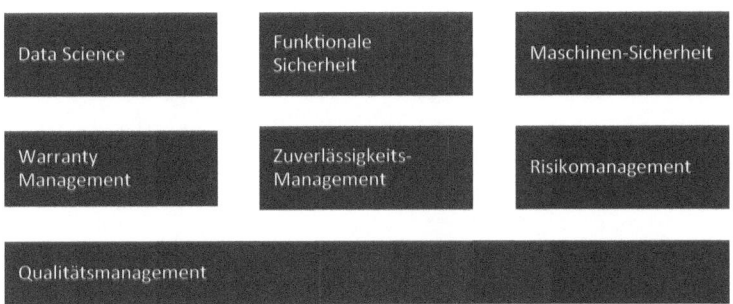

Durch die enge Kooperation mit der Bergischen Universität Wuppertal und der Hochschule Ruhr West kann das IQZ nicht nur auf innovative Methoden nach Stand von Wissenschaft und Technik zurückgreifen, sondern deckt, durch jahrelange Projekterfahrung im Kontext namhafter Unternehmen, auch mehrere Jahrzehnte Facherfahrung im Sicherheits- und Zuverlässigkeitsmanagement ab. Daher können selbst komplexe Beratungs- und Forschungsaufträge durch das IQZ erbracht werden, immer mit dem Fokus, maßgeschneiderte Konzepte für die Kunden zu entwickeln und diese Konzepte pragmatisch in die Praxis umzusetzen.

Neben den Forschungs- und Entwicklungsprojekten im Rahmen des Produktentstehungs- und Produktbeobachtungsprozesses von der Planung, Entwicklung, Produktion, Nutzung bis zur Entsorgung in vielen industriellen Bereichen ist das IQZ seit vielen Jahren auch im Haftungs- und Versicherungsbereich mit Tätigkeiten betraut. Dies beinhaltet z. B. die Haftungsabwehr und Verhandlungsunterstützung im Regressfall oder Gutachtertätigkeiten für Versicherungskonzerne. Namhafte, weltweit agierende Versicherer sowie führende Anwaltskanzleien im Bereich Produkthaftung gehören hier zu unseren langjährigen Partnern.

Das Kundenspektrum des IQZ reicht vom Kleinstunternehmen, kleinen und mittleren Unternehmen (KMU) bis zum DAX-30-Unternehmen z. B. in der Automobil- und Luftfahrtindustrie.

Kontakt

Institut für Qualitäts- und Zuverlässigkeitsmanagement GmbH

Heinz-Fangman-Str. 4

42287 Wuppertal

Tel.: +49(0)202/51561690

Fax: +49(0)202/51561689

Mail: info@iqz-wuppertal.de

Teil I:
Essenzielle Anforderungen an die Sicherheits- und Zuverlässigkeitstechnik

„Der Mangel an Gewissheit ist die wichtigste Quelle unseres Wissens."
Carlo Rovelli (* 1956)

1 Herausforderungen für Staat, Gesellschaft und Unternehmen

■ 1.1 Fragmente der Explikation der Sicherheits- und Zuverlässigkeitstechnik

Ein kurzer kulturhistorischer Rückblick

Sicherheits- und Zuverlässigkeitstechnik als interdisziplinäres Wissenschaftsgebiet ist eng mit der Entwicklung der Naturwissenschaft und Technik, aber auch mit der Gesellschaft und dem einzelnen Menschen selbst verbunden.

Der moderne Mensch (Homo sapiens, lat. „der weise, kluge Mensch") wird gegenwärtig auf ein Alter von ca. 233 000 Jahren datiert, bezogen auf Knochen und Schädelfragmente des „Kibish Oma I" in Ägypten (neue Erkenntnisse von Celine Vidal et al., publiziert in der englischsprachigen renommierten Fachzeitschrift „nature"), und breitete sich vom afrikanischen Kontinent ausgehend nach Europa aus. Nachgewiesen sind der Homo sapiens und der Neandertaler in Vorderasien vor etwa 40 000 Jahren und in Mitteleuropa vor ca. 10 000 Jahren. Die Begleitfunde, wie Pfeilspitzen, Faustkeile, Steinbeile etc., zeigen die enge Verbundenheit des modernen Menschen mit der Technik. Demnach war der Mensch bei seinem Erscheinen auf der Erde sogleich Techniker. Technik ist also menschliche Uranlage (sinngemäß nach Spengler).

Oswald Spengler schreibt weiter (siehe Lit.):

„Um das Wesen des Technischen zu verstehen, darf man nicht von der Maschinentechnik ausgehen, am wenigsten von dem verführerischen Gedanken, daß die Herstellung von Maschinen und Werkzeugen der Zweck der Technik sei."

Mit der Entwicklung der menschlichen Sprache und der Hochkulturen in Ägypten und Mesopotamien entstand eine neue Qualität der Naturwissenschaft, Technik und Gesellschaft. Es entstanden technische Glanzleistungen, die heute noch bewundert werden, wie z. B. die Pyramiden von Gizeh oder die Megalithbauten in Spanien, deren Errichtung nur durch die systematische Nutzung der damaligen Naturwissenschaft und Technik, verbunden mit einem großen Einsatz von Mensch, Tier und Organisation, ermöglicht wurde.

Im Gegensatz zur *„Techne"* als Inbegriff allen Könnens, das auf Wissen begründet ist, z. B. Malen und Musizieren als persönliche Fertigkeit, ist die Technik durch Ziele, z. B. Totenkult, und Zwecke, z. B. Bau einer Pyramide, charakterisiert. Nach Dessauer (siehe Lit.) sind technische Objekte durch Raumformen (räumliche Gebilde, ein Gerät, eine Maschine) und Zeitformen (eine Methode, ein Verfahren) gekennzeichnet, die aufgrund ihrer Finalität über den technischen Bereich hinausweisen können.

„Technik kann also mit Recht ein Real-Sein und Real-Werden aus Ideen genannt werden, ein dauerndes Hinüberschreiten von Zweckformen aus der Immanenz in die Erfahrungswelt, die hierdurch im Zeitverlauf bereichert wird" (Dessauer).

Nach Bringmann ist Technik mehr als eine Maschine, ein Produktionsprozess; Technik ist selbst Wissenschaft. Donald Bringmann schreibt hierzu im Werk von Dessauer mit dem Titel „Streit um Technik" (siehe Lit.):

„Wer in der Technik nur eine angewandte Wissenschaft sieht, lässt das Wesentliche unbetrachtet, das in den technischen Erfindungen und Konstruktionen steckt: jene irrationale seelische Triebkraft, die sich in allen noch so zweckrationalen technischen Gebilden zugleich verbirgt und kundgibt."

Betrachtet man nun die Entwicklung der Sicherheits- und Zuverlässigkeitstechnik als wissenschaftliche Teildisziplin der Technik, so war und ist diese zunächst final mit der technologischen Entwicklung selbst verbunden. Die frühen Menschen kannten den Nutzen ihrer Waffen und Gerätschaften, aber auch die Gefahren, die mit einer unsachgemäßen Benutzung verbunden waren. Durch die Weiterentwicklung der Technik gelang es den Menschen jedoch, den vielfältigen Urgefahren der Natur und Tierwelt entgegenzutreten und ihre Lebensgrundlage zu sichern.

Nachgewiesen ist auch, dass es zur Zeit der ersten Hochkulturen bereits ein – wie wir heute sagen würden – sicherheitstechnisches Recht gab. Bekannt ist in diesem Zusammenhang der Codex, der unter der Herrschaft des Hammurapi (auch Hammurabi), 6. König der ersten Dynastie (1792 bis 1750 v. Chr.), im altbabylonischen Reich (Babylon wurde 1894/1830 v. Chr. vom semitischen Stamm der Amoriter unter Sumu-abum gegründet) entstand, als älteste bekannte Gesetzessammlung – mit 270 Rechtsgrundsätzen für das tägliche Leben – der Welt, aufgezeichnet auf einer ca. 2,25 m hohen Stele, die 1902 bei Ausgrabungen in Susa gefunden wurde und sich heute im Louvre in Paris befindet (Wikipedia).

Für den Sicherheitstechniker interessant ist in diesem Zusammenhang der Codex der Haftung, welcher in den §§ 228 bis 233 (DIN Mitteilungen, 10/78) beschrieben ist:

- *„Wenn ein Baumeister ein Haus für einen Mann baut und es für ihn vollendet, so soll dieser ihm als Lohn zwei Sekel Silber geben für je ein Sar Haus: (Anm.: 1 Sekel = 360 Weizenkörner = 9,1 Gramm, 1 Sar = 14,88 m^2)."*
- *„Wenn ein Baumeister ein Haus baut für einen Mann und macht seine Konstruktion nicht stark, so dass es einstürzt und verursacht Tod des Bauherrn: dieser Baumeister soll getötet werden."*
- *„Wenn der Einsturz den Tod eines Sohnes des Bauherrn verursacht, so sollen sie einen Sohn des Baumeisters töten."*
- *„Kommt ein Knecht des Bauherrn dabei um, so gebe der Baumeister einen Knecht von gleichem Wert."*
- *„Wird beim Einsturz Eigentum zerstört, so stelle der Baumeister wieder her, was immer zerstört wurde; weil er das Haus nicht fest genug baute, baut er es auf eigene Kosten wieder auf."*
- *„Wenn ein Baumeister ein Haus baut und macht die Konstruktion nicht stark genug, so dass eine Wand einstürzt, dann soll er sie auf eigene Kosten verstärkt wieder aufbauen."*

Weiter findet sich in der Bibel der Juden (600 bis 200 v. Chr.) (5. Buch Moses, 22/8):

„Wenn du ein neues Haus baust, sollst Du um die Dachterrasse eine Brüstung ziehen. Du sollst nicht dafür, dass jemand herunterfällt, Blutschuld auf Dein Haus laden."

Der vorangehend aufgeführte Codex der Haftung zeigt, dass der Baumeister eines Hauses bereits vor 4000 Jahren die Sicherheit implementierte, d. h. nach heutigem Verständnis „in ein Produkt/einen Produktionsprozess hineinentwickelte". Neben den Gefahren durch die Technik war der Mensch seit jeher einer Vielzahl natürlicher Gefahren einschließlich gesellschaftsbedingten und politischen Gefahren – wie die vielen Kriege und die damit verbundenen schrecklichen Auswirkungen zeigen – ausgesetzt. Nach Heidegger[1] ist die menschliche Existenz ein *„Sein zum Tode"*. Unbestritten ist jedoch, dass die stetig fortschreitende technische Zivilisation umfassende ökonomische, medizinische und soziale Vorteile mit sich brachte, ein „menschenwürdiges Leben" ermöglichte und zu einer erheblichen Verlängerung des menschlichen Lebens führte. Diese Kohärenz von Mensch und Technik als Grundpfeiler von Lebensqualität, Freiheit und Entfaltung wurde mit der Entwicklung großtechnischer Systeme und deren möglichen negativen Auswirkungen für Mensch und Umwelt, die sich aufgrund neuer naturwissenschaftlicher und technischer Erkenntnisse feststellen ließen, zu Beginn des 20. Jahrhunderts zur Inkohärenz und ist heute Gegenstand kontroverser Diskussionen über das „Für und Wider der Technik".

Ratzinger schrieb hierzu (siehe Lit.):

„Wenn es zutrifft, daß der innere Ausgangspunkt der Technik in der Erringung von Freiheit durch Gewähren von Sicherheit lag, so muß es von da aus auch die innere Forderung jeder technischen Entwicklung und ihr eigenes Leitmaß sein, sie so zu gestalten, daß daraus nicht größere Unsicherheit und in der Steigerung von Abhängigkeiten größere Unfreiheit entsteht. Sie wird dabei erkennen müssen, daß nicht (wie es anfangs aussah) technisches Tun als solches schon befreiendes und damit sittliches Tun ist, daß aber technisches Tun von sittlichen Maximen geleitet sein muß, um seinem eigenen Ursprung zu genügen, der in einer sittlichen Idee lag."

Die systematische Analyse von Gefahrenpotenzialen gleich welcher Art, denen der Mensch in seinem Dasein ausgesetzt ist, deren Risiken er bewusst oder unbewusst eingeht, und die Entwicklung von entsprechenden Schutz- und Verhaltensmaßnahmen zu deren Bewältigung sind seit jeher Aufgabe der entsprechenden wissenschaftlichen Fachdisziplinen der Naturwissenschaft, Ingenieurwissenschaft, Mathematik, Geistes- und Gesellschaftswissenschaft, Medizin und Psychologie sowie deren Spezialisierungen, da nur in diesen das entsprechende Fachwissen vorhanden ist.

Allerdings zeigte es sich, dass die methodische und inhaltliche Fokussierung auf eine oder mehrere Fachdisziplinen der Bedeutung der Sicherheit für den einzelnen Menschen, aber auch die Gesellschaft mit ihrem ethischen, humanen, wirtschaftlichen und politischen Grundverständnis nicht gerecht wird. Hierzu schrieben Peters und Meyna im Vorwort (siehe Lit.):

„Die Sicherheitstechnik ist eine interdisziplinäre Wissenschaft, deren Schwerpunkt traditionell die Ingenieurswissenschaften bilden. Aber auch die Human- und Sozialwissenschaften, Recht, Ökonomie, Management, Personen- und Objektschutz, Rettungswesen, Umweltschutz, Datenschutz u. a., leisten heute einen nicht unerheblichen Beitrag zur Reduzierung und Bewertung des Risikos und der sicheren Nutzung eines Mensch-Maschine-Umwelt-Systems."

---

[1] Martin Heidegger (1889 – 1976)

Risiko in der modernen globalen Industriegesellschaft

Wie bereits dargelegt, sind der Mensch in seinem Dasein und die Gesellschaft vielfältigen natürlichen und zivilisationsbedingten Risiken ausgesetzt. Die Herkunft des Begriffs Risiko ist nicht eindeutig geklärt. Vielfach wird von einem arabischen Ursprung mit dem Ausdruck „risqu" (von Gottes Gnaden abhängiger Lebensunterhalt) bzw. vom im Mittelalter ins Italienische übernommenen „risico" (Wagnis, Gefahr bei einer Schiffsreise oder militärischen Unternehmen) ausgegangen.

Mit Risiko wird heute in der Regel das Produkt aus der Eintrittswahrscheinlichkeit eines bestimmten Ereignisses und dem Schadensausmaß (Ereignisschwere) bezeichnet (siehe Abschnitt 9.4).

Durch Logarithmierung und Darstellung als Geradengleichung erhält man eine Gerade gleichen Risikos (Bild 9.5). Das heißt, ein formal gleiches Risiko tritt bei geringer Eintrittswahrscheinlichkeit und großen Auswirkungen (z.B. bei einem Flugzeugabsturz), aber auch bei einer großen Eintrittswahrscheinlichkeit und geringeren Auswirkungen (z.B. im Straßenverkehr) ein.

Interessant ist in diesem Zusammenhang, dass in der Bevölkerung bezüglich des Erstgenannten eine Risikoaversion besteht. Es wurde deshalb vorgeschlagen, einen Risikoaversionsfaktor in die Risikobeurteilung einzufügen. Allerdings fehlt hierfür die wissenschaftliche Grundlage. Problematisch ist jedoch, dass vielfach von „punktförmigen" Risiken, z.B. Toten/Jahr und Einwohnern, ausgegangen wird und entsprechende Vergleiche z.B. für tödliche Arbeitsunfälle nach Wirtschaftszweigen oder Vergleiche von statistisch abgesicherten natürlichen Risiken mit probabilistisch ermittelten technischen Risiken (z.B. Kernkraftwerke) erfolgen, um so eine gewisse Akzeptanz zu ermöglichen (siehe deutsche Risikostudie, „Kernkraftwerke", siehe Lit.).Geht man davon aus, dass die Eintrittshäufigkeit (Wahrscheinlichkeit) durch eine entsprechende Verteilungsfunktion und die Ereignisschwere durch eine weitere entsprechende Funktion gegeben ist, so ist auch das Risiko durch eine entsprechende Zeit-Orts-Funktion gegeben.

Das zivilisationsbezogene Risiko ist immer mit einer menschlichen Handlung verbunden, deren Folgen nicht absehbar sind. Es müssen vielfach Entscheidungen getroffen werden, auch dann, wenn nicht alle Fakten und Sachverhalte überprüfbar und bekannt sind. Als weiterer Faktor ist die Kontrollierbarkeit der möglichen Folgen (z.B. von Atomkraft, Gentechnik, neuen Technologien → Technikfolgenabschätzung) von großer Bedeutung. Problematisch ist aber auch die Bewertung der zukünftigen Eintrittswahrscheinlichkeit eines Ereignisses aus den bisher ermittelten, zumal sich die Randbedingungen ständig ändern können. Ferner ist die Freiwilligkeit, mit der der Einzelne oder bestimmte gesellschaftliche Gruppierungen ein Risiko eingehen, von Bedeutung. So gesehen stellt das Risiko eine mehrdimensionale Größe dar.

Der Begriff des Risikos wird oft synonym zum Begriff der Gefahr (gevare, mittelhochdeutsch „Hinterhalt", „Betrug") verwendet. Die Gefahr als Möglichkeit eines zukünftigen Schadens oder Nachteils ist im Gegensatz zum vordefinierten objektiven Risiko eine qualitative Größe für die Kennzeichnung einer natürlichen oder zivilisationsbedingten Gefahrenquelle. Diese sind nicht immer latent vorhanden und können unbekannt sein.

Als komplementäre Größe wird vielfach der Begriff der Sicherheit verwendet. Im Sinne der Sicherheitstheorie ist die additive Verknüpfung von Sicherheitswahrscheinlichkeit und Gefährdungswahrscheinlichkeit durch eins gegeben (siehe Abschnitt 9.4). Das heißt, wenn keine Gefährdung vorliegt, z. B. keine Lawinengefahr im Mittelgebirge im Sommer, so ist die Sicherheit durch 100 % (d. h. eine absolute Sicherheit) gegeben.

Mit dem Begriff der Gefahr werden häufig zeitliche Abstände, z. B. eine konkrete Gefahr, eine aktuelle Gefahr, eine Gefahr im Verzug, und Wahrscheinlichkeiten, wie z. B. eine abstrakte Gefahr, miteinander verknüpft. In diesen Fällen ist die Quantifizierung über das objektive Risiko aussagefähiger. Dabei ist zu beachten, dass ein Risiko nur dann vorhanden ist, wenn eine Gefahr und eine Exposition gegenüber derselben gegeben sind. So sind beispielsweise die Gefahren des Straßenverkehrs für den Nichtteilnehmer irrelevant, für die Gesellschaft aber sehr bedeutend. Das heißt, eine Gefahr ist in der Regel immer durch einen örtlich und zeitlich begrenzten Gefahrenwirkungskreis charakterisiert, wobei dieser jedoch fließend und global wirkend sein kann (z. B. Atomkatastrophen von Tschernobyl, 1986, Fukushima, 2011, Giftgasunfälle in Seveso, 1976, und Bophal, 1984).

Die örtlichen und zeitlichen Auswirkungen können auch den Lebensraum für nachfolgende Generationen stark einschränken. Das bedeutet aber auch, dass zu den global wirkenden natürlichen Katastrophen (Klima, Krankheiten, Seuchen und andere) und den durch die Gesellschaft selbst verursachten Katastrophen (z. B. Krieg, Terrorismus) eine neue Qualität des Risikos, begründet durch den naturwissenschaftlichen und technischen Fortschritt, hinzugekommen ist.

Nach Bieri ist Risiko ein Bestandteil des menschlichen Daseins, eine risikofreie Lebensform ist nicht denkbar und gleichbedeutend mit dem Tod. Ernst Bieri (siehe Lit.) schreibt hierzu treffend:

„Kein Leben und damit auch keine Technik ohne Risiko: Man kann und soll das Risiko durch den Einsatz des verfügbaren Wissens und Könnens auf ein Minimum herabdrücken, und diese Marschrichtung ist von der Technik eingeschlagen worden, von der Verbesserung der Maschinen in den Fabriken über die Verkehrsmittel aller Art, bis zu den Anlagen für Energiegewinnung und den Umweltschutz. Aber jedes Risiko vollständig und für alle Zukunft ausschalten zu wollen, das wäre Hybris, wäre die Anmaßung der Allmacht durch den Menschen. Das Ende der von uns überblickbaren Risiken tritt mit dem Tod ein. Wer also jedes Risiko ausschalten will, beendet das menschliche Leben, das ohne Risiko, ohne Angst, aber auch ohne den dauernden und über weite Strecken erfolgreichen Kampf dagegen nicht möglich ist."

Die Ermittlung von Gefahrenpotenzialen und Risiken bis zu einem gewissen Grad beherrschbar zu machen, ist eine interdisziplinäre Aufgabe der Sicherheits- und Zuverlässigkeitstechnik. Allerdings tritt in diesem Zusammenhang sofort die Frage nach der Akzeptanz eines verbleibenden Risikos auf, d. h. das Abwägen zwischen dem Nutzen (z. B. einer neuen Technologie, eines neuen Medikamentes) und den möglichen Schäden für den Menschen und seinen Lebensraum (Arbeitswelt, Umwelt, Gesundheit und anderes). Als Beispiel hierzu sei die kontrovers geführte Diskussion über das Für und Wider der Kernenergie aufgeführt. Das Beispiel zeigt auch die zeitliche Veränderbarkeit der Bewertung von Risiken durch die Gesellschaft und insbesondere durch bestimmte Gruppierungen der Gesellschaft, unabhängig von neuen wissenschaftlichen Erkenntnissen. Karl Steinbuch schreibt hierzu (siehe Lit.):

„Die Akzeptanz technischer Risiken hat drei Dimensionen:

Erstens die technische Dimension: Die Verminderung technischer Risiken durch Menschen, Methoden oder Material.

Zweitens die pädagogische Dimension: Die Aufklärung über die Zwangsläufigkeit mancher Risiken.

Drittens die ethische Dimension: Die Erzeugung von Verantwortung und Vertrauen.

Auf diesem Gebiet wurde in den letzten Jahren vieles versäumt – wir alle werden hierunter leiden: Das Vertrauenspotential entscheidet über den erreichbaren Wohlstand – die Zerstörung des Vertrauenspotentials (z. B. durch Konfliktideologie oder Skandalpublizistik) führt zwangsläufig zur Verminderung unseres Wohlstandes."

Das Erkennen einer Gefahr und die Beurteilung des Risikos mit seiner Eintrittswahrscheinlichkeit und den möglichen Schadensauswirkungen ist a priori immer mit mehr oder weniger großen Unsicherheiten verbunden, da besonders bei seltenen Ereignissen eine statistische Verifizierung nicht möglich ist. Folglich gibt es kein sogenanntes „Restrisiko" und „Sicherheitsrisiko". Dies gilt auch für die Schadensauswirkungen.

Thomas A. Jäger schreibt hierzu (siehe Lit.):

„Die lange Inkubationszeit der physischen Schädigung des Menschen durch schleichend akkumulierende Umwelteinflüsse, wie Wasser- und Luftverschmutzung oder durch in Nahrungsmitteln enthaltene Schadstoffe, macht das Erkennen der Zusammenhänge schwierig. Das gleiche gilt für die physische und psychische Schädigung durch Lärm. Der Nachweis gesundheitlicher Schädigungen ist umso schwieriger, als die Symptome schleichend und nicht eindeutig und ihre Quellen überaus vielfältig sind. Wenn jemand durch schädigende Umwelteinflüsse in seiner Vitalität herabgesetzt oder gar krank ist, so fällt dies lange Zeit nicht weiter auf und die Ursachen bleiben im Nebel."

Ungeachtet dessen zeigen die in diesem Zusammenhang vielfältig eingesetzten wissenschaftlichen Methoden, Verfahren, Simulationen und anderes zur Sicherheit, Zuverlässigkeit, Gesundheit, Umweltverträglichkeit, Schutz, dass Risiken objektiviert und minimiert werden können. Das Grundgesetz der Bundesrepublik Deutschland sagt hierzu in Artikel 1 unmissverständlich:

„(1) Die Würde des Menschen ist unantastbar. Sie zu achten und zu schützen ist Verpflichtung aller staatlichen Gewalt."

Zum Paradigma der Sicherheits- und Zuverlässigkeitstechnik

Aufgrund der zuvor erläuterten engen Verknüpfung der Sicherheits- und Zuverlässigkeitstechnik mit den Natur- und Technikwissenschaften und deren deterministischem Weltbild (jeder Vorgang hat eine Ursache, die Wirkung kann sich höchstens mit der endlichen Lichtgeschwindigkeit ausbreiten) ist dieser Kausalnexus des klassischen Determinismus auch Paradigma der Sicherheits- und Zuverlässigkeitstechnik.

Die Determiniertheit der Welt und des Menschen im Kontext von „Willensfreiheit und bedingtem freien Willen" ist bis in unsere heutige Zeit Gegenstand philosophischer, psychologischer, neurophysiologischer und anderer Betrachtungen.

Ungeachtet dessen ist der naturwissenschaftliche und technische Fortschritt seit Newton[2] und Laplace[3] durch den Determinismus geprägt. Nach Laplace ist die Zukunft durch die Gegenwart (Anfangsbedingung z. B. einer Differenzialgleichung) eindeutig bestimmt (siehe

---

[2] Isaac Newton (1643–1727)

[3] Pierre-Simon Laplace (1749–1827)

auch das Gedankenkonstrukt des „Laplaceschen Dämons" als einer „Intelligenz", die befähigt ist, alle Determinationen und Faktoren in Vergangenheit und Zukunft genauestens zu kennen). Dem gegenüber steht das indeterministische Weltbild der Quantenmechanik (Heisenberg[4], Born[5], Schrödinger[6] und andere), d.h. die Nichtbestimmtheit der Ursachen bei physikalischen Vorgängen – Zukunft ist nur durch stochastische Modellbildung (Zufalls-Prozess) bestimmbar –, welches in Widerspruch zum Laplaceschen Weltbild steht (siehe auch 2. Hauptsatz der Thermodynamik). Man beachte in diesem Zusammenhang aber auch die streng deterministische Position von Albert Einstein[7] „Gott würfelt nicht" (sinngemäß aus dem Briefwechsel mit Max Born (siehe Lit.)), die heute jedoch für den Mikrokosmos als widerlegt angesehen wird.

Ähnlich wie in der Physik fand unter anderem durch die Arbeiten von Wöhler, Weibull (siehe Lit.) und weiteren Autoren im Bereich der Werkstoffermüdung und insbesondere in den 40er- und 50er-Jahren durch Pieruschka und Lusser die Stochastik als „Systemdenken" Einzug in die Ingenieurswissenschaften. So schreibt Pieruschka, der sein Buch Robert Lusser widmete, im Vorwort (siehe Lit.):

„In the year 1943, the author became, for the first time, aware of the reliability problem during flight testing of the German V-1 missile. Intensive studies of this subject were started in 1954 upon coming to the United States. In the subsequent eight years, the author has completed a great amount of study in the field of reliability theory as research scientist with the Army Rocket and Guided Missile Agency, Redstone Arsenal, Alabama, and with the Lockheed Missile and Space Company, Sunnyvale, California."

Weiter heißt es auf Seite 47:

„The Swiss mathematician Jakob Bernoulli developed the rule which published 1713. Robert Lusser has been stressing the serious consequence of the product rule in the achievement of reliability in complex equipments since the year 1950, and by this insistence has brought into being reliability as a serious profession. Therefore, Formula (siehe Formel 13.1) is called Robert Lusser's reliability formula."

Die zweite Auflage des 1962 erschienenen Buches von Igor Bazovsky (siehe Lit.) stellt ebenfalls die Pionierleistungen von Lusser (Seite 275) und Pieruschka (Seiten 60 und 71) heraus.

„Another historical development in the same direction took place in Germany during the Second World War. Robert Lusser, one of the reliability pioneers, narrates how he and his colleagues, while working with Wernher von Braun on the V1 missile, met with the reliability problem. The first approach they took towards V1 reliability was that a chain cannot be stronger than its weakest link. Thus, the missile will be as reliable as the weakest link can made, or as strong."

Nicht unerwähnt sei, dass bereits 1954 (danach jährlich) in den USA das 1. National Symposium on Reliability and Quality Control der IEEE und in Deutschland 1961 (danach alle zwei Jahre) die erste Tagung über Zuverlässigkeit stattfand. Auf Anregung von Ludwig Bölkow, einem der großen Förderer der Deutschen Zuverlässigkeit (siehe Lit.), wurde bereits

---

[4] Werner Heisenberg (1901–1976)
[5] Max Born (1882–1970)
[6] Erwin Schrödinger (1887–1961)
[7] Albert Einstein (1879–1955)

1964 der Fachausschuss „Zuverlässigkeit und Qualitätskontrolle" beim VDI gegründet. Es entwickelte sich die Zuverlässigkeitstheorie als stochastische Theorie zur Bewertung komplexer Mensch-Maschine-Umweltsysteme. Das Paradigma der Zuverlässigkeitstheorie ist das stochastische Ausfall- bzw. Lebensdauerverhalten von Komponenten und Systemen. Das heißt, die Lebensdauer einer Komponente – wie die des Menschen – ist eine Zufallsvariable. Die Zuverlässigkeitstheorie verfügt wie in diesem Buch dargestellt über ein theoretisches Konzept, einschließlich Methoden, Verfahren und Kenngrößen zur qualitativen und quantitativen Bewertung technischer Systeme gleich welcher Art. Da die Sicherheit als Teilmenge der Ausfall- und Betriebszustände eines Systems angesehen werden kann, ist diese isomorph; das bedeutet, das theoretische mathematische Gebäude der Zuverlässigkeitstheorie bildet auch das theoretische Gebäude der stochastischen Sicherheitstechnik. Die stochastische Modellbildung kann allerdings eine deterministisch orientierte Sicherheits- und Zuverlässigkeitstechnik nicht ersetzen, sondern ermöglicht a priori eine Bewertung im frühen Entwicklungsstadium und im Rahmen des Produktentstehungsprozesses (siehe Kapitel 4) und der Test- und Prüfplanung (siehe Kapitel 27). Die vorangegangenen Betrachtungen zeigen, dass die Paradigmen der Sicherheits- und Zuverlässigkeitstechnik durch den Nexus von Determinismus und Indeterminismus geprägt sind. Allerdings fehlt in diesen Paradigmen eine Unbekannte, und dies ist der Mensch als Individuum und Mittelpunkt des Seins, eingebunden in Gesellschaft, Umwelt, Technik mit all ihren kulturellen und traditionellen Unterschieden. Albert Kuhlmann schlägt deshalb einen „kybernetischen" Ansatz der Sicherheitswissenschaft vor (siehe Lit.):

„Die Verknüpfung zwischen Kybernetik und Sicherheitswissenschaft ergibt sich daraus, dass technische Einrichtungen von Menschen bedient und kontrolliert werden, die sich selbst im Wirkungsbereich dieser technischen Einrichtung befinden. Sie nutzen die Maschine, sind aber auch ihren Gefahren für Leib, Leben und Sachen ausgesetzt. Das menschliche Verhalten sowie das Verhalten der Maschine sind wiederum von den Bedingungen der Umwelt abhängig. Die Umwelt technischer Einrichtungen wird ihrerseits oft von ihnen vielfältig beeinflusst, z. B. durch die Abgabe von Abfällen, Abwässern, Lärm und luftfremden Stoffen. Der Mensch wiederum kann Einfluss nehmen auf derartige Umweltfaktoren. Jede technische Einrichtung ist deshalb eingebettet in ein durch Wechselwirkungen gekennzeichnetes Mensch-Maschine-Umwelt-System."

Laut Kuhlmann befasst sich die Sicherheitswissenschaft mit der Sicherheit vor möglichen Gefahren bei der Nutzung der Technik, nicht aber mit militärischer und sozialer Sicherheit oder mit der Sicherheit vor Krankheit, die nicht von der Technik verursacht wird.

„Das Ziel der Sicherheitswissenschaft besteht darin, Schadwirkungen bei der Nutzung der Technik so klein wie möglich oder wenigstens in vorgegebenen Grenzen zu halten. Unter Schadwirkungen sollen dabei sowohl unfallartige als auch solche Schäden verstanden werden, die z. B. infolge von Umweltbelastungen durch technische Anlagen entstehen können."

Der Begriff der Sicherheitswissenschaft ist bei Kuhlmann technikbezogen. Das heißt, ein Schutz vor Gefahren, die nicht durch die Technik verursacht sind, ist nicht Gegenstand der Sicherheitswissenschaft. Hierzu ist anzumerken, dass eine klare Trennung zwischen den einzelnen zivilisationsbedingten und den natürlichen Risiken nicht immer möglich ist (zum Beispiel beim Klimawandel). Die Verwendung des Terminus Sicherheitswissenschaft statt Sicherheitstechnik ist strittig. Wie zuvor erläutert, ist die Technik allgemein und damit auch die Sicherheitstechnik eine Wissenschaftsdisziplin, die allerdings als eine interdisziplinäre multifakultative Disziplin anzusehen ist. Unstritig ist jedoch, wie bereits erwähnt, dass der Mensch eine besondere Herausforderung für die sicherheits- und zuverlässigkeitstechnische Gestaltung und Nutzung eines Mensch-Maschine-Umwelt-Systems darstellt. Neben den Paradigmen Determinismus und Indeterminismus sei hier von einem **Humankompatibilismus** als drittes Paradigma ausgegangen. Im Gegensatz zum sogenannten „human factor" – gekennzeichnet durch die Anpassung „Mensch/Maschine", geprägt durch psychologische, medizinische und andere Erkenntnisse – soll das hier neu eingeführte Paradigma „Humankompatibilismus" auch die Anpassung „Maschine/Mensch" (human engineering) durch das Wissensgebiet der Ergonomie und Anthropotechnik mitberücksichtigen. Des Weiteren sollen die Wissenschaftsdisziplinen, die sich mit den Gefahrenpotenzialen und deren Reduzierung bei der Herstellung und Nutzung technischer Systeme gleich welcher Art auseinandersetzen, Bestandteil des Humankompatibilismus sein. Hierzu zählen insbesondere die Verkehrssicherheit, Arbeitssicherheit, Arbeitsmedizin, Arbeitsphysiologie, Pädagogik und andere Disziplinen. Dieses hier neu eingeführte Paradigma „Humankompatibilismus" berücksichtigt die physischen, psychischen, geistigen und anderen Eigenschaften des Menschen im Sinne einer teleologischen Interaktion mit der Technik und der damit verbundenen Umwelt. Alle drei Paradigmen zusammen charakterisieren aber auch die Bereiche Umweltschutz, Personen- und Objektschutz, Rettungswesen (Sicherungswesen, Brand- und Explosionsschutz, Unfallrettungswesen, persönliche Schutzausrüstung, Katastrophen- und Zivilschutz, Evakuierung und anderes), Qualitätssicherung, Risk-Management, Datenschutz und das sicherheitstechnische Recht als sich stetig verändernde Festschreibung sicherheitstechnischer Erkenntnisse.

■ 1.2 Aktuelle Herausforderungen

Die aktuellen Herausforderungen im Kontext Sicherheit und Zuverlässigkeit sind durch die medienwirksamen Schlagwörter „Digitalisierung", „Industrialisierung 4.0 und Robotik" und in diesen eingebettet „Künstliche Intelligenz" (KI) geprägt. Die industriellen Entwicklungen und Innovationen in diesen Bereichen bilden ein großes Potenzial zur Verbesserung der Lebensqualität in allen Bereichen des menschlichen Daseins. Damit eng verbunden sind jedoch auch vielfältige Fragestellungen im Sinne von Safety und Security.

Aufgabe von Staat, Gesellschaft, Industrie, Wissenschaft ist es, diese zu konstatieren und die mit jeder neuen technologischen Entwicklung verbundenen Gefahren, Risiken für den Einzelnen und die Gesellschaft zu bewerten, zu minimieren und in diesem Zusammenhang entsprechende gesetzliche Rahmenbedingungen zu schaffen.

Mit diesen Herausforderungen sind insbesondere die in Forschung und Entwicklung tätigen Wissenschaftler und Ingenieure konfrontiert. Hier gilt es neue Ansätze und Verfahren zur Bewertung, Validierung und Verifizierung der Sicherheit, Zuverlässigkeit, Verfügbarkeit und anderer Kategorien bereitzustellen.

Dabei bildet die sogenannte „Künstliche Intelligenz" (KI) einen zentralen Baustein, der durch ständig wachsende Entwicklungen und Anwendungen im Kontext des maschinellen Lernens, bei Perzeption, Entscheiden, Handeln, Kommunikation etc. als „schwache KI" geprägt ist.

Hierzu gehören aktuell unter anderem die Themenkomplexe
- Robotik, Steuerung, Regelung, Expertensysteme,
- autonomes Fahren,
- Sprach- und Textverarbeitung,
- Bild- und Spracherkennung,
- Mustererkennung
- etc.

Für den Bereich der Technischen Zuverlässigkeit gehören hierzu die Themen
- Zuverlässigkeitsplanung und -prüfung (allgemein),
- Predictive Maintenance,
- Fehlerdetektion,
- Ausfallratenbestimmung, Schwachstellenanalyse,
- Struktur- und Systemanalyse
- etc.

Heute wird KI bereits in vielen Branchen wie
- Industrie (Produktion, Fertigung, Qualitätssicherung, Steuerungs- und Regelungstechnik, Robotik und Vernetzung),
- Verkehrsträger (Schiene-, Luft-, Straßenverkehr und autonomes Fahren sowie deren Vernetzung),
- Energiewirtschaft (Steuerung und Optimierung, Netzbetrieb, Kraftwerksteuerung, prädiktive Wartung und Instandhaltung, Vertrieb etc.),
- Wirtschaft und Finanzwelt,
- Medien und Bildungsbereich (Textanalyse, digitale Assistenten, Crawling und Indexierung, Blockchain-Technologie, Video Content Marketing etc.),
- Medizin (Bildgebung, Diagnose, CT, Telemedizin, Neuroprothetik, Exoskelett etc.),
- Militär (autonome Waffensysteme, Strategieentwicklung, Entscheidungsfindung etc.),
- Jurisprudenz (Vertragsgestaltung und -prüfung, Recherche, Prozessvorbereitung, Handlungs- und Entscheidungsempfehlungen)
- etc.

erfolgreich eingesetzt.

Für das multi-fakultative Fachgebiet *Künstliche Intelligenz (KI)* gibt es, aufgrund des nicht fassbaren Begriffs der natürlichen Intelligenz im etymologischen Sinne, zahlreiche Definitionen. Prinzipiell verfolgt KI das Ziel die Attribute der kognitiven analogen Eigenschaften des Menschen durch eine digitale lernfähige Maschine nachzubilden.

Als Begründer der KI wird allgemein der Informatiker John McCarthy[8] angesehen, der 1956 am Dartmouth College in Hanover (New Hampshire, USA) einen Workshop mit dem Titel „Dartmouth Summer Research Project on Artificial Intelligence" organisierte. McCarthy verweist allerdings selbst auf Alan Turing[9], einen der Gründungsväter der modernen Computertechnologie, der Informatik und damit der KI (Turing-Maschine, Turing-Test). Im deutschsprachigen Raum wird allgemein Karl Steinbuch[10] als einer der Pioniere der Kybernetik (Begründer Norbert Wiener[11]) und Künstlichen Intelligenz (maschinelles Lernen) und Namensgeber der Informatik als neue akademische Fachdisziplin, hervorgegangen aus der Kybernetik, angesehen (zur Geschichte der Entwicklung siehe Erhard Konrad, siehe Lit.).

Auch wenn die besonders in den letzten Jahren aufgrund verbesserter Rechentechnologien erzielten KI-Erfolge beeindruckend sind, ist der Weg zur sogenannten *„starken KI"*, d. h. der Adaption der gesamten kognitiven Fähigkeiten des Menschen im Sinne des Analogon Mensch-Maschine, noch durch viele Meilensteine gekennzeichnet. So schreibt Bernd Vowinkel in seinem Buch *Maschinen mit Bewusstsein* (siehe Lit.), Kapitel 1, Natürliche Intelligenz:

„Bei Fragen der Leistungsfähigkeit und der Eigenschaft von künstlicher Intelligenz wird in der Regel der Mensch als Maß aller Dinge zum Vergleich herangezogen. Das trifft insbesondere auf die Eigenschaften zu, die es bei der künstlichen Intelligenz noch nicht gibt, nämlich Bewusstsein, Vernunft und freier Wille."

Ob es jemals eine *„starke KI"* geben wird, ist strittig, obwohl ernst zu nehmende Wissenschaftler sich bereits mit dem nächsten Schritt einer *„super KI"* und dessen Auswirkungen auf die Menschheit gedanklich auseinandersetzen. Das Gleiche gilt für neurobiologische Forschungen und die Prämissen zur Entwicklung einer *„humanen Überintelligenz"* aufgrund von Quantenvorgängen im Gehirn. Unstrittig ist jedoch die Weiterentwicklung von KI und deren Verknüpfung mit der menschlichen Willenskraft (Nervensystem und Gehirnaktivität) zu einer gewissen *„hybriden Intelligenz"*, die es bereits heute ermöglicht, Schwerstbehinderten eine gewisse Beweglichkeit zurückzugeben, z. B. als Exoskelett-Hand (Neuroprothetik, neuronal gesteuerte Robotik). In diesem Kontext zeigt Bild 1.1 eine mögliche Illustration.

Auch sind sich Wissenschaftler darin einig, dass die Weiterentwicklung und Nutzung von Quantencomputern die KI stark beeinflussen wird (siehe Förderprogramm des BMBF zur Quantentechnologie).

---

[8] John McCarthy (1927–2011)
[9] Alan Turing (1912–1954)
[10] Karl Steinbuch (1917–2005)
[11] Norbert Wiener (1894–1964)

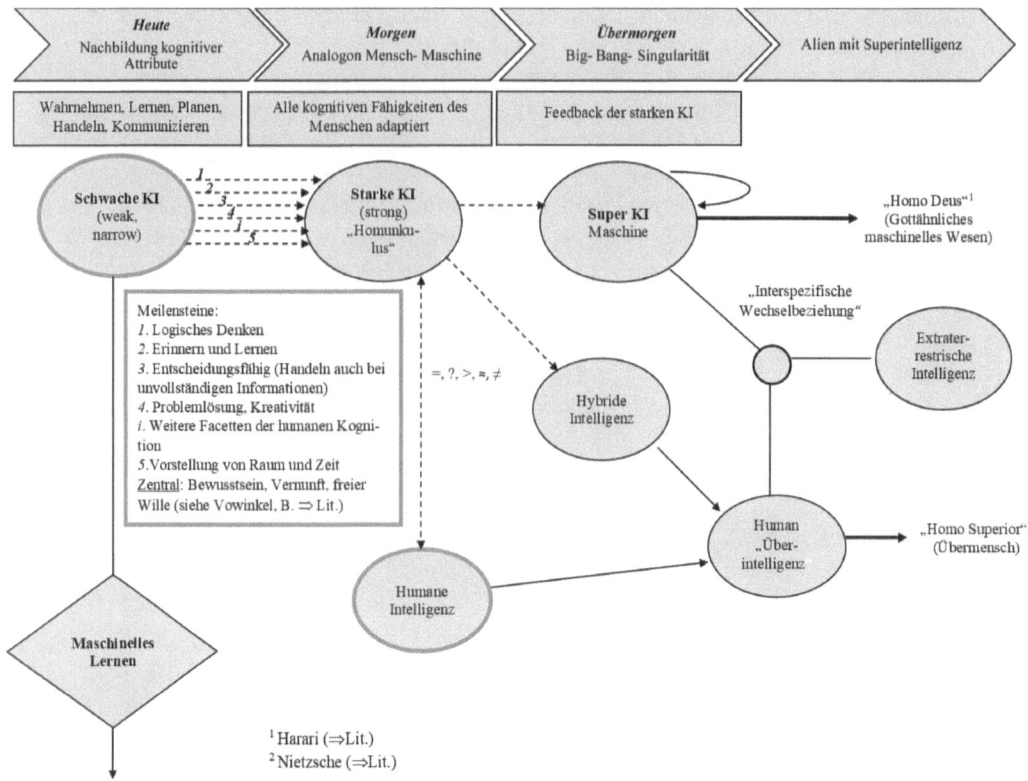

Bild 1.1 Evolution der Künstlichen Intelligenz

Dass digitale lernfähige Maschinen in vielen speziellen, determinierten Bereichen den intellektuellen Fähigkeiten eines Menschen überlegen sind, ist unstrittig. So gewann der IBM Computer Deep Blue 1997 gegen den damaligen Schachweltmeister Garry Kasparov mit 3,5 zu 2,5 Punkten (d. h., von sechs Partien hat Kasparov zwei verloren, eine gewonnen, drei endeten mit Remis).

Doch zurück zur „schwachen KI": Der Kernbereich der *„schwachen KI"* ist durch das *maschinelle Lernen* geprägt. Hier wurden in den letzten Jahren aufgrund der immensen Weiterentwicklung der Computertechnologie, verbunden mit einer enormen Steigerung der Rechenleistung durch entsprechende Prozessoren und Vernetzung, mit der Möglichkeit sehr große Datenmengen auch in Echtzeit sehr schnell zu verarbeiten, enorme Fortschritte erzielt. *Machine Learning* ist durch lernfähige Algorithmen wie *neuronale Netze* und *Deep Learning* gekennzeichnet. Im Gegensatz hierzu nutzt *Data Mining* statistische Verfahren mit dem Ziel aus den Daten (auch bei einer geringen Anzahl) allgemeine Zusammenhänge und Wissen zu generieren. Bild 1.2 zeigt hierzu einen groben Überblick hinsichtlich *Machine Learning* und *Deep Learning* als inklusive Ausprägung sowie *Data Mining* und die hierzu genutzten algorithmischen Verfahren.

> „Niemand formuliert es so, aber für mich ist KI fast eine Geisteswissenschaft. Es ist wirklich der Versuch, menschliche Intelligenz und Kognition zu verstehen."
>
> Sebastian Thrun (CEO bei Kitty Hawk Coporation and Innovation)

Für weitere Ausführungen hierzu siehe Kapitel 22.

1.2 Aktuelle Herausforderungen

„Irrend lernt man."
Brief von Johann Wolfgang von Goethe an seinen Sohn August

Maschinelles Lernen

Machine Learning (maschinelles Lernen = aus Daten Wissen schöpfen)
- Ziele: Mustererkennung, Prognosen, Gesetzmäßigkeiten, Erlernen von Wissen, eigenständige Erfahrungsgewinnung, Interaktion Mensch-Maschine
- Basis: Verarbeitung großer Datenmengen (Big Data: volume, velocity, variety)

Data Mining (gezielte Datensuche)
- Ziele: Themenbezogene Entdeckung unbekannter Merkmale, Muster in den Daten, Modellbildung, Klassifikation, Cluster, Trendanalyse, Vorhersagen

Intelligente Mensch-Maschinen Interaktion
- Ziele: Analyse von kleinen und großen, korpus Daten in Form von zusammenhängenden Klassifikationen, Prognosen, Wissen aus Textdaten (Text Mining)
- Methoden: Statistische Verfahren, mathematische Modelle, Entscheidungsbäume, Bayes-Analyse, neuronale Netze, Hidden-Markov-Modell etc.

Lernfähige Algorithmen

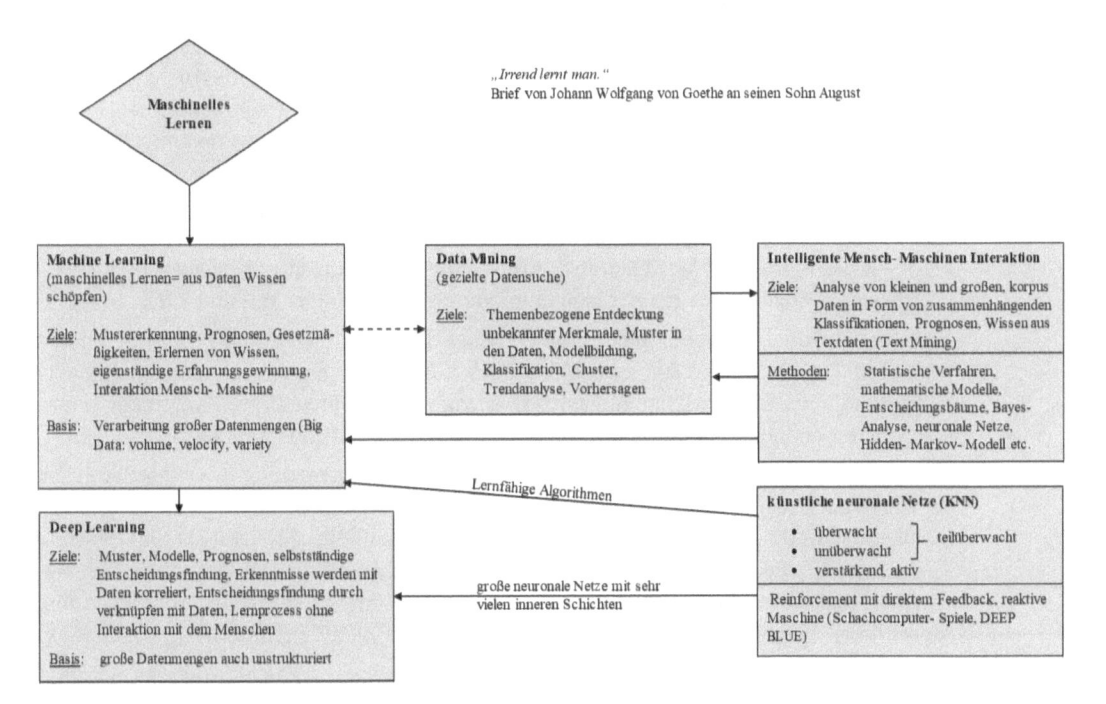

Deep Learning
- Ziele: Muster, Modelle, Prognosen, selbstständige Entscheidungsfindung, Erkenntnisse werden mit Daten korreliert, Entscheidungsfindung durch verknüpfen mit Daten, Lernprozess ohne Interaktion mit dem Menschen
- Basis: große Datenmengen auch unstrukturiert

große neuronale Netze mit sehr vielen inneren Schichten

künstliche neuronale Netze (KNN)
- überwacht ⎤ teilüberwacht
- unüberwacht ⎦
- verstärkend, aktiv

Reinforcement mit direktem Feedback, reaktive Maschine (Schachcomputer-Spiele, DEEP BLUE)

Bild 1.2 Gegenwärtige Praxis der Künstlichen Intelligenz

Bei aller Euphorie bezüglich der Weiterentwicklung und stetig wachsenden Einsatzbereiche von KI bleibt ein zentrales Thema die Absicherung, d. h. die qualitative und quantitative Bewertung hinsichtlich Sicherheit, Zuverlässigkeit, Verfügbarkeit der durch das maschinelle Lernen geprägten sicherheitskritischen Anwendungsbereiche, wie z. B. Mensch-Roboter-Interaktion, autonomes Fahren, aufgrund der nicht mehr nachvollziehbaren Output-Ergebnisse der zugrunde gelegten und implementierten neuronalen Netze allgemein und insbesondere von *Deep Neural Networks*. Ein Ziel ist es deshalb, neuronale Netze erklärbar zu gestalten. Unter dem Terminus *„Explainable Artificial Intelligence"*, kurz *Explainable AI,* werden hierzu gegenwärtig weltweit Förderprojekte und Forschungen durchgeführt (siehe hierzu unter anderem das Fraunhofer-Institut für Kognitive Systeme, IKS).

Des Weiteren spielt die Qualität der zugrunde gelegten Input-Daten eine entscheidende Rolle. Eine sorgfältige Dateninterpretation und -verarbeitung gelernter Trainingsdaten, aber auch ungelernter Daten als Modellinput ist deshalb unerlässlich für die Robustheit der Modellierung. Diesbezügliche Fehler, insbesondere bei sicherheitskritischen Anwendungen, können naturgemäß mit weitreichenden Auswirkungen und Folgen verbunden sein. Für weitere Ausführungen hierzu siehe Kapitel 6.

Es liegt auf der Hand, dass der Einsatz von KI insbesondere für automatisierte Systeme wie z. B. in automatisierten Prozessen und bei der Nutzung von Robotern sowie bei deren Vernetzung in der Produktion (Industrie 4.0) oder beim autonomen Fahren, aber auch im medizinischen Bereich (Medizintechnik), mit einem stringenten Sicherheitsnachweis verbunden ist. So sind beispielsweise die prinzipiellen Dilemmata beim autonomen Fahren zwar weitgehend bekannt (Meyna/Heinrich, siehe Lit.), allerdings ab Level 3 (Hochautomatisiert) aufgrund der erforderlichen Absicherungen allgemein – von Forschungsfahrzeugen bis Level 5 abgesehen – noch nicht verfügbar. Es ist deshalb äußerst anspruchsvoll, geeignete Strategien wie Fail-Operational Systems für die Behandlung von komplexen Fehlerzuständen wie z. B. bei der Perzeption, der Fahrzeugregelung, der implementierten Hard- und Software, ungewollter oder gewollter Manipulation im Kontext des dynamischen, adaptiven Fehlermanagements inklusive einer Rückfallebene zur Degradation zu entwickeln und diese qualitativ und quantitativ zu bewerten. Nicht zuletzt gilt es, eine systembezogene Resilienz und Verfügbarkeit in Echtzeitanforderungen umzusetzen und zu gewährleisten (Forschungen hierzu siehe unter anderem Fraunhofer IKS und IQZ).

Nach wie vor ungeklärt sind auch die rechtlichen Fragestellungen und Probleme bei den Lern- und Trainingsprozessen der Software im Kontext der damit verbundenen „autonomen" Handlungs- und Entscheidungsprozesse (Ambivalenz Hersteller vs. Anwender), siehe hierzu unter anderem die juristische Dissertation von Justin Grapentin (siehe Lit.).

Mit dem zunehmenden Einsatz von KI und deren Weiterentwicklung in vielen Bereichen der humanen Existenz spielen auch die damit verbundenen ethischen Fragestellungen eine immer größere Rolle. In diesem Zusammenhang sei auf die in jeder Hinsicht lesenswerte kleine Monographie von Christoph Bartneck et al. des Carl Hanser Verlags (siehe Lit.) verwiesen. Empfehlenswert ist außerdem das Buch „Maschinelles Lernen – Grundlagen und Algorithmen in Python" von Jörg Frochte (2. Auflage 2019, Carl Hanser Verlag, München).

„KI ist wahrscheinlich das Beste oder das Schlimmste, was der Menschheit passieren kann."

Stephen Hawking (1942 – 2018)

2 Zuverlässigkeit bei Haftungs- und Gewährleistungsfragen

Kürzere Entwicklungszeiten, hohe Systemkomplexität, verlängerte Gewährleistungszeiträume – das sind die Schlagworte, aus denen sich die Herausforderungen für Hersteller und Zulieferer komplexer Systeme ergeben und denen es sich in heutiger Zeit zu stellen gilt. Zudem zeigt sich fast täglich im Rahmen öffentlichkeitswirksamer Rückrufe, dass nicht alle Systeme vor dem Inverkehrbringen die notwendige Reife hinsichtlich Sicherheit und Zuverlässigkeit erreichen. Verschärft wird diese Thematik durch den Einsatz von Gleichteil- und Plattformstrategien, die auf den ersten Blick durch erhebliche Skaleneffekte attraktiv erscheinen, jedoch hinsichtlich des Risikopotenzials von großen Serienschäden einer ganzheitlichen Risikobetrachtung bedürfen.

Eine weitere Herausforderung stellen neue Geschäftsmodelle dar, bei denen die klassischen Original Equipment Manufacturer (OEM) sich immer mehr zum Plattformanbieter entwickeln und statt einem Produkt eine Dienstleistung verkaufen. Damit übernehmen sie in Teilen das Betreiberrisiko für den Kunden und versuchen dieses Risiko entlang der Lieferkette zu diversifizieren. Die Lieferanten spüren diese Entwicklung in Form von steigenden Gewährleistungszeiten sowie erhöhten Anforderungen hinsichtlich der Lebensdauer. Dabei muss berücksichtigt werden, dass viele Zusagen der Lieferanten weit über den regulatorischen Rahmen der gesetzlichen Sachmängelhaftung hinausgehen und folglich auch der Versicherungsrahmen neu bewertet werden kann. In diesem Kapitel sollen die rechtlichen Grundlagen einfach und verständlich dargestellt werden.

■ 2.1 Haftungsgrundlage

Grundsätzlich sind für einen Hersteller von Produkten bzw. jemanden, der solche Produkte in den Verkehr bringt, Haftungsansprüche aus dem Zivilrecht, dem öffentlichem Recht, aber auch aus dem Strafrecht denkbar. Haftungsansprüche aus dem öffentlichen Recht sowie dem Strafrecht sind im alltäglichen Bereich jedoch nicht die Regel.

Zuverlässigkeitstechnische Einflüsse auf die Haftung finden sich vornehmlich im Zivilrecht wieder, welches noch einmal die vertragliche Haftung (Gewährleistung) sowie die außervertragliche Haftung unterscheidet. Diese Bereiche decken nicht sämtliche erdenklichen Risiken im Zusammenhang mit fehlerhaften Produkten ab, umfassen jedoch einen großen Teil der für Hersteller, „Quasi-Hersteller" und Importeure praxisrelevanten Rechtsbereiche.

2.1.1 Außervertragliche Haftung

Bezüglich der außervertraglichen Haftung sind besonders der § 823 Bürgerliches Gesetzbuch (BGB) (siehe Lit.) sowie der § 1 Produkthaftungsgesetz (ProdHaftG) (siehe Lit.) zu nennen (Bild 2.1).

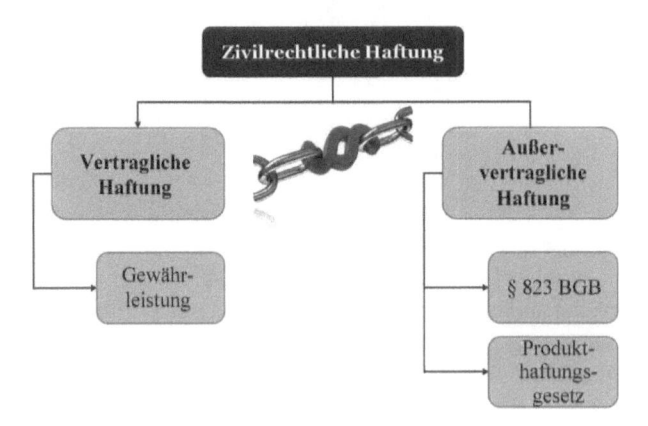

Bild 2.1 Zivilrechtliche Haftung

Eine Haftung nach § 1 ProdHaftG beinhaltet/bedeutet eine verschuldensunabhängige Haftung. Es kommt hier also nicht auf eine schuldhafte Handlung des Herstellers des Produkts an. Im Rahmen dieser Gefährdungshaftung kann ein Unternehmen auch für Ausreißer in der Produktion haften, wenn dadurch jemand verletzt oder eine Sache beschädigt wird. Verursacht das fehlerhafte Produkt einen Schaden an einer anderen Sache, liegt ein Sachschaden vor. Für solche Sachschäden haftet der Hersteller aber nur, wenn die beschädigte Sache üblicherweise dem privaten Gebrauch oder privaten Verbrauch dient und auch hauptsächlich so verwendet wird. Durch § 1 ProdHaftG ist somit der Verbraucherschutz für Endkunden gewährleistet. Eine Haftung ist nur dann ausgeschlossen, wenn der Fehler des Produktes zum Zeitpunkt des Inverkehrbringens nach dem Stand von Wissenschaft und Technik nicht zu erkennen war. Ein solcher Nachweis ist für komplexe, technische Produkte extrem schwer. Um hingegen einen Haftungsanspruch gemäß § 823 BGB geltend zu machen, muss dem Verursacher ein Verschulden nachgewiesen werden. Er muss also vorsätzlich bzw. fahrlässig gehandelt haben. Kann ihm dies nicht nachgewiesen werden, kann ein Haftungsanspruch abgewehrt werden. Bedeutsam für diesen Punkt aus zuverlässigkeitstechnischer Sicht sind z. B. das Einhalten von Normen und Standards, das Arbeiten nach dem Stand der Technik sowie eine gute Dokumentation über den gesamten Produktlebenszyklus. Auch der Themenkomplex „Erprobung" spielt hier eine bedeutende Rolle. Bei der Haftung nach § 823 BGB spricht man auch von der Produzentenhaftung. Diese erstreckt sich auf den gesamten Lebenszyklus des Produkts und umfasst im Wesentlichen die Phasen Design/Konstruktion, Fabrikation, Instruktion sowie Produktbeobachtung. In all diesen Phasen sind zuverlässigkeitstechnische Tätigkeiten ein Garant dafür, den Beweis führen zu können, dass den Hersteller kein Verschulden trifft.

Aus § 823 BGB lässt sich somit auch die Produktbeobachtungspflicht ableiten, welche fälschlicherweise oftmals aus dem Produkthaftungsgesetz hergeleitet wird. Der Hersteller muss systematisch und kontinuierlich prüfen, wie sich seine Produkte in der Praxis bewähren, und er muss etwaigen Auffälligkeiten nachgehen. Dabei erfolgt eine Unterteilung in eine aktive sowie passive Marktbeobachtung. Aufgaben im Rahmen der Marktbeobachtung sind z. B. die Analyse von Schadteilen, das Screening und Auswerten von Feldbeanstandungen (Massendaten), der aktive Rückkauf von Systemen und Bauteilen aus dem Feld zur anschließenden Befundung, aber auch das kontinuierliche Überwachen von einschlägigen Internetforen oder Social Media. Besonders der letzte Punkt hat sich in den letzten Jahren als probates Mittel erwiesen, um ein schnelles Feedback aus dem Feld zu bekommen. Zwar ersetzen diese Informationen keine professionelle Analyse von Schadteilen oder Feldbeanstandungen, jedoch lassen sich damit weltweit Diskussionen über Fehler oder Enttäuschungen der Kunden bezüglich eines Produkts überwachen. Die Produktbeobachtungspflicht umfasst weiterhin die Verpflichtung des Herstellers, alles zu tun, was ihm den Umständen nach zugemutet werden kann, um konkrete Gefahren für Leib und Leben abzuwenden. Sollte von einem Produkt eine solche konkrete Gefahr ausgehen, so kann der Hersteller dazu verpflichtet sein, das Produkt zurückzurufen. Rückruf bedeutet damit in letzter Konsequenz nicht, dass das Produkt auch physisch zurückgeschickt oder repariert werden muss. Man versteht darunter auch die Warnung des Endkunden oder gegebenenfalls die Aufforderung, das Produkt nicht weiter zu nutzen. Vgl. hierzu das Pflegebettenurteil des BGH aus dem Jahr 2008 (BGH, Urt. v. 16.12.2008 – VI ZR 170/07) und das Urteil des BGHZ aus dem Jahr 2009 (BGHZ 179, 157 = BB 2009, 627); dazu Reusch, Pflichtenkreis von Unternehmen im Umgang mit unsicheren Produkten – Thesen zum Produktrückruf, BB 2017, 2248 ff. (siehe Lit.).

2.1.2 Vertragliche Haftung

Im Rahmen der vertraglichen Haftung muss zuerst einmal in die Begriffe „Garantie" sowie „Gewährleistung" unterschieden werden. Bei einer „Garantie" handelt es sich um eine freiwillige Leistung eines Herstellers oder Händlers für sein Produkt. Dabei wird i. d. R. ein besonderes Haltbarkeits- oder Funktionsversprechen gegeben, welches über die Anforderungen der gesetzlich geregelten Gewährleistung hinausgeht. Manchmal betrifft die Garantie nur einen bestimmten Teil des Gesamtproduktes oder es werden spezifische Teile ausgenommen. Garantien sind frei gestaltbar, sofern sie geltendes Recht nicht verletzen. Bei einer Garantie spielt der Zustand der Ware zum Zeitpunkt der Übergabe an den Kunden keine Rolle, da die Funktionsfähigkeit für den gesamten Zeitraum garantiert wird. Die Garantie ist folglich ein optionales Versprechen und keine Verpflichtung.

Die Gewährleistung, auch gesetzliche Sachmängelhaftung, fällt unter den Bereich der vertraglichen Haftung und muss durch den Verkäufer verpflichtend gewährt werden. Die Rechte und Pflichten sind in § 433 BGB (Kaufvertrag), § 434 BGB (Sachmangel) und § 437 ff. (Rechte des Käufers bei Mängeln) geregelt. Damit eine Haftung eintreten kann, bedarf es eines Kaufvertrags (z. B. Lieferabrufe), eines Sach- oder Rechtsmangels beim Zeitpunkt des Gefahrübergangs sowie des Nachweises des Käufers, dass ein Mangel vorliegt. Zudem muss der Mangel innerhalb der Gewährleistungsfrist (gesetzlich Business-to-Consumer (B2C) – Bereich zwei Jahre, vertraglich im Business-to-Business (B2B) – Bereich oft deutlich höher) eintreten und vor Ablauf der Verjährungsfrist gemeldet werden.

Hinsichtlich technischer Spezifikationen ist vor allem die Definition des Sachmangels von großer Bedeutung. Es gilt nach § 434 BGB:

„Eine Sache ist frei von Sachmängeln, wenn sie bei Gefahrübergang die vereinbarte Beschaffenheit hat."

Falls keine Beschaffenheit vereinbart wurde, gilt:

„sich für die im Vertrag vorausgesetzte Verwendung eignet."

Ansonsten gilt:

„sich zur gewöhnlichen Verwendung eignet und eine Beschaffenheit hat, die für Sachen gleicher Art und Güte üblich ist und die der Käufer hätte erwarten dürfen."

Um sich langwierige und nervenaufreibende Diskussionen und Verhandlungen im Rahmen einer Gewährleistungsauseinandersetzung zu sparen, sollte ein besonderes Augenmerk auf die Ausgestaltung von Lastenheften und technischen Spezifikationen gelegt werden. Somit lässt sich der Sachmangel im Haftungsfall einfacher feststellen oder ablehnen.

Tritt ein Sachmangel im Rahmen der Gewährleistungsfrist auf, so hat der Anspruchsteller ein Recht auf Nacherfüllung. Dies kann durch eine Reparatur oder eine Neubelieferung erfüllt werden. Kommt der Verkäufer seinen Pflichten nicht nach, so hat der Käufer die Möglichkeit, vom Kaufvertrag zurückzutreten, den Kaufpreis zu mindern oder Aufwendungsersatz bzw. Schadensersatz zu fordern. Hat der Käufer durch den Mangel weitere Einbußen (z. B. Betriebsausfall), kann er zusätzlich Schadensersatz geltend machen. Im B2B-Bereich sei darauf hingewiesen, dass nach Änderung des BGB zum 01.01.2018 auch die Ein- und Ausbaukosten für mangelhafte Produkte geltend gemacht werden können. Vor dieser Regelung war dieser Punkt Streitgegenstand zahlreicher Verfahren (z. B. Parketturteil des BGH aus dem Jahr 2008).

2.1.3 Stand der Technik

Bei vielen haftungsrelevanten Fragestellungen wird immer wieder der Begriff „Stand der Technik" herangezogen, welcher oftmals falsch interpretiert wird. Für sicherheitsrelevante Technologien bietet es sich an, nach der Definition zu arbeiten, welche höchstrichterlich anerkannt wurde. Beispielhaft kann dazu das Urteil des Bundesverfassungsgerichts (BVerfG) aus dem Jahr 1978 zum Atomgesetz genannt werden (Kalkar, Urteil vom 08.08.1978 – 2 BvL8/77). Dort wurde in die drei Stufen

- allgemein anerkannte Regeln der Technik,
- Stand der Technik und
- Stand von Wissenschaft und Technik

unterschieden.

Unter den „Anerkannten Regeln der Technik" versteht man den Entwicklungsstand, den die meisten Fachleute für richtig erachten. Dieser ist i. d. R. in Normen, Richtlinien und Fachbüchern dargelegt. Er stellt das Mindestmaß an Sicherheit für ein technisches Produkt dar.

Den „Stand der Technik" sieht das BVerfG als die Front der technischen Entwicklung, welche jedoch praktisch erprobt und bewährt ist. Die Europäische Union beschreibt den Stand der Technik auch als „beste verfügbare Technik". Der Stand der Technik geht folglich i. d. R. über die Anforderungen von Normen und Richtlinien hinaus, da diese aufgrund ihrer langen Bearbeitungszeiträume häufig schon bei der Veröffentlichung nicht mehr die „Front der technischen Entwicklung" darstellen. Zudem sind Normen und Richtlinien ein Kompromiss der daran beteiligten Akteure, sodass der darin festgelegte Stand immer mit dem eigenen Produkt abgeglichen werden muss. Der Stand der Technik ist in zahlreichen Normen und Richtlinien als Entwicklungsziel aufgeführt. Versicherungstechnisch ist der Stand der Technik von großer Bedeutung, da er in deckungsschädlichen Klauseln, wie z. B. der Erprobungsklausel (Steinkühler, siehe Lit.), aufgeführt wird.

Diese lautet wie folgt:

„Ausgeschlossen vom Versicherungsschutz sind Ansprüche aus Sach- und Vermögensschäden durch Erzeugnisse, deren Verwendung oder Wirkung in Hinblick auf den konkreten Verwendungszweck nicht nach dem Stand der Technik oder in sonstiger Weise ausreichend erprobt waren."

Eine Erprobung, die sich nur an Normen und Richtlinien orientiert, kann gegebenenfalls nicht den Stand der Technik darstellen und dazu führen, dass ein Verlust der Deckung droht.

Beim „Stand von Wissenschaft und Technik" wird vorausgesetzt, dass man mögliche Gefahren schon erkennen kann, obwohl sie von der Technik noch nicht vollständig beherrscht werden. Es geht um das, was führende Fachleute in Wissenschaft und Technik aufgrund neuester wissenschaftlicher Technik für erforderlich halten, um höchsten Gefahren in der Praxis vorzubeugen. Dies umfasst wissenschaftliche Veröffentlichungen, Kongressbeiträge, Schutzrechtsanmeldungen etc.

Für weitere Ausführungen hierzu siehe Abschnitt 3.1.

2.1.4 Gewährleistungsmanagement zwischen Unternehmen

Die Gewährleistungsabwicklung zwischen Geschäftskunden (Business-to-Business, B2B) weicht z. T. deutlich von den Regelungen der gesetzlichen Sachmängelhaftung ab. Besonders im Automobilbereich wurden in den letzten Jahren Gewährleistungsvereinbarungen und -prozesse umgesetzt, die zahlreiche Rechte und Pflichten aus der gesetzlichen Regelung aushebeln oder die Verantwortlichkeiten tauschen. Initial sollten diese Abweichungen zur Vereinfachung der Gewährleistungsprozesse sowie zur Kosteneinsparung dienen. Deshalb werden z. B. Schadteile nur aus sehr begrenzten Regionen an den OEM zurückgesendet (Sendemärkte) und auch von dieser Stichprobe wird nur ein gewisser Teil zur Befundung an den Lieferanten geschickt. Dies macht grundsätzlich Sinn, da ansonsten erhebliche Logistik- und Prüfkosten anfallen würden. Der Lieferant befundet dann die Stichprobe und gibt an, welcher Anteil in seiner Verantwortung liegt. Die Regressierung erfolgt danach entweder über das sogenannte Referenzmarktprinzip, das Anerkennungsverfahren oder einen hybriden Ansatz. Um den Prozess weiter zu vereinfachen, fassen die meisten Hersteller die Produkte des Lieferanten in Warenkörben oder Produktgruppen zusammen.

Beim Referenzmarktprinzip schickt der Hersteller eine repräsentative Stichprobe an Schadteilen aus einem oder mehreren Sendemärkten an den Lieferanten zu Befundung. Stellt dieser einen Fehler am Bauteil fest und ist dieser Fehler durch ihn verursacht, so belastet der Hersteller das Lieferantenkonto mit einem Regressbetrag, der sich aus den Teilekosten, den Kosten für den Ein- und Ausbau und den Logistikkosten multipliziert mit dem Verhältnis aus zurückgesendeten Teilen zu weltweit ausgefallenen Teilen berechnet. Mit dieser Berechnungslogik kann der Regressbetrag für ein Bauteil, welches für wenige Euro verkauft wird, bei mehreren hundert oder sogar tausend Euro liegen.

Das Beispiel in Bild 2.2 zeigt auf, dass für ein Bauteil, welches der Zulieferer für 20 € verkauft, ein Regressbetrag von 750 € fällig wird.

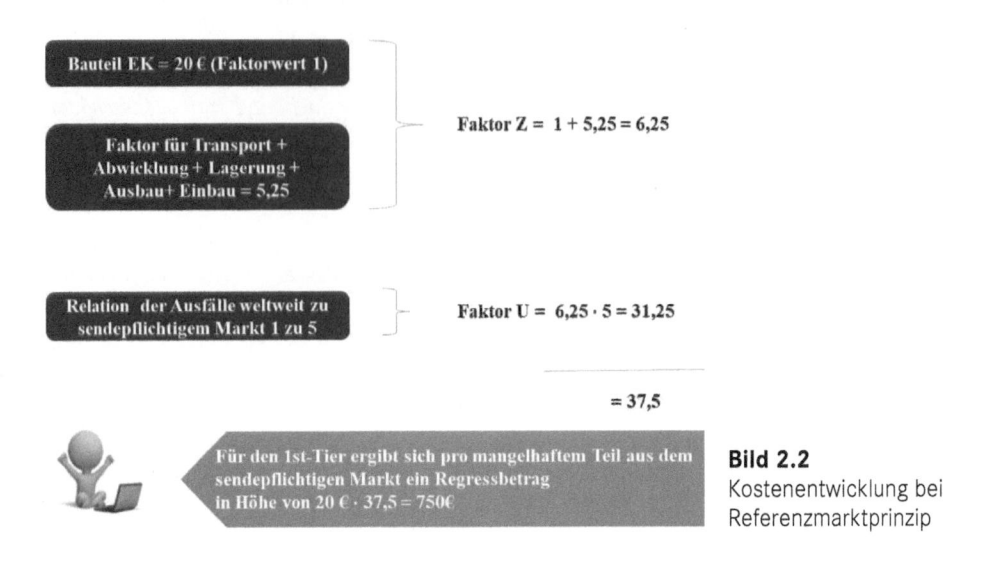

Bauteil EK = 20 € (Faktorwert 1)

Faktor für Transport + Abwicklung + Lagerung + Ausbau + Einbau = 5,25

Faktor Z = 1 + 5,25 = 6,25

Relation der Ausfälle weltweit zu sendepflichtigem Markt 1 zu 5

Faktor U = 6,25 · 5 = 31,25

= 37,5

Für den 1st-Tier ergibt sich pro mangelhaftem Teil aus dem sendepflichtigen Markt ein Regressbetrag in Höhe von 20 € · 37,5 = 750€

Bild 2.2
Kostenentwicklung bei Referenzmarktprinzip

Beim Anerkennungsverfahren wird eine repräsentative Stichprobe an Schadteilen gesammelt, welche der Lieferant befundet. Aus diesen Teilen wird ein Technischer Faktor bzw. eine Verantwortungsquote gebildet, welche dann i.d.R. für ein Jahr gilt. Der Hersteller überprüft dann unterjährig die weltweiten Feldbeanstandungen, ermittelt dafür die Kosten, multipliziert diese dann mit dem Technischen Faktor und belastet danach den Lieferanten (Bild 2.3).

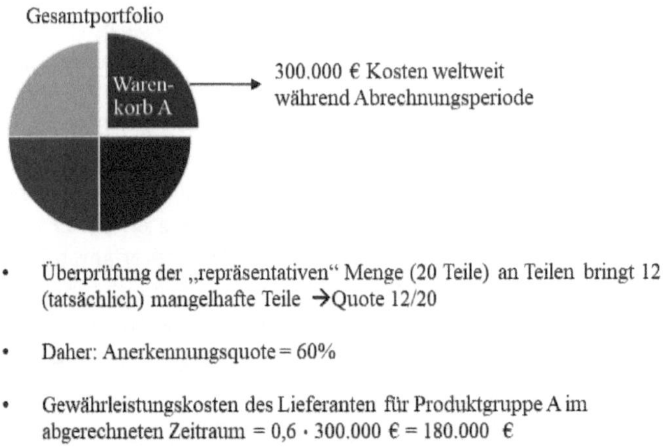

Gesamtportfolio

Warenkorb A

300.000 € Kosten weltweit während Abrechnungsperiode

- Überprüfung der „repräsentativen" Menge (20 Teile) an Teilen bringt 12 (tatsächlich) mangelhafte Teile →Quote 12/20

- Daher: Anerkennungsquote = 60%

- Gewährleistungskosten des Lieferanten für Produktgruppe A im abgerechneten Zeitraum = 0,6 · 300.000 € = 180.000 €

Bild 2.3
Kostenentwicklung bei Anerkennungsverfahren

In beiden Verfahren werden häufig Kostenpauschalen eingesetzt, sodass grundsätzlich für den Einzelfall weder der konkrete Schadensgrund noch die tatsächliche Schadenshöhe ermittelt werden kann. Der Zulieferer verzichtet damit auf elementare Rechte der gesetzlich geregelten Gewährleistung, sodass hier besonders auf einen abgestimmten Versicherungsschutz geachtet werden muss, da sich Standardpolicen i.d.R. an den gesetzlichen Regelungen orientieren.

Aufgabe eines ganzheitlichen Zuverlässigkeitsmanagements ist es, die im Rahmen des Gewährleistungsprozesses anfallenden Daten zu analysieren, Muster zu erkennen und Hinweise auf unplausible Abrechnungen zu geben.

Neben der vorangehend genannten Abrechnung im Regelregress haben – zumindest im Automobilbereich – alle OEM entsprechende Klauseln, die bei vermehrt auftretenden Fehlern einen sogenannten Sonderregress ermöglichen. Wird dieser ausgerufen, so erfolgt die Regressierung i.d.R. im Rahmen eines kleinen Projektes. Oft sind Sonderregresse mit Feldaktionen verbunden, in denen der OEM nicht sicherheitsrelevante Fehler durch eine groß angelegte Tauschaktion verhindern möchte. Die Kosten für eine solche Aktion belaufen sich schnell im Bereich von mehreren Millionen Euro und können aufgrund der Plattform- und Gleichteilstrategie auch in dreistellige Millionen oder sogar Milliarden reichen. Meist wird die Schadenssumme auf einen bestimmten Zeitraum prognostiziert und dann final verhandelt. Auch in diesem Bereich leisten Zuverlässigkeitsmethoden, wie z.B. Schichtlinien oder Felddatenprognosen, einen erheblichen Beitrag, um die eigene Verhandlungsposition zu stärken. Im Kapitel 28 finden sich einige Beispiele aus dem Haftungs- und Gewährleistungsbereich, welche die Bedeutung von Zuverlässigkeitsmethoden aufzeigen.

2.2 Schadteilanalyse Feld und No-Trouble-Found-Prozess

Ein weiterer, wichtiger Baustein im Haftungs- und Gewährleistungsmanagement ist die Befundung von physisch vorliegenden Schadteilen. Schon Dorian Shainin[1] sagte: „Talk to the parts; they are smarter than the engineers."

Es geht dabei um die systematische Analyse von fehlerhaften Bauteilen aus dem Feld, um zum einen den Fehlerabstellprozess anzustoßen, und zum anderen die Verantwortlichkeit für den Fehler nach dem Verursacherprinzip zu ermitteln. Einer der neusten Standards im Bereich der Schadteilanalyse Feld ist der VDA Standard „Schadteilanalyse Feld & Auditstandard" aus dem Jahr 2018. Anhand dieses Standards soll im Folgenden die Bedeutung im Rahmen des Haftungs- und Gewährleistungsmanagements, aber auch des Zuverlässigkeitsmanagements dargestellt werden.

Grundsätzlich ergibt sich in vielen Branchen das Problem, dass aufgrund von finanziellen, logistischen, aber auch zollrechtlichen Problemen nicht alle ausgefallenen Teile aus dem Feld als Schadteile an den Hersteller zurückgesendet werden können. Folglich muss sichergestellt werden, dass aus dieser möglichst repräsentativen Stichprobe der größte Mehrwert

---

[1] Dorian Shainin (1914 – 2000)

gezogen werden kann. Es sind somit standardisierte, mit dem Kunden abgestimmte Prüfprozesse zu entwickeln, welche eine vertrauensvolle Zusammenarbeit zwischen Kunde und Lieferant ermöglichen. Das gemeinsam abgestimmte Konzept soll sicherstellen, dass mit wirtschaftlich vertretbarem Aufwand möglichst viele Fehler gefunden werden, da hinter jeder Reklamation ein potenziell enttäuschter Endkunde steht. Gleichzeitig soll das Konzept so aufgebaut sein, dass mit Standardprüfungen die relevanten Funktionen des betroffenen Systems oder Bauteils überprüft werden können. Tritt in dieser Standardprüfung ein Fehler auf und korreliert dieser mit der Fehlerbeschreibung, wird das Bauteil als „n.i.O. gemäß Befundung" eingestuft und in den Problem-Lösungs-Prozess (auch Fehlerabstellprozess) übergeben. Sollte in der Standardprüfung kein Fehler zu finden sein, müssen die Schadteile in die Belastungsprüfung überführt werden. Wie der Name es schon sagt, sollte in der Belastungsprüfung versucht werden, Umgebungsbedingungen gemäß Spezifikationen zu simulieren, um die im Feld auftretenden Lasten (intern und extern) auf das System zu berücksichtigen. Wird in der Belastungsprüfung ein Fehler gefunden, erfolgt die weitere Bearbeitung im Problem-Lösungs-Prozess.

Bild 2.4 zeigt den Ablauf einer Schadteilanalyse mit den unterschiedlichen Prüfstufen.

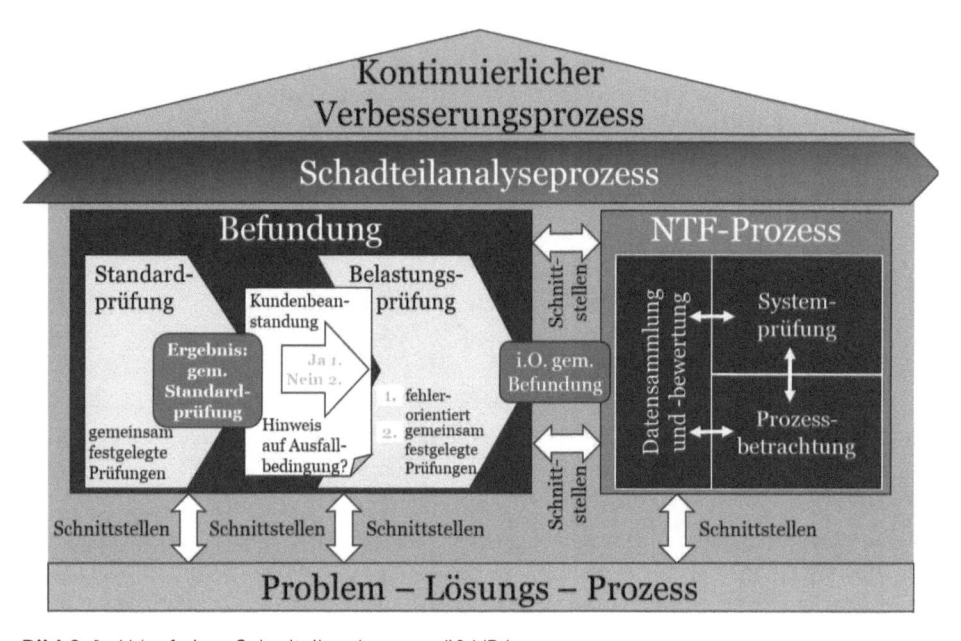

Bild 2.4 Ablauf einer Schadteilanalyse gemäß VDA

Wie aus Bild 2.4 hervorgeht, gibt es für Schadteile, welche auch nach der Belastungsprüfung ohne Befund sind, einen speziellen „No-Trouble-Found-Prozess" (NTF). Dieser Prozess berücksichtigt die immer komplexeren und vernetzten eingesetzten Systeme im Fahrzeug. Oftmals kann nämlich ein Lieferant ohne zusätzliches Wissen von anderen Lieferanten oder seinem Kunden den Fehler nicht nachstellen, da weitere bzw. übergeordnete Systeme das Fehlerbild auslösen oder begünstigen. Um diese Fehler trotzdem finden und abstellen zu können, wurde der NTF-Prozess ins Leben gerufen. Er folgt nicht einem klar vorgegebenen Prüfablauf, sondern wird individuell auf die Fragestellung hin ausgerichtet. Ein wichtiger Baustein des NTF-Prozesses ist der Bereich Datensammlung und Datenauswertung. Zahlreiche Verfahren aus diesem Buch zur Analyse von Daten eignen sich, um im NTF-Prozess wertvolle Hinweise zu Mustern oder Auffälligkeiten zu geben. Damit lassen sich kritische Herstellungsmonate eingrenzen, auffällige Märkte detektieren, organisatorische Einflüsse bei Beanstandungen visualisieren oder Prognosen zum zukünftigen Ausfallverhalten erstellen. Die mathematischen Methoden der Zuverlässigkeitstechnik liefern somit einen wertvollen Beitrag für ein erfolgreiches NTF-Projekt.

Bild 2.5 zeigt auf, wie vielfältig Auslöser für NTF-Probleme sein können. Es ist daher bedeutsam, zur Verfügung stehende Daten intensiv zu analysieren, um zeit- und ressourcenschonend das Problem zu finden.

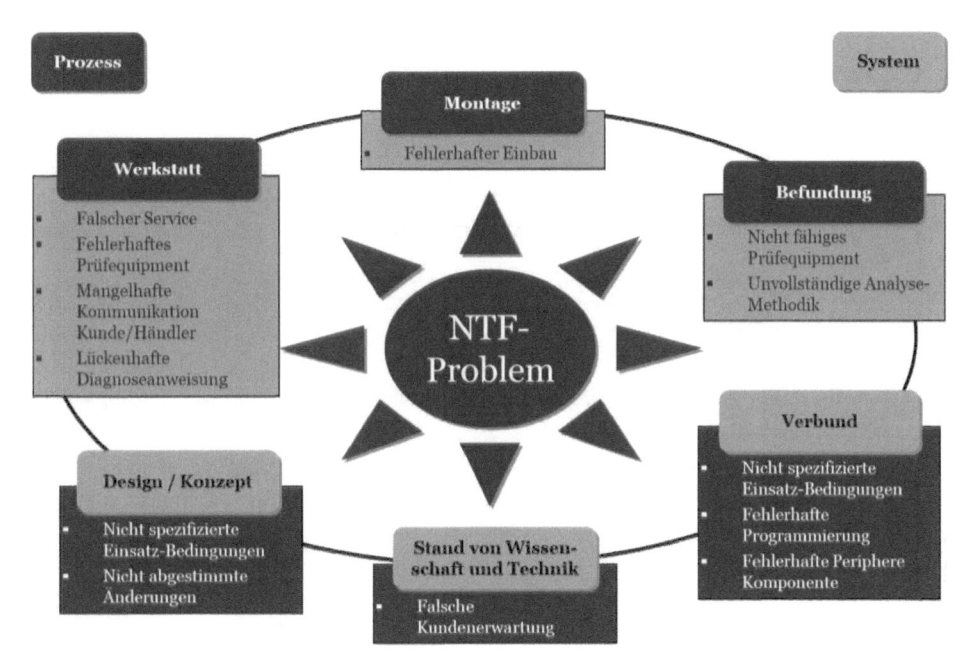

Bild 2.5 NTF-Problemlöser gemäß VDA

Für Unternehmen ist es notwendig, entsprechende Prozesse und Ressourcen in der Organisation vorzuhalten, welche die Umsetzung eines umfassenden Schadteilanalyseprozesses inklusive NTF-Prozess ermöglichen. Unternehmen aus dem Automobilbereich sind über die IATF 16949:2016 (International Automotive Task Force) sogar verpflichtet, einen entsprechenden Prozess vorzuhalten.

3 Normative Anforderungen in der Sicherheits- und Zuverlässigkeitstechnik

■ 3.1 Einleitung zu normativen Anforderungen im rechtlichen Kontext

Unter dem Begriff „Norm" wird im allgemeinen Sprachgebrauch die Formulierung der „vereinbarten Art und Weise etwas zu tun" verstanden. Seine Wortherkunft hat der Begriff im lateinischen Wort „norma", was „Regel", „Maßstab" oder „Richtschnur", aber auch „Winkelmaß" bedeutet.

Der Begriff „Norm" wird als Basis für eine Rechtsordnung weiterhin im Sinne von Gebot oder Verbot verstanden. Die Verletzung einer solchen Rechtsordnung stellt eine Rechtswidrigkeit dar und führt somit zu rechtlichen Sanktionen. In diesem Zusammenhang wird auch von „Rechtsnormen" gesprochen, was für die vorliegende Betrachtung allerdings nicht weiter im Fokus steht.

Normen stellen Regeln und Leitlinien auf, die sich auf die Herstellung von Produkten, die Bereitstellung von Dienstleistungen oder auch die Verwaltung von Prozessen beziehen können. Sie sind somit eine relevante Quelle für Anforderungen an ein spezifisches Themengebiet. Die BSI Group (ein internationales Unternehmen für Normen und Zertifizierung) schreibt auf ihrer Website, dass *„Normen die destillierte Weisheit von Menschen mit Fachkenntnissen zu ihrem Thema sind, die die Bedürfnisse der Unternehmen, die sie vertreten, kennen"* (siehe BSI Group). Normen bündeln demnach den zum Erstellungszeitpunkt vorhandenen Wissensumfang zu einem konkreten Thema.

Folglich decken Normen vielfältige Themengebiete ab, wie z. B. das Bauwesen, den Arbeits- und Gesundheitsschutz oder das Qualitätsmanagement. Für die Bereiche Sicherheits- und Zuverlässigkeitstechnik haben „technische Normen" eine entsprechende Relevanz, worunter allgemein Normen im Sinne der festgelegten Vereinheitlichung von Abmessungen, Qualitäten, Herstellungsverfahren, Sicherheitsanforderungen und Bezeichnungen industrieller und gewerblicher Produkte verstanden werden (vgl. Schweizerischer Verband der Strassen- und Verkehrsfachleute (VSS, siehe Lit.). Es existiert hingegen keine einheitliche Definition des Begriffs „technische Norm". Allerdings weisen technische Normen eine hohe Bedeutung in Bezug auf „Rationalisierung, Qualitätssicherung, Verständigung der am Wirtschaftsleben beteiligten Kreise, aber auch für die Sicherheit der Produkte der industriellen Massenfabrikation" auf (vgl. Urteil des Bundesgerichtshofs (BGH) vom 10.03.1987, siehe Lit.). Die Regelsetzung einer technischen Norm erfolgt durch privatrechtliche Organisationen, welche alle an einem spezifischen Thema interessierten Personen und Gruppierungen (z. B. Hersteller, Forschungsinstitute, Behörden, Universitäten) zur gemeinsamen nationalen, europäischen oder internationalen Arbeit und Abstimmung an einen Tisch holen. Eine technische Norm ist laut Mohr (siehe Lit.) somit ein mit Konsens erstelltes Dokument, sodass die Gemeinschaftsarbeit der interessierten Kreise betont werden muss. Die Verabschiedung einer technischen Norm (im Gegensatz zu einem Standard) erfolgt in der Regel nach festgelegten Grundsätzen mithilfe eines öffentlichen Einspruchsverfahrens. Zu diesen Organisationen zählen u. a.

- DIN   Deutsches Institut für Normung
- CEN   Europäisches Komitee für Normung
           (franz. Comité Européen de Normalisation)
- CENELEC Europäisches Komitee für elektrotechnische Normung
           (franz. Comité Européen de Normalisation Électrotechnique)
- ETSI   Europäisches Institut für Telekommunikationsnormen
           (engl. European Telecommunications Standards Institute)
- IEC   Internationale elektrotechnische Kommission
           (engl. International Electrotechnical Commission
- ISO   Internationale Organisation für Normung
           (engl. International Organisation for Standardization).

Der deutsche Alltag wird laut Angabe des DIN aktuell übrigens durch rund 34 000 Normen maßgeblich mit beeinflusst (siehe DIN 2023).

Obwohl der Normung, wie bereits angesprochen, eine hohe Bedeutung zugewiesen wird, gelten Normen als nicht zwingend, sondern sind – bis auf wenige Ausnahmen – auf freiwillige Anwendung ausgerichtete Empfehlungen (vgl. Urteil des BGHs vom 03.02.2004, siehe Lit.). Sie werden vielmehr zur Konkretisierung von unbestimmten Gesetzen herangezogen. So begründete z. B. das Bundesverwaltungsgericht in einem Beschluss aus dem Jahre 1996 (siehe Lit.):

„Das Deutsche Institut für Normung hat indes keine Rechtsetzungsbefugnisse. Es ist ein eingetragener Verein, der es sich zur satzungsgemäßen Aufgabe gemacht hat, auf ausschließlich gemeinnütziger Basis durch Gemeinschaftsarbeit der interessierten Kreise zum Nutzen der Allgemeinheit Normen zur Rationalisierung, Qualitätssicherung, Sicherheit und Verständigung aufzustellen und zu veröffentlichen. Wie weit er diesem Anspruch im Einzelfall gerecht wird, ist keine Rechtsfrage, sondern eine Frage der praktischen Tauglichkeit der Arbeitsergebnisse für den ihnen zugedachten Zweck."

Weiter heißt es:

„Rechtliche Relevanz erlangen Normen im Bereich des technischen Sicherheitsrechts nicht, weil sie eigenständige Geltungskraft besitzen, sondern nur, soweit sie die Tatbestandsmerkmale von Regeln der Technik erfüllen, die der Gesetzgeber als solche in seinen Regelungswillen aufnimmt. Werden sie, wie dies beim Bau und beim Betrieb von Abwasseranlagen geschehen ist, vom Gesetzgeber rezipiert, so nehmen sie an der normativen Wirkung in der Weise teil, dass die materielle Rechtsvorschrift durch sie näher konkretisiert wird."

Normen spiegeln gemäß dem Urteil des Bundesgerichtshofs von 2004 (siehe Lit.)

„den Stand der für die betroffenen Kreise geltenden anerkannten Regeln der Technik wider und sind somit zur Bestimmung des nach der Verkehrsauffassung zur Sicherheit Gebotenen in besonderer Weise geeignet".

Weiter hat der Bundesgerichtshof im sogenannten Airbag-Urteil von 2009 festgehalten, dass der Hersteller zur Gewährleistung der erforderlichen Produktsicherheit diejenigen Maßnahmen zu treffen hat, *„die nach den Gegebenheiten des konkreten Falles zur Vermeidung einer Gefahr objektiv erforderlich und nach objektiven Maßstäben zumutbar sind"* (vgl. Urteil des BGHs vom 16.06.2009, siehe Lit.). Darin heißt es weiter, dass Sicherheitsmaßnahmen erforderlich sind, *„die nach dem im Zeitpunkt des Inverkehrbringens des Produkts vorhandenen neusten Stand der Wissenschaft und Technik konstruktiv möglich sind"*.

In zuvor erwähnten sowie weiteren gerichtlichen Beschlüssen bzw. Urteilen tauchen sogenannte „technische Generalklauseln" (oder auch Technikklauseln) auf, deren Verhältnis zur Normung durchaus unterschiedlich ist. Gemeint sind nach der Kommission Arbeitsschutz und Normung (KAN) (siehe Lit.) mit den technischen Generalklauseln

- die anerkannten Regeln der Technik,
- der Stand der Technik und
- der Stand von Wissenschaft und Technik,

welche nicht allesamt gesetzlich definiert sind.

Unter den **anerkannten Regeln der Technik** werden Prinzipien und Lösungen verstanden, die nach dem Beschluss des Bundesverwaltungsgerichtes aus dem Jahr 1996 (BVerwG) (siehe Lit.) *„in der Praxis erprobt und bewährt sind"*. Zahlreiche Gerichtsurteile geben an, dass Normen die Vermutung in sich tragen, dass sie den Stand der allgemein anerkannten Regeln der Technik wiedergeben (vgl. Urteil des BGHs vom 24.05.2013, siehe Lit.). Normen haben allerdings keinen Ausschließlichkeitsanspruch und können hinter den anerkannten Regeln der Technik zurückbleiben. Die „Regeln der Technik" sind im Übrigen nicht mit „technischen Regeln" zu verwechseln, wobei es sich nach Völkel (siehe Lit.) um einen anderen Ausdruck für das *„Verhalten auf einem technischen Gebiet handelt"*. Eine technische Regel ist beispielsweise die gängige Praxis, dass Schrauben rechtsherum eingedreht und linksherum ausgedreht werden. Es muss allerdings festgehalten werden, dass die beiden Begriffe eng miteinander verbunden sind, da beide Begriffe Verhaltens- bzw. Vorgehensweisen auf technischem Gebiet beschreiben, wobei die technischen Regeln dem Tatsachenbereich zuzuordnen sind, wohingegen es sich bei den Regeln der Technik um ein rechtliches Phänomen handelt. Alle Regeln der Technik sind auch technische Regeln, nicht alle technischen Regeln sind aber auch Regeln der Technik.

Die Betriebssicherheitsverordnung definiert in § 2 Abs. 10 den **Stand der Technik (SdT)** als

„Entwicklungsstand fortschrittlicher Verfahren, Einrichtungen oder Betriebsweisen, der die praktische Eignung einer Maßnahme oder Vorgehensweise zum Schutz der Gesundheit und zur Sicherheit der Beschäftigten oder anderer Personen gesichert erscheinen lässt" (siehe Lit.).

Ferner sind *„bei der Bestimmung des Stands der Technik [...] insbesondere vergleichbare Verfahren, Einrichtungen oder Betriebsweisen heranzuziehen, die mit Erfolg in der Praxis erprobt worden sind"*.

Normen sind gemäß der KAN nur dann verbindlich, wenn sie den SdT in einem Codex festlegen. Harmonisierte Normen bieten einen guten Anhaltspunkt für den Stand der Technik im Zeitpunkt der Bekanntmachung. Harmonisierte europäische Normen werden im Amtsblatt der Europäischen Union veröffentlicht. Eine Norm ist allerdings nicht mit dem SdT gleichzusetzen, sie kann immer nur ein Ausdruck des Stands der Technik sein. Normen veralten ständig – dabei wird auf die Tatsache, dass einzelne Norminhalte seit ihrem Entwicklungszeitpunkt über die Abstimmungs- und Genehmigungsdauer bis hin zur Publikation bereits wieder überholt sein können, an dieser Stelle gar nicht weiter eingegangen. Es sollte folglich regelmäßig geprüft werden, ob eine Norm noch dem SdT entspricht und diesen korrekt wiedergibt (siehe auch VSS).

Der **Stand von Wissenschaft und Technik (SWT)** ist gemäß dem sogenannten Kalkar-Beschluss des BVerwG (siehe Lit.) unter der Berücksichtigung von neuesten wissenschaftlichen Erkenntnissen das *„technisch gegenwärtig Machbare"*. Hier stellt sich das Verhältnis zur Normung als gänzlich anders dar. Nach KAN spiegeln nicht Normen den SWT wider, sondern der Stand von Wissenschaft und Technik ist bei der Erstellung von Normen zu berücksichtigen. Dies ist auch in DIN 820-1 manifestiert, in der festgehalten ist, dass Normen den *„jeweiligen Stand der Wissenschaft und Technik sowie die wirtschaftlichen Gegebenheiten"* zu berücksichtigen haben (siehe Lit.). Die beiden Begriffe „Stand der Wissenschaft und Technik" sowie „Stand der Wissenschaft" werden im Übrigen synonym zu „Stand von Wissenschaft und Technik" verwendet. Nach der Handwerkskammer für München und Oberbayern (siehe Lit.) sollen die allgemein anerkannten Regeln der Technik eine Mehrheitsmeinung der Praxis darstellen, während der Stand der Technik nicht von der herrschenden Auffassung unter Praktikern abhängig ist. Er wird vielmehr danach bestimmt, was an der Front des technischen Fortschritts für geeignet, notwendig oder angemessen gehalten wird. Somit bedeutet Stand der Technik den technisch und wirtschaftlich realisierbaren Fortschritt.

Die unbestimmten Rechtsbegriffe technischer Sachverhalte sind in Bild 3.1 zusammenfassend dargestellt.

Begriff	Anerkannte Regeln der Technik	Stand der Technik	Stand von Wissenschaft und Technik
Definition	Die von der Mehrheit der Fachleute anerkannten • wissenschaftlich begründeten • ausreichend erprobten Regeln zum Lösen technischer Aufgaben	Das Fachleuten verfügbare Fachwissen, das • wissenschaftlich begründet, • praktisch erprobt und ausreichend bewährt ist	Der neueste Stand wissenschaftlicher und technischer Erkenntnisse, der • nachprüfbar begründet, • technisch durchführbar, • allgemein zugänglich, aber noch ohne praktische Bewährung ist
Praxisbeispiele	DIN-, DIN EN-, DIN EN ISO-, DIN IEC-Normen, VDI-Richtlinien, VDE-Vorschriften, UVV, Regeln technisch-wissenschaftlicher Vereine	Einzelnachweise nach übereinstimmender Bewertung in • Zeitschriftenbeiträgen, • Fachliteratur, • Sachverständigengutachten	Zeitpunktbezogene Darstellungen in • wissenschaftlichen Veröffentlichungen, • Kongressberichten, • Schutzrechtsschriften

Bild 3.1 Unbestimmte Rechtsbegriffe technischer Sachverhalte (angelehnt an Reuschlaw Legal Consultants, Berlin)

Normen gelten nach Helmig (siehe Lit.) als komplementärer Auslegungsmaßstab für die vertrags- und haftungsrechtliche Beurteilung technischer Produkte, da der Gesetzgeber zwar die Forderung nach sicheren Produkten stellt, diese aber nicht im Detail vorgibt und auch nicht vorgeben kann, wie die Sicherheit technisch zu gewährleisten ist. Normen geben die herrschende Auffassung der technischen Praktiken wieder. Aufgrund der praktischen Bedeutung und der Verbreitung von Normen herrscht gemäß Ensthaler, Müller und Symantschke allerdings *„faktisch ein Befolgungszwang"* (siehe Lit.).

Die beiden Begriffe „Norm" und „Standard" werden im allgemeinen Sprachgebrauch sehr häufig in einem Atemzug genannt, was aber bei genauerer Betrachtung nicht korrekt ist. Im Gegensatz zu Normen umfassen Standards zwar ebenfalls Festlegungen von Regeln, Leitlinien und Merkmalen für Tätigkeiten und deren Ergebnisse bei allgemeinen und wiederkehrenden Anwendungen, allerdings sind an der Schaffung eines Standards nicht alle interessierten Kreise involviert (wie bei einer Norm), sondern ein geschlossener Kreis unter Ausschluss der Öffentlichkeit. Die Verabschiedung eines Standards erfolgt ebenfalls nicht in einem öffentlichen Verfahren, sondern in diesem kleinen Kreis. Standards werden z. B. von Verbänden, Organisationen oder auch einzelnen Unternehmen publiziert – oft wird hier von Industrie-Standards gesprochen. Alle Normen sind zwar Standards, aber nicht alle Standards sind auch gleichzeitig Normen.

Der Nexus von Standards lässt sich anhand von Bild 3.2 für den Bereich Funktionale Sicherheit gut veranschaulichen.

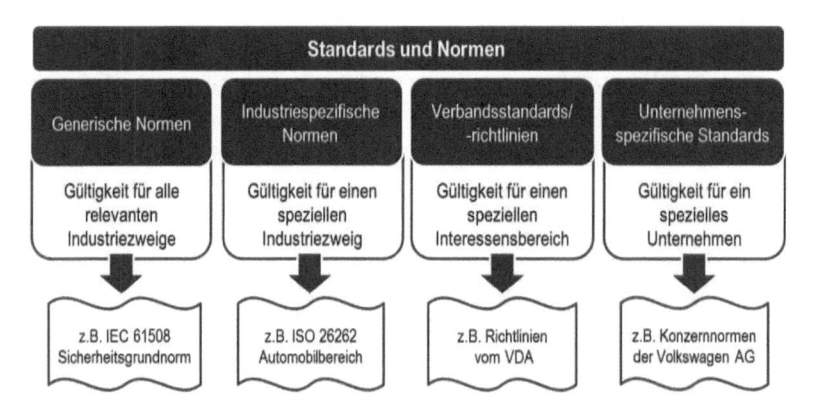

Bild 3.2 Nexus von Standards und Normen am Beispiel der Funktionalen Sicherheit

Verschiedene Unternehmen haben hauseigene *unternehmensspezifische Standards* zu speziellen Themengebieten erarbeitet. So gibt es z. B. von der Volkswagen AG die „Entwicklungsrichtlinie Funktionale Sicherheit", in welcher die Erwartungen des Volkswagen Konzerns an den Umgang, die Auslegung und das Verständnis der ISO 26262 formuliert werden. Hierdurch soll im Rahmen einer verteilten oder unternehmensübergreifenden Entwicklung die Zusammenarbeit zwischen dem OEM und seinen Zulieferern verbessert werden, da u. a. Kommunikationsschwierigkeiten und Missverständnisse bei einer solchen Entwicklung reduziert werden. Arbeitet ein Unternehmen als Auftragnehmer mit der Volkswagen AG im Rahmen einer sicherheitsrelevanten Produktentwicklung zusammen, so stellt diese Entwicklungsrichtlinie eine verpflichtende Anforderung dar. Dies wird in den entsprechenden Bauteillastenheften verankert.

Verschiedene Interessensverbände veröffentlichen *verbandsinterne Standards, Richtlinien und Empfehlungen,* welche die Interessen des entsprechenden Verbands darlegen und öffentlich verfügbar machen. Die darin enthaltenen Anwendungsregeln und Handlungsempfehlungen stehen oftmals deutlich schneller zur Verfügung, als dies im Rahmen einer herkömmlichen Norm möglich ist. So hat der Verband der Automobilindustrie (VDA) z. B. in einer Empfehlung einen Situationskatalog veröffentlicht, in dem Basissituationen und deren E-Parameter enthalten sind, welche für die Anwendung in einer Gefährdungsanalyse und Risikobewertung gemäß ISO 26262 bestimmt sind (siehe VDA-Empfehlung 702, siehe Lit.). Auch der Verband Deutscher Maschinen- und Anlagenbau (VDMA) greift in der Veröffentlichung seiner Einheitsblätter und Leitfäden immer wieder Themen der Funktionalen Sicherheit auf, in denen eine standardisierte Sichtweise dargelegt werden soll (siehe z. B. VDMA aus den Jahren 2009, 2012, 2013, siehe Lit.).

Industriespezifische Normen, wie z. B. im Kontext der Funktionalen Sicherheit die ISO 26262 für den Bereich der Straßenfahrzeuge oder die DIN EN ISO 13849 für den Bereich Maschinen, besitzen Gültigkeit für einen speziellen relevanten Industriezweig oder -sektor. Aus diesem Grund wird hierbei auch von sektorspezifischen Normen gesprochen. Solche industriespezifischen Normen konkretisieren allgemeinere Vorgaben auf den konkreten Bereich und berücksichtigen die dort herrschenden Gegebenheiten.

Eine Ebene höher existieren *generische Normen,* wie z. B. die DIN EN 61508, die als sogenannte Sicherheitsgrundnorm über einer Vielzahl anderer anwendungsspezifischer Normen steht und Gültigkeit für alle relevanten Industriezweige hat.

■ 3.2 Überblick über die Begrifflichkeiten: Safety, Security und Reliability

Bezüglich der Meta-Begrifflichkeiten „Safety", „Security" und „Reliability" lohnt eine genauere Betrachtung und insbesondere eine Abgrenzung, da die Begriffe durchaus manchmal gleichgesetzt oder synonym verwendet werden.

Die Frage „Was ist **Sicherheit**?" lässt sich so ohne Weiteres gar nicht so einfach beantworten. Zwar ist es unstrittig, dass Sicherheit ein zentraler Wertebegriff ist und dass sie eine der elementaren Voraussetzungen für alle Bereiche im öffentlichen Leben darstellt, aber der Begriff ist nicht genau definiert (vgl. Endreß/Petersen, siehe Lit.). Im allgemeinen Sprachgebrauch wird Sicherheit am ehesten mit der *„Abwesenheit von unvertretbaren Risiken und drohenden Gefahren"* erläutert. Der Sicherheitsbegriff an sich birgt jedoch eine ganze Reihe an verschiedenen und mehrschichtigen Facetten und Dimensionen (Bild 3.3), die und deren Grenzen es zu klären gilt, wenn sich mit dem Begriff Sicherheit auseinandergesetzt wird.

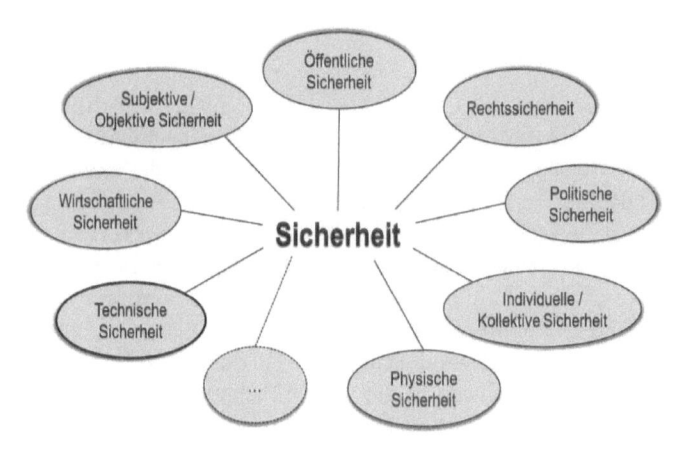

Bild 3.3 Aspekte und Facetten des Sicherheitsbegriffs

Wie in Bild 3.3 zu erkennen, kann und muss Sicherheit in verschiedenen Kontexten betrachtet werden. Die Abbildung soll dies lediglich verdeutlichen und sie ist auch in keinem Fall als vollständig anzusehen. Das vorliegende Werk hat nicht den Anspruch, eine politik- oder sozialwissenschaftliche Auseinandersetzung mit dem Begriff in der erforderlichen Detailtiefe durchzuführen. Vielmehr soll der Aspekt der „technischen Sicherheit" näher betrachtet werden, da er für den Komplex der Zuverlässigkeits- und Sicherheitstechnik eine prägende Rolle spielt, insbesondere wenn die Begriffe „Safety" und „Security" ins richtige Licht gerückt werden sollen.

Laut dem Verein Deutscher Ingenieure (VDI) wird unter **Technischer Sicherheit** (siehe Lit.) begrifflich verstanden:

„*dass ein technisches System, eine Anlage, ein Produkt über einen geplanten Zeitraum (gegebenenfalls die geplante Lebensdauer) hinweg die vorgesehenen Funktionen erfüllt und bei bestimmungsgemäßer Nutzung keine geschützten Rechtsgüter verletzt, d. h. weder Personen noch Sachen geschädigt werden, soweit dafür das System, die Anlage oder das Produkt ursächlich sein können*". Weiter heißt es in VDI 2016, dass die Zuverlässigkeit der Funktion über die vorgesehene Lebensdauer kein Bestandteil der Sicherheit ist, sofern der Verlust der Funktion zu keinem unsicheren Zustand führt. Daran wird bereits deutlich, dass es einen Unterschied zwischen Sicherheit und Zuverlässigkeit geben muss, worauf aber an späterer Stelle noch genauer eingegangen wird.

Bei einer Betrachtung des angloamerikanischen Sprachraums fällt auf, dass es mit „Safety" und „Security" zwei Begriffe zu geben scheint, die heutzutage auch im deutschen Sprachraum sehr häufig im Kontext „Sicherheit" verwendet werden. Allerdings ist die Bedeutung der beiden Begriffe durchaus unterschiedlich, was durch Bild 3.4 verdeutlicht wird.

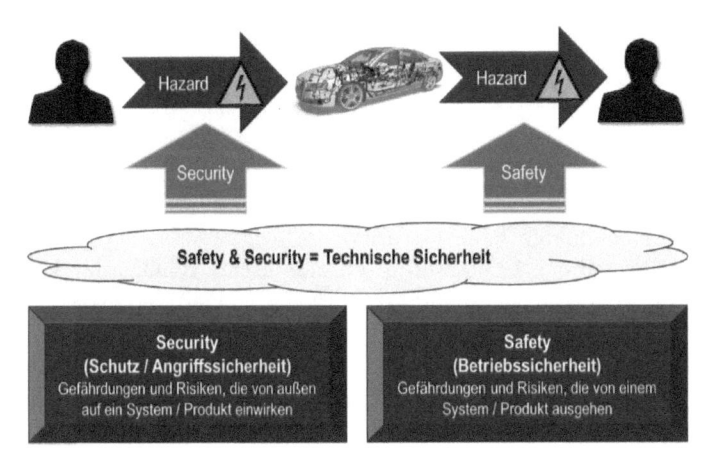

Bild 3.4 Bedeutung von Safety und Security im Kontext der Technischen Sicherheit

Von **Safety** wird gesprochen, wenn es um die Gefährdungen und Risiken geht, die von einem Produkt (in Bild 3.4 von einem Automobil) ausgehen. Dementsprechend geht es dabei um die Betriebssicherheit des Produkts und den Schutz von Personen, Sachen und der Umwelt. Die Sicht der Safety ist folglich „von innen nach außen" gerichtet (Klauda, siehe Lit.).

Dahingegen betrachtet **Security** den umgekehrten Fall, nämlich die Sicht auf das Produkt von außen nach innen. Sie behandelt Gefährdungen und damit zusammenhängende Risiken, die von außen auf ein Produkt einwirken, weswegen hier auch von Angriffssicherheit oder vom Schutz des Produkts gesprochen wird. Manchmal wird unter Security lediglich der Schutz von Daten oder die Informationssicherheit verstanden, was allerdings zu kurz gegriffen scheint. In diesem Kontext, der ohne Zweifel eine hohe Wichtigkeit innehat, beschreibt die Informationssicherheit die Eigenschaften von informationsverarbeitenden Systemen, die für digitale Daten die Schutzziele Vertraulichkeit, Verfügbarkeit und Integrität sicherstellen (vgl. Pauli 2017, siehe Lit.). Zusammengefasst kann festgehalten werden, dass sich der zuvor bereits angesprochene Begriff der Technischen Sicherheit aus den beiden Aspekten Safety und Security zusammensetzt.

Bis vor einigen Jahren war die Grenze zwischen den beiden Domänen Safety und Security noch relativ gut zu trennen, da es wenige Überlappungsbereiche gab. Heutzutage, vor allem durch die immer stärker fortschreitende Vernetzung von Produkten im Zuge der Digitalisierung, verschwimmen die Grenzen immer stärker, sodass eine kombinierte Betrachtung dieser beiden Sicherheitsaspekte sinnvoll erscheint. Insbesondere der Bereich Automotive wird durch die steigende drahtlose Vernetzung der Fahrzeuge sowohl fahrzeugintern als auch mit der Umgebung (V2X/C2X – Vehicle/Car-to-X-Kommunikation) mit immer mehr potenziellen Angriffspunkten für externe Attacken konfrontiert, sodass das Thema Automotive Security wachsende Bedeutung genießt (Klauda, siehe Lit.). Der Bundesverband Digitale Wirtschaft (BVDW, siehe Lit.) veranschlagte den Gesamtmarkt „Connected Cars" im Jahr 2015 auf ca. 32 Mrd. Euro. Laut BVDW sollte das Wertschöpfungspotenzial bis ins Jahr 2020 auf ca. 115 Mrd. Euro anwachsen. Andere Studien gingen für den gleichen Zielhorizont sogar von über 130 Mrd. Euro aus (siehe magility 2018). Der Informationssicherheit wird folglich eine immer stärkere Bedeutung zukommen, welche es neben dem „bewährten Feld" der Safety zu berücksichtigen gilt.

Ein einfaches Beispiel für den teils konträren Fokus von Safety und Security im Automobilbereich kann durch ein Türschließsystem verdeutlicht werden. Im normalen Alltagsgebrauch soll ein Türschloss das Fahrzeug durch ungewollte und unbefugte Zugriffe von außen schützen, sodass niemand das Fahrzeug oder darin befindliche Gegenstände stehlen, seine Insassen verletzen oder entführen kann (Security). Im hoffentlich sehr unwahrscheinlichen Fall eines Unfalls soll das Türschloss jedoch eine leichte Öffnung der Tür ermöglichen, um entsprechende Evakuierungs- und Rettungsmaßnahmen zu ermöglichen (Safety).

Noch gut in Erinnerung dürfte der Vorfall aus dem Sommer 2015 sein, bei dem die beiden Security-Experten Charlie Miller und Chris Valasek live demonstrierten, wie sie per Remote-Hack über das Internet die Kontrolle über ein modernes SUV-Fahrzeug (Jeep Cherokee von 2014) übernahmen – und dies während der vollen Fahrt auf einem amerikanischen Highway in St. Louis (Missouri, USA). Dabei verschafften die beiden sich nicht nur Zugriff auf die Klimaanlage, das Radio oder die Scheibenwischer, sondern konnten auch gezielt in die Fahrzeugsteuerung eingreifen und so beispielsweise die Motorkontrolle deaktivieren. Der Fahrer des Jeeps, ein US-Journalist der US-Internetseite „Wired", der über den Hack im Vorfeld Bescheid wusste und entsprechend vorbereitet war, wurde bei seinen Reaktionen gefilmt (siehe Greenberg 2015). Er konnte gegen keinen der Angriffe etwas unternehmen; so war es ihm z. B. nicht möglich, die plötzlich geänderte Lautstärke des Radios wieder zurückzudrehen oder das Fahrzeug manuell zu beschleunigen. Eindrucksvoll und medienwirksam wurde damals gezeigt, wie ein eigentlich technologisch fortschrittliches System wie ein modernes High-End-Fahrzeug Ziel einer solchen Attacke werden kann und dabei unmittelbar Safety-Aspekte betroffen sein können. Der Angriff erfolgte damals über eine Mobilfunkverbindung auf das Fahrzeug-Entertainment-System. Der Jeep-Hersteller Fiat Chrysler musste daraufhin übrigens eine großangelegte Rückrufaktion durchführen (siehe Greenberg 2015), in der bei rund 1,4 Millionen Fahrzeugen die Software erneuert wurde.

Da beide Domänen zwar durchaus ähnliche Entwicklungsprozesse verwenden und es Synergien bei der technischen Implementierung gibt, erscheint eine gemeinschaftliche Betrachtung sinnvoll. Allerdings dürfen die ebenfalls vorhandenen konkurrierenden Aspekte dabei nicht vernachlässigt werden. Eine Fehlfunktion in einer Security-Funktion darf beispielsweise nicht zu einer Deaktivierung einer Safety-Komponente führen. Nach Klauda (siehe Lit.) ist darauf zu achten, dass als Handlungsleitlinie die Security-Maßnahmen wichtige Safety-Funktionen nicht beeinträchtigen dürfen und die Verfügbarkeit der Safety-Funktion gegenüber der Security-Funktion Vorrang haben muss.

In Bild 3.5 ist ein Vorschlag für die gemeinschaftliche Adressierung von Safety- und Security-Aspekten in einem Entwicklungsprozess zu finden. Auch Bild 3.6 zeigt die Analogien der Safety-Vorgehensweise gemäß ISO 26262 und der Security-Prozessschritte anhand eines vereinfachten V-Modells.

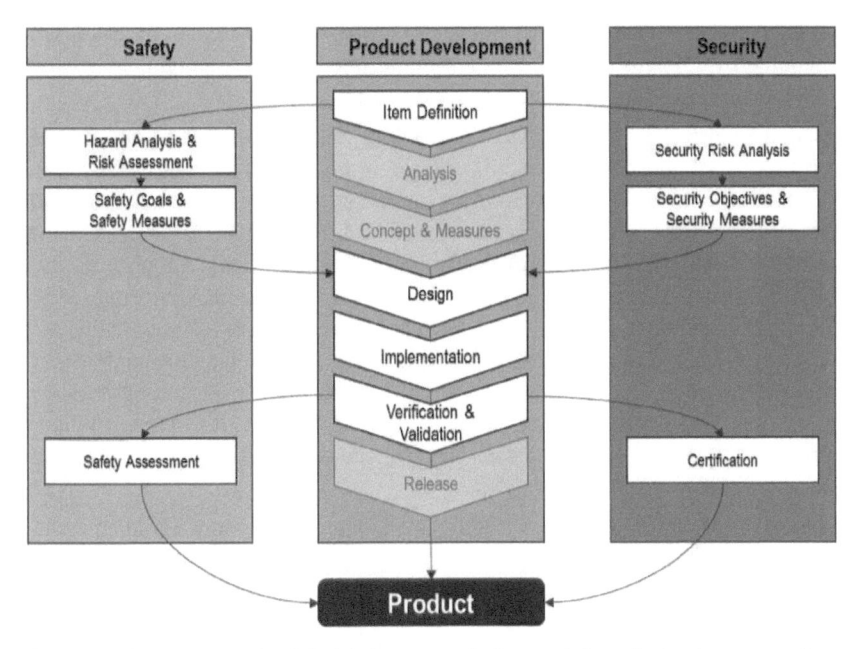

Bild 3.5 Vorschlag zur Berücksichtigung von Safety und Security in einem gemeinsamen Entwicklungsprozess nach Strasser et al. (siehe Lit.)

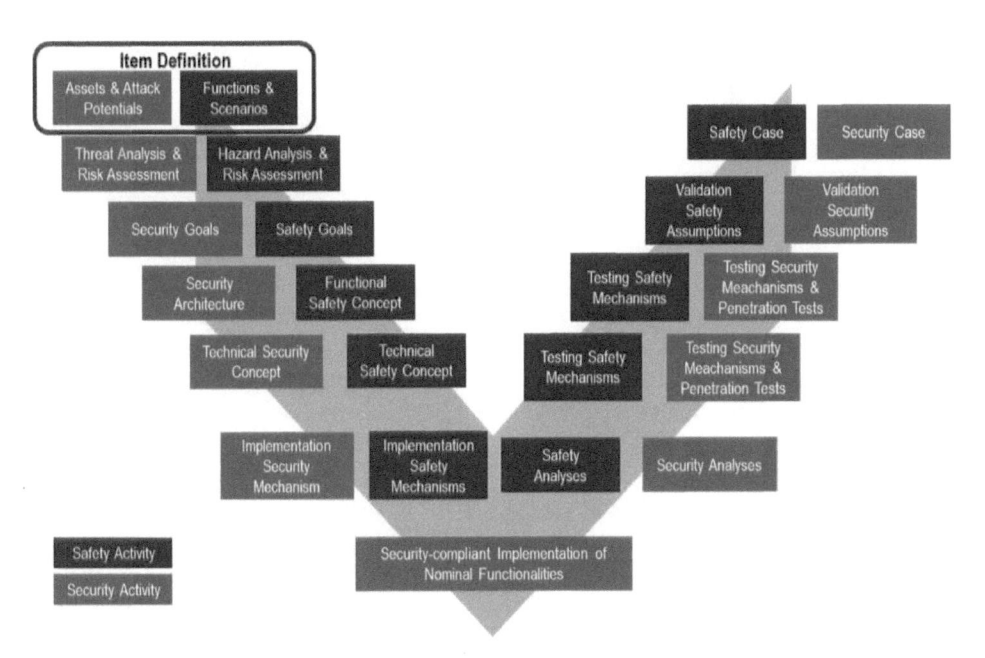

Bild 3.6 Gemeinsame Betrachtung von Safety- und Security-Anforderungen nach Ebert und Metzker (siehe Lit.)

Es wird deutlich, dass beide Themen nicht unabhängig voneinander betrachtet werden sollten. Vielmehr sollten Vorgehensweisen für eine gemeinsame Bearbeitung definiert werden, um vorhandene Synergien bestmöglich nutzen zu können.

Neben Safety und Security spielt ein weiterer Aspekt eine sehr wichtige Rolle bei der Entwicklung von Produkten: die Zuverlässigkeit. Unter dem Begriff der Zuverlässigkeit wird allgemein die Fähigkeit einer Betrachtungseinheit verstanden, eine geforderte Funktion unter den festgelegten Anwendungsbedingungen während der definierten Missionsdauer korrekt auszuführen. DIN EN 60300 definiert die Zuverlässigkeit einer Einheit kurz und knapp als „*Fähigkeit zu funktionieren wie und wann gefordert*" (siehe Lit.). Zuverlässigkeit kann somit auch als „Qualität auf Zeit" verstanden werden, wobei anstelle einer definierten Zeitspanne auch eine festgelegte Anzahl an Betriebszyklen oder Schaltspielen benutzt werden kann. **Reliability** wird oftmals mit dem Begriff Zuverlässigkeit gleichgesetzt (siehe z. B. VDA 2016), was allerdings ein wenig missverständlich ist. Er sollte vielmehr teils in der Bedeutung „Funktionsfähigkeit" und teils in der Bedeutung „Überlebenswahrscheinlichkeit" definiert werden (vgl. auch DIN 1190).

Alle drei Aspekte, also Safety, Security und Reliability stehen in Wechselwirkungen zueinander, wie Bild 3.7 visualisiert.

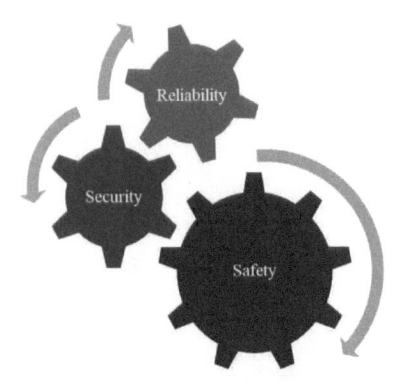

Bild 3.7
Wechselwirkung zwischen Safety, Security und Reliability nach Pauli 2017 (siehe Lit.)

Werden Security-Maßnahmen in ein technisches Produkt eingeführt, darf es in keinem Falle dazu kommen, dass die Betriebssicherheit darunter leidet und es zu einem erhöhten Risiko für die Anwender/Verbraucher kommt. Auf der anderen Seite muss bei neuen Safety-Features geschaut werden, ob sich diese in Einklang mit den bereits vorhandenen Security-Maßnahmen befinden oder diese außer Kraft setzen. Die Einführung neuer technischer Sicherheitsmaßnahmen führt unweigerlich zu einer Zunahme der Komplexität des Produkts. Dies kann grundsätzlich die Wahrscheinlichkeit für einen Ausfall erhöhen, was wiederum zu einer negativen Beeinflussung der Zuverlässigkeit führen wird. In Anhang A sind einige der wichtigsten und relevantesten Standards für die Bereiche Safety, Security und Reliability zu finden, welche im Rahmen der Entwicklung technischer Produkte zur Anwendung kommen. Die Standards werden jeweils kurz vorgestellt, wobei sich auf die für den deutschsprachigen Raum gültige Version bezogen wird. Die enthaltene Auflistung erhebt dabei keinerlei Anspruch auf Vollständigkeit; sie soll vielmehr als Anhaltspunkt für tiefergehende Recherchen dienen. Zu der Sicherheitsgrundnorm IEC 61508 sind in Abschnitt 5.1.2 vertiefende Angaben zu finden. Das entsprechende Derivat ISO 26262 für den Straßenverkehr wird in Abschnitt 5.1.4 ausführlich behandelt.

Teil II:
Zuverlässigkeit im Produktentstehungsprozess

4 Zuverlässigkeit im Produktentwicklungsprozess

■ 4.1 Zuverlässigkeitsprozess

Der Zuverlässigkeitsprozess ist ein stetiger Begleitprozess für den üblichen Produktlebenszyklus und geht zeitlich gesehen weit über die eigentliche Entwicklung eines Produkts hinaus. Es ist allerdings sehr wichtig, alle Zuverlässigkeitsthemen schon während der Entwicklung zu betrachten. Die systematische Rückführung von Feldinformationen in den Produktentstehungsprozess (PEP) steht aber ganz klar im Fokus. Der Prozess nutzt dabei insbesondere Informationen von Vorgängerbaureihen oder -produkten beziehungsweise ähnlichen Produkten, um Kenntnisse zum Nutzungsverhalten wie zum Beispiel Nutzungsintensitäten durch den Kunden in Abhängigkeit meist sehr unterschiedlicher Märkte, zu kritischen Schädigungsparametern und zum Ausfallverhalten selbst zu gewinnen. Der Zuverlässigkeitsprozess kann daher als ein sich ständig wiederholender in sich geschlossener Kreisprozess angesehen werden. In Bild 4.1 ist ein möglicher ganzheitlicher Zuverlässigkeitsprozess abgebildet.

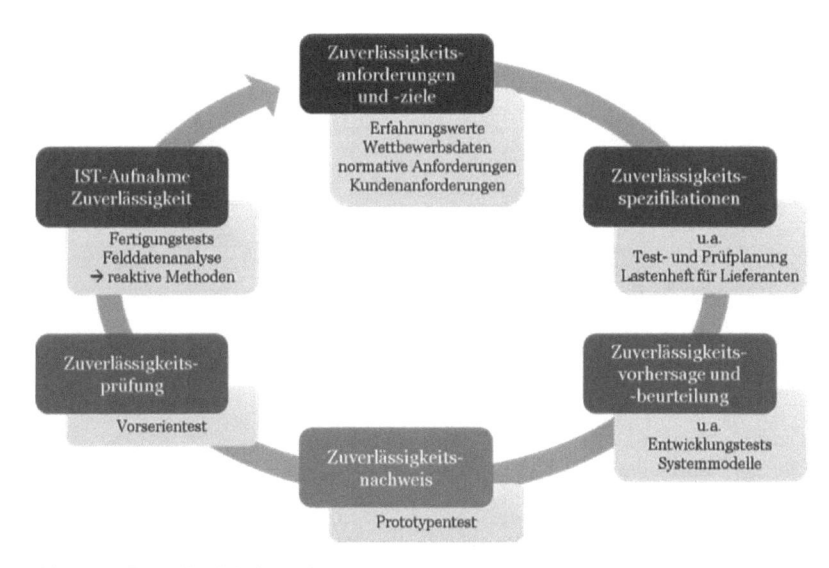

Bild 4.1 Zuverlässigkeitskreisprozess

Häufig werden allerdings nur Teilaspekte der Zuverlässigkeit im Entwicklungsprozess gesehen, sodass die Produktzuverlässigkeit im PEP nur unzureichend betrachtet wird. Etliche Themen werden dann in der Produktion und weiteren Nachfolgeprozessen (Service-/Reklamationsmanagement, Schadteilanalyseprozess, Lessons Learned) verortet und werden damit sehr spät betrachtet. Dies hat zur Folge, dass einige unternehmenskritische Themen zu spät fokussiert werden.

Ein sehr gutes Beispiel für solch ein Thema sind Gewährleistungs- und Garantiekosten in Bezug zu Entwicklungs- und Produktkosten. Jedes System hat bekanntlich eine inhärente Ausfallwahrscheinlichkeit, die unter anderem abhängig von der Qualität der Produkte, aber auch von der Auslegung der Systeme ist. Es ist leicht ersichtlich, dass kostengünstige, aber qualitativ unzureichende Produkte zu mehr Reklamationen während der Gewährleistungs-/Garantiezeit führen können. Diese Reklamationen führen unweigerlich zu Kosten, die als Abschätzung mit in die Kostenrechnung zum Entwicklungsprojekt einfließen sollten. Sind die Kosten zu hoch, kann ein ganzes Projekt unwirtschaftlich oder gar existenzbedrohend sein. Werden die Gewährleistungs-/Garantiekosten nicht dem Projekt zugerechnet, sondern auf eine andere Kostenstelle (z. B. auf ein Produktionswerk) gebucht, so ist unter Umständen nicht ersichtlich, dass solch ein Projekt so nicht hätte durchgeführt werden dürfen. Da die Entwicklung in nahezu allen Industriebereichen sehr kostengetrieben ist, gilt es hier, einen guten Kompromiss zwischen Entwicklungs-/Produktkosten und Gewährleistungs-/Garantiekosten zu finden.

Ein Zuverlässigkeitsprozess hilft dabei, derartige „Stolpersteine" im Produktleben zu identifizieren und zu bewerten. Er sollte daher durchgängig in eine Organisation implementiert sein und unter anderem dazu genutzt werden, die in Bild 4.2 dargestellten Themen während eines Produktlebenszyklus im Blick zu behalten.

WIRTSCHAFTLICHKEIT
- Optimierung/Verkürzung von Entwicklungsprojekten
- Optimierung von Erprobungsaufwänden
- Optimierung des Ersatzteilmanagements
- Kalkulation von Wartungsverträgen
- Prozesskennzahlen

RISIKOABSICHERUNG
- Regressunterstützung
- Feldüberwachung (Rückrufe/Serienschaden)
- Lieferantenüberwachung
- Risikobewertung Strategie/Produkt/Projekt

RECHTSSICHERHEIT
- Absicherung Geschäftsführung / benannte Personen / Entwicklung
- Einhaltung Produktbeobachtungspflicht
- Versicherbarkeit

LESSONS LEARNED
- Einheitliche Vorgehensweise
- Einheitliche Unternehmenssprache
- Input für Neuentwicklungen
- Fixierung von Wissen durch Zuverlässigkeitsdaten

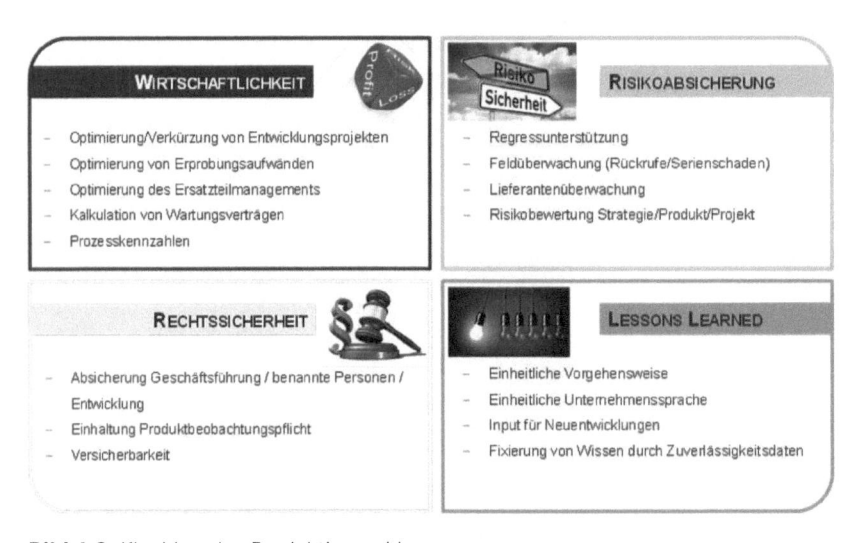

Bild 4.2 Kleeblatt des Produktionszyklus

In diesem Kontext ist es wichtig zu verstehen, dass die Themen sehr komplex miteinander verknüpft sind. Aufgrund der häufig verteilten Entwicklung und der Aufbau- und Ablauforganisation einer Firma können diese Themen von den Entwicklern und vom Projektmanager aber nicht mehr überblickt werden. So ist z. B. vielen Entwicklern in der Automobilindustrie nicht bewusst, dass aufgrund der Abrechnungsmodelle für einen einzelnen Ausfall ein Vielfaches der eigentlichen Kosten anfallen kann. Üblich sind Faktoren bis hin zu einer Größenordnung von ca. 150.

Zuverlässigkeitsmanagement

Zuverlässigkeitsmanagement (Reliability Management) bedeutet, zu einem frühen Zeitpunkt im Produktentstehungsprozess Zuverlässigkeitsvorgaben („Zuverlässigkeitsziele") zu definieren und deren Entwicklung im Sinne eines Zuverlässigkeitswachstums (Reliability Growth) über den gesamten Produktentstehungsprozess zu überwachen. Das Zuverlässigkeitsmanagement hört allerdings nicht mit dem Projektende und dem Serienproduktionsstart (Start of Production, SOP) auf. Auch während des Feldeinsatzes werden moderne Methoden der Felddatenauswertung und Mustererkennungsverfahren genutzt, um zum einen eine passive Marktbeobachtung durchzuführen und zum anderen aber auch wichtigen Input für neue Entwicklungsprojekte zu generieren.

Wichtig dabei ist, dass Zuverlässigkeit in die Unternehmenskultur einfließt und kein einmaliges Ereignis ist. Eine organisatorische und prozessuale Verankerung im Unternehmen ist folglich unverzichtbar. Eine große Herausforderung bei der Verankerung spielt das Verständnis von Zuverlässigkeit.

Häufig interpretieren die am Zuverlässigkeitsprozess beteiligten Personen die Zuverlässigkeit anders. Es gilt dementsprechend diverse Fragestellungen vorab zu klären. Hierzu gehören unter anderem folgende:

- Wie zuverlässig muss mein Produkt sein?
- Wie wird das Produkt überhaupt genutzt und was wird von ihm erwartet?
- Ist ein Produkt zuverlässig, wenn es alle definierten Tests bestanden hat?
- Was sagen bestandene Tests über die Zuverlässigkeit des Produktes aus?
- Wie viel muss überhaupt getestet werden oder können Tests in Gänze entfallen?
- Ist ein Produkt automatisch unzuverlässig, wenn es Reklamationen gibt?
- etc.

Zahlreiche Standards und Richtlinien, wie z. B. VDI 4004, DIN 60300 oder VDA 3.1, 3.2 und 3.3, beschäftigen sich mit dem Themenkomplex Zuverlässigkeit und sollten im Unternehmen verstanden und beherrscht werden.

Wie bereits erwähnt, kann Zuverlässigkeitsmanagement in einen präventiven sowie in einen reaktiven Bereich unterteilt werden. Beide Bereiche sind eng miteinander verzahnt, tauschen im Optimalfall Informationen aus und stellen eine ganzheitliche Betrachtungsweise des Zuverlässigkeitsmanagements sicher (Bild 4.3). Präventives und reaktives Zuverlässigkeitsmanagement werden im Folgenden näher beschrieben.

```
                    ┌─────────────────────────────┐
                    │ Zuverlässigkeitsmanagement  │
                    └──────────────┬──────────────┘
                    ┌──────────────┴──────────────┐
        ┌───────────┴────────────┐  ┌─────────────┴──────────────┐
        │      Präventiv         │  │         Reaktiv            │
        │(Zuverlässigkeitserhöhung)│  │(Zuverlässigkeitsbewertung)│
        └────────────────────────┘  └────────────────────────────┘
```

Präventiv (Zuverlässigkeitserhöhung)
- Während des Produktentstehungsprozesses
- **Ziel**: hoch zuverlässiges und sicheres Produkt
- Sicherstellung des Zuverlässigkeitswachstums

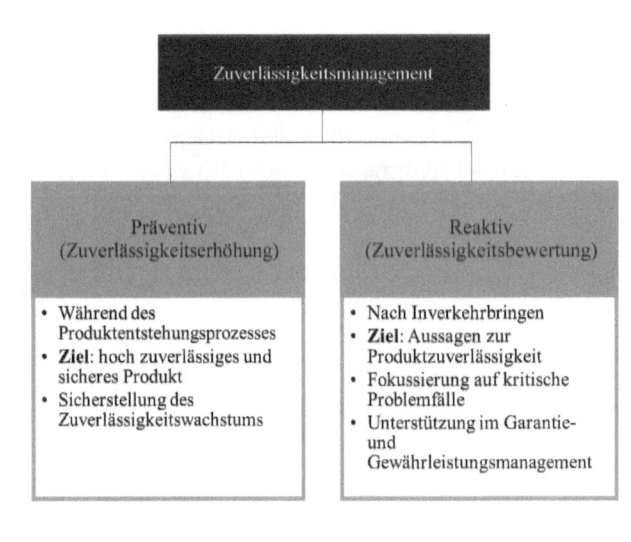

Reaktiv (Zuverlässigkeitsbewertung)
- Nach Inverkehrbringen
- **Ziel**: Aussagen zur Produktzuverlässigkeit
- Fokussierung auf kritische Problemfälle
- Unterstützung im Garantie- und Gewährleistungsmanagement

Bild 4.3 Präventives und reaktives Zuverlässigkeitsmanagement

Präventives Zuverlässigkeitsmanagement

Präventives Zuverlässigkeitsmanagement beschäftigt sich mit den Fragen der Zuverlässigkeit während des Produktentstehungsprozesses (PEP), um schon zu einem frühen Zeitpunkt potenzielle Fehler zu entdecken und kostengünstig abzustellen. Hierbei gilt es, die benötigte Zuverlässigkeit, also das Zuverlässigkeitsziel, zu bestimmen und ein Produkt so zu entwerfen, dass nicht mehr Feldausfälle auftreten als festgelegt und damit einhergehend die Garantie- und Gewährleistungskosten im kalkulierten Rahmen bleiben. Dies ist besonders im Hinblick auf steigende Gewährleistungszeiten extrem wichtig.

Folgende Themen sollten in einem präventiven Zuverlässigkeitsmanagement behandelt werden:

- Zuverlässigkeitsanforderungen und -ziele (Erfahrungswerte, Wettbewerbsdaten, normative Anforderungen, Kundenanforderungen etc.)
- Zuverlässigkeitsspezifikationen (unter anderem Test- und Prüfplanung, Lastenheft für Lieferanten, Bewertung Systemaufbau)
- Zuverlässigkeitsvorhersage und Beurteilung (unter anderem Entwicklungstests, Systemmodelle, Simulationen)
- Zuverlässigkeitsnachweis (Prototypentest)
- Zuverlässigkeitsprüfung (Vorserientest)
- IST-Aufnahme Zuverlässigkeit (Fertigungstests, Felddatenanalyse siehe reaktive Methoden)

Die Zuverlässigkeitsvorgaben werden auf der einen Seite für die Auslegung der Produkte herangezogen und auf der anderen Seite dazu genutzt, um mit einer statistisch fundierten Test- und Prüfplanung einen im Sinne des Herstellers Kosten-Nutzen-optimierten Zuverlässigkeitsnachweis zu erbringen.

Die Nutzung der vorangehend genannten Feldinformationen stellt sicher, dass relevante Testszenarien richtig erkannt werden und mit den zu erwartenden Belastungen im Einsatz auch tatsächlich korrelieren.

Sinnvoll ist es, die Zuverlässigkeitsthemen direkt in den PEP an den relevanten Meilensteinen zu integrieren (Bild 4.4).

4.1 Zuverlässigkeitsprozess

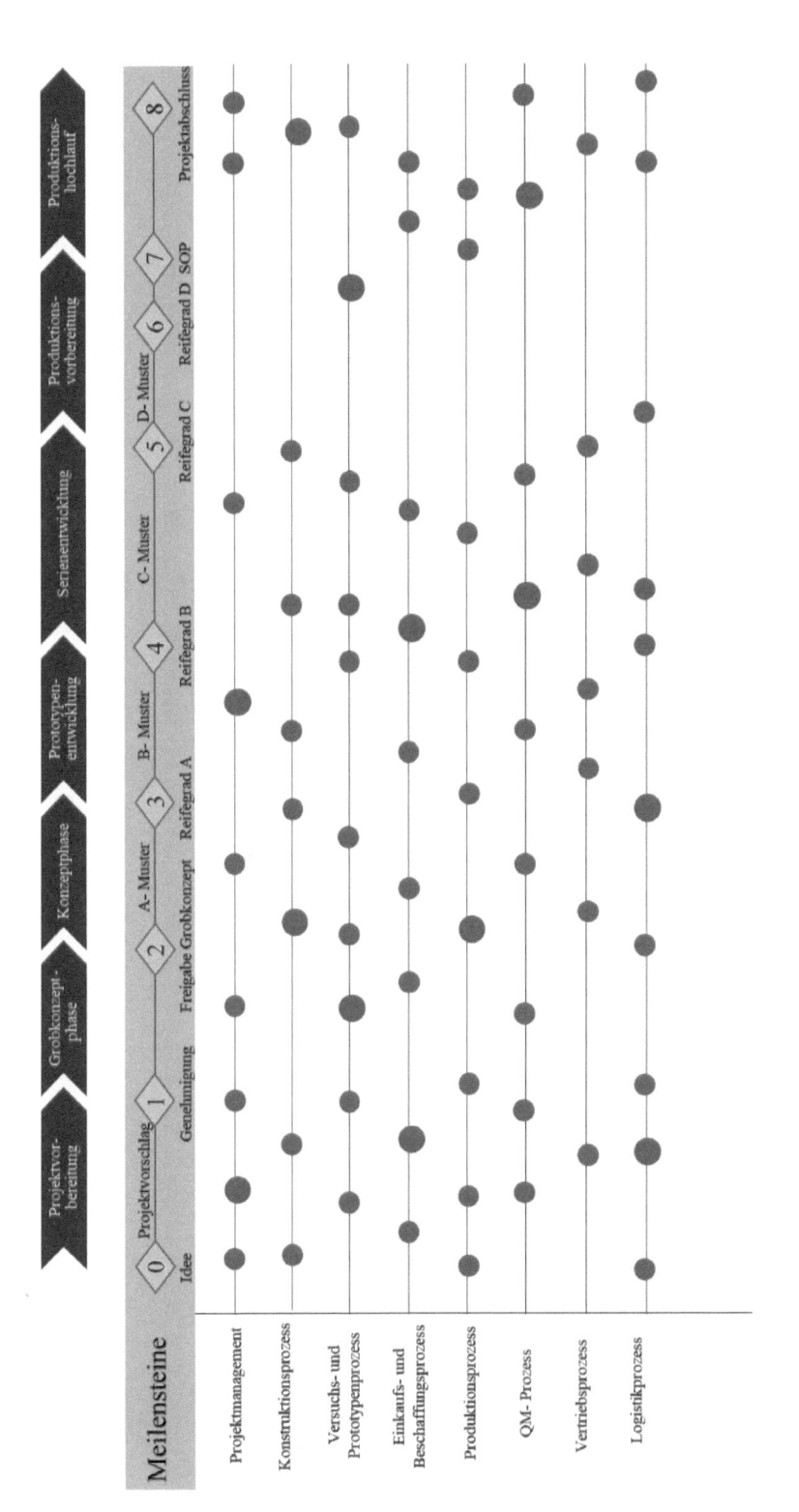

Bild 4.4 Meilensteine des Zuverlässigkeitswachstums

Zudem soll das Zuverlässigkeitswachstum (Reliability Growth Management, RGM) sichergestellt werden. Der Begriff ist etwas irreführend, da durch die Tätigkeiten im RGM die Zuverlässigkeit im eigentlichen Sinne nicht gesteigert wird, sondern nur die Nachweisführung und damit das Vertrauen in die Zuverlässigkeit. Das RGM zeigt somit, ob sich die Entwicklung auf dem richtigen Weg befindet und die vorgegebene Zuverlässigkeit erreicht wird. In Bild 4.5 ist eine mögliche Umsetzung des RGM dargestellt.

Typische Fragen, die sich bei der Entwicklung ergeben, lassen sich unter Heranziehung von Bild 4.5 beantworten. Hierzu zählen folgende:

- Wie viel Prozent Zuverlässigkeit haben wir zum aktuellen Zeitpunkt schon praktisch nachgewiesen?
- Durch welche Prüfungen wurde diese Zuverlässigkeit nachgewiesen?
- Können wir unser Zuverlässigkeitsziel unter Beibehaltung des geplanten Erprobungsumfangs noch erreichen?
- Wie viele Prüfungen müssen ggf. nachgeschoben werden, um das Ziel noch zu erreichen?

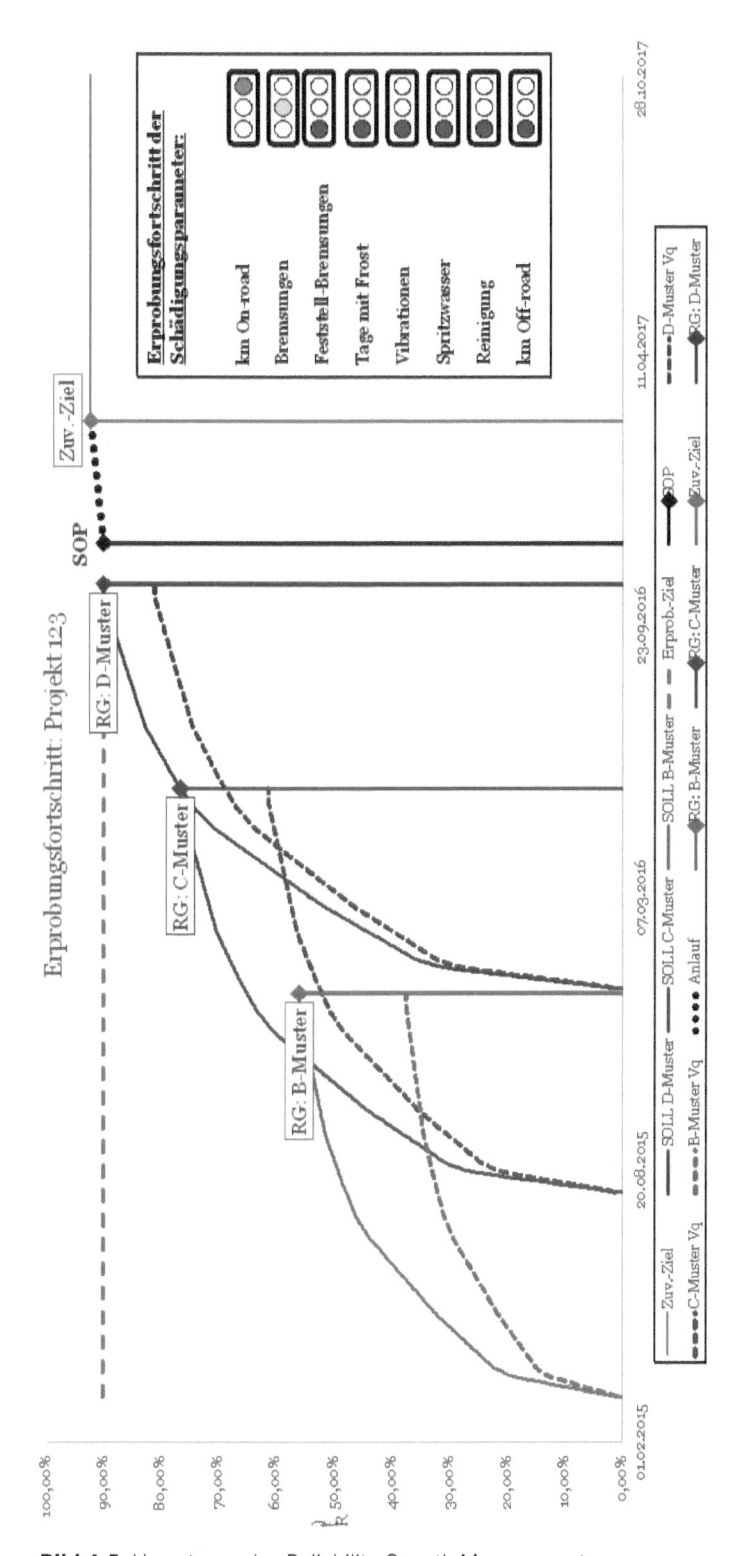

Bild 4.5 Umsetzung des Reliability Growth Management

Reaktives Zuverlässigkeitsmanagement

Das reaktive Zuverlässigkeitsmanagement betrifft sämtliche Lebensabschnitte des Produktlebenszyklus, welche **nach** Auslieferung des Produkts an den Kunden erfolgen. Dabei wird versucht, anhand realer Daten aus dem Feld eine Aussage zur Zuverlässigkeit des entsprechenden Produkts zu treffen. Zudem gibt es Methoden, mit deren Hilfe sich aus Daten Fehlerschwerpunkte ermitteln lassen (Mustererkennung, Kapitel 28). Diese Methoden sollten zu Beginn einer Zuverlässigkeitsanalyse von Felddaten immer vorgeschaltet werden, um den späteren Analyseaufwand auf kritische Problemfälle zu fokussieren. Somit werden finanzielle oder auch personelle Kapazitäten nicht nach dem Gießkannenprinzip auf alle Produkte gleichmäßig, sondern zielgerichtet verteilt.

Das reaktive Zuverlässigkeitsmanagement ist ein Unterstützungsprozess für das Risikomanagement. Mithilfe der Marktbeobachtung und der Felddatenerfassung, -auswertung und -bewertung kann sichergestellt werden, dass sich kritisch entwickelnde Feldprobleme sehr zeitnah erkannt und ihr Risiko richtig bewertet wird. Die Risikoeinstufungen helfen unter anderem dabei, Feldaktionen, wie z. B. Rückrufe, aktiv zu managen und entsprechend der Kritikalität zu steuern. Beispielhaft sei hier eine Thematik benannt, die zuerst bei Vielfahrern (größer 50 000 km pro Jahr) aufgetreten war. Hier ist schnell zu erkennen, dass eine Feldaktion mit den anderen Vielfahrern starten sollte. Im weiteren Verlauf werden dann erst die Normalfahrer in der Aktion berücksichtigt und zum Schluss wird die Aktion mit den Wenigfahrern beendet, um das Flottengesamtrisiko möglichst klein zu halten (siehe hierzu Abschnitt 28.3).

Die Ergebnisse aus Felddatenanalysen – z. B. aus einer Zuverlässigkeitsprognose – eignen sich hervorragend zur Unterstützung des präventiven Zuverlässigkeitsmanagements. Unter anderem lassen sich damit Zuverlässigkeitsanforderungen und folglich Ziele formulieren, die eine wichtige Grundlage im Entwicklungsprozess darstellen. Weiterhin sind Felddatenanalysen ein geeignetes Mittel zur Unterstützung des Garantie- und Gewährleistungsmanagements. Mit ihrer Hilfe lassen sich Garantiekosten prognostizieren, Risiken bei Garantiezeiterweiterungen abschätzen oder Rückrufaktionen verifizieren. Auch bei einer bevorstehenden Serienschadensverhandlung liefern Felddatenanalysen einen wichtigen Beitrag zur Verhandlungsvorbereitung. Zudem können sie als Entscheidungshilfen bei der Kalkulation von Serienersatzbedarf oder Endbevorratung herangezogen werden. Somit sind sie ein wichtiger Bestandteil des Obsoleszenz- und Ersatzteilmanagements (siehe Abschnitt 28.3).

4.2 Bereiche, Rollen und Verantwortlichkeiten

Das Zuverlässigkeitsmanagement greift bekanntlich in nahezu alle Bereiche einer Firma ein. Viele Verantwortlichkeitsbereiche sind demnach im Zuverlässigkeitsprozess involviert. Die Verantwortlichkeiten in den einzelnen Bereichen müssen hier gut festgelegt sein, damit der Produktionsprozess geordnet ablaufen kann. Generell gilt: Zuverlässigkeit ist, wie auch die Qualität, eine Gemeinschaftsaufgabe.

4.2 Bereiche, Rollen und Verantwortlichkeiten

Die Stakeholder im Unternehmen sind zahlreich und nicht immer identifizierbar. In Bild 4.6 sind die beteiligten Hauptbereiche mit einigen beispielhaften Verantwortlichkeiten dargestellt.

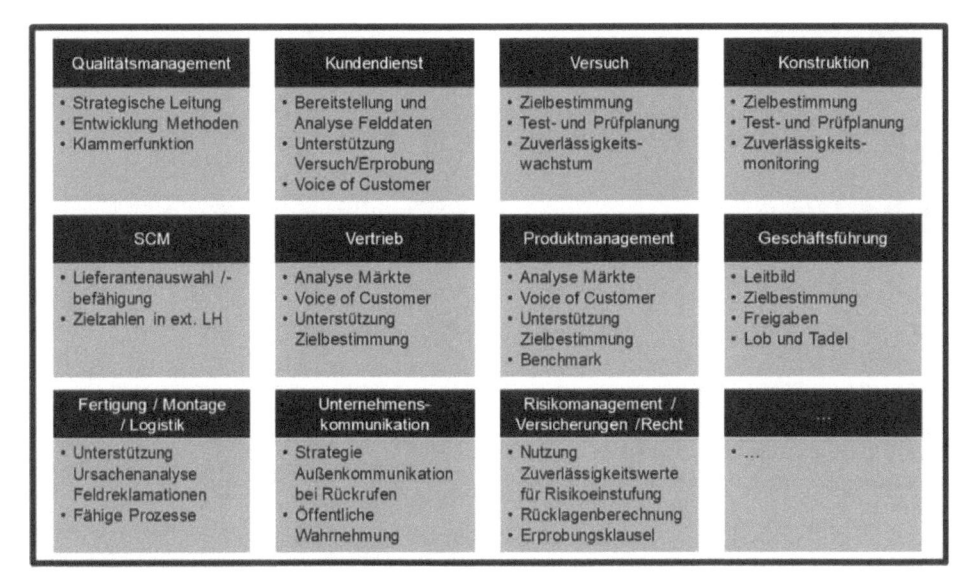

Qualitätsmanagement	Kundendienst	Versuch	Konstruktion
• Strategische Leitung • Entwicklung Methoden • Klammerfunktion	• Bereitstellung und Analyse Felddaten • Unterstützung Versuch/Erprobung • Voice of Customer	• Zielbestimmung • Test- und Prüfplanung • Zuverlässigkeitswachstum	• Zielbestimmung • Test- und Prüfplanung • Zuverlässigkeitsmonitoring
SCM	**Vertrieb**	**Produktmanagement**	**Geschäftsführung**
• Lieferantenauswahl /-befähigung • Zielzahlen in ext. LH	• Analyse Märkte • Voice of Customer • Unterstützung Zielbestimmung	• Analyse Märkte • Voice of Customer • Unterstützung Zielbestimmung • Benchmark	• Leitbild • Zielbestimmung • Freigaben • Lob und Tadel
Fertigung / Montage / Logistik	**Unternehmenskommunikation**	**Risikomanagement / Versicherungen /Recht**	**...**
• Unterstützung Ursachenanalyse Feldreklamationen • Fähige Prozesse	• Strategie Außenkommunikation bei Rückrufen • Öffentliche Wahrnehmung	• Nutzung Zuverlässigkeitswerte für Risikoeinstufung • Rücklagenberechnung • Erprobungsklausel	• ...

Bild 4.6 Zuverlässigkeitsmanagement und Verantwortlichkeitsbereiche

Die Verantwortlichkeitsbereiche können, je nach Firmenphilosophie, hierbei sehr variabel benannt und den unterschiedlichen Bereichen zugeordnet sein. Die Verknüpfung der Bereiche Rollen und Verantwortlichkeiten hängt auch stark von den gewählten Auslegungen in der Aufbau- und Ablauforganisation ab, die in jedem Fall gezielt aufeinander abgestimmt sein müssen (Bild 4.7). Bild 4.8 zeigt beispielhaft ein generelles Organisationsmodell für den Bereich Warranty.

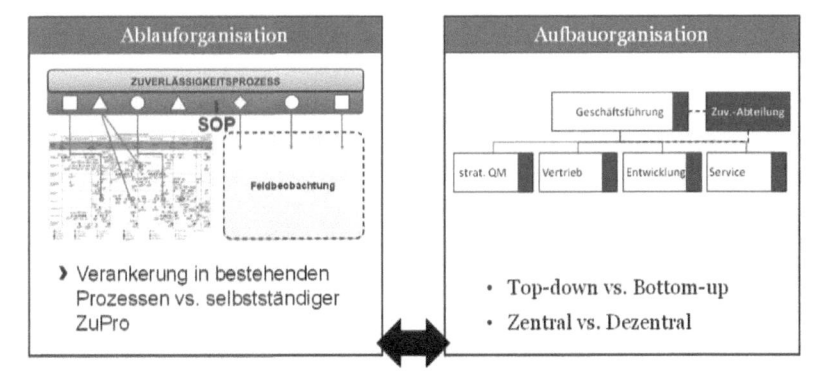

Bild 4.7 Verknüpfung der Bereiche Ablauf- und Aufbauorganisation

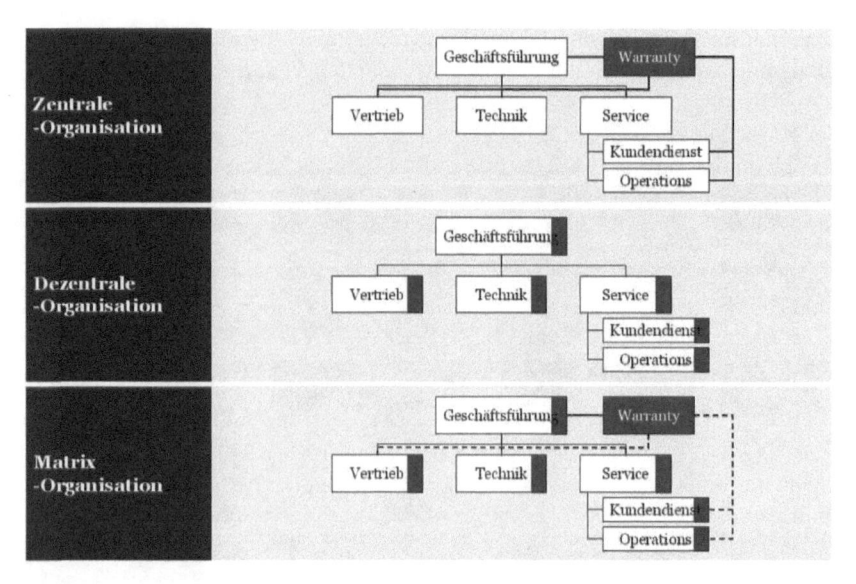

Bild 4.8 Beispiel Organisationsmodelle Warranty

Empfehlenswert kann auch eine Matrix-Organisation sein. Diese stellt sicher, dass alle Beteiligten das Thema Zuverlässigkeit in ihrem Bereich wahrnehmen, die Risikoidentifikation durch alle erfolgt und der Zentralabteilung, als unabhängige Bewertungsinstanz, bei der Risikobewertung zur Verfügung steht. Darüber hinaus bietet sie den Vorteil, dass die Methoden projektübergreifend standardisiert sind und es einen zentralen Ansprechpartner gibt, der gegebenenfalls unterstützend tätig werden kann.

Nachteilig sind der erhöhte personelle Ressourcenbedarf und der damit verbundene Schulungsaufwand.

■ 4.3 Wirtschaftlichkeitsaspekte und Zuverlässigkeitsziele

Die Wirtschaftlichkeit eines Produktes steht in den meisten Industriezweigen deutlich im Fokus. Speziell in der Automobilindustrie sind die Kosten für das Produkt eines der beherrschenden Themen. Diese stehen häufig im Widerspruch zum Verständnis der Produktentwickler zur Zuverlässigkeit, die es gilt zu optimieren.

Oft genug ist gerade dieser Zielkonflikt, Kosten auf der einen Seite, Zuverlässigkeit auf der anderen Seite, ein Grund für Feldaktionen: Die Kosten im Projekt müssen reduziert, d. h. alle Möglichkeiten zur Kosteneinsparung in Betracht gezogen werden. Ein verständliches Vorgehen ist dann oft die Beschaffung vermeintlich günstigerer Bauteile, Komponenten, Produkte, die aber unter Umständen qualitativ nicht so hochwertig sind.

Hier zeigt sich dann ein kritisches Problem, welches in etlichen Unternehmen beobachtet werden kann, d. h., die verursachergerechte Zuordnung von Reklamationskosten zu den Projekten ist teilweise nicht möglich, da Reklamationen auf eine andere Kostenstelle, z. B. ein Werk oder eine allgemeine Warranty-Kostenstelle, gebucht werden. Und hiermit einhergehend zeigt sich dann eine weitere Problematik: Die erste Unterstellung bei einer Reklamation ist die, dass irgendetwas in der Produktion schiefgelaufen ist.

Einige Projekte würden sich als äußerst unrentabel darstellen, wenn die Reklamationskosten auf das Projekt gebucht würden. Dies ist ein entsprechendes Beispiel:

- Ein Produkt wurde 40 000-mal gefertigt, wobei eine verwendete Dichtung Probleme macht.
- Die innerhalb der zweijährigen Garantiezeit verursachten Reklamationskosten belaufen sich auf 275 400 €.
- Nach Durchsicht der Reklamationseinträge ergibt sich die Einschätzung, dass 64 % der Schadensfälle mit Undichtigkeit durch eine andere (teurere) Dichtung hätten verhindert werden können.

Folgerungen:

Vermeidbare Reklamationskosten:

$$275\,400\,€ \cdot 0{,}64 = 176\,256\,€$$

Optimierungspotenzial für die Entwicklung:

$$176\,256\,€ / 40\,000 = 4{,}41\,€$$

Das heißt, hätte man kostenneutral die vermeidbaren Reklamationskosten der Entwicklung für eine andere Dichtung zur Verfügung gestellt, so hätte die Dichtung 4,41 € teurer sein dürfen als die verwendete.

Darüber hinaus wurden nicht gemeldete Reklamationen und die sinkende Kundenzufriedenheit durch diese nicht berücksichtigt.

Des Weiteren sollte schon zu Beginn bewertet werden, mit wie vielen Reklamationen und damit auch mit welchen Reklamationskosten während der Garantiezeit zu rechnen ist, wenn ein Zuverlässigkeitsziel vorgegeben wird. Hierbei sollte besonders berücksichtigt werden, dass Reklamationen, speziell in der Automobilindustrie, viel indirekten Aufwand und damit Kosten neben dem eigentlichen Tausch des Produktes erzeugen.

Im Folgenden sind einige relevante Kostenpositionen aufgeführt:

- Materialkosten je Schaden
- Montagekosten je Schaden
- Logistikkosten je Schaden
- Handling-Charge je Schaden
- Kosten für das Testing (Equipment, Arbeitsstunden) je Rückläufer
- Kosten für die Ursachenanalyse und Dokumentation
- Leihprodukte (z. B. Leihwagen für den Kunden)
- etc.

Das Ergebnis sind die Reklamationskosten je produziertem Bauteil.

Die Berechnungslogik kann aber auch umgestellt werden, um sich anhand der Kostenkalkulation Zuverlässigkeitsziele vorzugeben. Hierzu müssen zum einen die durchschnittlichen Kosten je Reklamationsfall bestimmt werden und zum anderen muss festgelegt werden, welcher Anteil der erzielten Marge für Reklamationskosten maximal verwendet werden darf. Die Rechnung gestaltet sich dann wie in folgendem Beispiel ersichtlich:

- Es sollen 40 000 Einheiten produziert werden.
- Der Verkaufspreis für das Produkt liegt bei 375 €.
- Die Marge je Einheit beträgt 25 €.
- Ein Schaden kostet durchschnittlich 1300 €.
- Die Garantiezeit beträgt zwei Jahre.
- Von der Marge dürfen maximal zehn Prozent für Reklamationen während der Garantiezeit aufgewendet werden.

Folgerungen:

Die Gesamtmarge absolut beträgt

$$40\,000 \cdot 25\,€ = 1\,000\,000\,€$$

Für Reklamationen („Regelregress") stehen maximal

$$10\,\% \cdot 1\,000\,000\,€ = 100\,000\,€$$

zur Verfügung. Die Anzahl zulässiger Reklamationen ergibt sich aus

$$100\,000\,€ / 1300\,€ = 76{,}92 \text{ entsprechend 76 Reklamationen}$$

Die geforderte Zuverlässigkeit während der Garantiezeit beträgt

$$(40\,000 - 76) / 40\,000 \approx 99{,}81\,\%$$

Um einen Schadensfall rein rechnerisch kostentechnisch auszugleichen, müssen

$$1300\,€ / 25\,€ = 52$$

Teile ohne Reklamation verkauft werden.

Im selben Schritt können Risikoberechnungen aufgestellt werden, die helfen, eine Projektbewertung abzugeben. Nehmen wir an, bei dem vorherigen Beispiel hat es einen systematischen Entwicklungsfehler („Sonderregress") gegeben und alle produzierten Einheiten müssen zurückgerufen werden.

Folgerung:

Der gesamte Umsatz für dieses Szenario liegt bei

$$40\,000 \cdot 375\,€ = 15\,000\,000{,}00\,€$$

Die Schadenssumme für diesen Fall beträgt

$$40\,000 \cdot 1300\,€ = 52\,000\,000{,}00\,€$$

Das heißt, der gesamte Rückruf würde einen Schaden in Höhe des 52-Fachen der gesamten Marge verursachen. Hier ist schnell ersichtlich, dass einige wenige Sonderregressfälle für viele Unternehmen existenzbedrohend sein können.

Daher ist es üblich, sich gegen solche Schäden z. B. in Form einer Rückrufkostenversicherung zu versichern. In diesem Kontext ist jedoch zu beachten, dass unter anderem Vorsatz, Nichteinhaltung der Erprobungs- und Repräsentantenklausel und grobe Fahrlässigkeit zum Versicherungsausschluss führen können. Des Weiteren sind Materialkosten in der Regel nicht versichert.

Für das vorangegangene Beispiel betragen die von der Versicherung nicht übernommenen reinen Materialkosten für ein Ersatzprodukt 150 €.

Folgerung:

Der Eigenanteil am Schaden beträgt

$$40\,000 \cdot 150\,€ = 6\,000\,000{,}00\,€$$

Darüber hinaus ist meist auch noch ein Selbstbehalt, je nach Firmengröße und Umsatzvolumen, mit der Versicherung vereinbart, der ebenfalls zu tragen ist.

Anhand der Ergebnisse des vorangegangenen exemplarischen einfachen Beispiels dürfte gut ersichtlich sein, dass das sogenannte „Frontloading", also der Einsatz der Mittel in der Entwicklung und Absicherung, besonders wichtig ist.

■ 4.4 Reifegrad, Musterstände und Freigabeprozesse in der Automobilindustrie

Die Entwicklung einfacher oder komplexer Systeme durch mehrere Parteien (OEM, 1st-Tier, 2nd-Tier etc.) in der Automobilindustrie erfordert seit jeher eine gute Projektsteuerung.

Neben der Standardisierung von Prozessen, welche durch Implementierung von Qualitätsmanagement-Systemen (z. B. nach ISO 9001, IATF 16949 und anderen) erreicht werden soll, ist hierbei insbesondere die Abstimmung und Koordinierung von Liefergegenständen zu beachten. Laut VDA-Band Reifegradabsicherung (RGA, siehe Lit.) ist es ein Hauptziel, durch *„die Harmonisierung von Inhalten und Abläufen in der Lieferkette die Anlauf-, Anliefer- und Feldqualität des betrachteten Lieferumfangs sicherzustellen"*. Insbesondere die Kommunikation und die Abstimmung von Zeitplänen sind hierbei wichtig. Im Automobilbereich haben sich die Reifegradabsicherung (RGA) nach VDA (Verband der deutschen Automobilindustrie) und das amerikanisch initiierte APQP (Advanced Product Quality Planning) nach AIAG (Automotive Industry Action Group) etabliert. Beide Verfahren haben zum Ziel, die Anwender dahingehend zu befähigen, Lieferumfänge zu identifizieren, die kritisch für das Projekt sind, und den Produktstatus diesbezüglich mittels standardisierter Reifegrade zu festgelegten und abgestimmten Meilensteinen interdisziplinär zu bewerten (Bild 4.9).

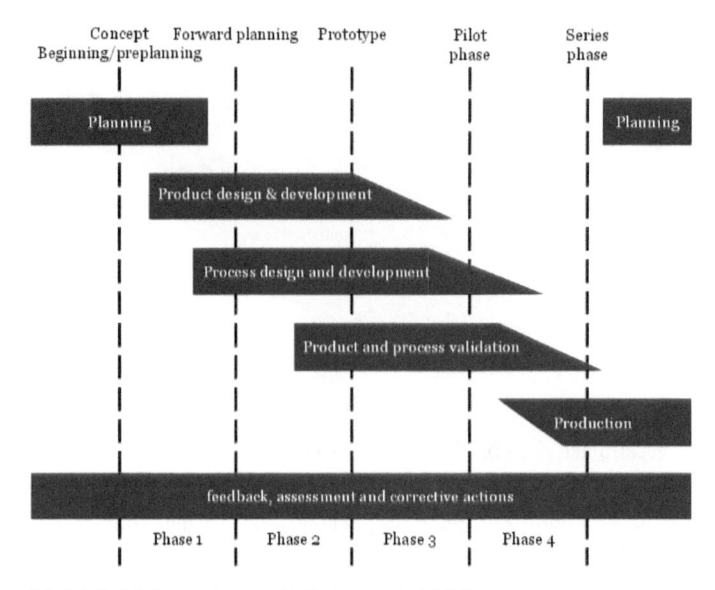

Bild 4.9 Meilensteine und Inhalte nach APQP

Mittels RGA und APQP werden über alle Bereichsgrenzen hinweg, beginnend beim OEM, alle Beteiligten früh in den Produktentstehungsprozess einbezogen. Beide Verfahren sind Steuerungsinstrumente im Rahmen des Projektmanagements mit dem Ziel, ein gemeinsames Verständnis über alle involvierten Parteien hinweg zu erzeugen. Die Implementierung dieser Verfahren soll dabei unterstützen, Zusatzaufwände und Zeitverzögerungen im Projektablauf zu vermeiden, und bietet die Möglichkeiten, bei erkannten Abweichungen vom Plan frühzeitig gegenzusteuern. In der Regel orientiert sich die Planung am Projektterminplan des OEM-Produkts (z. B. Fahrzeug, Testsystem etc.).

Jede Zielverfehlung von festgelegten Umfängen in einem der Meilensteine kann, und mag der Umfang der Lieferung auch noch so gering erscheinen, kritisch für das gesamte Projekt sein. Daher ist es auch besonders wichtig, im Rahmen der Verfahren ein gut funktionierendes Maßnahmenmanagement zu implementieren.

Die Reifegradabsicherung beinhaltet acht Reifegrade (RG0 bis RG7), die eine Sicherstellung der Qualität von der Konzeptphase (RG0) bis zur Serienphase (RG7), Start of production (SOP), gewährleisten (Bild 4.10). Für jeden Reifegrad gibt es Reifegradindikatoren, diesen wiederum sind standardisierte Messkriterien zugeordnet.

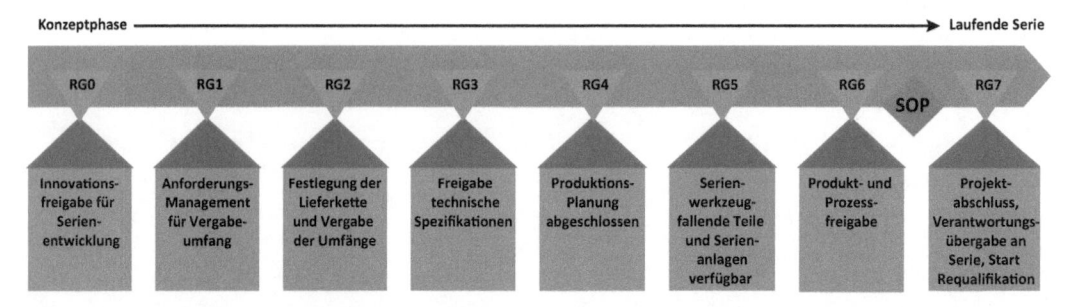

Bild 4.10 Übersicht Reifegradinhalte nach VDA

Musterstände

Die Reifegrad-Verfahren sehen auch eine Musterklassifizierung bei den zu erstellenden Prototypen-Produkten vor. Definiert sind A-, B-, C- und D-Muster (A- to D-samples). Diese Muster werden benötigt, um z. B. das Funktionsprinzip zu bestätigen, die Bauraum-Situation zu prüfen, die Montage-Fähigkeit zu checken, die Erprobung durchzuführen und eine technische Freigabe (sowohl bei Kunden als auch z. B. durch eine Homologation bei den staatlich festgelegten Organen) zu erreichen. Oberstes Ziel hierbei ist, letztendlich nach erfolgreicher Erprobung die Serienfreigabe zu erlangen und das Produkt auszuliefern.

In Tabelle 4.1 finden sich die groben Einstufungen der Musterstände.

Tabelle 4.1 Einstufung der Musterstände

	A-Muster	B-Muster	C-Muster	D-Muster
Kurzbeschreibung	bedingt fahrtaugliche Funktionsmuster, Aufzeigen der generellen Funktion	funktionsfähige und fahrtaugliche Muster, ausreichend betriebssicher	funktionsfähig ohne technische Einschränkungen bei Fahrsicherheit	funktionsfähig ohne technische Einschränkungen
Herstellung	Einzelherstellung im Musterbau	Einzelherstellung gefertigt mit Hilfs-/Prototypenwerkzeugen	Herstellung mit Serienwerkzeugen unter seriennahen Bedingungen	Herstellung auf Serienwerkzeugen
Verwendung	im Labor, auf Prüfständen, als einfacher Aggregatträger	im Labor, auf Prüfständen, zur Verifizierung, Start, Erprobung	im Fahrzeug mit Erprobung für technische Freigabe, Design-Validierung mit Dauererprobung nach Lastprofil → Freigabe für Prozess-Validierung	Erprobung zur Erreichung der Serienlieferfreigabe, Nachweise für die Typengenehmigung, Prozess-Validierung

Die Musterstände sind den jeweiligen Meilensteinen zugeordnet. Grob kann man Folgendes sagen:

- A-Muster von RG0 bis RG3
- B-Muster von RG3 bis RG4
- C-Muster von RG4 bis RG5
- D-Muster von RG5 bis RG6

Ab Erreichung des RG6 sind dann Serienteile (SOP) vorgesehen.

Freigabeprozess

Aufgrund der vernetzten Zusammenarbeit und der komplexen Strukturen bei Lieferungen und Leistungen wurden Freigabeverfahren entwickelt und implementiert, *„um sicherzustellen, dass die Voraussetzungen für die Serienlieferung von spezifikationskonformen Produkten beim Lieferanten gegeben sind"* (siehe VDA Band 2 Sicherung von Qualität von Lieferung, Produktgrenzen und Produktfreigabe (PPF), 6. Auflage, 04/2022).

Im Rahmen der Freigabeverfahren haben sich das PPF-Verfahren (Produktionsprozess und Produktfreigabe) nach VDA und das PPAP-Verfahren (Production Part Approval Process) nach AIAG durchgesetzt.

Beide Verfahren dienen dazu, Serienteile vor dem Serienanlauf zu bemustern. Darüber hinaus kommen die beiden Verfahren je nach Abstimmung auch bei Prototypen zum Einsatz. In der Beschreibung zu beiden Verfahren finden sich Anforderungen, die vom Lieferanten erfüllt und deren Ergebnisse gegebenenfalls dem Kunden vorgelegt werden müssen.

Üblicherweise ist der Umfang der Nachweisführung zwischen Kunde und Lieferant festzulegen. Auszugsweise seien hier folgende Punkte genannt:

- Deckblatt zum Bericht (V)
- Selbstbeurteilung des Produkts, Prozesses, der Software (V)
- Technische Spezifikation (A)
- Materialdatenblatt nach IMDS (V)
- Design-FMEA (A)
- Prozess-FMEA (A)
- Produktionslenkungsplan/Control-Plan (A)
- etc.

(V): Vorlage beim Kunden
(A): Abzustimmen zwischen Kunde und Lieferant

Nach VDA umfasst die Freigabe demnach die Bewertung von Prozessen und Produkten anhand von relevanten (und festgelegten) Dokumenten, Aufzeichnungen und Mustern.

5 Funktionale Sicherheit im Produktentwicklungsprozess

■ 5.1 Der sicherheitstechnische Prozess

Prinzipiell behalten die bisher erfolgten Ausführungen, bei denen primär die Zuverlässigkeit herausgestellt wurde, auch bei einem sicherheitstechnischen Prozess ihre Gültigkeit. Allerdings gilt es nunmehr neben der Zuverlässigkeit auch die Sicherheit eines Systems im Kontext Mensch/Umwelt qualitativ und quantitativ zu bewerten. Hierzu wurden weitere sicherheitsbezogene Verfahren und Methoden entwickelt, die in Abschnitt 5.1.3 und Abschnitt 5.1.4 für die Bereiche der Luftfahrt- und der Automobilindustrie exemplarisch herausgestellt und erläutert werden. Zuvor wird aber das Metathema Funktionale Sicherheit, welches hier die zentrale Rolle einnimmt, näher beleuchtet.

5.1.1 Allgemeine Einführung in die Funktionale Sicherheit

Der generische Meta-Standard IEC 61508 (siehe Abschnitt 5.1.2) definiert Funktionale Sicherheit als

„Teil der Gesamtsicherheit, bezogen auf die EUC (Equipment Under Control) und das EUC-Leit- oder Steuerungssystem, der von der korrekten Funktion des sicherheitsbezogenen E/E/PES (elektrisches/elektronisches/programmierbar elektronisches System) und anderer risikomindernder Maßnahmen abhängt".

Das bedeutet, dass die definierten Funktionen von sicherheitsbezogenen Systemen unter den spezifizierten Fehlerbedingungen korrekt und in der vorgegebenen Zeit ausgeführt werden.

Der Begriff „Sicherheit" allgemein wird am ehesten als *„Zustand, frei von unvertretbaren Risiken"* definiert. In Bezug auf die funktionale Sicherheit, insbesondere für den Bereich der Straßenfahrzeuge, müssen hierbei allerdings einige Einschränkungen bzw. Konkretisierungen vorgenommen werden:

- Der mögliche Tod oder Verletzungen von Menschen stellen die unerwünschten Risiken dar.
- Die Ursache des Risikos liegt in einer fehlerhaften Funktionsausführung.
- Risikoträger sind Produkte mit einem elektrisch/elektronischen Anteil.

Unerwünschte Risiken in Form von Sachschäden oder Umweltverschmutzungen, welche in anderen Industriezweigen eine erhebliche Rolle spielen (siehe z. B. DIN EN 61511 für die Prozessindustrie), sind hier nicht unmittelbar im Fokus. Die Funktionale Sicherheit im Automobilbereich kann folglich als ein Zustand definiert werden, frei von dem Risiko durch ein fehlerhaftes Funktionsverhalten von elektrisch/elektronischen Produkten verletzt oder getötet zu werden. Normen, wie die ISO 26262 (siehe Abschnitt 5.1.4), systematisieren prozessorientiert Unternehmenskompetenzen und erforderliche Tätigkeiten bezüglich der Konzeption, der Entwicklung sowie der Fertigung von sicherheitsrelevanten elektrischen/elektronischen Produkten.

Gemäß Meissner et al. (siehe Lit.), einer Studie der Wirtschaftsberatung Roland Berger, werden die automobilen Makrotrends Elektrifizierung, Digitalisierung und Vernetzung sowie automatisiertes Fahren die Bedeutung der Elektronik im Fahrzeug weiter steigern. Hardware und Software werden somit immer wichtiger. Der „Computer auf Rädern" wird zu erheblichen Auswirkungen entlang der gesamten Wertschöpfungskette führen. So wird beispielsweise der Kostenanteil der Elektronik an den Fahrzeugkosten von ca. 16 % im Jahr 2019 bis zum Jahr 2025 auf rund 35 % steigen.

Waren in einem Porsche 911, Baujahr 1997, noch sechs Steuergeräte vorhanden, die über einen Datenbus ca. 500 verschiedene Signale austauschten, kommunizierten in der 2004er Version des Porsche 911 bereits fast 30 Steuergeräte über zwei Bussysteme durch ca. 2000 Signale. Heutzutage müssen in einem Porsche ca. 6000 verschiedene elektrische und elektronische Funktionen beherrscht werden, welche von bis zu 80 miteinander vernetzten Steuergeräten geregelt werden (siehe Schwab).

Für kommende Fahrzeuggenerationen zeichnet sich allerdings eher ein entgegengesetzter Trend ab: weg von immer mehr spezialisierten dezentralen und verteilten Steuergeräten mit jeweils einzelnen Aufgaben (Stand heute) über deutlich weniger domänenspezifische zentrale Steuergeräte, die sich multipler Sensor-/Aktor-ECUs (engl. Electronic Control Unit) bedienen (Plan nahe Zukunft), bis hin zu sogenannten zonalen Architekturen mit einem Cluster aus Hochleistungscomputern (Plan mittelfristige Zukunft) (Meissner et al., siehe Lit.).

Neben der Zunahme der Komplexität innerhalb der Fahrzeugelektronikarchitekturen hat sich in der Vergangenheit ein weiterer Trend abgezeichnet: die Zunahme an Lines of Code (LOC), also an programmierten Code-Zeilen. In McCandless (siehe Lit.) findet sich eine sehr prägnante grafische Darstellung der Entwicklung der Code-Zeilen in verschiedenen technischen Produkten und Anwendungen über die Jahre hinweg. Bild 5.1 bietet einen Auszug aus den Ergebnissen.

Millions of LOC

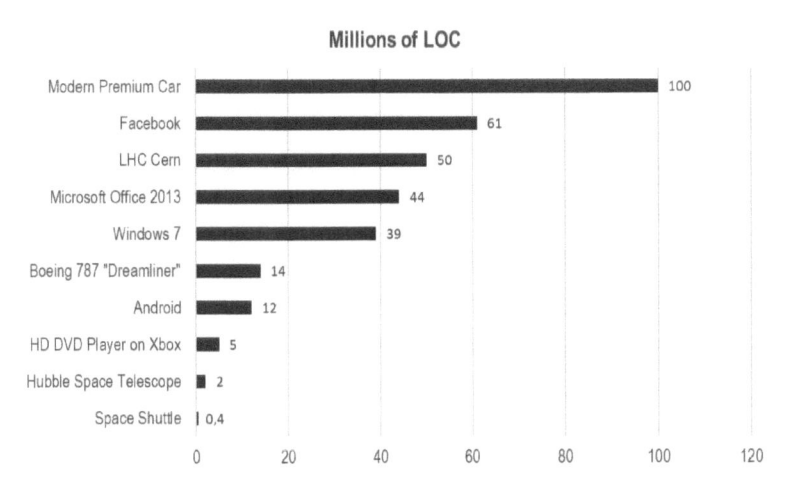

Anwendung	LOC (Mio.)
Modern Premium Car	100
Facebook	61
LHC Cern	50
Microsoft Office 2013	44
Windows 7	39
Boeing 787 "Dreamliner"	14
Android	12
HD DVD Player on Xbox	5
Hubble Space Telescope	2
Space Shuttle	0,4

Bild 5.1 Anzahl von Code-Zeilen in verschiedenen Anwendungen gemäß McCandless (siehe Lit.)

Basierend auf den Erkenntnissen aus dem Jahr 2012 fand der Autor David McCandless mit seinem Team heraus, dass die Fahrzeug-Software in einem damaligen modernen Premium-Fahrzeug ca. 100 Mio. LOC betrug, wohingegen der Teilchenbeschleuniger LHC (engl. Large Hadron Collider) am Europäischen Kernforschungszentrum in Cern zum selben Zeitpunkt mit der Hälfte an Code-Zeilen auskommt, um bekannte und noch unbekannte Elementarteilchen zu erzeugen und zu untersuchen. Es darf folglich davon gesprochen werden, dass die Fahrzeug-Software durchaus als sehr umfangreich anzusehen ist. Manche Experten gehen davon aus, dass autonom fahrende Fahrzeuge in der Zukunft mehr als 300 Millionen Code-Zeilen benötigen werden, um alle Funktionalitäten realisieren zu können (siehe Loebich 2023).

Je komplexer ein System ist mit immer mehr teils intelligenten und interagierenden Hardware-Komponenten, auf denen immer mehr Softwaremodule implementiert werden müssen, um immer mehr Funktionalitäten realisieren zu können, desto weniger können Fehler vollständig ausgeschlossen werden.

Neben der rechtlichen Verpflichtung der Produkt-Hersteller sichere Produkte zu entwickeln und zu produzieren (siehe Kapitel 2) gibt es auch noch eine moralische Verpflichtung, die der deutsche Erfinder und Industrielle Werner von Siemens im Jahre 1880 wie folgt formulierte:

„Das Verhüten von Unfällen darf nicht als eine Vorschrift des Gesetzes aufgefasst werden, sondern als ein Gebot menschlicher Verpflichtung und wirtschaftlicher Vernunft."

Sichere Produkte entsprechen dem Stand von Wissenschaft und Technik, wozu geltende Normen und weitere Standards einen Beitrag liefern. Die Nicht-Berücksichtigung solcher Standards ist vor dem Hintergrund der Produkthaftung in keinem Fall empfehlenswert. Wie zuvor bereits erwähnt, herrscht aufgrund der praktischen Bedeutung und der Verbreitung von Normen gemäß Ensthaler et al. (siehe Lit.) allerdings *„faktisch ein Befolgungszwang"*.

Die Struktur der teils wechselseitigen Beziehungen bei automotiven Sicherheitsaspekten lässt sich durch Bild 5.2 verdeutlichen.

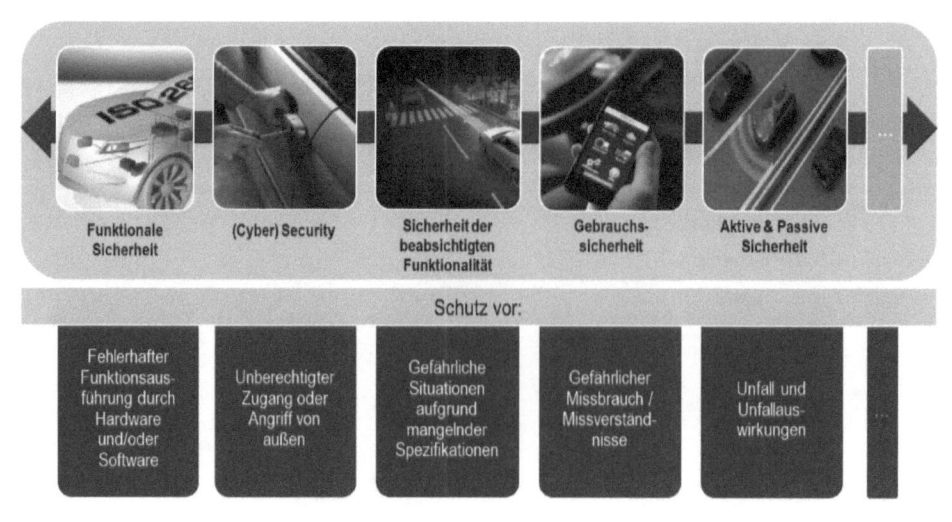

Bild 5.2 Aspekte der automatischen Produktsicherheit

Auf den Themenkomplex der Funktionalen Sicherheit wird in den nachfolgenden Abschnitten noch genauer eingegangen. Neben den Themen (Cyber-)Security, der Gebrauchssicherheit, aktiver und passiver Sicherheit sowie weiteren Aspekten (unter anderem mechanische Sicherheit, elektrische Sicherheit, chemische Sicherheit) spielt die Sicherheit der beabsichtigten Funktionalität oder der Sollfunktion (engl. Safety of the Intended Functionality, SOTIF) eine immer wichtigere Rolle, vor allem im Zuge der zunehmenden Automatisierung bei Straßenfahrzeugen. Der Standard ISO 21448 (siehe Lit.), der seit Frühjahr 2021 als DIS (engl. Draft International Standards) veröffentlicht ist, behandelt die beabsichtigte Performanz von elektronischen Fahrzeug-Systemen und definiert Vorgehensweisen für Fehler, welche sich aus der Limitierung einer Funktionalität ergeben. Solche Fehler können sich z. B. aus den technologischen Grenzen eines eingesetzten Sensors ergeben, aber auch durch einen vorhersehbaren Missbrauch, wie z. B. die Aktivierung einer Fahrzeugfunktion, welche für die Autobahnumgebung konzipiert ist, bei Verwendung im städtischen Verkehr aber dazu führt, dass rote Ampeln nicht mehr erkannt werden.

5.1.2 Die Sicherheitsgrundnorm IEC 61508

Die Norm IEC 61508 (siehe hierzu die Dissertation von Schlummer in Lit.) beinhaltet unabhängig vom Einsatzgebiet die Funktionale Sicherheit von elektrischen/elektronischen/programmierbaren elektronischen Systemen (E/E/PES) und stellt eine sogenannte Sicherheitsgrundnorm dar (siehe Lit.), die ihren historischen Hintergrund in der Anlagen- und Verfahrenstechnik hat. Funktionale Sicherheit ist dabei der Teil der Gesamtanlagensicherheit, der von der korrekten Funktion sicherheitsbezogener Systeme zur Risikoreduzierung abhängt. Unter einem sicherheitsbezogenen System versteht man laut der DIN EN 61508 (siehe Lit.) ein System, das sowohl die erforderlichen Sicherheitsfunktionen ausführt, welche notwendig sind, um einen sicheren Zustand für die EUC zu erreichen oder aufrechtzuerhalten, als auch ein System, das dazu vorgesehen ist, selbst oder mit anderen sicherheitsbezogenen E/E/PE-Systemen sowie weiteren risikomindernden Maßnahmen die notwendige Sicherheitsintegrität für die geforderte Sicherheitsfunktion zu erreichen. Ein solches sicherheitsbezogenes System kann folglich eine eigenständige Anlage zur Ausführung einer definierten Sicherheitsfunktion sein (z. B. Brandmeldesystem) oder als Bestandteil einer Anlage in eine solche integriert sein (z. B. Drucküberwachung). Die bestimmungsgemäßen Funktionen solcher Systeme, die bereits erwähnten Sicherheitsfunktionen, müssen unter definierten Fehlerbedingungen und mit einer definierten hohen Wahrscheinlichkeit korrekt ausgeführt werden. Hauptgründe für die Entwicklung der Norm waren fehlende international anerkannte Regelungen für den Einsatz von komplexen elektronischen Systemen. Technologien, die beispielsweise auf Mikroprozessoren basierten, konnten mit den traditionellen Bewertungsmaßstäben nicht beurteilt werden.

Eines der vorrangigen Ziele des Standards, der aus vier normativen und drei informativen Teilen besteht, war es, die Basis zu schaffen, dass sektorspezifische Normen erarbeitet werden können, welche die enthaltenen Ansätze aufgreifen und die Anforderungen „praxisgerecht" für den jeweiligen Anwendungsbereich umsetzen. Dies ist in den vergangenen Jahren bereits in vielen Bereichen geschehen, wie die folgende Abbildung verdeutlicht, wobei auch sie nur einen Auszug darstellt. In Bild 5.3 sind die international gültigen Standards enthalten.

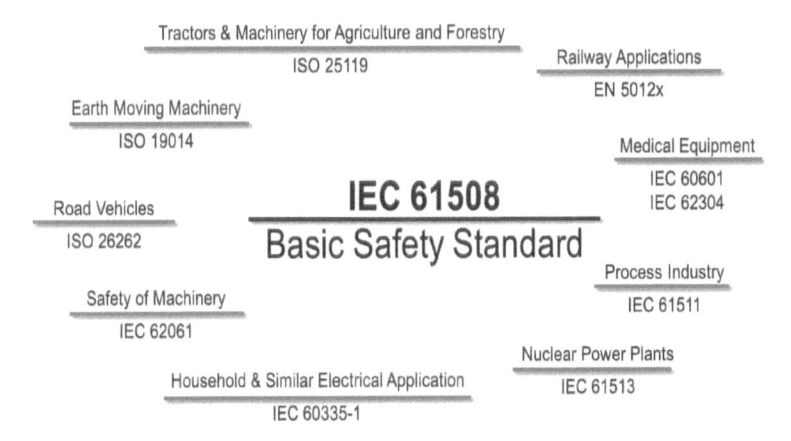

Bild 5.3 Derivate der IEC 61508 für verschiedene ausgewählte Anwendungsgebiete

Die IEC 61508 verwendet als Rahmen einen sogenannten gesamten Sicherheitslebenszyklus (Bild 5.4), um diejenigen Tätigkeiten auf systematische Art und Weise zu behandeln, die für die Gewährleistung der Funktionalen Sicherheit von sicherheitsbezogenen E/E/PES notwendig sind. Dieser Lebenszyklus mit seinen insgesamt 16 Phasen begleitet das Produkt/System sozusagen von der ersten Idee bis hin zu seiner Entsorgung. Dabei gilt es zu beachten, dass der Zyklus eine vereinfachte Betrachtung der Realität darstellt und einzelne Phasen gegebenenfalls iterativ mehrfach durchlaufen werden können.

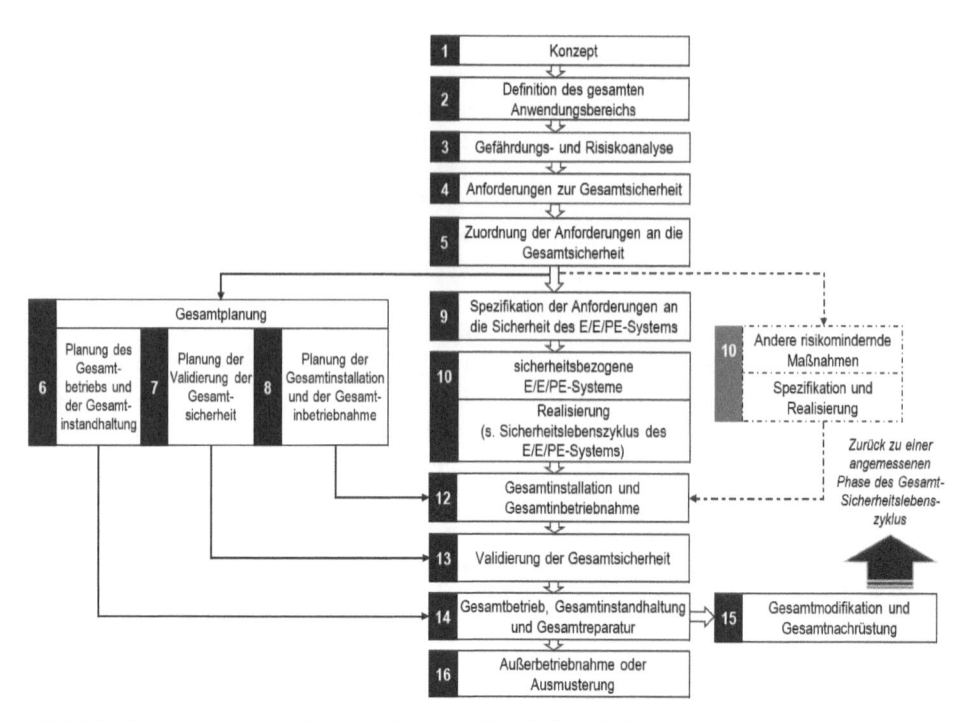

Bild 5.4 Gesamt-Sicherheitslebenszyklus gemäß DIN EN 61508

Um nun Übereinstimmung mit dem Standard nachweisen zu können, gilt es, die Erfüllung der enthaltenen Anforderungen gemäß den definierten Kriterien nachzuweisen, was die beteiligten Personen und Unternehmen durchaus vor Herausforderungen stellt. Die Hauptaspekte der Norm richten sich nach Börcsök (siehe Lit.) neben dem Sicherheitslebenszyklus insbesondere an das Management der Funktionalen Sicherheit (wichtige Themen sind dabei unter anderem die Kompetenz der Mitarbeiter und die Dokumentation), die Einschätzung der quantitativen Sicherheit (über definierte Kenngrößen) sowie den sogenannten „Pipe-to-Pipe-Ansatz" (es muss die komplette „Sicherheitsschleife" betrachtet werden von der Sensorik über Logikeinheiten bis hin zur Aktuatorik).

Die in der Norm enthaltenen Anforderungen und Kriterien richten sich an den sogenannten Sicherheitsintegritätsleveln (SIL) aus. Unter diesem Begriff versteht die DIN EN 61508 die

„Wahrscheinlichkeit, dass ein sicherheitsbezogenes E/E/PE-System die festgelegten Sicherheitsfunktionen unter allen festgelegten Bedingungen innerhalb eines festgelegten Zeitraums anforderungsgemäß ausführt".

Es handelt sich also um die Fähigkeit eines Systems, Fehler während des Betriebs zu erkennen und darauf entsprechend zu reagieren. Der SIL stellt dabei eine von vier diskreten Stufen dar, die jeweils einem Wertebereich der Sicherheitsintegrität entsprechen, wobei der SIL 1 die niedrigste und der SIL 4 die höchste Stufe der Sicherheitsintegrität repräsentiert.

Die Ermittlung der Sicherheitsintegritätslevel ist über verschiedene Verfahren möglich, wobei der Risikograph das am weitesten verbreitete darstellt. Bei diesem qualitativen Verfahren werden verschiedene Risikoparameter eingestuft und miteinander kombiniert.

Diese Vorgehensweise orientiert sich an der allgemeinen Risikodefinition, wonach das Risiko eine Kombination aus der Wahrscheinlichkeit, mit der ein Schaden auftritt, und dem daraus resultierenden Ausmaß des Schadens ist (Abschnitt 9.4). Da eine genaue Quantifizierung von Risiken oftmals nicht einfach möglich ist, wurde über die Einführung der Risikoparameter eine vereinfachte Vorgehensweise eingeführt.

Vereinfacht gesprochen kann die Sicherheitsintegrität als Maßeinheit für die notwendige Risikoreduzierung angesehen werden. Dies wird auch anhand von Bild 5.5 verdeutlicht, in welchem ein allgemeines Modell der Konzepte zur Risikominderung gemäß DIN EN 61508 dargestellt ist.

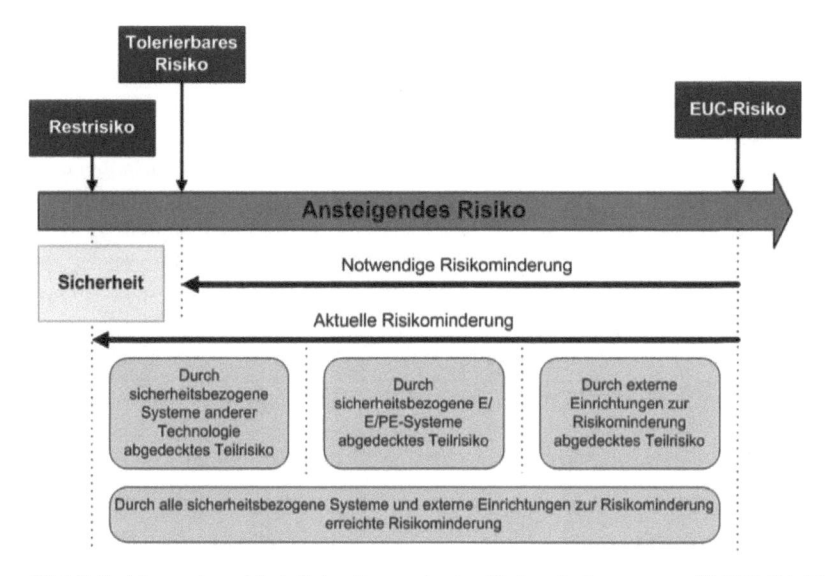

Bild 5.5 Allgemeines Modell der Konzepte der Risikominderung gemäß DIN EN 61508

DIN EN 61508 kennt und definiert demzufolge verschiedene Risiken, und zwar unter anderem

- das EUC-Risiko (das Risiko, das für die festgelegten gefährlichen Vorfälle des Equipment Under Control, des EUC-Leit- oder Steuerungssystems und zugehöriger menschlicher Faktoren besteht),
- das tolerierbare Risiko (das Risiko, das in einem gegebenen Zusammenhang basierend auf den üblichen gesellschaftlichen Wertvorstellungen tragbar ist) und
- das Restrisiko (das Risiko, das für die festgelegten gefährlichen Vorfälle der EUC, des EUC-Leit- oder Steuerungssystems und zugehöriger menschlicher Faktoren verbleibt, jedoch unter Berücksichtigung der sicherheitsbezogenen E/E/PE-Systeme und anderer risikomindernder Maßnahmen).

Die notwendige Risikoreduktion setzt sich zusammen aus einer Kombination aller sicherheitsbezogenen Schutzmerkmale.

Weiterführende Ausführungen und Erläuterungen zur Sicherheitsgrundnorm und den relevanten Begrifflichkeiten können Börcsök (siehe Lit.) entnommen werden.

Insbesondere die Erkenntnisse und bestehenden Regelungen aus der Luftfahrtindustrie haben die Inhalte der IEC 61508 stark beeinflusst, weswegen der sicherheitstechnische Prozess der zivilen Luftfahrtindustrie im folgenden Abschnitt näher betrachtet wird.

5.1.3 Der sicherheitstechnische Prozess in der zivilen Luftfahrtindustrie

Der sicherheitstechnische Prozess in der Luftfahrtindustrie ist unter anderem in den „Guidelines and Methods for Conducting the Safety Assessment Process on Civil Airborne Systems and Equipment", SAE Aerospace Recommended Practice (ARP 4761, siehe Lit.), standardisiert und betrachtet alle Phasen der Produktentstehung und Produktbetreuung mit dem Ziel, die Anforderungen der Luftfahrtbehörden hinsichtlich Sicherheit und die der Luftfahrtgesellschaften hinsichtlich Zuverlässigkeit und Sicherheit zu erfüllen, wobei qualitative und quantitative Methoden zur Bewertung der Zuverlässigkeit und Sicherheit angewendet werden. Im Folgenden soll dieser analytische, zeitliche Prozess auszugsweise beschrieben und auf seine Übertragbarkeit z. B. auf die Automobilindustrie untersucht werden. Bild 5.6 zeigt einen groben Überblick (Grobstruktur) über den sicherheitstechnischen Prozess in der Luftfahrtindustrie angewandt auf alle Phasen eines Entwicklungsprozesses nach ARP 4761.

Dies sind die essenziellen Bestandteile des sicherheitstechnischen Prozesses in der Luftfahrtindustrie:

1. Gefährdungsanalyse (Functional Hazard Assessment, FHA)) oder Funktionsrisikoanalyse (FRA)
2. Vorläufige Systemsicherheitsanalyse, VSSA (Preliminary System Safety Analysis, PSSA)
3. Systemsicherheitsanalyse (System Safety Analysis, SSA)
4. Fehlerbaumanalyse, FBA (Fault Tree Analysis, FTA)
5. Fehlermöglichkeits- und Einflussanalyse, FMEA (Failure Modes and Effects Analysis)
6. Analyse von Fehlern gemeinsamer Ursachen (Common Cause Analysis, CCA)

Zusätzlich werden weitere Methoden, wie z. B. der Markov-Prozess (siehe Kapitel 19) als Zustandsanalyse, angewendet (Bild 5.11).

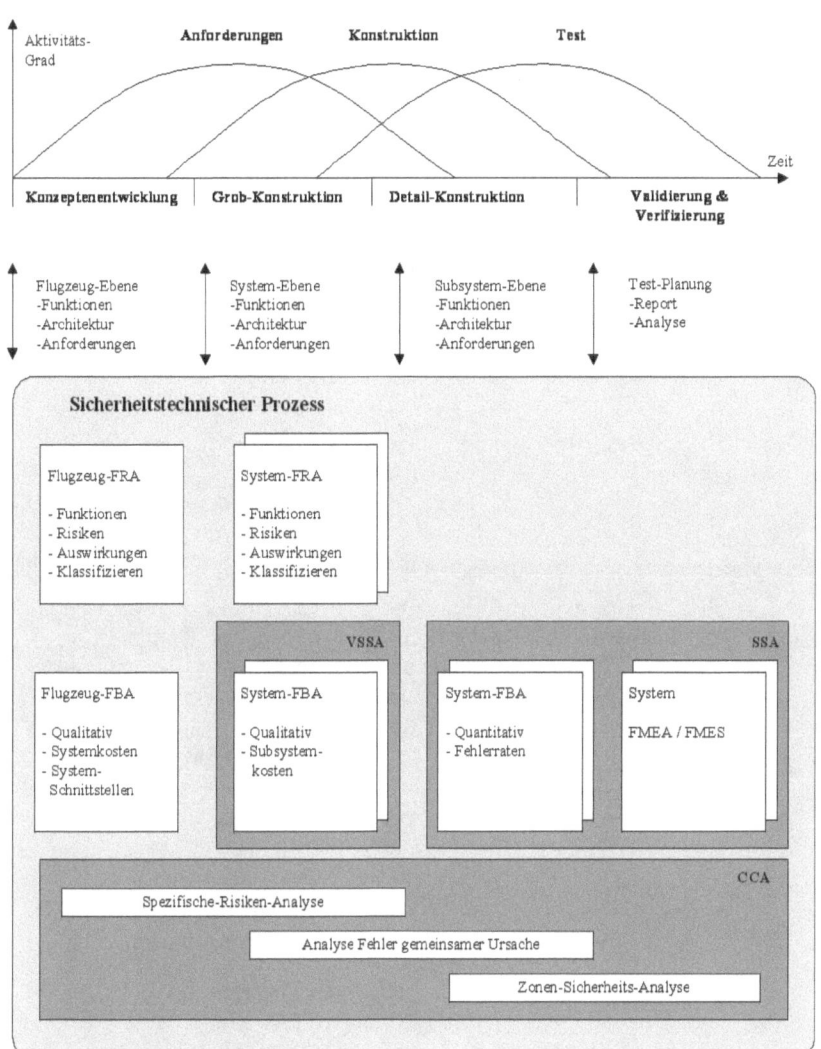

Typischer Entwicklungsprozess in der Flugzeugindustrie

Bild 5.6 Sicherheitstechnischer Prozess in der Luftfahrtindustrie während der Produktentstehungsphase (ARP 4761)

Der sicherheitstechnische Prozess beginnt mit der Formulierung der Anforderungen an das Gesamtsystem Flugzeug und den Zielwerten entsprechend der möglichen Fehlfunktionen und den Ausfallzuständen als Auftretenswahrscheinlichkeit entsprechend der Auswirkungsschwere. Diese sind entsprechend JAR (Joint Aviation Requirements) bzw. FAR (Federal Aviation Regulations) von den Luftfahrtbehörden JAA (Joint Aviation Authority, Europa) und FAA (US Federal Aviation Association) als Mindestforderungen festgelegt (Tabelle 5.1).

Tabelle 5.1 Auswirkung von Fehlerzuständen in Bezug zu ihrer Auftretenswahrscheinlichkeit (nach ARP 4761)

		Pro Flugstunde				
Wahrscheinlichkeit (quantitativ)		10^{-3}		10^{-5}	10^{-7}	10^{-9}
Wahrscheinlichkeit (beschreibend)	FAR	probable (wahrscheinlich)		improbable (unwahrscheinlich)		extremely improbable (nahezu unmöglich)
	JAR	frequent (häufig)	reasonably probable (möglich)	remote (unwahrscheinlich)	extremely remote (sehr unwahrscheinlich)	extremely improbable (nahezu unmöglich)
Fehlerauswirkungsklassifikation	FAR	minor (unbedeutend)		major (bedeutend)	severe major (schwerwiegend)	catastrophic (katastrophal)
	JAR	minor (unbedeutend)		major (bedeutend)	hazardous (gefährlich)	catastrophic (katastrophal)
Fehlerauswirkung	FAR & JAR	<ul><li>leichte Beeinträchtigung der Sicherheitsfaktoren</li><li>leichte Erhöhung der Arbeitsbelastung der Besatzung</li><li>leichte Unannehmlichkeiten für die Passagiere</li></ul>		<ul><li>Beeinträchtigung der Sicherheitsfaktoren oder der Funktionalität</li><li>bedeutende Erhöhung der Arbeitsbelastung der Besatzung oder Verschlechterung der Arbeitseffektivität</li><li>größere Unannehmlichkeiten für die Passagiere</li></ul>	<ul><li>starke Beeinträchtigung der Sicherheitsfaktoren oder der Funktionalität</li><li>Überlastung der Besatzung, die zu unvollständiger oder unzureichender Aufgabenerfüllung führen kann</li><li>widrige Zustände für die Passagiere</li></ul>	alle Fehlerzustände, die eine Fortsetzung eines sicheren Fluges inklusive einer Landung verhindern

Die Wahrscheinlichkeit des Auftretens von Fehlfunktionen und Ausfällen muss dabei umso kleiner werden, je schwerwiegender die möglichen Auswirkungen auf das Gesamtsystem Flugzeug und seine Passagiere sind (Bild 5.7).

Dabei gelten folgende Grundsätze:

- Das System geht fehlerfrei in Betrieb.
- Die Betrachtungsebene ist die Funktion.
- Alle Fehlfunktionen bleiben im Rahmen der zulässigen Wahrscheinlichkeit.

Wie bereits dargestellt, wird die Gefährdungsanalyse (Funktionsrisikoanalyse) zu Beginn des Entwicklungszyklus durchgeführt, um alle möglichen Fehlfunktionen und Ausfallzustände der Funktionen zu identifizieren und entsprechend Tabelle 5.1 zu klassifizieren.

Eintrittswahrscheinlichkeit eines Systemausfalls (pro Flugstunde)

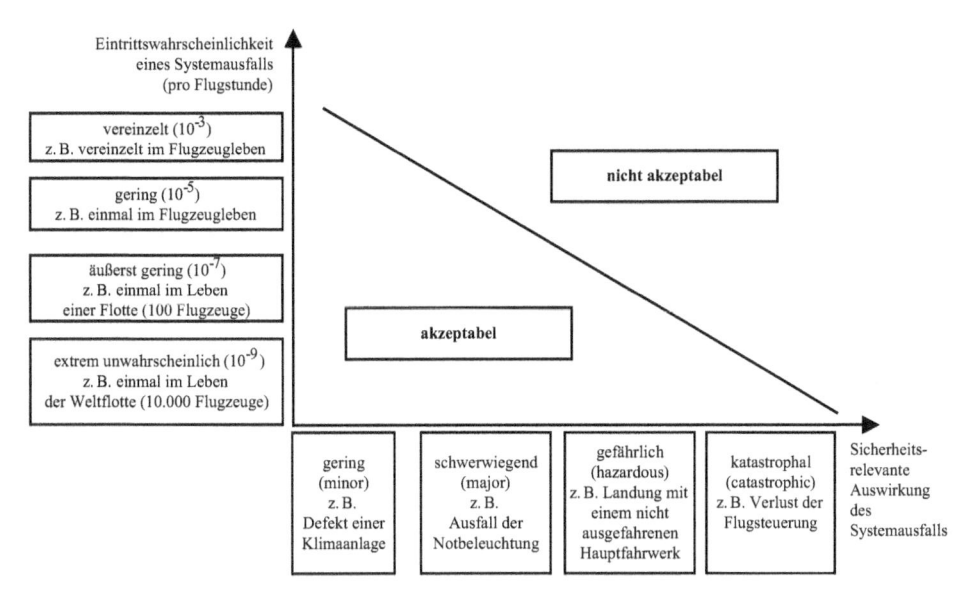

- vereinzelt (10^{-3}) z. B. vereinzelt im Flugzeugleben
- gering (10^{-5}) z. B. einmal im Flugzeugleben
- äußerst gering (10^{-7}) z. B. einmal im Leben einer Flotte (100 Flugzeuge)
- extrem unwahrscheinlich (10^{-9}) z. B. einmal im Leben der Weltflotte (10.000 Flugzeuge)

nicht akzeptabel

akzeptabel

Sicherheitsrelevante Auswirkung des Systemausfalls:
- gering (minor) z. B. Defekt einer Klimaanlage
- schwerwiegend (major) z. B. Ausfall der Notbeleuchtung
- gefährlich (hazardous) z. B. Landung mit einem nicht ausgefahrenen Hauptfahrwerk
- katastrophal (catastrophic) z. B. Verlust der Flugsteuerung

Bild 5.7 Definition von Sicherheitszielen (nach ARP 4761 und Knepper 2000, siehe Lit.)

Bild 5.8 zeigt die einzelnen Schritte der Gefährdungsbeurteilung. Dabei hängt der Analyseaufwand für die Detaillierung der Gefährdungsanalyse von der Schwere der Auswirkung ab. Bild 5.9 zeigt einen möglichen Entscheidungsbaum.

Aufgaben der Betrachtungseinheit definieren

↓

Funktionen & Teilfunktionen beschreiben

↓

Fehlfunktionen & Ausfallzustände ermitteln

↓

Auswirkungen:
Sicherheits- und Wirtschaftsrisiken ermitteln, beschreiben und qualitativ klassifizieren

↓

Sicherheits- und Zuverlässigkeitsziele definieren und Nachweismethoden festlegen

↓

Systemanalyse:
→ Auslegung optimieren
→ Auftretenswahrscheinlichkeit von Ausfallzuständen reduzieren

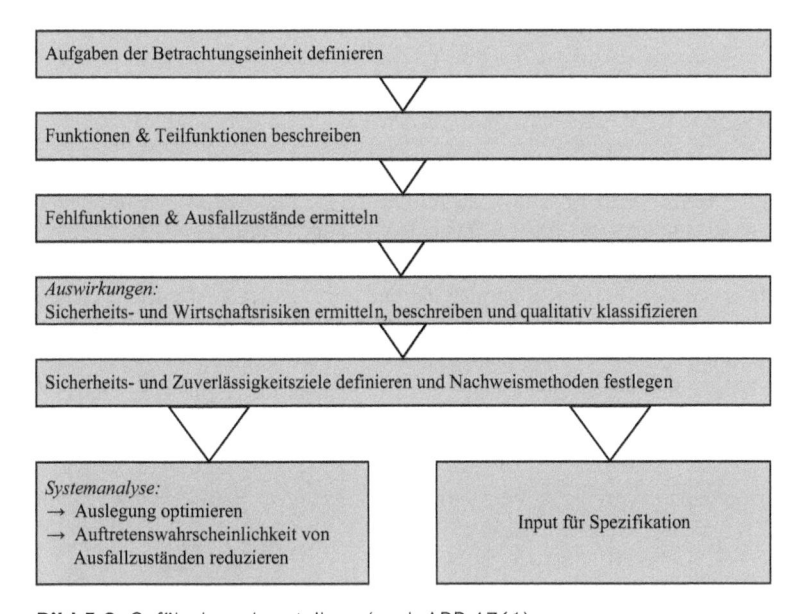

Input für Spezifikation

Bild 5.8 Gefährdungsbeurteilung (nach ARP 4761)

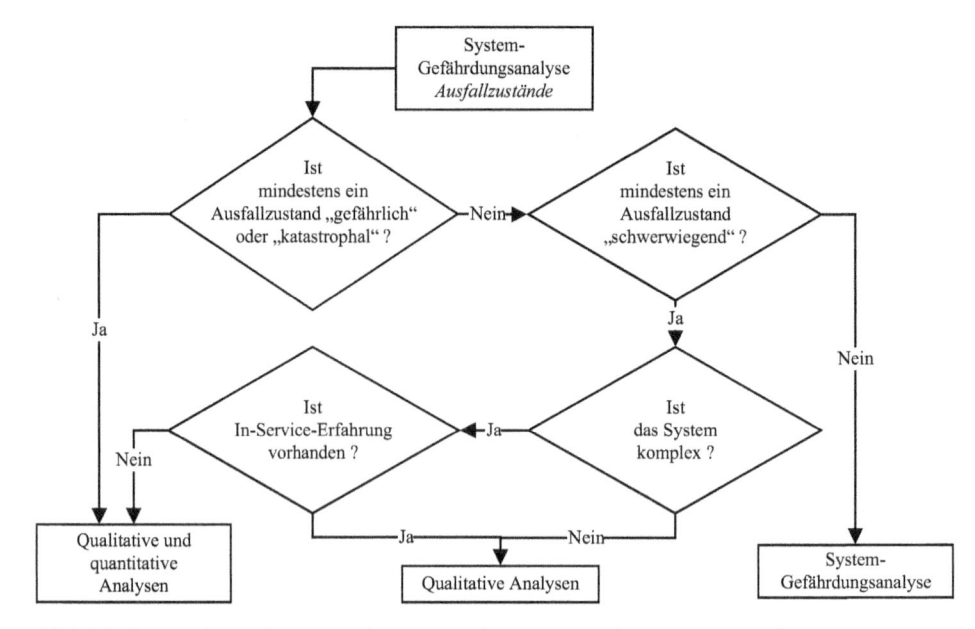

Bild 5.9 Entscheidungsbaum zur Festlegung des Analyseaufwands (nach ARP 4761)

Die Ergebnisse der Gefährdungsanalyse bilden dann die Grundlage für eine vorläufige Systemsicherheitsanalyse (VSSA), um angedachte Systemkonfigurationen zu bewerten sowie konstruktive Forderungen hinsichtlich System, Geräten, Bauelementen, Software und anderem abzuleiten.

Hierzu zählen beispielsweise Forderungen hinsichtlich

- Entwicklungssicherungsniveau,
- Unabhängigkeit,
- Redundanzkonzept,
- Überwachungskonzept,
- Ausfallraten – Zielen
- und anderem.

Die VSSA ist ein interaktiver Prozess und wird mittels Blockschaltbildern, Zustandsdiagrammen, FMEA (Fehlermöglichkeits- und Einflussanalyse, engl. Failure Modes and Effects Analysis), FMES (Fehlermöglichkeits- und Einflussanalyse Zusammenfassung, engl. Failure Modes and Effects Summary), als Gruppierung von Einzelausfallarten mit gleichen Auswirkungen und Fehlerbaumanalyse sowie weiterer Methoden durchgeführt und ist eng mit der Konzeptdefinition und Grob- und Detailkonstruktion verbunden, wohingegen die Systemsicherheitsanalyse zur Verifizierung des vorgeschlagenen und umgesetzten (implementierten) Systems dient, um zu überprüfen, ob die Sicherheitsziele der FHA und VSSA erreicht wurden.

Zu den Hauptarten der FMEA zählen bekanntlich folgende:

- **System-FMEA:**

  Die System-FMEA untersucht auf der Grundlage des System-Pflichtenhefts das funktionsgerechte Zusammenwirken der Systemkomponenten und ihrer Verbindungen zur Vermeidung von Fehlern bei Systemauswahl und -auslegung sowie Feldrisiken.

- **Konstruktions-FMEA:**

  Die Konstruktions-FMEA untersucht die pflichtenheftgerechte Gestaltung und Auslegung der Erzeugnisse/Komponenten zur Vermeidung von Entwicklungsfehlern und konstruktiv beeinflussbaren Prozessfehlern.

- **Prozess-FMEA:**

  Die Prozess-FMEA untersucht die zeichnungsgerechte Prozessplanung und -ausführung der Erzeugnisse/Komponenten zur Vermeidung von Planungs- und Fertigungsfehlern. Es soll dabei sichergestellt werden, dass die Qualität des Endprodukts den Erwartungen des Kunden entspricht.

Bild 5.10 zeigt ein Ablaufdiagramm zur Bestimmung der Risikoprioritätszahl (RPZ) und Tabelle 5.2 mögliche Kriterien für die Bewertungszahlen aus dem Bereich der Automobilindustrie.

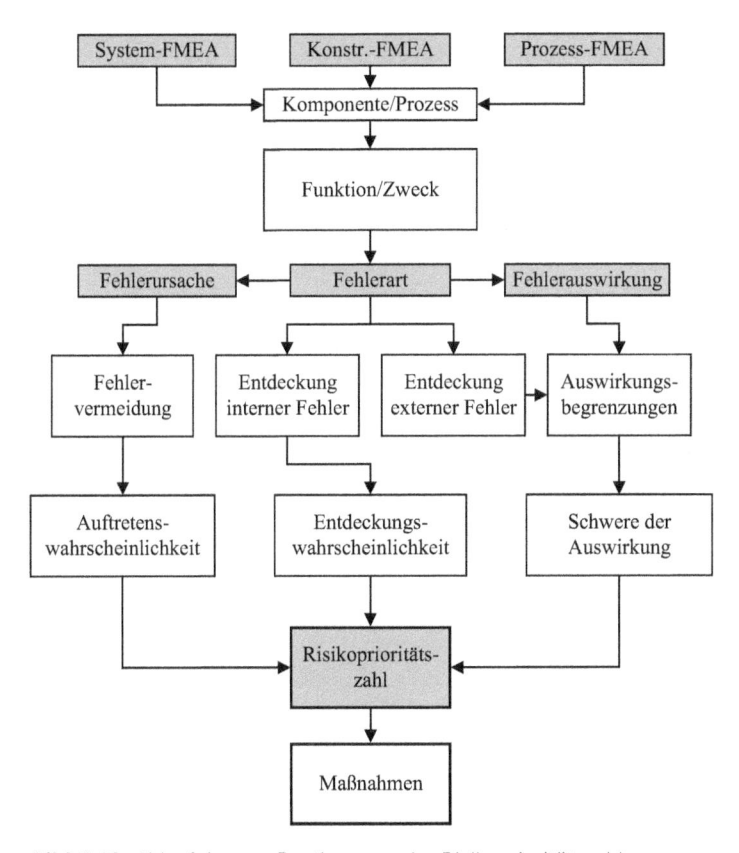

Bild 5.10 Ablaufplan zur Bestimmung der Risikoprioritätszahl

Tabelle 5.2 Mögliche Kriterien für Bewertungszahlen der System-FMEA (Automobilindustrie)

Bewertungszahl für die Bedeutung B		Bewertungszahl für die Auftretenswahrscheinlichkeit A	
9–10	sehr hoch Sicherheitsrisiko, Nichterfüllung gesetzlicher Vorschriften, Liegenbleiber	9–10	sehr hoch sehr häufiges Auftreten von Fehlerursachen, unbrauchbares, ungeeignetes Konstruktionskonzept
7–8	hoch Funktionsfähigkeit des Fahrzeuges stark eingeschränkt, sofortiger Werkstattaufenthalt zwingend erforderlich, Funktionseinschränkung wichtiger Teilsysteme	7–8	hoch Fehlerursache tritt wiederholt auf, problematische, unausgereifte Konstruktion
4–6	mäßig Funktionsfähigkeit des Fahrzeuges eingeschränkt, sofortiger Werkstattaufenthalt nicht zwingend erforderlich, Funktionseinschränkung von wichtigen Bedien- und Komfortsystemen	4–6	mäßig gelegentlich auftretende Fehlerursache, geeignete, im Reifegrad fortgeschrittene Konstruktion
2–3	gering geringe Funktionsbeeinträchtigung des Fahrzeuges, Beseitigung beim nächsten planmäßigen Werkstattaufenthalt, Funktionseinschränkung von Bedien- und Komfortsystemen	2–3	gering Auftreten der Fehlerursache ist gering, bewährte konstruktive Auslegung
1	sehr gering sehr geringe Funktionsbeeinträchtigung, nur vom Fachpersonal erkennbar	1	sehr gering Auftreten der Fehlerursache ist unwahrscheinlich

Nach der Bestimmung der RPZ erfolgt die Auswertung einer FMEA. Hierzu zählen folgende Bereiche:

- Klassische Auswertung

    Bildung eines Histogramms zur Gewichtung der RPZ; Orientierung an den Absolutwerten der RPZ und/oder eines Faktors (z.B. A, B, E > 8, RPZ > 120); die Ableitung von Maßnahmen hängt von der RPZ ab; es erfolgt keine weitere Gewichtung.

- Failure Mode Effect and Criticality Analysis (FMECA) und MIL-STD-1629 A

    Auftretenswahrscheinlichkeits-Klasse (A, B, C, D, E) wird die Schwere der Fehlerfolgen (I, II, III, IV) zugeordnet und die zunehmende „Criticality" betrachtet; es werden kritische RPZs über eine Wichtung der Fehlerfolgen ermittelt.

Fehleranteil in ppm	Bewertungszahl für die Entdeckungswahrscheinlichkeit E		Sicherheit der Nachweisverfahren
500 000 100 000	9 – 10	sehr gering Entdecken der aufgetretenen Fehlerursache ist unwahrscheinlich, Zuverlässigkeit der Konstruktionsauslegung wurde nicht oder kann nicht nachgewiesen werden, Nachweisverfahren sind unsicher	90 %
50 000 10 000	7 – 8	gering Entdeckung der aufgetretenen Fehlerursachen ist weniger wahrscheinlich, Zuverlässigkeit der Konstruktionsauslegung kann wahrscheinlich nicht nachgewiesen werden, Nachweisverfahren sind unsicher	98 %
5000 1000 500	4 – 6	mäßig Entdecken der aufgetretenen Fehlerursachen ist wahrscheinlich, Zuverlässigkeit der Konstruktionsauslegung könnte vielleicht nachgewiesen werden, Nachweisverfahren sind relativ sicher	99,7 %
100 50	2 – 3	hoch Entdecken der aufgetretenen Fehlerursachen ist sehr wahrscheinlich, durch mehrere voneinander unabhängige Nachweisverfahren bestätigt	99,9 %
1	1	sehr hoch aufgetretene Fehlerursache wird sicher entdeckt	99,99 %

- FMEA mithilfe der Fuzzy-Logik

  Bei dieser Methode wird die Gültigkeit des Bewertungsschemas berücksichtigt; verschiedene Experten müssen sich nicht mehr auf eine Bewertung einigen; die Bewertung wird mittels Fuzzy-Logik zusammengefasst (Kapitel 17).

- RPZ mit Kostenkennzahl

  Bei der Durchführung einer FMEA werden meist die betriebswirtschaftlichen Aspekte vernachlässigt. Liegen jedoch beispielsweise die Kosten für eine Maßnahme weit über den Kosten, die ein Fehler nach sich ziehen würde, wäre eine Befürwortung der Maßnahme aus betriebswirtschaftlicher Sicht nicht vertretbar. Dabei kann das Kostenrisiko in die RPZ integriert werden oder ein eigenständiges Entscheidungskriterium sein.

- Des Weiteren sind Methoden bekannt, wie die Bewertung der RPZ über Multiplikanden sowie wahrscheinlichkeitsbezogene FMEA, die durch Belastungsgrenzen, Fehlerwahrscheinlichkeiten und anderes ergänzt wird.

Die SSA beinhaltet auch die Analyse von Fehlern gemeinsamer Ursachen sowie spezielle Abhängigkeiten. Zur Verifizierung werden folgende Methoden angewandt:

- Zonensicherheitsanalyse (Zonal Safety Analysis, ZSA)
- Analyse besonderer Risiken (Particular Risk Analysis, PRA)
- Analyse redundanzüberbrückender Fehler (Common Mode Analysis, CMA)

Die ZSA wird für bestimmte Zonen eines Flugzeuges durchgeführt, um sicherzustellen, dass die System- und Geräteinstallation die Sicherheitsanforderungen erfüllt. Hierzu zählt die Überprüfung der

- Basisinstallation,
- Wechselwirkungen zwischen Systemen/Geräten, Auswirkung von Fehlern auf benachbarte Systeme und Geräte sowie Strukturen und
- Instandhaltungsfehler.

Die PRA analysiert besondere Risiken, die in der Regel von außen auf das System wirken, wie

- Feuer, Hagel, Eis, Schnee, Blitzschlag,
- Bersten einer Radfelge,
- Leckage (Kraftstoff, Hydraulik Batteriesäure, Wasser etc.)
- und andere.

Die CMA verifiziert hingegen, ob die z. B. in einer Fehlerbaumanalyse als unabhängig angenommenen Basisereignisse auch tatsächlich unabhängig sind. Hierzu zählen

- Soft- und Hardwarefehler,
- Instandsetzungsfehler,
- Umgebungsfaktoren (Temperatur, Vibrationen etc.),
- Spezifikationsfehler
- und andere.

Die Ergebnisse der CMA sind Bestandteil der SSA für jedes System.

Bild 5.11 zeigt abschließend die Wechselbeziehung der zuvor erläuterten prinzipiellen Methoden des Sicherheitsprozesses in der Luftfahrtindustrie.

In enger Wechselbeziehung zwischen dem Sicherheitsprozess und dem Systementwicklungsprozess steht der Spezifikations-, Validations- und Verifikationsprozess. Der Spezifikationsprozess (Bild 5.12) legt zu Beginn des Produktentstehungsprozesses die detaillierten Forderungen auf Systemebene (Systemspezifikation) und Geräteebene (Gerätespezifikation) hinsichtlich einer bestmöglichen Umsetzung fest.

5.1 Der sicherheitstechnische Prozess

A/C-Level — Functional Hazard Assessment (FHA) & Fault Tree Anaysis (FTA)

System-Level — Functional Hazard Assessment (FHA)

Preliminary System Safety Assessment (PSSA)

System Safety Assessment (SSA)

Equip. Level
- Failure Modes and Effects Analysis (FMEA)
- Failure Modes and Effects Summary (FMES)

Syst. Level
- Fault Tree Analysis (FTA)
- Dependence Diagrams (DD)
- Markov Analysis (MA)

- Zone Safety Analyses (ZSAs)
- Particular Risk Analysis (PRAs)
- Common Mode Analysis (CMAs)

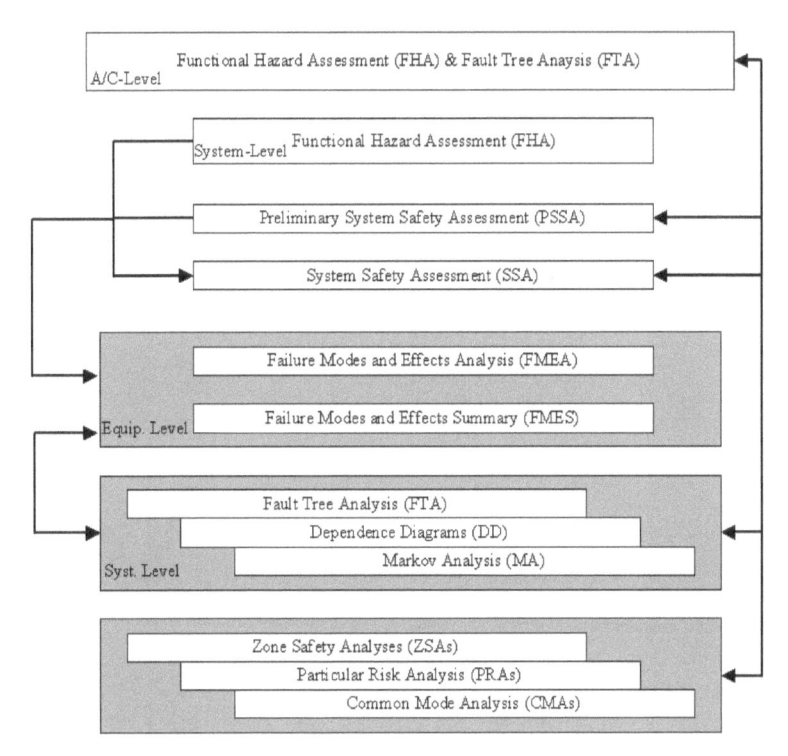

Bild 5.11 Zusammenspiel der Methoden (nach ARP 4761)

Spezifikationsprozess – Wechselbeziehung mit dem Sicherheitsprozess

Top Level System-Sicherheits- und Zuverlässigkeitsforderungsdokumente

Zuverlässigkeitsanalysen

Flugzeugspezifikation
- Top Level Flugzeugforderungen definieren
- Top Level Flugzeugfunktionen definieren
- Top Level Flugzeugfunktionsforderungen definieren

System-spezifikationen
- Top Level Systemfunktionsforderungen definieren
- Systemforderungen spezifizieren

Gerätespezifikationen
- Geräteforderungen spezifizieren

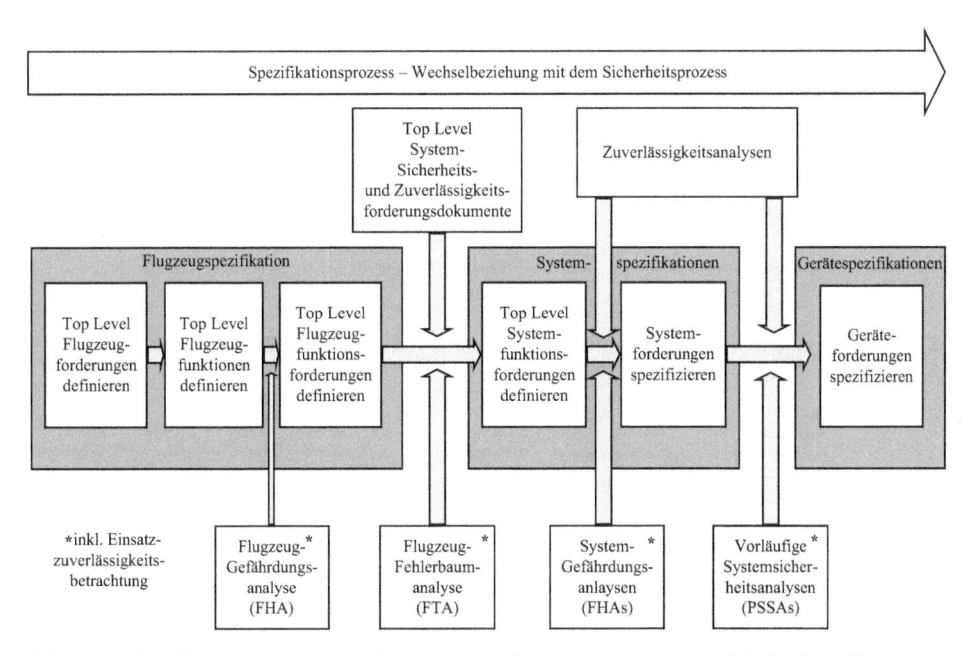

*inkl. Einsatzzuverlässigkeitsbetrachtung

- Flugzeug-Gefährdungsanalyse (FHA)*
- Flugzeug-Fehlerbaumanalyse (FTA)*
- System-Gefährdungsanalysen (FHAs)*
- Vorläufige Systemsicherheitsanalysen (PSSAs)*

Bild 5.12 Spezifikationsprozess in der Luftfahrtindustrie (nach Knepper 2000, siehe Lit.)

Diese müssen eindeutig, richtig, vollständig, umsetzbar und verifizierbar sein und werden im Validationsprozess – der parallel abläuft – überprüft. Nach der Validierung, die durch die Schritte

- Entstehung des Validationsplans,
- Durchführung der Validation und
- Zusammenfassung

gekennzeichnet ist (Bild 5.13), beginnt die Verifikation zur Überprüfung, ob die Forderungen im Produkt umgesetzt wurden (Bild 5.14).

Validationsprozess – Wechselbeziehungen mit dem Sicherheitsprozess

Validationsplan	Validation	Validations-zusammenfassung
Festlegung der Verwantwortlichkeiten und Methoden in Abhängigkeit des DAL	Anwendung der Methoden zur Überprüfung der Forderungen:	Forderungen:
Methoden > Analyse > Simulation > Test > Vergleichbarkeit > Rückverfolgbarkeit > Erfahrung > Prototyp > Review > etc.	> Vollständigkeit > Richtigkeit	> Quelle / Basis > Validationsmethode > Validationsergebnis

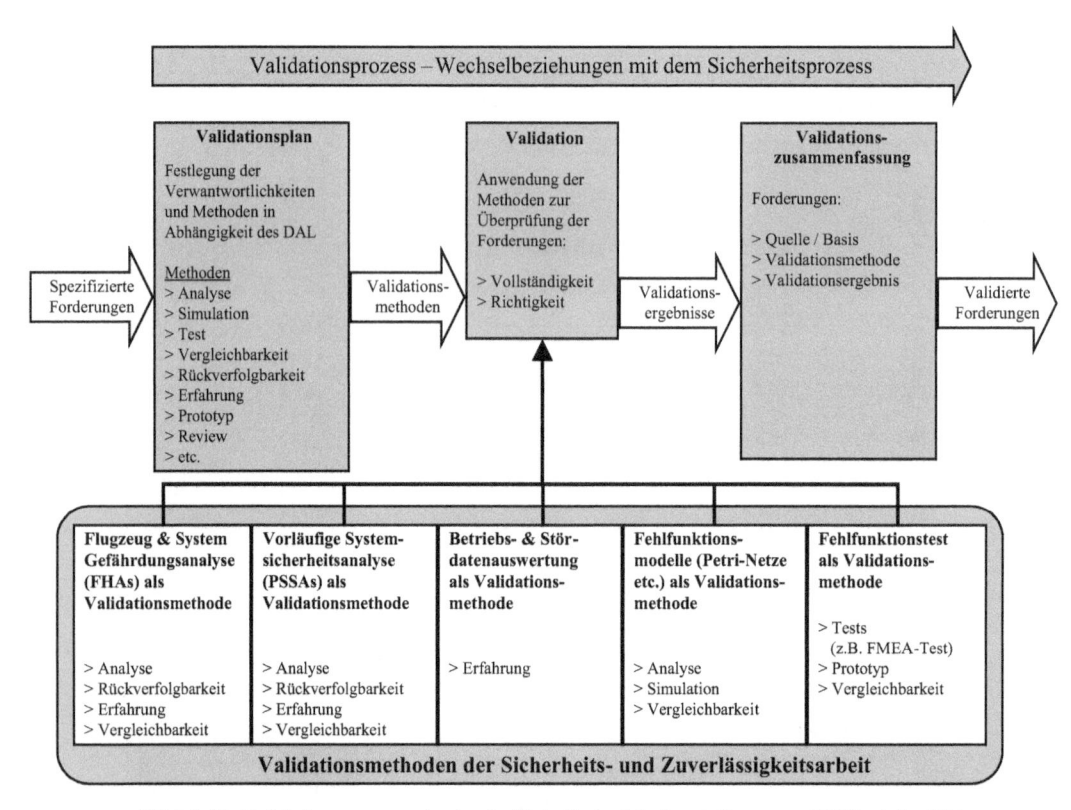

Spezifizierte Forderungen → Validationsmethoden → Validationsergebnisse → Validierte Forderungen

Validationsmethoden der Sicherheits- und Zuverlässigkeitsarbeit

Flugzeug & System Gefährdungsanalyse (FHAs) als Validationsmethode	Vorläufige Systemsicherheitsanalyse (PSSAs) als Validationsmethode	Betriebs- & Stördatenauswertung als Validationsmethode	Fehlfunktionsmodelle (Petri-Netze etc.) als Validationsmethode	Fehlfunktionstest als Validationsmethode
> Analyse > Rückverfolgbarkeit > Erfahrung > Vergleichbarkeit	> Analyse > Rückverfolgbarkeit > Erfahrung > Vergleichbarkeit	> Erfahrung	> Analyse > Simulation > Vergleichbarkeit	> Tests (z.B. FMEA-Test) > Prototyp > Vergleichbarkeit

Bild 5.13 Validationsprozess in der Luftfahrtindustrie (nach Knepper 2000, siehe Lit.)

Eine detaillierte Betrachtung des Spezifikations-, Validations- und Verifikationsprozesses ist in ARP 4754 „Certification Considerations for Highly-Integrated or Complex Aircraft Systems", ABDO 200 „Requirements and Guidelines for System Designer" dargestellt.

Abschließend zeigt Bild 5.15 die groben Zusammenhänge zwischen Spezifikations-, Validations- und Verifikationsprozess während der Produktentstehung.

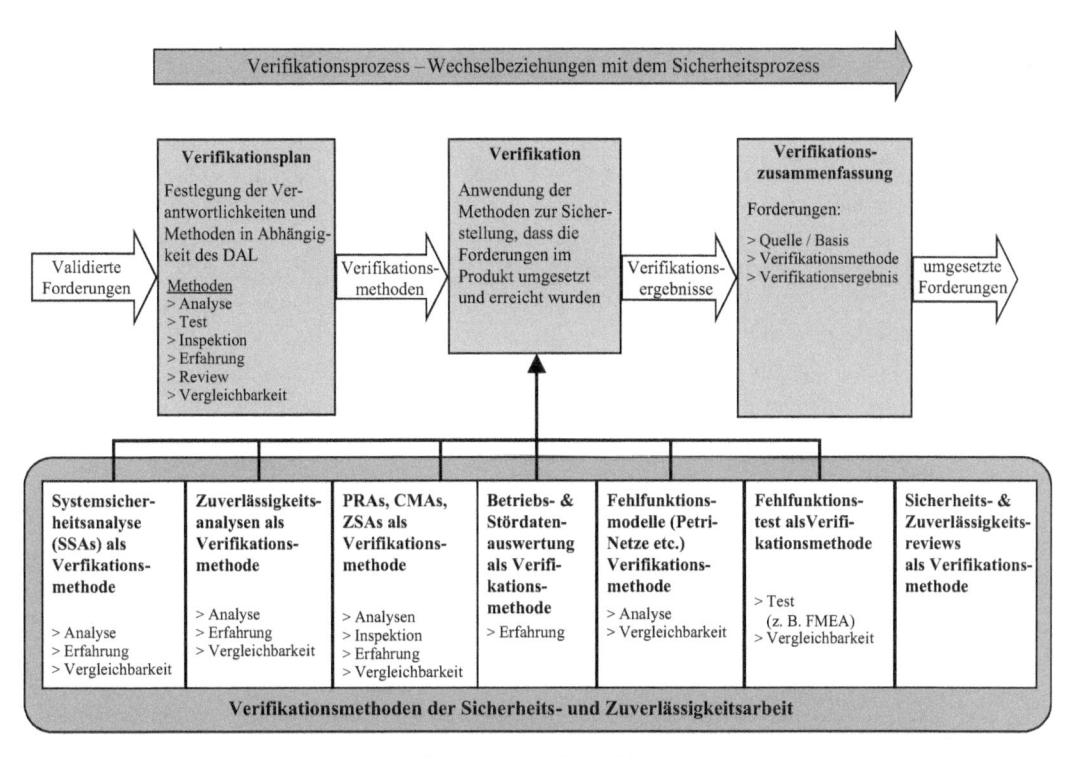

Bild 5.14 Verifikationsprozess in der Luftfahrtindustrie (nach Knepper 2000, siehe Lit.)

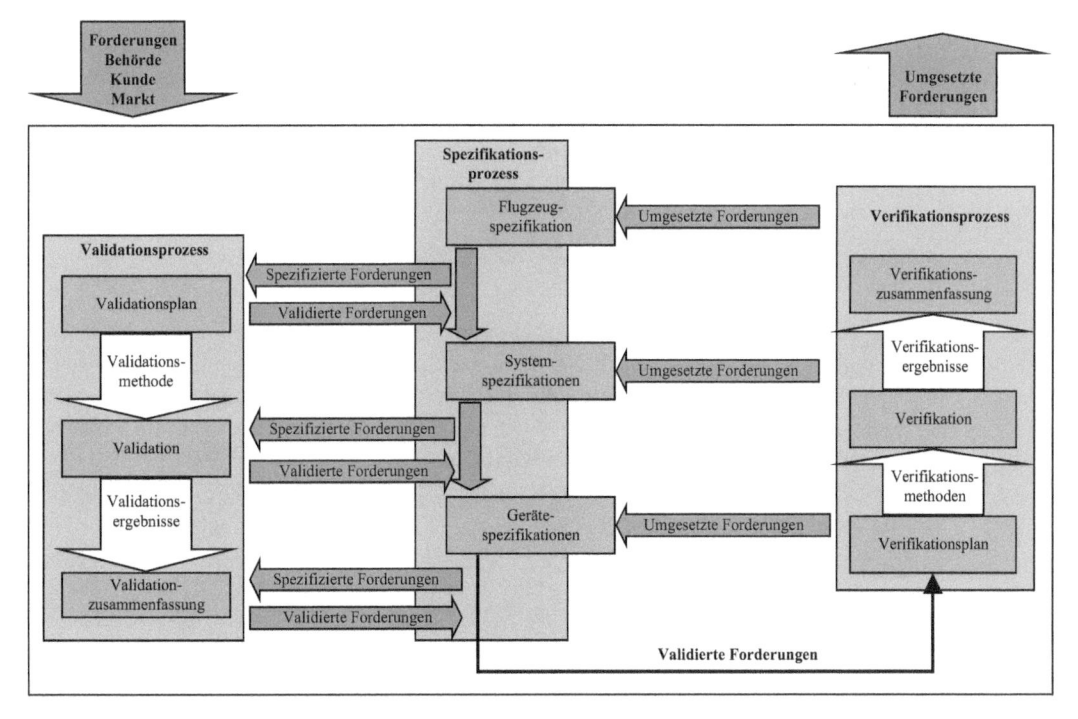

Bild 5.15 Spezifikations-, Validations- und Verifikationsprozess während der Produktentstehung in der Luftfahrtindustrie (nach Knepper 2000, siehe Lit.)

5.1.4 Funktionale Sicherheit für Straßenfahrzeuge

Die ISO 26262 (siehe hierzu auch die Dissertation von Schlummer in Lit.) stellt die Formulierung eines für die Fahrzeugindustrie tauglichen, praktikablen und international abgestimmten Sicherheitsstandards als anwendungsspezifische Ableitung aus der IEC 61508 dar. Im Jahr 2011 erschien die 1. Edition des Standards, welche die Funktionale Sicherheit (FS oder FuSi) von Personenkraftwagen bis zu einem zulässigen Gesamtgewicht von 3,5 t zum Gegenstand hatte und insgesamt 10 Teile umfasste. Ende 2018 erschien die 2. Edition, welche nunmehr angewachsen war auf 12 Teile, auf die nachfolgend auszugsweise näher eingegangen wird.

Beteiligt an der Überarbeitung des Normenwerks waren Experten von Fahrzeugkonzernen, Unternehmen der Zulieferindustrie sowie Forschungseinrichtungen aus insgesamt 13 Nationen, wie Deutschland, Frankreich, Italien, Schweden, Österreich, Japan, Südkorea, China und den USA.

Einer der größten Unterschiede zur 1. Auflage war die Erweiterung der betroffenen Fahrzeugklassen, die in Bild 5.16 dargestellt ist.

Fahrzeugklasse			Im Scope der ISO 26262
M1	Pkw & Wohnmobile		1. Edition
M2 / M3	Busse		2. Edition
N1 / N2 / N3	Lkw		
O1 / O2 / O3	Anhänger		
L3 / L4 / L5	Krafträder		
L1 / L2	Kleinkrafträder		ausgenommen
L6 / L7	Leichtkraftfahrzeuge		nicht definiert

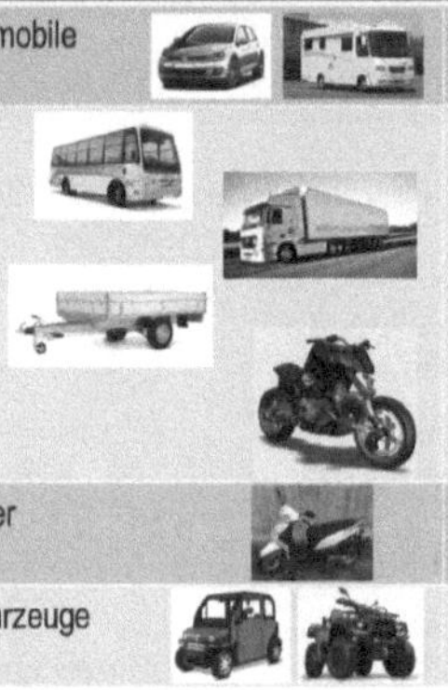

Bild 5.16 Betroffene Fahrzeugklassen der ISO 26262

Die ISO 26262 gilt seit 2018 für sicherheitsrelevante Systeme, die ein oder mehrere E/E-Systeme (elektrisch/elektronische Systeme) beinhalten und in serienmäßigen Straßenfahrzeugen eingebaut sind. Sie hatte nun auch Nutzfahrzeuge, Anhänger, Motorräder und Busse im Anwendungsbereich, welche zuvor in der 1. Auflage explizit nicht erwähnt wurden. Formaljuristisch galt für die beteiligten Unternehmen damals die IEC 61508, wobei sich allerdings an den bestehenden Vorgaben der 1. Edition der ISO 26262 orientiert wurde, sofern das möglich war.

Im Geltungsbereich des Standards stehen mögliche Gefahren aufgrund von Fehlfunktionen sicherheitsrelevanter E/E-Systeme, einschließlich der Interaktion solcher Systeme. Er befasst sich nicht mit Gefahren verbunden mit elektrischem Schlag, Feuer, Rauch, Hitze, Strahlung, Toxizität, Entflammbarkeit, Reaktivität, Korrosion, Energiefreisetzung und ähnlichen Gefahren, es sein denn, dass sie unmittelbar durch eine Fehlfunktion eines sicherheitsrelevanten E/E-Systems hervorgerufen werden. E/E steht dabei für elektrisch/elektronisch, was den Zusatz „programmierbar elektronisch" aus der IEC 61508 allerdings miteinschließt.

ISO 26262 stellt ein Rahmenwerk für die funktionale Sicherheit zur Verfügung, das die Entwicklung sicherheitsrelevanter E/E-Systeme unterstützen soll. Dabei sollen die enthaltenen Anforderungen des Rahmenwerks in die bestehenden Strukturen und Vorgaben der beteiligten Unternehmen integriert werden. Anforderungen der ISO 26262 können sowohl einen eher technischen Fokus aufweisen als auch ein Augenmerk auf prozessuale Gegebenheiten haben. Das alles ist enthalten in den zwölf Teilen der Normenreihe (wobei Teil 1 das verwendete Vokabular beinhaltet und die Teile 10 und 11 informative Guidelines umfassen), deren Struktur und interne Verflechtung in Bild 5.17 dargestellt ist.

Wie zu erkennen, ist die Normenreihe sehr umfangreich, was sich auch in anderen Zahlen widerspiegelt. So besteht die ISO 26262 aus 107 Kapiteln mit insgesamt 37 Anhängen (einige davon sind sogar normativ), welche auf ca. 820 Seiten in englischer Sprache zu Papier gebracht wurden, wobei es weniger als 700 reine Normenseiten sind. Weiterhin ersichtlich ist, dass die Teile 3 bis 7 über ein V verbunden sind. Ein solches V kann ferner innerhalb der Blöcke für die Teile 5 und 6 ausgemacht werden. Diese Vs repräsentieren das sogenannte V-Modell, welches die Normenreihe sozusagen verschachtelt miteinander verbindet. Auf das V-Modell wird später noch etwas genauer eingegangen werden.

Die in Bild 5.17 enthaltenen Nummern stehen für die einzelnen Teile der Norm bzw. die entsprechenden Kapitel. So finden sich z.B. in Kapitel 5 des 2. Normenteils Hinweise und Vorgaben zum gesamtheitlichen Sicherheitsmanagement. Die weiteren Kapitel von ISO 26262-2 beschäftigen sich mit den Managementaktivitäten während der verschiedenen Phasen des Produktlebens. Die Teile 3 bis 7 umfassen das eigentliche Produktleben, das durch einen eigenen Sicherheitslebenszyklus in verschiedene Phasen aufgeteilt wird (Bild 5.18). In Teil 8 wird neben den unterstützenden Prozessen auch auf die Alternative des Betriebsbewährtheitsnachweises eingegangen. ISO 26262-9 beinhaltet Angaben zu teils speziellen sicherheitsorientierten Methoden, wie z.B. der ASIL-Dekomposition oder der Analyse von abhängigen Ausfällen. Verwendete Begriffe werden in Teil 1 der Normenreihe definiert. Neben dem informativen Teil 10, welcher einen Leitfaden zu diversen Aspekten der Funktionalen Sicherheit umfasst, gibt es mit der 2. Auflage einen weiteren informativen Teil, der eine Anwendungsrichtlinie der ISO 26262 für den Bereich der Halbleiter zum Inhalt hat. ISO 26262-12 schlussendlich behandelt die Anpassung der ISO 26262 auf den Bereich der Krafträder, auf die in den nachfolgenden Erläuterungen aber nicht weiter eingegangen wird. Anforderungen bezüglich der Funktionalen Sicherheit von sicherheitsrelevanten E/-Systemen in Bussen und Nutzfahrzeugen sind in den Teilen 2 bis 11 enthalten und teils gesondert markiert, sofern sie explizit hierfür gelten sollten.

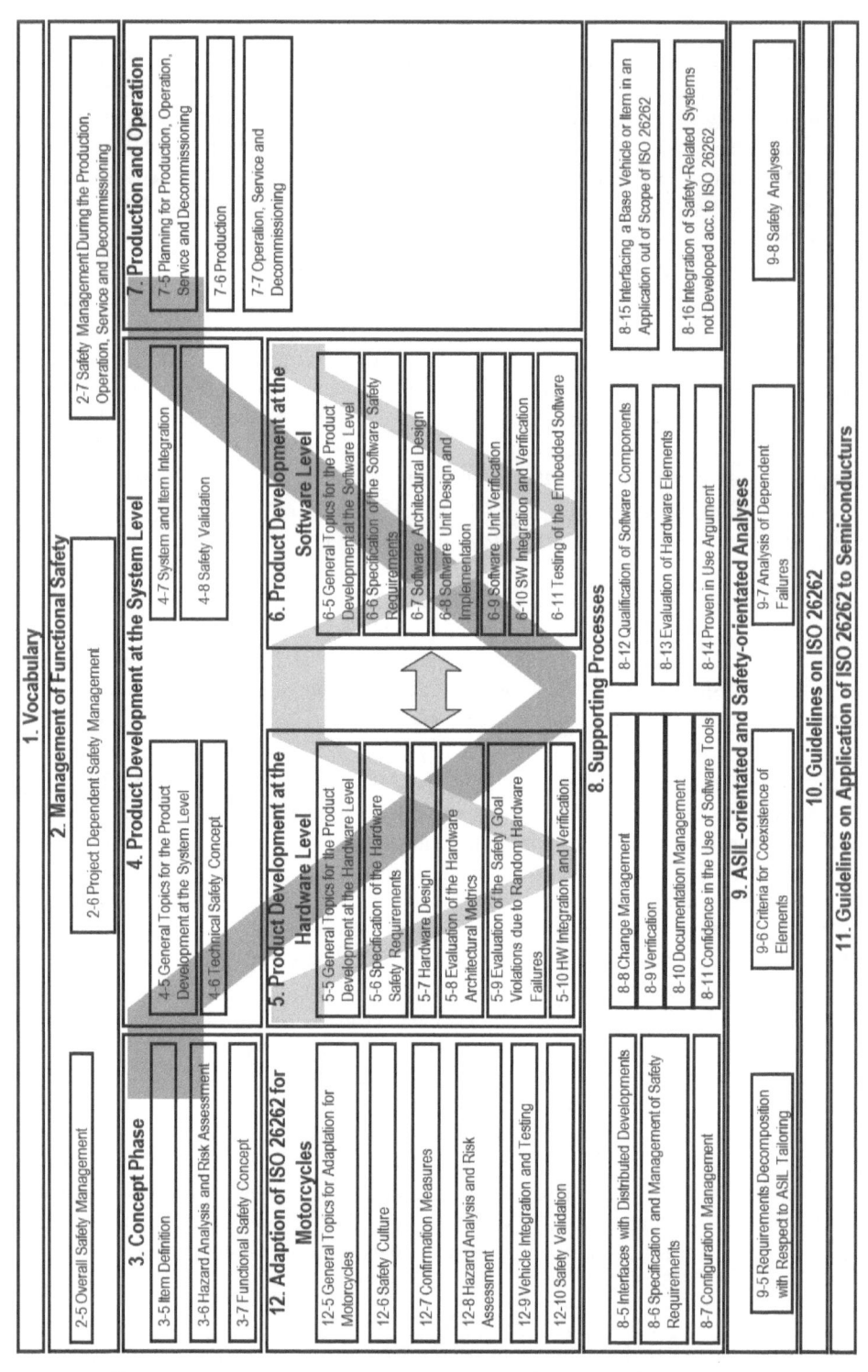

Bild 5.17 Überblick über die Normenreihe ISO 26262:2018 gemäß ISO 26262

1. Vocabulary

2. Management of Functional Safety
- 2-5 Overall Safety Management
- 2-6 Project Dependent Safety Management
- 2-7 Safety Management During the Production, Operation, Service and Decommissioning

3. Concept Phase
- 3-5 Item Definition
- 3-6 Hazard Analysis and Risk Assessment
- 3-7 Functional Safety Concept

4. Product Development at the System Level
- 4-5 General Topics for the Product Development at the System Level
- 4-6 Technical Safety Concept
- 4-7 System and Item Integration
- 4-8 Safety Validation

5. Product Development at the Hardware Level
- 5-5 General Topics for the Product Development at the Hardware Level
- 5-6 Specification of the Hardware Safety Requirements
- 5-7 Hardware Design
- 5-8 Evaluation of the Hardware Architectural Metrics
- 5-9 Evaluation of the Safety Goal Violations due to Random Hardware Failures
- 5-10 HW Integration and Verification

6. Product Development at the Software Level
- 6-5 General Topics for the Product Development at the Software Level
- 6-6 Specification of the Software Safety Requirements
- 6-7 Software Architectural Design
- 6-8 Software Unit Design and Implementation
- 6-9 Software Unit Verification
- 6-10 SW Integration and Verification
- 6-11 Testing of the Embedded Software

7. Production and Operation
- 7-5 Planning for Production, Operation, Service and Decommissioning
- 7-6 Production
- 7-7 Operation, Service and Decommissioning

8. Supporting Processes
- 8-5 Interfaces with Distributed Developments
- 8-6 Specification and Management of Safety Requirements
- 8-7 Configuration Management
- 8-8 Change Management
- 8-9 Verification
- 8-10 Documentation Management
- 8-11 Confidence in the Use of Software Tools
- 8-12 Qualification of Software Components
- 8-13 Evaluation of Hardware Elements
- 8-14 Proven in Use Argument
- 8-15 Interfacing a Base Vehicle or Item in an Application out of Scope of ISO 26262
- 8-16 Integration of Safety-Related Systems not Developed acc. to ISO 26262

9. ASIL-orientated and Safety-orientated Analyses
- 9-5 Requirements Decomposition with Respect to ASIL Tailoring
- 9-6 Criteria for Coexistence of Elements
- 9-7 Analysis of Dependent Failures
- 9-8 Safety Analyses

10. Guidelines on ISO 26262

11. Guidelines on Application of ISO 26262 to Semiconductors

12. Adaption of ISO 26262 for Motorcycles
- 12-5 General Topics for Adaptation for Motorcycles
- 12-6 Safety Culture
- 12-7 Confirmation Measures
- 12-8 Hazard Analysis and Risk Assessment
- 12-9 Vehicle Integration and Testing
- 12-10 Safety Validation

Der in Bild 5.18 dargestellte Sicherheitslebenszyklus der ISO 26262 erfasst all diejenigen Tätigkeiten auf systematische Art und Weise, die notwendig sind, um die Funktionale Sicherheit während der Konzeptphase, der Produktentwicklung, der Produktion, des Betriebs, des Service sowie der Stilllegung zu gewährleisten. Die wichtigsten Managementaufgaben dabei bestehen in der Planung, Koordinierung und Überwachung des Fortschritts der Sicherheitsaktivitäten sowie der Verantwortung der Sicherstellung, dass die benötigten Bestätigungsmaßnahmen (engl. confirmation measures) durchgeführt werden.

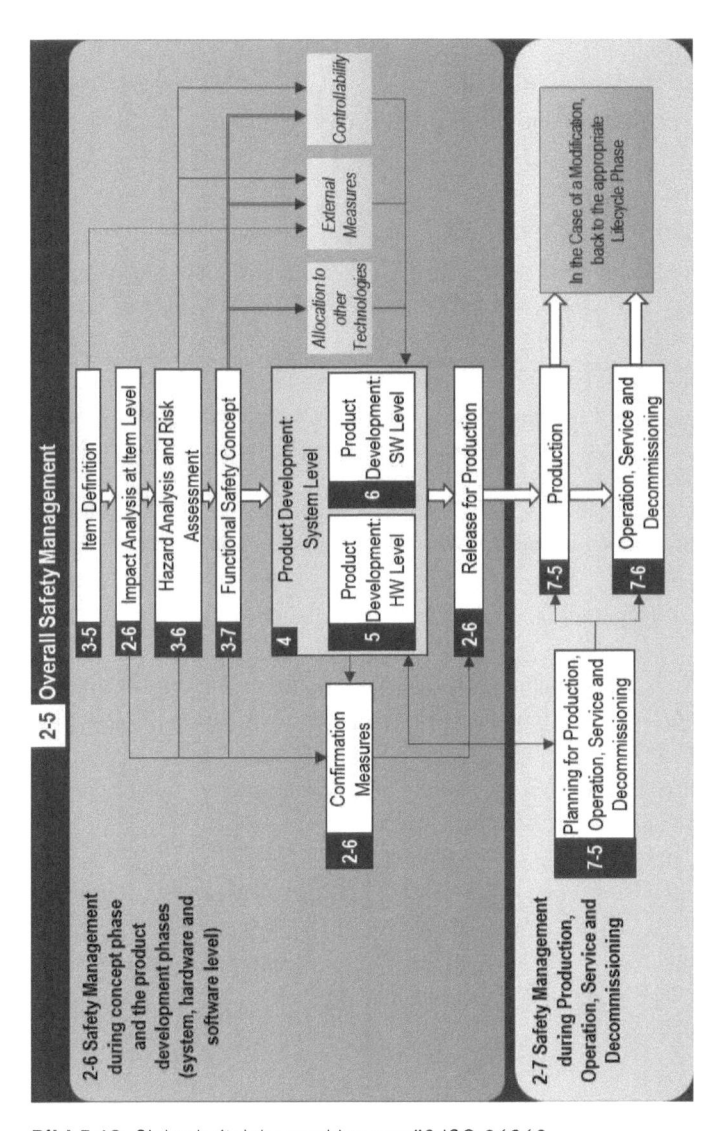

Bild 5.18 Sicherheitslebenszyklus gemäß ISO 26262

Der Sicherheitslebenszyklus der ISO 26262 ist angelehnt an den der IEC 61508, wobei es einige Unterschiede zu beachten gilt, wie z. B., dass die Produktentwicklung auf System-, Hardware- sowie Software-Ebene bei der ISO 26262 noch ein jeweils eigenes Phasenmodell besitzt. Weiterhin muss bei Straßenfahrzeugen eine Produktionsfreigabe erfolgen, die u. a. auch die Belange der Funktionalen Sicherheit mit einschließt.

Einige essenzielle Kernaspekte der ISO 26262 sollen nachfolgend genauer erläutert werden. Tiefergehende Informationen zu der Normenreihe sind der weiteren Fachliteratur, wie z. B. Ross (siehe Lit.) zu entnehmen.

Management der Funktionalen Sicherheit

Managementaktivitäten bezüglich der Funktionalen Sicherheit beziehen sich auf die drei Bereiche

- Gesamtsicherheitsmanagement,
- projektabhängiges Sicherheitsmanagement und
- Sicherheitsmanagement hinsichtlich Produktion, Betrieb, Service und Außerbetriebnahme.

Das Gesamtsicherheitsmanagement soll dabei sicherstellen, dass jede am Sicherheitslebenszyklus beteiligte Organisation folgende Ziele erreicht:

- Einführung und Aufrechterhaltung einer Sicherheitskultur, welche die effektive Erreichung der Funktionalen Sicherheit unterstützt und fördert (Sicherheitskultur bedeutet in diesem Zusammenhang, dass vom einzelnen Mitarbeiter bis hin zum obersten Management eines Unternehmens die Sicherheit mit der notwendigen Sorgfalt und dem entsprechenden Respekt betrachtet und erforderliche Maßnahmen angemessen umgesetzt werden können)
- Förderung der effektiven Kommunikation mit anderen Disziplinen mit Bezug zur Funktionalen Sicherheit
- Einführung und Aufrechterhaltung adäquater organisationsspezifischer Regeln und Prozesse für die Funktionale Sicherheit (hier ist es sinnvoll, die FS-bezogenen prozessualen Schritte an den bestehenden Produktentwicklungsprozess anzudocken)
- Einführung und Aufrechterhaltung von Prozessen zur Sicherstellung der angemessenen Behebung identifizierter Sicherheitsanomalien
- Einführung und Aufrechterhaltung eines Kompetenzmanagementsystems, um sicherzustellen, dass die beteiligten Personen über eine ihrer Verantwortung angemessene Kompetenz verfüge
- Einführung und Aufrechterhaltung eines Qualitätsmanagementsystems der Automobilindustrie (siehe IATF 16949 – International Automotive Task Force, siehe Lit.) zur Unterstützung der Funktionalen Sicherheit

Im Rahmen des projektabhängigen Sicherheitsmanagements gilt es, die folgenden Ziele für Organisationen sicherzustellen, die an der Konzeptphase und/oder der Entwicklungsphase auf System-, Hardware- oder Software-Ebene beteiligt sind:

- Definition und Zuweisung von Rollen und Verantwortlichkeiten mit Bezug zu den Sicherheitsaktivitäten
- Durchführung einer Einflussanalyse auf Item-Ebene (genauere Erläuterungen hierzu im nächsten Kernaspekt) zur Bestimmung des Entwicklungstyps (Neuentwicklung)
- Durchführung einer Einflussanalyse auf Element-Ebene im Falle einer geplanten Wiederverwendung eines bereits vorhandenen Elementes
- Definition der Sicherheitsaktivitäten inklusive Durchführung eines begründeten Tailorings (Anpassung oder „Maßschneidern") der erforderlichen Sicherheitsaktivitäten
- Planung der Sicherheitsaktivitäten, welche oftmals in so genannten Work Products (Arbeitsergebnisse/-produkte) münden
- Koordination und Monitoring des Fortschrittes der Sicherheitsaktivitäten gemäß dem Sicherheitsplan
- Planung der verteilten Entwicklung
- Gewährleistung des korrekten Ablaufs der Sicherheitsaktivitäten über dem Sicherheitslebenszyklus
- Erstellung eines nachvollziehbaren Sicherheitsnachweises
- Beurteilung, ob die Funktionale Sicherheit für das Item, das Element, das Work Product, erreicht wurde
- Entscheidung am Ende der Entwicklungsphase, ob eine Freigabe zur Produktion des Items/des Elements ausgesprochen werden kann

Der Rolle des *Safety-Managers* kommt hierbei eine zentrale Bedeutung zu, da diese Person (oder Organisation) für die Überwachung und Sicherstellung der Durchführung von erforderlichen Aktivitäten verantwortlich ist, um die Funktionale Sicherheit zu erreichen. Das bedeutet allerdings nicht, dass diese Person alle Sicherheitsaktivitäten, die das Normenwerk vorsieht, allein durchführt. Manche durchzuführenden Dinge obliegen durchaus seinem Hoheitsgebiet (z. B. Safety Plan, Safety Case), aber eben nicht alle. Vielmehr managt er das Projekt aus Sicht der Funktionalen Sicherheit, indem er

- überprüft, dass aufgestellte Regeln eingehalten werden,
- sich regelmäßig und eng mit dem Projektmanager abstimmt,
- Aufgaben und Verantwortlichkeiten an das Safety-Team delegiert,
- die Umsetzung der Tätigkeiten observiert und die Durchführung gegebenenfalls unterstützt und
- sich dabei der eigenen Verantwortung und der Risiken bewusst ist.

Zusammenhänge zwischen dem Safety-Manager, dem Projektmanager und dem Safety-Team (bestehend aus relevanten Rollen des Projektteams) sind in Bild 5.19 dargestellt. Aus Bild 5.19 wird eines sehr deutlich: Die Funktionale Sicherheit ist keine „One-Person-Show", sondern sie kann nur durch ein koordiniertes Team erreicht werden.

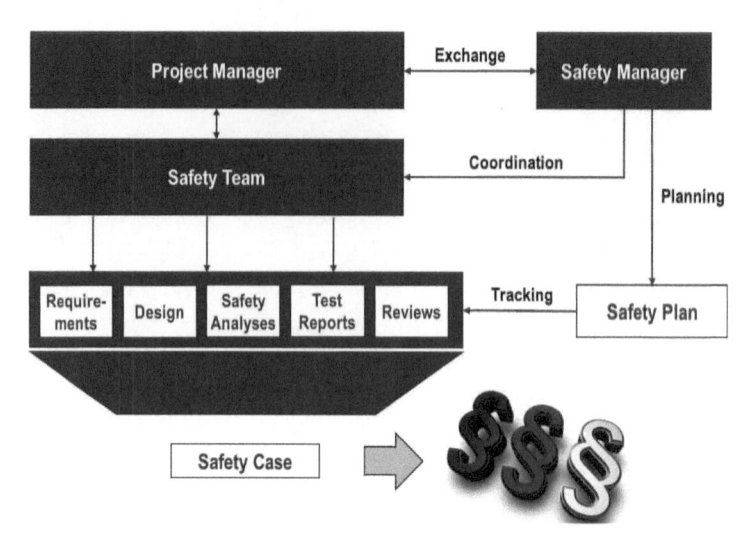

Bild 5.19 Rolle des Safety-Managers im Projekt

Der *Safety Case* (ins Deutsche am ehesten mit „Sicherheitsnachweis" übersetzt) umfasst eine klare, umfassende und vertretbare Argumentation, welche durch Beweise (basierend auf den Work Products) unterstützt wird, dass das Item oder Element frei von unangemessenen Risiken ist, wenn es im vorgesehenen Kontext betrieben wird. Dabei ist zu beachten: Eine Argumentation ohne Beweise ist haltlos, ein Beweis ohne Argumentation ist ungeklärt. Der Sicherheitsnachweis ist eines der wichtigsten Work Products, die im Rahmen des FS-Assessments (siehe Kernaspekt zu Confirmation Measures) bewertet werden, und er ist die zentrale Grundlage für die entsprechende Produktionsfreigabe. Der Safety Case auf Item-Ebene kann durchaus eine Kombination der einzelnen Sicherheitsnachweise des Fahrzeugherstellers sowie der Lieferanten darstellen, die dann auf erstellte Work Products der jeweiligen Parteien referenziert. In einem solchen Fall wird das Gesamtargument des Items durch die Argumente aller beteiligten Parteien unterstützt.

Bezüglich der Lebenszyklusphasen Produktion, Betrieb, Service und Außerbetriebnahme umfassen die Managementaktivitäten insbesondere die Definition der für die Erreichung und Aufrechterhaltung der Funktionalen Sicherheit erforderlichen Organisationen und Personen.

Item Definition, HARA, ASIL und Sicherheitsziele

Zu Beginn der Konzeptphase findet die Definition des Items statt. Als *Item* definiert das Normenwerk ein System oder eine Kombination von Systemen, auf welche(s) die ISO 26262 angewendet wird und über welche(s) eine Funktion oder ein Teil einer Funktion auf Fahrzeugebene implementiert wird. Es handelt sich also vereinfacht gesprochen um den Betrachtungsgegenstand auf Fahrzeugebene. Alles andere (also ein System, Sub-System, Hardware oder Software) wird im normativen Kontext als *Element* aufgefasst (Bild 5.20). Hierzu ist anzumerken, dass ein System eine Reihe von Sub-Systemen oder Komponenten umfasst, die mindestens aus einer Sensoreinheit, einer Verarbeitungseinheit und einem Aktor bestehen.

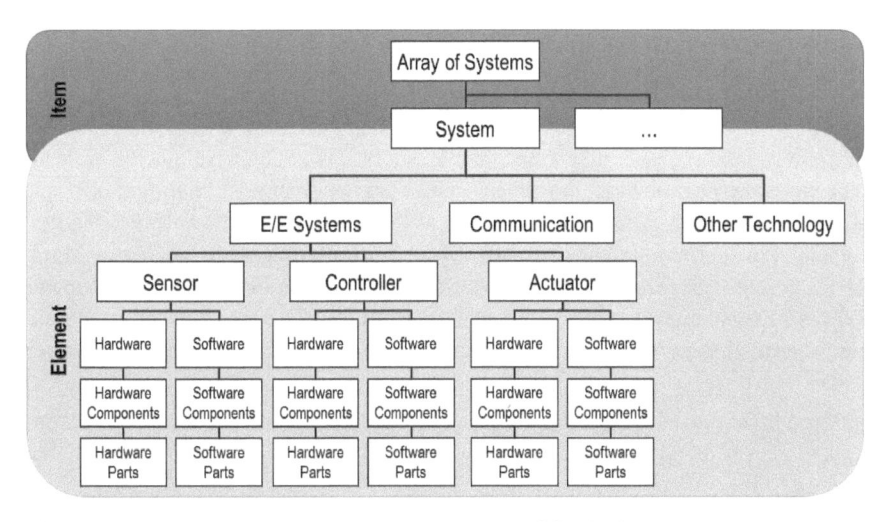

Bild 5.20 Unterschied Item versus Element gemäß ISO 26262

Im Anschluss daran erfolgt der extrem wichtige Schritt der Gefährdungsanalyse und Risikobeurteilung (engl. Hazard Analysis and Risk Assessment, HARA), welche in manchen Veröffentlichungen auch als Gefahren- und Risikoanalyse oder schlicht als Risikoanalyse bezeichnet wird. ISO 26262 spezifiziert hierfür eine Vorgehensweise, die auf den Prinzipien der qualitativen Methode des Risikographen aufbaut, welche in der Sicherheitsgrundnorm IEC 61508 beschrieben wird. Wichtig festzuhalten ist, dass bei der HARA das Item ohne vorgesehene interne Sicherheitsmechanismen evaluiert wird.

Zunächst erfolgt die **Situationsanalyse**, bei welcher die relevanten Fahrzeugzustände und Fahrsituationen betrachtet werden, in denen ein Fehlverhalten des Items zu einem gefährlichen Ereignis führen kann. Bei der Beschreibung sollte darauf geachtet werden, dass sie unter anderem solche Kriterien wie

- den Fahrzeug- und Betriebszustand (z.B. Fahrzeuggeschwindigkeit, Fahrmanöver),
- die Straßenbeschaffenheit (z.B. Art der Straße wie Landstraße oder Autobahn, Nässe, Dreck durch vorhandene Baustelle) und
- die Umgebungsbedingungen (z.B. andere Verkehrsteilnehmer, vorhandene Infrastruktur wie Bäume oder Häuser, Nachtfahrt)

umfasst. Weiterhin wird sowohl die sachgemäße als auch die unsachgemäße Verwendung (vernünftigerweise vorhersehbar) des Fahrzeugs berücksichtigt. Anschließend erfolgt die systematische **Gefährdungsidentifikation**, wobei in der Praxis Techniken wie FMEA oder insbesondere HAZOP zum Einsatz kommen. Die Folgen der identifizierten Gefährdungen gilt es ebenfalls zu identifizieren, wobei auf mögliche Dominoeffekte (Ausfall bzw. Einschränkungen weiterer Funktionen) zu achten ist. Mögliche Gefährdungsereignisse werden oftmals relevante Unfallszenarien sein, in denen beteiligte Personen zu Schaden kommen können.

Die **Risikobeurteilung** basiert auf dem analytischen Ansatz, dass ein Risiko R als Funktion F der Eintrittshäufigkeit eines gefährlichen Ereignisses (f, Frequency), der Möglichkeit der Abwehr eines spezifischen Schadens (C, Controllability) und des resultierenden Schadensausmaßes (S, Severity) dargestellt werden kann:

$$R = F(f, C, S)$$

Die Eintrittshäufigkeit wird wiederum von zwei weiteren Faktoren beeinflusst. Ein zu berücksichtigender Faktor ist, wie häufig und wie lange sich Personen in einer Situation befinden, in der das gefährliche Ereignis eintreten kann. In ISO 26262 wird dies vereinfacht als Maß für die Wahrscheinlichkeit der Betriebssituation angenommen, in der das Gefährdungsereignis eintreten kann (E, Exposure). Ein weiterer Faktor ist die Auftretenshäufigkeit von Fehlern im Betrachtungsgegenstand. Diese wird allerdings aus der Betrachtung der HARA ausgeschlossen. Stattdessen werden über die Kombination der Risikoparameter E, S und C die Mindestanforderungen an das Item ermittelt, die benötigt werden, um zufällige Hardwareausfälle zu kontrollieren oder zu reduzieren und um systematische Fehler zu vermeiden.

Die nachfolgend beschriebene Vorgehensweise stellt eine Methode zur systematischen Ermittlung des potenziellen Risikos, das von dem betrachteten System ausgeht, dar. Es wird dabei genauer auf die vorangehend genannten Parameter und deren Einstufung eingegangen.

Die Risikobeurteilung der sicherheitsrelevanten Funktionen legt ihren Fokus auf den Personenschaden. Um eine Vergleichbarkeit der zu bewertenden Risiken zu gewährleisten, muss in der Beschreibung der potenziellen Schäden eine Kategorisierung vorgenommen werden. Die Bewertung des potenziellen Schadensausmaßes S erfolgt anhand von vier Kategorien, die in Tabelle 5.3 aufgelistet sind.

Tabelle 5.3 Einstufung des Schadensausmaßes S gemäß ISO 26262

Stufe	Beschreibung	Referenz
S0	keine Verletzungen Schaden kann als nicht sicherheitsbezogen angesehen werden	AIS 0 und weniger als 10 % Wahrscheinlichkeit für AIS 1–6
S1	leichte und mäßige Verletzungen	mehr als 10 % Wahrscheinlichkeit für AIS 1–6
S2	schwere bis lebensgefährliche Verletzungen (Überleben wahrscheinlich)	mehr als 10 % Wahrscheinlichkeit für AIS 3–6
S3	lebensgefährliche Verletzungen (Überleben ungewiss), fatale Verletzungen	mehr als 10 % Wahrscheinlichkeit für AIS 5–6

Die Einteilung in die S-Stufen wird durch die Referenz des Abbreviated Injury Scale (AIS) vom AAAM (engl. Association for the Advancement of Automotive Medicine – einem Verein von Ärzten und Technikern, dessen Ziel neben der Steigerung der Verkehrssicherheit auch die Förderung der biomechanischen Forschung ist) unterstützt, über den die Verletzungsschwere von Einzelverletzungen bei Unfällen klassifiziert werden kann. Diese Einstufung erfolgt in die sieben Schweregrade AIS 0 bis AIS 6. Beispielhafte Verletzungen für die Kategorien S1 bis S3 sind Prellungen oder Schürfwunden für S1, offene Wunden mit Nervenverletzungen oder multiple Frakturen mit Organschädigung für S2 sowie schwere innere Verletzungen oder eine Aortaruptur für S3. AIS findet, wie bereits erwähnt, Anwendung bei Einzelverletzungen. Andere Kategorisierungen können ebenfalls angewandt werden. Bei der Zuordnung der Personenschäden zu den drei Einstufungen S1 bis S3 des Schadensausmaßes wird nicht unterschieden, ob es sich dabei um Verletzungen des Fahrers, möglicher

Beifahrer oder anderer Verkehrsteilnehmer wie Fahrradfahrer, Fußgänger oder Insassen anderer Fahrzeuge handelt. Kann ausgeschlossen werden, dass es zu einem Personenschaden kommt, findet eine Einstufung in die Kategorie S0 statt. Dort werden Schäden aufgenommen, die als nicht sicherheitskritisch anzusehen sind, wie etwa Sachschäden durch Rempler mit der Infrastruktur. Bei einer Zuweisung zu der Schadensklasse S0 muss keine weitere Risikobeurteilung durchgeführt werden.

Die Abschätzung der Expositionswahrscheinlichkeit E erfordert die Bewertung der Szenarien, in denen die relevanten Umweltfaktoren, die zum Auftreten der Gefahr beitragen, auch vorhanden sind. Die zu bewertenden Szenarien umfassen verschiedenste Fahr- oder Betriebssituationen. Diese Bewertungen führen zur Einstufung der Gefahrenszenarien in eine von fünf Wahrscheinlichkeiten von Expositionsklassifizierungen mit der Nomenklatur E0 (niedrigste Expositionsstufe), E1, E2, E3 und E4 (höchste Expositionsstufe) – siehe Tabelle 5.4.

Tabelle 5.4 Einstufung der Expositionswahrscheinlichkeit der Ausgangssituation E gemäß ISO 26262

Stufe	Beschreibung	Definition der Häufigkeit	Definition der Dauer
E0	unglaubhaft	–	–
E1	sehr niedrige Wahrscheinlichkeit	weniger als einmal pro Jahr	nicht spezifiziert
E2	niedrige Wahrscheinlichkeit	ein paar Mal pro Jahr	weniger als 1 % der durchschnittlichen Betriebszeit
E3	mittlere Wahrscheinlichkeit	einmal pro Monat oder öfter	1 % bis 10 % der durchschnittlichen Betriebszeit
E4	hohe Wahrscheinlichkeit	fast bei jeder Fahrt	mehr als 10 % der durchschnittlichen Betriebszeit

Die Kategorie E0 wird Situationen zugeordnet, die, obwohl sie während der HARA identifiziert wurden, als ungewöhnlich oder unglaublich angesehen werden (z. B. Fahrzeug, das in einen Unfall mit einem auf der Autobahn landenden Flugzeug verwickelt ist). Bei einer Zuweisung zu der Expositionsstufe E0 muss keine weitere Risikobeurteilung durchgeführt werden. Die verbleibenden Stufen E1, E2, E3 und E4 werden für Situationen zugewiesen, die je nach Situation gefährlich werden können. Dabei muss die Frage gestellt und beantwortet werden, ob die Gefährdungssituation in Abhängigkeit von der Dauer dieser Situation (zeitliche Überlappung) oder deren Auftrittshäufigkeit eintritt. Je nach Fokus kann die Einstufung derselben Situation durchaus unterschiedlich ausfallen. ISO 26262-5 gibt in Anhang B eine Reihe von Beispieleinstufungen für gängige Situationen, an denen sich orientiert werden kann. Der VDA hat darüber hinaus in seiner Empfehlung 702 einen Situationskatalog erstellt, in dem verschiedenste Basissituationen inklusive deren E-Parameter abgebildet sind. Die darin enthaltenen Angaben können allerdings nur für Pkw bis zu einem Gesamtgewicht von 3,5 t angewendet werden und sind nicht ohne weiteres auf andere Fahrzeugkategorien übertragbar (siehe VDA-Empfehlung 702, siehe Lit.). Beispielsituationen für die Verwendung im Bereich der Nutzfahrzeuge und Busse sind wiederum in Anhang B von ISO 26262-5 zu finden, wobei hier in diverse Fahrzeugtypen, wie Reise-, Stadtbus oder Lkw im Fernverkehr unterschieden wird. In einem weiteren Schritt wird die Einstufung der Kontrollierbarkeit C mithilfe von vier Kategorien durchgeführt (siehe Tabelle 5.5).

Tabelle 5.5 Einstufung der Kontrollierbarkeit C gemäß ISO 26262

Stufe	Beschreibung	Definition
C0	allgemein beherrschbar	–
C1	einfach beherrschbar	Mehr als 99 % der durchschnittlichen Fahrer oder anderer Verkehrsteilnehmer können den Schaden abwenden.
C2	in der Regel oder normal beherrschbar	Zwischen 90 % und 99 % der durchschnittlichen Fahrer oder anderer Verkehrsteilnehmer können den Schaden abwenden.
C3	schwer oder nicht beherrschbar	Weniger als 90 % der durchschnittlichen Fahrer oder anderer Verkehrsteilnehmer sind in der Lage, den Schaden abzuwenden.

Zur Bestimmung der Beherrschbarkeits-/Kontrollierbarkeitsklasse für eine gegebene Gefährdung ist eine Abschätzung der Wahrscheinlichkeit notwendig, dass der repräsentative Fahrer oder andere beteiligte Personen Einfluss auf die Situation nehmen können, und zwar in der Art, dass ein Schaden vermieden wird. Dies beinhaltet die Berücksichtigung der Wahrscheinlichkeit, dass der repräsentative Fahrer in der Lage sein muss, die Kontrolle über das Fahrzeug zu behalten oder wiederzuerlangen, wenn die entsprechende Gefährdung eintritt, oder dass Personen in der Umgebung durch ihr Handeln zur Vermeidung der Gefährdung beitragen. Die Schätzung der Kontrollierbarkeit kann durch eine Reihe von Faktoren beeinflusst werden, darunter Fahrerprofile für die Zielgruppe, Alter, Auge-Hand-Koordination, Fahrerfahrung, kultureller Hintergrund usw. Es wird dabei im Übrigen vorausgesetzt, dass der Fahrer

- in einer geeigneten Verfassung zum Fahren ist (z. B. nicht übermüdet),
- eine angemessene Fahrausbildung besitzt (gültiger Führerschein) und
- die gesetzlichen Vorschriften befolgt, inklusive der gebotenen Sorgfalt und Rücksicht im Straßenverkehr.

Der vernünftigerweise vorhersehbare Missbrauch wird allerdings ebenfalls mitberücksichtigt. So wird z. B. die Nicht-Einhaltung eines vorgeschriebenen Abstands zum vorausfahrenden Fahrzeug als „übliches Verhalten" angesehen.

In Anhang B von ISO 26262-5 sind auch zu den Kontrollierbarkeitsparametern Beispiele enthalten. Eine während der Fahrt plötzlich auftretende Airbag-Auslösung auf der Fahrerseite wird dort als nicht kontrollierbar eingestuft (C3), wohingegen eine ungewollte Zunahme der Radiolautstärke als allgemein beherrschbar gilt (C0).

Wie zu erkennen, ist die Durchführung einer solchen Gefährdungsanalyse und Risikobeurteilung durchaus anspruchsvoll und erfordert ein vielfältiges Wissen über verschiedene Themengebiete. Aus diesem Grund wird diese Analyse auch im Team durchgeführt. Dieses sollte neben einem Moderator, welcher die Methode und die normativen Belange beherrscht, die entsprechenden Experten umfassen, die über die erforderlichen Blickwinkel und Kenntnisse zu den Fahrzeugfunktionen und deren Zusammenspiel, zu den relevanten Fahrzeugen und deren Verhalten, Fahrmanövern, Fahrerverhalten oder auch zum Unfallgeschehen verfügen. Es geht bei der Team-Zusammensetzung darum, das erforderliche Know-how gebündelt zusammenzubringen.

Nachdem die Einzelbewertungen der Parameter, die den Charakter einer jeden Gefährdungssituation beschreiben, durchgeführt worden sind, ergibt sich im letzten Schritt der HARA das entsprechende **Automotive-Sicherheitsintegritätslevel (ASIL)** über die Kombination der Parameter. Die abzuleitende Sicherheitsintegritätsstufe wird dabei durch einfache Zuordnung bestimmt. Eine Ausgangssituation mit einer mittleren Gefährdungswahrscheinlichkeit (E3), einer möglichen Gefahrenabwehr, die in der Regel beherrschbar ist (C2), und einer zugeordneten Schadensschwere S2 (schwere bis lebensgefährliche Verletzungen) ergibt das Automotive-Sicherheitsintegritätslevel A (Bild 5.21).

		C1	C2	C3
S1	E1	QM	QM	QM
	E2	QM	QM	QM
	E3	QM	QM	A
	E4	QM	A	B
S2	E1	QM	QM	QM
	E2	QM	QM	A
	E3	QM	A	B
	E4	A	B	C
S3	E1	QM	QM	A
	E2	QM	A	B
	E3	A	B	C
	E4	B	C	D

Bild 5.21 ASIL-Ermittlung nach ISO 2018

Insgesamt gibt es vier Automotive-Sicherheitsintegritätslevel, die mit ASIL A über ASIL B und ASIL C bis hin zu ASIL D bezeichnet werden. Dabei impliziert ein ASIL A die geringsten und ein ASIL D die höchsten Sicherheitsanforderungen. Neben diesen sicherheitsrelevanten Stufen wird die Zuordnung mit der Bezeichnung QM (Qualitätsmanagement) eingeführt. Eine QM-Bewertung bedeutet, dass keine weiteren Anforderungen nach ISO 26262 zugeordnet werden. Der ASIL als erforderliches Maß der Risikoreduzierung setzt also auf die bestehenden Anforderungen aus Qualitätsmanagementsicht immer noch einen gewissen Anteil an zusätzlichen Anforderungen obendrauf, wie in Bild 5.22 dargestellt.

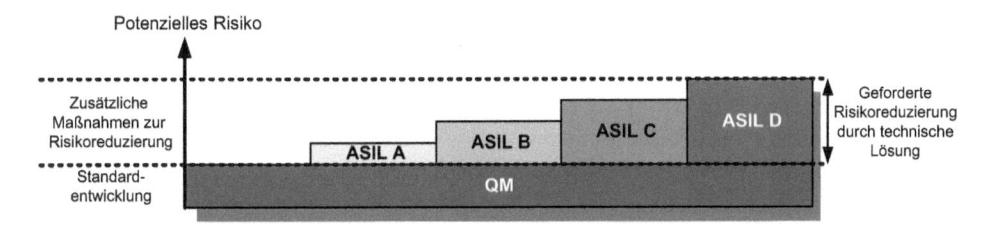

Bild 5.22 Zusammenhang ASIL und Risikoreduzierung nach Dold (siehe Lit.)

Eine Einstufung mit QM bedeutet aber in keinem Fall, dass die betrachtete Funktion des Items keine Sicherheitsrelevanz hat.

Für jede Gefährdungssituation, die während der HARA mit einem ASIL eingestuft worden ist, muss ein sogenanntes **Sicherheitsziel** definiert werden. Die Sicherheitsziele sind die Top-Level-Sicherheitsanforderungen des Items. Aus diesem Grund formulieren sie keine technischen Lösungen, sondern werden in Bezug zu funktionalen Zielsetzungen ausgedrückt. Ähnliche Sicherheitsziele dürfen zu einem gemeinsamen zusammengefasst werden. In einem solchen Fall erhält das kombinierte Sicherheitsziel den höchsten ASIL der Einzelsicherheitsziele.

Für Krafträder, welche in ISO 26262-12 behandelt werden, wird im Übrigen ein ähnliches Vorgehen beschrieben, was die Gefährdungsanalyse und Risikobeurteilung miteinschließt (Tabelle 5.6). Zu beachten ist dabei, dass kraftradspezifische Gegebenheiten zu berücksichtigen sind und ein eigener Sicherheitsintegritätslevel, nämlich der MSIL (Motorrad-Sicherheitsintegritätslevel), eingeführt wird, der ebenfalls von A bis D reicht. Ein Mapping des MSIL zum ASIL ist dabei entsprechend den nachfolgend dargestellten Beziehungen ohne weiteres möglich.

Tabelle 5.6 Mapping MSIL zu ASIL gemäß ISO 2018

MSIL	ASIL
QM	QM
A	QM
B	A
C	B
D	C

Generell gilt für die Kraftradentwicklung im Sinne der ISO 26262, dass die Anforderungen der Teile 2 bis 9 zu erfüllen sind, wobei die spezifischen Anforderungen des Teils 12 die der anderen Teile ersetzen. Aus diesem Grund ist ein einfaches Mapping zwischen MSIL und ASIL auch sehr wichtig.

Sicherheitskonzepte und Hierarchie der Sicherheitsanforderungen

Basierend auf den während der HARA ermittelten Sicherheitszielen für das Item werden nun (ebenfalls auf Item-Ebene) **Funktionale Sicherheitsanforderungen** (FSA) spezifiziert. Diese sind Teil des sogenannten **Funktionalen Sicherheitskonzepts** (FSK oder FuSiKo), in welchem dargelegt wird, was umgesetzt werden muss, um die Sicherheitsziele zu erfüllen. Dort werden die Sicherheitsmaßnahmen spezifiziert, inklusive der **Sicherheitsmechanismen**, die in den Architekturelementen des Items implementiert werden müssen. Diese Sicherheitsmechanismen werden über die FSA spezifiziert. Zu jedem Sicherheitsziel ist mindestens eine FSA abzuleiten, welche einem Element des Architekturdesigns zuzuweisen ist (Bild 5.23). Der ASIL des zugehörigen Sicherheitsziels wird dabei an die funktionale Sicherheitsanforderung) vererbt.

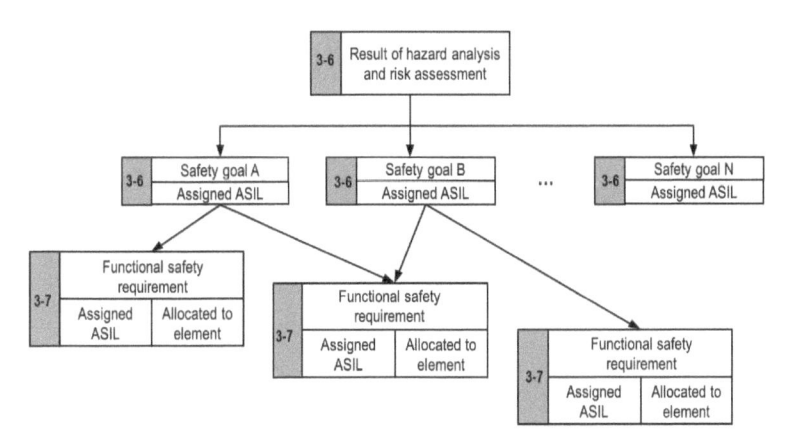

Bild 5.23 Hierarchie der Sicherheitsziele und funktionalen Sicherheitsanforderungen gemäß ISO 26262

In dem FSK gilt es unter anderem, Einschränkungen hinsichtlich der geeigneten und rechtzeitigen Fehlererkennung und -kontrolle zu definieren sowie entsprechende Strategien hinsichtlich der Fehlertoleranz festzulegen.

Ausgehend von den Funktionalen Sicherheitsanforderungen werden anschließend **technische Sicherheitsanforderungen** (TSA) abgeleitet. Diese spezifizieren die technische Implementierung der FSA auf dem entsprechenden hierarchischen Level unter Berücksichtigung des Systemarchitekturdesigns, welches parallel entwickelt wird. Die TSA werden zusammen mit dem zugehörigen Systemarchitekturdesign zum sogenannten **technischen Sicherheitskonzept** (TSK oder TeSiKo) aggregiert. Über die TSA wird also festgelegt, wie ein erforderlicher Sicherheitsmechanismus technisch umzusetzen ist. Diese Sicherheitsmechanismen umfassen dabei solche

- zur Detektion, Indikation und Kontrolle von Fehlern innerhalb des betrachteten Systems selbst,
- zur Detektion, Indikation und Kontrolle von Fehlern, hervorgerufen durch externe Elemente, die mit dem betrachteten System interagieren,
- zur Einnahme des und/oder zur Aufrechterhaltung des sicheren Zustands,
- zur Definition und Implementierung des Warn- und Degradationskonzepts und
- zur Verhinderung von latenten Fehlern.

Die TSA werden wiederum auf die Systemarchitekturelemente allokiert, wodurch auch eine entsprechende Zuordnung auf die weitere Umsetzung (system-, hardware- und/oder softwareseitig) gewährleistet wird. Hierbei wird jeweils immer der höchste ASIL der technischen Sicherheitsanforderungen weitervererbt. Die TSA, die auf den Bereich Hardware oder Software allokiert wurden, werden anschließend in der HW- bzw. SW-Entwicklung entsprechend aufgenommen und dort weiter umgesetzt bzw. verfeinert. Dies geschieht dann über Hardwaresicherheitsanforderungen und Softwaresicherheitsanforderungen. Die Hierarchie der Sicherheitsanforderungen von der Top-Level-Sicherheitsanforderung, dem Sicherheitsziel, bis zu den HW- und SW-Sicherheitsanforderungen ist in Bild 5.24 dargestellt.

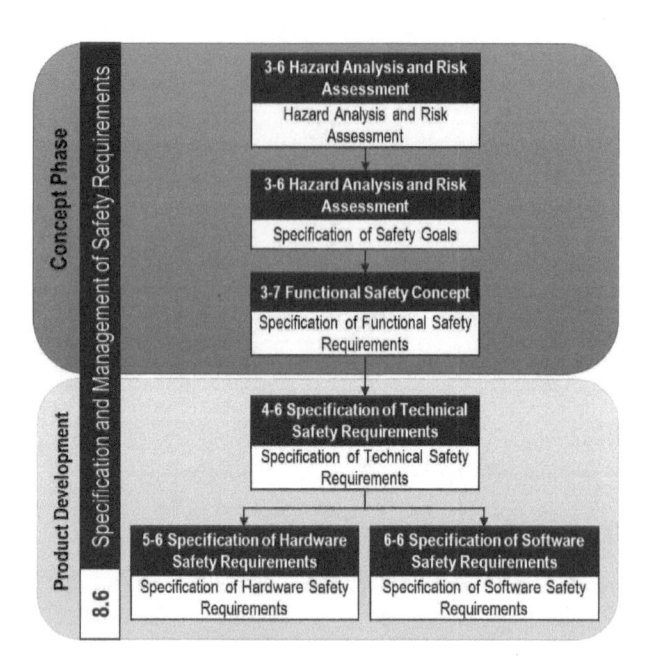

Bild 5.24 Hierarchie der Sicherheitsanforderungen gemäß ISO 26262

An dieser Stelle soll noch kurz auf eine der Besonderheiten der Automobilindustrie eingegangen werden, nämlich auf die verteilte Entwicklung. Damit ist nicht nur gemeint, dass Menschen oder Teams an verschiedenen Standorten und über Ländergrenzen hinweg an der Produktentwicklung beteiligt sind, sondern auch verschiedene Unternehmen. Diese haben dann die entsprechenden Anforderungen und die späteren Umsetzungsergebnisse abzustimmen und gegebenenfalls auszutauschen. Im Sinne der Funktionalen Sicherheit ist es in der Automobilindustrie nun so, dass das Item auf Fahrzeugebene zu definieren ist. Dies kann folglich nur der OEM (engl. Original Equipment Manufacturer), also der Erstausrüster bzw. der Fahrzeughersteller, leisten. Dieser muss folglich auch die HARA durchführen und ist anschließend für das FSK verantwortlich, da auch dieses auf Item- bzw. Fahrzeugebene zu spezifizieren ist. Zuvor stehende Angaben betreffen ein „normales Entwicklungsprojekt", wovon es natürlich auch Abweichungen geben kann. Im Normalfall wird es anschließend so sein, dass der Tier-1-Lieferant (System-/Modullieferant) das TSK übernimmt (sofern es sich nur um ein System mit keinen Subsystemen handelt). Dieser wiederum wird möglicherweise Tier-2-Lieferanten (Komponentenlieferanten) mit der Entwicklung der gesamten oder Teilen der Hardware sowie der Software beauftragen. Es ist somit nicht unüblich, dass an einem automotiven Entwicklungsprojekt eine Vielzahl von Unternehmen und/oder Organisationen beteiligt ist – so auch bei der Entwicklung einer FS-bezogenen Funktion. Einige der beteiligten Parteien (es müssen nicht alle sein) werden die Belange der ISO 26262 zu berücksichtigen haben.

Wie bereits erwähnt, folgt die Normenreihe dem Vorgehen des sogenannten V-Modells. Dieses Vorgehensmodell ist ursprünglich für den Einsatz in der Softwareentwicklung konzipiert worden, wird mittlerweile aber auch für System- sowie Hardwareentwicklung in vielen Industriezweigen verwendet. Nach Grande (siehe Lit.) stammt die Idee zum V-Modell aus dem Jahr 1979 vom amerikanischen Softwareingenieur Barry Boehm. Es handelt sich dabei um ein lineares Vorgehen im Projektmanagement, wobei das Projekt in feste Phasen zerteilt wird. Im Gegensatz zum bekannten und ebenfalls linearen Wasserfallmodell ergänzt das V-Modell Testphasen, welche den jeweiligen Entwicklungsphasen, im Sinne der Qualitätssicherung, gegenübergestellt sind (Bild 5.25).

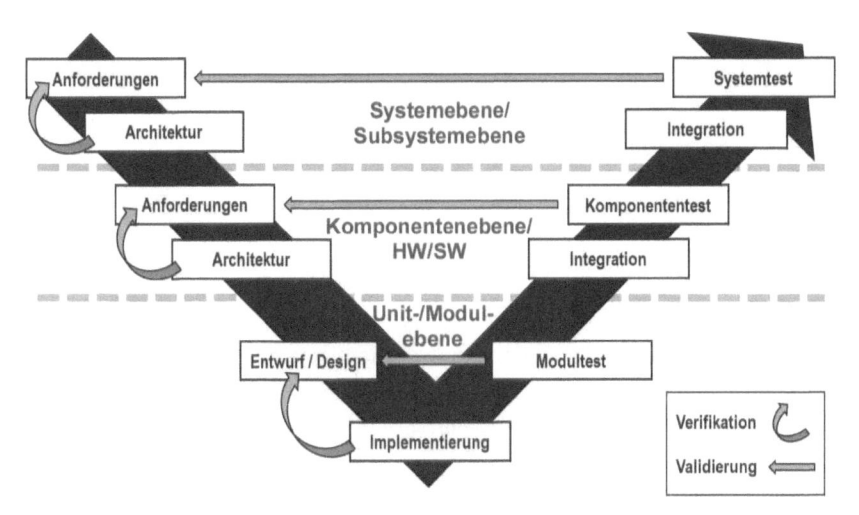

Bild 5.25 V-Modell

Das V lässt sich in die folgenden drei Bereiche gliedern:

1. **Linke Seite des V**

   Hier werden die Anforderungen zunächst aufgenommen und dann über die Ebenen hinweg immer weiter verfeinert und detailliert. Ziel ist es dabei, dass auf der untersten Ebene klar spezifiziert ist, wie eine Anforderung technisch zu implementieren ist.

2. **Spitze des V**

   Hier findet die eigentliche Implementierung statt. Hier entsteht folglich das eigentliche Produkt.

3. **Rechte Seite des V**

   Das entwickelte Produkt wird nun gegen die entsprechenden Spezifikationen über die verschiedenen Ebenen hinweg integriert und getestet bzw. validiert.

Um nun die linke Seite eines „FuSi-V-Modells" gemäß Bild 5.25 zu vervollständigen, werden auf allen Entwicklungsebenen (System, HW und SW) entsprechende Sicherheitsanalysen zur jeweiligen Architektur gefordert. Hierbei wird im Gegensatz zu anderen Standards jedoch nie eine spezifische Analyse vorgegeben. Sehr wohl gibt die ISO 26262 aber manchmal die Art der Methode vor. So soll z. B. das Systemarchitekturdesign mithilfe einer induktiven (im Falle von ASIL A oder B) oder mithilfe einer deduktiven Analyse (im Falle von ASIL C und D) untersucht werden, um Ursachen für Ausfälle und Auswirkungen von Fehlern zu identifizieren (siehe Kapitel 16). Diese Sicherheitsanalysen sollen zum einen das Design unterstützen, indem z. B. Schwachstellen identifiziert und die Architektur folglich optimiert werden kann. Zum anderen werden die Sicherheitsanalysen auch im Sinne einer

Verifikation des entsprechenden Entwurfs (insbesondere der implementierten Sicherheitsmechanismen) verwendet. Daneben kommen bei der Verifikation auch Verifikationsreviews zum Einsatz, die sicherstellen sollen, dass eine Entwicklungsaktivität den zugehörigen Anforderungen entspricht.

Die Tests im Sinne der Validierung auf der rechten Seite beziehen sich immer auf die Anforderungen der jeweils gleichen Ebene auf der linken Seite. Es gibt eine ganze Reihe unterschiedlicher Tests, wie z. B. Integrationstests, SW-Unit-Tests oder Systemtests, an welche die ISO 26262 wiederum eigene ASIL-abhängige Anforderungen stellt, die es zu berücksichtigen gilt. Auf diese soll an dieser Stelle jedoch nicht näher eingegangen werden.

Confirmation Measures

Neben den verschiedenen Reviews zur Verifizierung definiert die ISO 26262 drei konkrete Maßnahmen zur Bestätigung der Funktionalen Sicherheit:

- *Confirmation Review* (Prüfung der relevanten Arbeitsergebnisse bezüglich der Einhaltung der normativen Anforderungen)
- *Functional Safety Audit* (Prüfung und Bewertung der Implementierung der notwendigen Prozessaktivitäten zur Erreichung der Funktionalen Sicherheit)
- *Functional Safety Assessment* (Beurteilung, ob die Funktionale Sicherheit für das Item oder Element erreicht wird)

Diese sogenannten Bestätigungsmaßnahmen sind in Abhängigkeit der ASIL-Einstufung für verschiedene Kernaspekte und Arbeitsprodukte durchzuführen. Ihre Finalisierung muss vor der Produktionsfreigabe erreicht sein. Bezüglich der verantwortlichen Person für die Durchführung der Confirmation Measures stellt ISO 26262 weiterhin Anforderungen an den Grad der Unabhängigkeit gemäß der folgenden Auflistung:

- **I0:** Die Bestätigungsmaßnahme wird empfohlen, jedoch sollte sie dann von einer anderen Person durchgeführt werden.
- **I1:** Die Bestätigungsmaßnahme soll von einer anderen Person als der (den) für die betrachteten Arbeitsergebnisse verantwortlichen Person(en) durchgeführt werden.
- **I2:** Die Bestätigungsmaßnahme soll von einer Person aus einem anderen Team durchgeführt werden, zum Beispiel sollten sie nicht an denselben Vorgesetzten berichten müssen.
- **I3:** Die Bestätigungsmaßnahme soll von einer unabhängigen Person durchgeführt werden, zum Beispiel unabhängig von der Abteilungsverantwortung für die betrachteten Arbeitsergebnisse, bezüglich Management, Ressourcen und Freigabeverantwortung.

5.2 Unterstützende und begleitende Prozesse als Grundvoraussetzung für die Funktionale Sicherheit

Es existiert eine ganze Reihe von unterstützenden Prozessen aus der Prozesslandkarte eines Unternehmens, auf welchen die Funktionale Sicherheit entweder aufbaut oder die sie direkt für ihre Belange verwendet bzw. adaptiert. Einige werden im Folgenden näher erläutert.

Anforderungsmanagement

Im Laufe der verschiedenen Aktivitäten entlang des Sicherheitslebenszyklus wird eine Vielzahl von sicherheitsrelevanten Anforderungen auf unterschiedlichen Ebenen spezifiziert, um das geforderte Maß der Funktionalen Sicherheit zu erreichen (siehe hierzu Bild 5.24). Im Sinne des Managements von Sicherheitsanforderungen gilt es, Vereinbarungen zu den Anforderungen und Verpflichtungen von den umsetzenden Personen einzuholen sowie die Rückverfolgbarkeit (engl. Traceability) zwischen den Anforderungen der unterschiedlichen Hierarchiestufen aufrechtzuerhalten. Gute Anforderungsspezifikationen sind essenziell für den späteren Projekterfolg. Je besser und klarer die Anforderungen an das zu entwickelnde Produkt formuliert sind, desto einfacher und reibungsloser wird die Produktentwicklung erfolgen können und desto weniger Fehler werden im späteren Produkt auftreten.

Einer aus dem Jahr 2003 datierenden Studie der „Health and Safety Executive" (staatliche Behörde in Großbritannien, zuständig für die Regelung des Arbeitsschutzes) zufolge (siehe Lit.), welche auf Daten aus dem Jahr 1995 beruht und unter anderem Analysen zu Unfallursachen von Steuerungssystemen umfasst, hängen 44 % der Unfallursachen mit Problemen bei der Spezifikation zusammen (12 % in Verbindung mit einer unzureichenden Spezifikation der funktionalen Anforderungen und 32 % mit einer unzureichenden Spezifikation der Sicherheitsintegritätsanforderungen).

Sicherheitsanforderungen sollen die folgenden Merkmale besitzen:

- **eindeutig**

    Es existiert nur ein mögliches gemeinsames Verständnis zu der Bedeutung der Anforderung.

- **verständlich**

    Alle involvierten Parteien haben dasselbe Verständnis zu der Bedeutung der Anforderung.

- **atomar**

    Die Anforderung kann nicht in weitere Anforderungen zerlegt werden. Sofern diese Eigenschaft in Widerspruch zur Einhaltung eines anderen Merkmals steht, kann die Eigenschaft „atomar" als weniger wichtig eingestuft werden.

- **intern konsistent**

  Die Anforderung steht nicht in Widerspruch zu sich selbst.

- **umsetzbar und erreichbar**

  Die Anforderung ist ohne große technologische Fortschritte zu erfüllen.

- **verifizierbar**

  Auf der Ebene, auf der die Anforderung spezifiziert wurde, existieren Mittel, um zu überprüfen, ob die Anforderung auch erfüllt ist.

- **notwendig**

  Die Anforderung beschreibt ein essenzielles Merkmal, eine Fähigkeit oder eine Einschränkung.

- **umsetzungsfrei**

  Die Anforderung beinhaltet keine architektonischen Einschränkungen und ist umsetzungsunabhängig formuliert. Die Anforderung gibt folglich an, was getan werden muss, aber nicht, wie die Anforderung erfüllt werden soll.

- **vollständig**

  Die Anforderung ist ohne weitere Erläuterungen klar, weil sie messbar ist. Sie beschreibt ferner ausreichend die Fähigkeiten und Eigenschaften, die erforderlich sind, um den Bedarf des Stakeholders zu decken.

- **konform**

  Die Anforderung entspricht den geltenden gesetzlichen, industriespezifischen und produktbezogenen Vorgaben.

Eine weitere wichtige Eigenschaft von Sicherheitsanforderungen ist die Traceability, also die Rückverfolgbarkeit. Diese Traceability bezieht sich auf

- jede Quelle der Sicherheitsanforderung auf der nächsthöheren Hierarchie-Ebene,
- jede von der Sicherheitsanforderung abgeleitete Sicherheitsanforderung auf der nächsttieferen Hierarchie-Ebene sowie
- die zugehörige Verifikationsspezifikation.

Die Zusammenhänge zwischen Traceability und Konsistenz werden auch vom Standard Automotive SPICE (engl. Software Process Improvement and Capability Determination) (VDA, siehe Lit.) gefordert. Einen Überblick hierüber bietet Bild 5.26.

In der Praxis wird das Management von Anforderungen oftmals über Anforderungsmanagementtools gewährleistet, wie beispielsweise IBM Rational DOORS oder Polarion von Siemens.

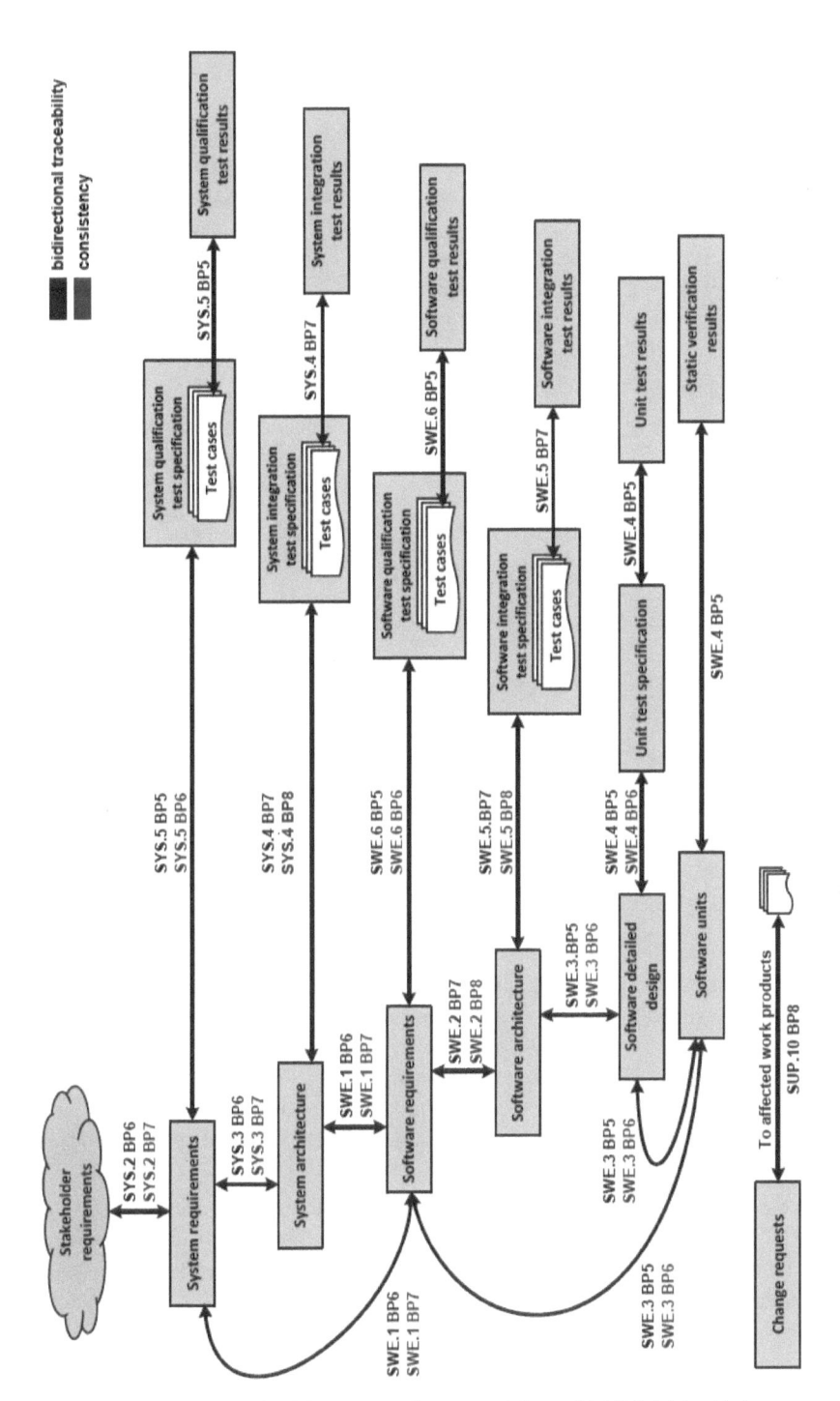

Bild 5.26 Automotive-SPICE-Prozessreferenzmodell gemäß VDA (siehe Lit.)

Änderungsmanagement

Bei dem Änderungsmanagement (engl. Change Management, CM) handelt es sich um eine weit verbreitete und etablierte Praxis in der Automobilindustrie. Es definiert das Vorgehen für die Erfassung, Bewertung, Entscheidung, Umsetzung und Nachverfolgung von Änderungen. Damit soll nach Gebhardt et al. (siehe Lit.) der Überblick über alle laufenden und geplanten Änderungen gewahrt und der formale Rahmen für die Entscheidung über diese Änderungen definiert werden. Die ISO 26262 stellt hierbei Anforderungen bezüglich Änderungen an sicherheitsrelevanten Arbeitsergebnissen, Items und Elementen während des Sicherheitslebenszyklus. Gründe für eine Änderung sind mannigfaltig, sodass nachfolgend nur einige beispielhaft genannt werden:

- veränderte Rahmenbedingungen durch neue Gesetze oder Normen
- Missverständnisse zwischen den beteiligten Parteien bezüglich bestimmter Anforderungen
- Präzisierung von unklaren Anforderungen
- Erweiterung oder Verbesserungen von Funktionsumfängen und -inhalten
- neue Erkenntnisse aufgrund von Analysen oder Tests
- Verfügbarkeitsthemen im Sinne der Obsoleszenz von Bauteilen
- etc.

Das zentrale Element des CM ist der Änderungsantrag (engl. Change Request, CR), der über

- eine eindeutige Identifikation,
- das Datum,
- den Grund für die beantragte Änderung,
- eine genaue Beschreibung der Änderung und
- die Konfiguration, auf welche sich der CR bezieht,

verfügen muss.

Gemäß Gebhardt et al. (siehe Lit.) werden solche CRs nur benötigt, um Arbeitsprodukte oder Elemente zu ändern, die sich nicht mehr in der Entwicklungsphase befinden. So können beispielsweise in der Softwareentwicklung auch Zwischenstände in der Quellcodeverwaltung abgelegt werden, ohne dass ein Änderungsantrag erforderlich ist, um diese weiter zu bearbeiten. Erst wenn die Softwarekomponente die eigentliche Entwicklungsphase verlassen hat, beispielsweise zur Verifikation eingereicht wurde, darf sie nur noch über den CM-Prozess modifiziert werden.

Nach der Analyse des Änderungsantrags (engl. Change Request Analysis oder Impact Analysis), bei der mögliche Auswirkungen auf das Sicherheitskonzept bzw. die Sicherheitsanforderungen überprüft werden und die betroffenen WPs sowie die betroffenen Parteien identifiziert werden, kann über die Umsetzung des CR entschieden werden. In der Praxis trifft diese Entscheidung ein sogenanntes Change Control Board (CCB), eine Art qualifiziertes Gremium, welches mit autorisierten Rollen, wie typischerweise dem Projektmanager, dem Safety-Manager, dem Qualitätsmanager und den involvierten Entwicklern sowie dem Testleiter, besetzt ist. Das CCB legt auch die Verantwortlichen sowie den Zeitpunkt für die Realisierung fest. Jede sicherheitsrelevante Änderung muss im Anschluss an die Implementierung nachvollziehbar dokumentiert werden.

Insbesondere zwischen dem Änderungs- und Konfigurations-, aber auch zum Dokumentenmanagement bestehen erhebliche Wechselwirkungen.

Konfigurationsmanagement

Auch das Konfigurationsmanagement (KM) ist ein in der Automobilindustrie etablierter Prozess (siehe unter anderem Automotive SPICE, IATF 16949). Das KM wird durch die DIN ISO 10007 (siehe Lit.) definiert als „koordinierte Tätigkeiten zur Leitung und Lenkung der Konfiguration", wobei es sich üblicherweise auf technische und organisatorische Tätigkeiten konzentriert, die die Lenkung eines Produkts und der dazugehörigen Produktkonfigurationsangaben in allen Phasen des Produktlebenszyklus einleiten und aufrechterhalten.

Im Sinne der ISO 26262 soll durch das KM sichergestellt werden, dass Work Products, Items und Elemente jederzeit eindeutig identifiziert und kontrolliert reproduziert werden können. Ferner soll gewährleistet werden, dass die Beziehungen und Unterschiede zwischen früheren und aktuellen Versionen nachvollzogen werden können. Es geht folglich darum, dass die Historie und die Zusammenhänge archiviert und die relevanten Rollen in strukturierter Weise zur Verfügung gestellt werden. Die ISO 26262 setzt in Bezug auf das KM den Fokus stark auf die Arbeitsergebnisse. Zu den WPs, welche über die Sicherheitsplanung gefordert und für die Reproduktion eines Items oder Elements gebraucht werden, soll eine entsprechende Baseline gezogen werden, entsprechend einer festzulegenden Konfigurationsmanagementstrategie. Diese sollte die vorhandenen organisationsspezifischen Vorgaben, wie das KM organisiert wird, berücksichtigen. Innerhalb eines FS-relevanten Projekts muss ein KM-Plan erstellt werden, der unter anderem festlegt, wo und wie einzelne Arbeitsergebnisse abgelegt werden, wie diese den verschiedenen Entwicklungsständen zuzuordnen sind und wie der Zugriff auf die KM-Objekte erfolgt.

Insbesondere zwischen dem Konfigurations- und Änderungs-, aber auch zum Dokumentenmanagement bestehen erhebliche Wechselwirkungen.

Dokumentationsmanagement

Dokumentationsmanagement ist eine sehr verbreitete und etablierte Praxis in der Automobilindustrie und wird gemäß den Anforderungen des Qualitätsmanagementsystems (z. B. gemäß IATF 16949 oder ISO 9001) angewendet. Darüber hinaus existieren weitere Standards, die Angaben zum Dokumentationsmanagement machen, wie z. B. ISO/IEC/IEEE 12207 (siehe Lit.) oder ISO/IEC 15288 (siehe Lit.). Es geht dabei um die relevanten Abläufe und Tätigkeiten, damit Dokumente anforderungsgerecht und gelenkt bereitgestellt werden können. In vielen Unternehmen werden entsprechende Dokumentationsmanagementsysteme (DMS) eingesetzt. Solche DMS stellen nicht nur das entsprechende Rahmenwerk, wie z. B. Freigabeprozesse für Dokumente inklusive entsprechender Kriterien, zur Verfügung, sondern können auch während des Projektverlaufs überprüfen, welche Dokumente überarbeitet werden müssen.

Die Anforderungen der ISO 26262 richten sich dabei nicht an das Layout oder das Erscheinungsbild von Dokumenten, sondern fokussiert ausschließlich auf Inhalte und dessen Charakteristika. Dokumente sollen z. B. knapp, präzise, übersichtlich strukturiert, einfach zu verstehen, verifizierbar und pflegefreundlich sein. Bei einem Dokument kann es sich übrigens nicht nur um eines in Papierform, sondern natürlich auch um ein elektronisches handeln. Wichtig ist, dass jedes Work Product die folgenden formalen Elemente besitzt:

- Titel, der sich auf den Inhaltsumfang bezieht
- Autor und Genehmigender
- eindeutige Identifikation der einzelnen Revisionen und Versionen des Dokuments
- Änderungshistorie
- Status (wie z. B. „Draft", „freigegeben" oder „abgelaufen")

Die aktuell gültige Revision (Version) eines Dokuments muss eindeutig identifizierbar sein (siehe auch das zuvor beschriebene Konfigurationsmanagement).

Zwischen dem Dokumenten-, Änderungs- und Konfigurationsmanagement bestehen erhebliche Wechselwirkungen.

Automotive SPICE

Die heutige Produktentwicklung in der globalen und vernetzten Weltwirtschaft findet nur noch selten isoliert von einem Unternehmen, sondern überwiegend in einem verteilten Kontext statt, wobei durchaus auf eine Vielzahl an spezialisierten Zulieferern zurückgegriffen wird. Ein entscheidender Faktor, um die damit verknüpften Herausforderungen von Unternehmen meistern zu können, sind nach Müller et al. (siehe Lit.) systematische und beherrschte Prozesse, insbesondere für Management, Entwicklung, Qualitätssicherung, Einkauf und die Kooperation mit externen Partnern. Neben einer Vielzahl weiterer Aspekte spielt die Prozessreife bei der Auswahl geeigneter Zulieferer eine wichtige Rolle, da durch strukturierte und gesteuerte Prozesse nach dem Stand der Technik die Wahrscheinlichkeit von systematischen Produktfehlern erheblich reduziert wird und exaktere Ergebnisse für wirtschaftliche Schätzungen geliefert werden (vgl. Etzkorn, siehe Lit.). Reifegradmodelle wie CMMI (engl. Capability Maturity Model Integration) oder SPICE werden hierzu schon seit vielen Jahren eingesetzt. Den Durchbruch in der Automobilindustrie erlebten die Reifegradmodelle nach Müller et al. (siehe Lit.) im Jahr 2001, als die Herstellerinitiative Software (HIS, ein Zusammenschluss der deutschen Automobilhersteller Audi, BMW, Daimler, Porsche und Volkswagen) entschied, SPICE bei der Lieferantenbeurteilung im Software- und Elektronikbereich einzusetzen. Ab diesem Zeitpunkt verbreitete sich SPICE flächendeckend in der Automobilindustrie. Es ist anzumerken, dass einer der großen Vorzüge von SPICE darin besteht, unter einem gemeinsamen normativen Framework branchenspezifische Modelle entwickeln zu können. Dies machte sich auch die Automobilindustrie zu Nutzen und veröffentlichte 2005 durch die Automotive Special Interest Group (AUTOSIG) das Modell Automotive SPICE (ASPICE), wodurch SPICE abgelöst wurde. Heutzutage übernimmt der VDA-Arbeitskreis 13 die Weiterentwicklung von ASPICE. Mit der Veröffentlichung der Version 3.1 von Automotive SPICE (siehe Lit.) und den „VDA Automotive SPICE Guidelines" (siehe Lit.) ruht der Arbeitskreis jedoch, da seine Aufgaben zunächst erfüllt sind.

ASPICE besteht aus einem sogenannten Prozessreferenzmodell (PRM) und einem Prozessassessmentmodell (PAM). Das PRM umfasst insgesamt 32 verschiedene Prozesse, die in die Kategorien

- primäre Lebenszyklusprozesse,
- organisatorische Lebenszyklusprozesse und
- unterstützende Lebenszyklusprozesse

eingeteilt werden. In einem weiteren Schritt werden die Prozesse in insgesamt acht Prozessgruppen entsprechend der Art der Aktivität gruppiert, wie in Bild 5.27 dargestellt. Die von den Mitgliedern des VDA als besonders wichtig identifizierten Prozesse wurden in den sogenannten „VDA Scope" aufgenommen. Diese sind in Bild 5.27 orange markiert.

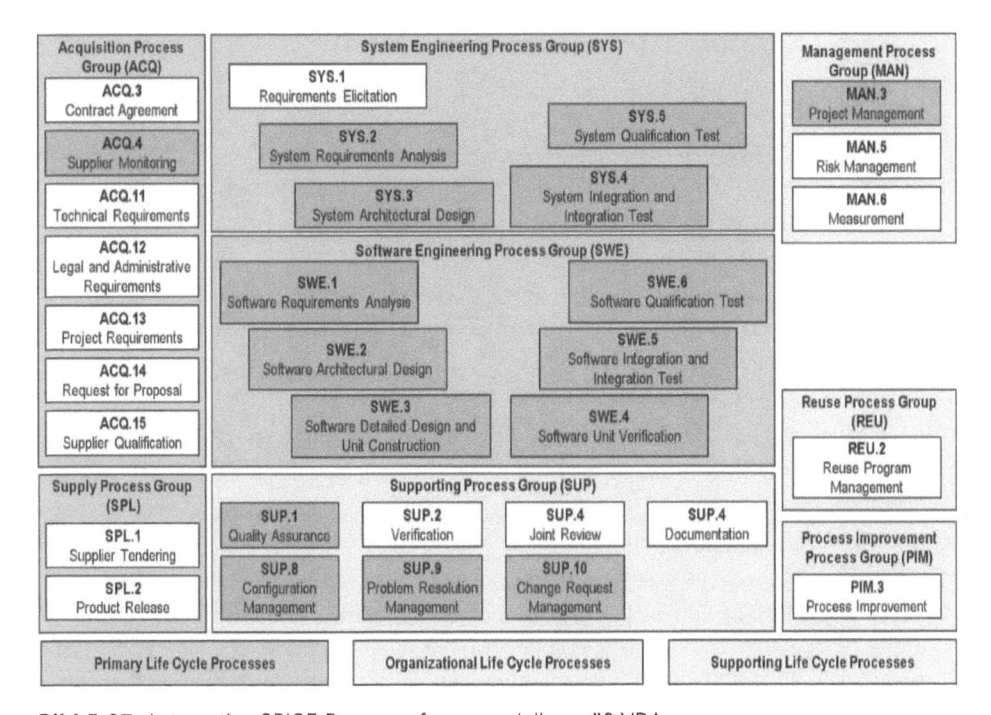

Bild 5.27 Automotive-SPICE-Prozessreferenzmodell gemäß VDA

Assessiert wird die Prozessreife von international anerkannten und zertifizierten Assessoren, die sich bei ihren Aufgaben an dem PAM orientieren, welches Details (sogenannte Indikatoren) zu der Bewertung der Prozessreife enthält. Der Reifegrad eines Prozesses wird anhand von sechs sogenannten Prozessfähigkeitsstufen (engl. Capability Level, CL) bewertet (Bild 5.28), welche die Prozessfähigkeit repräsentieren, so wie sie in einem Projekt analysiert wurde.

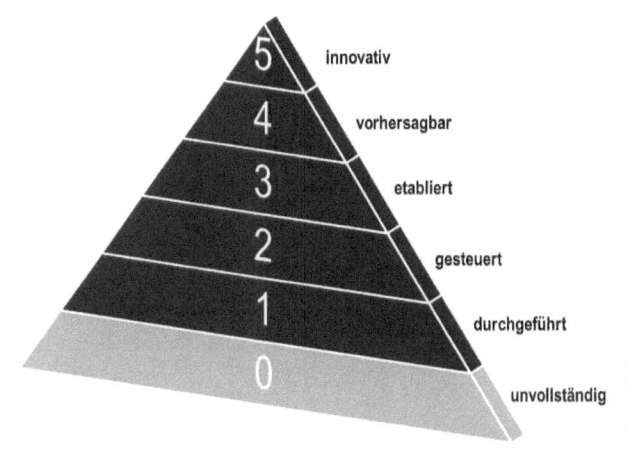

Bild 5.28 Prozessfähigkeitsstufen des PAM gemäß VDA

Die dargestellten Reifegradstufen, die aufeinander aufbauen, haben folgende Bedeutungen:

- **Stufe 0: unvollständig (incomplete)**

  Der Prozess ist nicht implementiert oder der Prozesszweck wird nicht erfüllt, da entsprechende Ergebnisse nicht vorliegen, unvollständig oder ungeeignet sind. Ein Projekterfolg ist zwar möglich, fundiert dann allerdings auf den individuellen Kenntnissen und Leistungen der Mitarbeiter.

- **Stufe 1: durchgeführt (performed)**

  Grundlegende Praktiken sind sinngemäß implementiert und definierte Ergebnisse werden durch den Prozess ungesteuert erzielt.

- **Stufe 2: gesteuert (managed)**

  Es erfolgt eine zusätzliche Planung und Überwachung der Prozessausführung. Es existieren Prozessergebnisse, die unter Konfigurationsmanagement stehen und qualitätsgesichert gesteuert und gepflegt werden.

- **Stufe 3: etabliert (established)**

  In einem Projekt wird eine angepasste Version (durch „Tailoring") eines organisationseinheitlichen definierten Standardprozesses verwendet, welcher festgelegte Ergebnisse erzielt.

- **Stufe 4: vorhersagbar (predictable)**

  Infolge der Durchführung und Analyse von detaillierten Messungen bei der Ausführung eines (detaillierten) Standardprozesses wird ein besseres Verständnis des Prozesses (durch statistische Kennzahlen) erlangt, was zu einer Verbesserung der Vorhersagegenauigkeit führt. Auf Basis dieses quantitativen Verständnisses werden Korrekturmaßnahmen definiert und durchgeführt.

- **Stufe 5: innovativ (innovating)**

  Der Prozess wird nunmehr fortlaufend verbessert, um somit auf entsprechende organisatorische Änderungen zu reagieren.

Auch wenn sich der Name „Automotive SPICE" auf die softwareseitige Entwicklung bezieht, so können (und sollen) die entsprechenden Vorgaben für die erforderlichen Prozesse ebenfalls im Rahmen der Hardware- sowie der Mechanikentwicklung angewendet werden. Im Sommer 2021 hat der VDA darüber hinaus eine ASPICE-Adaption (VDA, siehe Lit.) veröffentlicht als Erweiterung der Version 3.1 von Automotive SPICE für Cybersecurity-Entwicklungen, die sechs neue Prozesse sowie sechs neue Cybersecurity-spezifische Arbeitsergebnisse einführt, welche aus der ISO/SAE 21434 bekannt sind.

Beide Standards, ISO 26262 und Automotive SPICE, verwenden gleiche Schlüsselkonzepte (wie z. B. V-Modell, Begrifflichkeiten, Verifikationskriterien, Traceability) und es gibt eine Reihe ähnlicher Felder. Beide beschreiben Anforderungen an Prozesse, die sich teilweise überlappen, aber auch teilweise unterschiedlich sind. Dabei wirkt sich die Umsetzung von Automotive SPICE (ab Reifegradstufe 2, besser noch ab Stufe 3) sehr förderlich für die Umsetzung der Funktionalen Sicherheit in einem Unternehmen bzw. einem entsprechenden Projekt aus.

Da auch die ISO 26262 eine Bewertung der Implementierung von notwendigen Prozessaktivitäten vor dem Hintergrund der Erreichung der Funktionalen Sicherheit in Form des bereits erwähnten FS-Audits vorsieht, beschreibt die Norm die Möglichkeit ein solches FS-

Audit mit einem ASPICE-Assessment zu kombinieren bzw. zu synchronisieren. Es wird allerdings ausdrücklich darauf hingewiesen, dass ein reines ASPICE-Assessment allein nicht ausreicht, um die Belange der Funktionalen Sicherheit komplett mit abzudecken.

Weiterführende Angaben zu Automotive SPICE sind der entsprechenden Fachliteratur zu entnehmen, wie z. B. den Werken von Müller et al. (siehe Lit.) oder auch Metz (siehe Lit.) sowie Höhn et al. (siehe Lit.).

6 Datenquellen und -management

Das Thema Daten beschäftigt alle Industriebereiche, da die Daten stets die Grundlage für Modelle, Methoden, Berechnungen etc. bilden. Es gilt in allen Bereichen, objektive Entscheidungen zu treffen, deren Basis **Zahlen-Daten-Fakten (ZDF)** sind. Dabei wird häufig als Grundlage die bekannte Wissenspyramide entsprechend Bild 6.1 zugrunde gelegt.

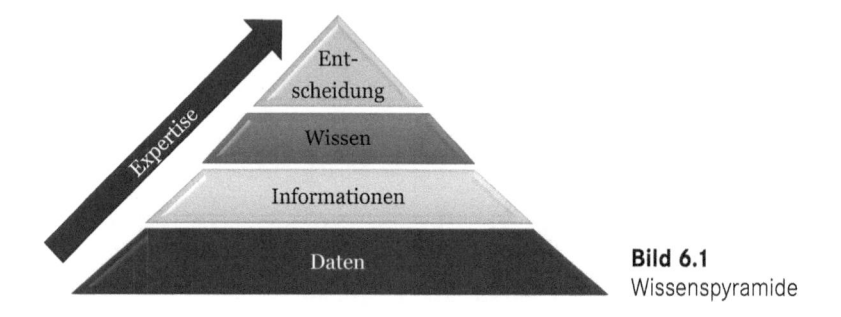

Bild 6.1 Wissenspyramide

Wie aus Bild 6.1 ersichtlich, bilden die **Daten** (Rohdaten) das Fundament der Pyramide. Durch geeignete Filter werden dann die Daten zu **Informationen** verarbeitet. Anschließend gilt es geeignete Modelle, Methoden und Analysen auszuwählen und anzuwenden, um die Informationen in **Wissen** zu überführen. Durch gut strukturierte Aufbereitung des Wissens lassen sich dann hoffentlich gute **Entscheidungen** treffen.

Generell gilt: Je mehr Daten vorhanden und je genauer diese sind, desto bessere Informationen erhält man. Je besser die Informationen, desto besser das Wissen und **Wissen ist** bekanntlich **Macht**.[1] Aktuell wird daher auch davon gesprochen, dass **Daten** das „**neue Gold**" sind. Allerdings hat auch dieses Thema Schattenseiten. Bei zu vielen Daten kann es schnell passieren, dass der Wald vor lauter Bäumen nicht gesehen wird.

Das Thema Datenmanagement, Datenerfassung, Datenauswertung, Datenschutz und anderes ist eine sehr breit gefächerte Thematik und dementsprechend auch ansatzweise nicht in diesem Werk darstellbar. Daher kann in diesem Kapitel nur ein kurzer, rudimentärer Einblick in die Thematik gegeben werden.

---

[1] Francis Bacon (1561 – 1626)

6.1 Rohdatenerfassung und -management

Die **Rohdatenerfassung** ist zentraler Bestandteil der Datengewinnung, wobei die Daten in einem Unternehmen aus vielen Unternehmensbereichen stammen können und in der Regel in eine zentrale Datenbank eingepflegt werden.

Angefangen mit einfachen Befragungen von Kunden über Datenprotokolle aus Service-Aufträgen bis hin zu automatisch erfassten Daten z. B. durch Sensoren lassen sich so Daten gewinnen, die für nachfolgende z. B. zuverlässigkeitstechnische Untersuchungen relevant sind.

Doch auch aus Bereichen, die augenscheinlich nicht unmittelbar technikbezogen sind, können sehr relevante Informationen stammen. So sind z. B. für Risikoabschätzungen und Zuverlässigkeitsanalysen generell auch Verkaufszahlen und Absatzmärkte („Sales-Daten"), Logistikdaten (z. B. Versandzeiten, Transportwege), Ausfalldaten im Rahmen der Gewährleistung und Kulanz, Wartungsinformationen etc. von besonderem Interesse. Des Weiteren können aber auch Produktinformationen aus den sogenannten Social-Media-Plattformen (z. B. Technik-Foren) zu einem frühen Stadium der Nutzung eines Produktes relevant sein.

Dabei erfolgt in der Regel die Generierung der Informationen aus unterschiedlichen Quellen durch die Erfassung, Abfrage, Verknüpfung und Bewertung der Daten durch entsprechende Algorithmen. Der diesbezügliche Trend geht allerdings dahin zu fragen: Welche Daten werden benötigt und können diese in geeigneter Form erfasst und bereitgestellt werden? Ein oftmals unterschätztes Problem sind hierbei Inkonsistenzen und Freiheiten in den Daten, wie z. B.

- Freitexte,
- unvollständige Daten,
- manipulierte Daten,
- unplausible Daten,
- Daten mit unterschiedlichen Einheiten oder Angaben
- etc.

Aktuell ist dabei im Kontext des Machine Learning entsprechend Bild 1.2, aus Daten Wissen – mittels Deep Learning, Daten-Mining, künstlicher neuronaler Netze und intelligenter Mensch-Maschine-Interaktionen – zu generieren.

6.2 Nutzungsdaten

Für die Thematik Sicherheit und Zuverlässigkeit spielen die Nutzungsdaten eines Produktes eine entscheidende Rolle. Sie sind der Schlüssel für eine robuste Produktentwicklung, aber auch für spätere, nachfolgende Untersuchungen können Nutzungsdaten von enormer Bedeutung sein. Aus Nutzungsdaten lassen sich häufig Rückschlüsse hinsichtlich der Belastung eines Produktes ableiten. Generell muss bei den Nutzungsdaten folgende Unterscheidung getroffen werden:

- Nutzungsdaten in Echtzeit
- aggregierte Nutzungsdaten

Die **Echtzeit-Nutzungsdaten** werden häufig für die Steuerung von Funktionen verwendet und bilden, insbesondere bei sicherheitskritischen Systemen, einen Teil der Basis des Sicherheitskonzeptes (z. B. über Abschaltungen, Degradierungen etc.).

Beispielhaft sei hierzu die Temperaturüberwachung von Batterie-Stacks bei Elektrofahrzeugen genannt, die in Echtzeit erfolgt. Bei Überschreitung einer gewissen Grenztemperatur kann das Sicherheitskonzept z. B. darin bestehen, die abzugebende Leistung zu beschränken und damit einen weiteren Anstieg der Batterietemperatur zu verhindern.

Aufgrund der heute in vielen Bereichen eingesetzten Elektrik/Elektronik/Software-Systeme ist die Nutzung von **Echtzeitdaten** allerdings mit großen Herausforderungen verbunden.

Die **aggregierten Nutzungsdaten** (oder auch historische Nutzungsdaten genannt) bilden hingegen die Basis für die Systemauslegung. Anhand dieser Daten kann abgeleitet werden, wie ein Produkt durch den Verbraucher genutzt wird. Ein Teil dieser Daten kann z. B. aber auch aus Versuchen ermittelt und durch weitere abzuschätzende Daten ergänzt werden.

Im Beispiel der Temperaturüberwachung für Batterie-Stacks können dies z. B. Aufenthaltszeiten in definierten Temperaturbereichen sein, die dann die Basis für die notwendige Auslegung der Batteriekühlung bilden.

Auch bei den **aggregierten Nutzungsdaten** steht man häufig vor Herausforderungen, wie z. B. hinsichtlich des Datenabrufs, der Datenspeicherung und der Datenverarbeitung etc.

Nutzungsdaten haben üblicherweise den Vorteil, dass sie vollständig sind und auch die chronologische Nutzung bzw. die Einordnung in Belastungsintervalle erhalten bleibt.

Um Nutzungsdaten in eine für die Auslegung von Produkten verwertbare Form zu übertragen, ist es allerdings sinnvoll, dass zuvor sogenannte Use Cases mittels entsprechenden Teilszenarien festgelegt werden.

6.3 Felddaten

In den Bereichen Qualitäts- und Gewährleistungsmanagement werden häufig Felddaten genutzt, die aus dem Bereich des Reklamationsmanagements stammen. Typische Felddaten sind unter anderem

- Daten zum System und zu übergeordneten Systemen,
- Versionierung von Daten, Release-Nummer,
- Datum der Fertigung,
- Datum des Nutzungsbeginns (üblicherweise Kaufdatum, Zulassungsdatum),
- Datum eines Ausfalls, der Wartung etc.,
- Dauer der Nutzung in produkttypischer Belastungsgröße bis zum Ausfall, zur Wartung etc. (z. B. Betriebsstunden bei Schiffen, Anzahl der Waschvorgänge bei Waschmaschinen, Fahrleistung bei Pkw und Lkw, Starts/Landungen bei Flugzeugen usw.),

- optional Fehlerort und -art
- usw.

Je nach Produktart sind entsprechend mehr oder weniger Daten vorhanden, die für Analysen genutzt werden können. Diese Daten sind in der Regel retrospektive Daten und weisen daher oft (hohe) zeitliche Verzüge auf. Die Nutzung dieser Daten erfolgt typischerweise in einer aus der Sicht der Zuverlässigkeitstechnik reaktiven Art und Weise. So werden diese Daten z. B. für Zuverlässigkeitsanalysen genutzt, um zu überprüfen, ob die geforderte Qualität eingehalten wurde oder ob Maßnahmen, wie z. B. Produktrückrufe, Produktänderungen, Service-Maßnahmen, erforderlich sind.

Durch die zeitlichen Verzüge besteht allerdings die Gefahr, dass Probleme bei Produkten erst relativ spät erkannt werden. Darüber hinaus gibt es häufig, besonders bei Produkten mit hoher Zuverlässigkeit, naturgemäß nur wenige Felddaten, sodass eine statistisch fundierte Auswertung erschwert wird. Des Weiteren muss überprüft werden, ob die zugrunde gelegten Felddaten sich für eine Zuverlässigkeitsanalyse und Bewertung eines Systems eignen.

Ein besonderer Nachteil der Felddaten besteht darin, dass häufig die reale detaillierte Nutzung des Produktes nicht mehr nachvollziehbar ist und nur ein aggregierter Nutzungswert zur Verfügung steht. Dieser Wert gibt dann zwar immerhin noch eine Tendenz für eine Belastung und den damit eventuell verbundenen Ausfall wieder, detaillierte Belastungs- und Ausfallprofile können hingegen nicht verifiziert werden.

Als Beispiel sei hier die Fahrleistung eines Pkws bis zum Ausfall genannt. Angenommen, das Fahrzeug ist beim Ausfall sechs Monate alt und bis zum Ausfall 12 000 km gefahren. Das heißt, die Fahrstrecke und die Kalenderzeit sind bekannt. Allerdings ist die Nutzung des Fahrzeuges unbekannt. Denkbare Nutzungsszenarien könnten z. B. wie folgt gegeben sein:

- **Pendlerfahrzeug:**

  Ein Fahrzeugnutzer hat das Fahrzeug berufsbedingt an jedem Werktag für eine Fahrstrecke von 40 km bis 45 km (Hin- und Rückfahrt zur Arbeit) genutzt, zuzüglich jedoch noch einige private Fahrten z. B. für Einkäufe, Besuche und sonstige Unternehmungen unternommen.

- **Pflegedienstfahrzeug:**

  Das Fahrzeug wird von mehreren Pflegedienstmitarbeitern im innerstädtischen Bereich für kurze Strecken genutzt. Die gesamte Fahrleistung beträgt ca. 100 km pro Tag.

- **Poolfahrzeug eines Unternehmens:**

  Mehrere Nutzer haben ein bestimmtes Fahrzeug für unterschiedlichste Fahrten (kurze und lange Strecken) genutzt.

- **Familienfahrzeug:**

  Das Fahrzeug wird von mehreren Familienangehörigen für unterschiedlichste Fahrten genutzt. Dabei konnte für eine Nutzungsdauer von 14 Tagen eine Fahrstrecke von ca. 5000 km ermittelt werden.

Die vorangegangenen einfachen Beispiele zeigen, dass die Fahrzeugbelastungen und damit eventuell verbundene Ausfälle, je nach Szenario, deutlich anders geartet sein können.

Ein weiterer Nachteil der Nutzung von Felddaten, z. B. im Kontext mit einer Zuverlässigkeitsprognose, besteht in der zeitlich gestutzten Gewährleistungs- und Garantiezeit. Die Daten sind dann bekanntlich durch entsprechende Zeiten zensiert (Typ-I-Zensierung), sodass es häufig nach Ablauf dieser an weiteren Informationen über ein Feldausfallverhalten fehlt.

Doch auch die unterschiedlichen herstellungsbedingten Nutzungszeiten eines Produktes im Feld erschweren eine Analyse. So ist z. B. bei einer Überprüfung der Feldqualität im Juli nach dem 2. Quartal eines Jahres darauf zu achten, dass bestimmte Produkte aus dem Fertigungsmonat Januar schon sechs Monate im Feld waren, hingegen die letzten gefertigten Produkte vielleicht nur einige Tage im Feld genutzt wurden. Würden Analysen ohne weitere Filterung auf diesen kurzen Feldeinsatz bezogen, so könnte z. B. eine Zuverlässigkeitsprognose viel zu positiv ausfallen.

Darüber hinaus stehen entsprechende Informationen oft nur für solche Produkte zur Verfügung, die im Feld durch einen allgemeinen Ausfall gekennzeichnet waren. Das heißt, vor jeder Analyse ist es ratsam, solche allgemeinen Ausfälle auch hinsichtlich besonderer Auffälligkeiten zu überprüfen.

Als einfaches Beispiel sei hier der fiktive Fall eines Kaffeevollautomaten für den privaten Gebrauch genannt. Es hat mehrere Ausfälle bei diesen Kaffeevollautomaten innerhalb der Garantiezeit gegeben, sodass der Produkttyp als auffällig eingestuft wurde.

Neben der reinen Nutzungszeit im Feld ist auch die Anzahl der Bezüge bis zum jeweiligen Ausfall verfügbar. Der Mittelwert der Bezüge pro Tag sei 70, obwohl aus anderen Nutzungsdaten bekannt ist, dass der übliche Wert solcher Produkte bei 30 liegt. Hier gilt es dementsprechend zu überprüfen, ob eine Verwendung der Daten für weitere Untersuchungen mit 70 Bezügen pro Tag opportun ist oder ob das Produkt durch eine besondere Nutzergruppe (z. B. Verwendung in einem Büro, einer Werkstatt etc.) verstärkt genutzt wurde.

Felddaten können auch durch weitere Effekte geprägt und dementsprechend verzerrt sein. So kann z. B. die jahreszeitabhängige Nutzung eines Produktes massiven Einfluss auf das Ausfallverhalten ausüben oder auch kulturelle Gegebenheiten.

Ungeachtet aller zuvor kurz erläuterten Problematiken bilden Felddaten dennoch eine zentrale Basis für entsprechende Zuverlässigkeits- und Sicherheitsanalysen und ermöglichen eine Produktbewertung hinsichtlich Zuverlässigkeit, Sicherheit, Verfügbarkeit und anderem, aber auch präventiv hinsichtlich Wartungsintervallen, Komponentenaustausch, Serienersatzbedarf, Gewährleistungsmanagement etc.

Des Weiteren bilden Felddaten und deren Analyse entsprechend dem Produkthaftungsgesetz die zentrale Wissensbasis über die Produkteigenschaften im Kontext von deren Nutzung während der gesamten Lebensdauer.

Für weitere Ausführungen zur Nutzung von Felddaten siehe Kapitel 28.

6.4 Datenschutz am Beispiel Automotive

Der Komplex des Schutzes von Daten in heutigen, stark vernetzten Automobilen lässt sich generell in mehrere Bereiche oder Kategorien gliedern:
- technische Daten mit Reparatur- und Wartungsinformationen
- Daten mit Bezug zu den Komfortfunktionen
- Daten des Infotainments
- Daten, die zwischen den einzelnen Fahrzeugsystemen ausgetauscht werden
- personenbezogene Daten
- etc.

Bereits heute werden in einem durchschnittlichen Kraftfahrzeug massive Datenströme ausgetauscht und verarbeitet. Nicht allein die Datenmenge sowie die Übertragungsgeschwindigkeit, sondern auch die Anzahl an erhobenen personenbezogenen Daten wird dabei im Zuge der fortschreitenden informationstechnischen Ausstattung der Fahrzeuge enorm ansteigen.

Daten, die im Fahrzeug anfallen, unterliegen immer dann dem Datenschutzrecht gemäß dem Bundesdatenschutzgesetz (BDSG, 2018), wenn sie mit der Fahrzeugidentifikationsnummer oder dem Kennzeichen des Fahrzeugs in Verbindung gebracht und damit verknüpft werden können.

Gemäß Kinast et al. (siehe Lit.) wird im Falle eines vernetzten Kraftfahrzeuges oftmals von *„personenbezogenen versus fahrzeugbezogenen Daten"* gesprochen.

Kaum ein anderes Produkt (abgesehen vom Smartphone) ist wie das Automobil dazu in der Lage, die Erstellung eines durchaus umfassenden Persönlichkeitsprofils des Fahrers zu ermöglichen. So können Schlüsse über den täglichen Rhythmus, Bewegungsprofile, den Umgang mit dem Fahrzeug, die Körpergröße (z. B. Sitz-, Spiegel- und Lenkradeinstellungen), die Aufmerksamkeit (z. B. Müdigkeitserkennung), die Anzahl der Mitfahrer (z. B. belegte Sitze), Telefonlisten, persönliche Interessen (z. B. geschaute Videos im Internet oder musikalische Vorlieben) und noch viel mehr gezogen werden.

Dabei hat die Vielzahl an Daten, wie z. B. Betriebs-, Komfort-, Fehler- und Wartungsdaten, die im Zuge der Kfz-Nutzung anfallen, zunächst einmal einen technischen Hintergrund. Allerdings sind gemäß Buchner (siehe Lit.) Daten über ein Fahrzeug potenziell stets auch Daten über dessen Fahrer bzw. Halter.

Gemäß Urteil des Bundesverfassungsgerichts (BVerfG) vom 11.03.2008, 1 BvR 2074/05 und 1 BvR 2054/07, sind Datenerfassungen stets dann datenschutztechnisch bedeutungslos, wenn die Daten *„unmittelbar nach der Erfassung technisch wieder spurenlos, anonym und ohne die Möglichkeit, einen Personenbezug herzustellen, ausgesondert werden."*

Daten, die im Kfz erhoben werden, sind dann als bloße technische und fahrzeugbezogene Daten anzusehen, wenn diese nur punktuell erhoben werden, um eine entsprechende Fahrzeugfunktion zu gewährleisten. Dabei muss es technisch gesichert sein, dass die Daten sodann sofort spurenlos wieder gelöscht werden, ohne dass die Möglichkeit besteht, einen Personenbezug herzustellen (Buchner, siehe Lit.).

Es ist außerdem gesetzlich vorgeschrieben (siehe EU-Verordnung 2019/129 des Europäischen Parlaments und des Rates zur Änderung der Verordnung Nr. 168/2013 hinsichtlich der Anwendung der Stufe Euro 5 auf die Typgenehmigung von zwei- oder dreirädrigen und vierrädrigen Fahrzeugen, 2019), dass technische Daten mit Reparatur- und Wartungsinformationen für die Abgasuntersuchung über eine sogenannte OBD-Schnittstelle (On-Board-Diagnose) Dritten gegenüber zur Verfügung gestellt werden müssen.

Diese Dritten (z. B. Werkstatt, Hersteller etc.) dürfen die Daten allerdings lediglich mit dem Einverständnis des Halters für einen zuvor festgelegten und klar bestimmten Zweck verarbeiten. Gegenüber einem Hersteller hat der Halter ein unentgeltliches Auskunftsrecht über seine durch den Hersteller erhobenen und gespeicherten personenbezogenen Daten nach § 34 Bundesdatenschutzgesetz (BDSG 2018).

Ein weiterer Aspekt des Datenschutzes kommt insbesondere bei der Kommunikation zwischen verschiedenen Systemen oder beteiligten Softwarekomponenten zum Tragen, die im Rahmen von sicherheitsrelevanten Fahrzeugfunktionen gemäß ISO 26262 entwickelt werden müssen. Dort fordert dieser Standard den Schutz der Kommunikation, was primär bedeutet, dass Kommunikationsfehler zu vermeiden sind. Für den Fall, dass eine solche Prävention alleine nicht ausreichend ist (z. B. bei der Kommunikation zwischen Steuergeräten), müssen unter anderem Laufzeitfehler in ausreichendem Maße erkannt werden.

Bei der Entwicklung einer standardisierten Softwarearchitektur für Steuergeräte kommt die Automotive Open System Architecture, AUTOSAR-Initiative, ins Spiel. AUTOSAR ist eine im Jahr 2003 gegründete weltweite Entwicklungspartnerschaft von verschiedenen Automobilherstellern, Zulieferern und anderen Unternehmen aus der Halbleiterindustrie und Softwareentwicklung. Ziel dieser Partnerschaft ist es, einen globalen Standard für eine gemeinsame Softwarearchitektur, Anwendungsschnittstellen und eine Methodik für eingebettete Software für die Fahrzeugelektronik zu schaffen und zu etablieren. Die entwickelte AUTOSAR-Architektur (Bild 6.2) verfolgt den Zweck, die Komplexität zu reduzieren und die Wiederverwendung von Softwaregleichteilen zu erhöhen – und zwar über existierende Herstellergrenzen hinaus.

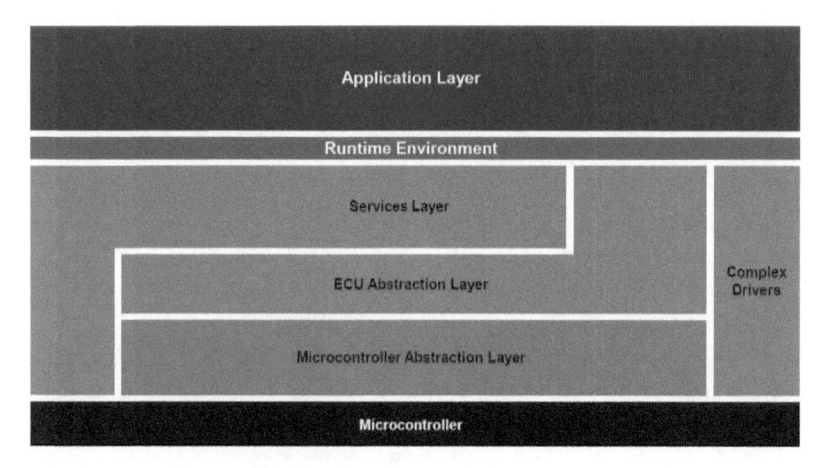

Bild 6.2 AUTOSAR-Architektur (nach AUTOSAR)

Spezifische Funktionen als Applikationen werden als Softwarekomponenten realisiert, die auf einen Basissoftware-Stack eines Microcontrollers über eine definierte Laufzeitumgebung zugreifen können. Solche Softwarekomponenten können durchaus eine unterschiedlich hohe Sicherheitsrelevanz haben und werden daher mit unterschiedlichen ASIL (siehe Abschnitt 5.1.4) bewertet. Weiterführende Informationen zu AUTOSAR sind unter anderem *https://www.autosar.org 2022* sowie den entsprechenden AUTOSAR-Veröffentlichungen zu entnehmen.

Eine dieser Veröffentlichungen (*AUTOSAR:* Requirement on E2E Communication Protection. Document Identification No 651, Classic Platform Release 431, 2017) beschäftigt sich mit Anforderungen an eine sogenannte „End-to-End (E2E) Communication Protection" gemäß ISO 26262. Diese Anforderungen können als Grundlage für die Spezifikation detaillierter E2E-Mechanismen und deren Verwendung in entsprechenden AUTOSAR-Implementierungen bis hin zu ASIL-D-Systemen (Bild 5.22) verwendet werden. Sie sind anwendbar für die meisten im Automobilbereich eingesetzten Datenbussysteme, wie z. B. CAN, CANFD, FlexRay und Ethernet.

Eine E2E-Protection sichert die Kommunikation zwischen Steuergeräten, um anzuzeigen, ob die entsprechenden sicherheitsrelevanten Signale auch korrekt übermittelt werden. Gemäß Wolf et al. (siehe Lit.) ist die Nutzung der AUTOSAR-E2E-Protection Stand der Technik in der Automobilindustrie bei der Absicherung der Übertragung von sicherheitsrelevanten Daten. Da sich mit ihrer Hilfe alle relevanten Fehlerfälle entdecken lassen, werden keine weiteren Sicherheitsanforderungen an die Kommunikationskomponenten der Basissoftware mehr gestellt.

7 Nutzungs- und belastungsabhängige Produktentwicklung

Für die zuverlässigkeitsgerichtete Produktentwicklung ist es von enormer Bedeutung zu verstehen, wie die Kunden, d. h. die Nutzer, das Produkt verwenden. Der Inverkehrbringer ist hierzu allein schon nach § 433 BGB, Abs. 1 verpflichtet:

„Durch den Kaufvertrag wird der Verkäufer einer Sache verpflichtet, dem Käufer die Sache zu übergeben und das Eigentum an der Sache zu verschaffen. Der Verkäufer hat dem Käufer die Sache frei von Sach- und Rechtsmängeln zu verschaffen."

Nach § 434 BGB gilt zur Freiheit von Sachmängeln:

„Eine Sache ist frei von Sachmängeln, wenn sie bei Gefahrübergang die vereinbarte Beschaffenheit hat."

In der Rechtsprechung hierzu gilt:

- Falls keine Beschaffenheit vereinbart wurde, muss sich das Produkt für die im Vertrag **vorausgesetzte Verwendung** eignen.
- Das Produkt muss sich zur **gewöhnlichen Verwendung** eignen und eine **Beschaffenheit** haben, die für Sachen gleicher Art und Güte **üblich** ist und die der **Käufer hätte erwarten dürfen.**

Im Produktsicherheitsgesetz (ProdSG) ist die Verwendung des Produkts auch mit Bezug zur Sicherheit verankert. So heißt es im ProdSG § 3, Abs. 2:

*„Ein Produkt darf [...] nur auf dem Markt bereitgestellt werden, wenn es bei **bestimmungsgemäßer** oder **vorhersehbarer** Verwendung die Sicherheit und Gesundheit von Personen nicht gefährdet."*

Auch in Standards findet man häufig den Bezug zur Verwendung. So heißt es in DIN 40041 zur Zuverlässigkeit:

*„Beschaffenheit (...) einer Einheit (...) bezüglich ihrer Eignung, während oder nach vorgegebenen Zeitspannen bei vorgegebenen **Anwendungsbedingungen** die Zuverlässigkeitsforderung (...) zu erfüllen."*

Doch auch aus vielen anderen Gründen, wie z. B. der Reklamationsvermeidung, der Qualitätswahrnehmung, der Kundenzufriedenheit etc., ist es ratsam, viel Energie in das sogenannte „**Frontloading**" zu stecken. Das übergeordnete Ziel hierbei ist, das Produkt auf den Punkt hin zu entwickeln, also sowohl Under- als auch Over-Engineering zu vermeiden. Üblicherweise lässt sich dieses Frontloading durch das bekannte Belastungs-Belastbarkeits-Diagramm (Bild 7.1) einfach erklären.

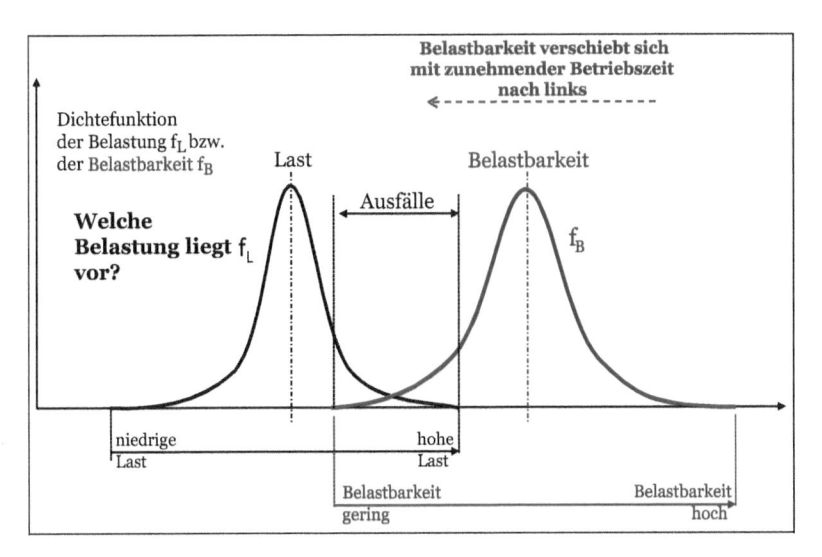

Bild 7.1 Belastung vs. Belastbarkeit

In der Produktauslegung geht es dabei stets darum, die Waage zwischen Last und Belastbarkeit zu halten. Die Last ergibt sich durch die Verwendung des Produkts. Oftmals muss hier das Produktmanagement bei der Bestimmung der Verwendung unterstützend eingreifen. Die Dimensionierung des Produkts und damit die Einstellung der Belastbarkeit ist dann Aufgabe der Produktentwicklung.

Ergänzend herrscht bei der Auslegung von Produkten bekanntlich immer das Optimierungsproblem zwischen Kosten und Zuverlässigkeit (Bild 7.2). Bezüglich der Zuverlässigkeit muss also geklärt werden, was denn eigentlich die richtige Auslegungsgröße ist und woher der relevante Input kommt.

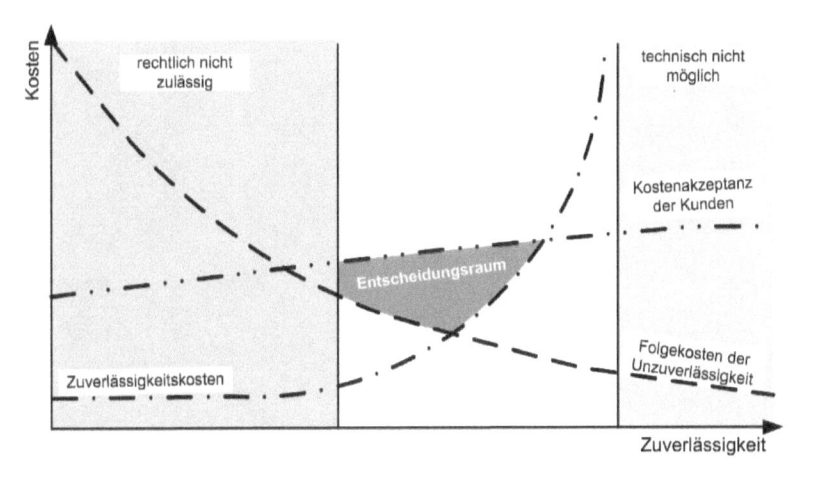

Bild 7.2 Optimierung Kosten vs. Zuverlässigkeit

7.1 User Experience, Marktanalysen und Use Cases

Zur Bestimmung der Last gibt es unterschiedliche Bereiche, die zu berücksichtigen sind. Der erste Bereich ist die **User Experience**, welche sich mit dem Nutzungserlebnis bei der Verwendung des Produktes beschäftigt und in vielen Bereichen Einblick nimmt. So sind u. a. das Marketing („Produktversprechen"), die mögliche Software (APPs samt Eingabe-Schnittstellen), die alltägliche Bedienung, die wahrgenommene Wertigkeit etc. hierin enthalten.

User Experience befasst sich folglich mit allen Lebensphasen des Produktes. Folgendes Beispiel zur User Experience und zum Einfluss auf die Produktauslegung sei genannt: Bei modernen Elektrofahrzeugen gibt es häufig die sogenannte One-Pedal-Funktion, bei der sowohl das Beschleunigen als auch zum Großteil das Abbremsen (teilweise bis zum Stillstand und Halten des Fahrzeugs) nur durch das Fahrpedal erfolgen können, ohne dass das Bremspedal benutzt wird. Diese Funktion ist für den Fahrer, nach einer kleinen Eingewöhnungszeit, sehr komfortabel. Das Abbremsen erfolgt dann über Rekuperation mithilfe des Elektromotors. Als Folge dieser Funktionalität ergibt sich dann jedoch eine verringerte Nutzung des Bremspedals und damit auch eine verringerte Nutzung der Betriebsbremse. Für das Bremspedal stellt dies unter Umständen einen Zuverlässigkeitsvorteil dar, für die Betriebsbremse ist dies jedoch ein Nachteil, da einige Komponenten des Bremssystems nicht mehr auf bestimmte positive Betriebszustände gelangen. So ist es teilweise dann z. B. notwendig, ein „Bremsscheibenwischen" mit in das System zu implementieren, damit die Bremsscheiben weiterhin für den Bedarfsfall voll funktionsfähig bleiben.

Neben der User Experience sind auch entsprechende **Marktanalysen** sehr wichtig (Bild 7.3), die im Folgenden erläutert werden.

Bild 7.3 Globale Märkte (grobe Übersicht)

In den Märkten, in denen das Produkt verwendet wird, können oft sehr unterschiedliche Randbedingungen vorliegen. Diese Randbedingungen beziehen sich neben geologischen Rahmenbedingungen auch auf Infrastrukturbedingungen, kulturelles Verhalten, gesetzliche Vorgaben etc. und haben häufig einen extremen Einfluss auf die Belastung des Produkts im Felde.

Folgende Beispiele dürften leicht verständlich sein und die Problematik gut widerspiegeln:

- Sonneneinstrahlung auf ein Outdoor-Produkt in Europa im Vergleich zu Südafrika oder zum Nordpol
- Lkw-Fernverkehr: in Westeuropa auf gut befestigten Straßen mit wenig Offroad-Anteil, in Osteuropa mit teils schlechten Straßenzuständen und mäßigem Offroad-Anteil, in Australien mit gut befestigten Straßen in Großstadtbereichen, aber überwiegendem Offroad-Anteil in teils schwierigem Gelände
- Lkw-Feststellbremse: Nutzung in Europa so selten wie möglich, keine gesetzlichen Vorgaben während des Betriebs; Nutzung in Japan während des Betriebs bei jedem Halt (u. a. an jeder Ampel mit Rotphase) gesetzlich vorgeschrieben

In die Belastungsermittlung sollten folglich die Märkte immer mit einfließen. In Tabelle 7.1 ist veranschaulicht, welchen Einfluss Märkte haben können.

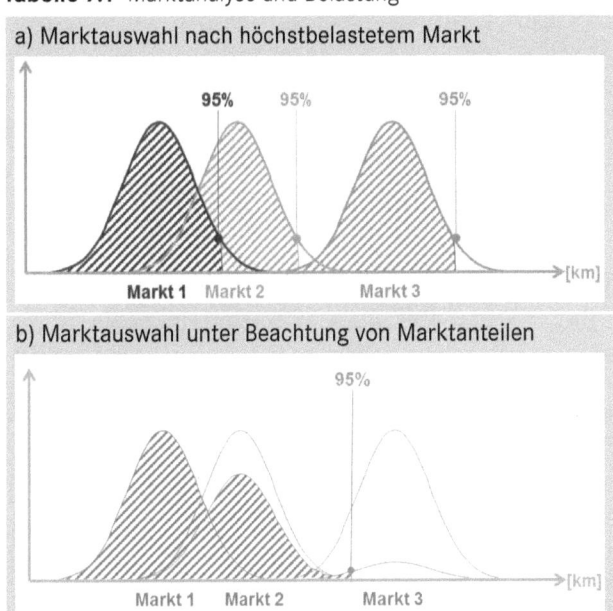

Tabelle 7.1 Marktanalyse und Belastung

a) Marktauswahl nach höchstbelastetem Markt
Markt 1 (95%), Markt 2 (95%), Markt 3 (95%) [km]
b) Marktauswahl unter Beachtung von Marktanteilen
Markt 1, Markt 2, Markt 3 (95%) [km]

Eine Auslegung auf den höchstbelasteten Markt (Tabelle 7.1a) wird vermutlich ein sehr (zu) robustes Produkt erzeugen. Es besteht hier die Gefahr des Over-Engineering. Unter Umständen kann dies dennoch, entsprechend der Unternehmensstrategie, die gewollte Auslegung sein.

Unter Beachtung der angenommenen Marktanteile (Tabelle 7.1b) ergibt sich eine deutlich verringerte Belastungsgrenze. Hier besteht allerdings die Gefahr des Under-Engineerings.

Ferner ist ersichtlich, dass der Markt 3 beim Auslegungspunkt 95 % praktisch nicht erfüllt ist. Auch hier muss die Unternehmensstrategie bei der Auslegung berücksichtigt werden. So könnte es z. B. sein, dass der Markt 3 trotzdem bedient wird, obwohl mit vermehrten Reklamationen gerechnet werden muss. Wird das Risiko infolge der vermehrten Reklamationen hingegen als zu hoch eingestuft und der Markt als zu unbedeutend angesehen, so könnte auch der Marktausschluss eine Handlungsmöglichkeit darstellen.

Neben der **User Experience** und den **Marktanalysen** sind die **Use Cases**, die nachfolgend kurz beispielhaft erläutert werden, von besonderer Bedeutung.

Die Bestimmung der Use Cases mit ihren Szenarien kann häufig allerdings genauso komplex sein wie die Bestimmung der User Experience und die Marktanalyse.

Dies sind ein paar einfache Beispiele:

- **Auto:** tägliche Fahrt zur Arbeit, Fahrt zu Kunden bei Firmenfahrzeugen, Fahrt in den Urlaub etc.
- **Smartphone:** telefonieren, surfen im Internet, Bedienung von Social Media Apps, Navigation, Benutzung als Taschenlampe, Uhr, Wecker etc.
- **Kaffeevollautomat:** morgendlicher Kaffeebezug mit/ohne Milchaufschäumung, Kaffeebezug während einer (Familien-)Feier, Entkalkung/Reinigung etc.

Es bleibt abschließend festzuhalten, dass es im Hinblick auf die zu bestimmenden Schädigungsparameter zwingend erforderlich ist, die zuvor kurz erläuterten Problemfelder wie User Experience, Marktanalysen, User Cases und ihre Einflussgrößen mit zu berücksichtigen.

■ 7.2 Kundencluster und -profilerstellung

Für die Bildung von **Kundenclustern** zur Erzeugung der entsprechenden Belastungsprofile müssen die Ergebnisse aus den vorangegangenen Analysen verwertbar gemacht werden. Wie erläutert und dargestellt, ist die Bestimmung der möglichen Schädigungsparameter evident. Meist startet man hier, speziell bei neuen Produkten, mit einem einfachen Brainstorming. Häufig geben ergänzende Messungen darüber Aufschluss, ob bestimmte Annahmen richtig getroffen wurden. Doch auch Reklamationsdaten können zur Bestimmung der Schädigungsparameter und damit zur Ableitung von entsprechenden Kundenclustern herangezogen werden.

Bei Folgeprojekten (Produktevolution) tritt häufig die Gefahr auf, dass die Vorgaben vom Vorgängerprodukt übernommen werden. Hier sollten unbedingt Delta-Analysen (z. B. mittels Noise-Factor-Managements) durchgeführt werden, um so gegebenenfalls neue oder veränderte Schädigungsparameter zu erkennen. Durch sinnvolle Verknüpfung mit den in Abschnitt 7.1 erläuterten Problemfeldern und den entsprechenden Daten der Einflussgrößen ergibt sich dann eine Möglichkeit zur Bestimmung der Belastung im Kontext von Kundenclustern.

So können häufig in den zuvor erläuterten Märkten Kundencluster gebildet werden, um entsprechende Analysen in einem erträglichen Maße zu halten. Auch verschiedene Märkte lassen sich häufig zusammenfassen, zum Beispiel bezüglich der Straßenqualität: Niederlande, Belgien, Frankreich, Spanien, Portugal, Italien, ... als Westeuropa.

Bei der **Profilerstellung** ist es hingegen wesentlich, den relevanten Kunden zu bestimmen. Üblicherweise ist z.B. der „mittlere Nutzer" kein guter Bezugspunkt, da damit 50% der Nutzer außer Betracht bleiben. Empfehlenswert, auch aus wirtschaftlicher Sicht, ist häufig die Betrachtung des 95-%-Nutzers, um hieraus sinnvolle Auslegungsgrößen abzuleiten.

■ 7.3 Design for Reliability, nutzungs- und belastungsabhängige Zuverlässigkeit

Beim **Design for Reliability** geht es nun darum, die Informationen aus den zuvor erläuterten Analysen für die Produktauslegung verwertbar zu machen, um daraus entsprechende Zielzahlen abzuleiten. In Bild 7.4 ist das prinzipielle Vorgehen zur Zielzahlermittlung dargestellt.

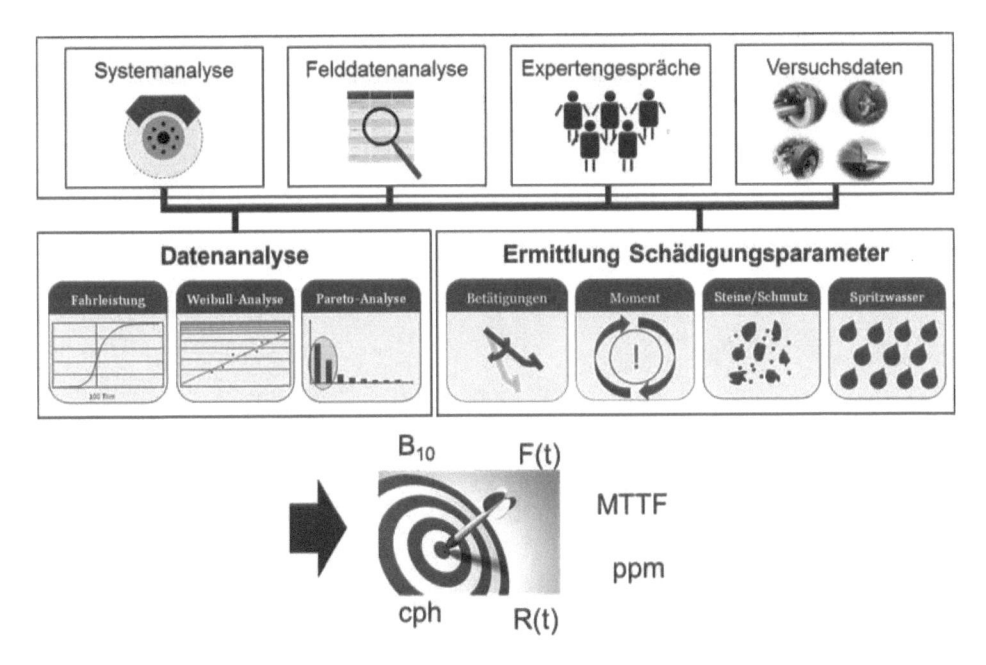

Bild 7.4 Zielzahlermittlung

Wichtig bei der Zielzahlermittlung ist die Unterscheidung zwischen **Design-** und **Nachweis-Zielzahlen**. Die **Design-Zielzahlen** sind die relevanten Größen für die Auslegung der Produkte. Diese sollten auch in rein formalen, rechnerischen Systemauslegungen immer als Zielgröße herangezogen werden. Anhand der Design-Zielzahlen können unter anderem mögliche Ausfallmengen während der Garantiezeit berechnet und somit Garantiekosten abgeschätzt werden. Diese Mengen können üblicherweise auch als eine Art Limit für die Feldausfälle dienen und somit eine Möglichkeit für ein „Feld-RADAR" darstellen.

Für die Bestimmung der **Nachweis-Zielzahlen** kommen üblicherweise hingegen andere zuvor festzulegende Zielzahlen zum Einsatz. Je nach Produktart, Sicherheitskritikalität, sonstigen funktionalen Limitierungen etc. stellt sich das Nachweisziel anders dar. Im Gegensatz zu den Design-Zielzahlen werden die Nachweis-Zielzahlen in der Regel durch entsprechende Tests (Systemtest, Komponententests etc.) nachgewiesen.

Design- und Nachweisziele sind immer eng mit einer gewissen Qualitätsstrategie verbunden. Allerdings sollte man hierbei beachten, diese Ziele nicht zu niedrig festzulegen, da sich hieraus gegebenenfalls im Nachhinein z. B. bei Rückrufen etc. Probleme (auch ethischer Art) ergeben können.

Teil III:
Grundlagen der Zuverlässigkeits- und Sicherheitsanalyse

„Es ist unglaublich, wie unwissend die studierende Jugend auf die Universitäten kommt, wenn ich nur zehn Minuten rechne oder geometrisiere, so schläft ein Viertel derselben sanft ein."

Georg Christoph Lichtenberg (1742 – 1799)

8 Mathematische Grundlagen aus der Wahrscheinlichkeitsrechnung

8.1 Mengenalgebra

Die Mengenalgebra wurde durch den Hallenser Mathematiker Georg Cantor (1845 - 1918) begründet. Unter einer Menge wird die Gesamtheit von irgendwelchen wohl unterschiedenen Elementen, z.B. die Gesamtheit der Produkte eines Unternehmens, verstanden. Werden 10 verschiedene Produkte hergestellt, so hat die Menge 10 Elemente.

8.1.1 Grundbegriffe und Definitionen

Ist ω ein Element einer Menge Ω, so folgt

$$\omega \in \Omega \tag{8.1}$$

Ist ω kein Element aus der Menge Ω, so folgt

$$\omega \notin \Omega \tag{8.2}$$

Eine Menge kann durch die Beziehung

$$\Omega = \{\omega_1, \omega_2, ...\} \tag{8.3}$$

oder durch

$$\Omega = \{\omega \mid \text{Eigenschaft von } \omega\} \tag{8.4}$$

dargestellt werden. In der Literatur werden statt „|" auch häufig „:" oder „/" verwendet.

> **Beispiel 8.1.1-1**
>
> a) Darstellung der Menge aller Primzahlen, die kleiner gleich 10 sind:
> $\Omega = \{2, 3, 5, 7\}$ oder
> $\Omega = \{i \mid i \leq 10 \text{ und } i \text{ Primzahl}\}$
> b) Darstellung der Menge aller natürlichen Zahlen $\mathbb{N} = \{1, 2, ...\}$, die größer als 10 sind:
> $\mathbb{N} = \{i \in \mathbb{N} \mid i > 10\}$

Eine Menge ist dann gegeben, wenn die Elemente der Menge bekannt sind. Des Weiteren wird zwischen Mengen mit endlich vielen Elementen, **den endlichen Mengen**, und den Mengen mit unendlich vielen Elementen, **den unendlichen Mengen**, unterschieden.

Eine Menge θ heißt Teilmenge oder Untermenge der Menge Ω

$$\theta \subset \Omega \tag{8.5}$$

wenn für jedes $\omega \in \theta$ immer $\omega \in \Omega$ gilt. Das heißt, Ω schließt θ ein (Inklusion). Die Verneinung von θ ist nicht die Teilmenge von Ω und wird mit

$$\overline{\theta} \not\subset \Omega \tag{8.6}$$

bezeichnet. Die Menge, die kein Element enthält, heißt **leere Menge** oder Nullmenge und wird im Allgemeinen mit ϕ bezeichnet.

8.1.2 Mengenoperationen

Sind A und B Teilmengen einer Menge Ω, dann ist der **Durchschnitt** von A und B durch die Menge

$$A \cap B = \{\omega \in \Omega \mid \omega \in A \text{ und } \omega \in B\} \tag{8.7}$$

gegeben. Zur Veranschaulichung werden häufig **Venn**[1]**-Diagramme** benutzt. Diese sind Punktmengen in der Ebene.

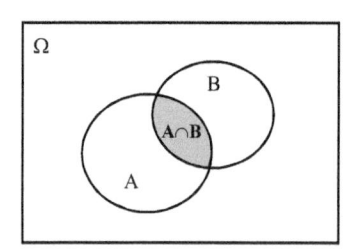

Die Menge all derjenigen Elemente aus Ω, die in mindestens einer der Mengen A und B liegen, heißt **Vereinigungsmenge**.

$$A \cup B = \{\omega \in \Omega \mid \omega \in A \text{ oder } \omega \in B\} \tag{8.8}$$

Hier wird das „oder" im nicht ausschließenden Sinne (lat. vel) verwendet.

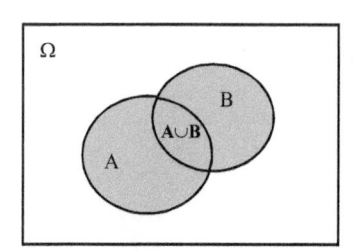

---

[1] John Venn (1834 – 1923)

Ist die Durchschnittsmenge von A und B die leere Menge ϕ, so heißen A und B **unvereinbar** oder **disjunkt**.

$$A \cap B = \phi \tag{8.9}$$

Die Menge all derjenigen Elemente aus Ω, die in A, aber nicht in B enthalten sind, heißt **Differenz** oder **relatives Komplement** von A und B.

$$A \setminus B = \{\omega \in \Omega \mid \omega \in A, \omega \notin B\} \tag{8.10}$$

Daraus folgt direkt $(A \setminus B) \cap B = \phi$.

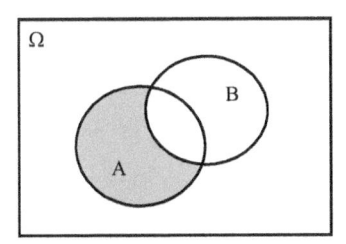

Die Menge all derjenigen Elemente aus Ω, die nicht in A liegen, wird **Komplement** von A bezüglich Ω genannt.

$$\overline{A} = \{\omega \in \Omega \mid \omega \notin A\} \tag{8.11}$$

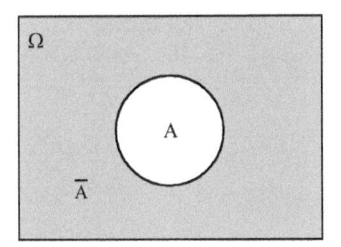

Das **absolute Komplement** A^C von A ist durch

$$A^C = \{\omega \in \Omega \mid \omega \notin A\} \tag{8.12}$$

als Differenz $\overline{A} = \Omega \setminus A$ einer universellen Menge Ω und A gegeben.

Aus den Mengenoperationen lassen sich leicht die bekannten **Kommutativ-**, **Assoziativ-** und **Distributivgesetze**, die **De Morgansche Regel**[2] etc. der **Booleschen Algebra**[3] (Kapitel 16) formulieren.

„Denen die der Menge folgten, wird die Menge selten folgen."

Willy Meuren (1934 – 2018)

---

[2] Augustus De Morgan (1806 – 1871)
[3] Georg Boole (1815 – 1864)

8.2 Grundbegriffe der Wahrscheinlichkeitsrechnung

Die Definitionen und Operationen der Mengenalgebra finden unter anderem ihre Anwendung in der Wahrscheinlichkeitsrechnung. Betrachten wir eine Menge A von Teilmengen aus Ω, so wollen wir diese Teilmengen als **„zufällige Ereignisse"** deklarieren. Um zu vermeiden, dass bei der Anwendung der Mengenoperationen („Ereignisoperationen") Teilmengen (Ereignisse) entstehen, die nicht als Ereignis deklariert wurden, wird in der Wahrscheinlichkeitsrechnung eine **„σ-Algebra"** („Ereignisalgebra") definiert.

> **Definition 8.2-1: σ-Algebra**
>
> Ein System A von Teilmengen (Ereignissen) aus $\Omega \neq \phi$ (Ereignisraum) heißt σ-Algebra, wenn folgende Bedingungen erfüllt sind:
>
> a) $\Omega \in A$
>
> b) $A \in A, \overline{A} \in A$
>
> c) $A_i \in A (i \in \mathbb{N}) \rightarrow \bigcup_{i=1}^{\infty} A_i \in A$

Daraus folgt direkt, dass A nicht leer, da $\Omega \in A$ und auch $\phi \in A$ ist.

Ferner ist auch der Durchschnitt von abzählbaren Mengen aus A wiederum in A enthalten.

Es ist nicht gewiss, dass alles ungewiss sei.

Blaise Pascal (1623 - 1662)

8.2.1 Wahrscheinlichkeitsbegriff

Um zur mathematischen Definition des Begriffs der Wahrscheinlichkeit zu kommen, wollen wir ein Experiment durchführen: In einer Urne mögen sich schwarze und weiße Kugeln gleicher Beschaffenheit befinden. Unter den gleichen Bedingungen ziehen wir jetzt n-mal eine Kugel. Dabei konnten wir $n(A)$-mal das Auftreten einer weißen Kugel und $n(B)$-mal das Auftreten einer schwarzen Kugel beobachten.

Die relative Häufigkeit (nur bei gleich wahrscheinlichen Elementarereignissen) ist durch

$$\text{relative Häufigkeit} = \frac{\text{Anzahl der beobachteten Ereignisse einer bestimmten Art}}{\text{Anzahl aller gleichmöglichen Ereignisse}}$$

gegeben.[4]

Für das vorangehend genannte Beispiel folgt als relative Häufigkeit $n(A)/n$ und $n(B)/n$.

---

[4] Klassischer Wahrscheinlichkeitsbegriff von Pierre-Simon Laplace (1749 - 1827). Frequentischer Wahrscheinlichkeitsbegriff im Gegensatz zum Bayesschen Wahrscheinlichkeitsbegriff, welcher die Wahrscheinlichkeit als Grad der persönlichen Überzeugung interpretiert.

Diese streben offensichtlich mit zunehmendem n einer für das Auftreten des Ereignisses A bzw. B charakteristischen Kennzahl $P(A)$ bzw. $P(B)$ zu.

Der sogenannte Grenzwert der relativen Häufigkeit heißt **Wahrscheinlichkeit** (statistisches Wahrscheinlichkeitsmodell nach von Mises, vgl. Formel 8.13).[5] Siehe auch die Gesetze der großen Zahlen in Abschnitt 24.2. Bei der „stochastische Konvergenz" handelt es sich um keine Konvergenz im mathematischen Sinne, denn die Abweichung selbst ist unbekannt.

$$P(A) = \lim_{n \to \infty} \frac{n(A)}{n} \text{ bzw. } P(B) = \lim_{n \to \infty} \frac{n(B)}{n} \tag{8.13}$$

Die sogenannte geometrische Wahrscheinlichkeit ist hingegen durch den Quotienten definiert:

$$P(A) = \frac{\text{Fläche, die das Ereignis } A \text{ darstellt}}{\text{Fläche des sicheren Ereignisses } \Omega} \tag{8.14}$$

8.2.2 Axiomsystem von Kolmogorov[6]

David Hilbert (1862 - 1943) sagte: „Die Axiome sind so zu wählen, dass die Sätze, die man daraus erhält, mit unserer geometrischen Anschauung im Einklang stehen" (Hilbert, siehe Lit.).

> **Definition 8.2.2-1: Axiomsystem von Kolmogorov**
>
> Gegeben seien eine nicht leere Menge Ω von Ereignissen und eine σ-Algebra $\mathbf{A}$ von Teilmengen aus Ω, die Ereignisse. Dann sei jedem Ereignis $A \in \mathbf{A}$ eine reelle Zahl $P(A)$ zugeordnet, die folgende Eigenschaften erfüllt:
>
> **1. Axiom** (Nichtnegativität, Existenz)
>
> Die Wahrscheinlichkeit $P(A)$ eines Ereignisses A bei einem Experiment ist eine eindeutig bestimmte reelle nicht negative Zahl, die höchstens gleich 1 ist.
>
> $$0 \leq P(A) \leq 1 \text{ für alle } A \in \mathbf{A} \tag{8.15}$$
>
> **2. Axiom** (Normiertheit)
>
> Für das sichere Ereignis Ω bei einem Experiment gilt:
>
> $$P(\Omega) = 1 \tag{8.16}$$
>
> **3. Axiom** (σ-Additivität)
>
> Schließen sich die Ereignisse $A_1, A_2, \ldots \in \mathbf{A}$ bei einem Experiment gegenseitig aus, so gilt:
>
> $$P(A_1 \cup A_2 \cup \ldots) = P(A_1) + P(A_2) + \ldots = \sum_{i=1}^{\infty} P(A_i) \tag{8.17}$$

---

[5] Richard von Mises, 1883 - 1953 (aufgestellt 1931). Auf eine Definition des inhaltlichen Begriffs Wahrscheinlichkeit (aufgrund der schwierigen Deutung) wird heute bei der „objektivistischen Auffassung" in der Regel verzichtet.

[6] Andrej Nicolajewitsch Kolmogorov (1903 - 1987; aufgestellt 1933). Der Wahrscheinlichkeitsbegriff entsprechend dem intuitiven Umgang mit statistischen Maßzahlen (direkte Verbindung zur deskriptiven Statistik) ist hier rein formal, nicht inhaltlich definiert. Wahrscheinlichkeiten werden als bekannt vorausgesetzt, um mit Wahrscheinlichkeiten rechnen zu können.

Das Tripel {Ω, *A*, *P*} charakterisiert den **Wahrscheinlichkeitsraum**.
Des Weiteren heißt:

Ω   sicheres Ereignis,

ϕ unmögliches Ereignis,

$P(A) = 1$ „fast sicheres Ereignis" und

$P(A) = 0$ „fast unmögliches Ereignis".

Aus dem Axiomsystem folgt dann mit $A \cup \overline{A} = \Omega$

$$P(A \cup \overline{A}) = P(A) + P(\overline{A}) = P(\Omega) = 1$$
$$P(\overline{A}) = 1 - P(A)$$
(8.18)

und für beliebige, d. h. **nicht ausschließende Ereignisse *A* und *B***

$$P(A \cup B) = P(A) + P(B) - P(A \cap B) \tag{8.19}$$

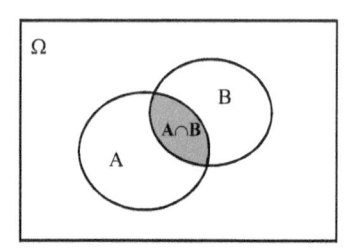

Beispiel 8.2.2-1

Gegeben sei ein Parallelsystem („heiße" Redundanz) bestehend aus zwei Komponenten A und B.

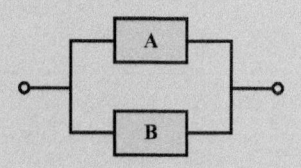

Das System überlebt, falls *A* oder *B* überlebt. Die Ereignisse des Überlebens von $A \cup B$ schließen sich nicht gegenseitig aus. Sie sind jedoch voneinander unabhängig (siehe Formel 8.29).
Es folgt:

$$P(A \cup B) = P(A) + P(B) - P(A) \cdot P(B)$$

Mit *R* (Überlebenswahrscheinlichkeit des Systems) und $p_i(t)$ (Überlebenswahrscheinlichkeit der Komponente *i*) ergibt sich

$$R(p(t)) = p_A(t) + p_B(t) - p_A(t) \cdot p_B(t)$$

Für beliebig zufällige Ereignisse $A_1, A_2, \ldots, A_n$ gilt folgende von Poincaré[7] und Sylvester[8] stammende Gleichung

$$P\left(\bigcup_{i=1}^{n} A_i\right) = \sum_{k=1}^{n} (-1)^{k-1} \cdot \sum_{1 \leq i_1 < i_2 < \ldots < i_k \leq n} P(A_{i_1} \cap \ldots \cap A_{i_k}) \qquad (8.20)$$

Der Beweis erfolgt mit Hilfe der vollständigen Induktion. Formel 8.20 eignet sich auch zu einer Algorithmisierung für sogenannte Minimalschnitte C_j (siehe Fehlerbaumanalyse Kapitel 16).

Gemäß Formel 8.20 lassen sich, besonders im Hinblick auf **Fehlerbaumanalysen** für große komplexe Systeme, eine obere und eine untere Schranke, die gegen den exakten Wert konvergieren, angeben.

Für die obere Schranke gilt:

$$P\left(\bigcup_{i=1}^{n} A_i\right) \leq \sum_{i=1}^{n} P(A_i) \qquad (8.21)$$

Für die untere Schranke gilt:

$$P\left(\bigcup_{i=1}^{n} A_i\right) \geq \sum_{i=1}^{n} P(A_i) - \sum_{i=1}^{n-1} \sum_{j=i+1}^{n} P(A_i \cap A_j) \qquad (8.22)$$

Der Zufall ist nur das Maß unserer Ungewissheit.

Henri Poincaré (1854 - 1912)

Beispiel 8.2.2-2

Brückenanordnung mit $K_i (i = 1, \ldots, 5)$ Komponenten:

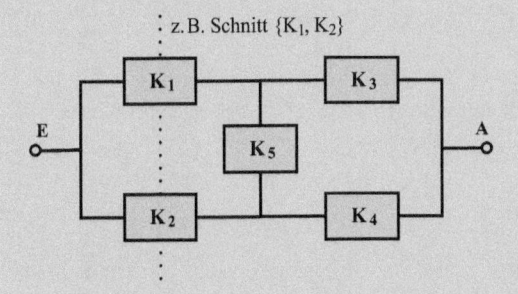

z.B. Schnitt $\{K_1, K_2\}$

```
        K1          K3
   ┌────────┬────────┐
E ─┤        │        ├─ A
   │       K5        │
   │        │        │
   └────────┴────────┘
        K2          K4
```

Die Minimalschnitte als die kleinsten Mengen von ausgefallenen Komponenten sind derart, dass der „Durchfluss" durch das System unterbrochen ist, sind durch

$C_1 = \{K_1, K_2\}$,
$C_2 = \{K_3, K_4\}$,

---

[7] Jules Henri Poincaré, 1854 – 1912
[8] James Joseph Sylvester, 1814 – 1897

$C_3 = \{K_1, K_5, K_4\}$ und
$C_4 = \{K_2, K_5, K_3\}$

gegeben. Die Brückenanordnung ist genau dann ausgefallen, wenn alle Komponenten einer dieser Minimalschnitte ausgefallen sind.

Mit Formel 8.20 errechnet sich die **Ausfallwahrscheinlichkeit** $F(\underline{q})$, mit $q_i(t)$ (Ausfallwahrscheinlichkeit der Komponenten $i = 1, \ldots, 5$) der Brückenanordnung zu

$$F(\underline{q}(t)) = F\left(\bigcup_{i=1}^{4} C_i\right) = q_{12}(t) + q_{34}(t) + q_{145}(t) + q_{235}(t) - q_{1234}(t) - q_{1245}(t)$$
$$- q_{1235}(t) - q_{1345}(t) - q_{2345}(t) + 2 \cdot q_{12345}(t)$$

mit $q_{12} = q_1 \cdot q_2$, $q_{34} = q_3 \cdot q_4$, $q_{145} = q_1 \cdot q_4 \cdot q_5$ usw.

Als Näherung für die **obere Grenze** ergibt sich

$$F_o(\underline{q}(t)) = q_{12}(t) + q_{34}(t) + q_{145}(t) + q_{235}(t)$$

und für die **untere Grenze**

$$F_u(\underline{q}(t)) = F_o(\underline{q}(t)) - q_{1234}(t) - q_{1245}(t) - q_{1235}(t) - q_{1345}(t)$$
$$- q_{2345}(t) - q_{12345}(t)$$

Damit folgt: $F_u(\underline{q}(t)) \leq F(\underline{q}(t)) \leq F_o(\underline{q}(t))$

8.2.3 Die bedingte Wahrscheinlichkeit

Definition 8.2.3-1: Bedingte Wahrscheinlichkeit

Die bedingte Wahrscheinlichkeit für das Eintreten des Ereignisses A unter der Bedingung, dass das Ereignis B bereits eingetreten ist, errechnet sich aus

$$P(A|B) = \frac{P(A \cap B)}{P(B)} \tag{8.23}$$

Zu beachten ist, dass die Ereignisse A und B im Allgemeinen **nicht** voneinander unabhängig sind und $P(B) > 0$ gelten muss.

Sind die Ereignisse A und B voneinander unabhängig, so gilt:

$$P(A|B) = P(A) \tag{8.24}$$

Für disjunkte (disjointe) Ereignisse (A und B sind unvereinbar) gilt ferner

$$P(A|B) = \frac{P(\phi)}{P(B)} = 0 \tag{8.25}$$

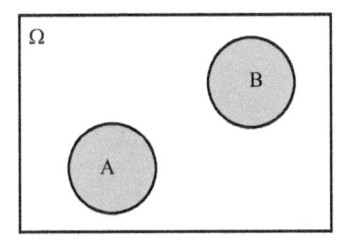

und wenn B eine Teilmenge von A ist

$$P(A|B) = \frac{P(B)}{P(B)} = 1 \qquad (8.26)$$

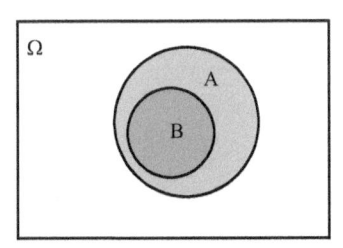

Für $P(A) > 0$ und $P(B) > 0$ folgt aus Formel 8.23

$$P(A \cap B) = P(B) \cdot P(A|B) \qquad (8.27)$$

und

$$P(A \cap B) = P(A) \cdot P(B|A) \qquad (8.28)$$

Das heißt, A und B treten gleichzeitig auf.

> **Beispiel 8.2.3-1**
>
> Die Überlebenswahrscheinlichkeit eines Bauteils, welches t_0 Zeiteinheiten überlebt, sei $R(t_0)$. Dann ist die Überlebenswahrscheinlichkeit, dass das Bauteil weitere Δt Zeiteinheiten überlebt.
>
> $$R(\Delta t | t_0) = \frac{R(t_0 + \Delta t)}{R(t_0)}$$

8.2.4 Unabhängige Ereignisse

Definition 8.2.4-1: Unabhängige Ereignisse

Aus Formel 8.23 und Formel 8.24 folgt für zwei voneinander unabhängige Ereignisse A und B:

$$P(A \cap B) = P(A) \cdot P(B) \tag{8.29}$$

n Ereignisse heißen unabhängig, wenn für jede nicht leere Teilmenge

$$P\left(\bigcap_{i \in I} A_i\right) = \prod_{i \in I} P(A_i) \tag{8.30}$$

gilt (**Multiplikationssatz** der Wahrscheinlichkeitsrechnung).

Beispiel 8.2.4-1

Beim Parallelsystem („heiße Redundanz") des Beispiels 8.2.2-1 wurde vom Ereignis des Überlebens einer Komponente ausgegangen. Bei Betrachtung des Komplementärereignisses (Ausfall) folgt entsprechend Formel 8.29:

$$P(\overline{A} \cap \overline{B}) = P(\overline{A}) \cdot P(\overline{B})$$

Das heißt, die Ausfallwahrscheinlichkeit $F(t)$ eines Parallelsystems lässt sich über das Produkt der Ausfallwahrscheinlichkeiten der Komponenten $q_i(t)$ berechnen. Im vorliegenden Fall folgt

$$F(\underline{q}(t)) = q_A(t) \cdot q_B(t)$$

Allgemein gilt für $i = 1, \ldots, n$ Komponenten in „heißer Redundanz":

$$F(\underline{q}(t)) = \prod_{i=1}^{n} q_i(t)$$

8.2.5 Regel von der totalen Wahrscheinlichkeit

Definition 8.2.5-1: Regel von der totalen Wahrscheinlichkeit

Sind $A_1, A_2, \ldots, A_n, B$ zufällige Ereignisse, für die gilt

$$\bigcup_{i=1}^{n} A_i = \Omega \text{ mit } A_i \cap A_j = \phi \text{ für alle } i \neq j \tag{8.31}$$

und $P(A_i) > 0$ für alle i, dann gilt für ein beliebiges zufälliges Ereignis B

$$P(B) = P(A_1) \cdot P(B \mid A_1) + P(A_2) \cdot P(B \mid A_2) + \ldots$$

$$P(B) = \sum_{i=1}^{n} P(A_i) \cdot P(B \mid A_i) \tag{8.32}$$

Beispiel 8.2.5-1

Ein Unternehmen bezieht von drei Herstellern H_1, H_2 und H_3 Transistoren des gleichen Typs, die zusammen gelagert werden. Der prozentuale Lieferanteil beträgt von H_1 = 20%, von H_2 = 30% und von H_3 = 50%. Aufgrund langjähriger Erfahrung und Prüfung ist bekannt, dass der Ausschussanteil von H_1 = 1%, von H_2 = 2% und von H_3 = 5% beträgt.

Wie groß ist die Wahrscheinlichkeit, dass ein beliebig herausgegriffener Transistor defekt ist?

Lösung:

$P(H_1) = 0{,}2$; $P(D|H_1) = 0{,}01$

$P(H_2) = 0{,}3$; $P(D|H_2) = 0{,}02$

$P(H_3) = 0{,}5$; $P(D|H_3) = 0{,}05$

Mit D gleich Transistor „defekt" und H_i gleich „Lieferung von Hersteller H_i" ($i = 1, ..., 3$) folgt:

$$P(D) = P(H_1) \cdot P(D|H_1) + P(H_2) \cdot P(D|H_2) + P(H_3) \cdot P(D|H_3) = 0{,}033 \cdots$$

8.2.6 Satz von Bayes[9]

Definition 8.2.6-1: Satz von Bayes

Die Formel über die Wahrscheinlichkeit von Hypothesen lautet wie folgt: Sind $A_1, A_2, ..., A_n$, B zufällige Ereignisse, für die die Forderungen aus Formel 8.31 und $P(B) > 0$ gegeben sind, so gilt

$$P(A_k|B) = \frac{P(A_k) \cdot P(B|A_k)}{P(B)}$$

$$= \frac{P(A_k) \cdot P(B|A_k)}{\sum_{i=1}^{n} P(A_i) \cdot P(B|A_i)}$$

(8.33)

mit $k \in \{1,...,n\}$.

---

[9] Thomas Bayes (1702 - 1761)

Beispiel 8.2.6-1

Der in Beispiel 8.2.5-1 herausgegriffene Transistor sei defekt. Wie groß ist die Wahrscheinlichkeit, dass er vom Hersteller H_1, H_2 oder H_3 stammt?

$$P(H_i \mid D) = \frac{P(H_i) \cdot P(D \mid H_i)}{P(D)} \quad \text{mit } i = 1, 2, 3$$

$$P(H_1 \mid D) = \frac{2}{33} = 0{,}06\overline{06}; \quad P(H_2 \mid D) = \frac{6}{33} = 0{,}18\overline{18}; \quad P(H_3 \mid D) = \frac{25}{33} = 0{,}75\overline{75}$$

Kontrollrechnung: $\sum_{i=1}^{3} P(H_i \mid D) = 1$ stimmt.

„Zufälle sind unvorhergesehene Ereignisse, die einen Sinn haben."

Diogenes von Sinope (um 400/390 – 328/323 v. Chr.)

Sowohl die diskrete als auch die kontinuierliche (stetige) Form des Bayes-Theorems führte zur Entwicklung der sogenannten „Bayes-Statistik", die auch in der Zuverlässigkeitsprüfung mehr und mehr an Bedeutung gewinnt.

Die grundsätzliche Informationsverknüpfung geht aus Bild 8.1 hervor. **A priori** (lat. „vom früheren her") bezeichnet nach Aristoteles die vorausgehende Seinsursache. Seit Descartes ist sie aus Vernunftgründen von der Wahrnehmung (Erfahrung) unabhängig. Die Wahrheit steht also bereits fest. Kant kategorisiert mit a priori das Denken vor aller Erfahrung. **A posteriori** (lat. „von dem was nachher kommt", vom späteren her, aus der Wahrnehmung gewonnen). In der Philosophie handelt es sich hierbei um Urteile, die aus der Erfahrung getätigt und begründet werden (= Gegenteil von a priori). a posteriori-Wissen ist gleich a priori gesetztes (vorausgesetztes) Wissen.[10]

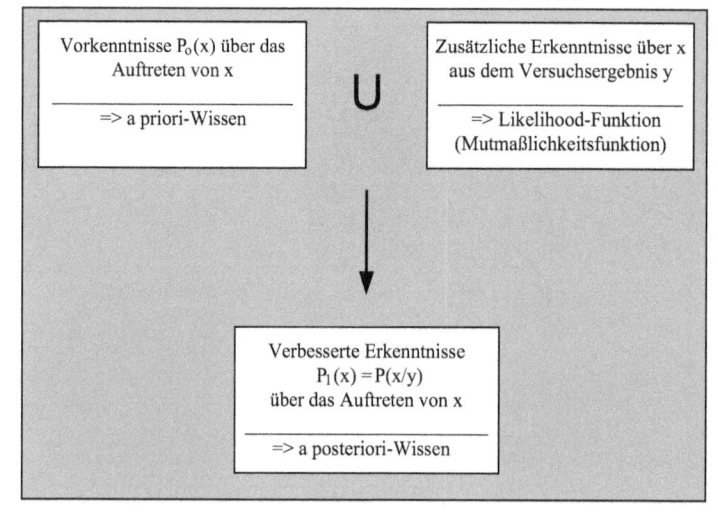

Bild 8.1 Informationsverknüpfung beim Theorem von Bayes

[10] Siehe Emanuel Kant, „Kritik der reinen Vernunft", 1. Auflage 1781, 2. erheblich veränderte Auflage 1787

8.3 Zufallsgrößen und ihre Wahrscheinlichkeitsverteilung

8.3.1 Grundbegriffe

Bisher wurde das Eintreten bestimmter zufälliger Ereignisse durch Wahrscheinlichkeiten quantifiziert. Es ist leicht einzusehen, dass den Elementarereignissen reelle endliche Zahlenwerte, wie z. B. beim Würfeln das Auftreten einer der Augenzahlen 1 bis 6 oder die Lebensdauer eines Gerätes, als Messwerte zugeordnet werden können. Die reellen endlichen Zahlenwerte bilden dann eine **Zufallsgröße**, die oft auch als **zufällige Veränderliche** oder **Zufallsvariable X** bezeichnet wird. Des Weiteren wird zwischen **ein-** und **mehrdimensionalen** Zufallsgrößen und weiter zwischen **diskreten Zufallsgrößen**, wo es genügt, die Wahrscheinlichkeiten des Eintretens jedes diskreten Wertes zu bestimmen, und **stetigen Zufallsgrößen** unterschieden.

Bei einer stetigen Zufallsgröße ist der zugehörige Wertebereich nicht abzählbar.

> **Definition 8.3.1-1: Definition der Wahrscheinlichkeitsfunktion**
>
> Es sei eine stetige Zufallsgröße X über den Wahrscheinlichkeitsraum $\{\Omega, \mathbf{A}, P\}$ gegeben. Dann heißt die für alle x definierte Funktion
>
> $$F(x) = P(X \leq x) \tag{8.34}$$
>
> **Verteilungsfunktion** der Zufallsgröße X (siehe Bild 8.2).

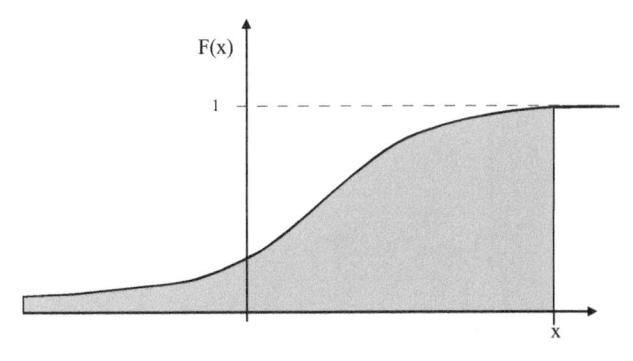

Bild 8.2 Verteilungsfunktion der Zufallsgröße X

Aus der Definition der Verteilungsfunktion folgen die Eigenschaften

$$F(+\infty) = \lim_{x \to \infty} F(x) = 1 \tag{8.35}$$

und

$$F(-\infty) = \lim_{x \to -\infty} F(x) = 0 \tag{8.36}$$

Die Verteilungsfunktion F ist eine mit zunehmendem x nicht fallende Funktion. Denn ist $x_2 \geq x_1$, so ist auch

$$P(X \leq x_2) \geq P(X \leq x_1) \quad (8.37)$$

d. h.

$$F(x_2) \geq F(x_1)$$

da im Intervall $(-\infty, x_2]$ bereits das Intervall $(-\infty, x_1]$ enthalten ist. Die zugehörige Verteilungsfunktion einer diskreten Zufallsgröße heißt **diskrete Verteilungsfunktion**.

> **Definition 8.3.1-2: Diskrete Verteilungsfunktion**
>
> Gibt es abzählbar reelle Zahlen $x_1, x_2, \ldots, i$ mit den entsprechenden Einzelwahrscheinlichkeiten
>
> $$P(X = x_i) = p_i \geq 0 \text{ für } i = 1, 2, \ldots \quad (8.38)$$
>
> und
>
> $$P(X = x) = 0 \text{ für alle } x \notin \{x_1, x_2, \ldots\}$$
>
> dann heißt die Summe über alle x_i, für die $x_i \leq x$ erfüllt ist, diskrete Verteilungsfunktion (Treppenfunktion).
>
> $$F(x) = \sum_{x_i \leq x} P(X = x_i) = \sum_{x_i \leq x} p_i = \sum_{x_i \leq x} f(x_i) \quad (8.39)$$

Sind der Wertebereich und damit die Anzahl der Sprungstellen endlich und gleich n, so gilt ferner:

$$\sum_{i=1}^{n} P(X = x_i) = \sum_{i=1}^{n} p_i = 1 \quad (8.40)$$

Ist die Anzahl der Sprungstellen abzählbar unendlich, so gilt:

$$\sum_{i=1}^{\infty} P(X = x_i) = \sum_{i=1}^{\infty} p_i = 1 \quad (8.41)$$

> **Beispiel 8.3.1-1**
>
> Beim einmaligen Würfeln ist die Auftretenswahrscheinlichkeit einer der sechs Zahlen gleich groß, d. h. $P(X = x_i) = \frac{1}{6}$ für alle $i = 1, \ldots, 6$.

Grafische Darstellung:

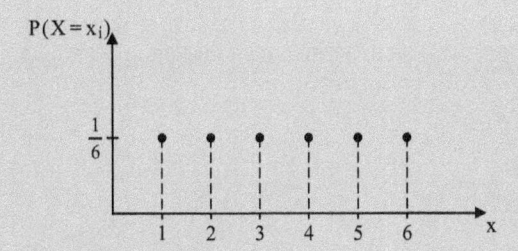

[Diagramm: P(X=x_i) mit Werten 1/6 bei x = 1, 2, 3, 4, 5, 6]

Die Summe dieser endlichen Einzelwahrscheinlichkeiten ergibt eine diskrete Verteilungsfunktion (Treppenfunktion).

Grafische Darstellung:

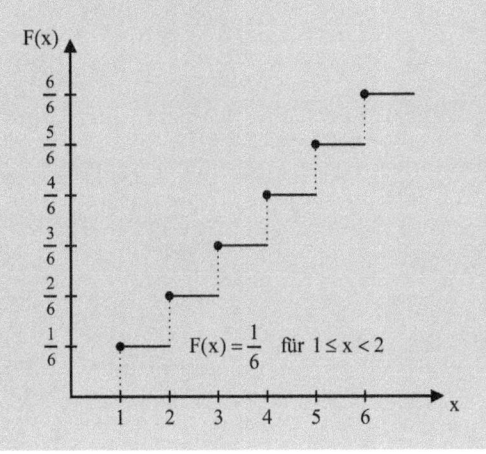

[Treppenfunktion F(x) mit Stufen 1/6, 2/6, 3/6, 4/6, 5/6, 6/6; $F(x) = \frac{1}{6}$ für $1 \leq x < 2$]

Wir betrachten nun eine stetige Zufallsgröße X, deren Wertebereich auf der x-Achse definiert ist und die keine Sprungstellen besitzt.

Definition 8.3.1-3: Wahrscheinlichkeitsdichte

Ist $F(x)$ eine stetige differenzierbare Funktion, dann heißt die Ableitung

$$f(x) = \frac{dF(x)}{dx} \tag{8.42}$$

Wahrscheinlichkeitsdichte oder **Verteilungsdichte** von X.

Mit der Normierung $F(-\infty) = 0$ folgen sofort

$$F(x) = \int_{-\infty}^{x} f(\tau)d\tau \tag{8.43}$$

und

$$F(+\infty) = \int_{-\infty}^{\infty} f(\tau)d\tau = 1. \qquad (8.44)$$

Formel 8.43 erfüllt damit alle Forderungen einer Verteilungsfunktion, die an eine stetige Zufallsvariable X gestellt werden.

Für beliebige a und b mit $a < b$ gilt dann:

$$P(a < X \le b) = F(b) - F(a) = \int_a^b f(x)dx \qquad (8.45)$$

Dies wird in Bild 8.3 veranschaulicht.

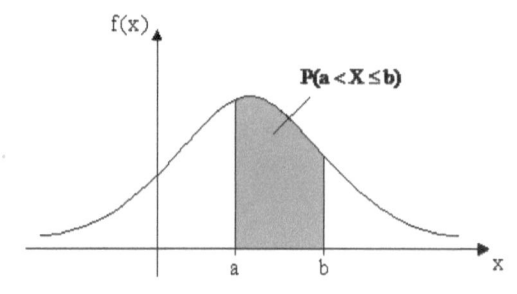

Bild 8.3 Wahrscheinlichkeitsdichte für beliebige a und b

Beispiel 8.3.1-2

Häufig liegen außer zu den Eckpunkten *a* und *b* keine weiteren Informationen über die zugehörige Verteilung vor. In diesen Fällen wird eine Gleichverteilung (Rechteckverteilung) verwendet. Die Dichtefunktion ist durch

$$f(x) = \begin{cases} \dfrac{1}{b-a} & \text{für } a \le x \le b \\ 0 & \text{für sonst.} \end{cases}$$

definiert. Es ist zu beachten, dass die Dichte an den Stellen $x = a$ und $x = b$ unstetig und dementsprechend die Verteilung an diesen „Knickpunkten" nicht differenzierbar ist. Zu berechnen ist die Verteilungsfunktion $F(x)$.

Lösung:

Mit Formel 8.43 folgt:

$$F(x) = \int_a^x \frac{1}{b-a} d\tau = \frac{1}{b-a} \cdot \tau \Big|_a^x \quad \text{für } a \le x \le b$$

$$F(x) = \begin{cases} 0 & \text{für } x < a \\ \dfrac{x-a}{b-a} & \text{für } a \le x \le b \\ 1 & \text{für } x > b \end{cases}$$

Grafische Darstellung:

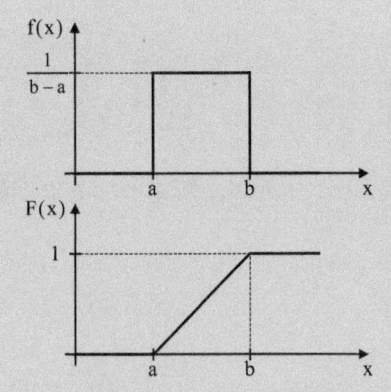

[Diagramm: Dichtefunktion $f(x)$ mit Wert $\frac{1}{b-a}$ zwischen a und b; Verteilungsfunktion $F(x)$ linear steigend von a bis b auf den Wert 1]

Eine auf [0, 1] gleichverteilte Zufallsgröße heißt standardgleichverteilt. Ihre Bedeutung liegt in der Erzeugung von Zufallszahlen (Monte-Carlo-Simulation, siehe Kapitel 20).

8.3.2 Erwartungswert und Momente einer Verteilungsfunktion

Bisher haben wir eine stetige oder diskrete Zufallsgröße durch stetige und diskrete Verteilungsfunktionen beschrieben. Als weitere charakteristische Kenngröße einer Zufallsgröße dienen, insbesondere bei praktischen Zuverlässigkeitsanalysen, der Mittelwert, auch Erwartungswert $E(X)$ einer Zufallsgröße, und die Varianz $\sigma^2(X)$. Es handelt sich hierbei um sogenannte Lageparameter (Lage der Verteilung).

Definition 8.3.2-1: Erwartungswert

Ist X eine stetige Zufallsgröße mit der Wahrscheinlichkeitsdichte $f(x)$ und $g(x)$ eine weitere Funktion, so ist

$$E(g(X)) = \int_{-\infty}^{\infty} g(x) \cdot f(x) dx \qquad (8.46)$$

der **Erwartungswert** von $g(X)$ unter der Voraussetzung, dass

$$\int_{-\infty}^{\infty} |g(x)| \cdot f(x) dx < \infty \qquad (8.47)$$

existiert.

Ist X eine diskrete Zufallsgröße mit $P(X = x_i) = p_i$, so ist

$$E(g(X)) = \sum_{i=1}^{\infty} g(x_i) \cdot p_i \qquad (8.48)$$

der Erwartungswert von g(X) unter der Voraussetzung, dass

$$\sum_{i=1}^{\infty} |g(x_i)| \cdot p_i < \infty \tag{8.49}$$

existiert.

Die Voraussetzungen sind praktisch immer erfüllt. Von besonderer Bedeutung sind in Analogie zur Mechanik die **Momente** einer Zufallsvariablen.

Bekanntlich lässt sich eine Masse m eines Stabes der Länge l über dem Integral der Massendichte δ bilden.

$$m(l) = \int_0^l \delta(x)dx \tag{8.50}$$

Das Moment erster Ordnung errechnet sich dann aus

$$M_1 = \int_0^\infty x \cdot \delta(x)dx \tag{8.51}$$

und das Moment k-ter Ordnung aus

$$M_k = \int_0^\infty x^k \cdot \delta(x)dx \tag{8.52}$$

Definition 8.3.2-2: Momente

In Analogie definieren wir mit $f(x) \equiv \delta(x)$ das k-te Moment M_k einer stetigen Zufallsvariablen X als den Erwartungswert $E(X^k)$

$$M_k = E(X^k) = \int_{-\infty}^{\infty} x^k \cdot f(x)dx \tag{8.53}$$

und für eine diskrete Zufallsgröße

$$M_k = E(X^k) = \sum_i x_i^k \cdot p_i \tag{8.54}$$

jeweils unter der Voraussetzung der Existenz.

Das Moment erster Ordnung wird Mittelwert M_1 genannt. Höhere Momente werden in der Regel auf das Moment erster Ordnung bzw. auf den Mittelwert bezogen und als **Zentralmoment** μ_k bezeichnet.

$$\mu_k = E\left[(X - M_1)^k\right] = \int_{-\infty}^{\infty} (x - M_1)^k \cdot f(x)dx \tag{8.55}$$

mit $M_1 = E(X)$ und $\mu_1 = E[(X - M_1)] = E(X) - M_1 = 0$

$$\mu_2 = E\left[(X-M_1)^2\right] = E\left[X^2 - 2 \cdot M_1 \cdot X + M_1^2\right] = E\left(X^2\right) - M_1^2 \quad (8.56)$$
$$= M_2 - M_1^2 = \sigma^2(X)$$

μ_2 wird als **Varianz** $\sigma^2(X)$ bzw. **Dispersion** $D(X)$ bezeichnet und ist ein Maß für die **Streuung** oder **Standardabweichung** der Messwerte um den Mittelwert.

> **Definition 8.3.2-3: Varianz**
>
> Für eine stetige Zufallsgröße gilt:
>
> $$\mu_2 = \sigma^2(X) = D(X) = \int_{-\infty}^{\infty} (x-M_1)^2 \cdot f(x) dx$$
> $$= \int_{-\infty}^{\infty} x^2 \cdot f(x) dx - [E(X)]^2 \quad (8.57)$$
>
> Für eine diskrete Zufallsgröße gilt:
>
> $$\mu_2 = \sigma^2(X) = D(X) = \sum_{i \geq 1} (x_i - M_1)^2 \cdot p_i$$
> $$= \sum_{i \geq 1} x_i^2 \cdot p_i - [E(X)]^2 \quad (8.58)$$

Die Standardabweichung errechnet sich aus der positiven Quadratwurzel aus $\sigma^2(X)$. Das 3. zentrale Moment einer Verteilung kennzeichnet die Asymmetrie einer Verteilung und wird **Schiefe** γ genannt (Bild 8.4).

$$\gamma = \frac{E\left((X-\mu)^3\right)}{\sigma^3} \quad (8.59)$$

$\gamma = 0$ Verteilung ist symmetrisch
$\gamma > 0$ für rechtsschiefe (linkssteile) Verteilungen
$\gamma < 0$ für linksschiefe (rechtssteile) Verteilungen

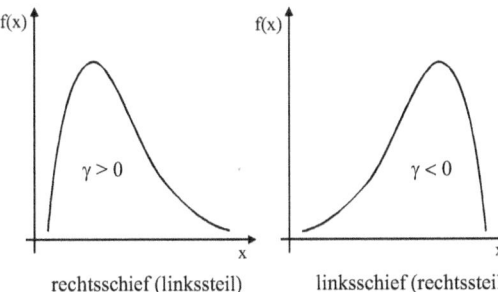

Bild 8.4 Schiefe einer Verteilungsfunktion

Einige Regeln für das Rechnen mit Erwartungswerten und Varianzen
(a und b sind konstante Größen):

1.	$E(a) = a$	$\sigma^2(a) = 0$
2.	$E(a \cdot X) = a \cdot E(X)$	$\sigma^2(a \cdot X) = a^2 \cdot \sigma^2(X)$
3.	$E(a + X) = a + E(X)$	$\sigma^2(a + X) = \sigma^2(X)$
4.	$E(a + bX) = a + b \cdot E(X)$	$\sigma^2(a + bX) = b^2 \cdot \sigma^2(X)$
5.	$E(a \cdot X + b \cdot Y) = a \cdot E(X) + b \cdot E(Y)$	$\sigma^2(a \cdot X + b \cdot Y) = a^2 \cdot \sigma^2(X) + b^2 \cdot \sigma^2(Y)$

Beispiel 8.3.2-1

Berechnen Sie für die im Beispiel 8.3.1-2 gegebene Rechteckverteilung den Mittelwert und die Varianz.

Lösung:

Aus Formel 8.53 folgt:

$$E(X) = \int_{-\infty}^{\infty} x \cdot f(x)dx = \int_{a}^{b} \frac{x}{b-a} dx = \frac{a+b}{2}$$

Aus Formel 8.57 folgt:

$$\sigma^2(X) = \int_{-\infty}^{\infty} x^2 \cdot f(x)dx - (E(X))^2$$

$$= \int_{a}^{b} \frac{x^2}{b-a} dx - \left(\frac{a+b}{2}\right)^2$$

$$= \frac{b^3 - a^3}{3(b-a)} - \left(\frac{a+b}{2}\right)^2$$

$$= \frac{(a-b)^2}{12}$$

Die Bedeutung der Varianz als ein Maß für die Streuung geht aus nachfolgender einfacher Betrachtung hervor. Für $a = 0$ und $b = 1$ folgt $M_1 = 1/2$. Doch auch für $a = -1$ und für $b = 2$ folgt $M_1 = 1/2$. Dagegen ergibt sich für die jeweiligen Varianzen $\sigma^2 = 1/12$ und $\sigma^2 = 3/4$.

Grafische Darstellung:

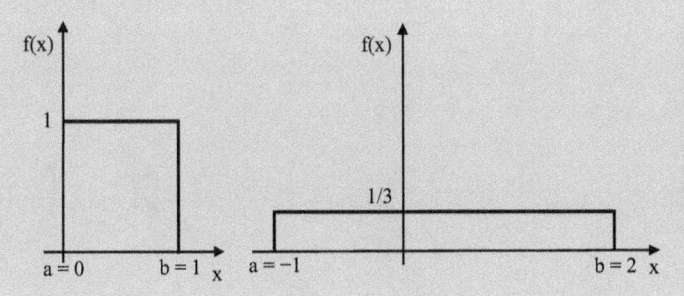

[Zwei Diagramme: links f(x) mit Wert 1 von a=0 bis b=1; rechts f(x) mit Wert 1/3 von a=−1 bis b=2]

Beispiel 8.3.2-2

Eine Werkzeugmaschine in einer Großserienfertigung bearbeitet Metallteile mit nicht allzu großer Präzision. Das Soll-Maß beträgt 1,350 mm. Alle 2400 Teile einer Charge werden nachgemessen.

In der nachfolgenden Tabelle sind die Messwerte wiedergegeben.

x_i (Ist-Maß)	1,300	1,325	1,350	1,375	1,400	1,425	1,450	1,475
n_i (Anzahl)	200	400	1200	300	150	50	50	50

a) Berechnen Sie den Erwartungswert $E(X)$, die Varianz $\sigma^2(X)$ und die Standardabweichung $\sigma(X)$ der Messwerte.

$$E(X) = \frac{1}{2400} \cdot (200 \cdot 1{,}3 + 400 \cdot 1{,}325 + 1200 \cdot 1{,}35 + 300 \cdot 1{,}375 + 150 \cdot 1{,}4$$
$$+ 50 \cdot 1{,}425 + 50 \cdot 1{,}45 + 50 \cdot 1{,}475) = 1{,}3541\overline{6}\ \text{mm}$$

$$\sigma^2(X) = \frac{1}{2400}\left(200 \cdot 1{,}3^2 + 400 \cdot 1{,}325^2 + \ldots + 50 \cdot 1{,}4475^2\right) - (1{,}3541\overline{6})^2$$

$$\sigma^2(X) \approx 1{,}180557 \cdot 10^{-3}\ \text{mm}^2 \quad \text{und} \quad \sigma(X) \approx 0{,}03436\ \text{mm}.$$

b) Stellen Sie die Messwerte als relative Häufigkeiten $P(X = x_i)$ skizzenhaft als Histogramm dar. Tragen Sie den ermittelten Erwartungswert und die Streuung in die Skizze ein.

Grafische Darstellung:

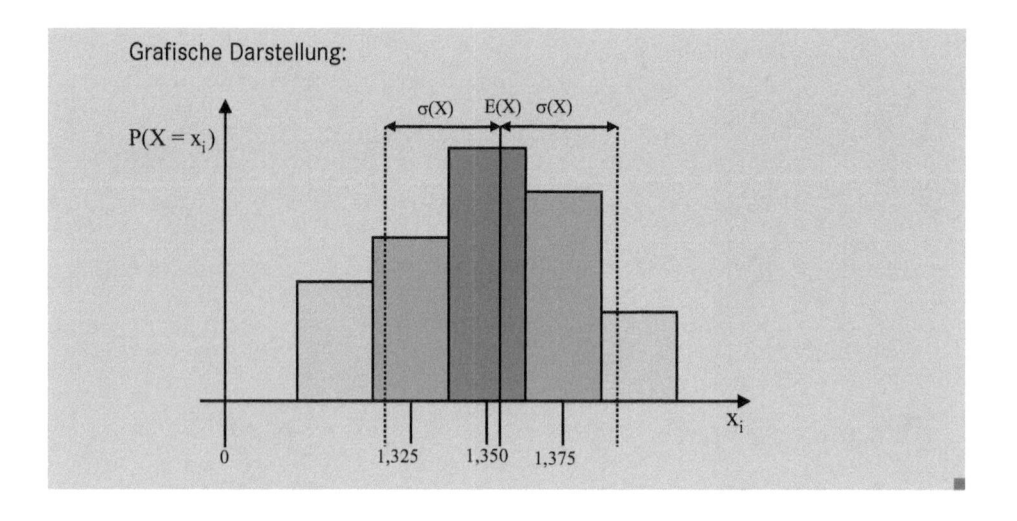

8.3.3 Quantil, Median und Modalwert

Wie bereits gezeigt, können aus der Darstellung der Wahrscheinlichkeitsdichte $f(x)$ alle Merkmale einer Zufallsvariable gewonnen werden. Neben bereits definierten Momenten werden z. B. bei Lebensdauerschätzungen Vertrauensbereiche mittels sogenannter **Quantile** angegeben.

Definition 8.3.3-1: ε-Quantil

Ein ε-Quantil x_ε der Ordnung ε ist als Lösung der Gleichung $F(x_\varepsilon) = \varepsilon$ definiert:

$$x_\varepsilon = F^{-1}(\varepsilon) \text{ für } 0 < \varepsilon < 1 \tag{8.60}$$

$$F(x_\varepsilon) = P(X \le \varepsilon) = \int_{-\infty}^{x_\varepsilon} f(x)dx = \varepsilon$$

Für ε = 0,5 ergibt sich

$$x_{0,5} = F^{-1}(0,5) \tag{8.61}$$

d. h.

$$F(x_{0,5}) = 0,5$$

Es handelt sich hierbei um den sogenannten **Median** Me als Spezialfall eines 50-%-Quantils. Der Median teilt somit die Fläche unter der Dichte in zwei gleich große Teilflächen auf.

Das 0,25-Quantil heißt **unteres Quartil** und das 0,75-Quantil **oberes Quartil**. Dazwischen liegen 50 % der beobachteten Werte (Bild 8.5).

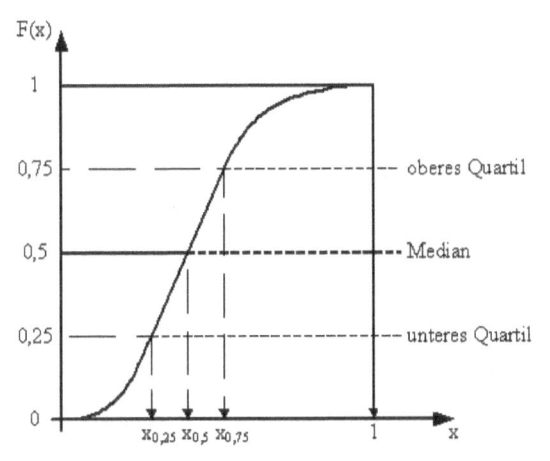

Bild 8.5
Darstellung der Verteilungsfunktion mit Quantilen

Es stellt sich nun die Frage, was Quantile überhaupt sind und welche Aufgabe sie in der Wahrscheinlichkeitsrechnung erfüllen. Während mit der Verteilungsfunktion $F(x)$ zu einem vorgegebenen x die Erreichungswahrscheinlichkeit, die hier mit y bezeichnet werden soll, berechnet werden kann, interessiert häufig auch der umgekehrte Weg. Hierbei wird zu einer vorgegebenen Erreichungswahrscheinlichkeit $y = \varepsilon$ gerade das x_ε gesucht, an dem die Verteilungsfunktion $F(x_\varepsilon)$ den Wert ε annimmt. Als Hinweis sei jedoch angemerkt, dass Quantile nicht eindeutig sein müssen.

Zum Beispiel gilt für das Produkt eines Herstellers die übliche Garantiezeit von einem Jahr für den ausfallfreien Betrieb. Um mit einer derartigen Zusicherung kein existenzielles Risiko einzugehen, muss der Hersteller vorab herausfinden, wie gut sein Produkt wirklich ist. Da der Gewinn in der Regel bei dem Produkt eng kalkuliert ist, kann er vielleicht gerade noch eine Ausfallwahrscheinlichkeit von 0,02 innerhalb der Garantiezeit verkraften. Wird nun der zufälligen Zeit bis zum ersten Ausfall die Zufallsvariable X mit der Einheit Jahr zugeordnet und ist $F(x)$ die Verteilungsfunktion von X, dann muss, um im Garantiezeitraum von einem Jahr eine Ausfallwahrscheinlichkeit von weniger als 0,02 zu garantieren, $F(1) \leq 0,02$ sein.

Quantile sind somit Skalenwerte, mit denen eine Verteilung theoretisch in beliebig viele gleich große Teile zerlegt werden kann. Es werden je nach Anzahl der Teilbereiche Millile mit 1000, Perzentile mit 100, Dezile mit 10, Quintile mit 5 und Quartile mit 4 Teilen unterschieden. Das Herausgreifen eines bestimmten Quantils, wie im vorangegangenen Beispiel das 2. Perzentil, ermöglicht die Aussage, wie viel der Wahrscheinlichkeitsmasse sich links und wie viel sich rechts von diesem Quantil befindet. Mathematisch ausgedrückt nimmt die Zufallsvariable X links von einem gewählten ε-Quantil eine Realisierung mit der Wahrscheinlichkeit ε und auf der rechten Seite mit der Wahrscheinlichkeit $1 - \varepsilon$ an.

Als Quantile von besonderer praktischer Bedeutung sind neben dem Median das untere und das obere Quartil, die zur groben Untersuchung einer Verteilungsfunktion verwendet werden, und ε-Quantile für ε nahe 0 und 1 (siehe Zuverlässigkeitsprüfung) zu nennen.

Bild 8.6 zeigt die grafische Darstellung des ε-Quantils. Es ist derjenige Wert x_ε, für den gilt, dass die Fläche unterhalb der Dichtefunktion und oberhalb der x-Achse im Intervall von $-\infty$ bis x_ε gerade den Inhalt ε ergibt.

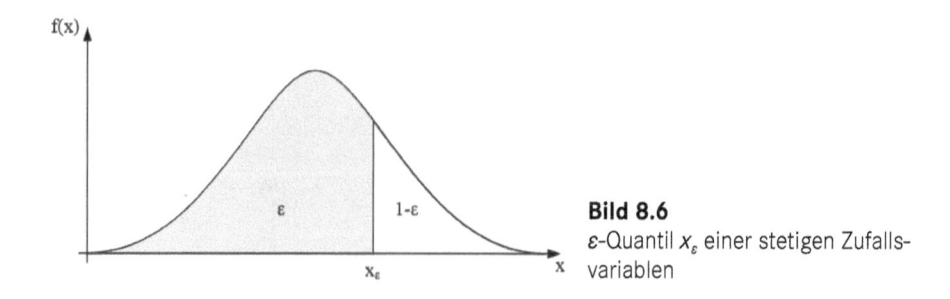

Bild 8.6
ε-Quantil x_ε einer stetigen Zufallsvariablen

Der **Modalwert** oder **Modus** Mo ist ein Funktionalparameter, der ebenfalls die Lage einer Verteilung beschreibt. Bei diskreten Verteilungen handelt es sich hierbei um den Wert mit der größten Häufigkeit und bei stetigen Verteilungen um den Wert, an dem die Dichtefunktion maximal wird. In beiden Fällen muss der Modalwert aber nicht eindeutig bestimmt sein. Oft besitzen Wahrscheinlichkeitsverteilungen mehrere Modi. Falls es nur einen einzigen Modalwert gibt, heißt die Verteilung eingipflig oder unimodal, treten mehrere relative Maxima auf, dann handelt es sich um eine multimodale Verteilung. Bei symmetrischer Dichtefunktion sind die drei Lageparameter Mittelwert, Median und Modalwert identisch. Abschließend zeigt Bild 8.7 die typischen Lageparameter einer Dichtefunktion.

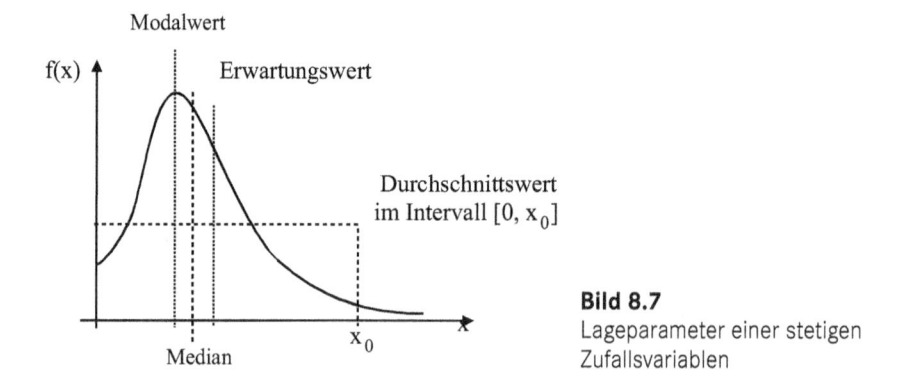

Bild 8.7
Lageparameter einer stetigen Zufallsvariablen

Auch der Zufall ist nicht unergründlich - er hat seine Regelmäßigkeit.
  Novalis, eigentlich Friedrich Philipp Freiherr von Hardenberg (1772 - 1801)

9 Zuverlässigkeits- und Sicherheitskenngrößen

9.1 Zuverlässigkeitskenngrößen nicht reparierbarer Systeme

Definition 9.1-1: Ausfallwahrscheinlichkeit

Die Lebensdauer T technischer Komponenten und Systeme ist eine reelle Zufallsgröße mit der Verteilungsfunktion

$$F(t) = P(T \leq t) \tag{9.1}$$

Sie heißt **Ausfallwahrscheinlichkeit** (engl. probability of failure)
mit der Eigenschaft

$$F(t) = P(T \leq t) = 0 \text{ für } t \leq 0 \tag{9.2}$$

und

$$\lim_{t \to \infty} F(t) = \lim_{t \to \infty} P(T \leq t) = 1 \tag{9.3}$$

Anschaulich gesprochen heißt dies, dass eine Komponente zum Zeitpunkt $t = 0$ funktionsfähig und nach unendlich langer Zeit ausgefallen sein wird. Als Komplement der Ausfallwahrscheinlichkeit ist die **Überlebenswahrscheinlichkeit**, auch **Zuverlässigkeitsfunktion** (engl. reliability function) $R(t)$ genannt, definiert.

Definition 9.1-2: Überlebenswahrscheinlichkeit

$$R(t) = P(T > t) = 1 - P(T \leq t) \tag{9.4}$$

bzw.

$$R(t) = 1 - F(t) \tag{9.5}$$

> Im Gegensatz zu F(t) ist R(t) eine monoton fallende Funktion mit der Eigenschaft
> $R(0) = 1$ und $\lim_{t \to \infty} R(t) = 0$.

Die zwei größten Tyrannen der Erde: der Zufall und die Zeit.

Johann Gottfried Herder (1744 - 1803)

> **Definition 9.1-3: Ausfalldichte**
>
> Die Wahrscheinlichkeitsdichte f(x) heißt bei Lebensdauerbetrachtungen **Ausfalldichte** (engl. failure density function) f(t), d. h. die Häufigkeit der Ausfälle.
> Im stetigen Fall folgt in Analogie zu Formel 8.42
>
> $$f(t) = \frac{dF(t)}{dt} \quad \text{für alle } t \qquad (9.6)$$
>
> mit der Eigenschaft
>
> $$\begin{aligned} f(t) &= 0 \quad \text{für } t < 0 \\ f(t) &\geq 0 \quad \text{für } t \geq 0 \end{aligned} \qquad (9.7)$$
>
> und
>
> $$\int_0^\infty f(t)dt = 1 \qquad (9.8)$$

Weiterhin gelten dann

$$F(t) = \int_0^t f(\tau)d\tau \qquad (9.9)$$

und

$$R(t) = \int_t^\infty f(\tau)d\tau \qquad (9.10)$$

Siehe Bild 9.1.

Als weitere wichtige Kenngröße, die die verschiedenen Lebensdauerverteilungen besonders treffend charakterisiert, ist die **Ausfallrate** (engl. hazard rate, failure rate) h(t) definiert. Die Frage nach der Wahrscheinlichkeit, dass eine Komponente, die bis zum Zeitpunkt t überlebt hat, im Intervall (t, t + dt) ausfallen wird, führt zur bedingten Wahrscheinlichkeit, die nach Formel 8.23 weiter behandelt werden kann:

$$P(t < T \leq t + \Delta t \,|\, T > t) \qquad (9.11)$$

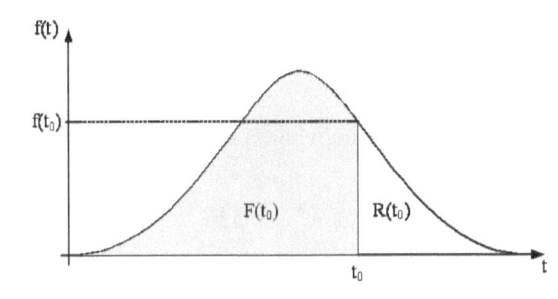

Bild 9.1
Überlebenswahrscheinlichkeit $R(t_0)$ als Komplement zur Ausfallwahrscheinlichkeit $F(t_0)$

Es folgt:

$$P(t < T \leq t + \Delta t \mid T > t) = \frac{P((t < T \leq t + \Delta t) \cap T > t)}{P(T > t)} \qquad (9.12)$$

Wegen $(t < T \leq t + \Delta t) \subseteq (T > t)$ folgt:

$$P(t < T \leq t + \Delta t \mid T > t) = \frac{P(t < T \leq t + \Delta t)}{P(T > t)} \qquad (9.13)$$

$$= \frac{F(t + \Delta t) - F(t)}{1 - F(t)} \qquad (9.14)$$

Definition 9.1-4: Ausfallrate

Damit folgt für die Ausfallrate

$$h(t) = \lim_{\Delta t \to 0} \frac{1}{\Delta t} \cdot P(t < T \leq t + \Delta t \mid T > t) \qquad (9.15)$$

und mit Formel 9.14

$$h(t) = \frac{f(t)}{1 - F(t)} = \frac{f(t)}{R(t)} = -\frac{1}{R(t)} \cdot \frac{dR(t)}{dt} = -\frac{d \ln R(t)}{dt} \qquad (9.16)$$

Des Weiteren folgt aus Formel 9.16:

$$\ln R(t) = -\int_0^t h(\tau) d\tau + C \qquad (9.17)$$

Mit der Randbedingung $R(0) = 1$ folgt $C = 0$ und damit

$$R(t) = e^{-\int_0^t h(\tau) d\tau} \qquad (9.18)$$

Zu beachten ist, dass die Ausfallrate $h(t) \geq 0$ für alle positiven Zeiten definiert ist und dass $\int_0^\infty h(t) dt = \infty$ gilt, $h(t)$ also gegen ∞ strebt.

Des Weiteren gilt folgende Abschätzung:

$$h(t) \cdot \Delta t \approx P(t < T \leq t + \Delta t \mid T > t) \tag{9.19}$$

Ist die Ausfallwahrscheinlichkeit $F(t)$ sehr klein, so folgt die in der Praxis häufig benutzte Abschätzung für die unbedingte Wahrscheinlichkeit:

$$h(t) \cdot \Delta t \approx P(t < T \leq t + \Delta t) \tag{9.20}$$

In Tabelle 9.1 ist der formelmäßige Zusammenhang zwischen den Zuverlässigkeitskenngrößen dargestellt.

Neben den vorangehend aufgeführten Zuverlässigkeitskenngrößen sind Kenngrößen wie der Erwartungswert (engl. average, expected value) $E(T)$, die sogenannte „mittlere Lebensdauer" (Moment 1. Ordnung) und die Varianz σ^2 (zentrales Moment 2. Ordnung) von Bedeutung (siehe Abschnitt 8.3.2). Diese sind im stetigen Fall durch die Gleichungen

$$E(T) = \int_0^\infty t \cdot f(t) dt$$

$$E(T) = -\int_0^\infty t \cdot \frac{dR(t)}{dt} dt = \left[-t \cdot R(t)\right]_0^\infty + \int_0^\infty R(t) dt \tag{9.21}$$

gegeben. Mit der Voraussetzung der Existenz von $E(T)$ sowie unter Ausnutzung der Monotonie des Integrals folgt dann (Beweis siehe Birolini, Lit.) die nachfolgend aufgeführte Definition.

Definition 9.1-5: Erwartungswert und Varianz

$$E(T) = \int_0^\infty R(t) dt \text{ unter der Bedingung } E(T) < \infty \tag{9.22}$$

und

$$\sigma^2(T) = \int_0^\infty (t - E(T))^2 \cdot f(t) dt = E(T^2) - (E(T))^2$$

$$= 2 \int_0^\infty t \cdot R(t) dt - (E(T))^2 \tag{9.23}$$

Definition 9.1-6: Bedingte Lebenserwartung

Hingegen kann die sogenannte **bedingte Lebenserwartung** bzw. **Restlebensdauer** $E_t(T)$ über

$$E_t(T) = \frac{1}{R(t)} \cdot \int_t^\infty R(\tau) d\tau \tag{9.24}$$

berechnet werden. Für $t = 0$ entspricht diese „Restlebensdauer" der mittleren Lebensdauer $E(T)$ von Formel 9.22.

Definition 9.1-7: Bedingte Überlebenswahrscheinlichkeit

Ist nach der bedingten Überlebenswahrscheinlichkeit $R_t(\Delta t)$ gefragt, interessiert hingegen, wie groß die Überlebenswahrscheinlichkeit einer Betrachtungseinheit zum Zeitpunkt $t + \Delta t$ ist, wenn sie bis zum Zeitpunkt t überlebt hat, d. h.:

$$R_t(\Delta t) = P(T > t + \Delta t \mid T > t) = \frac{R(t + \Delta t)}{R(t)} \qquad (9.25)$$

Tabelle 9.1 Formelmäßiger Zusammenhang zwischen den Zuverlässigkeitskenngrößen

	Ausfallwahrscheinlichkeit $F(t)$	Überlebenswahrscheinlichkeit $R(t)$	Ausfalldichte $f(t)$	Ausfallrate $h(t)$
$F(t)$		$1 - R(t)$	$\int_0^t f(\tau)d\tau$	$1 - e^{\left(-\int_0^t h(\tau)d\tau\right)}$
$R(t)$	$1 - F(t)$		$\int_t^\infty f(\tau)d\tau$	$e^{\left(-\int_0^t h(\tau)d\tau\right)}$
$f(t)$	$\dfrac{dF(t)}{dt}$	$-\dfrac{dR(t)}{dt}$		$h(t) \cdot e^{\left(-\int_0^t h(\tau)d\tau\right)}$
$h(t)$	$\dfrac{1}{1-F(t)} \cdot \dfrac{dF(t)}{dt}$	$-\dfrac{1}{R(t)} \cdot \dfrac{dR(t)}{dt}$	$\dfrac{f(t)}{\int_t^\infty f(\tau)d\tau}$	

Eine Einheit ist praktisch wie neu, wenn das Überleben des Zeitintervalls $(t, t + \Delta t)$ nicht von t abhängt, d. h., wenn gilt:

$$R_t(\Delta t) = R(\Delta t) \quad \text{für alle } t \geq 0$$

Aus Formel 9.25 folgt:

$$R(t + \Delta t) = R(t) \cdot R(\Delta t)$$

Dieser Funktionalgleichung genügt nur die Exponentialverteilung (siehe Beispiel 10.1.1-1 in Abschnitt 10.1.1), denn es gilt:

$$e^{-\lambda(t+\Delta t)} = e^{-\lambda t} \cdot e^{-\lambda \Delta t}$$

Liegt hingegen eine Alterung vor, d. h.

$$R_t(\Delta t) < R(\Delta t) \text{ bzw. } R(t + \Delta t) < R(t) \cdot R(\Delta t) \text{ für } t > 0$$

so ist eine Einheit **gebraucht schlechter als neu** und bei

$$R_t(\Delta t) > R(\Delta t) \text{ bzw. } R(t + \Delta t) > R(t) \cdot R(\Delta t) \text{ für } t > 0$$

gebraucht besser als neu.

Beispiel 9.1-1

Die Frühausfälle eines technischen Produktes mögen durch die Ausfallrate

$$h(t) = \begin{cases} \dfrac{1}{t^2} \cdot \dfrac{1}{b-a} & \text{für } 1/b \leq t \leq 1/a \text{ und } (0 < a < b) \\ 0 & \text{sonst.} \end{cases}$$

beschrieben sein.

a) Berechnen Sie die Überlebenswahrscheinlichkeit $R(t)$.
b) Nach welcher Zeit hat die Überlebenswahrscheinlichkeit nur noch einen Wert von $R(t) = 0{,}9$ (Voraussetzung: $1/a = 100$ h und $1/b = 10$ h)?
c) Berechnen Sie die mittlere Ausfallrate im Intervall $[1/b, 1/a]$.

Lösung:

a) $R(t) = \begin{cases} 1 & \text{für } t < 1/b \\ e^{-\int_0^t h(\tau)d\tau} = e^{-\frac{1}{b-a} \cdot \left(b - \frac{1}{t}\right)} & \text{für } 1/b \leq t \leq 1/a \end{cases}$

b) Die Umwandlung nach t liefert

$$t = \frac{1}{b + (b-a) \cdot \ln R}$$

und mit den numerischen Angaben ergibt sich: $t \approx 11{,}05$ h.

c) $h(t)_{\text{avg}} = \dfrac{1}{1/a - 1/b} \cdot \displaystyle\int_{1/b}^{1/a} \dfrac{1}{t^2 \cdot (b-a)} dt = \dfrac{a \cdot b}{b-a} = 0{,}0\overline{1} \, \dfrac{1}{h}$

Grafische Darstellung:

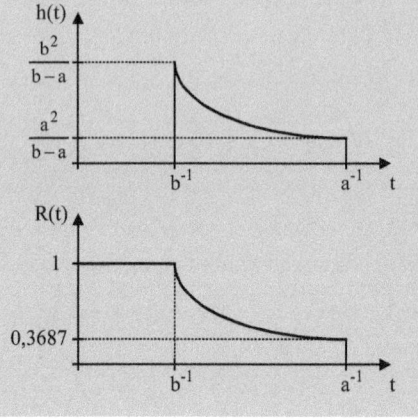

Beispiel 9.1-2 (Fortsetzung Beispiel 8.3.1-2)

Bestimmen Sie die Ausfallrate der Gleichverteilung aus Beispiel 8.3.1-2 und stellen Sie diese grafisch dar.

Lösung:

Mit Formel 9.16 folgt:

$$h(t) = \frac{1}{b-t} \quad \text{für alle } a \leq t < b$$

Grafische Darstellung:

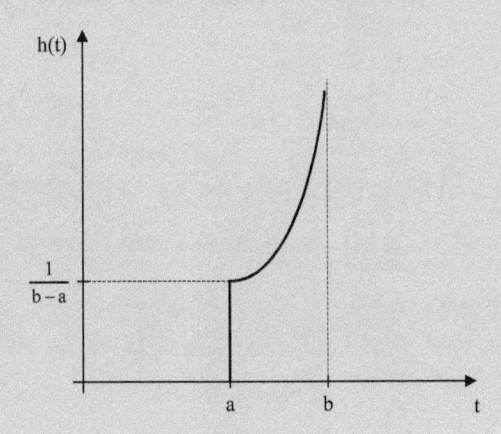

Beispiel 9.1-3

Die Frühausfälle eines elektronischen Steuergerätes im Kraftfahrzeug mögen sich durch die Dichte

$$f(t) = \frac{2}{(t+1)^3} \left[\frac{\text{ppm}}{\text{a}}\right] \quad \text{für alle } 0 \leq t < \infty$$

beschreiben lassen.

a) Berechnen Sie die weiteren Zuverlässigkeitskenngrößen $F(t)$, $R(t)$, $h(t)$ für t = 1, 2, 3, 4, 5 Jahre und stellen Sie diese grafisch dar.
b) Bestimmen Sie den Erwartungswert $E(T)$ und den Median.

Lösung:

a) Mit Formel 9.9 folgt

$$F(t) = \int_0^t \frac{2}{(\tau+1)^3} d\tau = 1 - \frac{1}{(t+1)^2}$$

und durch Komplementbildung

$$R(t) = \frac{1}{(t+1)^2}$$

Für die Ausfallrate ergibt sich dann mit Formel 9.16:

$$h(t) = \frac{2}{t+1}$$

Für t = 1, 2, 3, 4, 5 Jahre ergeben sich folgende Werte:

t	F(t)	R(t)	h(t)
1	0,750	0,250	1,000
2	0,889	0,111	0,667
3	0,938	0,063	0,500
4	0,960	0,040	0,400
5	0,972	0,028	0,333

Aus diesen Werten folgen die grafischen Darstellungen der drei Zuverlässigkeitskenngrößen $F(t)$, $R(t)$ und $h(t)$.

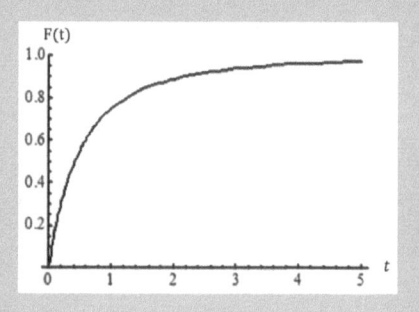

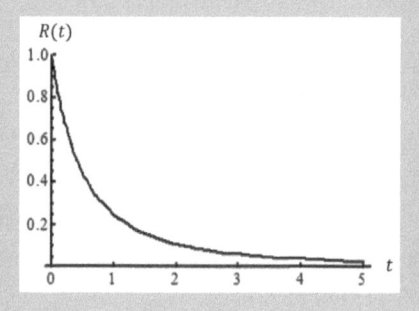

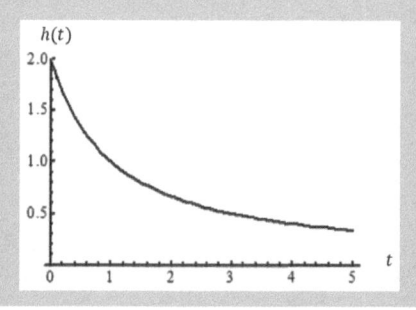

b) Formel 9.22 liefert

$$E(T) = \int_0^\infty (t+1)^{-2} dt = 1$$

und mit Formel 8.61 folgt

$$F(t_{0,5}) = 0{,}5 = 1 - \frac{1}{(t+1)^2}$$

$$\Rightarrow t_{med} = \sqrt{2} - 1 \approx 0{,}414$$

Beispiel 9.1-4

Gegeben sei die Ausfallrate einer Komponente, die drei konstanten Belastungszyklen unterliegt:

$$h(t) = \begin{cases} \lambda_0 & \text{für} \quad 0 \leq t \leq t_0 \\ \lambda_1 & \text{für} \quad t_0 \leq t \leq t_1 \\ \lambda_2 & \text{für} \quad t > t_1 \end{cases}$$

Bestimmen Sie die Überlebenswahrscheinlichkeit für die vorangehend genannten drei Zeitbereiche und stellen Sie diese grafisch dar.

Lösung:

Mit Formel 9.18 folgt:

$$R(t) = \begin{cases} e^{-\lambda_0 \cdot t} & \text{für} \quad 0 \leq t \leq t_0 \\ e^{-\lambda_0 \cdot t_0 - \lambda_1 \cdot (t - t_0)} & \text{für} \quad t_0 \leq t \leq t_1 \\ e^{-\lambda_0 \cdot t_0 - \lambda_1 \cdot (t_1 - t_0) - \lambda_2 \cdot (t - t_1)} & \text{für} \quad t > t_1 \end{cases}$$

Grafische Darstellung:

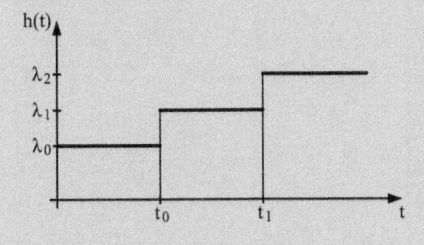

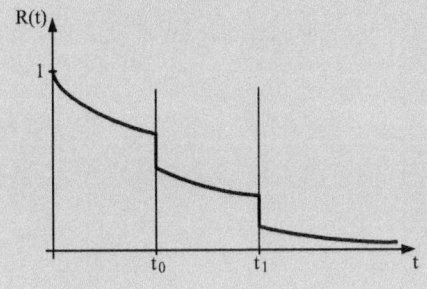

9.2 Empirische Zuverlässigkeitskenngrößen und weitere Zuverlässigkeitsmerkmale

Ist n_0 die (hinreichend große) Anzahl gleicher Einheiten einer Grundgesamtheit und $n_a(t_i)$ die Anzahl der nach einem Test bzw. einer Betriebsdauer von t_i ausgefallenen Einheiten, dann gilt für die Anzahl der nicht ausgefallenen (betriebsbereiten) Einheiten $n_b(t_i)$:

$$n_b(t_i) = n_0 - n_a(t_i) \tag{9.26}$$

Aufgrund der Häufigkeitsinterpretation gilt dann für die empirische Überlebenswahrscheinlichkeit $\tilde{R}(t_i)$

$$\tilde{R}(t_i) = \frac{n_b(t_i)}{n_0} \tag{9.27}$$

und

$$\tilde{F}(t_i) = \frac{n_a(t_i)}{n_0} \tag{9.28}$$

für die empirische Ausfallwahrscheinlichkeit. Allgemein werden empirische Kenngrößen mit einer Tilde versehen.

Die empirische Ausfallrate kann als die Anzahl der in einem Zeitintervall Δt ausgefallenen Einheiten Δn_a bezogen auf die Menge der am Ende des Zeitintervalls noch funktionsfähigen Einheiten n_b interpretiert werden.

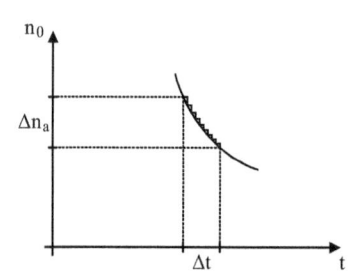

Es gilt dann

$$\tilde{h}(t_i) = \frac{1}{n_b(t_i)} \cdot \frac{\Delta n_{a,i}}{(t_i - t_{i-1})} \tag{9.29}$$

Die empirische Ausfalldichte lässt sich analog mithilfe folgender Gleichung ermitteln:

$$\tilde{f}(t_i) = \frac{1}{n_0} \cdot \frac{\Delta n_{a,i}}{(t_i - t_{i-1})} \tag{9.30}$$

9.2 Empirische Zuverlässigkeitskenngrößen und weitere Zuverlässigkeitsmerkmale

In Tabelle 9.2 ist der formelmäßige Zusammenhang zwischen den empirischen Zuverlässigkeitskenngrößen dargestellt.

Tabelle 9.2 Zusammenhang zwischen den empirischen Zuverlässigkeitskenngrößen

	Ausfallwahrscheinlichkeit $\tilde{F}(t_i)$	Überlebenswahrscheinlichkeit $\tilde{R}(t_i)$	Ausfalldichte $\tilde{f}(t_i)$	Ausfallrate $\tilde{h}(t_i)$
$\tilde{F}(t_i)$		$1-\tilde{R}(t_i)$	$\sum_{j=1}^{i}\tilde{f}(t_j)$	$1-e^{\left(-\sum_{j=1}^{i}\tilde{h}(t_j)\right)}$
$\tilde{R}(t_i)$	$1-\tilde{F}(t_i)$		$1-\sum_{j=1}^{i}\tilde{f}(t_j)$	$e^{\left(-\sum_{j=1}^{i}\tilde{h}(t_j)\right)}$
$\tilde{f}(t_i)$	$\dfrac{\tilde{F}(t_i)-\tilde{F}(t_{i-1})}{t_i-t_{i-1}}$	$-\dfrac{\tilde{R}(t_{i-1})-\tilde{R}(t_i)}{t_{i-1}-t_i}$		$\tilde{h}(t_i)\cdot e^{\left(-\sum_{j=1}^{i}\tilde{h}(t_j)\right)}$
$\tilde{h}(t_i)$	$\dfrac{\tilde{F}(t_i)-\tilde{F}(t_{i-1})}{(1-\tilde{F}(t_i))(t_i-t_{i-1})}$	$-\dfrac{\tilde{R}(t_{i-1})-\tilde{R}(t_i)}{\tilde{R}(t_i)(t_{i-1}-t_i)}$	$\dfrac{\tilde{f}(t_i)}{1-\sum_{j=1}^{i}\tilde{f}(t_j)}$	

Für den empirischen Erwartungswert (gewichtetes Mittel) mit den möglichen Realisierungen $t_1, ..., t_n$ (n-Tupel) gilt nach Formel 8.48 allgemein:

$$E(T)=\sum_{i=1}^{n}t_i\cdot P(T=t_i) \tag{9.31}$$

Das arithmetische Mittel $\bar{t}$ ist der Mittel- oder Durchschnittswert der notierten Ausfallzeitpunkte (Merkmalswerte) mit dem n-Tupel $t_1, ..., t_n$.

$$\bar{t}=\frac{1}{n}\cdot\sum_{i=1}^{n}t_i \tag{9.32}$$

Für die empirische Varianz ergibt sich

$$s^2=\frac{1}{n-1}\cdot\sum_{i=1}^{n}(t_i-\bar{t})^2 \tag{9.33}$$

wobei die empirische Standardabweichung aus der positiven Quadratwurzel von Formel 9.33 bestimmt wird (siehe Kapitel 23).

Beispiel 9.2-1

In einem Lebensdauerversuch werden alle 316 Prüflinge bis zu deren Ausfall belastet. Die einzelnen Ausfälle in den Zeitintervallen ergeben sich aus der folgenden Tabelle.

a) Berechnen Sie die empirischen Zuverlässigkeitskenngrößen $\tilde{R}(t)$, $\tilde{f}(t)$, $\tilde{h}(t)$.
   (Beachte: Klassenbreite der Klassen 1 bis 12 beträgt 2 Zeiteinheiten (ZE); Klassenbreite der Klasse 13 hingegen 63 ZE).
b) Stellen Sie die Kenngrößen grafisch dar.

Lösung:

a)

Zeit-intervall	Δn_a	n_a	$\tilde{F} = \dfrac{n_a}{n_0}$	n_b	$\tilde{R} = \dfrac{n_b}{n_0}$	$\dfrac{\Delta n_a}{\Delta t}$	$\tilde{f} = \dfrac{(..)}{n_0}$	$\tilde{h} = \dfrac{(..)}{n_b}$
0–2	82	82	0,2595	234	0,7405	41,0	0,1297	0,1752
2–4	22	104	0,3291	212	0,6709	11,0	0,0348	0,0519
4–6	24	128	0,4051	188	0,5949	12,0	0,0380	0,0638
6–8	20	148	0,4684	168	0,5316	10,0	0,0316	0,0595
8–10	23	171	0,5411	145	0,4589	11,5	0,0364	0,0793
10–12	32	203	0,6424	113	0,3576	16,0	0,0506	0,1416
12–14	25	228	0,7215	88	0,2785	12,5	0,0396	0,1420
14–16	27	255	0,8070	61	0,1930	13,5	0,0427	0,2213
16–18	20	275	0,8703	41	0,1297	10,0	0,0316	0,2439
18–20	15	290	0,9177	26	0,0823	7,5	0,0237	0,2885
20–22	10	300	0,9494	16	0,0506	5,0	0,0158	0,3125
22–24	2	302	0,9557	14	0,0443	1,0	0,0032	0,0714
24–87	14	316	1,0000	0	0,0000	0,222	0,0007	∞

$n_0 = 316$

b) Grafische Darstellung:

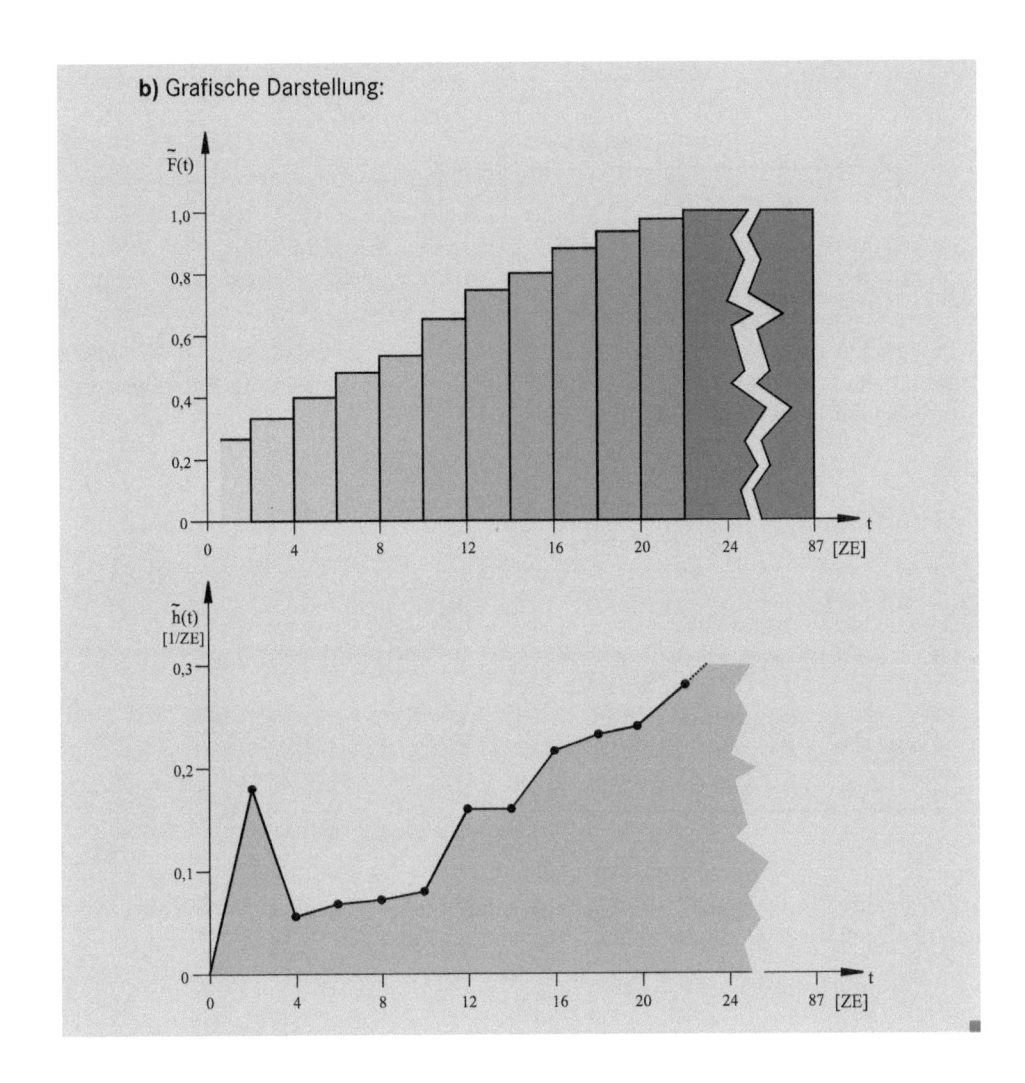

[Diagramm: $\tilde{F}(t)$ über t [ZE], Balken von 0 bis 24 und bei 87]

[Diagramm: $\tilde{h}(t)$ [1/ZE] über t [ZE]]

9.3 Zuverlässigkeitskenngrößen reparierbarer Systeme, Instandhaltung

Die unter Abschnitt 9.1 eingeführten Zuverlässigkeitskenngrößen behalten auch bei reparierbaren Systemen ihre Gültigkeit. Nachfolgende Kenngrößen stellen deshalb eine Erweiterung der bisher eingeführten Kenngrößen dar.

Die **Reparatur** (Instandsetzung) eines technischen Gerätes bewirkt die Wiederherstellung des Sollzustandes nach einem störungsbedingten Ausfall und erfolgt, im Gegensatz zur Wartung, außerplanmäßig. Bei der **Wartung** handelt es sich sinngemäß um Maßnahmen zur Erhaltung des Sollzustandes. Dies kann durch Überwachung und vorhergehenden Austausch von Systembestandteilen geschehen (Bild 9.2).

Bild 9.2 Instandhaltung

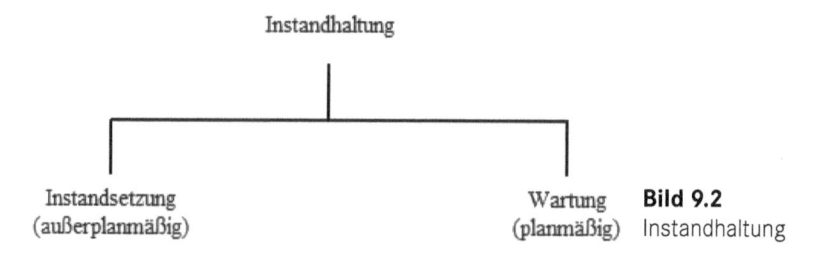

Wird davon ausgegangen, dass die Instandsetzungszeit T_S eine Zufallsvariable ist, so lässt sich in Analogie zur Kenngröße der Ausfallwahrscheinlichkeit eine **Instandsetzungswahrscheinlichkeit** (engl. maintainability) $M(t)$ durch

$$M(t) = P(T_S \leq t) \tag{9.34}$$

definieren (Bild 9.3).

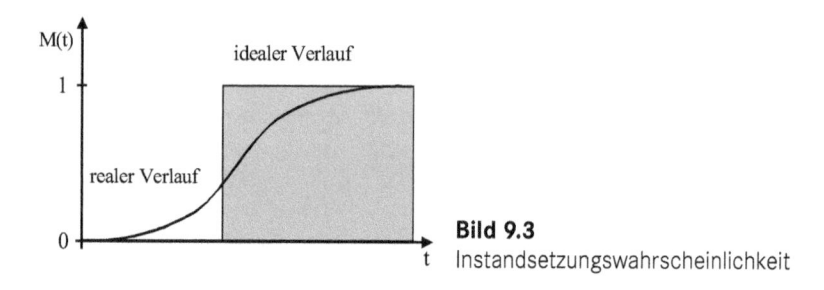

Bild 9.3 Instandsetzungswahrscheinlichkeit

Die zugehörige Dichte heißt **Instandsetzungsdichte** beziehungsweise **Wartbarkeitsdichte** $m(t)$ und ist in Analogie zur Ausfalldichte im stetigen Fall durch

$$m(t) = \frac{dM(t)}{dt} \tag{9.35}$$

definiert.

In Analogie zur Ausfallrate lässt sich eine **Instandsetzungsrate**, auch **Reparaturrate** $\mu(t)$ genannt, definieren. Es folgt

$$\mu(t) = \frac{1}{1 - M(t)} \cdot \frac{dM(t)}{dt} \tag{9.36}$$

und hieraus die wichtige Beziehung

$$M(t) = 1 - e^{-\int_0^t \mu(\tau)d\tau} \tag{9.37}$$

Für den Spezialfall, dass $\mu(t) = \mu =$ konstant ist, der in der Praxis jedoch äußerst selten vorkommt, folgt aus Formel 9.37:

$$M(t) = 1 - e^{-\mu t} \tag{9.38}$$

Der Erwartungswert der Instandsetzungszeit $E(T_S)$ lässt sich in Analogie zur Formel 9.21 definieren. Es gilt:

$$E(T_S) = \int_0^\infty t \cdot m(t) dt \qquad (9.39)$$

Im Fall einer exponentiell verteilten Instandsetzungszeit, mit $\mu(t) = \mu =$ konstant, ergibt sich aus Formel 9.39:

$$E(T_S) = \int_0^\infty t \cdot \mu e^{-\mu t} dt = \frac{1}{\mu} \qquad (9.40)$$

Dabei wird $1/\mu$ als MTTR (engl. Mean Time To Repair) bezeichnet.

Neben den vorangehend eingeführten Kenngrößen wird in der Praxis zur Charakterisierung der Wartungsfreundlichkeit eines Systems ein sogenannter Wartungsfaktor W verwendet.

$$W = \frac{T_N - T_{pl}}{T_N} = 1 - \frac{T_{pl}}{T_N} \qquad (9.41)$$

$$T_{pl} = \sum_{i=1}^{n} t_{pl_i} = \text{Gesamtdauer der planmäßigen Wartungen in } T_N$$

T_N Nennzeitraum (Betrachtungszeitraum)

Bei reparierbaren Systemen charakterisiert die Wahrscheinlichkeit, dass sich ein System (beziehungsweise eine Systemkomponente) zur Zeit t im funktionsfähigen Zustand befindet, also verfügbar ist, die Wirtschaftlichkeit eines Systems. Diese Wahrscheinlichkeit wird mit **Verfügbarkeit** (engl. availability) $V(t)$ bezeichnet:

$$V(t) = P \text{ (System ist funktionsfähig zum Zeitpunkt } t) \qquad (9.42)$$

Die komplementäre Größe wird **Nichtverfügbarkeit** $\overline{V}(t)$ beziehungsweise **Unverfügbarkeit** $U(t)$ genannt.

$$V(t) = 1 - \overline{V}(t) = 1 - U(t) \qquad (9.43)$$

Die Verfügbarkeit lässt sich gleichermaßen über eine Boolesche- (siehe Kapitel 16) beziehungsweise stochastische Modellbildung, z.B. nach Markov (siehe Kapitel 19), ermitteln. Sie geht im Fall nicht reparierbarer Systeme, das heißt bei absorbierenden Systemzuständen, in

$$V(t)\big|_{\mu=0} = R(t) \qquad (9.44)$$

über. Bei reparierbaren Systemen ist $V(t)$ stets größer als $R(t)$.

9.4 Sicherheitskenngrößen[1]

Sicherheitskenngrößen sind in Analogie zu den Zuverlässigkeitskenngrößen definiert. Allerdings werden hier nicht die Ausfälle als solche in den Mittelpunkt der Betrachtung gestellt, sondern die sicherheitsrelevanten Teilmengen dieser Ereignisse, die eine Gefährdung bewirken (Bild 9.4). Formale Analogien zur Zuverlässigkeitstheorie dürfen nicht darüber hinwegtäuschen, dass die Sicherheitstheorie weitere Kenngrößen berücksichtigen muss. Hierzu zählen insbesondere die Auswirkungen einer Gefährdung und der Einfluss des (mehr oder weniger beeinflussbaren) Menschen durch die Wahrscheinlichkeit des möglichen Fehlverhaltens.

Wird davon ausgegangen, dass sich die Menge aller Ausfall- und Betriebszustände eines Systems bzw. die Menge aller Fehlhandlungen eines Menschen in Ausfallzustände/Fehlhandlungen mit gefährlichen Auswirkungen und Ausfall- und Betriebszustände/Fehlhandlungen mit ungefährlichen Auswirkungen einteilen lässt, so ist leicht einzusehen, dass für die Sicherheit eines Systems lediglich die Menge der gefährlichen Zustände von Bedeutung ist.

Für die Berechnung der Zuverlässigkeit (Überlebenswahrscheinlichkeit) bzw. Verfügbarkeit müssen jedoch alle Ausfallzustände/Fehlhandlungen berücksichtigt werden. Anhand von Bild 9.4 lassen sich folgende interessante Sachverhalte verifizieren:

a) Ein System ohne gefährliche Ausfall- und Betriebszustände hat eine absolute Sicherheit (Sicherheitswahrscheinlichkeit) $S = 1$. Die Zuverlässigkeit (Überlebenswahrscheinlichkeit) bzw. Unverfügbarkeit kann dagegen immer noch sehr schlecht sein, besonders dann, wenn die Teilmenge der gefährlichen Zustände viel kleiner als die der ungefährlichen Zustände (praktisch oft gegeben) ist. Das heißt, weitere Maßnahmen, die einer Erhöhung der Sicherheit dienen, müssen nicht zwangsläufig zu einer Erhöhung der Zuverlässigkeit führen. Oft wird diese schlechter, besonders dann, wenn zur Sicherheitssteigerung zusätzlich die Menge der ungefährlichen Systemzustände stark ansteigt.

b) Ein System mit einer hohen Zuverlässigkeit kann durchaus im Vergleich mit anderen Systemen mit der gleichen hohen Zuverlässigkeit eine geringere Sicherheit aufweisen.

---

[1] Siehe in diesem Zusammenhang auch VDI/VDE 3542, „Sicherheitstechnische Begriffe für Automatisierungssysteme".

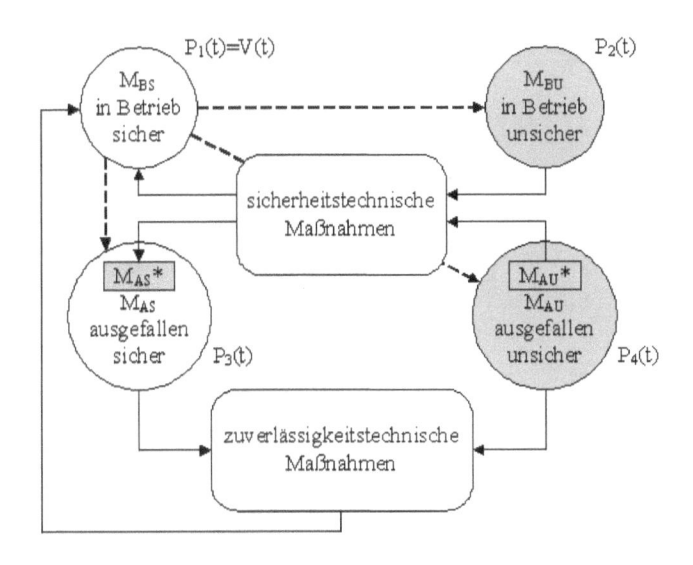

Bild 9.4 Zusammenhang zwischen Zuverlässigkeit und Sicherheit

Sicherheitsrel.: $U_S(t) = P_2(t) + P_4(t)$
Zuverlässigkeitsrel.: $U(t) = P_3(t) + P_4(t)$

→ eigenständiger Zustandsübergang des Systems

--→ Zustandsübergang des Systems nach technischen Maßnahmen

Eine Übersicht der Nomenklatur zuverlässigkeits- und sicherheitstechnischer Grundgrößen zeigen Tabelle 9.3 und Tabelle 9.4.

Tabelle 9.3 Nomenklaturen zuverlässigkeits- und sicherheitstechnischer Grundgrößen für nicht reparierbare Systeme

Nicht reparierbare Systeme			
Zuverlässigkeit		Sicherheit	
Kenngröße	Formelzeichen	Kenngröße	Formelzeichen
Ausfallwahrscheinlichkeit	$F(t)$	Gefährdungswahrscheinlichkeit	$G(t)$
Überlebenswahrscheinlichkeit	$R(t)$	Sicherheitswahrscheinlichkeit	$S(t)$
Ausfalldichte	$f(t)$	Gefährdungsdichte	$g(t)$
Ausfallrate	$h(t)$	Gefährdungsrate	$\delta(t)$

Tabelle 9.4 Nomenklaturen zuverlässigkeits- und sicherheitstechnischer Grundgrößen für reparierbare Systeme

Reparierbare Systeme			
Zuverlässigkeit		**Sicherheit**	
Kenngröße	**Formelzeichen**	**Kenngröße**	**Formelzeichen**
Instandsetzungswahrscheinlichkeit	$M(t)$	Sicherheitswiederherstellungswahrscheinlichkeit	$W(t)$
Instandsetzungsdichte	$m(t)$	Sicherheitswiederherstellungsdichte	$w(t)$
Reparaturrate	$\mu(t)$	Sicherheitsrestitutionsrate	$v(t)$
Verfügbarkeit	$V(t)$	Sicherheitsverfügbarkeit (Schutzgüte)	$V_S(t)$

Als Risiko $\Re$ werden üblicherweise die Auswirkungen oder Ausfallfolgen eines unerwünschten Ereignisses pro Zeiteinheit definiert. Es sind als Bezugsgrößen jedoch auch andere Normierungen üblich, z. B. Passagierkilometer oder Ähnliches.

Es lässt sich somit ein einfaches mathematisches Modell entwickeln:

$$\Re = H \cdot A$$

$$H = \text{Häufigkeit} = \frac{\text{Mittlere Anzahl der Ereignisse}}{\text{Zeiteinheit}} \qquad (9.45)$$

$$A = \text{Ausfallfolgen} = \frac{\text{Auswirkungen}}{\text{Ereignis}}$$

Für das Risiko des i-ten Ereignisses folgt dann

$$\Re_i = h_i \cdot a_i \qquad (9.46)$$

mit h_i = Häufigkeit und a_i = Ausfallfolgen des i-ten Ereignisses.

Unter Zugrundelegung n möglicher disjunkter Ereignisse folgt daraus:

$$\Re = \sum_{i=1}^{n} h_i \cdot a_i \qquad (9.47)$$

Dabei sollte $\Re$ kleiner als das vorgegebene akzeptierte Risiko $\Re_{ak}$ eines Systems sein. Die Darstellung des Risikos in der Ebene mit H als Ordinate und A als Abszisse wird als Farmer-Diagramm (Bild 9.5) bezeichnet. Jeder Punkt dieser Ebene stellt ein diskretes Risiko dar. Durch Logarithmierung und Umrechnung zu einer Geradengleichung kann diese Gleichung im doppelt logarithmischen Papier dargestellt werden. Es ergeben sich so Geraden gleichen Risikos mit der Steigung –1.

Bild 9.5 Farmer-Diagramm

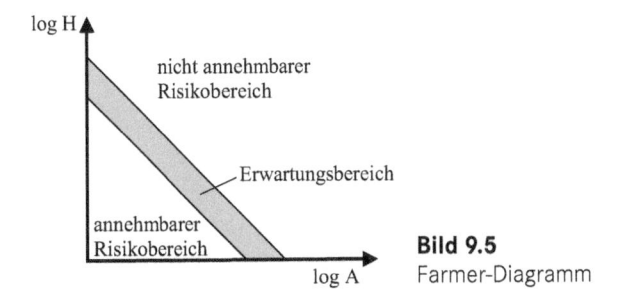

Weitere wesentliche Faktoren, die das Risiko $\Re$ bestimmen, sind folgende:

S	Hierbei handelt es sich um den durchschnittlichen Schaden, der durch das Ereignis verursacht wird. Eine messbare Größe im monetären Sinn vereinfacht die Ermittlung, deckt aber nicht alle Arten von Schäden ab.
F	Wahrscheinlichkeit, während einer Betrachtungseinheit (Zeit, km) z. B. in eine Verkehrssituation zu geraten, in der das unerwünschte Ereignis gefährlich werden kann
C	Kontrollierbarkeit der Situation z. B. durch den Fahrer (abhängig von den Fahreigenschaften des individuellen Fahrers), mit $C \neq 1$
P(t)	Wahrscheinlichkeit für den Eintritt des unerwünschten Ereignisses

Damit ergibt sich das Risiko zu

$$\Re(t) = \int_0^t S \cdot F \cdot (1-C) \cdot P(\tau) d\tau \tag{9.48}$$

mit t als Dauer des gesamten Betrachtungszeitraums.

Neben dieser technischen Risikobetrachtung tritt häufig das Dilemma der individuellen Risikoempfindungen in der Bevölkerung auf. Hierbei wird von der Risikoaversion gesprochen. Um diese Fälle abzudecken, wird zwischen einem subjektiven und einem objektiven Risiko unterschieden. Während das vorangehend geschilderte Risiko allein auf objektiven Daten beruht, wird für den subjektiven Risikoteil ein weiterer Faktor eingeführt, der die Aversion in der Bevölkerung widerspiegelt.

Sicher ist, daß nichts sicher ist. Selbst das nicht.

Joachim Ringelnatz (1883 – 1934)

10 Wichtige Verteilungsfunktionen

10.1 Wichtige Lebensdauerverteilungen und ihre Zuverlässigkeitskenngrößen

10.1.1 Exponentialverteilung

> **Definition 10.1.1-1: Exponentiell verteilte Zufallsgröße**
>
> Eine stetige, nicht negative Zufallsgröße T ist exponentiell verteilt mit dem Parameter $\lambda > 0$, kurz Ex(λ)-verteilt, wenn sie die Verteilungsfunktion
>
> $$F(t) = \begin{cases} 1 - e^{-\lambda \cdot t} & \text{für } t \geq 0 \\ 0 & \text{für } t < 0 \end{cases} \qquad (10.1)$$
>
> besitzt (Bild 10.1).

Es lässt sich leicht verifizieren, dass die Komponenten mit exponentiell verteilter Lebensdauer nicht altern, d. h., die Ausfallrate $h(t) = \lambda$ ist konstant und die Restlebensdauer $t > t_0$ hängt nicht von der schon erreichten Lebensdauer t_0 ab (siehe Beispiel 10.1.1-1). Diese Eigenschaften erleichtern Zuverlässigkeitsberechnungen erheblich, sodass diese Verteilung bei vielen Anwendungsfällen auch inkorrekterweise dann angewendet wird, wenn die Komponentenlebensdauer nicht exponentiell verteilt ist.

Berechnung der weiteren Zuverlässigkeitskenngrößen:

Ausfalldichte aus Formel 9.6:

$$f(t) = \lambda \cdot e^{-\lambda \cdot t} \quad \text{für } t \geq 0 \qquad (10.2)$$

Ausfallrate aus Formel 9.16:

$$h(t) = \lambda = \text{const} \quad \text{für } t \geq 0 \qquad (10.3)$$

Erwartungswert aus Formel 9.22:

$$E(T) = \frac{1}{\lambda} = \text{MTBF} \qquad (10.4)$$

MTBF = Mean Time Between Failures oder auch Mean Operating Time Between Failures bezieht sich immer auf $1/\lambda$ und bezeichnet die mittlere ausfallfreie Arbeitszeit von Komponenten (Systemen) mit konstanter Ausfallrate.

Der Begriff MTTF = Mean Time To Failure, der oft synonym verwendet wird, bezeichnet die mittlere Zeit zwischen der Inbetriebnahme und dem Ausfallzeitpunkt. Dieser kann sowohl bei reparierbaren als auch bei nicht reparierbaren Einheiten verwendet werden.

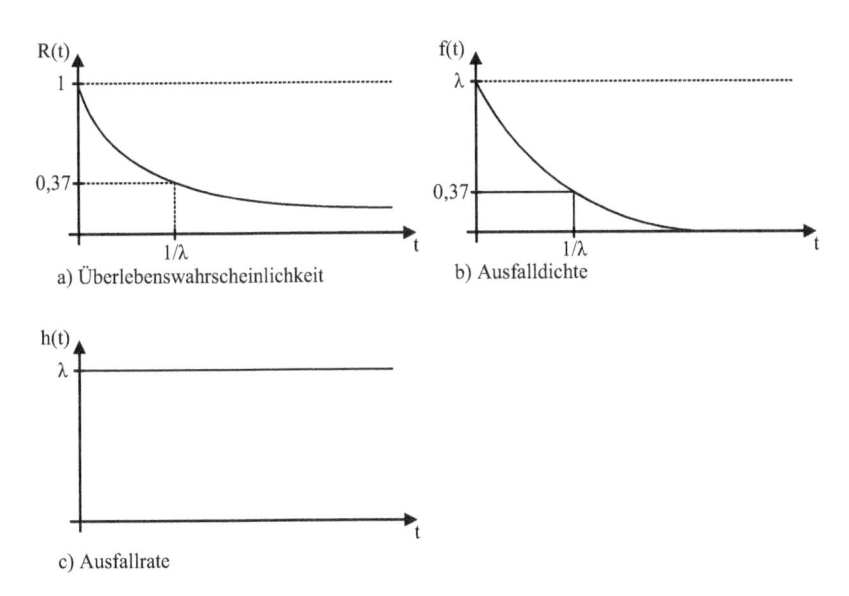

Bild 10.1 Zuverlässigkeitskenngrößen einer Exponentialverteilung

Die Überlebenswahrscheinlichkeit bzw. Zuverlässigkeit, eine Komponente über MTBF-Stunden zu betreiben, beträgt aber nicht 50 %, sondern nur rund 37 %, denn es gilt:

$$R(\text{MTBF}) = e^{-\lambda \cdot \text{MTBF}} = e^{-1} \approx 0{,}37 \qquad (10.5)$$

Die Varianz einer Exponentialverteilung

$$\sigma^2 = \frac{1}{\lambda^2} \qquad (10.6)$$

ist ohne größere Bedeutung, da die Exponentialverteilung durch einen Parameter vollständig charakterisiert ist.

Beispiel 10.1.1-1: Bedingte Überlebenswahrscheinlichkeit

Nach Formel 9.25 folgt für die bedingte Überlebenswahrscheinlichkeit einer exponentiell verteilten Zufallsvariablen:

$$R_t(\Delta t) = \frac{R(t+\Delta t)}{R(t)} = \frac{e^{-\lambda(t+\Delta t)}}{e^{-\lambda \cdot t}}$$

$$R_t(\Delta t) = e^{-\lambda \cdot \Delta t}$$

Dies ist der Beweis, dass Bauteile mit exponentiell verteilten Lebensdauern nicht altern.

Beispiel 10.1.1-2

Die Ausfalldichte einer technischen Komponente möge exponentiell verteilt sein. Da die Belastung der Komponente erst zum Zeitpunkt t_0 beginnen soll, kann folgendes Modell zugrunde gelegt werden:

$$f(t) = \begin{cases} \lambda \cdot e^{-\lambda(t-t_0)} & \text{für } t \geq t_0 \\ 0 & \text{für } t < t_0 \end{cases}$$

a) Bestimmen Sie die Überlebenswahrscheinlichkeit und die mittlere Lebensdauer der Komponente.
b) Stellen Sie diese grafisch dar.

Lösung:

a) $R(t) = \begin{cases} 1 & \text{für } t \leq t_0 \\ \int\limits_{t}^{\infty} f(t) dt = e^{-\lambda(t-t_0)} & \text{für } t > t_0 \end{cases}$

$$E(T) = \int\limits_0^\infty R(t)\, dt = \int\limits_0^{t_0} 1 dt + \int\limits_{t_0}^\infty e^{-\lambda(t-t_0)} dt$$

$$E(T) = t_0 + \frac{1}{\lambda}$$

b) Grafische Darstellung:

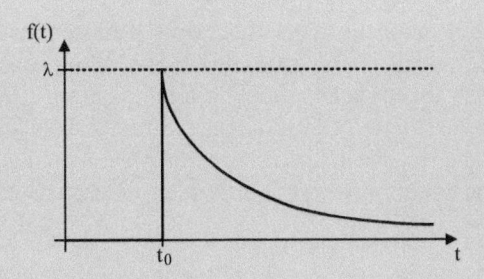

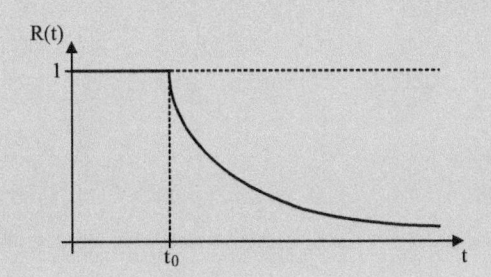

[Diagramm f(t): konstanter Wert λ bis t_0, danach exponentiell abfallend]

[Diagramm R(t): konstanter Wert 1 bis t_0, danach exponentiell abfallend]

Beispiel 10.1.1-3

Die Lebensdauer einer elektronischen Komponente sei exponentiell verteilt mit einer Ausfallrate von $\lambda = 0{,}5 \cdot 10^{-6}\,1/\text{h}$.

a) Wie groß ist die Wahrscheinlichkeit, dass die Komponente vor Ablauf eines Jahres ($t = 8760$ h) ausfällt?
b) Wie groß ist die Wahrscheinlichkeit, dass die Komponente zwischen 5 Jahren und 10 Jahren ausfällt?
c) Bestimmen Sie den Zeitpunkt, nach dem 95 % der Komponenten mit der vorangehend genannten Ausfallrate ausgefallen sind.
d) Welche Ausfallrate λ muss die Komponente mindestens aufweisen, wenn die Lebensdauer der Komponente mit einer Wahrscheinlichkeit von 0,95 mindestens 15 Jahre betragen soll?

Lösung:

a) $P(T < 8760\,\text{h}) = F(8760\,\text{h}) = 1 - e^{-0{,}5 \cdot 10^{-6} \cdot 8.760} \approx 4{,}37 \cdot 10^{-3}$

b) $P(5\,\text{a} \leq T \leq 10\,\text{a}) = F(10\,\text{a}) - F(5\,\text{a}) \approx 2{,}119 \cdot 10^{-2}$

c) Durch Umstellung der Formel 10.1 folgt:

$$t = -\frac{\ln[1 - F(t)]}{\lambda} \approx 5{,}99 \cdot 10^6\,\text{h}$$

d) $P(T \geq 15\,\text{a}) = e^{-\lambda \cdot 15\,\text{a}} \stackrel{!}{=} 0{,}95$

$$\lambda = -\frac{\ln 0{,}95}{15 \cdot 8760\,\text{h}} \approx 0{,}39 \cdot 10^{-6}\,\frac{1}{\text{h}}$$

10.1.2 Weibull-Verteilung

Die Weibull-Verteilung[1] (Bild 10.2) wurde erstmalig in der Theorie der Werkstoffermüdung vom schwedischen Forscher Waloddi Weibull (1939) angewendet. Später zeigte es sich, dass diese Verteilung dazu geeignet ist, Lebensdauerverteilungen mit monoton fallender, konstanter und monoton wachsender Ausfallrate zu beschreiben. Ferner ist es üblich, die Weibull-Verteilung bei lebensdauerbeeinflussenden Lastmerkmalen wie Spannung, Kraft usw. zu verwenden. Bei dynamischen Festigkeitsversuchen werden häufig Weibull-Verteilungen höherer Ordnung angewendet.

> **Definition 10.1.2-1: Weibull-verteilte Zufallsgröße**
>
> Eine stetige, nicht negative Zufallsgröße T ist Weibull-verteilt mit den Parametern $\alpha > 0$ und $\beta > 0$, kurz $W(\alpha, \beta)$-verteilt, falls ihre Verteilungsfunktion gleich
>
> $$F(t) = \begin{cases} 1 - e^{-\alpha \cdot t^\beta} & \text{für } t \geq 0 \\ 0 & \text{für } t < 0 \end{cases} \qquad (10.7)$$
>
> ist.

Der Parameter β heißt **Ausfallsteilheit** und der Parameter $\eta = \alpha^{-1/\beta}$ **charakteristische Lebensdauer**. Es ist auch üblich, die Weibull-Verteilung mithilfe von 3 Parametern zu beschreiben. Es gilt dann

$$F(t) = 1 - e^{-\left(\frac{t-t_0}{\eta}\right)^\beta} \quad \text{für } t \geq t_0 \qquad (10.8)$$

mit $\beta > 0, \eta \geq 0$.

Der Parameter β charakterisiert dann wiederum die Ausfallsteilheit, die in der Praxis Werte zwischen $0{,}25 \leq \beta \leq 5$ annehmen kann. Der Parameter η ist die charakteristische Lebensdauer, definiert für die Ausfallwahrscheinlichkeit

$$F(\eta) = 1 - e^{-1} \approx 0{,}632 \qquad (10.9)$$

Der Zeitpunkt t_0 wird als **Ausgangswert** (Abzugsgröße) für den Beginn der Auswirkung einer Beanspruchung (engl. minimum life) bezeichnet. Ein positives t_0 bedeutet sicheres Überleben (Inkubationszeit) und ein negatives t_0 charakterisiert eine Vorbelastung z. B. durch Transportschäden.

Es wird deutlich, dass für $\beta = 1$ die Weibull-Verteilung gleich der Exponentialverteilung, mit $\alpha = \lambda$ als konstante Ausfallrate, ist. Die Weibull-Verteilung mit $\beta = 2$ wird in der angelsächsischen Literatur auch als Rayleigh-Verteilung bezeichnet.

---

[1] Ernst Hjalmar Waloddi Weibull (1887 – 1979)

Berechnung der weiteren Zuverlässigkeitskenngrößen:

Ausfalldichte:

$$f(t) = \alpha \cdot \beta \cdot t^{\beta-1} \cdot e^{-\alpha \cdot t^{\beta}} \quad \text{für } t \geq 0 \tag{10.10}$$

Ausfallrate:

$$h(t) = \alpha \cdot \beta \cdot t^{\beta-1} \quad \text{für } t \geq 0 \tag{10.11}$$

Im Bereich $1 < \beta < 2$ steigt die Ausfallrate mit wachsendem t monoton, anfangs schnell und dann langsamer an (Beispiel: Lebensdauer von Wälzlagern). Für $\beta > 2$ steigt die Ausfallrate progressiv nach der Phase III der „Badewannenkurve" (siehe Bild 11.1).

Für Werte $\beta > 3$ kann die Weibull-Verteilung sehr gut durch die Gaußsche Normalverteilung ersetzt werden. Ist $\beta > 5$, so wird die Weibull-Verteilung rechtsschief.

Wie aus Formel 10.11 hervorgeht, nimmt die Ausfallrate im Bereich $0 < \beta < 1$ mit wachsenden t monoton ab (Frühausfälle).

Mit einer Weibull-Verteilung können also sogenannte **Frühausfälle** (Bereich I der „Badewannenkurve"), **Verschleißerscheinungen** (Bereich III der „Badewannenkurve") als auch **Zufallsausfälle** mit konstanter Ausfallrate (Bereich II der „Badewannenkurve") beschrieben werden (Bild 11.1). Aus diesem Grunde ist die Weibull-Verteilung in der **Qualitätssicherung** weit verbreitet (siehe Weibull-Papier, Kapitel 26).

Berechnung des Erwartungswertes:

Mit Formel 9.22 folgt:

$$E(T) = \int_0^\infty e^{-\alpha \cdot t^{\beta}} dt \tag{10.12}$$

Die Substitution $\alpha \cdot t^{\beta} = u$ liefert als Zwischenergebnis:

$$E(T) = \int_0^\infty e^{-u} \cdot \frac{du}{\alpha^{1/\beta} \cdot \beta \cdot u^{1-\frac{1}{\beta}}} \tag{10.13}$$

Schließlich ergibt sich für den Erwartungswert die einfache Beziehung

$$E(T) = \alpha^{-1/\beta} \cdot \Gamma\left(\frac{1}{\beta}+1\right) = \eta \cdot \Gamma\left(\frac{1}{\beta}+1\right) \tag{10.14}$$

mit der Gammafunktion (Γ-Funktion)

$$\Gamma(x) = \int_0^\infty t^{x-1} \cdot e^{-t} dt \quad \text{für } x > 0 \tag{10.15}$$

und der Rekursionseigenschaft

$$\Gamma(x+1) = x \cdot \Gamma(x)$$

Für $x \in \mathbb{N}$ folgt $\Gamma(n+1) = n!$.

Weiter gilt $\Gamma(0) = \infty$, $\Gamma(\frac{1}{2}) = \sqrt{\pi}$, $\Gamma(\frac{3}{2}) = \frac{1}{2}\sqrt{\pi}$, $\Gamma(1) = \Gamma(2) = 1$, $\Gamma(\infty) = \infty$ (Artin, siehe Lit.).

Berechnung der Varianz:

Formel 9.23 ist durch

$$\sigma^2(T) = E(T^2) - (E(T))^2$$

gegeben.

Mit

$$E(T^2) = \int_0^\infty t^2 \cdot f(t)dt \tag{10.16}$$

und der vorangehend aufgeführten Substitution (siehe Berechnung des Erwartungswertes) folgt

$$\sigma^2(T) = \alpha^{-2/\beta} \cdot \left[\Gamma\left(\frac{2}{\beta}+1\right) - \Gamma^2\left(\frac{1}{\beta}+1\right)\right] \tag{10.17}$$

Beispiel 10.1.2-1

Die Lebensdauer eines mechanischen Ventils möge sich durch eine Weibull-Verteilung beschreiben lassen. Aus früheren Untersuchungen ist bekannt, dass für Ventile die Ausfallsteilheit $\beta = 2$ und die charakteristische Lebensdauer $\eta = 10^3$ h beträgt.

a) Berechnen Sie die Überlebenswahrscheinlichkeit des Ventils für eine Betriebszeit von 200 h.
b) Berechnen Sie die MTTF, d. h. $E(T)$, für die Komponente unter Zugrundelegung der vorangehend aufgeführten Betriebszeit (Hinweis: $\Gamma(3/2) = \pi^{0,5}/2$ bzw. $\Gamma(1/2) = \pi^{0,5}$).
c) Ermitteln Sie die Ausfallrate des Ventils wiederum unter Zugrundelegung der vorangehend aufgeführten Betriebszeit.

Lösung:

a) $R(t) = e^{-\left(\frac{t}{\eta}\right)^\beta} = e^{-\left(\frac{200}{1000}\right)^2} \approx 0{,}9607894$

b) $E(T) = \eta \cdot \Gamma\left(\frac{1}{\beta}+1\right) = 10^3 \cdot \frac{\sqrt{\pi}}{2} \text{h} \approx 886 \text{h}$ mit $\eta = \alpha^{-1/\beta}$

c) $h(t) = \alpha \cdot \beta \cdot t^{\beta-1} = \frac{2}{1000} \cdot \frac{200}{1000} \cdot \frac{1}{\text{h}} = 4 \cdot 10^{-4} \cdot \frac{1}{\text{h}}$

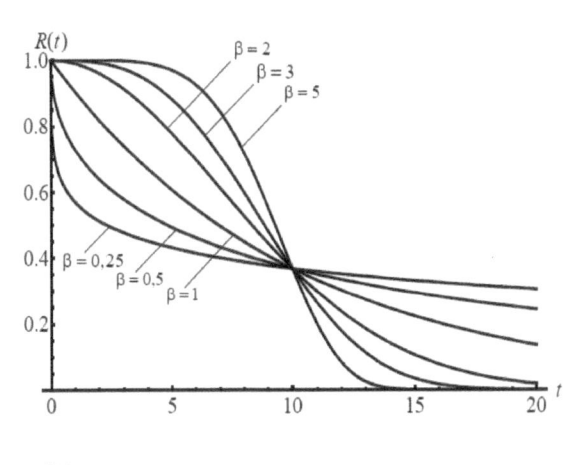

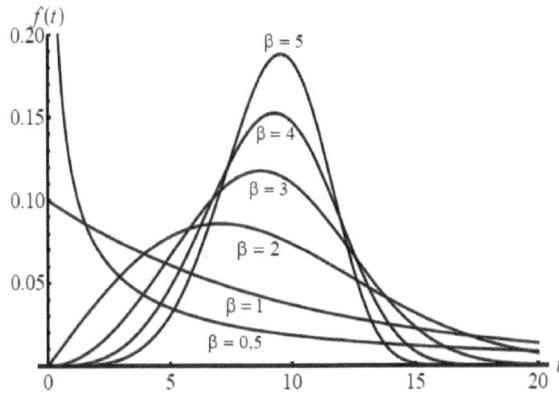

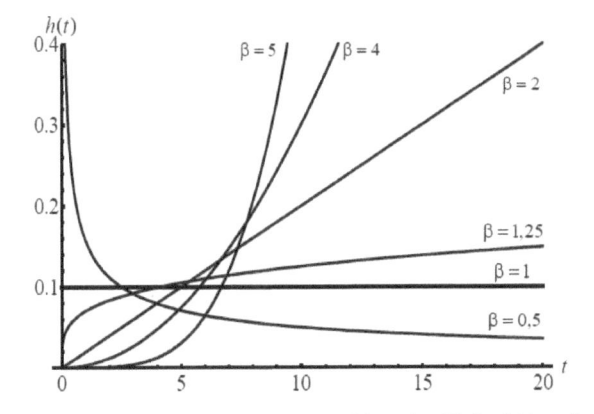

Bild 10.2 Zuverlässigkeitskenngrößen der Weibull-Verteilung

Beispiel 10.1.2-2

Bei Straßenverkehrssignalanlagen mögen vorgealterte Lampen eingesetzt werden, deren Ausfallrate somit in einem bestimmten Bereich als konstant mit $\lambda = 0{,}5 \cdot 10^{-4}$ h^{-1} angesehen werden kann. Praktische Erfahrungen haben gezeigt, dass es ökonomisch sinnvoll ist, alle Lampen zu einem Zeitpunkt auszuwechseln, wenn der Ausfallanteil 10 % (Ausfallwahrscheinlichkeit $F(t) = 0{,}1$) übersteigt.

a) Berechnen Sie den Zeitpunkt t, bei dem wie vorangehend angegeben 10 % der Lampen ausgefallen sind.
b) Die Lebensdauer der Lampen möge nunmehr einer Weibull-Verteilung mit der charakteristischen Lebensdauer $\eta = 3000$ h und der Ausfallsteilheit $\beta = 2$ genügen. Nach welchem Zeitpunkt müssten nunmehr die Lampen ausgewechselt werden, wenn wiederum ein Ausfallanteil von 10 % zugrunde gelegt wird?

Lösung:

a) $F(t) = 1 - e^{-\lambda t}$; $t = -1/\lambda \cdot \ln(1 - F(t))$; $t \approx 2107{,}21$ h.

b) $F(t) = 1 - e^{-\left(\frac{t}{\eta}\right)^{\beta}}$; $t = \eta \cdot (-\ln(1 - F(t)))^{1/\beta}$; $t \approx 973{,}7785$ h.

Beispiel 10.1.2-3

Die Lebensdauer einer elektrischen Maschine möge Rayleigh-verteilt mit einer charakteristischen Lebensdauer von 10 Jahren sein.

a) Bestimmen Sie die mittlere Lebensdauer (Hinweis: $\Gamma(1/2) = \sqrt{\pi}$).
b) Berechnen Sie die Wahrscheinlichkeit, dass die elektrische Maschine im ersten Jahr, zwischen dem 5. und 10. Jahr und mindestens 10 Jahre arbeitet.

Lösung:

a) $E(T) = \dfrac{10}{2} \cdot \Gamma(1/2) = 5 \cdot \sqrt{\pi} \approx 8{,}867$ Jahre.

b) $P(5 < T \leq 10) = F(10) - F(5) = \left(1 - e^{-\left(\frac{10}{10}\right)^2}\right) - \left(1 - e^{-\left(\frac{5}{10}\right)^2}\right)$

$= e^{-0{,}25} - e^{-1} \approx 0{,}4109$

$P(T > 10) = R(10\,\text{a}) = e^{-\left(\frac{10}{10}\right)^2} = e^{-1} \approx 0{,}3678$

Beispiel 10.1.2-4

Ein technisches System sei Weibull-verteilt mit den Parametern $\alpha = 1\cdot 10^{-7} \left(\frac{1}{h}\right)^{\beta}$ und $\beta = 0{,}7$.

a) Wie groß ist die Wahrscheinlichkeit, dass das System im ersten Jahr ausfällt?
b) Wie groß ist die Wahrscheinlichkeit, dass das System bis zum 10. Jahr ausfällt, wenn es schon 5 Jahre überlebt hat?
c) Welchen Wert nimmt β an, wenn nach zwei Jahren 5 % der gleichen Systeme ausgefallen sind und $\alpha = 1{,}671\cdot 10^{-10}\left(\frac{1}{h}\right)^{\beta}$ ist?
d) Stellen Sie die Ausfallrate für a) und c) grafisch dar.
e) Welche Systeme sind typisch für Aufgabenteil a), welche für c)?

Lösung:

a) Mit Formel 10.7 folgt:

$$F(8760) \approx 5{,}751 \cdot 10^{-5}$$

b) $\dfrac{F(87\,600) - F(43\,800)}{1 - F(43\,800)} \approx 1{,}108 \cdot 10^{-4}$

c) $\alpha = 1{,}671\cdot 10^{-10}\,\frac{1}{h}^{\beta}$

$t = 17\,520$

$R(t) \stackrel{!}{=} 0{,}95 = e^{-\alpha \cdot t^{\beta}}$

$\beta = \dfrac{\ln(-\dfrac{\ln 0{,}95}{\alpha})}{\ln t} \approx 2$

d) Für Teil a) gilt:

$\beta < 1 \Rightarrow$ Frühausfallverhalten

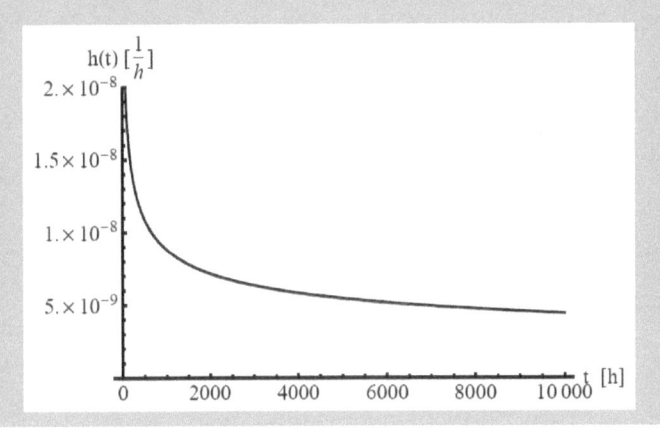

Für Teil c) gilt:

$\beta > 1 \Rightarrow \text{Verschleiß}$

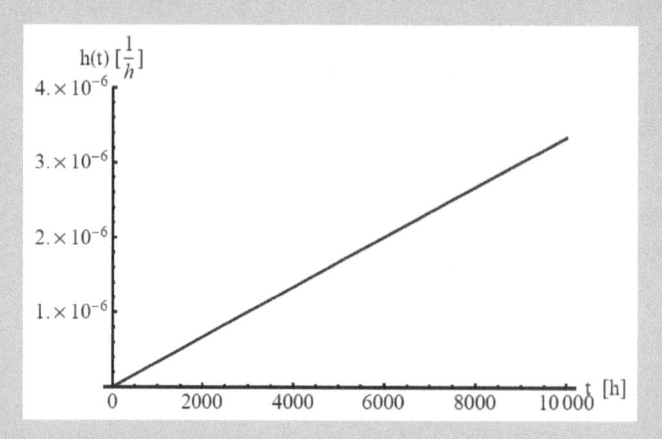

$h(t)\ [\frac{1}{h}]$

(Diagramm: linear ansteigende Ausfallrate von 0 bei t=0 auf ca. $3{,}5 \times 10^{-6}$ bei t=10000 h)

e) Typische Bauteile für Frühausfallverhalten sind elektronische Steuergeräte. Typische Bauteile für Verschleiß sind mechanische/mechatronische Bauteile (Generator).

Beispiel 10.1.2-5

Das Ausfallverhalten eines Drehzahlfühlers (DF) eines ABS-Bremssystems möge Weibull-verteilt sein.

a) Stellen Sie die Zuverlässigkeitskenngröße (Ausfallwahrscheinlichkeit und Ausfallrate) für die aus Versuchen ermittelten Parameter $\alpha = 17{,}384 \cdot 10^{-6} \cdot a^{-\beta}$ und $\beta = 0{,}365$ grafisch dar. Welches Ausfallverhalten besitzt die untersuchte Komponente?

b) Im Jahre 2000 wurden 3 Mio. Fahrzeuge mit dem vorangehend genannten ABS ausgestattet. Wie viele defekte DF (4 pro Fahrzeug) sind während der Garantiezeit (2 Jahre) zu erwarten?

c) Ein Kunde möchte wissen, wann 50 ppm der Radsensoren ausgefallen sind. Geben Sie den Zeitpunkt in Jahren und in Betriebsstunden an (ein Jahr entspricht 300 Betriebsstunden).

d) Welchen Wert darf der Parameter α nicht überschreiten, um für das erste Jahr die Grenze von 10 ppm einzuhalten?

e) Für spätere Untersuchungen des Gesamtsystems wird eine mittlere konstante Ausfallrate λ des Drehzahlfühlers benötigt. Berechnen Sie diese für eine festgesetzte Kfz-Lebensdauer von $t = 10$ Jahren.

Lösung:

a) Grafische Darstellung:

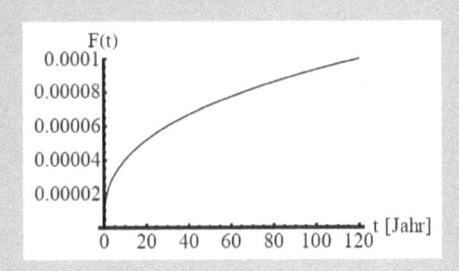

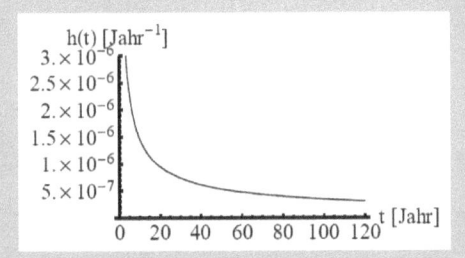

Ausfallverhalten: Frühausfallverhalten

b) $n_{Fzg} = 3 \cdot 10^6$, $n_{DF} = 4 \cdot n_{Fzg} = 12 \cdot 10^6$.

Anzahl defekter Drehzahlfühler innerhalb von zwei Jahren:

$$n_{defekt} = n_{DF} \cdot F(t = 2a) = 12 \cdot 10^6 \cdot \left(1 - e^{-17{,}384 \cdot 10^{-6} \frac{1}{a^{0{,}365}} \cdot (2a)^{0{,}365}}\right)$$

$$= 12 \cdot 10^6 \cdot 2{,}239 \cdot 10^{-5} \approx 269$$

Während der Garantiezeit von zwei Jahren sind somit 269 defekte Drehzahlfühler zu erwarten.

c) Durch Umstellen der Formel 10.7 folgt:

$$t = \left(\frac{-\ln(1 - F(t))}{\alpha}\right)^{\frac{1}{\beta}} = \left(\frac{-\ln(1 - 50 \cdot 10^{-6})}{17{,}384 \cdot 10^{-6}}\right)^{\frac{1}{0{,}365}} \approx 18{,}07\,a$$

Das entspricht ca. 5422 h.

d) Aus Formel 10.7 folgt durch weiteres Umstellen:

$$\alpha = \frac{-\ln(1 - F(t))}{t^\beta} = \frac{-\ln(1 - 10 \cdot 10^{-6})}{1^{0{,}365}} \approx 1 \cdot 10^{-5} \frac{1}{a^{0{,}365}}$$

e) Mit

$$F_{WB}(t=10\,a) = 1 - e^{-17{,}384 \cdot 10^{-6} \frac{1}{a^{0{,}365}} \cdot (10\,a)^{0{,}365}} \approx 4{,}0285 \cdot 10^{-5} \quad \text{und}$$

$$F_{Exp}(t=10\,a) \stackrel{!}{=} F_{WB}(t=10\,a) \qquad \text{folgt}$$

$$1 - e^{-\lambda_{DF,F} \cdot t} = 4{,}0285 \cdot 10^{-5} \qquad \text{und schließlich}$$

$$\lambda_{DF,F} = \frac{-\ln(1 - 4{,}0285 \cdot 10^{-5})}{10\,a} \approx 4{,}028 \cdot 10^{-6} \frac{1}{a}$$

Allgemein gilt die Beziehung

$$\lambda_{DF,F} = \alpha \cdot t^{\beta-1}$$

10.1.3 Die spezielle Erlang-Verteilung[2]

Die spezielle Erlang-Verteilung (Bild 10.3) wird bei der Berechnung der Überlebenswahrscheinlichkeit $R(t)$, der sogenannten **Schaltredundanz** (kalte Reserve) bzw. auf Englisch standby redundancy (siehe Abschnitt 14.7), in der Erneuerungstheorie und in der Bedienungstheorie verwendet (siehe hierzu Markov-Prozess mit fiktiven Zuständen; für Erlangsche Phasenmethode siehe zum Beispiel Beichelt in Lit.).

> **Definition 10.1.3-1: Erlang-verteilte Zufallsgröße**
>
> Eine stetige nicht negative Zufallsgröße T ist Erlang-verteilt mit dem Parameter $\lambda > 0$ und der Ordnung $n \geq 1$, kurz Er(λ)-verteilt, wenn sie die Verteilungsfunktion besitzt (siehe Poisson-Verteilung mit $\mu = \lambda t$, Abschnitt 10.2.2):
>
> $$F(t) = \begin{cases} 1 - e^{-\lambda t} \cdot \left[1 + \frac{\lambda \cdot t}{1!} + \frac{(\lambda \cdot t)^2}{2!} + \ldots + \frac{(\lambda \cdot t)^{n-1}}{(n-1)!}\right] & \text{für } t \geq 0 \\ 0 & \text{für } t < 0 \end{cases} \quad (10.18)$$
>
> $$F(t) = 1 - e^{-\lambda \cdot t} \sum_{i=0}^{n-1} \frac{(\lambda \cdot t)^i}{i!} \qquad \text{für } t \geq 0$$

Die vorangegangene Gleichung sagt aus, dass sich die spezielle Erlang-Verteilung aus der Summe von n (n = Stufenzahl) statistisch unabhängigen, mit dem Parameter λ exponentiell verteilten Zufallsgrößen

$$T = T_1 + T_2 + \ldots + T_i + \ldots + T_n$$

zusammensetzt. Für $n = 1$ folgt als Spezialfall die Exponentialverteilung.

---

[2] Agner Krarup Erlang, 1878 – 1929

Berechnung der weiteren Zuverlässigkeitskenngrößen

Ausfalldichte:

Mit

$$f(t) = -\frac{dR(t)}{dt} = -\frac{d}{dt}\left(e^{-\lambda \cdot t} \cdot \sum_{i=0}^{n-1} \frac{(\lambda \cdot t)^i}{i!}\right) \tag{10.19}$$

folgt

$$f(t) = \lambda \cdot e^{-\lambda \cdot t} \cdot \sum_{i=0}^{n-1} \frac{(\lambda \cdot t)^i}{i!} - \lambda \cdot e^{-\lambda \cdot t} \cdot \sum_{i=0}^{n-2} \frac{(\lambda \cdot t)^i}{i!} \tag{10.20}$$

und schließlich

$$f(t) = \lambda \cdot \frac{(\lambda \cdot t)^{n-1}}{(n-1)!} e^{-\lambda \cdot t} \text{ für } t \geq 0 \tag{10.21}$$

Ausfallrate:

Mit Formel 9.16 folgt:

$$h(t) = \frac{\lambda \cdot \frac{(\lambda \cdot t)^{n-1}}{(n-1)!}}{\sum_{i=0}^{n-1} \frac{(\lambda \cdot t)^i}{i!}} \text{ für } t \geq 0 \tag{10.22}$$

Es wird deutlich, dass für $n > 1$ die Ausfallrate eine monoton steigende Funktion mit

$$h(t) < \lambda \tag{10.23}$$

für alle $t > 0$ und $\lim_{t \to \infty} h(t) = \lambda$ ist.

Berechnung des Erwartungswertes und der Varianz

Der Erwartungswert und die Varianz einer speziellen Erlang-Verteilung lassen sich relativ leicht berechnen, da sich die Zufallsgröße T aus der Summe von n unabhängigen Ex(λ)-verteilten Zufallsgrößen T_i zusammensetzt.

Es folgt

$$E(T) = \sum_{i=1}^{n} E(T_i) = \frac{n}{\lambda} \tag{10.24}$$

und

$$\sigma^2(T) = \sum_{i=1}^{n}(M_2 - M_1^2) = \sum_{i=1}^{n}\left(\frac{2}{\lambda^2} - \frac{1}{\lambda^2}\right) = \sum_{i=1}^{n}\frac{1}{\lambda^2} = \frac{n}{\lambda^2} \tag{10.25}$$

Die Varianz wird bei konstanten $E(T)$ mit wachsender Stufenzahl n immer kleiner. Für $n \to \infty$ folgt $P(T = E(T)) = 1$. Erwähnt sei noch, dass die spezielle Erlang-Verteilung ein Spezialfall der **Gammaverteilung** ist, wenn für n alle positiven Zahlen zugelassen werden und die Wahrscheinlichkeitsdichte durch

$$f(t) = \lambda \cdot e^{-\lambda \cdot t} \cdot \frac{(\lambda \cdot t)^{n-1}}{\Gamma(n)} \tag{10.26}$$

mit

$$\Gamma(n) = \int_0^\infty x^{n-1} \cdot e^{-x} dx = (n-1)!\,,\ n > 0 \tag{10.27}$$

definiert ist.

Die **allgemeine Erlang-Verteilung** mit der sogenannten Stufenzahl n ist durch

$$F(t) = \sum_{i=1}^{n} A_i \cdot (1 - e^{-\lambda_i \cdot t}) \tag{10.28}$$

mit

$$A_i = \sum_{\substack{j=1 \\ j \neq i}}^{n} \frac{\lambda_j}{\lambda_j - \lambda_i}\,,\ \lambda_j \neq \lambda_i \tag{10.29}$$

definiert.

Die Ausfalldichte ist dann durch

$$f(t) = \frac{dF(t)}{dt} = \sum_{i=1}^{n} A_i \cdot \lambda_i \cdot e^{-\lambda_i \cdot t} \tag{10.30}$$

gegeben.

In Analogie zur speziellen Erlang-Verteilung folgt für den Erwartungswert

$$E(T) = \frac{1}{\lambda_1} + \frac{1}{\lambda_2} + \ \ldots\ + \frac{1}{\lambda_n} \tag{10.31}$$

und für die Varianz

$$\sigma^2(T) = \frac{1}{\lambda_1^2} + \frac{1}{\lambda_2^2} + \ \ldots\ + \frac{1}{\lambda_n^2}$$

Mithilfe der allgemeinen Erlang-Verteilung ist es möglich, jede beliebige Ausfalldichte hinreichend genau zu approximieren.

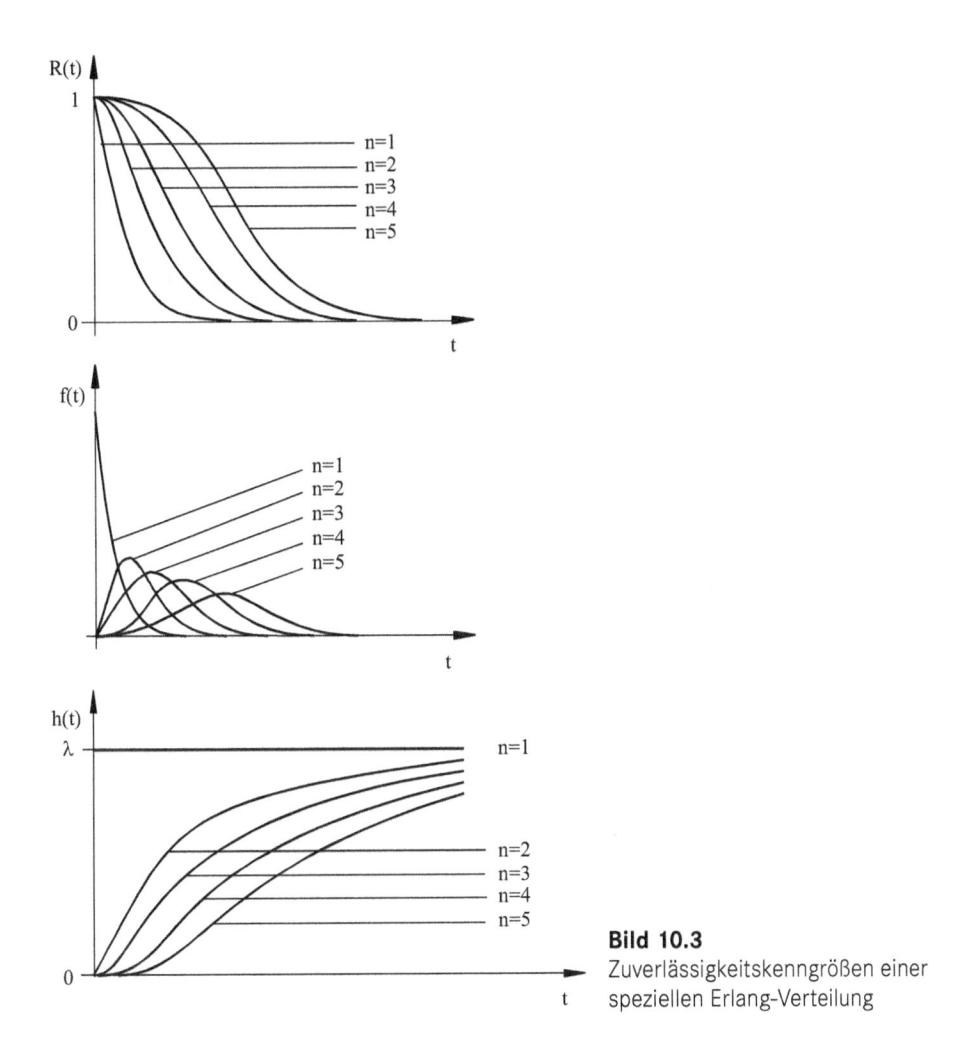

Bild 10.3
Zuverlässigkeitskenngrößen einer speziellen Erlang-Verteilung

Beispiel 10.1.3-1

Zur Sicherstellung der Stromversorgung in einem Krankenhaus sind zwei gleiche Generatoren als Standby-System installiert. Die Ausfallrate eines Generators sei $\lambda = 10^{-4}$ 1/h.

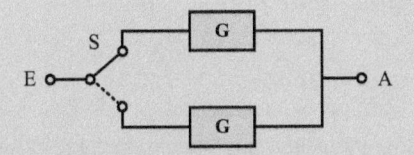

a) Nach welcher Zeit müssen die Generatoren gewartet werden (Generatoren sind dann wieder „wie neu"), um eine Überlebenswahrscheinlichkeit des Gesamtsystems von $R = 0{,}999$ zu garantieren? (Hinweis: Verwenden Sie die Näherung $e^x \approx 1 + x$).

b) Berechnen Sie die Ausfallrate des Gesamtsystems.

> *Lösung:*
> **a)** Für zwei Einheiten folgt aus Formel 10.18:
>
> $$R(t) = e^{-\lambda t} \cdot \left(1 + \frac{\lambda \cdot t}{1!}\right).$$
>
> Mit der Näherung $e^x \approx 1 + x$ folgt:
>
> $$R(t) \approx 1 - \lambda^2 \cdot t^2$$
>
> $$t \approx \frac{(1 - R(t))^{0,5}}{\lambda}$$
>
> $$t \approx 316{,}2\,\text{h}$$
>
> **b)** Mit Formel 10.22 folgt:
>
> $$h(t) = \frac{\lambda^2 \cdot t}{1 + \lambda \cdot t}$$

10.1.4 Die Normalverteilung

Bei statistischen Auswertungen wird häufig eine Glockenform für die Wahrscheinlichkeitsdichte beobachtet. Die mathematische Formulierung der Dichte erfolgte zuerst durch **Abraham de Moivre**[3] 1733. **C. F. Gauß**[4] hat sie dann später, unabhängig von de Moivre, im Zusammenhang mit Messfehlern hergeleitet.

Die Normalverteilung eignet sich eigentlich **nicht** zur Beschreibung der Lebensdauer einer Komponente, da die für die Lebensdauerverteilung notwendige Randbedingung

$$R(0) = 1 \tag{10.32}$$

nicht erfüllt ist. Ist die Standardabweichung jedoch viel kleiner als der Mittelwert, d. h.

$$\sigma \ll E(T) = \mu \quad \text{i. d. R. } \mu \geq 4\sigma \tag{10.33}$$

so geht das Integral

$$\int_{-\infty}^{0} f(t)\,dt \approx 0 \tag{10.34}$$

fast gegen null, sodass in praktischen Anwendungsfällen

$$R(0) \approx 1 \tag{10.35}$$

gegeben ist. Für $\mu = 3 \cdot \sigma$ ist $R(0) = 0{,}99865$ und für $\mu = 4 \cdot \sigma$ bereits $R(0) = 0{,}99994$, d. h., der Fehler kann, je nach Anwendungsfall, vernachlässigt werden. Es handelt sich um eine gestutzte Normalverteilung.

---

[3] Abraham de Moivre, 1687–1754
[4] Carl Friedrich Gauß, 1777–1855

Definition 10.1.4-1: Normalverteilte Zufallsgröße

Eine stetige Zufallsgröße T ist $N(\mu, \sigma^2)$-normalverteilt, wenn sie durch

$$F(t) = \frac{1}{\sigma \cdot \sqrt{2 \cdot \pi}} \cdot \int_{-\infty}^{t} e^{-\frac{(\tau-\mu)^2}{2\sigma^2}} d\tau = \phi\left(\frac{t-\mu}{\sigma}\right) \quad (10.36)$$

für $-\infty < t < \infty, -\infty < \mu < \infty, \sigma > 0$ definiert ist.

Für die Ausfalldichte folgt dann:

$$f(t) = \frac{1}{\sigma \cdot \sqrt{2 \cdot \pi}} \cdot e^{-\frac{(t-\mu)^2}{2\sigma^2}} = \varphi\left(\frac{t-\mu}{\sigma}\right) \quad (10.37)$$

Es kann leicht verifiziert werden, dass sich der Erwartungswert zu μ und die Varianz zu σ^2 errechnen.

Die **standardisierte** Form der **Normalverteilung** $N(0, 1)$ (siehe Bild 10.4) ist durch die Substitution

$$u = \frac{\tau - \mu}{\sigma}, \quad \frac{du}{d\tau} = \frac{1}{\sigma} \quad (10.38)$$

gegeben. Für die Verteilungsfunktion ϕ folgt dann:

$$\phi(u) = F(u) = \frac{1}{\sqrt{2 \cdot \pi}} \cdot \int_{-\infty}^{u} e^{-\frac{\tau^2}{2}} d\tau \quad (10.39)$$

Es handelt sich um eine $U \sim N(0,1)$-**normalverteilte** Zufallsgröße $U = \frac{T-\mu}{\sigma}$ mit der Dichte

$$\varphi(u) = f(u) = \frac{1}{\sqrt{2 \cdot \pi}} \cdot e^{-\frac{u^2}{2}} \quad (10.40)$$

Die standardisierte Normalverteilung hat als Mittelwert den Wert $E(U) = 0$ und als Varianz den Wert $\sigma^2(U) = 1$.

Aufgrund der Symmetrieeigenschaft gilt:

$$\phi(-u) = 1 - \phi(u) \quad (10.41)$$

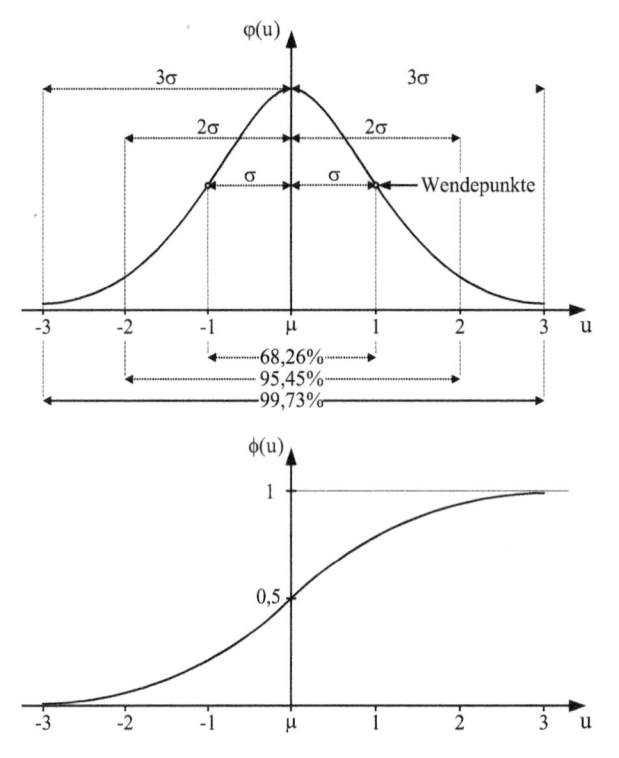

Bild 10.4 Grafische Darstellung der standardisierten Normalverteilung

Die Werte der standardisierten Normalverteilung sind tabelliert (siehe Anhang B). Die Ausfallrate der Normalverteilung errechnet sich gemäß Formel 9.16 zu

$$h(t) = \frac{e^{-\frac{(t-\mu)^2}{2\cdot\sigma^2}}}{\int_{t}^{\infty} e^{-\frac{(\tau-\mu)^2}{2\cdot\sigma^2}} d\tau} = \frac{\varphi\left(\frac{t-\mu}{\sigma}\right)}{1-\phi\left(\frac{t-\mu}{\sigma}\right)} \qquad (10.42)$$

Der Verlauf der Ausfallrate ist monoton wachsend, sodass sich die Normalverteilung unter anderem für die Beschreibung des Bereiches III (Alterungsausfälle) der „Badewannenkurve" eignet. Besondere Bedeutung kommt der Normalverteilung aber auch durch den **zentralen Grenzwertsatz** der Wahrscheinlichkeitsrechnung zu, der besagt, dass die Summe von endlich vielen unabhängigen Zufallsgrößen wieder annähernd normalverteilt ist (siehe Abschnitt 24.1.6).

Bild 10.5 zeigt die Zuverlässigkeitskenngrößen einer Normalverteilung für $\sigma \ll \mu$.

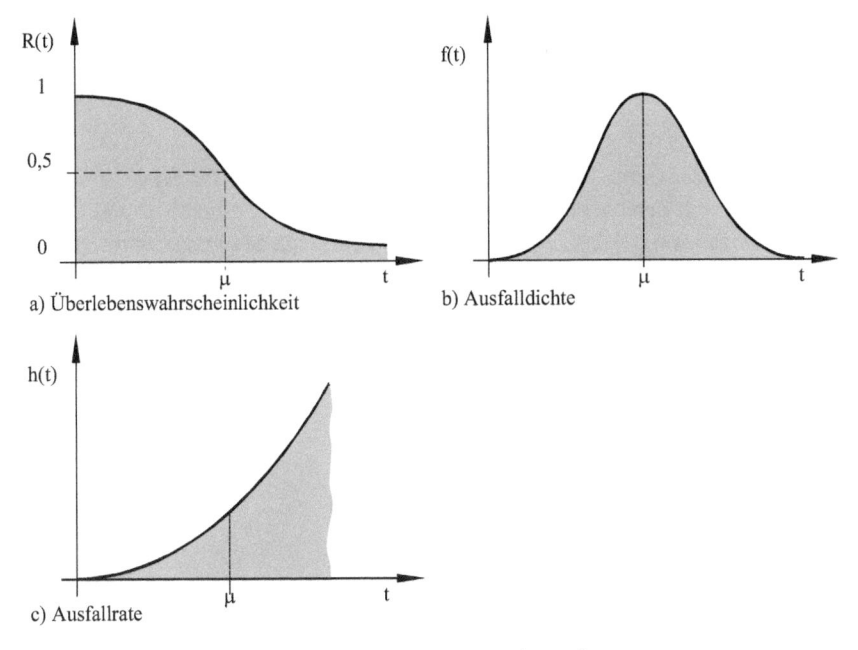

Bild 10.5 Zuverlässigkeitskenngrößen einer Normalverteilung, $\sigma \ll \mu$

10.1.5 Die logarithmische Normalverteilung[5]

Eine sogenannte **Lognormal-Verteilung** LN(μ, σ^2) ist gegeben, wenn die Zufallsgröße T logarithmisch normalverteilt mit den Parametern μ und σ ist, d.h. ln T als neue Zufallsgröße X eingeführt wird und diese annähernd normalverteilt ist.

Die Zufallsgröße kann dann keine negativen Werte annehmen, sodass die Normierung erfüllt ist:

$$\int_{-\infty}^{0} f(t)dt = 0 \tag{10.43}$$

> **Definition 10.1.5-2: Logarithmisch normalverteilte Zufallsgröße**
>
> Eine stetige nicht negative Zufallsgröße T ist $LN(\mu, \sigma^2)$-verteilt, wenn $X = \ln T\, N(\mu, \sigma^2)$-verteilt ist.
>
> $$F(t) = \frac{1}{\sigma \cdot \sqrt{2 \cdot \pi}} \cdot \int_0^t \frac{1}{\tau} \cdot e^{-\frac{(\ln \tau - \mu)^2}{2 \cdot \sigma^2}}\, d\tau = \phi\left(\frac{\ln t - \mu}{\sigma}\right) \tag{10.44}$$
>
> Dies gilt für alle $t \geq 0$, $\mu \in P$, $\sigma > 0$.

---

[5] Die logarithmische Normalverteilung wird in der angelsächsischen Literatur auch als Galton-, Gibrat-, Mc-Alister- oder Kapteyn-Verteilung bezeichnet.

Für die Dichte (Bild 10.6) folgt dann:

$$f(t) = \frac{1}{\sigma \cdot t \cdot \sqrt{2 \cdot \pi}} \cdot e^{-\frac{(\ln t - \mu)^2}{2 \cdot \sigma^2}} = \frac{1}{\sigma \cdot t} \cdot \varphi\left(\frac{\ln t - \mu}{\sigma}\right) \quad \text{für } t \geq 0 \tag{10.45}$$

Da die Dichte mit wachsendem t schnell ansteigt und nach Erreichen des Maximums wieder abnimmt, können mit der Lognormalverteilung Instandsetzungszeiten, Fahrleistungsdauern bei Pkws (siehe Kapitel 28), zeitraffende Prüfungen etc. besonders dann gut beschrieben werden, wenn eine große Anzahl statistisch unabhängiger Zufallsvariablen sich multiplikativ auswirkt.

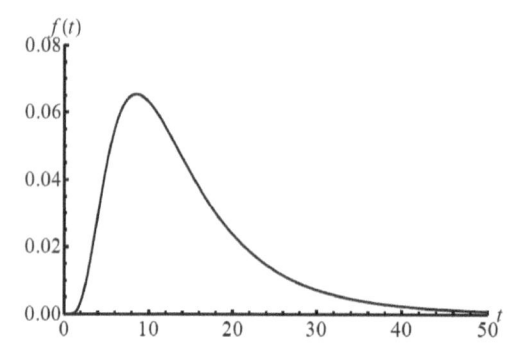

Bild 10.6
Dichte der logarithmischen Normalverteilung für μ = 2,5 und σ = 0,6

Für die weiteren Zuverlässigkeitskenngrößen gilt:

Überlebenswahrscheinlichkeit:

$$R(t) = \frac{1}{\sigma \cdot \sqrt{2 \cdot \pi}} \cdot \int_t^\infty \frac{1}{\tau} \cdot e^{-\frac{(\ln \tau - \mu)^2}{2 \cdot \sigma^2}} d\tau = 1 - \phi\left(\frac{\ln t - \mu}{\sigma}\right) \tag{10.46}$$

Ausfallrate:

$$h(t) = \frac{f(t)}{R(t)} = \frac{1}{\sigma \cdot t} \cdot \frac{\varphi\left(\frac{\ln t - \mu}{\sigma}\right)}{1 - \phi\left(\frac{\ln t - \mu}{\sigma}\right)} \tag{10.47}$$

Der Erwartungswert und die Varianz lassen sich aus den folgenden Gleichungen bestimmen:

$$E(T) = e^{\mu + \frac{\sigma^2}{2}} \tag{10.48}$$

$$\sigma^2(T) = e^{2\mu + \sigma^2}(e^{\sigma^2} - 1) \tag{10.49}$$

Das heißt:

$$E(\ln T) = \mu \quad \text{und} \quad \sigma^2(\ln T) = \sigma^2. \tag{10.50}$$

Der Median Me ergibt sich zu

$$Me(T) = e^{\mu} \tag{10.51}$$

und der Modus M_o zu

$$M_o(T) = e^{\mu - \sigma^2} \tag{10.52}$$

Damit folgt:

$$M_o(T) < Me(T) < E(T) \tag{10.53}$$

Beispiel 10.1.5-1

Die Lebensdauer der Glühlampen von Straßenverkehrssignalanlagen möge normalverteilt mit der mittleren Lebensdauer von µ = 3000 h und der Standardabweichung σ = 250 h sein.

Wie groß ist die Wahrscheinlichkeit, dass die Glühlampen

a) zwischen 0 h ≤ t ≤ 2800 h,
b) zwischen 2800 h ≤ t ≤ 3200 h, sowie
c) nach t ≥ 3200 h ausfallen werden?

Stellen Sie die Verhältnisse grafisch dar und benutzen Sie die im Anhang tabellierte Standardnormalverteilung.

Lösung:

a) $P(F \leq 2800) = F(2800) = \phi\left(\dfrac{2800 - 3000}{250}\right)$

$= \phi(-0{,}8) \approx 0{,}211855$

Dabei wird $\phi(-u) = 1 - \phi(u)$ benutzt.

b) $P(2800 \leq T \leq 3200) = F(3200) - F(2800)$

$= \phi(0{,}8) - \phi(-0{,}8) = 2 \cdot \phi(0{,}8) - 1 \approx 0{,}576289$

c) $P(3200 \leq T) = 1 - F(3200) = 1 - \phi(0{,}8) \approx 0{,}211855$.

Grafische Darstellung:

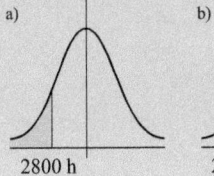

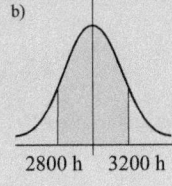

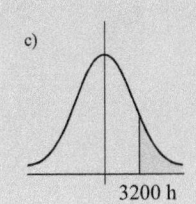

Beispiel 10.1.5-2

Ein Kunde bestellt Widerstände mit dem Nennwert $R = 100\ \Omega$. Aufgrund von Untersuchungen der Abteilung Qualitätssicherung (Wareneingangskontrolle) ist bekannt, dass der Widerstandswert normalverteilt mit dem Erwartungswert $E(X) = \mu = 100\Omega$ und der Varianz $\sigma^2(X) = 25\Omega^2$ ist. Der Kunde akzeptiert alle Widerstände mit einem Wert von $R = 100\Omega \pm 10\Omega$. Wie groß ist die Wahrscheinlichkeit bzw. der prozentuale Anteil der gelieferten Widerstände, die diesen Anforderungen entsprechen?

Lösung:

$$P(|X-100| \leq 10) = P(90 \leq X \leq 110)$$
$$= \phi\left(\frac{110-100}{5}\right) - \phi\left(\frac{90-100}{5}\right)$$
$$= \phi(2) - \phi(-2) = \phi(2) - [1-\phi(2)]$$
$$= 2\phi \cdot (2) - 1 = 2 \cdot 0{,}977250 - 1$$
$$= 0{,}9545$$

Grafische Darstellung:

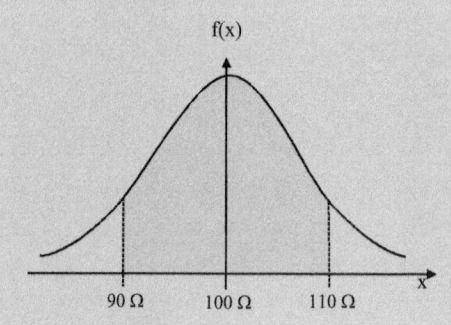

Beispiel 10.1.5-3

Eine Firma produziert Elektrokleinmotoren. Aufgrund von statistischen Untersuchungen im Rahmen der Qualitätssicherung ist bekannt, dass die Nennleistung normalverteilt mit dem Mittelwert $\mu = 5$ W und der Standardabweichung $\sigma = 0{,}2$ W ist.

a) Wie groß ist die Wahrscheinlichkeit, dass ein Motor eine Nennleistung zwischen 4,8 W und 5,4 W hat?
b) Wie groß ist die Wahrscheinlichkeit, dass ein Motor eine Nennleistung größer als 5,4 W aufweist?
c) Welche maximale Nennleistung haben 15 % der schwächsten Motoren?

Lösung:

a) $P(4,8 \leq X \leq 5,4)$

$$= \phi\left(\frac{5,4-5,0}{0,2}\right) - \phi\left(\frac{4,8-5,0}{0,2}\right)$$

$$= \phi(2) - \phi(-1) \approx 0,8186$$

b) $P(5,4 \leq X) = 1 - \phi\left(\frac{5,4-5,0}{0,2}\right) = 1 - \phi(2) \approx 0,02275$

c) $0,15 = P(X \leq x) = \phi\left(\frac{x-5,0}{0,2}\right) = \phi(u)$

$$\Rightarrow u = \frac{x-5,0}{0,2} \approx -1,03643$$

$$\Rightarrow x = 5 - 0,2 \cdot 1,03643 \approx 4,7927 \text{ W}.$$

Beispiel 10.1.5-4

Für einen bestimmten Pkw-Typ wurden folgende Parameter einer logarithmisch normalverteilten jährlichen Fahrleistung S (Tkm) geschätzt:

$\mu = 2,9014$ und $\sigma = 0,7597$.

Wie groß ist die Wahrscheinlichkeit, dass die Fahrzeuge innerhalb eines Jahres

a) zwischen $0 \text{ Tkm} \leq S \leq 5 \text{ Tkm}$,
b) zwischen $5 \text{ Tkm} \leq S \leq 50 \text{ Tkm}$ und
c) $S > 100 \text{ Tkm}$ fahren?
d) Bestimmen Sie den Kilometerwert [Tkm], den ⅔ der Fahrer im Jahr nicht überschreiten.

Lösung:

a) $P(S \leq 5\,\text{Tkm}) = F(s = 5\,\text{Tkm}) = \phi\left(\frac{\ln 5 - 2,9014}{0,7597}\right) = \phi(-1,7) = 1 - \phi(1,7) \approx 0,0446$

b) $P(5\,\text{Tkm} < S \leq 50\,\text{Tkm}) = F(s = 50\,\text{Tkm}) - F(s = 5\,\text{Tkm})$

$$= \phi\left(\frac{\ln 50 - 2,9014}{0,7597}\right) - \phi\left(\frac{\ln 5 - 2,9014}{0,7597}\right) = \phi(1,33) - \phi(0,446)$$

$$\approx 0,9082 - 0,0446 \approx 0,8636$$

c) $P(S > 100\,\text{Tkm}) = 1 - P(S \leq 100\,\text{Tkm}) = 1 - F(s = 100\,\text{Tkm})$

$$= 1 - \phi\left(\frac{\ln 100 - 2,9014}{0,7597}\right) = 1 - \phi(2,24) \approx 1 - 0,9875 \approx 0,0125$$

d) $\phi\underbrace{\left(\frac{\ln s - \mu}{\sigma}\right)}_{= u} = 0,666 \xrightarrow{\text{aus Tabelle}} u = 0,43 \Rightarrow \frac{\ln s - \mu}{\sigma} = 0,43$

$\Rightarrow \ln s = 0,43 \cdot \sigma + \mu \Rightarrow s = e^{0,43 \cdot \sigma + \mu} = e^{0,43 \cdot 0,7597 + 2,9014} \approx 25,23 \text{ Tkm}$

10.1.6 Asymptotische Extremwertverteilung

Unter einer **Extremwertverteilung** wird die Wahrscheinlichkeitsverteilung der größten (Stichprobenmaximum) oder kleinsten (Stichprobenminimum) Ranggröße in einer unabhängigen, endlichen Stichprobe vom Umfang n aus einer Grundgesamtheit verstanden. Für große n ($n \to \infty$) ergeben sich **asymptotische Extremwertverteilungen**, die unabhängig von der jeweiligen zugrunde gelegten Ausgangsverteilung sind. Lediglich das Grenzverhalten der Ausgangsverteilung für große bzw. kleine Werte charakterisiert den Typus der Extremwertverteilung.

Die Extremwerttheorie als mathematische Disziplin wurde durch die grundlegenden Arbeiten von R. von Mises, E. L. Dodd und insbesondere von Fisher[6], Tippett, Gnedenko und Gumbel[7] begründet (siehe Lit.).

Da sich die Extremwerttheorie mit der Beschreibung von „Ausreißern" (Risiken) und deren Wiederkehr beschäftigt (Risikoforschung), hat diese eine große Bedeutung in der Meteorologie, Hydrologie, Finanz- und Versicherungsmathematik, aber auch in technischen Bereichen im Rahmen des Risikomanagements für extreme (ungewöhnliche oder seltene) Ereignisse.

Leider werden solche Extreme im technischen Bereich oft als Ausreißer verharmlost und in der Regel, um eine gute Modellbildung zu gewährleisten, ignoriert.

Wird einmal von der Nutzung der Weibull-Verteilung als Extremwertverteilung für kleinste Werte abgesehen, so sollte zukünftig die Extremwerttheorie auch im technischen Bereich stärker genutzt und weiterentwickelt werden. Ein Beispiel hierfür seien die Rückrufaktionen im Rahmen des Risikomanagements im Bereich Automotive.

Es seien $X_1, \ldots, X_n$ unabhängige und identisch verteilte Zufallsgrößen mit der Verteilungsfunktion $F(x)$. Dann charakterisiert das Minimum die Zufallsgröße

$$X_{\min} = \min\{X_1, \ldots, X_n\} \tag{10.54}$$

und das Maximum

$$X_{\max} = \max\{X_1, \ldots, X_n\} \tag{10.55}$$

Aufgrund der Symmetrieeigenschaft gilt:

$$\min_i X_i = -\max_i(-X_i) \tag{10.56}$$

Für die Verteilungsfunktion $F_{\min}$ des Minimums $X_{\min}$ folgt dann

$$F_{\min}(x) = P(X_{\min} \leq x) = 1 - P(X_{\min} \geq x) \tag{10.57}$$

und mit

$$P(X_{\min} \geq x) = P(X_1 \geq x, X_2 \geq x, \ldots, X_n \geq x) = \prod_{i=1}^{n} P(X_i \geq x)$$

---

[6] Sir Ronald Aylmer Fisher (1890–1962)

[7] Emil Julius Gumbel (1891–1966)

dann

$$F_{\min}(x) = 1 - [1 - F(x)]^n \tag{10.58}$$

Die Verteilungsfunktion $F_{\max}$ des Maximums $X_{\max}$ kann durch

$$F_{\max}(x) = P(X_n \le x) = P(X_1 \le x, X_2 \le x, \dots, X_n \le x) = \prod_{i=1}^{n} P(X_i \le x)$$

$$F_{\max}(x) = [F(x)]^n \tag{10.59}$$

formuliert werden.

Die zugehörigen Dichten werden durch entsprechende Ableitung der Verteilungsfunktion gebildet, sofern diese existiert. Es folgt

$$f_{\min}(x) = n \cdot f(x) \cdot [1 - F(x)]^{n-1} \tag{10.60}$$

und

$$f_{\max}(x) = n \cdot f(x) \cdot [F(x)]^{n-1} \tag{10.61}$$

Interessant ist in diesem Zusammenhang das sogenannte „Kettenproblem" (siehe Kapitel 13) als schwächste Verbindung. Ist die Ausfallwahrscheinlichkeit eines Kettenglieds exponentiell verteilt, so folgt aus Formel 10.58

$$F_{\min}(x) = 1 - e^{-n \cdot \lambda \cdot x} \tag{10.62}$$

mit der Dichte

$$f_{\min}(x) = n \cdot \lambda \cdot e^{-n \cdot \lambda \cdot x} \tag{10.63}$$

und dem Erwartungswert

$$E(X_{\min}) = \frac{1}{n \cdot \lambda} = \frac{1}{n} \cdot E(X) \tag{10.64}$$

Das heißt, es ergibt sich wiederum eine Exponentialverteilung, nunmehr mit dem Parameter $n \cdot \lambda$. Es handelt sich um die Selbstproduktionseigenschaft einer Exponentialverteilung. Sind die Glieder der Kette parallel angeordnet (stärkste Verbindung), so folgt aus Formel 10.59

$$F_{\max}(x) = (1 - e^{-\lambda \cdot x})^n \tag{10.65}$$

mit der Dichte

$$f_{\max}(x) = n \cdot \lambda \cdot (1 - e^{-\lambda \cdot x})^{n-1} \cdot e^{-\lambda \cdot x} \tag{10.66}$$

und dem Erwartungswert

$$E(X_{\max}) = \frac{1}{\lambda} \sum_{k=1}^{n} \frac{1}{k} \tag{10.67}$$

(siehe auch Kapitel 13).

Betrachten wir nun das Grenzverhalten des Maximums der Verteilungsfunktion $F_{max}(x)$, so folgt

$$\lim_{n\to\infty}[F(x)]^n = \begin{cases} 0 & \text{für} \quad F(x) < 1 \\ 1 & \text{für} \quad F(x) = 1 \end{cases} \qquad (10.68)$$

als Potenzfunktion mit einem „entarteten Grenzwert". Denn mit $\lim_{n\to\infty}[F(x)]^n = 0$ für alle x folgt, dass $\lim_{n\to\infty} X_{max} = \infty$ gilt. Das heißt, das Maximum von n unbeschränkten Zufallsvariablen X_i wächst über alle Grenzen.

Extremwertverteilungen sind nun die asymptotischen Grenzverteilungen der Zufallsvariablen X_{min} bzw. X_{max} für große n, d. h. $n \to \infty$.

Das nicht degenerative Verhalten kann umgangen werden, wenn durch Wahl geeigneter Konstanten eine Standardisierung durchgeführt wird.

In Analogie zum zentralen Grenzwertsatz (siehe Abschnitt 24.1.6) lässt sich nachweisen, dass für bestimmte Konstanten $a_n > 0$ und b_n Grenzverteilungen existieren, sodass gilt:

$$\lim_{n\to\infty} P\left(\frac{X_{max} - b_n}{a_n} \leq x\right) = F(x) \qquad (10.69)$$

Es handelt sich hierbei um einen sogenannten Maximumsanziehungsbereich. Das heißt, für alle $n \in \mathbb{N}$ gilt:

$$[F(a_n \cdot x + b_n)]^n = F(x) \qquad (10.70)$$

Als Lösungen ergeben sich drei Typen von Extremwertverteilungen als Grenzverteilung für das standardisierte Maximum.

Typ I: Gumbel-Verteilung

$$F_I(x) = e^{-e^{-x}} \qquad \text{für } x \in \mathbb{R} \qquad (10.71)$$

Typ II: Fréchet-Verteilung[8]

$$F_{II}(x) = \begin{cases} 0 & \text{für} \quad x \leq 0 \\ e^{-x^{-\alpha}} & \text{für} \quad x > 0, \alpha > 0 \end{cases} \qquad (10.72)$$

Typ III: Weibull-Verteilung

$$F_{III}(x) = \begin{cases} e^{-(-x)^\alpha} & \text{für} \quad x < 0, \alpha > 0 \\ 1 & \text{für} \quad x \geq 0 \end{cases} \qquad (10.73)$$

Die drei Grenzverteilungen für das standardisierte Minimum werden aufgrund der Symmetriebedingung bestimmt. So folgt beispielsweise für die Gumbel-Verteilung

$$F_{min}(x) = 1 - F_{max}(-x) = 1 - e^{-e^x} \qquad (10.74)$$

Die vorangehend aufgeführten Extremwertverteilungen können auch zu einer Klasse (Jenkinson-von Mises-Darstellung) parametrisiert werden, welche als allgemeine Extremwertverteilung bezeichnet wird.

---

[8] Maurice René Fréchet (1878 – 1973)

Typ I – Extremwertverteilung (Gumbel-Verteilung)

Die Extremwertverteilung vom Typ I hat in der Zuverlässigkeitstechnik eine herausragende Bedeutung, da diese immer dann angewandt werden kann, wenn die Ausgangsverteilungen am interessierenden Ende durch eine e-Funktion charakterisiert sind und sehr schnell gegen null streben. Hierzu zählen die Exponentialverteilung, Normalverteilung, Lognormalverteilung, χ^2-Verteilung, also fast alle zuverlässigkeitsrelevanten Verteilungen.

Eine Überprüfung, ob eine Ausgangsverteilung vom exponentiellen Typ ist, erfolgt durch den Quotienten

$$Q(t) = -\frac{h(t) \cdot f(t)}{f'(t)} \tag{10.75}$$

mit der Bedingung

$$\lim_{t \to \infty} Q(t) = 1 \tag{10.76}$$

(Härtler, siehe Lit.).

So folgt beispielsweise für die Exponentialverteilung mit $f(t) = \lambda \cdot e^{-\lambda \cdot t}$, $\lambda > 0$, $f'(t) = -\lambda^2 \cdot e^{-\lambda \cdot t}$ und $h(t) = \lambda$ durch Einsetzen in Formel 10.75 $Q(t) = 1$.

Für die Zuverlässigkeitskenngrößen der Gumbel-Verteilung in nicht standardisierter Form folgt dann mit $F_{\min}(x) = 1 - F_{\max}(-x)$:

Ausfallwahrscheinlichkeit:

$$F(t) = \begin{cases} 1 - e^{-e^{\frac{t-a}{b}}} & \text{Minimalwerte} \\ e^{-e^{-\frac{t-a}{b}}} & \text{Maximalwerte} \end{cases} \tag{10.77}$$

für alle $t > a$ und $b > 0$ als Skalierungs- und Lageparameter, a = Modalwert.

Im Gumbel-Extremwertnetz ergibt sich für jedes a und b eine Gerade.

Ausfalldichte:

$$f(t) = \begin{cases} \dfrac{1}{b} \cdot e^{\frac{(t-a)}{b} - e^{\frac{t-a}{b}}} & \text{Minimalwerte} \\ \dfrac{1}{b} \cdot e^{-\frac{(t-a)}{b} - e^{-\frac{t-a}{b}}} & \text{Maximalwerte} \end{cases} \tag{10.78}$$

Ausfallrate:

$$h(t) = \begin{cases} \dfrac{1}{b} \cdot e^{\frac{t-a}{b}} & \text{Minimalwerte} \\ \dfrac{\frac{1}{b} \cdot e^{-\frac{t-a}{b}}}{e^{e^{-\frac{t-a}{b}}} - 1} & \text{Maximalwerte} \end{cases} \tag{10.79}$$

Für die Erwartungswerte und die für beide Fälle identische Varianz folgt

$$E(T) = \begin{cases} a - C \cdot b & \text{Minimalwerte} \\ a + C \cdot b & \text{Maximalwerte} \end{cases} \quad (10.80)$$

mit der Eulerschen Konstante C ≈ 0,577 und

$$\sigma^2(T) = b^2 \cdot \frac{\pi^2}{6} \approx 1{,}6449 \cdot b^2 \quad (10.81)$$

Bild 10.7 zeigt beispielhaft den quantitativen Verlauf der Ausfallrate für a = 4 und b = 2.

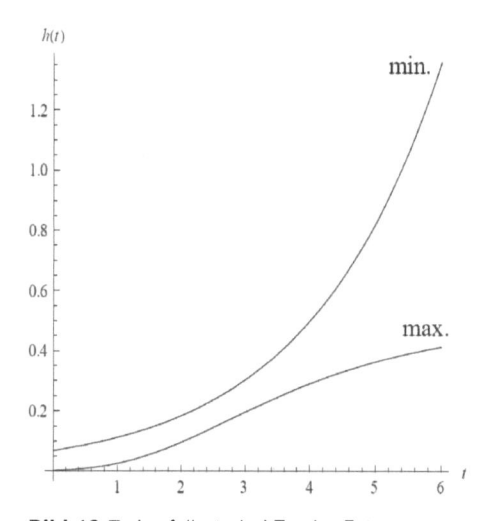

Bild 10.7 Ausfallrate bei Typ I – Extremwertverteilung mit a = 4 und b = 2

Eine Extremwertverteilung von Typ II ergibt sich, wenn die Ausgangsverteilung langsamer gegen null geht als bei der Gumbel-Verteilung, z. B., wenn die Ausgangsgleichung einer Cauchy-Verteilung genügt.

Die Minimums-Verteilung der Extremwertverteilung von Typ III für große Stichproben und voneinander unabhängige Werte genügt einer Weibull-Verteilung. Des Weiteren sind die Träger der Extremwertverteilungen von Typ II und Typ III im Gegensatz zu Typ I auf positive [0, ∞) bzw. negative (-∞, 0] Werte beschränkt.

> **Beispiel 10.1-5:**
>
> Der Ausfallratenverlauf möge zunächst durch einen relativ langsamen und dann sehr schnell ansteigenden Verlauf gekennzeichnet sein. Dieser Verlauf lässt sich durch eine sogenannte **Extremwert-Verteilung** mit der Ausfallrate $h(t) = k \cdot e^{\alpha \cdot t}$ beschreiben (Shoomann, siehe Lit.). Bestimmen Sie $R(t)$ und stellen Sie den Verlauf grafisch dar.

Lösung:

$$R(t) = e^{-\int_0^t h(\tau)d\tau}$$

mit

$$\int_0^t k \cdot e^{\alpha \cdot \tau} d\tau = \left[\frac{k}{\alpha} \cdot e^{\alpha \cdot \tau}\right]_0^t = \frac{k}{\alpha}(e^{\alpha \cdot t} - 1)$$

folgt

$$R(t) = e^{-\frac{k}{\alpha}(e^{\alpha t} - 1)}$$

Näherungen:

$\alpha t \ll 1 \Rightarrow h(t) \approx k$ und $R(t) \approx \exp(-k \cdot t)$

$\alpha t < 1 \Rightarrow h(t) \approx k + k \cdot \alpha \cdot t$

und

$$R(t) \approx e^{-k \cdot t - k \cdot \alpha \cdot \frac{t^2}{2}} = e^{-k \cdot t \left(1 + \alpha \cdot \frac{t}{2}\right)}$$

Grafische Darstellung (Shoomann, siehe Lit.):

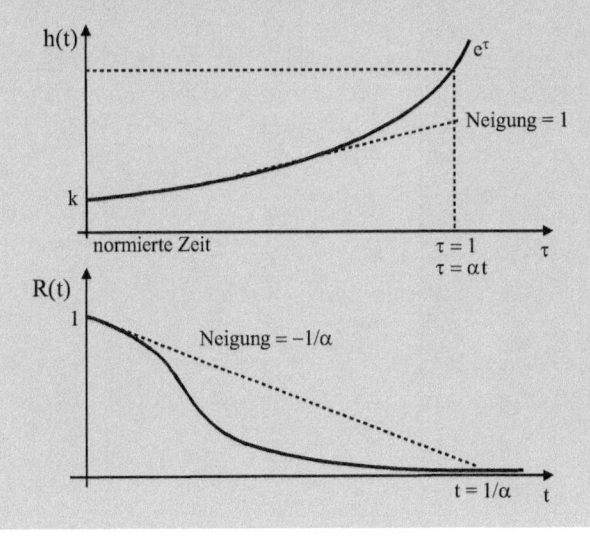

Es gibt zwei gleichermaßen gefährliche Extreme:
Den Verstand abzuschalten und anschließend den Verstand zu nutzen.

Blaise Pascal (1623 - 1662)

10.2 Wichtige diskrete Verteilungsfunktionen

10.2.1 Binomialverteilung

Die Binomialverteilung gehört zur Gruppe der **diskreten Verteilungen**. Sie wird häufig auch als **Bernoulli-Verteilung**[9] bezeichnet. Die Binomialverteilung eignet sich unter anderem zur Berechnung von Zuverlässigkeitskenngrößen für sogenannte -mvn-Systeme. Es handelt sich hierbei um redundante Systeme (Majoritätsredundanz), bei denen m von n Komponenten funktionieren müssen, damit das Gesamtsystem überlebt (z.B. 2v3-System). Voraussetzung ist allerdings, dass den Komponenten die gleiche Ausfall- bzw. Überlebenswahrscheinlichkeit zugeordnet wird (siehe Abschnitt 14.5).

> **Definition 10.2.1-1: Binomialverteilte Zufallsgröße**
>
> Wir wollen eine Folge von n **Bernoullischen Versuchen** betrachten. Es handelt sich hierbei um eine beliebig wiederholbare Folge von n Versuchen mit der Eigenschaft:
>
> 1. Die Zufallsgröße X_i ($i = 1...n$) kann bei jedem Versuch mit der konstanten Wahrscheinlichkeit p den Wert 1 und mit $1 - p$ den Wert 0 annehmen. Das heißt, dass ein Ereignis A beim i-ten Versuch eingetroffen ($X_i = 1$) oder nicht eingetroffen ($X_i = 0$) ist.
> 2. Alle X_i seien voneinander unabhängig, dann heißt die Verteilung (Verteilungsdichte) der arithmetischen Zufallsgröße X_i Binomialverteilung $B(k \mid n, p)$ mit den Parametern p und n
>
> $$P(X = k) = \binom{n}{k} \cdot p^k \cdot (1-p)^{n-k} = f(k) \tag{10.82}$$
>
> für $k = 0, ..., n$ und $0 \leq p \leq 1$ (Bild 10.8).
>
> Für die Verteilung der Summe der Zufallsgrößen X_i folgt dann
>
> $$P(X \leq k) = \sum_{i=0}^{k} \binom{n}{i} \cdot p^i \cdot (1-p)^{n-i} = F(k) \tag{10.83}$$

---

[9] Jakob I. Bernoulli (1655 – 1705)

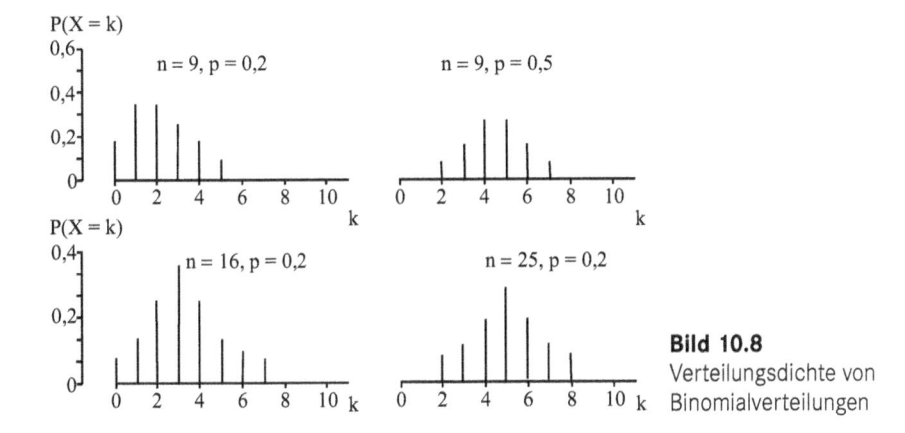

Bild 10.8 Verteilungsdichte von Binomialverteilungen

Bekanntlich errechnet sich der Binomialkoeffizient zu

$$\binom{n}{k} = \frac{n!}{k! \cdot (n-k)!} = \frac{n \cdot (n-1) \cdot (n-2) \cdot \ldots \cdot (n-k+1)}{1 \cdot 2 \cdot 3 \cdot \ldots \cdot k} \quad (10.84)$$

mit

$$\binom{n}{0} = \binom{0}{0} = 1, \binom{n}{1} = n \text{ und } \binom{n}{n} = 1 \quad (10.85)$$

und $0! = 1$. Für $n > 10$ kann $n!$ mithilfe der sogenannten **Stirlingschen**[10] **Formel**

$$n! \approx \sqrt{2 \cdot \pi \cdot n} \cdot \left(\frac{n}{e}\right)^n \quad (10.86)$$

approximiert werden.

Berechnung des Erwartungswertes und der Varianz

Der Erwartungswert der Summe unabhängiger Zufallsgrößen X_i lässt sich aus

$$E(X_1 + \ldots + X_k) = E(X_1) + \ldots + E(X_k) \quad (10.87)$$

und die Varianz aus

$$\sigma^2(X_1 + \ldots + X_k) = \sigma^2(X_1) + \ldots + \sigma^2(X_k) \quad (10.88)$$

errechnen.

Damit folgt für den **Erwartungswert** mit

$$E(X_i) = 0 \cdot (1-p) + 1 \cdot p = p$$

$$E(X) = E(\sum_{i=1}^{n} X_i) = \sum_{i=1}^{n} E(X_i) = n \cdot p \quad (10.89)$$

---

[10] James Stirling (1692 - 1770)

und für die **Varianz** mit

$$\sigma^2(X_i) = E(X_i^2) - (E(X_i))^2$$
$$= 0 \cdot (1-p) + 1 \cdot p - p^2 = p \cdot (1-p)$$
$$\sigma^2(X) = \sigma^2\left(\sum_{i=1}^{n}(X_i)\right) = \sum_{i=1}^{n}\sigma^2(X_i) = n \cdot p \cdot (1-p)$$

(10.90)

Beispiel 10.2.1-1

Ein Flugzeug besteht aus vier Propeller-Turbinen-Luftstrahl-Triebwerken (PTL-Triebwerken). Das Flugzeug ist so konstruiert, dass bei Ausfall von zwei PTL-Triebwerken eine sichere Landung noch möglich ist.

a) Wie groß ist die Überlebenswahrscheinlichkeit des Systems hinsichtlich einer „sicheren Landung", wenn die Überlebenswahrscheinlichkeit eines PTL-Triebwerkes $p = 0{,}999$ beträgt und alle PTL-Triebwerke die gleiche Überlebenswahrscheinlichkeit aufweisen?

b) Berechnen Sie den zugehörigen Erwartungswert $E(T)$ (Voraussetzung: $p(t) = e^{-\lambda t}$).

Lösung:

a) Mit Formel 10.83 folgt

$$R_{mvn} = \sum_{i=m}^{n}\binom{n}{i} \cdot p^i \cdot (1-p)^{n-i}$$

$$R_{2v4} = \binom{4}{2} \cdot p^2 \cdot (1-p)^2 + \binom{4}{3} \cdot p^3 \cdot (1-p)^1 + \binom{4}{4} \cdot p^4 \cdot (1-p)^0$$

$$= 6p^2 \cdot (1-p)^2 + 4p^3 \cdot (1-p) + p^4 = 6p^2 - 8p^3 + 3p^4$$

und als numerischer Wert

$R_{2v4} \approx 0{,}999999996$ bzw. $F_{2v4} \approx 0{,}4 \cdot 10^{-8}$.

b) Mit Formel 9.22 folgt:

$$E(T) = \int_{0}^{\infty} R_{2v4}(t)dt = \int_{0}^{\infty}(3e^{-4\lambda t} - 8e^{-3\lambda t} + 6e^{-2\lambda t})\, dt$$

$$= \frac{13}{12\lambda}$$

10.2.2 Poisson-Verteilung[11]

Definition 10.2.2-1: Poisson-verteilte Zufallsgröße

Eine arithmetische Zufallsgröße X ist Poisson-verteilt, $Po(k \mid \mu)$ mit den Parametern μ und k, falls die Verteilungsdichte durch

$$P(X=k) = \frac{\mu^k}{k!} \cdot e^{-\mu} = f(k) \text{ mit } k \in \mathbb{N}_0 \text{ und } \mu > 0 \tag{10.91}$$

und die Verteilungsfunktion durch

$$P(X \leq k) = e^{-\mu} \cdot \sum_{i=0}^{k} \frac{\mu^i}{i!} = F(k) \quad \text{mit } F(k) = 0 \text{ für } k < 0 \tag{10.92}$$

gegeben ist (Bild 10.9).

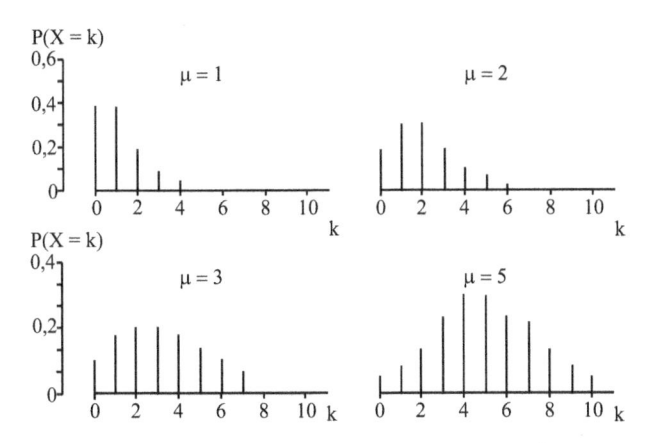

Bild 10.9 Verteilungsdichte von Poisson-Verteilungen

Die Poisson-Verteilung kann direkt aus der Binomialverteilung hergeleitet werden.

Für den Erwartungswert und die Varianz, die bei einer Poisson-Verteilung identisch sind, folgt

$$E(X) = \mu \tag{10.93}$$

und

$$\sigma^2(X) = \mu \tag{10.94}$$

Die Poisson-Verteilung hat in der Zuverlässigkeitstheorie ein breites Anwendungsfeld. So unter anderem im Zusammenhang mit der speziellen Erlang-Verteilung, der **Chi²-Verteilung** (siehe Abschnitt 23.2), dem **Poisson-Prozess**, bei **Lagerhaltungsmodellen** sowie im

---
[11] Siméon Denis Poisson (1781 - 1840)

Rahmen der statistischen **Prüfplanung** (Prüfen der Ausfallrate) als **Sequenzialtest** (siehe Abschnitt 27.1.2).

Doch auch bei Experimenten, bei denen die Erfolgswahrscheinlichkeit p klein ist, d.h. ein seltenes Ereignis vorliegt, während die Anzahl der Ausführungen sehr groß ist, kann die Poisson-Verteilung angewendet werden. Da p gegen null geht, wird auch vom „Gesetz des seltenen Ereignisses" gesprochen.

Die Poisson-Verteilung eignet sich sehr gut zur Approximation der Binomialverteilung (siehe Tabelle 10.1) (Voraussetzung: p klein $\rightarrow 0$ und n groß $\rightarrow \infty$ und weiter, dass der Mittelwert $\mu = n \cdot p$ gegen einen endlichen Wert strebt). Die Grenzen für eine gute Näherung sind: $p \leq 0{,}1$, $n \geq 50$ und $k \ll n$ (siehe Abschnitt 24.1.1).

Tabelle 10.1 Vergleich Binomialverteilung und Poisson-Verteilung

	Binomialverteilung			Poisson-Verteilung
k	$n = 4, p = 1/4$	$n = 8, p = 1/8$	$n = 100, p = 1/100$	$\mu = n \cdot p = 1$
0	0,316	0,344	0,366	0,368
1	0,422	0,393	0,370	0,368
2	0,221	0,196	0,185	0,184
3	0,047	0,056	0,061	0,061
4	0,004	0,10	0,015	0,015
5	-	0,001	0,003	0,003

Beispiel 10.2.2-1

1% der Bauteile, die ein bestimmter Hersteller produziert, werden bei der Qualitätskontrolle als defekt eingestuft und müssen nachbehandelt werden. Wie groß ist die Wahrscheinlichkeit, dass bei einer Stichprobe von 10 zufällig ausgewählten Bauteilen 2 defekt sind?

Legen Sie

a) eine Binomialverteilung und
b) eine Poisson-Verteilung
    zugrunde. Vergleichen und deuten Sie beide Ergebnisse.
c) Berechnen Sie die beiden zugehörigen Varianzen.

Lösung:

a) Binomialverteilung

$$P(X=k) = \binom{n}{k} \cdot p^k \cdot (1-p)^{n-k}$$

$$= \binom{10}{2} \cdot 0{,}01^2 \cdot 0{,}99^8$$

$$\approx 0{,}004152235$$

b) Poisson-Verteilung

$$P(X = k) = \frac{\mu^k}{k!} \cdot e^{-\mu}$$

$$\mu = n \cdot p = 10 \cdot 0{,}01 = 0{,}1$$

$$P(X = k) = 1/2 \cdot 0{,}1^2 \cdot e^{-0{,}1}$$

$$\approx 0{,}0045224$$

Folgerung: Gute Näherung von a).

c) Varianzen der Verteilungen

$$\sigma_a^2 = n \cdot p \cdot (1 - p) = 10 \cdot 0{,}01 \cdot 0{,}99 = 0{,}099$$

$$\sigma_b^2 = \mu = n \cdot p = 0{,}1$$

10.2.3 Hypergeometrische Verteilung

Die Binomialverteilung setzt voraus, dass z. B. bei einem Lebensdauertest die ausgefallenen Bauelemente ersetzt werden. Das heißt, das Mischungsverhältnis darf sich nicht ändern. Hierbei wird auch von einer „**Stichprobe mit Zurücklegung**" gesprochen. Größere praktische Bedeutung haben die sogenannten „**Stichproben ohne Zurücklegung**". Somit werden die ausgefallenen Bauelemente nicht ersetzt. Hierzu zählen auch die Prüfungen im Rahmen der Qualitätskontrolle bei kleinen Stichproben, bei denen die Bauelemente sogar zerstört werden. Das bedeutet, das Mischungsverhältnis ändert sich ständig (siehe zählende Abnahmeprüfung, Schätzung der Zahl der defekten Bauelemente).

Für die Beschreibung von „Experimenten ohne Zurücklegung" wird die **hypergeometrische Verteilung** angewendet.

Wir betrachten eine Grundgesamtheit von N Bauelementen, von denen M ausgefallen und $N - M$ funktionsfähig sind. Der Anteil der ausgefallenen Bauelemente ist dann

$$q = \frac{M}{N}$$

und der der überlebenden

$$p = 1 - q = 1 - \frac{M}{N} = \frac{N - M}{N}$$

Wir betrachten nun eine Stichprobe (ohne Zurücklegung) vom Umfange n, z. B. aus einer Produktion, mit $n < N$ und stellen die Frage: Wie groß ist der Anteil $q = \frac{m}{n}$ der defekten Bauelemente m in der Stichprobe?

Diese Aufgabenstellung lässt sich mithilfe der hypergeometrischen Verteilung lösen. Wird davon ausgegangen, dass die Zahl der möglichen Stichproben gleich $\binom{N}{n}$ ist und dass von M in der Grundgesamtheit ausgefallenen Bauelementen in der Stichprobe $\binom{M}{m}$ ausgefallene enthalten sind, so gibt es $\binom{N-M}{n-m}$ Möglichkeiten, aus den $(N - M)$ funktionsfähigen Bauelementen der Grundgesamtheit $(n - m)$ funktionsfähige der Stichprobe zu erhalten.

> **Definition 10.2.3-1: Hypergeometrisch-verteilte Zufallsgröße**
>
> Für die Wahrscheinlichkeitsfunktion in der Stichprobe m ausgefallene Bauelemente zu erhalten, folgt durch das Verhältnis der günstigen Fälle $\binom{M}{m} \cdot \binom{N-M}{n-m}$ bezogen auf alle möglichen Fälle $\binom{N}{n}$
>
> $$P(X = m) = \frac{\binom{M}{m} \cdot \binom{N-M}{n-m}}{\binom{N}{n}} = f(m) \qquad (10.95)$$
>
> mit $m = 0, 1, 2, \ldots, \min(n, M)$ als Dichte der hypergeometrischen Verteilungsfunktion, kurz $H(m \mid N, M, n)$. Sie wird durch die **drei Parameter** N, n und M charakterisiert.
>
> Für die Verteilung der Summe der Zufallsgröße folgt dann:
>
> $$P(X \leq m) = \sum_{i=0}^{m} \frac{\binom{M}{i} \cdot \binom{N-M}{n-i}}{\binom{N}{n}} = F(m) \qquad (10.96)$$

Da für den Fall $m > M$ der Binomialkoeffizient $\binom{M}{m}$ und für $n - m > N - M$ der Koeffizient $\binom{N-M}{n-m}$ verschwindet, gilt:

$$\max(0, n - (N - M)) \leq m \leq \min(n, M) \qquad (10.97)$$

Damit folgt

$$\sum_{m=\max(0, n-(N-M))}^{\min(n,M)} \binom{M}{m} \cdot \binom{N-M}{n-m} = \binom{N}{n} \qquad (10.98)$$

sodass

$$\sum_{m=\max(0,n-(N-M))}^{\min(n,M)} \frac{\binom{M}{m} \cdot \binom{N-M}{n-m}}{\binom{N}{n}} = 1 \qquad (10.99)$$

ist.

Der **Erwartungswert** der hypergeometrischen Verteilung ist durch

$$E(X) = \sum_{m=\max(0,n-(N-M))}^{\min(n,M)} m \cdot P(X=m)$$

$$= \sum_{m=\max(0,n-(N-M))}^{\min(n,M)} m \cdot \frac{\binom{M}{m} \cdot \binom{N-M}{n-m}}{\binom{N}{n}}$$

$$E(X) = n \cdot \frac{M}{N} \qquad (10.100)$$

und die **Varianz** durch

$$\sigma^2(X) = n \cdot \frac{M}{N} \cdot \frac{N-M}{N} \cdot \frac{N-n}{N-1}$$

$$\sigma^2(X) = n \cdot p \cdot (1-p) \cdot \frac{N-n}{N-1} \approx n \cdot p \cdot (1-p)\left(1-\frac{n}{N}\right) \quad \text{für } N \gg 1 \qquad (10.101)$$

gegeben.

Der Ausdruck $\frac{N-n}{N-1}$ wird auch als **Endlichkeitskorrekturfaktor** für die endliche Grundgesamtheit bezeichnet, der für $N \gg n$ ungefähr 1 ist. Das heißt

$$\sigma^2(X) \approx n \cdot p \cdot (1-p) \qquad (10.102)$$

falls $N \gg n$ ist (siehe Binomialverteilung).

Außerdem gilt die Randbedingung

$$\sigma^2(X) = 0, \text{ falls } N = n$$

für das sichere Ereignis, d. h., die Stichprobe ist nicht mehr zufallsbedingt.

Die hypergeometrische Verteilung kann unter der Voraussetzung, dass N, M und $(N - M)$ groß sind im Vergleich zu n, sehr gut durch die einfache Binomialverteilung approximiert werden.

Mit der Faustformel $n/N < 0{,}05$ gilt:

$$\frac{\binom{M}{m} \cdot \binom{N-M}{n-m}}{\binom{N}{n}} \approx \binom{n}{m} \cdot p^m (1-p)^{n-m} \qquad (10.103)$$

Des Weiteren ist unter der Voraussetzung n groß und M/N klein auch eine Approximation durch die Poisson-Verteilung möglich (siehe dafür auch Abschnitt 24.1).

$$\frac{\binom{M}{m} \cdot \binom{N-M}{n-m}}{\binom{N}{n}} \approx \frac{\mu^m}{m!} \cdot e^{-\mu} \quad \text{mit } \mu = n \cdot p \qquad (10.104)$$

Beispiel 10.2.3-1

Zahlenlotto „6 aus 49".

a) Wie groß ist die Wahrscheinlichkeit 6 richtige Zahlen aus 49 zu tippen?
Mit Formel 10.95 folgt:

$$P(X=6) = \frac{\binom{6}{6} \cdot \binom{43}{0}}{\binom{49}{6}} = \frac{1}{13983816} \approx 7{,}151 \cdot 10^{-8}$$

b) Wie groß ist die Wahrscheinlichkeit genau 3 richtige Zahlen zu tippen?

$$P(X=3) = \frac{\binom{6}{3} \cdot \binom{43}{3}}{\binom{49}{6}} = \frac{246820}{13983816} \approx 0{,}01765$$

Beispiel 10.2.3-2

Bei einer Bauteilelieferung des Umfangs $N = 10$ mögen sich $M = 2$ defekte Bauteile befinden.

Nacheinander wird eine Stichprobe von $n = 3$ ohne Zurücklegung entnommen.

a) Bestimmen Sie die Wahrscheinlichkeiten für die defekten Bauteile in der Stichprobe.
b) Ermitteln Sie den Erwartungswert und die Varianz.

Lösung:

a) $P(X=0) = \dfrac{\binom{2}{0} \cdot \binom{10-2}{3-0}}{\binom{10}{3}} = \dfrac{56}{120} = 0,46\overline{6}$

$P(X=1) = \dfrac{\binom{2}{1} \cdot \binom{10-2}{3-1}}{\binom{10}{3}} = \dfrac{56}{120} = 0,46\overline{6}$

$P(X=2) = \dfrac{\binom{2}{2} \cdot \binom{10-2}{3-2}}{\binom{10}{3}} = \dfrac{8}{120} = 0,06\overline{6}$

Damit folgt für die Verteilungsfunktion:

m	P(X = m) = f(m)	P(X ≤ m) = F(m)
0	$0,46\overline{6}$	$0,46\overline{6}$
1	$0,46\overline{6}$	$0,93\overline{3}$
2	$0,06\overline{6}$	1,000

Grafische Darstellung:

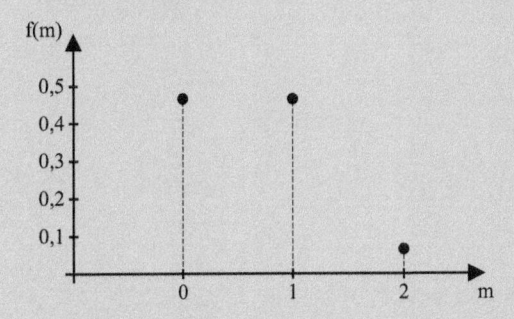

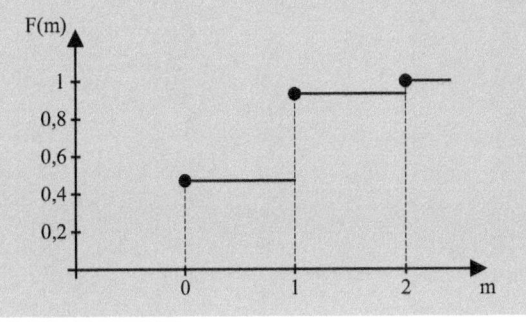

b) $E(X) = 3 \cdot \dfrac{2}{10} = \dfrac{3}{5} = 0{,}6$

$\sigma^2(X) = 3 \cdot \dfrac{2}{10} \cdot \dfrac{8}{10} \cdot \dfrac{7}{9} = \dfrac{28}{75} = 0{,}37\overline{3}$

11 Ausfallratenmodelle

■ 11.1 Zeitliches Verhalten der Ausfallrate

Aus Lebensdauertests und Ausfällen im Feld lässt sich häufig ein bestimmtes zeitliches Verhalten der Ausfallrate ermitteln. Das grundlegende Schema hierfür stellt die sogenannte „Badewannenkurve" dar (Bild 11.1).

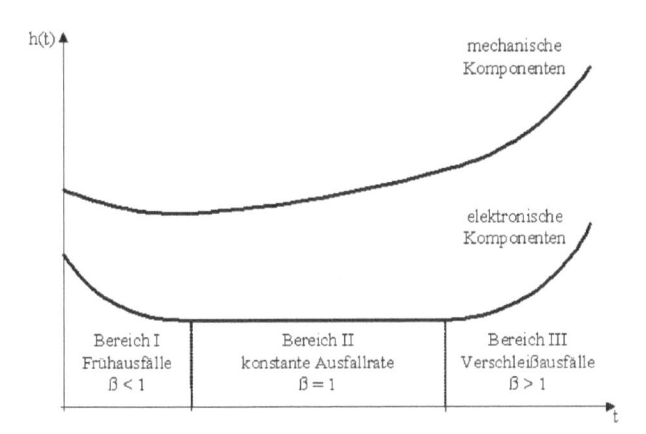

Bild 11.1 Zeitliches Verhalten der Ausfallrate („Badewannenkurve");
β = Ausfallsteilheit der Weibull-Verteilung

Es lassen sich generell drei Bereiche unterscheiden:

I Es gibt sogenannte Anfangs- und Frühausfälle, die zunächst eine große, dann fallende Ausfallrate zur Folge haben. Die Ausfälle sind meist auf Materialschwächen und Qualitätsschwankungen in der Fertigung oder Anwendungsfehler zurückzuführen.

II Außerdem gibt es Ausfälle im Zeitbereich der sogenannten nützlichen Lebensdauer, die eine zeitlich konstante Ausfallrate ergeben. Ziel der Hersteller von technischen Erzeugnissen ist es, diese Phase möglichst lang zu gestalten.

III Darüber hinaus gibt es Ausfälle, die auf Verschleiß, Alterung, Ermüdung oder Ähnliches zurückzuführen sind und eine steigende Ausfallrate ergeben.

Die Dauer der Phasen kann in der Praxis stark variieren und hängt von der Beschaffenheit und Komplexität der Betrachtungseinheiten ab. So kann z. B. die Phase der Frühausfälle für elektronische Komponenten im Kraftfahrzeug zwei Jahre betragen (siehe Kapitel 28).

Durch gezielte Präventivmaßnahmen in der Entwicklungs- und Fertigungsphase lässt sich diese Phase in der Regel verkürzen. Spätausfälle können dagegen lediglich durch rechtzeitiges Auswechseln der von Verschleiß betroffenen Bauteile vermieden werden.

Die einzelnen Phasen der „Badewannenkurve" können durch eine Weibull-Verteilung oder durch andere Verteilungsfunktionen (z. B. Exponentialverteilung für Phase II, Normalverteilung für Phase III) beschrieben werden.

Bild 11.2 zeigt beispielhaft den Verlauf der Ausfallrate für den Menschen.

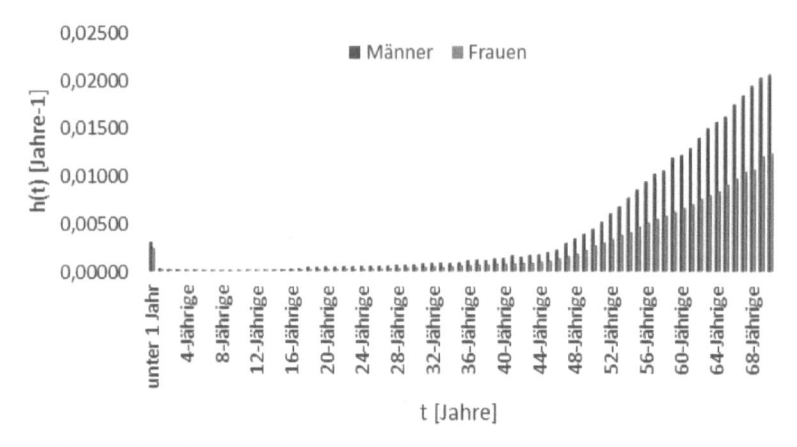

Bild 11.2 Ausfallrate (Sterberate) für die Bürger in Deutschland (2019) gem. Angaben des Statistischen Bundesamts (Destatis)

Alles in der Welt endet durch Zufall oder Ermüdung.

Heinrich Heine (1797 – 1856)

■ 11.2 Ausfallratenangaben

In der Literatur werden Ausfallraten in verschiedenen Dimensionen angegeben, was den Vergleich in manchen Fällen nicht immer einfach macht. Allerdings lassen sich die Einheiten ineinander umrechnen, wie in Tabelle 11.1 dargestellt.

Tabelle 11.1 Umrechnung von Ausfallratenangaben

	FIT	ppm/a	fpmh	%/1000 h	Ausfälle/h
FIT	1	0,114	10^3	10^4	10^9
ppm/a	8,77	1	$8,77 \cdot 10^3$	$8,77 \cdot 10^4$	$8,77 \cdot 10^9$
fpmh	10^{-3}	$1,14 \cdot 10^{-4}$	1	10^1	10^6
%/1000 h	10^{-4}	$1,14 \cdot 10^{-5}$	10^{-1}	1	10^5
Ausfälle/h	10^{-9}	$1,14 \cdot 10^{-10}$	10^{-6}	10^{-5}	1

Insbesondere in der Automobilindustrie hat sich in den letzten Jahren bei der Angabe von Elektronikbauteilausfallraten die Verwendung von FIT (Failures In Time) durchgesetzt, sodass auch oftmals nicht mehr von Ausfallraten, sondern von FIT-Werten gesprochen wird. Bei anderen Zuverlässigkeitsangaben wird üblicherweise ppm (parts per million) verwendet, wobei sich in der Automobilindustrie die Angabe in ppm pro Jahr durchgesetzt hat. Eine weitere gängige Angabe erfolgt in fpmh (failures per million hours).

Bekannt ist, dass die Ausfallraten elektronischer Komponenten in der Größenordnung zwischen $10^{-9} \frac{1}{h}$ und $10^{-4} \frac{1}{h}$ liegen. Ein Überblick über die Ausfallratenbereiche verschiedener Bauteile, Geräte und Systeme zeigt Bild 11.3.

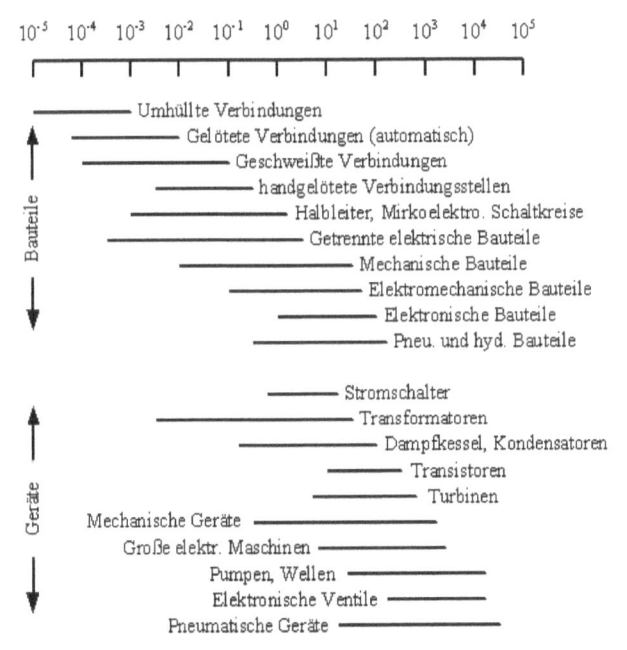

Bild 11.3 Typische Ausfallratenbereiche für Bauteile, Geräte und Systeme (Fehler pro 10^4 Stunden) gemäß Green und Bourne (siehe Lit.)

11.3 Ausfallratendatenhandbücher

Für die Zuverlässigkeitsvorhersage, besonders in der Vorentwicklung von elektronischen Systemen, wird sich umfangreicher (Daten-)Handbücher bedient. Die darin enthaltenen Berechnungsmodelle verwenden in der Regel konstante Ausfallraten für bestimmte Komponenten, die durch sogenannte π-Faktoren (Qualitätsfaktoren, Belastungsfaktoren etc.) modifiziert werden. Diese Faktoren sind mit großen Unsicherheiten behaftet und in der Regel erheblich größer als im konkreten Einsatz. Relativ gesicherte Angaben können aus den Reliability Reports der Bauteilhersteller gewonnen werden.

Im Folgenden werden die wichtigsten der weltweit genutzten Ausfallratendatenbücher und Referenzliteratur für die Ermittlung von Zuverlässigkeitsdaten kurz vorgestellt. Die Auflistung erhebt keinerlei Anspruch auf Vollständigkeit; sie soll vielmehr als Anhaltspunkt für tiefergehende Recherchen dienen.

SN 29500

Diese interne Normenreihe 29500 der Siemens AG umfasst aktuell zwölf Teile, in denen aufgeteilt nach Bauteiltypen (z. B. integrierte Schaltkreise, diskrete Halbleiter, passive Bauelemente, optische Bauelemente) Ausfallraten von Bauelementen angegeben werden, welche von dem Konzern und dessen Gesellschaften bei Zuverlässigkeitsvorhersagen verwendet werden. Die entsprechenden Teile enthalten auch die relevanten Bedingungen, auf die sich die angegebenen Referenzausfallraten beziehen. Über entsprechende Umrechnungsmodelle können dann Ausfallraten für die tatsächlichen Betriebsbedingungen der Bauteile ermittelt werden.

Die einzelnen Teile der Siemens-Norm stammen aus den Jahren 2004 bis 2016 und sind durchaus als aktuell anzusehen. Insbesondere in der Automobilindustrie genießt die SN 29500 eine weit verbreitete Anwendung. Ihre Inhalte und Modelle sind auch in diversen Softwarepaketen und -tools implementiert. Der Standard kann ausschließlich direkt über die Siemens AG bezogen werden.

IEC/TR 62380 (ehemals FIDES, UTE C 80-810, RDF 2000)

Der Technical Report (TR) 62380 der IEC beinhaltet eine recht umfassende Methodik zur Bestimmung von Ausfallraten elektronischer Bauteile. Sie basiert auf dem französischen Standard UTE C 80-810 (auch RDF 2000 genannt), welcher seinerzeit ein innovatives Modell darstellte, weil es unter anderem auch das thermische Verhalten sowie die Ruhephasen eines Systems bei der Modellierung unterschiedlicher Umweltbedingungen berücksichtigte. Für verschiedene Anwendungsgebiete (Militär, Telekommunikation, Luftfahrt, Raumfahrt, Automobil) werden sogenannte Missions- oder Lebensdauerprofile angeboten. Für den Automobilbereich ist es eher als konservativ anzusehen, da es davon ausgeht, dass ein Fahrzeug sechsmal pro Tag (zweimal in der Nacht und viermal am Tag) benutzt wird. Die eigentlichen Belastungen, wie z. B. die durchschnittlich abgegebene Leistung einer Komponente, werden neben weiteren Parametern direkt in der Berechnung der Ausfallrate berücksichtigt.

Der IEC/TR 62380 (siehe IEC 2004) wird in der Automobilindustrie immer verstärkter eingesetzt, wobei hier noch nicht von einer weiten Verbreitung gesprochen werden kann.

OREDA

Das OREDA-Projekt (Offshore & Onshore Reliability Data) wurde im Jahre 1981 von den norwegischen Öl- und Gasbehörden ins Leben gerufen. Der ursprüngliche Fokus lag auf der Beschaffung von objektiven Daten über die Zuverlässigkeit der in der Mineralölindustrie verwendeten Sicherheitsausrüstungen. Dieser wurde allerdings schnell ausgeweitet, sodass mittlerweile eine sehr umfassende Datenbank mit Zuverlässigkeitsdaten von Offshore-, Unterwasser- und Topside-Equipment, inkl. landseitiger Förder- und Transportmittel, wie z. B. Pipelines, existiert. Aktuell sind gemäß OREDA (siehe Lit.) Daten von 278 Installationen, 17 000 Geräteeinheiten mit 39 000 Ausfällen und 73 000 Wartungsaufzeichnungen enthalten. Erkenntnisse aus dem Projekt flossen in die Normenwerke ISO 14224:1999 und ISO 20815: ein. Nichtmitglieder des OREDA-Projekts können Einblicke in selektierte Daten über ein Handbuch erlangen, welches zuletzt im Jahr 2015 in der nunmehr sechsten Edition publiziert wurde.

MIL-HDBK 217F-N2

Das militärische Handbuch 217 vom US-Verteidigungsministerium (Military Handbook, siehe Lit.) legt basierend auf den Arbeiten des RAC (Reliability Analysis Center) und des Rome Laboratory der US Air Force konsistente und einheitliche Verfahren zur Schätzung der inhärenten Zuverlässigkeit militärischer elektronischer Geräte und Systeme fest. Es enthält Ausfallratenmodelle für verschiedene in elektronischen Systemen verwendete Bauteile, die auf der Analyse von erfassten Felddaten beruhen und entsprechende vereinfachende Annahmen beinhalten.

Das Handbuch ist allerdings seit der Revision F, Notice 2 aus dem Jahr 1995 nicht mehr weiterentwickelt und aktualisiert worden. Eine Nutzung ist deshalb gegenwärtig nicht empfehlenswert, wobei anzumerken ist, dass auch heutzutage viele Analytiker diesen Standard immer noch heranziehen.

HDBK 217 Plus

Im Jahr 2006 publizierte das RiAC (Reliability Information Analysis Center – aus RAC hervorgegangen) das Handbuch 217 Plus. Die darin enthaltene Methodik umfasst die beiden Hauptelemente der Zuverlässigkeitsvorhersage auf Komponentenebene und der Zuverlässigkeitsvorhersage auf Systemebene. Die Komponentenmodelle werden zuerst verwendet, um die Ausfallrate jeder Komponente zu schätzen. Die Ausfallraten einzelner Komponenten werden dann summiert, um die Ausfallraten der Baugruppe und letztendlich des Systems abzuschätzen. Die entsprechend ermittelten Ausfallraten sind auch nicht mehr als so konservativ anzusehen wie noch beim Vorgänger (Military Handbook, siehe Lit.).

Telcordia SR-332

Dieser Standard ist vor allem in der Fernmeldeindustrie weit verbreitet und einer der bekanntesten MTBF-Berechnungsstandards. Sein Verfahren ist dem des MIL-HDBK-217 sehr ähnlich. Im Jahr 2016 erschien die vierte Auflage, welche laut eigener Aussage das einzige Verfahren zur Vorhersage der Hardwarezuverlässigkeit bietet, das aus der Eingabe und Beteiligung eines Querschnitts großer Industrieunternehmen entwickelt wurde (Telcordia, siehe Lit.). Mittlerweile werden neben den MTBF-Werten auch Verfahren für die Ermittlung von durchschnittlichen Hardware-Ausfallraten in FIT angegeben.

Im Vergleich zu dem militärischen Standard bietet Telcordia SR-332 jedoch niedrigere, konservativer ermittelte Stundenwerte der MTBF.

GJB/Z 299C-2006

Dieser nationale chinesische Militär-Standard (GJB, siehe Lit.) stellt ein weiteres Handbuch für die Zuverlässigkeitsvorhersage von elektronischer Ausrüstung dar. Das Vorgehen basiert nach Kurczveil auf einer älteren Version des Military Handbook (siehe Lit.). Der Standard findet durchaus auch außerhalb von China Anwendung.

EPRD

Die Datenbank EPRD (Electronic Parts Reliability Data) aus dem Jahr 2014 enthält Zuverlässigkeitsdaten sowohl für kommerzielle als auch für militärische elektronische Komponenten zur Verwendung in Zuverlässigkeitsanalysen. Der Vorteil dieser Datenbank, welcher ebenfalls vom RiAC hervorgehoben wird, ist darin zu sehen, dass mit dem Modell keine Anpassungen der Ausfallraten mit Belastungsfaktoren, welche immer mit Unsicherheitsfaktoren verbunden sind, durchgeführt werden müssen. Die Ausfalldaten stellen tatsächlich die im Feld erfassten Ausfälle von kommerziellen sowie militärischen elektronischen Komponenten dar. Die einzige Anpassung sollte für das Herstellungsjahr der untersuchten Komponenten durchgeführt werden. Die EPRD-97 verfügt über relativ detaillierte Angaben über einen Großteil von unterschiedlichen Komponenten. Die Ausfallrate von in Automobilanwendungen eingesetzten Komponenten wird dabei zum Teil in Ausfällen pro Millionen Meilen angegeben, wobei hierfür generell nur wenige Zuverlässigkeitsangaben zur Verfügung gestellt werden.

Ferner werden nicht alle Berechnungsmethoden dem Benutzer mitgeteilt, sodass dieses Handbuch mit größter Sorgfalt – wie eigentlich alle anderen Handbücher auch – anzuwenden ist.

NPRD

Es gelten überwiegend die gleichen Anmerkungen wie für die EPRD. Die NPRD-Datenbank (Nonelectronic Parts Reliability Data) aus dem Jahr 2016 verfügt über Angaben zu einer großen Anzahl unterschiedlicher Bauteile (elektrisch, elektromechanisch und mechanisch). Es ist anzumerken, dass die Materialien der Komponenten nicht immer angegeben werden, obwohl dies insbesondere für mechanische Bauteile eine ausschlaggebende Eigenschaft in Bezug auf ihre Zuverlässigkeit ist.

DIN EN 61709

Die DIN EN 61709 aus dem Jahr 2012 gibt eine Anleitung, wie Ausfallratendaten für die Zuverlässigkeitsvorhersage von elektrischen Bauelementen in Geräten eingesetzt werden können. Die Referenzbedingungen sind numerische Werte von Beanspruchungen, die typischerweise für Bauelemente in der Mehrzahl der Anwendungen beobachtet werden. Die bei Referenzbedingungen angegebenen Ausfallraten ermöglichen realistische Zuverlässigkeitsvorhersagen, die in der frühen Entwicklungsphase durchgeführt werden. Zu dieser Norm existiert außerdem ein deutscher Norm-Entwurf aus dem Jahr 2015. Von der entsprechenden IEC-Norm existiert mittlerweile die dritte Edition aus dem Jahr 2017.

SERH

Das „Safety Equipment Reliability Handbook" (SERH) von exida bietet eine Sammlung von Ausfallraten, die für die Überprüfung des konzeptionellen Designs von sicherheitstechnischen Systemen in der Prozessindustrie verwendet werden können. Das SERH in der vierten Auflage von 2015 umfasst dabei drei Bände, die sich mit Sensoren (Vol. 1 mit u. a. Flammenüberwachung, Temperaturmessung, Druckmessung), Logik-Lösern und Schnittstellenmodulen (Vol. 2 mit u. a. Überspannungsschutzgeräten, Relais) und finalen Elementen (Vol. 3 mit u. a. Magnetspulen, digitalen Stellungsreglern, Ventilen) beschäftigen. Ein vierter Band zu generischen Daten befindet sich derzeit in Bearbeitung.

IEEE Std. 493-2007

Diese IEEE-Veröffentlichung verfolgt das Ziel, die Grundlagen der Zuverlässigkeitsanalyse für die Planung und den Entwurf industrieller und kommerzieller Stromverteilungssysteme zu präsentieren. Ausfälle solcher Systeme sind oft mit hohen Kosten verbunden. Es sollen nunmehr glaubwürdige Daten zur Verfügung gestellt werden, die Aufschluss über die Zuverlässigkeit der Geräte sowie zu den Kosten von Stromausfällen bieten.

■ 11.4 Ausfallratenmodelle

Konstante Ausfallrate

Die Annahme einer konstanten Ausfallrate

$h(t) = \lambda = \text{konst.}$

bedeutet, dass die Lebensdauer exponentiell verteilt ist (siehe Abschnitt 10.1.1).

Entsprechend der Langlebigkeit elektronischer Komponenten wird bei diesen in der Praxis oft von einer konstanten Ausfallrate ausgegangen. Die Zuverlässigkeitsmodellbildung gestaltet sich dadurch besonders einfach. So lässt sich beispielsweise die Ausfallrate eines Seriensystems (siehe Kapitel 13) leicht durch die Summation der Ausfallraten der Komponenten bestimmen. Allerdings gilt dies nur für ein Seriensystem. Aufgrund der einfachen Modellbildung wird deshalb in der Praxis oft inkorrekterweise auch dann mit einer konstanten Ausfallrate gerechnet, wenn diese nicht konstant ist.

Zeitlich linear abhängige Ausfallrate

Eine ausführliche Diskussion von Lebensdauerverteilungen und dem Verhalten der Ausfallrate ist bei R. E. Barlow und F. Proschan zu finden (siehe Lit.).

Zeitlich linear ansteigende Ausfallrate:

IFR-Verteilung ≙ Increasing Failure Rate

Dieses generelle Modell ist durch die Gleichung

$h(t) = k \cdot t$ (11.1)

mit $h(t_2) \geq h(t_1)$ für alle $t_2 \geq t_1$ ($k > 0$ konstant) gegeben. Für die Ausfalldichte folgt

$$f(t) = k \cdot t \cdot e^{-\frac{k}{2} \cdot t^2} \tag{11.2}$$

und für die Überlebenswahrscheinlichkeit

$$R(t) = e^{-\frac{k}{2} \cdot t^2} \tag{11.3}$$

(bekannt unter dem Namen Rayleigh-Verteilung, siehe Weibull-Verteilung, Abschnitt 10.1.2).

Bild 11.4 zeigt die grafische Darstellung der Zuverlässigkeitskenngrößen einer IFR-Verteilung.

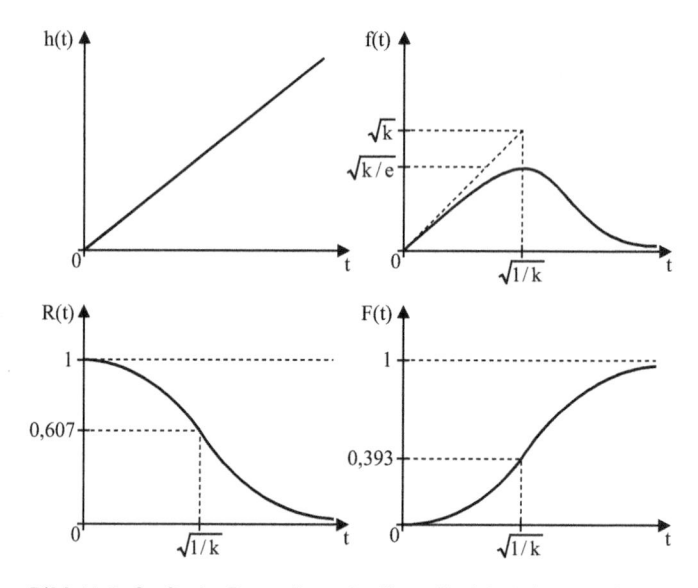

Bild 11.4 Grafische Darstellung der Zuverlässigkeitskenngrößen einer IFR-Verteilung

Für Verteilungsfunktionen vom Typ IFR lassen sich Schranken (Bild 11.5), die auf dem ersten Moment M_1 (oder höheren Momenten) beruhen, angeben, z. B. als untere Schranke

$$R(t) \geq \begin{cases} e^{-\frac{t}{M_1}} & \text{für } t < M_1 \\ 0 & \text{für } t \geq M_1 \end{cases} \tag{11.4}$$

und allgemein

$$R(t) \geq \begin{cases} e^{-t \left(\frac{k!}{M_k}\right)^{1/k}} & \text{für } t < M_k^{1/k} \\ 0 & \text{für } t \geq M_k^{1/k} \end{cases} \tag{11.5}$$

Eine obere Schranke lässt sich durch die Ungleichung

$$R(t) \leq \begin{cases} 1 & \text{für } t < M_k^{1/k} \\ e^{-\omega t} & \text{für } t \geq M_k^{1/k} \end{cases} \qquad (11.6)$$

angeben, wobei ω aus der Beziehung

$$M_k = k \int_0^t u^{k-1} \cdot e^{-\omega \tau} d\tau \qquad (11.7)$$

berechnet wird.

Von praktischem Interesse sind die vorangegangenen Ungleichungen für den Fall $k = 1$ (Moment 1. Ordnung).

Für alle Werte $0 < t < M_1$ gilt dann

$$1 \geq R(t) \geq e^{-\frac{t}{M_1}} \qquad (11.8)$$

und für alle Werte $t \geq M_1$

$$e^{-\omega t} \geq R(t) \geq 0 \qquad (11.9)$$

mit

$$M_1 = \frac{1}{\omega} \cdot \left(1 - e^{-\omega t}\right)$$

woraus ω bestimmt werden kann.

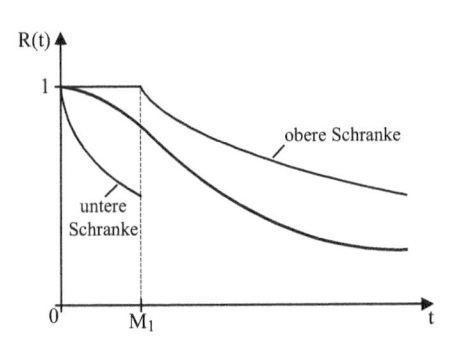

Bild 11.5
Schranken der IFR-Verteilung

> **Beispiel 11.4-1**
>
> Die Lebensdauer einer Komponente ist vom Typ IFR mit dem Erwartungswert $E(T) = M_1 = 5000$ h. Berechnen Sie die obere und untere Schranke von $R(t)$ für eine Betriebszeit von 2000 h und 6000 h.
>
> Es gilt
>
> $$R(t) \geq e^{-\frac{t}{M_1}} \quad \text{für } t < M_1$$
> $$R(2000\,\text{h}) \geq e^{-\frac{2000\,\text{h}}{5000\,\text{h}}} \approx 0{,}6703$$
> $$R(t) \leq 1 \quad \text{für } t < M_1$$
>
> und damit schließlich
>
> $$0{,}6703 \leq R(2000\,\text{h}) \leq 1$$
>
> Des Weiteren gilt:
>
> $$R(t) \leq e^{-\omega t} \quad \text{für } t \geq M_1$$
>
> Mit $M_1 = \frac{1}{\omega}\left(1 - e^{-\omega t}\right)$ für $t \geq M_1$ folgt als Näherung
>
> $$M_1 \approx \frac{1}{\omega}\left[1 - \left(1 - \omega t + \frac{\omega^2 \cdot t^2}{2}\right)\right] = t - \frac{\omega \cdot t^2}{2}$$
>
> und
>
> $$\omega \approx \frac{2(t - M_1)}{t^2} = \frac{1}{18000\,\text{h}}$$
>
> (die Ungenauigkeit beträgt ca. 2 %).
>
> $$R(6000\,\text{h}) \leq e^{-\frac{6000}{18000}} = e^{-1/3} \approx 0{,}7165$$
>
> und damit als Schranken für $t > M_1$
>
> $$0 \leq R(6000\,\text{h}) \leq 0{,}71653$$

Zeitlich linear abfallende Ausfallrate:

DFR-Verteilung ≙ Decreasing Failure Rate

Dieses Ausfallratenmodell wird beschrieben durch

$$h(t) = k_0 - k_1 \cdot t \quad \text{für } 0 \leq t \leq \frac{k_0}{k_1} \tag{11.10}$$

wobei k_0, k_1 positive Konstanten sind.

Es gilt $h(t_2) \leq h(t_1)$ für alle $t_2 \geq t_1$.

Die Ausfalldichte ist dann durch

$$f(t) = (k_0 - k_1 t) \cdot e^{-\left(k_0 t - k_1 \frac{t^2}{2}\right)} \quad \text{für } 0 \leq t \leq \frac{k_0}{k_1} \tag{11.11}$$

und die Überlebenswahrscheinlichkeit durch

$$R(t) = e^{-k_0 \cdot t + k_1 \cdot \frac{t^2}{2}} \tag{11.12}$$

gegeben. Bild 11.6 zeigt die grafische Darstellung der Zuverlässigkeitskenngrößen einer DFR-Verteilung.

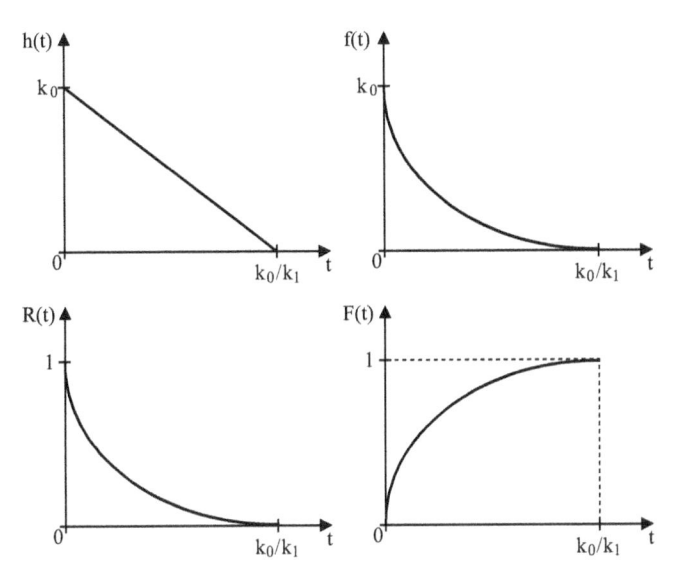

Bild 11.6 Grafische Darstellung der Zuverlässigkeitskenngrößen einer DFR-Verteilung

Die Schranken einer DFR-Verteilung sind durch das 1. Moment

$$R(t) \leq \begin{cases} e^{-\frac{t}{M_1}} & \text{für } t \leq M_1 \\ \dfrac{M_1 \cdot e^{-1}}{t} & \text{für } t \geq M_1 \end{cases} \tag{11.13}$$

gegeben und

$$R(t) \geq e^{-\left(\frac{t}{M_1} + \gamma\right)} \tag{11.14}$$

mit $\gamma = \dfrac{M_2}{2M_1^2} - 1$.

Von den „klassischen Verteilungsfunktionen" sind beispielsweise die Weibull-Verteilung im Fall $\beta > 1$ und die Gammaverteilung im Fall $\alpha > 1$ vom Typ IFR und im Fall $\beta < 1$ und $\alpha < 1$ vom Typ DFR. Die logarithmische Normalverteilung ist weder IFR- noch DFR-verteilt; hingegen ist die Exponentialverteilung als einzige Verteilungsfunktion sowohl IFR- als auch DFR-verteilt.

Bei den diskreten Verteilungsfunktionen sind die Binomial- und Poisson-Verteilung vom Typ IFR und in Analogie zur Exponentialverteilung ist die geometrische Verteilung sowohl IFR- als auch DFR-verteilt.

Neben der vorangehend aufgeführten Einteilung von Verteilungsfunktionen sind des Weiteren die IFRA-Verteilung (Increasing Failure Rate Average) mit zunehmendem Ausfallratenmittelwert und die DFRA-Verteilung (Decreasing Failure Rate Average) mit abnehmendem Ausfallratenmittelwert zu nennen. Auch hierfür sind entsprechende Schranken formuliert worden.

Lineares Ausfallratenmodell für die „Badewannenkurve":

Der lineare Ausfallratenverlauf der Badewannenkurve (Bild 11.7) lässt sich wie folgt beschreiben:

$$h(t) = \begin{cases} \lambda_0 - k_1 t & \text{für } 0 \leq t < t_1 \\ \lambda_1 & \text{für } t_1 \leq t < t_2 \\ \lambda_1 + k_2(t - t_2) & \text{für } t_2 \leq t \end{cases} \quad (11.15)$$

mit den Konstanten $\lambda_0 > \lambda_1$, $k_1 = \dfrac{\lambda_0 - \lambda_1}{t_1}$ und $k_2 > 0$

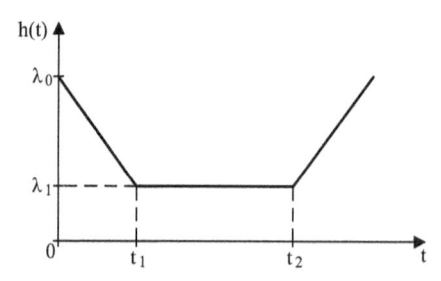

Bild 11.7 Lineares Ausfallratenmodell

Für die Ausfalldichte ergibt sich dann

$$f(t) = \begin{cases} (\lambda_0 - k_1 t)e^{-\lambda_0 t + k_1 \frac{t^2}{2}} & \text{für } 0 \leq t < t_1 \\ \lambda_1 e^{-(\lambda_0 - \lambda_1)\frac{t_1}{2}} \cdot e^{-\lambda_1 t} & \text{für } t_1 \leq t < t_2 \\ (\lambda_1 + k_2(t - t_2))e^{-(\lambda_0 - \lambda_1)\frac{t_1}{2}} \cdot e^{-\lambda_1 \cdot t - \frac{k_2}{2}(t - t_2)^2} & \text{für } t_2 \leq t \end{cases} \quad (11.16)$$

und für die Überlebenswahrscheinlichkeit

$$R(t) = \begin{cases} e^{-\lambda_0 t + k_1 \frac{t^2}{2}} & \text{für } 0 \leq t < t_1 \\ e^{-(\lambda_0 - \lambda_1)\frac{t_1}{2}} \cdot e^{-\lambda_1 t} & \text{für } t_1 \leq t < t_2 \\ e^{-(\lambda_0 - \lambda_1)\frac{t_1}{2}} \cdot e^{-\lambda_1 \cdot t - \frac{k_2}{2}(t - t_2)^2} & \text{für } t_2 \leq t \end{cases} \quad (11.17)$$

Generelle Ausfallratenmodelle:

Ein generelles Ausfallratenmodell (Potenzreihenentwicklung), besonders geeignet für aus Experimenten gewonnene Daten, ist durch die Gleichung

$$h(t) = k_0 + k_1 t + k_2 t^2 + \ldots + k_n t^n = k_0 + \sum_{i=1}^{n} k_i \cdot t^i \quad (11.18)$$

bzw.

$$R(t) = e^{-\left(k_0 t + \frac{k_1 t^2}{2} + \frac{k_2 t^3}{3} + \ldots + \frac{k_n t^{n+1}}{n+1}\right)} \quad (11.19)$$

definiert, wobei k_i Konstanten sind. Mit diesem Modell lässt sich, je nach Wahl der Konstanten, ebenfalls der gesamte Bereich der „Badewannenkurve" beschreiben.

Zu den „neuen" Verteilungsfunktionen, die ebenfalls den gesamten Bereich der „Badewannenkurve" beschreiben, zählt die IDB-(Hjorth)-Verteilung (IDB = Increasing-Decreasing-Bathtub-shaped failure rate).

Mit

$$h(t) = \delta \cdot t + \frac{\theta}{1 + \beta \cdot t} \quad (11.20)$$

und

$$R(t) = \frac{e^{-\frac{1}{2}\delta \cdot t^2}}{(1 + \beta \cdot t)^{\frac{\theta}{\beta}}} \quad (11.21)$$

Durch geeignete Wahl der Parameter der Hjorth-Verteilung lassen sich verschiedene spezielle Verteilungen und Ausfallraten darstellen:

$\theta = 0$ Rayleigh-Verteilung

$\delta = \beta = 0$ Exponentialverteilung

$\delta = \beta$ fallende Ausfallraten

$\delta \geq \theta \beta$ steigende Ausfallraten

$0 < \delta < \theta \beta$ Badewannenkurve

Wie zu erkennen ist, setzt sich die Ausfallrate aus einem linearen Term δt und einem gebrochen rationalen Term $\theta / (1+\beta t)$ zusammen.

Für $t = 0$ ergibt sich der Parameter θ, der als die innere Ausfallrate bezeichnet werden könnte ($\theta \geq 0$). Für t gegen ∞ strebt der gebrochen rationale Term gegen null und die Ausfallrate gegen die Asymptote δt, den linearen Term.

Die drei Parameter θ, β und δ werden in der Regel aus dem vorliegenden Datenmaterial geschätzt, was in der Praxis oft mit sehr großen Schwierigkeiten verbunden ist.

In der Literatur sind weitere Verteilungsfunktionen bekannt, die unter Umständen besser dazu geeignet sind, den gesamten Ausfallratenverlauf entsprechend der „Badewannenkurve" zu beschreiben.

Des Weiteren ist es praktikabel, über die einfache Beziehung

$$h_{avg}(t) = \frac{1}{t}\int_0^t h(\tau)d\tau = -\frac{1}{t}\ln R(t)$$

eine durchschnittliche Ausfallrate für analytische Betrachtungen zugrunde zu legen (Meyna/Pauli, siehe Lit.).

11.5 Zeitliche Schwankungen der Ausfallrate

Technische Systeme sind dadurch gekennzeichnet, dass sie verschiedenen Betriebszyklen unterworfen sind, wie z. B. der Ein- und Ausschaltvorgang eines Geräts oder der Anfahrvorgang einer Fertigungsstraße, der Betrieb unter Last usw. In der Praxis ist es jedoch schwierig, für verschiedene Betriebszyklen Ausfallraten zu ermitteln. Ein einfaches Modell zur Berücksichtigung der Betriebszyklen B_i besteht darin, dass diesen jeweils eine konstante, aber unterschiedliche Ausfallrate λ_i mit ihrem Anteil $a_i > 0$ zugeordnet wird (Tabelle 11.2).

Tabelle 11.2 Betriebszyklus

Betriebszyklen	B_1	B_2	....	B_n
Ausfallrate	λ_1	λ_2	....	λ_n
Anteile	a_1	a_2	....	a_n

Für die unbedingte Ausfallrate unter Berücksichtigung der verschiedenen Betriebszyklen ergibt sich dann Folgendes:

$$\lambda_{ges} = \sum_{i=1}^n \lambda_i \cdot a_i \text{ mit } \sum_{i=1}^n a_i = 1 \qquad (11.22)$$

Beispiel 11.5-1

Zur Sicherstellung der Stromversorgung in einem Krankenhaus ist ein Dieselgenerator vorgesehen, um bei Ausfall des Stadtnetzes für eine gewisse Zeit lebenswichtige Bereiche des Krankenhauses mit Strom zu versorgen. Die Verfügbarkeit des Stadtnetzes möge auf das Jahr bezogen 99,94 % betragen. Das heißt, von 8760 h des Jahres ist der Dieselgenerator infolge von Ausfall des Stadtnetzes 5,256 h im Betrieb. Die Ausfallrate des Generators im Betriebszustand sei $\lambda_1 = 6 \cdot 10^{-6}$ 1/h und im Ruhezustand $\lambda_2 = 6 \cdot 10^{-8}$ 1/h.

Mit welcher Wahrscheinlichkeit ist der Generator während eines Jahres betriebsbereit?

Lösung:

$$\lambda_{ges} = \left(0{,}0006 \cdot 6 \cdot 10^{-6} + 0{,}9994 \cdot 6 \cdot 10^{-8}\right)\frac{1}{h} \approx 0{,}063564 \cdot 10^{-6} \frac{1}{h}$$

$$R(8760) = e^{-\lambda_{ges} \, 8760} \approx 0{,}99944333$$

Teil IV:
Methoden der Zuverlässigkeits- und Sicherheitsanalyse

„Auch das Zuverlässigste ist nur ein auf entfernterem Wege herankommendes Notwendiges."

Arthur Schoppenhauer (1788 – 1860)

12 Einführung in die Methoden der Zuverlässigkeits- und Sicherheitstechnik

■ 12.1 Allgemeine Einführung

Die Ausführungen in diesem Kapitel sind der Dissertation entnommen, die einer der Autoren dieses Buches verfasst hat (Plinke 2015, siehe Lit.). Moderne technische Systeme setzen sich bekanntlich aus einer Vielzahl von einzelnen Komponenten zusammen, die – vernetzt mit anderen Systemen – komplexe Funktionen erfüllen. So besteht z. B. ein modernes regeneratives Bremssystem im Kraftfahrzeug nicht mehr nur aus den Komponenten, die für das eigentliche Abbremsen des Fahrzeugs benötigt werden. Vielmehr setzt sich aus dem eigentlichen Bremssystem in Kombination mit Elementen der Motorsteuerung, Energieversorgung, Bordsensorik etc. ein Fahrerassistenzsystem zusammen, welches bei einem Bremsvorgang alle Systeme steuert und das Fahrzeug abbremst (Robert Bosch GmbH 2010, siehe Lit.). Bis hin zum „intelligent car", welches das autonome Fahren ermöglichen soll, sind auf diese Weise auf Gesamtfahrzeugebene fast alle elektronischen Systeme miteinander vernetzt und erfüllen so die Vielzahl an komplexen Sicherheits- und Komfortfunktionen. Eine allgemeine schematische Darstellung dieser Vernetzung ist in Bild 12.1 visualisiert.

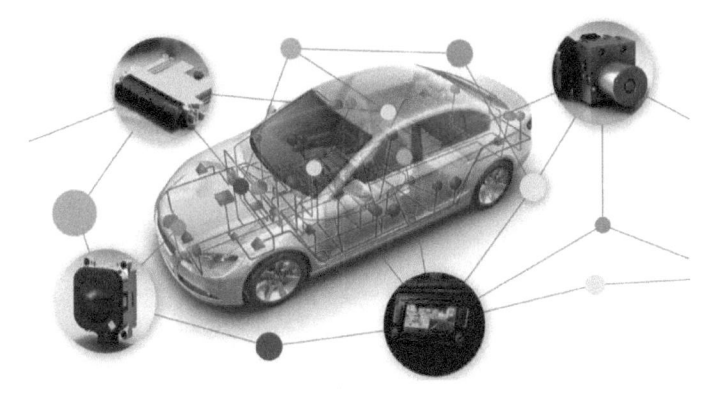

Bild 12.1 Vernetzung der Systeme im Kraftfahrzeug gemäß der Robert Bosch GmbH (siehe Lit.)

Der Aufwand einer Sicherheits- und Zuverlässigkeitsanalyse steigt durch die zunehmende Vernetzung enorm, da es keine oder nur wenige unabhängige Baugruppen im Fahrzeug gibt und Daten von mehreren Systemen oder Subsystemen vorliegen müssen, um eine umfassende Betrachtung vorzunehmen. Zudem interessieren neben der Grundzuverlässigkeit eines Gesamtsystems, gegeben durch die Ausfall- bzw. Überlebenswahrscheinlichkeit, immer mehr auch die Funktionalität und Verfügbarkeit eines Systems inklusive dessen Subsystemen und deren Funktionen.

Bedingt durch die Vernetzung technischer Systeme sowie die Bestrebung nach der größtmöglichen Kostenersparnis bei der Entwicklung und Produktion neuer Systeme werden klassische Redundanzsysteme wie z. B. hot-standby und cold-standby teilweise durch Abschalt- und Degradierungsstrategien ersetzt. Die funktionalen Zusammenhänge dieser Strategien können nur unter Berücksichtigung unterschiedlicher Baugruppen im Fahrzeug abgebildet werden. So kann z. B. in einem Hybrid- oder Elektrofahrzeug ein Ausfall im konventionellen ESP-Bremssystem teilweise durch den Antriebsstrang in seiner Funktion als Generator ausgeglichen werden. Inwieweit ein solcher Degradierungszustand als sicherheitskritisch oder -unkritisch einzustufen ist, hängt von dem Gesamtfahrzeugdesign ab. Bei einer dementsprechenden Analyse müssten so, neben den Komponenten z. B. des konventionellen Bremssystems, auch die Komponenten des Antriebsstrangs, des Motorsteuergeräts und anderer Antriebskomponenten zur Bestimmung der Funktionalität „sicheres Abbremsen" mit betrachtet werden. Es besteht somit also ein Unterschied zwischen der Zuverlässigkeit des Bremssystems und der Funktion „sicheres Abbremsen".

Neben diesem Aspekt ist auch die Umsetzungsart einer Funktion im Fahrzeug von Bedeutung. Waren es früher hauptsächlich mechanische oder hydraulische Komponenten, die eine Funktion umgesetzt haben, so sind heute an fast allen Funktionen und Aktionen im Fahrzeug elektronische Komponenten und Steuergeräte beteiligt, die die Aktoren steuern und regeln. Der Anteil und die Anzahl an elektronischen Komponenten sind zudem weiter stark steigend, und ohne elektronische Unterstützung sind in modernen Fahrzeugen zum Teil selbst sicherheitstechnische Grundfunktionen wie z. B. die Bremskraftverteilung nicht mehr gewährleistet (Robert Bosch GmbH 2010, siehe Lit.).

Eine Zuverlässigkeitsanalyse für solche Systeme kann auf unterschiedlichen Ebenen durchgeführt werden. Auf der **Strukturebene** ist die jeweilige Komponente in die Systemstruktur eingebunden. Auf diese Art kann die Zuverlässigkeit des Systems leicht durch die Analyse der Struktur, z. B. durch ein Blockschaltbild (Kapitel 13) oder einen Fehlerbaum (Kapitel 16), dargestellt und berechnet werden. Dieser Ansatz basiert in der Regel auf der Unterscheidung des Systemstatus in funktionsfähig und ausgefallen.

Eine Erweiterung der Strukturebene stellt die **Funktionsebene** dar. Aufgrund der Tatsache, dass viele Funktionen unter Beteiligung mehrerer Systeme umgesetzt werden, ist eine Beschreibung einzelner Subsysteme auf der Strukturebene oftmals nicht ausreichend. Ebenso muss der Ausfall einer bestimmten Komponente eines technischen Systems, bei entsprechender Architektur, nicht automatisch einen vollständigen Systemausfall implizieren. Durch spezielle Abschaltstrategien oder degradierte Zustände können Funktionen auch nach einem Komponentenausfall weiter verfügbar sein oder in degradierter Form weiter zur Verfügung stehen. Die Beschreibung dieser Zusammenhänge geschieht auf der Funktionsebene. Auf dieser Ebene ist das Grundparadigma die Funktion und nicht das System. Die Darstellungsart dieser Ebene kann z. B. durch ein Markov-Modell (Kapitel 19) erfolgen. Die hier beschriebenen Zustände und Übergänge sind in vielen Fällen für die

Darstellung einer komplexen Funktionsstruktur mit Rückfallebenen und Abschaltstrategien geeignet. Neben dieser Darstellung ist auch die Verwendung der Blockschaltbilder (analog zur Strukturebene) möglich. Gerade bei logischen Strukturen ist diese Darstellung häufig verständlicher. Die Funktionsebene ermöglicht somit eine vertiefte Analyse. Neben der Grundunterscheidung zwischen funktionsfähig oder ausgefallen ist mit dieser Ebene auch eine Unterscheidung nach der Funktionsfähigkeit, z. B. voll funktionsfähig, eingeschränkt funktionsfähig oder Notbetrieb, möglich.

Für eine detaillierte Analyse ist dies, gerade bei elektronischen Systemen, die neben ihrer Hardware auch aus Software bestehen, oftmals nicht ausreichend. Neben den physikalischen Einflüssen sind bei diesen Komponenten auch elektrotechnische Zusammenhänge besonders zu beachten. So ist z. B. die Bootzeit eines Computers nicht immer exakt gleich. Die exakte Bootzeit hängt vom Status der elektronischen Bauteile zu einem bestimmten Zeitpunkt ab. So kann z. B. der Füllstand eines Speichers die Lesezeit beeinflussen, oder ein Spannungsverhältnis kann minimal variieren. Ergebnis solcher Einflüsse ist, dass z. B. eine elektronische Komponente ihre Funktion nicht erfüllt. Die Analyse dieser Zusammenhänge ist über mathematische Funktionen möglich und kann im Rahmen einer Sensitivitätsanalyse bewertet werden (Han, siehe Lit.). Somit kommt zu der Struktur- und Funktionsebene noch eine **analytische Ebene** hinzu, auf der sich über entsprechende mathematische Zusammenhänge die Funktionsfähigkeit eines Systems in Abhängigkeit des Status von elektronischen Komponenten bestimmen lässt. Auf dieser Ebene wird nun zusätzlich zu den Zuständen funktionsfähig und ausgefallen auch die momentane Betriebsfähigkeit geprüft. So kann sich ein System, wie im vorangegangenen kurzen Beispiel erläutert, auch außerhalb seiner Betriebsspezifikationen aufhalten ohne einen Defekt zu haben. Die Rückkehr zu den vorgesehenen Spezifikationen führt nun zur Wiederherstellung der Betriebsfähigkeit, ohne dass an der Komponente oder an dem System etwas verändert wurde.

Bild 12.2 zeigt in schematischer Darstellung die zuvor beschriebenen Zuverlässigkeitsanalyseebenen.

```
| strukturelle     |   | funktionale   |   | analytische    |
| Ebene            | + | Ebene         | + | Ebene          |
| - Systemstruktur |   | - Vernetzung  |   | - Temp. Fehler |
| - inhärente Zuv. |   | - Beeinflussung |  | - Software     |
|                  MODERNE TECHNISCHE ZUVERLÄSSIGKEIT         |
```

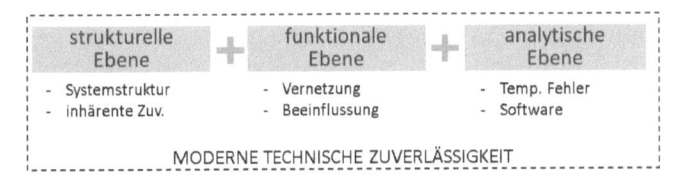

Bild 12.2 Schematische Darstellung der Zuverlässigkeitsanalyseebenen gemäß Plinke 2015 (siehe Lit.)

Die Methoden und Modelle der Zuverlässigkeitstheorie, die bei den vorangehend kurz erläuterten drei Ebenen zum Einsatz kommen, sind eng mit der Entwicklung der Zuverlässigkeitstheorie selbst verknüpft und lassen sich auf eine Vielzahl von Problemstellungen. Für ein System mit vernetzten Subsystemen, zeitlichen Abhängigkeiten, einer Vielzahl von Funktionen und Rückfallebenen oder dynamischen Systemänderungen sind diese Methoden und Modelle allerdings oft entweder nicht oder nur stark eingeschränkt anwendbar. Dies ist durch komplexe mathematische Terme bedingt, deren Lösung oftmals nicht eindeutig bestimmbar ist.

Aufgrund der in den letzten Jahren zur Verfügung stehenden Rechnertechnologie gewinnt das wissenschaftliche Rechnen (engl. scientific computing), z. B.: die Simulationswissenschaft, in der Zuverlässigkeitstheorie immer weiter an Bedeutung. Für eine realitätsnahe und ganzheitliche Zuverlässigkeitsanalyse ist allerdings auch die **Nutzungs- und Belastungsebene** als vierte Ebene von großer Bedeutung und aktueller Forschungsgegenstand der Zuverlässigkeitstheorie. Als weiterführende Literatur empfiehlt sich an dieser Stelle der Tagungsband der 26. Fachtagung Technische Zuverlässigkeit 2013 (siehe Lit.) mit dem Schwerpunktthema der induktiven Nutzungs- und Belastungsanalyse. Wertvolle Beiträge liefern hier unter anderem Bertsche, Hanselka und Schubert. So wird beispielsweise kein System im Kraftfahrzeug von allen Fahrern identisch genutzt oder belastet (siehe Abschnitt 28.3). Diese Nutzungs- und Belastungsunterschiede haben allerdings logischerweise einen sehr starken Einfluss auf die Zuverlässigkeit eines Fahrzeuges oder speziell eines mechatronischen Systems. Dies wirkt sich nicht nur auf die Lebensdauer eines Systems aus, sondern auch auf die Verfügbarkeit von Funktionen, die Leistung des Systems oder die Reparatur- und Wartungsbedürftigkeit. Während der frühen Entwicklungsphasen neuer Produkte wird der Einfluss unterschiedlicher Nutzer und Märkte meist nicht spezifisch im Systemdesign berücksichtigt. Dies führt unter anderem zu unterschiedlichen Lebensdauern in einzelnen Märkten, verbunden mit erheblichen Anforderungen an das Garantie-, Gewährleistungs- und Ersatzteilmanagement (Braasch 2011, siehe Lit.).Die Nutzungs- und Belastungsebene erweitert somit die in Bild 12.2 dargestellten Ebenen um eine weitere Stufe, die entsprechende Einflüsse in die Zuverlässigkeitsanalyse integriert. Die schematische Darstellung aus Bild 12.2 wird daraufhin, entsprechend Bild 12.3, erweitert.

strukturelle Ebene	+	funktionale Ebene	+	analytische Ebene	+	Belastungsebene
- Systemstruktur - inhärente Zuv.		- Vernetzung - Beeinflussung		- Temp. Fehler - Software		- Nutzung - Umgebungsbedingungen
MODERNE TECHNISCHE ZUVERLÄSSIGKEIT						GANZHEITLICH

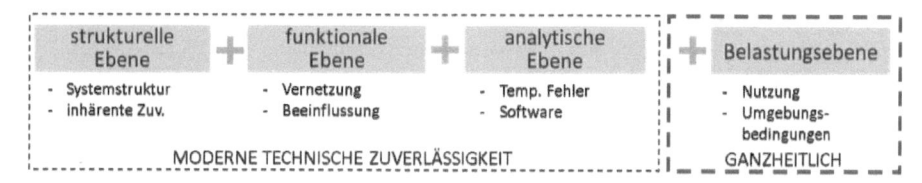

Bild 12.3 Schematische Darstellung der vier Zuverlässigkeitsanalyseebenen gemäß Plinke 2015 (siehe Lit.)

Die Analyse und Bewertung von Belastungseinflüssen geschieht im Normalfall durch Labortests während der Entwicklung von technischen Systemen oder durch frühe Testfahrten mit Prototypen, die speziellen Belastungsszenarien ausgesetzt werden. Im Rahmen der immer weiter steigenden Möglichkeiten der Datenspeicherung im Kraftfahrzeug – auch in späteren Serienreihen – wächst das Interesse an einer Belastungsanalyse auf Basis von Felddaten. Der eindeutige Vorteil einer Felddatenauswertung zur Bestimmung des Einflusses einzelner Belastungen besteht in den realen, durch die Fahrer generierten Daten. In Labortests und Erprobungsfahrten werden zumeist extreme Belastungen generiert und geprüft. Eine Transformation auf die spätere tatsächliche Belastung während der Nutzung ist nur in Ansätzen möglich (Vogt, siehe Lit.). Ziel dieser Tests ist häufig die Raffung der Belastung zur Prognose der Lebensdauer im Feld. Die somit entstehende „Überlastung" gibt Auskunft über die Einsatzfähigkeit eines Systems unter extremen, nicht aber unter realen Bedingungen. Für Fragestellungen bezüglich der Zuverlässigkeit und deren Prognose unter realen Belastungen sind diese Test- und Prüfmethoden somit nur bedingt einsetzbar und auch in der Quantität für eine Zuverlässigkeitsanalyse nicht ausreichend. Eine weitere, von Feld- und Labordaten unabhängige Möglichkeit zur Bestimmung des Einflusses einzelner Belastungen auf ein System ist die Anwendung spezifischer theoretischer Modelle zur Berechnung des Einflusses von einzelnen Belastungen auf das Ausfallverhalten. Diese Berechnungsmodelle stammen meist aus Teilbereichen der Natur- und Ingenieurwissenschaften. Als Beispiel sei hier das Weibull-Arrhenius-Modell genannt, welches neben den Parametern der Weibull-Verteilung auch den Einfluss der Temperatur auf ein System zur Bestimmung des zeitlichen Ausfallverhaltens berücksichtigt (Hauschild, siehe Lit.). Die Anwendung dieser Modelle beinhaltet einige Vor- und Nachteile gegenüber empirischen Analysen. Wesentlich ist, dass zur Berücksichtigung aller Belastungseinflüsse eine Vielzahl von Einzelmodellen zum Einsatz kommen müssten, die in Summe sowohl praktisch als auch theoretisch nicht mehr zu lösen sind. Somit sind die theoretischen Modelle zur Entwicklung und Dimensionierung von Bauteilen in den ersten Konstruktionsphasen unabdingbar, für die spätere Qualitätsuntersuchung allerdings weniger geeignet. Eine neue Methodik zur felddatenbasierten Belastungsanalyse für die vierte Ebene (Bild 12.3) der Zuverlässigkeits- und Sicherheitsanalyse wurde in der Dissertation von Plinke (siehe Lit.) entwickelt. Dabei erfolgten die Validierung und Verifizierung der Modelle und theoretischen Ansätze der deduktiven und induktiven Modellbildung sowie der direkten und indirekten Belastungsanalyse mithilfe der Monte-Carlo-Simulation.

■ 12.2 Methodenvergleich

Eine zentrale Frage der Zuverlässigkeitsanalytik ist die Frage der zu verwendenden Methode. Während es bei Einzelfragestellungen bezüglich der Zuverlässigkeitseigenschaften eines einzelnen Bauteils oder einer Bauteilgruppe diverse qualitative und quantitative Möglichkeiten gibt die Zuverlässigkeit zu bewerten, ist es bei ganzheitlichen Fragestellungen, in denen zum Beispiel die Gesamtzuverlässigkeit eines ganzen Systems auf den zuvor definierten Ebenen bestimmt werden soll, schwierig, eine geeignete Methode zu finden.

Zur Bewertung der Methoden und Analyseverfahren werden die folgenden Anforderungskriterien definiert.

Anwendbarkeit auf komplexe Systeme

Das wichtigste Kriterium ist die Anwendbarkeit auf komplexe Systeme. Da moderne Systeme aus einer Vielzahl von Komponenten bestehen und – besonders bei elektronischen Komponenten – einen hohen Vernetzungsgrad besitzen, ist eine klare Abgrenzung eines Systems zur Erfüllung einer Funktion nicht immer möglich. Um dennoch die Zuverlässigkeit bzw. Sicherheit eines Systems bestimmen zu können, müssen alle Komponenten und Baugruppen in die Analyse einbezogen werden. Die Bewertung der Methoden bezieht sich auf die Möglichkeit, auch komplexe Systeme mit der jeweiligen Methode vollständig untersuchen zu können. Dies schließt auch unterschiedliche Redundanzstrukturen wie z. B. mvn-Verknüpfungen, Standby-Verknüpfungen etc. ein (Kapitel 14).

Strukturelle Sensitivität

Auf Basis der strukturellen Sensitivität können die allgemeinen Zuverlässigkeitskenngrößen bestimmt werden. Sie ist die Basis für tiefere Analyseebenen. Die Bewertung der jeweiligen Methode bezieht sich auf die Möglichkeit, die Zuverlässigkeitskenngrößen (Kapitel 9) abzuleiten.

Funktionale Sensitivität

Die Bewertung der funktionalen Sensitivität wird in modernen elektronischen und mechatronischen Systemen immer wichtiger. Wie bereits dargelegt (Abschnitt 12.1), steigt die Funktionsbreite neuer Systeme immer weiter an. Dies wird zum einen durch Software ermöglicht, zum anderen aber auch durch intelligente Vernetzung unterschiedlicher Systeme. Aufgrund diverser Rückfallebenen ist die Bestimmung der strukturellen Sensitivität zur Beantwortung der Frage, ob ein System ausgefallen ist oder nicht, oftmals nicht ausreichend. Vielmehr interessieren der aktuelle Funktionsstatus und die detaillierte Einsatzbereitschaft. Um diese bestimmen zu können, sind auch zeitliche Faktoren und Abhängigkeiten zu beachten. Je nachdem, in welcher Reihenfolge Bauteile versagen, können sich zu einem bestimmten Zeitpunkt unterschiedliche Funktionalitäten ergeben. Die Methoden werden in Hinsicht ihrer Möglichkeit, die Verfügbarkeit einzelner Funktionen zu bestimmen, bewertet.

Analytische Sensitivität

Die exakte Ausführung einer Funktion zählt zu den erweiterten Fragestellungen im Bereich der Zuverlässigkeit und Sicherheit. Aufgrund einer hohen Anzahl an Softwareprozessen, die, abhängig vom aktuellen Systemstatus, die Rechenleistung eines Mikrocontrollers oder Prozessors beeinträchtigen können, kann auch die Ausführungszeit einzelner elektronischer Kommandos variieren. So kann es zu einem „temporären" Funktionsausfall kommen, obwohl keine Komponente real ausgefallen ist und das System normal funktioniert. Da die analytische Sensitivität meist durch mathematische Algorithmen bestimmt wird, ist die Möglichkeit, freie mathematische Ausdrücke zu berücksichtigen, für die Bewertung in diesem Punkt relevant.

Empirische und diskrete Verteilungsfunktionen

Neben den einzelnen Ebenen der Sensitivitätsanalyse ist auch der mögliche Detaillierungsgrad der einzelnen Methoden interessant. So ist die Fähigkeit, unterschiedliche Verteilungsfunktionen zu verwenden, für eine realitätsnahe Untersuchung der Zuverlässigkeit eines Systems von großer Bedeutung. Parameter zur Beschreibung des Ausfallverhaltens einer Komponente müssen nicht zwingend in stetiger Form definiert sein. Auch sollte es möglich sein, diskrete Parameter und Verteilungsfunktionen für die Bestimmung der Zuverlässigkeit eines Systems zugrunde zu legen.

Aggregierbarkeit

Für einzelne Fragestellungen ist die Aggregierbarkeit einer Methode mit anderen Analyseverfahren notwendig. Ein Kriterium für die Bewertung der Aggregierbarkeit ist die Komplexität des Ansatzes. Generell gilt, je komplexer die Analytik einer Methode, umso schwieriger die Aggregation mit anderen Methoden. So sind neben Fragestellungen im Bereich der Zuverlässigkeit auch Fragestellungen z. B. aus dem Bereich der Wirtschaftswissenschaften interessant, wenn es z. B. darum geht, den monetären Einfluss eines Fehlerbildes bei einem bestimmten Produkt auf dessen Erlös zu bewerten.

Rückverfolgbarkeit

Eine Kernanforderung an ein Analyseverfahren ist bekanntlich dessen Rückverfolgbarkeit mit einer umfassenden Dokumentation. In der Dokumentation geht es neben der Beschreibung der durchgeführten Analysen auch um die spätere Rekonstruktion und eine eventuelle Applikation. Je schlechter die Rückverfolgbarkeit einer Methode in Hinsicht auf die Verständlichkeit ist, umso eher geht Wissen nach Abschluss verloren, und eine erneute Anwendung oder Prüfung wird erheblich erschwert. Analog zur Aggregierbarkeit ist auch bei der Rückverfolgbarkeit die Komplexität eines Ansatzes von großer Bedeutung. Je komplexer sich eine Methode mathematisch gestaltet, umso schwieriger ist es, einzelne Ergebnisse zu rekonstruieren.

Nachvollziehbarkeit

Die Nachvollziehbarkeit einer Methode ist im Kern vergleichbar mit der Verständlichkeit der durchgeführten Berechnungen. Wichtig ist, dass die Ergebnisse, die eine Zuverlässigkeitsuntersuchung liefert, detailliert nachvollzogen werden können. Zum einen zur nachfolgenden Verwendung und Bewertung der Ergebnisse und zur Ableitung geeigneter Maßnahmen zur Optimierung und zum anderen auch zur Handhabung einer Methode bei komplexen technischen Sachverhalten. Auch steigert eine hohe Nachvollziehbarkeit die Einsetzbarkeit in der Routine. Nach der Entwicklung und einer exemplarischen Anwendung eines Zuverlässigkeitsmodells muss dieses meist in den Qualitätssicherungsprozess eines Unternehmens implementiert werden. Hier müssen auch Anwender, die nicht über ein tiefes Methodenverständnis verfügen, dieses Modell korrekt und sicher verwenden können. Über das Kriterium der Nachvollziehbarkeit werden die Methoden hinsichtlich dieser Anforderungen bewertet. Grundsätzlich wird im Bereich der Zuverlässigkeits- und Sicherheitstechnik bekanntlich zwischen den qualitativen und quantitativen Analysemethoden unterschieden. Hierbei sind die quantitativen Methoden grundsätzlich zu bevorzugen, um eine mathematisch und datentechnisch fundierte Analyse der Zuverlässigkeit und deren Bewertung zu ermöglichen.

Die quantitativen Methoden können des Weiteren in die **probabilistisch-determinierten** und die **probabilistisch-nicht-determinierten** Methoden (z. B. die Simulation) eingeteilt werden.

Obwohl sich die Methoden in ihren Modellen grundsätzlich deterministischer Ansätze bedienen, ist das spätere Ergebnis der Berechnungen grundsätzlich probabilistischer Natur und unterliegt somit dem Probabilismus als Indeterminismus[1], wenn auch mit deterministischem Grundgedanken (Planck, siehe Lit.). Dies liegt an der Verwendung von Zufallsvariablen für die zugrunde gelegten Parameter. So kann aus den Wahrscheinlichkeitsaussagen der Zuverlässigkeitsanalytik nicht auf das Versagen eines einzelnen Bauteils oder einer Baugruppe, einschließlich des Systems, zurückgeschlossen werden.

---

[1] Unvorhersagbarkeit von Ereignissen; eine Aussage über die Zukunft ist im Gegensatz zum Determinismus (Differenzialgleichung mit Anfangsbedingung) nur über eine stochastische Modellbildung möglich.

Durch die Entwicklung computerbasierter – teils intelligenter – Algorithmen muss diese Einteilung allerdings detailliert werden.

Prinzipiell kommen determinierte und nicht-determinierte Methoden, wie in der Informatik üblich, zur Anwendung. Eine Methode ist dann determiniert, wenn der gleiche Input einer mathematischen Funktion immer zu demselben Ergebnis führt (kurz: „gleiche Eingabe, gleiche Ausgabe"). Dies trifft auf alle Methoden zu, die sich keinerlei Zufallszahlen oder anderer, nicht durch einen festen Algorithmus definierter, Zufallsgrößen bedienen.

Zu den nicht-determinierten Methoden zählen somit computerbasierende Methoden, deren Funktionsweise auf Zufallsereignissen basiert oder die ihre Struktur nach einem pseudointelligenten Muster dynamisch verändern (z. B. neuronale Netze, Kapitel 22).

Bild 12.4 zeigt einen Vergleich der gegenwärtig in der industriellen Praxis verwendeten Methoden, bewertet anhand der zuvor zugrunde gelegten Anforderungen. Spezielle Methoden wie z. B. Petri-Netze, Soft Computing (wie evolutionäre Algorithmen und Graphen) etc. wurden dabei nicht berücksichtigt.

Die Bewertung in den nachfolgenden Kategorien von „–" bis „++" erfolgt dabei subjektiv in Hinsicht auf die Verwendbarkeit der in Abschnitt 12.1 definierten Ebenen.

Die Auswertung von Bild 12.4 zeigt, dass die qualitativen Methoden wie z. B. die FMEA (siehe Abschnitt 5.1.3) große Schwächen im Bereich der Flexibilität haben. Dieses macht sie für eine ganzheitliche Analyse unbrauchbar.

Bei den determinierten Methoden ist zwischen den grundlegenden Methoden, der Systemstrukturanalyse (Kapitel 13) und den Fehlerbäumen (Kapitel 16) sowie den Markov-Modellen (Kapitel 19) und der Fuzzy-Logik (Kapitel 17) zu unterscheiden. Die grundlegenden Methoden zeichnen sich durch eine gute Praxistauglichkeit aus. Diese wird durch die Zusammenfassung aus der Aggregierbarkeit, der Rückverfolgbarkeit und der Nachvollziehbarkeit begründet. Dafür sind sie durch ihre Grundstruktur in der Regel nur für anwendungsbezogene Fragestellungen einsetzbar. Eine direkte Analyse mathematischer Zusammenhänge ist nicht möglich. Die Markov-Prozesse sind in ihren Anwendungsmöglichkeiten vielseitiger, allerdings ist die Verwendbarkeit, bedingt durch sehr komplexe Terme (z. B. stochastische Differenzialgleichungen), die bei der Anwendung der Markov-Prozesse und Verwandten entstehen, begrenzt. Hinzu kommt, dass der Zustandsraum sehr schnell „explodiert".

Die nicht-determinierten Modelle sind in Bezug auf die hier gestellten Anforderungen sehr flexibel einsetzbar. Da die eigentlichen Berechnungen bei dieser Art von Methoden nicht in komplexen Termen, sondern in der Wiederholung von einfachen Termen liegen, ist auch die Anwendbarkeit grundsätzlich flexibel. Die künstlichen neuronalen Netze (Kapitel 22) besitzen allerdings den Nachteil, dass aufgrund des Einsatzes einer Vorstufe von künstlicher Intelligenz, abgebildet durch unterschiedliche Lernalgorithmen (Meyer2003, siehe Lit.), die Berechnungen nicht nachvollziehbar sind und ein Lernalgorithmus bei mehrmaliger Anwendung nicht in einem Ergebnis konvergiert.

Methoden	Anwendbarkeit auf komplexe Systemen	Strukturelle Sensitivität	Funktionale Sensitivität	Analytische Sensitivität	Emp. u. diskr. Verteilungsfunktionen	Aggregierbarkeit	Rückverfolgbarkeit	Nachvollziehbarkeit
Qualitative Methoden								
FMEA	+	o	+	-	-	+	o	++
Fehlerbaumanalyse (qualitativ)	o	+	+	-	-	++	++	+
Determinierte Methoden								
Systemstrukturen	o	++	o	-	o	+	++	+
Fehlerbaumanalyse (quantitativ)	o	++	o	-	-	++	+	++
Stetige Markov-Prozesse	o	+	+	-	-	o	+	o
Semi-Markov-Prozesse	+	+	+	-	+	o	o	-
Fuzzy-Logik	o	+	+	-	o	o	-	o
Nicht-determinierte Methoden								
Monte-Carlo-Simulation	+	+	++	+	++	o	o	++
Neuronale-Netze	+	+	+	++	o	o	-	-

Bild 12.4 Vergleich der gegenwärtig in der industriellen Praxis eingesetzten Methoden zur Sensitivitätsanalyse gemäß Plinke 2015 (siehe Lit.)

Die Anwendung der Monte-Carlo-Simulation (Kapitel 20) erweist sich hingegen als sehr geeignet. Die Nachvollziehbarkeit ist hier sehr hoch, da die Zufallszahlen, die zur Erzeugung der Ergebnisse benötigt werden, durch den Einsatz von Pseudozufallszahlengeneratoren jederzeit reproduziert werden können. Auch die zuvor zugrunde gelegten anderen Anforderungen werden von der Monte-Carlo-Simulation in hohem Maße erfüllt. Die Wahl der Verteilungsfunktionen, die allen Berechnungen als Basis dienen, ist annähernd beliebig, und es können speziell auch unscharfe – meist diskrete oder qualitative – Informationen verarbeitet werden. Dies macht die Simulation universell einsetzbar. Allerdings haben Simulationsmethoden bekanntlich generell den Nachteil, dass es sich bei den erzielten Ergebnissen immer nur um eine Schätzung des eigentlichen analytischen Ergebnisses handelt. Dieser Nachteil muss durch eine sorgfältige Wahl des Zufallszahlengenerators, einer geeigneten Simulationsumgebung und einer hinreichenden Zahl an Simulationsdurchläufen sowie die Nutzung von varianzreduzierenden Methoden, in den Auswirkungen begrenzt werden. Weitere Ausführungen hierzu finden sich unter anderem in Zio, Plinke et al. und Hauschild (siehe Lit.).

13 Zuverlässigkeitsanalyse einfacher Systemstrukturen

Wie bereits dargestellt, werden aufgrund der Funktionsmodelle bzw. physikalisch-technischen Modelle eines technischen Systems und der Zuverlässigkeitskenngrößen der Komponenten Zuverlässigkeits- bzw. Sicherheitskenngrößen des Systems ermittelt. Diese Kenngrößen dienen zur quantitativen Beurteilung spezifischer Systemeigenschaften und zum Systemvergleich alternativer Konzepte. Die Bestimmung der Systemstruktur erfolgt **deterministisch** und die Ermittlung der Wahrscheinlichkeiten bezogen auf die Zeit bzw. Laufleistung (in der Automobilindustrie) als Schätzung zur Beurteilung von Zuverlässigkeits- und/oder Sicherheitskenngrößen **stochastisch** (Bild 13.1).

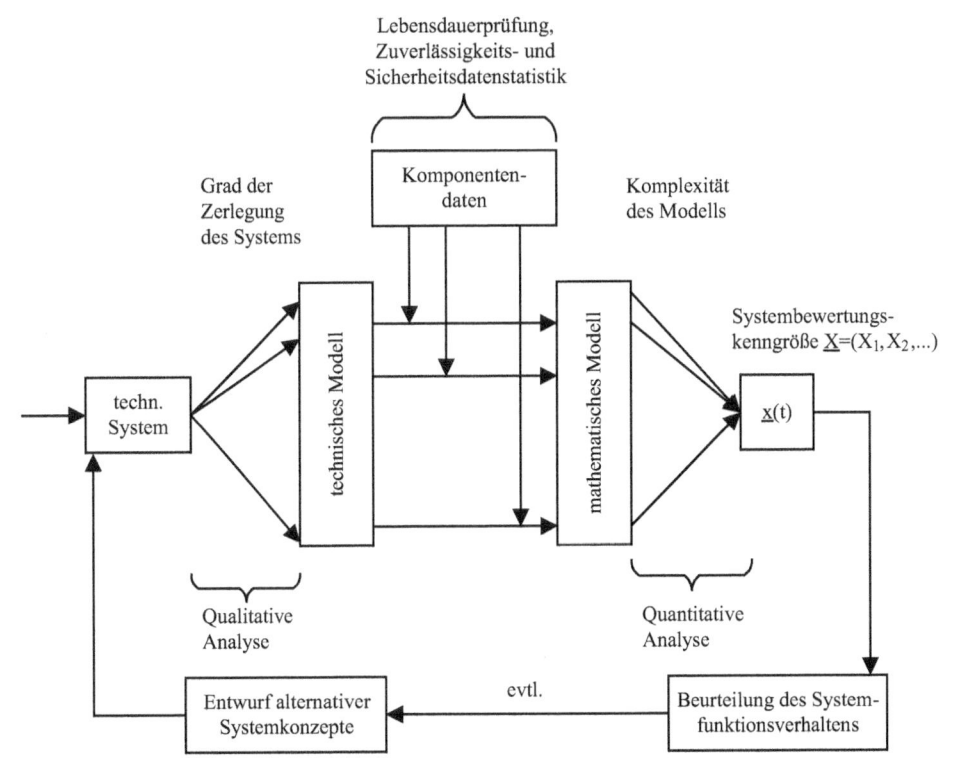

Bild 13.1 Abstrakte Darstellung der Zuverlässigkeits-/Sicherheitsanalyse (in Anlehnung an Frey, siehe Lit.)

13.1 Grafische Darstellung von Systemkonfigurationen

Neben den nachfolgend kurz erläuterten prinzipiellen Möglichkeiten, ein technisches System (Mensch-Maschine-Umweltsystem) in ein Zuverlässigkeits-/Sicherheits-Modell zu übertragen, gibt es weitere Darstellungsmöglichkeiten und Auswerteverfahren. Hierzu zählen insbesondere Graphen (siehe Graphentheorie) einschließlich linearer Flussgraphen, von Petri-Netzen, neuronalen Netzen, Entscheidungsbäumen, Ereignisbaumanalysen (Störfallablaufanalysen) und anderen.

13.1.1 Zuverlässigkeits-Blockschaltbild

Ein Zuverlässigkeits-Blockschaltbild, auch Zuverlässigkeits-Blockdiagramm genannt (Reliability Block Diagram, RBD), ist eine grafische Darstellung, bei der die Systemkomponenten durch „Kästchen" (Black Box) dargestellt werden. Das Blockdiagramm hat einen Eingang und einen Ausgang und besteht meist aus einer Mischstruktur, die sich auf eine Serien- oder Parallelanordnung der Komponenten zurückführen lässt. Die Darstellung bezieht sich hierbei in der Regel immer auf die **Funktionsfähigkeit** des Systems.

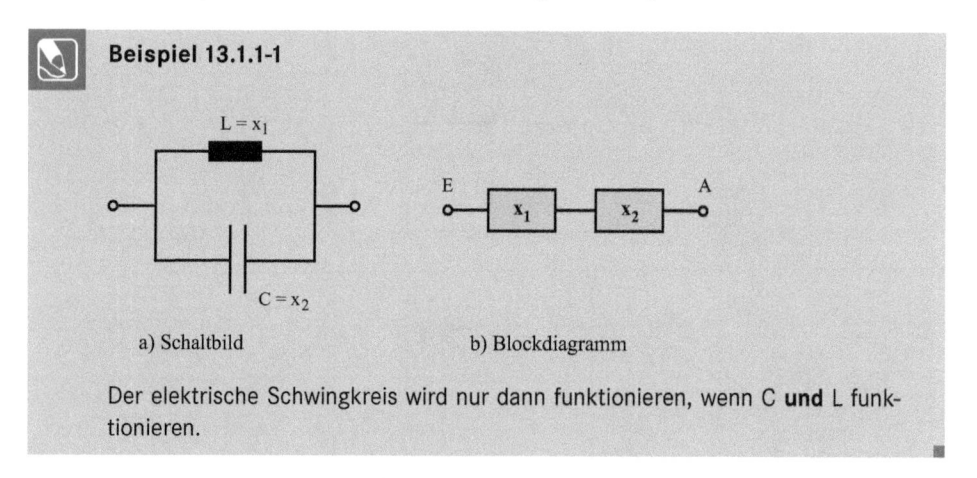

Beispiel 13.1.1-1

$L = x_1$

$C = x_2$

a) Schaltbild   b) Blockdiagramm

Der elektrische Schwingkreis wird nur dann funktionieren, wenn C **und** L funktionieren.

13.1.2 Fehler- oder Funktionsbäume: Darstellung mithilfe logischer Symbole der Booleschen Algebra

Für die zuverlässigkeitstechnische Analyse großer komplexer Systeme (z.B. Kernkraftwerke) haben sich heute überwiegend **Fehlerbaumdarstellungen** durchgesetzt. Ein System wird hier hinsichtlich des kritischen Ausfalls (TOP-Ereignis), ausgehend von sämtlichen Komponentenzuständen (Basisereignissen), durch logische Symbole (Gatter) dargestellt und in der Regel mithilfe eines Rechenprogramms analysiert (siehe Kapitel 16).

Beispiel 13.1.2-1

Elektrischer Schwingkreis:

Funktionsbaum (und, &) — Fehlerbaum (oder, ≥1)

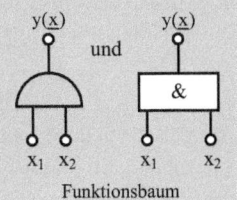

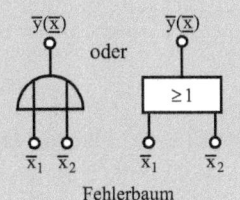

Ein Fehlerbaum ist eine grafische Darstellung des Ereignisses „Systemausfall" eines Systems oder Untersystems als **Boolesche Funktion** unter der Benutzung der logischen Symbole Konjunktion, Disjunktion und Negation sowie weiterer Beschriftungssymbole zur Kennzeichnung der Komponenten des Systems (siehe Kapitel 16). Die duale Darstellung „Funktionsbaum" charakterisiert hingegen das Ereignis „Systemfunktion".

13.1.3 Zustandsdiagramme (Zustandsübergangsgraphen)

Bei dieser Darstellung wird ein System in endlich viele Zustände zerlegt. Die einzelnen Zustände werden durch Kreise und die möglichen Übergänge von einem Zustand in den anderen durch Pfeile (Kanten) dargestellt. Im einfachsten Fall kann ein System zwei Zustände aufweisen, z.B. das System ist funktionsfähig und das System ist ausgefallen (siehe Kapitel 19). Durch Zustandsdiagramme kann die zeitliche Reihenfolge der Folgezustände und Abhängigkeiten dargestellt werden.

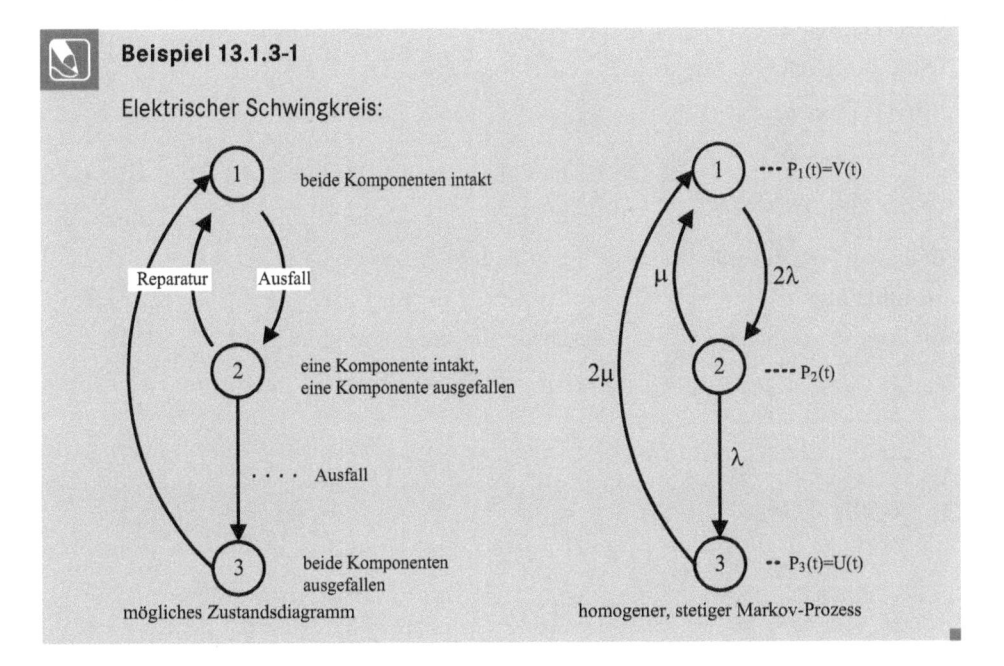

Beispiel 13.1.3-1

Elektrischer Schwingkreis:

- Zustand 1: beide Komponenten intakt — $P_1(t) = V(t)$
- Zustand 2: eine Komponente intakt, eine Komponente ausgefallen — $P_2(t)$
- Zustand 3: beide Komponenten ausgefallen — $P_3(t) = U(t)$

Übergänge: Reparatur, Ausfall; Raten μ, 2μ, 2λ, λ

mögliches Zustandsdiagramm — homogener, stetiger Markov-Prozess

13.2 Logisches Seriensystem

Systeme, die sich als Serien- oder Parallelstrukturen bzw. Kombinationen von diesen zerlegen lassen, können mit den klassischen Regeln der Wahrscheinlichkeitsrechnung (siehe Kapitel 8) analysiert werden.

Es sei $p_i(t)$ die Überlebenswahrscheinlichkeit der Komponente i und $q_i(t)$ die zugehörige Ausfallwahrscheinlichkeit. Falls für das Überleben des Systems **alle n Systemkomponenten** x_i innerhalb ihrer Toleranzen funktionieren müssen, so sind offensichtlich die Systemkomponenten als logische Serienanordnung darstellbar (Bild 13.2).

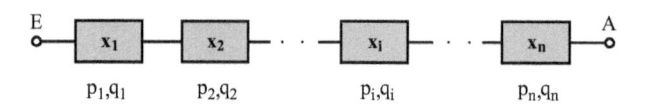

Bild 13.2 Zuverlässigkeits-Blockdiagramm eines Seriensystems

Die **Überlebenswahrscheinlichkeit** $R(t)$ des Seriensystems errechnet sich dann nach der Formel 8.30 zu

$$R(t) = p_1(t) \cdot p_2(t) \cdot \ldots \cdot p_n(t) = \prod_{i=1}^{n} p_i(t) \tag{13.1}$$

und die **Ausfallwahrscheinlichkeit** $F(t)$ zu

$$F(t) = 1 - R(t) = 1 - \prod_{i=1}^{n} p_i(t) = 1 - \prod_{i=1}^{n}(1 - q_i(t)) \tag{13.2}$$

Zu beachten ist, dass $\lim_{n \to \infty} R(t) = 0$ ist. Die Überlebenswahrscheinlichkeit eines Seriensystems ist also immer kleiner als die der schlechtesten Komponente.

Weiterhin gilt näherungsweise

$$E(T) \approx \min(E_1, \ldots, E_i, \ldots, E_n)$$

mit E_i = Erwartungswert der Lebensdauer der i-ten Komponente und $E(T)$ = mittlere Betriebszeit des Systems mit $\lim_{n \to \infty} E(T) = 0$.

Für die weiteren Zuverlässigkeitskenngrößen des Seriensystems folgt:

Ausfalldichte:

Mithilfe der Produktregel (Leibniz-Regel) der Differenzialrechnung folgt

$$f(t) = \sum_{i=1}^{n} f_i(t) \cdot \prod_{\substack{k=1 \\ k \neq i}}^{n} p_k(t) \tag{13.3}$$

Ausfallrate:

$$h(t) = \sum_{i=1}^{n} \frac{f_i(t)}{p_i(t)} = \sum_{i=1}^{n} h_i(t) \tag{13.4}$$

Das heißt, die Ausfallrate eines Seriensystems lässt sich relativ einfach und verteilungsunabhängig über die Summation der Komponentenausfallraten bestimmen.

> **Beispiel 13.2-1**
>
> Die Lebensdauer eines Seriensystems bestehend aus n Komponenten möge exponentiell verteilt sein. Bestimmen Sie
>
> a) die Überlebenswahrscheinlichkeit des Systems,
> b) die Ausfallrate und
> c) den Erwartungswert.
>
> *Lösung:*
>
> **a)** $R(t) = \exp(-\lambda_1 \cdot t) \cdot \exp(-\lambda_2 \cdot t) \cdot \ldots \cdot \exp(-\lambda_n \cdot t) = \exp\left[-\sum_{i=1}^{n} \lambda_i \cdot t\right].$
>
> **b)** $h(t) = -\dfrac{1}{R(t)} \cdot \dfrac{dR(t)}{dt} = \sum_{i=1}^{n} \lambda_i = \text{konst.}$
>
> Das heißt, die Ausfallrate eines Seriensystems setzt sich aus der Summe der Einzelausfallraten der Komponenten zusammen und ist konstant, falls die Lebensdauern der Komponenten exponentiell verteilt sind.
>
> **c)** $E(T) = \int\limits_{0}^{\infty} R(t)dt = \dfrac{1}{\sum_{i=1}^{n} \lambda_i}.$

13.3 Logisches Parallelsystem

Es sei ein System bestehend aus n voneinander unabhängigen Komponenten gegeben. Dann lässt sich dieses System in einer logischen Parallelanordnung darstellen, falls das Überleben des Systems bereits durch mindestens eine Komponente gegeben ist (Bild 13.3).

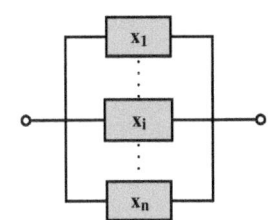

Bild 13.3
Zuverlässigkeits-Blockdiagramm eines Parallelsystems

Ist ein Parallelsystem durch z. B. zwei Komponenten x_1, x_2 gegeben, dann überlebt das System, falls x_1 überlebt **oder** x_2 überlebt. Die Ereignisse des gleichzeitigen Überlebens von x_1

und x_2 schließen sich nicht gegenseitig aus. Sie sind jedoch voneinander unabhängig. Mit Formel 8.19 folgt:

$$R(t) = p_1(t) + p_2(t) - p_1(t) \cdot p_2(t) \tag{13.5}$$

Allgemein gilt für n Komponenten die Formel 8.20.

Bei den bisherigen Betrachtungen wurde vom Ereignis des Überlebens einer Komponente ausgegangen. Wird vom Komplementärereignis ausgegangen, so lässt sich, besonders bei Parallelanordnungen, die **Ausfallwahrscheinlichkeit** eines Systems mithilfe der Multiplikationsregel berechnen. Es folgt für ein Parallelsystem mit zwei Komponenten

$$F(t) = q_1(t) \cdot q_2(t) \tag{13.6}$$

und für ein Parallelsystem mit n Komponenten

$$F(t) = q_1(t) \cdot q_2(t) \cdot \ldots \cdot q_n(t) = \prod_{i=1}^{n} q_i(t) \tag{13.7}$$

bzw.

$$R(t) = 1 - \prod_{i=1}^{n} \left(1 - p_i(t)\right) \tag{13.8}$$

mit $\lim_{n \to \infty} R(t) = 0$. Das heißt, die Überlebenswahrscheinlichkeit eines Parallelsystems ist immer größer als die der besten Komponente. Sie wächst mit wachsender Komponentenanzahl. Es gilt näherungsweise

$$E(T) \approx \max\left(E_1, \ldots, E_i, \ldots, E_n\right)$$

mit E_i = Erwartungswert der Lebensdauer der i-ten Komponente und $E(T)$ = mittlere Betriebszeit des Systems mit $\lim_{n \to \infty} E(t) = \infty$.

Für die weiteren Zuverlässigkeitskenngrößen eines Parallelsystems folgt:

Ausfalldichte:

$$f(t) = \sum_{i=1}^{n} f_i(t) \cdot \prod_{\substack{k=1 \\ k \neq i}}^{n} q_k(t) \tag{13.9}$$

Ausfallrate:

$$h(t) = \frac{\sum_{i=1}^{n} f_i(t) \cdot \prod_{\substack{k=1 \\ k \neq i}}^{n} q_k(t)}{1 - \prod_{i=1}^{n} q_i(t)} \tag{13.10}$$

Beispiel 13.3-1

Gegeben sei ein Parallelsystem bestehend aus zwei redundanten Komponenten (1v2-System).

a) Bestimmen Sie die Dichte des 1v2-Systems. Wie ändern sich die Verhältnisse, wenn die Komponenten seriell angeordnet sind?
b) Berechnen Sie den Erwartungswert bei exponentiell verteilten Lebensdauern. Verallgemeinern Sie diesen für *n* Komponenten.
c) Ermitteln Sie die Ausfallrate; wiederum unter der Voraussetzung exponentiell verteilter Lebensdauer. Geben Sie einen Näherungswert an und stellen Sie *h(t)* grafisch dar. Voraussetzung: $\lambda_1 = \lambda_2 = \lambda$ und $e^{-\lambda t} \approx 1 - \lambda t$

Lösung:

a) Mit Formel 13.9 folgt für die parallele Anordnung

$$f(t) = F_1(t) \cdot f_2(t) + F_2(t) \cdot f_1(t)$$

und für die serielle Anordnung entsprechend Formel 13.3

$$f(t) = R_1(t) \cdot f_2(t) + R_2(t) \cdot f_1(t)$$

b) Mit $R(t) = \exp(-\lambda_1 \cdot t) + \exp(-\lambda_2 \cdot t) - \exp(-(\lambda_1 + \lambda_2) \cdot t)$ folgt:

$$E(T) = \int_0^\infty R(t)dt = \frac{1}{\lambda_1} + \frac{1}{\lambda_2} - \frac{1}{\lambda_1 + \lambda_2}$$

Allgemein gilt:

$$E(T) = \int_0^\infty R(t)dt = \int_0^\infty \left[1 - \prod_{i=1}^n (1 - \exp(-\lambda_i \cdot t))\right] dt$$

$$E(T) = \sum_{i=1}^n \frac{1}{\lambda_i} - \sum_{i=1}^{n-1} \sum_{j=i+1}^n \frac{1}{(\lambda_i + \lambda_j)} + \sum_{i=1}^{n-2} \sum_{j=i+1}^{n-1} \sum_{k=j+1}^n \frac{1}{(\lambda_i + \lambda_j + \lambda_k)}$$

$$- \ldots + (-1)^{n-1} \cdot \frac{1}{\sum_{i=1}^n \lambda_i}$$

Für identische Komponenten mit $\lambda_1 = \lambda_2 = \ldots = \lambda$ folgt:

$$E(T) = \sum_{k=1}^n \frac{1}{(k \cdot \lambda)} = \frac{1}{\lambda} \sum_{k=1}^n \frac{1}{k}$$

Näherungslösung:

Bekanntlich gilt:

$$\sum_{i=1}^n \frac{1}{i} = C + \ln(n) + \frac{1}{2 \cdot n} - \frac{1}{12 \cdot n \cdot (n+1)} \ldots$$

Der Faktor

$$C = 0{,}57722\ldots = \lim_{n \to \infty}\left(1 + \frac{1}{2} + \frac{1}{3} + \ldots + \frac{1}{n} - \ln(n)\right)$$

ist die sogenannte Eulersche Konstante.

Damit folgt für große n:

$$E(T) = \frac{1}{\lambda} \cdot \left(C + \ln(n) + \frac{1}{2 \cdot n}\right)$$

c) $h(t) = -\frac{1}{R(t)} \cdot \frac{dR(t)}{d(t)} = \frac{2 \cdot \lambda \cdot (1 - e^{-\lambda \cdot t})}{2 - e^{-\lambda \cdot t}}$

$h(t) \approx \frac{2 \cdot \lambda^2 \cdot t}{1 + \lambda \cdot t}$ und mit $\lambda \cdot t \ll 1$

$h(t) \approx 2 \cdot \lambda^2 \cdot t$

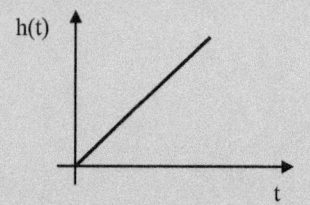

Für eine **dreifach redundante Anordnung** folgt:

$$h(t) = \frac{3 \cdot \lambda \cdot [1 + \exp(-2 \cdot \lambda \cdot t) - 2 \cdot \exp(-\lambda \cdot t)]}{3 \cdot (1 - \exp(-\lambda \cdot t)) + \exp(-2 \cdot \lambda \cdot t)}$$

Als **Näherungslösung** unter Zugrundelegung einer Reihenentwicklung der e-Funktion bis zum quadratischen Glied folgt:

$h(t) \approx 3 \cdot \lambda^3 \cdot t^2$

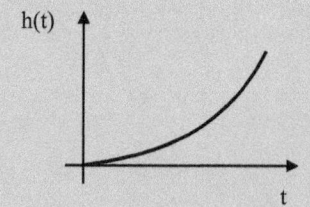

13.4 Parallel-Seriensystem

Wir wollen jetzt die Überlebenswahrscheinlichkeit eines Systems berechnen, das sich durch m parallel geschaltete Seriensysteme darstellen lässt (Bild 13.4).

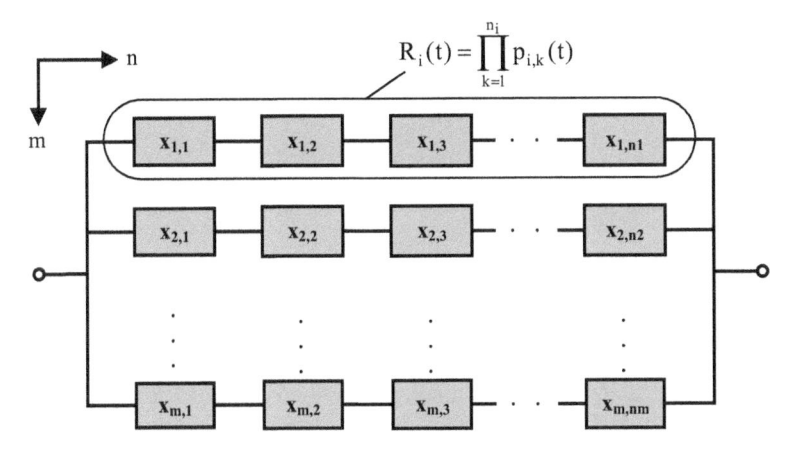

Bild 13.4 Zuverlässigkeits-Blockdiagramm eines Parallel-Seriensystems

Wenn mit $R_i(t)$ (i = 1, ..., m) die Überlebenswahrscheinlichkeit des i-ten Zweiges bezeichnet wird, so folgt für die Überlebenswahrscheinlichkeit $R(t)$ des Parallel-Seriensystems

$$R(t) = 1 - \prod_{i=1}^{m}(1-R_i(t)) \tag{13.11}$$

und mit

$$R_i(t) = \prod_{k=1}^{n_i} p_{i,k}(t) \tag{13.12}$$

schließlich

$$R(t) = 1 - \prod_{i=1}^{m}\left(1 - \prod_{k=1}^{n_i} p_{i,k}(t)\right) \tag{13.13}$$

Beispiel 13.4-1

Gegeben ist folgende serielle Anordnung von Bearbeitungsmaschinen B_i und Puffern P_i (Fertigungsstraße):

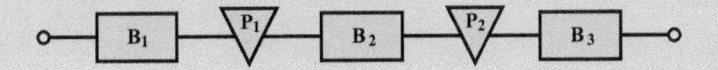

Diese technische Anlage kann durch folgendes Blockschaltbild dargestellt werden:

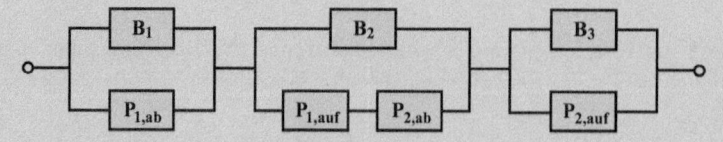

Die Bearbeitungsmaschinen B_i besitzen die konstanten Ausfallraten λ_i (i = 1, 2, 3). Die Wahrscheinlichkeit, dass die Puffer i bei Ausfall einer Bearbeitungsmaschine Werkstücke **abgeben** können ($P_{i,ab}$), besitzt einen Wert von 0,8. Die Wahrscheinlichkeit, dass die Puffer i bei Ausfall einer Bearbeitungsmaschine Werkstücke **aufnehmen** können ($P_{i,auf}$), sei 0,9.

Berechnen Sie die Überlebenswahrscheinlichkeit der Fertigungsstraße nach einer 10-Stunden-Schicht ($\lambda_1 = \lambda_3 = 0{,}1$ 1/h; $\lambda_2 = 0{,}2$ 1/h).

Lösung:

$$R(t) = \left[R_{B_1}(t) + P_{1,ab} - R_{B_1}(t) \cdot P_{1,ab}\right]$$
$$\cdot \left[R_{B_2}(t) + P_{1,auf} \cdot P_{2,ab} - R_{B_2}(t) \cdot P_{1,auf} \cdot P_{2,ab}\right]$$
$$\cdot \left[R_{B_3}(t) + P_{2,auf} - R_{B_3}(t) \cdot P_{2,auf}\right]$$

mit $R_{B_1}(t) = \exp(-\lambda_1 \cdot t)$, $R_{B_2}(t) = \exp(-\lambda_2 \cdot t)$, $R_{B_3}(t) = \exp(-\lambda_3 \cdot t)$ folgt für $t = 10\,\text{h}$

$$R(t = 10\,\text{h}) \approx 0{,}62023$$

Beispiel 13.4-2

Gegeben sei das Zuverlässigkeits-Blockdiagramm eines redundanten Hydraulik-Drucksystems für die Bremsen eines Flugzeugs. Berechnen Sie die Überlebenswahrscheinlichkeit des Gesamtsystems für einen 10-Stunden-Flug. Die jeweiligen konstanten Ausfallraten pro Stunde sind in den Kästen angegeben.

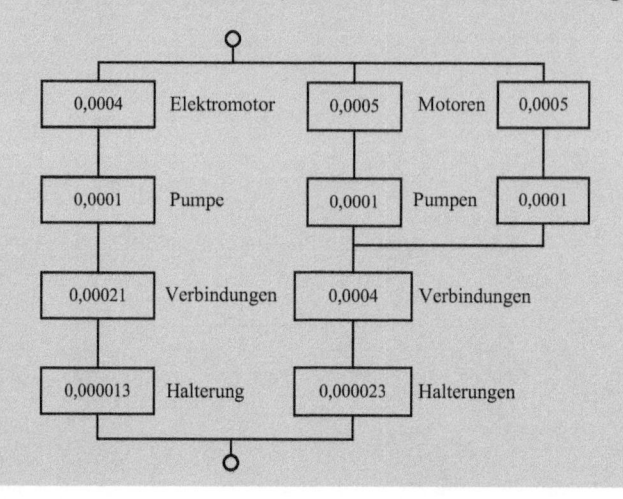

Lösung:

Zusammenfassung der seriellen Komponenten:

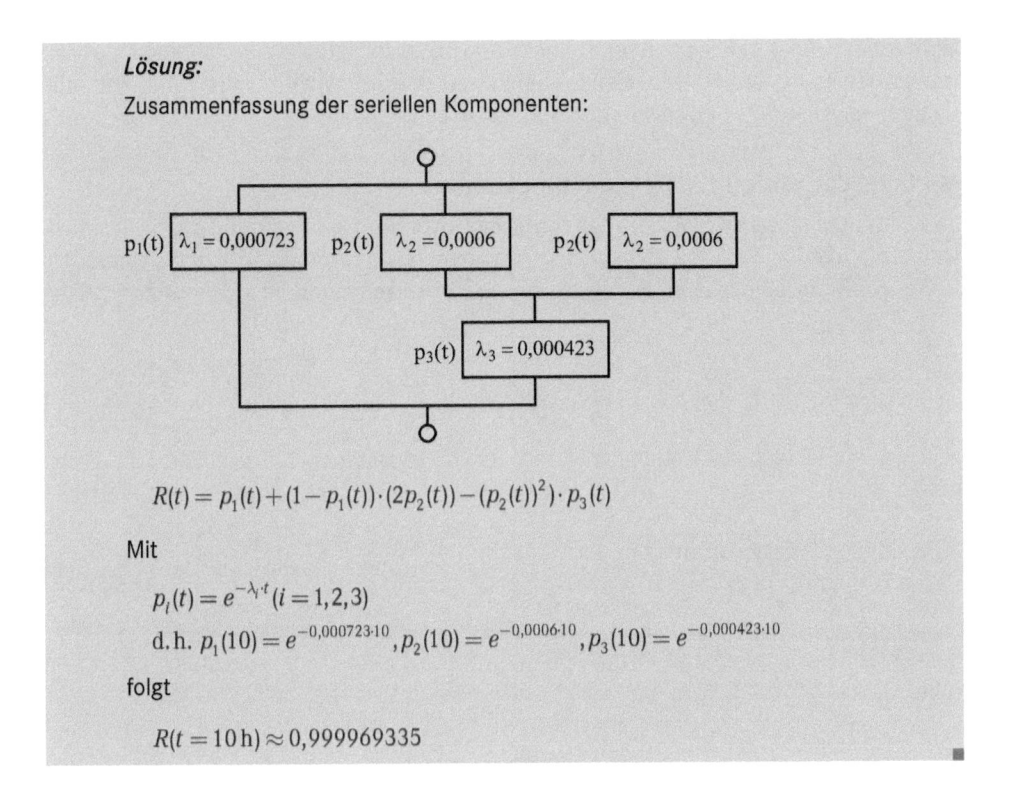

[Blockdiagramm: $p_1(t)$ mit $\lambda_1 = 0{,}000723$; $p_2(t)$ mit $\lambda_2 = 0{,}0006$; $p_2(t)$ mit $\lambda_2 = 0{,}0006$; $p_3(t)$ mit $\lambda_3 = 0{,}000423$]

$$R(t) = p_1(t) + (1 - p_1(t)) \cdot (2p_2(t)) - (p_2(t))^2) \cdot p_3(t)$$

Mit

$$p_i(t) = e^{-\lambda_i \cdot t} \quad (i = 1, 2, 3)$$

d. h. $p_1(10) = e^{-0{,}000723 \cdot 10}, p_2(10) = e^{-0{,}0006 \cdot 10}, p_3(10) = e^{-0{,}000423 \cdot 10}$

folgt

$$R(t = 10\,\text{h}) \approx 0{,}999969335$$

13.5 Brückenkonfiguration

Bild 13.5 zeigt das Zuverlässigkeits-Blockdiagramm einer Brückenkonfiguration.

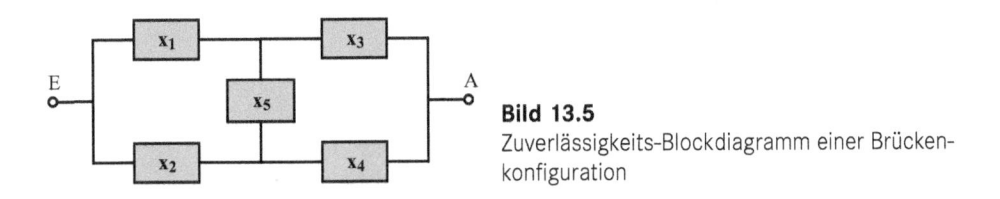

Bild 13.5 Zuverlässigkeits-Blockdiagramm einer Brückenkonfiguration

Wie leicht zu erkennen ist, lässt sich die Überlebenswahrscheinlichkeit der Brückenkonfiguration nicht mit den elementaren Gleichungen für ein Serien- bzw. Parallelsystem berechnen.

Solche nichtelementaren und besonders komplexen Strukturen lassen sich durch Ermittlung der minimalen Erfolgspfade (engl. path set) oder der minimalen Ausfallschnitte (engl. cut set) über die Systemfunktion bzw. Ausfallfunktion berechnen (siehe Kapitel 16).

Nachfolgend soll in Anlehnung an die in der Mechanik und Elektrotechnik übliche „Überlagerungsmethode" die Brückenkonfiguration mithilfe der „Methode der relevanten Systemkomponente" durch Separation - allgemein wird diese Methode als „Shannonsche[1] Zerlegung" (siehe Kapitel 16) bezeichnet - analysiert und berechnet werden. Eine grafische Darstellung ist mittels Entscheidungsbaum möglich.

Methode der relevanten Systemkomponente

Es ist leicht einzusehen, dass bei der vorliegenden Brückenkonfiguration die Systemkomponente x_5, die in beiden Richtungen arbeiten kann, eine Schlüsselposition einnimmt. Das heißt, die Wahrscheinlichkeit des Überlebens der Brückenkonfiguration ist durch

$$P_R(\underline{x}) = P\Big[\big[(x_5) \wedge \big[(x_1 \wedge x_3) \vee (x_1 \wedge x_4) \vee (x_2 \wedge x_3) \vee (x_2 \wedge x_4)\big]\big] \\ \vee \big[(\overline{x}_5) \wedge \big[(x_1 \wedge x_3) \vee (x_2 \wedge x_4)\big]\big]\Big] \tag{13.14}$$

gegeben. Wir können des Weiteren folgern (Unabhängigkeiten und Ausschließen der Ereignisse):

$$P_R(x_i) = P(x_5) \cdot P\big[(x_1 \wedge x_3) \vee (x_1 \wedge x_4) \vee (x_2 \wedge x_3) \vee (x_2 \wedge x_4)\big] \\ + P(\overline{x}_5) \cdot P\big[(x_1 \wedge x_3) \vee (x_2 \wedge x_4)\big] \tag{13.15}$$

Gemäß der vorangegangenen Formel können wir also die Brückenkonfiguration aufspalten (Bild 13.6).

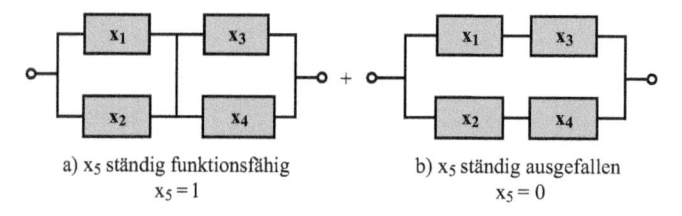

Bild 13.6 Zuverlässigkeits-Blockschaltbild der separierten Brückenkonfiguration (Positivlogik)

Für die Überlebenswahrscheinlichkeit der Brückenanordnung folgt dann:

$$R(t) = p_5(t) \cdot \big[1 - (1 - p_1(t)) \cdot (1 - p_2(t))\big] \cdot \big[1 - (1 - p_3(t)) \cdot (1 - p_4(t))\big] \\ + (1 - p_5(t)) \cdot \big[1 - (1 - p_1(t) \cdot p_3(t)) \cdot (1 - p_2(t) \cdot p_4(t))\big] \tag{13.16}$$

---

[1] Claude Elwood Shannon (1916 - 2001)

Beispiel 13.5-1

Um die Zuverlässigkeit einer Sicherheitseinrichtung zu gewährleisten, wird diese redundant aufgebaut. Sie besteht aus drei Generatoren (in nachfolgendem Blockschaltbild mit x_1, x_2, x_3 bezeichnet) und zwei Motoren (x_4, x_5).

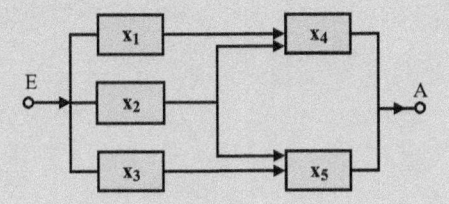

Ermitteln Sie durch Separation von x_2 die Überlebenswahrscheinlichkeit der Sicherheitseinrichtung.

Lösung:

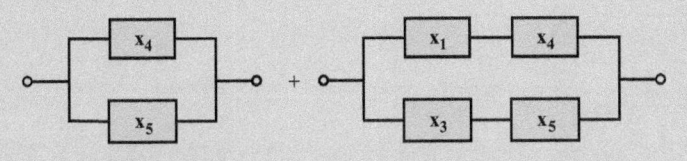

x_2 ständig funktionsfähig, $x_2 = 1$
$R_I(t)$

x_2 ständig ausgefallen, $x_2 = 0$
$R_{II}(t)$

$$R(t) = p_2(t) \cdot R_I(t) + (1 - p_2(t)) \cdot R_{II}(t)$$

mit

$$R_I(t) = p_4(t) + p_5(t) - p_4(t) \cdot p_5(t)$$

und

$$R_{II}(t) = p_1(t) \cdot p_4(t) + p_3(t) \cdot p_5(t) - p_1(t) \cdot p_3(t) \cdot p_4(t) \cdot p_5(t)$$

Beispiel 13.5-2

Gegeben sei nachfolgender Signalflussgraph eines Automatisierungssystems. Berechnen Sie durch Separation die Überlebenswahrscheinlichkeit der Anordnung.

Hinweis: Separieren Sie zuerst die Komponente x_4. Für den Fall, dass die Komponente x_4 ständig funktionsfähig ist, ist eine weitere Separation nach Komponente x_5 erforderlich.

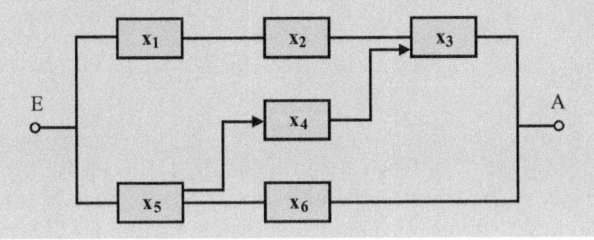

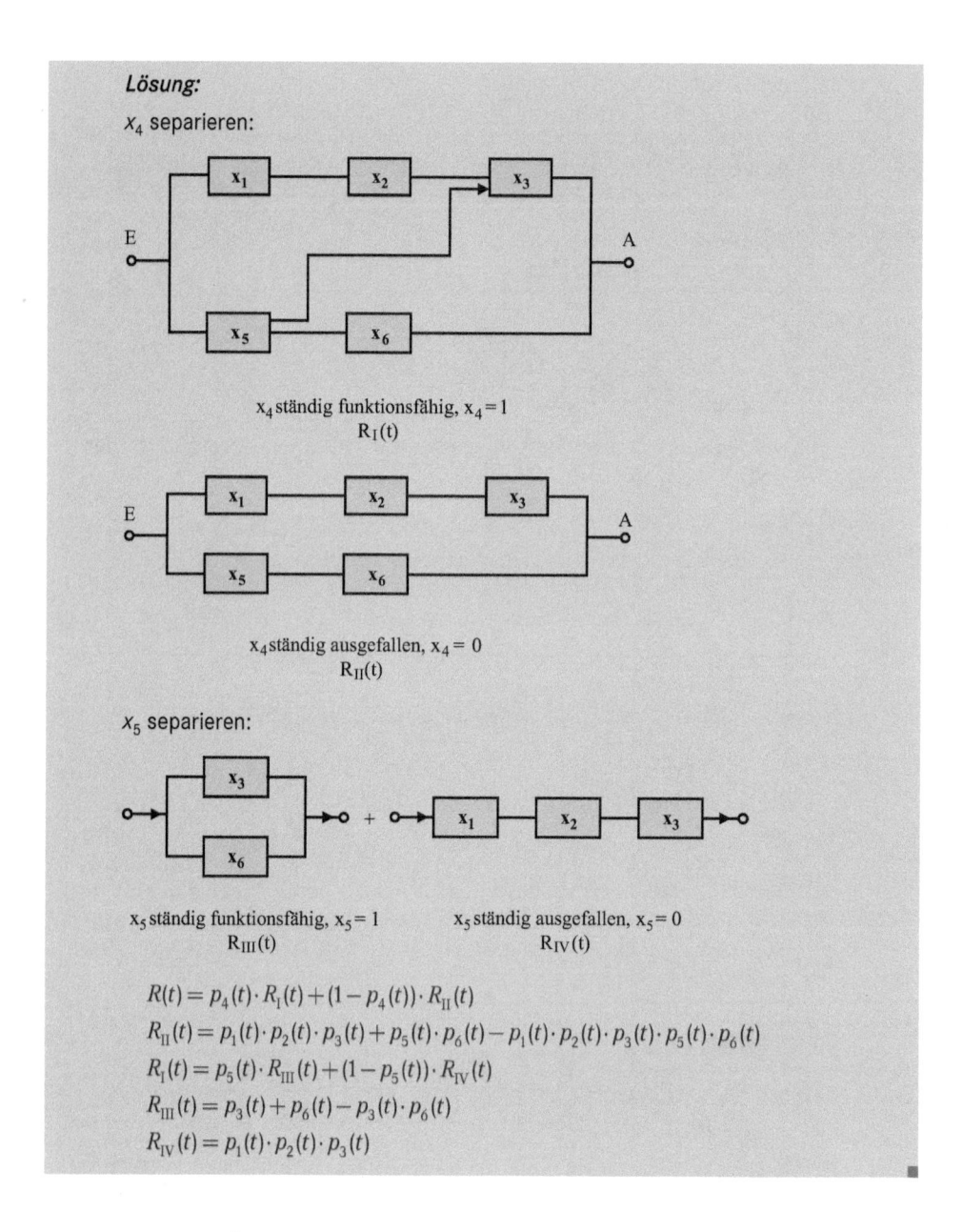

Lösung:

x_4 separieren:

[Diagram: Network with x_1, x_2, x_3 in upper path and x_5, x_6 in lower path, between E and A, showing a bridge structure]

x_4 ständig funktionsfähig, $x_4 = 1$
$R_I(t)$

[Diagram: Network with x_1, x_2, x_3 in upper path and x_5, x_6 in lower path, between E and A, parallel]

x_4 ständig ausgefallen, $x_4 = 0$
$R_{II}(t)$

x_5 separieren:

[Diagram: Parallel combination of x_3 and x_6] + [Series combination of x_1, x_2, x_3]

x_5 ständig funktionsfähig, $x_5 = 1$ x_5 ständig ausgefallen, $x_5 = 0$
$R_{III}(t)$ $R_{IV}(t)$

$$R(t) = p_4(t) \cdot R_I(t) + (1 - p_4(t)) \cdot R_{II}(t)$$
$$R_{II}(t) = p_1(t) \cdot p_2(t) \cdot p_3(t) + p_5(t) \cdot p_6(t) - p_1(t) \cdot p_2(t) \cdot p_3(t) \cdot p_5(t) \cdot p_6(t)$$
$$R_I(t) = p_5(t) \cdot R_{III}(t) + (1 - p_5(t)) \cdot R_{IV}(t)$$
$$R_{III}(t) = p_3(t) + p_6(t) - p_3(t) \cdot p_6(t)$$
$$R_{IV}(t) = p_1(t) \cdot p_2(t) \cdot p_3(t)$$

■ 13.6 Berücksichtigung mehrerer Ausfallarten

Für praktische Untersuchungen ist es oft nützlich, die in Abschnitt 13.2 bis Abschnitt 13.4 aufgestellten Grundgleichungen auf mehrere **Ausfallarten** zu erweitern. So wird zum Beispiel ein Schichtwiderstand zu 85 % in der Ausfallart Unterbrechung und zu 15 % infolge Drift (siehe Tabelle 13.1) ausfallen.

Insbesondere unter dem Aspekt einer Sicherheitsbetrachtung werden heute für Komponenten und Systeme, von denen eine Gefährdung ausgehen kann, FMEAs (Fehlermöglichkeits- und Einflussanalysen) durchgeführt (siehe Kapitel 5). Hierzu werden bekanntlich bestimmte Formblätter verwendet, in denen die Auswirkung bestimmter Ausfälle bzw. Ausfallarten, die zum Beispiel durch eine Simulation am realen System ermittelt wurden, bewertet werden.

Die nachfolgenden Betrachtungen beziehen sich auf die zwei praktisch relevanten Ausfallarten Kurzschluss und Unterbrechung. Die nachfolgenden Gleichungen behalten auch bei anderen Ausfallarten ihre Gültigkeit. Des Weiteren ist eine Erweiterung der Gleichungen auf drei oder n Ausfallarten leicht möglich.

Zur Theorie sogenannter „Mehrwertiger Modelle" sei auf die Literatur verwiesen.

Für die bedingten Ausfallarten infolge Kurzschluss F_s^* und Unterbrechung F_o^* ergibt sich folgende Gleichung:

$$F_s^* + F_o^* = 1 \tag{13.17}$$

Somit ergibt sich für die eigentliche Ausfallwahrscheinlichkeit infolge Kurzschluss F_s und Unterbrechung F_o

$$F_s = F_s^* \cdot F$$
$$F_o = F_o^* \cdot F \tag{13.18}$$

und in Formel 13.17 eingesetzt

$$\frac{F_s}{F} + \frac{F_o}{F} = 1$$

$$F_s + F_o = F_{s,o} = F \tag{13.19}$$

Für die komplementären Größen R_s, R_o und $R_{s,o}$ der Überlebenswahrscheinlichkeit folgt dann:

$$R_{s,o} = 1 - (F_s + F_o) \tag{13.20}$$

$$R_{s,o} = R_s + R_o - 1 \tag{13.21}$$

Hinweis: Anstatt $(\ldots)_s$, $(\ldots)_o$ wird aus Gründen der Übersicht auch die Notation $(\ldots)^s$, $(\ldots)^o$ verwendet.

Tabelle 13.1 Anteil der Ausfallarten für einige elektronische Bauteile (Birolini, siehe Lit.)

Bauteiltyp	Ausfallart		
	Kurz-schluss	Unter-brechung	Drift
Kondensatoren:			
feste Tantal-Kondensatoren	0,90	0,05	0,05
feste Tantal-Kondensatoren (begrenzter Strom)	0,15	0,05	0,80
flüssiger Tantal-Kondensatoren und wet slugs	0,05	0,05	0,90
Mylar-Kondensatoren	0,95	0,05	
Keramik-, Glas- und Mika-Kondensatoren	0,30	0,70	
veränderliche Kondensatoren – an der Luft	0,30	0,10	0,60

Tabelle 13.1 Anteil der Ausfallarten für einige elektronische Bauteile (Birolini, siehe Lit.) (Fortsetzung)

Bauteiltyp	Ausfallart		
	Kurzschluss	Unterbrechung	Drift
Widerstände:			
Schicht-Widerstände		0,85	0,15
zusammengesetzte Widerstände		0,05	0,95
Gewickelte Widerstände		1,00	
Dioden:			
Regulier- und Z-Dioden	0,30	0,10	0,60
Gleichrichter-Dioden	0,40	0,20	0,40
Dioden – zur Umschaltung	0,30	0,10	0,60
Transistoren:			
Planar-Transistoren	0,15	0,15	0,70
Leistungs- und hohe Frequenz-Transistoren	0,40	0,10	0,50
Quarze	0,05	0,25	0,70
Transformatoren:			
Transformator – niedrige Spannung	0,10	0,90	
Transformator – hoher Spannung	0,60	0,30	0,10
Spulen	0,10	0,90	

13.6.1 Logisches Seriensystem bei zwei Ausfallarten

Nach Abschnitt 13.2 folgt für die Überlebenswahrscheinlichkeit der Ausfälle infolge einer Unterbrechung:

$$R_o = 1 - F_o = \prod_{i=1}^{n} p_i^o \tag{13.22}$$

Für die Ausfallwahrscheinlichkeit der Ausfälle infolge eines Kurzschlusses folgt:

$$F_s = 1 - R_s = \prod_{i=1}^{n} (1 - p_i^s) \tag{13.23}$$

Schließlich folgt durch Einsetzen der Formel 13.22 und Formel 13.23 in Formel 13.20:

$$R_{s,o} = \prod_{i=1}^{n} p_i^o - \prod_{i=1}^{n} (1 - p_i^s) \tag{13.24}$$

Für den Spezialfall, dass $p_1^o = p_2^o = ... = p^o$ und $p_1^s = p_2^s = ... = p^s$ sind, folgt aus Formel 13.24:

$$R_{s,o} = (p^o)^n - (1 - p^s)^n \tag{13.25}$$

Grenzfälle:

a) $p^s = 1$, das heißt, nur Ausfälle infolge Unterbrechung.

$$R_{1,0} = (p^o)^n \tag{13.26}$$

Für Seriensysteme mit *n* gleichen Komponenten siehe Formel 13.1.

b) $p^o = 1$, das heißt, nur Ausfälle infolge Kurzschluss.

$$R_{s,1} = 1 - (1 - p^s)^n \tag{13.27}$$

Für Parallelsysteme mit *n* gleichen Komponenten siehe Formel 13.8.

13.6.2 Logisches Parallelsystem bei zwei Ausfallarten

Die folgende mathematische Behandlung des logischen Parallelsystems unter Berücksichtigung zweier Ausfallarten erfolgt analog dem logischen Seriensystem.

Für die Überlebenswahrscheinlichkeit der Kurzschlussausfälle folgt:

$$R_s = 1 - F_s = \prod_{i=1}^{m} p_i^s \tag{13.28}$$

Für die Ausfallwahrscheinlichkeit der Ausfälle infolge Unterbrechung folgt:

$$F_o = 1 - R_o = \prod_{i=1}^{m}(1 - p_i^o) \tag{13.29}$$

Werden Formel 13.28 und Formel 13.29 in Formel 13.20 eingesetzt, so folgt:

$$R_{s,0} = \prod_{i=1}^{m} p_i^s - \prod_{i=1}^{m}(1 - p_i^o) \tag{13.30}$$

Für den Spezialfall, dass $p_1^o = p_2^o = ... = p^o$ und $p_1^s = p_2^s = ... = p^s$, folgt aus Formel 13.30:

$$R_{s,0} = (p^s)^m - (1 - p^o)^m \tag{13.31}$$

Grenzfälle:

b) $p^o = 1$, das heißt, nur Ausfälle infolge Kurzschluss.

$$R_{s,1} = (p^s)^m \tag{13.32}$$

Für Seriensysteme mit *n* gleichen Komponenten siehe Formel 13.1.

a) $p_s = 1$, das heißt, nur Ausfälle infolge Unterbrechung.

$$R_{1,0} = 1 - (1 - p^o)^m \tag{13.33}$$

Für Parallelsysteme mit *n* gleichen Komponenten siehe Formel 13.8.

Resümee:

Überwiegt die Ausfallart Unterbrechung, so wird eine logische Parallelanordnung der Komponenten bevorzugt werden. Überwiegt dagegen die Ausfallart Kurzschluss, so wird eine logische Serienanordnung der Komponenten bevorzugt werden.

Für den Fall $q^o = q^s = \dfrac{q}{2}$ folgt dagegen

$$R_{s,o} = 1 - q = p \tag{13.34}$$

das heißt eine Überlebenswahrscheinlichkeit, die gleich der Überlebenswahrscheinlichkeit **einer** Systemkomponente ist.

Der Zuverlässigkeitsgewinn ist folglich gleich null.

Zuverlässigkeitsoptimierung eines Parallelsystems bei zwei Ausfallarten mit *m* gleichen Komponenten

Aus Formel 13.33 folgt:

$$R_{s,o} = (1 - q^s)^m - (q^o)^m$$

$$\frac{dR_{s,o}}{dm} = (1 - q^s)^m \cdot \ln(1 - q^s) - (q^o)^m \cdot \ln q^o = 0$$

Nach Logarithmierung und Umstellung nach *m* ergibt sich:

$$m_{opt} = \frac{\ln\left[\dfrac{\ln(1-q^s)}{q^o}\right]}{\ln\left[\dfrac{q^o}{(1-q^s)}\right]} \tag{13.35}$$

Beispiel 13.6.2-1

Gegeben sei ein einfaches 1v2-System (Parallelschaltung zweier Dioden) mit der Ausfallwahrscheinlichkeit einer Diode von $q = 0{,}1$ und der bedingten Ausfallwahrscheinlichkeit infolge Kurzschluss von $q_s^* = 0{,}3$:

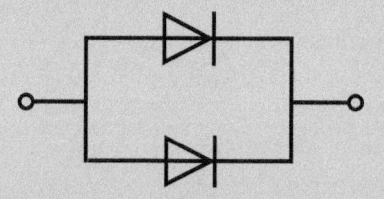

a) Berechnen Sie die Überlebenswahrscheinlichkeit der Anordnung.
b) Führen Sie einen Vergleich mit einem kurzschlussfreien Parallelsystem durch.

Lösung:

a) $R_{s,o} = (1-q_s)^2 - q_o^2 = (1-q_s^* \cdot q)^2 - (q_o^* \cdot q)^2 = 0{,}936$

b) $R = 2p - p^2 = 1 - q^2 = 0{,}99$

13.6.3 Logisches Parallel-Seriensystem bei zwei Ausfallarten

Als Zuverlässigkeits-Blockdiagramm liegt nunmehr Bild 13.4 zugrunde.
Berechnung von F_o:
Für einen seriellen Pfad i folgt gemäß Formel 13.22:

$$R_i^o = \prod_{k=1}^{n_i} p_k^o \tag{13.36}$$

Für $i = 1 \ldots m$ parallele Pfade folgt gemäß Formel 13.29:

$$F_o = \prod_{i=1}^{m}(1-R_i^o) \tag{13.37}$$

Wird Formel 13.36 in Formel 13.37 eingesetzt, so folgt:

$$F_o = \prod_{i=1}^{m}(1-\prod_{k=1}^{n_i} p_k^o) \tag{13.38}$$

Berechnung von F_s:
Für einen seriellen Pfad i folgt gemäß Formel 13.23

$$F_i^s = \prod_{k=1}^{n_i}(1-p_k^s) \tag{13.39}$$

und

$$R_i^s = 1 - \prod_{k=1}^{n_i}(1-p_k^s) \tag{13.40}$$

Für $i = 1 \ldots m$ parallele Pfade folgt gemäß Formel 13.28:

$$R_s = \prod_{i=1}^{m} R_i^s \tag{13.41}$$

$$R_s = \prod_{i=1}^{m}\left[1 - \prod_{k=1}^{n_i}(1-p_k^s)\right]$$

$$F_s = 1 - \prod_{i=1}^{m}\left[1 - \prod_{k=1}^{n_i}(1-p_k^s)\right] \tag{13.42}$$

Werden Formel 13.38 und Formel 13.42 in Formel 13.20 eingesetzt, so folgt schließlich für die Überlebenswahrscheinlichkeit eines Parallel-Seriensystems bei zwei Ausfallarten:

$$R_{s,o} = \prod_{i=1}^{m}\left[1-\prod_{k=1}^{n_i}(1-p_k^s)\right] - \prod_{i=1}^{m}\left(1-\prod_{k=1}^{n_i} p_k^o\right) \tag{13.43}$$

Für m gleiche parallele Pfade folgt aus Formel 13.43 als Sonderfall:

$$R_{s,o} = \left[1-\prod_{k=1}^{n}(1-p_k^s)\right]^m - \left[1-\prod_{k=1}^{n} p_k^o\right]^m \tag{13.44}$$

Grenzfälle:

a) $p_k^o = 1$

$$R_{s,1} = \left[1 - \prod_{k=1}^{n}(1-p_k^s)\right]^m \tag{13.45}$$

Siehe hierzu auch: Serien-Parallelsystem

b) $p_k^s = 1$

$$R_{1,o} = 1 - \left[1 - \prod_{k=1}^{n} p_k^o\right]^m \tag{13.46}$$

Siehe hierzu auch: Parallel-Seriensystem

> **Beispiel 13.6.3-1**
>
> Berechnen Sie für nachfolgende Quartettanordnung (Quadredundanz, z. B. Diodenquartett) die Überlebenswahrscheinlichkeit $R_{s,o}$ unter der Voraussetzung, dass alle Komponenten voneinander unabhängig und in zuverlässigkeitstechnischem Sinne gleich p sind.
>
> a) b)
>
> Zeigen Sie, dass bei überwiegend Kurzschlussausfällen die Anordnung a) und bei überwiegend Unterbrechung die Anordnung b) verwendet werden sollte.
>
> Wie sind die Verhältnisse, wenn die prozentualen Anteile (Kurzschluss und Unterbrechung) jeweils gleich 50% sind? Deuten Sie das Ergebnis.
>
> *Lösung:*
>
> Für **a)** ergibt sich:
>
> $$R_{s_a} = \left(2 \cdot p_s - p_s^2\right)^2 \text{ und } R_{o_a} = 2 \cdot p_o^2 - p_o^4$$
>
> In Formel 13.21 eingesetzt folgt:
>
> $$R_{s,o_a} = 2 \cdot p_o^2 - p_o^4 + (2 \cdot p_s - p_s^2)^2 - 1$$
>
> Für **b)** ergibt sich
>
> $$R_{s_b} = 2 \cdot p_s^2 - p_s^4 \text{ und } R_{o_b} = \left(2 \cdot p_o - p_o^2\right)^2$$
>
> In Formel 13.21 eingesetzt folgt:
>
> $$R_{s,o_b} = 2 \cdot p_s^2 - p_s^4 + (2 \cdot p_o - p_o^2)^2 - 1$$

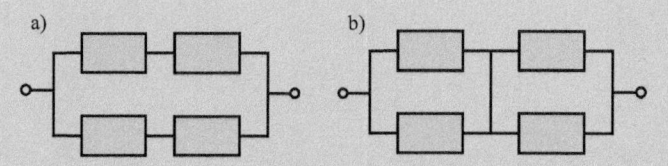

Ist $p^s > p^0$, so folgt

$$R_{s,0_a} > R_{s,0_b}$$

und für $p^0 > p^s$ folgt

$$R_{s,0_a} < R_{s,0_b}$$

wie sich leicht zeigen lässt.

Das heißt, überwiegt die Ausfallart Kurzschluss, z. B. bei einem Kondensatorquartett, so sollte keine Brücke vorgesehen werden; überwiegt hingegen die Ausfallart Unterbrechung, z. B. bei einem Widerstandsquartett, so sollte hingegen eine Brücke vorgesehen werden (Voraussetzung: Tolerierung der durch den Ausfall bedingten Änderung der elektrischen Werte).

Für den Fall $q^s = q^0 = \dfrac{q}{2}$ folgt für den a)- und b)-Fall:

$$R_{s,0} = 1 - q$$

Das heißt, der Zuverlässigkeitsgewinn ist gleich null.

Beispiel 13.6.3-2

Gegeben sei die Quartett-Schaltung eines redundanten induktiven Schaltnetzes mit gleichen, voneinander unabhängigen Induktivitäten. Als Ausfallrate einer Induktivität konnte aufgrund von empirischen Untersuchungen $\lambda = 0{,}3 \cdot 10^{-6}$ 1/h und als Ausfallarten konnten 85% Ausfälle infolge Unterbrechung sowie 15% Ausfälle infolge Kurzschluss ermittelt werden. Berechnen Sie die Überlebenswahrscheinlichkeit des Schaltnetzes für eine Missionszeit von fünf Jahren.

Lösung:

Da überwiegend Ausfälle infolge Unterbrechung festgestellt wurden, wird eine Brücke vorgesehen. Nach Beispiel 13.6.3-1, Fall b) folgt:

$$R_{s,0} = 2 \cdot p_s^2 - p_s^4 + (2 \cdot p_0 - p_0^2)^2 - 1$$

Für die Überlebenswahrscheinlichkeit einer Induktivität ergibt sich

$$p = \exp(-\lambda \cdot t) = \exp(-0{,}3 \cdot 10^{-6} \cdot 43.800 \, \text{h}) \approx 0{,}9869459529$$

und $q = 0{,}0130540471$.

Mit Formel 13.18 folgen

$$q_0 = 0{,}0110959400, \quad p_0 = 0{,}9889040600$$
$$q_s = 0{,}0019581071, \quad p_s = 0{,}998041892$$

und damit

$$R_{s,0} = 0{,}9997384687$$

Auch hier ist selbstverständlich darauf zu achten, dass die durch den jeweiligen Ausfall bedingte Änderung der Induktivität von einer Schaltung toleriert wird.

Beispiel 13.6.3-3

Gegeben sei ein mvn-System mit identischen Komponenten (gleiche Überlebenswahrscheinlichkeit, siehe Abschnitt 10.2.1 und Abschnitt 14.5). Das mvn-System fällt aus, wenn m Komponenten infolge Kurzschluss ausfallen und $n - m + 1$ Komponenten infolge Unterbrechung ausfallen. Bestimmen Sie die Überlebenswahrscheinlichkeit $R_{s,o}$.

Lösung:

$$R_{s,o} = 1 - \sum_{i=n-m+1}^{n} \binom{n}{i} \cdot p_o^{n-i} \cdot (1-p_o)^i - \sum_{i=m}^{n} \binom{n}{i} \cdot p_s^{n-i} \cdot (1-p_s)^i$$

13.6.4 Beliebige Konfigurationen

Ein genereller Ansatz für die Bestimmung der Überlebenswahrscheinlichkeit infolge Kurzschluss und Unterbrechung für beliebige Strukturen (Netzwerke) wurde von Page und Perry (siehe Lit.) entwickelt. Page und Perry gehen von der Überlegung aus, dass ein Netzwerk infolge Kurzschluss nur dann ausfällt, wenn eine direkte Verbindung vom Eingang (Quelle) zum Ausgang (Senke) durch Komponentenausfälle infolge Kurzschluss existiert (Spezialfall des herkömmlichen 2-Zustandsmodells). Es ist dann unerheblich, ob sich weitere Komponenten in einem funktionsfähigen Zustand oder in der Ausfallart Unterbrechung befinden. In diesem Fall kann die Überlebenswahrscheinlichkeit des Systems infolge Kurzschluss aus der Überlebenswahrscheinlichkeit des 2-Zustandsmodells bestimmt werden, indem die Komponentenüberlebenswahrscheinlichkeit durch die Komponentenüberlebenswahrscheinlichkeit infolge Kurzschluss ersetzt wird.

Des Weiteren kann festgestellt werden, dass, solange ein Weg von der Quelle zur Senke durch Komponentenausfälle infolge Kurzschluss oder normal funktionierender Komponenten (oder in beiden Fällen) existiert, das System sich nicht in der Ausfallart Unterbrechung befinden kann. Es ist deshalb ebenfalls möglich, die Überlebenswahrscheinlichkeit des Systems infolge Unterbrechung aus der Überlebenswahrscheinlichkeit des Systems des 2-Zustandsmodells zu bestimmen. Hierzu ist es lediglich erforderlich, die jeweilige Komponentenüberlebenswahrscheinlichkeit durch die Summe der Komponentenüberlebenswahrscheinlichkeit des 3-Zustandsmodells und der Ausfallwahrscheinlichkeit infolge Kurzschluss zu ersetzen. Somit ist die Frage, ob sich das System in der Ausfallart Kurzschluss befindet, formal und methodisch gleich zu behandeln mit der Frage nach dem Funktionieren des Systems.

Es sei F_s die Ausfallwahrscheinlichkeit des Netzwerkes, deren Komponentenausfallwahrscheinlichkeit durch q_i^s, $i = 1, 2, \ldots, n$, und R_o die Überlebenswahrscheinlichkeit des Netzwerkes, deren Komponentenüberlebenswahrscheinlichkeit durch $p_i + q_i^s$, $i = 1, 2, \ldots, n$ ersetzt wird. Dann folgt für die Überlebenswahrscheinlichkeit des Netzwerkes als 3-Zustandsmodell

$$R_{s,o} = R_o - F_s \tag{13.47}$$

mit $F_o = 1 - R_o$ und $F_s = 1 - R_s$ (siehe Formel 13.20).

Das heißt, ist die Überlebenswahrscheinlichkeit eines beliebigen Systems (Netzwerks) bekannt, so lässt sich hieraus leicht die Überlebenswahrscheinlichkeit infolge Kurzschluss und Unterbrechung berechnen.

Beispiel 13.6.4-1

Bestimmen Sie

a) für ein Seriensystem und
b) für ein Parallelsystem mit jeweils zwei unterschiedlichen Komponenten sowie
c) für eine Brückenanordnung (entsprechend Bild 13.5)

die jeweilige Überlebenswahrscheinlichkeit infolge Kurzschluss und Unterbrechung (3-Zustandsmodell) durch den Ansatz von Page und Perry.

Lösung:

a) Seriensystem

$$R = p_1 \cdot p_2$$

$$\begin{aligned}
R_{s,o} &= R_o - F_s \\
&= (p_1 + q_1^s) \cdot (p_2 + q_2^s) - q_1^s \cdot q_2^s \\
&= (1 - q_1^o) \cdot (1 - q_2^o) - q_1^s \cdot q_2^s \\
&= 1 - q_1^o - q_2^o + q_1^o \cdot q_2^o - q_1^s \cdot q_2^s
\end{aligned}$$

b) Parallelsystem

$$R = 1 - (1 - p_1) \cdot (1 - p_2)$$

$$\begin{aligned}
R_{s,o} &= R_o - F_s \\
&= \left[1 - (1 - (p_1 + q_1^s)) \cdot (1 - (p_2 + q_2^s))\right] - \left[1 - (1 - q_1^s)(1 - q_2^s)\right] \\
&= (1 - q_1^o \cdot q_2^o) - (q_1^s + q_2^s - q_1^s \cdot q_2^s) \\
&= 1 - q_1^s - q_2^s + q_1^s \cdot q_2^s - q_1^o \cdot q_2^o
\end{aligned}$$

c) Brückenanordnung

Mit Formel 13.20 folgen

$$\begin{aligned}
F_o &= 1 - R_o \\
&= 1 - \Big\{ (p_5 + q_5^s) \cdot \left[1 - (1 - (p_1 + q_1^s)) \cdot (1 - (p_2 + q_2^s))\right] \\
&\quad \cdot \left[1 - (1 - (p_3 + q_3^s)) \cdot (1 - (p_4 + q_4^s))\right] + (1 - (p_5 + q_5^s)) \\
&\quad \cdot \left[1 - (1 - (p_1 + q_1^s) \cdot (p_3 + q_3^s)) \cdot (1 - (p_2 + q_2^s) \cdot (p_4 + q_4^s))\right] \Big\}
\end{aligned}$$

und

$$\begin{aligned}
F_s &= q_5^s \cdot \left[1 - (1 - q_1^s) \cdot (1 - q_2^s)\right] \cdot \left[1 - (1 - q_3^s) \cdot (1 - q_4^s)\right] \\
&\quad + (1 - q_5^s) \cdot \left[1 - (1 - q_1^s \cdot q_3^s) \cdot (1 - q_2^s \cdot q_4^s)\right]
\end{aligned}$$

$$R_{s,o} = 1 - (F_s + F_o)$$

14 Zuverlässigkeitserhöhung in Planung und Praxis

■ 14.1 Allgemeine Maßnahmen zur Zuverlässigkeitserhöhung

Entwurfsvereinfachung

Aufgrund der bekannten Formel 13.1 für ein Seriensystem

$$R(\underline{p}) = \prod_{i=1}^{n} p_i(t) \qquad (14.1)$$

ist die Gesamtzuverlässigkeit R direkt von der Zahl n (d.h. der Komplexität) der Systembestandteile abhängig. R lässt sich vergrößern, wenn die Zahl der Komponenten verringert wird.

Marginale Importanz (siehe Abschnitt 16.5.2)

Die marginale Importanz ist eine Kenngröße, welche die Wichtigkeit einer Komponente hinsichtlich der Ausfallwahrscheinlichkeit des Gesamtsystems angibt. Sie ermöglicht es, diejenige Komponente zu finden, für die es sich lohnt, zusätzlichen Aufwand zu betreiben, damit die Überlebenswahrscheinlichkeit des Systems am effektivsten gesteigert wird.

Die marginale Importanz $I_m(i)$ der Komponente i bezüglich der Ausfallwahrscheinlichkeit ist durch die partielle Ableitung

$$I_m(i) = \frac{\partial F(\underline{q})}{\partial q_i} \qquad (14.2)$$

definiert.

a) **Seriensystem** (siehe Abschnitt 13.2)

Die Ausfallwahrscheinlichkeit eines Seriensystems ist durch

$$F(\underline{q}) = 1 - \prod_{j=1}^{n}(1 - q_j) \qquad (14.3)$$

gegeben.

Die marginale Importanz einer Komponente i errechnet sich damit zu

$$I_m(i) = \frac{\partial F(\underline{q})}{\partial q_i} = \prod_{\substack{j=1\\j\neq i}}^{n}(1-q_j) \qquad (14.4)$$

Werden die Komponenten hinsichtlich ihrer Ausfallwahrscheinlichkeit

$$q_1 \geq q_2 \geq ... \geq q_n \qquad (14.5)$$

geordnet, so ergibt sich für die marginale Importanz

$$I_m(1) \geq I_m(2) \geq ... \geq I_m(n) \qquad (14.6)$$

Das heißt, die Komponente mit der **größten Ausfallwahrscheinlichkeit** ist die Wichtigste: „Die Kette ist so schwach wie ihr schwächstes Glied."

b) **Parallelsystem** (siehe Abschnitt 13.3)

Die Ausfallwahrscheinlichkeit eines Parallelsystems ist durch

$$F(\underline{q}) = \prod_{j=1}^{n} q_j \qquad (14.7)$$

gegeben. Für die marginale Importanz einer Komponente i ergibt sich somit

$$I_m(i) = \frac{\partial F(\underline{q})}{\partial q_i} = \prod_{\substack{j=1\\j\neq i}}^{n} q_j \qquad (14.8)$$

Mit der Ordnung

$$q_1 \geq q_2 \geq ... \geq q_n$$

folgt

$$I_m(1) \leq I_m(2) \leq ... \leq I_m(n) \qquad (14.9)$$

Das heißt, dass die Komponente mit der **kleinsten Ausfallwahrscheinlichkeit** (größten Überlebenswahrscheinlichkeit) die größte Wichtigkeit für das System besitzt. Intuitiv ist dies begründbar, denn das System ist ja funktionsfähig, wenn **eine** Komponente funktionsfähig ist.

c) **2v3-System** (siehe Abschnitt 14.5)

Die Ausfallwahrscheinlichkeit eines 2v3-Systems ist durch

$$F(\underline{q}) = q_1 \cdot q_2 + q_1 \cdot q_3 + q_2 \cdot q_3 - 2 \cdot q_1 \cdot q_2 \cdot q_3 \qquad (14.10)$$

gegeben. Die marginalen Importanzen für die Komponenten errechnen sich somit zu

$$I_m(1) = \frac{\partial F(\underline{q})}{\partial q_1} = q_2 + q_3 - 2 \cdot q_2 \cdot q_3 \qquad (14.11)$$

$$I_m(2) = \frac{\partial F(\underline{q})}{\partial q_2} = q_1 + q_3 - 2 \cdot q_1 \cdot q_3 \qquad (14.12)$$

$$I_m(3) = \frac{\partial F(\underline{q})}{\partial q_3} = q_1 + q_2 - 2 \cdot q_1 \cdot q_2 \qquad (14.13)$$

Ist $q_i < \frac{1}{2}$ für $i = 1, 2, 3$ und $q_1 < q_2 < q_3$, dann folgt $I_m(1) > I_m(2) > I_m(3)$ und die Komponente mit der größten Überlebens- bzw. kleinsten Ausfallwahrscheinlichkeit ist die Wichtigste für das System.

Ist $q_i > \frac{1}{2}$ für $i = 1, 2, 3$ und $q_1 > q_2 > q_3$, dann folgt $I_m(3) > I_m(2) > I_m(1)$, und die Komponente mit der kleinsten Überlebens- bzw. größten Ausfallwahrscheinlichkeit ist die Wichtigste für das System.

d) **Einfaches Serien-Parallelsystem**

Die Ausfallwahrscheinlichkeit eines Serien-Parallelsystems (Bild 14.1) ist durch

$$F(\underline{q}) = q_1 + q_2 \cdot q_3 - q_1 \cdot q_2 \cdot q_3 \qquad (14.14)$$

gegeben.

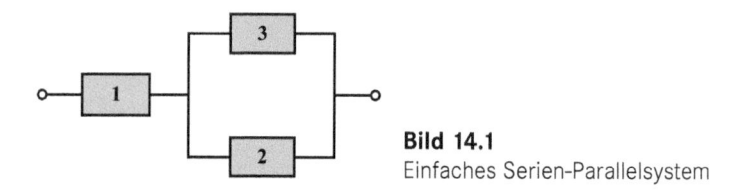

Bild 14.1
Einfaches Serien-Parallelsystem

Für die marginalen Importanzen ergibt sich somit:

$$I_m(1) = 1 - q_2 \cdot q_3 \qquad (14.15)$$

$$I_m(2) = q_3 - q_1 \cdot q_3 \qquad (14.16)$$

$$I_m(3) = q_2 - q_1 \cdot q_2 \qquad (14.17)$$

Es ist verifizierbar, dass die Komponente 1 die Wichtigste ist, wenn $q_i \leq q_1$ mit $i = 2, 3$ gilt. Ist jedoch $q_i > q_1$ für $i = 2, 3$, so hat die Komponente 1 nur dann die größte Importanz, wenn die Ungleichungen

$$1 - \frac{1 - q_2 \cdot q_3}{q_3} < q_1 \qquad (14.18)$$

und

$$1 - \frac{1 - q_2 \cdot q_3}{q_2} < q_1 \qquad (14.19)$$

erfüllt sind.

Unterbeanspruchung (engl. Derating)

Aus empirisch ermittelten Belastungskurven geht hervor, dass die Ausfallraten mit zunehmender Beanspruchung steigen (siehe Kapitel 11). Ein Beispiel zeigt Bild 14.2.

Bild 14.2 Derating

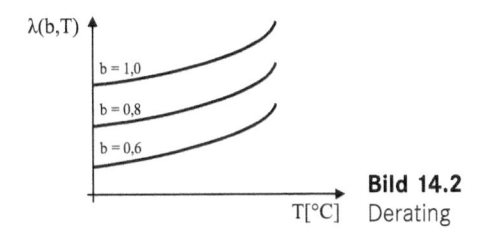

Dabei ist b der Belastungsquotient, d. h. das Verhältnis zwischen realer und Nennbelastung. Das heißt, durch Herabsetzung der Beanspruchung (z. B. bei einem Widerstand die Leistung P, bei einem Kondensator die Spannung U)

$$b = \frac{N}{N_{nenn}} \qquad (14.20)$$

lässt sich die Ausfallrate verringern. Das Gleiche gilt für eine entsprechende Überdimensionierung.

Weitere allgemeine Maßnahmen sind bekanntlich
- Einsatz hochqualitativer Bauteile,
- Voralterung,
- regelmäßige Inspektion,
- vorbeugende Wartung und Austausch,
- Fehleranzeige,
- Vermeidung mechanischer Bauteile wegen ihrer meist kürzeren Lebensdauer (wenn möglich),
- Ersatz von analogen durch digitale Bauteile (wegen der meist höheren Zuverlässigkeit digitaler Bauteile)
- und anderes.

Sind alle Möglichkeiten zur Verbesserung der Überlebenswahrscheinlichkeit erschöpft und reicht die gewonnene Zuverlässigkeitsverbesserung nicht aus, so verbleibt als letzte, aufwendigste Methode die Zuverlässigkeitserhöhung mittels Redundanz.

■ 14.2 Begriff und Definition der Redundanz

Unter Redundanz wird nach DIN 40042 das „funktionsbereite Vorhandensein von mehr als für die vorgesehene Funktion notwendigen technischen Mitteln" verstanden. Der Begriff Redundanz (Weitschweifigkeit, Überfluss) stammt aus der Informationstheorie und wurde von Shannon eingeführt und definiert (siehe Lit.). Die Redundanz gibt an, um wie viel größer der Informationsgehalt $H(\alpha)$ einer Nachricht ist, als es nach dem Entscheidungsgehalt der Quelle sein müsste. Shannon definiert: Ist $ld(a)$ der Logarithmus von a zur Basis 2 mit der Festsetzung $0 \cdot ld(0) = 0$ des beliebigen Versuches α mit den endlich vielen zufälligen Ereignissen A_i, $i = 1, 2, \ldots, n$ (Ereignisfelder), so gilt:

$$0 \leq H(\alpha) \leq \mathrm{ld}(n) \tag{14.21}$$

Hat ein Versuchsausgang die Wahrscheinlichkeit 1, so gilt:

$$H(\alpha) = 0 \tag{14.22}$$

Sind alle Versuchsausgänge gleich wahrscheinlich, d. h.

$$P(A_i) = \frac{1}{n}, \quad i = 1, 2, \ldots, n \tag{14.23}$$

so gilt

$$H(\alpha) = \mathrm{ld}(n) \tag{14.24}$$

Dann heißt

$$\frac{H(\alpha)}{\mathrm{ld}(n)} \tag{14.25}$$

relative Entropie und

$$1 - \frac{H(\alpha)}{\mathrm{ld}(n)} \tag{14.26}$$

Redundanz des Versuches n. Als Einheit der Entropie ist das Bit (engl. „binary digit") festgelegt.

■ 14.3 Redundanzarten, Grundprinzipien

Nach VDI 4008 Blatt 9 wird prinzipiell zwischen

- **aktiver** (funktionsbeteiligter oder **heißer**) und
- **passiver** (nicht funktionsbeteiligter oder **kalter**)

Redundanz unterschieden.

Bei der aktiven Redundanz sind die zusätzlichen Mittel ständig in Betrieb und an der vorgesehenen Funktion beteiligt. Hierunter fallen die Parallelsysteme und die sogenannten **mvn-Systeme** (**Majoritätsredundanz**). Wenn die zusätzlichen technischen Mittel unter erleichterten Bedingungen arbeiten, so wird auch von „warmer" Redundanz gesprochen. Die passive Redundanz ist dadurch gekennzeichnet, dass die zusätzlichen technischen Mittel erst bei Ausfall (Störung) zugeschaltet werden und dann die Funktion der ausgefallenen Elemente übernehmen.

Bei fehlertoleranten (Rechner-)Systemen wird auch von

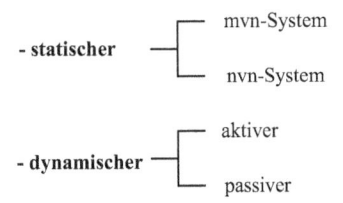

- **statischer**
  - mvn-System
  - nvn-System

- **dynamischer**
  - aktiver
  - passiver

Redundanz gesprochen.

Die Ergebnisse sogenannter **mvn-Systeme**, auch **Mehrheitsentscheidungssysteme** bzw. **Majoritätsredundanzen** genannt, werden von einem **Mehrheitsentscheider (Voter)** miteinander verglichen und das Ergebnis der Mehrheit auf den Ausgang übertragen. Das heißt, es müssen mindestens m Elemente funktionieren, damit das Gesamtsystem funktioniert.

nvn-Systeme werden vorwiegend bei sicherheitsrelevanten Systemen eingesetzt. Hier folgt die Abschaltung des Gesamtsystems in einen sicheren Zustand, wenn bereits **ein** Ergebnis von den anderen abweicht.

In der Sicherheitstechnik wird weiter zwischen

- **einfachen mvn-Systemen** und
- **adaptiven mvn-Systemen**

unterschieden.

Die Arbeitsweise der **einfachen** mvn-Systeme entspricht prinzipiell der Majoritätsredundanz. Es muss allerdings sichergestellt sein, dass die Mehrheit der Ergebnisse nicht durch die defekten Teilsysteme gebildet wird. Bei einem **adaptiven** mvn-System wird nicht das Gesamtsystem, sondern lediglich das defekte Teilsystem abgeschaltet.

Der Mehrheitsentscheider muss deshalb mit einer sich den ändernden Mehrheitsverhältnissen anpassenden Logik ausgestattet sein, was allerdings technisch nicht immer leicht zu realisieren ist.

Des Weiteren wird zwischen **homogener** (die redundant ausgelegten Elemente sind gleichartig) und **diversitärer** (die redundant ausgelegten Elemente sind ungleichartig ausgelegt, um z. B. Common-Mode-Ausfälle auszuschließen) **Redundanz** unterschieden.

14.4 Aktive Redundanz

Zur aktiven Redundanz gehören Parallelsysteme sowie die mvn- und nvn-Systeme. Die bekannten Parallelsysteme können mit den klassischen Methoden der Wahrscheinlichkeitsrechnung bewertet werden und bedürfen hier keiner weiteren Erläuterung ($F(\underline{q}) = \prod_{i=1}^{n} q_i$).

Zu beachten ist jedoch, dass die Ausfallrate eines Parallelsystems immer zeitabhängig ist – auch dann, wenn für die Komponenten eine konstante Ausfallrate vorausgesetzt wurde (siehe Abschnitt 13.3).

14.5 mvn-System

Wie schon gesagt wurde, werden mvn-Systeme in **einfacher und adaptiver Bauweise** (Bild 14.3) konzipiert. Die Arbeitsweise des einfachen mvn-Systems ist gleich der Majoritätsredundanz, d. h. die Ergebnisse der Mehrheit m der Teilsysteme ($X_1, X_2, ..., X_n$) werden auf den Systemausgang übertragen. Bei einer Anwendung als Sicherheitssystem ist zu beachten, dass die Mehrheit der Ergebnisse nicht durch die defekten Teilsysteme gebildet wird. In diesem Fall muss die Abschalteinheit das System zur sicheren Seite hin abschalten.

Das adaptive, abschaltbare mvn-System ist dadurch gekennzeichnet, dass die zusätzliche Abschalteinheit nicht das Gesamtsystem, sondern nur die entsprechenden Teilsysteme, deren Ergebnisse nicht mit dem Mehrheitsergebnis übereinstimmen, abschaltet. Dadurch wird die Funktion des Systems weiter aufrechterhalten. Der Mehrheitsentscheider muss durch eine sich anpassende Logik jedoch weiterhin in der Lage sein, aus den verbleibenden Teilsystemen einen Mehrheitsentscheid durchzuführen, bis lediglich nur noch m Teilsysteme funktionieren.

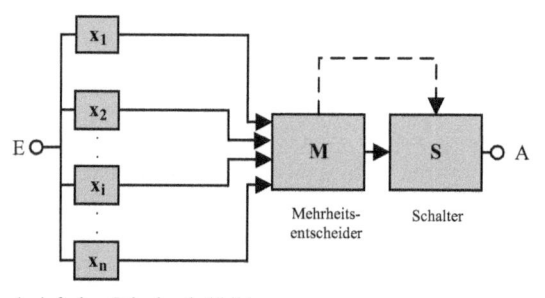

a) einfaches Prinzipschaltbild

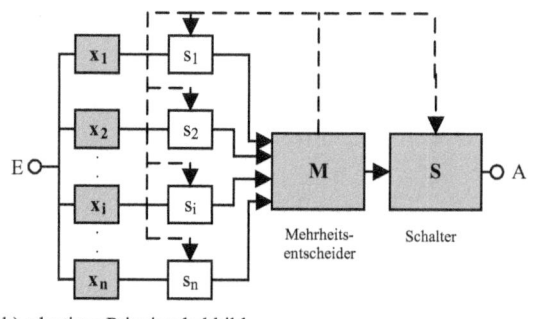

b) adaptives Prinzipschaltbild

Bild 14.3 Prinzipschaltbild eines mvn-Systems

Zuverlässigkeitsbetrachtung

Die Überlebenswahrscheinlichkeit des einfachen mvn-Systems lässt sich bei gleicher Überlebenswahrscheinlichkeit p der Komponenten mithilfe der **Binomialverteilung** (siehe Abschnitt 10.2.1) berechnen. Es gilt allgemein

$$R_{\text{mvn}}(p) = \sum_{k=m}^{n} \binom{n}{k} \cdot p^k \cdot (1-p)^{n-k} \tag{14.27}$$

mit dem Binomialkoeffizienten

$$\binom{n}{k} = \frac{n!}{k! \cdot (n-k)!} \tag{14.28}$$

Sind die Überlebenswahrscheinlichkeiten der Komponenten ungleich, so ist eine Analyse mittels einer z. B. **Booleschen Modellbildung** (siehe Kapitel 16) möglich.

Für das praktisch relevante 2v3-System folgt z. B.:

$$R_{2v3}(\underline{p}) = p_1 \cdot p_2 + p_1 \cdot p_3 + p_2 \cdot p_3 - 2 p_1 \cdot p_2 \cdot p_3$$

Es ist zu beachten, dass bei den vorangegangenen Gleichungen die Überlebenswahrscheinlichkeiten P_M des Voters (M) und die des Schalters (S), P_S, nicht berücksichtigt wurden.

In der Praxis ist darauf zu achten, dass der technische Aufwand für (M) und (S) möglichst geringgehalten wird, da sonst der Zuverlässigkeitsgewinn wieder kompensiert werden kann.

Sicherheitsbetrachtung

Beispiel: 2v3-System (einfach und adaptiv)

Analyseverfahren: homogener stetiger Markov-Prozess (siehe Kapitel 19).

Systemzustände:

1: Alle drei Teilsysteme sind intakt.
2: Ein Teilsystem ist ausgefallen, zwei Teilsysteme sind intakt.
3: Ein defektes Teilsystem ist abgeschaltet, zwei Teilsysteme sind intakt.
4: Zwei Teilsysteme sind ausgefallen, ein Teilsystem ist intakt.
5: Alle drei Teilsysteme sind ausgefallen.
6: Zwei Teilsysteme sind ausgefallen, ein Teilsystem ist intakt.
7: Das gesamte 2v3-System ist abgeschaltet.
8: Alle drei Teilsysteme sind ausgefallen.

Mit der Ausfallrate λ und den Abschaltraten $\nu_i = \nu_{\text{Ab}_i}$ sowie den vorangegangenen Systemzuständen ergibt sich das in Bild 14.4 dargestellte Zustandsdiagramm (siehe Kapitel 19).

Bild 14.4 Zustandsdiagramm eines 2v3-Systems

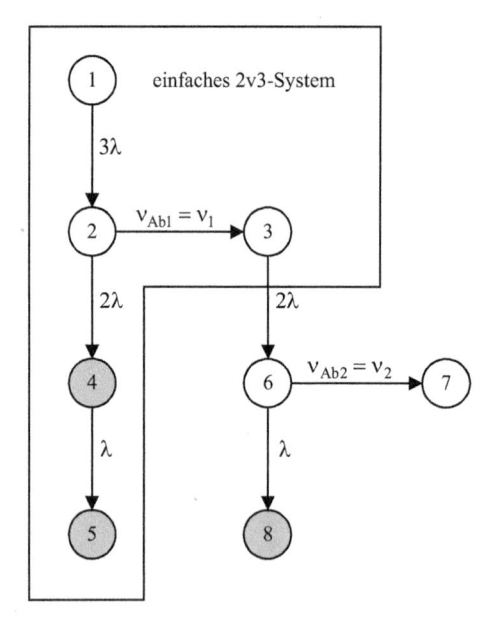

adaptives 2v3-System ● gefährliche Zustände

Für die Sicherheitswahrscheinlichkeit folgt:

$$S_{2v3}(t) = P_1(t) + P_2(t) + P_3(t) + P_6(t) + P_7(t) \tag{14.29}$$

Nach Lösung der zugehörigen Differenzialgleichung $\dot{\underline{P}} = \underline{\underline{A}} \cdot \underline{P}(t)$ (siehe Kapitel 19) ergibt sich:

$$\begin{aligned}S_{2v3}(t) =\;& \frac{\nu_1 \cdot \nu_2}{(2\lambda+\nu_1)(\lambda+\nu_2)} - \frac{3\lambda}{(\lambda-\nu_2)} \cdot e^{-2\lambda t} \\ &+ \frac{-4\lambda^2 + 2\lambda\nu_2 - 2\lambda\nu_1}{(\lambda-\nu_1)(2\lambda-\nu_2)} \cdot e^{-3\lambda t} \\ &+ \frac{12\lambda^3 + 6\lambda^2 \cdot \nu_1 - 6\lambda^2\nu_2}{(2\lambda+\nu_1)(\lambda-\nu_1)(\lambda+\nu_1-\nu_2)} \cdot e^{-(2\lambda+\nu_1)t} \\ &+ \frac{6\lambda^3 \nu_1}{(\lambda+\nu_2)(\lambda-\nu_2)(2\lambda-\nu_2)(\lambda+\nu_2-\nu_1)} e^{-(\lambda+\nu_2)t}\end{aligned} \tag{14.30}$$

Sonderfälle

a) Das erste, defekte Teilsystem wird nie abgeschaltet. Das heißt, die Zustände 3, 6, 7 und 8 werden nie eingenommen.

$$\nu_1 = 0$$
$$S_{2v3}(t, \nu_1 = 0) = 3e^{-2\lambda t} - 2e^{-3\lambda t} \tag{14.31}$$

Dies ist bekanntlich die Gleichung eines herkömmlichen 2v3-Systems.

b) Das erste, defekte Teilsystem wird **sofort** abgeschaltet, aber das Gesamtsystem wird nie abgeschaltet. Das heißt, die Zustände 4, 5 und 7 werden nie eingenommen.

$$\nu_1 = \frac{1}{t_1} \to \infty \text{ und } \nu_2 = 0 \text{ (da das Gesamtsystem nie abgeschaltet wird)}$$

$$S_{2v3}(t, \nu_1 \to \infty, \nu_2 = 0) = e^{-3\lambda t} - 3e^{-2\lambda t} + 3e^{-\lambda t} \tag{14.32}$$

Dies ist die bekannte Gleichung eines herkömmlichen 1v3-Systems.

c) Das erste, defekte Teilsystem und das Gesamtsystem werden sofort abgeschaltet.

$$\nu_1 = \frac{1}{t_1} \to \infty \text{ und } \nu_2 = \frac{1}{t_2} \to \infty$$

$$S_{2v3}(t, \nu_1 \to \infty, \nu_2 \to \infty) = 1 \tag{14.33}$$

→ keine Gefährdung!

Sicherheitsgrenzwert

$$\lim_{t \to \infty} S_{2v3}(t) = \underbrace{\frac{\nu_1}{2\lambda + \nu_1}}_{a)} \cdot \underbrace{\frac{\nu_2}{\lambda + \nu_2}}_{b)} \tag{14.34}$$

a) Sicherheitsgrenzwert eines 2v3-Systems mit einfacher Mehrheitslogik
b) Sicherheitsgrenzwert eines 2v2-Systems

Für die Sicherheit ist es entscheidend, ob ein sicherer Zustand eingenommen wird oder nicht. Dies wird an den Verzweigungen des Zustandsdiagramms entschieden.

Grenzwert der Gefährdungswahrscheinlichkeit

$$\lim_{t \to \infty} G_{2v3}(t) = 1 - \lim_{t \to \infty} S_{2v3}(t) = \frac{2\lambda}{2\lambda + \nu_1} + \frac{\nu_1}{2\lambda + \nu_1} \cdot \frac{\lambda}{\lambda + \nu_2}$$

$$= \frac{2t_1}{2t_1 + t_m} + \frac{t_m}{2t_1 + t_m} \cdot \frac{t_2}{t_2 + t_m} \tag{14.35}$$

$\lim_{t \to \infty} G_{2v3}(t)$ soll klein sein! Das heißt, t_1 und t_2 müssen klein gegenüber dem mittleren zeitlichen Ausfallabstand eines Teilsystems $t_m = \frac{1}{\lambda}$ werden. Es folgt:

$$G_{2v3}(t \to \infty, t_1 < t_m, t_2 < t_m) \approx \frac{2t_1 + t_2}{t_m} \tag{14.36}$$

In der Praxis sind die Fehleraufdeckungsverfahren in der Regel gleich. Das bedeutet, die Abschaltzeiten des Gesamtsystems und eines Teilsystems sind gleich

$$t_1 = t_2 = t_{Ab}$$

und folglich

$$G_{2v3}(t \to \infty, t_{Ab} < t_m) = \frac{3t_{Ab}}{t_m} \tag{14.37}$$

■ 14.6 nvn-System

nvn-Systeme werden auch als **Vergleichersysteme** bezeichnet. Sie bestehen aus n parallelen Teilsystemen ($X_1, ..., X_i, ..., X_n$). Die Ergebnisse der n Teilsysteme werden miteinander **verglichen** und wenn bereits **ein** Ergebnis nicht mit den übrigen übereinstimmt, erfolgt eine Abschaltung des Gesamtsystems zur sicheren Seite. Bild 14.5 zeigt das Blockschaltbild eines solchen Systems.

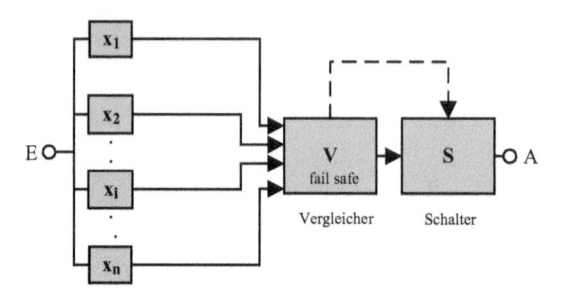

Bild 14.5 Das nvn-System

nvn-Systeme sind jedoch nur dann angebracht, wenn die Ausfallerkennung (Gefährdungserkennung) eines Einzelsystems, z. B. durch eine Referenz, nicht möglich bzw. aufwendiger als der Vergleicher des nvn-Systems ist.

Zuverlässigkeitsbetrachtung

nvn-Systeme stellen im Hinblick auf eine zuverlässigkeitstechnische Bewertung ein logisches Seriensystem dar. Die Berechnung einer Zuverlässigkeitskenngröße ist dementsprechend einfach: $R(\underline{p}) = \prod_{i=1}^{n} p_i$. Die Ausfallrate eines Seriensystems setzt sich bekanntlich aus der Summe der Komponentenausfallraten zusammen.

Sicherheitsbetrachtung

Als Analyseverfahren wird ein homogener stetiger Markov-Prozess (siehe Kapitel 19) eingesetzt. Tabelle 14.1 zeigt das zugehörige Zustandsdiagramm.

Tabelle 14.1 Zustandsdiagramme eines nvn-Systems

Zustandsdiagramm	Zustände	
(Diagramm mit Zuständen 1, 2, 3, 4, ..., n, n+1, n+2 und Übergangsraten $n\cdot\lambda$, $(n-1)\cdot\lambda$, $(n-2)\cdot\lambda$, λ, ν_{Ab} = Abschaltrate; falsches Ergebnis wird ausgegeben (n-fach-Fehler))	1:	Alle *n* Teilsysteme sind intakt.
	2:	Ein Teilsystem ist defekt, alle anderen sind intakt.
	3:	Zwei Teilsysteme sind defekt; (*n* − 2) Teilsysteme sind intakt.
	4:	Drei Teilsysteme sind defekt; (*n* − 3) Teilsysteme sind intakt.
	n:	(*n* − 1) Teilsysteme sind defekt; ein Teilsystem ist intakt.
	n + 1	Alle *n* Teilsysteme sind defekt (gefährlicher Zustand).
	n + 2	Das gesamte nvn-System ist abgeschaltet (sicherer Zustand).
Ersatzsystem	**Zustände**	
(Diagramm mit Zuständen 1, 2, 3, 4 und Übergangsraten $n\cdot\lambda$, ν_{Ab}, λ_E)	1:	Alle *n* Teilsysteme des nvn-Systems sind intakt.
	2:	Ein Teilsystem ist defekt, (*n* − 1) Teilsysteme sind intakt. Die (*n* − 1) intakten Teilsysteme werden als **ein** Ersatzsystem aufgefasst.
	3:	Das gesamte nvn-System ist abgeschaltet.
	4:	Ein Teilsystem und das gedachte Ersatzsystem sind defekt. Dies entspricht im realen System dem Fall, dass alle *n* Teilsysteme defekt sind.

Die Sicherheit bei einem nvn-System ist dann gegeben, wenn keine *n*-fach-Fehler auftreten. Diese *n*-fach-Fehler treten auf, wenn das Ersatzsystem ausgefallen ist, d. h. der Zustand 4 eingenommen wird. Es folgt:

$$S_{nvn}(t) = P_1(t) + P_2(t) + P_3(t)$$

$$S_{nvn}(t) = \frac{\nu_{Ab}}{\lambda_E + \nu_{Ab}} - \frac{\lambda_E}{n\lambda - \lambda_E - \nu_{Ab}} \cdot e^{-n\lambda t}$$

$$+ \frac{n\lambda \cdot \lambda_E}{(\lambda_E + \nu_{Ab})(n\lambda - \lambda_E - \nu_{Ab})} \cdot e^{-(\lambda_E + \nu_{Ab}) t} \qquad (14.38)$$

Sicherheitsgrenzwert

$$\lim_{t \to \infty} S_{nvn}(t) = \frac{\nu_{Ab}}{\lambda_E + \nu_{Ab}} = \frac{t_E}{t_{Ab} + t_E} \qquad (14.39)$$

mit

$$t_E = \frac{1}{\lambda_E} = \text{mittlerer zeitlicher Ausfallabstand des Ersatzsystems}$$

und

$$t_{Ab} = \frac{1}{\nu_{Ab}} = \text{mittlere Abschaltzeit des Gesamtsystems durch den Schalter}$$

Gefährdungsgrenzwert

$$\lim_{t \to \infty} G_{nvn}(t) = 1 - \lim_{t \to \infty} S_{nvn}(t) = \frac{t_{Ab}}{t_{Ab} + t_E} \qquad (14.40)$$

Um eine möglichst kleine Gefährdungswahrscheinlichkeit zu erhalten, wird in der Praxis danach gestrebt, t_{Ab} klein gegenüber t_E zu machen. Das heißt, es folgt:

$$G_{nvn}(t \to \infty, t_{Ab} < t_E) \approx \frac{t_{Ab}}{t_E} \qquad (14.41)$$

Für die Ersatzausfallrate λ_E folgt nach kurzer Rechnung:

$$t_E \approx \frac{1}{\lambda_E} = \frac{t_m^{n-1}}{t_{Ab}^{n-2}} \quad \text{für } t_{Ab} < t_m \qquad (14.42)$$

Dabei ist $t_m = 1/\lambda$ der mittlere zeitliche Ausfallabstand eines Teilsystems. Für den Grenzwert der Gefährdungswahrscheinlichkeit ergibt sich somit

$$\lim_{t \to \infty} G_{nvn}(t) = \frac{t_{Ab}}{t_{Ab} + t_E} = \frac{t_{Ab}}{t_{Ab} + \frac{t_m^{n-1}}{t_{Ab}^{n-2}}} \approx \frac{t_{Ab}^{n-1}}{t_{Ab}^{n-1} + t_m^{n-1}} \qquad (14.43)$$

und für den Fall $t_{Ab} < t_m$

$$G_{nvn}(t \to \infty, t_{Ab} < t_m) = \left(\frac{t_{Ab}}{t_m}\right)^{n-1} \qquad (14.44)$$

Wird $t_G = \dfrac{t_{Ab}}{t_m}$ als normierte Abschaltzeit gesetzt, so folgt

$$G_{nvn}(t \to \infty, t_{Ab} < t_m) = t_G^{n-1} \qquad (14.45)$$

d.h., mit steigendem Redundanzgrad (n) wird ein nvn-System immer sicherer, aber auch immer unzuverlässiger.

Vergleich des adaptiven 2v3-Systems mit einem 2v2-System

Aus Formel 14.44 folgt:

$$G_{2v2}(t \to \infty, t_{Ab} < t_m) = \frac{t_{Ab}}{t_m} \qquad (14.46)$$

Durch Vergleich mit Formel 14.37 folgt:

$$G_{2v3}(t \to \infty, t_{Ab} < t_m) = 3 \cdot G_{2v2}(t \to \infty, t_{Ab} < t_m) \qquad (14.47)$$

Die Gefährdungswahrscheinlichkeit eines 2v3-Systems ist um den Faktor 3 größer als die des 2v2-Systems.

Die Ehe gibt dem Einzelnen Begrenzung und dadurch dem Ganzen Sicherheit.

Christian Friedrich Hebbel (1813 - 1863)

■ 14.7 Standby-System – passive Redundanz

Wie Bild 14.6 zeigt, ist bei dieser Redundanzart nur eine Komponente durchgeschaltet. Bei Ausfall des Teilsystems X_1 wird auf X_2, danach auf X_3 usw. umgeschaltet. Die Umschaltung kann manuell oder automatisch erfolgen.

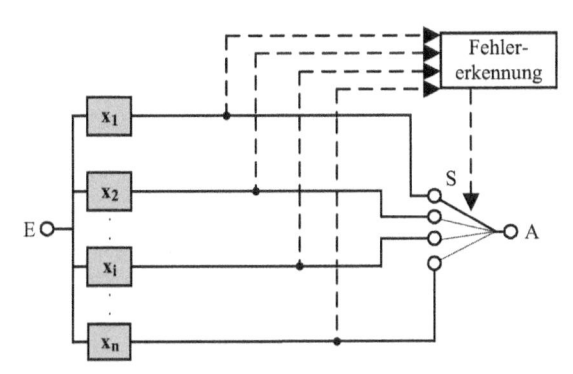

Bild 14.6
Das Standby-System (allg. Prinzip)

Zwei grundsätzliche Schaltprinzipien sind denkbar:

1. Die nicht durchgeschalteten Komponenten X_2 bis X_n sind ausgeschaltet und die nächste Komponente wird erst nach dem Umschalten in Betrieb genommen (eigentliches Standby-System).
2. Die nicht durchgeschalteten Komponenten sind ständig (Sonderfall der „heißen Redundanz") oder eingeschränkt (Sonderfall der „warmen Redundanz") in Betrieb.

Im Folgenden wird von der Version 1 ausgegangen. Das heißt, die Lebensdauer der nicht durchgeschalteten Komponenten beginnt erst nach Anforderung der Komponenten durch die Fehlererkennungseinheit. Die Überlebenswahrscheinlichkeit lässt sich unter der Voraussetzung einer idealen Umschalteinheit ($R_S = 1$) und einer idealen Fehlererkennung ($R_F = 1$) über die Addition der Lebenszeiten der Teilsysteme berechnen.

Zuverlässigkeitsbetrachtung

Wird die Dichte der Lebenszeit T_1 (Teilsystem X_1 arbeitet) mit $f_1(t)$ und die der Lebenszeit T_2 (Teilsystem X_2 arbeitet) mit $f_2(t)$ usw. bezeichnet und sind diese voneinander **unabhängig**, dann lässt sich die Dichte der Summe

$$T = T_1 + T_2 + \ldots + T_n \tag{14.48}$$

durch die sogenannte **Faltung** berechnen.

> **Definition 14.7-1**
>
> Die Verteilungsdichte der Summe zweier unabhängiger Zufallsgrößen $T = T_1 + T_2$ ist durch das Faltungsintegral
>
> $$f(t) = f_1(t) * f_2(t) = \int_0^t f_1(u) \cdot f_2(t-u) du \tag{14.49}$$
>
> definiert, wobei $f_2(t)$ zeitlich verschoben ist.
>
> Sind die Zufallsvariablen T_i positiv, d. h. Lebensdauerverteilungen, so folgt mithilfe der Laplace-Transformation (siehe Kapitel 19):
>
> $$L\{f_1(t) * f_2(t)\} = L\{f_1(t)\} \cdot L\{f_2(t)\} = f_1(s) \cdot f_2(s) \tag{14.50}$$
>
> Allgemein gilt:
>
> $$f(s) = L\{f_1(t) * f_2(t) * \ldots * f_n(t)\} = \prod_{i=1}^{n} f_i(s) \tag{14.51}$$

Sind die Lebenszeiten T_i der Teilsysteme X_i exponentiell verteilt und voneinander unabhängig, so folgt zum Beispiel für zwei Teilsysteme im Laplace-Bereich

$$f_1(s) = \frac{\lambda_1}{s + \lambda_1}; \quad f_2(s) = \frac{\lambda_2}{s + \lambda_2} \tag{14.52}$$

und

$$f(s) = \frac{\lambda_1 \cdot \lambda_2}{(s + \lambda_1) \cdot (s + \lambda_2)} \tag{14.53}$$

Nach Rücktransformation in den Zeitbereich folgt:

$$f(t) = \frac{\lambda_1 \cdot \lambda_2}{\lambda_1 - \lambda_2} \cdot (e^{-\lambda_2 \cdot t} - e^{-\lambda_1 \cdot t}) \tag{14.54}$$

Für die Überlebenswahrscheinlichkeit folgt

$$R(t) = 1 - \int_0^t f(\tau) \, d\tau = \frac{1}{\lambda_1 - \lambda_2} \cdot (\lambda_1 \cdot e^{-\lambda_2 \cdot t} - \lambda_2 \cdot e^{-\lambda_1 \cdot t}) \tag{14.55}$$

und für die mittlere Lebensdauer

$$E(T) = \frac{1}{\lambda_1} + \frac{1}{\lambda_2} \tag{14.56}$$

Allgemein gilt:

$$E(T) = \sum_{k=1}^{n} \frac{1}{\lambda_k} \tag{14.57}$$

Sind die Zufallsvariablen T_i exponentiell verteilt mit $\lambda_1 = \lambda_2 = ... = \lambda_n = \lambda$, so folgt

$$f(s) = \frac{\lambda^n}{(s+\lambda)^n} \tag{14.58}$$

und nach Rücktransformation in den Zeitbereich

$$f(t) = \frac{\lambda^n \cdot t^{n-1}}{(n-1)!} \cdot e^{-\lambda \cdot t} \tag{14.59}$$

Dies ist bekanntlich die Dichte der speziellen Erlang-Verteilung (Formel 10.21). Die Überlebenswahrscheinlichkeit errechnet sich zu

$$R(t) = e^{-\lambda \cdot t} \cdot \sum_{k=0}^{n-1} \frac{(\lambda \cdot t)^k}{k!} \tag{14.60}$$

Der Erwartungswert errechnet sich zu

$$E(T) = -\frac{d\,f(s)}{ds}\bigg|_{s=0} = \frac{n}{\lambda} \tag{14.61}$$

Berücksichtigung des Schalters:

Wird vorausgesetzt, dass der Umschalter S mit der Zufallsvariablen X_S, d.h. mit einer bestimmten Ausfallwahrscheinlichkeit F_S ausfallen kann, so lässt sich die Überlebenswahrscheinlichkeit des Standby-Systems bei zwei Komponenten durch folgende Überlegung leicht berechnen:

$$P_R = P((\overline{X}_S \wedge X_1) \vee (X_S \wedge X_{\text{Standby}})) \tag{14.62}$$

Da sich die Ereignisse gegenseitig ausschließen und voneinander unabhängig sind, folgt:

$$R(t) = F_S(t) \cdot R_1(t) + R_S(t) \cdot R_{\text{Standby}}(t) \tag{14.63}$$

Unter der Voraussetzung einer bekannten Überlebenswahrscheinlichkeit $R_S = 1 - F_S$ des Umschalters und exponentiell verteilten Lebensdauern der Komponenten folgt mit Formel 14.55:

$$R(t) = (1-R_S) \cdot e^{-\lambda_1 \cdot t} + R_S \cdot \frac{1}{(\lambda_1 - \lambda_2)} \cdot (\lambda_1 \cdot e^{-\lambda_2 \cdot t} - \lambda_2 \cdot e^{-\lambda_1 \cdot t}) \tag{14.64}$$

Nach kurzer Rechnung folgt:

$$R(t) = e^{-\lambda_1 \cdot t} + R_S \cdot \frac{\lambda_1}{(\lambda_1 - \lambda_2)} \cdot (e^{-\lambda_2 \cdot t} - e^{-\lambda_1 \cdot t}) \qquad (14.65)$$

Sicherheitsbetrachtung

Eine Sicherheitsbetrachtung kann wiederum unter Zugrundelegung eines homogenen, stetigen Markov-Prozesses erfolgen. Es ist allerdings erforderlich, die Ausfallerkennungseinheit, den Umschalter und die Reihenfolge der Ausfälle bei der Analyse mit einzubeziehen.

> **Beispiel 14.7-1**
>
> Gegeben sei nachfolgendes Standby-System mit einem absolut zuverlässigen Umschalter S.
>
> a) Berechnen Sie die Ausfallwahrscheinlichkeit des Systems unter Berücksichtigung der in den „Kästchen" angegebenen konstanten Ausfallraten.
> b) Bestimmen Sie die erwartete Lebensdauer.
>
> *Lösung:*
>
> **a)** Mit Formel 14.58 folgt:
>
> $$f_1(s) = \frac{\lambda}{s+\lambda}, \quad f_2(s) = \frac{2\lambda}{s+2\lambda}$$
>
> Mit Formel 14.51 folgt:
>
> $$f(s) = f_1(s) \cdot f_2(s) = \frac{2\lambda^2}{(s+\lambda)(s+2\lambda)}$$
>
> Die Rücktransformation und Partialbruchzerlegung ergibt:
>
> $$f(t) = 2\lambda \cdot (e^{-\lambda \cdot t} - e^{-2\lambda \cdot t})$$
>
> Durch Integration über die Ausfalldichte folgt:
>
> $$F(t) = 1 - (2 \cdot e^{-\lambda \cdot t} - e^{-2\lambda \cdot t})$$
>
> **b)** $E(T) = E(T_1) + E(T_2)$
>
> $$E(T) = \frac{1}{\lambda} + \frac{1}{2\lambda} = \frac{3}{2\lambda}$$

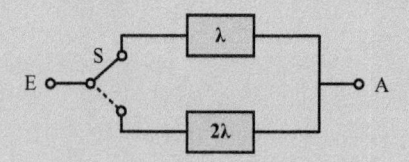

Wenn ein Politiker stirbt, kommen viele zur Beerdigung nur deshalb, um sicher zu sein, dass man ihn wirklich begräbt.

Georges Benjamin Clemenceau (1841 - 1929)

15 Systembetrachtung

Während in den vorangegangenen Kapiteln von Teil IV, „Methoden der Zuverlässigkeits- und Sicherheitsanalyse", einfache Systemstrukturen und grundsätzliche Redundanzarten dargestellt und zuverlässigkeits- und sicherheitstechnisch analysiert wurden, ist es aufgrund der heute in vielen technischen Bereichen eingesetzten sogenannten „intelligent technical systems" bestehend aus Elektrik/Elektronik/Software (E/E/S-Systeme) und deren komplexer Vernetzung erforderlich, diese und technische Systeme allgemein einer grundsätzlichen Systembetrachtung zu unterziehen. Damit soll sichergestellt werden, dass die in Kapitel 16 bis Kapitel 22 ausführlich dargestellten Methoden zur Bewertung der Zuverlässigkeit, Sicherheit, Verfügbarkeit und anderer Kriterien technischer Systeme einschließlich Elektrik/Elektronik/Software-(E/E/S-)Systeme gleich welcher Art zielführend genutzt werden können.

■ 15.1 Begriffliche Exemplifikationen

System

„System [altgriechisch sýstēma aus mehreren Teilen zusammengesetztes, gegliedertes Ganzes] allg.: konkretes (reales, wirkl.) oder ideelles Ganzes, dessen Teile strukturell oder funktional miteinander in Beziehung stehen; Prinzip der Ordnung, nach der etwas aufgebaut oder organisiert wird." (Brockhaus 18. Auflage, siehe Lit.)

Weiter werden in der vorangehend genannten Enzyklopädie Systeme in der Biologie, Geologie, Philosophie, Politikwissenschaft, Sprachwissenschaft, Wirtschaft (Wirtschaftssysteme), Wissenschaftstheorie charakterisiert und erläutert.

Es zeigt sich, dass es eine allgemeine Definition des Begriffs System, wie auch zahlreiche Veröffentlichungen hierzu zeigen, nicht geben kann. Des Weiteren gibt es, je nach wissenschaftlicher Fachdisziplin, nicht einheitliche Deskriptionen.

So schreibt J. Bretschneider, J. (*https://www.juraforum.de*):

*„Allgemein können wir ein **System** als **geordnete Gesamtheit** von materiellen oder geistigen Objekten, von Dingen und Sachverhalten definieren. Es handelt sich dabei um Zusammenstellung, Aufbau und Ordnung von mehreren Einzeldingen, Begriffen oder Erkenntnissen zu einem einheitlichen Ganzen auf der Grundlage weniger Prinzipien."*

Oder man liest bei E. Fees (*https://wirtschaftslexikon.gabler.de*):

„*Menge von geordneten Elementen mit Eigenschaften, die durch Relationen verknüpft sind. Die Menge der Relationen zwischen den Elementen eines Systems ist seine Struktur. Unter Element versteht man einen Bestandteil des Systems, der innerhalb dieser Gesamtheit nicht weiter zerlegt werden kann. Die Ordnung bzw. Struktur der Elemente eines Systems ist im Sinne der Systemtheorie seine Organisation. Die Begriffe der Organisation und der Struktur sind also identisch.*"

Oder es heißt kurz nach D. H. Meadow (siehe Lit.) und *https://www.christianhmeyer.de*:

„*Ein System besteht aus Elementen, deren Verbindungen zwischen ihnen und einem Zweck oder einer Funktion.*"

■ 15.2 Technisches System

Auch in der Definition und Charakterisierung technischer Systeme gibt es, je nach Fachdisziplin und Betrachtungsgegenstand, unterschiedliche Explikationen.

So definiert Scholz, D. (siehe Lit.) entsprechend World Airlines Technical Operations Glossary (WATOG, 1992):

„**System:** *Ein System ist eine Kombination von Teilen, die miteinander in Beziehung stehen und eine spezifische Funktion erfüllen.*"

„**Subsystem:** *Ein Subsystem ist ein nicht unbedeutender Teil eines Systems, der zur Gesamtfunktion des Systems erkennbar beiträgt.*"

Beispiele sind entsprechend WATOG, 1992:

- System: Hilfstriebwerk
- Subsystem: Stromaggregat
- Komponente: Kraftstoffregler
- Baugruppe: Ventil
- Teil: Dichtung

Entsprechend schreibt D. Monjan in seiner Vorlesung im WS 95/96 (siehe Lit.):

„*Ein **System** ist ein nach bestimmten Gesichtspunkten abgegrenzter Bereich der objektiven Realität sowie jedes seiner **Abbilder (Modelle)**. Der nicht zum System gehörende Teil heißt **Umwelt (Umgebung)**. System und Umwelt werden durch den **Systemrand (Schnittstelle)** voneinander getrennt.*

*Ein **System** ist aus kleineren Einheiten, den **Elementen**, zusammengesetzt. Zwischen den Elementen können **Beziehungen (Relationen)** bestehen. Ebenso bestehen Beziehungen zwischen dem System und der Umgebung.*

*Die Relationen bestimmen zusammen mit den Elementen die **Struktur** des Systems. Das System als Ganzes wie auch die Elemente haben ein bestimmtes **Verhalten** (sie erfüllen eine bestimmte **Funktion**).*"

Eingangsgrößen

*„Jede Art von **Einwirkung** auf das System oder auf seine Elemente. Die Einwirkungen können aus der Umgebung stammen oder von anderen Elementen."*

Ausgangsgrößen

*„Jede Art von **Wirkung** eines Systems oder eines seiner Elemente auf andere Systeme bzw. Elemente oder auf die Umgebung nach dem Kausalitätsprinzip (...). Ausgangsgrößen können durch innere Quellen erzeugt werden oder Wirkungen von Eingangsgrößen sein."*

Ein technisches System ist folglich in eine Umwelt (Umgebung), die Nutzung, eingebettet und hat die Aufgabe eine bestimmte Funktion zu erfüllen. Dabei kann das System einer ständig veränderlichen Umgebung ausgesetzt sein und sich selbst hinsichtlich seiner Lage statisch oder dynamisch (mobil) verhalten.

Ein technisches System ist durch seine Struktur, die Elemente (Teile), die verknüpft sind, in Wechselbeziehungen stehen, eine funktionelle Aufgabe zu erfüllen haben, und durch Eingangs- und Ausgangsgrößen gekennzeichnet (siehe Bild 15.1).

Betrachtet man nun allgemein das Ausfallverhalten eines technischen Systems entsprechend Bild 15.1, so kann dieses durch die

- Interaktion mit der Umgebung, dem Nutzer und anderen Systemen und
- durch das System selbst, d. h.
  - die Struktur sowie
  - die Elemente/Einheiten, deren
    - funktionelle Aufgaben,
    - Verknüpfungen und
    - Relationen,

charakterisiert werden.

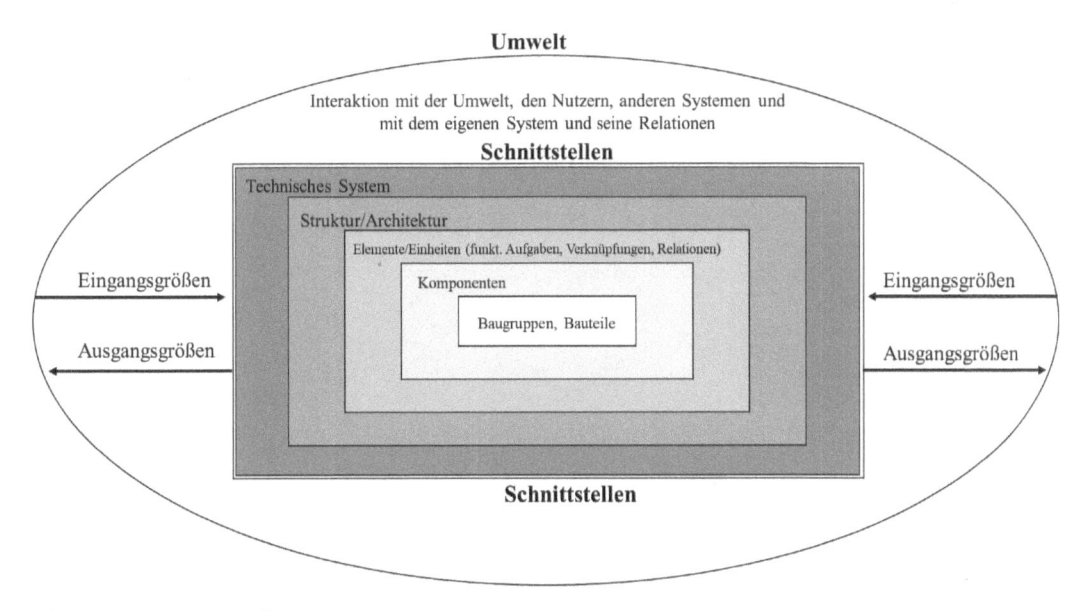

Bild 15.1 Technisches System

15.3 Elektrik/Elektronik/Software-Systemarchitekturen

Intelligente technische Systeme wie z. B. smart grid und automatisierte (autonome) Fahrzeuge zeichnen sich durch eine komplexe, vernetzte Hard- und Software-Architektur aus. Diese im Hinblick auf die Zuverlässigkeit, Sicherheit, Verfügbarkeit und anderes auszulegen, erfordert vertiefte Kenntnisse im Bereich der Elektrik/Elektronik, der Informatik und anderer Fachgebiete und stellt eine große analytische Herausforderung für alle an der Konzipierung und Umsetzung beteiligten Ingenieure und Analytiker dar. Nicht zuletzt sind in diesem Profilbereich gegenwärtig zahlreiche staatlich oder industriell geförderte Forschungsprogramme etabliert.

Im Kontext mit den in Abschnitt 15.1 und Abschnitt 15.2 erläuterten Begriffen und Charakterisierungen definiert Korzenietz (siehe Lit.) nach Vogel et al. (siehe Lit.) den Begriff **Systemarchitektur** wie folgt:

„Die Systemarchitektur eines Systems beschreibt dessen Struktur respektive dessen Strukturen, dessen Bausteine (Soft- und Hardware-Bausteine) sowie deren sichtbare Eigenschaften und Beziehungen sowohl zueinander als auch zu ihrer Umwelt."

Wobei Vogel et al. ein **System** wie folgt definieren:

„Ein System ist eine Einheit, die aus miteinander interagierenden Software- und Hardware-Bausteinen besteht sowie zur Erfüllung eines fachlichen Ziels existiert. Es kommuniziert zur Erreichung seines Ziels mit seiner Umwelt und muss den durch die Umwelt vorgegebenen Rahmenbedingungen Rechnung tragen.

Der Begriff Architektur hingegen ist in seiner Bedeutung nicht näher festgelegt."

Des Weiteren besteht nach Schäufele et al. (siehe Lit.) entsprechend Korzenietz (siehe Lit.) eine **Systemarchitektur** aus einer **logischen/funktionalen Systemarchitektur** mit Funktionsnetzwerk, Schnittstellen, Kommunikation etc. entsprechend einer festgelegten Leistungsfähigkeit des Systems und der **technischen Systemarchitektur** die die Umsetzung der logischen Systemarchitektur durch Hard- und Software bewirkt (siehe Bild 15.2).

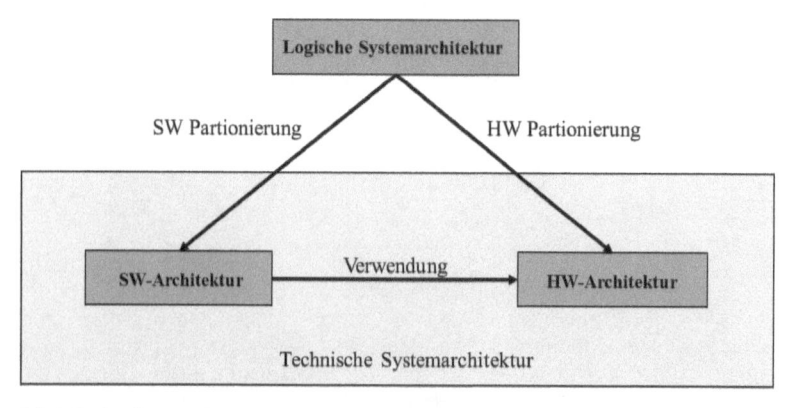

Bild 15.2 Hierarchie der logischen und technischen Systemarchitektur nach von der Beeck (siehe Lit.) aus Korzenietz (siehe Lit.)

Es liegt auf der Hand, dass die Systemarchitektur einen großen Einfluss auf die Attribute Zuverlässigkeit, Sicherheit, Verfügbarkeit und andere Merkmale eines technischen Systems ausübt. Dementsprechend sorgfältig sollte die Entwicklung und Umsetzung erfolgen und insbesondere im Kontext mit Sicherheitsanforderungen sollten frühzeitig entsprechende Strategien, inklusive Redundanz-, Überwachungs- und Abschaltstrategien zur Vermeidung möglicher gefährlicher Systemzustände, validiert und verifiziert werden.

Für weitere Ausführungen zu E/E/S-Architekturen für den Bereich Automotive siehe unter anderem Hillenbrand (siehe Lit.), Gebauer (siehe Lit.), Ahrens (siehe Lit.), Raue (siehe Lit.), Smirnov (siehe Lit.), Oszwald (siehe Lit.).

15.4 Ausfallverhalten von Elektrik/Elektronik/Software-Konfigurationen

Das Ausfallverhalten eines Systems lässt sich primär durch die

- Ausfallzustände (Menge M_A),
- degradierten Zustände (Menge M_D) und
- gefährlichen Zustände (Menge M_G)

charakterisieren. Dabei kann eine mit Ausfall bezeichnete Menge sich auch auf einen unerwünschten Betriebszustand beziehen. Dies gilt analog auch für die Mengen M_D und M_G (siehe Bild 9.4).

E/E/S-Einheiten wie Komponenten entsprechend Bild 15.1 werden im Kontext intelligenter Systeme grundsätzlich in vielen technischen Bereichen eingesetzt, wobei die vorangegangene Mengeneinteilung nicht immer zutreffend ist. So ist beispielsweise die Menge $M_G = 0$, wenn von einem technischen System keine Gefährdung ausgeht. Desgleichen kann auch die Menge der degradierten Zustände irrelevant sein etc. Das heißt, für Zuverlässigkeits- und Sicherheitsbetrachtungen sind die Nutzungs- und Umgebungsbedingungen eines technischen Systems allgemein und im Kontext dieser eingebettet das Ausfallverhalten der E/E/S-Einheiten/Komponenten von großer Bedeutung.

Dessen ungeachtet kann das Ausfallverhalten entsprechend Bild 15.3 eines smarten technischen Systems als typisch angesehen werden (z. B. automatisierte/autonome Fahrzeuge). Interessant ist hierbei, dass die in Bild 15.3 zugrunde gelegten Mengenbetrachtungen nicht starr sind und auch nicht sein können. So kann z. B. ein Ausfall infolge eines Softwarefehlers durch einen Neustart des Programms („Echtzeitreparatur") oder die Wiederherstellung des Images von einem Ausfallzustand der Menge M_A oder einem degradierten Zustand der Menge M_D in den Funktionszustand Z_F gelangen.

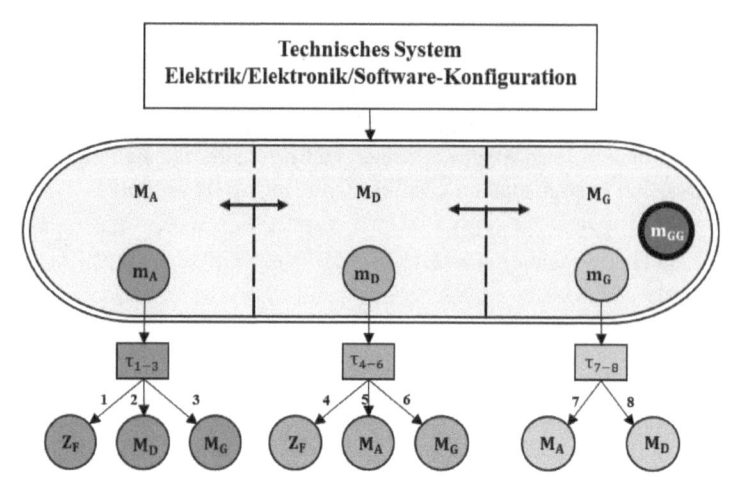

Bild 15.3 Mengenbetrachtung der Ausfallzustände eines technischen Systems und dessen mögliche Übergänge $M_A \gg M_D, M_A \ggg M_G, M_D \gg M_G, m_{GG} \lll M_G$

Legende:
- Z_F : System Funktionszustand
- M_A : Menge der Ausfallzustände
- M_D : Menge der degradierten Zustände
- M_G : Menge der gefährlichen Zustände
- m_i : Teilmenge i = A, D, G
- m_{GG} : Teilmenge der bei Planung, Entwicklung nicht berücksichtigter gefährlichen Zustände
- τ_i : Mögliche Übergangszeiten von einer in eine andere Menge $i = 1, \ldots, 8$

Wie aus Bild 15.3 ersichtlich, sind die Mengen M_A, M_D, M_G nicht starr begrenzt. So ist es z. B. möglich, dass nach einer bestimmten Zeit $\tau_{1\text{-}3}$ eine Zustandsteilmenge m_A in den Zustand Z_F oder in M_D, M_G und die Zustandsteilmenge m_D nach $\tau_{4\text{-}6}$ in M_A, M_G sowie die Zustandsteilmenge nach $\tau_{7\text{-}8}$ nach M_A, M_G übergehen kann.

Die vorangegangenen einfachen Mengenbetrachtungen zeigen, dass besonders bei sicherheitskritischen Systemen eine äußerst sorgfältige dynamische Systemanalyse, die das Verhalten durch alle Nutzer, Nutzungsphasen und wechselnde Umgebungsbedingungen sowie die Strukturarchitektur mit ihren Funktionen, Verknüpfungen, Relationen der Elemente/Einheiten und Komponenten umfassend berücksichtigt, zwingend erforderlich ist.

Insbesondere ist es erforderlich, bereits im frühen Stadium der Planung und Entwicklung und später durch Tests alle sicherheitskritischen Systemzustände zu identifizieren und mögliche Übergänge von M_A, M_D nach M_G auszuschließen. Dabei muss vor allem ausgeschlossen werden, dass eine gefährliche Zustandsteilmenge m_{GG} nicht erkannt wird.

Um die zuvor charakterisierten Anforderungen zu erfüllen, wurden in den letzten Jahren neue Ansätze für Überwachungs- und Redundanzstrategien, im Sinne von Fehlertoleranz und Fail Operational, besonders für den Bereich Automotive vorgeschlagen (Heinrich et al. 2019; Heinrich/Plinke/Braasch 2019; Plinke/Althaus/Horeis 2020; Plinke et al. 2020; Kain et al. 2021; Horeis/Heinrich/Plinke 2022; siehe Lit.).

16 Boolesche Modellbildung

Wird davon ausgegangen, dass ein technisches System entweder funktionsfähig oder ausgefallen ist – in Abhängigkeit von den Komponenten, die sich ebenfalls im funktionsfähigen oder ausgefallenen Zustand befinden können –, so lässt sich dieses Verhalten offensichtlich mit Hilfe der Booleschen Algebra[1] beschreiben.

■ 16.1 Begriffe und Regeln der Booleschen Algebra

16.1.1 Die Boolesche Funktion

Die Zuordnung B zwischen einer abhängigen Variablen y und unabhängigen Variablen $x_1, x_2, \ldots, x_n$ mit dem Wert $x_i = 0$ oder 1 wird **Boolesche Funktion** genannt:

$$y = B(x_1, x_2, \ldots, x_n) = B(\underline{x}) \tag{16.1}$$

Die Boolesche Funktion ist durch ihre binären Werte auf den 2^n verschiedenen n-Tupeln definiert. Da auf jedem der 2^n n-Tupel der Funktionswert 0 oder 1 sein kann, gibt es $2^{(2^n)}$ verschiedene Boolesche Funktionen (Junktoren).

So können zum Beispiel bei einer einzigen Variable x bereits folgende vier Funktionen

$$y = B(x) = 0,\, y = B(x) = x,\, y = B(x) = 1,\, y = B(x) = \overline{x}$$

in dieser bzw. in einer anderen Darstellung (Tabelle 16.1) gebildet werden.

---

[1] George Boole (1815 – 1864)

Tabelle 16.1 Verknüpfungsarten mit einer Booleschen Variablen

x	0	1	Ergebnisse	Operation
1.	0	0	0	Nullfunktion
2.	0	1	x	Identität
3.	1	0	$\overline{x}$	Negation
4.	1	1	1	Einsfunktion

Für zwei Variablen x_1, x_2 ergeben sich 16 mögliche unterschiedliche Funktionen (siehe Tabelle 16.2).

Erläuterungen der Symbole bzw. Operatoren

-	($\neg$)	nicht
$\wedge$	($\cdot$)	und; sowohl als auch
$\vee$	(+)	oder, oder/und
$\oplus$	($\not\equiv$)	oder; entweder – oder
$\equiv$	($\leftrightarrow$)	genau dann – wenn; dann und nur dann – wenn
$\rightarrow$		wenn dann
$*$	($\downarrow$)	weder noch

Hierbei ist anzumerken, dass eine exakte Beschreibung wegen der ungenauen und falschen Anwendung dieser Kopula im Sinne des Aussagenkalküls nicht möglich ist.

Tabelle 16.2 Verknüpfungsarten zweier Boolescher Variablen

x_1	0	1	0	1	Boolesche Gleichung	Symbol/Operator	Bezeichnung/Verknüpfung
x_2	0	0	1	1			
1.	0	0	0	0	$y_1 = 0$	0	Nullfunktion
2.	0	0	0	1	$y_2 = x_1 \wedge x_2$	$\cdot$ bzw. $\wedge$	Konjunktion
3.	0	0	1	0	$y_3 = \overline{x}_1 \cdot x_2$		
4.	0	0	1	1	$y_4 = x_2$		Identität
5.	0	1	0	0	$y_5 = x_1 \cdot \overline{x}_2$		
6.	0	1	0	1	$y_6 = x_1$		Identität
7.	0	1	1	0	$y_7 = x_1 \oplus x_2$	$\oplus$ bzw. $\not\equiv$	Disvalenz (exklusiv-oder)
8.	0	1	1	1	$y_8 = x_1 \vee x_2$	$\vee$ bzw. +	Disjunktion
9.	1	0	0	0	$y_9 = x_1 * x_2$	$*$ bzw. $\downarrow$	Peirce-Funktion (NOR)
10.	1	0	0	1	$y_{10} = x_1 \equiv x_2$	$\equiv$	Äquivalenz
11.	1	0	1	0	$y_{11} = \overline{x}_1$	-	Negation

x_1	0	1	0	1	Boolesche Gleichung	Symbol/ Operator	Bezeichnung/Verknüpfung
x_2	0	0	1	1			
12.	1	0	1	1	$y_{12} = \bar{x}_1 \vee x_2$ $= x_1 \rightarrow x_2$	$\rightarrow$	Implikation/Konditional
13.	1	1	0	0	$y_{13} = \bar{x}_2$	- bzw. $\neg$	Negation
14.	1	1	0	1	$y_{14} = x_1 \vee \bar{x}_2$ $= x_1 \leftarrow x_2$	$\leftarrow$	Implikation/Konditional
15.	1	1	1	0	$y_{15} = x_1 / x_2$	/	Sheffer-Funktion (NAND)
16.	1	1	1	1	$y_{16} = 1$	1	Einsfunktion

16.1.2 Grundverknüpfungen

Aus der Tabelle 16.2 geht hervor, dass sich durch die Verknüpfungen Negation, Disjunktion und Konjunktion alle anderen Verknüpfungen (Operationen) realisieren lassen. Sie werden deshalb als Boolesche Grundverknüpfungen bzw. Boolesche Operatoren bezeichnet.

Negation

Hat eine Boolesche Variable den Wert 1, dann ist die negierte Variable 0 und umgekehrt (Tabelle 16.3).

Tabelle 16.3 Grundverknüpfung Negation

Name: Negation			
Andere Bezeichnungen	**Boolesche Gleichung**	**Funktionstabelle**	**Symbole**
NICHT, Negator, Inverter, Phasendreher, NOT	$y = \bar{x}$	$\begin{array}{c\|c} x & y \\ \hline 0 & 1 \\ 1 & 0 \end{array}$	$y = \bar{x}$ $y = \bar{x}$ DIN 25424

Disjunktion

Eine Disjunktion für zwei binäre Variablen ist gegeben, wenn x_1 oder x_2 gleich 1 sowie x_1 und x_2 gleich 1 und $y = 1$ ist. In diesem Fall wird von einem „inklusiven oder" (lat. vel) gesprochen (Tabelle 16.4).

$$y = x_1 \vee x_2 \tag{16.2}$$

Aus der vorangegangenen Gleichung und der Funktionstabelle in Tabelle 16.4 folgt

$$x \vee 1 = 1$$
$$x \vee 0 = x$$
$$x \vee x = x \quad \text{(Extremalgesetz)}$$
$$x \vee \bar{x} = 1 \quad \text{(Neutralitätsgesetz)}$$
(16.3)

und

$$x_1 \vee x_2 = x_2 \vee x_1 \quad \text{(Kommutativgesetz)} \tag{16.4}$$

Tabelle 16.4 Grundverknüpfung Disjunktion

Name: Disjunktion					
Andere Bezeichnungen	**Boolesche Gleichung**	**Funktionstabelle**			**Operator**
ODER, OR	$y = x_1 \vee x_2$	x_1	x_2	y	$\vee$, +
		0	0	0	
		1	0	1	
		0	1	1	
		1	1	1	
Symbole	$x_1, x_2 \rightarrow y$		≥ 1 (x_2, x_1)		DIN 25424

Für die Disjunktion (inklusives ODER) n unabhängiger Variablen gilt:

$$y(\underline{x}) = x_1 \vee x_2 \vee \ldots \vee x_n = \bigvee_{i=1}^{n} x_i \quad \text{mit}$$
$$y(\underline{x}) = \begin{cases} 0 & \text{falls alle } x_i = 0 \\ 1 & \text{sonst.} \end{cases} \tag{16.5}$$

Maxterm

Ist eine Boolesche Funktion durch n binäre Variablen, die alle disjunktiv miteinander verknüpft sind, gegeben, so wird diese Funktion als Vollfunktion oder **Maxterm** bezeichnet. Bei n binären Variablen gibt es 2^n Maxterme (siehe hierzu Abschnitt 16.1.5, Normalformen).

Konjunktion

Eine Konjunktion für zwei binäre Variablen ist gegeben, wenn x_1 und x_2 gleich 1 und $y = 1$ ist (Tabelle 16.5).

$$y = x_1 \wedge x_2 = x_1 \cdot x_2 = x_1 x_2 \tag{16.6}$$

In der Praxis wird in der Regel der Operator $\wedge$ vernachlässigt.

Tabelle 16.5 Grundverknüpfung Konjunktion

Name: Konjunktion						
Andere Bezeichnungen	**Boolesche Gleichung**	**Funktionstabelle**				**Operator**
UND, AND	$y = x_1 \wedge x_2$	x_1	x_2	y		$\wedge, \cdot, \&$
		0	0	0		
		1	0	0		
		0	1	0		
		1	1	1		
Symbole	$x_1 {-}\!\!\!\supset\!\!\!- y$ x_2	y über $\&$ mit $x_2\ x_1$				DIN 25424

Aus Formel 16.6 und der Funktionstabelle in Tabelle 16.5 geht hervor, dass des Weiteren

$$x \wedge 0 = 0 \quad ; \quad x \wedge x = x$$
$$x \wedge 1 = x \quad ; \quad x \wedge \overline{x} = 0 \tag{16.7}$$

und

$$x_1 \wedge x_2 = x_2 \wedge x_1 \, (\text{Kommutativgesetz}) \tag{16.8}$$

gelten.

Für die Konjunktion n binärer unabhängiger Variablen gilt:

$$y(\underline{x}) = x_1 \wedge x_2 \wedge \ldots \wedge x_n = \bigwedge_{i=1}^{n} x_i \quad \text{mit}$$
$$y(\underline{x}) = \begin{cases} 1 & \text{falls alle } x_i = 1 \\ 0 & \text{sonst.} \end{cases} \tag{16.9}$$

Minterm

Ist eine Boolesche Funktion durch n binäre Variablen, die alle konjunktiv miteinander verknüpft sind, gegeben, so wird die Funktion als Vollfunktion oder **Minterm** bezeichnet. Bei n Variablen gibt es 2^n Minterme (siehe hierzu Abschnitt 16.1.5, Normalformen).

Aus den Funktionstabellen für Disjunktion und Konjunktion geht hervor, dass diese dual zueinander sind, da durch Vertauschen von 0 und 1 bezüglich ihrer Definition diese ineinander übergehen.

Des Weiteren ist * dual zu / und $\equiv$ zu $\not\equiv$ sowie - dual zu = (siehe Tabelle 16.2).

Sind zwei Boolesche Ausdrücke äquivalent zueinander (z. B. $x = 1$ und $x = 0$), dann sind es auch ihre dualen, was die Beweisführung in der Booleschen Algebra erleichtert. Erwähnt sei noch, dass die sogenannten invertierten Grundverknüpfungen NAND und NOR in der Schaltalgebra von Bedeutung sind.

Venn-Diagramme

Die Booleschen Grundverknüpfungen, aber auch die anderen Operatoren, wie zum Beispiel die nach Tabelle 16.2, lassen sich geometrisch durch sogenannte **Venn-Diagramme** (siehe auch Abschnitt 8.1.2), auch Euler-Venn-Diagramme genannt, veranschaulichen. Dabei werden alle Möglichkeiten Ω durch ein Rechteck, die „wahre Möglichkeit" durch einen beinhalteten Kreis dargestellt (Bild 16.1).

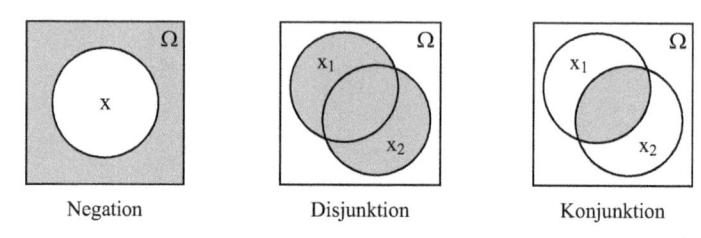

Bild 16.1 Venn-Diagramme der Grundverknüpfungen

16.1.3 Axiome der Booleschen Algebra

Mithilfe der nachfolgend definierten Axiome der Booleschen Algebra ist es möglich, Boolesche Ausdrücke so umzuwandeln, dass sie durch einfachere ersetzt werden können (Aufgabe der Schaltalgebra). Bei Anwendung der Booleschen Algebra in der Zuverlässigkeitstheorie wird oft der umgekehrte Weg beschritten.

1. **Kommutativgesetze (Vertauschungsregeln)**

$$x_1 \vee x_2 = x_2 \vee x_1$$
$$x_1 \wedge x_2 = x_2 \wedge x_1 \tag{16.10}$$

2. **Assoziativgesetze (Anreihungsregeln)**

$$x_1 \vee (x_2 \vee x_3) = (x_1 \vee x_2) \vee x_3$$
$$x_1 \wedge (x_2 \wedge x_3) = (x_1 \wedge x_2) \wedge x_3 \tag{16.11}$$

3. **Distributivgesetze (Mischungsregeln)**

$$x_1 \vee (x_2 \wedge x_3) = (x_1 \vee x_2) \wedge (x_1 \vee x_3)$$
$$x_1 \wedge (x_2 \vee x_3) = (x_1 \wedge x_2) \vee (x_1 \wedge x_3) \tag{16.12}$$

4. **Postulate**

    Existenz eines 0- und 1-Elementes (Neutralitätsgesetze)

$$x \vee 0 = x \quad \text{für alle } x$$
$$x \wedge 1 = x \quad \text{für alle } x \tag{16.13}$$

   Existenz eines Komplements (Komplementärgesetze)

$$x \vee \overline{x} = 1$$
$$x \wedge \overline{x} = 0 \tag{16.14}$$

Besondere Bedeutung kommt den Distributivgesetzen zu, da mit diesen Umwandlungen und Vereinfachungen von Booleschen Funktionen möglich sind. Wie in der gewöhnlichen Algebra können gemischte Klammern „ausmultipliziert" und „ausaddiert" werden. Letztere Beziehung ist jedoch in der gewöhnlichen Algebra unbekannt, wenn **und** als Gegenstück zu **mal** und **oder** als Gegenstück zu **plus** angesehen wird.

Selbstverständlich gibt es in der Booleschen Algebra keine Umkehroperationen für **und** und **oder**. Das heißt, Division und Subtraktion fehlen und umgekehrt existiert in der gewöhnlichen Algebra die Operation Komplement nicht.

Weitere wichtige Gesetze der Booleschen Algebra
Idempotenzgesetze:

$$x \vee x = x$$
$$x \wedge x = x$$
(16.15)

Absorptionsgesetze:

$$x_1 \vee (x_1 \wedge x_2) = x_1$$
$$x_1 \wedge (x_1 \vee x_2) = x_1$$
(16.16)

De Morgansche Gesetze:

$$\overline{x_1 \vee x_2} = \overline{x}_1 \wedge \overline{x}_2$$
$$\overline{x_1 \wedge x_2} = \overline{x}_1 \vee \overline{x}_2$$
(16.17)

Allgemein gilt:

$$\overline{\bigvee_{i=1}^{n} x_i} = \bigwedge_{i=1}^{n} \overline{x}_i$$

$$\overline{\bigwedge_{i=1}^{n} x_i} = \bigvee_{i=1}^{n} \overline{x}_i$$
(16.18)

Des Weiteren gilt:

$$\overline{\overline{x}} = x \quad \text{(Doppelnegationsgesetz)}$$
$$x \vee 1 = 1$$
$$x \wedge 0 = 0$$
(16.19)

In der Zuverlässigkeitstheorie sind das De Morgansche Gesetz für Fehler- und Funktionsbäume sowie das Idempotenz- und Absorptionsgesetz von fundamentaler Bedeutung.

Die vorangehend aufgeführten Sätze lassen sich sehr leicht mit Hilfe von Funktionstabellen und anderem beweisen.

16.1.4 Karnaugh-Veitch-Diagramm[2]

Neben dem Venn-Diagramm werden, insbesondere zur Darstellung und Verknüpfung Boolescher Funktionen, sogenannte Karnaugh-Veitch-Diagramme verwendet. Entsprechend der Anzahl der unabhängigen binären Variablen entsteht ein Karnaugh-Veitch-Diagramm durch wiederholtes Spiegeln (Umklappen) von quadratischen Feldern, das heißt, beginnend mit zwei quadratischen Feldern für eine Variable, vier für zwei usw. Dabei wird für jede hinzukommende Variable ein neues quadratisches Feld definiert, in dem die Variable den Wert 1 hat (Bild 16.2).

Wie aus Bild 16.2 ersichtlich wird, stellen die quadratischen Felder die sogenannten Minterme dar, zum Beispiel für zwei Variablen sind dies $2^2 = 4$, d.h. die Minterme $x_1 x_2$, $\bar{x}_1 x_2$, $x_1 \bar{x}_2$, $\bar{x}_1 \bar{x}_2$. Jedem Minterm wird eine 1 des Funktionswertes zugeordnet.

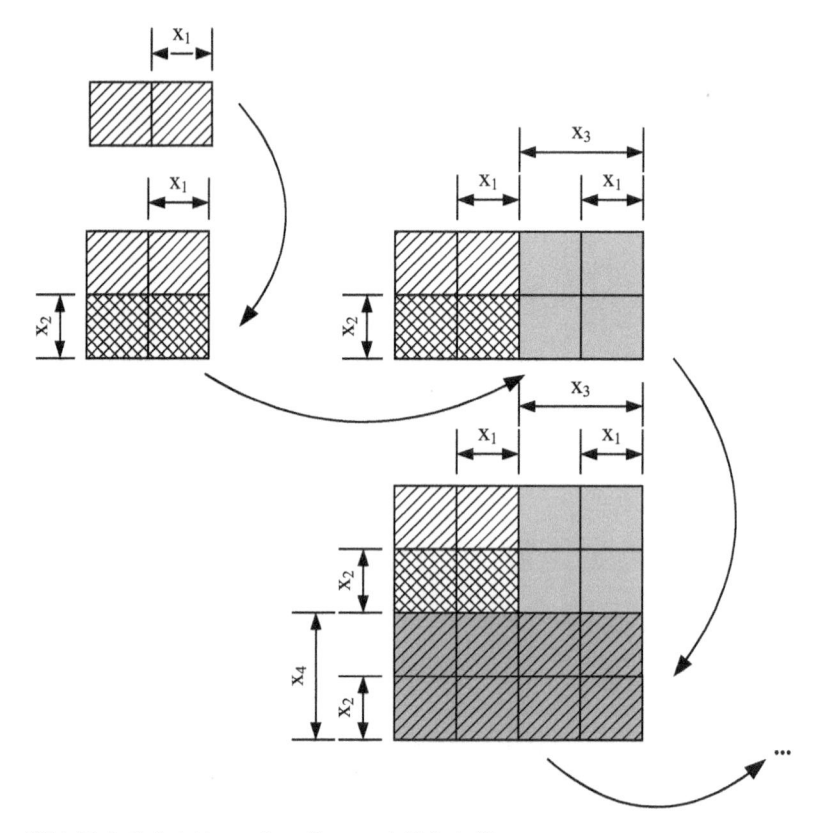

Bild 16.2 Entwicklung eines Karnaugh-Veitch-Diagramms

---

[2] Maurice Karnaugh (1924 – 2022), Edward William Veitch (1924 – 2013)

Beispiel 16.1.4-1: 2v3-System

Ein 2v3-System ist ein redundantes System (Majoritätsredundanz), bei dem mindestens zwei Komponenten funktionieren müssen, damit das Gesamtsystem funktionsfähig bleibt. Die Boolesche Gleichung in sogenannter ausgezeichneter disjunktiver Normalform (siehe Abschnitt 16.1.5) bzw. disjunkter Form, die das Funktionieren des Systems beschreibt, ist durch

$$y(\underline{x}) = \overline{x}_1 x_2 x_3 \lor x_1 \overline{x}_2 x_3 \lor x_1 x_2 \overline{x}_3 \lor x_1 x_2 x_3$$

gegeben. Das zugehörige Karnaugh-Veitch-Diagramm ist in Bild 16.3 zu sehen.

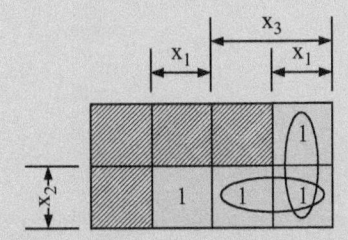

Bild 16.3 Karnaugh-Veitch-Diagramm des Beispiels 16.1.4-1

Zur Vereinfachung werden nun möglichst viele durch eine 1 gekennzeichnete Felder, die gleichzeitig durch Konjunktionen mit möglichst wenigen Variablen gekennzeichnet sind, zusammengefasst (siehe eingekreiste Einsen in Bild 16.3). Es ergibt sich so die vereinfachte Boolesche Gleichung der Form

$$y(\underline{x}) = x_1 x_2 \lor x_1 x_3 \lor x_2 x_3$$

(Funktionsgleichung im Sinne der Zuverlässigkeitstheorie). Dieses in der Anwendung der Booleschen Algebra, d. h. der Schaltalgebra, typische, einfache und anschauliche Minimierungsverfahren ist aufgrund der Praktikabilität auf relativ wenige unabhängige binäre Variablen beschränkt. In der Zuverlässigkeitstheorie ist unter anderem ein umgekehrtes Vorgehen erforderlich, d. h., eine gegebene Boolesche Gleichung wie im vorangegangenen Beispiel

$$y(\underline{x}) = x_1 x_2 \lor x_1 x_3 \lor x_2 x_3$$

ist derart zu erweitern, dass die einzelnen Terme gegeneinander **disjunkt** (elementfremd) werden (Ausgangsgleichung des Beispiels), wobei die Bestrebung dahin geht, die Anzahl der disjunkten Terme und die Anzahl der diese Terme charakterisierenden unabhängigen Variablen so klein wie möglich zu machen.

16.1.5 Kanonische Darstellung von Booleschen Funktionen

Nachfolgend werden einige besonders übersichtliche Darstellungsformen Boolescher Funktionen, die es im Allgemeinen ermöglichen, aus einer Funktionstabelle eine äquivalente Boolesche Gleichung zu entwickeln, behandelt. Dies sind

- die disjunktive Normalform (DN),
- die konjunktive Normalform (KN),
- die ausgezeichnete disjunktive Normalform (ADN) und
- die ausgezeichnete konjunktive Normalform (AKN).

In der Literatur wird oft nur zwischen der ADN und der AKN unterschieden, die dann mit DN und KN bezeichnet werden.

Disjunktive Normalform (DN)

Definition 16.1.5-1: Disjunktive Normalform

Die disjunktive Normalform ist ein Boolescher Ausdruck der Form

$$y(\underline{x}) = K_1(\underline{x}) \vee K_2(\underline{x}) \vee ... \vee K_n(\underline{x}) = \bigvee_{i=1}^{n} K_i(\underline{x}) \tag{16.20}$$

mit den Konjunktionstermen $K_i(\underline{x})$, die aus einfachen oder negierten Booleschen Variablen bestehen. Solch ein Term wird auch Implikant (Primimplikant, wenn aus dem Implikant keine Variable mehr entfernt werden kann) genannt; er impliziert die Boolesche Funktion $y(\underline{x})$. Das heißt, ist $K_i(\underline{x}) = 1$ so ist auch $y(\underline{x}) = 1$.

Beispiel 16.1.5-1: 2v3-System

$$y(\underline{x}) = x_1 x_2 \vee x_1 x_3 \vee x_2 x_3$$

Jede eindeutig definierte Boolesche Gleichung lässt sich in disjunktiver Normalform entwickeln (Anwendung der De Morganschen Regel und des Distributivgesetzes). Dabei hat die Konjunktion Priorität gegenüber der Disjunktion. Der duale Ausdruck ist die nachfolgend definierte konjunktive Normalform.

Konjunktive Normalform (KN)

Definition 16.1.5-2: Konjunktive Normalform (KN)

Die konjunktive Normalform ist ein Boolescher Ausdruck der Form

$$y(\underline{x}) = D_1(\underline{x}) \wedge D_2(\underline{x}) \wedge ... \wedge D_n(\underline{x}) = \bigwedge_{i=1}^{n} D_i(\underline{x}) \tag{16.21}$$

mit den Disjunktionstermen $D_i(\underline{x})$, die aus einfachen oder negierten unabhängigen binären Variablen bestehen.

16.1 Begriffe und Regeln der Booleschen Algebra

Jede eindeutig definierte Boolesche Gleichung lässt sich in konjunktiver Normalform entwickeln (Anwendung der De Morganschen Regel und des Distributivgesetzes). Dabei hat die Disjunktion Priorität gegenüber der Konjunktion. Des Weiteren lässt sich eine konjunktive Normalform durch „Ausmultiplizieren" (Anwendung des Distributivgesetzes) in eine disjunktive und umgekehrt eine disjunktive Normalform durch „Ausaddieren" (Anwendung des Distributivgesetzes) in eine konjunktive umwandeln.

Beispiel 16.1.5-2: 2v3-System

$$y(\underline{x}) = x_1 x_2 \vee x_1 x_3 \vee x_2 x_3$$

Durch Erweiterung folgt

$$y(\underline{x}) = (x_1 \vee x_1 \vee x_2) \wedge (x_1 \vee x_3 \vee x_3) \wedge (x_2 \vee x_1 \vee x_2) \wedge (x_2 \vee x_3 \vee x_3)$$

und aufgrund des Idempotenzgesetzes schließlich

$$y(\underline{x}) = (x_1 \vee x_2)(x_1 \vee x_3)(x_2 \vee x_3) \quad (\text{KN})$$

Tabelle 16.6 zeigt die Darstellung als Funktionstabelle. Tabelle 16.7 zeigt die Gegenüberstellung der disjunktiven und konjunktiven Normalform.

Tabelle 16.6 Darstellung eines 2v3-Systems in DN und KN

x_1	x_2	x_3	$x_1 x_2$	$x_1 x_3$	$x_2 x_3$	DN	$x_1 \vee x_2$	$x_1 \vee x_3$	$x_2 \vee x_3$	KN
0	0	0	0	0	0	0	0	0	0	0
1	0	0	0	0	0	0	1	1	0	0
0	1	0	0	0	0	0	1	0	1	0
1	1	0	1	0	0	1	1	1	1	1
0	0	1	0	0	0	0	0	1	1	0
1	0	1	0	1	0	1	1	1	1	1
0	1	1	0	0	1	1	1	1	1	1
1	1	1	1	1	1	1	1	1	1	1

Tabelle 16.7 Gegenüberstellung der konjunktiven und disjunktiven Normalform für ein 2v3-System

x_1	0	1	0	1	0	1	0	1	x_1	0	1	0	1	0	1	0	1
x_2	0	0	1	1	0	0	1	1	x_2	0	0	1	1	0	0	1	1
x_3	0	0	0	0	1	1	1	1	x_3	0	0	0	0	1	1	1	1
$x_1 x_2$	0	0	0	1	0	0	0	1	$x_1 \vee x_2$	0	1	1	1	0	1	1	1
$x_1 x_3$	0	0	0	0	0	1	0	1	$x_1 \vee x_3$	0	1	0	1	1	1	1	1
$x_2 x_3$	0	0	0	0	0	0	1	1	$x_2 \vee x_3$	0	0	1	1	1	1	1	1
$\bigvee_{i=1}^{3} K_i$	0	0	0	1	0	1	1	1	$\bigwedge_{i=1}^{3} D_i$	0	0	0	1	0	1	1	1

Es ist leicht verifizierbar, dass es zu einer bestimmten DN auch andere DN und zu einer bestimmten KN andere KN gibt. Allerdings kann jede DN bzw. KN zu einer sogenannten kanonischen Normalform, die mit ausgezeichneter Normalform bezeichnet wird, entwickelt werden.

Ausgezeichnete disjunktive Normalform (ADN)

Definition 16.1.5-3: Ausgezeichnete disjunktive Normalform

Eine disjunktive Normalform heißt ausgezeichnete disjunktive Normalform, wenn in jedem Konjunktionsterm K_i jede Boolesche Variable x_i einer Booleschen Funktion genau einmal in einfacher oder negierter Form auftritt. Dabei stellt ein Konjunktionsterm einen Minterm dar, der einer 1 des Funktionswertes entspricht. Es gilt:

$$y(\underline{x}) = \bigvee_{i=1}^{2^n} K_i(\underline{x}) \cdot c_i \tag{16.22}$$

c_i ist der zugeordnete Funktionswert. Er ist bei den Mintermen der betreffenden Funktion gleich 1. Es gelten die folgenden beiden Eigenschaften:

$$K_i(\underline{x}) \vee K_j(\underline{x}) = 1 \text{ für } i \neq j$$
$$K_j(\underline{x}) = \overline{D}_j(\underline{x})$$

Durch Erweiterung mit $x_i \vee \overline{x}_i = 1$ für alle nicht in einem Konjunktionsterm auftretenden Booleschen Variablen und Anwendung des Distributivgesetzes sowie des Idempotenzgesetzes lässt sich jede DN in eine ADN überführen.

Beispiel 16.1.5-3: 2v3-System

Die Funktionsgleichung im zuverlässigkeitstechnischen Sinne ist – wie schon formuliert – durch

$$y(\underline{x}) = x_1 x_2 \vee x_1 x_3 \vee x_2 x_3 \text{ (DN)}$$

gegeben. Durch Erweiterung folgt:

$$y(\underline{x}) = x_1 x_2 (x_3 \vee \overline{x}_3) \vee x_1 (x_2 \vee \overline{x}_2) x_3 \vee (x_1 \vee \overline{x}_1) x_2 x_3$$
$$= x_1 x_2 x_3 \vee x_1 x_2 \overline{x}_3 \vee x_1 x_2 x_3 \vee x_1 \overline{x}_2 x_3 \vee x_1 x_2 x_3 \vee \overline{x}_1 x_2 x_3$$
$$= x_1 x_2 x_3 \vee \overline{x}_1 x_2 x_3 \vee x_1 \overline{x}_2 x_3 \vee x_1 x_2 \overline{x}_3 \text{ (ADN)}$$

Siehe Beispiel 16.1.4-1, mit den Mintermen

$$K_1 = x_1 x_2 x_3, \quad K_2 = \overline{x}_1 x_2 x_3 \text{ usw.}$$

Tabelle 16.8 zeigt die zugehörige Funktionstabelle mit den Mintermen.

Tabelle 16.8 Minterme des 2v3-Systems

x_1	x_2	x_3	$y(\underline{x})$	c_i	alle Minterme von 3 Variablen	Minterme der 2v3-Funktion
0	0	0	0	$c_1 = 0$	$K_1 = \bar{x}_1 \bar{x}_2 \bar{x}_3$	
1	0	0	0	$c_2 = 0$	$K_2 = x_1 \bar{x}_2 \bar{x}_3$	
0	1	0	0	$c_3 = 0$	$K_3 = \bar{x}_1 x_2 \bar{x}_3$	
1	1	0	1	$c_4 = 1$	$K_4 = x_1 x_2 \bar{x}_3$	$K_4 = x_1 x_2 \bar{x}_3$
0	0	1	0	$c_5 = 0$	$K_5 = \bar{x}_1 \bar{x}_2 x_3$	
1	0	1	1	$c_6 = 1$	$K_6 = x_1 \bar{x}_2 x_3$	$K_6 = x_1 \bar{x}_2 x_3$
0	1	1	1	$c_7 = 1$	$K_7 = \bar{x}_1 x_2 x_3$	$K_7 = \bar{x}_1 x_2 x_3$
1	1	1	1	$c_8 = 1$	$K_8 = x_1 x_2 x_3$	$K_8 = x_1 x_2 x_3$

Mit Formel 16.22 und der Funktionstabelle Tabelle 16.8 folgt

$$y(\underline{x}) = \bigvee_{i=1}^{8} K_i(\underline{x}) \cdot c_i$$
$$= K_1 \cdot 0 \vee K_2 \cdot 0 \vee K_3 \cdot 0 \vee K_4 \cdot 1 \vee K_5 \cdot 0 \vee K_6 \cdot 1 \vee K_7 \cdot 1 \vee K_8 \cdot 1$$
$$= K_4 \vee K_6 \vee K_7 \vee K_8$$
$$= x_1 x_2 \bar{x}_3 \vee x_1 \bar{x}_2 x_3 \vee \bar{x}_1 x_2 x_3 \vee x_1 x_2 x_3$$

Entsprechend Tabelle 16.8 wird jedem Minterm eine 1 des Funktionswertes zugeordnet. Im Karnaugh-Veitch-Diagramm charakterisiert jeder Minterm eine minimale Fläche (Bild 16.4).

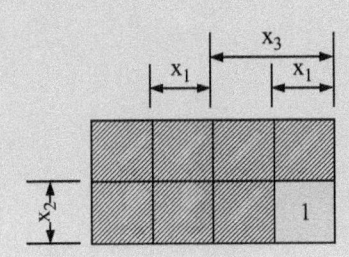

Bild 16.4
Darstellung des Minterms $K_8 = x_1 x_2 x_3$

Ausgezeichnete konjunktive Normalform (AKN)

> **Definition 16.1.5-4: Ausgezeichnete konjunktive Normalform**
>
> Eine konjunktive Normalform heißt ausgezeichnete konjunktive Normalform, wenn in jedem Disjunktionsterm D_i jede Boolesche Variable x_i einer Booleschen Funktion genau einmal in einfacher oder negierter Form auftritt. Dabei stellt ein Disjunktionsterm einen Maxterm dar, der einer 0 des Funktionswertes entspricht. Es gilt
>
> $$y(\underline{x}) = \bigwedge_{i=1}^{2^n} D_i(\underline{x}) \vee c_i \qquad (16.23)$$
>
> c_i ist der zugeordnete Funktionswert. Er ist bei den Maxtermen der betreffenden Funktion gleich 0. Es gelten die beiden Eigenschaften
>
> $D_i(\underline{x}) \wedge D_j(\underline{x}) = 0$ für $i \neq j$,
>
> $D_j(\underline{x}) = \overline{K}_j(\underline{x})$

Durch Erweiterung mit $x_i \cdot \overline{x}_i = 0$ für alle nicht in einem Disjunktionsterm auftretenden Booleschen Variablen und Anwendung des Distributivgesetzes sowie des Idempotenzgesetzes lässt sich jede KN in eine AKN überführen.

> **Beispiel 16.1.5-4: 2v3-System**
>
> Die Funktionsgleichung im zuverlässigkeitstechnischen Sinne ist – wie schon formuliert – durch
>
> $$y(\underline{x}) = (x_1 \vee x_2)(x_1 \vee x_3)(x_2 \vee x_3)$$
>
> gegeben (siehe auch Beispiel 16.1.52). Durch Erweiterung folgt
>
> $$\begin{aligned} y(\underline{x}) &= (x_1 \vee x_2 \vee x_3\overline{x}_3) \cdot (x_1 \vee x_3 \vee x_2\overline{x}_2) \cdot (x_1\overline{x}_1 \vee x_2 \vee x_3) \\ &= (x_1 \vee x_2 \vee x_3) \cdot (x_1 \vee x_2 \vee \overline{x}_3) \cdot (x_1 \vee x_2 \vee x_3) \cdot (x_1 \vee \overline{x}_2 \vee x_3) \\ &\quad \cdot (x_1 \vee x_2 \vee x_3) \cdot (\overline{x}_1 \vee x_2 \vee x_3) \\ &= (x_1 \vee x_2 \vee x_3) \cdot (\overline{x}_1 \vee x_2 \vee x_3) \cdot (x_1 \vee \overline{x}_2 \vee x_3) \cdot (x_1 \vee x_2 \vee \overline{x}_3) \; (AKN), \end{aligned}$$
>
> mit den Maxtermen
>
> $$D_1 = (x_1 \vee x_2 \vee x_3), D_2 = (\overline{x}_1 \vee x_2 \vee x_3) \text{ usw.}$$

Tabelle 16.9 zeigt die zugehörige Funktionstabelle mit den Maxtermen.

16.1 Begriffe und Regeln der Booleschen Algebra

Tabelle 16.9 Maxterme des 2v3-Systems

x_1	x_2	x_3	$y(\underline{x})$	c_i	Alle Maxterme von 3 Variablen	Maxterme der 2v3-Funktion
0	0	0	0	$c_1 = 0$	$D_1 = x_1 \vee x_2 \vee x_3$	$D_1 = x_1 \vee x_2 \vee x_3$
1	0	0	0	$c_2 = 0$	$D_2 = \overline{x}_1 \vee x_2 \vee x_3$	$D_2 = \overline{x}_1 \vee x_2 \vee x_3$
0	1	0	0	$c_3 = 0$	$D_3 = x_1 \vee \overline{x}_2 \vee x_3$	$D_3 = x_1 \vee \overline{x}_2 \vee x_3$
1	1	0	1	$c_4 = 1$	$D_4 = \overline{x}_1 \vee \overline{x}_2 \vee x_3$	
0	0	1	0	$c_5 = 0$	$D_5 = x_1 \vee x_2 \vee \overline{x}_3$	$D_5 = x_1 \vee x_2 \vee \overline{x}_3$
1	0	1	1	$c_6 = 1$	$D_6 = \overline{x}_1 \vee x_2 \vee \overline{x}_3$	
0	1	1	1	$c_7 = 1$	$D_7 = x_1 \vee \overline{x}_2 \vee \overline{x}_3$	
1	1	1	1	$c_8 = 1$	$D_8 = \overline{x}_1 \vee \overline{x}_2 \vee \overline{x}_3$	

Mit Formel 16.23 und Tabelle 16.9 folgt:

$$y(\underline{x}) = \bigwedge_{i=1}^{8} D_i(\underline{x}) \vee c_i$$
$$= (D_1 \vee 0)(D_2 \vee 0)(D_3 \vee 0)(D_4 \vee 1)(D_5 \vee 0)(D_6 \vee 1)(D_7 \vee 1)(D_8 \vee 1)$$
$$= D_1 \cdot D_2 \cdot D_3 \cdot D_5$$
$$= (x_1 \vee x_2 \vee x_3) \cdot (\overline{x}_1 \vee x_2 \vee x_3) \cdot (x_1 \vee \overline{x}_2 \vee x_3) \cdot (x_1 \vee x_2 \vee \overline{x}_3) \ .$$

Entsprechend Tabelle 16.9 wird jedem Maxterm eine 0 des Funktionswertes zugeordnet. Im Karnaugh-Veitch-Diagramm entsteht dadurch eine maximale Fläche (Bild 16.5).

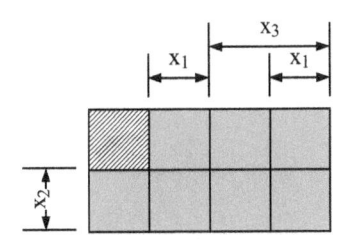

Bild 16.5 Darstellung des Maxterms $D_1 = x_1 \vee x_2 \vee x_3$

Abschließend zeigt Tabelle 16.10 in Gegenüberstellung die ausgezeichnete disjunktive und konjunktive Normalform für das betrachtete 2v3-System.

Tabelle 16.10 Gegenüberstellung der ausgezeichneten disjunktiven und konjunktiven Normalform

x_1	0	1	0	1	0	1	0	1	x_1	0	1	0	1	0	1	0	1
x_2	0	0	1	1	0	0	1	1	x_2	0	0	1	1	0	0	1	1
x_3	0	0	0	0	1	1	1	1	x_3	0	0	0	0	1	1	1	1
$x_1 x_2 x_3$	0	0	0	0	0	0	0	1	$x_1 \vee x_2 \vee x_3$	0	1	1	1	1	1	1	1
$\bar{x}_1 x_2 x_3$	0	0	0	0	0	0	1	0	$\bar{x}_1 \vee x_2 \vee x_3$	1	0	1	1	1	1	1	1
$x_1 \bar{x}_2 x_3$	0	0	0	0	0	1	0	0	$x_1 \vee \bar{x}_2 \vee x_3$	1	1	0	1	1	1	1	1
$x_1 x_2 \bar{x}_3$	0	0	0	1	0	0	0	0	$x_1 \vee x_2 \vee \bar{x}_3$	1	1	1	1	0	1	1	1
$\bigvee_{i=1}^{4} K_i(\underline{x})$	0	0	0	1	0	1	1	1	$\bigwedge_{i=1}^{4} D_i(\underline{x})$	0	0	0	1	0	1	1	1

In der Praxis wird allgemein die disjunktive bzw. ausgezeichnete disjunktive Normalform mit der Funktionswertzuordnung 1, aufgrund der besseren Vorstellung und übersichtlicheren Darstellung, bevorzugt.

16.1.6 Shannonsche Zerlegung

In der Booleschen Algebra (Schaltalgebra), aber auch in der Zuverlässigkeitstheorie (wie noch gezeigt werden wird), spielt der sogenannte Entwicklungssatz von Shannon eine wichtige Rolle, da dieser die Separation einer Booleschen Funktion ermöglicht.

> **Satz 16.1.6-1: Entwicklungssatz von Shannon**
>
> Werden die Minterme, die x_i enthalten, und die, die $\bar{x}_i$ enthalten, bei einer disjunktiven Normalform zusammengefasst, dann gilt entsprechend Formel 16.14
>
> $$y(\underline{x}) = y(\underline{x})\big|_{x_i=1} \cdot x_i \vee y(\underline{x})\big|_{x_i=0} \cdot \bar{x}_i \tag{16.24}$$
>
> mit $y(x)\big|_{x_i=1}$ gleich Boolesche Funktionsgleichung unter der Berücksichtigung, dass $x_i = 1$ gesetzt wird;
>
> und $y(x)\big|_{x_i=0}$ gleich Boolesche Funktionsgleichung unter der Berücksichtigung, dass $x_i = 0$ gesetzt wird.

Es ist zu beachten, dass die beiden Terme

$$y(\underline{x})\big|_{x_i=1} \cdot x_i \quad \text{und} \quad y(\underline{x})\big|_{x_i=0} \cdot \bar{x}_i$$

disjunkt sind, was für probabilistische Betrachtungen von größter Wichtigkeit ist. Formel 16.24 lässt sich auch wie folgt darstellen:

$$y(\underline{x}) = x_i \cdot y(1_i, \underline{x}) \vee \overline{x}_i \cdot y(0_i, \underline{x})$$
mit
$$(1_i, \underline{x}) \equiv (x_1, ..., x_{i-1}, 1, x_{i+1}, ..., x_n)$$
$$(0_i, \underline{x}) \equiv (x_1, ..., x_{i-1}, 0, x_{i+1}, ..., x_n)$$
(16.25)

Bei gegebener konjunktiver Normalform ist Formel 16.24 bzw. Formel 16.25 dual darzustellen. Es gilt:

$$y(\underline{x}) = (y(\underline{x})|_{x_i=1} \vee \overline{x}_i)(y(\underline{x})|_{x_i=0} \vee x_i) \quad (16.26)$$

$$y(\underline{x}) = (\overline{x}_i \vee y(1_i, \underline{x}))(x_i \vee y(0_i, \underline{x})) \quad (16.27)$$

Beispiel 16.1.6-1: 2v3-System

Die Funktionsgleichung

$$y(\underline{x}) = x_1 x_2 \vee x_1 x_3 \vee x_2 x_3$$

soll nach x_1 separiert werden.

$$\begin{aligned} y(\underline{x}) &= x_1 x_2 \vee x_1 x_3 \vee (x_1 \vee \overline{x}_1) x_2 x_3 \\ &= x_1 x_2 \vee x_1 x_3 \vee x_1 x_2 x_3 \vee \overline{x}_1 x_2 x_3 \\ &= x_1 x_2 \vee x_1 x_3 \vee \overline{x}_1 x_2 x_3 \\ &= x_1 (x_2 \vee x_3) \vee \overline{x}_1 x_2 x_3 \end{aligned}$$

Mit

$$y(\underline{x})|_{x_1=1} = x_2 \vee x_3 \; ; \; y(\underline{x})|_{x_1=0} = x_2 x_3$$

gilt

$$y(\underline{x}) = x_1 \cdot y(\underline{x})|_{x_1=1} \vee \overline{x}_1 \cdot y(\underline{x})|_{x_1=0}$$

Es ist zu beachten, dass die einzelnen Terme noch nicht disjunkt (gegenseitig einander ausschließend) sind. Die disjunkte Form der Funktionsgleichung berechnet sich wie folgt. Ausgehend von

$$y(\underline{x}) = x_1(x_2 \vee x_3) \vee \overline{x}_1 x_2 x_3$$

mit

$$(x_i \overline{x}_j) \vee x_j = x_i \vee x_j$$

folgt

$$y(\underline{x}) = x_1(x_2 \vee \overline{x}_2 x_3) \vee \overline{x}_1 x_2 x_3$$

und schließlich

$$y(\underline{x}) = x_1 x_2 \vee x_1 \overline{x}_2 x_3 \vee \overline{x}_1 x_2 x_3$$

Wie sich leicht verifizieren lässt, sind die einzelnen Konjunktionsterme in der vorangegangenen Gleichung gegeneinander disjunkt.

Beispiel 16.1.6-2: Brückenkonfiguration

Für eine Brückenkonfiguration lässt sich die Boolesche Gleichung hinsichtlich des „Funktionierens der Brücke" leicht aufstellen.

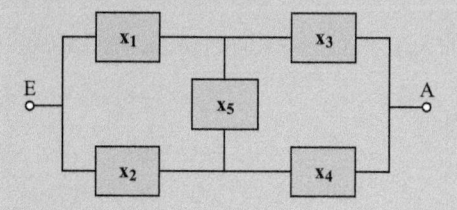

Es folgt:

$$y(\underline{x}) = x_1 x_3 \vee x_2 x_4 \vee x_1 x_4 x_5 \vee x_2 x_3 x_5$$

Die Shannonsche Zerlegung hinsichtlich der Komponente x_5 liefert

$$y(\underline{x}) = x_5 (x_1 x_3 \vee x_1 x_4 \vee x_2 x_3 \vee x_2 x_4) \vee \bar{x}_5 (x_1 x_3 \vee x_2 x_4)$$

Es ist zu beachten, dass die Wahl der Separationskomponente (hier x_5) und die Beurteilung, ob die nach der Zerlegung entstandenen Booleschen Funktionen disjunkt sind (was für probabilistische Auswertungen wichtig ist), von entscheidender Bedeutung für eine Algorithmisierung durch ein entsprechendes Computerprogramm sind.

In diesem Zusammenhang sei auf den Abraham-Algorithmus, den Heidtmann-Algorithmus und andere verwiesen. Zielsetzung dieser Algorithmen ist es, die Anzahl der disjunkten Therme zu minimieren. Große komplexe Systeme (Fehlerbäume) lassen sich mit diesen Algorithmen nur mit entsprechendem Aufwand auswerten.

16.1.7 Die Boolesche Funktion mit reellen Variablen

Definition 16.1.7-1: Boolsche Funktion mit reellen Variablen

Jede Boolesche Gleichung lässt sich in einen Ausdruck mit reellen Variablen überführen, wenn

a) lediglich die reellen Zahlen 0 und 1 verwendet werden und
b) alle Variablen linear auftreten (Multilinearform).

Für die in Tabelle 16.2 dargestellten sechzehn unterschiedlichen Anordnungen für zwei Variablen ergeben sich dann die in Tabelle 16.11 formulierten algebraischen Ausdrücke. Alle anderen Gesetze und Regeln behalten ebenfalls ihre Gültigkeit.

Tabelle 16.11 Boolesche Gleichungen für zwei Boolesche Variablen

x_1	0	1	0	1	Boolesche Gleichung in algebraischer Form
x_2	0	0	1	1	
1.	0	0	0	0	$y_1 = 0$
2.	0	0	0	1	$y_2 = x_1 \cdot x_2$
3.	0	0	1	0	$y_3 = x_2 - x_1 \cdot x_2$
4.	0	0	1	1	$y_4 = x_2$
5.	0	1	0	0	$y_5 = x_1 - x_1 \cdot x_2$
6.	0	1	0	1	$y_6 = x_1$
7.	0	1	1	0	$y_7 = x_1 + x_2 - 2 \cdot x_1 \cdot x_2$
8.	0	1	1	1	$y_8 = x_1 + x_2 - x_1 \cdot x_2$
9.	1	0	0	0	$y_9 = 1 - x_1 - x_2 + x_1 \cdot x_2$
10.	1	0	0	1	$y_{10} = 1 - x_1 - x_2 + 2 \cdot x_1 \cdot x_2$
11.	1	0	1	0	$y_{11} = 1 - x_1$
12.	1	0	1	1	$y_{12} = 1 - x_1 + x_1 \cdot x_2$
13.	1	1	0	0	$y_{13} = 1 - x_2$
14.	1	1	0	1	$y_{14} = 1 - x_2 + x_1 \cdot x_2$
15.	1	1	1	0	$y_{15} = 1 - x_1 \cdot x_2$
16.	1	1	1	1	$y_{16} = 1$

Für die wichtigen Grundverknüpfungen folgt allgemein:

Negation:

$$y(\underline{x}) = \overline{x} = 1 - x \tag{16.28}$$

Disjunktion:

$$y(\underline{x}) = \bigvee_{i=1}^{n} x_i = 1 - \prod_{i=1}^{n}(1 - x_i) \tag{16.29}$$

Konjunktion:

$$y(\underline{x}) = \bigwedge_{i=1}^{n} x_i = \prod_{i=1}^{n} x_i \tag{16.30}$$

Es ist zu beachten, dass Formel 16.29 und Formel 16.30 linear in allen Variablen sein müssen (Multilinearform). Das heißt, in der Regel sind das Idempotenzgesetz und das Absorptionsgesetz zu berücksichtigen.

Die vorangehend formulierten reellen Ausdrücke erlauben es, über die im nachfolgenden Punkt definierte Systemfunktion leicht zu probabilistischen Formulierungen überzugehen.

> **Beispiel 16.1.7-1: 2v3-System**
>
> Die Boolesche Gleichung hinsichtlich des Funktionierens des 2v3-Systems ist in disjunkter Normalform - wie schon häufig dargelegt - durch
>
> $$y(\underline{x}) = x_1 x_2 \vee x_1 x_3 \vee x_2 x_3$$
>
> gegeben. Der zugehörige algebraische Ausdruck ergibt sich durch Anwendung von Formel 16.29 und Formel 16.30. Es folgt:
>
> $$y(\underline{x}) = 1 - (1 - x_1 x_2)(1 - x_1 x_3)(1 - x_2 x_3)$$
> $$= x_1 x_2 + x_1 x_3 + x_2 x_3 - x_1^2 x_2 x_3 - x_1 x_2^2 x_3 - x_1 x_2 x_3^2 + x_1^2 x_2^2 x_3^2$$
>
> Aufgrund des Idempotenzgesetzes folgt schließlich:
>
> $$y(\underline{x}) = x_1 x_2 + x_1 x_3 + x_2 x_3 - 2 \cdot x_1 x_2 x_3$$

16.2 Die Systemfunktion

Wie bereits dargelegt, lässt sich ein technisches System in Abhängigkeit von den Zuständen seiner Komponenten mithilfe der Booleschen Algebra beschreiben, wenn dem System und den Komponenten lediglich die zwei Zustände „funktionsfähig" und „ausgefallen" zugeordnet werden. Wird ein System bestehend aus zwei Komponenten betrachtet, d. h. zwei linearen Booleschen Variablen, so sind für die Beschreibung des Systemverhaltens von den sechzehn möglichen Verknüpfungen (siehe Tabelle 16.2) lediglich die Verknüpfungen $y_2 = x_1 \wedge x_2$ und $y_8 = x_1 \vee x_2$, d. h. die Konjunktion und die Disjunktion, von Interesse. Die im zuverlässigkeitstechnischen Sinne relevanten Booleschen Funktionen werden mit **Systemfunktionen** ϕ bzw. **Strukturfunktion** bezeichnet.

> **Definition 16.2-1: Systemfunktion** $\phi(\underline{x})$
>
> Eine Boolesche Funktion heißt Systemfunktion $\phi(\underline{x})$ mit
>
> $$\phi(\underline{x}) = \begin{cases} 1 & \text{System ist funktionsfähig} \\ 0 & \text{System ist ausgefallen} \end{cases} \quad (16.31)$$
>
> für alle Variablen $\underline{x} = (x_1, x_2, ..., x_n)$ mit
>
> $$x_j = \begin{cases} 1 & \text{Komponente } K_j \text{ ist funktionsfähig} \\ 0 & \text{Komponente } K_j \text{ ist ausgefallen} \end{cases} \quad (16.32)$$
>
> unter den Voraussetzungen (Monotonieeigenschaft):
>
> **a)** $\phi(x_1, x_2, ..., x_j = 0, ..., x_n) \leq \phi(x_1, x_2, ..., x_j = 1, ..., x_n)$ \quad (16.33)
> für alle $x_i, i \neq j$

b) $\phi(\underline{x}) = 0$, wenn $\underline{x} = (0,0,...,0)$ (16.34)

c) $\phi(\underline{x}) = 1$, wenn $\underline{x} = (1,1,...,1)$ (16.35)

Die Eigenschaft a) wird mit **Monotonieeigenschaft** bezeichnet und besagt, dass ein durch den Ausfall einer bestimmten Komponente ausgefallenes System durch den Ausfall einer weiteren Komponente nicht funktionsfähig wird. Umgekehrt gilt natürlich auch, dass ein funktionsfähiges System durch die erfolgreiche Reparatur einer ausgefallenen Komponente nicht ausfallen wird. Das heißt, von den Booleschen Funktionen sind lediglich die monoton abnehmenden von Interesse.

Die Eigenschaft b) besagt, dass ein System ausgefallen ist, wenn alle seine Komponenten ausgefallen sind, und umgekehrt (Eigenschaft c)), dass ein System funktionsfähig ist, wenn alle seine Komponenten funktionsfähig sind. Da eine Systemfunktion den Spezialfall einer Booleschen Funktion darstellt und diese isomorph ist, gelten die in Abschnitt 16.1 behandelten Regeln und Gesetze der Booleschen Algebra.

Beispiel 16.2-1: Exklusiv-ODER

Gegeben sei eine Boolesche Funktion

$$y(\underline{x}) = x_1 \overline{x}_2 \vee \overline{x}_1 x_2 \quad \text{(Exklusiv-ODER, Halbaddierwerk)}$$

x_1	x_2	$y(\underline{x})$
0	0	0
0	1	1
1	0	1
1	1	0

Anhand der Funktionstabelle lässt sich leicht verifizieren, dass es sich hierbei offensichtlich nicht um eine Systemfunktion handelt. Denn der Vektor $\underline{x}_1 = [1,0]$ majorisiert nicht $\underline{x}_2 = [1,1]$, da $[1,0] < [1,1]$. Hieraus folgt jedoch $\phi(\underline{x}_1) > \phi(\underline{x}_2)$, womit die Monotonie-Eigenschaft verletzt ist, was im Widerspruch zur Definition steht. Es ist zu beachten, dass die Monotonie-Eigenschaft auf einer Teilordnung beruht.

Die vorangegangene Definition der Systemfunktion liegt die **Positivlogik** zugrunde. Bei der Anwendung im Bereich der Sicherheitstechnik (Fehlerbaumanalyse) wird in der Regel die **Negativlogik** zugrunde gelegt (siehe Abschnitt 16.4.2). Für die wichtigsten Grundverknüpfungen folgt in Analogie zu Formel 16.28 bis Formel 16.30:

Negation:

$$\phi(\underline{x}) = \overline{x} = 1 - x \qquad (16.36)$$

Disjunktion:

$$\phi(\underline{x}) = \bigvee_{i=1}^{n} x_i = 1 - \prod_{i=1}^{n}(1-x_i) \tag{16.37}$$

Konjunktion:

$$\phi(\underline{x}) = \bigwedge_{i=1}^{n} x_i = \prod_{i=1}^{n} x_i \tag{16.38}$$

Tabelle 16.12 und Tabelle 16.13 zeigen einige typische Grundstrukturen und deren Entwicklung zu Systemfunktionen.

Tabelle 16.12 Systemstrukturen und deren Entwicklung zur Systemfunktion (Positivlogik)

Systemstruktur	Reihenanordnung	Parallelanordnung
Blockschaltbild (= obere Bildteile) Funktionsbaum (=untere Bildteile)		
Boolesche Funktion	$y(\underline{x}) = x_1 \wedge x_2 ... \wedge x_n = \bigwedge_{i=1}^{n} x_i$	$y(\underline{x}) = x_1 \vee x_2 ... \vee x_n = \bigvee_{i=1}^{n} x_i$
Systemfunktion	$\phi(\underline{x}) = \prod_{i=1}^{n} x_i$	$\phi(\underline{x}) = 1 - \prod_{i=1}^{n}(1-x_i)$

Tabelle 16.13 Systemstrukturen und deren Entwicklung zur Systemfunktion (Positivlogik)

Systemstruktur	Parallel-Reihenanordnung	Reihen-Parallelanordnung
Blockschaltbild		
Funktionsbaum		

Systemstruktur	Parallel-Reihenanordnung	Reihen-Parallelanordnung
Boolesche Funktion	$y(\underline{x}) = (x_{1,1} \wedge ... \wedge x_{1,n1}) \vee ...$ $... \vee (x_{m,1} \wedge ... \wedge x_{m,nm})$	$y(\underline{x}) = (x_{1,1} \vee ... \vee x_{m1,1}) \wedge ...$ $... \wedge (x_{1,n} \vee ... \vee x_{mn,n})$
Systemfunktion	$\phi(x_{ij}) = 1 - \prod_{i=1}^{m}(1 - \prod_{j=1}^{n_i} x_{ij})$	$\phi(x_{ij}) = \prod_{j=1}^{n}(1 - \prod_{i=1}^{m_j}(1 - x_{ij}))$

Für die Shannonsche Zerlegung (Entwicklungssatz) folgt ebenfalls in Analogie (siehe Formel 16.24 und Formel 16.25):

$$\phi(\underline{x}) = x_i \cdot \phi(1_i, \underline{x}) + (1 - x_i) \cdot \phi(0_i, \underline{x}) \tag{16.39}$$

■ 16.3 Einführung von Wahrscheinlichkeiten

Wie in Abschnitt 16.2 dargelegt, lässt sich das Verhalten (funktionsfähig, ausgefallen) eines technischen Systems in Abhängigkeit von den Zuständen (funktionsfähig, ausgefallen) der Komponenten x_i mithilfe der Systemfunktion $\phi(\underline{x})$ beschreiben. Aufgrund der binären Zuordnung werden x_i und $\phi(\underline{x})$ auch als Indikatorgrößen bezeichnet. Es handelt sich hierbei um eine diskrete Null-Eins-Verteilung (Spezialfall der Binomialverteilung), die in Bild 16.6 dargestellt ist.

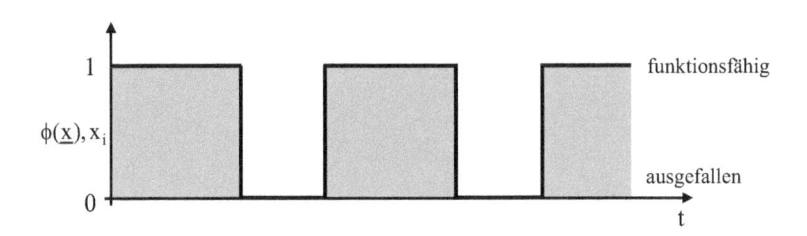

Bild 16.6 Verhalten eines technischen Systems (Positivlogik)

Für den Erwartungswert der Booleschen Variablen x_i folgt:

$$\begin{aligned} E(x_i) &= 1 \cdot P(x_i = 1) + 0 \cdot P(x_i = 0) \\ E(x_i) &= P(x_i = 1) \end{aligned} \tag{16.40}$$

Des Weiteren gilt

$$P(x_i = 1) = p_i \tag{16.41}$$

mit p_i Überlebenswahrscheinlichkeit einer Komponente und

$$P(x_i = 0) = q_i \tag{16.42}$$

mit q_i = Ausfallwahrscheinlichkeit einer Komponente.

In Analogie folgt

$$E(\phi(\underline{x})) = 1 \cdot P(\phi(\underline{x}) = 1) + 0 \cdot P(\phi(\underline{x}) = 0)$$
$$E(\phi(\underline{x})) = P(\phi(\underline{x}) = 1) \tag{16.43}$$

mit

$$P(\phi(\underline{x}) = 1) = R(\underline{p}) \tag{16.44}$$

$R(\underline{p})$ = Überlebenswahrscheinlichkeit des Systems
und

$$P(\phi(\underline{x}) = 0) = F(\underline{q}) \tag{16.45}$$

$F(\underline{q})$ = Ausfallwahrscheinlichkeit des Systems.

Die vorangegangenen Betrachtungen können auch in Analogie für die Verfügbarkeit $V(t)$ bzw. Unverfügbarkeit $U(t)$ zu einem bestimmten Zeitpunkt t auf System- und Komponentenebene durchgeführt werden und ermöglichen es nun, aus einer Systemfunktion direkt zur Wahrscheinlichkeitsbetrachtung überzugehen. Es ist lediglich

$$\begin{aligned}
x_i &:= p_i(t) & &\text{bzw. für reparierbare Systeme} & x_i &:= v_i(t) \\
\overline{x}_i &:= 1 - p_i(t) & & & \overline{x}_i &:= u_i(t) \\
\phi(\underline{x}) &:= R(t) & & & \phi(\underline{x}) &:= V(t) \\
\overline{\phi}(\underline{\overline{x}}) &:= F(t) & & & \overline{\phi}(\underline{\overline{x}}) &:= U(t)
\end{aligned} \tag{16.46}$$

zu ersetzen. Voraussetzung ist allerdings, dass die Systemfunktion in Multilinearform vorliegt. Das heißt, es ist generell – wenn erforderlich – das Idempotenzgesetz $x_i^n = x_i$ für alle $i = 1, 2, \ldots, n$ zu beachten! Für ein logisches Seriensystem mit n stochastisch unabhängigen Komponenten gilt dann beispielsweise

$$\phi(\underline{x}) = \bigwedge_{i=1}^{n} x_i = \prod_{i=1}^{n} x_i \tag{16.47}$$

Mit

$$E(x_1 \cdot x_2 \cdot \ldots \cdot x_n) = E(x_1) \cdot E(x_2) \cdot \ldots \cdot E(x_n)$$

ergibt sich

$$R(\underline{p}) = E(\phi(\underline{x})) = E\left(\prod_{i=1}^{n} x_i\right) = \prod_{i=1}^{n} E(x_i) = \prod_{i=1}^{n} p_i(t) \tag{16.48}$$

Für ein logisches Parallelsystem ergibt sich

$$\phi(\underline{x}) = \bigvee_{i=1}^{n} x_i = 1 - \prod_{i=1}^{n}(1 - x_i) \tag{16.49}$$

$$R(\underline{p}) = E(\phi(\underline{x})) = 1 - \prod_{i=1}^{n} E(1 - x_i) = 1 - \prod_{i=1}^{n}(1 - p_i(t)) \tag{16.50}$$

Ebenso lässt sich nun die wichtige Shannonsche Zerlegung (siehe Formel 16.39) in die Form

$$R(\underline{p}) = p_i \cdot R(1_i, \underline{p}) + (1 - p_i) \cdot R(0_i, \underline{p}) \tag{16.51}$$

überführen.

16.4 Fehlerbaumanalyse

16.4.1 Einführung

Kurze Historie der Fehlerbaumanalyse (FBA)

Die folgenden Informationen und Daten sind Lees, Haasl und vor allem Ericson (siehe Lit.) entnommen. Letzterer teilt in seinem Artikel die Geschichte der Fehlerbaumanalyse in folgende Abschnitte ein:

- die Anfangsjahre (1961 bis 1970)
- die frühen Jahre (1971 bis 1980)
- die mittleren Jahre (1981 bis 1990)
- die späteren Jahre (1991 bis 1999)
- die Gegenwart (1999 bis heute [Ergänzung der Autoren])

Die Anfangsjahre (1961 bis 1970)

Entwickelt wurde das Konzept der Fehlerbaumanalyse (FBA) in den frühen 60er-Jahren (ca. 1961) von H. A. Watson unter Mitwirkung von A. Mearns von den Bell-Telefon-Laboratorien bei der Durchführung der Sicherheitsbewertung für das „Minuteman Launch Control System", einem Abschusskontrollsystem für Interkontinentalraketen der U.S. Air Force (Bild 16.7).

Wenige Jahre später (1963) erkannte D. Haasl vom Unternehmen Boeing den Wert dieses Konzeptes und beauftragte ein Team damit, Fehlerbaumanalysen auf das gesamte „Minuteman Missile System" anzuwenden. Andere Abteilungen innerhalb von Boeing sahen die erzielten Resultate des Minuteman-Programms und begannen, FBA in der Entwurfsphase von kommerziellen Flugzeugen zu nutzen. Das breitere Interesse hinsichtlich dieser Technik wurde 1965 durch ein Symposium geweckt. Boeing und die Universität von Washington sponserten damals die erste „System Safety Conference", die in Seattle, Washington stattfand. Auf dieser Konferenz wurden zum ersten Mal technische Schriften und Abhandlungen zu der Fehlerbaumanalyse präsentiert, wodurch die Konferenz auch den Beginn des weltweiten Interesses an Fehlerbäumen darstellt. Boeing entwickelte in den folgenden Jahren Computer-Programme, die sowohl für qualitative als auch quantitative Fehlerbaumanalysen einsetzbar waren, wie zum Beispiel das von B. Schroeder im Jahre 1966 entwickelte Simulationsprogramm BACISM.

Bild 16.7
Raketenabschussbasis Minuteman I
(© Wikimedia Commons, Autor: US Air Force, *https://commons.wikimedia.org/wiki/File:Minuteman_I.jpg*)

Die frühen Jahre (1971 bis 1980)

Nach der Luft- und Raumfahrt erkannte auch die Atomenergiewirtschaft die Vorteile und Leistungen der Fehlerbaumanalyse und begann damit, die Methode bei der Gestaltung und Entwicklung von Atomkraftwerken zu nutzen. Aus diesem Anwendungsbereich stammt eine ganze Reihe von wichtigen Weiterentwicklungen und Fortschritten in der Fehlerbaumanalyse. Eine Vielzahl von neuen Algorithmen zur Evaluierung sowie neue Software-Programme wurden hier entwickelt. Hierzu zählen unter anderem folgende:

- PREP/KITT von W. Vesely und Narum
- SETS von D. Worrell
- FTAP von R. Willie
- IMPORTANCE von H. Lambert
- COMCAN
- SALP-3 von Astolfi et al.
- KARI von Kamarinopoulus und Richter
- SAFTL/CRESS von Dressler und Lurz

Die mittleren Jahre (1981 bis 1990)

In dieser Zeit setzte sich die Anwendung der Fehlerbaumanalyse international immer stärker durch, hauptsächlich dank der Atomenergiewirtschaft. Eine Vielzahl von Veröffentlichungen erfolgte, in denen immer neuere Evaluierungs-Algorithmen und Software-Codes entwickelt und vorgestellt wurden. Des Weiteren übernahm nun auch die chemische Industrie die Analysemethode.

Die späteren Jahre (1991 bis 1999)

In diesen Jahren wurde die FBA auch von der Roboter- und der Software-Industrie sowie insbesondere von der Automobil- und deren Zuliefererindustrie übernommen und angewandt. Außerdem wurden einige wichtige Software-Programme entwickelt, mit denen die Konstruktion und die Auswertung von Fehlerbäumen unter Nutzung von Computern in immer besserer Qualität möglich waren.

Die Gegenwart (1999 bis heute)

Die gegenwärtigen Forschungen zur Fehlerbaumanalyse sind dadurch gekennzeichnet, dass versucht wird, die prinzipiellen Nachteile, d. h. die fehlende Dynamisierung (wie z. B. Abhängigkeiten der Basisereignisse, zeitliche Reihenfolge der Ausfälle), nicht durch entsprechende Modulbildung, sondern durch Erweiterung der Booleschen Algebra zu beheben. Einen wichtigen Beitrag zur Dynamisierung der Fehlerbaumanalyse leistet die Dissertation von Schilling (siehe Lit.).

Die Fehlerbaumanalyse (engl. Fault Tree Analysis, FTA) kann zur Sicherheits- und Zuverlässigkeitsanalyse für Anlagen und Systeme aller Art, einschließlich gemeinsam verursachter Ausfälle (engl. common mode failure) und menschlicher Fehler (engl. human error), herangezogen werden. Es handelt sich hierbei um eine auf der Grundlage der Booleschen Algebra basierende, deduktive Analyse. Es werden die logischen Verknüpfungen von Komponenten- oder Teilsystemausfällen ermittelt, die zu einem unerwünschten Ereignis führen. Die Ergebnisse der Analysen ermöglichen eine Systembeurteilung im Hinblick auf Zuverlässigkeit, Verfügbarkeit und Sicherheit.

Die **Ziele** der Fehlerbaumanalyse sind im Einzelnen folgende:

- systematische Identifizierung aller möglichen Ausfallursachen und Ausfallkombinationen, die zu einem unerwünschten Ereignis führen
- Ermittlung von Zuverlässigkeitskenngrößen (z. B. Eintrittshäufigkeiten der Ausfallkombinationen, Eintrittshäufigkeiten des unerwünschten Ereignisses oder Nichtverfügbarkeit des Systems bei Anforderungen)
- Erstellung der grafischen Darstellung in einer Art Baumstruktur (logisches Schaltnetz) mit Eingangs- und Ausgangsvariablen
- durch probabilistische Zuverlässigkeits- und Sicherheitsvorhersagen verschiedene Entwurfsvorschläge zu vergleichen, Schwachstellen aufzuzeigen, geforderte Zuverlässigkeits- und Sicherheitsanforderungen analytisch nachzuweisen

Die Fehlerbaumanalyse eignet sich besonders gut zur zuverlässigkeits- und sicherheitsrelevanten Darstellung und Analyse großer komplexer Systeme, die in der Regel aus tausenden von Minimalschnitten (dies sind Ereigniskombinationen, die zum unerwünschten TOP-Ereignis führen) bestehen können. Die Erstellung und Auswertung erfolgt dementsprechend rechnergestützt. Bild 16.8 zeigt die wesentlichen Schritte einer Sicherheitsanalyse, unter Zugrundelegung der Fehlerbaumanalys.

Grundlegende Begriffe und Symbole der Fehlerbaumanalyse sowie die Schritte zur Erstellung eines Fehlerbaumes sind in der DIN EN 61025 genormt. Es sei vermerkt, dass die DIN EN 61025 (Fault tree analysis IEC 61025:2006) in diesem Zusammenhang von einer Fehlzustandsbaumanalyse spricht.

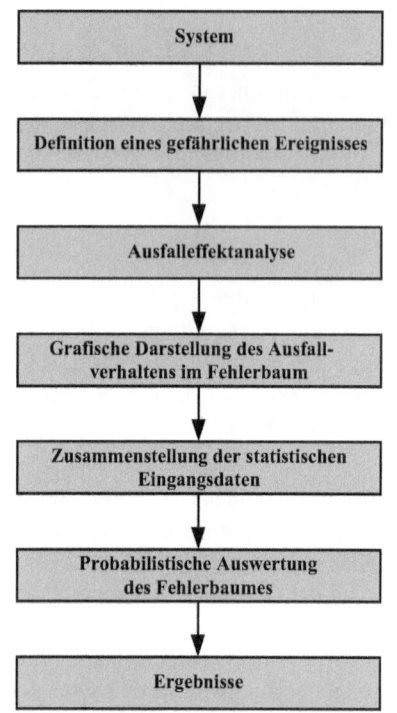

```
System
  ↓
Definition eines gefährlichen Ereignisses
  ↓
Ausfalleffektanalyse
  ↓
Grafische Darstellung des Ausfall-
verhaltens im Fehlerbaum
  ↓
Zusammenstellung der statistischen
Eingangsdaten
  ↓
Probabilistische Auswertung
des Fehlerbaumes
  ↓
Ergebnisse
```

Bild 16.8
Schematischer Ablauf einer Sicherheitsanalyse unter Verwendung der Fehlerbaumanalyse

16.4.2 Darstellung monotoner Strukturen durch Minimalpfade und Minimalschnitte

In Abschnitt 16.2 und Abschnitt 16.3 wurde dargelegt, dass sich das zuverlässigkeitstechnische Verhalten eines technischen Systems in Abhängigkeit von den Komponentenzuständen mithilfe der Systemfunktion formulieren und probabilistisch auswerten lässt. Aufgrund der verwendeten **Positivlogik** charakterisiert die Systemfunktion das „Funktionieren" eines Systems. In der grafischen Darstellung ergibt sich ein Funktionsbaum (Erfolgsbaum, siehe Tabelle 16.12 und Tabelle 16.13), dargestellt durch sogenannte „Halbmonde".

In der zuverlässigkeits- und sicherheitstechnischen Praxis hat sich, wie bereits dargelegt, die Fehlerbaumdarstellung, die eine duale Darstellung des Funktionsbaumes ist (aus jedem UND-Gatter wird ein ODER-Gatter und aus jedem ODER-Gatter ein UND-Gatter bei Invertierung der Eingangs- und der Ausgangsvariablen), durchgesetzt. Das heißt, es wird die **Negativlogik** verwendet. Entsprechend zur Definition der Systemfunktion lässt sich eine **Ausfallfunktion** $\overline{\phi}(\overline{x})$ definieren:

> **Definition 16.4.2-1: Ausfallfunktion $\overline{\phi}(\overline{x})$**
>
> Eine Boolesche Funktion heißt Ausfallfunktion $\overline{\phi}(\overline{x})$ mit
>
> $$\overline{\phi}(\overline{x}) = \begin{cases} 1 & \text{System ist ausgefallen} \\ 0 & \text{System ist funktionsfähig} \end{cases} \quad (16.52)$$
>
> für alle Variablen $\overline{x} = (\overline{x}_1, \overline{x}_2, ..., \overline{x}_n)$ mit
>
> $$\overline{x}_j = \begin{cases} 1 & \text{Komponente } K_j \text{ ist ausgefallen} \\ 0 & \text{Komponente } K_j \text{ ist funktionsfähig} \end{cases} \quad (16.53)$$

Bei einer Betrachtung der Ausfallfunktion bleiben selbstverständlich alle bisher in diesem Kapitel betrachteten Gesetzmäßigkeiten und Eigenschaften erhalten; es ist lediglich eine Invertierung entsprechend der vorangehend genannten Definition vorzunehmen.

Neben den in Abschnitt 16.2 betrachteten Darstellungsformen der Systemfunktion, die auch bei einer Zugrundelegung der Ausfallfunktion ihre Gültigkeit besitzen, lässt sich eine Systemfunktion bzw. Ausfallfunktion durch Minimalpfade (engl. minimal path sets) oder Minimalschnitte (engl. minimal cut sets) darstellen.

Bei nachfolgenden Definitionen (VDI 4008, Blatt 7) wird von einer Ausfallfunktion ausgegangen.

> **Definition 16.4.2-2: Minimalpfad**
>
> Es sei $M = \{K_1, ..., K_n\}$ die Menge der Komponenten und Pf von M die Teilmenge der funktionsfähigen Komponenten derart, dass das System funktioniert. Dann heißt Pf von M „Pfad des Systems". Ein Pfad heißt minimal, wenn er keine anderen Pfade als echte Teilmenge enthält. Jedem j-ten Minimalpfad Pf_j kann eine Ausfallfunktion H_j der Art
>
> $$H_j(\overline{x}) = \bigvee_{K_i \in Pf_j} \overline{x}_i = 1 - \prod_{K_i \in Pf_j}(1 - \overline{x}_i) \quad (16.54)$$
>
> zugeordnet werden, sodass gilt:
>
> $$\overline{\phi}_j(\overline{x}) = \prod_j H_j(\overline{x}) \quad (16.55)$$

Beispiel 16.4.2-1: Brückenanordnung mit Pfad

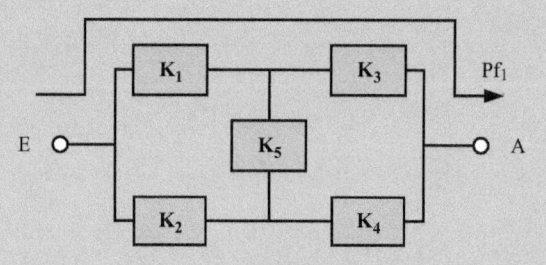

Es sei $M = \{K_1, \ldots, K_5\}$. Die Minimalpfade sind

$Pf_1 = \{K_1, K_3\}, \quad Pf_2 = \{K_2, K_4\}$
$Pf_3 = \{K_1, K_4, K_5\}, \quad Pf_4 = \{K_2, K_3, K_5\}$

Den Minimalpfaden können nun folgende Ausfallfunktionen zugeordnet werden:

$H_1(\underline{x}) = \overline{x}_1 \vee \overline{x}_3 = 1 - (1 - \overline{x}_1)(1 - \overline{x}_3)$
$H_2(\underline{x}) = \overline{x}_2 \vee \overline{x}_4 = 1 - (1 - \overline{x}_2)(1 - \overline{x}_4)$
$H_3(\underline{x}) = \overline{x}_1 \vee \overline{x}_4 \vee \overline{x}_5 = 1 - (1 - \overline{x}_1)(1 - \overline{x}_4)(1 - \overline{x}_5)$
$H_4(\underline{x}) = \overline{x}_2 \vee \overline{x}_3 \vee \overline{x}_5 = 1 - (1 - \overline{x}_2)(1 - \overline{x}_3)(1 - \overline{x}_5)$

Das System ist funktionsfähig, wenn wenigstens ein Minimalpfad funktionsfähig ist. Für die Ausfallfunktion folgt:

$$\overline{\phi}(\underline{x}) = \prod_j H_j(\underline{x}) = (1 - (1 - \overline{x}_1)(1 - \overline{x}_3)) \ (1 - (1 - \overline{x}_2)(1 - \overline{x}_4))$$

$$(1 - (1 - \overline{x}_1)(1 - \overline{x}_4)(1 - \overline{x}_5)) \ (1 - (1 - \overline{x}_2)(1 - \overline{x}_3)(1 - \overline{x}_5))$$

Ist wenigstens ein $H_j(\underline{x}) = 0$, so ist $\overline{\phi}(\underline{x}) = 0$, d. h., das System ist funktionsfähig.

Fehlerbaumdarstellung:

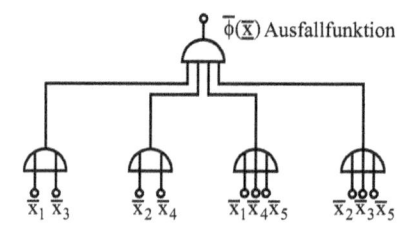

$\overline{\phi}(\underline{x})$ Ausfallfunktion

$\overline{x}_1\,\overline{x}_3 \quad \overline{x}_2\,\overline{x}_4 \quad \overline{x}_1\,\overline{x}_4\,\overline{x}_5 \quad \overline{x}_2\,\overline{x}_3\,\overline{x}_5$

Funktionsbaumdarstellung:

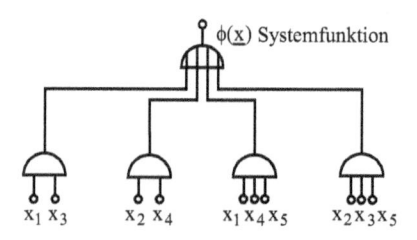

$\phi(\underline{x})$ Systemfunktion

$x_1\,x_3 \quad x_2\,x_4 \quad x_1\,x_4\,x_5 \quad x_2\,x_3\,x_5$

Definition 16.4.2-3: Minimalschnitt

Es sei $M = (K_1, ..., K_n)$ die Menge der Komponenten und C von M die Teilmenge der ausgefallenen Komponenten derart, dass das System ausgefallen ist. Dann heißt C von M „Schnitt des Systems". Ein Schnitt heißt minimal, wenn er keine anderen Schnitte als echte Teilmenge enthält. Jedem j-ten Minimalschnitt C_j kann eine Ausfallfunktion δ_j der Art

$$\delta_j(\overline{x}) = \bigwedge_{K_i \in C_j} \overline{x}_i = \prod_{K_i \in C_j} \overline{x}_i \tag{16.56}$$

zugeordnet werden, sodass gilt:

$$\overline{\phi}_j(\overline{x}) = 1 - \prod_j (1 - \delta_j(\overline{x})) \tag{16.57}$$

Beispiel 16.4.2-2: Brückenanordnung mit Schnitt

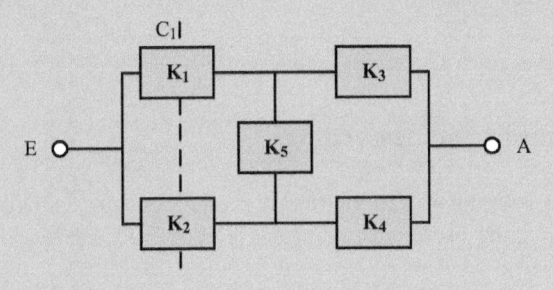

Es sei $M = \{K_1, ..., K_5\}$. Die Minimalschnitte sind

$C_1 = \{K_1, K_2\}; \quad C_2 = \{K_3, K_4\};$
$C_3 = \{K_1, K_4, K_5\}; \quad C_4 = \{K_2, K_3, K_5\}$

Den Minimalschnitten können nun folgende Ausfallfunktionen zugeordnet werden:

$\delta_1(\overline{x}) = \overline{x}_1 \wedge \overline{x}_2 = \overline{x}_1 \overline{x}_2$
$\delta_2(\overline{x}) = \overline{x}_3 \wedge \overline{x}_4 = \overline{x}_3 \overline{x}_4$
$\delta_3(\overline{x}) = \overline{x}_1 \wedge \overline{x}_4 \wedge \overline{x}_5 = \overline{x}_1 \overline{x}_4 \overline{x}_5$
$\delta_4(\overline{x}) = \overline{x}_2 \wedge \overline{x}_3 \wedge \overline{x}_5 = \overline{x}_2 \overline{x}_3 \overline{x}_5$

Das System ist ausgefallen, wenn wenigstens ein Minimalschnitt ausgefallen ist.
Für die Ausfallfunktion folgt

$$\overline{\phi}(\overline{x}) = 1 - (1 - \overline{x}_1 \overline{x}_2)(1 - \overline{x}_3 \overline{x}_4)(1 - \overline{x}_1 \overline{x}_4 \overline{x}_5)(1 - \overline{x}_2 \overline{x}_3 \overline{x}_5)$$

Ist wenigstens ein $\delta_j(\overline{x}) = 1$, so ist $\phi(\overline{x}) = 1$, d.h., das System ist ausgefallen.

Fehlerbaumdarstellung:

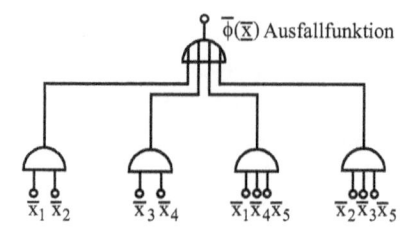

$\overline{\phi}(\underline{x})$ Ausfallfunktion

$\overline{x}_1\overline{x}_2$ $\overline{x}_3\overline{x}_4$ $\overline{x}_1\overline{x}_4\overline{x}_5$ $\overline{x}_2\overline{x}_3\overline{x}_5$

Funktionsbaumdarstellung:

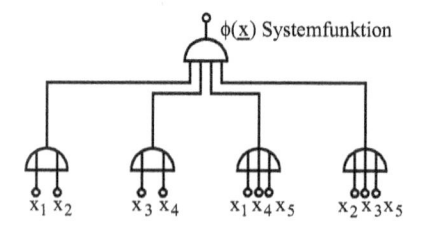

$\phi(\underline{x})$ Systemfunktion

$x_1 x_2$ $x_3 x_4$ $x_1 x_4 x_5$ $x_2 x_3 x_5$

16.4.3 Quantitative Fehlerbaumauswertung

Kleine Fehlerbäume lassen sich über die Ausfallfunktion, dargestellt in einer der Grundformen bzw. als Schnittdarstellung, unter Berücksichtigung des Idempotenzgesetzes von Hand auswerten (siehe Beispiel 16.4.3-1).

> **Beispiel 16.4.3-1**
>
> Gegeben sei nachfolgend der Teilfehlerbaum für den Ausfall der „Zugsteuerung in beiden A-Wagen" aus einer Studie zur Zuverlässigkeit der elektrischen Zugausrüstung des „Metro Shanghai Rolling Stock" (siehe Bild 16.9).
> a) Stellen Sie die Boolesche Gleichung für das TOP-Ereignis in disjunktiver Normalform auf.
> b) Ermitteln Sie die Ausfallfunktion $\overline{\phi}(\overline{x})$ und die Ausfallwahrscheinlichkeit $F(\underline{q})$.
> *Lösung:*
> a) $\overline{y}(\overline{\underline{x}}) = \overline{x}_1\overline{x}_2 \vee \overline{x}_3\overline{x}_5 \vee \overline{x}_3\overline{x}_6 \vee \overline{x}_4\overline{x}_5 \vee \overline{x}_4\overline{x}_6 \vee \overline{x}_7\overline{x}_8$

b) $\overline{\phi}(\underline{\overline{x}}) = 1 - (1-\overline{x}_1\overline{x}_2)(1-\overline{x}_3\overline{x}_5)(1-\overline{x}_3\overline{x}_6)(1-\overline{x}_4\overline{x}_5)(1-\overline{x}_4\overline{x}_6)(1-\overline{x}_7\overline{x}_8)$

$= 1 - (1-\overline{x}_1\overline{x}_2 - \overline{x}_3\overline{x}_5 + \overline{x}_1\overline{x}_2\overline{x}_3\overline{x}_5) \cdot (1-\overline{x}_3\overline{x}_6 - \overline{x}_4\overline{x}_5 + \overline{x}_3\overline{x}_4\overline{x}_5\overline{x}_6)$

$\quad \cdot (1-\overline{x}_4\overline{x}_6 - \overline{x}_7\overline{x}_8 + \overline{x}_4\overline{x}_6\overline{x}_7\overline{x}_8)$

$= \overline{x}_1\overline{x}_2 + \overline{x}_3\overline{x}_5 + \overline{x}_3\overline{x}_6 + \overline{x}_4\overline{x}_5 + \overline{x}_4\overline{x}_6 + \overline{x}_7\overline{x}_8 - \overline{x}_3\overline{x}_4\overline{x}_5 - \overline{x}_3\overline{x}_4\overline{x}_6$

$\quad - \overline{x}_3\overline{x}_5\overline{x}_6 - \overline{x}_4\overline{x}_5\overline{x}_6 - \overline{x}_1\overline{x}_2\overline{x}_3\overline{x}_5 - \overline{x}_1\overline{x}_2\overline{x}_3\overline{x}_6 - \overline{x}_1\overline{x}_2\overline{x}_4\overline{x}_5 - \overline{x}_1\overline{x}_2\overline{x}_4\overline{x}_6$

$\quad - \overline{x}_1\overline{x}_2\overline{x}_7\overline{x}_8 + \overline{x}_3\overline{x}_4\overline{x}_5\overline{x}_6 - \overline{x}_3\overline{x}_5\overline{x}_7\overline{x}_8 - \overline{x}_3\overline{x}_6\overline{x}_7\overline{x}_8 - \overline{x}_4\overline{x}_5\overline{x}_7\overline{x}_8$

$\quad - \overline{x}_4\overline{x}_6\overline{x}_7\overline{x}_8 + \overline{x}_1\overline{x}_2\overline{x}_3\overline{x}_4\overline{x}_5 + \overline{x}_1\overline{x}_2\overline{x}_3\overline{x}_4\overline{x}_6 + \overline{x}_1\overline{x}_2\overline{x}_3\overline{x}_5\overline{x}_6$

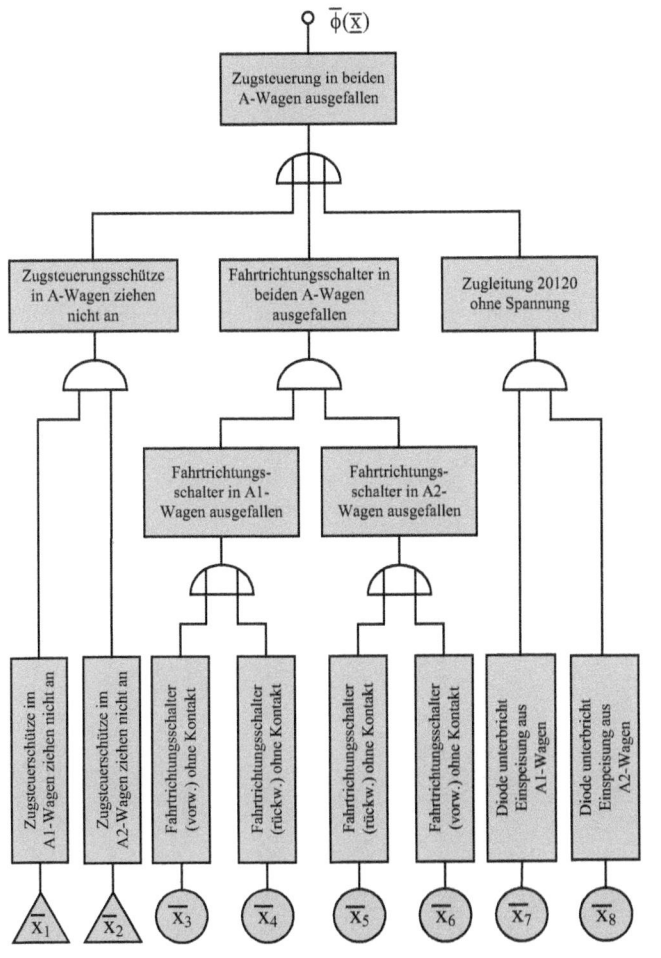

$\quad + \overline{x}_1\overline{x}_2\overline{x}_4\overline{x}_5\overline{x}_6 + \overline{x}_3\overline{x}_4\overline{x}_5\overline{x}_7\overline{x}_8 + \overline{x}_3\overline{x}_4\overline{x}_6\overline{x}_7\overline{x}_8 + \overline{x}_3\overline{x}_5\overline{x}_6\overline{x}_7\overline{x}_8$

$\quad + \overline{x}_4\overline{x}_5\overline{x}_6\overline{x}_7\overline{x}_8 - \overline{x}_1\overline{x}_2\overline{x}_3\overline{x}_4\overline{x}_5\overline{x}_6 + \overline{x}_1\overline{x}_2\overline{x}_3\overline{x}_5\overline{x}_7\overline{x}_8 + \overline{x}_1\overline{x}_2\overline{x}_3\overline{x}_6\overline{x}_7\overline{x}_8$

$\quad + \overline{x}_1\overline{x}_2\overline{x}_4\overline{x}_5\overline{x}_7\overline{x}_8 + \overline{x}_1\overline{x}_2\overline{x}_4\overline{x}_6\overline{x}_7\overline{x}_8 - \overline{x}_3\overline{x}_4\overline{x}_5\overline{x}_6\overline{x}_7\overline{x}_8$

$\quad + \overline{x}_1\overline{x}_2\overline{x}_3\overline{x}_4\overline{x}_5\overline{x}_7\overline{x}_8 - \overline{x}_1\overline{x}_2\overline{x}_3\overline{x}_4\overline{x}_6\overline{x}_7\overline{x}_8 - \overline{x}_1\overline{x}_2\overline{x}_4\overline{x}_5\overline{x}_6\overline{x}_7\overline{x}_8$

$\quad - \overline{x}_1\overline{x}_2\overline{x}_3\overline{x}_5\overline{x}_6\overline{x}_7\overline{x}_8 + \overline{x}_1\overline{x}_2\overline{x}_3\overline{x}_4\overline{x}_5\overline{x}_6\overline{x}_7\overline{x}_8$

mit $F(\underline{q}) := \overline{\phi}(\underline{\overline{x}})$ und $\overline{x}_i := \overline{q}_i$.

Bild 16.9 Teilfehlerbaum für den Ausfall der „Zugsteuerung in beiden A-Wagen"

Größere, komplexere Fehlerbäume mit mehreren tausend Schnitten können nur noch rechnergestützt ausgewertet werden.

In der Praxis haben sich simulative Verfahren (Monte-Carlo-Simulation) für sehr komplexe Systeme und analytische Verfahren, die besonders bei kleineren Ausfallwahrscheinlichkeiten bzw. Nichtverfügbarkeiten von Vorteil sind, durchgesetzt.

Im Folgenden wird beispielhaft der **Poincarésche Algorithmus** (Inklusions-Exklusions-Methode) sowie der **TOP-DOWN-Algorithmus** zur Ermittlung der minimalen Schnittmenge dargestellt.

Poincarésche Algorithmus (Inklusions-Exklusions-Methode)

Eine Algorithmisierung der Minimalschnitte geschieht wie folgt: Es sei $A(C_j)$ das Ereignis, dass ein Minimalschnitt C_j ($j = 1, ..., n$ Minimalschnitte vorausgesetzt) einen Ausfall bewirkt, dann folgt für die Ausfallwahrscheinlichkeit bzw. Unverfügbarkeit des Minimalschnittes

$$P(A(C_j)) = E(\bigwedge_{K_i \in C_j} \bar{x}_i) = \prod_{K_i \in C_j} q_i \qquad (16.58)$$

Für die Ausfallwahrscheinlichkeit bzw. Unverfügbarkeit des Systems folgt dann nach der Poincaréschen Gleichung (hier erweitert für minimale Schnittmengen):

$$\begin{aligned} F(q) &= P(A(C_1) \vee A(C_2) \vee ... \vee A(C_n)) \\ &= \sum_{j=1}^{n} P(A(C_j)) - \sum_{i=1}^{n-1} \sum_{j=i+1}^{n} P(A(C_i) \wedge A(C_j)) + ... \\ &\quad ... + (-1)^{n+1} P(A(C_1) \wedge A(C_2) \wedge ... \wedge A(C_n)) \end{aligned} \qquad (16.59)$$

Damit lässt sich $F(q)$, d.h. die Ausfallwahrscheinlichkeit (bzw. Unverfügbarkeit), durch

$$\begin{aligned} &\sum_{i=1}^{n} P(A(C_i)) - \sum_{i=1}^{n-1} \sum_{j=i+1}^{n} P(A(C_i) \wedge A(C_j)) \leq F(q) \\ &F(q) \leq \sum_{i=1}^{n} P(A(C_i)) \end{aligned} \qquad (16.60)$$

abschätzen. Eine entsprechende Darstellung mit Minimalpfaden ist ebenfalls möglich, jedoch nicht üblich. Die meisten analytischen Programme beschränken sich auf die Ermittlung der oberen Schranke, da davon ausgegangen wird, dass es in der Praxis nicht zum gleichzeitigen Ausfall zweier Minimalschnitte kommt. Bei allen Durchschnittsbildungen $A(C_i) \wedge A(C_j)$ ist das Idempotenzgesetz anzuwenden.

Beispiel 16.4.3-2

Zu diskutieren sei die nachfolgend wiedergegebene Brückenkonfiguration.

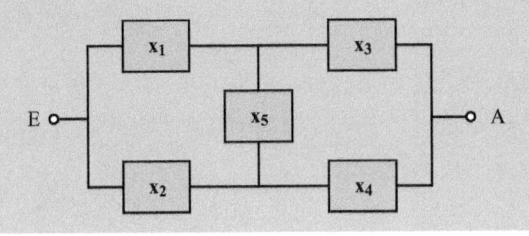

Mit Formel 16.59 folgt:

1. Die Minimalschnitte des Systems sind $\sum_{i=1}^{4} P(A(C_i))$.

i	$P(A(C_i))$
1	$q_1 q_2$
2	$q_3 q_4$
3	$q_1 q_4 q_5$
4	$q_2 q_3 q_5$

2. $\sum_{i=1}^{3} \sum_{j=i+1}^{4} P(A(C_i) \wedge A(C_j))$

i	$i < j$	$P(A(C_i) \wedge A(C_j))$
1	$1 \wedge 2, 1 \wedge 3, 1 \wedge 4$	$q_1 q_2 q_3 q_4$, $q_1 q_2 q_4 q_5$, $q_1 q_2 q_3 q_5$
2	$2 \wedge 3, 2 \wedge 4$	$q_1 q_3 q_4 q_5$, $q_2 q_3 q_4 q_5$
3	$3 \wedge 4$	$q_1 q_2 q_3 q_4 q_5$

3. $\sum_{i=1}^{2} \sum_{j=i+1}^{3} \sum_{k=j+1}^{4} P(A(C_i) \wedge A(C_j) \wedge A(C_k))$

i	$i < j < k$	$P(A(C_i) \wedge A(C_j) \wedge A(C_k))$
1	$1 \wedge 2 \wedge 3, 1 \wedge 2 \wedge 4, 1 \wedge 3 \wedge 4$	$q_1 q_2 q_3 q_4 q_5$, $q_1 q_2 q_3 q_4 q_5$, $q_1 q_2 q_3 q_4 q_5$
2	$2 \wedge 3 \wedge 4$	$q_1 q_2 q_3 q_4 q_5$

4. $(-1)^5 \cdot P(A(C_1) \wedge A(C_2) \wedge A(C_3) \wedge A(C_4)) = -q_1 q_2 q_3 q_4 q_5$

Es folgt schließlich:

$$F(q) = q_1q_2 + q_3q_4 + q_1q_4q_5 + q_2q_3q_5 - (q_1q_2q_3q_4 + q_1q_2q_4q_5$$
$$+ q_1q_2q_3q_5 + q_1q_3q_4q_5 + q_2q_3q_4q_5 + q_1q_2q_3q_4q_5)$$
$$+ 4 \cdot q_1q_2q_3q_4q_5 - q_1q_2q_3q_4q_5$$
$$F(q) = q_1q_2 + q_3q_4 + q_1q_4q_5 + q_2q_3q_5 - q_1q_2q_3q_4 - q_1q_2q_4q_5$$
$$- q_1q_2q_3q_5 - q_1q_3q_4q_5 - q_2q_3q_4q_5 + 2 \cdot q_1q_2q_3q_4q_5$$

Als Näherungslösung ergibt sich folgende Abschätzung:

$$q_1q_2 + q_3q_4 + q_1q_4q_5 + q_2q_3q_5 - q_1q_2q_3q_4 - q_1q_2q_4q_5 - q_1q_2q_3q_5$$
$$- q_1q_3q_4q_5 - q_2q_3q_4q_5 - q_1q_2q_3q_4q_5 \leq F(q) \leq q_1q_2 + q_3q_4 + q_1q_4q_5 + q_2q_3q_5$$

Algorithmus zur Bestimmung von Minimalschnitten

Unter einem Schnitt eines Systems wird – wie bereits gezeigt wurde – eine Gruppierung von Basis-Ereignissen verstanden, deren gemeinsames Auftreten das vorgegebene TOP-Ereignis bewirkt. Ein System ist also dann ausgefallen, wenn alle in einem Schnitt enthaltenen Komponenten bzw. Basis-Ereignisse ausgefallen und alle nicht in diesem Schnitt enthaltenen Komponenten funktionsfähig sind. Minimal ist ein Schnitt dann, wenn er nicht mehr derart reduziert werden kann, dass er noch das Auftreten des TOP-Ereignisses sichert. In der als Minimalschnitt vorliegenden Ausfallkombination kommt also keine andere Ausfallkombination als echte Teilmenge vor.

Ein Verfahren zur Bestimmung der Minimalschnitte einer gegebenen Struktur, die im Normalfall als Fehlerbaum vorliegt, ist der TOP-DOWN-Algorithmus. Beim TOP-DOWN-Algorithmus wird ein Fehlerbaum ausgehend vom TOP-Ereignis bis hinunter zu den Basis-Ereignissen „logisch ausmultipliziert". Ausgehend vom TOP-Gatter werden alle logischen Gatter des Fehlerbaumes durch ihre Eingänge ersetzt. Die Eingänge von ODER-Gattern werden in gesonderte Zeilen einer listenförmigen Matrix eingetragen, die Eingänge von UND-Gattern nebeneinander in die erste Zeile einer Matrix (separate Spalte). Dieses Verfahren wird so lange wiederholt, bis alle Elemente der entstehenden Matrix Basiselemente sind, wobei die Zeilen der Matrix dann die Schnitte darstellen. Wie ersichtlich, stellt ein UND-Gatter eine Erhöhung des Redundanzgrades des Systems dar. Die Minimalschnitte des Systems ergeben sich aus den ermittelten Schnitten unter Berücksichtigung des Idempotenz- und Absorptionsgesetzes.

Des Weiteren sind BOTTOM-UP-Algorithmen bekannt. Beim BOTTOM-UP-Algorithmus wird die Auswertung mit den Gattern auf der untersten Ebene des Fehlerbaumes begonnen, wobei diese durch entsprechende Schnitte ersetzt werden. Dieses Verfahren wird so lange durchgeführt, bis das TOP-Ereignis erreicht ist.

Beispiel 16.4.3-3

Gegeben sei der im Folgenden dargestellte Teilfehlerbaum „Abschaltung über Ventilrelais funktioniert nicht" eines ABS-Steuergeräts, mit den Basis-Ereignissen A1 bis A9.

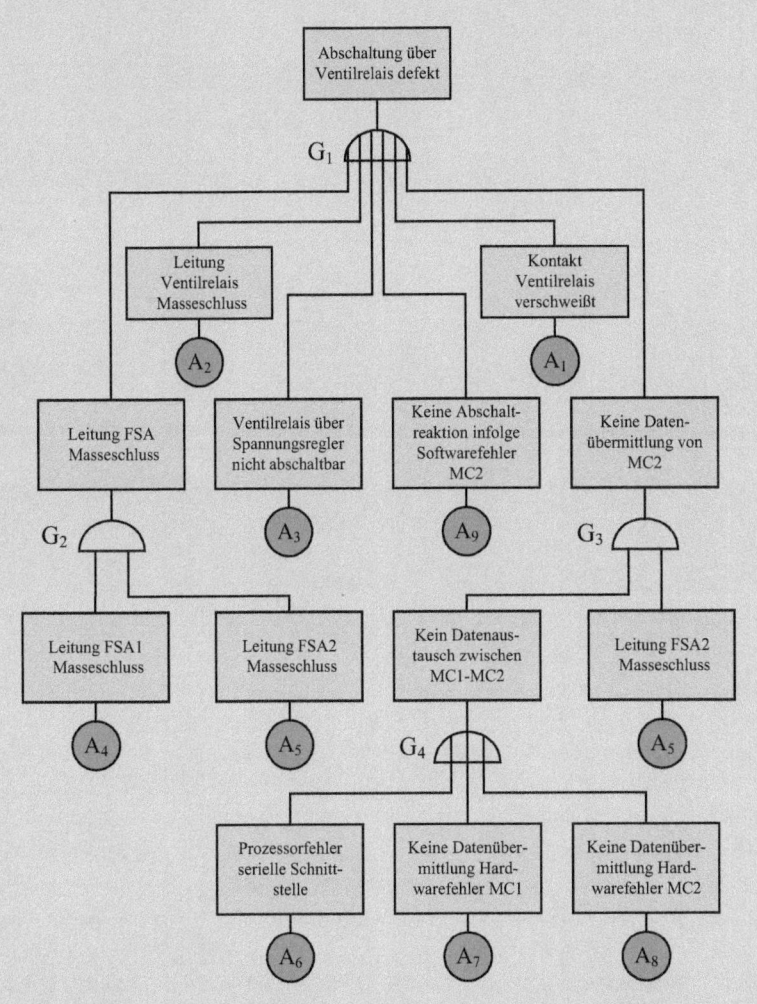

Das Gatter unter dem TOP-Ereignis ist ein ODER-Gatter. Wir bezeichnen es mit G1 und schreiben seine Eingänge untereinander in gesonderte Zeilen einer listenförmigen Matrix.

G1- G2
    A2
    A3
    A9
    A1
    G3

Die Gatter G2 und G3 sind UND-Gatter. Ihre Eingänge werden als Zeilenelemente der zugehörigen Matrixzeile notiert.

    A4, A5
    A2
    A3
    A9
    A1
    A5, **G4**

Im nächsten Schritt ist das ODER-Gatter G4 durch seine Eingänge zu ersetzen.

    A4, A5
    A2
    A3
    A9
    A1
    A5,   A6
            A7
            A8

Es ergeben sich folgende Schnitte:

    {A4, A5}, {A2}, {A3}, {A9}, {A1}, {A5, A6}, {A5, A7}, {A5, A8}.

Da weder in einem Schnitt das gleiche Basis-Ereignis mehrmals vorkommt (Idempotenzgesetz) noch ein Schnitt einen anderen enthält (Absorptionsgesetz), sind die dargestellten Schnitte minimal.

Sie geben also diejenigen Kombinationen von Komponentenausfällen an, die dazu führen, dass die Abschaltung über das Ventilrelais nicht funktioniert. Da Fehlerbäume komplexer technischer Systeme oft Tausende bis mehrere Millionen Minimalschnitte haben können, ist es auch bei der rechnergestützten Auswertung von Fehlerbäumen notwendig, Verfahren zur Rechenzeitersparnis anzuwenden.

Bei Abschneideprozeduren werden Minimalschnitte, deren Einfluss auf das System nicht signifikant ist, erkannt und eliminiert. Die Signifikanz eines Schnittes wird anhand definierter Abschneidekriterien quantitativ bewertet. Die relevanten Kenngrößen, wie z. B. die Ausfallwahrscheinlichkeit bzw. die Unverfügbarkeit, werden während des Rechenlaufes auch für die nicht relevanten Schnitte berechnet. So können auch die abgeschnittenen Fehlerbäume quantitativ bewertet werden.

Durch Zusammenfassen unabhängiger Teile eines Fehlerbaumes zu Modulen lässt sich die Rechenzeit weiter optimieren. Die Ausfallwahrscheinlichkeit bzw. Unverfügbarkeit eines Minimalschnittes ergibt sich mit Formel 16.58 als Produkt der Ausfallwahrscheinlichkeiten bzw. Unverfügbarkeiten der Komponenten (Basis-Ereignisse) des Schnittes zu

$$F_j(t) = \prod_{i=1}^{k} q_{ij}(t) \tag{16.61}$$

Dabei bedeuten $q_{ij}(t)$ die Ausfallwahrscheinlichkeit der Komponente (Basis-Ereignisse) K_j und k die Anzahl der Komponenten (Basis-Ereignisse) des Schnittes.

Beispiel 16.4.3-4: Fortsetzung von Beispiel 16.4.3-3

Nach Vorliegen der Minimalschnitte des Teilfehlerbaums „Abschaltung über Ventilrelais funktioniert nicht" ist es notwendig, die Ausfallwahrscheinlichkeit bzw. Unverfügbarkeit der Komponenten (Basis-Ereignisse) als Eingangsgröße eines Fehlerbaumes zu bestimmen. Diese lassen sich über die Ausfallrate, aufgrund von statistischen Auswertungen von Feldausfällen und internen Qualitätsstatistiken bzw., wenn nicht anders möglich, z. B. unter Verwendung des MIL-HDBK 217 ermitteln.

Wird eine konstante Ausfallrate vorausgesetzt, so lässt sich die Ausfallwahrscheinlichkeit für das i-te Basis-Ereignis über $F_i(t) = 1 - \exp(-\lambda_i \cdot t)$ berechnen. Wird als Betrachtungszeitraum eine Kraftfahrzeugbetriebszeit von 3000 h (Nutzungsdauer 10 Jahre) zugrunde gelegt, so ergeben sich die in nachfolgender Tabelle aufgelisteten Ausfallwahrscheinlichkeiten für die verschiedenen Ausfallarten als Basis-Ereignisse eines ABS-Steuergeräts.

Art des Fehlers	Ausfallart	Ausfallwahrscheinlichkeit für 3000 h	
		Erfahrungswert	MIL-HDBK 217 E
Kontakt des Ventilrelais verschweißt	A1	$1{,}000 \cdot 10^{-04}$	-
Lötverbindung auf der Leiterplatte defekt	A2, A4, A5, A13 A18–A21 A29–A44 A48–A55	$3{,}000 \cdot 10^{-07}$	$1{,}201 \cdot 10^{-06}$
Steckerfehler	A24	$1{,}020 \cdot 10^{-05}$	$4{,}336 \cdot 10^{-05}$
Spannungsreglerbaustein defekt	A3	$6{,}818 \cdot 10^{-06}$	$1{,}423 \cdot 10^{-05}$
Hardwarefehler Microcontroller	A7, A8, A10 A25, A26	$1{,}154 \cdot 10^{-05}$	$1{,}221 \cdot 10^{-05}$
Prozessorfehler serielle Schnittstelle	A6	$1{,}331 \cdot 10^{-10}$	$1{,}480 \cdot 10^{-10}$
Softwarefehler Microcontroller	A9, A11, A12, A22, A23, A27, A28	$3{,}000 \cdot 10^{-06}$	-
Treiberbaustein defekt	A14–A17 A45, A46	$2{,}045 \cdot 10^{-05}$	$2{,}449 \cdot 10^{-05}$
Endstufentransistor durchlegiert	A47	$9{,}000 \cdot 10^{-05}$	$1{,}429 \cdot 10^{-05}$

Die Ausfallwahrscheinlichkeiten der Minimalschnitte (Formel 16.61) errechnen sich dann zu:

C1 = A1	$F_1 = 1{,}000 \cdot 10^{-04}$
C2 = A3	$F_2 = 6{,}818 \cdot 10^{-06}$
C3 = A9	$F_3 = 3{,}000 \cdot 10^{-06}$
C4 = A2	$F_4 = 3{,}000 \cdot 10^{-07}$
C5 = A5, A7	$F_5 = 3{,}462 \cdot 10^{-12}$
C6 = A5, A8	$F_6 = 3{,}462 \cdot 10^{-12}$
C7 = A4, A5	$F_7 = 9{,}000 \cdot 10^{-14}$
C8 = A5, A6	$F_8 = 3{,}993 \cdot 10^{-17}$

Mit Formel 16.59 lässt sich nun die Ausfallwahrscheinlichkeit des Teilfehlerbaums berechnen. Es folgt:

$$\begin{aligned}
F(q) =\ & (q_1 + q_3 + \ldots + q_5 q_8) - (q_1 q_3 + q_1 q_9 + \ldots + q_4 q_5 q_6) \\
& + (q_1 q_3 q_9 + q_1 q_2 q_3 + \ldots + q_4 q_5 q_6 q_8) \\
& - (q_1 q_2 q_3 q_9 + q_1 q_3 q_5 q_7 q_9 + \ldots + q_4 q_5 q_6 q_7 q_8) \\
& + (q_1 q_2 q_3 q_5 q_7 q_9 + q_1 q_2 q_3 q_5 q_8 q_9 + \ldots + q_2 q_4 q_5 q_6 q_7 q_8) \\
& - (q_1 q_2 q_3 q_5 q_7 q_8 q_9 + q_1 q_2 q_3 q_4 q_5 q_7 q_9 + \ldots + q_2 q_4 q_5 q_6 q_7 q_8 q_9) \\
& + (q_1 q_2 q_3 q_4 q_5 q_7 q_8 q_9 + q_1 q_2 q_3 q_5 q_6 q_7 q_8 q_9 + \ldots + q_2 q_3 q_4 q_5 q_6 q_7 q_8 q_9) \\
& - q_1 q_2 q_3 q_4 q_5 q_6 q_7 q_8 q_9
\end{aligned} \qquad (16.62)$$

Wie schon vorangehend erläutert, ist im Allgemeinen bei technischen Systemen nicht damit zu rechnen, dass ein Systemausfall durch den gleichzeitigen Ausfall mehrerer Minimalschnitte verursacht wird. Aus diesem Grund sind bei der Berechnung der Ausfallwahrscheinlichkeit (oder Unverfügbarkeit) die Terme höherer Ordnung vernachlässigbar. Somit ergibt sich die Systemausfallwahrscheinlichkeit im Hinblick auf praktische Belange als Summe der Ausfallwahrscheinlichkeiten der Minimalschnitte erster Ordnung nach Formel 16.60:

$$F(q) \leq \sum_{i=1}^{n} P(A(C_i)) = q_1 + q_2 + q_3 + q_9 + q_4 q_5 + q_5 q_6 + q_5 q_7 + q_5 q_8$$
$$\approx 1{,}10118 \cdot 10^{-04}$$

16.5 Importanzkenngrößen

In der zuverlässigkeitstechnischen Praxis ist es oftmals von Interesse, welchen Einfluss bestimmte Systemkomponenten auf die Zuverlässigkeit bzw. die Sicherheit eines technischen Systems ausüben. Sind diese Einflüsse bekannt, so lassen sich Fragestellungen hinsichtlich einer Systemoptimierung, Schwachstellenanalyse, Fehlererkennung, Diagnose, Wartungsstrategie und anderer Punkte objektivieren und quantifizieren. Als Bewertungsgrößen wurden sogenannte Importanzkenngrößen (engl. importance) eingeführt; die gebräuchlichsten werden nachfolgend erläutert.

16.5.1 Strukturelle Importanz

Es ist leicht einzusehen, dass die logische Anordnung einer Komponente in einer bestimmten Struktur für das Funktionieren eines Systems von größter Wichtigkeit ist. So ist zum Beispiel eine seriell angeordnete Komponente in der Regel wichtiger als eine parallel angeordnete, redundante Komponente, da die serielle Komponente bei Ausfall sofort zu einem Systemausfall führt.

> **Definition 16.5.1-1: Strukturelle Importanz**
>
> Die strukturelle Importanz ist ein Maß für die Wichtigkeit einer Komponente aufgrund ihrer logischen Anordnung. Die strukturelle Importanz $I_{\bar{\phi}}(i)$ ist durch den Quotienten aus der Anzahl der kritischen Vektoren $(\cdot, \bar{\underline{x}})$ der Komponente i und der Gesamtzahl der Vektoren 2^{n-1} definiert.
>
> $$I_{\bar{\phi}}(i) = \frac{1}{2^{n-1}} \sum_{(\cdot, \underline{x})} (\bar{\phi}(1_i, \bar{\underline{x}}) - \bar{\phi}(0_i, \bar{\underline{x}})) \qquad (16.63)$$
>
> $I_{\bar{\phi}}(i)$ ist keine Wahrscheinlichkeitsgröße.

Erläuterung

Bekanntlich gibt es für ein System bestehend aus n Komponenten bei einer Booleschen Betrachtung 2^n unterschiedliche Zustandsvektoren $\bar{\underline{x}}$, sogenannte n-Tupel. Für alle möglichen Vektoren $(\cdot, \bar{\underline{x}})$ gibt es dann die Relation

$$\bar{\phi}(1_i, \bar{\underline{x}}) - \bar{\phi}(0_i, \bar{\underline{x}}) \stackrel{!}{=} 1 \qquad (16.64)$$

die einen sogenannten kritischen Vektor der Komponente i charakterisiert (es ist zu beachten, dass immer eine Komponente 0 oder 1 gesetzt wird und deshalb nicht mehr als 2^n Zustände möglich sind). Wie schon erläutert, bedeutet die Relation $\bar{\phi}(1_i, \bar{\underline{x}}) = 1$, dass das System aufgrund eines Ausfalls der Komponente i ausgefallen ist ($\bar{x}_i = 1$) und funktionsfähig bleibt, wenn $\bar{\phi}(0_i, \bar{\underline{x}}) = 0$, d.h., wenn die Komponente i ($\bar{x}_i = 0$) funktionsfähig ist (Negativlogik). Gilt dagegen

$$\overline{\phi}(1_i,\underline{\overline{x}}) = \overline{\phi}(0_i,\underline{\overline{x}}) = 1 \text{ bzw. } 0$$

so hat die Komponente *i* keinen Einfluss auf das System.

Es lässt sich ausgehend von Formel 16.64 leicht zeigen, dass die kritischen Vektoren auch über die partielle Ableitung

$$\frac{\partial \overline{\phi}(\underline{\overline{x}})}{\partial \overline{x}_i} = \overline{\phi}(1_i,\underline{\overline{x}}) - \overline{\phi}(0_i,\underline{\overline{x}}) \stackrel{!}{=} 1 \qquad (16.65)$$

und damit einfacher bestimmt werden können.

Beispiel 16.5.1-1

Die Ausfallfunktion eines Seriensystems bestehend aus *n* Komponenten ist durch

$$\overline{\phi}(\underline{\overline{x}}) = 1 - \prod_{j=1}^{n}(1-\overline{x}_j)$$

gegeben. Mit Formel 16.64 folgt:

$$\overline{\phi}(1_i,\underline{\overline{x}}) - \overline{\phi}(0_i,\underline{\overline{x}}) = 1 - \left(1 - \prod_{j=1;j\neq i}^{n}(1-\overline{x}_j)\right) = \prod_{j=1;j\neq i}^{n}(1-\overline{x}_j) \stackrel{!}{=} 1$$

Diese Beziehung lässt sich nur durch einen Vektor $(\cdot,\underline{\overline{x}})$, d.h.

$$\overline{x}_1 = \overline{x}_2 = ... = \overline{x}_{i-1} = \overline{x}_{i+1} ... = \overline{x}_n = 0$$

erfüllen. Für die strukturelle Importanz folgt mit Formel 16.63:

$$I_{\overline{\phi}}(1) = I_{\overline{\phi}}(2) = ... = I_{\overline{\phi}}(n) = \frac{1}{2^{n-1}} \cdot 1 = 2^{1-n}$$

Beispiel 16.5.1-2

Gegeben sei nachfolgende einfache Netzstruktur eines technischen Systems.

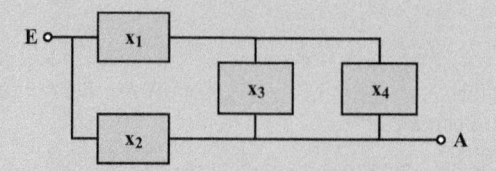

Die Schnittmenge sei $\{\overline{x}_1,\overline{x}_2\},\{\overline{x}_2,\overline{x}_3,\overline{x}_4\}$. Hieraus ergibt sich folgende Ausfallfunktion:

$$\overline{\varphi}(\underline{\overline{x}}) = \overline{x}_1\overline{x}_2 + \overline{x}_2\overline{x}_3\overline{x}_4 - \overline{x}_1\overline{x}_2\overline{x}_3\overline{x}_4$$

Zu bestimmen ist die strukturelle Importanz für die Komponenten x_1 bis x_4.

a) Komponente x_1

$$\overline{\phi}(1_1,\overline{\underline{x}}) = \overline{x}_2 + \overline{x}_2\overline{x}_3\overline{x}_4 - \overline{x}_2\overline{x}_3\overline{x}_4 = \overline{x}_2$$
$$\overline{\phi}(0_1,\overline{\underline{x}}) = \overline{x}_2\overline{x}_3\overline{x}_4$$

$$\overline{\phi}(1_1,\overline{\underline{x}}) - \overline{\phi}(0_1,\overline{\underline{x}}) = \overline{x}_2 - \overline{x}_2\overline{x}_3\overline{x}_4 = \overline{x}_2(1 - \overline{x}_3\overline{x}_4) \overset{!}{=} 1$$

Die vorangegangene Beziehung ist durch die kritischen Vektoren

$(\overline{x}_2 = 1, \overline{x}_3 = 0, \overline{x}_4 = 0)$
$(\overline{x}_2 = 1, \overline{x}_3 = 1, \overline{x}_4 = 0)$
$(\overline{x}_2 = 1, \overline{x}_3 = 0, \overline{x}_4 = 1)$

erfüllt. Es folgt:

$$I_{\overline{\phi}}(1) = \frac{1}{2^3} \cdot 3 = \frac{3}{8}$$

b) Komponente x_2

$$\overline{\phi}(1_2,\overline{\underline{x}}) - \overline{\phi}(0_2,\overline{\underline{x}}) = \overline{x}_1 + \overline{x}_3\overline{x}_4 - \overline{x}_1\overline{x}_3\overline{x}_4 = \overline{x}_1 + \overline{x}_3\overline{x}_4(1 - \overline{x}_1) \overset{!}{=} 1$$

Kritische Vektoren sind

$(\overline{x}_1 = 1, \overline{x}_3 = 0, \overline{x}_4 = 0)$
$(\overline{x}_1 = 1, \overline{x}_3 = 1, \overline{x}_4 = 0)$
$(\overline{x}_1 = 1, \overline{x}_3 = 0, \overline{x}_4 = 1)$
$(\overline{x}_1 = 0, \overline{x}_3 = 1, \overline{x}_4 = 1)$
$(\overline{x}_1 = 1, \overline{x}_3 = 1, \overline{x}_4 = 1)$

Damit folgt:

$$I_{\overline{\phi}}(2) = \frac{1}{2^3} \cdot 5 = \frac{5}{8}$$

c) Komponente x_3

$$\overline{\phi}(1_3,\overline{\underline{x}}) - \overline{\phi}(0_3,\overline{\underline{x}}) = \overline{x}_2\overline{x}_4 - \overline{x}_1\overline{x}_2\overline{x}_4 = \overline{x}_2\overline{x}_4(1 - \overline{x}_1) \overset{!}{=} 1$$

ist durch den kritischen Vektor

$(\overline{x}_1 = 0, \overline{x}_2 = 1, \overline{x}_4 = 1)$

erfüllt. Damit folgt:

$$I_{\overline{\phi}}(3) = \frac{1}{2^3} \cdot 1 = \frac{1}{8}$$

d) Komponente x_4

$$\overline{\phi}(1_4,\underline{\overline{x}})-\overline{\phi}(0_4,\underline{\overline{x}}) = \overline{x}_2\overline{x}_3 - \overline{x}_1\overline{x}_2\overline{x}_3 = \overline{x}_2\overline{x}_3(1-\overline{x}_1) \stackrel{!}{=} 1$$

ist durch den kritischen Vektor

$$(\overline{x}_1 = 0, \overline{x}_2 = 1, \overline{x}_3 = 1)$$

erfüllt. Für die strukturelle Importanz ergibt sich

$$I_{\overline{\phi}}(4) = \frac{1}{2^3} \cdot 1 = \frac{1}{8}$$

Ergebnis:

Da $I_{\overline{\phi}}(2) > I_{\overline{\phi}}(1) > I_{\overline{\phi}}(3) = I_{\overline{\phi}}(4)$ ist, ist die Komponente x_2 die wichtigste. Danach folgt x_1 und gleich wichtig die Komponenten x_3 und x_4.

16.5.2 Marginale Importanz

Die marginale Importanz, auch Birnbaum-Importanz[3] (siehe Lit.) genannt, berücksichtigt neben dem strukturellen auch den probabilistischen Einfluss, den eine Komponente i auf die System-Ausfallwahrscheinlichkeit (Unverfügbarkeit) ausübt.

> **Definition 16.5.2-1: Marginale Importanz**
>
> Die marginale Importanz $I_m(i)$ der Komponente i bezüglich der Ausfallwahrscheinlichkeit ist durch die partielle Ableitung
>
> $$I_m(i) = \frac{\partial F(\underline{q})}{\partial q_i} \quad i = 1, 2, ..., n \tag{16.66}$$
>
> mit
>
> $$0 \leq I_m(i) \leq 1$$
>
> als Wahrscheinlichkeitsgröße definiert.

Bei einer Betrachtung der Unverfügbarkeit ist die Ausfallwahrscheinlichkeit durch diese zu ersetzen. Des Weiteren folgt über die schon behandelte Shannonsche Zerlegung

$$I_m(i) = \frac{\partial}{\partial q_i}(q_i \cdot F(1_i,\underline{q}) + (1-q_i) \cdot F(0_i,\underline{q})) \tag{16.67}$$

$$I_m(i) = F(1_i,\underline{q}) - F(0_i,\underline{q}) \tag{16.68}$$

---

[3] Zygmund William Birnbaum, 1903 - 2000

Aus der expliziten Darstellung

$$I_m(i) = E(\overline{\phi}(1_i, \underline{\overline{x}})) - E(\overline{\phi}(0_i, \underline{\overline{x}}))$$
$$= P(\overline{\phi}(1_i, \underline{\overline{x}}) - \overline{\phi}(0_i, \underline{\overline{x}}) = 1) \quad (16.69)$$

wird der strukturelle Einfluss entsprechend Abschnitt 16.5.1 einer Komponente i deutlich. Wird sich für den Einfluss der Komponenten-Ausfallwahrscheinlichkeit auf die System-Ausfallwahrscheinlichkeit $F_S(q(t))$, d.h. den Zuwachs der Funktion $F_S(q(t))$, interessiert, so lässt sich dieser – wie bei klassischen Funktionen auch – über das vollständige Differenzial (Anwendung der Kettenregel) gewinnen.

Es gilt

$$dF_S(q(t)) = \sum_{i=1}^{n} \frac{\partial F(q(t))}{\partial q_i(t)} \cdot dq_i(t) = \sum_{i=1}^{n} I_m(i) \cdot dq_i(t) \quad (16.70)$$

bzw. als Näherungsgleichung

$$\Delta F_S(q(t)) \approx \sum_{i=1}^{n} I_m(i) \cdot \Delta q_i(t) \quad (16.71)$$

Wird der Einfluss einer Komponente i untersucht, so gilt mit einer Art „partiellem" Δ nach Formel 16.71:

$$\Delta F_S(q(t)) \approx I_m(i) \cdot \Delta q_i(t) \quad (16.72)$$

Die vorangegangene Beziehung gilt auch bei einer Betrachtung der Unverfügbarkeit.

Für $q_j = \frac{1}{2}$ mit $j = 1, 2, \ldots, n$ $(j \neq i)$ lässt sich verifizieren, dass

$$I_{\overline{\phi}}(i) \equiv I_m(i) \quad (16.73)$$

ist. Das heißt, die strukturelle Importanz lässt sich, falls erforderlich, aus der marginalen Importanz – was rechnerisch vorteilhaft ist – ermitteln.

> **Beispiel 16.5.2-1: Fortsetzung von Beispiel 16.5.1-2**
>
> Es geht um die Bestimmung der marginalen Importanz. Aus der Ausfallfunktion folgt für die Ausfallwahrscheinlichkeit:
>
> $$F(\underline{q}) = q_1 q_2 + q_2 q_3 q_4 - q_1 q_2 q_3 q_4 \quad (16.74)$$
>
> Die marginalen Importanzen errechnen sich zu
>
> $$I_m(1) = \frac{\partial F(\underline{q})}{\partial q_1} = q_2 - q_2 q_3 q_4 = q_2(1 - q_3 q_4)$$
>
> $$I_m(2) = \frac{\partial F(\underline{q})}{\partial q_2} = q_1 + q_3 q_4 - q_1 q_3 q_4 = q_1 + q_3 q_4(1 - q_1)$$
>
> $$I_m(3) = \frac{\partial F(\underline{q})}{\partial q_3} = q_2 q_4 - q_1 q_2 q_4 = q_2 q_4(1 - q_1)$$
>
> $$I_m(4) = \frac{\partial F(\underline{q})}{\partial q_4} = q_2 q_3 - q_1 q_2 q_3 = q_2 q_3(1 - q_1)$$

Aufgrund der Beziehung aus Formel 16.73 gilt:

$$\text{Im}(1)|_{q_i=1/2} = \frac{3}{8} = I_{\bar{\phi}}(1)$$

$$\text{Im}(2)|_{q_i=1/2} = \frac{5}{8} = I_{\bar{\phi}}(2)$$

$$\text{Im}(3)|_{q_i=1/2} = \frac{1}{8} = I_{\bar{\phi}}(3)$$

$$\text{Im}(4)|_{q_i=1/2} = \frac{1}{8} = I_{\bar{\phi}}(4)$$

Vergleiche hierzu die Ergebnisse von Beispiel 16.5.1-2.

Beispiel 16.5.2-2: Fortsetzung von Beispiel 16.4.3-3

Auch hier erfolgt die Bestimmung der marginalen Importanzen. Für den Teilfehlerbaum „Abschaltung über Ventilrelais funktioniert nicht" ergeben sich folgende Importanzen:

Basis-Ereignis:

A1: $I_m(A1) = 1$

A2: $I_m(A2) = 1$

A3: $I_m(A3) = 1$

A4: $I_m(A4) = 3{,}000 \cdot 10^{-07}$

A5: $I_m(A5) = 2{,}338 \cdot 10^{-05}$

A6: $I_m(A6) = 3{,}000 \cdot 10^{-07}$

A7: $I_m(A7) = 3{,}000 \cdot 10^{-07}$

A8: $I_m(A8) = 3{,}000 \cdot 10^{-07}$

A9: $I_m(A9) = 1$

Zu erkennen ist, dass in Abhängigkeit von der Systemstruktur die marginalen Importanzen derjenigen Komponenten (Basis-Ereignisse) am größten sind, deren alleiniger Ausfall zum TOP-Ereignis führt.

16.5.3 Fraktionale Importanz

Die fraktionale Importanz als Bewertungsgröße identifiziert diejenige Komponente, deren relative Änderung der Ausfallwahrscheinlichkeit (Unverfügbarkeit) den größten Einfluss auf das System hat.

> **Definition 16.5.3-1: Fraktionale Importanz**
>
> Die fraktionale Importanz $I_f(i)$ der Komponente i bezüglich ihrer Ausfallwahrscheinlichkeit ist durch das Produkt
>
> $$I_f(i) = I_m(i) \cdot q_i \qquad (16.75)$$
>
> definiert.

Zu erkennen ist, dass in Abhängigkeit von der Systemstruktur die fraktionalen Importanzen derjenigen Komponenten am größten sind, deren Produkt aus marginaler Importanz und Ausfallwahrscheinlichkeit den größten Wert annimmt.

> **Beispiel 16.5.3-1: Fortsetzung von Beispiel 16.4.3-3**
>
> Es geht um den Teilfehlerbaum „Abschaltung über Ventilrelais funktioniert nicht". Es ergeben sich für die einzelnen Basis-Ereignisse folgende fraktionale Importanzen:
>
> **Basis-Ereignis:**
>
> A1: $\quad I_f(A1) = 1{,}000 \cdot 10^{-04}$
>
> A2: $\quad I_f(A2) = 3{,}000 \cdot 10^{-07}$
>
> A3: $\quad I_f(A3) = 6{,}818 \cdot 10^{-06}$
>
> A4: $\quad I_f(A4) = 9{,}000 \cdot 10^{-14}$
>
> A5: $\quad I_f(A5) = 7{,}014 \cdot 10^{-12}$
>
> A6: $\quad I_f(A6) = 3{,}993 \cdot 10^{-17}$
>
> A7: $\quad I_f(A7) = 3{,}462 \cdot 10^{-12}$
>
> A8: $\quad I_f(A8) = 3{,}462 \cdot 10^{-12}$
>
> A9: $\quad I_f(A9) = 3{,}000 \cdot 10^{-06}$

16.5.4 Barlow-Proschan-Importanz

Die Barlow-Proschan-Importanz (siehe Lit.), auch sequenzielle, kompetitive Importanz genannt, ermöglicht es, die Komponenten eines technischen Systems hinsichtlich ihrer **Wichtigkeit** (Bedeutung) **für einen Systemausfall** zu bewerten.

Das heißt, es lässt sich die wichtige praktische Frage beantworten, mit welcher Wahrscheinlichkeit eine Komponente i zu einem **bestimmten Zeitpunkt** t einen Systemausfall verursachen wird, falls das System zu diesem Zeitpunkt ausfällt.

> **Definition 16.5.4-1: Barlow-Proschan-Importanz**
>
> Die Barlow-Proschan-Importanz $I_{BP}(i)$ einer Komponente i ist durch den Quotienten
>
> $$I_{BP}(i) = \frac{\int_0^t I_m(i) \cdot f_i(\tau) d\tau}{\sum_{j=1}^n \int_0^t I_m(j) \cdot f_j(\tau) d\tau} \tag{16.76}$$
>
> mit der Eigenschaft
>
> $$0 \leq I_{BP}(i) \leq 1 \tag{16.77}$$
>
> und
>
> $$\sum_{i=1}^n I_{BP}(i) = 1 \tag{16.78}$$
>
> definiert.

Dabei gibt der Zähler von Formel 16.76 an, mit welcher Wahrscheinlichkeit (Ausfallwahrscheinlichkeit) eine Komponente i innerhalb $(0, t)$ einen Systemausfall verursachen wird. Der Nenner gibt die Ausfallwahrscheinlichkeit des gesamten Systems bestehend aus n Komponenten an (Normierung).

Die BP-Importanz gibt also an, mit welcher Wahrscheinlichkeit ein im Intervall $(0, t)$ erfolgter Systemausfall durch den Ausfall der Komponente i hervorgerufen wurde.

Für stationäre Verhältnisse – die für praktische Untersuchungen oft ausreichend sind – gilt:

$$I_{BP\,St}(i) = \lim_{t \to \infty} I_{BP}(i) \tag{16.79}$$

Wird die Grenzwertbetrachtung bei Formel 16.76 durchgeführt, so strebt der Nenner gegen eins. Damit folgt:

$$I_{BP\,St}(i) = \int_0^\infty I_m(i) \cdot f_i(t)\, dt \tag{16.80}$$

> **Beispiel 16.5.4-1: Fortsetzung von Beispiel 16.5.1-2**
>
> Bestimmen Sie die Barlow-Proschan-Importanz für ein Seriensystem unter der Annahme exponentiell verteilter Lebensdauern.
>
> **Lösung:**
>
> Für die marginale Importanz eines Seriensystems folgt allgemein
>
> $$I_{m_{ser}}(i) = \frac{\partial}{\partial q_i}\left[1 - \prod_j (1 - q_j(t))\right] \tag{16.81}$$
>
> $$= \prod_{\substack{j=1 \\ j \neq i}}^n (1 - q_j(t)) = \prod_{\substack{j=1 \\ j \neq i}}^n p_j(t) \quad \text{für } i = 1,\ldots,n$$

und im Fall exponentiell verteilter Lebensdauern

$$I_{m_{ser}}(i) = \prod_{\substack{j=1 \\ j \neq i}}^{n} e^{-\lambda_j \cdot t} \quad \text{für } i = 1,\ldots,n \tag{16.82}$$

Eingesetzt in Formel 16.76 ergibt sich mit $f_i(t) = \lambda_i \cdot e^{-\lambda_i \cdot t}$:

$$I_{BP}(i) = \frac{\dfrac{\lambda_i}{\sum_{j=1}^{n}\lambda_j}\left(1 - e^{-\sum_{j=1}^{n}\lambda_j \cdot t}\right)}{1 - e^{-\sum_{j=1}^{n}\lambda_j \cdot t}} = \frac{\lambda_i}{\sum_{j=1}^{n}\lambda_j} \tag{16.83}$$

Beispiel 16.5.4-2: Fortsetzung von Beispiel 16.5.1-2

Unter der Voraussetzung exponentiell verteilter Lebensdauern der Komponenten x_1 bis x_4 soll nunmehr die stationäre BP-Importanz berechnet werden.

Für die Komponente 1 folgt:

$$I_{BP\,St}(1) = \int_0^\infty I_m(1) \cdot f_1(t)dt$$

Mit $I_m(1)$ von Beispiel 16.5.2-1 und $f_1(t) = \lambda_1 \cdot \exp(-\lambda_1 t)$ ergibt sich:

$$I_{BP\,St}(1) = \int_0^\infty (\exp(-\lambda_3 t) + \exp(-\lambda_4 t) - \exp(-(\lambda_2 + \lambda_3)t)$$
$$- \exp(-(\lambda_2 + \lambda_4)t) - \exp(-(\lambda_3 + \lambda_4)t)$$
$$+ \exp(-(\lambda_2 + \lambda_3 + \lambda_4)t)) \cdot \lambda_1 \cdot \exp(-\lambda_1 t)dt$$

$$I_{BP\,St}(1) = \lambda_1 \cdot \left(\frac{1}{\lambda_1 + \lambda_3} + \frac{1}{\lambda_1 + \lambda_4} - \frac{1}{\lambda_1 + \lambda_2 + \lambda_3}\right.$$
$$\left. - \frac{1}{\lambda_1 + \lambda_2 + \lambda_4} - \frac{1}{\lambda_1 + \lambda_3 + \lambda_4} + \frac{1}{\lambda_1 + \lambda_2 + \lambda_3 + \lambda_4}\right)$$

Die Berechnung der stationären BP-Importanz für die Komponenten 2 bis 4 gestaltet sich analog.

16.6 Bestimmung der mittleren Häufigkeit von Systemausfällen sowie der mittleren Ausfall- und Betriebsdauer

Das zeitliche Verhalten einer Komponente oder eines Systems lässt sich bekanntlich allgemein durch einen alternierenden Erneuerungsprozess – wie Bild 16.10 dargestellt – beschreiben.

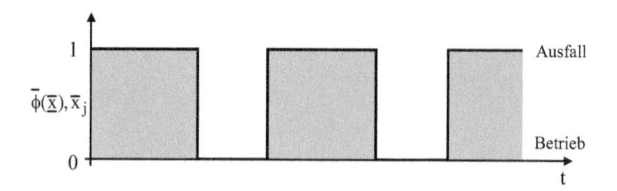

Bild 16.10 Zeitliches Verhalten einer Komponente oder eines Systems

Mit der Ausfallfunktion (siehe Abschnitt 16.4.2)

$$\overline{\phi}(\underline{\overline{x}}) = \begin{cases} 1 & \text{System ist ausgefallen} \\ 0 & \text{System ist funktionsfähig} \end{cases} \tag{16.84}$$

für alle Variablen $\underline{\overline{x}} = (\overline{x}_1, \overline{x}_2, ..., \overline{x}_n)$

$$\overline{x}_j = \begin{cases} 1 & \text{Komponente } K_j \text{ ist ausgefallen} \\ 0 & \text{Komponente } K_j \text{ ist funktionsfähig} \end{cases} \tag{16.85}$$

(Negativlogik)

Für die Verfügbarkeit $v_i(t)$ der i-ten Komponente gilt dann

$$v_i(t) = P(\overline{x}_i = 0) \tag{16.86}$$

und für die Systemverfügbarkeit

$$V(t) = P(\overline{\phi}(\underline{\overline{x}}) = 0) \tag{16.87}$$

Für große Zeiten lässt sich die sogenannte stationäre Verfügbarkeit (Dauerverfügbarkeit) des Systems $V_{D_S} = V(t \to \infty)$ aus der mittleren Betriebsdauer $E(T_{B_S})$ und der mittleren Reparaturdauer (Ausfalldauer) $E(T_{A_S})$ bestimmen.

$$V_{D_S} = \frac{E(T_{B_S})}{E(T_{B_S}) + E(T_{A_S})} \tag{16.88}$$

Dabei charakterisiert der Nenner die mittlere Anzahl von Systemausfällen (Ausfallhäufigkeitsdichte a_S):

$$a_S = \frac{1}{E(T_{B_S}) + E(T_{A_S})} \tag{16.89}$$

Werden konstante Ausfall- und Reparaturraten zugrunde gelegt, d. h.

$$E(T_{B_S}) = \frac{1}{\lambda_S} \quad \text{und} \quad E(T_{A_S}) = \frac{1}{\mu_S} \tag{16.90}$$

so folgt

$$a_S = \frac{\lambda_S \cdot \mu_S}{\lambda_S + \mu_S} \tag{16.91}$$

und

$$V_{D_S} = \frac{\mu_S}{\lambda_S + \mu_S} = \frac{\text{MTTF}_S}{\text{MTTF}_S + \text{MTTR}_S} \tag{16.92}$$

Des Weiteren gilt:

$$a_S = \frac{V_{D_S}}{E(T_{B_S})} = \frac{1 - U_{D_S}}{E(T_{B_S})} = \frac{U_{D_S}}{E(T_{A_S})} \tag{16.93}$$

$$a_S = V_{D_S} \cdot \lambda_S = U_{D_S} \cdot \mu_S \tag{16.94}$$

Die vorangegangenen einfachen Betrachtungen gelten auch komponentenbezogen (Index i statt s).

Ist die Ausfallhäufigkeitsdichte eines Systems mit beliebiger Konfiguration bekannt, so können die für die Praxis wichtigen Kenngrößen der mittleren Ausfall- und Betriebszeit leicht bestimmt werden.

Zur Bestimmung der Ausfallhäufigkeitsdichte gehen wir wiederum von der Kritikalität einer Komponente bezüglich des Systemausfalls aus. Das heißt, ein Systemausfall fällt stets mit dem Ausfall der letzten Komponente zusammen (siehe Abschnitt 16.5).

Für die Systemausfallhäufigkeitsdichte, die wie folgt formuliert werden kann, folgt:

$$\begin{aligned}
a_S(t) \cdot dt &= E(\text{Anzahl der Ausfälle des Systems innerhalb } (t, t+dt)) \\
&= P(\text{System fällt innerhalb } (t, t+dt) \text{ aus}) \\
&= \sum_{i=1}^{n} P(\text{Komponente } i \text{ ist kritisch für einen Systemausfall zum Zeitpunkt } t) \\
&\quad \cdot P(\text{Komponente } i \text{ fällt innerhalb } (t, t+dt) \text{ aus}) \\
&= \sum_{i=1}^{n} \left[\overline{\phi}(1_i, \underline{\overline{x}}) - \overline{\phi}(0_i, \underline{\overline{x}}) \right] \cdot a_i(t) \cdot dt \\
&= \sum_{i=1}^{n} \frac{\partial \underline{U}(t)}{\partial u_i} \cdot a_i(t) \cdot dt
\end{aligned} \tag{16.95}$$

Hieraus folgt die wichtige Beziehung für die Systemausfallhäufigkeitsdichte:

$$a_s(t) = \sum_{i=1}^{n} \frac{\partial \underline{U}(t)}{\partial u_i} \cdot a_i(t) \quad \text{für } i = 1, \ldots, n \tag{16.96}$$

Durch Integration ergibt sich dann die Ausfallhäufigkeit $A(t)$:

$$A(t) = \int_0^t a_s(\tau) \cdot d\tau \tag{16.97}$$

Für stationäre Verhältnisse gilt:

$$a_S = \sum_{i=1}^n \frac{\partial U_S}{\partial u_i} \cdot a_i \tag{16.98}$$

Mit

$$\frac{\partial V_i}{\partial u_i} = \frac{\partial(1-U_i)}{\partial u_i} = -1 \tag{16.99}$$

lässt sich folgende Regel aufstellen: In der Polynomform der Systemunverfügbarkeit U_S als Funktion von u_i bzw. v_i wird jeder Produktterm $u_i u_j ... v_k v_l$ mit $(\mu_i + \mu_j + ... - \lambda_k - \lambda_l ...)$ multipliziert.

Beispiel 16.6-1

Gegeben sei ein 1v2-System (siehe Abschnitt 13.3). Bestimmen Sie die mittlere Systemausfall- und -betriebsdauer.

Lösung:

Die Unverfügbarkeit des 1v2-Systems ist durch

$$U_S = u_1 \cdot u_2$$

(siehe Formel 13.6) gegeben.

Hieraus folgt für die Systemausfallhäufigkeitsdichte

$$a_S = \frac{\partial U_S}{\partial u_1} \cdot a_1 + \frac{\partial U_S}{\partial u_2} \cdot a_2$$

$$a_S = u_2 \cdot a_1 + u_1 \cdot a_2$$

und mit der vorangegangenen Regel

$$a_S = u_1 u_2 (\mu_1 + \mu_2)$$

Mit

$$a_S = \frac{U_S}{E(T_{A_S})} \quad \text{und} \quad a_1 = \frac{u_1}{E(T_{A_1})} = u_1 \cdot \mu_1, \quad a_2 = \frac{u_2}{E(T_{A_2})} = u_2 \cdot \mu_2$$

folgt für die mittlere Systemausfalldauer

$$E(T_{A_S}) = \frac{1}{\mu_1 + \mu_2} = \text{MTTR}$$

Die mittlere Betriebsdauer des 1v2-Systems errechnet sich zu

$$\frac{1-U_S}{E(T_{B_S})} = u_2 \frac{u_1}{E(T_{A_1})} + u_1 \frac{u_2}{E(T_{A_2})}$$

$$E(T_{B_S}) = \frac{1 - u_1 u_2}{u_1 u_2 (\mu_1 + \mu_2)} = \text{MTTF}$$

> **Beispiel 16.6-2**
>
> Gegeben sei nachfolgender Fehlerbaum eines 2v3-Systems unter Einbeziehung des Voterausfalls ($\bar{x}_4$).
>
> Bestimmen Sie die mittlere Ausfall- und Betriebsdauer des Systems.
>
> *Lösung:*
> Über die Ausfallfunktion $\bar{\phi}(\bar{x})$ folgt nach kurzer Rechnung für die Unverfügbarkeit
>
> $$U_S = u_4 + u_1 u_2 v_3 v_4 + u_1 v_2 u_3 v_4 + v_1 u_2 u_3 v_4$$
>
> Die Systemausfallhäufigkeit ist dann durch
>
> $$\begin{aligned} a_S &= u_4 \mu_4 + u_1 u_2 v_3 v_4 (\mu_1 + \mu_2 - \lambda_3 - \lambda_4) \\ &\quad + u_1 v_2 u_3 v_4 (\mu_1 - \lambda_2 + \mu_3 - \lambda_4) \\ &\quad + v_1 u_2 u_3 v_4 (-\lambda_1 + \mu_2 + \mu_3 - \lambda_4) \\ &= \frac{U_S}{E(T_{A_S})} = \frac{1 - U_S}{E(T_{B_S})} \end{aligned}$$
>
> gegeben. Werden bestimmte Werte für λ_1 bis λ_4 und μ_1 bis μ_4 zugrunde gelegt, so kann aus der vorangegangenen Beziehung leicht die Unverfügbarkeit sowie die mittlere Systemausfall- und -betriebsdauer berechnet werden.

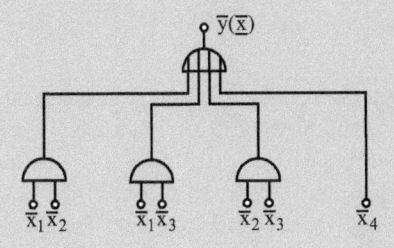

16.7 Induktive Zuverlässigkeits- und Sicherheitsanalyse

Unter induktiven Analysen (Induktion: vom besonderen Einzelfall auf die Allgemeinheit/ Gesetzmäßigkeit zu schließen) werden allgemein alle die Analysemethoden und -verfahren verstanden, die ausgehend von einem bestimmten (auslösenden) unerwünschten Ereignis alle die möglichen Ereignisabläufe betrachten, die zu bestimmten Störwirkungen führen.

Als wichtige und besonders einfache induktive Analysemethode im Zusammenhang mit der Quantifizierung der Sicherheit großer, komplexer Systeme (Kernkraftwerke) hat sich die **Ereignisablaufanalyse** (Störfallablaufanalyse; im Englischen unter der Bezeichnung „event tree" oder auch „event flow" bzw. „event accident process" bekannt) allgemein durchgesetzt. Die Ereignisablaufanalyse kann zur Analyse von Störfallabläufen (qualitativ oder quantitativ) für Anlagen aller Art, einschließlich gemeinsam verursachter Ausfälle, herangezogen werden. Die grafische Darstellung des Störfallablaufs erfolgt durch Ereignisablaufsymbole in einem Ereignisablaufdiagramm. Dies ist ein endlicher gerichteter Graph, der aus einem Eingang und endlich vielen Ausgangsverzweigungen $x \rightarrow \underline{f} \rightarrow \underline{y}$ besteht. In der Automobiltechnik eignet sich die Ereignisablaufanalyse besonders zur Darstellung von degradierten Zuständen.

Ziel der quantitativen Analyse ist es, die Eintrittswahrscheinlichkeiten der einzelnen Störfallauswirkungen innerhalb eines beobachteten Zeitintervalls zu ermitteln. Die Berechnung erfolgt nun so, dass zunächst das auslösende Ereignis $H(E_0)$ (bei mehreren auslösenden Ereignissen können diese deduktiv, siehe deduktive Analyse, zu einem Ereignis zusammengefasst werden) bestimmt wird. Für die Verzweigungen werden in der Regel Zuverlässigkeitskenngrößen (Sicherheitskenngrößen), wie die Verfügbarkeit, als Eingangswert deduktiv ermittelt und zugrunde gelegt. Verzweigungen treten in der Regel immer dann auf, wenn ein Sicherheits- oder Schutzsystem versagt. In einem Ereignisablaufdiagramm können grundsätzlich nur das exklusive ODER und Verzweigungen auftreten. Konjunktionen und das inklusive ODER können nach einer Verzweigung nicht mehr auftreten, da die Ereignisse einander ausschließen.

Entsprechende logische Symbole für die Ereignisablaufanalyse sind nach DIN 25419 genormt. Allerdings haben sich diese in der Praxis nicht durchsetzen können. Es werden Darstellungen verwendet, wie sie in Beispiel 16.7-1 benutzt werden.

Für die einfache quantitative Analyse gelten im Einzelnen folgende Rechenvorschriften:

Verzweigung bzw. Verzweigungssymbol

$$P(A_i) = P(Z_i \mid E) \cdot P(E) \tag{16.100}$$

mit

$P(A_i)$ = Wahrscheinlichkeit des i-ten Ausgangsereignisses A_i

$P(Z_i|E)$ = bedingte Wahrscheinlichkeit, dass beim Eintreten des Ereignisses E der Zustand Z_i eintritt

$P(E)$ = Wahrscheinlichkeit des Eingangsereignisses E

Das exklusive ODER ist durch

$$P(A) = \sum_{i=1}^{n} P(E_i) \tag{16.101}$$

mit

i = Index der disjunktiven Zustände E_i

n = Anzahl der disjunktiven Zustände

$P(A)$ = Wahrscheinlichkeit des Ausgangsereignisses

$P(E_i)$ = Wahrscheinlichkeit des i-ten Eingangsereignisses

gegeben.

Beispiel 16.7-1

Ereignisablaufdiagramm mit Einfachverzweigung:

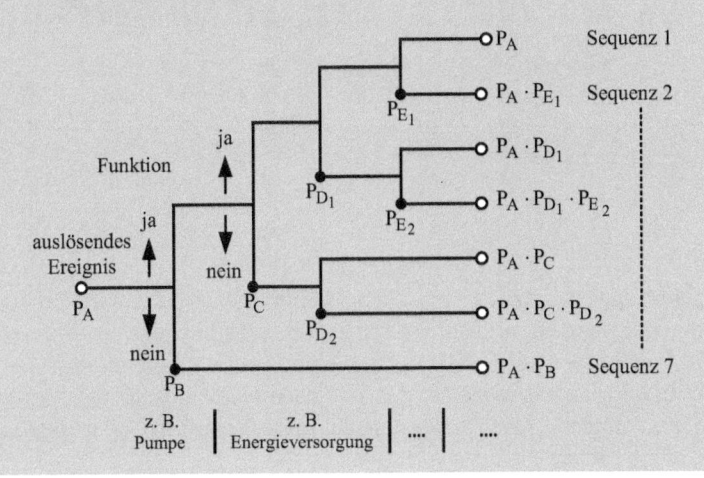

	Sequenz
P_A	Sequenz 1
$P_A \cdot P_{E_1}$	Sequenz 2
$P_A \cdot P_{D_1}$	
$P_A \cdot P_{D_1} \cdot P_{E_2}$	
$P_A \cdot P_C$	
$P_A \cdot P_C \cdot P_{D_2}$	
$P_A \cdot P_B$	Sequenz 7

auslösendes Ereignis: P_A

Funktion: ja/nein — P_C, P_{D_1}, P_{D_2}, P_{E_1}, P_{E_2}, P_B

z. B. Pumpe | z. B. Energieversorgung | .... | ....

17 Zuverlässigkeitsbewertung mithilfe der Fuzzy-Logik

In frühen Entwicklungsphasen eines technischen Systems stehen bekanntlich meist nur unscharfe, d. h. mit Unsicherheiten behaftete Daten z. B. bezüglich der Ausfallraten von Komponenten und Baugruppen zur Verfügung, die eine gesicherte quantitative zuverlässigkeitstechnische Bewertung des Systems, z. B. mittels Fehlerbaumanalyse, erschweren. Problematisch ist besonders die zuverlässigkeitstechnische Bewertung von neuen Komponenten, bei denen keine Felderfahrungen vorliegen.

Eine Möglichkeit, die Analysen dennoch durchführen zu können, bietet die Fuzzy-Logik oder unscharfe Logik. Sie ermöglicht es, das in der Organisation oder bei Experten vorhandene subjektive Wissen nutzbar zu machen und in bestehende Ansätze der Sicherheits- und Zuverlässigkeitsbewertung zu integrieren. Ein weiterer Vorteil ist, dass die Unschärfe und Subjektivität der Eingangsdaten bei den Analyseergebnissen erkennbar bleibt. So kann es bei Standard-Analysemethoden dazu kommen, dass quantitative Ergebnisse ohne Berücksichtigung der Subjektivität der Eingangsdaten übernommen werden und als gesicherte Ergebnisse weitere Verwendung finden. Es ist daher wichtig, die getroffenen Annahmen bei der Analyse zu dokumentieren. Bei Fuzzy-Ansätzen bleibt, wenn gewünscht, die Unschärfe erkennbar und leistet daher einen Beitrag zur Entscheidungsfindung. Der Systemtheoretiker Zadeh[1] stellte 1965 in einer Veröffentlichung über „fuzzy sets" (siehe Lit.) die Erweiterung der klassischen Mengentheorie um die sogenannten unscharfen Mengen vor. Diese Mengen sind vor allem dadurch charakterisiert, dass der Grad der Zugehörigkeit ihrer Elemente nicht mehr ausschließlich 0 und 1 betragen muss. Stattdessen bietet diese Theorie nunmehr die Möglichkeit, einen fließenden Übergang der Zugehörigkeit in der Form eines Zugehörigkeitsgrads von 0 bis 1 für normalisierte Mengen zu schaffen. Es ist somit möglich, vage Eigenschaften, die sich nicht scharf voneinander trennen lassen oder bei denen die Festlegung präziser Werte schwierig ist, zu beschreiben. „Der Mensch denkt in sogenannten linguistischen Variablen; der Mensch denkt demnach qualitativ"[2], zum Beispiel „wenn es heute in Wuppertal nicht regnen sollte und es nicht allzu windig ist, werde ich wahrscheinlich im Nord-Park spazieren gehen". Die Fuzzy-Logik fand zunächst in den USA und Europa wenig Beachtung. Durch die Arbeiten von Mamdani (siehe Lit.) folgten jedoch in Japan bereits in den 70er- und besonders in den 80er-Jahren die ersten Anwendungen im Bereich der Regelungstechnik (Fuzzy Control eines Dampferzeugers, U-Bahn in Sendai etc.).

---

[1] Lotfi Asker Zadeh (1921 – 2017)

[2] „Präzision ist nicht Wahrheit." (Henri Matisse, 1869 – 1954)

Auch wenn die danach einsetzende Euphorie etwas abgeklungen ist, ist die Anwendung zwischenzeitlich breit gefächert (Automatisierungstechnik, Informatik, Wirtschaftswissenschaften, Medizin etc.). Die Grundstruktur (Konzept) eines Fuzzy-Systems besteht in der Regel aus den Bausteinen **Fuzzifizierung**, **Inferenz** und **Defuzzifizierung** (Bild 17.1). In der Regelungstechnik handelt es sich hierbei um den Fuzzy-Controller.

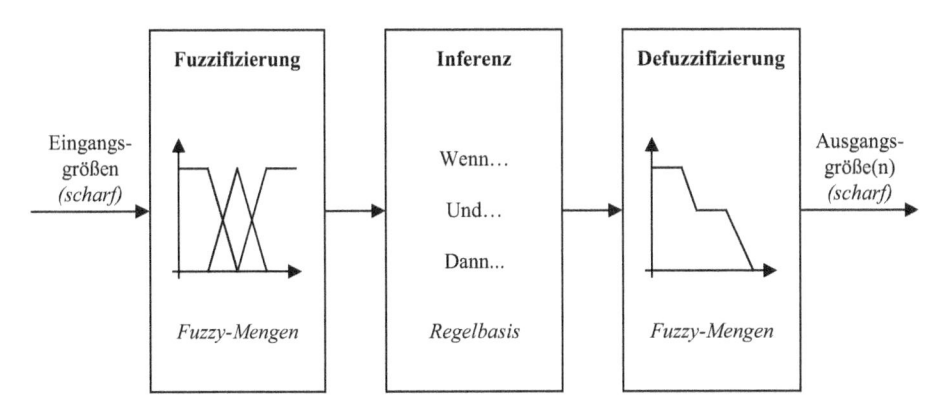

Bild 17.1 Grundstruktur eines Fuzzy-Systems

Im Rahmen der Fuzzifizierung erfolgt die Zuordnung von scharfen Eingangsgrößen zu unscharfen Mengen. Die Inferenz bestimmt durch die Anwendung vorher festgelegter linguistischer Regeln (Prämissenauswertung, Aktivierung, Aggregation) auf die in der Fuzzifizierung ermittelten Zugehörigkeitsgrade eine Ergebnisteilmenge (z. B. Stellgröße im Bereich der Regelungstechnik) als Ausgangsgröße. Die Defuzzifizierung ist durch die Umsetzung in scharfe Ausgangswerte – in der Regelungstechnik handelt es sich hierbei um eine exakte physikalische Stellgröße für den Prozess – gekennzeichnet.

Im Folgenden werden einige Grundlagen zur Fuzzy-Logik erläutert und deren Anwendung im Bereich der Zuverlässigkeitstechnik dargestellt.

■ 17.1 Grundlagen der Fuzzy-Logik

Die Grundidee der unscharfen Mengen besteht darin, „Übergänge" zwischen Zugehörigkeit und Nichtzugehörigkeit zu einer Menge ausdrücklich zuzulassen. Die Zugehörigkeitsfunktion wird in der Regel grafisch dargestellt, wobei die Kurvenform willkürlich ist. Ein Element x der Grundmenge G kann dabei mehreren unscharfen Mengen $A_i (i = 1, \ldots, n)$ angehören.

Bild 17.2 zeigt ein Beispiel einer möglichen Zugehörigkeitsfunktion $\mu(x)$ für das Empfinden der Temperatur x als linguistische Variable. Für eine Temperatur von $x = 22\,°C$ ergibt sich beispielsweise eine Zugehörigkeitsfunktion $\mu_{heiß}(x) = 0,4$ und $\mu_{warm}(x) = 0,6$. Das heißt, die linguistischen Variablen mit den Adjektiven „kühl", „warm", „heiß" der Umgangssprache werden als Terme in Fuzzy-Mengen übertragen. In der Regel werden drei, fünf oder sieben Fuzzy-Mengen als linguistische Variable verwendet.

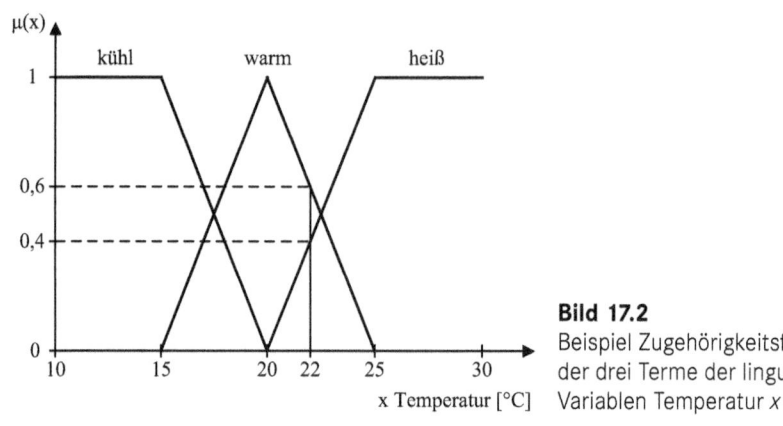

Bild 17.2
Beispiel Zugehörigkeitsfunktionen µ(x) der drei Terme der linguistischen Variablen Temperatur x

Die Elemente einer Fuzzy-Menge A setzen sich aus dem Wert x und dem Grad der Zugehörigkeit $\mu_A(x)$ (Zugehörigkeitsfunktion, Mitgliedsfunktion) zusammen. Eine Fuzzy-Menge A und die Zugehörigkeitsfunktion $\mu_A(x)$ werden daher wie folgt definiert

$$A = \left\{ (x; \mu_A(x)) \mid x \in G; \mu_A(x): G \to [0,1] \right\} \tag{17.1}$$

mit G = Grundmenge (Universalmenge) von A, dem Einheitsintervall $[0,1]$ und

$$\mu_A(x) = \begin{cases} 1 & \text{Element} \quad x \in G \\ \vdots & \vdots \\ 0 & \text{Element} \quad x \notin G \end{cases} \tag{17.2}$$

In der klassischen Mengenlehre nimmt bekanntlich $\mu_A(x)$ nur die scharfen Werte 0 und 1 an. Ein bestimmter Wert $\mu_A(x_1)$ der Zugehörigkeitsfunktion wird Zugehörigkeitsgrad für das Element x_1 zur Menge A genannt, d.h. die Zugehörigkeit zu einer bestimmten Klasse. Zugehörigkeiten als linguistische Aussagen können u.a. als Ähnlichkeit, Wahrscheinlichkeit, Intensität, Approximation klassifiziert und interpretiert werden. Für die grafische Darstellung der Zugehörigkeitsfunktion werden meist Dreiecks- und Trapezfunktionen eingesetzt. Es sind aber auch – je nach Anwendungsfall – andere Darstellungen, wie z.B. S-Funktion, L-Funktion, Gaußfunktion etc. möglich.

Beispiel 17.1-1: Zugehörigkeitsfunktionen

Dreiecksfunktion

$$\mu_A(x) = \begin{cases} 0 & \text{für} \quad x \leq a_1 \\ \dfrac{x - a_1}{a_2 - a_1} & \text{für} \quad a_1 < x \leq a_2 \\ \dfrac{a_3 - x}{a_3 - a_2} & \text{für} \quad a_2 < x \leq a_3 \\ 0 & \text{für} \quad a_3 < x \end{cases}$$

Grafische Darstellung:

(Dreiecksfunktion mit Eckpunkten a_1, a_2, a_3)

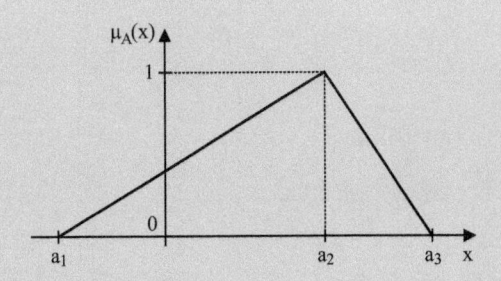

Trapezfunktion

$$\mu_A(x) = \begin{cases} 0 & \text{für} \quad x \leq a_1 \\ \dfrac{x - a_1}{a_2 - a_1} & \text{für} \quad a_1 < x \leq a_2 \\ 1 & \text{für} \quad a_2 < x \leq a_3 \\ \dfrac{a_4 - x}{a_4 - a_3} & \text{für} \quad a_3 < x \leq a_4 \\ 0 & \text{für} \quad x > a_4 \end{cases}$$

Grafische Darstellung:

(Trapezfunktion mit Eckpunkten a_1, a_2, a_3, a_4)

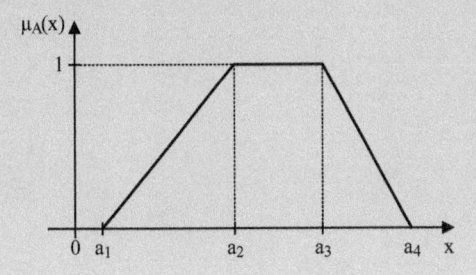

Neben der vorangehend gezeigten vertikalen Repräsentation einer Fuzzy-Menge durch die Wahl einer bestimmten charakterisierten Funktion ist alternativ auch eine horizontale Repräsentation durch sogenannte α-Schnitte möglich (Abschnitt 17.4). Hierunter werden Teilmengen verstanden, deren Elemente einen Zugehörigkeitsgrad von α besitzen.

Es sei A eine unscharfe Menge entsprechend Formel 17.1, dann heißt

$$A^\alpha = \left\{ x \in G \,\middle|\, \mu_A(x) > \alpha \right\}, \alpha \in [0,1] \tag{17.3}$$

„schwacher" α-Schnitt. Ist $\mu_A(x) \geq \alpha, \alpha \in [0,1]$, so wird von einem „starken" α-Schnitt gesprochen. Dabei charakterisiert $\alpha = 0$ die Basis und $\alpha = 1$ den Kern einer Fuzzy-Menge (Bild 17.3).

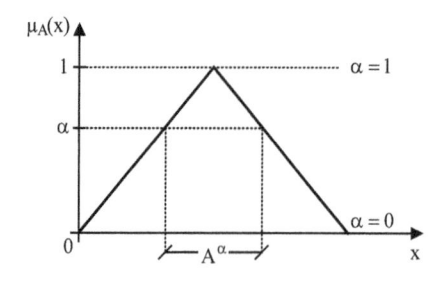

Bild 17.3 Darstellung eines α-Schnitts einer Dreieckszugehörigkeitsfunktion

17.1.1 Verknüpfung unscharfer Mengen

Wie in der klassischen Mengenlehre können Fuzzy-Mengen mittels Operatoren miteinander verknüpft werden.

- **Vereinigung** zweier Fuzzy-Mengen (Fuzzy-ODER-Verknüpfung, Maximumoperator)

$$C := A \cup B = \{x; \mu_{A \cup B}(x)\} \quad \text{für} \quad x \in G \tag{17.4}$$

und

$$\mu_{A \cup B}(x) := \max\{\mu_A(x); \mu_B(x)\} \tag{17.5}$$

Grafische Darstellung:

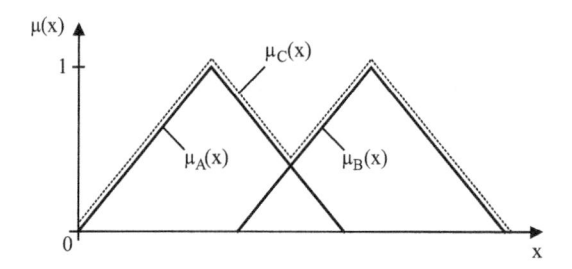

> **Beispiel 17.1.1-1**
>
> Gegeben sei die Grundmenge $G = \{a, b, c, d\}$ mit den Fuzzy-Mengen
>
> $A = \{(a; 0,7), (c; 0,3), (d; 0,2)\}$
>
> und
>
> $B = \{(a; 0,4), (b; 1), (c; 0,2), (d; 0,1)\}$
>
> Dann ist die Vereinigungsmenge durch
>
> $C := A \cup B = \{(a; 0,7), (b; 1), (c; 0,3), (d; 0,2)\}$
>
> gegeben.

- **Durchschnitt** zweier Fuzzy-Mengen (Fuzzy-UND-Verknüpfung, Minimumoperator)

$$C := A \cap B = \{x; \mu_{A \cap B}(x)\} \quad \text{für} \quad x \in G \tag{17.6}$$

und

$$\mu_{A \cap B}(x) := \min\{\mu_A(x); \mu_B(x)\} \tag{17.7}$$

Grafische Darstellung:

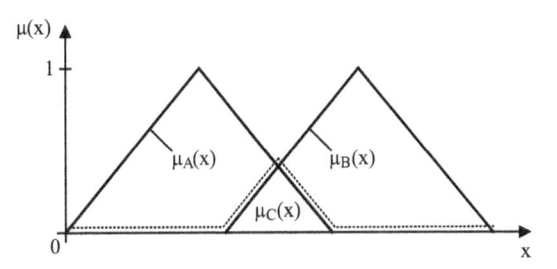

Für das vorangegangene Beispiel folgt nunmehr:

$$C := A \cap B = \{(a;0,4),(b;1),(c;0,2),(d;0,1)\}$$

- **Komplement** einer Fuzzy-Menge

$$\overline{A} = \{x; \mu_{\overline{A}}(x) \mid x \in G\}$$

$$\mu_{\overline{A}}(x) = 1 - \mu_A(x) \quad \text{für} \quad x \in G \tag{17.8}$$

Grafische Darstellung:

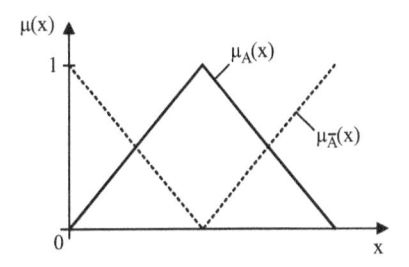

Für $\overline{A}$ aus Beispiel 17.1.1-1 ergibt sich

$$\overline{A} = \{(a;0,3),(c;0,7),(d;0,8)\}$$

Neben den vorgehend genannten elementaren Verknüpfungsoperatoren sind weitere Fuzzy-UND-Operatoren, die allgemein als t-Normen bezeichnet werden, und Fuzzy-ODER-Operatoren, allgemein bezeichnet mit s-Norm oder co-t-Norm, bekannt. Hierzu zählen insbesondere das

- **algebraische Produkt**

$$\mu_C(x) = \mu_A(x) \cdot \mu_B(x) \quad \text{für} \quad x \in G \tag{17.9}$$

als Fuzzy-UND-Operator und die

- **algebraische Summe**

$$\mu_C(x) = \mu_A(x) + \mu_B(x) - \mu_A(x) \cdot \mu_B(x) \quad \text{für } x \in G \tag{17.10}$$

als Fuzzy-ODER-Operator.

Die Rechengesetze für beliebige unscharfe Mengenverknüpfungen, wie Kommutativgesetze, Distributivgesetze, Assoziativgesetze, Idempotenzgesetze, Absorptionsgesetze sowie die de Morganschen Gesetze, sind analog zur Booleschen Algebra (siehe Abschnitt 16.1.3) definiert.

Unterschiede zur Booleschen Algebra sind durch die Verknüpfungen

$$A \cap \overline{A} \neq \phi; \quad A \cup \overline{A} \neq G \tag{17.11}$$

gegeben.

17.1.2 Fuzzy-Relation

Mengen können bekanntlich auf verschiedenen Grundmengen definiert sein. Um einen Vergleich der Mengen zu ermöglichen, wird in der klassischen Algebra das kartesische Produkt der verschiedenen Grundmengen einer n-stelligen Relation (Beziehung) gebildet. Das kartesische Produkt K (Produktraum aller n-Tupel) der scharfen Menge $A_1, A_2, ..., A_n$ über die Grundmengen (Universalmengen) $G_1, G_2, ..., G_n$ mit $A_i \subseteq G_i$ $(i = 1,...,n)$ ist durch

$$K = A_1 \times A_2 \times ... \times A_n = \{(x_1, x_2, ..., x_n) \,|\, x_i \in A_i, i = 1, 2, ..., n\} \tag{17.12}$$

definiert. Sind die Teilmengen A_i durch ihre charakteristischen Funktionen μ_{A_i} der Grundmenge G_i gegeben, so gilt für die charakteristische Funktion des kartesischen Produktes

$$\mu_K(x_1,...,x_n) = \begin{cases} 1 & \text{für } \mu_{A_1}(x_1) = ... = \mu_{A_n}(x_n) = 1 \\ 0 & \text{sonst.} \end{cases} \tag{17.13}$$

bzw. in geschlossener Darstellung

$$\mu_K(x_1,...,x_n) = \min\{\mu_{A_1}(x_1),...,\mu_{A_n}(x_n)\} \tag{17.14}$$

Für den Sonderfall einer gemeinsamen Grundmenge G kann μ_K über den Durchschnitt gebildet werden.

Die vorangegangenen Beziehungen gelten auch für unscharfe Mengen. Zur Unterscheidung werden diese in der Literatur meist mit einer Tilde versehen ($\tilde{A}_i, \tilde{K}$).

> **Beispiel 17.1.2-1**
>
> Das kartesische Produkt der Grundmengen X und Y sei durch $X \times Y = \{(x,y) \,|\, x \in X, y \in Y\}$ unter der Voraussetzung $X \neq Y$ gegeben. Beispielhaft ergibt sich mit $X = \{1, 4, 10\}$ und $Y = \{2, 8\}$ für das Kreuzprodukt
>
> $$K = \{(1,2),(4,2),(10,2),(1,8),(4,8),(10,8)\}$$

und für die charakteristische Funktion $\mu_K(x, y)$

y	x		
	1	4	10
2	1	1	1
8	1	1	1

Mit einer Relation werden in der klassischen Mengenlehre die fundamentalen Eigenschaften zwischen scharfen Mengen beschrieben. Eine Relation ist demnach eine Teilmenge aus dem Kreuzprodukt mehrerer scharfer Mengen $A_i \subseteq G_i$ $(i=1,...,n)$. Das heißt, es wird

$$R(A_1,...,A_n) \subseteq A_1 \times ... \times A_n \subseteq G_1 \times ... \times G_n \qquad (17.15)$$

als n-stellige Relation auf A_1, ..., A_n gebildet. Die zugehörige charakteristische Funktion $\mu_R(x_1,...,x_n)$ ist dann 1 (wahr), wenn $(x_1,...,x_n) \in R$ und 0 sonst. Das heißt, die lineare Zuordnung beschreibt die Zugehörigkeit eines Elements zu einer Relation. Von praktischer Bedeutung sind in der klassischen Mathematik besonders die zweistelligen Relationen. Im Folgenden ist ein Beispiel für die Relation „≤" aufgeführt.

Beispiel 17.1.2-2

Mit den Mengen $X = \{1, 4, 10\}$ und $Y = \{2, 8\}$ des vorangegangenen Beispiels 17.1.2-1 folgt direkt aus dem kartesischen Produkt für die Relation $R = \{(x,y) \in X \times Y \mid x \leq y\}$

$$R = \{(1, 2),(1, 8),(4, 8)\}$$

Die charakteristische Funktion $\mu_R(x, y)$ ergibt sich dann zu

y	x		
	1	4	10
2	1	0	0
8	1	1	0

Der Begriff der scharfen Relation kann nun in Analogie auf eine unscharfe, d.h. Fuzzy-Relation $\tilde{R}$ erweitert werden:

$$\tilde{R} = \{(x_1,...,x_n) \in G_1 \times ... \times G_n \mid \mu_{\tilde{R}}(x_1,...,x_n) \in [0,1]\} \qquad (17.16)$$

Eine **Fuzzy-Relation** $\tilde{R}$ ist demnach eine Fuzzy-Menge, die auf dem kartesischen Produkt $G_1 \times ... \times G_n$ mit der Zuordnung $\mu_{\tilde{R}} \in [0,1]$ definiert ist.

Für zwei Fuzzy-Mengen $A \in X$ und $B \in Y$ ergibt sich über das kartesische Produkt $A \times B$ die Fuzzy-Relation

$$\mu_{\tilde{R}}(x,y) = \min(\mu_A(x), \mu_B(y)) \qquad (17.17)$$

Beispiel 17.1.2-3

Wir betrachten einen bürstenlosen Gleichstrommotor. Der Zustand (M_i) des Motors möge durch die Zuordnung zur Drehzahl (n_i) charakterisiert sein.

Regeln:

- Wenn die Drehzahl „normal" ist (n_0), dann liegt kein Ausfall vor (M_0).
- Wenn die Drehzahl sehr hoch ist (n_1), dann kann die Elektronik ausgefallen sein (M_1).
- Wenn die Drehzahl zu gering ist (n_2), dann kann ein Fehler in der Mechanik (M_2) vorliegen.

Mit den Werten $\mu_{\tilde{R}}(n_1, M_1) = 0{,}8, \mu_{\tilde{R}}(n_2, M_2) = 0{,}6, \mu_{\tilde{R}}(n_1, M_2) = 0{,}2, \mu_{\tilde{R}}(n_2, M_1) = 0{,}3$ folgt die Relationsmatrix:

$$\tilde{R} = \begin{array}{c} \\ n_0 \\ n_1 \\ n_2 \end{array} \begin{array}{ccc} M_0 & M_1 & M_2 \\ \left(\begin{matrix} 1 & 0 & 0 \\ 0 & 0{,}8 & 0{,}2 \\ 0 & 0{,}3 & 0{,}6 \end{matrix}\right. & & \left.\vphantom{\begin{matrix}1\\0\\0\end{matrix}}\right) \end{array}$$

Verknüpfung von Fuzzy-Relationen

Unter einer Verknüpfung wird die Zusammenfassung zweier Fuzzy-Relationen verstanden, die auf der **gleichen** Produktmenge (Produkträume) definiert sind.

Durchschnitt und Vereinigung zweier Fuzzy-Relationen:

Seien $\tilde{R}_1$ und $\tilde{R}_2$ zwei unscharfe Relationen, die auf dem gleichen Produktraum definiert sind,

$$A_1 \times A_2 \times \ldots \times A_n, A_1 \subseteq G_1 \ldots A_n \subseteq G_n$$

und $\mu_{\tilde{R}_1}(x_1, \ldots, x_n)$, $\mu_{\tilde{R}_2}(x_1, \ldots, x_n)$ die entsprechenden Zugehörigkeitsfunktionen mit $x_1 \in A_1, \ldots, x_n \in A_n$, so sind die Verknüpfungen ebenfalls Fuzzy-Relationen auf $A_1 \times \ldots \times A_n$.

Die konjunktive Verknüpfung (MIN-Operator) ist dann durch

$$\mu_{\tilde{R}_1 \cap \tilde{R}_2}(x_1, \ldots, x_n) = \min\left\{\mu_{\tilde{R}_1}(x_1, \ldots, x_n), \mu_{\tilde{R}_2}(x_1, \ldots, x_n)\right\} \tag{17.18}$$

und die disjunktive Verknüpfung (MAX-Operator) durch

$$\mu_{\tilde{R}_1 \cup \tilde{R}_2}(x_1, \ldots, x_n) = \max\left\{\mu_{\tilde{R}_1}(x_1, \ldots, x_n), \mu_{\tilde{R}_2}(x_1, \ldots, x_n)\right\} \tag{17.19}$$

definiert.

Verkettung von Fuzzy-Relationen

Eine Verkettung (Komposition) ist die Zusammenfassung von Fuzzy-Relationen, die auf unterschiedlichen Produktmengen (Produkträumen) definiert sind, sodass durch das Nacheinanderausführen eine neue Fuzzy-Relation auf dem verketteten

Produktraum entsteht (z. B. $A \to B$ und $B \to C$, siehe $A \to C$). Die in der Praxis am häufigsten angewandte Verkettung ist die **Max-Min-Komposition**.

Es seien

$$\tilde{R}_1(x,y) = \left\{ [(x,y); \mu_{\tilde{R}_1}(x,y)] \mid (x,y) \in X \times Y \right\} \tag{17.20}$$

und

$$\tilde{R}_2(y,z) = \left\{ [(y,z); \mu_{\tilde{R}_2}(y,z)] \mid (y,z) \in Y \times Z \right\}$$

dann ist die Max-Min-Komposition (Fuzzy-Relationsprodukt $\tilde{R}_1 \circ \tilde{R}_2$) durch

$$\mu_{\tilde{R}_1 \circ \tilde{R}_2}(x,z) = \sup_{y \in Y} \min \left\{ \mu_{R_1}(x,y), \mu_{R_2}(y,z) \right\} \tag{17.21}$$

für alle $(x,z) \in X \times Z$ gegeben.

Das heißt, $\tilde{R}_1$ ist eine Relation von X nach Y und $\tilde{R}_2$ eine Relation von Y nach Z mit der Komposition $\tilde{R}_1 \circ \tilde{R}_2$ als Max-Min-Verkettung.

Bekannte weitere Kompositionen sind die Max-Prod-Komposition (die Produktbildung erfolgt entsprechend einer Matrixmultiplikation) und die Max-Average-Komposition (die Produktbildung erfolgt durch Mittelwerte).

Mithilfe der Verkettung von Fuzzy-Relationen können Fuzzy-Regeln zu Schlussfolgerungen verknüpft werden.

Beispiel 17.1.2-4: Max-Min-Komposition

$\tilde{R}_1$	y_1	y_2	y_3	y_4
x_1	0,1	0,7	0,2	1
x_2	0,4	0	0,3	1
x_3	0,3	0,5	0,9	0,8
x_4	0,4	0	0,7	0,6

⇕ min.   ⇒

$\tilde{R}_2$	z_1	z_2	z_3	z_4
y_1	0,3	0,1	0,2	0,5
y_2	0,4	1	0	0,5
y_3	0,2	0,9	1	0,2
y_4	0,1	0,5	0,4	0,4

Schlussfolgerung

$\tilde{R}_1 \circ \tilde{R}_2$	z_1	z_2	z_3	z_4
x_1	0,4	0,7	0,4	0,5
x_2	0,3	0,5	0,4	0,4
x_3	0,4	0,9	0,9	0,5
x_4	0,3	0,7	0,7	0,4

max.

z. B.

$$\mu(x_2, z_3) = \max_{y \in Y} \left[\min(0,4; 0,2); \min(0,0); \min(0,3; 1); \min(1; 0,4) \right]$$
$$= \max_{y \in Y} \left[0,2; 0; 0,3; 0,4 \right] = 0,4$$

17.1.3 Erweiterungsprinzip

Das Zadehsche Erweiterungsprinzip dient der Übertragung der Rechenregeln für scharfe Mengen bzw. Zahlen auf Fuzzy-Mengen. Das heißt, die klassische Arithmetik wird durch das Erweiterungsprinzip zur Fuzzy-Arithmetik.

Ausgehend von dem scharfen kartesischen Produkt (Formel 17.12) sei zunächst das kartesische Produkt für unscharfe Mengen definiert. Sind $A_1, \ldots, A_n$ unscharfe Mengen auf den Grundmengen $G_1, \ldots, G_n$ mit den Zugehörigkeitsfunktionen $\mu_{\tilde{A}_1}(x_1), \ldots, \mu_{\tilde{A}_n}(x_n)$, $x_1 \in G_1, \ldots, x_n \in G_n$, so ist das kartesische Produkt

$$\tilde{K} = \tilde{A}_1 \otimes \tilde{A}_2 \otimes \ldots \otimes \tilde{A}_n \tag{17.22}$$

als eine unscharfe Menge im Produktraum $G = G_1 \times \ldots \times G_n$ durch

$$\tilde{K} = \left\{ (x_1, \ldots, x_n) \mid x_i \in G_i, \mu_{\tilde{K}}(x_1, \ldots, x_n) \in [0,1] \right\} \tag{17.23}$$

$$\mu_{\tilde{K}}(x_1, \ldots, x_n) = \min \left\{ \mu_{\tilde{A}_i}(x_i) \mid x_i \in G_i, i = 1, \ldots, n \right\} \tag{17.24}$$

definiert.

> **Beispiel 17.1.3-1**
>
> Es seien
>
> $$A_1 = \{(a;0,7),(b;0,3),(c;0,4)\} \text{ und } A_2 = \{(d;1),(e;0,2),(f;0,1),(g;0,8)\},$$
>
> dann folgt als zweidimensionale Zugehörigkeitsmatrix $\mu_{\tilde{K}}(x_1; x_2)$:
>
> | x_1 | x_2 | | | |
> |---|---|---|---|---|
> | | d | e | f | g |
> | a | 0,7 | 0,2 | 0,1 | 0,7 |
> | b | 0,3 | 0,2 | 0,1 | 0,3 |
> | c | 0,4 | 0,2 | 0,1 | 0,4 |

Gegeben seien nun zwei Fuzzy-Zahlen $\tilde{A}$ und $\tilde{B}$ mit den Zugehörigkeitsfunktionen $\mu_{\tilde{A}}(x_1)$ und $\mu_{\tilde{B}}(x_2)$. Es stellt sich nun die Frage: Wie kann die Zugehörigkeitsfunktion $\mu_{\tilde{C}}(z)$ für $\tilde{C} = f(\tilde{A}, \tilde{B})$ z. B. für $\tilde{C} = \tilde{A} + \tilde{B}$ oder $\tilde{C} = \tilde{A} \cdot \tilde{B}$ bestimmt werden?

Aufgrund des Zadehschen Erweiterungsprinzips folgt als Lösung

$$\mu_{\tilde{C}}(z) = \sup_{z = f(x_1, x_2)} \left(\min \left\{ \mu_{\tilde{A}}(x_1), \mu_{\tilde{B}}(x_2) \right\} \right) \tag{17.25}$$

Intervallarithmetik

Mittels der Intervallarithmetik wird die Zugehörigkeitsfunktion (μ-Achse) in gleich große Intervalle (Diskretisierungszahl m) aufgeteilt und die Fuzzy-Zahlen $\tilde{A}$ und $\tilde{B}$ in die Intervallmengen P_1 und P_2

$$\tilde{A} \to P_1 = \{(a_1^0, b_1^0), (a_1^1, b_1^1), ..., (a_1^m, b_1^m)\} \tag{17.26}$$

und

$$\tilde{B} \to P_2 = \{(a_2^0, b_2^0), (a_2^1, b_2^1), ..., (a_2^m, b_2^m)\} \tag{17.27}$$

zerlegt (siehe Abschnitt 17.4).

Für die Grundrechenarten unscharfer Zahlen folgt dann mit den Zugehörigkeitsstufen $\mu_j, j = 0, 1, ..., n$

$$\tilde{A} \oplus \tilde{B} = [a_1^j, b_1^j] + [a_2^j, b_2^j] = [a_1^j + a_2^j, b_1^j + b_2^j] \tag{17.28}$$

$$\tilde{A} \ominus \tilde{B} = [a_1^j, b_1^j] - [a_2^j, b_2^j] = [a_1^j - a_2^j, b_1^j - b_2^j] \tag{17.29}$$

$$\tilde{A} \odot \tilde{B} = [a_1^j, b_1^j] \cdot [a_2^j, b_2^j] = \{\min(M^j), \max(M^j)\} \tag{17.30}$$

mit $M^j = \{a_1^j \cdot a_2^j, a_1^j \cdot b_2^j, b_1^j \cdot a_2^j, b_1^j \cdot b_2^j\}$,

$$\tilde{A} \oslash \tilde{B} = [a_1^j, b_1^j] \div [a_2^j, b_2^j] = \{\min(D^j), \max(D^j)\} \tag{17.31}$$

mit $D^j = \{a_1^j \div a_2^j, a_1^j \div b_2^j, b_1^j \div a_2^j, b_1^j \div b_2^j\}$ und $0 \notin [a_2^j, b_2^j]$.

Voraussetzung ist die Unabhängigkeit der Variablen. Sind die Variablen voneinander abhängig, so kann es zu einer Überschätzung des Ergebnisses kommen. Zur Korrektur wird dann die Transformationsmethode angewendet.

Das Rechnen mit unscharfen Zahlen kann durch die Forderung vereinfacht werden, dass für die beiden „Teiläste" der Zugehörigkeitsfunktion links und rechts des Gipfelpunktes nur Funktionen eines bestimmten, vorgegebenen Typs zugelassen sind (LR-Darstellung). Dazu werden Forderungen an die Verläufe der „Teiläste" gestellt, die sicherstellen sollen, dass es sich bei den dargestellten unscharfen Mengen um unscharfe Zahlen handelt (Bothe, siehe Lit.).

Die Auswertung der vorangegangenen Beziehung (Formel 17.25) für kontinuierliche Zugehörigkeitsfunktionen ist nicht immer einfach. In der Praxis wird deshalb die Intervallarithmetik verwendet.

17.2 Prinzipieller Ablauf einer Fuzzy-Anwendung

Wie aus Bild 17.1 hervorgeht, ist der prinzipielle Ablauf einer Fuzzy-Anwendung durch Fuzzifizierung, Inferenz und Defuzzifizierung gekennzeichnet. Im Bereich der Regelungstechnik handelt es sich hierbei um den Fuzzy-Controller, wobei der Eingang durch die Regelgröße sowie die Sollwerte und der Ausgang durch die Stellgrößen gegeben ist.

17.2.1 Fuzzifizierung

Die Fuzzifizierung („Unscharfmachen") ist die Umsetzung eines gegebenen Sachverhaltes in das Gerüst der unscharfen Mathematik. Die Eingangsgrößen (z. B. Ausfallrate) werden unscharfen Mengen zugeordnet und die Zugehörigkeitsgrade μ_i zu diesen unscharfen Mengen bestimmt. Anders formuliert: Es wird bestimmt, zu welchem Grad ein bestimmter Sachverhalt gewisse Eigenschaften erfüllt. Die Fuzzifizierung erfolgt in den drei Schritten:

1. Festlegen der einzelnen unscharfen Mengen
2. Festlegen der Zugehörigkeitsfunktionen
3. Ablesen der Zugehörigkeitsgrade

Die Festlegung der unscharfen Mengen erfolgt durch linguistische Variablen oder umgangssprachliche Begriffe, wie z. B. „kühl" und „heiß". Der Verlauf der Zugehörigkeitsfunktionen kann von den Bearbeitern des Problems willkürlich festgelegt werden. Falls das Ergebnis nicht befriedigend ist, muss der Verlauf gegebenenfalls modifiziert werden.

Als Zuordnungsvorschriften eignen sich sowohl grafische Lösungen als auch mathematische Gleichungen. Wichtig ist nur, dass es eine Zuordnung gibt, die einem gegebenen Sachverhalt einen Zugehörigkeitsgrad in einer definierten, nachvollziehbaren Art und Weise zuordnet. Es ist zu beachten, dass die Zugehörigkeitsfunktionen auch für die unscharfen Mengen der Ausgangsgrößen bei der Fuzzifizierung festgelegt werden müssen.

17.2.2 Fuzzy-Inferenz

Unter Fuzzy-Inferenz wird das logische Schließen auf unscharfe Informationen durch Anwendung der Fuzzy-Relationen verstanden.

Bei der Inferenz werden demnach vorher festgelegte Regeln auf die in der Fuzzifizierung ermittelten Zugehörigkeitsgrade μ_i angewandt. Als Ergebnis ergeben sich die Zugehörigkeitsgrade der Ergebnisteilmengen der Ausgangsgrößen. Die Durchführung der Inferenz erfolgt in drei Phasen:

1. Aufstellen der Verarbeitungsregeln
2. Festlegen der Operatoren für UND, ODER usw.
3. Berechnen der Zugehörigkeitsgrade der Ergebnisteilmengen

Die Verarbeitungsregeln werden in der Form WENN <Prämisse> DANN <Konklusion> aufgestellt. Diese beruhen meist auf Erfahrungen und Expertenmeinungen. Auf diese Weise kann Wissen direkt, ohne Umweg über die Bildung abstrakter, theoretischer Modelle, umgesetzt werden.

Es ist sehr wichtig, dass beim Aufstellen der Regeln keine undefinierten Zustände auftreten. Sämtliche Prämissenkombinationen müssen abgedeckt sein, d. h., für jede unscharfe Menge der Eingangsgrößen muss mindestens eine Inferenzregel existieren. Anschließend folgt die Berechnung der Zugehörigkeitsgrade der Ergebnisteilmengen. Bei nur einer Prämisse wird der Wert des Zugehörigkeitsgrades aus der Prämisse für den Zugehörigkeitsgrad der Schlussfolgerung übernommen. Bei mehreren Prämissen werden die Werte der einzelnen Zugehörigkeitsgrade nach den Regeln der unscharfen Logik (UND, ODER usw.) miteinander verknüpft (Minimum-Operator, Maximum-Operator usw.).

Als Inferenz-Verfahren haben sich im Wesentlichen in der Praxis die Max-Min-Methode und die Max-Prod-Methode durchgesetzt. Bei der einfachen Max-Min-Methode werden die Zugehörigkeitsfunktionen der einzelnen unscharfen Mengen der Ausgangs- bzw. Ergebnisgrößen in Höhe des jeweiligen Zugehörigkeitsgrades begrenzt, d.h. abgeschnitten. Die so erhaltenen Flächen werden zur Ergebnisfläche überlagert.

Es sei z.B. μ(kühl) = 0,4, μ(warm) = 0,6 und μ(heiß) = 0. Die Teilflächen werden zu einer Gesamtfläche zusammengefasst, sodass sich als unscharfe Ergebnismenge die im folgenden Bild 17.4 schraffierte Fläche darstellt.

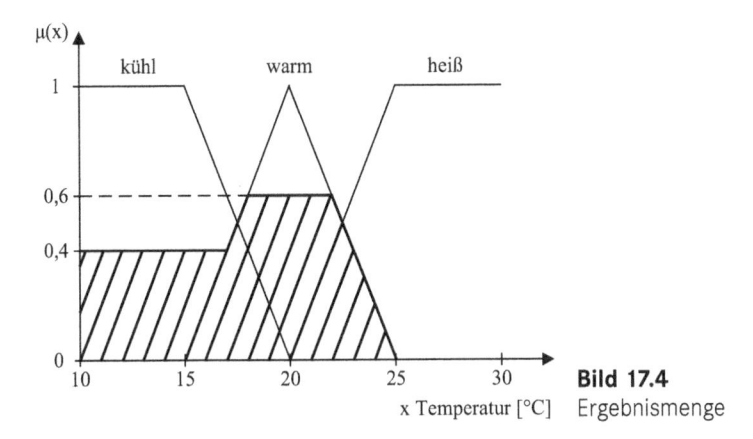

Bild 17.4 Ergebnismenge

17.2.3 Defuzzifizierung

Die Defuzzifizierung ist die Umsetzung eines unscharfen Sachverhaltes in konkrete Werte. Um die bei der Inferenz entstandenen unscharfen Ergebnismengen in die erwähnten konkreten Zahlen umzusetzen, gibt es verschiedene Methoden. Grundsätzlich wird bei der Defuzzifizierung in zwei Schritten vorgegangen:

1. Festlegen der Defuzzifizierungsmethode
2. Ablesen des Ergebnisses

Zur Defuzzifizierung von Ergebnisflächen bieten sich die Maximum-Mittelwert-Methode (engl. Mean of Maximum), die Schwerpunktmethode (engl. Center of Gravity) und die gewichtete Maximum-Mittelwert-Methode (engl. Weighted Mean of Maximum Methode) an.

Maximum-Mittelwert-Methode

Bei der Defuzzifizierungsmethode „Mean of Maximum" (dt. Maximum-Mittelwert) wird als Wert für die Ausgangsgröße der Abszissenwert unter der Mitte des Maximalwertes der Ergebnismenge verwendet (Bild 17.5). Es ist zu bemerken, dass bei dieser Methode eine Überlappung von Teilflächen nicht berücksichtigt ist. Für das Beispiel ergibt sich eine Temperatur von 20 °C.

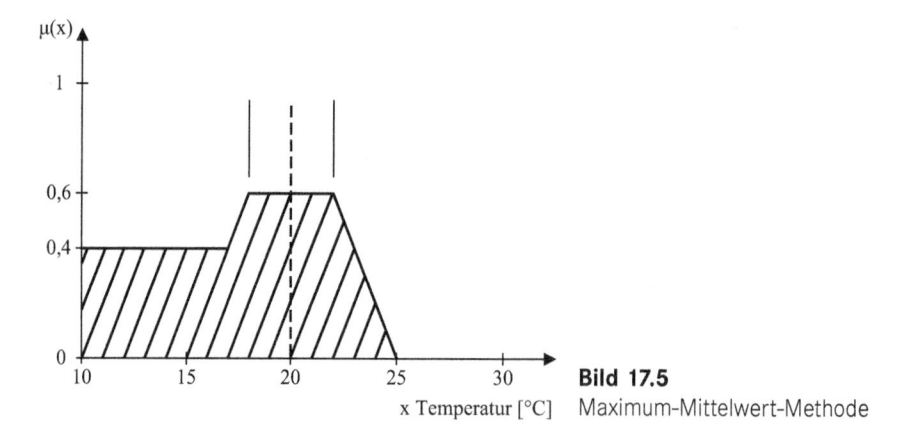

Bild 17.5 Maximum-Mittelwert-Methode

x Temperatur [°C]

Schwerpunktmethode

Bei der Defuzzifizierungsmethode „Center of Gravity" (dt. Schwerpunktmethode) wird als Wert für die Ausgangsgröße der Abszissenwert des Flächenschwerpunkts der Ergebnismenge verwendet (Bild 17.6). Die Berechnung der Schwerpunktkoordinate X_S erfolgt nach folgender Gleichung:

$$X_S = \frac{\int_{X_A}^{X_E} x \cdot f(x)\,dx}{\int_{X_A}^{X_E} f(x)\,dx} \tag{17.32}$$

mit

X_S = x-Koordinate des Flächenschwerpunkts
X_A = x-Anfangswert der Fläche
X_E = x-Endwert der Fläche
$f(x)$ = Funktion der Berandungskurve des Flächenstückes

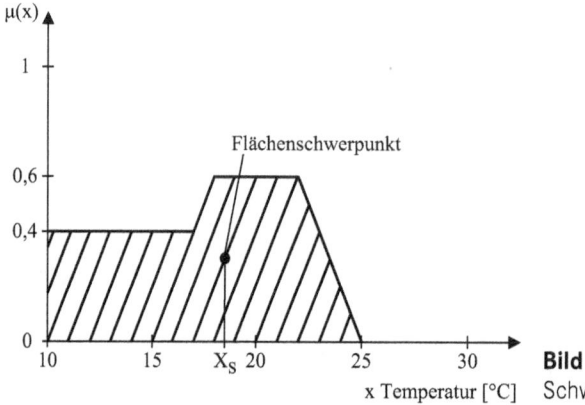

Bild 17.6 Schwerpunktmethode

x Temperatur [°C]

Gewichtete Maximum-Mittelwert-Methode

Bei dieser Defuzzifizierungsmethode werden die Zugehörigkeitsgrade aller Maxima der jeweiligen Zugehörigkeitsfunktion nach folgender Gleichung gewichtet:

$$Z_0 = \frac{\sum_j \mu_j \cdot W_j}{\sum_j \mu_j} \qquad (17.33)$$

mit

W_j = zugehörige Werte der ordinalen Skala zu jedem Maximum der Zugehörigkeitsgrade μ_j

Beispiel 17.2.3-1

Der Stellwert φ für die Öffnung eines Ventils in einem Motorkühlkreislauf soll aufgrund der gemessenen Temperatur T des Kühlmittels von einem Regler verstellt werden. Hierzu liegen die beiden nachfolgenden Regeln in linguistischer Form zur Beschreibung des Reglerverhaltens vor:

WENN	T = niedrig	DANN	φ = halb offen
WENN	T = mittel	DANN	φ = fast offen

Für die beiden Kenngrößen Temperatur und Öffnung des Kühlventils gelten die nachfolgenden linguistischen Terme.

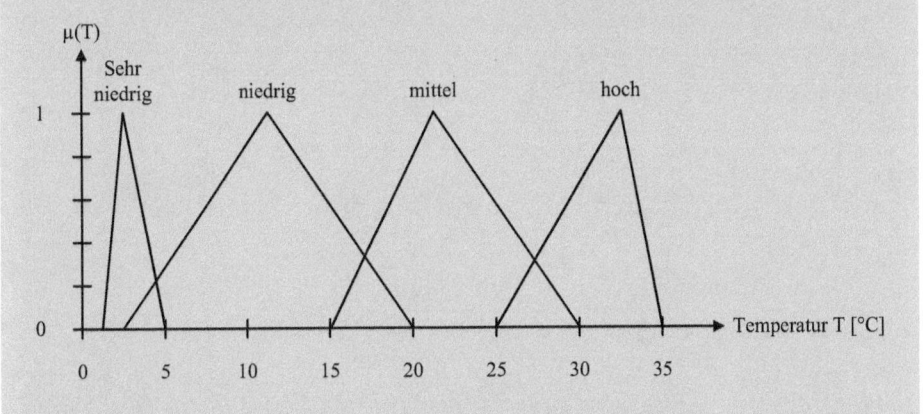

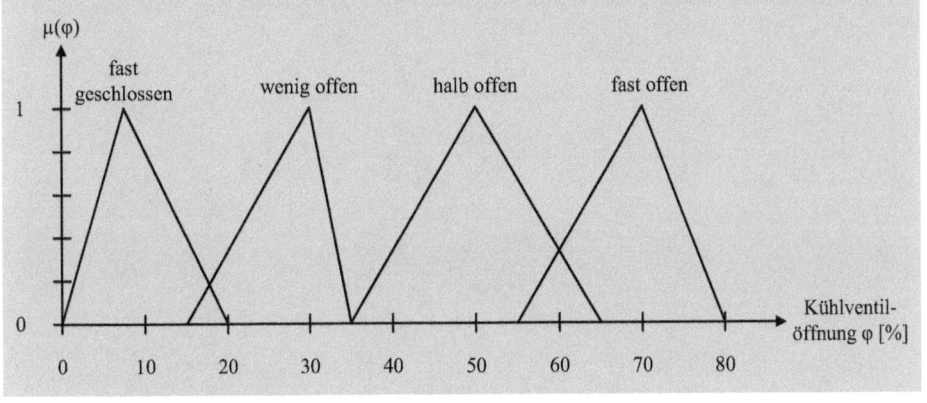

a) Ermitteln Sie die unscharfe Menge der Ventilöffnung für eine gemessene Temperatur von 18 °C. Geben Sie dabei die entsprechenden Zwischenschritte (rechnerisch und grafisch) an.

b) Erläutern Sie kurz den Begriff Defuzzifizierung, nennen Sie zwei Methoden inklusive einer kurzen Beschreibung, die dabei zum Einsatz kommen können, und geben Sie die Ergebnisse der Defuzzifizierung für die beschriebenen Methoden der Ergebnismenge aus Teil a) an (Abschätzung ist ausreichend).

Lösung

a) $T = 18\,°C$

$M_{\text{niedrig}}(18\,°C) = 0,2$

$M_{\text{mittel}}(18\,°C) = 0,5$

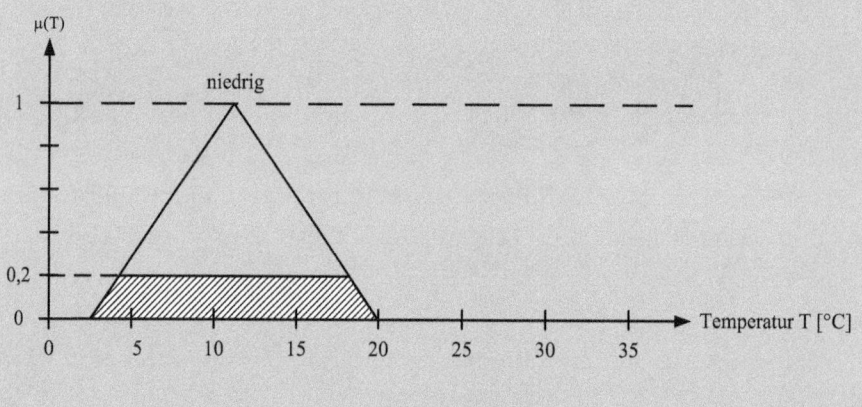

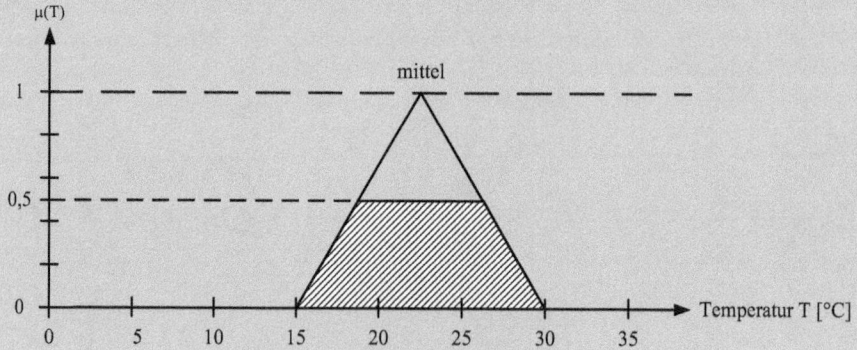

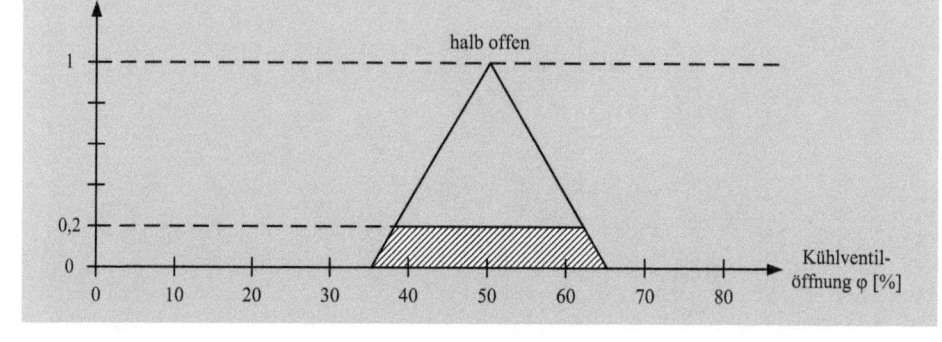

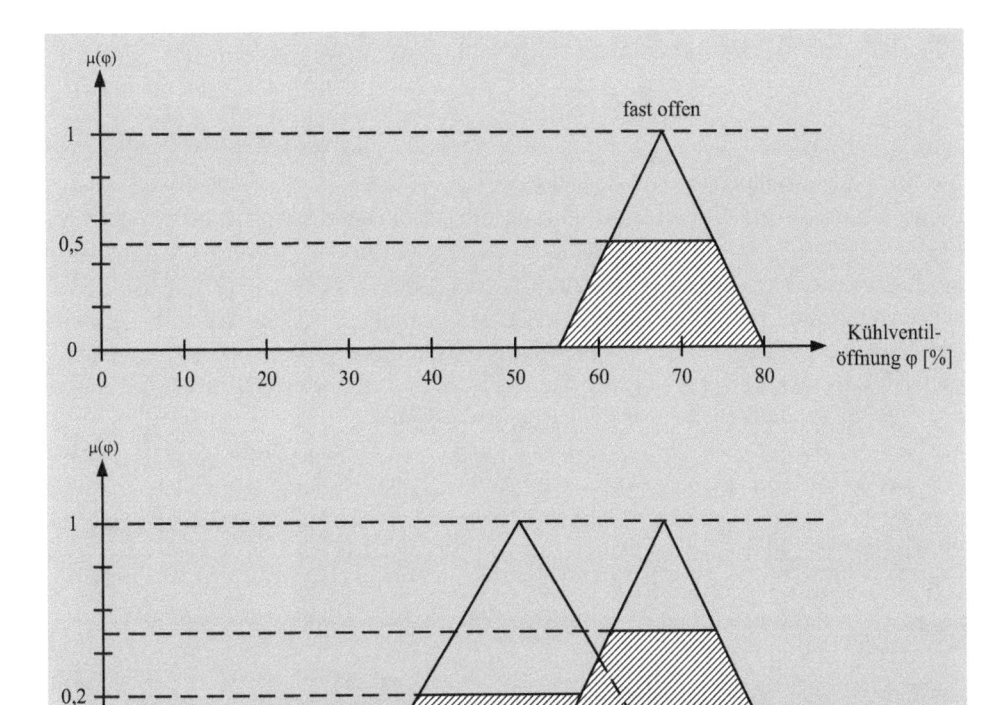

b) Defuzzifizierung: Umsetzung eines unscharfen Sachverhaltes in konkrete Werte

Center of Gravity: ~ 65 %

Mean of Maximum: ~ 67,5 %

I. Mean of Maximum (MOM)
- Abszissenwert unter der Mitte des Maximalwerts der Ergebnismenge

II. Center of Gravity (COG) – Centered Area oder Centroid Method
- Schwerpunktdefuzzifizierungsmethode
- Ausgabegröße ist der Abszissenwert des Flächenschwerpunkts der Ergebnismenge
- Berechnung der Schwerpunktkoordinate X_S nach Formel 17.32

III. Weighted Mean of Maximum
- Annäherung der Schwerpunktmethode durch eine Summenformel
- Gewichtung aller Maxima der jeweiligen Zugehörigkeitsfunktion nach Formel 17.33

17.3 Anwendung der Fuzzy-Logik bei der FMEA

Die Fuzzy-Logik stellt eine gute Möglichkeit dar, um Expertenwissen in einer FMEA derart zu integrieren, dass die Experten die Eingangsgrößen, die unscharfen Mengen, die Zugehörigkeitsfunktionen und die Verarbeitungsregeln bestimmen.

Bei dieser Art der Analyse nutzen die Experten linguistische Variablen als Größen des Risikobewertungsprozesses. Die Eingangsgrößen werden in einem ersten Schritt fuzzifiziert. Das heißt, die Experten wählen die Zugehörigkeitsfunktionen aus und legen den entsprechenden Zugehörigkeitsgrad fest. Auf die fuzzifizierten Werte werden dann bei der folgenden Inferenz linguistische Verarbeitungsregeln angewandt.

Als Ergebnis ergeben sich die Zugehörigkeitsgrade der Ausgangsgrößen. Diese Fuzzy-Ausgangsgrößen werden in einem weiteren Schritt defuzzifiziert und es ergibt sich eine Wertung der Priorität des betrachteten Fehlers. Den prinzipiellen Ablauf zur Bestimmung der Risikoprioritätszahl (RPZ) zeigt Bild 17.7.

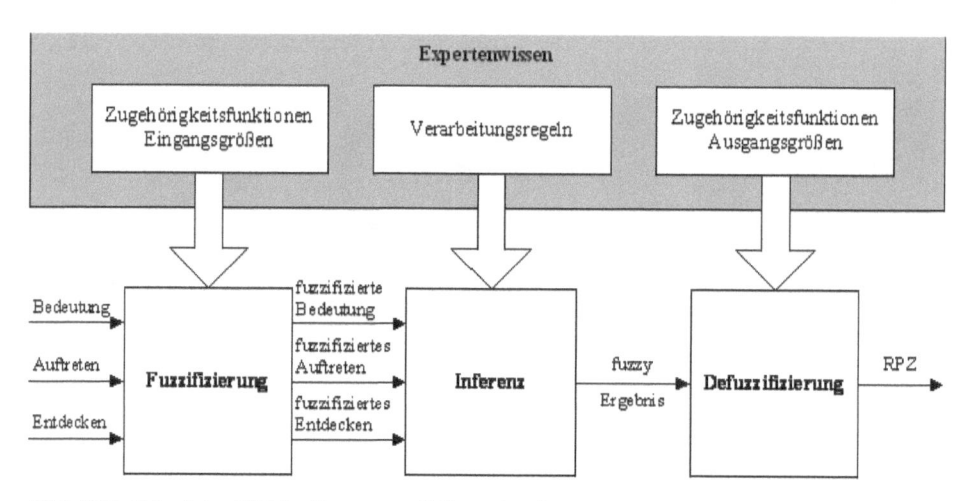

Bild 17.7 Ablauf der RPZ-Bestimmung mit Fuzzy-Logik

17.3.1 Eingangsgrößen

Als Parameter zur Beschreibung des Risikos einer Fehlermöglichkeit bei der RPZ-Methode dienen die Bedeutung der Fehlerfolge, die Auftretenswahrscheinlichkeit einer Fehlerursache und die Entdeckungswahrscheinlichkeit eines Fehlers (siehe Abschnitt 5.3). In den folgenden Tabellen sind die von der Ford Motor Company (siehe Lit.) entwickelten Einstufungen der Parameter, die Bewertungspunkte, die linguistischen Variablen und die möglichen Fehlerwahrscheinlichkeiten dargestellt.

Auftretenswahrscheinlichkeit

In Tabelle 17.1 ist die Auftretenswahrscheinlichkeit eines Fehlers aufgeführt. Die Einstufung erfolgt abhängig von der zugehörigen Fehlerwahrscheinlichkeit, die der Anzahl der anzunehmenden Fehler während der Einsatzdauer entspricht.

Tabelle 17.1 Auftretenswahrscheinlichkeit

Bewertungspunkte	Linguistische Variablen	Bedeutung	Fehlerwahrscheinlichkeit
1	unwahrscheinlich	Fehler ist unwahrscheinlich	$< 1 \cdot 10^{-6}$
2	gering	relativ wenige Fehler	$5 \cdot 10^{-5}$
3			$2,5 \cdot 10^{-4}$
4	mäßig	gelegentliche Fehler	$1 \cdot 10^{-3}$
5			$2,5 \cdot 10^{-3}$
6			0,0125
7	hoch	immer wieder auftretende Fehler	0,025
8			0,05
9	sehr hoch	nahezu sicheres Auftreten von Fehlern	0,125
10			0,5

Entdeckungswahrscheinlichkeit

Die Entdeckungswahrscheinlichkeit ist ein Maß für die Wahrscheinlichkeit, dass ein Fehler frühzeitig erkannt wird. Tabelle 17.2 zeigt eine Auswahl von Bewertungskriterien und die zugehörigen linguistischen Variablen.

Tabelle 17.2 Entdeckungswahrscheinlichkeit

Bewertungspunkte	Linguistische Variablen	Bedeutung
1 – 2	sehr hoch	Es ist sicher, dass ein Fehler durch Prüf- und Untersuchungsmaßnahmen entdeckt wird.
3 – 4	hoch	Es ist wahrscheinlich, dass ein Fehler entdeckt wird.
5 – 6	mäßig	Es besteht die Möglichkeit, dass ein Fehler entdeckt wird.
7 – 8	gering	Es besteht eine geringe Möglichkeit, dass ein Fehler entdeckt wird.
9	sehr gering	Es besteht eine sehr geringe Möglichkeit, dass ein Fehler entdeckt wird.
10	unwahrscheinlich	Es ist unmöglich oder unwahrscheinlich, dass ein Fehler durch Prüf- und Untersuchungsmaßnahmen in der Entwicklungsphase entdeckt wird.

Bedeutung der Fehlerfolge

Die Bedeutung einer Fehlerfolge wird abhängig von der Wirkung auf eine übergeordnete Systemebene auf das Gesamtsystem bewertet. In Tabelle 17.3 sind die Bewertungskriterien und die linguistischen Variablen für die Bedeutung einer Fehlerfolge dargestellt.

Tabelle 17.3 Bedeutung der Fehlerfolge

Bewertungs-punkte	Linguistische Variablen	Bedeutung
1	unbedeutend	Der Fehler hat keine wahrnehmbare Auswirkung auf das System.
2–3	gering	Der Kunde wird nur geringfügig belästigt und wahrscheinlich nur eine geringe Beeinträchtigung des Systems bemerken.
4–6	mäßig	Der Fehler führt zu Unzufriedenheit beim Kunden. Der Kunde wird die Beeinträchtigung des Systems bemerken.
7–8	schwer	Der Fehler löst Verärgerung beim Kunden aus, wie zum Beispiel ein nicht fahrbereites Fahrzeug.
9–10	sehr schwerwiegend	Ein Fehler, der möglicherweise die Sicherheit und/oder die Einhaltung gesetzlicher Vorschriften beeinträchtigt.

Bei der numerischen Bewertung von Systemen tritt oft das Problem auf, dass sich das Gefühl und die Erfahrung der bewertenden Experten nur schlecht in Zahlen darstellen und einordnen lassen. Es ist oftmals schwer zu differenzieren, um wie viel mehr ein bestimmter Parameter seine Umgebung beeinflusst als ein anderer. Der Ansatz, die Bewertung der Auftretenswahrscheinlichkeit eines Fehlers, die Entdeckungswahrscheinlichkeit und die Bedeutung einer Fehlerfolge durch eine Skala mit Werten von 0 bis 10 vorzunehmen, ist daher oftmals unzureichend; besonders dann, wenn die Bewertung unter einer gewissen Unsicherheit der Daten durchzuführen ist.

Bei Verfahren der Risikobewertung unter der Verwendung der Fuzzy-Logik werden die Zugehörigkeitsfunktionen von den jeweiligen Experten erstellt, um jeder linguistischen Variablen eine numerische Bedeutung zu geben. Die Zugehörigkeitsfunktion gibt den unscharfen Bereich wieder, den ein konkreter Begriff umgibt. Bei der Durchführung von Risikobewertungen hat sich gezeigt, dass vor allem bei der Bewertung der Bedeutung der Fehlerfolge und der Festlegung der Entdeckungswahrscheinlichkeit die Verwendung von Bewertungszahlen oft nicht die Meinung der Experten wiedergibt. Anstatt die Bedeutung einer Fehlerfolge zum Beispiel mit dem Wert 7 von einer Skala von 1 bis 10 zu bewerten, kann es oft besser und effektiver sein, den Experten die Möglichkeit zu geben, ihre Meinungen in Worten, wie „schwer", „gering" oder „unbedeutend" auszudrücken.

17.3.2 Fuzzifizierung

In den folgenden grafischen Darstellungen sind die unscharfen Mengen für die Bedeutung der Fehlerfolge, die Auftretenswahrscheinlichkeit und die Entdeckungswahrscheinlichkeiten dargestellt. Auf der x-Achse sind die linguistischen Variablen als ordinale Skala aufgetragen. Als Wert der y-Achse dient der Zugehörigkeitsgrad μ. Um die Zusammenhänge mit der herkömmlichen Methode zur Bestimmung der RPZ aufzuzeigen, sind die Bewertungszahlen und die Fehlerwahrscheinlichkeiten, ebenfalls in den Grafiken eingetragen.

Die von den Experten bestimmten Zugehörigkeitsfunktionen dienen zur Ermittlung des Zugehörigkeitsgrades einer Eingangsgröße (Bedeutung, Auftreten und Entdeckung) zu einer unscharfen Menge. Wenn eine Bewertungsgröße mehrere Zugehörigkeitsfunktionen schneidet, werden diese mit dem jeweiligen Zugehörigkeitsgrad angegeben. Wie zum Beispiel in Bild 17.8, wo die Eingangsgröße (schraffierte Fläche) sowohl die Zugehörigkeitsfunktion „Mäßig" und „Gering" berührt.

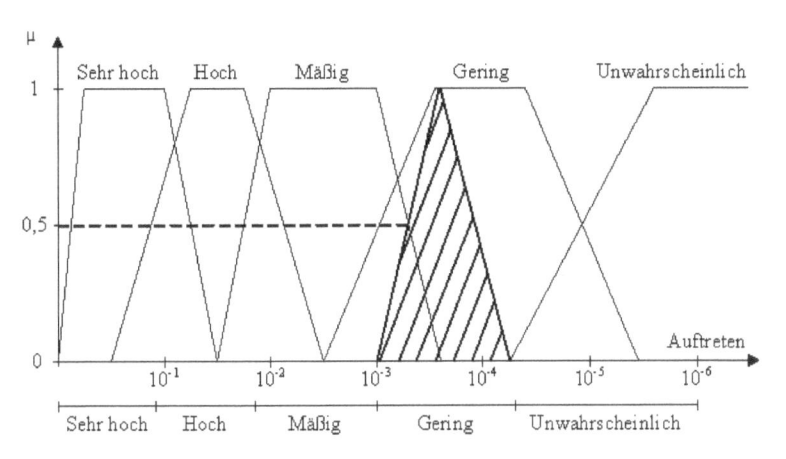

Bild 17.8 Eingangsgrößen der Fuzzifizierung

Beim Fuzzifizierungsprozess werden zu jeder Eingangsgröße die jeweiligen Zugehörigkeitsgrade anhand der Zugehörigkeitsfunktionen bestimmt. Die fuzzifizierten Werte dienen anschließend als Grundlage der Verarbeitungsregeln.

Es ist oft sinnvoll, anstatt eines einzelnen Eingangswertes ein Intervall von Eingangswerten zu wählen. Dadurch soll der mögliche Fehler bei der subjektiven Bestimmung der Eingangsgrößen durch das Expertenteam verringert werden. Dieses sollte lediglich davon überzeugt sein, dass der wirkliche Eingangswert eher in der Mitte des Intervalls liegt als an den Rändern. Eine mögliche Darstellung des Intervalls ist die schon bekannte Dreiecksfunktion. Im Folgenden soll nun anhand eines Beispiels der Fuzzifizierungsprozess erläutert werden. Es soll dabei das abgebildete und in der Literatur bekannte, vereinfachte Druck-Tank-System (Bild 17.9) betrachtet und die identifizierten Fehlermöglichkeiten aus einer durchgeführten FMEA mithilfe der Fuzzy-Logik bewertet werden.

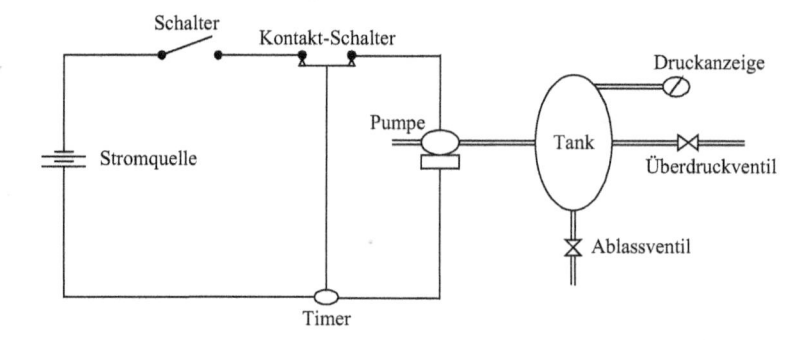

Bild 17.9 Druck-Tank-System

Als Beispiel wird die in Tabelle 17.4 dargestellte Fehlerkette untersucht.

Tabelle 17.4 Fehlerkette aus FMEA-Formblatt

Systemelement	Fehler	Fehlerursache	Fehlerfolge
Überdruckventil	Überdruckventil öffnet nicht	Leitung verstopft	Tank berstet

Aus der zu untersuchenden Fehlerkette der Fehleranalyse ergeben sich die in Tabelle 17.5 bis Tabelle 17.7 dargestellten Variablen.

Tabelle 17.5 Bedeutung der Fehlerfolge

Fehlerfolge	Bewertungszahl B	Bedeutung der Fehlerfolge	Linguistische Variable
Tank berstet	10	Risiko, totales Systemversagen	sehr schwerwiegend

Tabelle 17.6 Auftretenswahrscheinlichkeit

Fehlerursache	Bewertungszahl A	Auftretens-wahrscheinlichkeit	Linguistische Variable
Leitung verstopft	3	Auftreten der Fehlerursache ist gering	gering

Tabelle 17.7 Entdeckungswahrscheinlichkeit

Fehlerursache	Bewertungszahl E	Entdeckungs-wahrscheinlichkeit	Linguistische Variable
Leitung verstopft	8	Geringe Möglichkeit, dass ein Fehler entdeckt wird	gering

Anschließend werden für jede Eingangsgröße die jeweiligen Zugehörigkeitsgrade anhand der Zugehörigkeitsfunktionen bestimmt. Für die ermittelten linguistischen Variablen werden die Flächen in den Bildern für die Bedeutung der Fehlerfolge (Bild 17.10), die Auftretenswahrscheinlichkeit (Bild 17.11) und die Entdeckungswahrscheinlichkeit (Bild 17.12) eingetragen. Die verwendeten Zugehörigkeitsfunktionen sind rein willkürlich und sollen nur den prinzipiellen Ablauf verdeutlichen. Beim Ablesen der Zugehörigkeitsgrade ergibt sich für die Bedeutung der Fehlerfolge eine Zugehörigkeit von 0,35 für „Schwer" und eine Zugehörigkeit von 1,0 für „Sehr schwerwiegend" (Bild 17.10).

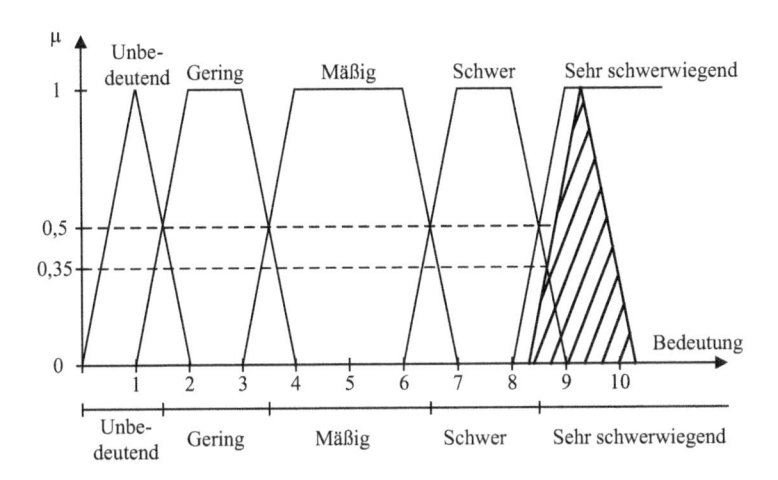

Bild 17.10 Bedeutung der Fehlerfolge

Die Auftretenswahrscheinlichkeit des Fehlers ergibt sich entsprechend Bild 17.11. Für das Auftreten des Fehlers „Überdruckventil öffnet nicht" ergibt sich eine Zugehörigkeit von 0,5 als „Mäßig" wahrscheinlich und eine Zugehörigkeit von 1,0 für eine „Geringe" Auftretenswahrscheinlichkeit. Auf die gleiche Weise werden die Zugehörigkeitsgrade für die Entdeckungswahrscheinlichkeit ermittelt (Bild 17.12). Die dargestellte Entdeckungswahrscheinlichkeit liefert eine Zugehörigkeit von 1,0 zu „Gering" und einen Zugehörigkeitsgrad von 0,5 zu „Sehr gering".

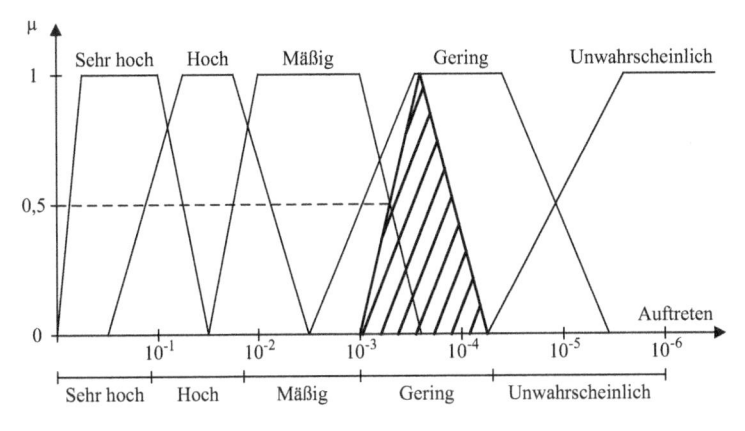

Bild 17.11 Auftretenswahrscheinlichkeit

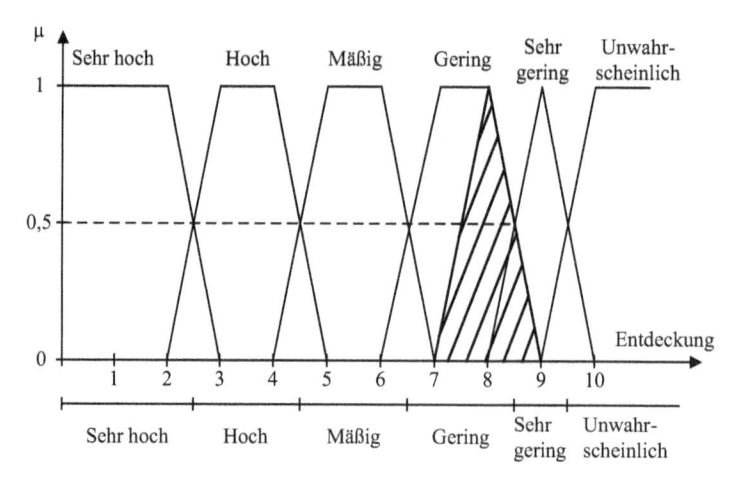

Bild 17.12 Entdeckungswahrscheinlichkeit

Zusammenfassend lassen sich die ermittelten Daten in Tabelle 17.8 darstellen.

Tabelle 17.8 Zugehörigkeitsgrade

Eingangsgröße	Unscharfe Menge	Zugehörigkeitsgrad
Auftretenswahrscheinlichkeit	mäßig	0,5
	gering	1,0
Entdeckungs-wahrscheinlichkeit	sehr gering	0,5
	gering	1,0
Bedeutung	schwer	0,35
	sehr schwerwiegend	1,0

17.3.3 Verarbeitungsregeln

Die Charakterisierung eines Fuzzy-Systems basiert auf Expertenwissen, das meist in der Form von „Wenn-Dann"-Regeln formuliert wird. Die aufgestellten Regeln werden gewöhnlich eher in sprachlicher als in rein mathematischer Form entwickelt. Wichtig ist dabei, dass keine undefinierten Zustände auftreten und sämtliche Prämissenkombinationen abgedeckt sind. Um die Regeln sinnvoll formulieren zu können, ist die Wahl der richtigen linguistischen Variablen entscheidend. Dies hat einen grundlegenden Einfluss auf die Genauigkeit des Systems und den weiteren Verlauf der Analyse.

Im Falle der FMEA wird bekanntlich die Wahrscheinlichkeit, dass ein Fehler auftritt, durch die „Auftretenswahrscheinlichkeit", die Möglichkeit, dass ein Fehler entdeckt wird, durch die „Entdeckungswahrscheinlichkeit" und die Fehlerauswirkung durch die „Bedeutung der Fehlerfolge" ausgedrückt. Bei der Anwendung von „Wenn-Dann"-Regeln müssen jeweils die Prämisse und die Schlussfolgerung dargestellt werden. Für den zu untersuchenden Fall werden die in Tabelle 17.9 aufgeführten Verarbeitungsregeln angenommen.

Tabelle 17.9 Verarbeitungsregeln

Regel Nr.	Auftreten	Bedeutung	Entdeckung	Risiko
1	gering	schwer	sehr gering	mittel
2	gering	schwer	gering	hoch
3	gering	sehr schwerwiegend	sehr gering	hoch
4	gering	sehr schwerwiegend	gering	hoch
5	mäßig	schwer	sehr gering	mittel
6	mäßig	schwer	gering	hoch
7	mäßig	sehr schwerwiegend	sehr gering	sehr hoch
8	mäßig	sehr schwerwiegend	gering	sehr hoch

So ergibt sich zum Beispiel für die Regel Nummer 3 entsprechend Tabelle 17.9: Wenn **Auftreten** gleich „Gering" und **Bedeutung** gleich „Sehr schwerwiegend" und **Entdeckung** gleich „Sehr gering", dann ist das **Risiko** gleich „Hoch".

17.3.4 Berechnung der Zugehörigkeitsgrade

Durch den Inferenzprozess werden unter Anwendung der Max-Min-Methode aus den Zugehörigkeitsgraden der Prämissen mithilfe der Verarbeitungsregeln die Zugehörigkeitsgrade der Schlussfolgerungen und die Ergebnismenge bestimmt. Zuerst wird für jede Prämisse einer aufgestellten Regel aus den Graphen der jeweilige Zugehörigkeitsgrad abgelesen.

Wenn bei einer Regel mehrere Prämissen vorhanden sind, wird der minimale Zugehörigkeitsgrad bestimmt. Zum Beispiel ergibt sich für Regel Nummer 3: Wenn **Auftreten** gleich „Gering" und **Bedeutung** gleich „Sehr schwerwiegend" und **Entdeckung** gleich „Sehr gering", dann ist das **Risiko** gleich „Hoch", die Zugehörigkeitswerte 1,0, 1,0 und 0,5. Wird nun aus den gefundenen Werten das Minimum gebildet, so ergibt sich aus Regel Nummer 3 als Ergebnis der Wert 0,5. Nach diesem Verfahren werden alle aufgestellten Regeln berechnet. Aus den Ergebnissen der Regeln mit der gleichen Schlussfolgerung (z. B. Risiko ist „Hoch") werden nun die Maximalwerte bestimmt. So ergeben sich für die Regeln mit der Schlussfolgerung, dass das Risiko „Hoch" ist (Regel Nummer 2, 3, 4, 6), die Werte 0,35, 0,5, 1,0 und 0,35. Als Maximalwert ergibt sich daraus der Wert 1,0.

In gleicher Weise wird mit allen anderen Schlussfolgerungen verfahren. Die Ergebnisse dieses Prozesses sind in Tabelle 17.10 und Tabelle 17.11 zusammengefasst.

Tabelle 17.10 Zugehörigkeitsgrade der Verarbeitungsregeln

Regel Nr.	Auftreten	Bedeutung	Entdeckung	Min-Op.	Risiko
1	gering 1,0	schwer 0,35	sehr gering 0,5	0,35	mittel
2	gering 1,0	schwer 0,35	gering 1,0	0,35	hoch
3	gering 1,0	sehr schwerwiegend 1,0	sehr gering 0,5	0,5	hoch
4	gering 1,0	sehr schwerwiegend 1,0	gering 1,0	1,0	hoch
5	mäßig 0,5	schwer 0,35	sehr gering 0,5	0,35	mittel
6	mäßig 0,5	schwer 0,35	gering 1,0	0,35	hoch
7	mäßig 0,5	sehr schwerwiegend 1,0	sehr gering 0,5	0,5	sehr hoch
8	mäßig 0,5	sehr schwerwiegend 1,0	gering 1,0	0,5	sehr hoch

Tabelle 17.11 Maximalwerte des Zugehörigkeitsgrads der Schlussfolgerungen

Risiko	Zugehörigkeitsgrad
mittel	0,35
hoch	1,0
sehr hoch	0,5

Als nächster Schritt der Max-Min-Methode werden die gewonnenen Werte in die Darstellung der Zugehörigkeitsfunktionen eingetragen. Die Zugehörigkeitsfunktionen werden dann in der Höhe der ermittelten Zugehörigkeitsgrade abgeschnitten. Die so erhaltene Fläche stellt das Ergebnis des Inferenzprozesses dar (Bild 17.13). Um nun eine Aussage über das Risiko des untersuchten Fehlers machen zu können, muss das Ergebnis defuzzifiziert werden.

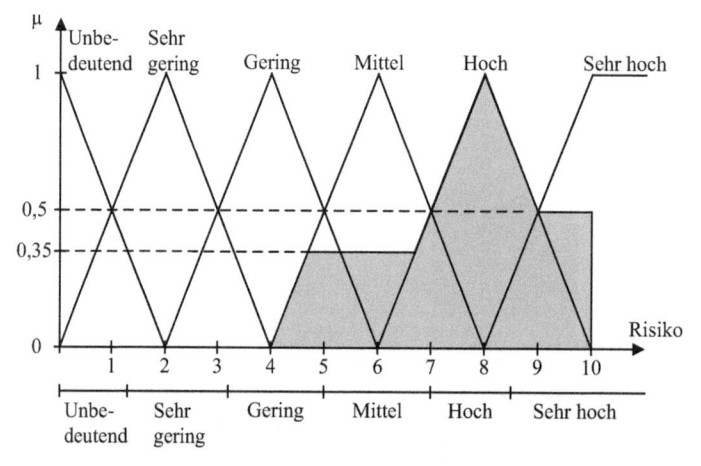

Bild 17.13 Ergebnismenge des Inferenzprozesses

17.3.5 Defuzzifizierung

Der Defuzzifizierungsprozess (siehe Abschnitt 17.2.3) bewertet das Ergebnis des Inferenzprozesses. Als Ergebnis ergibt sich eine Ziffer, die auf einer ordinalen Skala aufgetragen wird. Diese neu gewonnene Risikoprioritätszahl ermöglicht es, die zu ergreifenden Maßnahmen nach Prioritäten zu ordnen. Mit der „Weighted Mean of Maximum"-Methode (Formel 17.33) ergeben sich aus Bild 17.13 folgende Werte:

W_1(mittel) = 6, W_2(hoch) = 8 und W_3(sehr hoch) = 10.

Als Ergebnis der Defuzzifizierung ergibt sich als numerischer Wert für Z_0:

$$Z_0 = \frac{0{,}35 \cdot 6 + 1{,}0 \cdot 8 + 0{,}5 \cdot 10}{0{,}35 + 1{,}0 + 0{,}5} \approx 8{,}16$$

Das Ergebnis sagt aus, dass das Risiko des untersuchten Fehlers als „Hoch" mit einem Wert von ca. 8,2 einzustufen ist.

Resümee

Die Methode der Fuzzy-Logik eignet sich vor allem bei Entscheidungsfindungen von Expertengruppen bei großer Unsicherheit der Eingangsdaten. Dies ist häufig in sehr frühen Entwicklungs- und Planungsphasen der Fall. Die Fuzzy-Logik ermöglicht es, die subjektiven Aussagen der Experten direkt zu verarbeiten und Werte zu liefern, die für die weitere Beurteilung der Systeme verwendet werden können.

17.4 Fuzzy-Fehlerbaumanalyse

Bei der herkömmlichen Fehlerbaumanalyse wird davon ausgegangen, dass die Eintrittswahrscheinlichkeiten der Basisereignisse stets bekannt sind. Für viele Basisereignisse ist es jedoch schwer, solche Werte exakt anzugeben. Dies kann zum einen an wechselnden Umwelteinflüssen und Systemänderungen und zum anderen an Unsicherheiten in der Fehlerschätzung liegen.

Einen möglichen Ansatz zur Berücksichtigung der Unsicherheiten bietet die Kombination der Fuzzy-Logik mit der Fehlerbaumanalyse. Es wird dabei nun nicht mehr von einer exakten Ausfallwahrscheinlichkeit ausgegangen, sondern von einer Fehlermöglichkeit, die durch eine Fuzzy-Menge beschrieben wird. Mithilfe dieses Ansatzes kann die Unsicherheit der Daten in die Fehlerbaumanalyse integriert werden.

Zu den bekannten Modellierungen zählen das Tanaka/Fan/Lai/Toguchi-Modell, das Misra-Weber-Modell (mit einer Erweiterung als Stratching-Modell) sowie das Soman/Misra-Modell (siehe Lit.).

Eine Bewertung der einzelnen Methoden ist schwierig und vom Anwendungsfall abhängig. Der klassischen Fehlerbaumanalyse am nächsten kommt die Tanaka-et-al.-Methode, da hier eine Fuzzy-Zahl durch ein Trapez, d. h. vier Punkte, dargestellt und die Fehlermöglichkeit des unerwünschten TOP-Ereignisses durch die Anwendung des Erweiterungsprinzips berechnet wird.

Praktische Vergleichsuntersuchungen zeigen, dass die mithilfe des Tanaka-et-al.-Modells berechnete Fuzzy-Ausfallwahrscheinlichkeit des TOP-Ereignisses mit der realen gut übereinstimmt.

17.4.1 Das Fuzzy-Modell

Im Unterschied zur klassischen Fehlerbaumanalyse werden – wie bereits erwähnt – bei der Fuzzy-Fehlerbaumanalyse die Basisereignisse durch Fuzzy-Fehlermöglichkeiten (Fuzzy-Wahrscheinlichkeiten) ersetzt. Aufgrund der Intervallarithmetik ergibt sich dann für das TOP-Ereignis ebenfalls ein Fuzzy-Intervall. Nachfolgend werden die Grundlagen der Fuzzy-Fehlerbaumanalyse entsprechend dem Tanaka-et-al.-Modell kurz dargestellt. Die Zugehörigkeitsfunktion wird hier, wie bereits erwähnt, durch ein Trapez gebildet (Bild 17.14).

Bild 17.14 Trapezförmige Darstellung der Zugehörigkeitsfunktion

Entsprechend der Trapezfunktion wird die Fehlermöglichkeit $\tilde{P}_{X_i}$ eines Basisereignisses X_i durch $\tilde{P}_{X_i} \equiv \{a_i, b_i, c_i, d_i\}$ gebildet. Für die Zugehörigkeitsfunktion $\mu_{\tilde{P}_{X_i}}(q)$, mit q = mögliche Ausfallwahrscheinlichkeit des Basisereignisses X_i, folgt dann abschnittsweise:

$$\mu_{\tilde{P}_{X_i}}(q) = \begin{cases} 0 & \text{für} \quad q \leq a_i \\ \dfrac{q - a_i}{b_i - a_i} & \text{für} \quad a_i < q \leq b_i \\ 1 & \text{für} \quad b_i < q \leq c_i \\ \dfrac{d_i - q}{d_i - c_i} & \text{für} \quad c_i < q \leq d_i \\ 0 & \text{für} \quad d_i < q \end{cases} \qquad (17.34)$$

Aufgrund des Zadehschen Erweiterungsprinzips (siehe Abschnitt 17.1.3) folgt für die Multiplikation zweier Fuzzy-Wahrscheinlichkeiten $\tilde{P}_{X_i}$ und $\tilde{P}_{X_j}$ definitionsgemäß:

$$\tilde{P}_{X_i} \otimes \tilde{P}_{X_j} = \begin{pmatrix} a_i \\ b_i \\ c_i \\ d_i \end{pmatrix} \otimes \begin{pmatrix} a_j \\ b_j \\ c_j \\ d_j \end{pmatrix} = \begin{pmatrix} a_i \cdot a_j \\ b_i \cdot b_j \\ c_i \cdot c_j \\ d_i \cdot d_j \end{pmatrix} \approx \tilde{P}_{X_i} \cdot \tilde{P}_{X_j} \qquad (17.35)$$

Die Näherung in Formel 17.35 ist zulässig, da sich aus dem Produkt der beiden Fuzzy-Wahrscheinlichkeiten immer ein Wert ergibt, der größer oder gleich dem exakten Ergebnis ist, d.h.:

$$\tilde{P}_{X_i} \cdot \tilde{P}_{X_j} \leq \tilde{P}_{X_i} \otimes \tilde{P}_{X_j}$$
$$\max\left\{ \tilde{P}_{X_i} \cdot \tilde{P}_{X_j}, \tilde{P}_{X_i} \otimes \tilde{P}_{X_j} \right\} = \tilde{P}_{X_i} \otimes \tilde{P}_{X_j} \qquad (17.36)$$

Bild 17.15 zeigt Den Zusammenhang des genäherten und des exakten Ergebnisses.

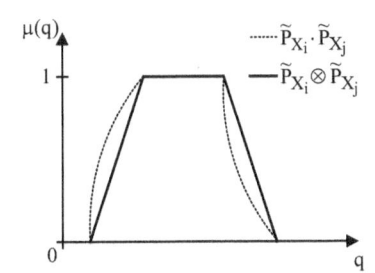

Bild 17.15 Darstellung zur erweiterten Multiplikation

Entsprechend der Intervallarithmetik (siehe Abschnitt 17.1.3) ergibt die Addition zweier Fuzzy-Wahrscheinlichkeiten

$$\tilde{P}_{X_i} \oplus \tilde{P}_{X_j} = \begin{pmatrix} a_i \\ b_i \\ c_i \\ d_i \end{pmatrix} + \begin{pmatrix} a_j \\ b_j \\ c_j \\ d_j \end{pmatrix} = \begin{pmatrix} a_i + a_j \\ b_i + b_j \\ c_i + c_j \\ d_i + d_j \end{pmatrix} \approx \tilde{P}_{X_i} + \tilde{P}_{X_j} \qquad (17.37)$$

und die Komplementbildung

$$1 \tilde{P}_{X_j} = 1 - \begin{pmatrix} a_j \\ b_j \\ c_j \\ d_j \end{pmatrix} = \begin{pmatrix} 1 - a_j \\ 1 - b_j \\ 1 - c_j \\ 1 - d_j \end{pmatrix} \approx 1 - \tilde{P}_{X_j} \qquad (17.38)$$

Nach Soman und Misra kann es bei der Anwendung des Tanaka-et-al.-Modells zu Fehlern bzw. Abweichungen kommen (siehe Lit.). Soman und Misra schlagen deshalb vor, die Zugehörigkeitsfunktion $\mu(q)$ stufenweise zu zerlegen. Aufgrund dieser Näherung lassen sich die erforderlichen Berechnungen wesentlich einfacher durchführen und erreichen bei einer entsprechenden Anzahl von Stufen eine ausreichende Genauigkeit.

Jeder Schnitt der Zugehörigkeitsfunktion einer Fuzzy-Wahrscheinlichkeit lässt sich durch einen linken Schnitt, gekennzeichnet durch ein L, und einen rechten Schnitt, gekennzeichnet durch ein R, charakterisieren. Die Schnitte werden auch als α-Schnitte (siehe Abschnitt 17.1) bezeichnet, wobei α größer gleich 0 und kleiner gleich 1 ist. Es gilt folgender Zusammenhang unter der Voraussetzung, dass die Zugehörigkeitsfunktion monoton ist:

$$\tilde{q}^\alpha \to \left[\tilde{q}_L^\alpha, \tilde{q}_R^\alpha\right] \qquad \text{mit} \quad 0 \le \alpha \le 1 \qquad (17.39)$$

In Bild 17.16 wird beispielhaft eine Unterteilung der Zugehörigkeitsfunktion in sechs Stufen mit $\alpha = [0; 0{,}2; 0{,}4; 0{,}6; 0{,}8; 1{,}0]$ vorgenommen.

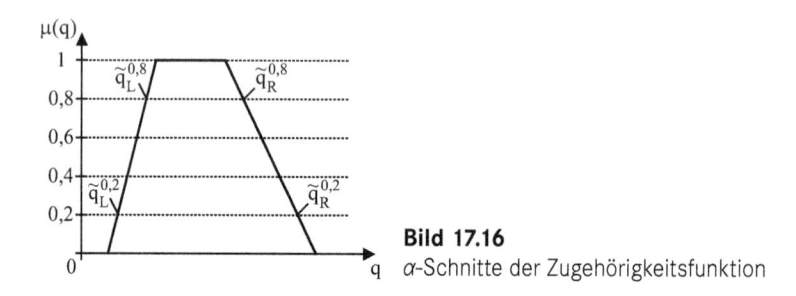

Bild 17.16 α-Schnitte der Zugehörigkeitsfunktion

Beispiel 17.4.1-1

Gegeben sei die Ausfallfunktion eines einfachen Fehlerbaums:

$$\overline{\phi}(\overline{x}) = \overline{x}_1 \overline{x}_3 + \overline{x}_2 \overline{x}_3 - \overline{x}_1 \overline{x}_2 \overline{x}_3$$

Die Fuzzy-Intervalle für die Basisereignisse mögen durch folgende α-Schnitte gekennzeichnet sein:

α-Schnitt	Ereignis X1 ($\tilde{q}_1$)	Ereignis X2 ($\tilde{q}_2$)	Ereignis X3 ($\tilde{q}_3$)
0,0 [L]	0,002	0,01	0,015
0,5 [L]	0,0025	0,015	0,02
1,0 [L]	0,003	0,02	0,025
1,0 [R]	0,006	0,022	0,035
0,5 [R]	0,007	0,027	0,04
0,0 [R]	0,008	0,032	0,045

Die Fuzzy-Ausfallwahrscheinlichkeit $\tilde{F}$ ergibt sich dann zu

$$\tilde{F} = \begin{pmatrix} \tilde{F}_L^{0.0} \\ \tilde{F}_L^{0.5} \\ \tilde{F}_L^{1.0} \\ \tilde{F}_R^{1.0} \\ \tilde{F}_R^{0.5} \\ \tilde{F}_R^{0.0} \end{pmatrix} = \begin{pmatrix} \tilde{q}_{1,L}^{0.0} \cdot \tilde{q}_{3,L}^{0.0} + \tilde{q}_{2,L}^{0.0} \cdot \tilde{q}_{3,L}^{0.0} - \tilde{q}_{1,L}^{0.0} \cdot \tilde{q}_{2,L}^{0.0} \cdot \tilde{q}_{3,L}^{0.0} \\ \tilde{q}_{1,L}^{0.5} \cdot \tilde{q}_{3,L}^{0.5} + ... \\ \tilde{q}_{1,L}^{1.0} \cdot \tilde{q}_{3,L}^{1.0} + ... \\ \tilde{q}_{1,R}^{1.0} \cdot \tilde{q}_{3,R}^{1.0} + ... \\ \tilde{q}_{1,R}^{0.5} \cdot \tilde{q}_{3,R}^{0.5} + ... \\ \tilde{q}_{1,R}^{0.0} \cdot \tilde{q}_{3,R}^{0.0} + ... \end{pmatrix}$$

$$= \begin{pmatrix} 0{,}002 \cdot 0{,}015 + 0{,}01 \cdot 0{,}015 - 0{,}002 \cdot 0{,}01 \cdot 0{,}015 \\ \tilde{q}_{1,L}^{0.5} \cdot \tilde{q}_{3,L}^{0.5} + ... \\ \tilde{q}_{1,L}^{1.0} \cdot \tilde{q}_{3,L}^{1.0} + ... \\ \tilde{q}_{1,R}^{1.0} \cdot \tilde{q}_{3,R}^{1.0} + ... \\ \tilde{q}_{1,R}^{0.5} \cdot \tilde{q}_{3,R}^{0.5} + ... \\ \tilde{q}_{1,R}^{0.0} \cdot \tilde{q}_{3,R}^{0.0} + ... \end{pmatrix}$$

und das Ergebnis für die α-Schnitte von $\tilde{F}$ ergibt

α-Schnitt	$\tilde{F}$
0,0 [L]	0,00018
0,5 [L]	0,00034998
1,0 [L]	0,00057496
1,0 [R]	0,00097984
0,5 [R]	0,0013597
0,0 [R]	0,00179948

Grafische Darstellung:

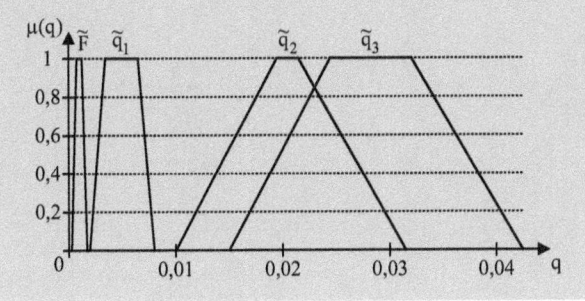

17.4.2 Praktisches Anwendungsbeispiel

Im Folgenden wird ein beispielhafter Auszug aus einer durchgeführten Analyse für ein Kfz-Sensorik-System gegeben. Die Fuzzy-Fehlerbaumanalyse erfolgte in vier Schritten:
1. Erstellung der qualitativen Fehlerbäume
2. Fuzzifizierung der Basisereignisse
3. Berechnung der Fehlerbäume für alle α-Schnitte
4. Darstellung der Ergebnisse als Fuzzy-Menge

Bei der Erstellung der Fehlerbäume wurden zum einen neue Fehlerbäume entwickelt und zum anderen bestehende Fehlerbäume aus vorherigen Betrachtungen überarbeitet und modifiziert.

Zur Abbildung der erstellten Fehlerbäume wurde die Software FaultTree+ (Hersteller: Isograph Ltd., *https://www.isograph.com*) genutzt. Als TOP-Ereignis wurde „Keine oder zu späte Warnung des Fahrers" gewählt. Dieses unerwünschte Ereignis kann bei entsprechender Verkehrssituation zu einem sicherheitskritischen Zustand führen.

Für das Systemkonzept mit Radarsensoren im Fernbereich und Lidarsensoren im Nahbereich ergab sich die in Bild 17.17 dargestellte Konstellation für das Ereignis „Fehlerhafte Daten zum Steuergerät".

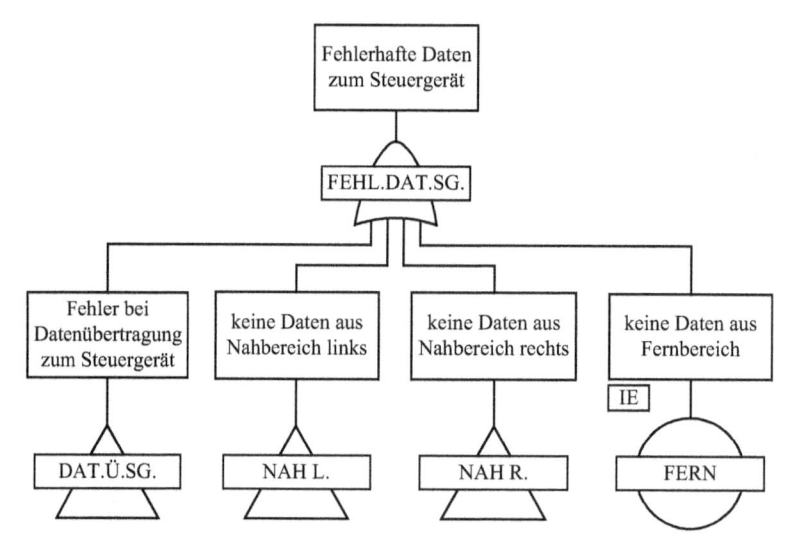

Bild 17.17 Ausschnitt aus dem Fehlerbaum „Fehlerhafte Daten zum Steuergerät"

Im nächsten Schritt wurden für alle Basisereignisse die entsprechenden Ausfallraten fuzzifiziert. Es wurde dabei auf Werte aus früheren Feldbeobachtungen, Angaben aus der Literatur und auf Daten vergleichbarer Komponenten zurückgegriffen.

Fuzzifizierungsprozess: Aufgrund einer früheren Analyse wurde die Ausfallrate der Abschaltfunktion des Steuergerätes mit 1 Ausfall pro $1 \cdot 10^{10}$ h bewertet. Wird davon ausgegangen, dass diese Schätzung mit Unsicherheiten behaftet ist, so lässt sich lediglich mit einer bestimmten Wahrscheinlichkeit sagen, dass die reale Ausfallrate in der Nähe der geschätzten Ausfallrate liegt. Um diese Ungenauigkeit nun zu berücksichtigen, wird ein Fuzzy-Intervall um den geschätzten Wert gebildet.

Ein zweites Beispiel aus der Systemanalyse ist der aus der Literatur entnommene Wert für die Ausfallrate des CAN-Bus. Diese wird mit $\lambda = 1 \cdot 10^{-13}$ [1/h] angegeben. Bei der Fuzzifizierung der Ausfallrate wird nun ein entsprechendes Intervall um den Literaturwert gewählt. Für die Elementarereignisse ergeben sich beispielsweise die in Tabelle 17.12 dargestellten Ausfallraten für die einzelnen α-Schnitte.

Tabelle 17.12 α-Schnitte mit Ausfallraten der Elementarereignisse

α-Schnitt	$\tilde{\lambda}_{CAN\text{-}Bus}$ [1/h]	$\tilde{\lambda}_{Abschalt\ SG}$ [1/h]
0,0 [L]	$0,75 \cdot 10^{-14}$	$0,75 \cdot 10^{-11}$
1,0 [L]	$0,9 \cdot 10^{-14}$	$0,9 \cdot 10^{-11}$
1,0 [R]	$1,05 \cdot 10^{-13}$	$1,05 \cdot 10^{-10}$
0,0 [R]	$1,25 \cdot 10^{-13}$	$1,25 \cdot 10^{-10}$

Die Intervalle wurden so gewählt, dass die Obergrenze 25 % über und die Untergrenze 25 % unter dem geschätzten Wert liegt. In Bild 17.18 sind die beiden vorgestellten Fuzzy-Ausfallraten mit ihren Zugehörigkeitsfunktionen dargestellt.

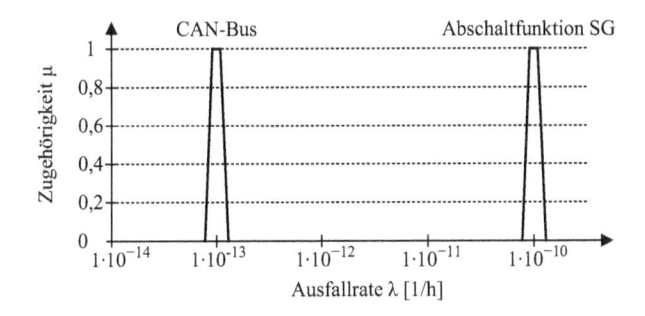

Bild 17.18 Beispiel fuzzifizierter Ausfallraten

In gleicher Weise wurden für den gesamten Fehlerbaum alle Ausfallraten der Elementarereignisse in Fuzzy-Ausfallraten überführt. Der erstellte Fehlerbaum wurde dann mithilfe der Software FaultTree+ für alle α-Schnitte separat berechnet. Bild 17.19 zeigt die erste Ebene des entwickelten Fehlerbaums.

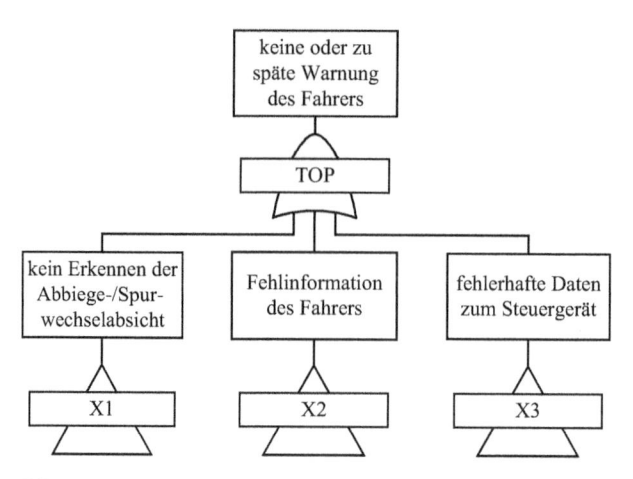

Bild 17.19 Erste Ebene des Fehlerbaums

Für den dargestellten Fehlerbaum ergeben sich aus der Berechnung des Gesamtfehlerbaums folgende Eintretenswahrscheinlichkeiten für die α-Schnitte der Ereignisse X1, X2, X3 sowie für das TOP-Ereignis die in der Tabelle 17.13 aufgeführten Werte.

Tabelle 17.13 Eintretenswahrscheinlichkeiten für die einzelnen α-Schnitte

α-Schnitt	X1	X2	X3	TOP
0,0 [L]	$1,16 \cdot 10^{-12}$	$5,22 \cdot 10^{-3}$	$1,67 \cdot 10^{-3}$	$6,89 \cdot 10^{-3}$
1,0 [L]	$2,36 \cdot 10^{-12}$	$6,61 \cdot 10^{-3}$	$2,15 \cdot 10^{-3}$	$8,75 \cdot 10^{-3}$
1,0 [R]	$3,18 \cdot 10^{-12}$	$7,31 \cdot 10^{-3}$	$2,40 \cdot 10^{-3}$	$9,69 \cdot 10^{-3}$
0,0 [R]	$5,37 \cdot 10^{-12}$	$8,69 \cdot 10^{-3}$	$2,90 \cdot 10^{-3}$	$1,16 \cdot 10^{-2}$

Eine Darstellung der Ergebnisse als Fuzzy-Wahrscheinlichkeiten zeigt Bild 17.20.

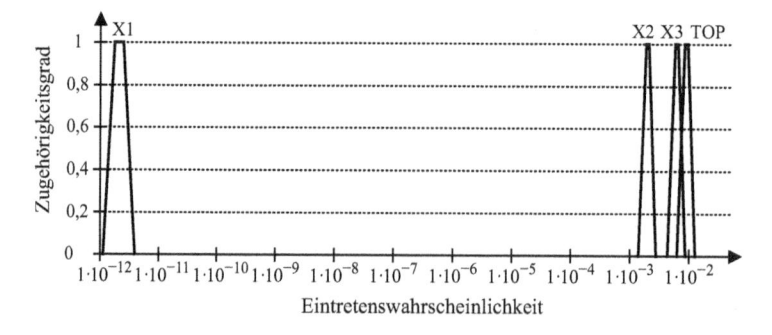

Bild 17.20 Fuzzy-Eintretenswahrscheinlichkeiten

Resümee

Die Verbindung der Fuzzy-Logik mit bekannten Methoden der Sicherheits- und Zuverlässigkeitstechnik bietet die Möglichkeit, auf einfache Weise unscharfes Wissen in Systemanalysen zu integrieren, ohne dass dabei die Unschärfe verloren geht.

Neben der vorangehend dargestellten Fuzzy-FMEA und der Fuzzy-Fehlerbaumanalyse wurden weitere zuverlässigkeitsbezogene Fuzzy-Analysemethoden, wie die Fuzzy-Ereignisbaumanalyse, die Fuzzy-Markov-Analyse und die Verknüpfung der Fuzzy-Methode mit Petri-Netzen und neuronalen Netzen, entwickelt.

Alles, was lediglich wahrscheinlich ist, ist wahrscheinlich falsch.

René Descartes (1596 – 1650)

18 Einführung in die stochastischen Prozesse

Der große Vorteil Boolescher Modellbildung ist durch die Verteilungsunabhängigkeit der in Kapitel 16 aufgestellten Gesetze und Regeln, gute logische Übersichtlichkeit und Darstellbarkeit des Ausfallverhaltens sowie die Quantifizierung bei großen komplexen Systemen und Anlagen usw., die, wie in Kapitel 16 dargestellt, rechnergestützt erfolgt, gegeben. Dem stehen jedoch auch einige Nachteile gegenüber. Dazu zählen folgende:

1. Eine binäre Zuordnung des Ausfallverhaltens von Komponenten und Systemen ist nicht immer praxisgerecht (siehe hierzu Mehrwertige Modelle).
2. Die geforderte Monotonieeigenschaft ist nicht immer gegeben (z. B. Komponenten mit Trigger-Eigenschaften, Hysterese).
3. Die Komponenten sind nicht immer unabhängig voneinander, z. B. durch die zeitliche Reihenfolge der Komponentenausfälle, durch die Änderung des Ausfallverhaltens einzelner Komponenten in Abhängigkeit von dem Zustand der anderen Komponenten und andere Faktoren.

Es sind dann unter Umständen **Nicht-Boolesche Modelle** vorzuziehen. Eines der wichtigsten Nicht-Booleschen Modelle ist das **Markovsche Modell**. **Markovsche Prozesse** gehören zur Gruppe der sogenannten **Regenerativen stochastischen Prozesse**[1] (Bild 18.1).

---

[1] Der Terminus „Stochastik" (altgr. στόχος – stochos, „Vermutung") stammt von Bernoulli und ist ein Sammelbegriff für die Wahrscheinlichkeitstheorie und Statistik.

18 Einführung in die stochastischen Prozesse

```
                    ┌─────────────────────────┐
                    │  Stochastische Prozesse │
                    └───────────┬─────────────┘
                    ┌───────────┴─────────────┐
                    ▼                         ▼
        ┌───────────────────────┐   ┌───────────────────────┐
        │ Regenerative Prozesse │   │ Nicht-Regenerative    │
        │                       │   │ Prozesse              │
        └───────────────────────┘   └───────────────────────┘
                                        │
                    ┌───────────────────────┐
                    │ Erneuerungsprozesse   │◄──┐
                    └───────────────────────┘   │
                                                │
                    ┌───────────────────────┐   │
                    │ Nicht-Markov-Prozesse │───┘
                    │ ohne Regenerations-   │
                    │ punkt                 │
                    └───────────────────────┘

                    ┌───────────────────────┐
                    │ einfache und allgemeine│◄──
                    │ Erneuerungsprozesse   │
                    └───────────────────────┘

                    ┌───────────────────────┐
                    │ alternierende         │◄──
                    │ Erneuerungsprozesse   │
                    └───────────────────────┘

                    ┌───────────────────────┐
                    │ Markov-Prozesse       │
                    └───────────────────────┘
                    ┌───────────────────────┐
                    │ Nicht-Markov-Prozesse │
                    │ mit Regenerationspunkten│
                    └───────────────────────┘

                    ┌───────────────────────┐
                    │ inhomogene            │◄──
                    │ Markov-Prozesse       │
                    └───────────────────────┘
                    ┌───────────────────────┐
                    │ Semi-Markov-Prozesse  │◄──
                    │ (Markov-Erneuerungs-  │
                    │ prozesse)             │
                    └───────────────────────┘

                    ┌───────────────────────┐
                    │ homogene              │◄──
                    │ Markov-Prozesse       │
                    └───────────────────────┘
                    ┌───────────────────────┐
                    │ Regenerative Prozesse │◄──
                    │ mit einigen Nicht-    │
                    │ Regenerationszuständen│
                    │ (Semi-Markov-verwandte│
                    │ Prozesse)             │
                    └───────────────────────┘
```

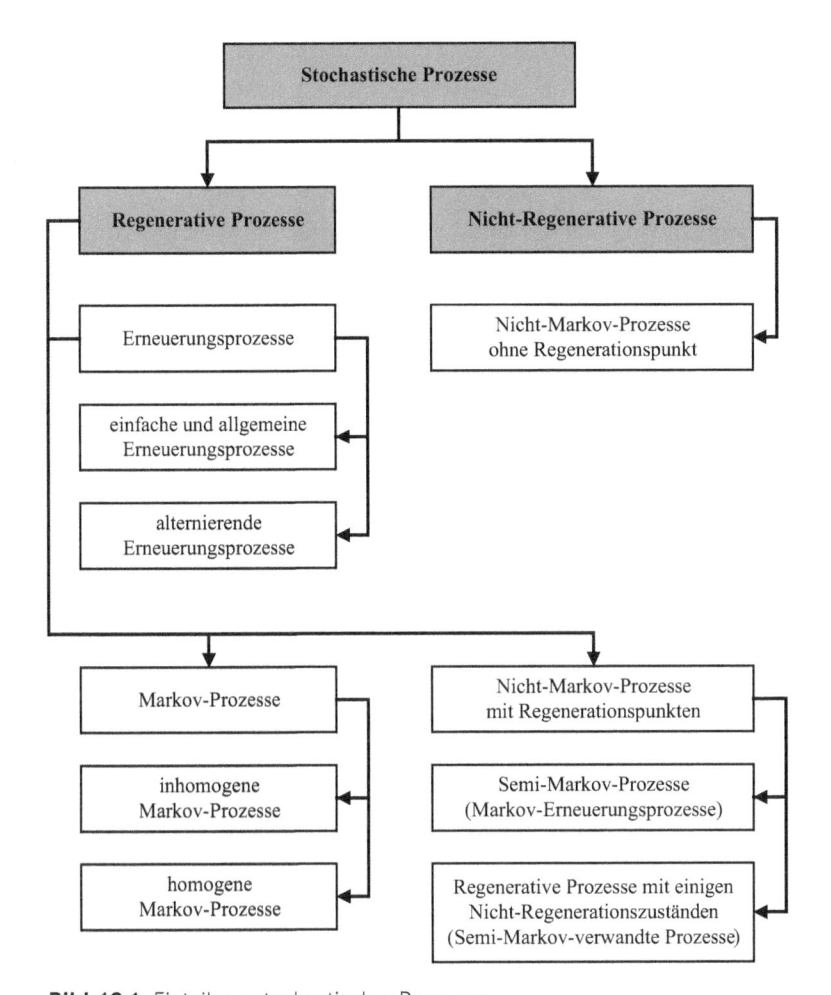

Bild 18.1 Einteilung stochastischer Prozesse

Die nachfolgenden Ausführungen sind aus (Knepper/Meyna/Peters, siehe Lit.) entnommen.

Als stochastische Prozesse werden alle nicht streng determinierten Vorgänge mit einer oder mehreren Zufallsvariablen bezeichnet. Ein stochastischer Prozess mit oder ohne deterministische Einflüsse ist eine von einem Parameter t abhängige Menge von Zufallsvariablen $Z(t)$, wobei t einen gewissen Parameterraum T durchläuft. Der Parameter t ist im Allgemeinen die Zeit. Anstatt des Zeitparameters können aber auch andere, unter Umständen mehrere Parameter auftreten. Der Parameterraum T möge nachfolgend einen Zeitraum bezeichnen. Die Zufallsvariablen $Z(t)$ sind interpretierbar als zeitabhängige Zufallsvariablen, deren Verlauf die Zustände, in denen sich der stochastische Prozess $\{Z(t), t \in T\}$ zur Zeit t befindet, charakterisiert.

Stochastische Prozesse können nach der Charakteristik ihres Parameterraums T (Menge von Zeitpunkten) und ihres Zustandsraums M (Menge der Zustände) eingeteilt werden. Folgende Realisierungen sind möglich:

- stochastischer Prozess mit **diskretem Parameterraum** und **diskretem Zustandsraum**
- stochastischer Prozess mit **diskretem Parameterraum** und **kontinuierlichem Zustandsraum**
- stochastischer Prozess mit **kontinuierlichem Parameterraum** und **diskretem Zustandsraum**
- stochastischer Prozess mit **kontinuierlichem Parameterraum** und **kontinuierlichem Zustandsraum**

Von wenigen Ausnahmen abgesehen, ist das stochastische Verhalten eines technischen Systems durch einen **kontinuierlichen Parameterraum** und einen **diskreten Zustandsraum mit endlich vielen Zuständen** interpretierbar. Die Einteilung der stochastischen Prozesse entsprechend Bild 18.1 unterliegt den folgenden Gesichtspunkten:

- Sowohl stetige als auch diskrete Verteilungsfunktionen von Zufallszeiten sollen durch die Prozesse berücksichtigt werden können.
- Ein Prozess gilt als regenerativ, falls er mindestens einen eingebetteten Erneuerungsprozess bzw. einen Regenerationspunkt beinhaltet.
- Der Semi-Markov-Prozess ist eine Verbindung von Markov-Prozessen und Erneuerungsprozessen.
- Es werden nur homogene Semi-Markov-Prozesse betrachtet, im Folgenden kurz als Semi-Markov-Prozesse bezeichnet.
- Die regenerativen Prozesse mit einigen Nicht-Regenerationszuständen (Semi-Markov-verwandte Prozesse) besitzen einen eingebetteten Semi-Markov-Prozess; ist nur ein Zustand regenerativ, so erhält der Prozess einen eingebetteten Erneuerungsprozess.
- Nicht-Markov-Prozesse sind Prozesse, bei denen die Markov-Bedingungen nicht oder nur zum Teil erfüllt sind.

■ 18.1 Beurteilungskriterien stochastischer Prozesse

Die Beurteilungskriterien charakterisieren bestimmte Eigenschaften der stochastischen Prozesse. Mithilfe dieser Kriterien kann zur Analyse einer gegebenen technischen Anlage der geeignete stochastische Prozess gefunden werden. Außerdem verdeutlichen sie die Vor-, Nachteile, Möglichkeiten und Grenzen der verschiedenen Prozesse. Die Beurteilungskriterien lassen sich in zwei Klassen einteilen:

Klasse I:	**Definitionsspezifische Beurteilungskriterien**
	1. Markovsche Zustandsbedingung
	2. Markovsche Zeitbedingung
	3. Regenerationspunkte des Prozesses

Klasse II:	**Anwendungsspezifische Beurteilungskriterien**
	4. Akzeptanz von stochastischen Abhängigkeiten zwischen den Elementen des Prozesses
	5. Anwendbare Verteilungsfunktionen der Zufallszeiten

Die definitionsspezifischen Beurteilungskriterien geben demgemäß charakteristische Definitionsmerkmale der stochastischen Prozesse wieder, während die anwendungsspezifischen Beurteilungskriterien die Flexibilität und Realitätsnähe der Prozesse hinsichtlich des zu analysierenden Systems widerspiegeln.

18.1.1 Definitionsspezifische Beurteilungskriterien

18.1.1.1 Markov-Bedingungen

Ein stochastischer Prozess ist ein Markov-Prozess, falls die Wahrscheinlichkeit $p_{i,j}(t, t+dt)$ für den Übergang von einem Zustand Z_i in einen anderen Zustand Z_j nur vom gegenwärtigen Zeitpunkt t und vom gegenwärtigen Zustand Z_i und nicht von vergangenen Zeitpunkten und Zuständen abhängt.

Markov-Prozesse setzen also die Erfüllung folgender Bedingungen voraus: Die **Markovsche Zustandsbedingung** besagt, dass ein Übergang von einem Zustand Z_i in einen anderen Zustand Z_j nur vom letzten Zustand Z_i und nicht von Zuständen davor, d. h. von Zuständen Z_k mit $k < i$ abhängt. Die **Markovsche Zeitbedingung** besagt, dass ein Zustandsübergang in einem ausreichend kleinen Zeitintervall $(t, t+dt)$ höchstens vom Zeitpunkt t und nicht von weiter zurückliegenden Zeitpunkten $t < \tau$ abhängt. In diesem Sinne wird ein Markov-Prozess als „**Prozess ohne Gedächtnis**" bezeichnet.

Hängt die Übergangswahrscheinlichkeit nicht von t ab, sondern nur von der Differenz dt, so handelt es sich um einen **homogenen** Markov-Prozess. Im anderen Fall liegt ein **inhomogener** Markov-Prozess vor.

18.1.1.2 Regenerationspunkte des Prozesses

Falls ein stochastischer Prozess $\{Z(t), t \geq 0\}$ die Eigenschaft besitzt, dass für einzelne Zeitpunkte τ und für alle $t > \tau$ die bedingte Wahrscheinlichkeitsverteilung von $Z(t)$, unter der Voraussetzung, dass $Z(\tau)$ gegeben ist, gleich der bedingten Wahrscheinlichkeitsverteilung von $Z(t)$, unter der Voraussetzung, dass $Z(x)$ für alle $x \leq \tau$ ist, dann ist der Zeitpunkt τ ein Regenerationspunkt des Prozesses.

Mit anderen Worten: Die Regenerationspunkte (Erneuerungspunkte) haben die Eigenschaft, dass ihr Auftreten den stochastischen Prozess völlig unabhängig von seiner **früheren** Entwicklung macht. Ein neues, unabhängiges Zeitintervall beginnt. Ist der Zeitpunkt der Einnahme eines Systemzustandes ein Regenerationspunkt, so wird dieser Zustand als **Regenerationszustand** bezeichnet.

18.1.2 Anwendungsspezifische Beurteilungskriterien

18.1.2.1 Akzeptanz von stochastischen Abhängigkeiten zwischen den Elementen des Prozesses

Hängt bei einem stochastischen Prozess das zufällige Ereignis E_1 vom zufälligen Ereignis E_2 ab, so wird das Ereignis E_1 stochastisch abhängig genannt. Das Ereignis E_1 ist ein bedingtes Ereignis von E_2. Die stochastischen Abhängigkeiten von Ausfällen bei technischen Systemen können überwiegend den im Folgenden genannten Gruppierungen zugeordnet werden.

Abhängige Fehler:

Beispiel 1:	Fällt bei einer Parallelschaltung mit heißer Redundanz ein Element aus, so erhöhen sich die Belastungen der anderen Elemente.
Beispiel 2:	Fällt bei einer kapazitätsgeteilten Parallelschaltung ein Element aus, so verändert sich die Kapazitätsaufteilung.
Beispiel 3:	Common-Mode-Fehler: Gleichzeitiges Versagen mehrerer Komponenten aufgrund gemeinsamer Ursache
Beispiel 4:	Bei Serienschaltungen mit Speicherelementen ist der Ausfall des Systems unter anderem abhängig von der Speichergröße (analog: Verbundschaltungen).

Abhängige Inbetriebnahme von Komponenten:

Beispiel:	System mit warmer oder kalter (Standby-)Redundanz

Abhängige Wiederinbetriebnahme von Komponenten:

Beispiel:	System mit begrenzter Anzahl von Reparaturmannschaften (Wartungs-, Instandsetzungsstrategien)

18.1.2.2 Anwendbare Verteilungsfunktionen der Zufallszeiten

Die Verteilungsfunktionen der Zufallszeiten (Betriebs-, Reparaturzeiten etc.) haben einen direkten Einfluss auf die Erfüllung beziehungsweise Nichterfüllung der anderen Beurteilungskriterien und bestimmen somit in erster Linie die Wahl des anzuwendenden stochastischen Prozesses.

Bekanntlich wird zwischen stetigen (Exponential-, Weibull-, Normal-Verteilung usw.) und diskreten (geometrische, Binomial-, Poisson-Verteilung usw.) Verteilungsfunktionen (siehe Kapitel 10) unterschieden.

Die Exponentialverteilung (und im diskreten Fall die geometrische Verteilung) besitzt eine für die Anwendung besondere Eigenschaft: **Die Übergangsraten sind konstant bzw. zeitunabhängig**. Dies besagt, dass ein Element, welches zum Beispiel bis zum gegenwärtigen Zeitpunkt t_1 überlebt hat, für die Zukunft das gleiche Ausfallverhalten besitzt, wie vom Zeitpunkt $t = 0$ aus betrachtet.

Werden die Zufallszeiten eines Systems alle als exponentiell verteilt angesehen, so sind die anderen Beurteilungskriterien erfüllt (Markov-Bedingung) oder besitzen eine große Flexibilität (regenerativ bezüglich jeden Zeitpunkts, stochastische Abhängigkeit weitgehend erlaubt). Die Zufallszeiten eines realen Systems sind jedoch selten exponentiell verteilt, denn folgende Voraussetzungen entsprechen unter anderem nicht der Realität:

1. Dass Anlagen, Teilsysteme und/oder Bauelemente im Zeitverlauf ein zufallsbedingtes Ausfallverhalten zeigen, mit anderen Worten: nicht altern, und
2. dass Anlagen, Teilsysteme und/oder Bauelemente im Zeitverlauf ein zufallsbedingtes Reparaturverhalten zeigen, d.h. dass die meisten Störungen direkt nach dem Ausfall behoben werden. In der Realität ist es eher so, dass durch die Anzahl der Reparaturmannschaften, durch die Anfahrt zur Störstelle, durch die Fehlersuche, durch die Vorbereitungszeit usw. eine beträchtliche Zeit vergeht, ehe überhaupt mit der Reparatur begonnen wird.

Aufgrund der vorangegangenen Betrachtungen sind dann andere Verteilungsfunktionen mit zeitabhängigen Übergangsraten zu verwenden, das heißt, es müssen stochastische Prozesse verwendet werden, die eine realitätsnähere Analyse zulassen als die homogenen Markov-Prozesse.

18.1.3 Klassifizierung stochastischer Prozesse anhand der Beurteilungskriterien

Die zuvor erläuterten Beurteilungskriterien beeinflussen sich (Existenz von Abhängigkeiten) sowohl innerhalb der Klassen als auch zwischen den Klassen.

Abhängigkeiten der Beurteilungskriterien in der Klasse I:

1. Bei Erfüllung der Markovschen Zeitbedingung ist auch die Markovsche Zustandsbedingung erfüllt. Der umgekehrte Fall beinhaltet keine Abhängigkeit.
2. Bei Regenerativen Prozessen sind die Zustandsübergangszeitpunkte der Zustände, welche die Markovsche Zustandsbedingung erfüllen, zugleich Regenerationspunkte des Prozesses. Der umgekehrte Fall beinhaltet nicht immer diese Abhängigkeit.

Abhängigkeiten der Beurteilungskriterien in der Klasse II:

Je größer die Anzahl der nicht-exponentiell verteilten Zufallszeiten ist, desto geringer ist die Akzeptanz der stochastischen Abhängigkeiten (ausgenommen Nicht-Regenerative Prozesse).

Abhängigkeiten zwischen den Klassen:

Beliebige Wahl der Verteilungsfunktionen und uneingeschränkte Berücksichtigung der stochastischen Abhängigkeiten reduziert die Anzahl der erfüllten Beurteilungskriterien aus der Klasse I (ausgenommen Nicht-Regenerative Prozesse).

Eine Übersicht zur Klassifizierung stochastischer Prozesse anhand der Beurteilungskriterien zeigt Tabelle 18.1. Die Erneuerungsprozesse wurden in Tabelle 18.1 und Tabelle 18.2 mit aufgeführt, da sie als eingebettete Prozesse in den Regenerativen Prozessen enthalten sind, obwohl sie zur Analyse von Systemen nur eingeschränkt geeignet sind (Analyse eines Einzelelementes).

Tabelle 18.1 Klassifizierung stochastischer Prozesse anhand definitionsspezifischer Beurteilungskriterien

	Definitionsspezifische Beurteilungskriterien		
Stochastische Prozesse	Markovsche Zustandsbedingung	Markovsche Zeitbedingung	Regenerationspunkte des stochastischen Prozesses
Einfache und allg. Erneuerungsprozesse	erfüllt	nicht erfüllt (erfüllt bei Exp.-Vert.)	alle Erneuerungspunkte (jeder Zeitpunkt bei Exp.-Vert.)
Alternierende Erneuerungsprozesse	erfüllt	nicht erfüllt (erfüllt bei Exp.-Vert.)	alle Zustandsübergangszeitpunkte (jeder Zeitpunkt bei Exp.-Vert.)
Homogene Markov-Prozesse	erfüllt	erfüllt	jeder Zeitpunkt
Inhomogene Markov-Prozesse	erfüllt	erfüllt	jeder Zeitpunkt
Semi-Markov-Prozesse	erfüllt	nicht erfüllt (erfüllt bei Exp.-Vert.)	alle Zustandsübergangszeitpunkte (jeder Zeitpunkt bei Exp.-Vert.)
Regenerative Prozesse mit einigen Nicht-Regenerations-zuständen	nur erfüllt bei Regenerationszuständen	nicht erfüllt	alle Zustandsübergangszeitpunkte der Regenerationszustände
Nicht-Regenerative Prozesse	nicht erfüllt	nicht erfüllt	kein Zeitpunkt

Tabelle 18.2 Klassifizierung stochastischer Prozesse anhand anwendungsspezifischer Beurteilungskriterien

	Anwendungsspezifische Beurteilungskriterien	
Stochastische Prozesse	Akzeptanz von stochastischen Abhängigkeiten zwischen den Elementen des Prozesses	Anwendbare Verteilungsfunktionen der Zufallszeiten
Einfache und allg. Erneuerungsprozesse	Es besteht keinerlei stochastische Abhängigkeit (Einzelelement, ein Zustand).	beliebige Verteilungsfunktionen
Alternierende Erneuerungsprozesse	Es besteht keinerlei stochastische Abhängigkeit (Einzelelement, ein Zustand).	beliebige Verteilungsfunktionen
Homogene Markov-Prozesse	Stochastische Abhängigkeiten sind erlaubt, sofern die Markov-Bed. erfüllt sind.	nur Exponentialverteilung

Anwendungsspezifische Beurteilungskriterien		
Stochastische Prozesse	Akzeptanz von stochastischen Abhängigkeiten zwischen den Elementen des Prozesses	Anwendbare Verteilungsfunktionen der Zufallszeiten
Inhomogene Markov-Prozesse	Keinerlei stochastische Abhängigkeiten sind erlaubt.	beliebige Verteilungsfunktionen
Semi-Markov-Prozesse	Stochastische Abhängigkeiten sind erlaubt, sofern die Markovschen Zustandsbedingungen erfüllt ist und die erforderlichen Regenerationspunkte eingehalten werden.	beliebige Verteilungsfunktionen, sofern die erforderlichen Regenerationspunkte eingehalten werden
Regenerative Prozesse mit einigen Nicht-Regenerationszuständen	Stochastische Abhängigkeiten sind erlaubt, sofern die Markovsche Zustandsbedingung erfüllt ist und die erforderlichen Regenerationspunkte eingehalten werden.	beliebige Verteilungsfunktionen, sofern die erforderlichen Regenerationspunkte eingehalten werden
Nicht-Regenerative Prozesse	Stochastische Abhängigkeiten sind ohne Einschränkung erlaubt.	beliebige Verteilungsfunktionen

18.2 Analysemöglichkeiten eines Parallelsystems mit zwei identischen Einheiten

Anhand eines einfachen Parallelsystems mit zwei identischen Einheiten (Bild 18.2) soll verdeutlicht werden, inwieweit den Möglichkeiten der verschiedenen stochastischen Prozesse zur Analyse eines technischen Systems Grenzen gesetzt sind. Die Grenzen werden in Tabelle 18.3 und Tabelle 18.4 anhand der möglichen Verteilungsfunktionen der Ausfall- und Reparaturzeiten und der möglichen Erweiterungen/Verallgemeinerungen der Systemmerkmale aufgezeigt. Die Grenzen selbst werden durch die definitionsspezifischen Beurteilungskriterien der entsprechenden stochastischen Prozesse gesetzt.

Ein System mit zwei Einheiten kann durch Erneuerungsprozesse nicht analysiert werden, außer wenn die Einheiten stochastisch unabhängig sind und die Analyse sich dann auf zwei parallel ablaufende alternierende Erneuerungsprozesse stützt. Dieser einfache Spezialfall wird nicht behandelt.

Allgemein kann ein Parallelsystem als ein „Grundsystem" angesehen werden, da es als Bestandteil in zahlreichen größeren Systemen/Prozessen vorhanden ist.

Bild 18.2 Parallelsystem mit zwei identischen Einheiten

Tabelle 18.3 Analysemöglichkeiten eines Parallelsystems mit zwei identischen Einheiten anhand verschiedener stochastischer Prozesse

Stochastischer Prozess	Verteilungsfunktionen	Systemmerkmale	Zustandsgraph
Homogener Markov-Prozess	Ex(λ)-Vert. für Ausfall- und Reparaturzeiten	System mit heißer, warmer oder kalter (Standby-) Redundanz und Reparatur mit einer oder zwei Reparaturmannschaften möglich	Zustand 1: Beide Einheiten intakt. Zustand 2: Eine Einheit ausgefallen und in Reparatur, die andere Einheit intakt. Zustand 3: Beide Einheiten ausgefallen
Inhomogener Markov-Prozess	Beliebige Verteilungsfunktionen für die Ausfallzeiten	System **nur** mit heißer Redundanz möglich, allerdings **nur**, wenn die Fehler als stochastisch unabhängig angenommen werden. Reparatur **nicht** möglich	Zustand 1: Beide Einheiten intakt. Zustand 2: Eine Einheit ausgefallen, die andere Einheit intakt. Zustand 3: Beide Einheiten ausgefallen
Semi-Markov-Prozess	Ex(λ)-Vert. für Ausfall- und Reparaturzeiten (also homog. Markov-Prozess)	Siehe homogener Markov-Prozess	Siehe homogener Markov-Prozess
	Beliebige Verteilung für Ausfallzeiten	System **nur** mit Standby-Redundanz möglich. Reparatur **nicht** möglich	Zustand 1: Beide (neuen) Einheiten intakt. Zustand 2: Eine Einheit ausgefallen, die andere beginnt zu arbeiten. Zustand 3: Beide Einheiten ausgefallen

Erläuterung zur Tabelle 18.3:

Das Parallelsystem besteht aus zwei identischen Einheiten, folglich ist die Einteilung des Systems in nur drei Zustände zulässig.

Außerdem soll das System als Betriebsmöglichkeit die heiße, warme (warme Redundanz entspricht einer leicht belasteten Redundanzeinheit) oder kalte (Standby-)Redundanz ermöglichen. Die Reparatur soll die Varianten begrenzter (einer) und unbegrenzter (zweier) Reparaturmannschaften einschließen. Die reparierte Einheit ist neuwertig. Die Einflüsse der Umschalteinrichtung (warme und kalte Redundanz) und Wartung werden nicht berücksichtigt. Außerdem wird angenommen, dass eine Einheit im Standby-Status nicht ausfallen kann.

Die aufgeführten Systemmerkmale enthalten verschieden starke stochastische Abhängigkeiten, die in Verbindung mit den anwendbaren Verteilungsfunktionen der Zufallszeiten die Grenzen der Analysemöglichkeiten des Parallelsystems anhand der aufgeführten stochastischen Prozesse aufzeigen.

Analyse des Parallelsystems als homogener Markov-Prozess

Aufgrund der vorgeschriebenen Exponentialverteilung für alle Zufallszeiten und der damit verbundenen Gedächtnislosigkeit des Systems zu jedem Zeitpunkt sind alle möglichen Systemvarianten bzw. stochastischen Abhängigkeiten erlaubt. Die Formulierung der Zustände ist so allgemein gehalten, dass alle Redundanzarten und Reparaturstrategien möglich sind.

Analyse des Parallelsystems als inhomogener Markov-Prozess

Es wurde schon darauf hingewiesen, dass bei der Systemanalyse anhand eines inhomogenen Markov-Prozesses keinerlei stochastische Abhängigkeiten und keine Wiederinbetriebnahmen einer einmal ausgesetzten, in diesem Falle ausgefallenen Einheit erlaubt sind. Bei Nichteinhaltung dieser Bedingungen ist der zukünftige Prozessablauf neben dem gegenwärtigen auch von früheren Zeitpunkten abhängig (aufgrund der zeitabhängigen Ausfallraten) und damit die Markovsche Zeitbedingung nicht immer erfüllt (Bild 18.3).

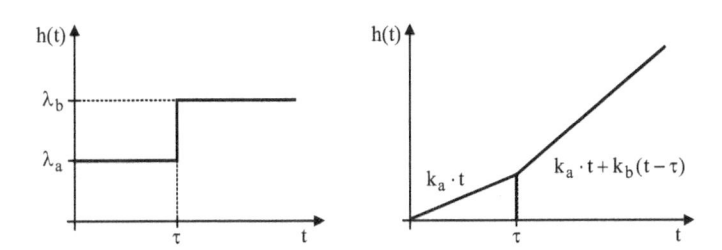

Bild 18.3 Stochastisch abhängige Ausfallraten (τ = Zeitpunkt eines Komponentenausfalls)

Zur Verdeutlichung der Hintergründe von Bild 18.3 diene die Vorstellung eines Parallelsystems mit zwei identischen Einheiten und stochastisch abhängigen Fehlern. Fällt eine Einheit aus, so erhöht sich die Ausfallrate der anderen Einheit. Im Fall konstanter Ausfallraten vergrößert sich die Ausfallrate der intakten Einheit vom zeitunabhängigen Wert λ_a auf λ_b. Liegt aber z. B. eine linear ansteigende, zeitabhängige Ausfallrate der intakten Einheit vor, so ist die zukünftige Ausfallrate der funktionsfähigen Einheit sowohl vom Zeitpunkt t als auch vom vergangenen Zeitpunkt τ (Zeitpunkt des Ausfalls der anderen Einheit) abhängig. Die **Markovsche Zeitbedingung ist nicht erfüllt**.

Der gleiche Zusammenhang ergibt sich bei warmer oder kalter Redundanz.

Falls eine Reparatur (oder Wartung) zugelassen wird, so hängt die zukünftige Ausfallrate der reparierten (gewarteten) Einheit vom gegenwärtigen Zeitpunkt t und vom Zeitpunkt τ (Zeitpunkt der Wiederinbetriebnahme der Einheit) ab. Das heißt, die Markovsche Zeitbedingung ist ebenfalls nicht erfüllt.

Das Parallelsystem kann demnach nur als Parallelsystem mit heißer Redundanz (Fehler werden als stochastisch unabhängig angesehen) und ohne Reparaturmöglichkeit analysiert werden.

Analyse des Parallelsystems als Semi-Markov-Prozess

Im Falle eines Semi-Markov-Prozesses müssen alle Zustandsübergangszeitpunkte Regenerationspunkte bzw. alle Zustände Regenerationszustände sein.

Das Parallelsystem kann diese Bedingung nur erfüllen, wenn alle Zufallszeiten exponentiell verteilt sind. Die Systemanalyse hat also die gleichen Möglichkeiten wie beim homogenen Markov-Prozess, denn dieser ist ein Spezialfall des Semi-Markov-Prozesses.

Die größte Möglichkeit, bei beliebiger Verteilungsfunktion einer Zufallszeit alle Zustände als Regenerationszustände zu erhalten, besteht bei der Systemvariante eines **Standby-Systems**.

1. Begründung für Standby-System

Bei Ausfall der arbeitenden Einheit war die Reserveeinheit (im Gegensatz zu heißer und warmer Redundanz) noch nicht in Betrieb, sie **beginnt** also gerade erst die Arbeit aufzunehmen, was der Eigenschaft eines Regenerationspunktes entspricht.

Untersuchung eines Standby-Systems mit Reparatur auf Nicht-Regenerationszustände

Die Systemzustände sind folgendermaßen definiert:

Zustand 1:	Eine Einheit ist in Betrieb, die andere ist in „Standby".
Zustand 2:	Eine Einheit ist ausgefallen und es **beginnt** die Reparatur, die andere **beginnt** zu arbeiten.
Zustand 3:	Beide Einheiten sind ausgefallen.

Ob eine oder zwei Reparaturmannschaften zur Verfügung stehen, fällt in diesem Zusammenhang nicht ins Gewicht.

Es werden folgende Fälle unterschieden:

a) beliebige Verteilungsfunktion für Ausfall- und Reparaturzeiten

Der Zustand 1 ist **nur** zu Beobachtungsbeginn ein Regenerationszustand, wenn die Einheit als **neu** angenommen wird. Wenn der Zustand 1 nach Verlassen im weiteren Prozessverlauf wieder eingenommen wird, ist er nicht-regenerativ, da die sich im Betrieb befindliche Einheit bereits im Zustand 2 eine zufällige Zeit arbeitete (alterte). Zur Berechnung von Systemkenngrößen muss der Zustand also nicht-regenerativ werden.

Zustand 2 ist ein Regenerationszustand, beide Einheiten **beginnen** in einem neuen Zeitintervall.

b) **beliebige Verteilungsfunktionen für Ausfallzeiten, Exponentialverteilung für Reparaturzeiten**

Zustand 1:	Nicht-Regenerationspunkt (siehe a))
Zustand 2:	Regenerationspunkt (siehe a))
Zustand 3:	Regenerationszustand, da die Reparaturzeiten exponentiell verteilt sind

c) **beliebige Verteilungsfunktionen für Reparaturzeiten, Exponentialverteilung für Ausfallzeiten**

Zustand 1:	Regenerationszustand, da die Ausfallzeiten exponentiell verteilt sind
Zustand 2:	Regenerationszustand (siehe a))
Zustand 3:	Nicht-Regenerationszustand (siehe a))

So ergibt sich also immer mindestens ein Nicht-Regenerationszustand, demzufolge liegt kein Semi-Markov-Prozess vor.

2. **Untersuchung eines Standby-Systems ohne Reparatur auf Nicht-Regenerationszustände**

Die Systemzustände sind folgendermaßen definiert:

Zustand 1:	Eine Einheit ist in Betrieb, die andere ist in „Standby".
Zustand 2:	Eine Einheit ist ausgefallen, die andere **beginnt** zu arbeiten.
Zustand 3:	Beide Einheiten sind ausgefallen.

Wird vorausgesetzt, dass beide Einheiten zu Beobachtungsbeginn neu sind, so sind alle Zustände regenerativ. Die Ausbeute von Systemkenngrößen bei einer Analyse dieses Systems ist jedoch minimal. Mithilfe der Booleschen Modellbildung (siehe Kapitel 8) kann ein solches System leichter berechnet werden.

Die Anwendung Semi-Markovscher Prozesse als Analysemittel stochastischer Systeme ist, wie dieses Beispiel schon offenlegt, nur begrenzt möglich, denn die Verweilzeiten in den Zuständen müssen unabhängige Zufallsvariablen sein. Es sind also bei Verteilungsfunktionen mit zeitabhängigen Ausfallraten/Übergangsraten nur in den seltensten Fällen (z. B. beim Standby-System ohne Reparatur) stochastische Abhängigkeiten möglich. Sogar ohne Reparaturmöglichkeiten und ohne stochastische Abhängigkeiten können Parallelsysteme mit heißer oder warmer Redundanz anhand Semi-Markovscher Prozesse nicht analysiert werden.

Analyse des Parallelsystems als Regenerativer Prozess mit einigen Nicht-Regenerationszuständen (Tabelle 18.4)

Damit das Parallelsystem als Regenerativer Prozess mit einigen Nicht-Regenerationszuständen analysiert werden kann, muss mindestens ein Zustand regenerativ sein. Im Falle eines Standby-Systems mit Reparatur können die Betrachtungen des letzten Abschnittes über Semi-Markov-Prozesse übernommen werden. Es ist eine Systemanalyse bei beliebiger Verteilung der Ausfall- und Reparaturzeiten möglich. Wird das Parallelsystem mit heißer oder warmer Redundanz und Reparatur betrachtet, so werden wiederum folgende Fälle unterschieden:

a) **beliebige Verteilungsfunktionen für Ausfall- und Reparaturzeiten**

   Es ist kein Regenerationspunkt vorhanden.

b) **beliebige Verteilungsfunktionen für Ausfallzeiten, Exponentialverteilung für Reparaturzeiten**

   Der Zustand 3 (beide Einheiten sind ausgefallen) ist ein Regenerationszustand.

c) **beliebige Verteilungsfunktionen für Reparaturzeiten, Exponentialverteilung für Ausfallzeiten**

   Zustand 1 (beide Einheiten intakt) und Zustand 2 (eine Einheit ausgefallen und **Beginn** der Reparatur, andere Einheit intakt) sind Regenerationszustände.

Mithilfe dieser Prozesse ist es also möglich, eine größere Anzahl von Systemvarianten mit zum Teil beliebigen Verteilungsfunktionen zu berechnen. Enthält der Prozess nur einen Regenerationszustand (eingebetteter Erneuerungsprozess (EP)), so ist die mathematische Bewältigung jedoch entscheidend schwieriger als bei mehreren Regenerationszuständen (eingebetteter Semi-Markov-Prozess (SMP)).

Tabelle 18.4 Analysemöglichkeiten eines Parallelsystems mit zwei identischen Einheiten anhand verschiedener stochastischer Prozesse

Stochastischer Prozess	Verteilungsfunktionen	Systemmerkmale	Zustandsgraph
Regenerativer Prozess mit einigen Nicht-Regenerationszuständen (eingebetteter Erneuerungs-/ Semi-Markov-Prozess)	Beliebige Verteilungsfunktion für Ausfall- und Reparaturzeiten	I: System **nur** mit Standby-Redundanz möglich. Reparatur ist möglich mit einer oder zwei Reparaturmannschaften.	Zustand 1: Beide Einheiten intakt Zustand 2: Eine Einheit ausgefallen, die andere beginnt zu arbeiten Zustand 3: Beide Einheiten ausgefallen
	Beliebige Verteilungsfunktion für Ausfall- und Reparaturzeiten	II: System **auch** mit heißer oder warmer Redundanz möglich. Reparatur ist ebenfalls analysierbar mit einer oder zwei Reparaturmannschaften.	Zustand 1: Beide Einheiten intakt Zustand 2: Eine Einheit ausgefallen und in Reparatur, die andere Einheit intakt Zustand 3: Beide Einheiten ausgefallen

Stochastischer Prozess	Verteilungsfunktionen	Systemmerkmale	Zustandsgraph
	Beliebige Verteilungsfunktion für Reparaturzeiten, Exp.-Verteilung für Ausfallzeiten	**III:** System **auch** mit heißer oder warmer Redundanz möglich. Reparatur ist ebenfalls analysierbar mit einer oder zwei Reparaturmannschaften.	1 ⇄ 2 ⇄ 3 Zustandsdefinition siehe II
Nicht-Regenerativer Prozess	Beliebige Verteilungsfunktion für Ausfall- und Reparaturzeiten	**IV:** System mit heißer, warmer oder kalter (Standby-)Redundanz und Reparatur mit einer oder zwei Reparaturmannschaften möglich.	1 ⇄ 2 ⇄ 3 Zustandsdefinition siehe II

Analyse des Parallelsystems als Nicht-Regenerativer Prozess

Da keine definitionsspezifischen Beurteilungskriterien eingehalten werden müssen, sind keine Grenzen gesetzt in Bezug auf Verteilungsfunktionen und Systemvarianten. Zur mathematischen Bewältigung dieser Prozesse gibt es verschiedene, zum Teil sehr aufwendige Verfahren. Die Lösungsverfahren enthalten erhebliche Nachteile.

Mit dem Wort „Zufall" gibt der Mensch nur seiner Unwissenheit Ausdruck.

Pierre Simon Marquis de Laplace (1749 - 1827)

19 Markovsche Modellbildung

■ 19.1 Der Markovsche Prozess mit diskretem Parameterbereich und endlich vielen Zuständen (Markov-Kette)

19.1.1 Zustandsgleichung

Ein betrachtetes System möge m Zustände aus einem endlichen Zustandsraum $M = (Z_1, Z_2, ..., Z_m)$ oder vereinfacht $M = \{1, ..., m\}$ einnehmen können. Die Zeitpunkte (Schritte), an denen ein Übergang von einem Zustand in den anderen erfolgt, seien durch $t_n (n = 1, 2, ...)$ gegeben (Bild 19.1).

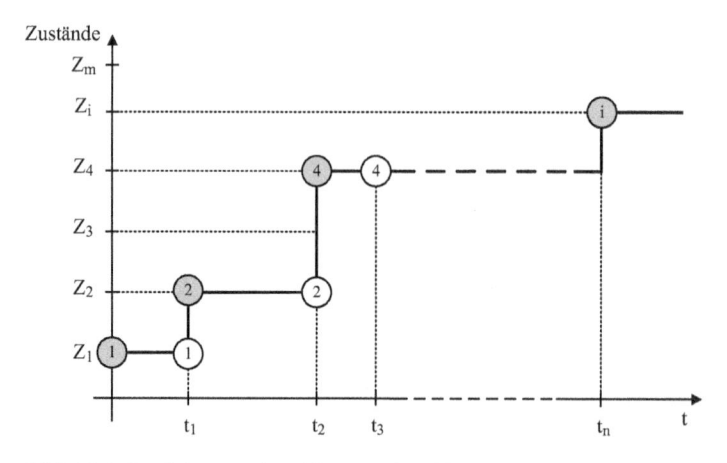

Bild 19.1 Realisierung einer Markovschen Kette

Die Aufenthaltswahrscheinlichkeit oder **Zustandswahrscheinlichkeit** sei $P_i(n)$ als Wahrscheinlichkeit, dass sich das System zum Zeitpunkt t_n im Zustand i befindet und die **Übergangswahrscheinlichkeit** durch $p_{i,j}(n, n+1)$ definiert ist. Die Folge von Zuständen, die nacheinander eintreten (Unabhängigkeit vorausgesetzt), bildet dann eine endliche Markovsche Kette[1], wenn die Wahrscheinlichkeit, dass der Zustand Z_i, der zu einem n-ten Zeitpunkt (Schritt) eintritt, nur vom vorherigen Zustand Z_{i-1}, der zum $(n-1)$-ten Zeitpunkt (Schritt) eingenommen wurde, abhängt (Markov-Eigenschaft).

Befand sich das System zum Zeitpunkt t_n im Zustand i **und** befindet es sich zum Zeitpunkt t_{n+1} immer noch in i **oder** geht das System von einem Zustand j nach i über, so gilt offensichtlich in einer anschaulichen Notation:

$$P_i(n+1) = \left[P_i(n) \wedge P_{i,i}(n, n+1) \right] \vee \left[\sum_{\substack{j=1 \\ j \neq i}}^{m} P_j(n) \wedge P_{j,i}(n, n+1) \right]$$

Da Unabhängigkeit vorausgesetzt wurde und die Ereignisse sich gegenseitig ausschließen, folgt

$$P_i(n+1) = P_i(n) \cdot P_{i,i}(n, n+1) + \sum_{\substack{j=1 \\ j \neq i}}^{m} P_j(n) \cdot P_{j,i}(n, n+1) \qquad (19.1)$$

bzw.

$$P_i(n+1) = \sum_{j=1}^{m} P_j(n) \cdot P_{j,i}(n, n+1) \qquad (19.2)$$

Formel 19.2 lässt sich auch in Matrizenschreibweise darstellen. Die Wahrscheinlichkeiten $P_i(n)$ werden dabei zu einem Zeilenvektor $\underline{P}(n) = \left(P_1(n), P_2(n), ..., P_m(n) \right)$ und die Übergangswahrscheinlichkeit zu einer Matrix $\underline{\underline{B}}$, der sogenannten **Übergangsmatrix**

$$\underline{\underline{B}}(n, n+1) = \begin{bmatrix} b_{1,1}(n, n+1) & \cdots & b_{1,m}(n, n+1) \\ \vdots & & \vdots \\ b_{m,1}(n, n+1) & \cdots & b_{m,m}(n, n+1) \end{bmatrix} \qquad (19.3)$$

mit

$$\sum_{j=1}^{m} b_{i,j} = 1 \text{ für alle } i$$

und

$$b_{i,j} \geq 0 \text{ für alle } i, j$$

zusammengefasst (beachte: $b_{1,1}(n, n+1) = p_{1,1}(n, n+1)$ usw.).

Damit folgt

$$\underline{P}(n+1) = \underline{P}(n) \cdot \underline{\underline{B}}(n, n+1) \qquad (19.4)$$

Hängt die Übergangsmatrix $\underline{\underline{B}}(n, n+1)$ nicht von n ab, so handelt es sich um einen **homogenen** Markov-Prozess mit diskretem Parameterbereich und endlich vielen Zuständen. Wie bereits in Kapitel 10 dargelegt, sind die Übergangswahrscheinlichkeiten bei homogenen

---
[1] Andrei Andrejewitsch Markov (1856–1922)

stochastischen Prozessen nicht von t_1 abhängig, sondern nur von der Differenz $(t_2 - t_1 = t)$ und damit ist

$$P_{i,j}(t_1, t_2) = P_{i,j}(t_2 - t_1) = P_{i,j}(t)$$

Damit folgt

$$\underline{\underline{B}}(n, n+1) = \underline{\underline{B}}(1,2) = \underline{\underline{B}}(2,3) = \ldots = \underline{\underline{B}} \tag{19.5}$$

und für k-malige Anwendung aus Formel 19.4

$$\underline{P}(n+k) = \underline{P}(n) \cdot \underline{\underline{B}}(n, n+1) \cdot \underline{\underline{B}}(n+1, n+2) \cdot \ldots \cdot \underline{\underline{B}}(n+k-1, n+k)$$

und schließlich

$$\underline{P}(n+k) = \underline{P}(n) \cdot \underline{\underline{B}}^k \tag{19.6}$$

Formel 19.6 wird als Chapman-Kolmogorov-Gleichung bezeichnet. Insbesondere gilt:

$$\begin{aligned}
P(1) &:= \underline{P}(0) \cdot \underline{\underline{B}} \\
P(2) &:= \underline{P}(1) \cdot \underline{\underline{B}} \\
&\vdots \\
&\vdots \\
P(n) &:= \underline{P}(n-1) \cdot \underline{\underline{B}} \\
P(k) &:= \underline{P}(0) \cdot \underline{\underline{B}}^k
\end{aligned} \tag{19.7}$$

was rechentechnisch zu bevorzugen ist.

Beispiel 19.1.1-1

Eine Punktschweißanlage möge zu jeder Schicht neu angefahren werden. Beim Anfahrvorgang kann es durch falsche Bedienung (Human-Error) oder infolge eines technischen Fehlers zu Betriebsunterbrechungen kommen. Die Zustände des Systems können wie folgt definiert werden:

Zustand 1: kein Ausfall aufgetreten, Anlage betriebsbereit
Zustand 2: Ausfall der Anlage infolge menschlichen Versagens
Zustand 3: Ausfall der Anlage infolge technischen Versagens

Als Übergangswahrscheinlichkeit aus dem Zustand 1 sind hypothetisch bekannt:

$$b_{1,1} = 0{,}88$$
$$b_{1,2} = 0{,}10$$
$$b_{1,3} = 0{,}02$$

Mit einer Wahrscheinlichkeit von $b_{2,1} = 0{,}99$ werden die menschlichen Fehler und mit $b_{3,1} = 0{,}89$ die technischen Fehler behoben. Wenn die Fertigungsstraße infolge menschlichen Versagens nicht angefahren werden kann, ist ein technischer Ausfall nicht möglich, das heißt $b_{2,3} = 0$. Ebenso kann das System, wenn es infolge eines technischen Fehlers ausgefallen ist, nicht durch menschliches Versagen ausfallen, das heißt $b_{3,2} = 0$.

a) Stellen Sie das Zustandsdiagramm und die Übergangsmatrix $\underline{\underline{B}}$ auf.
b) Mit welcher Wahrscheinlichkeit ist die Punktschweißanlage nach der dritten Schicht betriebsbereit?

Anfangsbedingung: $\underline{P}(0) = (1, 0, 0)$

Lösung:

a) Übergangsmatrix

$$\underline{\underline{B}} = \begin{bmatrix} 0{,}88 & 0{,}10 & 0{,}02 \\ 0{,}99 & 0{,}01 & 0 \\ 0{,}89 & 0 & 0{,}11 \end{bmatrix}$$

Zustandsdiagramm:

b) $\underline{P}(1) = (0{,}88;\ 0{,}1\ ;\ 0{,}02)$

$$\underline{P}(2) = \underline{P}(1) \cdot \underline{\underline{B}} = (0{,}88;\ 0{,}1;\ 0{,}02) \cdot \begin{bmatrix} 0{,}88 & 0{,}10 & 0{,}02 \\ 0{,}99 & 0{,}01 & 0 \\ 0{,}89 & 0 & 0{,}11 \end{bmatrix}$$

$$= (0{,}8912;\ 0{,}089;\ 0{,}0198)$$

$$\underline{P}(3) = \underline{P}(2) \cdot \underline{\underline{B}} = (\underbrace{0{,}889988}_{P_1(3)};\ \underbrace{0{,}09001}_{P_2(3)};\ \underbrace{0{,}020002}_{P_3(3)})$$

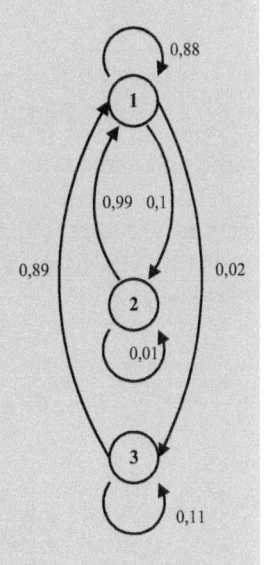

$P_1(3) \approx 0{,}889988$ ist die gesuchte Wahrscheinlichkeit, dass die Anlage nach der dritten Schicht betriebsbereit ist. Wie aus den Zahlenwerten hervorgeht, ist die Markov-Kette bereits nach dem ersten Schritt relativ stationär. ∎

19.1.2 Zustandsklassen

Unter einer **Zustandsklasse** *k* wird eine Gruppe von Zuständen *i* verstanden, für die jeweils gilt, dass jeder Zustand von jedem anderen der Gruppe aus über einen Pfad erreichbar ist (Bild 19.2). Die Zustände *i* und *j* sind dabei **kommunizierend**.

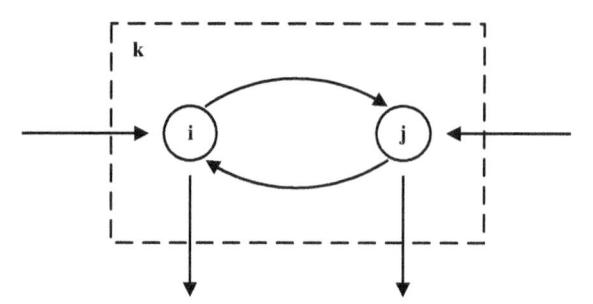

Bild 19.2
Darstellung einer Zustandsklasse

Eine Zustandsklasse, die, einmal eingenommen, nicht mehr verlassen werden kann, wird mit **ergodischer** Zustandsklasse (griech. $\epsilon\iota\rho\gamma\omega$ = einschließen) bezeichnet (Bild 19.3). Sie wird auch Klasse der **wesentlichen Zustände** genannt.

Bild 19.3
Darstellung einer ergodischen Zustandsklasse

Besteht eine ergodische Zustandsklasse lediglich aus einem Zustand, so wird dieser Zustand **absorbierend** (lat. absorbere = aufsaugen, in sich aufnehmen, verschlingen) genannt (Bild 19.4). Die Menge der absorbierenden Zustände wird mit M_A und ihre Anzahl mit m_A bezeichnet.

Bild 19.4
Darstellung eines absorbierenden Zustands

Besteht ein System lediglich aus einer einzigen ergodischen Zustandsmenge und ist jeder Zustand kommunizierend, so heißt ein solches System **unzerlegbar** bzw. **irreduzibel**. Da bei einem solchen System nach einer endlichen Zahl von Übergängen, die periodisch oder aperiodisch sein können, jeder Zustand wiederkehrt, werden solche Zustände als **wiederkehrende** bzw. **rekurrente** Zustände bezeichnet.

Als Klasse der **unwesentlichen** Zustände werden **transiente** (lat. transiere = durchgehen, überschreiten) Zustandsklassen (Zustände) bezeichnet (Bild 19.5). Die Menge M_T umfasst dann alle m_T transienten Zustände.

Bild 19.5
Darstellung einer transienten Zustandsklasse

Insgesamt gelten dann folgende Beziehungen:

$$M = M_A \cup M_T, \quad M_A \cap M_T = \phi$$

und

$$m = m_A + m_T$$

19.1.3 Die absorbierende homogene Markov-Kette

Eine homogene Markov-Kette heißt absorbierend, wenn sie über mindestens einen absorbierenden Zustand verfügt und es möglich ist, von jedem nicht-absorbierenden Zustand zu einem absorbierenden Zustand zu gelangen. Solche absorbierenden Zustände sind in der Hauptdiagonalen der Übergangsmatrix durch den Zahlenwert 1 charakterisiert. Die Übergangsmatrix einer absorbierenden Markovschen Kette lässt sich nun in der nachfolgenden Art ordnen (zerlegen), was erhebliche rechentechnische Vorteile hat:

$$\underline{\underline{B}} = \begin{bmatrix} \text{Übergänge von} & \text{Übergänge von} \\ \text{absorbierend nach} & \text{absorbierend nach} \\ \text{absorbierend} & \text{nicht-absorbierend} \\ \hline \text{Übergänge von nicht-} & \text{Übergänge von nicht-} \\ \text{absorbierend nach} & \text{absorbierend nach} \\ \text{absorbierend} & \text{nicht-absorbierend} \end{bmatrix}$$

Es gilt dann

$$\underline{\underline{B}} = \begin{bmatrix} \underline{\underline{I}} & \underline{\underline{0}} \\ \underline{\underline{R}} & \underline{\underline{Q}} \end{bmatrix} \tag{19.8}$$

mit $\underline{\underline{I}}$ = Einheitsmatrix, $\underline{\underline{0}}$ = Nullmatrix, $\underline{\underline{R}}$ = Matrix für die Übergänge von nicht-absorbierend nach absorbierend und $\underline{\underline{Q}}$ = Matrix für die Übergänge von nicht-absorbierend nach nicht-absorbierend.

Für die zweite Potenz von $\underline{\underline{B}}$ ergibt sich dann

$$\underline{\underline{B}}^2 = \begin{bmatrix} \underline{\underline{I}} & \underline{\underline{0}} \\ \underline{\underline{R}} & \underline{\underline{Q}} \end{bmatrix} \cdot \begin{bmatrix} \underline{\underline{I}} & \underline{\underline{0}} \\ \underline{\underline{R}} & \underline{\underline{Q}} \end{bmatrix} = \begin{bmatrix} \underline{\underline{I}} & \underline{\underline{0}} \\ \underline{\underline{R}}(\underline{\underline{I}}+\underline{\underline{Q}}) & \underline{\underline{Q}}^2 \end{bmatrix}$$

und für die k-te Potenz

$$\underline{\underline{B}}^k = \begin{bmatrix} \underline{\underline{I}} & \underline{\underline{0}} \\ \underline{\underline{R}}(\underline{\underline{I}}+\underline{\underline{Q}}+\underline{\underline{Q}}^2+\ldots+\underline{\underline{Q}}^{k-1}) & \underline{\underline{Q}}^k \end{bmatrix}$$

$$\underline{\underline{B}}^k = \begin{bmatrix} \underline{\underline{I}} & \underline{\underline{0}} \\ \underline{\underline{Y}}^k & \underline{\underline{Q}}^k \end{bmatrix} \tag{19.9}$$

Wie leicht zu beweisen ist, muss die Wahrscheinlichkeit für den Aufenthalt eines Systems in einem nicht-absorbierenden Zustand mit wachsender Anzahl von k Schritten immer kleiner werden und gegen null konvergieren. Das heißt:

$$\lim_{k \to \infty} \underline{\underline{Q}}^k = 0 \tag{19.10}$$

Für die Wahrscheinlichkeit der Übergänge von den nicht-absorbierenden zu den absorbierenden Zuständen ergibt sich für k gegen unendlich:

$$\lim_{k \to \infty} \underline{\underline{Y}}^k = \lim_{k \to \infty} \underbrace{(\underline{\underline{I}} + \underline{\underline{Q}} + \underline{\underline{Q}}^2 + \ldots + \underline{\underline{Q}}^{k-1})}_{\underline{\underline{H}}_k} \cdot \underline{\underline{R}}$$

und

$$\lim_{k \to \infty} \underline{\underline{Y}}^k = \lim_{k \to \infty} \underline{\underline{H}}_k \cdot \underline{\underline{R}} \tag{19.11}$$

Für Matrizen $\underline{\underline{Q}}$ mit $\lim_{k \to \infty} \underline{\underline{Q}}^k = 0$ gilt außerdem

$$\underline{\underline{H}} = \lim_{k \to \infty} \underline{\underline{H}}_k = \lim_{k \to \infty} (\underline{\underline{I}} + \underline{\underline{Q}} + \underline{\underline{Q}}^2 + \ldots + \underline{\underline{Q}}^{k-1}) = (\underline{\underline{I}} - \underline{\underline{Q}})^{-1} \tag{19.12}$$

und damit

$$\lim_{k \to \infty} \underline{\underline{Y}}^k = (\underline{\underline{I}} - \underline{\underline{Q}})^{-1} \cdot \underline{\underline{R}} \tag{19.13}$$

Aus Formel 19.9 und der vorangegangenen Betrachtung ergibt sich dann die **Grenzmatrix**:

$$\lim_{k \to \infty} \underline{\underline{B}}^k = \left[\begin{array}{c|c} \underline{\underline{I}} & \underline{\underline{O}} \\ \hline (\underline{\underline{I}} - \underline{\underline{Q}})^{-1} \cdot \underline{\underline{R}} & \underline{\underline{O}} \end{array} \right] \tag{19.14}$$

Aus der Matrix

$$\underline{\underline{H}} = (\underline{\underline{I}} - \underline{\underline{Q}})^{-1} \tag{19.15}$$

der sogenannten **H-Matrix**, lassen sich nun folgende Kenngrößen für absorbierende Markov-Ketten ermitteln:

Die Elemente H_{ij} der Matrix $\underline{\underline{H}}$ geben den Mittelwert (ohne Zeitangabe) für den Aufenthalt in den einzelnen nicht-absorbierenden Zuständen j vor der Absorption an, wenn der Prozess im nicht-absorbierenden Zustand i startet.

$$\underline{\underline{H}} \cdot \underline{1} \tag{19.16}$$

liefert die Mittelwerte für die Anzahl der Schritte bis zur Absorption von den nicht-absorbierenden Anfangszuständen ($\underline{1}$ = Spaltenvektor jedes Element gleich 1).

$$\underline{\underline{H}} \cdot \underline{\underline{R}} \tag{19.17}$$

gibt die Wahrscheinlichkeiten an, mit denen die absorbierenden Zustände, ausgehend von den nicht-absorbierenden Zuständen, erreicht werden.

Verfügt eine Markovsche Kette über keinen absorbierenden Zustand, das heißt, sind die Zustände alle kommunizierend (z.B. bei reparierbaren Systemen), so ist es erforderlich, bestimmte Zustände in absorbierende Zustände umzuwandeln.

Dies geschieht wie folgt: Zustände u, bei denen das System zum Beispiel ausgefallen ist (hier ist eine weitere Unterscheidung hinsichtlich gefährlicher oder ungefährlicher Ausfallzustände möglich; je nachdem ob Sicherheits- oder Zuverlässigkeitskenngrößen ermittelt werden sollen), werden in absorbierende Zustände umgewandelt. Das heißt, es wird $p_{u,u} = 1$ gesetzt. Damit folgt, dass kein Übergang vom Zustand u aus möglich ist. Das heißt $p_{u,j} = 0$ für $j \in M$, $j \neq u$. Die Übergangsmatrix hat dann die schon bekannte Form:

$$\underline{\underline{B}} = \begin{bmatrix} \underline{\underline{I}} & | & \underline{\underline{O}} \\ \hline \underline{\underline{R}} & | & \underline{\underline{Q}} \end{bmatrix} \begin{matrix} j \in M_A \\ j \in M_T \end{matrix} \quad \begin{matrix} i \in M_A & i \in M_T \end{matrix} \tag{19.18}$$

Beispiel 19.1.3-1

Gegeben sei das Zustandsdiagramm eines einfachen technischen Systems mit den redundanten Einheiten A, B und der seriell hinzugeschalteten Komponente C.

Zustandsgraph:

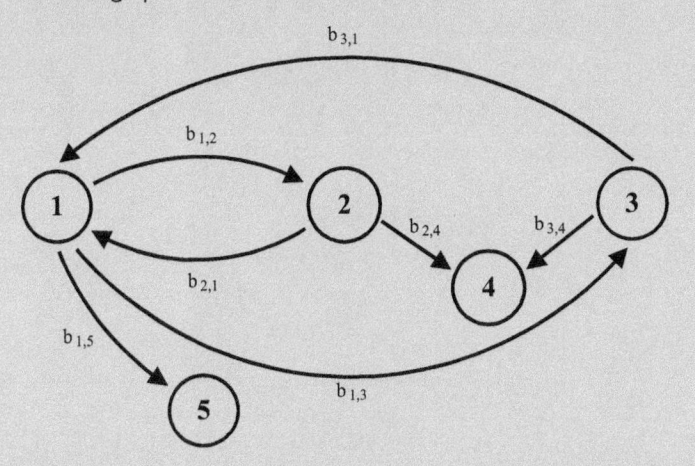

Zustände:
1: Einheiten A, B, C betriebsbereit
2: Einheit A ausgefallen und in Reparatur
   Einheiten B und C in Betrieb
3: Einheit B ausgefallen und in Reparatur
   Einheiten A und C in Betrieb
4: Einheiten A, B ausgefallen
   Einheit C in Betrieb (Systemausfall)
5: Einheit C ausgefallen
   Einheiten A und B in Betrieb (Systemausfall)

Das System möge folgende fiktive Übergangswahrscheinlichkeiten aufweisen:

$b_{1,2} = b_{3,1} = b_{3,4} = 0{,}5$

$b_{1,3} = b_{2,4} = 0{,}2$

$b_{2,1} = 0{,}8$

$b_{1,5} = 0{,}3$

a) Wie oft ist das System im Mittel in den Zuständen 2 und 3, wenn der Anfangszustand 1 ist?
b) Wie groß ist im Mittel die Anzahl der Schritte bis zur Absorption in Abhängigkeit von den nicht-absorbierenden Anfangszuständen 1, 2 und 3?
c) Mit welchen Wahrscheinlichkeiten werden die absorbierenden Zustände, ausgehend von den nicht-absorbierenden Zuständen, erreicht?

Lösung

a) Das System besitzt die Übergangsmatrix

$$\underline{B} = [b_{i,j}]_{i,j=1,\ldots,5} = \begin{array}{c} j=4 \quad 5 \quad 1 \quad 2 \quad 3 \\ \begin{bmatrix} 1 & 0 & 0 & 0 & 0 \\ 0 & 1 & 0 & 0 & 0 \\ 0 & 0{,}3 & 0 & 0{,}5 & 0{,}2 \\ 0{,}2 & 0 & 0{,}8 & 0 & 0 \\ 0{,}5 & 0 & 0{,}5 & 0 & 0 \end{bmatrix} \end{array} \begin{array}{c} i= \\ 4 \\ 5 \\ 1 \\ 2 \\ 3 \end{array}$$

$$\underline{H} = (\underline{I} - \underline{Q})^{-1} = \begin{bmatrix} 1 & -0{,}5 & -0{,}2 \\ -0{,}8 & 1 & 0 \\ -0{,}5 & 0 & 1 \end{bmatrix}^{-1}$$

$$\underline{H} = \begin{bmatrix} 2 & 1 & 0{,}4 \\ 1{,}6 & 1{,}8 & 0{,}32 \\ 1 & 0{,}5 & 1{,}2 \end{bmatrix} = \begin{bmatrix} m_{1,1} & m_{1,2} & m_{1,3} \\ m_{2,1} & m_{2,2} & m_{2,3} \\ m_{3,1} & m_{3,2} & m_{3,3} \end{bmatrix} = E(T_{i,j})$$

Gefragt wurde nach $m_{1,2}$ und $m_{1,3}$. Das System ist also im Mittel 1-mal im Zustand 2 und 0,4-mal im Zustand 3, wenn es im Zustand 1 startet.

b) Mittlere Anzahl der Schritte bis zur Absorption

$$\underline{H} \cdot \underline{1} = \begin{bmatrix} 2 & 1 & 0{,}4 \\ 1{,}6 & 1{,}8 & 0{,}32 \\ 1 & 0{,}5 & 1{,}2 \end{bmatrix} \cdot \begin{bmatrix} 1 \\ 1 \\ 1 \end{bmatrix} = \begin{bmatrix} 3{,}40 \\ 3{,}72 \\ 2{,}70 \end{bmatrix} \begin{array}{c} 1 \\ 2 \\ 3 \end{array}$$

Wenn das System im Zustand 3 startet, fällt es am schnellsten aus.

$$\text{c) } \underline{\underline{H}} \cdot \underline{\underline{R}} = \begin{bmatrix} 2 & 1 & 0,4 \\ 1,6 & 1,8 & 0,32 \\ 1 & 0,5 & 1,2 \end{bmatrix} \cdot \begin{bmatrix} 0 & 0,3 \\ 0,2 & 0 \\ 0,5 & 0 \end{bmatrix} = \begin{matrix} & \text{4 (abs.)} & \text{5} \\ & \begin{bmatrix} 0,40 & 0,60 \\ 0,52 & 0,48 \\ 0,70 & 0,30 \end{bmatrix} & \begin{matrix} 1 \\ 2 \\ 3 \end{matrix} \end{matrix}$$

Wie erwartet (Frage b)), ist die Wahrscheinlichkeit für einen Systemausfall im Zustand 4 am größten, wenn das System im Zustand 3 startet, nämlich 0,7. ∎

19.1.4 Ergodensatz für Markovsche Ketten

Für große n lassen sich die stationären Wahrscheinlichkeiten einer Markovschen Kette auch mithilfe des **Ergodensatzes** berechnen. Denn es gilt

$$\lim_{n \to \infty} b_{i,j}(n) = \Pi_j > 0 \tag{19.19}$$

für alle $i, j \in M = \{1,...,m\}$

mit

n = Anzahl der Schritte
m = Größe des Zustandsraumes M

Die stationären Wahrscheinlichkeiten Π_j als Wahrscheinlichkeit, dass sich ein System nach genügend langer Zeit (Schritten) im Zustand j befindet und unabhängig vom Anfangszustand ist, können dann aus den Gleichungssystemen

$$\Pi_j = \sum_{i=1}^{m} \Pi_i \cdot b_{i,j} \quad j \in M \tag{19.20}$$

mit der Normierung

$$\sum_{j=1}^{m} \Pi_j = 1 \tag{19.21}$$

berechnet werden.

Der Ergodensatz lässt sich auch in Matrizenschreibweise darstellen, wenn die stationären Wahrscheinlichkeiten Π_j zu einem Zeilenvektor und die Übergangswahrscheinlichkeiten zu einer Matrix $\underline{\underline{B}}$ zusammenfasst werden.

$$\underline{\Pi} = \underline{\Pi} \cdot \underline{\underline{B}} \tag{19.22}$$

$$\underline{\Pi} \cdot \underbrace{(\underline{\underline{I}} - \underline{\underline{B}})}_{\underline{\underline{D}}} = \underline{0}$$

mit

$$\sum_{j=1}^{m} \Pi_j = 1$$

Es gilt dann

$$\lim_{n\to\infty} b_{i,j}(n) = \Pi_j = \frac{D_j}{\sum_{i=1}^{m} D_i} \qquad (19.23)$$

mit D_i = Unterdeterminante der Matrix $\underline{\underline{D}} = (\underline{\underline{I}} - \underline{\underline{B}})$, die beim Löschen der i-ten Zeile und der i-ten Spalte entsteht.

Die stationären Wahrscheinlichkeiten lassen sich auch direkt aus dem Zustandsdiagramm ermitteln, indem die in den betrachteten Systemzustand hineinführenden Übergänge (Kanten) auf die eine und die herausführenden auf die andere Seite des Gleichungssystems geschrieben werden. Dabei werden die Übergangswahrscheinlichkeiten mit den Zustandswahrscheinlichkeiten der Zustände, aus denen sie austreten, multipliziert und die Summe gebildet (siehe Beispiel 19.2.2-3d).

Beispiel 19.1.4-1

Ein technisches System möge lediglich durch die zwei Zustände „funktionsfähig" und „ausgefallen" charakterisierbar sein. Die Übergangswahrscheinlichkeit von dem funktionsfähigen Zustand in den ausgefallenen sei P_A und die Übergangswahrscheinlichkeit (Reparaturerfolgswahrscheinlichkeit) vom ausgefallenen Zustand in den funktionsfähigen sei P_R.

Offensichtlich gilt dann folgende Übergangsmatrix:

$$\underline{\underline{B}} = \begin{bmatrix} b_{1,1} & b_{1,2} \\ b_{2,1} & b_{2,2} \end{bmatrix} = \begin{bmatrix} 1-P_A & P_A \\ P_R & 1-P_R \end{bmatrix}$$

Mit Formel 19.20 folgt dann für die stationären Wahrscheinlichkeiten

$$\Pi_1 = \Pi_1(1-P_A) + \Pi_2 \cdot P_R$$
$$\Pi_2 = \Pi_1 \cdot P_A + \Pi_2(1-P_R)$$
$$\Pi_1 + \Pi_2 = 1$$

mit der Lösung

$$\Pi_1 = \frac{P_R}{P_A + P_R} \quad \text{und} \quad \Pi_2 = \frac{P_A}{P_A + P_R}$$

Dabei lassen sich Π_1 als **Verfügbarkeit** und Π_2 als **Nichtverfügbarkeit** interpretieren.

Beispiel 19.1.4-2: Fortsetzung Beispiel 19.1.1-1

Berechnung der stationären Wahrscheinlichkeiten:

Übergangsmatrix:

$$\underline{\underline{B}} = \begin{bmatrix} 0{,}88 & 0{,}10 & 0{,}02 \\ 0{,}99 & 0{,}01 & 0 \\ 0{,}89 & 0 & 0{,}11 \end{bmatrix}$$

Mit den Formel 19.22 und Formel 19.23 ergibt sich:

$$\underline{\underline{D}} = (\underline{\underline{I}} - \underline{\underline{B}}) = \begin{bmatrix} 0{,}12 & -0{,}10 & -0{,}02 \\ -0{,}99 & 0{,}99 & 0 \\ -0{,}89 & 0 & 0{,}89 \end{bmatrix}$$

$$D_1 = \begin{vmatrix} 0{,}99 & 0 \\ 0 & 0{,}89 \end{vmatrix} = 0{,}8811$$

$$D_2 = \begin{vmatrix} 0{,}12 & -0{,}02 \\ -0{,}89 & 0{,}89 \end{vmatrix} = 0{,}089$$

$$D_3 = \begin{vmatrix} 0{,}12 & -0{,}10 \\ -0{,}99 & 0{,}99 \end{vmatrix} = 0{,}0198$$

$$\Pi_1 = \frac{D_1}{D_1 + D_2 + D_3} = \frac{0{,}8811}{0{,}9899} \approx 0{,}8900899$$

$$\Pi_2 = \frac{D_2}{D_1 + D_2 + D_3} = \frac{0{,}089}{0{,}9899} \approx 0{,}0899081$$

$$\Pi_3 = \frac{D_3}{D_1 + D_2 + D_3} = \frac{0{,}0198}{0{,}9899} \approx 0{,}0200020$$

Normierung: $\Pi_1 + \Pi_2 + \Pi_3 = 1$

19.2 Der Markovsche Prozess mit kontinuierlichem Parameterraum und diskretem Zustandsraum

19.2.1 Zustandsgleichungen

Ein betrachtetes System möge zunächst lediglich die zwei Zustände funktionsfähig und ausgefallen einnehmen können. Beide Zustände mögen kommunizierend sein (Verbundzustände). Dann lässt sich offensichtlich ein Zustandsdiagramm entsprechend Bild 19.6 mit den zugehörigen Wahrscheinlichkeiten aufstellen.

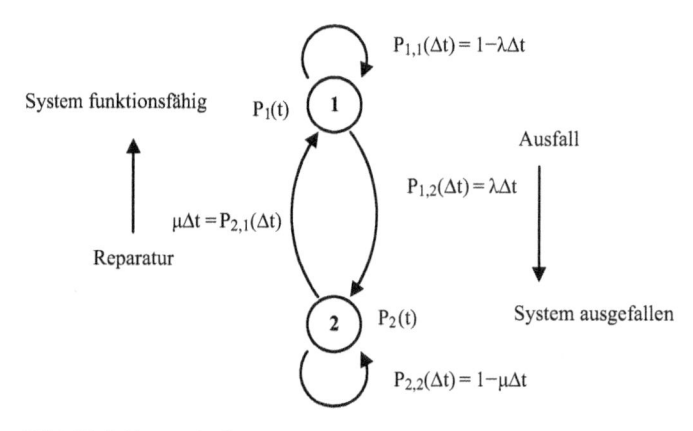

Bild 19.6 Zustandsdiagramm

Befand sich das System im Zustand 1, so wird es nach einer Zeit Δt mit einer Wahrscheinlichkeit $P_{1,1}(\Delta t)$ in Zustand 1 bleiben **oder**, bei einem Aufenthalt im Zustand 2, mit einer Übergangswahrscheinlichkeit $P_{2,1}(\Delta t)$ in den Zustand 1 übergehen. Das heißt anschaulich:

$$P_1(t+\Delta t) = [P_1(t) \wedge P_{1,1}(\Delta t)] \vee [P_2(t) \wedge P_{2,1}(\Delta t)]$$

Da die Ereignisse jeweils unabhängig voneinander sind und sich gegenseitig ausschließen, folgt

$$P_1(t+\Delta t) = P_1(t) \cdot P_{1,1}(\Delta t) + P_2(t) \cdot P_{2,1}(\Delta t) \tag{19.24}$$

und in Analogie

$$P_2(t+\Delta t) = P_2(t) \cdot P_{2,2}(\Delta t) + P_1(t) \cdot P_{1,2}(\Delta t) \tag{19.25}$$

Wieder davon ausgegangen, dass die Wahrscheinlichkeit, dass während Δt kein Übergang stattfindet, durch

$$P_{1,1}(\Delta t) = e^{-\lambda(\Delta t)}$$

beziehungsweise

$$P_{2,2}(\Delta t) = e^{-\mu(\Delta t)}$$

gegeben ist (Poisson-Prozess), so lässt sich mithilfe der Taylor-Reihe $P_{1,1}(\Delta t)$ beziehungsweise $P_{2,2}(\Delta t)$ wie folgt entwickeln:

$$P_{1,1}(\Delta t) = 1 - \frac{\lambda \Delta t}{1!} + \underbrace{\frac{(\lambda \Delta t)^2}{2!} - ... + ...}_{o(\Delta t)} \qquad (19.26)$$

(Bemerkung: $o(\Delta t)$ wird gelesen als: klein o von Δt bzw. Landau von Δt)

$$P_{1,1}(\Delta t) = 1 - \underbrace{\lambda \Delta t + o(\Delta t)}_{P_{1,2}(\Delta t)} = 1 - P_{1,2}(\Delta t) \qquad (19.27)$$

$$P_{1,2}(\Delta t) = \lambda \cdot \Delta t - o(\Delta t) \qquad (19.28)$$

In Analogie:

$$P_{2,2}(\Delta t) = 1 - \mu \Delta t + o(\Delta t) = 1 - P_{2,1}(\Delta t) \qquad (19.29)$$

$$P_{2,1}(\Delta t) = \mu \cdot \Delta t - o(\Delta t) \qquad (19.30)$$

Werden Formel 19.27 und Formel 19.30 in Formel 19.24 eingesetzt, so folgt

$$P_1(t + \Delta t) = P_1(t) \cdot [1 - \lambda \Delta t + o(\Delta t)] + P_2(t) \cdot [\mu \Delta t - o(\Delta t)] \qquad (19.31)$$

und durch Umwandlung und Division durch Δt

$$\frac{P_1(t + \Delta t) - P_1(t)}{\Delta t} = \frac{-P_1(t)[\lambda \Delta t - o(\Delta t)]}{\Delta t} + \frac{P_2(t)[\mu \Delta t - o(\Delta t)]}{\Delta t} \qquad (19.32)$$

Mit der Grenzwertbildung $\Delta t \to 0$ ergibt sich

$$\frac{dP_1(t)}{dt} = -P_1(t) \cdot \lambda + P_2(t) \cdot \mu \qquad (19.33)$$

und in Analogie

$$\frac{dP_2(t)}{dt} = P_1(t) \cdot \lambda - P_2(t) \cdot \mu \qquad (19.34)$$

Zu beachten ist, dass $\lim_{\Delta t \to 0} \frac{o(\Delta t)}{\Delta t} = 0$ ist, da der Zähler eine höhere Potenz als der Nenner aufweist.

Bei Formel 19.33 und Formel 19.34 handelt es sich bekanntlich um homogene lineare Differenzialgleichungssysteme, welche wie üblich gelöst werden können.

Zum Beispiel mit dem **Lösungsansatz**

$$P_1(t) = \alpha + \beta \cdot e^{-\gamma t} \qquad (19.35)$$

und der Ausgangsgleichung

$$\dot{P}_1 = -\lambda \cdot P_1 + \mu \cdot P_2 \tag{19.36}$$

mit $P_2 = 1 - P_1$, das System ist entweder im Zustand 1 oder 2, in Formel 19.36 eingesetzt

$$\dot{P}_1 + (\lambda + \mu) \cdot P_1 - \mu = 0 \tag{19.37}$$

folgt:

$$-\beta\gamma \cdot e^{-\gamma t} + (\lambda + \mu) \cdot \alpha + (\lambda + \mu) \cdot \beta \cdot e^{-\gamma t} - \mu = 0 \tag{19.38}$$

Für $t = 0$ folgt dann

$$-\beta\gamma + (\lambda + \mu)(\alpha + \beta) - \mu = 0 \tag{19.39}$$

Für $t \to \infty$ folgt

$$(\lambda + \mu) \cdot \alpha - \mu = 0 \tag{19.40}$$

und daraus

$$\alpha = \frac{\mu}{\lambda + \mu} \tag{19.41}$$

Wird als Anfangsbedingung $P_1(0) = 1$ und $P_2(0) = 0$ zugrunde gelegt, d.h., das System ist zum Zeitpunkt 0 intakt, so folgt aus Formel 19.35

$$1 = \alpha + \beta \tag{19.42}$$

und mit Formel 19.41

$$\beta = \frac{\lambda}{\lambda + \mu} \tag{19.43}$$

Werden Formel 19.41 und Formel 19.43 in Formel 19.39 eingesetzt, so ergibt sich

$$\gamma = \lambda + \mu \tag{19.44}$$

und schließlich erhält man die Lösungen

$$P_1(t) = \frac{\mu}{\lambda + \mu} + \frac{\lambda}{\lambda + \mu} \cdot e^{-(\lambda + \mu)t} \quad \text{und} \tag{19.45}$$

$$P_2(t) = \frac{\lambda}{\lambda + \mu} - \frac{\lambda}{\lambda + \mu} \cdot e^{-(\lambda + \mu)t} \tag{19.46}$$

Aus der Definition der Verfügbarkeit $V(t)$ als Wahrscheinlichkeit, dass sich ein System zur Zeit t im funktionsfähigen Zustand befindet, folgt dann

$$V(t) = P_1(t) \tag{19.47}$$

beziehungsweise

$$U(t) = P_2(t) \tag{19.48}$$

Das wichtige stationäre Verhalten ergibt sich durch Grenzwertbildung

$$\lim_{t \to \infty} V(t) = \frac{\mu}{\lambda + \mu} \tag{19.49}$$

Für $\mu \gg \lambda$, was in der Praxis oft gegeben ist, ergibt sich aus Formel 19.49 durch Potenzreihenentwicklung:

$$\lim_{t \to \infty} V(t) = \frac{1}{1 + \lambda/\mu} = 1 - \frac{\lambda}{\mu} + \frac{\lambda^2}{\mu^2} \ldots \approx 1 - \lambda/\mu \tag{19.50}$$

Die sogenannte **stationäre Verfügbarkeit** ist unabhängig von der Verteilung der Betriebs- und Reparaturzeit (siehe Abschnitt 16.6).

Sie kann auch durch

$$\lambda = \frac{1}{E(T_B)} = \frac{1}{\text{MTBF}} \tag{19.51}$$

und

$$\mu = \frac{1}{E(T_A)} = \frac{1}{\text{MTTR}} \tag{19.52}$$

mit $E(T_B)$ = Erwartungswert der Betriebszeit (MTBF = Mean Time Between Failures), $E(T_A)$ = Erwartungswert der Reparaturzeit (MTTR = Mean Time To Repair) ausgedrückt werden. Es folgt dann:

$$\lim_{t \to \infty} V(t) = V_\infty = \frac{\text{MTBF}}{\text{MTBF} + \text{MTTR}} \tag{19.53}$$

Die grafische Darstellung geht aus Bild 19.7 hervor.

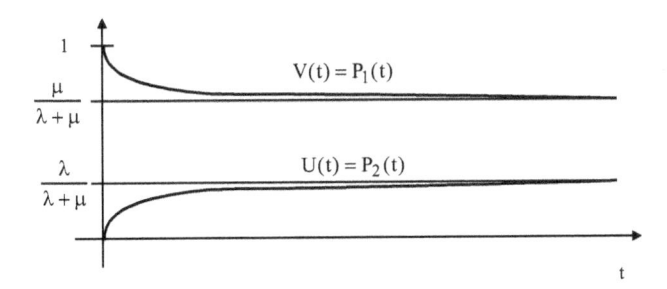

Bild 19.7 Verlauf der Verfügbarkeit und Unverfügbarkeit

Ein betrachtetes System möge nun beliebige, endlich viele Zustände einnehmen können (Bild 19.8).

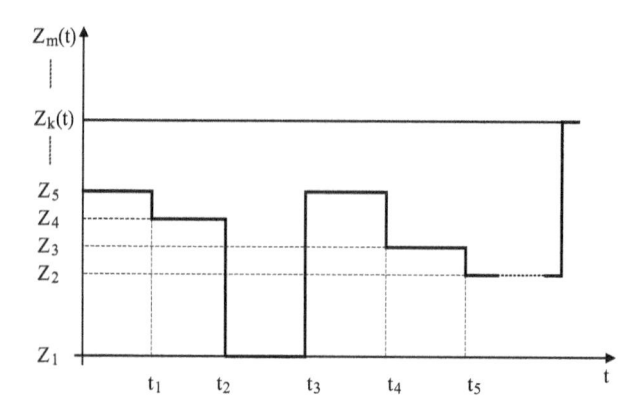

Bild 19.8 Möglicher Verlauf eines stetigen homogenen Markov-Prozesses mit endlich vielen Zuständen

Die zeitabhängige Größe $Z(t)$, die zur Zeit t mit der Wahrscheinlichkeit $P_k(t)$ den Zustand k einnimmt, beschreibt einen Markov-Prozess, wenn, wie bereits erläutert, vorausgesetzt wird, dass der zukünftige Zustand nicht von den vergangenen Zuständen abhängig ist (Kapitel 18).

In Analogie zur Formel 19.24 lässt sich unmittelbar die k-te Zustandswahrscheinlichkeit für einen m-stufigen Markov-Prozess aufstellen

$$P_k(t+\Delta t) = P_k(t) \cdot P_{k,k}(t,\, t+\Delta t) + \sum_{\substack{j \neq k \\ j=1}}^{m} P_j(t) \cdot P_{j,k}(t,\, t+\Delta t) \tag{19.54}$$

mit den Übergangswahrscheinlichkeiten

$$P_{j,k}(t,\, t+\Delta t) = a_{j,k}(t) \cdot \Delta t + o(\Delta t) \tag{19.55}$$

$$P_{k,k}(t,\, t+\Delta t) = 1 + a_{k,k}(t) \cdot \Delta t + o(\Delta t) \tag{19.56}$$

Die Übergangsrate $a_{j,k}(t)$ vom Zustand j in den Zustand k tritt auf, wenn zum Zeitpunkt $t \geq 0$ der Zustand k vorliegt. Mit $a_{k,k}(t)$ wird der negative Wert der Übergangsrate zum Zeitpunkt t vom Zustand k in einen beliebigen anderen Zustand bezeichnet. Wird weiter vorausgesetzt (konservativer Prozess), dass

$$a_{k,k}(t) + \sum_{\substack{j \neq k \\ j=1}}^{m} a_{k,j}(t) = 0 \tag{19.57}$$

ist, so folgt aus der Formel 19.57 die wichtige Beziehung

$$a_{k,k}(t) = -\sum_{\substack{j \neq k \\ j=1}}^{m} a_{k,j}(t) \tag{19.58}$$

Da der Prozess endlich ist, gilt außerdem

$$\sum_{k=1}^{m} P_k(t) = 1 \tag{19.59}$$

Werden Formel 19.55 und Formel 19.56 in Formel 19.54 eingesetzt, so folgt:

$$P_k(t+\Delta t) = P_k(t)[1 + a_{k,k}(t) \cdot \Delta t + o(\Delta t)] + \sum_{\substack{j \neq k \\ j=1}}^{m} P_j(t)[a_{k,j}(t) \cdot \Delta t + o(\Delta t)] \quad (19.60)$$

d. h.

$$\frac{P_k(t+\Delta t) - P_k(t)}{\Delta t} = P_k(t) \cdot \left(a_{k,k}(t) + \frac{o(\Delta t)}{\Delta t} \right) + \sum_{\substack{j \neq k \\ j=1}}^{m} P_j(t)[a_{j,k}(t) + \frac{o(\Delta t)}{\Delta t}] \quad (19.61)$$

und durch Grenzwertbildung

$$\frac{dP_k(t)}{dt} = P_k(t) \cdot a_{k,k}(t) + \sum_{\substack{j \neq k \\ j=1}}^{m} P_j(t) \cdot a_{j,k}(t) \quad (19.62)$$

Schließlich folgt mit Formel 19.58

$$\frac{dP_k(t)}{dt} = -\sum_{\substack{j \neq k \\ j=1}}^{m} P_k(t) \cdot a_{k,j}(t) + \sum_{\substack{j \neq k \\ j=1}}^{m} P_j(t) \cdot a_{j,k}(t) \quad (19.63)$$

$$\frac{dP_k(t)}{dt} = \sum_{j=1}^{m} P_j(t) \cdot a_{j,k}(t) = \sum_{\substack{j \neq k \\ j=1}}^{m} (P_j(t) a_{j,k}(t) - a_{k,j}(t) P_k(t)) \quad (19.64)$$

oder in Matrizenschreibweise

$$\frac{d}{dt} \begin{bmatrix} P_1(t) \\ P_2(t) \\ \vdots \\ P_m(t) \end{bmatrix} = \begin{bmatrix} -\sum_{j=2}^{m} a_{1,j}(t) & a_{2,1}(t) & \cdots & a_{m,1}(t) \\ a_{1,2}(t) & -\sum_{\substack{j \neq 2 \\ j=1}}^{m} a_{2,j}(t) & \cdots & a_{m,2}(t) \\ \vdots & & & \vdots \\ a_{1,m}(t) & a_{2,m}(t) & \cdots & -\sum_{j=1}^{m-1} a_{m,j}(t) \end{bmatrix} \cdot \begin{bmatrix} P_1(t) \\ P_2(t) \\ \vdots \\ P_m(t) \end{bmatrix} \quad (19.65)$$

bzw.

$$\underline{\dot{P}}(t) = \underline{\underline{A}}(t) \cdot \underline{P}(t) \quad (19.66)$$

Die Übergangsraten $a_{k,k}(t)$ bilden die Hauptdiagonalelemente der Matrix $\underline{\underline{A}}(t)$ und lassen sich mit Formel 19.58 aus der negativen Summe der übrigen Elemente der k-ten Spalte berechnen. Dabei besitzt die Matrix $\underline{\underline{A}}$ gegenüber den anderen Kapiteln eine transponierte Indizierung.

Wird Homogenität vorausgesetzt, so gilt

$$\underline{\underline{A}}(t) = \underline{\underline{A}} \tag{19.67}$$

das heißt, die Übergangsraten sind konstant und zeitunabhängig. Damit lässt sich Formel 19.66 allgemein lösen, denn es gilt

$$\underline{P}(t) = e^{\underline{\underline{A}} \cdot t} \cdot \underline{P}(0) \tag{19.68}$$

wobei $\underline{P}(0)$ die Anfangsverteilung ist.

Des Weiteren lässt sich bekanntlich die Transitionsmatrix (Exponentialmatrix) $\exp(\underline{\underline{A}} \cdot t)$ in eine unendliche Reihe entwickeln

$$e^{\underline{\underline{A}} \cdot t} = \sum_{k=0}^{\infty} \frac{t^k}{k!} \underline{\underline{A}}^k \tag{19.69}$$

womit eine einfache numerische Lösungsprozedur für Formel 19.66 für $\underline{\underline{A}}(t) = \underline{\underline{A}}$ vorliegt. Entsprechende Rechenprogramme für Systeme mit mehreren hundert Zuständen stehen in jedem größeren Rechenzentrum zur Verfügung.

19.2.2 Laplace-Transformation der Zustandsgleichung

Als eine probate Methode zur analytischen Lösung der Formel 19.66 hat sich – unter der Voraussetzung einiger weniger Systemzustände – die Laplace-Transformation bewährt.

> **Definition 19.2.1-1**
>
> Es sei $f(t)$ eine Funktion (Originalfunktion) mit $t > 0$, dann ist die Laplace-Transformierte $L\{f(t)\}$, auch Bildfunktion genannt, durch
>
> $$L\{f(t)\} = G(s) = \int_0^{\infty} e^{-st} \cdot f(t) dt \tag{19.70}$$
>
> definiert.
> Symbolische Schreibweise: $f(t) \circ\!\!-\!\!\bullet G(s)$

Bei den nachfolgenden Betrachtungen sei der Parameter s reell.

> **Beispiel 19.2.2-1**
>
> a) $f(t) = k = \text{konst.}$
>
> $$L\{k\} = G(s) = \int_0^{\infty} e^{-st} \cdot k \cdot dt = -\frac{k}{s} \cdot e^{-st} \Big|_0^{\infty} = \frac{k}{s}$$

b) $f(t) = \dfrac{dP(t)}{dt}$

$$L\left[\dfrac{dP(t)}{dt}\right] = G(s) = \int_0^\infty e^{-st} \cdot \dfrac{dP(t)}{dt} dt$$

Partielle Integration liefert:

$$\int_0^\infty e^{-st} \cdot \dfrac{dP(t)}{dt} dt = e^{-st} \cdot P(t)\Big|_0^\infty + s \int_0^\infty e^{-st} \cdot P(t) dt$$

$$G(s) = -P(0) + s \cdot L\{P(t)\}$$

c) $f(t) = k_1 P_1(t) + k_2 P_2(t)$

$$L\{k_1 P_1(t) + k_2 P_2(t)\} = k_1 L\{P_1(t)\} + k_2 L\{P_2(t)\}$$

Tabelle 19.1 gibt für einige elementare Funktionen die Laplace-Transformierten wieder.

Tabelle 19.1 Einige spezielle Laplace-Transformationen

$f(t)$	$G(s)$	
1	$\dfrac{1}{s}$	$s > 0$
t	$\dfrac{1}{s^2}$	$s > 0$
$\dfrac{t^{n-1}}{(n-1)!}$	$\dfrac{1}{s^n}$	$n = 1, 2, 3, \ldots$
e^{at}	$\dfrac{1}{s-a}$	$s > a$
$\dfrac{t^{n-1} \cdot e^{at}}{(n-1)!}$	$\dfrac{1}{(s-a)^n}$	$n = 1, 2, 3, \ldots$
$\dfrac{e^{-bt} - e^{-at}}{a-b}$	$\dfrac{1}{(s+a)(s+b)}$	$a \neq b$
$\dfrac{a \cdot e^{-at} - b \cdot e^{-bt}}{a-b}$	$\dfrac{s}{(s+a)(s+b)}$	$a \neq b$
$\dfrac{(c-b)e^{-at} + (a-c)e^{-bt} + (b-a)e^{-ct}}{(a-b)(b-c)(c-a)}$	$\dfrac{1}{(s+a)(s+b)(s+c)}$	$a \neq b \neq c$
$\dfrac{1}{a}(1 - e^{-at})$	$\dfrac{1}{s(s+a)}$	$s > 0$
$\dfrac{1}{a^n}\left[1 - \left(\sum_{\nu=1}^{n-1} \dfrac{(at)^\nu}{\nu!}\right) e^{-at}\right]$	$\dfrac{1}{s(s+a)^n}$	$s > 0$

Mithilfe der Laplace-Transformation lässt sich das homogene lineare Differenzialgleichungssystem aus Formel 19.65 mit $\underline{\underline{A}}(t) = \underline{\underline{A}}$ in **algebraische Gleichungen** überführen.

$$\begin{bmatrix} P_1(0) \\ P_2(0) \\ \vdots \\ \vdots \\ P_m(0) \end{bmatrix} = \begin{bmatrix} s+\sum_{j=2}^{m} a_{1,j} & -a_{2,1} & \cdots & -a_{m,1} \\ -a_{1,2} & s+\sum_{\substack{j=1 \\ j \neq 2}}^{m} a_{2,j} & \cdots & -a_{m,2} \\ \vdots & \vdots & & \vdots \\ -a_{1,m} & -a_{2,m} & \cdots & s+\sum_{j=1}^{m-1} a_{m,j} \end{bmatrix} \cdot \begin{bmatrix} L\{P_1\} \\ L\{P_2\} \\ \vdots \\ \vdots \\ L\{P_m\} \end{bmatrix} \quad (19.71)$$

Für das einfache Beispiel „System mit zwei Zuständen" (Formel 19.33 und Formel 19.34) folgt dann mit der Anfangsbedingung $P_1(0) = 1$, $P_2(0) = 0$

$$\begin{aligned} 1 &= (s+\lambda)\, L\{P_1\} - \mu\, L\{P_2\} \\ 0 &= -\lambda\, L\{P_1\} + (s+\mu)\, L\{P_2\} \end{aligned} \quad (19.72)$$

und in Matrizenschreibweise

$$\begin{bmatrix} P_1(0) \\ P_2(0) \end{bmatrix} = \begin{bmatrix} s+\lambda & -\mu \\ -\lambda & s+\mu \end{bmatrix} \begin{bmatrix} L\{P_1\} \\ L\{P_2\} \end{bmatrix} \quad (19.73)$$

mit den Lösungen für den Laplace-Bereich

$$L\{P_1\} = \frac{s+\mu}{s(s+\lambda+\mu)} \quad (19.74)$$

$$L\{P_2\} = \frac{\lambda}{s(s+\lambda+\mu)} \quad (19.75)$$

Mithilfe der Partialbruchzerlegung folgt aus Formel 19.74:

$$L\{P_1\} = \frac{A}{s} + \frac{B}{s+\lambda+\mu} = \frac{A(s+\lambda+\mu) + B \cdot s}{s(s+\lambda+\mu)}$$

Für die Bestimmung der Koeffizienten gibt es bekanntlich mehrere Möglichkeiten (z. B. „Methode der unbekannten Koeffizienten"). Diese können im vorliegenden Fall auch wie folgt ermittelt werden:

$s = 0$ liefert $A = \dfrac{\mu}{\lambda+\mu}$ und $s = -(\lambda+\mu)$ ergibt $B = \dfrac{\lambda}{\lambda+\mu}$

Damit folgt:

$$L\{P_1\} = \frac{\mu}{\lambda+\mu} \cdot \frac{1}{s} + \frac{\lambda}{\lambda+\mu} \cdot \frac{1}{s+\lambda+\mu}$$

Mithilfe der Tabelle 19.1 (Zeilen eins und vier) erfolgt die Rücktransformation in den Zeitbereich. Es ergibt sich die schon bekannte Lösung für die Zustandswahrscheinlichkeit $P_1(t)$:

$$P_1(t) = \frac{\mu}{\lambda+\mu} + \frac{\lambda}{\lambda+\mu} e^{-(\lambda+\mu)t}$$

In Analogie ergibt sich die Lösung im Zeitbereich für die Zustandswahrscheinlichkeit $P_2(t)$ zu

$$P_2(t) = \frac{\lambda}{\lambda+\mu} - \frac{\lambda}{\lambda+\mu} e^{-(\lambda+\mu)t}$$

(siehe Formel 19.45 und Formel 19.46)

Der große Vorteil der Laplace-Transformation besteht darin, dass mithilfe der sogenannten **Grenzwertsätze** der Laplace-Transformation im Laplace-Bereich, das heißt ohne Rücktransformation, wichtige Zuverlässigkeitskenngrößen ermittelt werden können.

1. Eigenschaft $s \cdot G(s)$ für $s \to 0$

   Es gilt

   $$\lim_{t \to \infty} f(t) = \lim_{s \to 0} s \cdot G(s) \tag{19.76}$$

   unter der Voraussetzung, dass beide Grenzwerte existieren. Mithilfe dieses Grenzwertsatzes lässt sich die stationäre Verfügbarkeit relativ leicht im Laplace-Bereich bestimmen.

2. Eigenschaft $s \cdot G(s)$ für $s \to \infty$

   Es gilt

   $$\lim_{t \to 0} f(t) = \lim_{s \to \infty} s \cdot G(s) \tag{19.77}$$

   unter der Voraussetzung, dass beide Grenzwerte existieren.

3. Wird das Integral aus Formel 19.70 als konvergent vorausgesetzt, so gilt

   $$\int_0^\infty f(t)dt = G(0) \tag{19.78}$$

   Diese Beziehung eignet sich zur Bestimmung des Erwartungswertes einer Zufallsvariable.

   So folgt beispielsweise aus Formel 19.74 mit Formel 19.76

   $$L\{P_1(s)\} = \frac{s+\mu}{s(s+\lambda+\mu)}$$

   und

   $$\lim_{s \to 0} s \cdot L\{P_1(s)\} = \frac{\mu}{\lambda+\mu} = V_\infty$$

   (siehe Formel 19.49).

Beispiel 19.2.2-2

Gegeben sei das nachfolgende Zustandsdiagramm eines redundanten technischen Systems. Das System ist ausgefallen, wenn beide Einheiten nacheinander oder durch common-mode-failures (Rate α) ausgefallen sind.

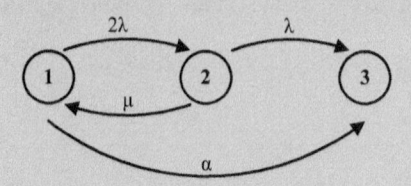

Anfangsbedingung: $P_1(0) = 1$, $P_2(0) = P_3(0) = 0$

a) Berechnen Sie die Überlebenswahrscheinlichkeit im Laplace-Bereich.
b) Ermitteln Sie die MTTF.
c) Berechnen Sie die Überlebenswahrscheinlichkeit für den Zeitbereich, wenn keine common-mode-failures auftreten und eine Reparatur nicht möglich ist. Um was für ein redundantes System im zuverlässigkeitstechnischen Sinne handelt es sich?

Lösung:

a) $R(s) = \dfrac{\det D_1 + \det D_2}{\Delta}$

$$\Delta = \begin{vmatrix} s+2\lambda+\alpha & -\mu & 0 \\ -2\lambda & s+\lambda+\mu & 0 \\ -\alpha & -\lambda & s \end{vmatrix}$$

$\Delta = s\left[(s+2\lambda+\alpha)(s+\lambda+\mu) - 2\lambda\mu\right]$

$\det D_1 = s(s+\lambda+\mu)$, $\det D_2 = s \cdot 2\lambda$

$R(s) = \dfrac{s+3\lambda+\mu}{(s+2\lambda+\alpha)(s+\lambda+\mu) - 2\lambda\mu}$

b) $\text{MTTF} = \lim_{s \to 0} R(s) = \dfrac{3\lambda+\mu}{(2\lambda+\alpha)(\lambda+\mu) - 2\lambda\mu} = \dfrac{3\lambda+\mu}{2\lambda^2 + \alpha(\lambda+\mu)}$

c) $R(s)\big|_{\alpha=\mu=0} = \dfrac{s+3\lambda}{(s+2\lambda)(s+\lambda)} = \dfrac{A}{s+2\lambda} + \dfrac{B}{s+\lambda} = \dfrac{A(s+\lambda)+B(s+2\lambda)}{(s+2\lambda)(s+\lambda)}$

Mit $s = -\lambda$ folgt $B = 2$ und mit $s = -2\lambda$ folgt $A = -1$ und damit

$R(t) = 2e^{-\lambda t} - e^{-2\lambda t}$

Es handelt sich hierbei um ein Parallelsystem (heiße Redundanz) mit zwei gleichen Einheiten (konstante Ausfallraten).

Beispiel 19.2.2-3

Gegeben sei das Blockschaltbild eines Systems mit dynamischer Redundanz.

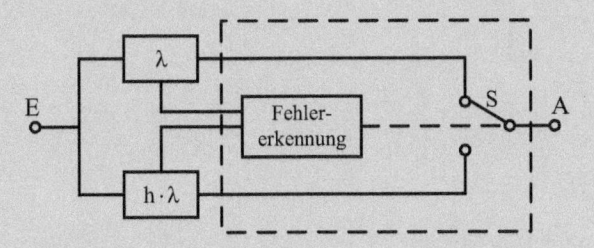

Mit $0 \leq h \leq 1$ für $h = 1$ wird von heißer und für $h = 0$ von kalter Reserve gesprochen. Das zugehörige Zustandsdiagramm sei durch

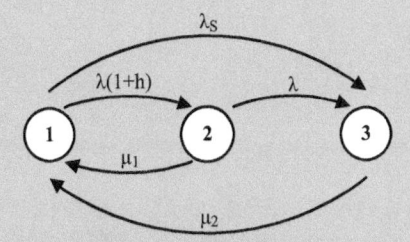

gegeben. Anfangsbedingung $P_1(0) = 1, P_2(0) = P_3(0) = 0$.

a) Berechnen Sie die Unverfügbarkeit (Zustandswahrscheinlichkeit 3).
b) Berechnen Sie die Ausfallwahrscheinlichkeit im **Zeitbereich** unter der Bedingung $\mu_1 = \mu_2 = 0$.
c) Diskutieren Sie für b) die Fälle kalte Reserve ($h = 0$) und heiße Reserve ($h = 1$).
d) Berechnen Sie die stationären Zustandswahrscheinlichkeiten.

Lösung:

a) $U(s) = \dfrac{\det D_3}{\Delta}$

$$\Delta = \begin{vmatrix} s+\lambda_s+\lambda(1+h) & -\mu_1 & -\mu_2 \\ -\lambda(1+h) & s+\lambda+\mu_1 & 0 \\ -\lambda_s & -\lambda & s+\mu_2 \end{vmatrix}$$

$$\Delta = [s+\lambda_s+\lambda(1+h)](s+\lambda+\mu_1)(s+\mu_2) - \lambda^2\mu_2(1+h)$$
$$- \lambda_s\mu_2(s+\lambda+\mu_1) - \lambda\mu_1(1+h)(s+\mu_2)$$

$$\det D_3 = \lambda^2(1+h) + \lambda_s(s+\lambda+\mu_1)$$

b) $U(s)\big|_{\mu_1=\mu_2=0} = F(s) = \dfrac{\lambda^2(1+h)+\lambda_s(s+\lambda)}{s(s+\lambda)[s+\lambda_s+\lambda(1+h)]}$

$\lim\limits_{s\to 0} s\cdot F(s) = \dfrac{\lambda^2(1+h)+\lambda\cdot\lambda_s}{\lambda^2(1+h)+\lambda\cdot\lambda_s} \overset{!}{=} 1$

das heißt, nach unendlich langer Zeit ist das System ausgefallen; was eine zwingende Bedingung ist!

Die Partialbruchzerlegung liefert

$$F(t)=1-\dfrac{\lambda(1+h)}{\lambda_{11}-\lambda}e^{-\lambda t}-\dfrac{\lambda 2(1+h)+\lambda s(\lambda-\lambda_{11})}{\lambda_{11}(\lambda-\lambda_{11})}e^{-\lambda_{11}t}$$

mit der Abkürzung $\lambda_{11}=\lambda_s+\lambda(1+h)$.

c) h = 0, d. h. „kalte" Reserve

$$F(t)=1-\dfrac{\lambda}{\lambda_s}e^{-\lambda t}+\dfrac{\lambda-\lambda_s}{\lambda_s}e^{-(\lambda_s+2\lambda)t}$$

h = 1, d. h. „heiße" Reserve

$$F(t)=1-\dfrac{2\lambda}{\lambda+\lambda_s}e^{-\lambda t}+\dfrac{2\lambda^2-\lambda_s(\lambda+\lambda_s)}{(\lambda_s+2\lambda)(\lambda+\lambda_s)}e^{-(\lambda_s+2\lambda)t}$$

d) Stationäre Wahrscheinlichkeiten (siehe Abschnitt 19.1.4)

Aus dem Zustandsdiagramm folgt

$P_1[\lambda s+\lambda(h+1)] = P_2\cdot\mu_1+P_3\cdot\mu_2$

$P_1\cdot\lambda(h+1) = P_2\cdot(\lambda+\mu_1)$

$P_1\cdot\lambda_s+P_2\cdot\lambda = P_3\cdot\mu_2$

$P_1+P_2+P_3 = 1$

Aus den vorangegangenen Gleichungen ergibt sich nach kurzer Rechnung

$$P_1 = \dfrac{\mu_2(\lambda+\mu_1)}{(\lambda+\mu_1)(\lambda_s+\mu_2)+\lambda(h+1)(\lambda+\mu_2)}$$

$$P_2 = \dfrac{\lambda\mu_2(\lambda+\mu_1)}{(\lambda+\mu_1)(\lambda_s+\mu_2)+\lambda(h+1)(\lambda+\mu_2)}$$

$$P_3 = \dfrac{\lambda_s(\lambda+\mu_1)+\lambda^2(h+1)}{(\lambda+\mu_1)(\lambda_s+\mu_2)+\lambda(h+1)(\lambda+\mu_2)}$$

19.3 Der Semi-Markov-Prozess

19.3.1 Einführung

Die Semi-Markovschen Prozesse (SMP) oder Markovsche Erneuerungsprozesse stellen eine unmittelbare Verallgemeinerung Markovscher Ketten dar. Im Gegensatz zu einer Markov-Kette erfolgt der Übergang in den neuen Zustand nun nicht genau nach einer Zeiteinheit, sondern das System verweilt erst eine zufällige Dauer $T_{i,j}$ im alten Zustand. Die Bezeichnung „Semi" folgt aufgrund der Eigenschaft des Semi-Markov-Prozesses, dass er nur zu bestimmten Zeitpunkten die Markov-Eigenschaften erfüllt. Diese Zeitpunkte sind jene Momente, in denen der Prozess in einen anderen Zustand übergeht. Es handelt sich hierbei um eine in den Semi-Markov-Prozess eingebettete Markov-Kette.

Semi-Markov-Prozesse können nach der Charakteristik ihres Parameterraums (Menge von Zeitpunkten) und ihres Zustandsraums (Menge der Zustände) eingeteilt werden. Falls der Parameterraum kontinuierlich ist, wird von einem kontinuierlichen Semi-Markov-Prozess gesprochen; ist der Parameterraum diskret, handelt es sich um einen diskreten Semi-Markov-Prozess. In beiden Fällen soll der Zustandsraum diskret sein.

Semi-Markov-Prozesse enthalten als Sonderfall die in Bild 19.9 aufgeführten stochastischen Prozesse.

Die in diesem Abschnitt aufgeführten Beispiele sind aus didaktischen und rechentechnischen Gründen einfacher Natur.

```
┌─────────────────────┐          ┌─────────────────────┐
│ Einfache und        │          │ Homogene Markov-Kette│
│ allgemeine          │ ◄──────► │ (SMP bei dem alle    │
│ Erneuerungsprozesse │          │ F_{i,j}(t) zu        │
│ (SMP mit einem      │          │ 1 entartet sind)     │
│ einzigen Zustand)   │          │                      │
└─────────────────────┘          └─────────────────────┘
           ▲                                ▲
           │                                │
           │        Semi-Markov-Prozess     │
           ▼                                ▼
┌─────────────────────┐          ┌─────────────────────┐
│ Alternierende       │          │ Homogener Markov-    │
│ Erneuerungsprozesse │ ◄──────► │ Prozess              │
│ (SMP mit zwei       │          │ (SMP bei dem alle    │
│ Zuständen)          │          │ F_{i,j}(t)           │
│                     │          │ exponentiell verteilt│
│                     │          │ und unabhängig vom   │
│                     │          │ Zustand j sind)      │
└─────────────────────┘          └─────────────────────┘
```

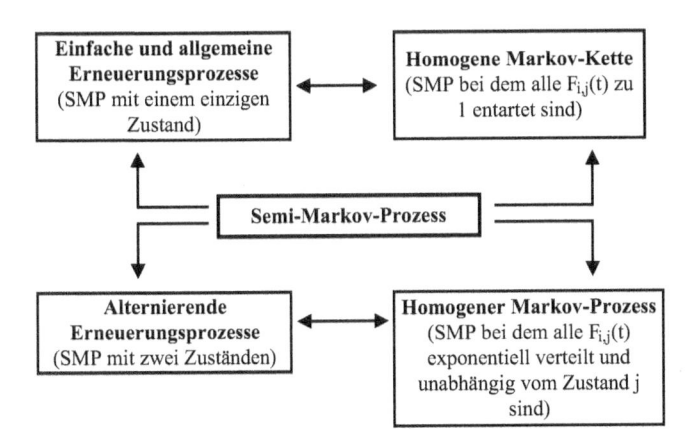

Bild 19.9 Sonderfälle des Semi-Markov-Prozesses

19.3.2 Definition und Grundbegriffe

Es seien Z_n ($n = 1, 2, 3, \ldots$) Zufallsgrößen, die nur Werte aus der endlichen Menge $M = \{1, \ldots, m\}$ des Zustandsraumes annehmen können. Z_n beschreibt den Zustand vor dem n-ten Übergang. Z_1 sei der Anfangszustand. T_n ($n = 1, 2, \ldots$) sei die Verweilzeit des Prozesses im Zustand Z_n (siehe Bild 19.10).

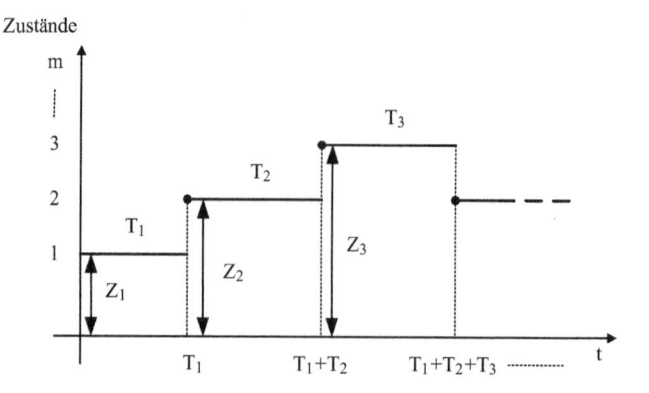

Bild 19.10 Zeitverlauf eines Semi-Markov-Prozesses

Die Zeitpunkte T_1, $T_1 + T_2$, $T_1 + T_2 + T_3$ usw. sind Regenerationspunkte (Erneuerungspunkte) des Semi-Markov-Prozesses. Der Semi-Markov-Prozess ist demnach ein Prozess, bei dem die Verweildauer in einem Zustand eine Zufallsvariable mit einer beliebigen Verteilungsfunktion ist, die lediglich vom augenblicklichen und dem nächsten Zustand abhängt.

Ein Semi-Markov-Prozess ist nun durch folgende Größen charakterisierbar:

1. Anzahl der Zustände m mit $M = \{1, 2, ..., m\}$ als Zustandsmenge
2. Anfangsverteilung $A_{i,j}(t)$

$$A_{i,j}(t) = P((Z_1 = i) \wedge (T_1 \leq t) \wedge (Z_2 = j)) \tag{19.79}$$

mit

$i, j = 1, 2, ..., m$
$T_1 = $ Verweildauer im Zustand 1
$A_{i,j}(t) = 0$ für $t \leq 0$

$A_{i,j}$ bedeutet die Wahrscheinlichkeit, dass der Prozess zur Zeit $t = 0$ mit dem Zustand i beginnt und spätestens zur Zeit t in den Zustand j übergeht:

$$\lim_{t \to \infty} A_{i,j}(t) = A_{i,j}(\infty) = P((Z_1 = i) \wedge (Z_2 = j)) \tag{19.80}$$

Das heißt, es muss immer mindestens **ein** Übergang stattfinden.

Eine Anfangsverteilung braucht jedoch nur dann berücksichtigt werden, falls der Start des Semi-Markov-Prozesses nicht mit einem Regenerationspunkt zusammenfällt, das heißt, zwischen zwei Übergängen beginnt, was bei praktischen Fragestellungen selten der Fall ist.

3. Semi-Markov-Übergangswahrscheinlichkeiten $Q_{i,j}(t)$

Für die zufälligen Größen T_n und Z_{n+1} bei $(n \geq 2)$ gilt

$$\begin{aligned} Q_{i,j}(t) &= P\big((T_n \leq t) \wedge (Z_{n+1} = j) \,|\, Z_1 = i_1, ..., Z_{n-1} = i_{n-1}, Z_n = i, \\ &\quad T_1 \leq t_1, ..., T_{n-1} \leq t_{n-1}\big) \\ &= P\big((T_n \leq t) \wedge (Z_{n+1} = j) \,|\, Z_n = i\big) \end{aligned} \tag{19.81}$$

mit $i, j = 1, \ldots, m$ von n unabhängigen $Q_{i,j}(t)$.

Es können also auch gleiche Zustände aufeinander folgen:

$$Q_{i,j}(t) = 0 \quad \text{für } t \leq 0$$

$Q_{i,j}(t)$ ist die Wahrscheinlichkeit, dass der Prozess im n-ten Schritt, falls er im Zustand i war, spätestens nach der Zeit t in den Zustand j übergeht. Bei homogenen Semi-Markov-Prozessen ist $Q_{i,j}(t)$ unabhängig von der Schrittzahl n.

Ermittlung der Semi-Markov-Übergangswahrscheinlichkeiten $Q_{i,j}(t)$:

Folgende Modellvorstellung ist für die Bestimmung der Übergangswahrscheinlichkeiten $Q_{i,j}(t)$ nützlich: Tritt zum Zeitpunkt $t = 0$ ein Übergang in den Zustand Z_i ein, so beginnen ab diesem Zeitpunkt die Verweilzeiten $T_{i,0}$, $T_{i,1}$, ..., $T_{i,n}$ (ohne $T_{i,i}$) zu laufen. Ein Übergang in den Zustand Z_j wird bis zum Zeitpunkt $t > 0$ stattfinden, wenn $T_{i,j} \leq t$ und $T_{i,k} > T_{i,j}$ für alle $k \neq j$ gilt.

Das heißt

$$Q_{i,j}(t) = P((T_{i,j} \leq t) \bigwedge_{k, k \neq j} (T_{i,k} > T_{i,j})) \tag{19.82}$$

Zur Berechnung von Formel 19.82 sind dann Faltungsintegrale der Form

$$Q_{i,j}(t) = \int_0^t \prod_{k \neq j} G_{i,k}(x) \cdot dF_{i,j}(x) \tag{19.83}$$

mit $i, j, k \in M$ zu lösen (Meyna/Knepper 1989, siehe Lit.).

Die Funktionen $G_{i,k}(t)$ entsprechen dabei den Verteilungsfunktionen $F_{i,k}(t)$ der bedingten Verweilzeiten $T_{i,k}$.

Da die Verteilungsfunktionen der Zeiten $T_{i,k}$ beliebiger Natur sind, lässt sich Formel 19.83 in der Regel nur numerisch lösen (Quadraturverfahren).

Weitere wichtige **Grundgrößen** sind:

1. Die Verteilungsfunktion $H_i(t)$ der unbedingten Zustandsverweilzeiten T_n im Zustand i, unabhängig von dem nächstfolgenden Zustand j

$$H_i(t) = P(T_n \leq t \mid Z_n = i) \tag{19.84}$$

$$H_i(t) = \sum_{j \in M} Q_{i,j}(t), \quad i \in M \tag{19.85}$$

mit

$$\lim_{t \to \infty} H_i(t) = 1 \tag{19.86}$$

2. Das k-te Moment m_i^k der Verteilungsfunktion $H_i(t)$ ergibt sich zu

$$m_i^k = \int_0^\infty t^k \cdot dH_i(t), \quad i \in M \tag{19.87}$$

Dabei entspricht das Moment erster Ordnung der mittleren Verweildauer m_i im Zustand i

$$m_i = \int_0^\infty (1 - \sum_{j \in M} Q_{i,j}(t))dt = \int_0^\infty (1 - H_i(t))dt \qquad (19.88)$$

Folgende **Eigenschaften** der Semi-Markov-Übergangswahrscheinlichkeiten sind für praktische Anwendungen von besonderer Bedeutung:

$$\lim_{t \to \infty} Q_{i,j}(t) = P(Z_{n+1} = j \mid Z_n = i) = P_{i,j} \qquad (19.89)$$

mit $P_{i,j} \geq 0$, $i, j \in M$ und

$$\sum_{j \in M} P_{i,j} = 1 \qquad (19.90)$$

$P_{i,j}$ = Übergangswahrscheinlichkeit der eingebetteten Markov-Kette

Die Zustandszeitpunkte eines Semi-Markov-Prozesses bilden eine eingebettete homogene Markov-Kette. Das heißt, bei der Ermittlung stationärer Größen kann auf die Gesetzmäßigkeiten der Markov-Ketten zurückgegriffen werden:

$$\lim_{t \to \infty} \sum_{j \in M} Q_{i,j}(t) = 1 \qquad (19.91)$$

$$Q_{i,j}(t) = F_{i,j}(t) \cdot P_{i,j} \qquad (19.92)$$

Mit $F_{i,j}(t)$ = bedingte Verteilungsfunktion der Verweildauer T_{ij} im Zustand i, wenn der nächste Zustand j ist

$$F_{i,j}(t) = P\left(T_n \leq t \mid (Z_n = i) \wedge (Z_{n+1} = j)\right) \quad \text{für } n \geq 2 \qquad (19.93)$$

und

$$F_{i,j}(t) = 0 \quad \text{für } t \leq 0 \qquad (19.94)$$

Ein SMP wird also durch folgende Größen vollständig charakterisiert:
1. Übergangsmatrix $\underline{\underline{P}} = (P_{i,j})$ der eingebetteten Markov-Kette
2. Matrix der Verweildauer-Verteilungsfunktion $\underline{\underline{F}}(t) = (F_{i,j}(t))$
3. Anfangsverteilung $A_{i,j}(t)$

Des Weiteren gilt für die Ausfallrate:

$$h_{i,j}(t) = \frac{q_{i,j}(t)}{1 - \sum_{j \in M} Q_{i,j}(t)} \qquad (19.95)$$

mit der Dichte

$$q_{i,j}(t) = \frac{dQ_{i,j}(t)}{dt} \qquad (19.96)$$

Die entscheidenden Vorteile der Semi-Markov-Prozesse sind folgende:
1. Die Verweildauern in den einzelnen Zuständen oder Zustandsmengen können ermittelt werden. So können nicht nur qualitative, sondern auch quantitative Aussagen über

Sicherheit beziehungsweise Gefährlichkeit, Zuverlässigkeit und Wirtschaftlichkeit von Systemen getroffen werden.

2. Bei der Wahl der Verteilungsfunktionen besteht keinerlei Einschränkung (Exponentialverteilung, Weibull-Verteilung, Normalverteilung usw.). Dadurch können technische Systeme praxisnah analysiert werden.

Beispiel 19.3.2-1

Zur Aufstellung der Übergangsmatrix $\underline{\underline{P}}$ und der Matrix der Verweildauerfunktion $\underline{\underline{F}}(t)$ wird ein System mit passiver Redundanz und Reparatur (Standby-System) betrachtet.

Zustände:

1: Ein Gerät arbeitet, das andere wartet auf seinen Einsatz.
2: Ein Gerät arbeitet, das andere wird repariert.
3: Ein Gerät wird repariert, das andere wartet auf den Beginn seiner Reparatur (Systemausfall).

Zustandsgraph:

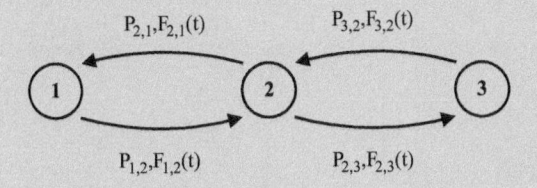

$$P_{2,1}, F_{2,1}(t) \quad P_{3,2}, F_{3,2}(t)$$

(1) ← (2) ← (3)

$$P_{1,2}, F_{1,2}(t) \quad P_{2,3}, F_{2,3}(t)$$

Aus rechentechnischen Gründen sei vorausgesetzt, dass die Betriebsdauer mit der Ausfallwahrscheinlichkeit $F(t)$ und die Reparaturzeit mit der Instandsetzungswahrscheinlichkeit $M(t)$ exponentiell verteilt sein mögen (das heißt, der Semi-Markov-Prozess geht in einen homogenen Markov-Prozess über).

$$F(t) = 1 - e^{-\lambda t} \quad \text{und} \quad M(t) = 1 - e^{-\mu t}$$

a) Ermittlung der Semi-Markov-Übergangswahrscheinlichkeiten $Q_{i,j}(t)$

Mit Formel 19.82 folgt

$$Q_{i,j}(t) = P \left(\underbrace{T_{i,j} \leq t}_{F_{i,j}(t) = \int_0^t f_{i,j}(\tau)d\tau} \wedge_{k, k \neq j} \underbrace{T_{i,k} > T_{i,j}}_{R_{i,k}(t) = 1 - F_{i,k}(t)} \right) \quad (19.97)$$

Da alle $T_{i,j}$ als exponentiell verteilt angesehen werden, das heißt

$$F_{i,j}(t) = P(T_{i,j} \leq t) = 1 - e^{-\lambda_{i,j} t} \quad (19.98)$$

lässt sich die Semi-Markov-Übergangswahrscheinlichkeit leicht ermitteln.

Es folgt

$$Q_{i,j}(t) = \int_0^t \lambda_{i,j} \cdot e^{-\lambda_{i,j}\tau} \cdot e^{-\sum_{k,k\neq j} \lambda_{i,k}\cdot\tau} d\tau \qquad (19.99)$$

mit

$$\lambda_i = \sum_{j=1}^m \lambda_{i,j}, \quad \lambda_{i,i} = 0 \text{ und } \lambda_{i,j} \geq 0 \qquad (19.100)$$

Zum Beispiel:

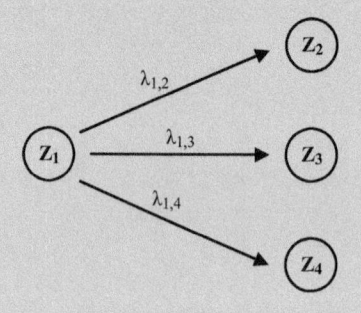

```
       λ_{1,2}
Z_1 ─── λ_{1,3} ──→ Z_2
       λ_{1,4}       Z_3
                     Z_4
```

$$Q_{1,2}(t) = \frac{\lambda_{1,2}}{\lambda_{1,2} + \lambda_{1,3} + \lambda_{1,4}} \cdot (1 - e^{-(\lambda_{1,2}+\lambda_{1,3}+\lambda_{1,4})t})$$

Allgemein:

$$Q_{i,j}(t) = \frac{\lambda_{i,j}}{\sum_{j \in M} \lambda_{i,j}} \cdot \left[1 - e^{-\sum_{j \in M} \lambda_{i,j} \cdot t} \right] \qquad (19.101)$$

Für die Verteilungsfunktion der unbedingten Verweilzeiten ergibt sich dann (Formel 19.85)

$$H_i(t) = 1 - e^{-\sum_{j \in M} \lambda_{i,j} \cdot t} \qquad (19.102)$$

und für die stationären Übergangswahrscheinlichkeiten (Formel 19.89)

$$P_{i,j} = \frac{\lambda_{i,j}}{\sum_{j \in M} \lambda_{i,j}}, \quad i,j \in M \qquad (19.103)$$

sowie für die mittlere Zustandsverweilzeit (Formel 19.88)

$$m_i = \frac{1}{\sum_{j \in M} \lambda_{i,j}}, \quad i,j \in M \qquad (19.104)$$

Anhand der Zustandsdefinition und des Zustandsgraphen lassen sich nun leicht folgende Semi-Markov-Übergangswahrscheinlichkeiten ermitteln:

$$Q_{1,2} = \frac{\lambda}{\lambda}(1 - e^{-\lambda t}) = 1 - e^{-\lambda t} = F(t)$$

Ist der Ausgangszustand $Z_n = 2$, so gibt es zwei Möglichkeiten für Z_{n+1}:
1. Die Reparaturdauer t_R des zu reparierenden Gerätes ist kürzer als die Lebensdauer t_L des arbeitenden Gerätes, es findet also ein Übergang vom Zustand 2 zum Zustand 1 statt:

$$Q_{2,1}(t) = \frac{\mu}{\lambda+\mu}(1-e^{-(\lambda+\mu)t})$$

2. Die Lebensdauer t_L des arbeitenden Gerätes ist kürzer als die Reparaturdauer t_R des anderen Gerätes, es findet also ein Übergang von 2 nach 3 statt:

$$Q_{2,3}(t) = \frac{\lambda}{\lambda+\mu}(1-e^{-(\lambda+\mu)t})$$

Ist der Ausgangszustand $Z_n = 3$, so erfolgt ein Übergang nach $Z_{n+1} = 2$:

$$Q_{3,2}(t) = \frac{\mu}{\mu}(1-e^{-\mu t}) = 1-e^{-\mu t} = M(t)$$

Die anderen Semi-Markov-Übergangswahrscheinlichkeiten sind wie aus dem Zustandsgraphen ersichtlich $Q_{1,1}(t) = Q_{1,3}(t) = Q_{2,2}(t) = Q_{3,1}(t) = Q_{3,3}(t) = 0$.

b) Aufstellen der Übergangsmatrix $\underline{\underline{P}}$:

$$\underline{\underline{P}} = (P_{i,j}) = \lim_{t\to\infty} Q_{i,j}(t)$$

$$\underline{\underline{P}} = \begin{bmatrix} 0 & 1 & 0 \\ \frac{\mu}{\lambda+\mu} & 0 & \frac{\lambda}{\lambda+\mu} \\ 0 & 1 & 0 \end{bmatrix}$$

c) Aufstellen der Matrix der Verweildauerfunktion $\underline{\underline{F}}(t)$:

$$F_{i,j}(t) = \frac{1}{P_{i,j}} \cdot Q_{i,j}(t)$$

$$\underline{\underline{F}}(t) = \begin{bmatrix} 0 & 1-e^{-\lambda t} & 0 \\ 1-e^{-(\lambda+\mu)t} & 0 & 1-e^{-(\lambda+\mu)t} \\ 0 & 1-e^{-\mu t} & 0 \end{bmatrix}$$

d) Bestimmung der Verteilungsfunktionen der unbedingten Zustandsverweilzeiten:

$$H_i(t) = \sum_{j\in M} Q_{i,j}(t)$$

$$H_1(t) = Q_{1,2}(t) = 1-e^{-\lambda t}$$

$$H_2(t) = Q_{2,1}(t) + Q_{2,3}(t) = 1-e^{-(\lambda+\mu)t}$$

$$H_3(t) = Q_{3,2}(t) = 1-e^{-\mu t}$$

e) Ermittlung der Dichten $q_{i,j}(t)$:

$$q_{i,j}(t) = \frac{dQ_{i,j}(t)}{dt}$$

$$q_{1,2}(t) = \lambda \cdot e^{-\lambda t}$$

$$q_{2,1}(t) = \mu \cdot e^{-(\lambda+\mu)t}$$

$$q_{2,3}(t) = \lambda \cdot e^{-(\lambda+\mu)t}$$

$$q_{3,2}(t) = \mu \cdot e^{-\mu t}$$

f) Berechnung der Ausfallrate $\lambda_{i,j}$:

$$\lambda_{i,j}(t) = \frac{q_{i,j}(t)}{1 - H_i(t)}$$

$$\lambda_{1,2}(t) = \lambda_{2,3}(t) = \lambda$$

$$\lambda_{2,1}(t) = \lambda_{3,2}(t) = \mu$$

19.3.3 Der absorbierende Semi-Markov-Prozess

Bei der Untersuchung absorbierender Semi-Markov-Prozesse interessiert in erster Linie das Verhalten des Prozesses bis zum Eintritt der Absorption beziehungsweise für die Zeitdauer bis zur Absorption. Ein Semi-Markov-Prozess ist absorbierend, falls die eingebettete Markov-Kette, die durch die Übergangsmatrix $\underline{\underline{P}}$ definiert sei, absorbierend ist.

Wie schon in Abschnitt 19.1.2 und Abschnitt 19.1.3 dargelegt, wird die Zustandsmenge M in zwei Klassen M_T mit transienten Zuständen (System intakt) und M_A mit absorbierenden Zuständen zerlegt. Die Übergangsmatrix $\underline{\underline{P}}$ hat dann die schon bekannte Form (siehe Abschnitt 19.1.3):

$$\underline{\underline{P}} = \begin{matrix} i \in M_A & i \in M_T \\ \left[\begin{array}{c|c} \underline{\underline{I}} & \underline{\underline{0}} \\ \hline \underline{\underline{R}} & \underline{\underline{Q}} \end{array}\right] & \begin{array}{c} j \in M_A \\ j \in M_T \end{array} \end{matrix} \qquad (19.105)$$

a) Die k-ten Momente der Verweilzeiten in den transienten Zuständen Z_i können dann – unabhängig vom Startzustand – durch

$$E(T_i^k) = \sum_{j \in M} P_{i,j} \cdot E(T_{i,j}^k) \qquad (19.106)$$

mit $k = 1., 2., ...$ Ordnung der Momente bestimmt werden (siehe hierzu Definition des bedingten Erwartungswertes sowie totale Wahrscheinlichkeit).

Dabei gibt $P_{i,j}$ wiederum die Übergangswahrscheinlichkeit von Zustand i zum Zustand j und $E(T_{i,j}) = m_{i,j}$ die mittlere bedingte Verweildauer an, die der Semi-Markov-Prozess im Zustand i verweilt, bevor er in den Zustand j übergeht. Insbesondere gilt für das erste Moment

$$E(T_i) = m_i = \sum_{j \in M} P_{i,j} \cdot m_{i,j} \qquad (19.107)$$

welches die unbedingte Verweildauer im Zustand i angibt (mittlere Verweildauer in i) unabhängig davon, in welchen Zustand von i aus übergegangen wird.

b) Verweilzeit in den transienten Zuständen vor der Absorption in Abhängigkeit vom Startzustand

Die Verweildauer gibt an, wie lange der Prozess (beziehungsweise das System) im Mittel in den verschiedenen transienten Zuständen verweilt, bevor er zur Klasse der absorbierenden Zustände übergeht. Das heißt, anfänglich befindet sich der Prozess im Zustand $i \in M_T$.

Erreicht der Prozess bei einem Übergang mit der Wahrscheinlichkeit $P_{i,k}$ den Zustand $k \in M_A$, das heißt einen absorbierenden Zustand, dann ist die Verweilzeit im Zustand $j \in M_T$ gleich $T_{i,k}$, wenn $j = i$, andernfalls gleich null, da k ein absorbierender Zustand ist. Erfolgt ein Übergang vom Zustand i zum Zustand $k \in M_T$ mit der Wahrscheinlichkeit $P_{i,k}$, so ist die Zeit im Zustand $j \in M_T$ gleich

$$\delta_{i,j} \cdot T_{i,k} + N_{k,j} \qquad (19.108)$$

Dabei gibt $N_{k,j}$ die Zeit im Zustand j nach der Ankunft des Prozesses vom Zustand k an.

Mit dem Kronecker Symbol

$$\delta_{i,j} = \begin{cases} 1 & \text{für } i = j \\ 0 & \text{für } i \neq j \end{cases} \qquad (19.109)$$

ist folglich

$$N_{i,j} = \begin{cases} \delta_{i,j} \cdot T_{i,k} & \text{mit der Wahrscheinlichkeit } P_{i,k} \text{ und } k \in M_A \\ \delta_{i,j} \cdot T_{i,k} + N_{k,j} & \text{mit der Wahrscheinlichkeit } P_{i,k} \text{ und } k \in M_T \end{cases} \qquad (19.110)$$

Aufgrund der Formel 19.106 folgt für die mittlere Verweildauer $E(N_{i,j})$ im Zustand j vor der Absorption, bei Start des Prozesses im Zustand i:

$$\begin{aligned} E(N_{i,j}) &= \sum_{k \in M_A} P_{i,k} \cdot E(\delta_{i,j} \cdot T_{i,k}) + \sum_{k \in M_T} P_{i,k} \cdot E(\delta_{i,j} \cdot T_{i,k} + N_{k,j}) \\ E(N_{i,j}) &= \delta_{i,j} \cdot E(T_i) + \sum_{k \in M_T} P_{i,k} \cdot E(N_{k,j}) \end{aligned} \qquad (19.111)$$

In Matrizenschreibweise ergibt sich dann

$$\underline{\underline{N}} = \underline{\underline{M}} + \underline{\underline{Q}} \cdot \underline{\underline{N}} \qquad (19.112)$$

beziehungsweise

$$\underline{\underline{N}} = (\underline{\underline{I}} - \underline{\underline{Q}})^{-1} \cdot \underline{\underline{M}} \tag{19.113}$$

$$\underline{\underline{N}} = \underline{\underline{H}} \cdot \underline{\underline{M}}$$

mit

$\underline{\underline{N}} =$ Matrix der $E(N_{i,j})$

$(\underline{\underline{I}} - \underline{\underline{Q}})^{-1} = \underline{\underline{H}}$

Das i,j-te Element dieser Matrix gibt den Mittelwert für den Aufenthalt in dem Zustand j vor der Absorption an, wenn der Prozess im Zustand i gestartet ist:

$$M = \mathrm{diag}\left(E(T_1),\ldots,E(T_{m_T})\right) \tag{19.114}$$

Zeit bis zur Absorption:

Die Zeit bis zur Absorption ist interpretierbar als Zeit bis zum Systemausfall (MTSF = Mean Time To System Failure) oder zum Beispiel als Zeit bis zum Erreichen eines gefährlichen Zustandes (MTTD = Mean Time To Danger). Unter MTSF(i) beziehungsweise MTTD(i) wird also die mittlere Zeit bis zum Systemausfall in Abhängigkeit vom Systemstartzustand i verstanden.

Wird diese Zeit mit t_i bezeichnet, so gilt offensichtlich

$$t_i = \sum_{j \in M_T} N_{i,j} \tag{19.115}$$

$$E(t_i) = \sum_{j \in M_T} E(N_{i,j}) \tag{19.116}$$

Formel 19.116 lässt sich ebenfalls in Matrizenschreibweise darstellen. Es folgt

$$\underline{V} = \underline{\underline{N}} \cdot \underline{1} \tag{19.117}$$

Mit

$\underline{V} =$ Spaltenvektor $(V_1, V_2, \ldots, V_m)$ der Länge m_T

$V_i =$ mittlere Verweildauer bis zur Absorption, bei Start des Prozesses im Zustand i

$\underline{1} =$ Spaltenvektor $(1, 1, \ldots, 1)$ der Länge m_T

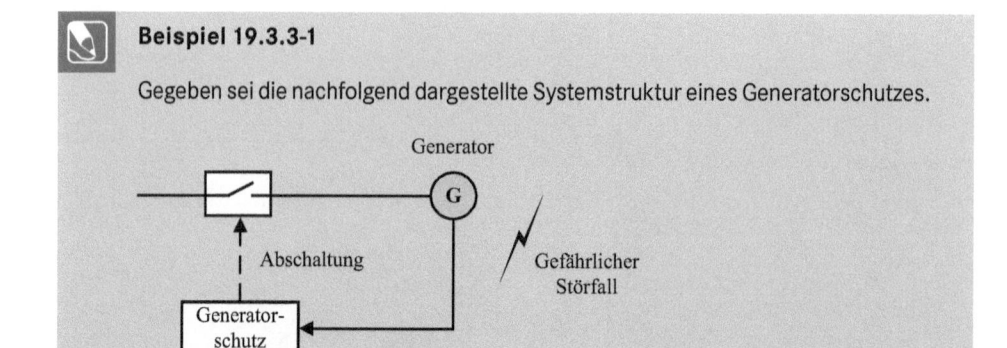

> **Beispiel 19.3.3-1**
>
> Gegeben sei die nachfolgend dargestellte Systemstruktur eines Generatorschutzes.

Tritt am Generator ein gefährlicher Störfall auf, zum Beispiel durch Überlast, und die entsprechende Schutzeinrichtung versagt, so wird der Generator zerstört. Zur Fehlererkennung und -behebung wird die Schutzeinrichtung in zyklischen Abständen gewartet.

Zustandsdiagramm:

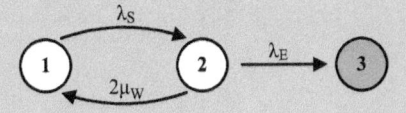

```
        λ_S
   ┌──────────→
  (1)        (2) ──λ_E──→ (3)
   ←──────────
        2μ_W
```

mit

λ_S = Ausfallrate Schutzversagen
λ_E = Störereignisrate
μ_W = Wartungsrate

Obwohl aus rechentechnischen Gründen konstante Übergangsraten zugrunde gelegt wurden, soll ein absorbierender Semi-Markov-Prozess angesetzt werden.

Gesucht ist die mittlere Zeit bis zum Erreichen des gefährlichen absorbierenden Zustandes 3, in Abhängigkeit von den Zuständen 1 und 2.

Lösung:

$$\underline{\underline{P}} = \begin{array}{c} i= \\ \\ \\ \end{array} \begin{bmatrix} 1 & 2 & 3 \\ 0 & 1 & 0 \\ \dfrac{2\mu_w}{2\mu_w + \lambda_E} & 0 & \dfrac{\lambda_E}{2\mu_w + \lambda_E} \\ 0 & 0 & 1 \end{bmatrix} \begin{array}{c} j= \\ 1 \\ 2 \\ 3 \end{array}$$

$$\underline{\underline{P}} = \begin{array}{c} i= \\ \\ \\ \end{array} \left[\begin{array}{c|cc} 3 & 1 & 2 \\ \hline 1 & 0 & 0 \\ 0 & 0 & 1 \\ \dfrac{\lambda_E}{2\mu_w + \lambda_E} & \dfrac{2\mu_w}{2\mu_w + \lambda_E} & 0 \end{array} \right] \begin{array}{c} j= \\ 3 \\ 1 \\ 2 \end{array}$$

Umgestellt nach Formel 19.105

$$\underline{\underline{N}} = (\underline{\underline{I}} - \underline{\underline{Q}})^{-1} \cdot \underline{\underline{M}}$$

$$\underline{\underline{H}} = (\underline{\underline{I}} - \underline{\underline{Q}})^{-1} = \begin{vmatrix} 1 & -1 \\ -\dfrac{2\mu_W}{2\mu_W + \lambda_E} & 1 \end{vmatrix}^{-1}$$

$$\underline{\underline{H}} = \begin{vmatrix} \dfrac{2\mu_W + \lambda_E}{\lambda_E} & \dfrac{2\mu_W + \lambda_E}{\lambda_E} \\ \dfrac{2\mu_W}{\lambda_E} & \dfrac{2\mu_W + \lambda_E}{\lambda_E} \end{vmatrix} = \begin{vmatrix} m_{1,1} & m_{1,2} \\ m_{2,1} & m_{2,2} \end{vmatrix}$$

mit den mittleren Verweildauern $m_{i,j}$.

Des Weiteren folgt

$$\underline{\underline{N}} = \underline{\underline{H}} \cdot \underline{\underline{M}} = \begin{vmatrix} \dfrac{2\mu_W + \lambda_E}{\lambda_E} & \dfrac{2\mu_W + \lambda_E}{\lambda_E} \\ \dfrac{2\mu_W}{\lambda_E} & \dfrac{2\mu_W + \lambda_E}{\lambda_E} \end{vmatrix} \cdot \begin{vmatrix} m_1 & 0 \\ 0 & m_2 \end{vmatrix}$$

mit

$$m_1 = \dfrac{1}{\lambda_S} \quad \text{und} \quad m_2 = \dfrac{1}{2\mu_W + \lambda_E}$$

und daraus

$$\underline{\underline{N}} = \begin{vmatrix} \dfrac{2\mu_W + \lambda_E}{\lambda_E \cdot \lambda_S} & \dfrac{1}{\lambda_E} \\ \dfrac{2\mu_W}{\lambda_E \cdot \lambda_S} & \dfrac{1}{\lambda_E} \end{vmatrix}$$

Mittlere Verweildauer bis zur Absorption:

$$\underline{V} = \underline{\underline{N}} \cdot \underline{1} = \begin{vmatrix} \dfrac{2\mu_W + \lambda_E}{\lambda_E \cdot \lambda_S} & \dfrac{1}{\lambda_E} \\ \dfrac{2\mu_W}{\lambda_E \cdot \lambda_S} & \dfrac{1}{\lambda_E} \end{vmatrix} \cdot \begin{vmatrix} 1 \\ 1 \end{vmatrix} = \begin{vmatrix} \dfrac{2\mu_W + \lambda_E + \lambda_S}{\lambda_E \cdot \lambda_S} \\ \dfrac{2\mu_W + \lambda_S}{\lambda_E \cdot \lambda_S} \end{vmatrix} = \begin{vmatrix} \text{MTTD}(1) \\ \text{MTTD}(2) \end{vmatrix}$$

MTTDs (Mean Time To Danger) sind die gesuchten Zeiten bis zum Erreichen des gefährlichen Zustandes 3.

19.3.4 Der ergodische Semi-Markov-Prozess

Ein Semi-Markov-Prozess ist ergodisch, falls die eingebettete Markov-Kette, durch die Übergangsmatrix $\underline{\underline{P}}$ definiert, ergodisch ist. Dies bedeutet, dass eine Analogie zu den ergodischen Markov-Ketten (siehe Abschnitt 19.1) gegeben ist.

Grundbegriffe

a) $E(T_{i,j}) = m_{i,j}$

sei die mittlere bedingte Verweildauer, die der Semi-Markov-Prozess im Zustand i verweilt, unter der Bedingung, dass er in den Zustand j übergeht.

Dann gilt wiederum der bedingte Erwartungswert aus Formel 19.106. Das heißt

$$E(T_i) = \sum_{j \in M} P_{i,j} \cdot E(T_{i,j}) \tag{19.118}$$

beziehungsweise

$$m_i = \sum_{j \in M} P_{i,j} \cdot m_{i,j}$$

als mittlere unbedingte Verweildauer im Zustand i unabhängig davon, in welchen Zustand j der Prozess fortschreiten wird.

b) Eine weitere wichtige Grundgröße ist die Zeit, die vergeht, bis der Semi-Markov-Prozess wieder seinen Ausgangszustand j erreicht. Sie wird mit $l_{i,j}$ bezeichnet.

Da die eingebettete Markov-Kette ergodisch ist, existieren die stationären Wahrscheinlichkeiten Π_i (Zustandswahrscheinlichkeit nach genügend langer Zeit im Zustand i). Im Zustand i verweilt der Prozess eine mittlere Zeit m_i.

Das heißt,

$$\sum_{i \in M} \Pi_i \cdot m_i$$

charakterisiert die mittlere Zeit eines beliebigen Übergangs von einem Zustand in einen anderen.

Damit ist

$$l_{j,j} = \frac{1}{\Pi_j} \cdot \sum_{i \in M} \Pi_i \cdot m_i \tag{19.119}$$

der Erwartungswert der mittleren Rückkehrzeit; mit $1/\Pi_j$ = mittlere Anzahl der Schritte, nach der die Markov-Kette wieder nach j gelangt.

Der Kehrwert von $l_{j,j}$ charakterisiert dann die mittlere Anzahl der Übergänge nach j:

$$k_{j,j} = \frac{1}{l_{j,j}} \tag{19.120}$$

c) Ergodensatz für SMP:

Sind $l_{j,j}$ die mittlere Rückkehrzeit und m_j die mittlere Verweildauer in j, dann ist der Quotient

$$P_j = \frac{m_j}{l_{j,j}} = \frac{\Pi_j \cdot m_j}{\sum_{i \in M} \Pi_i \cdot m_i} \quad , \quad j \in M \tag{19.121}$$

die Wahrscheinlichkeit P_j, dass sich der Prozess nach genügend langer Zeit im Zustand j befindet.

Entsprechend Formel 19.23 kann Formel 19.121 auch durch die zugehörigen Determinanten ausgedrückt werden.

Es folgt:

$$\Pi_j = \frac{D_j}{\sum_{i \in M} D_i} \quad \text{für alle } j \in M \tag{19.122}$$

Beispiel 19.3.4-1

Gegeben sei folgendes Zustandsdiagramm:

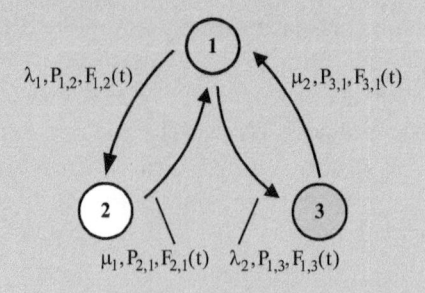

$\lambda_1, P_{1,2}, F_{1,2}(t)$ — (1) — $\mu_2, P_{3,1}, F_{3,1}(t)$

(2) — $\mu_1, P_{2,1}, F_{2,1}(t)$ $\lambda_2, P_{1,3}, F_{1,3}(t)$ — (3)

Zustand 1:   System funktionsfähig
Zustand 2:   ungefährlicher Ausfallzustand
Zustand 3:   gefährlicher Ausfallzustand

Die Lebens- und Reparaturdauern mögen der Einfachheit halber wiederum exponentiell verteilt mit den hypothetischen Zahlenwerten $\lambda_1 = 0{,}6$, $\lambda_2 = 0{,}4$, $\mu_1 = 0{,}2$, $\mu_2 = 0{,}8$ sein.

1. Semi-Markov-Übergangswahrscheinlichkeiten:

$$Q_{1,2}(t) = \frac{\lambda_1}{\lambda_1 + \lambda_2} \cdot \left(1 - e^{-(\lambda_1 + \lambda_2)t}\right)$$

$$Q_{1,3}(t) = \frac{\lambda_2}{\lambda_1 + \lambda_2} \cdot \left(1 - e^{-(\lambda_1 + \lambda_2)t}\right)$$

$$Q_{2,1}(t) = 1 - e^{-\mu_1 \cdot t}$$

$$Q_{3,1}(t) = 1 - e^{-\mu_2 \cdot t}$$

2. Übergangsmatrix $\underline{\underline{P}}$:

$$\lim_{t \to \infty} Q_{i,j}(t) = P_{i,j}$$

$$\underline{\underline{P}} = \begin{bmatrix} 0 & \dfrac{\lambda_1}{\lambda_1 + \lambda_2} & \dfrac{\lambda_2}{\lambda_1 + \lambda_2} \\ 1 & 0 & 0 \\ 1 & 0 & 0 \end{bmatrix}$$

3. Matrix der Verweildauerverteilungsfunktion $\underline{F}(t)$:

$$F_{i,j}(t) = \frac{1}{P_{i,j}} \cdot Q_{i,j}(t)$$

$$\underline{F}(t) = \begin{bmatrix} 0 & 1-e^{-(\lambda_1+\lambda_2)t} & 1-e^{-(\lambda_1+\lambda_2)t} \\ 1-e^{-\mu_1 \cdot t} & 0 & 0 \\ 1-e^{-\mu_2 \cdot t} & 0 & 0 \end{bmatrix}$$

4. Berechnung der mittleren Verweildauern in den einzelnen Zuständen:

$$E(T_i) = m_i = \sum_{j \in M} p_{i,j} \cdot m_{i,j}$$

$$m_{i,j} = \int_0^\infty (1 - F_{i,j}(t))\, dt$$

$$m_1 = p_{1,2} \cdot m_{1,2} + p_{1,3} \cdot m_{1,3} = \frac{1}{\lambda_1 + \lambda_2}$$

$$m_2 = p_{2,1} \cdot m_{2,1} = \frac{1}{\mu_1}$$

$$m_3 = p_{3,1} \cdot m_{3,1} = \frac{1}{\mu_2}$$

Mit den Zahlenwerten ergibt sich für m_2 ein Wert von 5 Zeiteinheiten (ZE) und für m_3 ein Wert von 1,25 ZE. Die mittlere Verweildauer im gefährlichen Zustand 3 ist also geringer, was aufgrund der Relation $\mu_1 > \mu_2$ auch anschaulich zu erwarten ist.

5. Berechnung der stationären Wahrscheinlichkeiten der eingebetteten Markov-Kette:

Aus dem Gleichungssystem

$$\Pi_1 = \Pi_2 \cdot p_{2,1} + \Pi_3 \cdot p_{3,1} = \Pi_2 + \Pi_3$$

$$\Pi_2 = \Pi_1 \cdot p_{1,2} = \Pi_1 \cdot \frac{\lambda_1}{\lambda_1 + \lambda_2}$$

$$\Pi_3 = \Pi_1 \cdot p_{1,3} = \Pi_1 \cdot \frac{\lambda_2}{\lambda_1 + \lambda_2}$$

$$\Pi_1 + \Pi_2 + \Pi_3 = 1$$

folgt

$$\Pi_1 = 0,5, \quad \Pi_2 = \frac{0,5 \cdot \lambda_1}{\lambda_1 + \lambda_2}, \quad \Pi_3 = \frac{0,5 \cdot \lambda_2}{\lambda_1 + \lambda_2}$$

6. Berechnung der stationären Wahrscheinlichkeiten des Systems:

$$P_1 = \frac{\Pi_1 \cdot m_1}{\sum_{i=1}^{3} \Pi_i \cdot m_i} = \frac{1}{1 + \frac{\lambda_1}{\mu_1} + \frac{\lambda_2}{\mu_2}} = \frac{2}{9}$$

$$P_2 = \frac{\Pi_2 \cdot m_2}{\sum_{i=1}^{3} \Pi_i \cdot m_i} = \frac{\frac{\lambda_1}{\mu_1}}{1 + \frac{\lambda_1}{\mu_1} + \frac{\lambda_2}{\mu_2}} = \frac{6}{9}$$

$$P_3 = \frac{\Pi_3 \cdot m_3}{\sum_{i=1}^{3} \Pi_i \cdot m_i} = \frac{\frac{\lambda_2}{\mu_2}}{1 + \frac{\lambda_1}{\mu_1} + \frac{\lambda_2}{\mu_2}} = \frac{1}{9}$$

Die stationäre Verfügbarkeit ist in diesem Fall P_1, die stationäre Sicherheitsverfügbarkeit ist $P_1 + P_2$ und P_3 die stationäre Sicherheitsunverfügbarkeit.

7. Berechnung der mittleren Rückkehrzeit in die einzelnen Zustände:

$$l_{1,1} = \frac{1}{\Pi_1} \cdot \sum_{i=1}^{3} \Pi_i \cdot m_i = 9{,}0 \text{ ZE}$$

$$l_{2,2} = \frac{1}{\Pi_2} \cdot \sum_{i=1}^{3} \Pi_i \cdot m_i = 15{,}0 \text{ ZE}$$

$$l_{3,3} = \frac{1}{\Pi_3} \cdot \sum_{i=1}^{3} \Pi_i \cdot m_i = 22{,}5 \text{ ZE}$$

20 Monte-Carlo-Simulation

■ 20.1 Einführung

Die Monte-Carlo-Simulation (MCS), benannt nach dem monegassischen Stadtteil Monte Carlo mit seiner berühmten Spielbank, ist eine Simulationsmethode zur Modellierung von Zufallsgrößen und deren Verteilungsfunktionen mit dem Ziel, bestimmte Integrale, gewöhnliche und partielle Differenzialgleichungen etc. durch stochastische Modellbildung hinreichend genau zu lösen. Unter Anwendung der MCS können demnach komplexe Gleichungssysteme stochastischer oder deterministischer Natur, die analytisch nicht oder nur aufwendig lösbar sind, im mathematischen Kontext numerisch („spielerisch") gelöst werden. Dabei bildet des „Gesetz der großen Zahlen" (Abschnitt 24.2) die mathematische Begründung.

Die Entwicklung der MCS lässt sich bis ins 18. Jahrhundert zurückverfolgen. Berühmt ist in diesem Zusammenhang das „Buffonsche Nadelproblem" zur statistischen Bestimmung der Kreiszahl π (Pi). Buffon[1], erst zwanzigjährig, warf Stöcke einer bestimmten Länge über seine Schulter auf einen gekachelten Boden und zählte dabei, wie häufig diese die Fugen in einem bestimmten Abstand trafen. Perelman[2] präzisierte diese Idee wie folgt: Es wird auf einem Blatt Papier eine Reihe paralleler Striche gezeichnet, deren Entfernung durch die doppelte Länge einer Nadel gebildet wird. Anschließend wird eine Nadel aus einer bestimmten Höhe sehr häufig auf das Blatt fallen gelassen und jeweils die Anzahl der Fälle, bei der die Nadel eine Linie berührt bzw. nicht berührt, betrachtet. Die Gesamtzahl der Nadelwürfe dividiert durch die Zahl der Fälle mit Linienberührung bildet dann einen Näherungswert für die Kreiszahl π.

Unter der Kenntnis des Versuchs von Buffon zeigte Laplace (1886), dass sich für π durch die Gleichung

$$\pi \approx \frac{2 \cdot l}{p \cdot d} \qquad (20.1)$$

l = Länge z. B. einer Nadel,
d = Abstand der Striche mit $d > l$

und

---

[1] Georges-Louis Leclerc Comte de Buffon (1707 – 1788)
[2] Yakov Isidorovich Perelman (1882 – 1942)

$$p = \frac{n}{N} \tag{20.2}$$

n = Anzahl der Nadeln, die einen Strich treffen,
N = Anzahl aller Nadelwürfe

ein Schätzwert auf der Basis eines experimentellen Versuchs ermitteln lässt.

Bekannt ist auch, dass Gosset die Theorie der von ihm entwickelten Student-Verteilung (t-Verteilung, Abschnitt 23.3) experimentell unter Nutzung der MCS überprüfte. Die neuzeitliche Anwendung und Weiterentwicklung der MCS zur Simulation zufälliger Reaktionen aus Neutronen und Materie (Neutronenphysik) ist geprägt durch die Arbeiten von Neumann und Ulam am Manhattan Project (Metropolis/Ulam, siehe Lit.).

Heutzutage gilt die MCS als einzige praktikable Methode zur Berechnung komplexer mehrdimensionaler Gleichungssysteme, die analytisch nicht lösbar sind oder einen sehr hohen Rechenaufwand erfordern. Die MCS wird dementsprechend neben dem physikalischen Bereich unter anderem in der Spieltheorie und mathematischen Ökonomie, der Theorie der Nachrichtenübertragung und nicht zuletzt in der Bedienungstheorie und Zuverlässigkeitstheorie bei der Analyse und Betrachtung von

- komplexen Fehlerbäumen,
- Abhängigkeiten von Zuständen und Zustandswechseln,
- beliebigen Verteilungsfunktionen und Zeitabhängigkeiten,
- flexiblen Wartungs- und Reparaturstrategien und
- dynamischen Einflussgrößen („Dynamische Zuverlässigkeitstheorie")

erfolgreich eingesetzt (Kamarinopoulos, Dubi, Gentle, Lewis, Lux, Marseguerra u. a., siehe Lit.).

Ein aktueller Forschungsgegenstand ist die sogenannte „Dynamische Zuverlässigkeitstheorie". Die hier zugrunde gelegten komplexen Gleichungen der Systemtransporttheorie zur Beschreibung dynamischer Systemänderungen lassen sich in der Regel nur mittels MCS erfolgreich auswerten (Hauschild, siehe Lit.). Die MCS ermöglicht es, diesbezüglich hinreichend genau reale Bedingungen, wie stochastische Abhängigkeiten, Zeitabhängigkeiten, Alterungsprozesse und physikalische Einflussgrößen, ohne Einschränkung zu modellieren.

Allgemein lässt sich feststellen, dass die MCS im Bereich der Industrie immer mehr an Bedeutung gewinnt, da aufwendige und teure Feldversuche ganz oder teilweise durch Computersimulationen ersetzt werden können. Dies hat unter anderem den Vorteil, dass Material- und Prüfkosten für Feld- und Laborversuche eingespart werden können, die Untersuchungsbedingungen identisch und die Ergebnisse reproduzierbar sind. Zudem können die Ergebnisse leicht mit denen anderer Simulationen verglichen und analysiert werden.

Die Umsetzung der Monte-Carlo-Simulation wird durch leistungsfähigere Computersysteme – auch bei sehr hohen Simulationsdurchläufen – stetig verbessert. Insofern sind auch die Ergebnisse, die mit der Monte-Carlo-Simulation erzielt werden können, immer genauer.

20.2 Grundlagen der Monte-Carlo-Simulation

Unter Anwendung der MCS lassen sich Integrale der Form

$$I = \int_a^b g(x)dx \qquad (20.3)$$

auf dem Intervall [a, b] numerisch berechnen.

Wird eine Gleichverteilung entsprechend Beispiel 8.3.1-2 zugrunde gelegt, so folgt für das vorangegangene Intervall:

$$I = (b-a) \cdot \int_a^b f(x) \cdot g(x)dx \qquad (20.4)$$

Dabei ist $f(x)$ die Dichtefunktion einer auf [a, b] gleichverteilten Zufallsgröße X. Das heißt, das Integral kann über die Berechnung des Erwartungswertes (Formel 8.46) bestimmt werden.

Es folgt:

$$I = (b-a) \cdot E(g(X)) \qquad (20.5)$$

Der Schätzer für den Erwartungswert wird dann durch eine Stichprobe $\xi_1, \xi_2, ..., \xi_n$ für die Variable X gewonnen und bildet hieraus den Stichprobenmittelwert:

$$\hat{g}(x) = \frac{1}{n} \cdot \sum_{i=1}^{n} g(\xi_i) \qquad (20.6)$$

Damit folgt

$$I \approx (b-a) \cdot \frac{1}{n} \cdot \sum_{i=1}^{n} g(\xi_i) \qquad (20.7)$$

als Näherungswert für die Fläche des Integrals (Bild 20.1). Dabei ist die Standardabweichung des Stichprobenmittelwertes durch $\sigma / \sqrt{n}$ gegeben (siehe Kapitel 23).

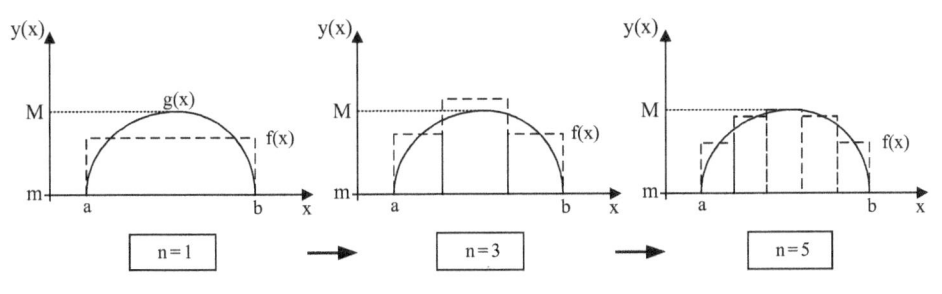

Bild 20.1 Beispielhafte Flächenberechnung eines Integrals durch MCS mit n = Anzahl der Spiele

Eine weitere Möglichkeit der Flächenberechnung besteht darin, dass zunächst die Fläche A_f des Rechtecks bzw. der Funktion $f(x)$ ermittelt wird, indem die zu bestimmende Fläche der Funktion $g(x)$ miteingeschlossen wird. Für die Fläche unter $f(x)$ in $[a, b]$ ergibt sich mit $a \le x \le b$ und $0 \le m \le f(x) \le M$

$$A_f = (M-m) \cdot (b-a) \tag{20.8}$$

Ein „Zufallsmechanismus" wählt nun irgendeinen Punkt des gewählten Rechtecks so aus, dass alle Punkte dieses Rechtecks mit der gleichen Wahrscheinlichkeit auftreten können. Die Wahrscheinlichkeit, dass ein zufälliger Punkt in einem bestimmten Gebiet des Rechtecks liegt, ist proportional zur Fläche dieses Gebietes. Durch Abzählen der Punkte n_g, die in die Fläche unter $g(x)$ fallen, werden durch Division alle erzeugten Punkte n angenähert und die Größe der gesuchten Fläche gewonnen.

Wird nun eine hinreichend große Zahl n von (x, y)-Koordinaten gebildet, deren Werte gleichverteilt, d. h. $X \sim GL(a, b)$ und $Y \sim GL(m, M)$ sind, und ermittelt man die Punkte $P_i = x_i/y_i$, die innerhalb der Funktion $g(x)$ liegen $(y_i \le g(x_i))$, so folgt als Näherung für das Integral

$$I \approx A_f \cdot \frac{n_g}{n} = (b-a) \cdot (M-m) \cdot \frac{n_g}{n} \tag{20.9}$$

mit n_g = Anzahl der Punkte, die innerhalb von $g(x)$ liegen (Bild 20.2).

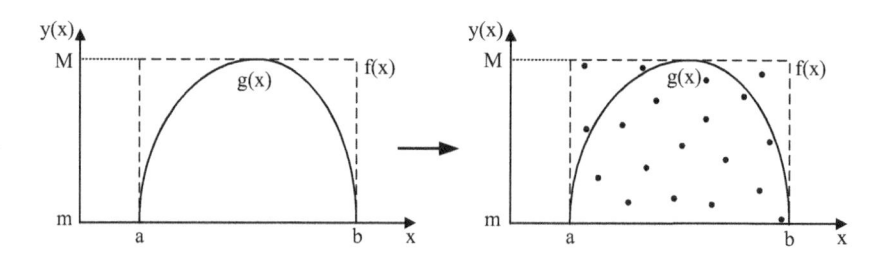

Bild 20.2 Beispielhafte Flächenberechnung eines Integrals durch Punktbildung

Importance Sampling

Die vorangegangene Integration mittels MCS erfolgt – wie gezeigt – durch einfache Mittelwertbildung. Bei Integranden, die lediglich an bestimmten Stellen signifikante Werte besitzen, führt die statistische Mittelwertbildung über eine Gleichverteilung zu einer fehlerhaften Berechnung von I. Dabei hängt der Fehler σ_I^2 des Schätzwertes des Integrals entsprechend dem zentralen Grenzwertsatz von der Varianz von $g(\xi_i)$ wie folgt ab:

$$\sigma_I^2 = \sigma^2 \cdot \left[\frac{b-a}{n} \cdot \sum_{i=1}^{n} g(\xi_i) \right] = \frac{(b-a)^2}{n} \cdot \sigma^2 \cdot \left[g(\xi_i) \right] \tag{20.10}$$

Aus der vorangegangenen Beziehung geht hervor, dass die Varianz des durch MCS erzielten Ergebnisses proportional zur Varianz des Integranden des Integrals I ist. Durch Importance Sampling wird deshalb das Integral derart transformiert, dass der transformierte Integrand eine wesentlich kleinere Varianz besitzt, wodurch die Zahl der Spiele reduziert und die Genauigkeit verbessert werden kann.

Anstatt der Gleichverteilung wird $f(x)$ nunmehr durch eine andere Verteilung, die allerdings $g(x)$ gut angenähert sein sollte, ausgedrückt.

Es folgt

$$I = \int_a^b g(x)dx = \int_a^b \frac{g(x)}{f(x)} \cdot f(x)dx \tag{20.11}$$

wobei $f(x) \neq 0$ für alle $x \in [a,b]$ gelten muss.

Für die Stammfunktion von $f(x)$ wird nun die zugehörige Verteilungsfunktion

$$F(x) = \int_a^x f(x)dx = u(x) \tag{20.12}$$

gebildet und es ergibt sich

$$I = \int_{a^*}^{b^*} \frac{g(x)}{f(x)} du(x) \tag{20.13}$$

mit den Grenzen $a^* = F(a)$, $b^* = F(b)$ und der Umkehrfunktion

$x = F^{-1}(u)$ und den Zufallszahlen $u_i = a^* + \xi_i \cdot (b^* - a^*)$

Es folgt schließlich

$$I \approx \frac{a^* - b^*}{n} \cdot \sum_{i=1}^{n} \frac{g(x(u_i))}{f(x(u_i))} \tag{20.14}$$

mit

$$x(u_i) = F^{-1}\left[a^* + \xi_i \cdot (b^* - a^*)\right], \quad i = 1,...,n$$

Wie vorangehend formuliert, sind die Zufallszahlen u_i entsprechend der gewählten Funktion $f(x)$ verteilt.

Die Varianz des Ergebnisses ist nunmehr jedoch proportional zu $g(x)/f(x)$ anstatt zu $g(x)$ und kann dementsprechend durch die geeignete Wahl von $f(x)$ erheblich reduziert werden.

20.3 Generierung von Zufallszahlen

Grundlage für die Monte-Carlo-Simulation ist die Generierung von Zufallszahlen. Zufallszahlengeneratoren können in zwei grundsätzlich unterschiedliche Arten eingeteilt werden:
- nicht-deterministische Zufallszahlengeneratoren
- deterministische Zufallszahlengeneratoren

Nicht-deterministische Zufallszahlengeneratoren (engl. True Random Number Generator, TRNG) beruhen auf physikalischen Prozessen (z. B. Kernzerfall, thermisches Rauschen von elektronischen Bauteilen u. a.). Diese Generatoren bilden reale Zufallszahlen, da sie keinem programmierten oder gegebenen Algorithmus unterliegen. Aufgrund der Tatsache, dass sie Zufallszahlen ohne Periodenlänge und Hyper-Ebenen erzeugen, ist die Qualität der erzeugten Zufallszahlen außerordentlich groß. Auch einfache Methoden wie „echtes" Würfeln oder Münzwerfen können zu den nicht-deterministischen Zufallszahlengeneratoren gezählt werden, da sie zufällig auftreten und keinem festen Algorithmus unterliegen.

Deterministische Zufallszahlengeneratoren (engl. Pseudo Random Number Generator, PRNG) erzeugen grundsätzlich „Pseudozufallszahlen". Diese unterliegen einem programmierten Algorithmus, der je nach Güte Zufallszahlen bestimmter Periodenlängen und einer bestimmten Anzahl von Hyper-Ebenen generieren kann. Basis für diesen Algorithmus können mathematische Modelle sein, die in eine entsprechende Software eingebunden werden. Es gibt allerdings auch Generatoren, die mit einer Kombination von Soft- und Hardwarebedingungen Zufallszahlen erzeugen. Hardwareparameter können z. B. der Zeitstempel oder die Prozess-ID des verwendeten Prozessors des Computers sein, auf dem die Zufallszahlen generiert werden.

Prinzipiell gibt es keinen absoluten deterministischen Zufallszahlengenerator, da durch die Wahl der Parameter und Methoden unendlich viele Generatoren zur Verfügung stehen. Ein Vorteil der deterministischen Zufallszahlengeneratoren ist die Reproduzierbarkeit des jeweiligen Parameters. So können die durchgeführten Berechnungen jederzeit nachvollzogen und wiederholt werden. Ein Nachteil der deterministischen Zufallszahlengeneratoren ist, dass die Periode vorhersehbar und somit eine Anwendung zum Beispiel im Bereich der Kryptographie nicht möglich ist.

Zu den deterministischen Zufallszahlengeneratoren zählen sogenannte **lineare Kongruenzgeneratoren** und **nichtlineare Kongruenzgeneratoren**.

Ein Vorteil der linearen Kongruenzgeneratoren ist die effiziente Erzeugung von Zufallszahlen basierend auf Standardalgorithmen. Nachteilig ist die Erzeugung von Hyper-Ebenen.

Nichtlineare Kongruenzgeneratoren erzeugen zwar keine Hyper-Ebenen, der Rechenaufwand ist jedoch erheblich größer.

In den heutigen digitalen Rechnern ist in der Regel ein linearer Kongruenzgenerator (Modulo-Generator), auch „Linear Congruential Generator" (LCG) genannt, implementiert, der auf dem Einheitsintervall (0, 1] gleichverteilte Pseudozufallszahlen erzeugt.

Für die Untersuchung mehrfach-dimensionaler Zufallsgrößen werden unter anderem Algorithmen der dynamischen Monte-Carlo-Simulation verwendet.

Ein linearer Kongruenzgenerator LCG(m, a, c, n_0) erzeugt aus der Rekursion

$$n_i = (a \cdot n_{i-1} + c) \bmod m \quad \text{für alle} \quad i = 1, \dots, n$$

$$n_i = a \cdot n_{i-1} - \left\lfloor \frac{a \cdot n_{i-1} + c}{m} \right\rfloor \cdot m \qquad (20.15)$$

die Zahlen $n_1, \dots, n_n$ mit

a = beliebiger Multiplikator (Faktor), $a \in \{0, 1, \dots, m-1\}$
c = Summand, auch Inkrement (häufig $c = 0$), $c \in \{0, 1, \dots, m-1\}$
m = Modul, $m \in \mathbb{N}$

wobei von einem Initialisierungswert, auch Saatzahl (seet) genannt, $n_0 \in \{0,1,...,m-1\}$ ausgegangen wird.

Durch die Normierung

$$\xi_i = \frac{n_i}{m} \qquad (20.16)$$

ergeben sich dann Standard-(Pseudo-)Zufallszahlen ξ_1, ..., ξ_n, die in (0, 1] gleichverteilt sind.

Zu beachten ist: mod = modulo, z. B. 7 mod 2 = 1 bedeutet sieben modulo zwei gleich eins, da 7/2 = 3 Rest 1 und 2 · 3 + 1 = 7 ist. Das heißt, es handelt sich hierbei um eine mathematische Funktion, die aus dem Rest der Division zweier ganzer Zahlen gebildet wird.

Bei den Klammern handelt es sich um Gaußklammern. Dabei bedeutet $\lfloor x \rfloor$ = Gaußklammern mit abgerundeten x und $\lceil x \rceil$ = Gaußklammer mit x aufgerundet.

Aus Formel 20.15 geht hervor, dass ξ_i höchstens $m - 1$ verschiedene Werte annehmen kann (maximale Periodenlänge). Danach wiederholt sich die Folge. Durch entsprechende Wahl der Parameter a, c und m des Generators lässt sich die Periodenlänge maximieren.

Wird für $m = 2^r-1$ mit r = Wortlänge des Rechners (Bits) gewählt, so kann in der Regel auf eine Berechnung der Modulo-Funktion verzichtet werden.

Tabelle 20.1 enthält die Parameter für einige bewährte Generatoren.

Tabelle 20.1 Parameter für LCGs

a	c	m	n_0
16.807	0	$2^{31}-1$	beliebig
48.271	0	$2^{31}-1$	beliebig
69.621	0	$2^{31}-1$	beliebig

Die bekannten Generatoren „RANDU" (früher auf IBM-Großrechnern implementiert) und „EXCEL-97" sollten hingegen nicht mehr verwendet werden, da sie bei den heutigen Gütekriterien die entsprechenden Tests nicht bestehen. Des Weiteren wurden Generatoren entwickelt, bei denen die Periodenlänge sehr groß ist, z.B. Mersenne Twister mit $2^{19937}-1$. Allerdings sind solche Generatoren ohne entsprechende Modifikation in der Regel sehr langsam. Für zuverlässigkeitstechnische Untersuchungen sind „minimal standard"-Generatoren meist ausreichend.

Beispiel 20.3-1

Bestimmen Sie mit dem linearen Kongruenzgenerator LCG(m, a, c, n_0) = LCG(31, 7, 0, 19) drei gleichverteilte Zufallszahlen.

Lösung:

$$n_1 = 7 \cdot 19 \bmod 31 = 7 \cdot 19 - \left\lfloor \frac{7 \cdot 19}{31} \right\rfloor \cdot 31 = 9$$

$$\xi_1 = \frac{9}{31} \approx 0{,}29$$

$$n_2 = 7 \cdot 9 \bmod 31 = 7 \cdot 9 - \left\lfloor \frac{7 \cdot 9}{31} \right\rfloor \cdot 31 = 1$$

$$\xi_2 = \frac{1}{31} \approx 0{,}032$$

$$n_3 = 7 \cdot 1 \bmod 31 = 7 \cdot 1 - \left\lfloor \frac{7 \cdot 1}{31} \right\rfloor \cdot 31 = 7$$

$$\xi_3 = \frac{7}{31} \approx 0{,}23$$

Gütekriterien

Damit Zufallszahlengeneratoren hinsichtlich ihres Verhaltens auf Hyper-Ebenen hin untersucht werden können, werden entsprechende Tests durchgeführt, die dieses Verhalten analysieren. George Marsaglia, emeritierter Professor der Washington State University, entwickelte hierzu 1995 eine Reihe von Tests für gleichverteilte Zufallszahlen zwischen 0 und 1. Diese Batterie ist unter dem Namen „diehard-test" bekannt und wird in einer Vielzahl von Veröffentlichungen als ein Standard für den Test von Zufallszahlen verwendet.

Der „diehard-test" besteht aus fünfzehn Einzeltests, die die zuvor generierten Zufallszahlen durchlaufen. Ergebnisse dieses Tests sind sogenannte p-values. Jeder der eingesetzten Tests liefert verschiedene p-values, die zwischen 0 und 1 liegen und idealerweise gleichverteilt sein sollten. Besteht ein Zufallszahlengenerator einen Test nicht, werden hierfür p-values von 0 oder 1 ausgegeben. Da jeder Zufallszahlengenerator über eine Periode (Periodenlänge $m - 1$) begrenzt ist und ab einer bestimmten Dimension Hyper-Ebenen (entscheidend ist hier die Wahl von a und m) generiert, gibt es keinen „absoluten Zufallszahlengenerator", der perfekte Werte liefert. Insofern sind die Tests auf ihre Eigenschaften hin relativ zu bewerten und es muss für den jeweiligen Anwendungsfall die Anwendbarkeit des Generators überprüft werden. Mögliche Kriterien hierfür sind:

- Ist die Periodenlänge für die erforderliche Anzahl an Zufallszahlen ausreichend?
- Sind die Ergebnisse des Zufallszahlengenerators bei Tests auf ihr Hyper-Ebenenverhalten ausreichend gut (p-values annähernd gleichverteilt und nicht 0 oder 1)?

20.4 Methoden zur Generierung beliebig verteilter Funktionen

Die gleichverteilten Zufallszahlen müssen für die Anpassung an die entsprechenden Verteilungsfunktionen transformiert werden. Hierzu wurde eine Vielzahl von Methoden entwickelt. Die nachfolgend vorgestellte einfache **Inversionsmethode** besitzt den Vorteil, dass sie keine weitere Zufallszahl benötigt, um die Transformation in eine andere Verteilungsfunktion durchzuführen.

Die sogenannte **Verwerfungsmethode** für nicht invertierbare Verteilungsfunktionen, wie beispielsweise die Normalverteilung oder Binomialverteilung einschließlich der Poisson-Verteilung, arbeitet mit einer weiteren Zufallszahl, um die gleichverteilten Zufallszahlen zu transformieren. Hierbei muss darauf geachtet werden, dass die zusätzlich benötigte Zufallszahl die vorangegangenen Bedingungen und Gütekriterien erfüllt. Des Weiteren werden numerische Verfahren, z. B. das bekannte Newtonsche Iterationsverfahren, verwendet.

Die Inversionsmethode ist dadurch gekennzeichnet, dass zunächst gleichverteilte Zufallszahlen $\xi_i \sim GL(0, 1)$ im Intervall [0, 1] als Realisierung der Wahrscheinlichkeitsverteilung $F(x)$ erzeugt werden.

Die generierte Zufallszahl ξ wird dann mit einer beliebigen invertierbaren Verteilungsfunktion $F(x)$ gleichgesetzt:

$$\xi = F(x) \tag{20.17}$$

Eine beliebig verteilte Zufallszahl x_i ergibt sich schließlich durch Bildung der inversen Verteilungsfunktion (Bild 20.3):

$$x_i = F^{-1}(\xi_i) \tag{20.18}$$

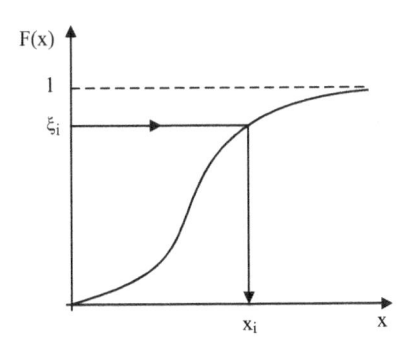

Bild 20.3 Ermittlung von x_i aus einer beliebigen Verteilung $F(x)$

So ergeben sich beispielsweise exponentiell verteilte Zufallszahlen x_i durch folgende Beziehung:

$$x_i = -\frac{1}{\lambda} \cdot \ln(1-\xi_i) \quad \text{für alle } i = 1,...,n \tag{20.19}$$

Beispiel 20.4-1

Gegeben sei die Verteilungsfunktion $F(x) = 1 - e^{-0,003 \cdot x}$. Bestimmen Sie für die gleichverteilte Zufallszahl $\xi_i = 0,7$ die Zufallszahl x_i.

Lösung:

Mit Formel 20.17 folgt:

$$x_i = -\frac{1}{0,003} \cdot \ln(1-0,7) \approx 401,32$$

Das einfache Invertierungsverfahren kann auch zur Ermittlung diskreter Zufallsgrößen (Verteilungsfunktionen) genutzt werden.

x wird in diesem Fall über die Ungleichung

$$\sum_{i=1}^{x-1} p_i \leq \xi < \sum_{i=1}^{x} p_i \qquad (20.20)$$

bestimmt.

Beispiel 20.4-2

Bestimmen Sie für die Verteilungsfunktion eines Würfels (siehe Beispiel 8.3.1-1) mit $p_i = \frac{1}{6}$ für ($i = 1, ..., 6$), eine Zufallszahl x_i.

Lösung:

Die generierte gleichverteilte Zufallszahl sei $\xi_1 = 0,8$. Dann folgt für die Zufallszahl x_i aufgrund Formel 20.20 $x_i = 5$, denn es gilt:

$$\sum_{i=1}^{4} p_i = 0,\overline{6} \leq 0,8 < \sum_{i=1}^{5} p_i = 0,\overline{83}$$

Grafische Darstellung:

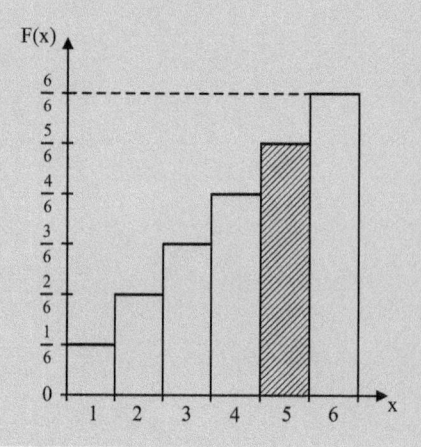

Grundlage zur Generierung beliebig verteilter Zufallszahlen ist, wie bereits erwähnt, die Gleichverteilung (Beispiel 8.3.1-2).

Die Erzeugung von Zufallszahlen x_i aus dem Intervall $(a, b]$ für eine Gleichverteilung erfolgt über folgende Beziehung:

$$x_i = a + \xi_i (b - a) \tag{20.21}$$

Die Darstellung in Bild 20.4 zeigt das Histogramm von 10 000 generierten Zufallszahlen im Bereich $a = 1$, $b = 3$ im Vergleich zur theoretischen Dichtefunktion einer Gleichverteilung.

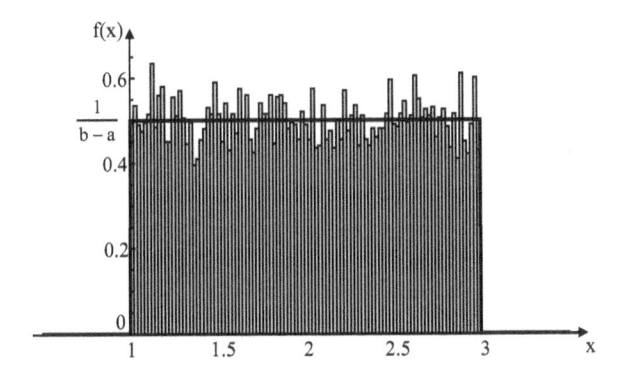

Bild 20.4 Histogramm der Dichte einer Gleichverteilung

Zufallszahlen für die N(0,1)-Verteilung werden in der Regel mittels der **Verwerfungsmethode** erzeugt. Bei der Verwerfungsmethode wird die Dichte der Verteilungsfunktion mit dem Maximum $f(x_{max})$ betrachtet und eine gleichverteilte Zufallszahl ξ_i aus dem Intervall $[x_{min}, x_{max}]$ erzeugt. Als Vergleichskriterium wird für jede Zufallszahl ξ_i der Quotient $(f(\xi_i) / f(x_{max}))$ gebildet und eine weitere Zufallszahl $\psi_i \in GL(0,1]$ erzeugt. Ist $\psi_i \cdot f(x_{max}) \leq f(\xi_i)$, so wird ξ_i angenommen und andernfalls verworfen.

Bild 20.5 zeigt eine Darstellung der Verwerfungsmethode für $f(x_{max}) = 0{,}4$ und ein Histogramm für 10 000 Standard-normalverteilte Zufallszahlen.

Bei Anwendung der Monte-Carlo-Simulation ergibt sich das Problem, dass bei Verteilungen, die nicht gleichverteilt sind, in der Regel die Randbereiche seltener auftreten als der Hauptbereich der Verteilung. Hieraus folgt, dass eine verhältnismäßig große Anzahl von Zufallszahlen generiert werden muss, um auch die Randbereiche ausreichend abzudecken.

Sowohl das **Stratified-Sampling** als auch sein Spezialfall, das **Latin-Hypercube-Sampling**, optimieren die direkte Monte-Carlo-Simulation hinsichtlich der Auswahl der Zufallszahlen (Gentle, siehe Lit.). Dabei liefert das Latin-Hypercube-Sampling sehr genaue, allerdings mit einem vielfach höheren Rechenaufwand verbundene Ergebnisse.

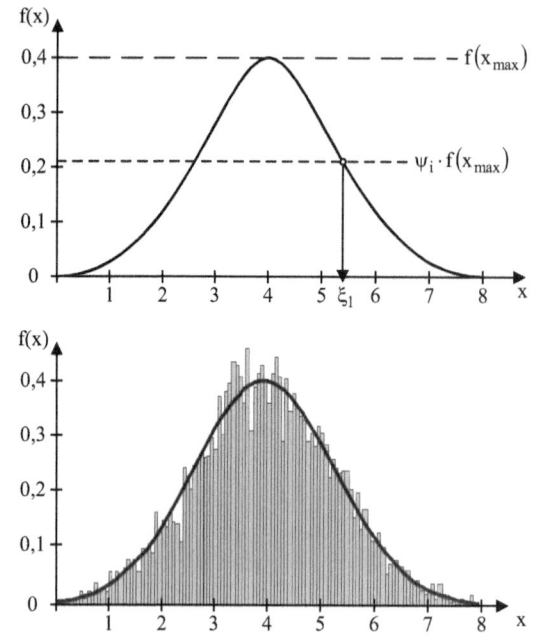

Bild 20.5
Darstellung der Verwerfungsmethode und Histogramm der Dichte einer bestimmten Normalverteilung ($\sigma \ll \mu$)

■ 20.5 Direkte Monte-Carlo-Simulation

Im Rahmen von sicherheits- und zuverlässigkeitstechnischen Untersuchungen mittels eines stochastischen Prozesses (siehe Kapitel 19) sind insbesondere – wie schon dargelegt – die Wahrscheinlichkeiten der absorbierenden Zustände von Interesse. Eine Schätzung der Ausfallwahrscheinlichkeit kann dann wie nachfolgend in Anlehnung an die Ausführungen von (Hauschild, siehe Lit.) erfolgen.

20.5.1 Generierung eines Zustandsübergangs

Ein Zustandsübergang wird durch den **Zeitpunkt** des Zustandsübergangs und das **Ziel** des Zustandsübergangs charakterisiert. Dabei wird der Zeitpunkt des Zustandsübergangs durch die bedingte Wahrscheinlichkeitsdichte, dass der nächste Zustand zum Zeitpunkt t eingenommen wird unter der Bedingung, dass der gegenwärtige Zustand k' zum Zeitpunkt t' eingenommen werde, durch

$$f_{k'}(t \mid t') = \lambda_{k'}(t) \cdot R_{k'}(t \mid t') \tag{20.22}$$

mit

$$\lambda_{k'}(t) = \sum_{k \neq k'} \lambda_{k',k} \tag{20.23}$$

und

$$R_{k'}(t|t') = \prod_{k \neq k'} R_{k',k}(t|t') \tag{20.24}$$

beschrieben.

Das Ziel des Zustandsübergangs $(k' \to k)$ entspricht der Wahrscheinlichkeit, dass ein Zustandsübergang in den Zustand k erfolgt unter der Bedingung, dass dieses Ereignis aus einem Zustandsübergang aus dem Zustand k' zum Zeitpunkt t resultiert:

$$\gamma_{k',k}(t) = \frac{\lambda_{k',k}(t)}{\lambda_{k'}(t)} \tag{20.25}$$

Die Ereignisdichte $\psi_k(t)$ ergibt sich somit zu

$$\psi_k(t) = p_k(0) \cdot \delta(t) + \sum_{k' \neq k} \int_0^t \psi_{k'}(t') \cdot q_{k',k}(t|t') dt' \tag{20.26}$$

Dabei entspricht die Größe $q_{k',k}(t|t')$ der partiellen bedingten Wahrscheinlichkeitsdichte.

$$q_{k',k}(t|t') = f_{k'}(t|t') \cdot \gamma_{k',k}(t) = \lambda_{k',k}(t) \cdot R_k(t|t') \tag{20.27}$$

Mittels MCS können dann Integrale der Form

$$p_k(t) = \int_0^t \psi_k(t') \cdot R_k(t|t') dt' \tag{20.28}$$

und damit die Ausfallwahrscheinlichkeit für die Menge F' der Ausfallzustände

$$F(t) = \sum_{k \in F'} \int_0^t \psi_k(t') dt' \tag{20.29}$$

und die Gefährdungswahrscheinlichkeit für die Menge G' der gefährlichen Zustände

$$G(t) = \sum_{k \in G'} \int_0^t \psi_k(t') dt' \tag{20.30}$$

berechnet werden.

Wurde der Zustand k' zum Zeitpunkt t' eingenommen, so lässt sich ein Zustandsübergang aus dem Zustand k' zum Zeitpunkt t mit der Bedingung $T > t'$ erzeugen. Der Zeitpunkt t des Zustandsübergangs berechnet sich mit

$$\xi = P_{k'}(T \leq t | T > t') = F_{k'}(t|t') \tag{20.31}$$

unter Anwendung der Inversionsmethode (Formel 20.18) zu

$$t = F_{k'}^{-1}(\xi) \tag{20.32}$$

Das Ziel des Zustandsübergangs (Zustand k), der zum Zeitpunkt $t > t'$ aus dem Zustand k' erfolgt, ergibt sich unter Lösung der folgenden Ungleichung (Formel 20.20):

$$\sum_{\substack{j=k' \\ j \neq k'}}^{k-1} \gamma_{k',j}(t) \leq \xi < \sum_{\substack{j=k' \\ j \neq k'}}^{k} \gamma_{k',j}(t) \tag{20.33}$$

wobei $\gamma_{k',k}$ und $\lambda_{k'}(t)$ durch Formel 20.25 und Formel 20.23 gegeben sind.

Nachdem der absorbierende Zustand k zum Zeitpunkt $t > t'$ eingenommen wurde, lässt sich die Zustandswahrscheinlichkeit mit unterschiedlichen Verfahren ermitteln. Im Folgenden werden der **Last-Event-Schätzer** (LES) und der **Free-Flight-Schätzer** (FFS) zur Bewertung der Effizienz einer Simulation vorgestellt.

20.5.2 Last-Event-Schätzer

Bei der Schätzung über den Last-Event-Schätzer (LES) wird die Häufigkeit eines Ereignisses (z. B. Eintritt in den absorbierenden Zustand k bis zum Zeitpunkt t) gewertet. Der Schätzer berechnet sich zu

$$\hat{P}_k(t) = \frac{1}{n} \cdot \sum_{i=1}^{n} P_k^{(i)}(t) \tag{20.34}$$

mit $P_k^{(i)}(t) \in \{0,1\}$.

Die Varianz ergibt sich zu

$$s^2 = \frac{1}{n-1} \cdot \sum_{i=1}^{n} \left(P_k^{(i)}(t) - \hat{P}_k(t) \right)^2$$

20.5.3 Free-Flight-Schätzer

Sind zwei Zustände k' und k über einen Zustandsübergang $k' \to k$ miteinander verbunden, so lässt sich die Zustandsübergangswahrscheinlichkeit $P_{k',k}(t)$ anhand der partiellen Übergangsdichte $q_{k',k}(t)$ berechnen. Unter Berücksichtigung, dass der Zustand k' zum Zeitpunkt t' eingenommen wurde, berechnet sich die Zustandsübergangswahrscheinlichkeit in den absorbierenden Zustand k zu

$$P_{k',k}(T \leq t \,|\, T > t') = P_{k',k}(t \,|\, t') = \int_{t'}^{t} q_{k',k}(\tau \,|\, t') \, d\tau \tag{20.35}$$

Innerhalb des i-ten Laufes kann der Zustand k' m-mal eingenommen werden. Die zugehörige Wahrscheinlichkeit unter Anwendung des Free-Flight-Schätzers (FFS) berechnet sich dann zu

$$P_{k',k}^{(i)}(t) = \sum_{m} P_{k',k}^{(i)}(t \,|\, t_m) \tag{20.36}$$

Werden alle möglichen Zustandsübergänge $k' \to k$ betrachtet, so berechnet sich die Zustandswahrscheinlichkeit $P_k(t)$ im i-ten Lauf zu

$$P_k^{(i)}(t) = \sum_{k' \neq k} P_{k',k}^{(i)}(t) \tag{20.37}$$

$P_k(t)$ kann danach über

$$\hat{P}_k(t) = \frac{1}{n} \cdot \sum_{i=1}^{n} P_k^{(i)}(t) = \frac{1}{n} \cdot \sum_{i=1}^{n} \sum_{k' \neq k} P_{k',k}^{(i)}(t) \tag{20.38}$$

geschätzt werden. Die Varianz berechnet sich anschließend zu

$$s^2 = \frac{1}{n-1} \cdot \sum_{i=1}^{n} \left(P_k^{(i)}(t) - \hat{P}_k(t) \right)^2 \tag{20.39}$$

Ein wesentlicher Nachteil der direkten MCS ist die langsame Konvergenz, gegeben durch die Problematik seltener Ereignisse sowie einen nicht unwesentlichen Aufwand zur Generierung der Zufallszahlen aufgrund komplexer und häufig bedingter Verteilungsfunktionen. Konvergenz und Generierung von Zufallszahlen lassen sich durch geeignete Modifikation der Verteilungsdichte verbessern und vereinfachen.

In diesem Zusammenhang wurden bereits in den 70er-Jahren Verfahren zur **Varianz-** und Zeitreduktion entwickelt. Diese werden allgemein mit **gewichteter Monte-Carlo-Simulation** bezeichnet (Abschnitt 20.6 und unter anderem Kamarinopoulos, siehe Lit.).

Beispiel 20.5.3-1

Gegeben sei das nachfolgend dargestellt Zustandsdiagramm eines homogenen ergodischen Markov-Prozesses mit der Anfangsbedingung $P(0) = \{1, 0, 0\}^T$ und den Übergangsraten $\lambda_{1,2} = \lambda_{1,3} = \lambda_{2,3} = 10^{-3}$ 1/h, $\mu_{2,1} = \mu_{3,1} = 10^{-2}$ 1/h.

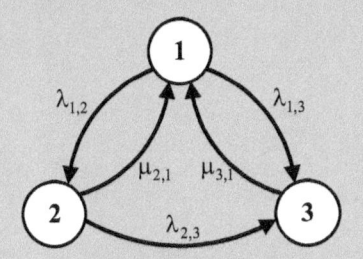

a) Bestimmen Sie die Gleichungen zur Ermittlung eines Zustandsübergangs und die mittlere Verweilzeit in den Zuständen 1, 2 und 3.
b) Welcher Zustand wird nach der dritten Zustandsänderung und zu welchem Zeitpunkt eingenommen?

Verwenden Sie folgende Zufallszahlen:

- Generierung des Zeitpunkts: {0,50; 0,89; 0,74}
- Generierung des Zielzustands: {0,47; 0,99; 0,53}

Lösung:

a) Mit Formel 20.23 folgt

$$\lambda_1 = \lambda_{1,2} + \lambda_{1,3} = 2 \cdot 10^{-3} \text{ h}^{-1}$$
$$\lambda_2 = \lambda_{2,3} + \mu_{2,1} = 1{,}1 \cdot 10^{-2} \text{ h}^{-1}$$
$$\lambda_3 = \mu_{3,1} = 10^{-2} \text{ h}^{-1}$$

und mit Formel 20.25 als Ziel des Zustandsübergangs (stationäre Übergangswahrscheinlichkeit $P_{i,j}$ nach Formel 19.103)

$$\gamma_{1,2} = \frac{\lambda_{1,2}}{\lambda_1} = 0{,}5$$

$$\gamma_{1,3} = \frac{\lambda_{1,3}}{\lambda_1} = 0{,}5$$

$$\gamma_{2,1} = \frac{\mu_{2,1}}{\lambda_2} = 0{,}91$$

$$\gamma_{2,3} = \frac{\lambda_{2,3}}{\lambda_2} = 0{,}09$$

$$\gamma_{3,1} = \frac{\mu_{3,1}}{\lambda_3} = 1$$

Für die mittleren Verweilzeiten im Zustand *i* folgt mit Formel 19.104

$$m_1 = \frac{1}{\lambda_1} = 500\,\text{h}$$

$$m_2 = \frac{1}{\lambda_2} = 90{,}\overline{90}\,\text{h}$$

$$m_3 = \frac{1}{\lambda_3} = 100\,\text{h}$$

b) Transition 1

Zeitpunkt:

Mit $F(t_1) = 1 - e^{-\lambda_1 \cdot t_1}$ und der Zufallszahl $\xi_1 = 0{,}5$ zur Generierung des Zeitpunkts folgt entsprechend Formel 20.17 und Formel 20.18 und des in a) ermittelten Werts für λ_1

$$t_1 \approx 346{,}57\,\text{h}$$

Zielzustände:

Mit Formel 20.20 und der Zufallszahl $\xi_1 = 0{,}47$ zur Generierung des Zielzustands und der in a) ermittelten Zielwerte folgt für Zustand 2:

$$0 \leq \xi_1 < \gamma_{1,2}$$
$$0 \leq 0{,}47 < 0{,}5$$

Für Zustand 3 folgt:

$$\gamma_{1,2} \leq \xi_1 < \gamma_{1,2} + \gamma_{1,3}$$
$$0{,}5 \not\leq 0{,}47 < 1$$

Folgerung: Der Zustand 2 wird eingenommen.

Transition 2

In Analogie folgt mit $\lambda_2 = 1{,}1 \cdot 10^{-2}$ h^{-1} und $\xi_2 = 0{,}89$ für den Zeitpunkt

$$\Delta t_2 \approx 200{,}66 \, \text{h}$$

und damit

$$t_2 = t_1 + \Delta t_2 \approx 547{,}23 \, \text{h}$$

Zielzustände: $\xi_2 = 0{,}99$

Zustand 1:

$$0 \leq \xi_2 < \gamma_{2,1}$$

Folgerung: Die Ungleichung ist nicht erfüllt.

Zustand 3:

$$\gamma_{2,1} \leq \xi_2 < \gamma_{2,1} + \gamma_{2,3}$$
$$0{,}91 \leq 0{,}99 < 1$$

Folgerung: Die Ungleichung ist erfüllt, d.h., der Zustand 3 wird eingenommen.

Transition 3

Wiederum in Analogie mit $\lambda_3 = 10^{-2}$ h^{-1} und $\xi_3 = 0{,}74$ folgt für den Zeitpunkt

$$\Delta t_3 \approx 134{,}71 \, \text{h}$$

und somit

$$t_3 = t_2 + \Delta t_3 \approx 681{,}94 \, \text{h}$$

Zielzustand: Es gibt nur eine Möglichkeit (Zustand 1).

Zusammenfassung der Ergebnisse:

Zustandsübergänge	Zeitpunkte [t]
1 → 2	346,57
2 → 3	547,23
3 → 1	681,94

20.6 Anwendungsbeispiel

Nachfolgende Ausführungen entsprechen dem Beitrag „Die gewichtete Monte-Carlo-Simulation und ihre Anwendung im Bereich der Zuverlässigkeits- und Sicherheitsanalyse" (Hauschild/Meyna, TTZ 2007, siehe Lit.).

Systembeschreibung

Die unterschiedlichen Verfahren der MCS werden anhand eines praktischen Beispiels angewendet. Das Beispiel beschreibt das Ausfallverhalten eines Steuergeräts während der unterschiedlich definierten Betriebsphasen. Ziel der Untersuchungen ist es, die zuverlässigkeitsrelevanten Zustandsübergangswahrscheinlichkeiten des Steuergeräts zu bestimmen. Das System wird zu diesem Zweck in die in Bild 20.6 dargestellten Systemzustände eingeteilt.

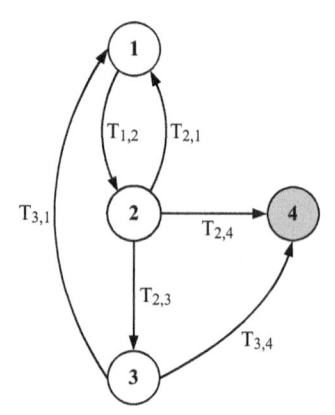

Bild 20.6
4-Zustandsmodell der Betriebsphasen eines Steuergeräts

Die Simulation des Systems wird in einen Fahrzyklus eingebettet, der im Wesentlichen aus den Zuständen 1 (Zündung aus) und 2 (Zündung an) besteht. Ausgehend von Zustand 2 können unterschiedliche Fehlerzustände eingenommen werden. Tritt ein temporärer Fehler auf, so wechselt das System in den degradierten Zustand 3 (temporärer Fehler). Ein solcher Fehler kann durch einen Neustart des Systems behoben werden. Bezüglich der Systemwiederherstellung ist das System nach dem Neustart so gut oder schlecht wie zuvor. Im Falle eines permanenten Fehlers wechselt das System in den Zustand 4 (permanenter Fehler). Die Wahrscheinlichkeit, dass das System in den Zustand 4 wechselt, ist Gegenstand der Zuverlässigkeitsanalysen der nachfolgenden Abschnitte.

Die Zustandsübergänge des Systems enthalten unterschiedliche Verteilungen und Abhängigkeiten. Die Stillstandszeit $T_{1,2}$ ist exponentiell verteilt (Ex(λ)), die Fahrtzeiten $T_{2,1}$ und $T_{3,1}$ sowie die Ausfallzeiten $T_{2,3}$, $T_{2,4}$ und $T_{3,4}$ sind Weibull-verteilt ($W(\alpha, \beta)$). Die Fahrtzeiten $T_{2,1}$ und $T_{3,1}$ sind zudem vom Zeitpunkt t_F der begonnenen Fahrt in Zustand 2 abhängig. Alle Ausfallzeiten hängen vom Alter $t - t_G$ (t_G ist der Zeitpunkt der Inbetriebnahme) des Systems ab. Es gilt zu beachten, dass elektronische Systeme im Wesentlichen während des Betriebs altern. Somit ist das Alter $t - t_G$ in jedem Fahrzyklus um die Stillstandszeit $T_{1,2}$ zu korrigieren. Die verwendeten Verteilungsmodelle, die Parameter und Abhängigkeiten der Zustandsübergänge sind in Tabelle 20.2 beschrieben.

Tabelle 20.2 Verwendete Parameter der Zustandsübergänge mit gegebenen Abhängigkeiten

Zustandsübergänge	Verteilung	Parameter	Abhängigkeiten
$T_{1,2}$	$Ex(\lambda)$	$\lambda = 0{,}144$	–
$T_{2,1}$	$W(\alpha, \beta)$	$\alpha = 2;\ \beta = 0{,}7$	t_F, t_2
$T_{2,3}$	$W(\alpha, \beta)$	$\alpha = 1\text{E-}06;\ \beta = 1{,}5$	t_G, t_2
$T_{2,4}$	$W(\alpha, \beta)$	$\alpha = 1\text{E-}05;\ \beta = 0{,}5$	t_G, t_2
$T_{3,1}$	$W(\alpha, \beta)$	$\alpha = 2;\ \beta = 0{,}7$	t_F, t_3
$T_{3,4}$	$W(\alpha, \beta)$	$\alpha = 1\text{E-}05;\ \beta = 0{,}5$	t_G, t_3

Analytischer Ansatz

Das in Bild 20.6 dargestellte System lässt sich analytisch lösen, wenn beachtet wird, dass die Zustandsübergänge im Wesentlichen dem Fahrtzyklus entlang der Zustände 1 und 2 folgen. Mit den in Tabelle 20.2 gegebenen Verteilungsmodellen, Parametern und Abhängigkeiten lassen sich die folgenden Gleichungen zur approximativen Lösung der Zustandsübergangswahrscheinlichkeiten $P_{2,4}(t)$ und $P_{3,4}(t)$ entwickeln.

Die mittlere Zeit eines Fahrzyklus entspricht

$$\Delta T_F = \Delta T_{1,2} + \Delta T_{2,1} = \int_0^\infty t \cdot (f_{1,2}(t) + f_{2,1}(t))\, dt \tag{20.40}$$

Die Anzahl von Fahrtzyklen innerhalb der Zeit t beträgt dann

$$n_F = t / \Delta T_F \tag{20.41}$$

Die Wahrscheinlichkeit, den Zustand 4 über den Zustandsübergang $2 \rightarrow 4$ zu erreichen, ergibt sich zu

$$P_{2,4}(t) = \sum_{i=0}^{n_F - 1} \int_{t_i}^{t} q_{2,4}(\tau \mid t_{Gi}, t_{Fi}, t_i)\, d\tau \tag{20.42}$$

mit

$$q_{2,4}(t \mid t_{Gi}, t_{Fi}, t_i) = \lambda_{2,4}(t - t_{Gi}) \cdot R_2(t \mid t_{Gi}, t_{Fi}, t_i) \tag{20.43}$$

$$\lambda_{2,4}(t - t_{Gi}) = \alpha_{2,4} \cdot \beta_{2,4} \cdot (t - t_{Gi})^{\beta_{2,4} - 1} \tag{20.44}$$

$$R_2(t \mid t_{Gi}, t_{Fi}, t_i) = R_{2,1}(t \mid t_{Fi}, t_i) \cdot R_{2,3}(t \mid t_{Gi}, t_i) \cdot R_{2,4}(t \mid t_{Gi}, t_i) \tag{20.45}$$

$$R_{i,j}(t \mid t_{Gi}, t_i) = \exp(-\alpha_{i,j} \cdot ((t - t_{Gi})^{\beta_{i,j}} - (t_i - t_{Gi})^{\beta_{i,j}})) \tag{20.46}$$

und

$$R_{i,j}(t \mid t_{Fi}, t_i) = \exp(-\alpha_{i,j} \cdot ((t - t_{Fi})^{\beta_{i,j}} - (t_i - t_{Fi})^{\beta_{i,j}})) \tag{20.47}$$

Entsprechend der vorangegangenen Vorgehensweise berechnet sich die Wahrscheinlichkeit, den Zustand 4 über den Zustandsübergang $3 \rightarrow 4$ zu erreichen, zu

$$P_{3,4}(t) = \sum_{i=0}^{n_F - 1} \int_0^\tau \int_{t_i}^{t} q_{2,3}(\tau \mid t_{Gi}, t_{Fi}, t_i) \cdot q_{3,4}(\vartheta \mid t_{Gi}, t_{Fi}, \tau)\, d\tau\, d\vartheta \tag{20.48}$$

Monte-Carlo-Simulation

Im Folgenden werden unterschiedliche Verfahren der MCS vorgestellt, d.h., es werden ein ungewichteter sowie ein gewichteter Ansatz angewendet. Beim gewichteten Ansatz wird zusätzlich unterschieden, ob dieser der Varianzreduktion oder der Zeitreduktion dient. Insgesamt wird zur Generierung der Zustandsübergänge die indirekte Methode verwendet.

Direkte Monte-Carlo-Simulation

Da der Zustandsübergang 2 → 3 ein seltenes Ereignis darstellt, lässt sich lediglich der Zustandsübergang 2 → 4 unter Verwendung der ungewichteten MCS bewerten. Ein geeignetes Verfahren ist über den Free-Flight-Schätzer (Abschnitt 20.5.3) gegeben.

Wird der Zustand 2 erreicht, so ist es möglich, die Auftretenswahrscheinlichkeit des Zustandsübergangs 2 → 4 zu ermitteln. Unter Berücksichtigung, dass der Zustand 2 zum Zeitpunkt t_i mit t_{Gi} und t_{Fi} eingenommen wurde, ergibt sich diese Wahrscheinlichkeit zu

$$P_{2,4}(t \mid t_{Gi}, t_{Fi}, t_i) = \int_{t_i}^{t} q_{2,4}(\tau \mid t_{Gi}, t_{Fi}, t_i) d\tau \qquad (20.49)$$

Die Wahrscheinlichkeit, den Zustand 4 innerhalb des k-ten Laufs zu erreichen (Zustand 2 kann m-mal eingenommen werden), entspricht

$$P_{2,4}^{(k)}(t) = \sum_{m} P_{2,4}(t \mid t_{Gm}, t_{Fm}, t_m) \qquad (20.50)$$

Der Schätzer für $P_{2,4}(t)$ berechnet sich anschließend zu

$$\hat{P}_{2,4}(t) = \frac{1}{n} \cdot \sum_{k=1}^{n} P_{2,4}^{(k)}(t) \qquad (20.51)$$

Mit der ermittelten analytischen Lösung für $P_{2,4}(t)$ berechnet sich die Varianz zu

$$s^2 = \frac{1}{n} \cdot \sum_{k=1}^{n} (P_{2,4}^{(k)}(t) - P_{2,4}(t))^2 \qquad (20.52)$$

Gewichtete MCS zur Varianzreduktion

Da die Übergänge in die Zustände 3 und 4 allgemein seltene Ereignisse darstellen, ist es erforderlich, die Zustandsübergänge 2 → 3 und 3 → 4 hinsichtlich ihres Auftretens zu begünstigen. Ein geeignetes Verfahren ist die Transition Biasing Method (TBM) (Lewis, siehe Lit.).

Das Ziel des Zustandsübergangs, der zum Zeitpunkt $t > t_i$ aus dem Zustand 2 erfolgt, kann mit der TBM bezüglich des Eintritts von Zustand 3 begünstigt werden. Das Ziel k des Zustandsübergangs aus Zustand 2 ergibt sich unter Anwendung der Inversionsmethode (Abschnitt 20.4), wenn k der Ungleichung

$$\sum_{\substack{j=1 \\ j \neq 2}}^{k-1} \frac{\tilde{\lambda}_{2,j}(t \mid t_{Gi}, t_{Fi})}{\tilde{\lambda}_{2}(t \mid t_{Gi}, t_{Fi})} \leq \xi < \sum_{\substack{j=1 \\ j \neq 2}}^{k} \frac{\tilde{\lambda}_{2,j}(t \mid t_{Gi}, t_{Fi})}{\tilde{\lambda}_{2}(t \mid t_{Gi}, t_{Fi})} \qquad (20.53)$$

genügt, mit

$$\frac{\tilde{\lambda}_{2,3}(t\,|\,t_{Gi},t_{Fi})}{\tilde{\lambda}_{2}(t\,|\,t_{Gi},t_{Fi})} > \frac{\lambda_{2,3}(t\,|\,t_{Gi},t_{Fi})}{\lambda_{2}(t\,|\,t_{Gi},t_{Fi})} \tag{20.54}$$

und

$$\lambda_{2}(t\,|\,t_{Gi},t_{Fi}) = \sum_{\substack{j=1 \\ j\neq 2}}^{n} \lambda_{2,j}(t\,|\,t_{Gi},t_{Fi}) \tag{20.55}$$

Ein geeigneter Wert für die bedingte Zustandsübergangswahrscheinlichkeit ist dann gegeben, wenn die generierten Eintrittszeiten in den Zustand 3 gleichmäßig auf der Zeitachse verteilt sind. Geeignete Werte wurden mit

$$\frac{\tilde{\lambda}_{2,1}(t\,|\,t_{Gi},t_{Fi})}{\tilde{\lambda}_{2}(t\,|\,t_{Gi},t_{Fi})} = 0{,}999; \quad \frac{\tilde{\lambda}_{2,3}(t\,|\,t_{Gi},t_{Fi})}{\tilde{\lambda}_{2}(t\,|\,t_{Gi},t_{Fi})} = 0{,}001 \quad \text{und}$$

$$\frac{\tilde{\lambda}_{2,4}(t\,|\,t_{Gi},t_{Fi})}{\tilde{\lambda}_{2}(t\,|\,t_{Gi},t_{Fi})} = 0 \tag{20.56}$$

ermittelt. Das generierte Ereignis wird anschließend gewichtet zu

$$w_{2,3}(t) = \frac{\lambda_{2,3}(t\,|\,t_{Gi},t_{Fi})}{\lambda_{2}(t\,|\,t_{Gi},t_{Fi})} \cdot \frac{\tilde{\lambda}_{2}(t\,|\,t_{Gi},t_{Fi})}{\tilde{\lambda}_{2,3}(t\,|\,t_{Gi},t_{Fi})} \cdot w_{2}(t_{i}) \tag{20.57}$$

Es hat sich gezeigt, dass der Last-Event-Schätzer (Abschnitt 20.5.2) unter Verwendung der gewichteten MCS besonders effizient zur Bewertung von Mehrfachfehlern (Zustandsübergänge 2 → 3 → 4) ist. Der Zustandsübergang 3 → 4 lässt sich entsprechend der vorangegangenen Vorgehensweise generieren und gewichten.

Die verwendeten bedingten Zustandsübergangswahrscheinlichkeiten sind

$$\frac{\tilde{\lambda}_{3,1}(t\,|\,t_{Gi},t_{Fi})}{\tilde{\lambda}_{1}(t\,|\,t_{Gi},t_{Fi})} = 0 \quad \text{und} \quad \frac{\tilde{\lambda}_{3,4}(t\,|\,t_{Gi},t_{Fi})}{\tilde{\lambda}_{3}(t\,|\,t_{Gi},t_{Fi})} = 1 \tag{20.58}$$

Unter Anwendung des LES berechnet sich der Schätzer für $P_{3,4}(t)$ zu

$$\hat{P}_{3,4}(t) = \frac{1}{n} \cdot \sum_{k=1}^{n} w_{3,4}^{(k)}(t) \tag{20.59}$$

Mit der ermittelten analytischen Lösung für $P_{3,4}(t)$ ergibt sich die Varianz zu

$$s^{2} = \frac{1}{n} \cdot \sum_{k=1}^{n} (w_{3,4}^{(k)}(t) - P_{3,4}(t))^{2} \tag{20.60}$$

Gewichtete MCS zur Varianz- und Zeitreduktion

Die Effizienz der MCS lässt sich zusätzlich steigern, wenn die Rechenzeiten, die notwendig sind, um die Zustandsübergangszeiten zu ermitteln, verringert werden. Das Verfahren wird beispielhaft anhand des Zustands 2 vorgestellt. Allgemein wird die Zustandsübergangszeit aus Zustand 2 über

$$\xi = 1 - R_{2}(t\,|\,t_{Gi},t_{Fi},t_{i}) = 1 - R_{2,1}(t\,|\,t_{Fi},t_{i}) \cdot R_{2,3}(t\,|\,t_{Gi},t_{i}) \cdot R_{2,4}(t\,|\,t_{Gi},t_{i}) \tag{20.61}$$

ermittelt, indem die Gleichung nach t aufgelöst wird. ξ entspricht dabei einer im Intervall [0, 1] gleichverteilten Zufallszahl. Es ist ersichtlich, dass die Ermittlung von t schnell zu einem rechenintensiven numerischen Aufwand führen kann (siehe Formel 20.45 bis Formel 20.47). Eine Vereinfachung lässt sich erzielen, wenn die Zustandsübergangszeit über den dominierenden Zustandsübergang ermittelt wird. Gemäß Tabelle 20.2 ist dies der Zustandsübergang 2 → 1, sodass sich die Zustandsübergangszeit über

$$\xi = 1 - R_{2,1}(t \mid t_{Fi}, t_i) \tag{20.62}$$

explizit zu

$$t = ((t_i - t_{Fi})^{\beta_{2,1}} - \ln(1-\xi) / \alpha_{2,1})^{(1/\beta_{2,1})} + t_{Fi} \tag{20.63}$$

bestimmen lässt.

Das generierte Ereignis wird anschließend gewichtet

$$w_{2,1}(t) = \frac{f_2(t \mid t_{Gi}, t_{Fi}, t_i)}{f_{2,1}(t \mid t_{Fi}, t_i)} \cdot w_2(t_i) \tag{20.64}$$

mit

$$f_{2,1}(t \mid t_{Fi}, t_i) = \lambda_{2,1}(t - t_{Fi}) \cdot R_{2,1}(t \mid t_{Fi}, t_i) \tag{20.65}$$

Nachdem die Zustandsübergangszeit ermittelt wurde, wird entsprechend der indirekten MCS der Zielzustand bestimmt. Der Zustandsübergang 2 → 4 lässt sich, wie vorangehend beschrieben, über den FFS und der Zustandsübergang 3 → 4 über den LES bewerten. Die Zustandsübergangszeit aus Zustand 3 lässt sich entsprechend der vorangegangenen Vorgehensweise ermitteln.

Ergebnisse

Die Zuverlässigkeitsuntersuchungen zur Bewertung von $P_{2,4}(t)$ und $P_{3,4}(t)$ wurden für einen Betrachtungszeitraum von einem Jahr (8760 h) durchgeführt. Die Anzahl der Simulationsläufe, die Simulationszeiten sowie die Ergebnisse der Untersuchungen sind in Tabelle 20.3 aufgeführt.

Tabelle 20.3 Ergebnisse der Zuverlässigkeitsuntersuchungen

Zustandsübergänge, Methode	Läufe	Zeit [s]	Mittelwert	Varianz
2 → 4, analytisch	-	-	2,321E-04	-
2 → 4, ungewichtet	1000	2426,69	2,357E-04	1,263E-10
2 → 4, gewichtet zur Zeitreduktion	1000	1977,08	2,354E-04	1,175E-10
3 → 4, analytisch	-	-	3,059E-09	-
3 → 4, gewichtet zur Varianzreduktion	1000	342,13	3,096E-09	1,613E-17
3 → 4, gewichtet zur Varianz- und Zeitreduktion	1000	61,97	3,123E-09	1,245E-17

Zusammenfassung

Anhand der vorangegangenen Ergebnisse lässt sich erkennen, dass die MCS ein geeignetes Verfahren zur Zuverlässigkeits- und Sicherheitsanalyse unter realen Bedingungen ist. Insbesondere seltene Ereignisse, wie sie die Zustandsübergänge 2 → 4 und 3 → 4 darstellen, konnten unter Verwendung geeigneter Schätzverfahren (FFS zur Bewertung von $P_{2,4}(t)$) und der gewichteten MCS (mit Varianzreduktion und dem LES zur Bewertung von $P_{3,4}(t)$) untersucht und bewertet werden. Eine zusätzliche Steigerung der Effizienz wurde unter Verwendung der gewichteten MCS zur Zeitreduktion erzielt. Die Zeitersparnis ist insbesondere für den Zustandsübergang 3 → 4 bei gleich bleibender Varianz des Ergebnisses anhand von Tabelle 20.3 zu erkennen.

Zukünftig gilt es, die Untersuchungen auf Fragestellungen, in denen die Verfügbarkeit und die Sicherheitsverfügbarkeit von Systemen im Vordergrund stehen, auszuweiten. Die Untersuchung und Modellierung von dynamischen Belastungen (Hauschild, siehe Lit.) sollten zukünftig, im Sinne eines realitätsnahen RAMS-Prozesses, einbezogen werden.

> *Der Mensch spielt nur, wo er in voller Bedeutung des Wortes Mensch ist, und er ist nur da ganz Mensch, wo er spielt.*
>
> *Friedrich Schiller (1759 - 1805)*

21 Zuverlässigkeitsbewertung mithilfe der Graphentheorie

Viele technische Systeme sind durch netzartige Strukturen, wie z. B. Rechnernetze, Telefonnetze, Energieverbundnetze, gekennzeichnet. Solche Strukturen können durch Graphen dargestellt und unter Nutzung graphentheoretischer Gesetzmäßigkeiten zuverlässigkeitstechnisch im Sinne der Sicherung der Funktionsfähigkeit analysiert werden. Doch auch zur Ermittlung von kürzesten Wegen, Optimierungen, Beziehungen zwischen Objekten, in der Chemie, Wirtschaftswissenschaft, dem Verkehr und insbesondere in der Informatik werden heute Graphen erfolgreich eingesetzt.

Als Begründer der Graphentheorie wird allgemein Leonhard Euler[1] angesehen, der 1736 eine Lösung für das berühmte „Königsberger Brückenproblem" fand. Das Problem bestand darin, einen Rundweg über die sieben Brücken des Pregels derart zu finden, sodass jede Brücke genau einmal überquert wird. Euler, seit 1733 Professor für Mathematik an der Petersburger Akademie und Fakultätsmitglied der Akademie der Wissenschaften, konnte beweisen (siehe Solutio problematis ad geometriam situs pertinentis), dass aufgrund der ungeraden Zahl von Brücken zu den jeweils vier Ufergebieten es solch einen Weg („Eulerschen Weg") nicht gibt (Bild 21.1). Es handelt sich hierbei um ein topologisches Problem, welches Euler durch einen entsprechenden Graphen löste. Lesenswert in diesem Zusammenhang ist die Stasi-Posse von Professor Heise, TU-München (siehe Lit.).

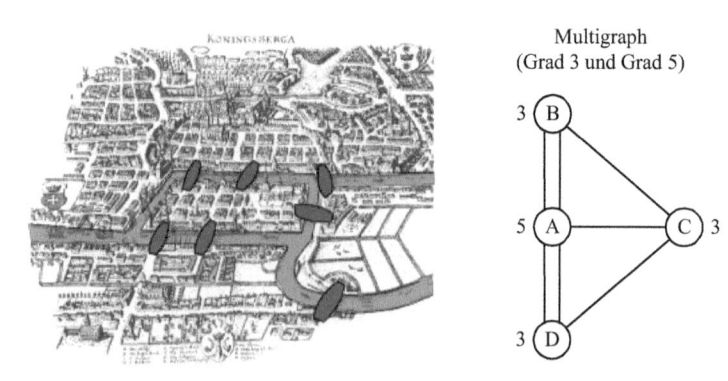

Bild 21.1 Königsberger Brückenproblem (© links: Wikimedia Commons, Autor: Bogdan Giuşcă, https://commons.wikimedia.org/wiki/File:Konigsberg_bridges.png)

---

[1] Leonhard Euler (1707 – 1783)

21.1 Gerichteter Graph

21.1.1 Einige Grundbegriffe

Graphen werden prinzipiell nach **ungerichteten** und **gerichteten** kategorisiert. Im Allgemeinen werden die ungerichteten Graphen als Spezialfall der gerichteten Graphen angesehen. Des Weiteren unterscheidet man zwischen Graphen **mit** und **ohne Mehrfachkanten** sowie **Hypographen**. Ein **gerichteter Graph** (engl. digraph = directed graph) G ist ein Paar $G = (V, E)$ mit einer endlichen, nichtleeren Menge V von Knoten (engl. vertices, nodes) und einer Menge E gerichteter Kanten (engl. edges, ares) mit $E \subseteq V \times V$, die eine 2-stellige Relation über V bilden.

> **Beispiel 21.1.1-1**
>
> Gegeben sei $G = (V, E)$ mit der Knotenmenge $V = \{1, 2, 3, 4\}$ und der Kantenmenge als geordnete Paare $E = \{(1, 2), (1, 3), (2, 1), (3, 2), (3, 3), (3, 4)\}$, dann folgt als grafische Darstellung:
>
> **Grad eines Graphen:**
>
> Die Anzahl der von einem Knoten auslaufenden Kanten wird **Ausgangsgrad** und die Anzahl der einlaufenden Kanten **Eingangsgrad** genannt. Der **Grad** eines Knotens wird dann über deren Summe gebildet.
>
> Im vorangegangenen Beispiel besitzt der Knoten 3 den Eingangsgrad 2 und den Ausgangsgrad 3, somit allgemein den Grad 5.
>
> **Kante:**
>
> Eine Kante wird als $u \to v$ bzw. (u, v) notiert und bildet eine zweistellige Relation über Knoten, wobei u als Quelle und v als Ziel einer Kante angesehen werden kann. Der Knoten v ist **adjazent** (benachbart) zu Knoten u und (u, v) ist **inzident** (lat. einfallend) **von** Knoten u und **inzident nach** Knoten v.
>
> Gibt es mehrere Kanten (Mehrfachkanten) zwischen denselben Knoten, so handelt es sich um einen **Multigraphen**. Eine Kante (u, u) bildet eine **Schleife** (1-Zyklus), auch Schlinge genannt. Im vorangegangenen Beispiel bildet die Kante (3, 3) eine Schleife, d. h. einen Zyklus der Länge eins.

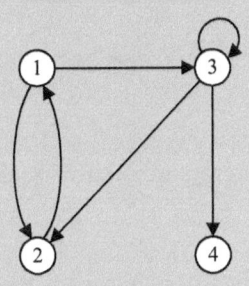

Pfad:

Ein Pfad p ist eine Folge von Kanten

$$p = (u_0, v_0), ..., (u_{k-1}, v_{k-1})$$

mit $k \in \mathbb{N}_0$ als Länge (Anzahl der Kanten) des Pfades und $v_{i-1} = u_i$ für alle $i \in \{1, ..., k-1\}$. Dabei bildet u_0 den Anfangsknoten und v_{k-1} den Endknoten von p.

Weg:

Ein Weg ist eine offene Kantenfolge, in der alle Knoten u_i und v_j ($i, j = 0, ..., k-1$) untereinander paarweise verschieden sind. Es handelt sich also um einen Pfad, der keine Knoten mehrfach durchläuft.

Zyklus:

Ist die Kantenfolge, in der alle Knoten verschieden sind, geschlossen, d. h. $v_{k-1} = u_0$, so wird bei einem gerichteten Graphen von einem Zyklus und bei einem ungerichteten Graphen von einem Kreis gesprochen.

Im vorangegangenen Beispiel bildet der Pfad (1, 2) und (2, 1) einen 2-Zyklus (Schleife) und ist **stark zusammenhängend**. Das heißt, es gibt einen Weg von $u \to v$ und von $v \to u$ (Äquivalenzrelation). Enthält ein gerichteter Graph keinen Zyklus, so heißt er azyklischer Graph (engl. Directed Acyclic Graph, DAG).

Euler-Weg:

Ein Euler-Weg ist ein Kreis, der jede Kante aus E genau einmal enthält. Dies ist immer dann der Fall, wenn alle Knoten einen geraden Grad besitzen (siehe Königsberger Brückenproblem).

Hamilton-Kreis:

Ein Hamilton-Kreis ist ein ungerichteter Graph, der jeden Knoten aus V genau einmal enthält (siehe Traveling Salesman Problem).

Adjazensmatrix:

Die Repräsentation eines Graphen $G = (V, E)$, $|V| = n$ mit n Knoten lässt sich durch eine (Boolesche) $n \times n$-Adjazensmatrix AM $= (a_{i,j})$ für alle $1 \leq i,j \leq n$ mit

$$a_{i,j} = \begin{cases} 1 & \text{falls } (i,j) \in E \\ 0 & \text{sonst.} \end{cases} \qquad (21.1)$$

darstellen.

Für das vorangegangene Beispiel folgt:

AM	1	2	3	4	Σ
1	0	1	1	0	2
2	1	0	0	0	1
3	0	1	1	1	3
4	0	0	0	0	0
Σ	1	2	2	1	

Dabei gibt die Zeilensumme die Ausgangsgrade und die Spaltensumme die Eingangsgrade der Knoten an.

Adjazensliste:

Neben der Darstellung eines Graphen durch eine Adjazensmatrix ist eine Darstellung mittels einer Adjazensliste L_i mit $i \in \{1, ..., |V|\}$ üblich. In diesem Fall werden zu jedem Knoten i die Nachfolgeknoten aufgeführt, zu denen der Knoten eine Kante besitzt. Für das vorangegangenen Beispiel ergibt sich:

Knoten	Folgeknoten	Liste L_i	
1	→2→3	L_1	(2, 3)
2	→1	L_2	(1)
3	→2→3→4	L_3	(2, 3, 4)
4		L_4	(0)

Bewertete Graphen:

In vielen Anwendungsfällen ist es erforderlich, den Knoten und Kanten bestimmte Werte zuzuordnen. So werden beispielsweise bei einem Energieversorgungsnetz den Übertragungsleitungen (Kanten) deren maximale Übertragungsfähigkeit (z. B. 120 MVA) sowie die Einspeisungen (z. B. max. 200 MVA) und Abnehmer (z. B. 60 MVA und 40 MVA) den jeweiligen Knoten zugeordnet. Durch entsprechende Modellierungen lässt sich dann die stochastische Versorgungssicherheit berechnen.

21.1.2 Lineare Flussgraphen

Signalflussgraphen wurden entwickelt, um komplexe elektrische Netzwerke durch einen gerichteten Graphen zu veranschaulichen und eine mathematische Beziehung zwischen einem Quellenknoten und einem Zielknoten (z. B. das Verhältnis der Ausgangsspannung zur Eingangsspannung bei einem Verstärker) aufzustellen (Mason, siehe Lit.). Ein linearer Flussgraph (LFG) ist durch mindestens zwei Knoten und eine gerichtete Kante definiert, wobei den Knoten eine Variable x_i und den Kanten ein Koeffizient $a_{i,j}$ zugeordnet wird (Bild 21.2).

$x_i \circ \xrightarrow{a_{i,j}} \circ y_j$

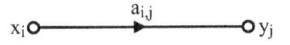

Bild 21.2 Elementarer linearer Flussgraph

Dabei wird der Wert einer jeden Kante mit der Variablen des jeweiligen Ausgangsknotens multipliziert. Das Ergebnis charakterisiert die Variable des Zielknotens. Laufen mehrere Knoten in einem Zielknoten zusammen, so addieren sich die Einzelergebnisse (Tabelle 21.1).

Tabelle 21.1 Veranschaulichung der elementaren Rechenregeln

Flussgraph	Gleichung
 $x \xrightarrow{a} y$	$x \cdot a = y$
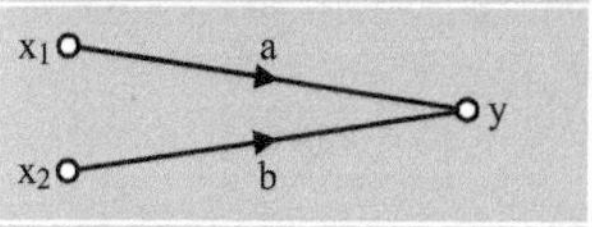 $x_1, x_2 \to y$ mit Kanten a, b	$x_1 \cdot a + x_2 \cdot b = y$
$x \rightleftarrows y$ mit Kanten a, b	$x \cdot a \cdot b = y$

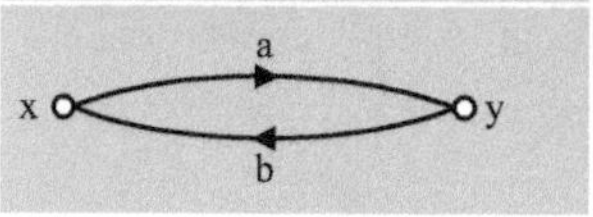

Reduktionsregeln:

Reduktionsregeln dienen dazu, mehr oder weniger komplexe gerichtete Graphen derart zu vereinfachen, dass ein Graph entsprechend Bild 21.2 entsteht (Tabelle 21.2).

Tabelle 21.2 Reduktionsregeln

1. Parallele Kanten mit gemeinsamen Ausgangs- und Zielknoten lassen sich zu einer Kante zusammenfassen.

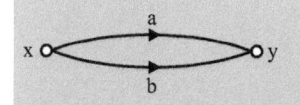

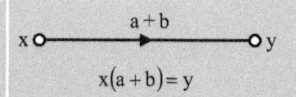

$x \rightrightarrows y$ mit Kanten a, b ⟶ $x \xrightarrow{a+b} y$

$x(a+b) = y$

2. Knoten mit gleichen einlaufenden Kanten können zusammengefasst werden.

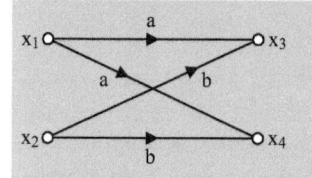

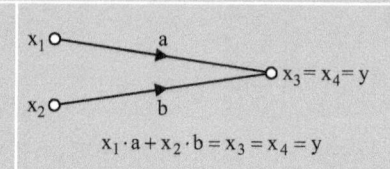

$x_1 \cdot a + x_2 \cdot b = x_3 = x_4 = y$

3. Knoten können eliminiert werden, indem für jeden durchlaufenden Pfad die Kantenwerte multipliziert werden.

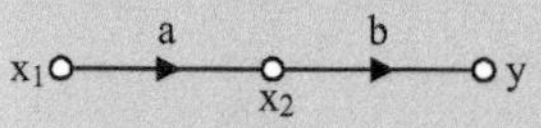

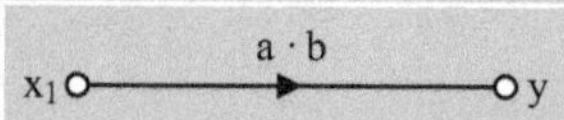

$x_1 \xrightarrow{a} x_2 \xrightarrow{b} y$ ⟶ $x_1 \xrightarrow{a \cdot b} y$

$x_1(a \cdot b) = y$

4. Eine Schleife mit dem Wert *a* wird eliminiert, indem jede einlaufende oder jede auslaufende Kante mit $1/(1-a)$ multipliziert wird. Im letzten Fall erhält die Knotenvariable den Faktor $(1-a)$.

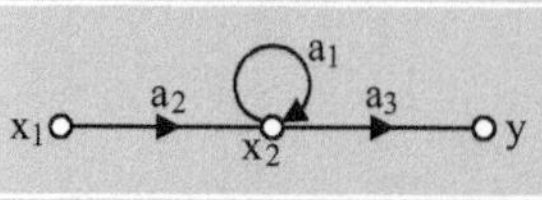

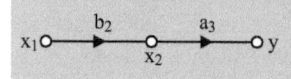

$x_1 \xrightarrow{a_2} x_2 (a_1 \text{ Schleife}) \xrightarrow{a_3} y$

$x_1 \xrightarrow{b_2} x_2 \xrightarrow{a_3} y$ **oder** $x_1 \xrightarrow{a_2} x_2(1-a_1) \xrightarrow{\frac{a_3}{1-a_1}} y$

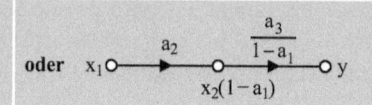

$$x_2 = a_2 \cdot x_1 + a_1 \cdot x_2$$
$$x_2 \cdot (1-a_1) = x_1 \cdot a_2$$
$$b_2 = \frac{a_2}{1-a_1}$$
$$x_1 \left(\frac{a_2}{1-a_1}\right) a_3 = y$$

$$x_1 \cdot a_2 = x_2(1-a_1)$$
$$x_2 = x_1 \cdot \frac{a_2}{1-a_1}$$
$$x_1 \left(\frac{a_2}{1-a_1}\right) a_3 = y$$

Die Aufgabe eines linearen Flussgraphen ist also darin zu sehen, durch systematische Reduktion ein lineares inhomogenes Gleichungssystem der Art

$$\underline{y} = \underline{x} + \underline{\underline{A}} \cdot \underline{y} \tag{21.2}$$

mit dem Vektor der Unbekannten $\underline{y}$, der Koeffizientenmatrix $\underline{\underline{A}}$ und dem Vektor $\underline{x}$ der Inhomogenitäten zu lösen (Bild 21.3).

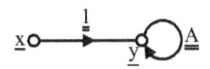

Bild 21.3 Flussgraph eines linearen Gleichungssystems

Beispiel 21.1.2-1

Gegeben sei folgendes lineares Gleichungssystem:

$$y_1 = x_1 + c \cdot y_2$$
$$y_2 = b \cdot y_1 + d \cdot y_2$$
$$y_3 = a \cdot y_1 + e \cdot y_2$$

a) Stellen Sie den zugehörigen Flussgraphen grafisch dar.
b) Vereinfachen Sie den Flussgraphen mithilfe der Reduktionsregeln.

Lösung:

a) Flussgraph:

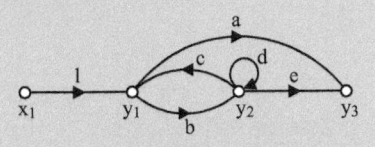

b) Eliminierung der 1-Schleife

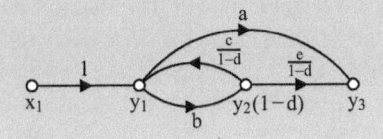

oder

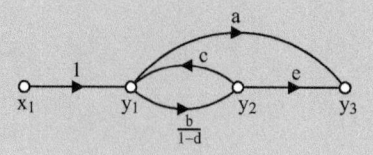

$$\circ\!\!-\!\!\!\!\xrightarrow{1}\!\!\!\!\circ_{y_1}\rightleftarrows_{c}^{a}\circ_{y_2}\xrightarrow{e}\circ_{y_3}$$
(mit $\frac{b}{1-d}$ von y_1 nach y_2)

Eliminierung des Knotens y_2:

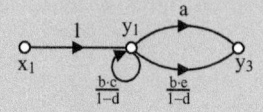

(Graph mit Knoten x_1, y_1, y_3; Kante 1 von x_1 nach y_1; Kante a von y_1 nach y_3; Schleife $\frac{b\cdot c}{1-d}$ an y_1; Schleife $\frac{b\cdot e}{1-d}$ an y_3)

Merke: Durch sukzessives Eliminieren von Knoten können n-Schleifen auf 1-Schleifen reduziert werden.

Zusammenfassung der parallelen Kanten:

(Graph: $x_1 \xrightarrow{1} y_1 \xrightarrow{a+\frac{b\cdot e}{1-d}} y_3$; Schleife $\frac{b\cdot c}{1-d}$ an y_1)

Eliminierung der 1-Schleife:

$$x_1 \xrightarrow{\frac{1}{1-\frac{b\cdot c}{1-d}}} y_1 \xrightarrow{a+\frac{b\cdot e}{1-d}} y_3$$

Schließlich folgt als Lösung:

$$x_1 \xrightarrow{\frac{a+\frac{b\cdot e}{1-d}}{1-\frac{b\cdot c}{1-d}}} y_3$$

$$y_3 = x_1 \cdot \frac{a(1-d)+b\cdot e}{1-d-b\cdot c}$$

21.1.3 Auswertung der linearen Flussgraphen mithilfe der Mason-Formel

Neben dem vorangehend dargestellten Reduktionsverfahren besteht die Möglichkeit, lineare Flussgraphen mit der Hilfe der Mason-Formel, die eine mathematische Beziehung zwischen einem Quellenknoten und einem Zielknoten liefert, auszuwerten. Grundlage bildet die Cramersche Regel, wobei die Determinanten aus der Bewertung der Pfade und Schleifen bestimmt werden. Für die Abhängigkeit der Knotenmarkierung y_j von der Knotenmarkierung x_i folgt für k Pfade:

$$y_j = \frac{X_i}{D} \sum_k Pf_k \cdot D_k \qquad (21.3)$$

Pf_k = Wert des k-ten Pfades von dem unabhängigen Knoten i zu dem abhängigen Knoten j, wobei der Weg eine Kantenfolge in **Pfeilrichtung** ist, die keinen Knoten mehrmals enthält.

D_k = Determinante des LFG, wenn der k-te Pfad aus dem Flussgraphen entfernt wird. Sie errechnet sich aus den verbleibenden Restschleifen

D = Determinante des LFG, die aus den Schleifen errechnet wird

D = 1 - (Summe der Werte aller Schleifen ungerader Ordnung) + (Summe aller Schleifen gerader Ordnung)

Der Wert einer Schleife $L_\nu^{(n)}$ n-ter Ordnung ist gleich dem Produkt der Bewertung der an der Schleife beteiligten Kanten L_i:

$$L_\nu^{(n)} = \prod_{i=1}^n L_i \qquad (21.4)$$

$L^{(1)}$ = Schleifen erster Ordnung,
$L^{(2)}$ = Schleifen zweiter Ordnung
usw.

Haben zwei Schleifen 1. Ordnung keine Knoten gemeinsam, so wird diese Kombination als Schleife 2. Ordnung usw. bezeichnet.

Entsprechend besteht eine Schleife n-ter Ordnung aus n Schleifen 1. Ordnung, die n-tupelweise keinen Knoten gemeinsam haben.

Für die Determinante D ergibt sich somit:

$$D = 1 - \sum_{\text{alle } L_\nu^{(1)} \in L^{(1)}} L_\nu^{(1)} + \sum_{\text{alle } L_\nu^{(2)} \in L^{(2)}} L_\nu^{(2)} - \sum_{\text{alle } L_\nu^{(3)} \in L^{(3)}} L_\nu^{(3)} \pm \ldots \qquad (21.5)$$

Beispiel 21.1.3-1

Lösung von b) des Beispiels 21.1.2-1 mittels der Mason-Formel.

Flussgraph:

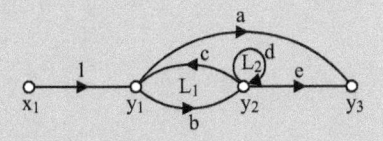

Der Flussgraph enthält die Schleifen L_1 und L_2 mit den Schleifenwerten $L_1 = b \cdot c$ und $L_2 = d$.

Da $L_1 \cap L_2 \neq \phi$ und $L^{(n)} = \phi$ für $n > 1$ folgt für die Determinante D

$$D = 1 - L_1 - L_2$$
$$D = 1 - b \cdot c - d$$

Bestimmung von D_k und Pf_k:

Es ergeben sich folgende Pfade und Restschleifen:

a)

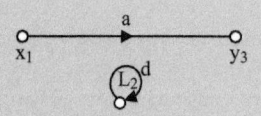

mit $Pf_1 = a$ und $D_1 = 1 - d$

b)

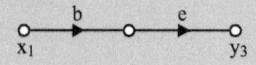

mit $Pf_2 = b \cdot e$ und $D_2 = 1$

Ergebnis:

$$y_3 = \frac{x_1}{1-b \cdot c - d} \sum_{k=1}^{2} Pf_k \cdot D_k$$

$$y_3 = \frac{x_1}{1-b \cdot c - d}\left[a \cdot (1-d) + b \cdot e\right]$$

$$y_3 = x_1 \frac{a \cdot (1-d) + b \cdot e}{1-b \cdot c - d}$$

Dieses Ergebnis stimmt mit dem Ergebnis, welches durch sukzessive Anwendung der Reduktionsregeln gewonnen wurde, überein (siehe Beispiel 21.1.2-1).

Beispiel 21.1.3-2

Bestimmen Sie für den nachfolgend dargestellten Flussgraphen die Determinante D.

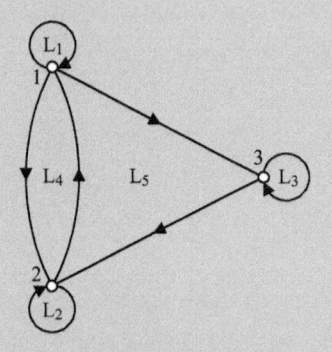

Lösung:

$$L^{(1)} = \{L_1, L_2, L_3, L_4, L_5\}$$

$$L^{(2)} = \{(L_1, L_2), (L_1, L_3), (L_2, L_3), (L_3, L_4)\}$$

$$L^{(3)} = \{(L_1, L_2, L_3)\}$$

$$D = 1 - (L_1 + L_2 + L_3 + L_4 + L_5) + (L_1 L_2 + L_1 L_3 + L_2 L_3 + L_3 L_4) - L_1 L_2 L_3$$

21.2 Anwendung der linearen Flussgraphen auf diskrete Markov-Prozesse

21.2.1 Inhomogene Prozessdarstellung

Formel 19.4 des inhomogenen Markovschen Prozesses kann durch folgenden linearen Flussgraphen dargestellt werden:

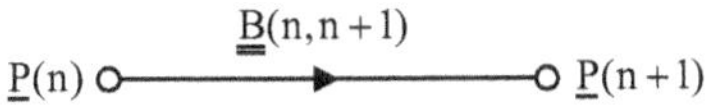

$$\underline{P}(n) \xrightarrow{\underline{\underline{B}}(n,n+1)} \underline{P}(n+1)$$

Wie ersichtlich, entsprechen die Zustandswahrscheinlichkeiten den Knoten und die Übergangswahrscheinlichkeiten den Kantenwerten.

> **Beispiel 21.2.1-1**
>
> *Nach v. Guerard: Robert Bruce's Spider Problem*
> *Extended: Reliability of Adaptive Experimental Systems, Proc. of the NATO Conference on Reliability Testing and Reliability Evaluation, 1972, Den Haag*
>
> Zur Erfüllung einer bestimmten Raumfahrtmission sind N Einzelaktionen erforderlich. Nach erfolgreicher Durchführung der ersten $n-1$ Aktionen ist der Zustand $(3, n-1)$ erreicht. Tritt ein Gerätefehler auf, so scheitert die Mission, da keine Reparatur vorgesehen ist (Zustand S). Ansonsten liegt der Zustand $(1, n)$ vor.
>
> Unterläuft auch kein Bedienungsfehler, so ist die Aktion erfolgreich abgeschlossen, d.h. Zustand $(3, n)$. Andernfalls (Zustand $(2, n)$) besteht die Möglichkeit, den Fehler zu korrigieren, d.h., es erfolgt die Rückkehr in $(3, n-1)$. Gelingt dies nicht, so muss die Mission abgebrochen werden, d.h. Übergang nach S.
>
> **Beachte:** Es handelt sich hierbei um einen inhomogenen Markov-Prozess (Kette) mit homogenen Kettengliedern.
>
> Zustandsgraph:

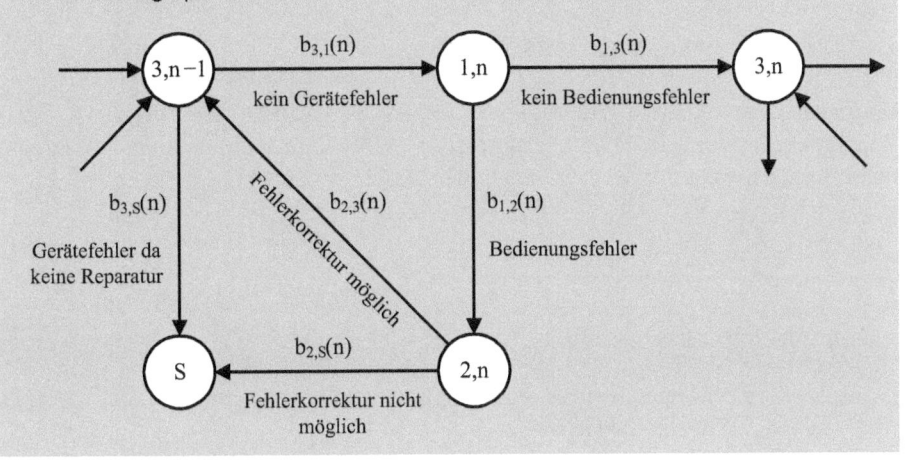

Bestimmen Sie mittels eines LFG die Erfolgswahrscheinlichkeit der Mission, d. h. die Eintrittswahrscheinlichkeit $p_{3,3}(N)$ des Zustandes $(3, n)$.

Lösung:

Darstellung des Zustandsgraphen als Flussgraphen

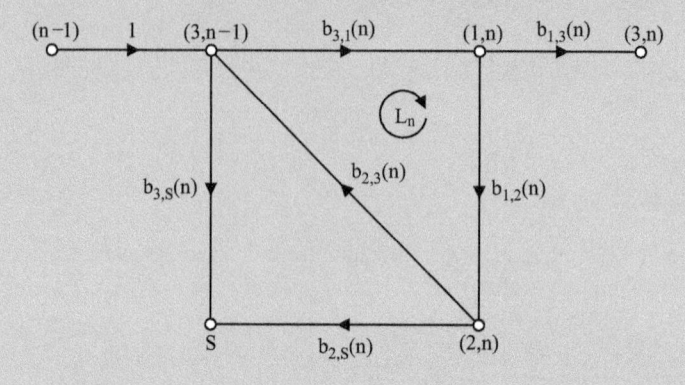

Mason-Formel:

$$L_n = b_{3,1}(n) \cdot b_{1,2}(n) \cdot b_{2,3}(n)$$
$$D = 1 - L_n$$
$$Pf_1 = b_{3,1}(n) \cdot b_{1,3}(n)$$
$$D_1 = 1$$

Mit $a_n = \dfrac{Pf_1 \cdot D_1}{D} = \dfrac{b_{3,1}(n) \cdot b_{1,3}(n)}{1 - b_{3,1}(n) \cdot b_{1,1}(n) \cdot b_{2,3}(n)}$ und $p_{3,3}(n) = p_{3,3}(n-1) \cdot a_n$ folgt nach Iteration

$$P_{3,3}(N) = \prod_{n=1}^{N} a_n$$

21.2.2 Homogene Prozessdarstellung

Homogene diskrete Markov-Prozesse entsprechend Formel 19.6 bzw. Formel 19.7 lassen sich mittels der geometrischen Transformation (z-Transformation) in einen Flussgraphen übertragen, denn aus Formel 19.7 folgt mittels z-Transformation:

$$\underline{P}(z) = \underline{P}(0) \cdot \sum_{n=0}^{\infty} \left(\underline{\underline{B}} \cdot z\right)^n \tag{21.6}$$

$$\underline{P}(z) = \underline{P}(0) \cdot \left(\underline{\underline{I}} - \underline{\underline{B}} \cdot z\right)^{-1} \tag{21.7}$$

Die Wahrscheinlichkeit $P(n)$ ergibt sich dann durch Rücktransformation oder durch Entwicklung von $P(z)$ in eine Taylorreihe nach z.

Symbolische Flussgraphendarstellung:

$$\underline{\underline{P}}(0) \xrightarrow{\underline{\underline{I}}} \underline{\underline{P}}(z) \circlearrowright \underline{\underline{B}} \cdot z$$

Es ist leicht einzusehen, dass der Rechenaufwand nicht unerheblich ist und die Nutzung der linearen Flussgraphen keine Vorteile bringt. Es kann jedoch vorteilhaft sein, einen Zustandsflussgraphen als inhomogenen Prozess abzubilden.

Allgemein gilt die Potenzreihe

$$\underline{\underline{P}}(t,y) = \sum_{n=0}^{\infty} \underline{\underline{P}}(t,n) \cdot y^n \qquad (21.8)$$

als erzeugende Funktion, die die gesamte Prozessinformation enthält. Dabei ist

$$\underline{\underline{P}}(t,n) = \underline{\underline{P}}_{i,j}(t,n) \qquad (21.9)$$

die Wahrscheinlichkeit, dass ausgehend vom Zustand i nach genau n Schritten der Zustand j innerhalb des Zeitraumes (t_0, t) eintritt. Das heißt, jeder Zustand wird nunmehr durch einen Knoten dargestellt.

Durch die inhomogene Prozessdarstellung können keine Schleifen mehr auftreten, sodass die Determinanten durch Eins gegeben sind und die Ermittlung der Zustandswahrscheinlichkeiten über die Summation der Pfade mit den entsprechenden Kantenwerten erfolgt.

Beispiel 21.2.2-1

Eine Maschine produziert Lenkgehäuse, die täglich einer Qualitätskontrolle unterzogen werden. Die Lenkgehäuse werden nach drei Qualitätsstufen (Zustände) bewertet:

1: Lenkgehäuse einwandfrei

2: Lenkgehäuse mit kleinen Fehlern (bedingt brauchbar)

3: Lenkgehäuse Ausschuss

Aufgrund von Mängeln in der Qualitätskontrolle werden mit einer Wahrscheinlichkeit von $b_{1,3} = 0{,}01$ einwandfreie Lenkgehäuse als Ausschuss und mit einer Wahrscheinlichkeit von $b_{1,2} = 0{,}02$ als bedingt brauchbar eingestuft.

Des Weiteren werden mit einer Wahrscheinlichkeit von $b_{2,3} = 0{,}03$ Lenkgehäuse mit kleinen Fehlern als Ausschuss und mit einer Wahrscheinlichkeit von $b_{2,1} = 0{,}02$ als einwandfrei charakterisiert.

Außerdem werden mangelhafte Lenkgehäuse mit einer Wahrscheinlichkeit von $b_{3,2} = 0{,}01$ als Lenkgehäuse mit kleinen Fehlern eingestuft. Ein Irrtum, dass mangelhafte Lenkgehäuse als einwandfrei angesehen werden, ist ausgeschlossen, d. h. $b_{3,1} = 0$.

Anfangsbedingung: $P(0) = (1;0;0)$

a) Zeichnen Sie das zugehörige Zustandsdiagramm für die Markovsche Kette und stellen Sie die Matrix $\underline{\underline{B}}$ auf.
b) Berechnen Sie durch inhomogene Prozessdarstellung mithilfe der linearen Flussgraphen die Wahrscheinlichkeit, dass nach dem dritten Tag bei der Qualitätskontrolle die Lenkgehäuse als einwandfrei, mit kleinen Fehlern behaftet und als Ausschuss eingestuft werden.

Lösung:

a)

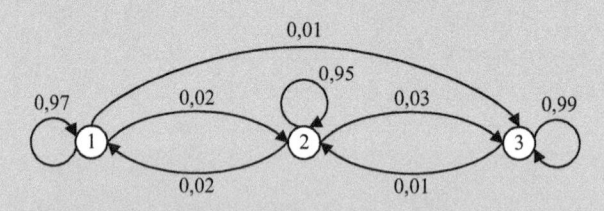

$$\underline{\underline{B}} = \begin{pmatrix} b_{11} & b_{12} & b_{13} \\ b_{21} & b_{22} & b_{23} \\ b_{31} & b_{32} & b_{33} \end{pmatrix} = \begin{pmatrix} 0{,}97 & 0{,}02 & 0{,}01 \\ 0{,}02 & 0{,}95 & 0{,}03 \\ 0 & 0{,}01 & 0{,}99 \end{pmatrix}$$

b)

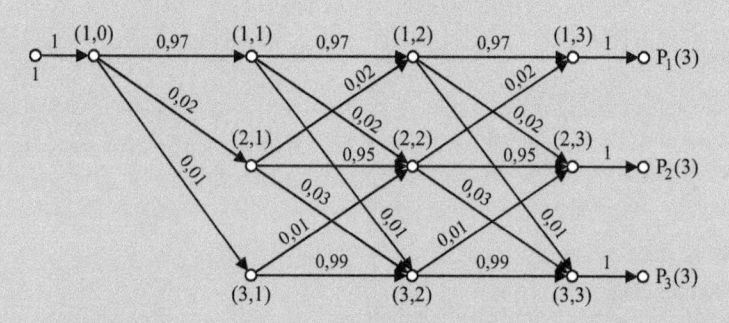

$P_1(3) = 0{,}97^3 + 0{,}97 \cdot 0{,}02^2 + 0{,}02^2 \cdot 0{,}97 + 0{,}02^2 \cdot 0{,}95 + 0{,}01^2 \cdot 0{,}02$

$P_1(3) = 0{,}913831$

$P_2(3) = 0{,}97^2 \cdot 0{,}02 + 0{,}97 \cdot 0{,}02 \cdot 0{,}95 + 0{,}02 \cdot 0{,}95^2 + 0{,}02^3 + 0{,}02 \cdot 0{,}03 \cdot 0{,}01$
$\qquad + 0{,}01^2 \cdot 0{,}95 + 0{,}97 \cdot 0{,}01^2 + 0{,}01^2 \cdot 0{,}99$

$P_2(3) = 0{,}055603$

$P_3(3) = 0{,}97^2 \cdot 0{,}01 + 0{,}97 \cdot 0{,}02 \cdot 0{,}03 + 0{,}02^2 \cdot 0{,}01 + 0{,}02 \cdot 0{,}95 \cdot 0{,}03$
$\qquad + 0{,}02 \cdot 0{,}03 \cdot 0{,}99 + 0{,}97 \cdot 0{,}01 \cdot 0{,}99 + 0{,}01 \cdot 0{,}99^2 + 0{,}01^2 \cdot 0{,}03$

$P_3(3) = 0{,}030566$

21.2.3 Asymptotisches Verhalten

In Analogie zum Ergodensatz (siehe Abschnitt 19.1.4) lassen sich die stationären Wahrscheinlichkeiten auch mithilfe der LFG berechnen. Für die stationären Zustandswahrscheinlichkeiten Π_i folgt dann in Analogie zum Ergodensatz:

$$\Pi_i = \frac{D_{\bar{i}}}{\sum_{j \in M} D_{\bar{j}}} \qquad (21.10)$$

M = Zustandsraum
$D_{\bar{i}}$ = Determinante des LFG, wenn der Zustand i aus dem Flussgraphen entfernt wird ($\bar{i}$).
  Sie errechnet sich wiederum aus den Restschleifen

Allgemein gilt für eine Zustandsgruppe Π_G

$$\Pi_G = \sum_{i \in G} \Pi_i = \frac{\sum_{i \in G} D_{\bar{i}}}{\sum_{j \in K} D_{\bar{j}}} \qquad (21.11)$$

und für eine ergodische Klasse $\Pi_k = 1$.

21.2.4 Erwartungswert und Eintrittswahrscheinlichkeit

Für die mittlere Aufenthaltsdauer τ_i in einem Zustand i gilt

$$\tau_i = \frac{1}{D_i} = \frac{1}{1 - b_{i,i}} \qquad (21.12)$$

und in einer Zustandsgruppe G

$$\tau_G = \frac{\sum_{i \in G} D_i \cdot \tau_i}{D_G \cdot D_{\bar{G}}} = \frac{\sum_{i \in G} D_i \cdot \tau_i}{\sum_{\substack{i \in G \\ j \in G}} D_i \cdot b_{i,j}} \qquad (21.13)$$

Die Eintrittswahrscheinlichkeit (Eintrittshäufigkeit) h_i^* in einen Zustand i lässt sich durch den Quotienten

$$h_i^* = \frac{\text{stationäre Wahrscheinlichkeit}}{\text{Aufenthaltsdauer}} = \frac{\pi_i}{\tau_i} \qquad (21.14)$$

und in einer Gruppe G durch

$$h_G^* = \frac{1}{\tau_G + \tau_{\bar{G}}} \qquad (21.15)$$

ausdrücken.

21.3 Anwendung der linearen Flussgraphen auf stetige Markov-Prozesse

Wie bereits gezeigt, können mittels der Flussgraphentheorie lineare Gleichungssysteme durch einen Signalflussgraphen veranschaulicht und formelmäßig gelöst werden. Da ein stetiger Markov-Prozess jedoch durch ein entsprechendes Differenzialgleichungssystem gegeben ist (siehe Abschnitt 19.2), ist es erforderlich, die entsprechende Differenzialgleichung in den Laplace-Bereich zu transformieren.

Wird Homogenität vorausgesetzt, d. h. $\underline{\dot{P}}(t) = \underline{P}(t) \cdot \underline{\underline{A}}$, so folgt

$$L\{\underline{\dot{P}}(t)\} = s \cdot L\{\underline{P}(t)\} - \underline{P}(0) = L\{\underline{P}(t)\} \cdot \underline{\underline{A}}$$

$$\underline{P}(0) = s \cdot \underline{P}(s) - \underline{P}(s) \cdot \underline{\underline{A}} = \left(s \cdot \underline{\underline{I}} - \underline{\underline{A}}\right) \cdot \underline{P}(s)$$

und schließlich

$$\underline{P}(s) = \underline{P}(0) \cdot \left(s \cdot \underline{\underline{I}} - \underline{\underline{A}}\right)^{-1} \tag{21.16}$$

Die Matrix $\underline{\underline{A}}$ wird nun in ihre Diagonalelemente $\underline{\underline{A_D}}$ und Normalelemente $\underline{\underline{A_N}}$ wie folgt aufgespaltet:

$$\underline{\underline{A}} = -\underline{\underline{A_D}} + \underline{\underline{A_N}} \tag{21.17}$$

In der Erneuerungstheorie (Cox, siehe Lit.) wird der Erwartungswert der Anzahl der Erneuerungen in $(0, t)$ durch die Erneuerungsdichte $h(t)$

$$h(t) = \frac{dH(t)}{dt} \tag{21.18}$$

bzw. durch Laplace-Transformation

$$h(s) = s \cdot H(s) \tag{21.19}$$

definiert. Des Weiteren gilt der transformierte Vektor

$$H(s) = \frac{1}{s} \cdot \underline{P}(s) \cdot \left(s \cdot \underline{\underline{I}} + \underline{\underline{A_D}}\right) \tag{21.20}$$

und

$$h(s) = \underline{P}(s) \cdot \left(s \cdot \underline{\underline{I}} - \underline{\underline{A}} + \underline{\underline{A_N}}\right) \tag{21.21}$$

$$h(s) = \underline{P}(s) \cdot \left(s \cdot \underline{\underline{I}} - \underline{\underline{A}}\right) + \underline{P}(s) \cdot \underline{\underline{A_N}} \tag{21.22}$$

Schließlich lautet die Erneuerungsgleichung:

$$h(s) = \underline{P}(0) + \underline{P}(s) \cdot \underline{\underline{A_N}} \tag{21.23}$$

Im Sinne der linearen Flussgraphen wird jeder Zustand nunmehr durch die vorhandenen Variablen $h_i(s)$ und $P_i(s)$ beschrieben.

Die Elemente der Matrix $\underline{\underline{A_N}}$ sind dann bekanntlich durch die Übergangsrate $\lambda_{i,j}$ von Zustand i nach j, d.h. $a_{N_{i,j}} = a_{i,j} = \lambda_{i,j}$, und die Elemente der Matrix $\underline{\underline{A_D}}$ durch $a_{D_{i,j}} = -a_{i,j} = \sum_i \lambda_{i,j}$ gegeben (siehe Abschnitt 19.2).

Formel 21.20 und Formel 21.23 können nun durch den nachfolgend dargestellten symbolischen Flussgraphen dargestellt werden.

Grafische Darstellung:

$$\underline{P}(s) = \underline{h}(s) \cdot \left(s \cdot \underline{\underline{I}} + \underline{\underline{A_D}}\right)^{-1}$$

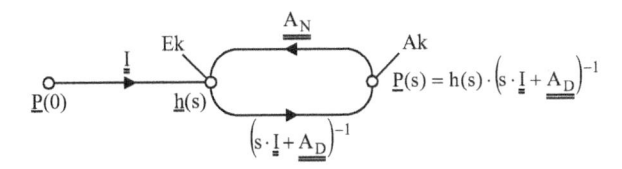

Regeln für die grafische Darstellung

1. Jeder Zustand i wird durch einen „Eingangsknoten" Ek mit der Variablen $h_i(s)$ und durch einen „Ausgangsknoten" Ak mit der Variablen $P_i(s)$ dargestellt.
2. Für jeden Übergang von i nach j wird eine Kante mit dem Wert $\lambda_{i,j}$ nach Ak und Ek gezeichnet.
3. Für jeden Zustand i wird eine Kante vom Ek zum Ak mit dem Wert $\left(s + a_{D_{i,i}}\right)^{-1}$ gezeichnet.

    $a_{D_{i,i}}$ ist dabei durch die Summe der Werte $\lambda_{i,j}$ der auslaufenden Kanten gegeben.
4. Die Anfangswerte $P_i(0)$ werden durch Linien mit dem Wert 1 in den Ek von i eingeführt.

Bestimmung der mittleren Aufenthaltsdauer in G

Die mittlere Aufenthaltsdauer τ_G in G ist durch

$$\tau_G = \frac{\sum_{i \in G} D_i \cdot \tau_i}{D_G \cdot D_{\overline{G}}} \tag{21.24}$$

mit τ_i = mittlere Aufenthaltsdauer (Verweilzeit) im Zustand i

$$\tau_i = \frac{1}{\lambda_i} = \frac{1}{\sum_j \lambda_{i,j}} \tag{21.25}$$

gegeben. Dabei wird τ_i durch die Übergangsraten von Ek nach Ak bestimmt.

Bestimmung der Eintrittswahrscheinlichkeit (Eintrittshäufigkeit)

Für die Eintrittshäufigkeit h_i^* in einem Zustand i folgt mit Formel 21.25 und der **stationären Wahrscheinlichkeit**:

$$p_i^* = \frac{D_i \cdot \tau_i}{\sum_{j \in M} D_j \cdot \tau_j} \tag{21.26}$$

$$h_i^* = \frac{p_i^*}{\tau_i} \tag{21.27}$$

Im Falle einer Zustandsgruppe G mit der stationären Wahrscheinlichkeit

$$p_G^* = \sum_{i \in G} p_i^* \tag{21.28}$$

folgt:

$$h_G^* = \frac{1}{\tau_G + \tau_{\overline{G}}} \tag{21.29}$$

Beispiel 21.3-1

Gegeben sei das nachfolgend dargestellte Zustandsdiagramm einer Anlage mit vorbeugendem Wartungszustand.

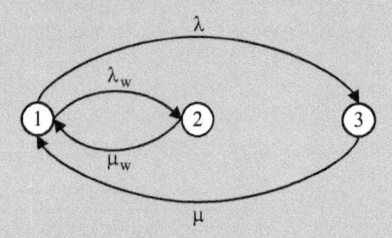

Zustand 1: Betriebszustand

Zustand 2: Vorbeugender Wartungszustand

Zustand 3: Reparaturzustand; Anlage ausgefallen

Anfangsbedingung: $P_1(0) = 1$, $P_2(0) = P_3(0) = 0$

a) Bestimmen Sie mithilfe der Graphentheorie die Verfügbarkeit im Laplace-Bereich.
b) Berechnen Sie die mittlere Aufenthaltsdauer für den Fall, dass sich die Anlage im ausgefallenen Zustand befindet.
c) Ermitteln Sie den stationären Grenzwert der Verfügbarkeit allgemein und für den Fall $\lambda_w/\mu_w \ll 1$. Deuten Sie das Ergebnis.

Lösung:

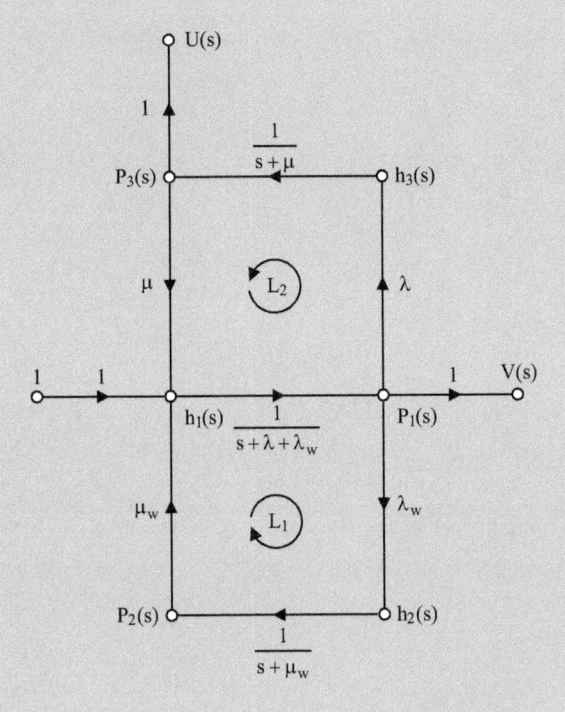

a)

$$L_1 = \frac{\lambda_w \cdot \mu_w}{(s+\lambda+\lambda_w) \cdot (s+\mu_w)}, \quad L_2 = \frac{\lambda \cdot \mu}{(s+\lambda+\lambda_w) \cdot (s+\mu)}$$

$$D = 1 - (L_1 + L_2) = 1 - \left(\frac{\lambda_w \cdot \mu_w \cdot (s+\mu) + \lambda \cdot \mu \cdot (s+\mu_w)}{(s+\lambda+\lambda_w) \cdot (s+\mu_w) \cdot (s+\mu)}\right)$$

$$D = \frac{(s+\lambda+\lambda_w) \cdot (s+\mu_w) \cdot (s+\mu) - \lambda_w \cdot \mu_w \cdot (s+\mu) + \lambda \cdot \mu \cdot (s+\mu_w)}{(s+\lambda+\lambda_w) \cdot (s+\mu_w) \cdot (s+\mu)}$$

$$Pf_1 = \frac{1}{s+\lambda+\lambda_w}, \quad D_1 = 1$$

$$V(s) = P_1(s) = \frac{Pf_1 \cdot D_1}{D}$$

$$= \frac{(s+\mu_w) \cdot (s+\mu)}{(s+\lambda+\lambda_w) \cdot (s+\mu_w) \cdot (s+\mu) - \lambda_w \cdot \mu_w \cdot (s+\mu) + \lambda \cdot \mu \cdot (s+\mu_w)}.$$

b) Aufgrund des asymptotischen Grenzfalls, d. h., das stationäre Verhalten ist von Interesse, wird $s = 0$ gesetzt. Damit folgt aus dem bereits aufgestellten Flussgraphen unter der Bedingung $s = 0$:

$$T_{\bar{3}} = \frac{D_{\bar{1}} \cdot \tau_1 + D_{\bar{2}} \cdot \tau_2}{D_{\bar{3}} \cdot \tau_3}$$

$$L_1 = \frac{\lambda_w}{\lambda + \lambda_w} \quad , \quad L_2 = \frac{\lambda}{\lambda + \lambda_w}$$

$$D_{\bar{1}} = 1$$

$$D_{\bar{2}} = 1 - L_2 = \frac{\lambda_w}{\lambda + \lambda_w}$$

$$D_{\bar{3}} = 1 - L_1 = \frac{\lambda}{\lambda + \lambda_w}$$

$$\tau_1 = \frac{1}{\lambda + \lambda_w} \quad , \quad \tau_2 = \frac{1}{\mu_w} \quad , \quad \tau_3 = \frac{1}{\mu}$$

$$T_{\bar{3}} = \frac{\dfrac{1}{\lambda + \lambda_w} + \dfrac{\lambda_w}{\lambda + \lambda_w} \cdot \dfrac{1}{\mu_w}}{\dfrac{\lambda_w}{\lambda + \lambda_w}}$$

$$T_{\bar{3}} = \frac{\lambda_w + \mu_w}{\lambda \cdot \mu_w}$$

c) Für die stationäre Verfügbarkeit folgt aus a)

$$\lim_{s \to 0} s \cdot V(s) = \frac{\mu \cdot \mu_w}{\lambda \cdot \mu_w + \lambda_w \cdot \mu + \mu_w \cdot \mu}$$

oder mithilfe der Formel 21.26 und $V_{st} = p_1^*$:

$$p_1^* = \frac{D_{\bar{1}} \cdot \tau_1}{D_{\bar{1}} \cdot \tau_1 + D_{\bar{2}} \cdot \tau_2 + D_{\bar{3}} \cdot \tau_3}$$

$$p_1^* = \frac{1 \cdot \dfrac{1}{\lambda + \lambda_w}}{\dfrac{1}{\lambda + \lambda_w} + \dfrac{\lambda_w}{\lambda + \lambda_w} \cdot \dfrac{1}{\mu_w} + \dfrac{\lambda}{\lambda + \lambda_w} \cdot \dfrac{1}{\mu}}$$

$$p_1^* = \frac{\mu \cdot \mu_w}{\lambda \cdot \mu_w + \lambda_w \cdot \mu + \mu_w \cdot \mu}$$

$$V_{st} = \frac{\mu}{\lambda + \underbrace{\frac{\lambda_w}{\mu_w}}_{\to 0} \cdot \mu + \mu}$$

$\Rightarrow$ laut Voraussetzung

$$V_{st} = \frac{\mu}{\lambda + \mu}$$

Hierbei handelt es sich um die „klassische" Lösung (Formel 19.49) für den stationären Grenzwert einer Anlage mit zwei Zuständen.

Beispiel 21.3-2

Gegeben sei wiederum Beispiel 19.3.3-1.

a) Bestimmen Sie mithilfe der Graphentheorie die Gefährdungswahrscheinlichkeit im Laplace-Bereich.
b) Berechnen Sie die MTTD (Mean Time To Danger).

Lösung:

a) Berechnung von $G(s)$

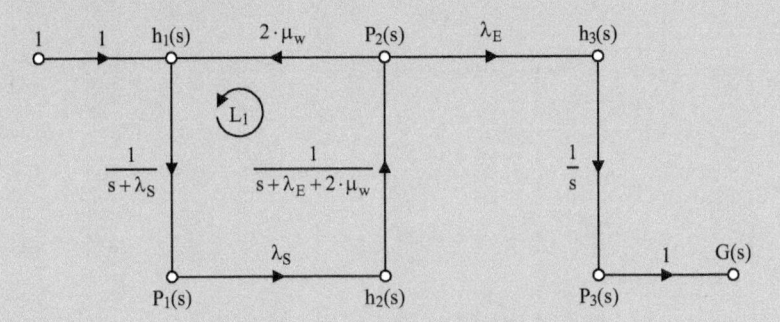

$$L_1 = \frac{\lambda_S \cdot 2 \cdot \mu_w}{(s + \lambda_S) \cdot (s + \lambda_E + 2 \cdot \mu_w)}$$

$$D = 1 - L_1 = 1 - \frac{\lambda_S \cdot 2 \cdot \mu_w}{(s + \lambda_S) \cdot (s + \lambda_E + 2 \cdot \mu_w)}$$

$$= \frac{(s + \lambda_S) \cdot (s + \lambda_E + 2 \cdot \mu_w) - \lambda_S \cdot 2 \cdot \mu_w}{(s + \lambda_S) \cdot (s + \lambda_E + 2 \cdot \mu_w)}$$

$$Pf_1 = \frac{\lambda_S \cdot \lambda_E}{(s + \lambda_S) \cdot (s + \lambda_E + 2 \cdot \mu_w) \cdot s}$$

$$D_1 = 1$$

$$G(s) = \frac{Pf_1 \cdot D_1}{D}$$

$$G(s) = \frac{\lambda_S \cdot \lambda_E}{(s+\lambda_S) \cdot (s+\lambda_E+2 \cdot \mu_W) \cdot s} \cdot \frac{(s+\lambda_S) \cdot (s+\lambda_E+2 \cdot \mu_W)}{(s+\lambda_S) \cdot (s+\lambda_E+2 \cdot \mu_W) - \lambda_S \cdot 2 \cdot \mu_W}$$

$$G(s) = \frac{\lambda_S \cdot \lambda_E}{s \cdot \left[(s+\lambda_S) \cdot (s+\lambda_E+2 \cdot \mu_W) - \lambda_S \cdot 2 \cdot \mu_W\right]}$$

mit dem Grenzwert (als Probe)

$$\lim_{s \to 0} s \cdot G(s) = \frac{\lambda_S \cdot \lambda_E}{\lambda_S \cdot (\lambda_E + 2 \cdot \mu_W) - \lambda_S \cdot 2 \cdot \mu_W} = \frac{\lambda_S \cdot \lambda_E}{\lambda_S \cdot \lambda_E} = 1$$

b) Berechnung der MTTD

Die MTTF als mittlere Lebensdauer (hier die MTTD) ist als Aufenthaltsdauer in einer ergodischen Klasse zu berechnen. Dazu wird der Zustand 3 des Beispiels in einen transienten Zustand überführt und eine zusätzliche Kante nach $h_1(s)$ mit dem Kantenwert 1 in den Zustand 1 eingefügt, da hier das System funktionsfähig ist.

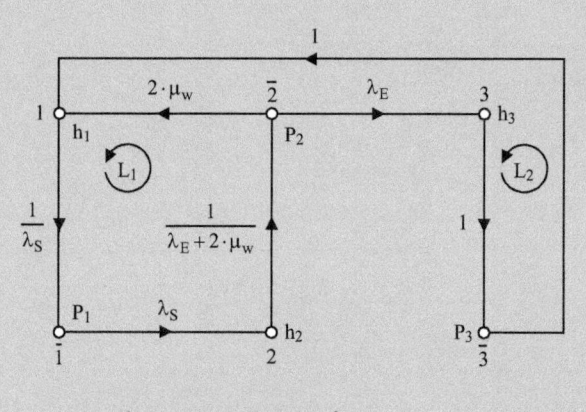

$$L_1 = \frac{2 \cdot \mu_W}{\lambda_E + 2 \cdot \mu_W}, \quad L_2 = \frac{\lambda_E}{\lambda_E + 2 \cdot \mu_W}$$

$$D_{\bar{1}} = 1$$
$$D_{\bar{2}} = 1$$
$$D_{\bar{3}} = 1 - L_1 = \frac{\lambda_E + 2 \cdot \mu_W - 2 \cdot \mu_W}{\lambda_E + 2 \cdot \mu_W} = \frac{\lambda_E}{\lambda_E + 2 \cdot \mu_W}$$

$$\text{MTTD} = \frac{\sum_{i=1}^{2} D_i \cdot \tau_i}{D_3}$$

$$= \frac{1 \cdot \dfrac{1}{\lambda_S} + 1 \cdot \dfrac{1}{\lambda_E + 2 \cdot \mu_W}}{\dfrac{\lambda_E}{\lambda_E + 2 \cdot \mu_W}} = \frac{\dfrac{\lambda_E + 2 \cdot \mu_W + \lambda_S}{\lambda_S \cdot (\lambda_E + 2 \cdot \mu_W)}}{\dfrac{\lambda_E}{\lambda_E + 2 \cdot \mu_W}}$$

$$= \frac{\lambda_E + 2 \cdot \mu_W + \lambda_S}{\lambda_S \cdot (\lambda_E + 2 \cdot \mu_W)} \cdot \frac{\lambda_E + 2 \cdot \mu_W}{\lambda_E}$$

$$\text{MTTD} = \frac{\lambda_E + 2 \cdot \mu_W + \lambda_S}{\lambda_S \cdot \lambda_E}$$

oder

$$S(s) = \frac{1}{s} - G(s) = \frac{s + k_2}{s^2 + s \cdot k_2 + k_1}$$

mit $k_1 = \lambda_S \cdot \lambda_E$ und $k_2 = \lambda_S + \lambda_E + 2 \cdot \mu_W$ folgt

$$\text{MTTD} = S(0) = \frac{k_2}{k_1} = \frac{\lambda_E + 2 \cdot \mu_W + \lambda_S}{\lambda_S \cdot \lambda_E}$$

22 Neuronale Netze

Künstliche Neuronale Netze (KNN, engl. artificial neural networks), auch konnektische Modelle, parallel verteilte Prozesse genannt, sind gemäß einer Lernregel lernfähige Netze, die sich selbst modifizieren. Sie bestehen aus einer großen Zahl verbundener Neuronen, die analog einer biologischen Nervenzelle arbeiten und entsprechende Operationen durchführen. Sie werden nicht durch feste mathematische Zusammenhänge programmiert, sondern trainiert. Ausgehend von den Arbeiten von McCulloch und Pitts, Hebb und anderen (siehe Lit.) in den 40er-Jahren, einigen Rückschlägen Ende der 60er- und 70er-Jahre sowie der Renaissance ab Anfang der 80er-Jahre, werden heute KNN in vielen Bereichen sehr erfolgreich angewendet. Hierzu zählen

- Bild- und Mustererkennung,
- Sprachgenerierung und -erkennung,
- Regeln, Steuern von Robotern, Autopiloten, Produktionssystemen,
- Qualitätskontrolle,
- Expertensysteme zur Diagnose auch im medizinischen Bereich (Herzfehler bei Patienten),
- Zeitreihenanalyse, Prognosen (Wetter, Aktienkurse, Arbeitslosenquote),
- Verkehrstechnik
- und andere.

Es liegt auf der Hand, dass neuronale Netze auch im Bereich der technischen Zuverlässigkeit und Sicherheitstechnik mehr oder weniger erfolgreich angewendet werden. Hierzu zählen die Arbeiten zur Bestimmung der Übergangswahrscheinlichkeiten bei gegebener Zustandswahrscheinlichkeit (Suliman, siehe Lit.), Redundanzoptimierung (Dai, siehe Lit.), Online-Überwachung im kerntechnischen Bereich (Uhrig, siehe Lit.), Parameterschätzung (Liu, siehe Lit.) und unter anderem die Untersuchungen von Luxhoj (siehe Lit.).

Des Weiteren wurden Untersuchungen zum Ausfallverhalten eines neuronalen Netzes selbst durchgeführt (Dugan et al., siehe Lit.). Neuere anwendungsbezogene Forschungen an der Bergischen Universität Wuppertal zeigen, dass neuronale Netze sich auch zur Parameterschätzung bei sehr kleinen Stichproben und großen Grundgesamtheiten eignen (van Mahnen, siehe Lit.) sowie zur Zuverlässigkeitsprognose (Meyer, siehe Lit.), worauf im Folgenden kurz eingegangen wird. Eine Untersuchung zur Optimierung bei vagen Daten im Entwicklungsprozess mittels Graphenalgorithmus und der Neuro-Fuzzy-Methode zeigte jedoch, dass die gefundenen Lösungen bei diesen Methoden oft stark vom Optimum abweichen und die Anwendung genetischer Algorithmen erfolgversprechender ist (Döring, siehe Lit.).

22.1 Grundlagen

22.1.1 Das biologische Paradigma

Das biologische Paradigma der KNN ist das menschliche Nervensystem mit seinen mehr als 10^{11} Nervenzellen (Neuronen) und die Informationsübertragung zwischen den Nervenzellen. Bild 22.1 zeigt den prinzipiellen Aufbau einer Nervenzelle aus

- Soma (Zellkörper),
- Dendriten,
- Synapsen und
- dem Axon.

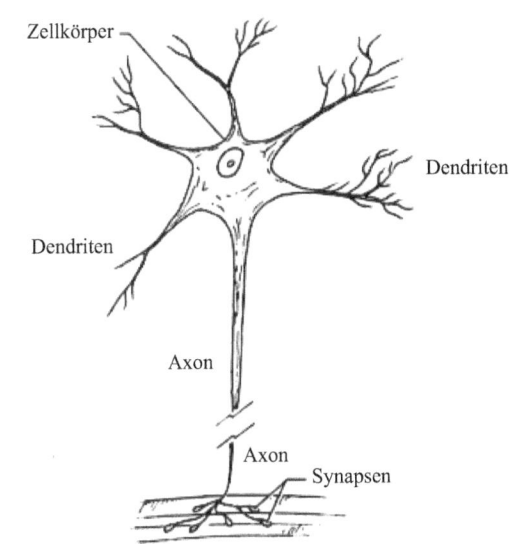

Bild 22.1
Prinzipieller Aufbau einer Nervenzelle
(Meyer, siehe Lit.)

Die prinzipielle Arbeitsweise eines Neurons kann wie folgt charakterisiert werden: Über die Dendriten erhält die Nervenzelle von anderen Nervenzellen oder Sinnesorganen Signale (Reize), die im Soma aufaddiert (gebündelt) werden. Bei Überschreitung eines bestimmten Schwellenwertes wird die Aktivierung der Nervenzelle eingeleitet, „sie feuert". Das entstehende elektrische Signal (Aktivierungspotenzial, Spike) wird zu den Synapsen übertragen, die aufgrund eines elektrochemischen Vorganges (Neurotransmitter) das Signal an das Nachbarneuron mit hemmender oder verstärkender Wirkung, d. h. positiver oder negativer Gewichtung, weiterleitet.

Die Schaltzeit eines Neurons beträgt ca. 1 ms, die Übertragungsgeschwindigkeit ca. 100 m/s. Die Spannung zwischen Zellmembran und Umgebung (Membranpotenzial) beträgt im Ruhezustand ca. -75 mV. Bei Überschreitung des Schwellwertes von ca. -50 mV aufgrund einer äußeren Anregung entsteht für einige Millisekunden ein Spannungsanstieg von ca. 30 mV, d. h., das Neuron „feuert" (schaltet). Die Regenerationsphase eines Neurons liegt zwischen 1 ms und 10 ms, d.h., die „neuronale Taktfrequenz" von etwa 100 Hz bis 1 kHz ist relativ langsam. Aufgrund der starken Vernetzung der Neuronen und der parallelen Verarbeitung ist der Cortex (Sitz des Bewusstseins) des menschlichen Gehirns als assoziativer Speicher einem Computer deutlich überlegen.

22.1.2 Aufbau und Arbeitsweise eines künstlichen Neurons

Der Aufbau eines künstlichen Neurons ist dem biologischen Neuron nachempfunden (Bild 22.2).

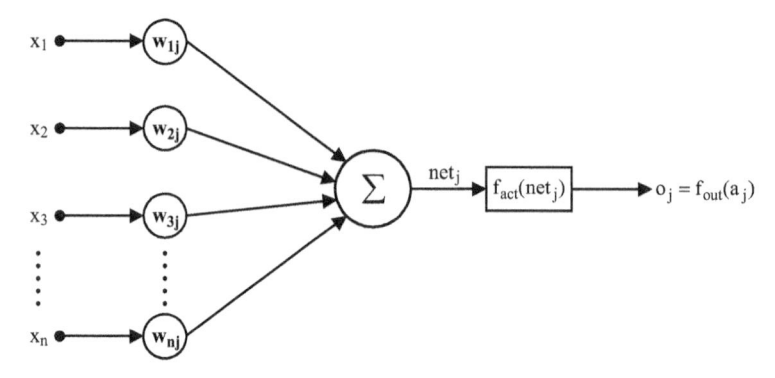

Bild 22.2 Künstliches Neuron mit Index *j*

Ein künstliches Neuron besteht entsprechend Bild 22.2 aus folgenden Elementen:
- Eingabevektor *x* mit *n* gleich Anzahl der Eingaben
- Gewichtungsvektor *w* (weight) mit der Gewichtung w_{ij} zwischen Neuron *i* und Neuron *j*
- Aktivierungsfunktion f_{act} mit der Aktivität a_j (entscheidet über Art und Größe der Aktivierung)
- Propagierungsfunktion $f_{prop}(x_i, w_{ij})$ = net_j
- Ausgabefunktion $o_j = f_{out}(a_j)$ (output function)

Dabei sind die Eingangswerte x_i (*i* = 1, ..., *n*) des Neurons die Ausgabewerte vorgeschalteter Neuronen.

Die biologische Funktion der Synapsen wird bei künstlichen Neuronen durch die Multiplikation der Eingangssignale mit dem jeweiligen Gewichtungsfaktor nachempfunden. Das heißt, die Propagierungsfunktion f_{prop} ist durch

$$f_{prop}(x_i, w_{ij}) = \sum_{i=1}^{n} x_i \cdot w_{ij} = net_j \tag{22.1}$$

gegeben. Ist $w_{ij} < 0$, so wird von einer Hemmung (Inhibition), andernfalls von einer Erregung (Exzitation) für alle $w_{ij} > 0$ gesprochen. Falls keine Verbindung vorhanden ist, ist $w_{ij} = 0$.

Die Aufgabe des Neurons j besteht nun darin, die Aktivierungsfunktion f_{act} mit dem Aktivierungszustand a_j zu bilden. Wird ein linearer Schwellenwert Θ zugrunde gelegt (Schwellwertneuron, Perzeptron), so ist das Neuron j immer dann aktiv („feuert"), wenn der Input einen bestimmten Wert Θ_j überschreitet (Tabelle 22.1, Signumfunktion). Das heißt:

$$f_{act}(net_j) = \begin{cases} 1 & \text{falls } net_j \geq \Theta_j \\ 0 & \text{sonst.} \end{cases} \tag{22.2}$$

Vorteilhaft ist die einfache und schnelle Berechenbarkeit (siehe Beispiel 22.1.2-1). Ein Nachteil ist jedoch die fehlende Differenzierbarkeit, eine Voraussetzung für moderne Lernalgorithmen (Abschnitt 22.1.4), sodass die binäre Schwellenwertfunktion heute kaum noch verwendet wird.

Weitere gebräuchliche Aktivierungsfunktionen zeigt ebenfalls Tabelle 22.1, wobei aufgrund der Sensibilität bei kleinen Amplituden-Signalen und großer Steigung im Zentrum die sigmoide (s-förmige) Aktivierungsfunktion besonders bei vorwärtsgerichteten, mehrschichtigen Netzen, die eine Stetigkeit und Differenzierbarkeit erfordern, verwendet wird.

Dabei ist die logistische Funktion durch die Beziehung

$$f_{\log}(x) = \frac{1}{1+e^{-x}} = f_{act} \tag{22.3}$$

(Aktivität $a_j \in \{-1,+1\}$)

mit der Ableitung

$$f'_{\log}(x) = f_{\log}(x) \cdot (1 - f_{\log}(x)) \tag{22.4}$$

und die Tangens-hyperbolicus-Funktion durch die Gleichung

$$f_{\tanh}(x) = \frac{e^x - e^{-x}}{e^x + e^{-x}} = f_{act} \tag{22.5}$$

(Aktivität $a_j \in \{0,+1\}$)

mit der Ableitung

$$f'_{\tanh}(x) = 1 - f^2_{\tanh}(x) \tag{22.6}$$

gegeben.

Tabelle 22.1 Typische Aktivierungsfunktionen; Eingabe: net_j; Ausgabe: a_j

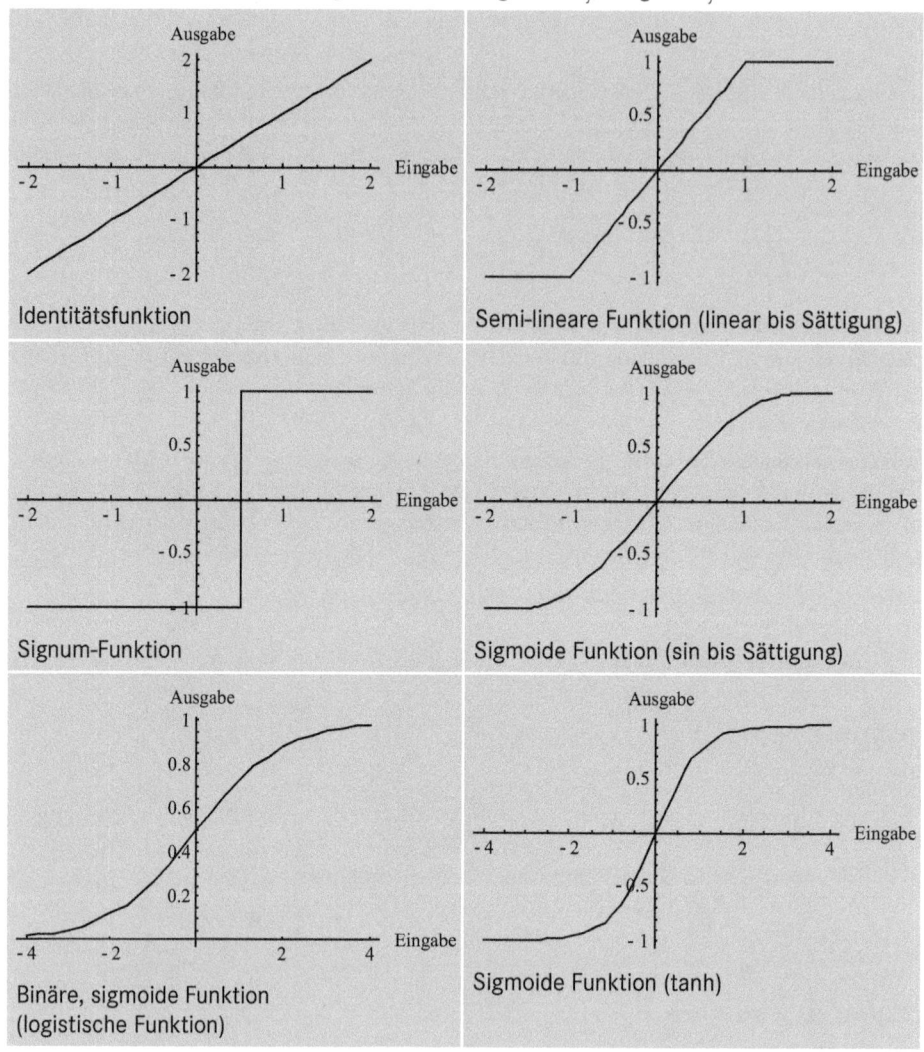

Identitätsfunktion	Semi-lineare Funktion (linear bis Sättigung)
Signum-Funktion	Sigmoide Funktion (sin bis Sättigung)
Binäre, sigmoide Funktion (logistische Funktion)	Sigmoide Funktion (tanh)

Beispiel 22.1.2-1

1. Gegeben sei die nachfolgend dargestellte Signum-Funktion als Aktivierungsfunktion eines Neurons.

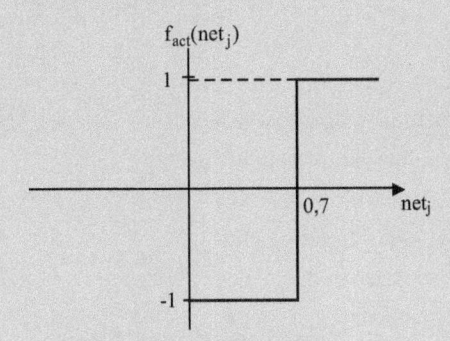

   [Diagramm: $f_{act}(net_j)$ mit Sprung bei $net_j = 0{,}7$ von -1 auf 1]

   a) Bestimmen Sie für $x_1 = x_2 = x_3 = 1$ und $w_{1j} = 0{,}5$, $w_{2j} = -1{,}5$, $w_{3j} = 0{,}5$ die Aktivität a_j der Aktivierungsfunktion f_{act}.
   Mit
   $$net_j = \sum_{i=1}^{3} w_{ij} \cdot x_i = 1 \cdot 0{,}5 + 1 \cdot (-1{,}5) + 1 \cdot 0{,}5 = -0{,}5$$
   folgt $a_j = -1$.

   b) Bestimmen Sie nunmehr für $x_1 = -1$, $x_2 = -1$, $x_3 = 1$ und den Gewichtungsvektor aus a) die Aktivität a_j der Aktivierungsfunktion f_{act}.
   Mit
   $$net_j = \sum_{i=1}^{3} w_{ij} \cdot x_i = -1 \cdot 0{,}5 + (-1) \cdot (-1{,}5) + 1 \cdot 0{,}5 = 1{,}5$$
   folgt $a_j = 1$.

2. Gegeben sei nunmehr eine logistische Funktion entsprechend Formel 22.3. Bestimmen Sie für $x_1 = -1$, $x_2 = -1$, $x_3 = 1$ und die Gewichtungen $w_{1j} = 0{,}5$, $w_{2j} = -1{,}5$, $w_{3j} = 0{,}5$ die Aktivität a_j der Aktivierungsfunktion f_{act}.
   Mit
   $$net_j = \sum_{i=1}^{3} w_{ij} \cdot x_i = -1 \cdot 0{,}5 + (-1) \cdot (-1{,}5) + 1 \cdot 0{,}5 = 1{,}5$$
   folgt
   $$f_{act}(net_j) = \frac{1}{1+e^{-net_j}} = \frac{1}{1+e^{-1{,}5}} \approx 0{,}8176$$
   $a_j \approx 0{,}8176$

22.1.3 Aufbau eines neuronalen Netzes

Ein neuronales Netz besteht aus einer Anzahl von Neuronen und einer Netzwerkstruktur als gerichtete Graphen (siehe Kapitel 21), wobei die Knoten durch die Neuronen und die Kanten durch deren Verbindung charakterisiert sind. Wie bereits erläutert, erfolgt die Eingabe eines Neurons über eine beliebige Anzahl von Verbindungen. Die jeweilige Ausgabe wird dann über beliebig viele Verbindungen an die nachfolgenden Neuronen gesendet.

Entsprechend der Netzwerktopologie wird prinzipiell zwischen

- vorwärtsgerichteten Netzen (engl. feedforward-net) und
- rückwärtsgekoppelten Netzen (engl. backward-net)

unterschieden. Die vorwärtsgerichteten Netze lassen sich in

- ebenenweise verbundene feedforward-Netze und
- feedforward-Netze mit shortcut-connections

unterteilen. Erstgenannte sind durch mehrere Schichten aufgebaut, wobei es lediglich Verbindungen von einer Schicht zur nächsten gibt. Feedforward-Netze mit shortcut connections zeichnen sich dadurch aus, dass die Verbindungen von Neuron zu Neuron auch eine oder mehrere Ebenen überspringen können (Bild 22.3).

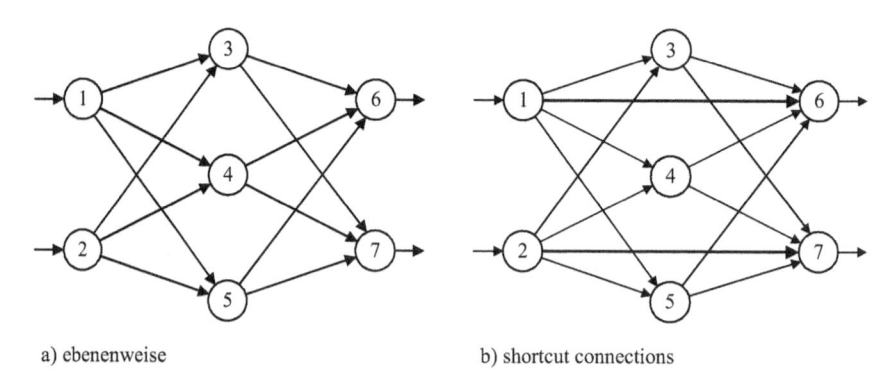

Bild 22.3 Vorwärtsgerichtete Netze

Rückwärtsgekoppelte Netze können entsprechend der jeweiligen Rückkoppelungsart in folgende Arten von Netzen unterteilt werden:

- Netze mit direkter Rückkoppelung (direct feedback), welche durch eine 1-Schleife (zur Verstärkung bzw. Hemmung) gekennzeichnet sind
- Netze mit indirekter Rückkoppelung (indirect feedback): Die Rückkoppelung erfolgt hier von Neuronen höherer Ebene zu Neuronen niederer Ebene zur Steuerung bestimmter Bereiche (Aufmerksamkeitssteuerung).
- Netze mit Rückkoppelung innerhalb derselben Schicht (lateral feedback): Die Rückkoppelung erfolgt derart, dass lediglich ein Neuron einer bestimmten Gruppe aktiviert wird mit dem Ziel, andere Neuronen, deren Aktivierung geringer ist, zu hemmen (winner-takes-all-network).

- Netze mit vollständiger Verbindung zwischen allen wechselseitig verbundenen Neuronen einer Schicht entsprechend den drei zuvor kurz charakterisierten Rückkopplungsarten (Hopfield-Netz für Aufgaben im Bereich der Optimierung)

In der Praxis sind weitere Netzformen bekannt.

Die typische Topologie eines neuronalen Netzes besteht aus drei vorwärtsgerichteten Schichten (Feedforward-Modell); einer Eingabeschicht (Input Layer) bestehend aus Neuronen, die bestimmte Eingangssignale lediglich weiterleiten, einer oder mehreren verdeckten Schichten (Hidden Layer), die keine Verbindung zur Außenwelt haben, und einer Ausgabeschicht (Output Layer), bei der die Neuronen Signale empfangen, aber nicht weiterleiten (Bild 22.4).

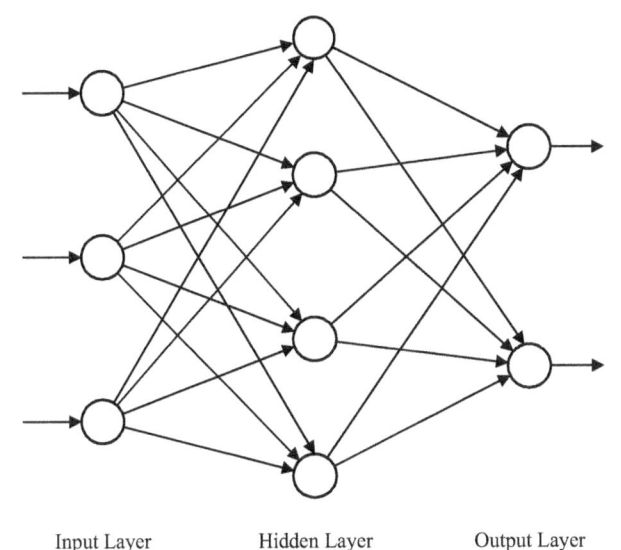

Bild 22.4
Vorwärtsgerichtetes Netz mit drei Schichten

22.1.4 Arbeitsweise neuronaler Netze

Kennzeichnend für die Arbeitsweise eines neuronalen Netzes ist dessen Lernfähigkeit. Die hierzu entwickelten Lernverfahren (Propagierungsregeln) haben die Aufgabe, aus einem Eingabemuster durch gezieltes Training und die damit verbundene Modifizierung des neuronalen Netzes – das neuronale Netz „lernt" – ein zugehöriges Ausgabemuster als Zielfunktion zu erlernen. Lernverfahren können wie folgt eingeteilt werden:

- überwachtes Lernen (supervised learning)
- bestärkendes Lernen (reinforcement learning)
- unüberwachtes Lernen (unsupervised learning, self-organized learning)

Das **überwachte Lernen** nutzt das Wissen eines „externen Lehrers", der dem Netz zu jedem Eingabemuster das korrekte Ausgabemuster als Zielfunktion oder dessen Differenz mitteilt. Die Aufgabe des zugrunde gelegten Lernverfahrens besteht dann darin, aufgrund von Trainingsdaten (Testmuster) mit bekanntem Soll- und Istwert-Verhalten das neuronale Netz derart zu modifizieren, z. B. durch die Gewichtung, dass eine „optimale" Lösung für alle Trainingsmuster und aufgrund des Lernverfahrens auch für unbekannte Eingangsmuster gefunden wird. Häufig verwendete Lernregeln sind die Delta-Regel (Perzeptron-Lernregel) und die Backpropagation (Backpropagation of Error oder Fehlerrückführung).

Beim **verstärkenden Lernen** wird dem Netz durch den Lehrer (Trainer) lediglich mitgeteilt, ob das Ausgabemuster richtig oder falsch war. Das korrekte Ausgabemuster (Zielwerte) oder die Differenz zwischen Soll- und Ist-Ausgabe wird dem Netz nicht mitgeteilt. Das heißt, das Netz muss die richtige Ausgabe selbst finden.

Beim **unüberwachten Lernen** – auf das Wissen eines externen Lehrers (Trainers) wird bei diesem Lernverfahren verzichtet – werden dem neuronalen Netz lediglich die entsprechenden Eingabemuster zur Verfügung gestellt. Das Netz versucht dann diese präsentierten Eingabemusterdaten in entsprechende ähnliche Ausgabemuster zu klassifizieren (self-organized learning). Das heißt, das neuronale Netz modifiziert sich entsprechend dem Eingabemuster von selbst (siehe selbstorganisierende Karten von Kohonen).

Wie vorangehend erläutert und klassifiziert, haben Lernverfahren aufgrund einer Lernregel die Aufgabe, das neuronale Netz zu modifizieren. Dabei kann die Modifizierung auch darin bestehen, dass das neuronale Netz Neuronen und Verbindungen löscht oder neu entwickelt, d.h. seine Topologie, die Aktivierungsfunktion (Ausgabefunktion) der Neuronen oder seine Verbindungsstärke verändert.

Die Modifizierung der Verbindungsstärke, d.h. die Veränderung der Gewichtung, ist eine der wichtigsten und am häufigsten verwendeten Lernregeln und beruht auf der hypothetischen Erkenntnis des kanadischen Psychologen Donald Hebb (siehe Lit.), der 1949 den neurobiologischen Prozess des Lernens wie folgt beschrieb:

„Wenn ein Axon der Zelle A ... die Zelle B erregt und wiederholt und dauerhaft zur Erregung von Aktionspotenzialen in Zelle B beiträgt, so resultiert dies in Wachstumsprozessen oder metabolischen Veränderungen in einer oder in beiden Zellen, die bewirken, dass die Effizienz von Zelle A in Bezug auf die Erzeugung eines Aktionspotenzials in B größer wird."

(Übersetzung nach Kandel et al., siehe Lit.)

Mathematisch formuliert benutzt die Hebbsche Lernregel bezüglich der Änderung der Gewichtung Δw_{ij} folgende Gleichung:

$$\Delta w_{ij} = \eta \cdot x_i \cdot o_j \tag{22.7}$$

η = Lernrate (Konstante)
x_i = Eingangssignal als Input des Neurons i (Ausgangssignal des vorgeschalteten Neurons)
o_j = Ausgangssignal als Output des Neurons und Aktivierung des nachfolgenden Neurons j

Weitere bekannte Lernregeln sind die im Folgenden genannten.

Perzeptron-Lernregel

Die Perzeptron-Lernregel wurde von Rosenblatt (siehe Lit.) entwickelt. Der Lernalgorithmus ist derart aufgebaut, dass in einem ersten Schritt der gewünschte Eingangsvektor am Eingang angelegt und mit dem Ausgangsvektor des Perzeptrons verglichen wird. In den nächsten Schritten werden dann die Gewichtungen derart modifiziert, dass der Fehler reduziert wird (Rojas, siehe Lit.).

Delta-Regel (Widrow-Hoff-Regel)

Die Änderung der Gewichtung (Gewichtungsanpassung Δw_{ij}) erfolgt proportional zur Differenz zwischen der aktuellen und der erwarteten Aktivierung.

$$\Delta w_{ij} = \eta \cdot \delta_i \cdot o_j \tag{22.8}$$

η = Lernrate, charakterisiert die Größe der Gewichtsänderung pro Lernschritt
δ_i = Lernfaktor

Die Delta-Regel kann jedoch lediglich auf einschleifige neuronale Netze mit einer linearen Aktivierungsfunktion im Rahmen des überwachten Lernens angewendet werden. Der Fehler wird mithilfe der Methode der kleinsten Quadrate minimiert.

Backpropagation-Regel

Die Backpropagation-Regel (Rückpropagierungs-Algorithmus), auch Backpropagation of Error (Fehlerrückführung) genannt, wird gegenwärtig als wirkungsvolle Lernregel angesehen und ist aufgrund der vielfältigen Anwendungsmöglichkeiten weit verbreitet. Der Algorithmus ist eine Verallgemeinerung der Delta-Regel für das überwachte Lernen und kann auch Gewichtungen in verborgenen, vorwärtsgerichteten mehrlagigen Schichten adjustieren. Dabei werden nichtlineare differenzierbare Aktivierungsfunktionen wie die sigmoide Funktion, siehe Formel 22.3 bis Formel 22.6, verwendet.

Arbeitsweise des Backpropagation-Algorithmus:

- In einem ersten Feedforward-Schritt wird am Eingang des Netzes ein Trainingsmuster als Eingabevektor angelegt.
- Der errechnete Ausgabevektor wird dann mit dem gewünschten Zielvektor verglichen und eine Fehlerfunktion für die Differenz bestimmt.
- Im nachfolgenden Rückpropagierungsschritt wird die Fehlerfunktion auf die einzelnen Gewichte der Schichten zurückgeführt. Dabei werden die Gewichte der Neuronenverbindungen entsprechend ihrem Einfluss auf den Fehler verändert.
- Der Vorgang des Soll-Istwert-Vergleiches wird so lange wiederholt, bis die Fehlerfunktion für alle Trainingsmuster minimiert ist und der Istwert, zumindest angenähert, mit dem Sollwert übereinstimmt.

Die Fehlerfunktion E wird dabei allgemein durch den quadratischen Fehler definiert:

$$E = \frac{1}{2} \sum_{i=1}^{n} (t_i - o_i)^2 \tag{22.9}$$

n = Anzahl der zu klassifizierenden Trainingsmuster
t_i = Zielwerte (target) der Soll-Ausgabe
o_i = errechnete Ist-Ausgabe des Neurons i

Entsprechend der Formel 22.9 erfolgt die Bestimmung des Minimums der Fehlerfunktion durch die Berechnung des Gradientenabstiegs entlang der Fehlerfunktion (Gradienten-Abstiegsverfahren) durch die Änderung der Gewichte in Richtung des negativen Gradienten. Eine ausführliche Herleitung ist unter anderem bei Rumelhart, Pao, Rojas (siehe Lit.) zu finden. Erstmals vorgestellt wurde das Backpropagation-Verfahren von Werbos (siehe Lit.).

Als Ergebnis werden die im Folgenden genannten zwei Fälle unterschieden.

- Befindet sich das Neuron in der Ausgabeschicht und ist damit direkt an der Sollausgabe beteiligt, so ist das Fehlersignal δ_j des Neurons j durch folgende Gleichung gegeben:

$$\delta_j = f'_{\text{act}}(\text{net}_j)(t_j - o_j) \tag{22.10}$$

- Befindet sich das Neuron hingegen in einer verdeckten Schicht, so wird das Fehlersignal aus den δ's der vorhergehenden Schichten indirekt durch Summation berechnet

$$\delta_j = f'_{act}(\text{net}_j) \cdot \sum_{k=1}^{n} \delta_k \cdot w_{jk} \qquad (22.11)$$

mit k als Index der nachfolgenden Neuronen von j.

Die Gewichtsänderung des Lernprozesses ist dann durch

$$\Delta w_{ij} = \eta \cdot d_j \cdot o_i \text{ (für die Ausgabeschicht) und} \qquad (22.12)$$

$$\Delta w_{ik} = \eta \cdot d_k \cdot o_i \text{ (für die innere Schicht)} \qquad (22.13)$$

und allgemein durch

$$w_{ij}^{neu} = w_{ij}^{alt} + \Delta w_{ij} \qquad (22.14)$$

gegeben.

Da beim klassischen Backpropagation-Algorithmus keine Aussage hinsichtlich des globalen Minimums getroffen werden kann (Bild 22.5), werden Erweiterungen, wie die Backpropagation mit variablem Trägheitsterm (Momententerm), die ein Verlassen des lokalen Minimums ermöglichen, vorgenommen (Rumelhart, Zell, Haykin sowie Bishop et al., siehe Lit.).

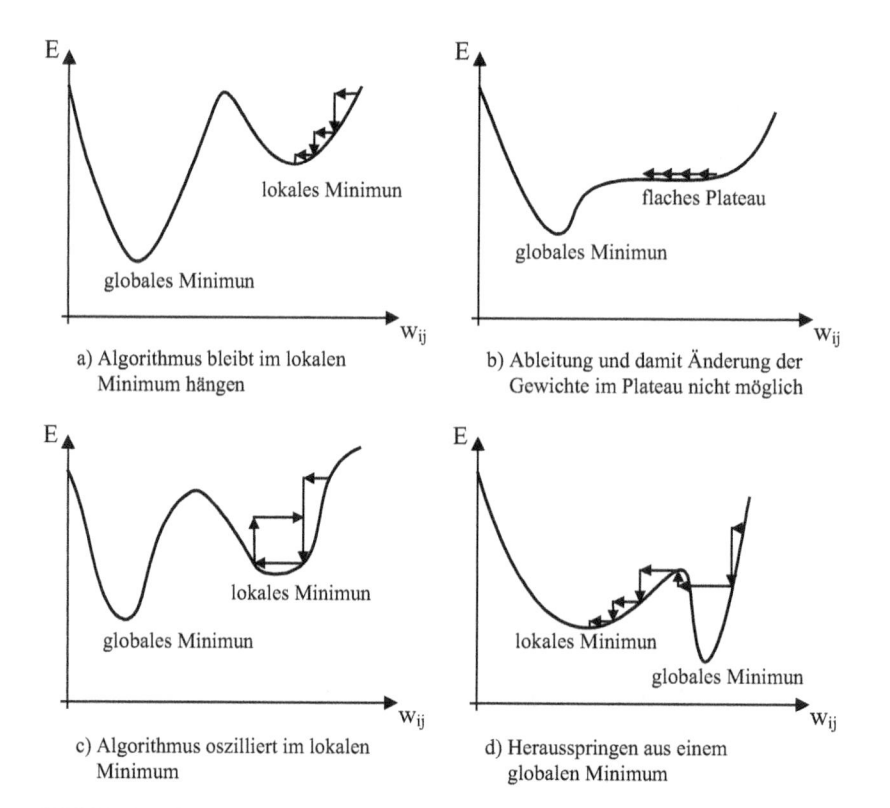

Bild 22.5 Auftretende Probleme bei der Suche nach dem globalen Minimum (Zell, siehe Lit.)

22.2 Anwendung in der technischen Zuverlässigkeit

In diesem Abschnitt werden die folgenden zwei Anwendungsbereiche kurz vorgestellt:
- Schätzung von Verteilungsparametern im Bereich der Zuverlässigkeitsprüfung
- neuronale Zuverlässigkeitsprognose

Es handelt sich hierbei um Forschungsergebnisse aus der Arbeitsgruppe der Autoren, die ausführlich in den Dissertationen von van Mahnen (siehe Lit.) und Meyer (siehe Lit.) publiziert sind.

22.2.1 Neuronale Schätzung der Parameter einer Verteilungsfunktion

Die Schätzung von Verteilungsparametern wurde in Kapitel 16 ausführlich behandelt. Parameter von Verteilungsfunktionen können aber auch mit Hilfe von neuronalen Netzen geschätzt werden, da es sich hierbei prinzipiell um ein Mustererkennungsproblem handelt.

In dem Ansatz von Liu et al. (siehe Lit.) wird ein empirisches Dichtehistogramm zugrunde gelegt, welches mit heuristischen, per Zufallszahl erzeugten Dichtehistogrammen als Beispielmuster trainiert und bewertet wird (Bild 22.6). Die Anzahl der Eingabeneuronen ist hierbei durch die Anzahl der Intervalle des Dichtehistogramms gegeben. Die Anzahl der Ausgabeneuronen entspricht der Zahl der zu schätzenden Parameter. Wie van Mahnen zeigen konnte, führt der Ansatz von Liu et al. bei kleinen Stichproben jedoch zu keinen akzeptablen Ergebnissen, da die Intervallbildung zu einer „Glättung" der Daten und damit verbunden zu einem Informationsverlust führt.

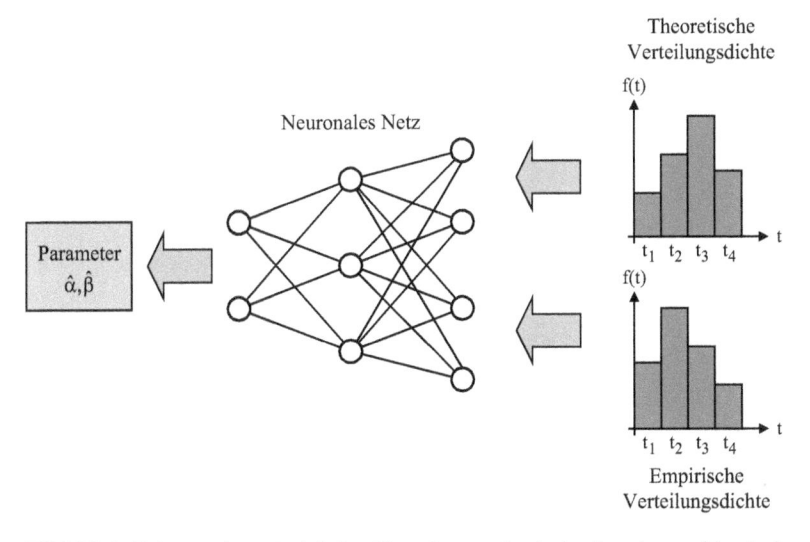

Bild 22.6 Schema der prinzipiellen Vorgehensweise beim Ansatz von Liu et al.

Der Ansatz von van Mahnen legt deshalb nicht das empirische Dichtehistogramm, sondern die Verteilungsfunktion selbst (Bild 22.7) zugrunde.

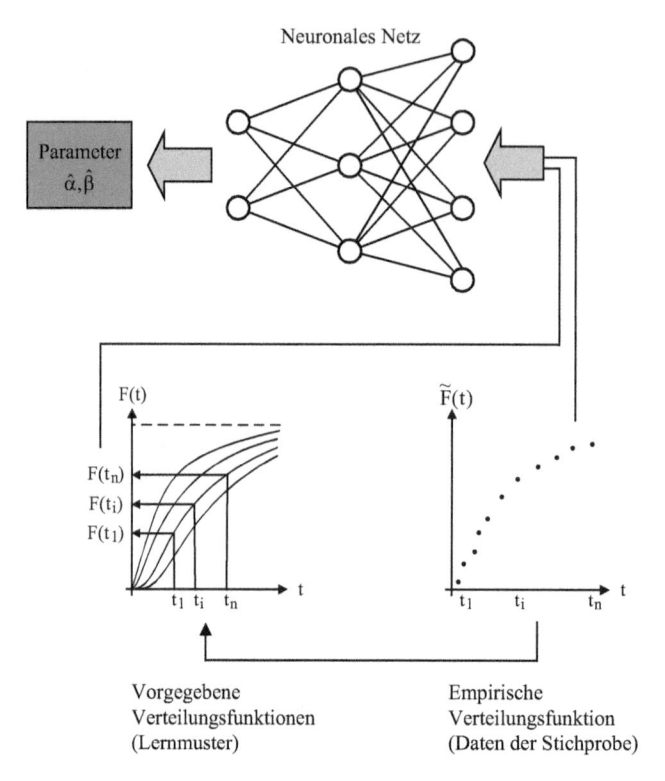

Bild 22.7 Schema der prinzipiellen Vorgehensweise beim Modellansatz von van Mahnen

Das neuronale Netz besteht aus drei Schichten: einer Eingabeschicht, einer verdeckten Schicht und einer Ausgabeschicht. Die Anzahl der Eingabeneuronen entspricht den zur Verfügung stehenden Ausfalldaten und die Anzahl der Ausgabeneuronen ist gleich der Anzahl der zu schätzenden Parameter.

Ausgehend von der empirischen Verteilungsfunktion werden aus den Ausfallzeitpunkten t_i (Daten der Stichprobe) die jeweiligen Werte der theoretischen Verteilungsfunktion $F(t_i)$ ermittelt. Diese bilden zusammen mit den jeweiligen Parametern Lern- und Verteilungsmusterpaare. Für die Erstellung des neuronalen Netzes sind jedoch entsprechende Vorarbeiten erforderlich, die aus dem Ablaufdiagramm (Bild 22.8) hervorgehen. Eine ausführliche Beschreibung der einzelnen Phasen kann in van Mahnen (siehe Lit.) nachgelesen werden.

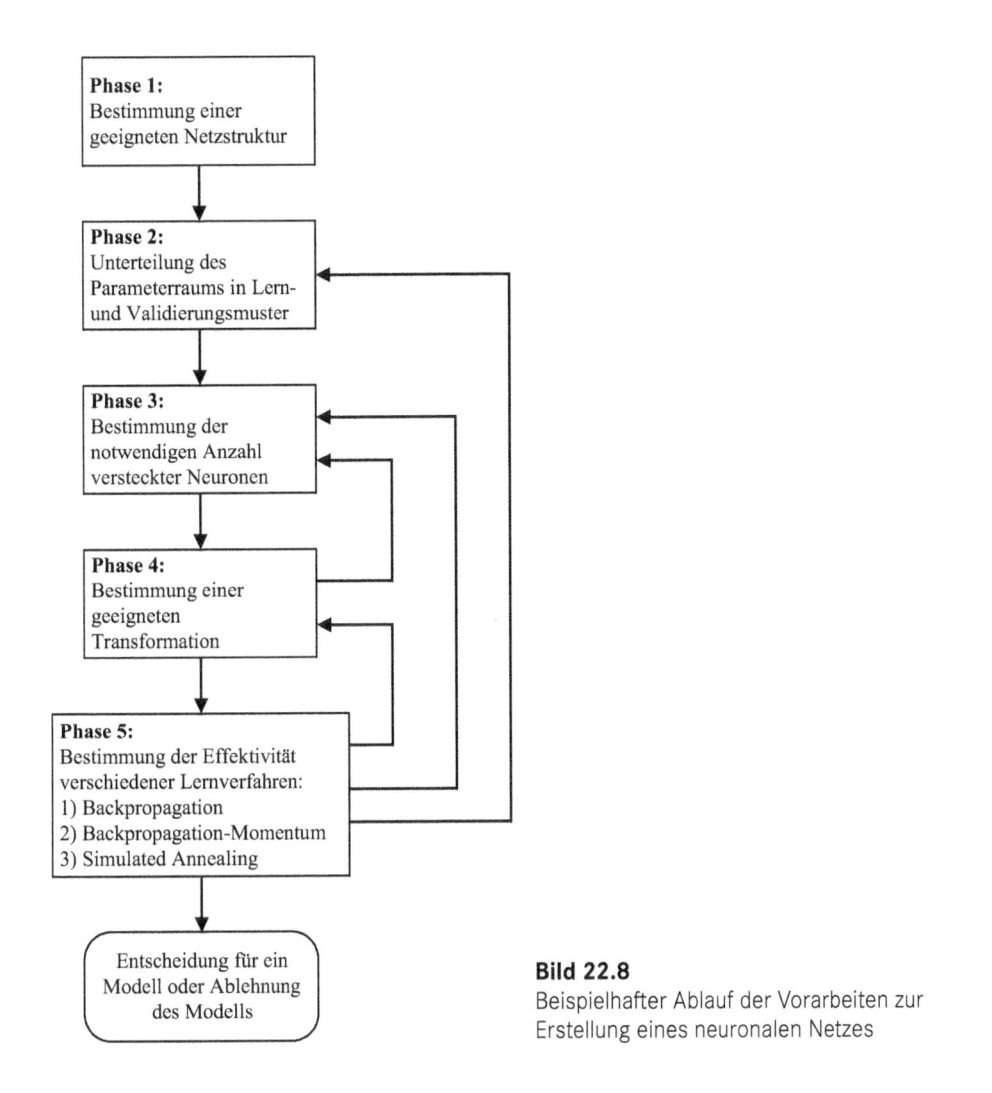

```
┌─────────────────────┐
│ Phase 1:            │
│ Bestimmung einer    │
│ geeigneten Netz-    │
│ struktur            │
└──────────┬──────────┘
           ▼
┌─────────────────────┐
│ Phase 2:            │
│ Unterteilung des    │◄──────┐
│ Parameterraums in   │       │
│ Lern- und Validie-  │       │
│ rungsmuster         │       │
└──────────┬──────────┘       │
           ▼                  │
┌─────────────────────┐       │
│ Phase 3:            │◄──────┤
│ Bestimmung der      │◄──┐   │
│ notwendigen Anzahl  │   │   │
│ versteckter Neuronen│   │   │
└──────────┬──────────┘   │   │
           ▼              │   │
┌─────────────────────┐   │   │
│ Phase 4:            │◄──┤   │
│ Bestimmung einer    │   │   │
│ geeigneten          │   │   │
│ Transformation      │   │   │
└──────────┬──────────┘   │   │
           ▼              │   │
┌─────────────────────────┐   │
│ Phase 5:                │───┘
│ Bestimmung der Effek-   │
│ tivität verschiedener   │
│ Lernverfahren:          │
│ 1) Backpropagation      │
│ 2) Backpropagation-     │
│    Momentum             │
│ 3) Simulated Annealing  │
└──────────┬──────────────┘
           ▼
   ╭───────────────╮
   │ Entscheidung  │
   │ für ein Modell│
   │ oder Ablehnung│
   │ des Modells   │
   ╰───────────────╯
```

Bild 22.8
Beispielhafter Ablauf der Vorarbeiten zur Erstellung eines neuronalen Netzes

Das neuronale Netz wird dann so lange trainiert, bis die Fehlerfunktion „akzeptable" Werte liefert. Anschließend werden die einzelnen Werte der empirischen Verteilungsfunktion in das Netz eingegeben und die zu schätzenden Parameter ermittelt.

Beispiel 22.2.1-1

Untersucht wurde das Ausfallverhalten von Drehzahlsensoren im Rahmen einer Laborprüfung. Die aus einer Serienfertigung entnommenen Drehzahlfühler werden nacheinander in drei Prüfungsabschnitten getestet. Dabei sind die Prüfungsabschnitte durch unterschiedliche Temperaturwechselzyklen zwischen −40 °C und +130 °C und Zeiten (30 min und 60 min) gekennzeichnet.

Die Darstellung in Bild 22.9 zeigt die Ergebnisse für $n = 23$ Prüflinge, wobei die Parameterschätzung mittels Wahrscheinlichkeitspapier, rechnerisch und mittels neuronaler Netze erfolgte. Zugrunde gelegt wurde eine Weibull-Verteilung mit den Parametern α und β.

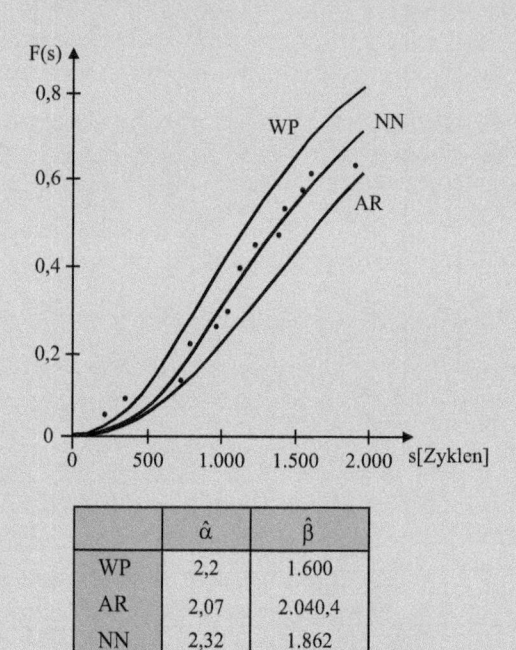

	$\hat{\alpha}$	$\hat{\beta}$
WP	2,2	1.600
AR	2,07	2.040,4
NN	2,32	1.862

Bild 22.9 Verteilungsfunktion $F(s)$, WP: Wahrscheinlichkeitspapier, AR: Analytische Schätzung, NN: Neuronale Schätzung, •: empirische Daten

Es ist optisch zu erkennen, dass eine gute Anpassung der empirischen Verteilungsfunktion durch die stetige Verteilungsfunktion mit den neuronal und rechnerisch geschätzten Parametern gegeben ist.

Der anschließend durchgeführte Hollander-Proschan-Anpassungstest (siehe Lit.) bestätigt die Annahme der rechnerischen und neuronalen Schätzung für die ermittelten Parameter $\hat{\alpha}$ und $\hat{\beta}$. Die Bestimmung der Parameter mittels Wahrscheinlichkeitspapier wird hingegen verworfen.

Aufgrund weiterer intensiver, beispielhafter Untersuchungen konnte van Mahnen zeigen, dass vorwärtsgerichtete Netze unter Anwendung des Backpropagation-Algorithmus mit Momenten-Term dazu in der Lage sind, bei geeigneter Präsentation der Lernmuster auch bei kleiner Stichprobe gute Parameterschätzungen zu liefern. Alle Untersuchungen wurden mit dem bekannten Stuttgarter Neuronale Netze Simulator (SNNS) (Zell et al., siehe Lit.) durchgeführt.

22.2.2 Neuronale Zuverlässigkeitsprognose

Bekanntlich ist die Zuverlässigkeit technischer Systeme von einer Vielzahl von Parametern abhängig. Die Ermittlung der Einflussgrößen, wie z. B. Temperatur, Feuchtigkeit, Vibration, entsprechend dem Einsatzort, dem Nutzerverhalten, der Interaktion, deren Zusammenhang und formalem Einfluss auf die Zuverlässigkeit ist in der Regel sehr schwierig.

Meyer verfolgt deshalb unter anderem in seiner Dissertation (siehe Lit.) das Ziel, mithilfe eines neuronalen Netzes die funktionalen Zusammenhänge zwischen Ausfallverhalten und möglichen Einflussgrößen zu modellieren.

Als Beispiel wird das Ausfallverhalten von Wischermotoren in einzelnen US-Bundesstaaten mit deren vielfältigen klimatischen Verhältnissen untersucht. Dabei wurden folgende Daten als ausgewählte Einflussfaktoren für die einzelnen US-Bundesstaaten ermittelt:

BD   Bevölkerungsdichte [Einwohner/km^2]

NW   monatliche Niederschlagsmenge im Winter (Dez. – Feb.) [mm]

NF   monatliche Niederschlagsmenge im Frühling (Mrz. – Mai) [mm]

NS   monatliche Niederschlagsmenge im Sommer (Jun. – Aug.) [mm]

NH   monatliche Niederschlagsmenge im Herbst (Sep. – Nov.) [mm]

NJ   Jahresniederschlagsmenge [mm]

DN   maximale Differenz monatlicher Niederschläge zwischen Jahreszeiten [mm]

TJ   jährliche Durchschnittstemperatur [°C]

RT   Regentage pro Jahr mit mehr als 0,254 mm Niederschlag

DR   maximale Differenz monatlicher Regentage mit mehr als 0,254 mm Niederschlag

Ergänzend wurden auch die Bevölkerungszahlen und die zugehörigen Flächen der US-Bundesstaaten als Maß für die Urbanisierung ermittelt.

Ferner standen die Ausfalldaten von Wischermotoren für 16 Bundesstaaten während der zweijährigen Garantiezeit und die für eine Zuverlässigkeitsprognose erforderlichen weiteren Daten (siehe Abschnitt 28.3) zur Verfügung. Als neuronales Netz wurde ein Multi-Layered-Perceptron-Netzwerk mit einer verdeckten Schicht – wie in Abschnitt 20.1 beschrieben – verwendet (Bild 22.10).

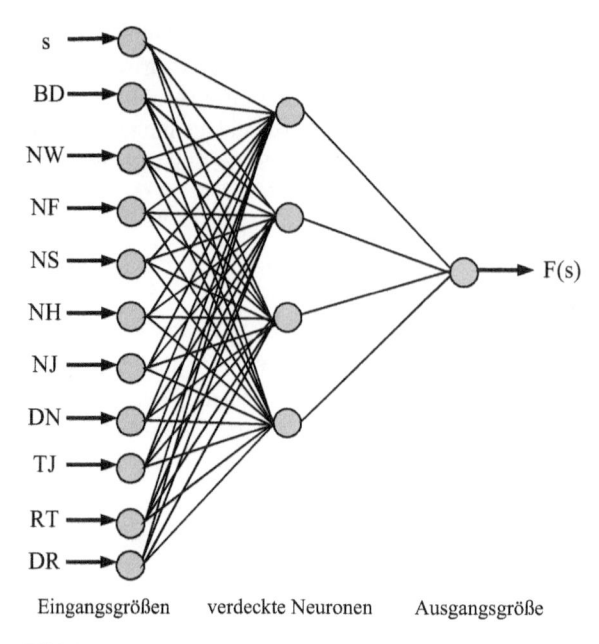

Bild 22.10 Neuronales Netz des Zuverlässigkeitsprognosemodells

Die Eingangsgrößen des Netzes sind die vorangehend aufgeführten Einflussgrößen sowie die Fahrstrecke s. Die Ausgangsgröße als Zielgröße ist die km-abhängige Ausfallwahrscheinlichkeit $F(s)$.

Um dem neuronalen Netz das km-abhängige Ausfallverhalten der Wischermotoren präsentieren zu können, ist es notwendig, den Verlauf der km-abhängigen Ausfallwahrscheinlichkeit geeignet zu codieren. Dazu wird die Ausfallwahrscheinlichkeit für verschiedene diskrete Strecken s_i, mit $i = 1, 2, \ldots, n$, bestimmt. Bild 22.11 zeigt beispielhaft die für Florida ermittelte km-abhängige Ausfallwahrscheinlichkeit für diskrete Werte der gefahrenen Strecke s_i.

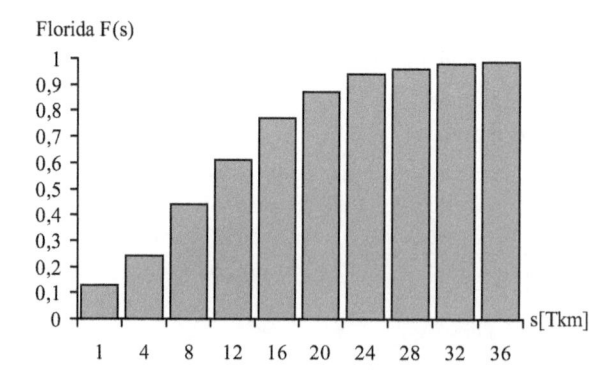

Bild 22.11 Kilometerabhängige Ausfallwahrscheinlichkeit für diskrete Strecken

Das Ausfallverhalten in Florida wird folglich durch zehn Trainingsmuster, entsprechend den zehn berechneten Werten der zugehörigen Ausfallwahrscheinlichkeit, charakterisiert. Die Parameter der Einflussgrößen sind für alle Trainingsmuster eines US-Bundesstaates identisch. Ein Trainingsmuster besteht aus den Eingangsgrößen (Input) und der zugehörigen Ausgangsgröße (Output). Die Eingangsgrößen setzen sich aus der gefahrenen Strecke s_i und den für den zugehörigen US-Bundesstaat bestimmten Einflussgrößen zusammen. Die Ausgangsgröße ist die zu der Strecke s_i gehörende Ausfallwahrscheinlichkeit $F(s_i)$.

Nach dem Training soll das Netz dazu in der Lage sein, die zu jedem s_i gehörende Ausfallwahrscheinlichkeit $F(s_i)$ ausreichend genau zu approximieren.

Die Daten werden mithilfe der linearen Transformation entsprechend vorverarbeitet (Meyer, siehe Lit.). Als Lernverfahren wird der Backpropagation-Algorithmus mit einer Lernrate η = 1,0 verwendet.

Bild 22.12 zeigt den Verlauf des Netzfehlers (SSE) für den Trainings- und Validierungsdatensatz. Bei etwa 5000 Lernzyklen wurde das Training des Netzes abgebrochen, da bei weiterem Training die Generalisierungsfähigkeit des Netzes stark abnehmen würde.

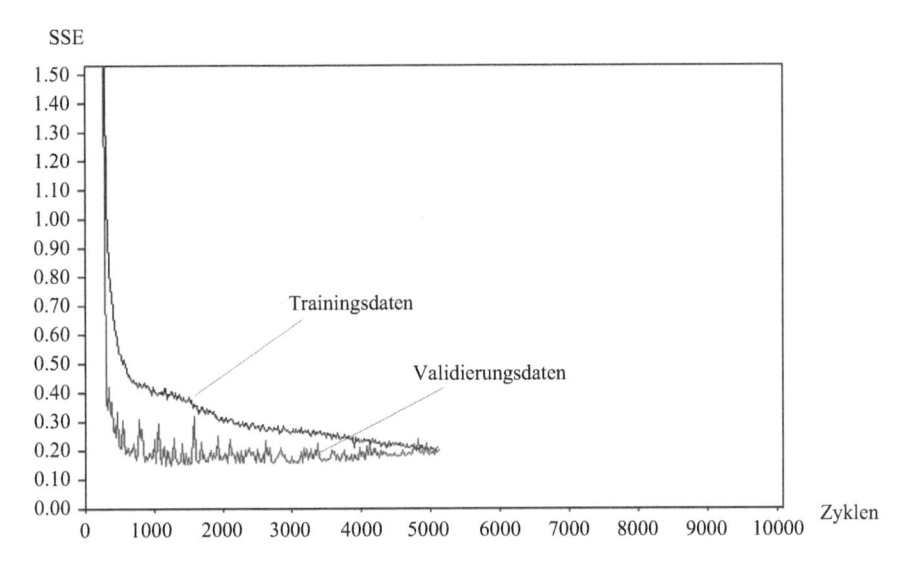

Bild 22.12 Summe der Abweichungsquadrate (SSE) für Trainings- und Validierungsdaten

Das trainierte neuronale Netz ist nun in der Lage, die Ausfallwahrscheinlichkeit der untersuchten Wischermotoren in Abhängigkeit der definierten Einflussfaktoren zu approximieren. Zur Überprüfung werden dem Netz die Eingangsdaten des Testdatensatzes präsentiert. Das trainierte Netz bestimmt dann für den unbekannten Datensatz die zugehörigen Ausgangsgrößen. Es prognostiziert somit die Ausfallwahrscheinlichkeit der Wischermotoren in anderen US-Bundesstaaten unter Berücksichtigung der Einflussgrößen in diesen Staaten.

Die tatsächlichen und prognostizierten Ausfallwahrscheinlichkeiten für die US-Bundesstaaten Georgia und North Carolina der Testdaten sind in Bild 22.13 und Bild 22.14 dargestellt, die eine sehr gute Prognosegüte für die verwendeten Daten darstellen.

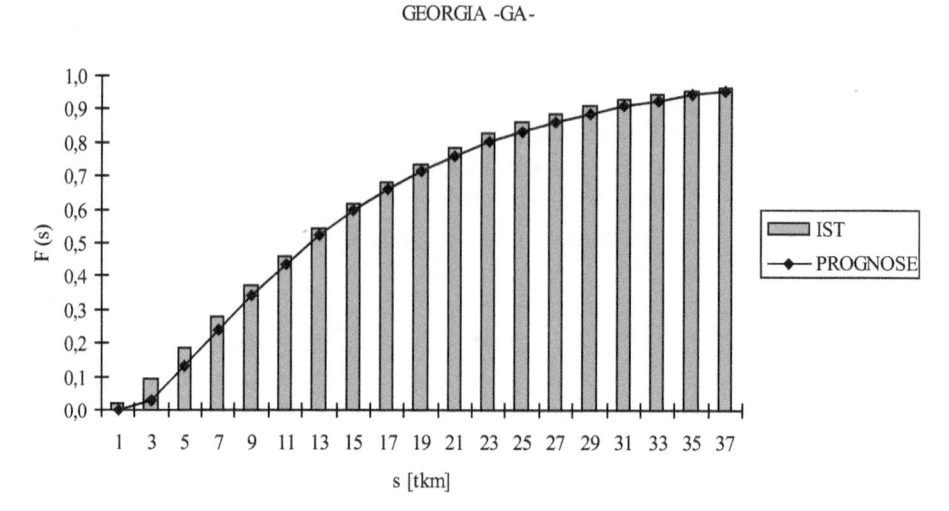

Bild 22.13 Tatsächliche und prognostizierte Ausfallwahrscheinlichkeit in Georgia

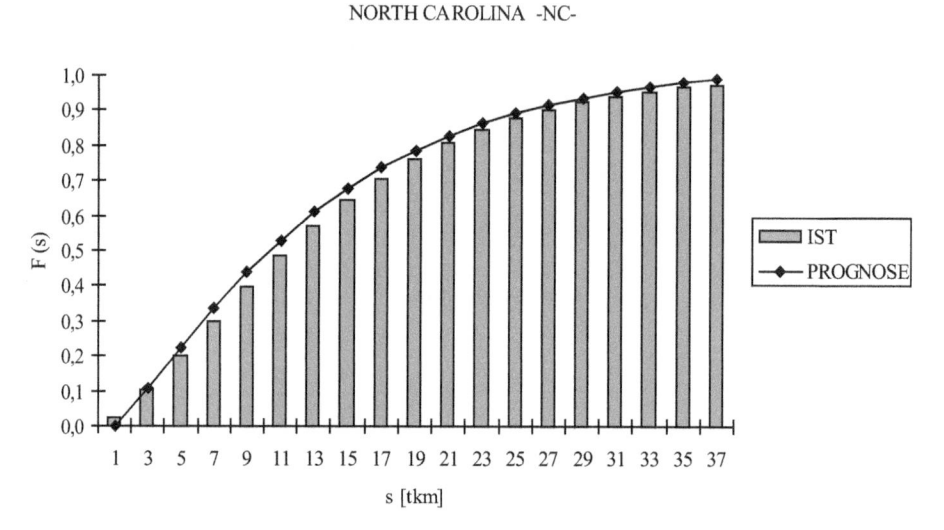

Bild 22.14 Tatsächliche und prognostizierte Ausfallwahrscheinlichkeit in North Carolina

Das trainierte neuronale Netz bildet die Grundlage eines neuronalen Zuverlässigkeitsprognosemodells, welches in der Lage ist, das Ausfallverhalten der Wischermotoren auch bei dem Netz zuvor unbekannten Einflussfaktoren zu prognostizieren.

Die beschriebene allgemeine Vorgehensweise zur Entwicklung solcher neuronalen Modelle lässt sich auch auf andere Anwendungsgebiete und Fragestellungen übertragen. So ist es beispielsweise oft schwierig, die Einflüsse der Testparameter bei gerafften Lebensdauertests zu modellieren oder komplexe Zusammenhänge bei kombinierten Prüfungen funktional zu beschreiben.

Die neuronalen Netze stellen, wie am Beispiel der untersuchten Wischermotoren gezeigt, eine gute Ergänzung zu klassischen statistischen Methoden dar und lassen sich durch die flexible Modellierbarkeit auch gut in der betrieblichen Praxis einsetzen.

Die vorangegangenen Ausführungen sind nach Meyer (siehe Lit.) modifiziert. Für die Untersuchungen wurde auch hier das Tool der Universität Stuttgart verwendet (Zell et al., siehe Lit.).

Teil V:
Zuverlässigkeitsprüfung und -bewertung

„Statistik ist die erste der ungenauen Wissenschaften."
Edmond de Goncourt (1822 – 1896)

23 Stichprobenverteilung

23.1 Stichprobenverteilung des Mittelwertes

Bekanntlich lässt sich aus einer Stichprobe mit den Merkmalswerten (n-Tupel) $\underline{x} = (x_1, x_2, ..., x_n)$ der empirische Mittelwert $\bar{x}$, auch **arithmetischer Mittelwert** genannt, aus

$$\bar{x} = \frac{1}{n} \cdot \sum_{i=1}^{n} x_i \approx \mu \tag{23.1}$$

und die **empirische Varianz** s^2 aus

$$s^2 = \frac{1}{n-1} \cdot \sum_{i=1}^{n} (x_i - \bar{x})^2 = \frac{1}{n-1} \left[\sum_{i=1}^{n} x_i^2 - \frac{1}{n} \left(\sum_{i=1}^{n} x_i \right)^2 \right] \approx \sigma^2 \tag{23.2}$$

berechnen. Diese können als Näherungswert für den Schätzwert des unbekannten Mittelwertes und der unbekannten Varianz σ^2 der Grundgesamtheit verwendet werden, wenn die Stichprobenwerte Realisierungen von stochastisch unabhängigen Zufallsvariablen (n-Tupel) $\underline{X} = (X_1, X_2, ..., X_n)$ mit $E(X_i) = \mu$ und $\sigma^2(X_i) = \sigma^2$ für alle $i = 1, 2, ..., n$ sind. $\bar{x}$ ist also die Realisierung der Zufallsvariablen

$$\bar{X} = \frac{1}{n} \cdot \sum_{i=1}^{n} X_i \tag{23.3}$$

und s^2 die von

$$S^2 = \frac{1}{n-1} \cdot \sum_{i=1}^{n} (X_i - \bar{X})^2 \tag{23.4}$$

Damit folgt

$$E(\bar{X}) = E(\frac{1}{n} \sum_{i=1}^{n} X_i) = \frac{1}{n} \cdot \sum_{i=1}^{n} E(X_i) \tag{23.5}$$

und mit

$$E(X_1) = E(X_2) = \ldots = E(X_n) = \mu \tag{23.6}$$

$$E(\overline{X}) = \frac{1}{n} \cdot n \cdot \mu = \mu \tag{23.7}$$

Das heißt, der Mittelwert der $\overline{X}$-Verteilung ist gleich dem Mittelwert der Ausgangsverteilung aller x-Werte. $\overline{X}$ ist demnach ein **erwartungstreuer Schätzwert** für μ.

Varianz bei stochastisch unabhängigen Zufallsgrößen X_i – Modell „Ziehen mit Zurücklegung"

Für die Varianz folgt bei paarweise **stochastisch unabhängigen Zufallsvariablen** aufgrund der Additivitätseigenschaft (Additionstheorem)

$$\begin{aligned}\sigma^2(\overline{X}) &= \sigma^2(\frac{1}{n} \cdot \sum_{i=1}^{n} X_i) = \frac{1}{n^2} \cdot \sigma^2(\sum_{i=1}^{n} X_i) \\ &= \frac{1}{n^2} \cdot \sum_{i=1}^{n} \sigma^2(X_i)\end{aligned} \tag{23.8}$$

und mit

$$\sigma^2(X_1) = \sigma^2(X_2) = \ldots = \sigma^2(X_n) = \sigma^2 \tag{23.9}$$

$$\sigma^2(\overline{X}) = \frac{1}{n^2} \cdot n \cdot \sigma^2 = \frac{\sigma^2}{n} \tag{23.10}$$

bzw.

$$\sigma^2(\overline{X}) = E\left((\overline{X} - \mu)^2\right) = \frac{\sigma^2}{n} \tag{23.11}$$

Die Standardabweichung (Standardfehler) des arithmetischen Mittels ist dann durch

$$\sigma(\overline{X}) = \frac{\sigma}{\sqrt{n}} \tag{23.12}$$

gegeben. Das heißt, die Streuung wird mit wachsendem n der Stichprobe immer kleiner. Des Weiteren gilt

$$E(S^2) = E\left(\frac{1}{n-1} \cdot \sum_{i=1}^{n} (X_i - \overline{X})^2\right) = \sigma^2 \tag{23.13}$$

d. h., S^2 ist ebenfalls ein erwartungstreuer Schätzwert für σ^2.

Hingegen ist die Schätzfunktion

$$S^{*2} = \frac{1}{n} \cdot \sum_{i=1}^{n} (X_i - \overline{X})^2 = \frac{n-1}{n} \cdot S^2 \quad \text{für } n > 1 \tag{23.14}$$

wegen

$$E(S^{*2}) = \frac{n-1}{n} \cdot E(S^2) = \frac{n-1}{n} \cdot \sigma^2 = \sigma^2 - \frac{\sigma^2}{n} < \sigma^2 \tag{23.15}$$

nicht erwartungstreu. Sie liefert entsprechend der vorangegangenen Beziehung Schätzwerte, die im Mittel um $\dfrac{\sigma^2}{n}$ kleiner als σ^2 sind.

Beispiel 23.1-1

Die Lebensdauer eines bestimmten Motors sei normalverteilt und durch μ = 3000 h und σ = 200 h gekennzeichnet. Aus der Produktion wird eine Stichprobe vom Umfang n = 30 entnommen. Wie groß ist die Wahrscheinlichkeit, dass die Stichprobe eine durchschnittliche Lebensdauer von weniger als 2900 h hat?

Lösung:

$$E(\bar{X}) = \mu = 3000\,\text{h}$$

$$\sigma(\bar{X}) = \frac{\sigma}{\sqrt{n}} = \frac{200}{\sqrt{30}} \approx 36{,}51\,\text{h}$$

$$u = \frac{\bar{x} - \mu}{\sigma(\bar{X})} \approx \frac{2900 - 3000}{36{,}51} \approx -2{,}74$$

$$P(\bar{X} < 2900) = \phi(-2{,}74) \approx 0{,}0031$$

Grafische Darstellung:

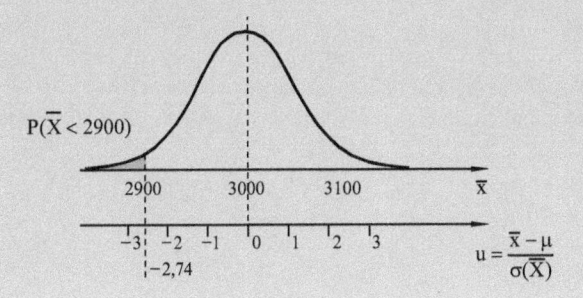

Varianz bei stochastisch abhängigen Zufallsgrößen X_i – Modell „Ziehen ohne Zurücklegung"

Für den Fall, dass bei einem Zuverlässigkeitstest die ausgefallenen Bauelemente nicht ersetzt werden, sind die Zufallsvariablen X_i (i = 1, …, n) nicht mehr unabhängig voneinander (siehe Abschnitt 10.2.3 hypergeometrische Verteilung). Es lässt sich zeigen, dass für diesen Fall der Erwartungswert sich ebenfalls zu

$$E(\bar{X}) = \mu \qquad (23.16)$$

errechnet. Für die Varianz des arithmetischen Mittels folgt jedoch:

$$\sigma^2(\bar{X}) = \frac{\sigma^2}{n} \cdot \frac{N-n}{N-1} \qquad (23.17)$$

Dabei ist N die Anzahl der Grundgesamtheit.

Der Korrekturfaktor

$$\frac{N-n}{N-1} \qquad (23.18)$$

auch **Endlichkeitskorrekturfaktor** genannt, kann für

$$\frac{n}{N} < 0{,}05 \qquad (23.19)$$

vernachlässigt werden, denn

$$\frac{N-n}{N-1} \approx \frac{N-n}{N} = 1 - \frac{n}{N} \qquad (23.20)$$

Der Faktor $\frac{n}{N}$ heißt **Auswahlsatz**.
Die vorangegangene Näherung ist in der Praxis häufig gegeben, sodass beim Modell „Ziehen ohne Zurücklegung" quasi die gleichen Beziehungen gelten wie beim Modell „Ziehen mit Zurücklegung".

Für $n > 30$ und $N \geq 2 \cdot n$ ist das arithmetische Mittel in guter Näherung wieder normalverteilt, d.h., die Grundgesamtheit selbst muss nicht normalverteilt sein.

Beispiel 23.1-2

Wir betrachten wiederum das Beispiel 23.1-1. Aus der Produktion von $N = 100$ Motoren wird nunmehr eine Stichprobe von $n = 10$ Motoren „ohne Zurücklegung" entnommen. Wie groß ist die Wahrscheinlichkeit, dass die Stichprobe eine durchschnittliche Lebensdauer zwischen 2995 h und 3010 h aufweist?

Lösung:

$$E(\overline{X}) = \mu = 3000\,\text{h}$$

$$\sigma(\overline{X}) = \frac{\sigma}{\sqrt{n}} \sqrt{\frac{N-n}{N-1}} = \frac{200}{\sqrt{10}} \sqrt{\frac{100-10}{100-1}} \approx 60{,}3\,\text{h}$$

$$P(2995 < \overline{X} < 3010) = \phi\left(\frac{3010-3000}{60{,}3}\right) - \phi\left(\frac{2995-3000}{60{,}3}\right)$$

$$= \phi(0{,}165) - \phi(-0{,}083)$$
$$= 0{,}5655 - 0{,}4669$$
$$= 0{,}0986$$

Aufgrund des zentralen Grenzwertsatzes (Abschnitt 24.1.6) konvergiert die Stichprobenverteilung des arithmetischen Mittels der identisch verteilten Zufallsvariablen X_i einer gleichen, beliebigen Verteilungsfunktion der Grundgesamtheit mit wachsenden n gegen die Normalverteilung mit $E(\overline{X}) = \mu$ und $\sigma^2(\overline{X}) = \frac{\sigma^2}{n}$.
Eine gute Näherung ist für $n > 30$ gegeben.

23.2 Stichprobenverteilung der Varianz

Definition 23.2-1

Es seien n Zufallsvariablen $X_i (i = 1, 2, ..., n)$ mit dem Erwartungswert $E(X_i) = \mu$ und der Varianz $\sigma^2(X_i) = \sigma^2$ σ für alle i = 1, 2, ..., n einer normalverteilten Grundgesamtheit vorausgesetzt. Dann folgt für die Stichprobenvarianz

$$S^2 = \frac{1}{n-1} \cdot \sum_{i=1}^{n}(X_i - \bar{X})^2 \qquad (23.21)$$

und

$$\frac{(n-1)}{\sigma^2} S^2 = \sum_{i=1}^{n}\left(\frac{X_i - \bar{X}}{\sigma}\right)^2 = \sum_{i=1}^{n} U_i^2 = U^* \qquad (23.22)$$

Dabei genügt die Quadratsumme von n standardisierten Zufallsvariablen U_i einer Chi-Quadrat-Verteilung (siehe Anhang) mit $v = n - 1$ Freiheitsgraden, wobei v eine natürliche Zahl ($v \in \mathbb{N}$) ist.

Dabei gilt:

$$E(U^*) = n \quad \text{und} \quad \sigma^2(U^*) = 2n \qquad (23.23)$$

Die Chi-Quadrat-Verteilung (χ^2-Verteilung) wurde von dem Astronomen F. R. Helmert[1] entwickelt. Der Name selbst stammt von Karl Pearson[2] (1900). Die praktische Bedeutung der χ^2-Verteilung für das Gebiet der Zuverlässigkeitsprüfung ist - wie noch gezeigt werden wird - sehr groß. Ersetzt man μ durch $\bar{X}$ (d. h., der Mittelwert μ einer Grundgesamtheit ist nicht bekannt, was bei statistischen Untersuchungen oft gegeben ist), so ergibt sich ebenfalls eine Chi²-Verteilung, mit $v = n - 1$ Freiheitsgraden. Es ist zu beachten, dass die Anzahl der Freiheitsgrade v einer Stichprobenfunktion allgemein durch $v = n - k$ definiert ist. Wobei n die Anzahl der unabhängigen Beobachtungen des Stichprobenumfanges und k die Anzahl der zu schätzenden Parameter einer Grundgesamtheit darstellt. Für kleine n ist die Dichte der χ^2-Verteilung linkssteil und geht für große n aufgrund des zentralen Grenzwertsatzes (Abschnitt 24.1.6) in die Normalverteilung über. Der primäre Anwendungsbereich der χ^2-Verteilung ist in den Test- und Schätzverfahren zu sehen (Kapitel 25 und Kapitel 26).

---

[1] Friedrich Robert Helmert (1843 – 1917)
[2] Karl Pearson (1857 – 1936)

23.3 Stichprobenverteilung der Mittelwerte bei unbekannter Varianz

Wir legen wiederum eine Normalverteilung $N(\mu, \sigma^2)$ für die Merkmalswerte einer Grundgesamtheit zugrunde. Dann ist der Stichprobenmittelwert $\bar{X}$ ebenfalls – wie bereits in Abschnitt 23.1 gezeigt – $N(\mu, \sigma^2/n)$-normalverteilt.

> **Definition 23.3-1**
>
> Gegeben seien zwei voneinander unabhängige Zufallsvariablen, von denen die eine (U) standard-normalverteilt und die andere U^*, χ^2-verteilt mit ν Freiheitsgraden ist.
>
> Dann gehorcht die Zufallsvariable T
>
> $$T = \frac{U}{\sqrt{\frac{U^*}{\nu}}} \qquad (23.24)$$
>
> einer Student-Verteilung (t-Verteilung) mit $\nu = n - 1$ Freiheitsgraden (siehe Anhang).

Die Student-Verteilung wurde von W. S. Gosset[3], der unter dem Pseudonym „Student" publizierte, im Jahre 1908 entwickelt. Die Student-Verteilung wird bei Schätzungen und Hypothesentests verwendet. Gosset beantwortet die Frage, wie Konfidenzintervalle für das arithmetische Mittel im Falle kleiner Stichproben ($n < 30$) zu ermitteln sind, wenn diese aus einer Grundgesamtheit stammen, die normalverteilt, deren **Varianz aber unbekannt** ist. Sind $\underline{x} = (x_1, x_2, ..., x_n)$ die Merkmalswerte einer Stichprobe vom Umfang n mit $n > 1$ aus einer $N(\mu, \sigma^2)$-verteilten Grundgesamtheit, so ist

$$\frac{\text{Abweichung des Mittelwertes}}{\text{Standardabweichung des Mittelwertes}} = \frac{\bar{x} - \mu}{\frac{s}{\sqrt{n}}} = \frac{(\bar{x} - \mu)\sqrt{n}}{s} = t \qquad (23.25)$$

t-verteilt mit $\nu = n - 1$ Freiheitsgraden.

Die t-Verteilung eignet sich besonders gut auch zur Auswertung von Daten mit Extremwerten, da die Flächen an den Enden im Gegensatz zur $N(0,1)$-Verteilung größer und weniger um null zentriert sind. Sie geht für $n \to \infty$ (gute Näherung $n > 30$) in die Normalverteilung über.

---

[3] William Sealy Gosset (1876 – 1937)

23.4 Stichprobenverteilung für die Differenz und Summe zweier arithmetischer Mittelwerte

Gegeben sind nunmehr zwei voneinander unabhängige normalverteilte Zufallsgrößen mit

$E(\underline{X}) = E(X_1) + E(X_2)$ und

$\sigma^2(\underline{X}) = \sigma^2(X_1) + \sigma^2(X_2)$

Für die Differenz $D = \overline{X}_1 - \overline{X}_2$ zweier Stichprobenmittelwerte $\overline{X}_1$ und $\overline{X}_2$, die voneinander unabhängig sind, gilt dann mit

$$E(\overline{X}_1) = \mu_1, \quad E(\overline{X}_2) = \mu_2, \quad \sigma^2(\overline{X}_1) = \frac{\sigma_1^2}{n_1}, \quad \sigma^2(\overline{X}_2) = \frac{\sigma_2^2}{n_2} \tag{23.26}$$

$E(D) = E(\overline{X}_1 - \overline{X}_2) = E(\overline{X}_1) - E(\overline{X}_2) = \mu_1 - \mu_2$

und für die Varianz

$$\sigma^2(D) = \sigma^2(\overline{X}_1 - \overline{X}_2) = \sigma^2(\overline{X}_1) + \sigma^2(\overline{X}_2) = \frac{\sigma_1^2}{n_1} + \frac{\sigma_2^2}{n_2} \tag{23.27}$$

(siehe Abschnitt 8.3.2).

Für die Summe gilt entsprechend

$E(\overline{X}_1) + E(\overline{X}_2) = \mu_1 + \mu_2$ und

$$\sigma^2(\overline{X}_1) + \sigma_2^2(\overline{X}_2) = \frac{\sigma_1^2}{n_1} + \frac{\sigma_2^2}{n_2} \tag{23.28}$$

mit der standardisierten Zufallsvariable

$$U = \frac{D - E(D)}{\sigma(D)} = \frac{(\overline{X}_1 - \overline{X}_2) - (\mu_1 - \mu_2)}{\sqrt{\frac{\sigma_1^2}{n_1} + \frac{\sigma_2^2}{n_2}}} \tag{23.29}$$

Beispiel 23.4-1

Bei einem städtischen Verkehrsbetrieb sind $n_1 = 50$ Busse eines Typs A und $n_2 = 60$ Busse eines Typs B im Einsatz. Die durchschnittliche Lebensdauer des Typs A beträgt $\mu_1 = 18$ Jahre, Standardabweichung $\sigma_1 = 2$ Jahre, und die des Typs B $\mu_2 = 15$ Jahre, Standardabweichung $\sigma_2 = 3$ Jahre. Wie groß ist die Wahrscheinlichkeit, dass das arithmetische Mittel der Busse des Modells A um mehr als 4 Jahre größer ist als das des Modells B?

Lösung:

$$E(D) = \mu_1 - \mu_2 = 18 - 15 = 3 \text{ Jahre}$$

$$\sigma(D) = \sqrt{\frac{\sigma_1^2}{n_1} + \frac{\sigma_2^2}{n_2}} = \sqrt{\frac{2^2}{50} + \frac{3^2}{60}} = \frac{\sqrt{23}}{10} \approx 0,4796 \text{ Jahre}$$

$$u = \frac{d - E(D)}{\sigma(D)} = \frac{4 - 3}{0,4796} \approx 2,085$$

$$P(D > 4 \text{ Jahre}) = 1 - \phi(2,085) = 1 - 0,9815 = 0,0185$$

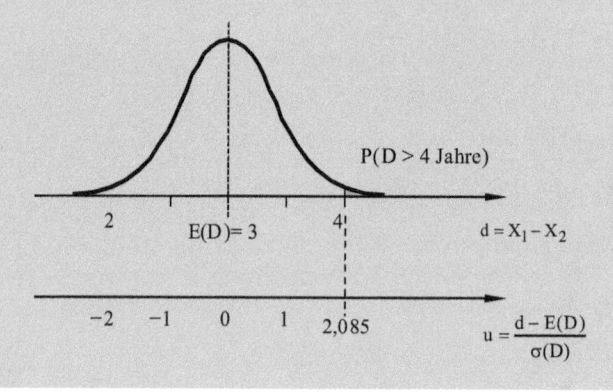

23.5 Stichprobenverteilung des Quotienten zweier Varianzen

Definition 23.5-1

Werden zwei voneinander unabhängige Stichproben des Umfangs n_1 und n_2 aus zwei normalverteilten Grundgesamtheiten mit der Varianz σ_1^2 und σ_2^2 betrachtet, dann folgt für die voneinander unabhängigen standardisierten Zufallsvariablen:

$$U_1 = \frac{(n_1-1)S_1^2}{\sigma_1^2} \text{ und } U_2 = \frac{(n_2-1)S_2^2}{\sigma_2^2}$$

U_1 und U_2 sind dann entsprechend Formel 23.22 χ^2-verteilt mit $\nu_1 = n_1 - 1$ und $\nu_2 = n_2 - 1$ Freiheitsgraden.

Die Verteilung des Quotienten

$$F = \frac{\dfrac{U_1}{\nu_1}}{\dfrac{U_2}{\nu_2}} = \frac{S_1^2/\sigma_1^2}{S_2^2/\sigma_2^2} \tag{23.30}$$

heißt Fisher-Verteilung[4] (F-Verteilung) mit $\nu_1 = n_1 - 1$ und $\nu_2 = n_2 - 1$ Freiheitsgraden.

Die F-Verteilung wird bei der Varianz- und Regressionsanalyse als Prüfgröße und Testverteilung verwendet (Fahrmeir/Kneib/Lang, siehe Lit.).

---

[4] Sir Ronald Aylmer Fisher (1890 – 1962)

24 Grenzwertsätze und Gesetze der großen Zahlen

■ 24.1 Grenzwertsätze und Approximationen

24.1.1 Approximation der Binomialverteilung durch die Poisson-Verteilung

Satz 24.1.1.-1

Es sei f(k) die Verteilungsdichte einer binomialverteilten Zufallsgröße X, dann strebt im Grenzfall $n \to \infty$ bei konstantem Erwartungswert $n \cdot p = \mu$ diese gegen die Wahrscheinlichkeitsdichte einer Poisson-Verteilung:

$$\lim_{\substack{n \to \infty \\ n,p=\mu}} \binom{n}{k} p^k (1-p)^{n-k} = \frac{\mu^k}{k!} e^{-\mu} \quad \text{für } k \in \mathbb{N}_0 \tag{24.1}$$

In der Praxis ist eine gute Näherung für $n > 10$ und $p < 0{,}05$ gegeben.

24.1.2 Approximation der hypergeometrischen Verteilung durch eine Binomialverteilung

Satz 24.1.2-1

Es sei f(m) die Verteilungsdichte einer hypergeometrisch verteilten Zufallsgröße, dann strebt im Grenzfall $N \to \infty$ diese gegen die Wahrscheinlichkeitsdichte der Binomialverteilung, falls $M/N = p$ fest ist:

$$\lim_{\substack{N \to \infty \\ M=N \cdot p}} \frac{\binom{M}{k}\binom{N-M}{n-k}}{\binom{N}{n}} = \binom{n}{k} p^k (1-p)^{n-k} \tag{24.2}$$

Für $k = 0, \ldots, n$

In der Praxis ist eine gute Näherung gegeben, wenn der Auswahlsatz $n/N < 0{,}05$ ist und $n > 10$, $p < 0{,}05$.

24.1.3 Approximation der Poisson-Verteilung durch eine Normalverteilung

Definition 24.1.3-1

Es sei $P_o(k|\mu)$ die Verteilungsfunktion einer Poisson-verteilten Zufallsgröße, dann lässt sich diese näherungsweise durch eine Normalverteilung $N(\mu, \sigma^2)$ mit dem Erwartungswert und der Varianz μ annähern (mit ½ als Stetigkeitskorrekturfaktor):

$$Ps(k|\mu) \approx \phi\left(\frac{k+1/2-\mu}{\sqrt{\mu}}\right) \qquad (24.3)$$

In der Praxis ist eine gute Näherung für $\mu \geq 9$ gegeben.

24.1.4 Approximation der Binomialverteilung durch die Normalverteilung

Satz 24.1.4-1

Es sei $B(k|n,p)$ die Verteilungsfunktion einer binomialverteilten Zufallsgröße, dann lässt sich diese näherungsweise durch eine Normalverteilung $N(\mu, \sigma^2)$ mit dem Erwartungswert $\mu = n \cdot p$ und der Varianz $\sigma^2 = n \cdot p(1-p) = n \cdot p \cdot q$ ausreichend genau approximieren (½ gleich Stetigkeitskorrekturfaktor):

$$B(k|n,p) \approx \phi\left(\frac{k+1/2-n\cdot p}{\sqrt{n\cdot p\cdot q}}\right) \qquad (24.4)$$

Für $n \to \infty$ gilt der Grenzwertsatz von Moivre und Laplace

$$\lim_{n\to\infty} P\left(\frac{X-np}{\sqrt{npq}} \leq u\right) = \frac{1}{\sqrt{2\pi}} \cdot \int_{-\infty}^{u} e^{-\frac{\tau^2}{2}} d\tau = \phi(u) \qquad (24.5)$$

In der Praxis ist eine gute Näherung gegeben, wenn $\sigma^2 = n \cdot p \cdot q \geq 9$ (Faustformel) ist. Für kleine n hat sich in der Praxis die Modifikation bewährt:

$$P(a \leq X \leq b) \approx \phi\left(\frac{b+1/2-np}{\sqrt{npq}}\right) - \phi\left(\frac{a-1/2-np}{\sqrt{npq}}\right) \qquad (24.6)$$

für $0 \leq a \leq b \leq n$

Satz 24.1.4-2: Lokaler Grenzwertsatz von de Moivre[1] und Laplace

Für $n > \dfrac{9}{pq}$ gilt der sogenannte lokale Grenzwertsatz (Grenzverteilung einer Folge von Wahrscheinlichkeits- oder Dichtefunktionen) von Moivre und Laplace, dargestellt durch die Wahrscheinlichkeitsdichte.

$$\binom{n}{k} p^k q^{n-k} = \frac{1}{\sqrt{2\pi pq}} e^{-\frac{(k-np)^2}{2npq}} \cdot [1 + R_n(k)] \qquad (24.7)$$

Für $k = 0, 1, ..., n$

Für das Restglied $R_n(k)$ gilt folgender Grenzwert:

$$\lim_{n \to \infty} R_n(k) = 0$$

Dieser kann unter der vorangegangenen Voraussetzung in der Praxis vernachlässigt werden.

24.1.5 Approximation der hypergeometrischen Verteilung durch die Normalverteilung

Satz 24.1.5-1

Es sei $H(m|N, M, n)$ die Verteilungsfunktion einer hypergeometrisch verteilten Zufallsgröße, dann lässt sich diese näherungsweise durch eine Normalverteilung $N(\mu, \sigma^2)$ mit dem Erwartungswert $\mu = n \cdot \dfrac{M}{N}$ und der Varianz

$$\sigma^2 = n \cdot \frac{M}{N} \cdot \frac{N-M}{N} \cdot \frac{N-n}{N-1}$$ annähern.

$$H(m | N, M, n) \approx \phi \left(\frac{m - n \cdot \dfrac{M}{N}}{\sqrt{n \cdot \dfrac{M}{N} \cdot \left(1 - \dfrac{N}{M}\right) \cdot \dfrac{N-n}{N-1}}} \right) \qquad (24.8)$$

In der Praxis ist eine gute Näherung gegeben, wenn $n \cdot \dfrac{M}{N} \cdot \left(1 - \dfrac{M}{N}\right) \geq 9$ und $N \geq 2n$ (n im Verhältnis zu N nicht zu groß) ist.

---

[1] Abraham de Moivre (1667 – 1754)

24.1.6 Zentraler Grenzwertsatz

Unter dem Begriff „Zentraler Grenzwertsatz" werden allgemein diejenigen Grenzwertsätze zusammengefasst, die beweisen, dass die Summe $Z_n = \sum_{i=1}^{n} X_i$ von n stochastisch unabhängigen Zufallsgrößen X_i im Grenzfall $n \to \infty$ gegen die Normalverteilung konvergiert. Mit $\mu_i = E(X_i)$ und $\sigma_i^2 = \sigma^2(X_i)$ für $i = 1, \ldots, n$ folgt dann $E(Z_n) = \sum_{i=1}^{n} \mu_i$ und $\sigma^2(Z_n) = \sum_{i=1}^{n} \sigma_i^2$.
Für die standardisierte Zufallsvariable ergibt sich:

$$U_n = \frac{\sum_{i=1}^{n}(X_i - \mu_i)}{\sqrt{\sum_{i=1}^{n} \sigma_i^2}} \qquad (24.9)$$

U_n ist für große n (in der Praxis mindestens $n \geq 30$) ungefähr normalverteilt.

Die Bedingung ist immer dann erfüllt, wenn alle X_i derselben Verteilungsfunktion genügen und die jeweiligen Erwartungswerte und Varianzen von X_i identisch sind, d. h. $E(Z_n) = n \cdot \mu$ und $\sigma^2(Z_n) = n \cdot \sigma^2$ und damit $N(n\mu, n\sigma^2)$.

Damit folgt für die standardisierte Zufallsgröße

$$U_n = \frac{Z_n - n\mu}{\sigma\sqrt{n}} \qquad (24.10)$$

mit $E(U_n) = 0$ und $\sigma^2(U_n) = 1$ die standardisierte Normalverteilung $N(0, 1)$.

> **Satz 24.1.6-1**
>
> Unter der vorangegangenen Voraussetzung gilt der Satz von Lindeberg[2] und Lévy[3]
>
> $$\lim_{n \to \infty} P\left(\frac{Z_n - n\mu}{\sigma\sqrt{n}} \leq u\right) = \frac{1}{\sqrt{2\pi}} \int_{-\infty}^{u} e^{-\frac{\tau^2}{2}} d\tau = \phi(u)$$
>
> für beliebige μ und $\sigma > 0$.

Als gute Näherung gilt in der Praxis

$$P(a < X_1 + \ldots + X_n \leq b) \approx \phi\left(\frac{b - n\mu}{\sigma\sqrt{n}}\right) - \phi\left(\frac{a - n\mu}{\sigma\sqrt{n}}\right) \quad \text{für } (-\infty < a < b < \infty)$$

und

$$P(X_1 + X_2 + \ldots + X_n \leq u) \approx \phi\left(\frac{u - n\mu}{\sigma\sqrt{n}}\right) \quad \text{für } (-\infty < u < \infty)$$

---

[2] Jarl Waldemar Lindeberg (1876 – 1932)
[3] Paul Pierre Lévy (1886 – 1971)

Für diskrete Zufallsvariablen X_i werden die vorangegangenen Gleichungen durch den Stetigkeitskorrekturfaktor ½ modifiziert.

Die Bedeutung des zentralen Grenzwertsatzes für die Praxis liegt darin begründet, dass sich eine Vielzahl von Einflussgrößen (z. B. Messfehler) additiv überlagert und das Gesamtergebnis einer Normalverteilung genügt.

Auch die vorangegangenen Approximationen der Poisson-, Binomial- und hypergeometrischen Verteilung begründen sich im zentralen Grenzwertsatz.

■ 24.2 Gesetz der großen Zahlen

Die „Gesetze der großen Zahlen" fassen alle diejenigen Gesetze zusammen, deren Folge von unabhängigen Zufallsgrößen $X_1, X_2, \ldots, X_n$ mit wachsendem n z. B. gegen einen **bestimmten numerischen Zahlenwert** (im Gegensatz zu den bisher behandelten Grenzwertsätzen, deren Wahrscheinlichkeitsdichte bzw. Wahrscheinlichkeitsverteilung gegen eine bestimmte Grenzverteilung konvergieren) strebt.

Mithilfe der Gesetze der großen Zahlen ist es möglich, erste (grobe) Abschätzungen über Zufallsgrößen anzugeben und bei Vorliegen der Verteilungsfunktion diese zu präzisieren. Liegt eine Stichprobe vor, so fragt man sich beispielsweise: Wie verhält sich ein bestimmter Stichprobenparameter, wenn man deren Stichprobenumfang vergrößert?

Man spricht vom **starken Gesetz der großen Zahlen**, wenn eine Folge von unabhängigen Zufallsgrößen $X_1, X_2, \ldots, X_n$ mit der Wahrscheinlichkeit 1 gegen einen bestimmten konstanten Wert a konvergiert

$$P(\lim_{n \to \infty} X_n = a) = 1$$

und vom **schwachen Gesetz der großen Zahlen,**, wenn die Folge „in Wahrscheinlichkeit" (schwach) gegen a konvergiert

$$\lim_{n \to \infty} P(|X_n - a| < \varepsilon) = 1$$

mit $\varepsilon > 0$. Das heißt, die Folge der Abweichungen von $|X_n - a|$ unterscheidet sich im Grenzfall $n \to \infty$ nur wenig, ε beliebig klein.

24.2.1 Tschebyscheffsche Ungleichung[4]

Mithilfe der Tschebyscheffschen Ungleichung („schwaches Gesetz der großen Zahlen") ist es möglich, in grober Näherung die Wahrscheinlichkeit der Abweichungen vom Erwartungswert zu schätzen.

---

[4] Pafnutij Lwowitsch Tschebyscheff (1821 – 1894)

Satz 24.2.1-1

Es seien $X_1, \ldots, X_n$ paarweise unabhängige Zufallsvariablen mit dem gleichen Erwartungswert μ und der gleichen Varianz σ^2. Dann gilt für

$$\overline{X} = \frac{1}{n}\sum_{i=1}^{n} X_i$$

und für beliebige Zahlen $\varepsilon > 0$

$$P(|\overline{X} - \mu| \geq \varepsilon) \leq \frac{\sigma^2}{\varepsilon^2} \tag{24.11}$$

Das heißt, die Wahrscheinlichkeit, dass die Zufallsvariable um mehr als ε von ihrem Mittelwert abweicht, ist kleiner oder gleich

$$\frac{\sigma^2}{\varepsilon^2} \tag{24.12}$$

Des Weiteren gilt:

$$\lim_{n \to \infty} P(|\overline{X} - \mu| \geq \varepsilon) = 0 \tag{24.13}$$

In der Praxis wird die Ungleichung von Tschebyscheff oft bei kleinen Stichproben einer homogenen Grundgesamtheit zur Abschätzung von Zuverlässigkeitskenngrößen angewendet.

Beispiel 24.2.1-1

Eine Firma bestellt 1000 Widerstände mit einem Nennwert von 5 kΩ. Die Standardabweichung vom Nennwert beträgt $\sigma = 100\,\Omega$. Bestimmen Sie mithilfe der Ungleichung von Tschebyscheff eine obere Schranke für die Wahrscheinlichkeit, dass der mittlere Widerstandswert $\overline{X}$ um mehr als 4 % (200 Ω) vom Nennwert abweicht.

Lösung:

$$P(|\overline{X} - 5000| \geq 200) \leq \frac{100^2}{200^2} = \frac{1}{4} = 0{,}25$$

Beispiel 24.2.1-2

Fortsetzung Beispiel 24.2.1-1 unter der Voraussetzung, dass der Widerstand eine $N(5000, 200^2)$-normalverteilte Zufallsgröße ist.

Lösung:

$$P(|\overline{X}-5000|\geq 200) = P(\overline{X}\geq 5200) + P(\overline{X}\leq 4800)$$
$$= 1-\phi\left(\frac{5200-5000}{200}\right) + \phi\left(\frac{4800-5000}{200}\right) = 2\cdot\left(1-\phi\left(2\cdot\sqrt{1000}\right)\right)$$
$$= 2\cdot\phi(-1) \approx 0{,}2937$$

Es handelt sich hierbei um eine exakte Lösung, da nunmehr eine Wahrscheinlichkeitsverteilung zugrunde gelegt wurde.

24.2.2 Satz von Bernoulli

Mithilfe des schwachen Gesetzes der großen Zahlen von Bernoulli ist es möglich zu zeigen, dass eine Folge der relativen Häufigkeit $n(A)/n$ für das Eintreten eines bestimmten Ergebnisses A mit wachsenden Versuchswiederholungen n gegen die Wahrscheinlichkeit $P(A)$ strebt (siehe in diesem Zusammenhang Abschnitt 8.2.1 statistischer Wahrscheinlichkeitsbegriff von Mises). Das heißt, die Wahrscheinlichkeit $P(A)$ kann bei einer großen Stichprobe durch die relative Häufigkeit ersetzt werden.

Satz 24.2.2-1

Für eine vorgegebene Zahl $\varepsilon > 0$ gilt:

$$\lim_{n\to\infty} P(|\frac{n(A)}{n} - P(A)| < \varepsilon) = 1 \tag{24.14}$$

Die Folge der relativen Häufigkeit für das Eintreten der Ereignisse A weicht um maximal $\varepsilon > 0$ von der Wahrscheinlichkeit $P(A)$ ab und konvergiert mit wachsenden Versuchswiederholungen n gegen $P(A)$.

Ein weiteres „schwaches Gesetz der großen Zahlen" ist der Satz von Chintschin[5]. Zu den starken Gesetzen der großen Zahlen zählen die Sätze von Kolmogorov und Borel[6] und Chantelli.

---

[5] Alexander Jakowlewitsch Chintschin, 1894 – 1959

[6] Félix Edouard Justin Émile Borel, 1871 – 1956

25 Statistische Schätzung von Parametern

Grundlage statistischer Methoden ist der Schluss von der Grundgesamtheit auf eine Stichprobe. Solch ein **direkter Schluss** wird als **Induktionsschluss** bezeichnet. In der praktischen Anwendung, speziell bei den Schätzverfahren, stellt sich die Aufgabenstellung umgekehrt. Das heißt, von einem Stichprobenergebnis sollen die Eigenschaften (Parameter) der Grundgesamtheit geschätzt werden. Solch ein **indirekter Schluss** wird als **Repräsentationsschluss** bezeichnet.

Bei den Schätzverfahren selbst wird zwischen **Punktschätzung**, d.h., die Ergebnisse einer Stichprobe sind Punktschätzwerte (z.B. arithmetischer Mittelwert, Varianz), und **Intervallschätzung**, d.h., die Ergebnisse einer Stichprobe liefern ein **Konfidenzintervall**, auch **Schätzintervall**, **Vertrauensbereich** genannt, unterschieden. Für den Wertebereich der unbekannten Parameter wird eine statistische Sicherheit zugrunde gelegt.

■ 25.1 Eigenschaften von Schätzfunktionen

Das Grundprinzip des statistischen Schätzens besteht darin, dass über eine (oder mehrere) Stichprobe(n) Erkenntnisse über den (die) Parameter einer Grundgesamtheit gewonnen werden sollen. Bezeichnet man den zu schätzenden wahren Parameter (arithmetischer Mittelwert, Varianz, Parameter einer Verteilungsfunktion usw.) allgemein mit Θ, dann gibt die Schätzfunktion $\hat{\Theta}$ an, wie aus einer Stichprobe ein Schätzwert für den wahren Wert Θ gefunden werden kann. Die Schätzfunktion $\hat{\Theta}_n$ ist dabei eine Zufallsvariable und abhängig von $X_1, X_2, \ldots, X_n$ der Zufallsstichprobe n. Das heißt,

$$\hat{\Theta}_n = f(X_1, \ldots, X_n) \tag{25.1}$$

mit dem Erwartungswert $E(\hat{\Theta}_n)$ und der Varianz

$$\sigma^2(\hat{\Theta}_n) = E[(\hat{\Theta}_n - E(\hat{\Theta}_n))^2] = E(\hat{\Theta}_n^2) - [E(\hat{\Theta}_n)]^2 \tag{25.2}$$

Der **mittlere quadratische Fehler** (engl. mean squared error) als Maß für die Güte einer Schätzfunktion ist dann durch die Beziehung (Verschiebungssatz der Varianz)

$$E\left[(\hat{\Theta}_n - \Theta)^2\right] = \sigma^2(\hat{\Theta}_n) + \underbrace{\left[E(\hat{\Theta}_n - \Theta)\right]^2}_{\text{Verzerrung (bias)}} \tag{25.3}$$

gegeben.

Die vorangegangene Beziehung liefert die nachfolgenden wichtigen Eigenschaften (Gütekriterien) von Schätzfunktionen.

1. Erwartungstreue

Eine Schätzfunktion heißt **erwartungstreu** (unverzerrt, unbiased), wenn ihr Erwartungswert mit dem wahren Parameter übereinstimmt:

$$E(\hat{\Theta}_n) = \Theta \tag{25.4}$$

Nicht alle Schätzverfahren besitzen diese wichtige Eigenschaft. So ist z.B. die Maximum-Likelihood-Schätzung (siehe Abschnitt 25.4) im Allgemeinen nur **asymptotisch erwartungstreu:**

$$\lim_{n\to\infty} E(\hat{\Theta}_n) - \Theta = 0 \tag{25.5}$$

2. Effizienz (Wirksamkeit)

Die **Effizienz** eines Schätzverfahrens wird durch die Varianz beurteilt, d.h., dass von beispielsweise zwei erwartungstreuen Schätzfunktionen diejenige ausgewählt wird, welche die kleinste Varianz aufweist.

$$\sigma^2(\hat{\Theta}_n) \leq \sigma^2(\hat{\Theta}_n^*) \tag{25.6}$$

Mit $\hat{\Theta}_n^*$ für jede beliebige andere erwartungstreue Schätzfunktion

Der Quotient $\eta = \dfrac{\sigma^2(\hat{\Theta}_n)}{\sigma^2(\hat{\Theta}_n^*)}$ heißt Effizienz der Schätzfunktion $\hat{\Theta}_n^*$.

Falls der Grenzwert

$$\lim_{n\to\infty} \frac{\sigma^2(\hat{\Theta}_n)}{\sigma^2(\hat{\Theta}_n^*)} = 1$$

ist, so heißt $\hat{\Theta}_n^*$ **asymptotisch effizient.**

3. Konsistenz (Dauerhaftigkeit)

Eine Schätzfunktion (Schätzverfahren) heißt **konsistent**, wenn mit wachsendem Stichprobenumfang ($n \to \infty$) der Schätzwert $\hat{\Theta}$ sich immer mehr um den wahren Wert Θ konzentriert, d.h., wenn für jedes $\varepsilon > 0$

$$\lim_{n\to\infty} P(|\hat{\Theta}_n - \Theta| \geq \varepsilon) = 0 \tag{25.7}$$

ist. Bei erwartungstreuen Schätzfunktionen ist diese Bedingung z.B. erfüllt, wenn $\lim_{n\to\infty} \sigma^2(\hat{\Theta}_n) = 0$ gilt.

4. Suffizienz (erschöpfend)

Eine Schätzfunktion (Schätzverfahren) heißt **suffizient**, wenn sie **die gesamte** in der Stichprobe enthaltene Information über einen zu schätzenden Parameter berücksichtigt. So sind z.B. die Stichprobenextremwerte (Minimum, Maximum) in der Regel nicht suffizient.

25.2 Vertrauensintervalle

Wie in Kapitel 23 dargelegt, lassen sich die Abweichungen eines bestimmten Stichprobenparameters durch speziell hierfür entwickelte Prüfverteilungen (Chi-Quadrat-Verteilung, Student-Verteilung, Fischer-Verteilung) einschließlich der „klassischen Verteilungsfunktionen", wie der Normalverteilung, vom exakten Parameter der Grundgesamtheit beschreiben.

Es sei allgemein $\Phi(x)$ eine beliebige Prüfverteilung mit der Dichte $\varphi(x)$. Dann gilt

$$\Phi(x) = \int_{-\infty}^{x} \varphi(\tau) d\tau \tag{25.8}$$

und für ein Intervall $[x_u, x_o]$ (x_u = unterer Wert, x_o = oberer Wert)

$$\Phi(x) = \int_{x_u}^{x_o} \varphi(\tau) d\tau = \Phi(x_o) - \Phi(x_u) \tag{25.9}$$

(siehe Bild 25.1)

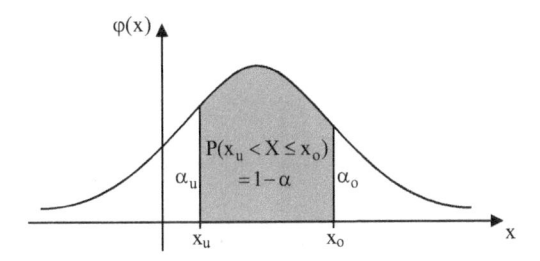

Bild 25.1 Wahrscheinlichkeitsdichte einer Prüfverteilung

Wie aus Bild 25.1 hervorgeht, ist die Wahrscheinlichkeit $P(X \leq x_u) = \alpha_u$ und $P(x_o < X) = 1 - \Phi(x_o) = \alpha_o$. Dabei kennzeichnet $\alpha = \alpha_u + \alpha_o$ die Wahrscheinlichkeit, dass der Vertrauensbereich den wahren Wert des Parameters nicht überdeckt.

α wird deshalb mit **Irrtumswahrscheinlichkeit** (Fehlentscheidung), dass der Wert x nicht im Intervall $[x_u, x_o]$ liegt, und das Intervall $[x_u, x_o]$ mit **Vertrauensintervall (Konfidenzintervall)** zum Konfidenzniveau $1-\alpha$ bezeichnet. Die komplementäre Wahrscheinlichkeit $1-\alpha$ wird **statistische Sicherheit** genannt. In der Praxis wird eine bestimmte Irrtumswahrscheinlichkeit vorgegeben, sodass x_u als Funktion von α_u und x_o von α_o bestimmt werden können (Bild 25.2). Übliche praktische Werte für $1-\alpha$ sind 0,9; 0,95 oder 0,99.

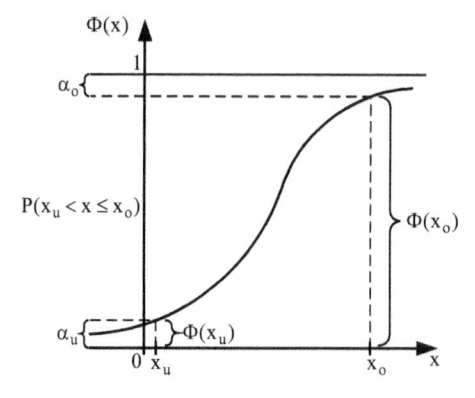

Bild 25.2
Verteilungsfunktion einer Prüfverteilung und ihr Vertrauensintervall

Es wird von einem einseitigen Vertrauensbereich nach oben gesprochen, wenn α_u unbeschränkt und $\alpha = \alpha_o$ ist, sowie nach unten, wenn α_o unbeschränkt und $\alpha = \alpha_u$ ist. Das α-Quantil lässt sich direkt aus der jeweiligen Prüfverteilungsfunktion $\Phi(x_\alpha) = \alpha$ bestimmen.

■ 25.3 Konfidenzintervall für den Erwartungswert und die Varianz bei normalverteilter Grundgesamtheit und Bestimmung des Stichprobenumfangs

25.3.1 Konfidenzintervall für den Erwartungswert

Das Konfidenzintervall für den Mittelwert μ einer normalverteilten Grundgesamtheit lässt sich unter der Voraussetzung, dass a) die **Varianz** bekannt und b) unbekannt ist, wie folgt berechnen

$$P(\mu - u \cdot \sigma(\overline{X}) \leq \overline{X} \leq \mu + u \cdot \sigma(\overline{X})) = 1 - \alpha \qquad (25.10)$$

und nach Umstellung

$$P(\overline{X} - u \cdot \sigma(\overline{X}) \leq \mu \leq \overline{X} + u \cdot \sigma(\overline{X})) = 1 - \alpha \qquad (25.11)$$

Für das **Konfidenzintervall** folgt dann mit

$$\sigma^2(\overline{X}) = \frac{\sigma^2}{n} \qquad \text{(Modell „Ziehen mit Zurücklegung")}$$

$$\overline{x} - u \cdot \frac{\sigma}{\sqrt{n}} \leq \mu \leq \overline{x} + u \cdot \frac{\sigma}{\sqrt{n}} \qquad (25.12)$$

und beim Modell „Ziehen ohne Zurücklegung" mit

$$\sigma^2(\overline{X}) = \frac{\sigma^2}{n} \cdot \frac{N-n}{N-1}$$

$$\overline{x} - u \cdot \frac{\sigma}{\sqrt{n}} \cdot \sqrt{\frac{N-n}{N-1}} \leq \mu \leq \overline{x} + u \cdot \frac{\sigma}{\sqrt{n}} \cdot \sqrt{\frac{N-n}{N-1}} \tag{25.13}$$

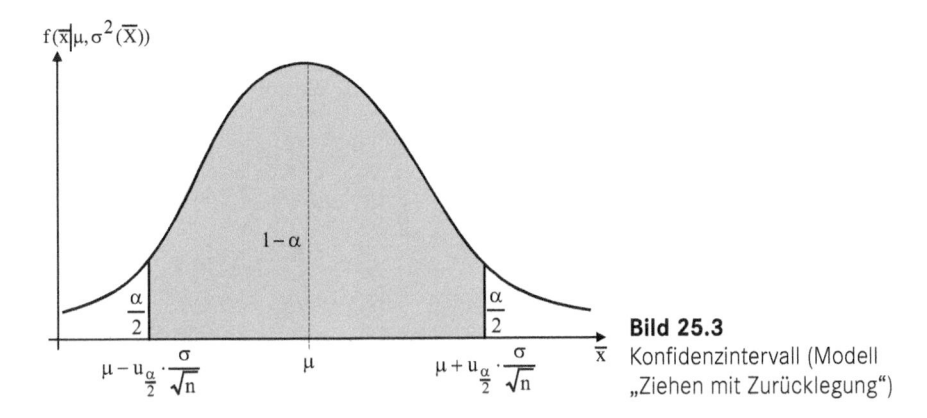

Bild 25.3
Konfidenzintervall (Modell „Ziehen mit Zurücklegung")

Die einzelnen Schritte sind im Folgenden aufgeführt.

a) Varianz bekannt
Schritt 1
Es wird ein bestimmtes Konfidenzniveau $1-\alpha$, beispielsweise 0,95, vorgegeben und das $(1-\alpha)$-Quantil bei einer einseitigen und das $(1-\frac{\alpha}{2})$-Quantil bei einer zweiseitigen Abgrenzung des Vertrauensbereiches aus der Tafel der standardisierten Normalverteilung $\phi(u)$ bestimmt.

Schritt 2
Aus der Stichprobe $x_1, ..., x_n$ wird der arithmetische Mittelwert $\overline{x}$ berechnet und je nach Fragestellung (einseitige oder zweiseitige Vertrauensgrenze) wird $u_{1-\alpha} \cdot \frac{\sigma}{\sqrt{n}}$ bzw. $u_{1-\frac{\alpha}{2}} \cdot \frac{\sigma}{\sqrt{n}}$ bestimmt.

Allgemein gilt $u_{\frac{\alpha}{2}} = -u_{1-\frac{\alpha}{2}}$, $u_{1-\frac{\alpha}{2}} = u = -u_{\frac{\alpha}{2}}$.

Schritt 3 (Ergebnis)

$$\overline{x} - u_{1-\frac{\alpha}{2}} \cdot \frac{\sigma}{\sqrt{n}} \leq \mu \leq \overline{x} + u_{1-\frac{\alpha}{2}} \cdot \frac{\sigma}{\sqrt{n}} \tag{25.14}$$

(zweiseitig) und

$$\mu_u = \overline{x} - u_{1-\alpha} \cdot \frac{\sigma}{\sqrt{n}} \quad \text{für } \mu_u \leq \mu$$

$$\mu_o = \overline{x} + u_{1-\alpha} \cdot \frac{\sigma}{\sqrt{n}} \quad \text{für } \mu \leq \mu_o \tag{25.15}$$

(einseitig)

Beispiel 25.3.1-1

Bei einer Stichproben-Lebensdauerprüfung von IC wurden folgende Lebensdauern ermittelt.

i	1	2	3	4	5	6	7	8	9	10
x_i [in 1000 h]	6,8	7,0	7,8	6,2	7,5	6,3	6,9	7,6	7,2	7,0

Als Schätzwert für die mittlere Lebensdauer $\overline{x}$ folgt

$$\overline{x} = \frac{1}{n} \cdot \sum_{i=1}^{n} x_i = \frac{1}{10} \cdot \sum_{i=1}^{10} x_i = 7030\,\text{h}$$

und für die Varianz

$$\sigma^2 = \frac{1}{n-1} \cdot \sum_{i=1}^{n} (x_i - \overline{x})^2 = \frac{1}{9} \cdot \sum_{i=1}^{10} (x_i - \overline{x})^2 = 273444,\overline{4}\,\text{h}^2 \approx (522,91\,\text{h})^2$$

Aussagesicherheit (Konfidenzintervall):

Aus der Tafel der Normalverteilung (siehe Anhang) ergibt sich

für $\quad 1-\alpha = 0{,}90 \quad u_{1-\frac{\alpha}{2}} = 1{,}645$

$\qquad 1-\alpha = 0{,}95 \quad u_{1-\frac{\alpha}{2}} = 1{,}960$

$\qquad 1-\alpha = 0{,}99 \quad u_{1-\frac{\alpha}{2}} = 2{,}576$

Wird z.B. $1-\alpha = 0{,}90$ zugrunde gelegt, so folgt

$$\mu_u = \overline{x} - u_{1-\frac{\alpha}{2}} \cdot \frac{\sigma}{\sqrt{n}} \approx 6757{,}99$$

und

$$\mu_o = \overline{x} + u_{1-\frac{\alpha}{2}} \cdot \frac{\sigma}{\sqrt{n}} \approx 7302{,}01$$

bzw.

$$\mu = \overline{x} \pm 1{,}645 \cdot \frac{\sigma}{\sqrt{n}} \approx 7030\,\text{h} \pm 272{,}01\,\text{h}$$

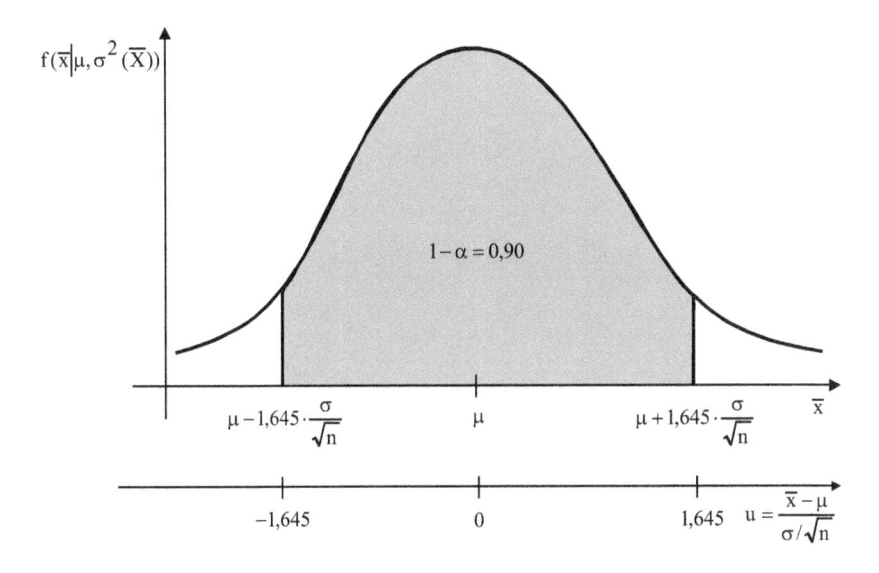

25.3 Konfidenzintervall für den Erwartungswert und die Varianz

b) Varianz unbekannt

Da die Varianz σ^2 unbekannt ist, wird die Stichprobenvarianz s^2 zugrunde gelegt. Die Zufallsvariable genügt einer Student-Verteilung (t-Verteilung) mit $v = n - 1$ Freiheitsgraden (siehe Abschnitt 23.3).

Mit

$$P(t_{1-\frac{\alpha}{2}, n-1} \leq \frac{\bar{X} - \mu}{\frac{S}{\sqrt{n}}} \leq t_{1-\frac{\alpha}{2}, n-1}) = 1 - \alpha \tag{25.16}$$

ergibt sich für das Konfidenzintervall

$$\bar{x} - t_{1-\frac{\alpha}{2}, n-1} \cdot \frac{s}{\sqrt{n}} \leq \mu \leq \bar{x} + t_{1-\frac{\alpha}{2}, n-1} \cdot \frac{s}{\sqrt{n}} . \tag{25.17}$$

Schritt 1

Es wird wiederum ein bestimmtes Konfidenzniveau $1 - \alpha$ vorgegeben und nunmehr die $(1 - \alpha)$- bzw. $(1 - \frac{\alpha}{2})$-Quantile der **Student-Verteilung** (t-Verteilung, siehe Anhang) bestimmt.

Schritt 2

Aus der Stichprobe $x_1, \ldots, x_n$ wird wiederum $\bar{x}$ ermittelt und **zusätzlich** die Standardabweichung s bestimmt und $t = t_{1-\frac{\alpha}{2}, n-1}$, $t \cdot \frac{s}{\sqrt{n}}$ berechnet.

Schritt 3 (Ergebnis)

(zweiseitig)

$$\bar{x} - t_{1-\frac{\alpha}{2}, n-1} \cdot \frac{s}{\sqrt{n}} \leq \mu \leq \bar{x} + t_{1-\frac{\alpha}{2}, n-1} \cdot \frac{s}{\sqrt{n}}$$

(einseitig)

$$\mu_u = \bar{x} - t_{1-\alpha,\,n-1} \cdot \frac{s}{\sqrt{n}}$$

$$\mu_o = \bar{x} + t_{1-\alpha,\,n-1} \cdot \frac{s}{\sqrt{n}}$$

Beispiel 25.3.1-2

Fortsetzung Beispiel 25.3.1-1. Für die Varianz folgt

$$s^2 = \frac{1}{n-1} \cdot \sum_{i=1}^{n}(x_i - \bar{x})^2 = \frac{2461000}{9} = 273444,\bar{4}\,h^2$$

und somit

$$s \approx 522,92\,h$$

Der zweiseitige Vertrauensbereich ist durch

$$\bar{x} - t_{1-\frac{\alpha}{2},\,n-1} \cdot \frac{s}{\sqrt{n}} \leq \mu \leq \bar{x} + t_{1-\frac{\alpha}{2},\,n-1} \cdot \frac{s}{\sqrt{n}}$$

gegeben.

Für den Prüfumfang von $n = 10$ folgt als Zahl der Freiheitsgrade $v = 9$. Wird wiederum ein Konfidenzintervall von $1-\alpha = 0,90$ zugrunde gelegt, so folgt aus der Tabelle der t-Verteilung (siehe Anhang)

$$t_{0,95;\,9} \approx 1,833$$

und schließlich

$$7030 - 1,833 \cdot \frac{522,92}{\sqrt{10}} \leq \mu \leq 7030 + 1,833 \cdot \frac{522,92}{\sqrt{10}}$$

$$6726,87\,h \leq \mu \leq 7333,13\,h$$

$$\mu \approx 7030\,h \pm 303,13\,h$$

25.3.2 Konfidenzintervall für die Varianz

Die Varianz wird, wie schon behandelt, aus der Summenfunktion von Quadraten gebildet. Ist diese normalverteilt, so genügt sie einer χ^2-Verteilungsfunktion (siehe Abschnitt 23.2). Damit folgt für das zweiseitige Konfidenzintervall

a) wenn μ **bekannt** ist

$$\frac{n \cdot s^{*2}}{\chi^2_{1-\frac{\alpha}{2};\,n}} \leq \sigma^2 \leq \frac{n \cdot s^{*2}}{\chi^2_{\frac{\alpha}{2};\,n}} \qquad (25.18)$$

mit

$$s^{*2} = \frac{1}{n} \cdot \sum_{i=1}^{n} (x_i - \mu)^2 \tag{25.19}$$

b) wenn **μ unbekannt** ist

$$\frac{(n-1) \cdot s^2}{\chi^2_{1-\frac{\alpha}{2}; n-1}} \leq \sigma^2 \leq \frac{(n-1) \cdot s^2}{\chi^2_{\frac{\alpha}{2}; n-1}} \tag{25.20}$$

mit

$$s^2 = \frac{1}{n-1} \cdot \sum_{i=1}^{n} (x_i - \bar{x})^2 \tag{25.21}$$

Beachte: Bei großen Stichproben ($n \geq 30$) gelten die vorangegangenen Beziehungen für die Schätzung des Erwartungswertes und der Varianz auch dann, wenn die Grundgesamtheit nicht normalverteilt ist.

25.3.3 Bestimmung des Stichprobenumfangs

Aus den bisherigen Betrachtungen geht hervor, dass die Breite des Konfidenzintervalls vom Stichprobenumfang n abhängt. Das heißt, je größer der Stichprobenumfang gewählt wird, umso enger ist das Konfidenzintervall und umso genauer die Schätzung. Es stellt sich somit die Aufgabe, ein $n = n_{min}$ zu bestimmen, bei dem die Breite des Konfidenzintervalls einen bestimmten vorgegebenen Wert nicht überschreitet.

Bei der Schätzung des Erwartungswertes μ (Modell „Ziehen mit Zurücklegung") ist der absolute Fehler durch

$$\Delta \mu = u \cdot \sigma(\bar{X}) = u \cdot \frac{\sigma}{\sqrt{n}} \tag{25.22}$$

als halbe Breite des Konfidenzintervalls beschränkt. Wird Formel 25.22 nach n umgestellt, so folgt:

$$n = \frac{u^2 \cdot \sigma^2}{(\Delta \mu)^2} \tag{25.23}$$

Damit liegt eine einfache Beziehung zur Bestimmung des notwendigen Stichprobenumfangs vor.

Beim Modell „Ziehen ohne Zurücklegung" folgt - wie schon gezeigt - für die Varianz

$\sigma^2(\bar{X}) = \frac{\sigma^2}{n} \cdot \frac{N-n}{N-1}$, das heißt, der absolute Fehler ist nunmehr durch

$$\Delta \mu = u \cdot \frac{\sigma}{\sqrt{n}} \cdot \sqrt{\frac{N-n}{N-1}} \tag{25.24}$$

gegeben. Die Umstellung nach n liefert ohne Berücksichtigung der Ganzzahligkeit:

$$n = \frac{u^2 \cdot N \cdot \sigma^2}{(\Delta \mu)^2 (N-1) + u^2 \cdot \sigma^2} \tag{25.25}$$

Bei unbekannter Varianz muss man mit einem Näherungswert rechnen.

Beispiel 25.3.3-1

Für eine Lieferung von $N = 2000$ Kondensatoren mit einer normalverteilten Kapazität von 10 µF und einer Standardabweichung von $\sigma = 0{,}5$ µF ist bei einer Genauigkeit von $\Delta \mu = 0{,}3$ µF und einer Irrtumswahrscheinlichkeit von $\alpha = 1\%$ der notwendige Stichprobenumfang n zu bestimmen.

Lösung:

Aus der Tabelle der Standardnormalverteilung (siehe Anhang) folgt für $1-\alpha = 0{,}99$, $u_{1-\alpha/2} \approx 2{,}58$ und somit

$$n = \frac{u_{1-\alpha/2}^2 \cdot \sigma^2}{(\Delta \mu)^2} = \frac{2{,}58^2 \cdot 0{,}5^2}{0{,}3^2} \approx 18{,}49 \quad \text{d.h.} \quad n = 19$$

Beispiel 25.3.3-2

Bei einer Versuchsdurchführung mit $n = 6$ Motoren wurden folgende Prüfzeiten als Ausfallzeiten in [h] ermittelt: {675, 678, 697, 703, 709, 714}. Es ist bekannt, dass das Ausfallverhalten der Motoren einer Normalverteilung folgt.

a) Geben Sie die allgemeine Formel zur Bestimmung des empirischen Mittelwertes, der empirischen Varianz und der empirischen Standardabweichung an und berechnen Sie die jeweiligen Werte für den vorgegebenen Datensatz.
b) Bestimmen Sie das zu σ^2 zugehörige zweiseitige Konfidenzintervall mit einer Irrtumswahrscheinlichkeit von $\alpha = 0{,}05$, wenn
- der Erwartungswert vom Hersteller mit 700 h angegeben ist und
- der Erwartungswert unbekannt ist.
c) Bestimmen Sie das zum Erwartungswert zugehörige zweiseitige Konfidenzintervall mit einer Irrtumswahrscheinlichkeit von $\alpha = 0{,}05$, wenn
- die Varianz vom Hersteller mit $\sigma^2 = 250$ h² vorgegeben ist und
- die Varianz unbekannt ist.
d) Mit welcher Irrtumswahrscheinlichkeit α kann bei $n = 10$ getesteten Motoren und einer Varianz von $\sigma^2 = 250$ h² eine Intervallbreite von $\mu = 20$ h nachgewiesen werden?

Lösung:

a) $\bar{x} = \dfrac{1}{n} \cdot \sum_{i=1}^{n} x_i = \dfrac{1}{6} \cdot (4176\,\text{h}) \approx 696\,\text{h}$

$\sigma^2 = \dfrac{1}{n-1} \cdot \sum_{i=1}^{n}(x_i - \bar{x})^2 = \dfrac{1}{5} \cdot (441 + 324 + 1 + 49 + 169 + 324)\,\text{h}^2$

$ = \dfrac{1}{5} \cdot (1308\,\text{h}^2) \approx 261{,}6\,\text{h}^2$

$\sigma = \sqrt{\sigma^2} = \sqrt{261{,}6\,\text{h}^2} \approx 16{,}17\,\text{h}$

b)

I. $s^{*2} = \dfrac{1}{n} \cdot \sum_{i=1}^{n}(x_i - \mu)^2$

$\phantom{s^{*2}} = \dfrac{1}{6} \cdot (625 + 484 + 9 + 9 + 81 + 196)\,\text{h}^2 = \dfrac{1}{6} \cdot (1404\,\text{h}^2) = 234\,\text{h}^2$

und aus der Tabelle der χ^2-Verteilung (siehe Anhang)

$\chi^2_{1-0{,}025;6} = \chi^2_{0{,}975;6} = 14{,}45$

$\chi^2_{0{,}025;6} = 1{,}24$

Schließlich mit

$$\dfrac{n \cdot s^{*2}}{\chi^2_{1-\frac{\alpha}{2},n}} \leq \sigma^2 \leq \dfrac{n \cdot s^{*2}}{\chi^2_{\frac{\alpha}{2},n}}$$

$$\dfrac{6 \cdot 234\,\text{h}^2}{14{,}45} \leq \sigma^2 \leq \dfrac{6 \cdot 234\,\text{h}^2}{1{,}24}$$

$97{,}16\,\text{h}^2 \leq \sigma^2 \leq 1132{,}26\,\text{h}^2$

II. $\dfrac{(n-1) \cdot s^2}{\chi^2_{1-\frac{\alpha}{2},n-1}} \leq \sigma^2 \leq \dfrac{(n-1) \cdot s^2}{\chi^2_{\frac{\alpha}{2},n-1}}$

Mit $\alpha = 0{,}05$ und $s^2 = \sigma^2 = 261{,}6\,\text{h}^2$ folgt

$$\dfrac{5261{,}6\,\text{h}^2}{12{,}83} \leq \sigma^2 \leq \dfrac{5261{,}6\,\text{h}^2}{0{,}83}$$

$101{,}95\,\text{h}^2 \leq \sigma^2 \leq 1575{,}9\,\text{h}^2$

c)

I. $\bar{x} - u_{1-\frac{\alpha}{2}} \cdot \frac{\sigma}{\sqrt{n}} \leq \mu \leq \bar{x} + u_{1-\frac{\alpha}{2}} \cdot \frac{\sigma}{\sqrt{n}}$

Mit $\sigma = \sqrt{250} \approx 15{,}81$ und $u_{1-0{,}025} = u_{1-0{,}975} = 1{,}96$ folgt

$$696\,h - 1{,}96 \cdot \frac{15{,}81\,h}{\sqrt{6}} \leq \mu \leq 696\,h + 1{,}96 \cdot \frac{15{,}81\,h}{\sqrt{6}}$$

$$683{,}35\,h \leq \mu \leq 708{,}65\,h$$

II. $\bar{x} - t_{1-\frac{\alpha}{2}; n-1} \cdot \frac{s}{\sqrt{n}} \leq \mu \leq \bar{x} + t_{1-\frac{\alpha}{2}; n-1} \cdot \frac{s}{\sqrt{n}}$

Mit $s = 16{,}17$, $\bar{x} = 696\,h$ und $t_{1-0{,}025;5} = t_{1-0{,}975;5} = 3{,}163$ folgt

$$675{,}12\,h \leq \mu \leq 716{,}88\,h$$

d) Mit $n = 10$, $\sigma^2 = 250\,h^2$ und $\mu = 20\,h \Rightarrow \Delta\mu = 10\,h$ folgt aus

$$n = \frac{u^2 \cdot \sigma^2}{(\Delta\mu)^2} \Rightarrow u^2 = \frac{n \cdot (\Delta\mu)^2}{\sigma^2} \Rightarrow u = \sqrt{\frac{n \cdot (\Delta\mu)^2}{\sigma^2}}$$

$$u = \sqrt{\frac{10 \cdot (10\,h)^2}{250\,h^2}} = \sqrt{4} = 2 \quad \text{und}$$

$$u_{1-\frac{\alpha}{2}} = 2 \Rightarrow 1 - \frac{\alpha}{2} \approx 0{,}977 \quad \Rightarrow \quad \alpha = (1 - 0{,}977) \cdot 2 \approx 0{,}046$$

Ergänzung:

$$n = \frac{u^2 \cdot \sigma^2}{(\Delta\mu)^2}$$

I. gesucht: n; α bekannt

$\Phi(u) = 1 - \frac{\alpha}{2}$ $\qquad \Rightarrow u$ aus Tabelle (siehe Anhang)

II. gesucht: α

$1 - \frac{\alpha}{2} = \Phi(u) \Rightarrow u = \sqrt{\frac{n \cdot (\Delta\mu)^2}{\sigma^2}}$

Aus Tabelle $\Rightarrow \Phi(u)$ ermitteln.

III. gesucht: Intervallbreite $\Delta\mu$

$\Delta\mu = \sqrt{\frac{u^2 \cdot \sigma^2}{n}}$ $\qquad \Rightarrow u$ aus Tabelle (siehe Anhang)

IV. gesucht: Varianz σ^2

$$\sigma^2 = \frac{n \cdot (\Delta\mu)^2}{u^2} \qquad \Rightarrow u \text{ aus Tabelle (siehe Anhang)}$$

Es folgt schließlich für den Stichprobenumfang

$$n = \frac{u^2 \cdot \sigma^2}{(\Delta\mu)^2} = \frac{(1{,}645)^2 \cdot (250\,\text{h})^2}{(10\,\text{h})^2} \approx 6{,}765\,\text{Teile}$$

Das heißt, es müssen sieben Motoren geprüft werden. ∎

25.4 Die Maximum-Likelihood-Methode (M-L-M)

Die M-L-M ist neben der **Methode der kleinsten Quadrate** und der **Momentenmethode** ein allgemeines Verfahren zur Entwicklung von Schätzfunktionen für die Parameter von Verteilungsfunktionen und wurde von R. A. Fisher entwickelt.

Es seien $t_1, \ldots, t_n$ die Realisierungen einer Stichprobe einer kontinuierlichen Zufallsgröße T_n, so ist die Wahrscheinlichkeit der Realisierungen durch

$$L(t_1,\ldots,t_n \mid \Theta^k) = \prod_{i=1}^{n} f(t_i \mid \Theta^k) \qquad (25.26)$$

als **Likelihood-Funktion** („Mutmaßlichkeitsfunktion") mit den unbekannten Parametern

$$\Theta^k = (\Theta_1,\ldots,\Theta_k) \qquad (25.27)$$

und den Schätzwerten

$$\hat{\Theta}^k = (\hat{\Theta}_1,\ldots,\hat{\Theta}_k) \qquad (25.28)$$

gegeben.

Bei einer diskreten Zufallsgröße gilt entsprechend:

$$P(t_1,\ldots,t_n \mid \Theta^k) = \prod_{i=1}^{n} P_i(t_i \mid \Theta^k) \qquad (25.29)$$

$L(\Theta^k)$ ist im mathematischen Sinne keine Wahrscheinlichkeitsdichte, denn die Parameter Θ^k sind keine Zufallsgrößen, sondern feste Größen, die lediglich unbekannt sind.

Der Grundgedanke der M-L-M besteht nun darin, anhand einer Stichprobe einen Schätzwert $\hat{\Theta}$ (oder mehrere $\hat{\Theta}^k$) derart zu finden, dass die Likelihood-Funktion und damit die Wahrscheinlichkeit für das Eintreten von $\hat{\Theta}$ maximal wird. Diese Schätzfunktion ist dann mit großer Wahrscheinlichkeit („Mutmaßlichkeit") erwartungstreu und für $n \to \infty$ asymptotisch erwartungstreu zum gesuchten, unbekannten Parameter Θ bzw. Θ^k.

Beispiel 25.4-1

Eine Stichprobe (mit Zurücklegung) möge aus 5 Bauteilen bestehen. Wie groß ist die Wahrscheinlichkeit k = 0, 1, 2, 3, 4, 5 fehlerhafte Bauteile in Abhängigkeit vom unbekannten Fehleranteil $p = \Theta$ der Grundgesamtheit zu erhalten?

Der Fehleranteil kann offensichtlich mithilfe der Binomialverteilung berechnet werden. Damit lässt sich ein Zusammenhang zwischen Binomialverteilung und Likelihood-Funktion herstellen.

$$P(X = k \mid p) = \binom{5}{k} p^k (1-p)^{5-k} = L(p)$$

für alle $k = 0, ..., 5$

Die Berechnung liefert für die Fehleranteile $p \in [0;1]$ die in der nachfolgenden Tabelle aufgeführten Werte. Die Maximalwerte der Likelihood-Funktion sind grau hinterlegt und liefern einen Schätzwert für $\hat{p}$.

p	$L(X=0\mid p)$	$L(X=1\mid p)$	$L(X=2\mid p)$	$L(X=3\mid p)$	$L(X=4\mid p)$	$L(X=5\mid p)$
0	1,00000	0,00000	0,00000	0,00000	0,00000	0,00000
0,1	**0,59049**	0,32805	0,07290	0,00810	0,00045	0,00001
0,2	0,32768	**0,40960**	0,20480	0,05120	0,00640	0,00032
0,3	0,16807	0,36015	0,30870	0,13230	0,02835	0,00243
0,4	0,07776	0,25920	**0,34560**	0,23040	0,07680	0,01024
0,5	0,03125	0,15625	0,31250	0,31250	0,15625	0,03125
0,6	0,01024	0,07680	0,23040	**0,34560**	0,25920	0,07776
0,7	0,00243	0,02835	0,13230	0,30870	0,36015	0,16807
0,8	0,00032	0,00640	0,05120	0,20480	**0,40960**	0,32768
0,9	0,00001	0,00045	0,00810	0,07290	0,32805	**0,59049**
1	0,00000	0,00000	0,00000	0,00000	0,00000	1,00000

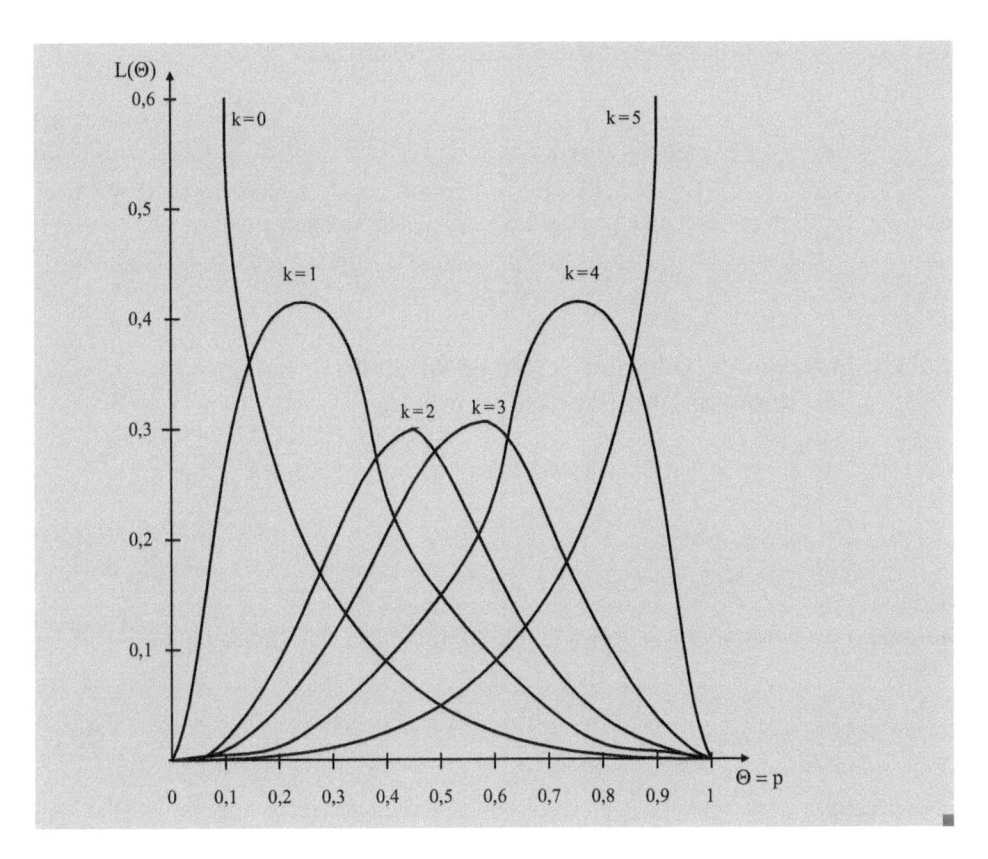

Im vorangegangenen Beispiel wurde $\hat{p}$ empirisch gefunden. Das Maximum (Minimum) einer Funktion findet man bekanntlich aber auch, wenn man die Ableitung bildet und diese gleich null setzt.

Aus rechentechnischen Gründen wird die Likelihood-Funktion logarithmisch dargestellt, denn wegen

$$f(t_i | \Theta^k) > 0 \qquad (25.30)$$

kann sie nie negativ werden. Ferner befindet sich das Maximum und Minimum von $L(\Theta^k)$ und $\ln L(\Theta^k)$ an der gleichen Stelle. Somit gilt:

$$\ln L(\Theta^k) = \sum_{i=1}^{n} \ln f(t_i | \Theta^k) \qquad (25.31)$$

Es folgt nach der Regel der Differenzialrechnung:

$$\left. \frac{\partial \ln L(t_1,...,t_n | \Theta^k)}{\partial \Theta_i} \right|_{\Theta_i = \hat{\Theta}_i} = \sum_{i=1}^{n} \frac{\partial \ln f(t_i | \Theta^k)}{\partial \Theta_i} = 0 \qquad (25.32)$$

für alle $i = 1, ..., k$

Für Θ, d.h. einen einzigen unbekannten Parameter, ergibt sich:

$$\left.\frac{d \ln L(t_1,...,t_n | \Theta)}{d\Theta}\right|_{\Theta = \hat{\Theta}} = 0 \qquad (25.33)$$

Die M-L-Schätzung ist bei großen Stichproben konsistent und wird mit $n \to \infty$ erwartungstreu, asymptotisch effizient und folgt der asymptotischen Normalverteilung.

Bei kleinen Stichproben ist die Methode der kleinsten Quadrate meist vorteilhafter.

25.4.1 Maximum-Likelihood-Schätzer für die Parameter der Binomial- und Poisson-Verteilung

Die Likelihood-Funktion der Binomialverteilung ist mit $p = \Theta$ durch

$$L(p) = \prod_{i=1}^{n} \binom{m}{k_i} p^{k_i} (1-p)^{m-k_i} \qquad (25.34)$$

gegeben. Dabei ist n die Anzahl der Versuchsergebnisse mit jeweils k_i Erfolgen. Setzt man die erste Ableitung von $\ln L(p)$ gleich null, so gewinnt man eine Bedingung für $\hat{p}$ mit der Lösung

$$\hat{p} = \frac{1}{m} \cdot \frac{1}{n} \sum_{i=1}^{n} k_i \qquad (25.35)$$

als Schätzwert für den unbekannten Parameter p der Binomialverteilung.

Für den Sonderfall

$$L(p) = \binom{n}{k} p^k (1-p)^{n-k} \qquad (25.36)$$

folgt

$$\hat{p} = \frac{k}{n} \qquad (25.37)$$

als Schätzwert für p, siehe Beispiel 25.4-1 (n = Stichprobe, k = Anzahl der ausgefallenen Komponenten).

Genügt die Zufallsgröße der Stichprobe $(t_1, ..., t_n)$ einer Poisson-Verteilung mit dem zu schätzenden unbekannten Parameter $\mu := \hat{\mu}$, so folgt für die Likelihood-Funktion

$$L(\mu) = \prod_{i=1}^{n} \left(\frac{\mu^{k_i}}{k_i!} \cdot e^{-\mu} \right) \qquad (25.38)$$

und nach Logarithmierung und Bildung der Ableitung, die wiederum null gesetzt wird

$$\hat{\mu} = \frac{1}{n} \cdot \sum_{i=1}^{n} k_i \qquad (25.39)$$

Das Ergebnis ist ein Schätzwert, der durch das arithmetische Mittel der Stichprobe (Erwartungswert $E\left(\frac{1}{n}\sum_{i=1}^{n} X_i\right) = \mu$, vergleiche Abschnitt 10.2.2) gegeben ist.

25.4.2 Maximum-Likelihood-Schätzer für den Parameter einer Exponentialverteilung

Die Exponentialverteilung ist durch den Parameter λ, der durch eine Stichprobe ($t_1, \ldots, t_n$) zu schätzen ist, charakterisiert. Für die Likelihood-Funktion folgt:

$$L(\lambda) = \lambda^n \cdot e^{-\lambda \cdot \sum_{i=1}^{n} t_i} \tag{25.40}$$

Wird wiederum die Ableitung von $\ln L(\lambda)$ gleich null gesetzt, so ergibt sich ein Schätzwert für λ durch

$$\hat{\lambda} = \frac{n}{\sum_{i=1}^{n} t_i} \tag{25.41}$$

25.4.3 Maximum-Likelihood-Schätzer für die Parameter der Normal- und Lognormalverteilung

Für die Parameter μ und σ^2 der Normalverteilung lassen sich folgende Schätzer ermitteln:

$$\hat{\mu} = \frac{1}{n} \cdot \sum_{i=1}^{n} t_i \quad \text{und} \tag{25.42}$$

$$\hat{\sigma}^2 = \frac{1}{n} \sum_{i=1}^{n} (t_i - \hat{\mu})^2 = \frac{n-1}{n} s^2 \tag{25.43}$$

Bei der Lognormalverteilung sind die t_i durch $\ln t_i$ zu ersetzen. Die Schätzwerte sind konsistent. Allerdings ist die Schätzfunktion für $\hat{\sigma}^2$ nicht erwartungstreu.

25.4.4 Maximum-Likelihood-Schätzer für die Parameter der Weibull-Verteilung

Die Ausfallwahrscheinlichkeit der Weibull-Verteilung sei durch die Gleichung

$$F(t) = 1 - e^{-\alpha \cdot t^\beta} \tag{25.44}$$

gegeben (siehe Abschnitt 10.1.2).

Die Schätzer der Parameter α und β können mit der Maximum-Likelihood-Methode (ML) nur implizit bestimmt werden. Für den Parameter β erhält man nach Durchführung der ML-Methode folgende Funktion:

$$g(\beta) = \frac{\sum_{i=1}^{k} t_i^{\beta} \ln t_i + (n-k) \cdot t_s^{\beta} \cdot \ln t_s}{\sum_{i=1}^{k} t_i^{\beta} + (n-k) \cdot t_s^{\beta}} - \frac{1}{\beta} - \frac{1}{k} \cdot \sum_{i=1}^{k} \ln t_i \qquad (25.45)$$

Mithilfe des Newton-Verfahrens wird dann die Nullstelle der Funktion $g(\beta) = 0$ ermittelt. Der Buchstabe n steht für die Anzahl der Komponenten, die eine Weibull-verteilte Lebensdauer besitzen; t_i steht für die Lebensdauer der i-ten Komponenten und k für die Anzahl der ausgefallenen Komponenten.

Dies gilt mit $t_s = t_k$ als Zeitpunkt, bei dem die k-te Komponente ausfällt oder die n Komponenten in einem festgelegten Zeitintervall von 0 bis t_s beobachtet werden.

Wie schon erwähnt, ergibt sich aus $g(\beta) = 0$ der Schätzer $\hat{\beta}$ für β. Der Schätzer $\hat{\alpha}$ für den Parameter α ergibt sich aus

$$\hat{\alpha} = k \left(\sum_{i=1}^{k} t_i^{\hat{\beta}} + (n-k) \cdot t_s^{\hat{\beta}} \right)^{-1} \qquad (25.46)$$

Beispiel 25.4.4-1

Elf Komponenten eines Systems werden einem End-of-Life-Test unterzogen. Die Ausfallzeitpunkte ergeben sich wie folgt (Einheit: Stunden [h]): {1300, 2500, 3600, 4300, 5370, 6300, 7200, 8000, 10 300, 14 500, 18 000}.

Es wird vermutet, dass die Ausfälle exponentiell verteilt sind.

a) Berechnen Sie unter Verwendung des Median-Rang-Verfahrens (Abschnitt 27.1.4) die empirische Summenhäufigkeit $\tilde{F}(t_i)$. Nutzen Sie hierzu die gegebene Wertetabelle.
b) Ermitteln Sie mithilfe der Maximum-Likelihood-Methode den Schätzwert für den Parameter $\hat{\lambda}$ der Exponentialverteilung.
c) Zeigen Sie, dass die Formel für den Schätzer der Exponentialverteilung (Methode der kleinsten Quadrate) durch $\hat{\lambda} = \dfrac{\sum_{i=1}^{n} t_i \left(-\ln(1 - \tilde{F}(t_i)) \right)}{\sum_{i=1}^{n} t_i^2}$ gegeben ist und bestimmen Sie den numerischen Schätzwert.

Hinweis: $SSE(a,b) = \sum_{i=1}^{n} [\tilde{y}_i - (a + b\tilde{x}_i)]^2 \overset{!}{=} \min_{a,b} SSE(a,b)$

Wertetabelle:

Ausfallzeitpunkt [h]	1300	2500	3600	4300	5370	6300
$\tilde{F}(t_i)$	0,061					
Ausfallzeitpunkt [h]	7200	8000	10 300	14 500	18 000	
$\tilde{F}(t_i)$					0,939	

Lösung:

a)

Ausfallzeitpunkt [h]	1300	2500	3600	4300	5370	6300
$\tilde{F}(t_i)$	0,061	0,149	0,237	0,325	0,412	0,5
Ausfallzeitpunkt [h]	7200	8000	10 300	14 500	18 000	
$\tilde{F}(t_i)$	0,588	0,675	0,763	0,851	0,939	

Grafische Darstellung:

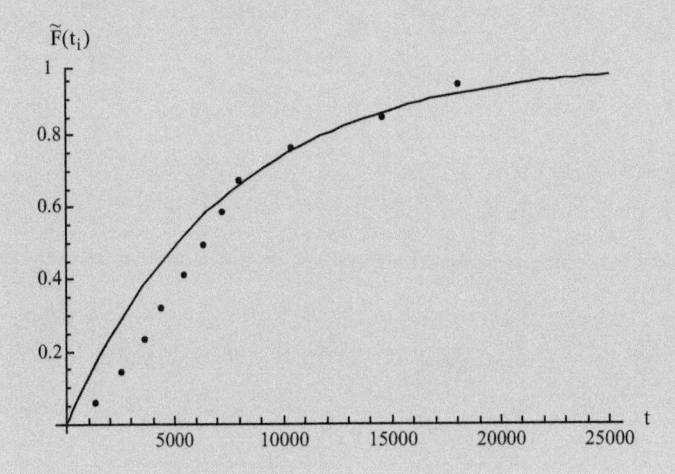

b) $\hat{\lambda} = \dfrac{n}{\sum_{i=1}^{n} t_i} = \dfrac{11}{81.370} \approx 0,000135185 \dfrac{1}{h}$

c) Aus $F(t) = 1 - e^{-\lambda t}$ folgt

$$-\ln[1 - F(t)] = \lambda t$$

und mit dem Ansatz der Methode der kleinsten Quadrate

$$\frac{\partial \text{SSE}}{\partial b} = -2 \cdot \sum_{i=1}^{n} \left(\tilde{x}_i \cdot [\tilde{y}_i - a - b\tilde{x}_i] \right) \stackrel{!}{=} 0$$

unter der Bedingung $a = 0$

$$-2 \cdot \sum_{i=1}^{n} \left(\tilde{x}_i \cdot [\tilde{y}_i - b\tilde{x}_i] \right) = 0$$

$$\sum_{i=1}^{n} \tilde{x}_i \tilde{y}_i - b \cdot \sum_{i=1}^{n} \tilde{x}_i^{2} = 0$$

schließlich

$$b = \frac{\sum_{i=1}^{n} \tilde{x}_i \tilde{y}_i}{\sum_{i=1}^{n} \tilde{x}_i^2} = \hat{\lambda}$$

Mit

$$\tilde{y}_i = -\ln\left[1 - F(t_i)\right]$$

und

$$\tilde{x}_i = t_i$$

folgt

$$\hat{\lambda} = \frac{\sum_{i=1}^{n} t_i \left(-\ln(1 - F(t_i))\right)}{\sum_{i=1}^{n} t_i^2}$$

und für den numerischen Wert

$$\hat{\lambda} = \frac{118\,403}{864\,096\,900} \approx 0{,}000137026\,\frac{1}{\text{h}}$$

■ 25.5 Maximum-Likelihood-Methode bei zensierter und gestutzter Stichprobe

Bei Zuverlässigkeitsuntersuchungen ist aufgrund der relativ hohen Lebensdauer und aus Kostengründen eine Stichprobe in der Regel **unvollständig,** d.h. $n \ll N$ (N = Grundgesamtheit). Ausfälle aufgrund von Lebensdauertests lassen sich auf verschiedene Arten gewinnen: Es werden n Elemente einem Lebensdauertest unterzogen. Nach einer vorher **festgelegten Zahl von Ausfällen** k wird der Test beendet. Man spricht von einer **zensierten Stichprobe** (Typ-II-Zensierung) mit folgenden Möglichkeiten:

a) Ausgefallene Einheiten werden nicht ersetzt (Modell „Ziehen ohne Zurücklegung").

b) Ausgefallene Einheiten werden sofort ersetzt (Modell „Ziehen mit Zurücklegung").

Nach einer vorher **festgelegten Beobachtungszeit** (Testzeit) t wird der Test beendet. In diesem Fall spricht man von einer **gestutzten Stichprobe** (Typ-I-Zensierung), wiederum mit folgenden Möglichkeiten:

a) Ausgefallene Einheiten werden nicht ersetzt.

b) Ausgefallene Einheiten werden sofort ersetzt.

Modell 1 (Typ-II-Zensierung)
Fall a)

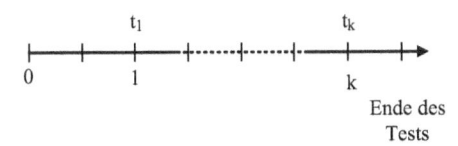

```
      t₁                    tₖ
|--+--+--+·····+·····+·+---+-->
0     1                    k
                         Ende des
                           Tests
```

Der Test wird abgebrochen, wenn die fest vorgegebene Anzahl von k Ausfällen erreicht ist. $k \leq n$ ist hierbei eine feste Größe; t_k als Testdauer hingegen zufällig. Die Ausfälle bilden eine Folge $t_1 \leq t_2 \leq \ldots \leq t_k$.

Unter Berücksichtigung der $(n - k)$ nicht ausgefallenen Einheiten folgt allgemein für die Likelihood-Funktion

$$L(\Theta \mid k) = \frac{n!}{(n-k)!} \cdot \left[\prod_{i=1}^{k} f(t_i \mid \Theta)\right] \cdot \left[1 - F(t_k, \Theta)\right]^{n-k} \tag{25.47}$$

wobei $\dfrac{n!}{(n-k)!}$ (25.48)

alle möglichen Variationen der n Einheiten zu den $(n - k)$ überlebenden angibt.

Im Falle der Exponentialverteilung folgt für die Likelihood-Funktion

$$L(\lambda \mid k) = \frac{n!}{(n-k)!} \cdot \left[\prod_{i=1}^{k} \lambda \cdot e^{-\lambda t_i}\right] \cdot e^{-\lambda \cdot (n-k) \cdot t_k} \tag{25.49}$$

und nach Logarithmierung und Bildung der ersten Ableitung, welche wiederum null gesetzt wird

$$\hat{\lambda} = \frac{k}{\sum_{i=1}^{k} t_i + (n-k) \cdot t_k} = \frac{k}{T_k} \tag{25.50}$$

als Schätzwert für den unbekannten Parameter der Exponentialverteilung.

Der Nenner charakterisiert die summierte Lebensdauer, auch **akkumulierte Lebensdauer** bzw. **kumulative Betriebszeit** T_k genannt, aller Einheiten und der Zähler die Anzahl der aufgetretenen Ausfälle.

In der Praxis ist häufig $k \ll n$, sodass $k \cdot t_k$ vernachlässigt werden kann. Außerdem ist

$$\sum_{i=1}^{k} t_i \ll k \cdot t_k \tag{25.51}$$

sodass dann die Schätzung in guter Näherung auch mithilfe der Gleichung

$$\hat{\lambda} \approx \frac{k}{n \cdot t_k} \tag{25.52}$$

erfolgen kann.

Fall b)

Die ausgefallenen Einheiten werden sofort ersetzt. Das heißt, es sind immer n Einheiten vorhanden, mit denen ein Lebensdauertest durchgeführt wird. Die summierte Lebensdauer bzw. kumulative Betriebszeit ist dann $T_k = n \cdot t_k$, sodass $\hat{\lambda}$ **ohne Näherung** durch

$$\hat{\lambda} = \frac{k}{n \cdot t_k} \tag{25.53}$$

gegeben ist.

Vertrauensintervall:

Der Vertrauensbereich für den Schätzwert $\hat{\lambda}$ lässt sich mit der χ^2-Verteilung mit $2k$ Freiheitsgraden $\chi^2(2k)$ berechnen. Demnach ist die **einseitige obere** Vertrauensgrenze

$$\lambda_{1-\alpha} = \frac{\chi^2_{1-\alpha}(2k)}{2T_k} \tag{25.54}$$

und die **einseitige untere** Vertrauensgrenze

$$\lambda_\alpha = \frac{\chi^2_\alpha(2k)}{2T_k} \tag{25.55}$$

Die **zweiseitige untere und obere** Vertrauensgrenze ist dann durch

$$\lambda_{\alpha/2} = \frac{\chi^2_{\alpha/2}(2k)}{2T_k} \tag{25.56}$$

und

$$\lambda_{1-\frac{\alpha}{2}} = \frac{\chi^2_{1-\frac{\alpha}{2}}(2k)}{2T_k} \tag{25.57}$$

gegeben.

> **Beispiel 25.5-1**
>
> Mit $n = 50$ Bauelementen wird ein Lebensdauertest durchgeführt, der nach dem Ausfall von $k = 12$ Bauelementen abgebrochen werden soll. Die Bauelemente werden **nicht** ersetzt. Als Vertrauensniveau wird $1 - \alpha = 0{,}9$ festgelegt. Als Wahrscheinlichkeitsmodell sei die Exponentialverteilung zugrunde gelegt, deren Parameter λ aufgrund des Tests geschätzt werden soll.
>
> Für die Bauelemente werden folgende Ausfallzeitpunkte t_i registriert:
>
> | i | 1 | 2 | 3 | 4 | 5 | 6 | 7 | 8 |
> |---|---|---|---|---|---|---|---|---|
> | t_i in [h] | 100 | 205 | 310 | 450 | 505 | 607 | 870 | 1250 |
> | i | 9 | 10 | 11 | 12 | | | | |
> | t_i in [h] | 1810 | 2011 | 3100 | 4020 | | | | |

Für die summierte Lebensdauer folgt:

$$T_k = \sum_{i=1}^{12} t_i + (50-12) \cdot t_{12} = (15238 + 38 \cdot 4020)\,\text{h} = 167998\,\text{h}$$

Damit folgt für den Schätzwert:

$$\hat{\lambda} = \frac{k}{T_k} = \frac{12}{167998\,\text{h}} \approx 7{,}14 \cdot 10^{-5}\,\tfrac{1}{\text{h}}$$

Ermittlung der **einseitigen oberen** Vertrauensgrenze für $\hat{\lambda}$:

$$\lambda_{1-\alpha} = \frac{\chi^2_{1-\alpha}(2k)}{2T_k}$$

Aus der Tabelle der χ^2-Verteilung (siehe Anhang) folgt

$$\chi^2_{0,9}(24) = 33{,}196$$

und damit

$$\lambda_{0,9} \approx 9{,}8798 \cdot 10^{-5}\,\tfrac{1}{\text{h}}$$

Der wahre λ-Wert ist also mit einer Irrtumswahrscheinlichkeit von $\alpha = 0{,}1$ **kleiner** als $9{,}8798 \cdot 10^{-5}$ 1/h.

Beispiel 25.5-2

Mit $n = 10$ Bauelementen soll bis zum **dritten** Ausfall, d. h. $k = 3$, ein Lebensdauertest durchgeführt werden. Die ausgefallenen Bauelemente werden **sofort ersetzt**. Es werden also insgesamt 12 Bauelemente benötigt. Mit $t_3 = 1450$ h folgt:

$$\hat{\lambda} = \frac{k}{n \cdot t_k} = \frac{3}{10 \cdot 1450\,\text{h}} \approx 2{,}07 \cdot 10^{-4}\,\tfrac{1}{\text{h}}$$

Bestimmung der zweiseitigen Vertrauensgrenzen mit $1 - \alpha = 0{,}9$:

$$\lambda_{\alpha/2} = \frac{\chi^2_{\alpha/2}(2k)}{2nt_k} = \frac{\chi^2_{0,05}(6)}{2 \cdot 10 \cdot 1450} = \frac{1{,}635}{29000}$$

$$\lambda_{0,05} \approx 5{,}64 \cdot 10^{-5}\,\tfrac{1}{\text{h}}$$

$$\lambda_{1-\frac{\alpha}{2}} = \frac{\chi^2_{1-\frac{\alpha}{2}}(2k)}{2nt_k} = \frac{\chi^2_{0,95}(6)}{29000\,\text{h}} = \frac{12{,}592}{29000\,\text{h}}$$

$$\lambda_{0,95} \approx 43{,}42 \cdot 10^{-5}\,\tfrac{1}{\text{h}}$$

> Wird der Test mit **1000 Bauelementen** durchgeführt und ebenfalls nach dem Ausfall des 3. Bauteils abgebrochen, so wird der 3. Ausfall aufgrund des **Erwartungswerts**
>
> $$E(t_k \mid n) = \frac{k}{\hat{\lambda} \cdot n} = \frac{3}{2{,}07 \cdot 10^{-4} \cdot 1000} \approx 14{,}49\,\text{h}$$
>
> bereits nach 14,49 h auftreten. Das bedeutet, dass die vorangegangenen Ergebnisse wesentlich früher vorliegen werden. Würde man n und k **proportional** vergrößern, so würde das Vertrauensintervall enger werden.

Modell 2 (Typ-I-Zensierung)

Fall a)

Die nachfolgende Abbildung zeigt eine festgelegte Beobachtungszeit t **ohne** Ersetzen der ausgefallenen Bauelemente. Das Versuchsende t fällt nicht mit dem Zeitpunkt t_k des k-ten Ausfalls zusammen ($t \neq t_k$).

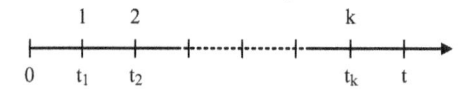

Für die Likelihood-Funktion folgt wiederum unter Zugrundelegung einer Exponentialverteilung

$$L(\lambda \mid t) = \frac{n!}{(n-k)!} \lambda^k e^{-\lambda \cdot \left[\sum_{i=1}^{k} t_i + (n-k)t\right]} \tag{25.58}$$

und hieraus in Analogie zum Modellfall 1

$$\hat{\lambda} = \frac{k}{\sum_{i=1}^{k} t_i + (n-k) \cdot t} = \frac{k}{T_k} \tag{25.59}$$

mit k = Anzahl der ausgefallenen Bauteile und T_k = kumulative Betriebszeit.

Auch hier gelten die Näherungen $k \cdot t \ll n \cdot t$ und $\sum_{i=1}^{k} t_i \ll k \cdot t$, sodass sich der Schätzwert näherungsweise auch aus

$$\hat{\lambda} \approx \frac{k}{n \cdot t} \tag{25.60}$$

ermitteln lässt. Diese Beziehung stellt wiederum im **Fall b** (ausgefallene Bauelemente werden sofort ersetzt) mit

$$\hat{\lambda} = \frac{k}{n \cdot t} \tag{25.61}$$

die exakte Lösung dar. Dabei werden die Vertrauensgrenzen durch die sogenannte Betaverteilung $B(t \mid a, b)$ als Prüfverteilung bestimmt.

Die Betaverteilung ist durch die Dichte

$$f(t) = \frac{\Gamma(a+b)}{\Gamma(a)\cdot\Gamma(b)} \cdot t^{a-1} \cdot (1-t)^{b-1} \tag{25.62}$$

für alle $a, b > 0$ und $0 \leq t \leq 1$ definiert.

Ist a bzw. b ganzzahlig, so gilt $\Gamma(a) = (a - 1)!$ bzw. $\Gamma(b) = (b - 1)!$

Für die Verteilungsfunktion folgt dann

$$F(t) = \frac{\Gamma(a+b)}{\Gamma(a)\cdot\Gamma(b)} \cdot \int_0^t u^{a-1} \cdot (1-u)^{b-1} du \tag{25.63}$$

$$F(t) = \frac{B_t(a,b)}{B(a,b)} \tag{25.64}$$

mit

$$B(a,b) = \frac{\Gamma(a)\cdot\Gamma(b)}{\Gamma(a+b)} \tag{25.65}$$

und

$$B_t(a,b) = \int_0^t u^{a-1} \cdot (1-u)^{b-1} du \tag{25.66}$$

als unvollständige Betafunktion.

Entsprechende Tabellen zur Betaverteilung sind in Pearson und Hartley (siehe Lit.) zu finden. Zur Bestimmung der Betaquantile $B_\varepsilon(a,b)$ kann aber auch die F-Verteilung genutzt werden, die in den gängigen Lehrbüchern tabelliert aufgeführt ist. Es gilt folgende Beziehung:

$$B_\varepsilon(a,b) = \frac{\frac{a}{b}\cdot F_\varepsilon(2a,2b)}{1+\frac{a}{b}\cdot F_\varepsilon(2a,2b)} \tag{25.67}$$

Besondere Bedeutung hat die Betaverteilung in Bezug auf die Ranggrößenverteilung (Abschnitt 27.1.4).

Für die Vertrauensgrenzen folgt:

Einseitige obere Vertrauensgrenze:

$$\lambda_{1-\alpha} = \frac{1}{t}\cdot \ln\frac{1}{1-B_{1-\alpha}(k+1,n-k+1)} \tag{25.68}$$

mit $k + 1 = a$ und $n - k + 1 = b$

Einseitige untere Vertrauensgrenze:

$$\lambda_\alpha = \frac{1}{t}\cdot \ln\frac{1}{1-B_\alpha(k+1,n-k+1)} \tag{25.69}$$

Zweiseitige untere und obere Vertrauensgrenze:

$$\lambda_{\alpha/2} = \frac{1}{t}\cdot \ln\frac{1}{1-B_{\alpha/2}(k+1,n-k+1)} \tag{25.70}$$

$$\lambda_{1-\alpha/2} = \frac{1}{t} \cdot \ln \frac{1}{1-B_{1-\alpha/2}(k+1, n-k+1)} \qquad (25.71)$$

> **Beispiel 25.5-3**
>
> Wir legen die Daten von Beispiel 25.5-1 zugrunde, wobei der Test bis zum Zeitpunkt $t = 5000\,\text{h}$ durchgeführt wird. Mit
>
> $$\hat{\lambda} = \frac{k}{\sum_{i=1}^{n} t_i + (n-k)t}$$
>
> ergibt sich
>
> $$\hat{\lambda} = \frac{12}{15238 + (50-12) \cdot 5000} \approx 5{,}85 \cdot 10^{-5}\,\text{h}^{-1}$$
>
> Im Gegensatz zum Modell 1 mit $\hat{\lambda} = 7{,}14 \cdot 10^{-5} \frac{1}{\text{h}}$ erhält man einen kleineren Schätzwert, da zwischen 4020 h und 5000 h kein Ausfall registriert wurde.

Fall b)

Die ausgefallenen Bauelemente werden sofort ersetzt. Es folgt in Analogie zum Modell 1

$$\hat{\lambda} = \frac{k}{n \cdot t} \qquad (25.72)$$

mit folgenden Vertrauensgrenzen:

Einseitige obere Vertrauensgrenze:

$$\lambda_{1-\alpha} = \frac{\chi^2_{1-\alpha}(2k+2)}{2 \cdot n \cdot t} \qquad (25.73)$$

Einseitige untere Vertrauensgrenze:

$$\lambda_{\alpha} = \frac{\chi^2_{\alpha}(2k)}{2 \cdot n \cdot t} \qquad (25.74)$$

Zweiseitige untere und obere Vertrauensgrenze:

$$\lambda_{\alpha/2} = \frac{\chi^2_{\alpha/2}(2k)}{2 \cdot n \cdot t} \qquad (25.75)$$

$$\lambda_{1-\alpha/2} = \frac{\chi^2_{1-\alpha/2}(2k+2)}{2 \cdot n \cdot t} \qquad (25.76)$$

Beachte: Die Unterschiede in den Freiheitsgraden ergeben sich aufgrund der Ganzzahligkeit von k.

Beispiel 25.5-4

Im Rahmen einer End-of-Life-Prüfung wurden 15 Geräte getestet. Der Test wurde mit dem Ausfall des 10. Gerätes abgebrochen. Es ergaben sich die folgenden Ausfallzeitpunkte in Prüfstunden [h]: {5, 12, 19, 27, 36, 46, 57, 69, 83, 99}.

a) Ermitteln Sie, in Annahme einer exponentiell verteilten Grundgesamtheit, die Ausgangsgleichung $L(t_1,...,t_k \mid \lambda)$ der Maximum-Likelihood-Methode.

b) Berechnen Sie $\dfrac{d \ln L(t_1,...,t_k \mid \lambda)}{d\lambda}$ und bestimmen Sie hieraus die kumulative Betriebszeit T_k sowie den Schätzer $\hat{\lambda}$ der exponentiell verteilten Grundgesamtheit.

c) Ermitteln Sie, in Annahme einer Weibull-verteilten Grundgesamtheit, die Ausgangsgleichung $L(t_1,...,t_k \mid \alpha, \beta)$ der Maximum-Likelihood-Funktion.

d) Berechnen Sie: $\dfrac{d \ln L(t_1,...,t_k \mid \alpha, \beta)}{d\alpha}$ und $\dfrac{d \ln L(t_1,...,t_k \mid \alpha, \beta)}{d\beta}$. Hinweis: Weitere Auflösung der Gleichungen ist nicht gefordert.

Lösung:

a) $L(t_1,...,t_k \mid \lambda) = \dfrac{n!}{(n-k)!} \cdot \left(\prod_{i=1}^{k} \lambda e^{-\lambda t_i}\right) \cdot \left(e^{-\lambda t_k}\right)^{n-k}$

b) $\ln L(\sim) = \ln\left(\dfrac{n!}{(n-k)!}\right) - (n-k)\lambda t_k + k \cdot \ln \lambda - \sum_{i=1}^{k} \lambda t_i$

$\dfrac{d \ln L(\sim)}{d\lambda} = -(n-k)t_k + \dfrac{k}{\lambda} - \sum_{i=1}^{k} t_i \overset{!}{=} 0$

und hieraus

$T_k = \dfrac{k}{\lambda} = \sum_{i=1}^{k} t_i + (n-k)t_k$

Mit den gegebenen numerischen Werten ergibt sich

$T_k \approx 948\,\text{h}$ und

$\hat{\lambda} = \dfrac{k}{T_k} = \dfrac{10}{948\,\text{h}} \approx 0{,}0105\,\text{h}^{-1}$

c) $L(t_1,...,t_k \mid \alpha, \beta) = \dfrac{n!}{(n-k)!} \cdot e^{-\alpha t_k^\beta \cdot (n-k)} \cdot \prod_{i=1}^{k} \alpha \beta t_i^\beta e^{-\alpha t_i^\beta}$

$= \dfrac{n!}{(n-k)!} \cdot e^{-\alpha t_k^\beta \cdot (n-k)} \cdot \alpha^k \cdot \beta^k \cdot e^{-\alpha \sum\limits_{i=1}^{k} t_i^\beta} \cdot \prod_{i=1}^{k} t_i^\beta$

$\ln L(\sim) = \ln\left(\dfrac{n!}{(n-k)!}\right) - \alpha\left(t_k^\beta (n-k) + \sum_{i=1}^{k} t_i^\beta\right) + k \ln \alpha + k \ln \beta + \beta \sum_{i=1}^{k} \ln t_i$

d) $\dfrac{d\ln L(\sim)}{d\alpha} = -\left[t_k^\beta(n-k) + \sum_{i=1}^{k} t_i^\beta\right] + \dfrac{k}{\alpha} \stackrel{!}{=} 0$

$\dfrac{d\ln L(\sim)}{d\beta} = -\alpha\left[(n-k)\cdot \ln t_k \cdot t_k^\beta + \sum_{i=1}^{k} t_i^\beta \cdot \ln t_i\right] + \dfrac{k}{\beta} + \sum_{i=1}^{k}\ln t_i$

∎

■ 25.6 Die Momentenmethode

Mithilfe der Momentenmethode (Karl Pearson) werden die zu schätzenden unbekannten Parameter durch die theoretischen Momente der Verteilungsfunktion ausgedrückt. Die Momente der Verteilung werden dann mit den entsprechenden empirischen Momenten gleichgesetzt. Für das dadurch entstehende, nicht lineare Gleichungssystem werden immer so viele empirische Momente, wie festzulegende Parameter auftreten, benötigt. Die Schätzwerte, die durch die Momentenmethode gewonnen werden, sind konsistent und meist asymptotisch erwartungstreu. Jedoch sind sie nicht immer effizient und suffizient.

Bei der Auswertung zensierter Stichproben kann die Momentenmethode nicht eingesetzt werden. Eine erwartungstreue Schätzfunktion für das k-te Moment

$E(T^k), \quad k = 1, 2, \ldots$ \hfill (25.77)

ist durch

$M_k = \dfrac{1}{n} \cdot (T_1^k + T_2^k + \ldots + T_n^k)$

Gegeben, denn es gilt:

$E(M_k) = \dfrac{1}{n} \cdot (E(T_1^k) + E(T_2^k) + \ldots + E(T_n^k))$

$\qquad = \dfrac{1}{n} \cdot n \cdot E(T^k) = E(T^k)$ \hfill (25.78)

Das heißt, das k-te Moment kann durch das k-te empirische Moment

$m_k = \dfrac{1}{n} \cdot (t_1^k + t_2^k + \ldots + t_n^k)$ \hfill (25.79)

geschätzt werden. Die zu schätzenden Parameter $k \geq 1$ einer Verteilungsfunktion werden dann durch Gleichsetzen der theoretischen Momente der vorausgesetzten Verteilungsfunktion und der empirischen Momente der Stichprobe gewonnen.

$$E(T) \stackrel{!}{=} m_1$$
$$E(T^2) \stackrel{!}{=} m_2$$
$$\vdots$$
$$E(T^k) \stackrel{!}{=} m_k \tag{25.80}$$

So folgt z. B. für einen Parameter:

$$E(T) = m_1 \stackrel{!}{=} \overline{t} \tag{25.81}$$

Zwei Parameter können dann aus den beiden Gleichungen

$$E(T) \stackrel{!}{=} \overline{t} \quad \text{und} \quad E(T^2) \stackrel{!}{=} m_2 = \frac{1}{n} \cdot \sum_{i=1}^{n} t_i^2 \tag{25.82}$$

bestimmt werden. Mit Formel 8.58 können diese auch aus

$$E(T) \stackrel{!}{=} \overline{t} \quad \text{und} \quad \sigma^2(T) + (E(T))^2 = \frac{1}{n} \cdot \sum_{i=1}^{n} t_i^2 \tag{25.83}$$

berechnet werden. Als Schätzwert für die empirische Varianz ergibt sich dann:

$$s^2 = \frac{1}{n} \cdot \sum_{i=1}^{n} t_i^2 - \overline{t}^2 \cdot n \tag{25.84}$$

Beispiel 25.6-1

Gleichverteilung (Rechteckverteilung) (siehe Beispiel 8.3.1-2 und 8.3.2-1)

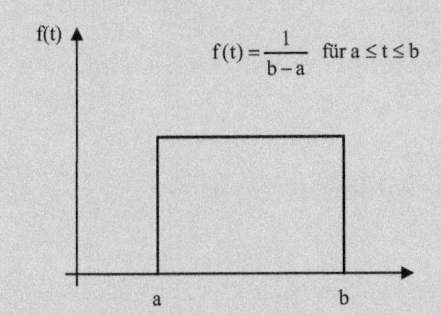

$$f(t) = \frac{1}{b-a} \quad \text{für } a \leq t \leq b$$

Aus dem unbekannten und zu schätzenden Intervall [a, b] werden folgende Stichproben ermittelt:

$t_1 = 2$ $\quad t_2 = 8$ $\quad t_3 = 10$ $\quad t_4 = 12$ $\quad t_5 = 18$

Schritt 1: Bestimmung der Schätzwerte für das 1. und 2. Moment

$$m_1 = \bar{t} = \frac{1}{5} \cdot \sum_{i=1}^{5} t_i = 10$$

$$m_2 = \frac{1}{5} \cdot \sum_{i=1}^{5} t_i^2 = 127{,}2$$

Schritt 2: Schätzung der Parameter a und b

$$f(t \mid a, b) = \frac{1}{b-a}$$

Der Erwartungswert (Moment 1. Ordnung M_1) ist (siehe Abschnitt 8.3.2) folgender:

$$M_1 = \frac{a+b}{2}$$

Das Moment 2. Ordnung errechnet sich zu (siehe Abschnitt 8.3.2)

$$M_2 = \frac{a^2 + ab + b^2}{3}$$

Schritt 3: Gleichsetzen der Momente und der Schätzwerte $M_1 \stackrel{!}{=} m_1$ und $M_2 \stackrel{!}{=} m_2$

① $\quad \dfrac{a+b}{2} = 10 \quad\quad\Rightarrow\quad b = 20 - a$

② $\quad \dfrac{a^2 + ab + b^2}{3} = 127{,}2 \quad\quad\Rightarrow\quad b^2 + ab + a^2 = 3816$

Nach kurzer Rechnung folgen

$$\hat{a} \approx 0{,}9667 \text{ und } \hat{b} \approx 19{,}0333$$

als Schätzwerte für die Rechteckverteilung.

25.6.1 Momentenschätzer für den Parameter einer Exponentialverteilung

Der Parameter λ einer exponentiell verteilten Zufallsvariablen T soll mithilfe der Momentenmethode bestimmt werden. Wir erhalten für das arithmetische Mittel $\bar{t}$ der notierten Merkmalswerte $t_1, \ldots, t_n$ einer Zufallsvariable T

$$\bar{t} = \frac{1}{n} \cdot \sum_{i=1}^{n} t_i \tag{25.85}$$

und für den Erwartungswert der Exponentialverteilung (Formel 10.4)

$$E(T) = \frac{1}{\lambda} \tag{25.86}$$

Damit folgt

$$\frac{1}{n} \cdot \sum_{i=1}^{n} t_i \stackrel{!}{=} \frac{1}{\lambda} \tag{25.87}$$

und

$$\hat{\lambda} = \frac{1}{\bar{t}} = \frac{n}{\sum_{i=1}^{n} t_i} \tag{25.88}$$

(siehe auch Formel 25.41)

Nach dem gleichen Verfahren berechnet sich, unter der Berücksichtigung der Varianz als Bezugsgröße, der Momentenschätzer:

$$\hat{\lambda} = \frac{1}{\sqrt{\frac{1}{n-1} \cdot \sum_{i=1}^{n} (t_i - \bar{t})^2}} \tag{25.89}$$

Dabei sind t_1, ..., t_n Lebensdauern von n beobachteten Komponenten aus der interessierenden Grundgesamtheit der Komponenten, die einer exponentiell verteilten Lebensdauer folgen. Dieser Punktschätzer für den Parameter λ gibt aber nur die Ausfallrate aller Komponenten an. Soll eine Vorhersage getroffen werden, wie viele Komponenten nach einer bestimmten Zeitdauer ausgefallen sein werden, bietet sich folgender Punktschätzer an:

$$\hat{\lambda}_t = \frac{m}{n - \frac{m}{2}} \cdot \frac{1}{t} \tag{25.90}$$

Voraussetzung ist allerdings, dass $m \geq 10$ und $m/n \leq 0{,}1$ sein müssen. Es wird weiterhin davon ausgegangen, dass der Versuch nur eine vorher festgelegte Zeit t dauert. Die Anzahl der Versuche, bei denen ein Ausfall eintritt, wird mit m und die Gesamtzahl der Versuche mit n bezeichnet.

Es existiert unter gleichen Voraussetzungen auch ein Maximum-Likelihood-Schätzer

$$\hat{\lambda}_{ML} = \frac{m}{\sum_{j=1}^{m} t_j + (n-m) \cdot t_m} \tag{25.91}$$

der jedoch nicht erwartungstreu ist.

25.6.2 Momentenschätzer für die Parameter einer Lognormalverteilung

Es sollen die Parameter μ und σ^2 einer Lognormalverteilung geschätzt werden. Aus den schon bekannten Gleichungen für das arithmetische Mittel und der empirischen Varianz und dem rechnerischen Erwartungswert sowie der Varianz für die Lognormalverteilung (siehe Abschnitt 10.1.5) ergeben sich die Punktschätzer

$$\hat{\sigma}^2 = \ln\left(\frac{s^2}{\bar{t}^2}+1\right) \tag{25.92}$$

und

$$\hat{\mu} = \ln \bar{t} - \frac{1}{2}\cdot\ln\left(\frac{s^2}{\bar{t}^2}+1\right) \tag{25.93}$$

25.6.3 Momentenschätzer für die Parameter einer Weibull-Verteilung

Der Momentenschätzer für die Weibull-Verteilung lässt sich nicht explizit berechnen. Eine Lösung für die Schätzer kann nur implizit angegeben werden

$$\hat{\alpha} = \left[\frac{\Gamma\left(1+\frac{1}{\beta}\right)}{\bar{t}}\right]^{\beta} \tag{25.94}$$

mit

$$(s^2+\bar{t}^2)\cdot\left(\Gamma\left(\frac{1}{\beta}+1\right)\right)^2 - \bar{t}^2\cdot\Gamma\left(\frac{2}{\beta}+1\right) = 0 \tag{25.95}$$

■ 25.7 Lineare Regression und die Methode der kleinsten Quadrate

Aufgabe der **Regressionsanalyse** ist die Beschreibung der Abhängigkeit einer Variablen Y von einer Variablen X (**Einfachregression**). Dabei wird Y als **Regressant** oder Predictor und X als **Regressor** bezeichnet. Der funktionale Zusammenhang ist die yx-Regressionsfunktion, die aufgrund einer Stichprobe (x_i, y_i), $i = 1, 2, ..., n$ gewonnen werden kann und allgemein in einem xy-Koordinatensystem als Streuungsdiagramm dargestellt wird (Bild 25.4).

25.7 Lineare Regression und die Methode der kleinsten Quadrate

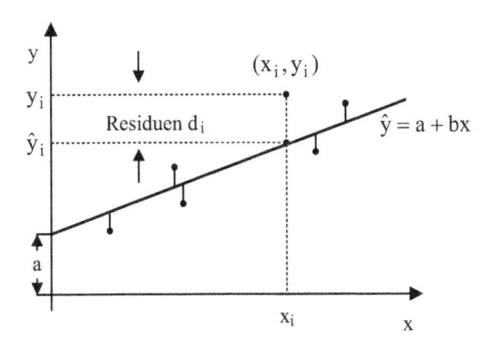

Bild 25.4 Streudiagramm und Regressionsgerade

Lässt sich die Punktwolke durch eine **Regressionsgerade** $\hat{y} = a + bx$ als Geradengleichung „optimal" anpassen, so wird von einer **linearen Regression,** sonst von einer **nichtlinearen** (curvilinearen) **Regression** (z. B. Parabeln, logistische Funktionen) gesprochen. Dabei werden die vertikalen Abweichungen (Differenz d_i) zwischen den aufgrund der Stichprobe beobachteten Merkmalen y_i und den durch die Ausgleichsgeraden geschätzten Merkmalen $\hat{y}_i$ und $d = y_i - \hat{y}_i$ $(i = 1, 2, ..., n)$ als **Residuen** bezeichnet. Eine gute Anpassung ist erreicht, wenn die Summe der quadratischen Abweichungen SSE = Sum of Squared Errors minimal wird. Nach der **Methode der kleinsten Quadrate** (C. F. Gauß) folgt:

$$\text{SSE}(a,b) = \sum_{i=1}^{n} d_i^2 = \sum_{i=1}^{n}(y_i - \hat{y}_i)^2 \tag{25.96}$$

$$\text{SSE}(a,b) = \sum_{i=1}^{n}[y_i - (a + bx_i)]^2 \stackrel{!}{=} \min_{a,b} \text{SSE}(a,b) \tag{25.97}$$

Werden die partiellen Ableitungen nach a und b gebildet und die beiden Gleichungen gleich null (Extremwertbestimmung) gesetzt, so erhält man ein lineares Gleichungssystem, aus dem die **Regressionskoeffizienten** a und b derart bestimmt werden können, dass SSE(a,b) minimal wird. Es ist

$$a = \bar{y} - b\bar{x} \tag{25.98}$$

und

$$b = \frac{\sum_{i=1}^{n}(x_i - \bar{x})(y_i - \bar{y})}{\sum_{i=1}^{n}(x_i - \bar{x})^2} = \frac{\sum_{i=1}^{n} x_i y_i - n \cdot \bar{x} \cdot \bar{y}}{\sum_{i=1}^{n} x_i^2 - n \cdot \bar{x}^2} \tag{25.99}$$

mit $\bar{x}$ und $\bar{y}$ als arithmetische Mittelwerte.

In der Praxis wird zunächst die Steigung b der Geraden bestimmt und anschließend der absolute Wert a.

Der Zähler b heißt **Kovarianz** S_{xy} von X und Y und der Nenner **Varianz** S_x von X mit

$$b = \frac{S_{xy}}{S_x^2} \tag{25.100}$$

Die Methode der kleinsten Quadrate wird bei stark zensierten Daten bevorzugt zur Schätzung der Parameter einer Verteilungsfunktion eingesetzt (siehe Kapitel 28).

> **Beispiel 25.7-1**
>
> **Schätzung der Parameter der Weibull-Verteilung mittels der Methode der kleinsten Quadrate**
>
> Die Ausfallwahrscheinlichkeit der Weibull-Verteilung sei durch
>
> $$F(t) = 1 - e^{-\alpha \cdot t^\beta}$$
>
> (siehe Formel 10.7) gegeben. Diese lässt sich durch entsprechende Umformung und Doppellogarithmierung in eine Geradengleichung
>
> $$\ln[-\ln(1 - F(t))] = \ln \alpha + \beta \cdot \ln t$$
>
> überführen (siehe Weibull-Papier, Kapitel 26). Die Schätzer für $\hat{\alpha}$ und $\hat{\beta}$ können dann mithilfe der Methode der kleinsten Quadrate ermittelt werden. Es folgt
>
> $$\hat{\alpha} = e^{\bar{y} - \beta \bar{x}}$$
>
> und
>
> $$\hat{\beta} = \frac{\sum_{i=1}^{n}(x_i - \bar{x})(y_i - \bar{y})}{\sum_{i=1}^{n}(x_i - \bar{x})^2} = \frac{\sum_{i=1}^{n} x_i y_i - n \bar{x} \bar{y}}{\sum_{i=1}^{n} x_i^2 - n \bar{x}^2}$$
>
> Dabei werden $y = \ln(-\ln(1 - F(t)))$, $a = \ln \alpha$, $b = \beta$ und $x = \ln(t)$ gesetzt.

Aufgrund der Bedeutung der Weibull-Verteilung in der Zuverlässigkeitstechnik wurden zur Schätzung der Parameter weitere Schätzverfahren entwickelt, wobei entsprechende Hilfstabellen verwendet werden. Hierzu zählen folgende:

- beste lineare Schätzung
- beste lineare invariante Schätzung
- gute lineare unverzerrte Schätzung
- Verfahren von D'Agostino
- Gumbel-Methode
- und andere (siehe Dodson, Abernethy, D'Agostino, siehe Lit.)

Dabei hängt die Genauigkeit der Schätzung sehr stark von der Ausfallsteilheit ab. Das heißt, mit steigender Ausfallsteilheit wird in der Regel die Genauigkeit größer, was sich leicht anhand einer Betrachtung der Dichte verifizieren lässt.

Des Weiteren können die Parameter der entsprechenden Verteilungsfunktion auch mittels neuronaler Netze erfolgreich geschätzt werden (siehe Kapitel 22).

26 Bestimmung des Verteilungstyps

26.1 Wahrscheinlichkeitsnetz der Weibull-Verteilung

In einem Wahrscheinlichkeitsnetz mit geeigneter Skalierung lässt sich eine empirische Verteilungsfunktion, aufgrund der Ausfalldaten, durch eine theoretische Verteilungsfunktion in Form einer Geraden darstellen. Es wird damit ein grafischer Verteilungstest zur Überprüfung auf Vorliegen einer bestimmten theoretischen Verteilungsfunktion durchgeführt. Des Weiteren können die Parameter der zugrunde gelegten theoretischen Verteilungsfunktion geschätzt werden. Es existieren unter anderem Wahrscheinlichkeitsnetze für Grundgesamtheiten, die normalverteilt, logarithmisch-normalverteilt und Weibull-verteilt sind (zu beziehen unter anderem bei der Deutschen Gesellschaft für Qualität, Frankfurt, oder beim Beuth Verlag, Berlin).

26.1.1 Konstruktion des Wahrscheinlichkeitsnetzes

Die Abszisse des Netzes ist durch

$$x = \ln t \qquad (26.1)$$

und die Ordinate durch

$$y = \ln \ln(1 / R(t)) \qquad (26.2)$$

definiert (siehe Bild 26.1). Anhand dieser Skalierung ist die Überlebenswahrscheinlichkeit $R(t)$ und somit auch die Verteilungsfunktion bzw. Ausfallwahrscheinlichkeit $F(t)$ in einem Wahrscheinlichkeitsnetz durch die Gerade

$$y = a + b\,x \qquad (26.3)$$

wobei $b = \beta$ und $a = \ln \alpha$ ist, darstellbar. Der Buchstabe b gibt die Ausfallsteilheit β, also die Steigung der Geraden an. Die charakteristische Lebensdauer $\eta = (1/\alpha)^{1/\beta}$ kommt in der Lage der Geraden zum Ausdruck.

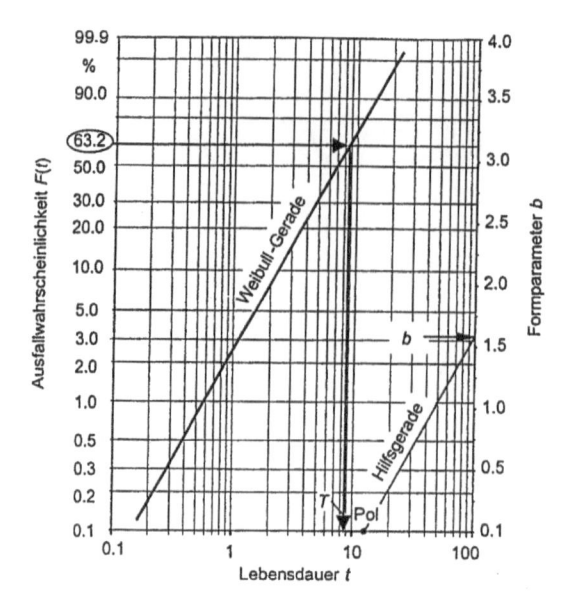

Bild 26.1
Wahrscheinlichkeitsnetz der Weibull-Verteilung

26.1.2 Gebrauchsanweisung für das Wahrscheinlichkeitsnetz der Weibull-Verteilung nach Stange und Gumbel (DGQ-Lebensdauernetz)

Wird für empirisch erfasste Stichprobenwerte (z. B. Ausfalldaten) angenommen, dass deren Grundgesamtheit Weibull-verteilt ist, so dient das Wahrscheinlichkeitsnetz der Weibull-Verteilung zur Überprüfung dieser Hypothese, der grafischen Ermittlung der Verteilungsparameter und zur grafischen Darstellung der Ausfallrate (gesondertes Netz).

Schritt 1

Bildung der Häufigkeitssummen H_j:

$$H_j = \sum_{i=1}^{j} \frac{n_i}{n} \cdot 100\,\% \qquad (26.4)$$

mit

n = Stichprobenumfang
n_i = Anzahl der Ausfälle pro Klasse

a) Bei großem Stichprobenumfang ($n \geq 50$): Einteilung der Einzelwerte in 5 bis 20 Klassen (Regel)

Die einzelnen Klassen erhalten den Index j. Im nächsten Schritt werden die Besetzungszahlen n_j der einzelnen Klassen (absolute Häufigkeiten) bestimmt. Dann folgt die Berechnung der aufsummierten Besetzungszahl B_j durch

$$B_j = \frac{n_j}{n} \qquad (26.5)$$

oder der Klassenhäufigkeit h_j in (%) durch

$$h_j = \frac{n_j}{n} \cdot 100\,\% \tag{26.6}$$

Die Aufsummierung der Klassenhäufigkeiten ergibt die Summenhäufigkeit H_j aus

$$H_j = \sum_{i=1}^{j} \frac{n_i}{n} \cdot 100\,\% \tag{26.7}$$

b) Bei kleinem Stichprobenumfang

Die Messwerte werden der Größe nach aufsteigend geordnet. Jedem Einzelwert wird ein Häufigkeitssummenwert aus Tabelle 26.1 (für Stichproben n = 3, ..., 8) zugeordnet. Für größere Stichproben existieren ähnliche Tabellen (siehe DGQ).

Tabelle 26.1 Häufigkeitssummen geordneter Stichproben n = 3...8 zur Eintragung in Wahrscheinlichkeitsnetze (Medianrang Spalte 50) mit 5-%- und 95-%-Vertrauensgrenze (Spalte 5 und 95)

i	n														
	3			4			5			6			8		
	5	50	95	5	50	95	5	50	95	5	50	95	5	50	95
1	1,7	20,6	63,2	1,3	15,9	52,7	1,0	12,9	45,1	0,8	10,9	39,3	0,7	9,4	34,8
2	13,5	50,0	86,5	9,8	38,6	75,1	7,6	31,4	65,7	6,3	26,4	58,2	5,3	22,8	52,1
3	36,8	79,4	98,3	24,9	61,4	90,2	18,9	50,0	81,1	15,3	42,1	72,9	12,9	36,4	65,9
4				47,3	84,1	98,7	34,3	68,6	92,4	27,1	57,9	84,7	22,5	50,0	77,5
5							54,9	87,1	99,0	41,8	73,6	93,7	34,1	63,6	87,1
6										60,7	89,1	99,2	47,9	77,2	94,7
7													65,2	90,6	99,3

Schritt 2: Eintragung der Häufigkeitssummenwerte in das Wahrscheinlichkeitsnetz

Die ermittelten Werte für H_j werden

a) über den oberen Klassengrenzen aufgetragen, wobei die höchste Klasse entfällt, bzw.

b) über den Einzelwerten aufgetragen.

Die Abszisseneinteilung kann – falls erforderlich – mit Zehnerpotenzen skaliert werden.

Vertrauensbereiche für Häufigkeitssummen (Unsicherheitsband):

Bei kleinen geordneten Stichprobenwerten kann nicht nur ein Schätzwert für den Zentralwert des Wahrscheinlichkeitsintegrals, sondern auch ein zugehöriger Vertrauensbereich verteilungsfrei angegeben werden. Für eine empfohlene zweiseitige Aussagewahrscheinlichkeit von 90 % für Stichprobenumfänge von n = 3, 4, ..., 8 sind Zahlenwerte der Tabelle 26.1 zu entnehmen. Aus dieser Tabelle sind die Werte für die untere 5 %ige und obere 95 %ige Vertrauensgrenze zusammen mit dem Zentralwert ablesbar.

Die Vertrauenspunkte sollten aber aus praktischen Gründen nicht über den Messwerten eingezeichnet werden, sondern an der Ausgleichsgeraden. Die Vertrauenspunkte werden miteinander verbunden und ergeben zwei Grenzkurven.

Bei großen Stichprobenumfängen werden die Grenzkurven besser mittels der zu festen Häufigkeitssummen H = 5 %, 10 % usw. interpolierten Vertrauensgrenzen H_u und H_o bestimmt. Diese Vertrauensgrenzen sind dem Nomogramm Bild 26.2 bzw. Tabelle 26.2 und Tabelle 26.3 für Stichprobenumfänge bis n = 10 zu entnehmen.

Es ist zu beachten, dass dieses **Unsicherheitsband** nur einen groben, aber äußerst anschaulichen Überblick von der Unvollkommenheit der Stichprobe im Hinblick auf die wahre, unbekannte Grundgesamtheit geben kann. Zur statistischen Beurteilung einer Stichprobe bezüglich eines bestimmten Verteilungstyps oder zum Vergleich zweier Stichproben kommen die bekannten Tests, wie z. B. Chi-Quadrat-Anpassungstest (siehe Abschnitt 26.2.1) oder der Anpassungstest nach Kolmogorov-Smirnov (siehe Abschnitt 26.2.2), zur Anwendung. Werden zur Durchführung der Tests der Mittelwert oder die Standardabweichung benötigt, so können deren grafisch ermittelte Werte verwendet werden.

Prinzipiell können die Vertrauensbereiche mit dem Integral der Dichtefunktion berechnet werden (Reichelt, siehe Lit.).

Schritt 3: Eintragung der Häufigkeitssummenlinie

Die unter dem 2. Schritt eingetragenen Punkte stellen im Wahrscheinlichkeitsnetz eine von links unten nach rechts oben steigende Punktfolge dar. Kann die steigende Punktfolge im Wertebereich des Netzes, der zwischen 5 % und 95 % liegt, annähernd durch eine Gerade dargestellt werden, so liegt die Vermutung nahe, dass die Grundgesamtheit einer Weibull-Verteilung der dazugehörigen Ausfallwahrscheinlichkeit entspricht.

Schritt 4: Grafische Auswertung der Maßzahlen charakteristische Lebensdauer η^* und der Ausfallsteilheit $b = \beta$

Der Wert für η wird an der Stelle auf der Abszisse abgelesen, an der die Ausgleichsgerade die 63,2%ige ($63{,}2\% \cong 1 - \dfrac{1}{e}$, d. h. $\eta = \alpha^{-(1/\beta)}$) Horizontale schneidet. Durch Parallelverschiebung der Ausgleichsgeraden in den Pol P, der sich auf der Abszisse befindet, erhält man die Ausfallsteilheit b. Der Wert für b wird an der rechten Randeinteilung abgelesen. Die so erhaltenen Werte stellen Schätzwerte für die Parameter η und β dar (Bild 26.1).

Tabelle 26.2 zeigt die Ausfallwahrscheinlichkeit in % für die 5-%-Vertrauensgrenze bei einem Stichprobenumfang von n und der Ranggröße i.

Tabelle 26.3 zeigt Ausfallwahrscheinlichkeit in % für die 95-%-Vertrauensgrenze bei einem Stichprobenumfang von n und der Ranggröße i.

26.1 Wahrscheinlichkeitsnetz der Weibull-Verteilung 543

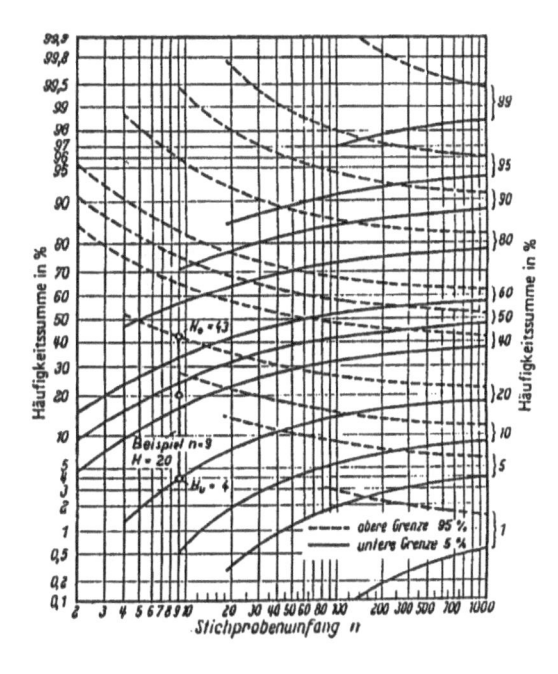

Bild 26.2
Nomogramm zur Konstruktion des Unsicherheitsbandes (maximal 11 obere und untere Punkte)

Tabelle 26.2 5-%-Vertrauensgrenzen

i	$n=1$	2	3	4	5	6	7	8	9	10
1	5,000	2,5321	1,6952	1,2742	1,0206	0,8512	0,7301	0,6391	0,5683	0,5116
2		22,3607	13,5350	9,7611	7,6441	6,2850	5,3376	4,6389	4,1023	3,6771
3			36,8403	24,8604	18,9256	15,3161	12,8757	11,1113	9,7747	8,7264
4				47,2871	34,2592	27,1338	22,5321	19,2903	16,8750	15,0028
5					54,9281	41,8197	34,1261	28,9241	25,1367	22,2441
6						60,6962	47,9298	40,0311	34,4941	30,3537
7							65,1836	52,9321	45,0358	39,3376
8								68,7656	57,0864	49,3099
9									71,6871	60,5836
10										74,1134

Tabelle 26.3 95-%-Vertrauensgrenzen

i	$n=1$	2	3	4	5	6	7	8	9	10
1	95,00	77,6393	63,1597	52,7129	45,0720	39,3038	34,8164	31,2344	28,3129	25,8866
2		97,4679	86,4650	75,1395	65,7408	58,1803	52,0703	47,0679	42,9136	39,4163
3			98,3047	90,2389	81,0744	72,8662	65,8738	59,9689	54,9642	50,6901
4				98,7259	92,3560	84,6839	77,4679	71,0760	65,5058	60,6624
5					98,9794	93,7150	87,1244	80,7097	74,8633	69,6463
6						99,1488	94,6624	88,8887	83,1250	77,7559
7							99,2699	95,3611	90,2253	84,9972
8								99,3609	95,8977	91,2736
9									99,4317	96,3229
10										99,4884

Schritt 5: Dokumentation der grafisch ermittelten Maßzahlen

In der Mitte des DGQ-Formblattes befinden sich die Felder zum Eintragen der grafisch ermittelten Parameter η und b. Außer den Feldern für die Schätzwerte $\hat{\eta}$, $\hat{b}$ und $\hat{t}_0$ existiert noch ein Feld für die sogenannte zuverlässige Lebensdauer, die am „B-10-Wert" der Summenlinie abzulesen ist.

Der bei 50% abzulesende Zentralwert sowie der arithmetische Mittelwert (relativ a, absolut $\bar{t}$) und die Standardabweichung (relativ d, absolut s) können ebenfalls direkt entnommen werden. Die Werte für a und d sind, waagerecht vom b-Wert aus gesehen, auf der Hilfsleiter am rechten Rand des Wahrscheinlichkeitsnetzes abzulesen.

Schritt 6: Bestimmung der Ausfallrate $\lambda(t)$ aus η und b

Der Schätzwert η wird auf der Abszisse und der Schätzwert b auf der rechten Ordinate des doppelt logarithmierten Netzes des DGQ-Formblattes (Bild 26.3) eingetragen. Zusätzlich wird der Punkt b/η (b über η) berechnet und über η in das Netz eingezeichnet. Durch den Punkt b und den Pol wird durch den Punkt b/η eine Gerade, die sogenannte Neigungsgerade, gelegt. Die Neigungsgerade wird parallel verschoben und eingezeichnet. Am linken Rand kann dann die Ausfallrate $\lambda(t)$ abgelesen werden.

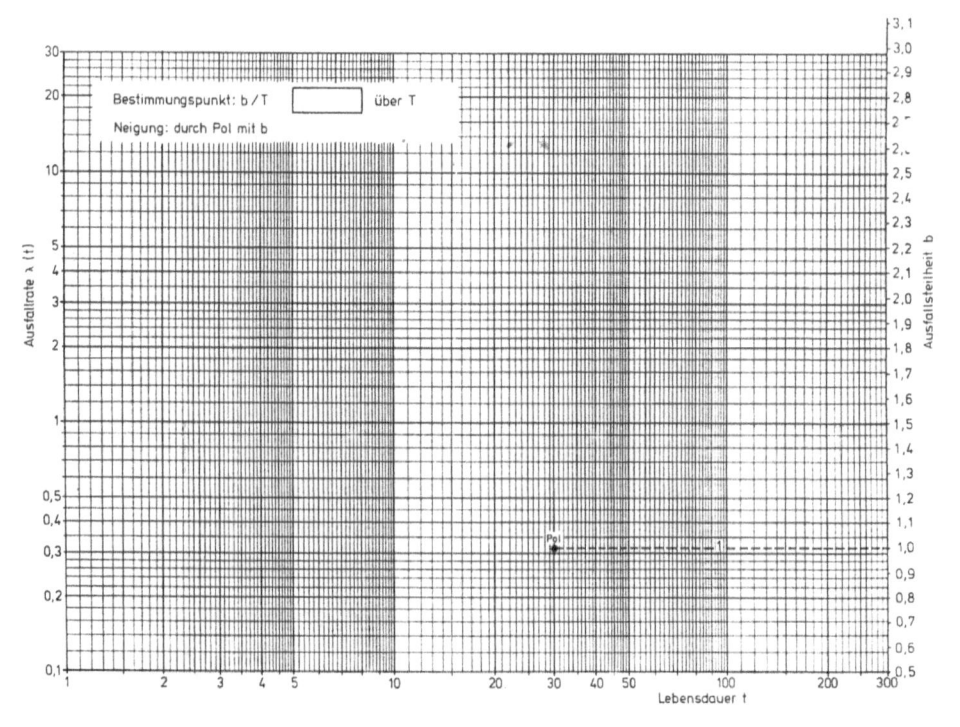

Bild 26.3 Formblatt der DGQ

Beispiel 26.1.2-1

Dieses Beispiel wurde dem VDA-Band „Zuverlässigkeitssicherung bei Automobilherstellern" Teil 2, 3. Auflage 2000, entnommen. Für eine Stichprobe vom Umfang $n = 10$ Zahnräder infolge Grübchen-Ausfall wurden folgende Ausfallwahrscheinlichkeiten bezogen auf 10^6 Lastwechsel (LW) ermittelt:

i	1	2	3	4	5	6	7	8	9	10
t_i [10^6 LW]	7,9	10	12,2	13,5	14,3	15,1	17,3	18,2	24,6	30,5
F_i [%]	6,7	16,3	25,9	35,6	45,2	54,8	64,4	74,1	83,7	93,3

Zeigen Sie, dass die Stichprobe Weibull-verteilt ist, und bestimmen Sie die Parameter der Weibull-Verteilung.

Lösung:

Nachfolgend sind die Wertepaare der vorstehenden Tabelle in das Weibull-Papier eingetragen. Bei $F(t) = 63,2\,\%$ erhält man die charakteristische Lebensdauer von $\eta \approx 20 \cdot 10^6$ LW und durch Parallelverschiebung in den Pol eine Ausfallsteilheit von $b \approx 2,6$.

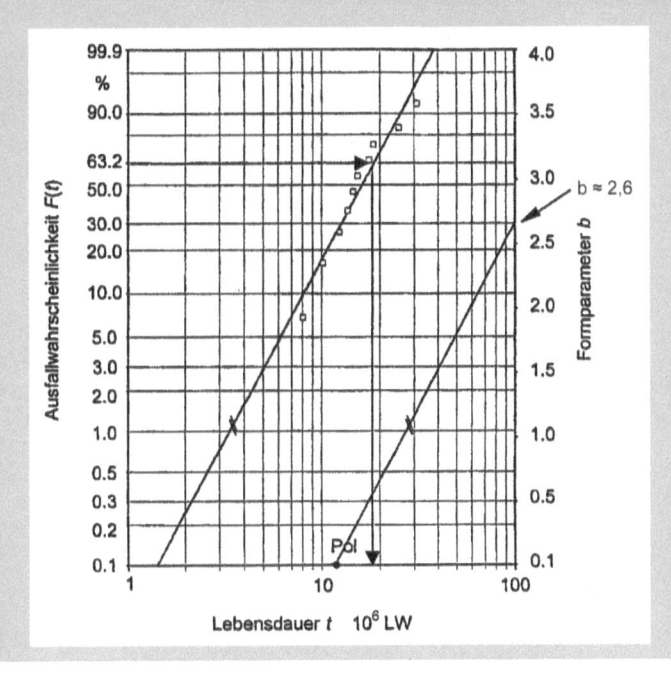

Bestimmung der Vertrauensgrenzen:

Die Werte für einen 90-%-Vertrauensbereich können aus Tabelle 26.3 entnommen werden. Es ergeben sich folgende Werte:

i	t_i	$F(t_i)_{5\%}$ [%]	$F(t_i)_{50\%}$ (Median) [%]	$F(t_i)_{95\%}$
1	7,9	0,5	6,7	25,9
2	10,0	3,7	16,3	39,4
3	12,2	8,7	25,9	50,7
4	13,5	15,0	35,6	60,8
5	14,3	22,2	45,2	69,7
6	15,1	30,4	54,8	77,8
7	17,3	39,3	64,4	85,0
8	18,2	49,3	74,1	91,3
9	24,6	60,6	83,7	96,3
10	30,5	74,1	93,3	99,5

und als grafische Darstellung im Weibull-Papier erhält man:

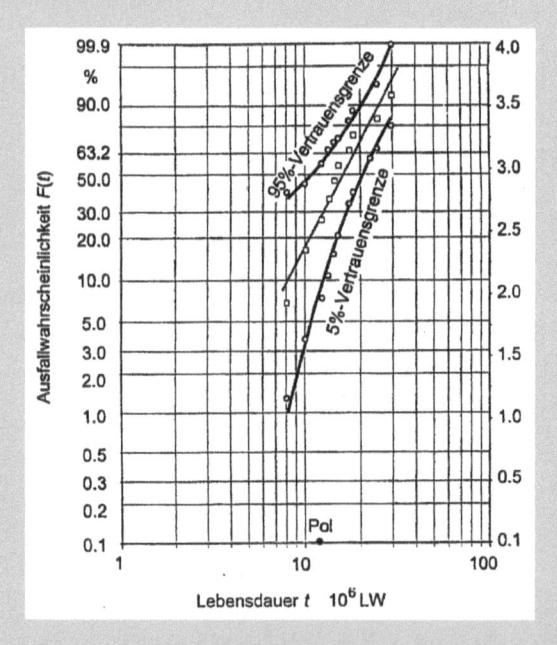

Aufgrund des grafischen Testes kann nunmehr davon ausgegangen werden, dass das Ausfallverhalten der Zahnräder durch eine zweiparametrige Weibull-Verteilung beschrieben werden kann.

Es ist zu beachten, dass innerhalb des 90-%-Vertrauensbereiches auch andere Geraden mit entsprechenden Parametern eingezeichnet werden können.

In der Praxis kommen entsprechende Rechenprogramme, z. B. Weibull-Pro (Fa. Item), zum Einsatz. Die Gerade wird dann nach der Methode der kleinsten Quadrate optimal bestimmt.

26.2 Tests zur Überprüfung des Verteilungstyps – Anpassungstests

Die nachfolgend behandelten **Anpassungstests** (engl. goodness-of-fit-test) dienen zur Überprüfung der Hypothese, ob die ermittelte empirische Verteilungsfunktion mit einer bestimmten theoretischen Verteilungsfunktion übereinstimmt. Das heißt, es werden nicht die Parameter (siehe Kapitel 25), sondern das Wahrscheinlichkeitsmodell selbst einem Test unterzogen. Sie werden deshalb auch als **verteilungs-** und **parameterfreie** Tests bezeichnet.

Die Hypothese, die es zu überprüfen gilt, wird als **Nullhypothese** H_0 bezeichnet. Diese besagt, dass zwischen der aus empirischen Daten ermittelten und der zugrunde gelegten theoretischen Verteilungsfunktion **kein** Unterschied besteht.

Soll nun eine bestimmte Entscheidung auf Richtigkeit der Aussage überprüft werden, dann wird der Nullhypothese H_0 eine **Alternativhypothese** H_1 gegenübergestellt. Zur Annahme oder Ablehnung einer der beiden Hypothesen wird eine Stichprobe $t_1, ..., t_n$ betrachtet.

Bei der Testdurchführung können zwei Fehlentscheidungen eintreten. Fällt die Entscheidung zugunsten von H_1 aus, obwohl H_0 richtig ist, dann bezeichnet man dies als Fehler 1. Art. Tritt der umgekehrte Fall ein, d.h., man entscheidet sich für H_0, obwohl H_1 richtig ist, so wird ein Fehler 2. Art begangen. Die Wahrscheinlichkeit dafür, dass bei einer Entscheidung ein Fehler 1. Art gemacht wird, wird mit α, die Wahrscheinlichkeit für einen Fehler 2. Art mit β bezeichnet.

In Tabelle 26.4 sind die Kombinationsmöglichkeiten dargestellt, die bei einer solchen Testentscheidung auftreten können.

Tabelle 26.4 Möglichkeiten einer fehlerhaften Testentscheidung

Es liegt vor → ↓ Entscheidung für	H_0	H_1
H_0	richtige Entscheidung	Fehler 2. Art (β- Fehler) Irrtumswahrscheinlichkeit β
H_1	Fehler 1. Art (α- Fehler) Irrtumswahrscheinlichkeit α	richtige Entscheidung

Bezeichnet man die theoretische Verteilungsfunktion mit $F_0(t)$ und die empirische mit $\tilde{F}(t)$, so wird die Alternativhypothese $\tilde{F}(t) \neq F_0(t)$ gegen die Nullhypothese $\tilde{F}(t) = F_0(t)$ geprüft.

26.2.1 Der Chi-Quadrat-Anpassungstest

Der Chi-Quadrat-Anpassungstest, auch kurz als χ^2-Anpassungstest bezeichnet, wird in der Praxis häufig angewendet, obwohl er strenggenommen nur bei großen Stichproben, d.h. $n \geq 40$, verwendet werden sollte. Der Test basiert auf dem Satz von Pearson, nachdem für $n \to \infty$ die Summe der Quadrate der normierten Abweichungen zwischen den beobachteten und den erwarteten Häufigkeiten in k Klassen eine χ^2-Verteilung aufweist.

Ist T eine Zufallsvariable mit der unbekannten Verteilungsfunktion $F(t) = P(T \leq t)$, so ist es möglich, mithilfe des Chi-Quadrat-Anpassungstests zu prüfen, ob diese Zufallsgröße T einer bestimmten hypothetisch angenommenen Verteilung unterliegt.

Zur Durchführung des χ^2-Anpassungstests wird eine Nullhypothese H_0 einer Alternativhypothese H_1 gegenübergestellt.

H_0: Die Beobachtungen $t_1, \ldots, t_n$ entstammen einer bestimmten, vorher festgelegten Verteilung $F_0(t)$.

H_1: Die Beobachtungen $t_1, \ldots, t_n$ entstammen nicht aus dieser hypothetischen Verteilung $F_0(t)$.

Getestet werden diese Hypothesen zu einem frei wählbaren Niveau α.

Vorgehensweise

Schritt 1

Es werden die empirischen Häufigkeiten so zusammengestellt, dass die **Besetzungszahlen** B_i, gleich der beobachteten absoluten Häufigkeit der Klasse i, nicht zu klein sind, in der Regel **nicht unter 4** bei kleiner Klassenzahl. Ansonsten sind die absoluten Häufigkeiten durch Zusammenlegen benachbarter Klassen zu erhöhen. Ist der Stichprobenumfang größer als $n \geq 40$ und die Anzahl der Freiheitsgrade ≥ 8, so kann B_i auch kleiner als 4 sein.

Schritt 2

Es werden die Erwartungswerte E_i, d. h. die **erwartete** absolute Klassenhäufigkeit, für die Besetzungszahlen **aufgrund der hypothetisch angenommenen Verteilung** bestimmt.

Faustregel: Keines der E_i darf kleiner als 1, nur wenige kleiner als 5 sein; anderenfalls müssen Ausprägungen zu Gruppen zusammengefasst werden.

Schritt 3: Berechnung der Prüfgröße V:

Falls H_0 zutrifft, kann es nur zufällige Unterschiede zwischen empirischen und theoretischen Häufigkeiten geben. Diese Unterschiede sind aber nicht signifikant. Deshalb können die empirischen und die theoretischen Häufigkeiten miteinander verglichen werden. Zum Vergleich wird für jede Klasse i das normierte Abweichungsquadrat d_i^2 gebildet. Die Abweichungsquadrate werden anschließend summiert und daraus ergibt sich die Testgröße V:

$$V = \sum_{i=1}^{k} d_i^2 = \sum_{i=1}^{k} \frac{(B_i - E_i)^2}{E_i} = \sum_{i=1}^{k} \frac{(n_i - n \cdot p_i)^2}{n \cdot p_i} = \chi^2 \qquad (26.8)$$

Deren Realisierung folgt näherungsweise einer χ^2-Verteilung mit $\nu = k - 1 - m$ Freiheitsgraden folgt, mit

k = Anzahl der Klassen (Merkmalsausprägungen),
m = Anzahl der unbekannten Parameter der Verteilungsfunktion (z. B. $m = 1$ bei Exponentialverteilung, $m = 2$ bei Normalverteilung),
n = Stichprobenumfang und
n_i = B_i.

Für jede Klasse wird

$$p_i = F_0(t_{i+1}) - F_0(t_i) \qquad (26.9)$$

berechnet, d. h. die Wahrscheinlichkeit, dass eine Beobachtung im Intervall $(t_i, t_{i+1}]$ auftritt.

Dabei ist

$$\sum_{i=1}^{k} p_i = 1 \quad \text{und} \quad \sum_{i=1}^{k} B_i = n \qquad (26.10)$$

Die erwartete (angepasste) absolute Klassenhäufigkeit ist dann

$$E_i = n \cdot p_i \qquad (26.11)$$

Schritt 4

In der Tabelle der χ^2-Verteilung (siehe Anhang) wird nun der Wert $\chi^2_{1-\alpha,\,\nu}$, der mit einer Irrtumswahrscheinlichkeit α überschritten wird, abgelesen.

Schritt 5

Ist der in Schritt 3 errechnete Wert V größer als der in Schritt 4, d.h. $V > \chi^2_{1-\alpha,\,\nu}$, so gilt die Nullhypothese als widerlegt. Im umgekehrten Fall wird die Nullhypothese angenommen.

Hinweise zur Testentscheidung: Durch die Klasseneinteilung wird nur getestet, ob die Zufallsvariable T die mithilfe der hypothetischen Verteilungsfunktion F_0 berechneten Klassenwahrscheinlichkeiten besitzt. Erfolgt eine Ablehnung der Klassenwahrscheinlichkeiten, so kann die Nullhypothese H_0 ebenfalls verworfen werden. Würde die Nullhypothese hingegen zutreffen, so wären auch die daraus bestimmten Klassenwahrscheinlichkeiten richtig.

Wird H_0 nicht verworfen, so tritt neben einer Irrtumswahrscheinlichkeit 2. Art ein weiteres Problem auf. Sind die berechneten Klassenwahrscheinlichkeiten richtig, dann bedeutet dieses aber nicht, dass auch die Nullhypothese zutreffend ist. Die tatsächliche Verteilungsfunktion könnte von F_0 verschieden sein und trotzdem die gleichen Klassenwahrscheinlichkeiten liefern. Diese Problematik kann aber vernachlässigt werden, wenn die Intervallunterteilung sehr fein gewählt wird. Zu einer solchen feinen Klassenunterteilung wird allerdings ein großer Stichprobenumfang benötigt.

Yatessche Stetigkeitskorrektur:

Die χ^2-verteilte Testgröße V ist stetig, deshalb wird im Allgemeinen das tatsächliche Quantil von dem der χ^2-Verteilung abweichen. Wird nun bei dem Test eines diskreten Verteilungstyps die Testgröße V aus einer stetigen Verteilung berechnet, ohne dass zuvor eine Korrektur stattgefunden hat, besteht die Gefahr, dass die Nullhypothese zu oft verworfen wird. Aus diesem Grund sollte die Testgröße V durch eine Approximation der Normalverteilung korrigiert werden. Die Korrektur braucht allerdings nur bei einem einzigen Freiheitsgrad erfolgen. Durch die von Yates entwickelte Testgröße V

$$V = \sum_{i=1}^{k} \frac{\left(\left|h_i - n \cdot p_i\right| - 0{,}5\right)^2}{n \cdot p_i} \qquad (26.12)$$

wird die Approximation der χ^2-Verteilung verbessert.

Anzahl der Klassen

Aufgrund der Klassenbesetzung sollten nicht zu viele Klassen gewählt werden. Bei der Wahl einer kleinen Anzahl von Klassen besteht die Gefahr des Informationsverlustes. Als Faustformel wird oft $k \approx \sqrt{n}$ oder $k = 1 + 3{,}322 \cdot \log n$ verwendet (k = Anzahl der Klassen).

Beispiel 26.2.1-1

Mit einer Stichprobe von n = 100 Steuergeräten wird ein verschärfter Test durchgeführt. Dabei wurde die nachfolgend dargestellte Häufigkeitsverteilung der Lebensdauer beobachtet.

i	Lebensdauer in 10^3 h	Anzahl der ausgefallenen Steuergeräte
1	(bis 2,0]	5
2	(2,0–2,5]	8
3	(2,5–3,0]	15
4	(3,0–3,5]	28
5	(3,5–4,0]	18
6	(4,0 4,5]	12
7	(4,5–5,0]	8
8	(über 5,0)	6
$\sum$		100

a) Bestimmen Sie die mittlere Lebensdauer und die Varianz.

Als Schätzwert für die mittlere Lebensdauer ergibt sich

$$\tilde{\mu} = \bar{t} = \frac{1}{n}\sum_{i=1}^{k} t'_i \cdot h_i$$

t'_i = Klassenmitte (Regel) für die Einzelwerte der Klasse i
h_i = absolute Häufigkeit der i-ten Klasse

$$\tilde{\mu} = \bar{t} = \frac{1}{100}(1,0\cdot 5 + 2,25\cdot 8 + 2,75\cdot 15 + 3,25\cdot 28$$
$$+ 3,75\cdot 18 + 4,25\cdot 12 + 4,75\cdot 8 + 5\cdot 6)\cdot 10^3 h \approx 3417,5\, h$$

$$\tilde{\sigma}^2 = s^2 = \frac{1}{n}\sum_{i=1}^{k} t'^2_i \cdot h_i - \hat{\mu}^2 \approx 871318,75\, h^2$$

$\tilde{\sigma} \approx 933,44\, h$

b) Prüfen Sie mithilfe des χ^2-Tests, ob mit einer Irrtumswahrscheinlichkeit von α = 0,05 die Lebensdauer der Steuergeräte normalverteilt ist.

Nullhypothese H_0:
Die Lebensdauer der Steuergeräte ist normalverteilt.

Alternativhypothese H_1:
Die Lebensdauer der Steuergeräte ist **nicht** normalverteilt. Als erwartungstreue Schätzwerte für die unbekannten Parameter der Normalverteilung, d. h. μ und σ^2, werden die errechneten Schätzwerte der Stichprobe mit $\tilde{\mu} = 3417,5\, h$ und $\tilde{\sigma}^2 = 871318,75\, h^2$ zugrunde gelegt.

Schritt 1: Bestimmung der Normalverteilung für die obere Klassengrenze $t_{i,o}$

i	obere Klassengrenze $t_{i,o}$ in 10^3 h	$u_{i,o} = \dfrac{t_{i,o} - 3417,5}{933,44}$	$\phi(u_{i,o})$
1	2,0	-1,52	0,0643
2	2,5	-0,98	0,1635
3	3,0	-0,45	0,3264
4	3,5	0,09	0,5359
5	4,0	0,62	0,7324
6	4,5	1,16	0,8770
7	5,0	1,70	0,9554
8	∞	∞	1,0000

Schritt 2: Bestimmung der erwarteten relativen Häufigkeiten p_i und absoluten Häufigkeit E_i

$$p_i = \phi(u_{i,o}) - \phi(u_{i,o-1})$$

mit $\phi(u_{0,0}) = 0$.

$$E_i = n \cdot p_i$$

i	Lebensdauer in 10^3 h	Beobachtete absolute Häufigkeiten B_i	Erwartete relative Häufigkeiten p_i	Erwartete absolute Häufigkeiten $E_i = n \cdot p_i$
1	(bis 2,0]	5	0,0643	6,43
2	(2,0–2,5]	8	0,0992	9,92
3	(2,5–3,0]	15	0,1629	16,29
4	(3,0–3,5]	28	0,2095	20,95
5	(3,5–4,0]	18	0,1965	19,65
6	(4,0–4,5]	12	0,1446	14,46
7	(4,5–5,0]	8	0,0784	7,84
	(über 5,0)	6	0,0446	4,46
$\sum$		100	1,0000	100,00

Schritt 3: Berechnung der Prüfgröße

$$\chi^2 = \sum_{i=1}^{k} \frac{(B_i - E_i)^2}{E_i}$$

$$\chi^2 = \frac{(5-6,43)^2}{6,43} + \frac{(8-9,92)^2}{9,92} + \frac{(15-16,29)^2}{16,29} + \frac{(28-20,95)^2}{20,95}$$

$$+ \frac{(18-19,65)^2}{19,65} + \frac{(12-14,46)^2}{14,46} + \frac{(8-7,84)^2}{7,84} + \frac{(6-4,46)^2}{4,46}$$

$$\chi^2 \approx 4,2562.$$

Schritt 4: Ermittlung des kritischen Wertes $\chi^2_{1-\alpha,\nu}$

$\nu = k - 1 - m$

mit $\quad k = 8$ Klassen und
$\quad\quad m = 2$ (Parameter der Normalverteilung)

folgt

$\nu = 5$

Aus der Tabelle der χ^2-Verteilung (siehe Anhang) erhält man für $v = 5$ und $\alpha = 0{,}05$ den kritischen Wert $\chi^2_{1-\alpha,\nu} = 11{,}070$.

Schritt 5: Hypothese

Wegen $\chi^2 \leq \chi^2_k$ darf die Nullhypothese H_0 nicht abgelehnt werden. Das heißt, die Lebensdauer der Steuergeräte darf als normalverteilt angenommen werden.

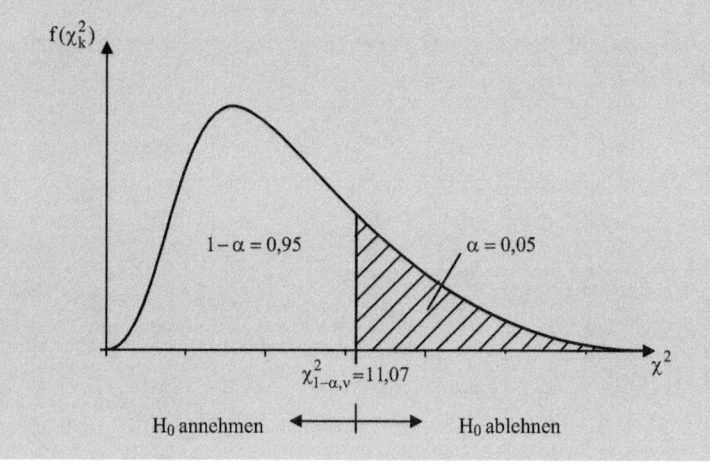

26.2.2 Der Kolmogorov-Smirnov-Test (K-S-T)

Wie der χ^2-Test ist auch der K-S-T ein Test zur Beurteilung der Güte der Anpassung einer theoretischen an eine empirische Verteilungsfunktion. Im Gegensatz zum χ^2-Test kann der K-S-T auch bei kleinen Stichproben angewendet werden. Des Weiteren erkennt der K-S-T eher Abweichungen zwischen den Verteilungen. Beim K-S-T wird von einer angenommenen (vorgegebenen) theoretischen Verteilungsfunktion $F_0(t)$ für alle $t \in \mathbb{R}$ ausgegangen und diese mit einer aus Beobachtungen ermittelten empirischen Verteilungsfunktion $\tilde{F}_n(t)$ vom Umfang n einer Stichprobe aus einer Grundgesamtheit verglichen.

Der Betrag der **maximalen Differenz** ergibt dann den sogenannten **Prüfquotienten D_n** als Prüfgröße

$$D_n = \sup_{t \in \mathbb{R}} \left| \tilde{F}_n(t) - F_o(t) \right| \tag{26.13}$$

D_n hängt nicht von der für die Grundgesamtheit angenommenen Verteilungsfunktion ab, sondern gilt prinzipiell für alle stetigen Verteilungsfunktionen. Die Prüfgröße D_n ist also lediglich eine Funktion des Stichprobenumfanges n und des zugrunde gelegten Signifikanzniveaus. Sie liegt tabelliert vor (siehe Tabelle 26.5).

Die aufgestellte Nullhypothese wird angenommen mit einer Irrtumswahrscheinlichkeit α, wenn die Prüfgröße D_n kleiner als der aus einer entsprechenden Tabelle abgelesene kritische Wert $D_{n,1-\alpha}$ ist. Das heißt

$$D_n < D_{n,1-\alpha} \qquad (26.14)$$

Tabelle 26.5 $D_{n,1-\alpha}$-Tabelle zum Kolmogorov-Smirnov-Test

n	α = 0.20	α = 0.10	α = 0.05	α = 0.02	α = 0.01	n	α = 0.20	α = 0.10	α = 0.05	α = 0.02	α = 0.01
1	0,900	0,950	0,975	0,900	0,993	26	0,204	0,233	0,259	0,290	0,311
2	684	776	842	900	929	27	200	229	254	284	305
3	565	636	708	785	829	28	197	225	250	279	300
4	493	565	624	689	734	29	193	221	246	275	295
5	447	509	563	627	669	30	190	218	242	270	290
6	410	468	519	577	617	31	187	214	238	266	285
7	381	436	483	538	576	32	184	211	234	262	281
8	358	410	454	507	542	33	182	208	231	258	277
9	339	387	430	480	513	34	179	205	227	254	273
10	323	369	409	457	489	35	177	202	224	251	269
11	309	352	391	437	468	36	174	199	221	247	265
12	296	338	375	419	449	37	172	196	218	244	262
13	285	325	361	404	432	38	170	194	215	241	258
14	275	314	349	390	418	39	168	191	213	238	255
15	266	304	338	377	404	40	165	189	210	235	252
16	258	295	327	366	392	41	163	187	208	232	249
17	250	286	318	355	381	42	162	185	205	229	246
18	244	279	309	346	371	43	160	183	203	227	243
19	237	271	301	337	361	44	158	181	201	224	241
20	232	265	294	329	352	45	156	179	198	222	238
21	226	259	287	321	344	46	155	177	196	219	235
22	221	253	281	314	337	47	153	175	194	217	233
23	216	247	275	307	330	48	151	173	192	215	231
24	212	242	269	301	323	49	150	171	190	213	228
25	208	238	264	295	317	50	148	170	188	211	226
					für > 50		$\dfrac{1{,}070}{\sqrt{n}}$	$\dfrac{1{,}220}{\sqrt{n}}$	$\dfrac{1{,}360}{\sqrt{n}}$	$\dfrac{1{,}520}{\sqrt{n}}$	$\dfrac{1{,}630}{\sqrt{n}}$

Beispiel 26.2.2-1

Mit 10 Elektronikkarten als Stichprobe einer Grundgesamtheit soll überprüft werden, ob die Angaben des Herstellers (die mittlere Lebensdauer der Elektronikkarten wäre normalverteilt mit μ = 5000 h und σ = 500 h (Signifikanzniveau α = 0,05)) richtig sind.

Es wurden folgende Ausfallzeitpunkte [h] registriert:

t_1 = 3500 t_2 = 3800 t_3 = 5100 t_4 = 5300 t_5 = 5500
t_6 = 5800 t_7 = 5900 t_8 = 6000 t_9 = 6100 t_{10} = 6200

Lösung:

Nullhypothese H_0:

Die Lebensdauer ist normalverteilt.

Alternativhypothese H_1:

Die Lebensdauer ist **nicht** normalverteilt.

Schritt 1: Summenhäufigkeitsfunktion $\tilde{F}_n(t)$ und theoretisch postulierte Verteilungsfunktion $F_0(t_i)$

i	Lebens-dauer t_i [h]	Summenhäufig-keitsfunktion $\tilde{F}_n(t)$ (vorgegeben)	$u_i = \dfrac{t_i - 5000h}{500h}$	$\phi(u_i) = F_0(t_i)$
1	3500	0,1	-3,0	0,001350
2	3800	0,2	-2,4	0,008198
3	5100	0,3	0,2	0,579260
4	5300	0,4	0,6	0,725747
5	5500	0,5	1,0	0,841345
6	5800	0,6	1,6	0,945201
7	5900	0,7	1,8	0,964070
8	6000	0,8	2,0	0,977250
9	6100	0,9	2,2	0,986097
10	6200	1,0	2,4	0,991802

Schritt 2

Die Prüfgröße gehorcht der Kolmogorov-Smirnov-Verteilung:

$$D_n = \sup_{t \in \mathbb{R}} \left| \tilde{F}_n(t) - F_0(t) \right|$$

26.2 Tests zur Überprüfung des Verteilungstyps – Anpassungstests

Die **maximale Abweichung** zwischen beiden Funktionen kann nur an einer Sprungstelle t_i auftreten. In der nachfolgenden Tabelle sind die absoluten Abweichungen aufgeführt.

i	Lebens-dauer t_i [h]	$\tilde{F}_n(t_i)$	$F_0(t_i)$	$\|\tilde{F}_n(t_{i-1}) - F_0(t_i)\|$	$\|\tilde{F}_n(t_i) - F_0(t_i)\|$
1	3500	0,1	0,001350	0,001350	0,098650
2	3800	0,2	0,008198	0,091802	0,191802
3	5100	0,3	0,579260	0,379260	0,279260
4	5300	0,4	0,725747	0,425747	0,325747
5	5500	0,5	0,841345	0,441345	0,341345
6	5800	0,6	0,945201	0,445201	0,345201
7	5900	0,7	0,964070	0,364070	0,264070
8	6000	0,8	0,977250	0,277250	0,177250
9	6100	0,9	0,978308	0,186097	0,086097
10	6200	1,0	0,979325	0,091802	0,008198

Die maximale Abweichung beträgt $D = 0{,}445201$.

Schritt 3

Kritischer Bereich: Für $\alpha = 0{,}05$ und $n = 10$ folgt aus Tabelle 26.5 $D_{n,1-\alpha} = 0{,}409$. Das heißt, dass die Nullhypothese abgelehnt wird, da $D > 0{,}409$ ist. Somit ist die Lebensdauer der Elektronikkarten nicht normalverteilt.

Beispiel 26.2.2-2

Im Rahmen einer Zuverlässigkeitsprüfung wurden 140 Prozessoren einem End-of-Life-Lebensdauertest unterzogen. Das empirische Ausfallverhalten kann der nachfolgenden Tabelle entnommen werden.

Klasse [h]	$\Delta N_{a,i}$	N_a	$\tilde{F}(t)$	N_b	$\tilde{R}(t)$	$\dfrac{\Delta N_{a,i}}{\Delta t}$	$\tilde{f}(t)$ [10^{-3}]	$\tilde{h}(t)$ [10^{-3}]
(0, 28]		30	0,214	110	0,786	1,071	7,653	
(28, 61]	31	61		79	0,564		6,710	11,891
(61, 153]	40	101	0,721			0,435	3,106	11,148
(153, 204]	12		0,807	27	0,193	0,235		8,715
(204, 272]		123	0,879	17	0,121	0,147	1,050	
(272, 350)	8	131		9	0,064		0,733	11,396
(350 → ∞]	9	140	1,000	0	0,000	0,000	0	–

$N_0 = 140$

a) Berechnen Sie die fehlenden Werte der vorangehend dargestellten Tabelle.
b) Bestimmen Sie mithilfe des Lebensdauernetzes (Abschnitt 26.1) die Parameter $\hat{\beta} = b$ (Formparameter) und $\hat{T}^*$ (charakteristische Lebensdauer) und den Lageparameter $\hat{a}$ der Weibull-Verteilung.
c) Ermitteln Sie mithilfe des Nomogramms (Bild 26.2) die fehlenden oberen und unteren Vertrauensgrenzen entsprechend der nachfolgenden Tabelle.

$\tilde{F}_o(s)$	0,26	0,49			0,92	
$\tilde{F}(s)$		0,436	0,721		0,879	0,936
$\tilde{F}_u(s)$	0,17		0,67		0,84	

d) Welcher Spezialfall der Weibull-Verteilung liegt hier vor? Mit welcher Ihnen bekannten weiteren Verteilungsfunktion lässt sich dieser Spezialfall einfacher beschreiben?
e) Testen Sie mit einem χ^2-Anpassungstest die Hypothese, dass das Ausfallverhalten mit einer Irrtumswahrscheinlichkeit von $\alpha = 0,05$ der in d) zu ermittelnden Verteilung folgt. Nutzen Sie hierzu die nachfolgende Tabelle.

Intervall	B_i	$F_0(t)$	$F_0(t+1)$	p_i	E_i	V_i
(0,28]	30		0,201	0,201	28,10	
(28,61]		0,201				0,976
(61,153]	40	0,386	0,706		44,77	0,509
(153,204]	12	0,706	0,804	0,099		0,233
(204,272]	10			0,082	11,49	
(272,350]	8	0,887	0,939	0,053	7,38	0,053
(350 → ∞]	9	0,939	1,000	0,061	8,51	0,028

f) Aus einem früheren Test mit 9 Prozessoren einer ähnlichen Baureihe wurden die nachfolgend aufgeführten Ausfallzeiten ermittelt. Prüfen Sie mithilfe des Kolmogorov-Smirnov-Tests die Hypothese, dass das Ausfallverhalten dieser Prozessoren ebenfalls einer Weibull-Verteilung mit den Parametern $\hat{a} = 0,008$ und $\hat{\beta} = 1$ bei einer Irrtumswahrscheinlichkeit von $\alpha = 0,05$ folgt. Ergänzen Sie die fehlenden Werte entsprechend der nachfolgenden Tabelle (Hinweis: Median-Rang-Verfahren, Formel 27.38).

Nr.	t_i	$\tilde{F}_n(t_i)$	$F_0(t_i)$	D^-	D^+
1	13	0,067	0,099	0,099	0,031
2	99	0,163	0,547	0,480	
3		0,260	0,658	0,494	0,398
4	170	0,356	0,743		0,388
5	198	0,452	0,795	0,439	0,343
6	220	0,548		0,376	0,280
7	245	0,644	0,859	0,311	0,215
8	299		0,909	0,264	0,168
9	313	0,837	0,918	0,178	0,082

Lösung:

a)

Klasse [h]	$\Delta N_{a,i}$	N_a	$\tilde{F}(t)$	N_b	$\tilde{R}(t)$	$\dfrac{\Delta N_{a,i}}{\Delta t}$	$\tilde{f}(t)$ [10^{-3}]	$\tilde{h}(t)$ [10^{-3}]
(0, 28]	30	30	0,214	110	0,786	1,071	7,653	9,740
(28, 61]	31	61	0,436	79	0,564	0,939	6,710	11,891
(61, 153]	40	101	0,721	39	0,279	0,435	3,106	11,148
(153, 204]	12	113	0,807	27	0,193	0,235	1,681	8,715
(204, 272]	10	123	0,879	17	0,121	0,147	1,050	8,651
(272, 350]	8	131	0,936	9	0,064	0,103	0,733	11,396
(350 → ∞]	9	140	1,000	0	0,000	0,000	0	-

$N_0 = 140$

b) Unter Anwendung des Lebensdauernetzes (Bild 26.1) und Approximation der $F_i(t_i)$ durch die Weibull-Gerade folgt durch deren Verschiebung in den Pol

$$\hat{\beta} = 1, \hat{T}^* = 120\,\text{h} \;\Rightarrow\; \hat{\alpha} = \left(\dfrac{1}{\hat{T}^*}\right)^\beta = 0{,}008\overline{3}\,\text{h}^{-\beta}$$

c) Aus Bild 26.2 ergibt sich:

$\tilde{F}_o(s)$	0,26	0,49	0,79	0,85	0,92	0,97
$\tilde{F}(s)$	0,214	0,436	0,721	0,807	0,879	0,936
$\tilde{F}_u(s)$	0,17	0,36	0,67	0,76	0,84	0,90

d) Da $\beta = 1$ ist, liegt eine Exponentialverteilung mit $\lambda = \dfrac{1}{120} = 0{,}008\overline{3}\,\mathrm{h}^{-1}$ vor.

e)

Intervall	B_i	$F_0(t)$	$F_0(t+1)$	p_i	E_i	V_i
(0, 28]	30	0,000	0,201	0,201	28,10	0,129
(28, 61]	31	0,201	0,386	0,185	25,96	0,976
(61, 153]	40	0,386	0,706	0,320	44,77	0,509
(153, 204]	12	0,706	0,804	0,099	13,79	0,233
(204, 272]	10	0,804	0,887	0,082	11,49	0,192
(272, 350]	8	0,887	0,939	0,053	7,38	0,053
(350 → ∞]	9	0,939	1,000	0,061	8,51	0,028

Für die Prüfgröße V ergibt sich somit $V = \sum_i V_i = 2{,}210$.

Mit $\alpha = 0{,}05$, $k = 7$ und $m = 1$ folgt für das Quantil der χ^2-Verteilung (siehe Anhang):

$$\chi^2_{k-m-1;1-\alpha} = \chi^2_{5;0,95} = 11{,}1$$

Das heißt, die Nullhypothese, nach der die beobachteten Ausfälle einer Exponentialverteilung mit $\lambda = 0{,}008\overline{3}\,\mathrm{h}^{-1}$ folgen, wird angenommen, da

$$V < \chi^2_{k-m-1;1-\alpha}$$

f)

Nr.	t_i	$\tilde{F}_n(t_i)$	$F_0(t_i)$	D^-	D^+
1	13	0,067	0,099	0,099	0,031
2	99	0,163	0,547	0,480	0,384
3	134	0,260	0,658	0,494	0,398
4	170	0,356	0,743	0,484	0,388
5	198	0,452	0,795	0,439	0,343
6	220	0,548	0,828	0,376	0,280
7	245	0,644	0,859	0,311	0,215
8	299	0,740	0,909	0,264	0,168
9	313	0,837	0,918	0,178	0,082

Als Prüfgröße D_n ergibt sich aus der vorangegangenen Tabelle

$$D_n = \max[D^-; D^+] = 0{,}494$$

und mit $\alpha = 0{,}05$ und $n = 9$ folgt für das Quantil aus Tabelle 26.5

$$D_{10;0,95} = 0{,}430$$

Das heißt, die Nullhypothese wird, da $D_n > 0{,}430$ ist, abgelehnt.

26.3 Vergleich der beiden Anpassungstests

1. Der KS-Test kann für kleine Stichproben verwendet werden, während der χ^2-Test ein Näherungsverfahren für große Stichproben darstellt.
2. Der KS-Test verwendet alle Stichprobenwerte, wohingegen der χ^2-Test gruppierte Daten verwendet.
3. Der KS-Test setzt stetige Merkmale voraus. Bei diskreten Merkmalen wird die Güte des Tests kleiner.
4. Müssen die Parameter einer Verteilung geschätzt werden, so verringert sich bei der Prüfgröße χ^2 des χ^2-Tests nur die Zahl der Freiheitsgrade. Beim KS-Test hingegen wird die Verteilung der Prüffunktion verändert.
5. Bei klassifizierten Daten kann der KS-Test nur bedingt eingesetzt werden.

27 Test- und Prüfplanung – Testverfahren

Zielsetzung der vorausgegangenen statistischen Zuverlässigkeitsbetrachtungen war es, Informationen über die Eigenschaften zufälliger Veränderlicher zu gewinnen (siehe Kapitel 23 bis 26). Für den Zuverlässigkeits- und Sicherheitsnachweis bei Inverkehrbringen von Produkten gilt es, den aktuellen Stand der Technik diesbezüglich zu erfüllen, um rechtlich und versicherungstechnisch abgesichert zu agieren. Hierbei muss neben der Bewertung des Systems, z. B. durch eine FMEA, auch eine gewisse Anzahl an Teilen erprobt werden.

Das Ziel der Test- und Prüfplanung ist der Nachweis, dass eine geforderte Eigenschaft über ein festgelegtes Merkmal (in der Regel Zeit, Zyklen, Betätigungen) den Anforderungen genügt. In der Zuverlässigkeitstechnik wird hierbei meist geprüft, ob die minimal erforderliche Zuverlässigkeit (Überlebenswahrscheinlichkeit) einer Stichprobe (auch: Los, Kollektiv), die aus einer Grundgesamtheit stammt, über einen definierten Zeitraum nachgewiesen werden kann.

In diesem Kapitel werden Methoden erläutert, mit deren Hilfe nachgewiesen werden kann, ob z. B. die Zuverlässigkeit (Überlebenswahrscheinlichkeit R) oder eine andere Kenngröße eines bestimmten Kollektivs vorgegebenen minimalen Werten genügt. In diesem Fall wird von Abnahmeprüfungen einer auf einer Stichprobe beruhenden Qualitätsprüfung für eine Grundgesamtheit, auch Kollektiv oder Los genannt, gesprochen. Eine Stichprobe soll dabei homogen sein, d. h., die Einheiten müssen unter den gleichen Bedingungen produziert worden sein.

Bei der Abnahmeprüfung wird zwischen

- der **sogenannten zählenden oder attributiven Abnahmeprüfung**, bei der die Anzahl der fehlerhaften Einheiten einer Stichprobe ermittelt wird (**Gut-Schlecht-Prüfung**) und als Wahrscheinlichkeitsmodell eine diskrete Verteilungsfunktion (Binomial- bzw. Poisson-Verteilung und andere) benutzt wird, und
- der **messenden Abnahmeprüfung**, bei der die Annahme über eine **Variablenprüfung erfolgt** und als Wahrscheinlichkeitsmodell eine stetige Verteilungsfunktion (z. B. Normalverteilung) zugrunde gelegt wird,

unterschieden. Dementsprechend wird auch von **attributiven Prüfplänen** und **Variablenprüfplänen** (Bild 27.1) gesprochen.

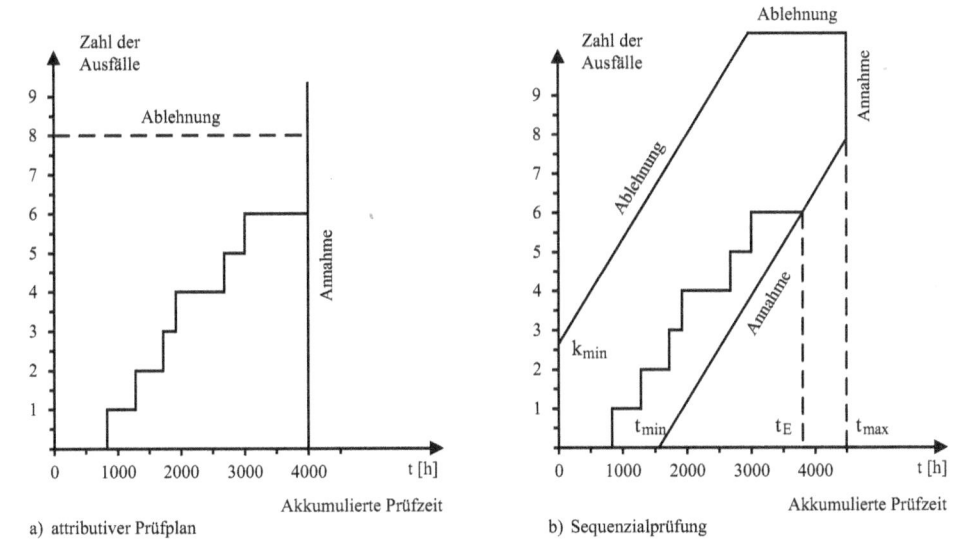

Bild 27.1 Beispiele statistischer Prüfpläne für den Zuverlässigkeitsnachweis:
a) feste Prüfdauer, b) Sequenzialprüfung (VDI-Berichte Nr. 307, 1987)

Wichtige Normen hierzu sind: MIL – STD 105 D, MIL – STD 781 B, ISO 8422, DIN ISO 2859 für die zählende und MIL – STD 414, DIN ISO 3951 für die messende Abnahmeprüfung (siehe auch VDA).

Entsprechend der Anzahl der Stichprobenentnahmen wird zwischen einfachen, doppelten, mehrfachen sowie sequenziellen Prüfplänen für eine bestimmte Grundgesamtheit unterschieden. Ein Prüfplan enthält alle wesentlichen Angaben wie Stichprobenumfang, Prüfdauer, Anzahl der zulässigen Ausfälle, Belastungsparameter und -dauer usw.

Die Wahrscheinlichkeit für die Annahme (Annahmewahrscheinlichkeit P_{An}) einer Grundgesamtheit ist durch die sogenannte **Operationscharakteristik (O.C.-Kurve)** in Bild 27.2 vorgegeben.

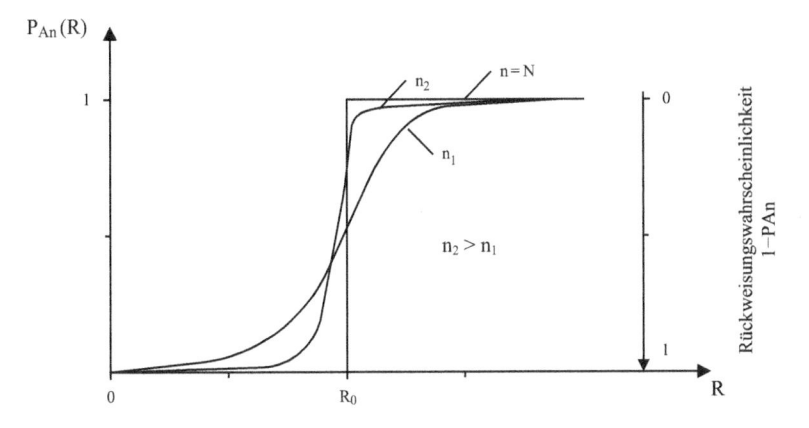

Bild 27.2 Verschiedene O.C.-Kurven (schematisch)

Im „Idealfall", d.h., wenn das gesamte Los getestet wird, hat die O.C.-Kurve den Verlauf $n = N$.

Es gilt

$$P_{An}(R) = \begin{cases} 1 & \text{für } R \geq R_0 \\ 0 & \text{für } R < R_0 \end{cases} \tag{27.1}$$

mit R_0 als durch den Prüfplan vorgegebener (geforderter), akzeptierter Zuverlässigkeitswert (hier Überlebenswahrscheinlichkeit).

Aufgrund der Stichprobenprüfung ist die Annahmewahrscheinlichkeit in der Praxis keine Sprungfunktion und vom Stichprobenumfang n abhängig. Mit wachsendem Stichprobenumfang nähern sich die O.C.-Kurven einer Null-Eins-Verteilung (Sprungfunktion).

Hypothesenprüfung

Wie bereits dargelegt, soll aufgrund einer Stichprobe eine Entscheidung über die Ablehnung bzw. Annahme eines Loses getroffen werden. Solch eine Hypothese (Annahme, Behauptung) über den Parameter einer Grundgesamtheit kann richtig oder falsch sein (siehe Anpassungstest Abschnitt 26.2).

Es wird wiederum eine bestimmte Nullhypothese H_0 als Ausgangshypothese aufgestellt, z.B.

$$H_0: R = R_0 \text{ oder } R > R_0 \text{ oder } R < R_0$$

Aufgrund des Stichprobenergebnisses wird H_0 **abgelehnt** (zurückgewiesen, verworfen) oder **nicht abgelehnt** (angenommen). Nun kann die **Ablehnung von H_0** entweder richtig oder falsch sein. Das Ablehnen einer richtigen Hypothese wird als **Fehler 1. Art**, auch **α-Fehler**, mit **α = Signifikanzniveau** bzw. **Irrtumswahrscheinlichkeit** bezeichnet.

Ebenso kann die **Annahme von H_0** eine richtige oder falsche Entscheidung sein. Die Annahme einer falschen Hypothese wird als **Fehler 2. Art**, auch **β-Fehler** (siehe Abschnitt 26.2, Tabelle 26.4), bezeichnet. Im Sinne der Zuverlässigkeitsprüfung soll eine Stichprobe mit einer großen Wahrscheinlichkeit zu einer Annahme der Grundgesamtheit führen, wenn die Zuverlässigkeit des Kollektivs $R \geq R_0$ ist, und zu einer Ablehnung, wenn $R < R_0$ ist (R_0 = geforderte Zuverlässigkeit). Das heißt,

a) mit der Wahrscheinlichkeit $1 - \alpha$ wird ein Kollektiv angenommen, wenn $R \geq R_0$ ist, und

b) ein Kollektiv wird mit der Wahrscheinlichkeit $(1 - \beta)$ abgelehnt (d.h. darf höchstens mit der Wahrscheinlichkeit β angenommen werden), wenn die Zuverlässigkeit $R \leq R_1$ ist (R_1 = minimal akzeptierte Zuverlässigkeit).

Allgemein wird mit α das **Lieferanten- bzw. Herstellerrisiko** und mit β das **Abnahme- bzw. das Kundenrisiko** bezeichnet. Es gilt dann

$$P_{An}(R_0) \geq 1 - \alpha \tag{27.2}$$

$$P_{An}(R_1) \leq \beta \tag{27.3}$$

mit $R_0 > R_1$ und $1 - \alpha > \beta$.

Ein Prüfplan muss also so aufgebaut sein, dass die O.C.-Kurve die schraffierte Fläche in Bild 27.3 nicht durchsetzt.

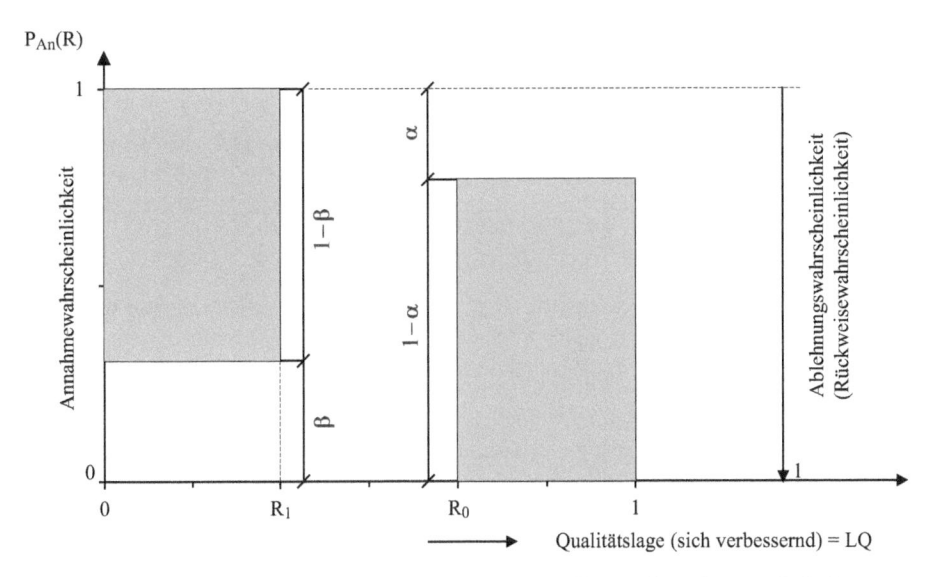

Bild 27.3 Annahmekennlinienbereich (nicht schraffierte Fläche) für mögliche O.C.-Kurven

Offensichtlich lassen sich beliebig viele Prüfpläne aufstellen, deren O.C.-Kurve im erlaubten Bereich liegt. Deshalb fordert man zusätzlich, dass derjenige Prüfplan ausgewählt wird, bei dem der Stichprobenumfang n klein ist. Diese Aufgabe ist rechentechnisch nicht lösbar. Deshalb werden die O.C.-Kurven für alle möglichen Wertepaare n, k (n = Stichprobe, k = Ausfälle) ermittelt und der Prüfplan mit dem kleinsten n ausgewählt.

Ein weiteres Problem bei der praktischen Durchführung besteht darin, dass die Anforderungen an Zuverlässigkeit, Lebensdauer, Einsatzzeit und Belastung permanent steigen und folglich die notwendigen Prüfzeiten stark zunehmen. Um dennoch mit praxisgerechter Prüfdauer die gewünschten Zuverlässigkeitsaussagen zu erhalten, werden die relevanten Belastungen in der Prüfung deutlich über die spezifischen Werte angehoben, ohne jedoch technische Grenzen zu verletzen. Häufig ist die Prüflingszahl für praktische Tests viel zu groß, weshalb bei unveränderten Anforderungen an Zuverlässigkeit und Konfidenz die Prüfzeit verlängert und gleichzeitig die Stichprobe verkleinert wird. Um auch hier nicht zu extrem langen Prüfzeiten zu gelangen, erfolgt wiederum eine Zeitraffung mittels Leistungssteigerung. Das heißt, Prüfdauer, Belastung und Stichprobenumfang können variieren und gegeneinander aufgerechnet werden, um die geforderte Zuverlässigkeit mit der notwendigen Konfidenz nachzuweisen.

Dies bedeutet, dass im Rahmen der statistischen Prüfplanung auch die Teststrategie wie etwa ein vollständiger Test, ein zensierter Test und die Methodik zur Prüfzeitverkürzung festgelegt werden muss.

27.1 Statistische Verfahren

27.1.1 Der Binomialprüfplan als attributiver Abnahmeprüfplan

Aus einer Grundgesamtheit wird eine Stichprobe n entnommen und einem Test unterzogen. Die Wahrscheinlichkeit, dass höchstens k Ausfälle als vorgegebene Anzahl auftreten, ist dann

$$P(i \leq k) = \sum_{i=0}^{k} \binom{n}{i} \cdot R^{n-i} \cdot (1-R)^{i} = P_{An}(R,n,k) \tag{27.4}$$

(Binomialverteilung). Das Los (Kollektiv, Grundgesamtheit) wird angenommen, wenn die Anzahl der Ausfälle kleiner oder gleich k ist. Man bildet nun das Verhältnis z der wahren Überlebenswahrscheinlichkeit R, die unbekannt ist, zur geforderten R_0:

$$z = \frac{R}{R_0} \tag{27.5}$$

Eingesetzt in Formel 27.4 ergibt dies:

$$P_{An}(R,n,k) = \sum_{i=0}^{k} \binom{n}{i} \cdot (z \cdot R_0)^{n-i} \cdot (1 - z \cdot R_0)^{i} \tag{27.6}$$

Die vorangegangene Beziehung gilt allgemein für kleine Stichproben, d.h. $n \leq 10\%$ der Grundgesamtheit. Für prozentual größere Stichproben wird anstatt der Binomialverteilung die hypergeometrische Verteilung verwendet.

Gehorcht $R(t)$ einer Exponentialverteilung, d.h.

$$R(t) = e^{-\lambda \cdot t} = e^{-\frac{t}{m}} \tag{27.7}$$

so folgt für die Annahmewahrscheinlichkeit:

$$P_{An}(m,n,k,t) = \sum_{i=0}^{k} \binom{n}{i} \cdot e^{-(n-i)\frac{t}{m}} \cdot \left(1 - e^{-\frac{t}{m}}\right)^{i} \tag{27.8}$$

Bei hinreichend großem Stichprobenumfang n und $t/m \ll 1$ kann bekanntlich die Binomialverteilung durch die einfachere Poisson-Verteilung ersetzt werden (Abschnitt 10.2.2 und Abschnitt 24.1.1).

Es folgt:

$$P_{An}(m,n,k,t) = e^{-\frac{n \cdot t}{m}} \cdot \sum_{i=0}^{k} \frac{1}{i!} \cdot \left(\frac{n \cdot t}{m}\right)^{i} \tag{27.9}$$

Für den Fall, dass während des Tests die ausgefallenen Elemente sofort ersetzt werden, kann das Produkt $n \cdot t$ durch die summierte Lebensdauer bzw. die akkumulierte Betriebszeit

$$T_k = \sum_{i=1}^{k} t_i + (n-k) \cdot t_k \tag{27.10}$$

aller Prüflinge ersetzt werden. Damit folgt:

$$P_{An}(m,k,T_k) = e^{-\frac{T_k}{m}} \sum_{i=0}^{k} \frac{1}{i!} \cdot \left(\frac{T_k}{m}\right)^i \tag{27.11}$$

Das heißt, die O.C.-Kurven hängen nur noch von der Zahl der zulässigen Ausfälle und der akkumulierten Betriebszeit ab.

Bei n = konst. bewirkt eine Änderung von k lediglich eine seitliche Verschiebung der O.C.-Kurve. Ist k vorgegeben, so nähern sich die O.C.-Kurven mit wachsender akkumulierter Betriebszeit einer Sprungfunktion. Da die O.C.-Kurven in der Regel umständlich zu berechnen sind, wird in der Praxis oft auf Perzentile dieser Funktion (Bild 27.4) zurückgegriffen.

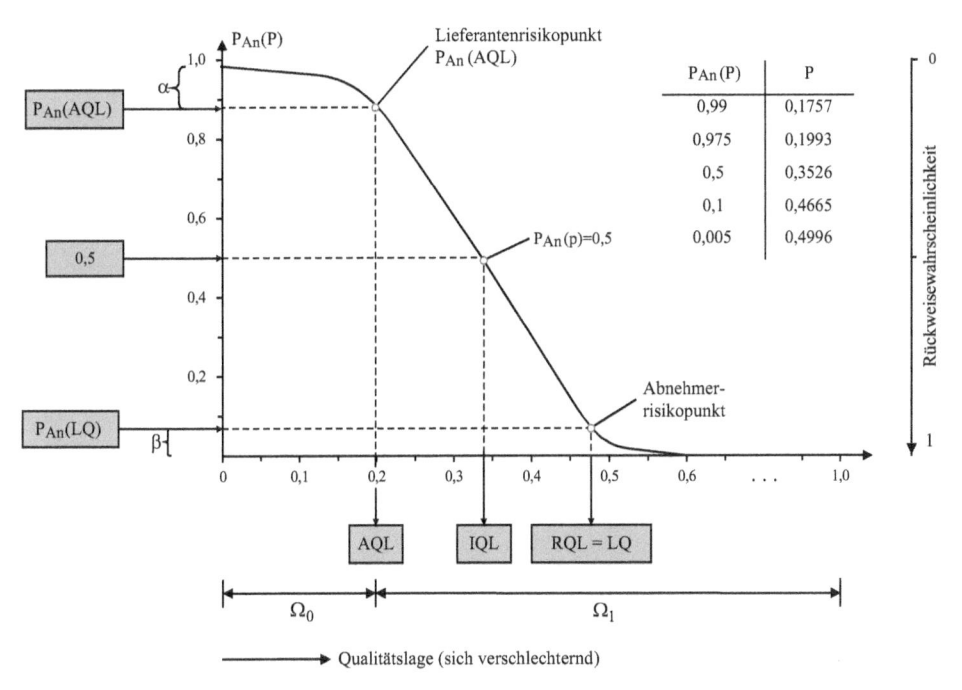

$P_{An}(P)$	P
0,99	0,1757
0,975	0,1993
0,5	0,3526
0,1	0,4665
0,005	0,4996

Bild 27.4 Operationscharakteristik einer Stichprobenanweisung (nach Rinne/Mittag, siehe Lit.) mit Ω_0 = Gültigkeitsbereich für einen Fehler 1. Art – $H_0: P \leq P_0$ und Ω_1 = Gültigkeitsbereich für einen Fehler 2. Art – $H_1: P > P_0$

In diesem Zusammenhang wird von **annehmbarer Qualitätslage** oder AQL-Wert (Acceptable Quality Level), **rückzuweisender Qualitätslage** oder RQL-Wert (Rejectable Quality Level) und **indifferenter Qualitätslage** oder IQL-Wert (Indifferent Quality Level) gesprochen. Dementsprechend ist die Annahme eines schlechten Loses (Konsumentenrisiko) P > RQL und die Ablehnung eines guten Loses $P \leq$ AQL.

27.1.2 Sequenzialprüfung

Die Sequenzialprüfung wird auch **Waldsche Sequenzialprüfung** (nach Wald, siehe Lit.) bzw. **Folgeprüfung** genannt. Wie bereits erläutert, sind bei sequenziellen Prüfplänen für ein Los mit n Elementen maximal n Prüfschritte möglich. Dabei wird nach jeder einelementigen Stichprobe entschieden, ob das Los angenommen oder abgelehnt werden kann bzw. ob eine weitere Einheit zu prüfen ist. In der Praxis wird nach bestimmten Zeitabständen Δt die Zahl der Ausfälle registriert. Im Gegensatz zur zuvor behandelten Binomialprüfung ist **die Prüfzeit nicht vorgegeben.**

Wahrscheinlichkeitsmodell konstante Ausfallrate:

Gefordert sei eine bestimmte MTBF = m. Dann folgt für die Annahmewahrscheinlichkeiten

$$P_{An}(m_0) \geq 1 - \alpha$$
$$P_{An}(m_1) \leq \beta \tag{27.12}$$

unter der Voraussetzung $m_1 < m_0$ und $\beta < 1 - \alpha$.

Die Wahrscheinlichkeit, dass von n Einheiten höchstens k ausfallen, lässt sich – wie schon behandelt – durch die Binomialverteilung und bei konstanter Ausfallrate und kleinen Ausfallwahrscheinlichkeiten durch die Poisson-Verteilung beschreiben.

Wird anstatt der Zahl der Prüflinge die akkumulierte Prüfzeit zugrunde gelegt, so folgt für die Wahrscheinlichkeit, dass während der Prüfzeit T_k genau i Einheiten ausfallen:

$$P_i(m) = e^{-\frac{T_k}{m}} \cdot \frac{\left(\frac{T_k}{m}\right)^i}{i!} \tag{27.13}$$

Beträgt z. B. die „wahre" MTBF = m = 100 h, dann ist die Wahrscheinlichkeit, dass nach einer Prüfzeit von T_k = 500 h

kein Ausfall auftritt	$P_0(100) \approx 1\,\%$,
ein Ausfall auftritt	$P_1(100) \approx 3{,}3\,\%$,
zwei Ausfälle auftreten	$P_2(100) \approx 8{,}5\,\%$,
drei Ausfälle auftreten	$P_3(100) \approx 14\,\%$

usw.

Wird also mit einer Stichprobe, die eine „wahre" (aber unbekannte) MTBF = m_0 besitzt, eine Zuverlässigkeitsprüfung durchgeführt und sind innerhalb einer akkumulierten Prüfzeit genau k Einheiten ausgefallen, dann lautet die Wahrscheinlichkeit für dieses Ereignis wie folgt:

$$P_k(m_0) = e^{-\frac{T_k}{m_0}} \cdot \frac{\left(\frac{T_k}{m_0}\right)^k}{k!} \tag{27.14}$$

Für eine „wahre" MTBF = m_1 gilt dementsprechend:

$$P_k(m_1) = e^{-\frac{T_k}{m_1}} \cdot \frac{\left(\frac{T_k}{m_1}\right)^k}{k!} \tag{27.15}$$

Bei der Sequenzialprüfung wird nun in bestimmten Zeitabschnitten Δt die Zahl k der Ausfälle registriert und das sogenannte **Poissonsche Sequenzialverhältnis** gebildet:

$$\frac{P_k(m_1)}{P_k(m_0)} = \frac{P(m_1)}{P(m_0)} = \left(\frac{m_0}{m_1}\right)^k \cdot e^{-\left[\left(\frac{1}{m_1}\right)-\left(\frac{1}{m_0}\right)\right]\cdot T_k} \tag{27.16}$$

Der so erhaltene Wert wird mit den Konstanten

$$A = \frac{1-\beta}{\alpha} = \frac{\text{Ablehnungswahrscheinlichkeit für } m = m_1}{\text{Ablehnungswahrscheinlichkeit für } m = m_0} \tag{27.17}$$

und

$$B = \frac{\beta}{1-\alpha} = \frac{\text{Annahmewahrscheinlichkeit für } m = m_1}{\text{Annahmewahrscheinlichkeit für } m = m_0} \tag{27.18}$$

verglichen. Das **Los ist** dann **anzunehmen**, falls

$$\frac{P(m_1)}{P(m_0)} \leq B = \frac{\beta}{1-\alpha} \tag{27.19}$$

und **abzulehnen**, falls

$$\frac{P(m_1)}{P(m_0)} \geq A = \frac{1-\beta}{\alpha} \tag{27.20}$$

ist (Waldsches Sequenzialverhältnis).

Liegt der Wert $P(m_1)/P(m_0)$ zwischen A und B, dann muss der Test so lange festgesetzt werden, bis eine der Grenzen von A und B erreicht ist.

In der Praxis hat sich eine grafische Darstellung durchgesetzt. Denn durch Logarithmieren folgt

$$k \cdot \ln\frac{m_0}{m_1} - \left(\frac{1}{m_1} - \frac{1}{m_0}\right) \cdot T_k \leq \ln B$$

und durch Umstellen

$$k \leq \frac{\frac{1}{m_1} - \frac{1}{m_0}}{\ln\frac{m_0}{m_1}} \cdot T_k + \frac{\ln B}{\ln\frac{m_0}{m_1}} \tag{27.21}$$

d. h., es ergibt sich eine Geradengleichung mit der Steigung

$$\frac{\frac{1}{m_1} - \frac{1}{m_0}}{\ln\frac{m_0}{m_1}}$$

In einem Koordinatensystem mit der Abszisse T_k und der Ordinate k schneidet diese Gerade die k-Achse im Punkt

$$\left(0, \frac{\ln B}{\ln \frac{m_0}{m_1}}\right)$$

Sobald sich also ein Wertepaar (T_k, k) mit einem Punkt rechts von der Geraden ergibt, erfolgt die Annahme des Loses. Die 2. Gerade ergibt sich über A analog zu

$$k \geq \frac{\frac{1}{m_1} - \frac{1}{m_0}}{\ln \frac{m_0}{m_1}} \cdot T_k + \frac{\ln A}{\ln \frac{m_0}{m_1}} \qquad (27.22)$$

Liegt der Punkt (T_k, k) links von dieser Geraden, so ist das Los abzulehnen (Bild 27.5).

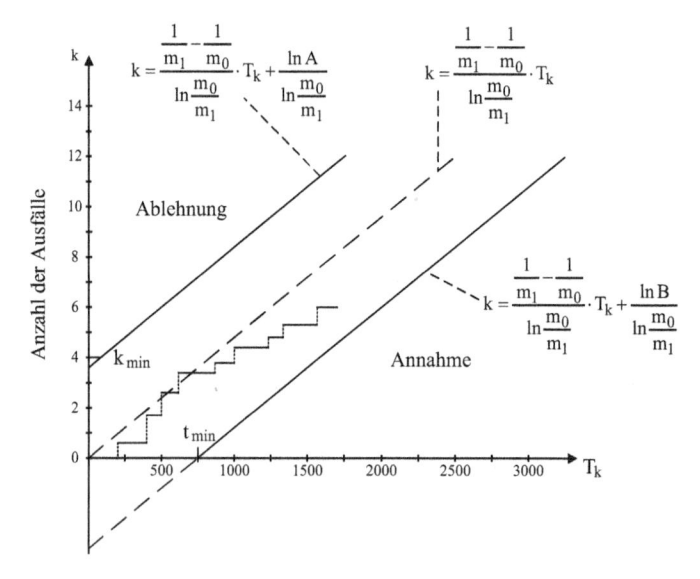

Bild 27.5 Prüfplan für die Sequenzialprüfung (aus MBB: Technische Zuverlässigkeit, siehe Lit.)

Es ist zu beachten, dass der Abstand D zwischen den Geraden durch die vorgegebenen Größen m_0, m_1, α und β bestimmt wird. D ist umso kleiner, je kleiner m_1 gegenüber m_0 ist, und umso größer, je größer α und β sind. Je kleiner D ist, umso kürzer ist die akkumulierte Prüfzeit.

Grenzwerte:

Für $k = 0$ folgt

$$T_k = \frac{\ln B}{\frac{1}{m_0} - \frac{1}{m_1}} = t_{\min} \qquad (27.23)$$

d. h., die Annahme des Loses kann frühestens nach $T_k = t_{\min}$ erfolgen.

Für $T_k = 0$ folgt

$$k = \frac{\ln A}{\ln \frac{m_0}{m_1}} \qquad (27.24)$$

wobei k nur ganzzahlig sein kann. Die minimale Zahl der Ausfälle k_{min}, die zu einer Ablehnung des Loses führt, ist durch die kleinste ganze Zahl

$$k \geq \frac{\ln A}{\ln \frac{m_0}{m_1}} \qquad (27.25)$$

gegeben. Aus Kosten- und Zeitgründen kann auch vereinbart werden, dass die Prüfung nur so lange erfolgen soll, bis sich ein eindeutiger Trend von der mittleren Gerade

$$k = \frac{\frac{1}{m_1} - \frac{1}{m_0}}{\ln \frac{m_0}{m_1}} \cdot T_k \qquad (27.26)$$

ergibt. Allerdings stimmen dann die vorgegebenen Risiken α und β nicht mehr. Das heißt, sie können unter Umständen erheblich größer sein.

27.1.3 Success Run

In der Praxis werden für die zu erreichende Zuverlässigkeit häufig Nachweise durch Dauerläufe gefordert. Dabei wird eine Mindestzuverlässigkeit $R(t)$ bei einer bestimmten Lebensdauer t vorgegeben, z. B. eine Überlebenswahrscheinlichkeit von wenigstens $R = 0{,}90$ über eine Lebensdauer von 150 000 km. Zusätzlich wird ein Vertrauens- oder Konfidenzniveau γ vorgegeben, üblich sind 90 %, 95 % oder 97,5 %. Diese Zuverlässigkeitsvorgaben zum Nachweis sind im Rahmen der Produktentwicklung vorzugeben und können frei definiert werden. Da diese Werte jedoch erheblichen Einfluss auf die Prüfplanung und somit auch auf die Entwicklungskosten und -zeiten haben, sind sie je nach Produktart und dem vom Produkt ausgehenden Risiko zu bewerten. Direkte gesetzliche Anforderungen an derartige Nachweise in Form von Zahlenwerten gibt es nicht, was deren Auslegung zwar flexibel hält, aber auch gewisse Probleme mit sich bringt.

Üblicherweise soll anhand der festgelegten Zuverlässigkeitsforderungen die Fragen nach der dafür notwendigen Prüflingszahl n und der erforderlichen Prüfdauer t_{Lab} beantwortet werden. Dabei ist wesentlich, dass eigentlich kein Ausfall während des Dauerlaufs eintreten darf, weshalb man von **„Success Run"** oder auch **„Erfolgslauf"** spricht. Wichtig zu verstehen ist, dass diese nachzuweisende Zuverlässigkeit (Mindestzuverlässigkeit) üblicherweise nicht identisch mit der Auslegungszuverlässigkeit des Produktes ist.

Ausgehend von n identischen Prüflingen mit derselben Zuverlässigkeit $R(t)$ ist die Wahrscheinlichkeit, dass alle bis zur Zeit t überleben werden, nach dem Produktsatz der Wahrscheinlichkeitsrechnung gleich $R(t)^n$. Fallen keine Prüflinge während des Dauerlaufs bis zum Zeitpunkt t, der der geforderten Lebensdauer entspricht, aus und ist $R(t)$ die Zuverlässigkeitsfunktion jedes einzelnen Prüflings, so ist $R(t)^n$ die Wahrscheinlichkeit dafür, dass alle n Testobjekte bis zum Zeitpunkt t überleben.

Das Einserkomplement $1-R(t)^n = F(t)$ ist die Wahrscheinlichkeit, dass bis zum Zeitpunkt t wenigstens ein Ausfall eintreten kann. Diese Wahrscheinlichkeit ist quasi das statistische Risiko, das dem Testergebnis des Success Run widerspricht, und wird somit gleich der Konfidenz γ für das Testergebnis gesetzt. Damit gelten die einfachen Zusammenhänge:

$$\gamma = 1 - R(t)^n \quad \text{bzw.} \quad R(t) = (1-\gamma)^{1/n} \quad \text{und} \quad n = \frac{\ln(1-\gamma)}{\ln R(t)} \qquad (27.27)$$

Diese pragmatische Herleitung ist zwar im strengen Sinne der Wahrscheinlichkeitstheorie nicht korrekt, jedoch wird mit steigendem Stichprobenumfang n die Abweichung von der korrekten Lösung immer geringer. Zudem liefert dieser Ansatz konservative Abschätzungen, welche also in der praktischen Anwendung auf der sogenannten sicheren Seite sind.

Beim Success-Run-Test gibt es also vier Einflussgrößen, die Einfluss auf die Auslegung haben:

- Mindestzuverlässigkeit $R(t)$
- Anzahl der zu testenden Teile n (Prüflinge)
- Anzahl der Prüfdauer t
- Aussagewahrscheinlichkeit des Tests

Drei der vier Einflussgrößen müssen für den Test vorgegeben werden, um anschließend die vierte Kenngröße berechnen zu können. Wie schon erwähnt, ist in der Regel die Anzahl der zu testenden Teile n die interessierende Größe.

Eine weitere häufig gestellte Frage betrifft die notwendige Testzeit bei einer schon festgelegten Anzahl an Prüflingen, da teilweise nur eine sehr begrenzte Anzahl (z. B. in Form von sehr teuren Prototypen) an Mustern vorliegt. Auch diese kann mit dem Success Run beantwortet werden.

Nachfolgende Beispiele stammen aus Meyna/Pauli (siehe Lit.).

> **Beispiel 27.1.3-1 nach VDA, Bd. 3.2**
>
> Folgende Zuverlässigkeitsvorgabe sei gegeben: $R(200\,000\text{ km}) \triangleq 90\,\%$. Der Nachweis soll mit einer Aussagesicherheit von $\gamma = 95\,\%$ erfolgen. Mithilfe von Formel 27.27 ergibt sich ein erforderlicher Stichprobenumfang von
>
> $$n = \frac{\ln(1-\gamma)}{\ln R(t)} = \frac{\ln(0{,}05)}{\ln(0{,}9)} \approx 28{,}4 \quad \text{d.h.} \quad n = 29$$

Eine weitere Einflussgröße bei der Auslegung eines Success-Run-Tests ist das Ausfallverhalten des Produkts. Mit dieser Größe lassen sich sowohl die Testzeiten als auch die Prüflingsanzahl gut steuern.

So ist z. B. häufig die geforderte Lebensdauer für die praktische Durchführung von Dauerläufen zu lang. Gesucht ist folglich eine Möglichkeit, die Testdauern zu verkürzen, ohne jedoch Abstriche an der Mindestzuverlässigkeit oder an der Konfidenz vorzunehmen. Dies geht nur, indem die Anzahl an Prüflingen erhöht wird.

Auf der anderen Seite tritt häufig der Fall ein, dass die Testdauer gut verlängert werden und somit die Prüflingsanzahl verringert werden kann. Somit bleibt als letzter Parameter in Formel 27.27 nur die Prüflingsanzahl n variabel und unbestimmt.

Wird eine Weibull-Verteilung $W(\alpha, \beta)$ für die Lebensdauerverteilung zugrunde gelegt, so gilt nach Abschnitt 10.1.2 für die Überlebenswahrscheinlichkeit:

$$R(t) = e^{-\alpha \cdot t^\beta} = e^{-\left(\frac{t}{\eta}\right)^\beta} \tag{27.28}$$

Für eine beliebige Testdauer t_{Lab} und die zugehörige Überlebenswahrscheinlichkeit $R(t_{Lab})$ folgt direkt:

$$R(t_{Lab}) = e^{-\alpha \cdot t_{Lab}^\beta} = e^{-\alpha \cdot t^\beta \cdot V_{Lab}^\beta} = R(t)^{V_{Lab}^\beta} \tag{27.29}$$

Dabei ist $V_{Lab} = \dfrac{t_{Lab}}{t}$ das Verhältnis zwischen tatsächlicher und geforderter Prüfdauer und wird als Prüfdauerverhältnis oder Lebensdauerverhältnis bezeichnet. Zusammen mit Formel 27.27 folgt, dass die geforderte Zuverlässigkeit $R(t)$ durch den Test mit der Konfidenz

$$\gamma_{Lab} = 1 - R(t_{Lab})^{n_{Lab}} = 1 - R(t)^{n_{Lab} \cdot V_{Lab}^\beta} \tag{27.30}$$

anhand von n_{Lab} Prüflingen nachgewiesen worden ist.

Um mittels einer Prüfung der Dauer t_{Lab} den gleichen Konfidenzlevel wie bei demselben Versuch über die Prüfdauer t nachweisen zu können, folgt aus $\gamma = \gamma_{Lab}$

$$n_{Lab} \cdot V_{Lab}^\beta = n \tag{27.31}$$

und daraus

$$V_{Lab} = \left(\frac{n}{n_{Lab}}\right)^{1/\beta} \tag{27.32}$$

Somit kann bei bekanntem Weibull-Parameter β die Testdauer leicht gegen die Anzahl der Prüflinge aufgerechnet werden.

Beispiel 27.1.3-2

Um bei einem Wert von $\beta \approx 0{,}5$, der häufig für elektronische Bauelemente und Komponenten gilt, den ursprünglichen Konfidenzlevel nachzuweisen, genügt bei einer doppelten Prüflingsanzahl eine auf ein Viertel verkürzte Prüfdauer:

$$V_{Lab} = \left(\frac{n}{n_{Lab}}\right)^{1/\beta} = \left(\frac{n}{2 \cdot n}\right)^{1/0{,}5} = 0{,}5^2 = 0{,}25$$

Dagegen bewirkt eine Verdoppelung der Testdauer nur eine Reduzierung der Stichprobengröße um ca. 30 %:

$$n_{Lab} = \frac{n}{V_{Lab}^\beta} = \frac{n}{2^{0{,}5}} \approx 0{,}71 \cdot n$$

Beispiel 27.1.3-3

Geprüft werden $n = 8$ Positionsschalter bis zu $t_{Lab} = 20 \cdot 10^6$ Schaltspielen ohne Ausfall, wobei die Lebensdauerforderung $t = 10^6$ Schaltspiele beträgt. Des Weiteren wird eine Ausfallsteilheit von $\beta = 1,5$ und eine Konfidenz von $\gamma = 0,9$ zugrunde gelegt. Für die geforderte Überlebenswahrscheinlichkeit folgt aus Formel 27.30:

$$R(t) = (1-0,9)^{\frac{1}{8 \cdot 20^{1,5}}}$$
$$R(t) \approx 0,99$$

Mit diesem numerischen Wert ergibt sich durch Umstellung der Formel 27.28 als charakteristische Lebensdauer die Zykluszahl

$$\eta = 21.472.352$$

und eine B_{10}-Lebensdauer von

$$B_{10} = \eta \cdot \ln\left(\frac{1}{0,9}\right)^{\frac{1}{\beta}} \approx 4.790.000 \,\text{Zyklen}$$

Die Testzeit lässt sich für die geforderte Überlebenswahrscheinlichkeit erheblich verkürzen, wenn statt $V_{Lab} = 20$, $V_{Lab} = 10$ zugrunde gelegt wird (siehe nachfolgende Abbildung, welche den Verlauf der R_{min} in Abhängigkeit von V_{Lab} für verschiedene γ-Werte zeigt). In der nachfolgenden Abbildung ist der steile Anstieg der Kurven gut zu erkennen. Ab $V_{Lab} = 6$ mit $R_{min} \approx 0,9806$ gehen diese in den konstanten Bereich über.

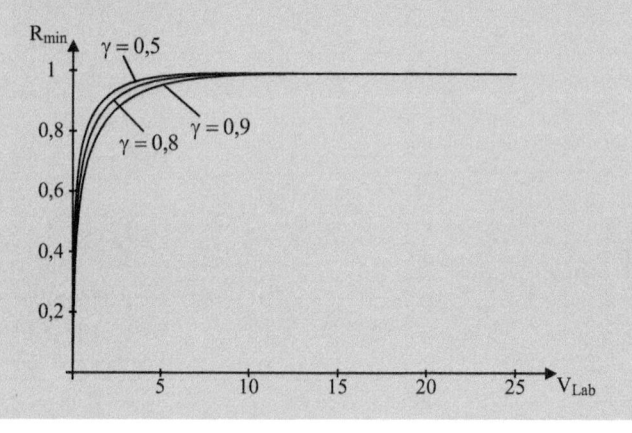

Ausfälle während des Tests

Eine Teststrategie kann auch darin bestehen, eine bestimmte Anzahl von Ausfällen zuzulassen. In diesem Fall lässt sich die Konfidenz durch die Binomialverteilung ausdrücken

$$\gamma = 1 - \sum_{i=0}^{k} \binom{n}{i} (1-R(t))^i \cdot R(t)^{n-i} \tag{27.33}$$

mit k = Anzahl der Ausfälle

Für den Fall $k = 1$, d.h., der Versuch wird nach dem ersten Ausfall abgebrochen, folgt aus Formel 27.33:

$$\gamma = 1 - R(t)^n - n\left[1 - R(t)\right]R(t)^{n-1} \tag{27.34}$$

Die Auswertung der Formel 27.33 wird sehr gut deutlich anhand des Larson-Nomogramms (Bild 27.6). Dargestellt ist hier beispielhaft die Änderung des Stichprobenumfangs bei Änderung der Anzahl der Ausfälle innerhalb einer Stichprobe ($P_A = \gamma$). Bei Vorliegen einer Weibull-Verteilung als Lebensdauerverteilung und der Formel 27.29 mit dem Lebensdauerverhältnis V_{Lab} folgt eingesetzt in Formel 27.33:

$$\gamma = 1 - \sum_{i=0}^{k} \binom{n}{i}\left(1 - R(t)^{V_{Lab}^\beta}\right)^i \cdot \left(R(t)^{V_{Lab}^\beta}\right)^{n-i} \tag{27.35}$$

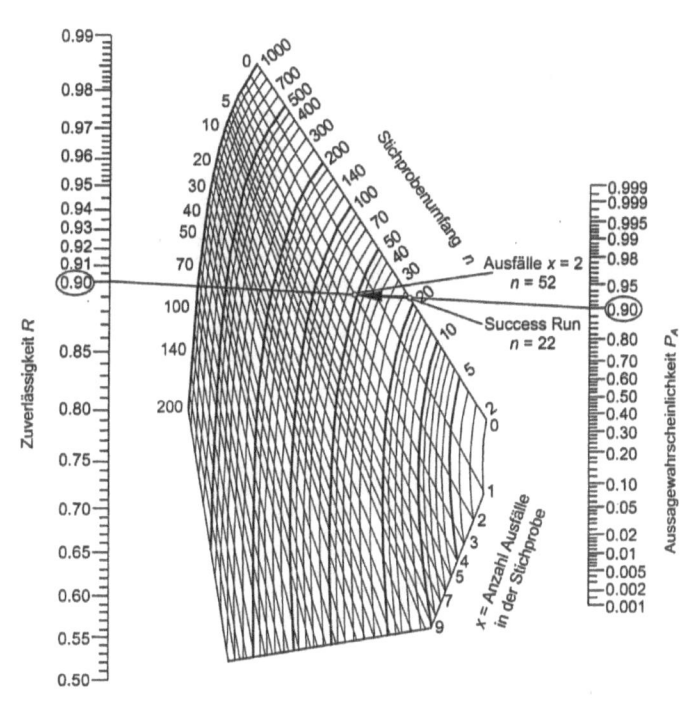

Bild 27.6 Larson-Nomogramm (VDA, siehe Lit.) Beispiel: $R = 0{,}9$; $\gamma = 0{,}9$; Stichprobenumfang $n = 22$ bei null Ausfällen und $n = 52$ bei zwei Ausfällen

Die praktische Umsetzung der Binomialverteilung in der Berechnung des Success-Run-Tests ist heutzutage mit üblichen Softwaretools (unter anderem MS EXCEL) im benötigten Rahmen möglich und fordert nicht mehr die langwierige und ungenaue grafische Auswertung mit dem Larson-Nomogramm.

Generell gilt: Ein Vorteil des Success-Run-Tests ist, dass dieser sehr einfach planbar ist. Auch das Ergebnis ist eindeutig und unterliegt keiner subjektiven Bewertung, solange ein Ausfall sauber definiert ist. Des Weiteren kann, sobald das generelle Ausfallverhalten (Früh-/Verschleißausfall) bekannt ist, eine Optimierung zwischen Testdauer und Prüflingsanzahl vorgenommen werden. So gilt z. B. bei Frühausfallverhalten generell, dass eher mehr Teile getestet werden und dafür die Testzeit verkürzt werden kann. Bei Verschleißverhalten gilt der umgekehrte Sachverhalt. Darüber hinaus lassen sich Prüfungen/Tests, Fahrversuche und Felderprobung mit unterschiedlichen Testzeiten, Raffungsfaktoren und möglichen Ausfällen im Ergebnis über einen Success-Run-Test gut kombinieren.

Darüber hinaus können in der Regel sehr einfach Kosten und mögliche Testzeiten vorgegeben werden, die dann in der Planung berücksichtigt werden können. Und auch die Verknüpfung von Tests auf verschiedenen Ebenen m im Systemlayout (Komponententest, Systemtest, Testhaushalte (Fahrversuche und Felderprobung)) ist mit dem Success-Run-Test abbildbar (Bild 27.7).

Komponententests
$m_K = 10$
$m_{K,äq} = 6$

Fahrversuche
$m_{FV} = 10$
$m_{FV,äq} = 4$

ZIELZAHLEN
Laufleistung: $s = 300.000$ km
Zeit: $t = 10a$
Überlebenswahrsch.: $R(t,s) = 90\%$
Aussagewahrsch.: $\alpha = 90\%$

$m = \sum m_{X,äq} = 22$

Systemtests
$m_S = 6$
$m_{S,äq} = 8$

Felderprobung
$m_{FE} = 100$
$m_{FE,äq} = 4$

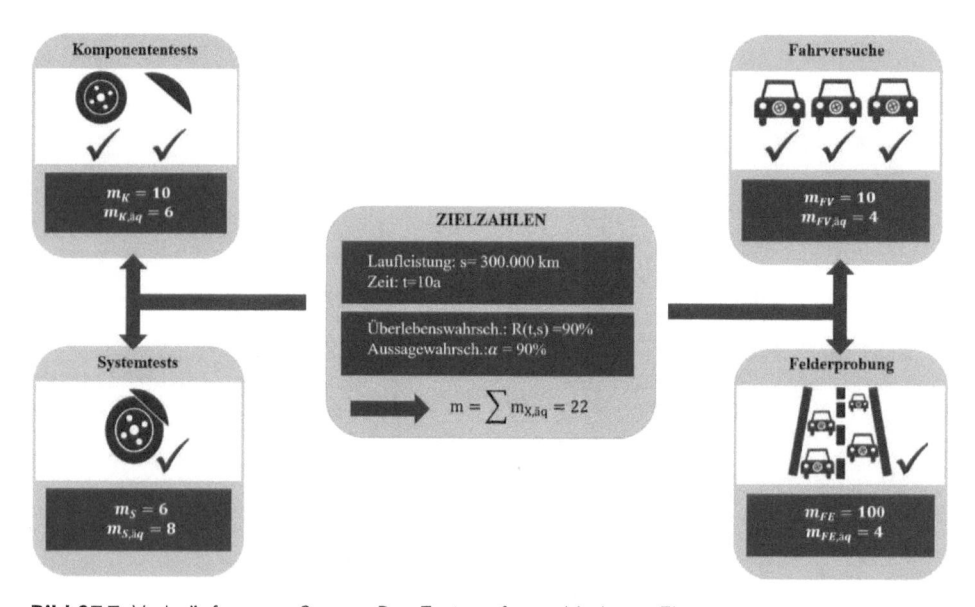

Bild 27.7 Verknüpfung von Succes-Run-Tests auf verschiedenen Ebenen

Von Nachteil ist vor allem, dass über den Verlauf der Ausfallwahrscheinlichkeit keine Aussagen aufgrund der Testergebnisse möglich sind. Besonders bei einem Ausfall einer Komponente ist dies ungünstig, da nicht nur der Test negativ ausfällt, sondern darüber hinaus nur wenige zusätzliche Informationen gewonnen werden können. Insbesondere bei verschleißbehafteten Komponenten und damit langen Testzeiten kann dieser Test somit sehr nachteilig sein.

27.1.4 Sudden-Death

Eine andere Teststrategie besteht darin, die zu untersuchende Stichprobe vom Umfang n in eine Anzahl k von gleich großen Prüflosen zu unterteilen, sodass sich in jedem dieser Lose m Prüflinge befinden. Alle m Prüflinge eines Loses werden so lange getestet, bis der erste Prüfling ausfällt (Spezialfall einer Typ-II-Zensierung). Nach dem ersten Ausfall im Prüflos werden die verbleibenden Teile nicht weiter getestet und haben somit die gleiche Prüfdauer wie das ausgefallene Teil. In der Praxis richtet sich die Festlegung der Größe der Prüflose nach den zur Verfügung stehenden Prüfkapazitäten, z.B. nach den Prüfplätzen in einem Temperaturschrank. Bild 27.8 zeigt eine mögliche Aufteilung einer Stichprobe von n = 30 Prüflingen in k = 6 gleiche Prüflose zu je m = 5 Teilen.

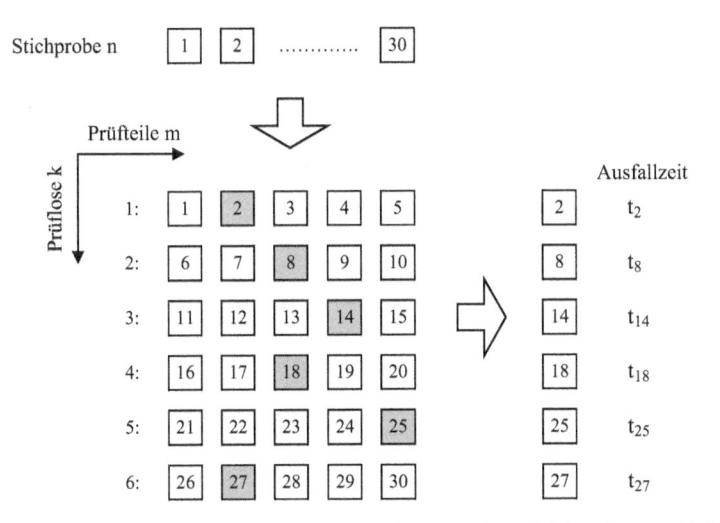

Bild 27.8 Beispiel für eine mögliche Aufteilung einer Stichprobe n = 30 in k = 6 Prüflose mit m = 5 Teilen (VDA)

Ausgefallen sind beispielhaft die Prüfteile 2, 8, 14, 18 und 27. Es handelt sich hierbei um das jeweils erste ausgefallene Teil des jeweiligen Prüfloses k. Anschließend werden die Ausfallzeiten in aufsteigender Reihenfolge sortiert, d.h.:

$$t_1 < t_2 < \ldots < t_k$$

Im vorangegangenen Beispiel sei $t_8 < t_{27} < t_{14} < t_2 < t_{18} < t_{25}$ bzw. allgemein $t_1 < t_2 < t_3 < t_4 < t_5 < t_6$. Danach wird jedem Ausfallzeitpunkt t_i (i = 1, ..., k) eine mittlere Rangzahl $r(t_i)$ zugeordnet. Dabei ist zu berücksichtigen, dass zwar t_1 gleich der kürzesten Ausfallzeit in der gesamten Stichprobe ist, dass aber t_2 nicht zwangsläufig die zweitkürzeste ist. So können aus dem Prüflos mit dem frühesten Ausfall noch weitere Ausfälle zwischen den Zeitpunkten t_1 und t_2 eintreten. Analog gilt dieses auch für alle späteren Ausfallzeiten.

Die entsprechend korrigierten Rangzahlen bestimmen sich wie folgt (Johnson, siehe Lit.):

$$r(t_i) = r(t_{i-1}) + n(t_i) \quad \text{für } i = 1,\ldots,k \quad \text{mit } r(t_0) = 0 \quad (27.36)$$

Dabei beinhaltet der Zuwachs $n(t_i)$ die zuvor beschriebenen, möglichen zusätzlichen Ausfälle:

$$n(t_i) = \frac{n+1-r(t_{i-1})}{n+1-(i-1)\cdot m} \quad \text{für } i = 1,\ldots,k \quad (27.37)$$

> **Beispiel 27.1.4-1**
>
> Für das vorangegangene Beispiel mit $n = 30$, $k = 6$ und $m = 5$ ergibt sich zu
>
> $$r(t_1) = r(t_0) + n(t_1) \quad \text{mit} \quad n(t_1) = \frac{31-0}{31-0} = 1{,}0$$
>
> $$r(t_1) = 0 + 1{,}0 = 1{,}0$$
>
> $$r(t_2) = r(t_1) + n(t_2) \quad \text{mit} \quad n(t_2) = \frac{31-1}{31-5} \approx 1{,}15$$
>
> $$r(t_2) = 1{,}0 + 1{,}15 = 2{,}15$$
>
> usw.

Ranggrößenverteilung

In der Zuverlässigkeitsprüfung sind die Ranggrößen und deren Verteilung von zentraler Bedeutung. Ranggrößen können dazu verwendet werden, um beispielsweise unvollständige Stichproben auszuwerten, lineare Schätzungen für Parameter von Lebensdauerverteilungen herzuleiten oder geeignete Darstellungspunkte für die Ausfallwahrscheinlichkeit in Wahrscheinlichkeitsnetzen zu finden (Härtler, siehe Lit.).

Werden, wie zuvor erläutert, die Ausfallzeiten t_i als Ranggröße mit i als Rangzahl in der Form $t_1 \leq t_2 \leq \ldots \leq t_n$ angeordnet, so kann der Ranggröße eine Zufallsvariable mit einer entsprechenden Verteilungsfunktion zugeordnet werden.

Die Ranggrößenverteilung (Trinomial-Verteilung) ist durch die Dichte

$$\varphi(t_i) = \frac{n!}{(i-1)!(n-1)!} \cdot F(t_i)^{i-1} \cdot f(t_i) \cdot \left[1 - F(t_i)\right]^{n-1} \tag{27.38}$$

definiert (Härtler, siehe Lit.). Es handelt sich hierbei um eine Erweiterung der klassischen Binomialverteilung.

Die vorangegangene Beziehung ist lösbar, wenn die Verteilung der Ausfallzeiten bekannt ist, was bei einer Stichprobe jedoch nicht der Fall ist.

Aufgrund der Transformation

$$F(t_i) = F(u) = u \quad \text{für} \quad 0 \leq u \leq 1 \tag{27.39}$$

und

$$f(u) = 1$$

mit U als gleichverteilter Zufallsgröße folgt für die Dichte der Ausfallwahrscheinlichkeiten der Ranggrößen

$$\varphi(u) = \frac{n!}{(i-1)!(n-1)!} \cdot u^{i-1} \cdot (1-u)^{n-i} \quad \text{für} \quad 0 \leq u \leq 1 \tag{27.40}$$

woraus sich gute Schätzwerte für die Ausfallwahrscheinlichkeit der i-ten Ranggröße ergeben. Es handelt sich hierbei um eine Betaverteilung (Formel 25.62) mit der Variablen u und $a = i$ sowie $b = n - i + 1$. Die Betavariable u entspricht dann der Ausfallwahrscheinlichkeit $F(t_i)$. Als gute Schätzwerte erhält man hieraus die Lageparameter:

Erwartungswert U_m:

$$U_m = \frac{i}{n+1} \qquad (27.41)$$

Median U_{median} als Näherung:

$$U_{median} \approx \frac{i-0{,}3}{n+0{,}4} \qquad (27.42)$$

Modalwert U_{modal}, ebenfalls als Näherung:

$$U_{modal} \approx \frac{i-1}{n-1} \qquad (27.43)$$

In der Praxis hat sich der Median, auch für kleine Stichproben $n \leq 50$, bewährt.

Die gesuchten Ausfallwahrscheinlichkeiten $F(t_i)$ werden durch die Verteilung der Rangzahlen für den Median approximiert:

$$F(t_i) \approx \frac{r(t_i)-0{,}3}{n+0{,}4} \qquad (27.44)$$

Abschließend werden diese Ausfallwahrscheinlichkeiten ausgewertet, indem z. B. eine geeignete Verteilung angepasst und die zugehörigen Parameter geschätzt werden. Als weitere Möglichkeit bietet sich die grafische Auswertung an, z. B. mittels eines Weibull-Papiers (siehe Abschnitt 26.1).

> **Beispiel 27.1.4-2 nach VDA, Bd. 3**
>
> Eine Stichprobe von $n = 54$ Prüflingen wird in $k = 9$ Lose mit jeweils $m = 6$ Prüflingen aufgeteilt. Jedes Los wird bis zum ersten Ausfall einem Dauerlauf unterzogen. Die zugehörigen Rangzahlen und Ausfallwahrscheinlichkeiten lauten dann wie folgt:
>
> | Lfd. Nr. | $n(t_i)$ | $r(t_i)$ | $F(t_i)$ |
> |---|---|---|---|
> | 1 | 1,00000 | 1,00000 | 0,01287 |
> | 2 | 1,10204 | 2,10204 | 0,03313 |
> | 3 | 1,23019 | 3,33223 | 0,05574 |
> | 4 | 1,39643 | 4,72865 | 0,08141 |
> | 5 | 1,62166 | 6,35031 | 0,11122 |
> | 6 | 1,94599 | 8,29630 | 0,14699 |
> | 7 | 2,45809 | 10,75439 | 0,19218 |
> | 8 | 3,40351 | 14,15789 | 0,25474 |
> | 9 | 5,83459 | 19,99248 | 0,36199 |

Erwähnenswert ist, dass bei der Berechnung der Ranggrößen und der Ausfallwahrscheinlichkeiten die eigentlichen Ausfallzeitpunkte nicht benötigt werden. Die konkreten Ausfallzeitpunkte gehen erst bei der Bestimmung der zugrunde liegenden Verteilungsfunktion und deren Parametern explizit ein. Anschaulich wird dies bei der Benutzung eines Wahrscheinlichkeitspapiers verdeutlicht, da zum Eintragen der Punkte neben $F(t_i)$ als Ordinatenwerte die zugehörigen Abszissenwerte t_i benötigt werden.

Multiple Zensierung

Neben der in Kapitel 25 erläuterten Typ-I- und Typ-II-Zensierung kommt es bei Lebensdauertests in der Praxis häufig vor, dass Prüfobjekte vor Ausfall herausgenommen werden müssen, da lediglich eine bestimmte Ausfallart, z.B. elektronische Ausfälle, von Interesse ist. Dabei können sich zufällige Zeitpunkte – anders als bei der Typ-I-Zensierung – für die Herausnahmen aus dem Versuch ergeben. In diesem Fall wird von einer multiplen Zensierung (engl. multiply censored data) gesprochen. Die Auswertung der Versuchsergebnisse kann wiederum nach dem zuvor erläuterten Verfahren nach Johnson erfolgen. Ein alternatives Verfahren ist die Vorgehensweise von Nelson (siehe Lit.). Nach Nelson wird die Ausfallrate durch die „inverse Rangzahl" r_i geschätzt

$$\hat{\lambda}_i = \frac{1}{r_i} \qquad (27.45)$$

mit $r_i = n - i + 1$, wobei der Rang i wiederum durch die geordnete Reihenfolge der Ausfallzeiten t_i gebildet wird.

Der Schätzwert für die kumulative Ausfallrate ergibt sich dann aus

$$\widehat{H}_i = \sum_{i=1}^{n} \hat{\lambda}_i \qquad (27.46)$$

und mit

$$\widehat{F}_i = 1 - e^{-\widehat{H}_i} \qquad (27.47)$$

kann die Ausfallwahrscheinlichkeit der Rangzahlen berechnet werden.

Beispiel 27.1.4-3 nach VDA, Bd. 3

Aufgrund eines Lebensdauertests von 35 Generatoren und der Klassifizierung der drei Ausfallarten „mechanischer Defekt", „Bürstenausfall", „Reglerdefekt" ergibt sich folgendes Ausfallverhalten:

Ausfall Nr.	Zyklenzahl	Mech. Defekt	Bürste	Regler
1	47	H	H	A
2	266	A	H	H
3	282	H	H	A
4	299	H	H	A
5	425	A	H	H
6	459	H	H	A
7	658	H	H	A
8	728	A	H	H
9	793	H	H	A
10	883	H	H	A
11	885	H	H	A
12	912	H	H	A
13	1064	H	H	A
14	1068	H	H	A
15	1234	A	H	H
16	1364	A	H	H
17	1418	A	H	H
18	1502	H	H	A
19	1505	H	H	A
20	1580	H	H	A
21	1626	A	H	H
22	1828	A	H	H
23	2370	H	A	H
24	2452	H	H	A
25	2504	A	H	H
26	2506	A	H	H
27	2807	H	A	H
28	3245	H	A	H
29	3296	A	H	H
30	3376	A	H	H
31	3449	A	H	H
32	3552	H	A	H
33	3619	H	A	H
34	3684	H	A	H
35	3831	H	A	H

A = Ausfall; H = Herausnahme

Die nachfolgende Tabelle zeigt die Auswertung bezüglich des mechanischen Defekts nach dem Nelson-Verfahren. Eine Auswertung der Ausfallart „Bürstenausfall" und „Reglerdefekt" erfolgt in Analogie.

1	2	3	4	5	6	7	8
Rang j	Zyklenzahl	Status	Inverser Rang r_j	$\hat{\lambda}_j = \dfrac{1}{r_j}$	$\widehat{H}_j = \sum_j \dfrac{1}{r_j}$	$\hat{R}_j = e^{-\hat{H}_j}$	$\hat{F}_j = 1 - \hat{R}_j$ [%]
1	47	H	35				
2	266	A	34	0,0294	0,0294	0,971	2,9
3	282	H	33				
4	299	H	32				
5	425	A	31	0,0323	0,0617	0,940	6,0
6	459	H	30				
7	658	H	29				
8	728	A	28	0,0357	0,0974	0,907	9,3
9	793	H	27				
10	883	H	26				
11	885	H	25				
12	912	H	24				
13	1064	H	23				
14	1068	H	22				
15	1234	A	21	0,0476	0,1450	0,865	13,5
16	1364	A	20	0,0500	0,1950	0,823	17,7
17	1418	A	19	0,526	0,2476	0,781	21,9
18	1502	H	18				
19	1505	H	17				
20	1580	H	16				
21	1626	A	15	0,0667	0,3143	0,730	27,0
22	1828	A	14	0,0714	0,3857	0,680	32,0
23	2370	H	13				
24	2452	H	12				
25	2504	A	11	0,0909	0,4766	0,621	37,9
26	2506	A	10	0,1000	0,5766	0,562	43,8
27	2807	H	9				
28	3245	H	8				
29	3296	A	7	0,1429	0,7195	0,487	51,3
30	3376	A	6	0,1667	0,8862	0,412	58,8
31	3449	A	5	0,2000	1,0862	0,337	66,3
32	3552	H	4				
33	3619	H	3				
34	3684	H	2				
35	3831	H	1				

27.1.5 Vorwissen und Test

Die Berücksichtigung von Vorwissen, wie z. B. im Kontext mit Vorgänger-/Parallelprodukten, im Rahmen eines Tests für ein aktuelles Produkt ist häufig schwierig. Diverse Ansätze, wie z. B. Ähnlichkeitsfaktoren im Success-Run-Test (Abschnitt 27.1.3) oder Proven-in-Use (siehe Schlummer, siehe Lit.) nach ISO 26262, bieten zwar Möglichkeiten, das Vorwissen zu nutzen, sind im industriellen Umfeld aber gegenwärtig noch wenig verbreitet. Eine einfache, aber generell vorsichtig anzuwendende Möglichkeit bietet die Einbindung von Ähnlichkeits- oder Designfaktoren in den Success-Run-Test. Hier kann z. B. das Wissen aus Tests der Vorgängermusterphasen (z. B. A-, B-, C-Muster) für die Nachweisbringung in der aktuellen Musterphase (z. B. D-Muster) unter gewissen Voraussetzungen mit genutzt werden.

Der Ähnlichkeits- oder Designfaktor wird dann in der Regel so gewählt, dass die Informationen aus den Vorgängertests mit genutzt werden können. So können z. B. sechs Einheiten aus einem B-Muster-Test in den C-Muster-Test mit einfließen, um den Aufwand entsprechend zu reduzieren.

Der Designfaktor kann z. B. als einfacher linearer Faktor in die Äquivalenzmengenberechnung des Success-Run-Tests einfließen. Typische Faktoren liegen im Bereich zwischen 0,20 und 0,85. Problematisch an diesem Ansatz ist, dass häufig keine physikalischen Gesetzmäßigkeiten herangezogen werden können, um den Designfaktor kausal zu bestimmen. Folglich handelt es sich hierbei um einen subjektiven Bewertungsfaktor.

Des Weiteren ist zu beachten, dass kleinste Änderungen bezüglich eines Schädigungsparameters sehr große Auswirkungen und neue Schadensbilder erzeugen können. Ungeachtet dessen kann bei der Betrachtung unterschiedlicher Schädigungsparameter im Kontext einer sorgfältigen Prüfung dennoch davon ausgegangen werden, dass gewisse Tests mit verwertet werden können.

Das Gleiche gilt bei der Anwendung von Proven-in-Use-Ansätzen. Grundlegend besteht bekanntlich der Ansatz darin, dass Komponenten, die schon im Feldeinsatz sind und jetzt in einem anderen System genutzt werden sollen, nicht mehr in Gänze erprobt werden müssen. Beispielhaft sei hier ein Motorsteuergerät eines Herstellers genannt, welches in einem zweiten Fahrzeugtyp im ähnlichen Einsatz unter ähnlichen Bedingungen verwendet werden soll. Da davon auszugehen ist, dass sich im neuen System die Randbedingungen geändert haben, muss auch hier geprüft werden, welche Schädigungsparameter davon betroffen sind. Häufig bedeutet dies in den Berechnungen allerdings, dass, auch wenn hunderttausende Einheiten im Feld sind, der Erprobungsaufwand nur geringfügig minimiert werden kann. Ein reiner Proven-in-Use-Ansatz ohne zusätzliche Erprobung erscheint daher nicht sinnvoll.

27.1.6 End-of-Life-Test

Der End-of-Life-Test (EOL-Test) verfolgt das Ziel, eine Lebensdauerprüfung bis zum Ausfall einer Einheit durchzuführen. Abhängig von den Prüflingen und deren Einsatz im Feld ist ein Ausfall nicht unbedingt mit einem Totalausfall gleichzusetzen. Hier können auch andere Attribute wie z. B. sicherheits-, zuverlässigkeits-, nutzerrelevante Parameter als Ausfallkriterien zugrunde gelegt werden.

Die statistische Auswertung zur Bestimmung des Verteilungstyps wie z. B. Weibull-Verteilung (Kapitel 26), Schätzung der Parameter (Kapitel 25), im Kontext des zeitlichen Verhaltens der Ausfallrate („Badewannenkurve") (Abschnitt 11.1), ermöglicht dann Aussagen zu den drei typischen Bereichen der Frühausfälle (abnehmende Ausfallrate), der nützlichen Lebensdauer (konstante Ausfallrate) sowie der Verschleißausfälle (ansteigende Ausfallrate).

Geht man davon aus, dass der Bereich der Frühausfälle bei einem EOL-Test zur allgemeinen Lebensdauerermittlung in der Regel vernachlässigbar ist, d. h., Prüflinge mit Frühausfallverhalten werden aussortiert, einer Ursachenermittlung unterzogen und nach deren Eliminierung erneut, mit entsprechenden frühausfallfreien Prüflingen, einem EOL-Test unterzogen. Das heißt, die Lebensdauergrenzen sind primär durch die Bereiche konstante Ausfallrate und ansteigende Ausfallrate gekennzeichnet (Bild 27.9).

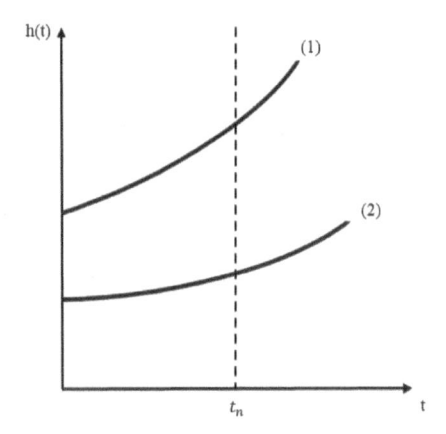

Bild 27.9 Gestutzte „Badewannenkurve" (t_n = nützliche Lebensdauer)

Entsprechend der vorangegangenen Darstellung ist der Verlauf der Ausfallrate in Kurve (1) durch einen mehr oder weniger starken Verschleiß der Prüflinge (z. B. Bürsten für E-Motoren, Bremsbeläge) und in Kurve (2) durch einen relativ konstanten Bereich mit anschließendem Verschleiß (z. B. elektronische Baugruppen) gekennzeichnet.

Aufgrund der Kostenproblematik im Kontext mit der zur Verfügung stehenden Testzeit ist es besonders bei langlebigen Prüflingen nicht immer möglich, aufgrund eines EOL-Tests den Nachweis der Robustheit durchzuführen, sodass beschleunigte und hochbeschleunigte Lebensdauertests (Abschnitt 27.2) bevorzugt werden. Solche Tests sind besonders bei größeren, komplexen Einheiten und Systemen mit einer geringen Anzahl von Prüflingen und kurzer zur Verfügung stehender Testzeit empfehlenswert.

Es bleibt allerdings festzuhalten, dass Lebensdauertests, gleich welcher Art, lediglich eine Zuverlässigkeitsprognose implizieren. Eine diesbezügliche reale Wissensbasis lässt sich bekanntlich ausschließlich über eine Felddatenanalyse gewinnen (Kapitel 28). Ungeachtet dessen implizieren Lebensdauertests über alle Phasen der Produktentwicklung die fundamentale Basis für den Nachweis der Robustheit eines technischen Systems.

27.2 Beschleunigte Lebensdauertests

Beschleunigte Lebensdauertests (Accelerated Life Tests) verfolgen das Ziel, die Zuverlässigkeit eines Bauteils, einer Baugruppe, eines Systems labormäßig aufgrund verschärfter Prüf- und Testbedingungen, wie Erhöhung der Temperatur, Feuchtigkeit, mechanischen Belastung etc., zu überprüfen, um damit die erwartete Lebensdauer im Felde abzusichern. Allerdings stimmen bekanntlich die im Labor auf dem Prüfstand infolge der zeitlichen Raffung erzielten Zuverlässigkeitsbewertungen nicht immer mit den real im Feld beobachteten überein. Dies liegt zum einen an den komplexen Einsatzbedingungen mit ihren vielfältigen Parametern und zum anderen an den im Labor nur begrenzt zur Verfügung stehenden Prüfkonfigurationen. Besonders bei Neuentwicklungen und den nur moderat übertragbaren Zuverlässigkeitserfahrungen von Vorgängermodellen zeigt sich hier ein Dilemma. Das heißt, Prüf- und Testbedingungen, sei es im Rahmen der Entwicklung oder der Produktion, müssen immer wieder im Kontext erster Felderfahrungen nachjustiert und die Raffungsfaktoren überprüft werden. Je nach Bauteil, Baugruppe, System haben sich seit vielen Jahren aber auch modellbasierte beschleunigte Lebensdauertests bewährt, besonders dann, wenn die zu ermittelnde Zuverlässigkeit im Kontext des Raffungsverfahrens lediglich von einigen wenigen dominanten Einflussgrößen abhängig ist. Nachfolgend werden einige dieser etablierten Modelle kurz vorgestellt.

27.2.1 Das Arrhenius-Modell[1]

Svante August Arrhenius erhielt für seine Theorie über elektrolytische Dissoziation 1903 den dritten Nobelpreis für Chemie. Das von ihm 1889 entwickelte Modell zur Beschreibung der Reaktionsgeschwindigkeitskonstante im Kontext der Temperatur bei chemischen Prozessen zählt demnach zu dem ältesten und immer noch aktuellen Modell unter anderem zur Zuverlässigkeitsbewertung. Das Arrhenius-Modell ist allgemein durch folgende Gleichung gegeben:

$$v = A \cdot e^{-\frac{E_a}{k \cdot T}} \quad (27.48)$$

mit

- v = Reaktionsgeschwindigkeit
- A = Materialkonstante
- E_a = Aktivierungsenergie (eV)
- k = Boltzmann-Konstante ($8{,}617 \cdot 10^{-5}$ eV/K)
- T = Temperatur der chemischen Reaktion

Dabei ist die Aktivierungsenergie ein Maß für den Ablauf der Reaktion. Das heißt, je geringer die Aktivierungsenergie, umso schneller die Reaktion.

Aufgrund umfangreicher Untersuchungen in den 50er-Jahren in den USA zeigte es sich, dass das Arrhenius-Modell auch sehr gut für die Bestimmung des Ausfallverhaltens elektronischer Komponenten geeignet ist. Es entstand das erste Ausfallratendatenbuch unter

---

[1] Svante August Arrhenius (1859 – 1927)

der Bezeichnung MIL-HDBK-217 (siehe Kapitel 11) des US-Verteidigungsministeriums, welches bis 1995 (Ausgabe F) ständig aktualisiert wurde. Die Basis bildet dabei das Ausfallratenmodell entsprechend der folgenden Gleichung:

$$\lambda = \lambda_0 \cdot e^{-\frac{E_a}{k}\left(\frac{1}{T} - \frac{1}{T_0}\right)} \tag{27.49}$$

mit

λ_0 = Ausfallrate bei Ausgangstemperatur T_0
λ = Ausfallrate bei beliebiger Temperatur T

Die empirisch zu bestimmende bauteilspezifische Aktivierungsenergie liegt bei elektronischen Bauteilen etwa in der Größenordnung zwischen 0,1 eV und 2 eV (Silizium 1,14 eV).

Allgemein gilt bekanntlich die Faustformel, dass eine Temperaturerhöhung von zehn Grad eine Verdoppelung der Ausfallrate bewirkt.

Zur Bewertung der zeitraffenden Prüfung siehe Escober/Meeker (siehe Lit.), McPherson (siehe Lit.), Groß (siehe Lit.), Schenkelberg (siehe Lit.). Es ist danach z.B. angebracht, einen Beschleunigungsfaktor AF (Acceleration Factor) als Quotient von Time To Failure (TTF$_{nor}$) in the field zu Time To Failure in the test (TTF$_{acc}$), d.h.

$$AF = \frac{TTF_{nor}}{TTF_{acc}} \tag{27.50}$$

Index nor = normal stress und acc = accelerated stress

zu definieren.

Mit dem Ergebnis:

AF > 1   Es liegt eine Zeitraffung vor.
AF < 1   Es liegt keine Zeitraffung vor.

Aus Formel 27.49 ergibt sich für den Beschleunigungsfaktor

$$AF = \frac{\lambda}{\lambda_0} = e^{-\frac{E_a}{k}\left(\frac{1}{T} - \frac{1}{T_0}\right)} \tag{27.51}$$

27.2.2 Das Eyring-Modell und dessen Modifikation

Das Eyring-Modell (siehe Lit.) erweitert das Arrhenius-Modell um einen weiteren Stressparameter, wobei der Temperatureinfluss weiterhin durch den exponentiellen Term des Arrhenius-Modells berücksichtigt wird.

Im Bereich elektronischer Baugruppen, Leiterplatten etc. sind das Ausfallverhalten und die Degradation aufgrund immer feinerer Strukturen durch Materialmigration und Elektromigration gekennzeichnet, welches sich mittels der Black-Gleichung (siehe Lit.) als Modifikation des Eyring-Modells, Glasstone et al. (siehe Lit.), beschreiben lässt (Lienig/Jerke, Köck, Schenkelberg, Middendorf, Hartung und andere, siehe Lit.).

Entsprechend der Black-Gleichung ist die MTTF (Mean Time To Failure, siehe Abschnitt 10.1.1) gegeben durch:

$$\text{MTTF} = \frac{A}{J^2} \cdot e^{\frac{E_a}{k \cdot T}} \tag{27.52}$$

mit

- A = Materialkonstante,
- J = Stromdichte,
- E_a = Aktivierungsenergie für den Schädigungseffekt der Elektromigration,
- k = Boltzmann-Konstante und
- T = Temperatur der chemischen Reaktion

Aus Formel 27.52 ergibt sich für den Beschleunigungsfaktor AF

$$\text{AF} = \left(\frac{J_{\text{test}}}{J_{\text{norm}}}\right)^2 \cdot e^{\frac{E_a}{k}\left(\frac{1}{T_{\text{nor}}} - \frac{1}{T_{\text{test}}}\right)} \tag{27.53}$$

Für einen Optokoppler (Typ 14081614xxx/14081714xxx) ergibt sich beispielhaft entsprechend Köck (siehe Lit.) mit den Parametern

Betriebsdauer	1000 h,
Temperatur	$T = 110\,°C$,
LED- Vorwärtsstrom	$I_{\text{test}} = 30$ mA

und der Bedingung, dass der Optokoppler mit steigendem Gleichstrom $I = 5$ mA und einer Umgebungstemperatur $T_{\text{norm}} = 80\,°C$ betrieben wird, ein

$$\text{AF} = 218$$

Das heißt, mit der Black-Gleichung folgt für den Beschleunigungs-Belastungstest von 1000 h eine normale Betriebsdauer von

$$218 \cdot 1000\,\text{h} \approx 25\,\text{Jahre}$$

27.2.3 Das Peck-Modell

Das Peck-Modell (siehe Lit.) verfolgt das Ziel, die Modellierung entsprechend Arrhenius um den Einflussfaktor Feuchtigkeit im Kontext des beschleunigten Lebensdauertests entsprechend zu erweitern. Das Modell ist gegeben durch den einfachen Formalismus:

$$\text{TTF} = A \cdot H_r^{-n} \cdot e^{\frac{E_a}{kT}} \tag{27.54}$$

mit

- TTF = Time to Failure
- A = Konstante (abhängig von Material, Prozess)
- H = relative Feuchtigkeit (relative Humidity)
- n = Materialkonstante (wird empirisch bestimmt)
- E_a = Aktivierungsenergie [eV]
- k = Boltzmann-Konstante ($8{,}617 \cdot 10^{-5}$ eV/K)
- T = Temperatur [K]

Für den Beschleunigungsfaktor folgt dann aus Formel 27.54 (Schenkelberg, siehe Lit.):

$$\text{AF} = \left(\frac{H_{r_{\text{norm}}}}{H_{r_{\text{acc}}}}\right)^n \cdot e^{\frac{E_a}{k}\left(\frac{1}{T_{\text{nor}}} - \frac{1}{T_{\text{acc}}}\right)} \qquad (27.55)$$

Der Einfluss der Feuchtigkeit lässt sich allerdings auch mit dem Eyring-Modell (siehe Lit.) und weiteren Modellen (Viswanadham/Singh, Misra und andere, siehe Lit.) beschreiben. Des Weiteren können die vorangegangenen Gleichungen durch die zugrunde gelegte elektrische Spannung als dritten Einflussfaktor erweitert werden (Schultz/Gottesfeld, Groß, siehe Lit.).

27.2.4 Dauerschwingversuch nach Wöhler[2]

Der Wöhler-Versuch zählt wie das Arrhenius-Modell zu den ältesten Prüfverfahren, hier als Mittel für den Nachweis der Betriebsfestigkeit (Lebensdauer) von Werkstoffen oder Bauelementen aufgrund mechanischer Beanspruchungen. Als Anlass gilt das Eisenbahnunglück von Timelkamp (1875) auf der Strecke Salzburg/Linz mit der Entgleisung der Lokomotive infolge eines Radbruchs. Im Gegensatz zu den in damaliger Zeit durchgeführten statischen Prüfungen der Werkstoffeigenschaft propagierte Wöhler eine dynamische Prüfung, d. h. einen Dauerschwingversuch zur Bestimmung der Zeit- und Dauerfestigkeit mit dem Ziel, Erkenntnisse über die Lebensdauer im Betrieb zu gewinnen.

Der heute durchgeführte und genormte Dauerschwingversuch zur Ermittlung der Zeit- und Dauerfestigkeit von Werkstoffen und Bauteilen (DIN 50100, ASTM E 466-15, ISO 2099, siehe Lit.) verfolgt das Ziel, eine sogenannte Wöhler-Linie experimentell zu bestimmen und aus dem Diagramm die Lebensdauer im Betrieb abzuschätzen. Dazu werden die gleichen Prüflinge aufgrund mehrerer Einzelversuche mit unterschiedlichen Lastniveaus (standardisierten Wechsellasten) periodisch und mit einer in der Regel sinusförmigen Beanspruchung-Zeitfunktion mit konstanter Amplitude (Hannach, siehe Lit.) so lange belastet, bis ein Versagen (Probenbruch, Anriss und anderes) des Werkstücks oder Bauteils auftritt oder dieses nach einer zuvor festgelegten Grenzlastspielzahl erfolgreich standgehalten hat (Dauerläufer). Dabei ist die Schwingspielzahl (Bruchschwingspielzahl) oder die erfolgreiche Grenzlastspielzahl ein Maß für die Lebensdauer der Prüflinge.

Aufgrund der unterschiedlichen Werkstoffeigenschaften der ansonsten gleichen Prüflinge streuen die erzielten Werte mehr oder weniger stark und lassen sich nur statistisch (Lognormal-, Weibull-, Gumbel-Verteilung, siehe Kapitel 10) beschreiben (u. a. Vajen, siehe Lit.).

Die durch die jeweiligen Versuche erzielten Spannungsamplituden $\sigma_a \left[\dfrac{\text{N}}{\text{mm}^2}\right]$ im Kontext der zugehörigen Bruchschwingspielzahl N werden dann in einem doppellogarithmischen Wöhler-Diagramm mit der Spannungsamplitude $\sigma_a(\log)$ als Ordinate und der Schwingspielzahl $N(\log)$ als Abszisse eingetragen. Bild 27.10 zeigt einen typischen Kurvenverlauf.

---

[2] August Wöhler (1819–1914)

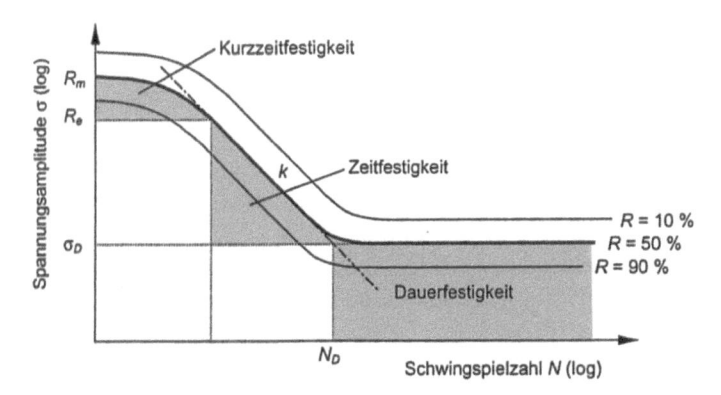

Bild 27.10 Wöhler-Diagramm (VDA): R = Überlebenswahrscheinlichkeit

Palmgren-Miner-Modell[3]

Aufgrund der Untersuchungen von Palmgren 1924 (siehe Lit.) und Miner 1945 (siehe Lit.) propagierten diese, dass ein Schaden bei einem Werkstoff oder Bauteil sich aus der Summe der Teilschäden linear akkumuliert. Das Palmgren-Miner-Modell (Miner-Regel) wird folglich auch als **lineare Schadensakkumulationshypothese** bezeichnet und durch die Schädigungssumme der Teilschädigungen mit D (Gesamtschädigung) als Quotient von aufgebrachten (ertragbaren) Schwingspielen (Lastspielzahl) n_i zur Anzahl der ertragbaren Zyklen N_i, jeweils bezogen auf ein bestimmtes Belastungs-Niveau für jedes Teilkollektiv mit seiner Schädigung, bestimmt. Das heißt, unter Berücksichtigung aller Lastspielamplituden j folgt

$$D = \sum_{i=1}^{j} \frac{n_i}{N_i} \tag{27.56}$$

mit $D \geq 1$ für einen Ausfall (Bruch).

Für die Bestimmung der Betriebsdauer als gesuchte Schwingspielzahl folgt dann (Theil, siehe Lit.):

$$N_{\text{PM}} = \frac{\sum_{i=1}^{j} n_i}{\sum_{i=1}^{j-1} \frac{n_i}{N_i} \cdot \left(\frac{\sigma_{\text{ai}}}{\sigma_{\text{D}}}\right)^k} \tag{27.57}$$

mit

N_{PM} = gesuchte Schwingspielzahl
n_i = aufgebrauchte Schwingspielzahl auf einem bestimmten Spannungshorizont
N_{G} = Eckschwingzahl
σ_{ai} = Spannungsamplitude
σ_{D} = der Eckspielzahl entsprechende Spannungsamplitude, Dauerschwingfestigkeit
k = Steigung der Wöhlergeraden

---

[3] Arvid Palmgren (1890 – 1971)

Das Palmgren-Miner-Modell ist für den Kurz- und Zeitbereich der Wöhler-Linie nachgewiesen und wird folglich aufgrund der Praktikabilität häufig angewendet. Für Zwei- und Mehrstufenversuche kommen hingegen nichtlineare Ansätze zur Anwendung (Theil, siehe Lit.).

Kurzzeitfestigkeit (Low Cycle Fatigue, LCF)

Im Bereich der Kurzzeitfestigkeit werden die Werkstoffe und Bauteile infolge einer hohen Lastamplitude derart beansprucht, dass eine Schädigung als plastische Verformung frühzeitig eintritt (unterhalb 10^4 bis 10^5 Schwingspielen). Der Bereich LCF wird deshalb auch Dehnungs-Wöhlerlinie genannt. Die Werkstoffe und Bauteile werden folglich durch dehnungsgesteuerte Versuche, bei denen die Prüflinge plastische Verformungen als Ausfallkriterium erleiden, beansprucht (Hannach, Middendorf und andere, siehe Lit.).

Eine mathematische Beschreibung des LCF-Bereiches kann dabei mithilfe der folgenden **Coffin-Manson-Gleichung** erfolgen (siehe Lit.) (siehe auch unter anderem Middendorf, siehe Lit.):

$$N = \frac{1}{2}\left(\frac{\Delta\varepsilon_p}{2\varepsilon_f}\right)^{-\beta} \tag{27.58}$$

mit

N = Anzahl der Schwingspiele
$\Delta\varepsilon_p$ = plastische Dehnung
ε_f = Eckschwingzahl
β = duktiler Ermüdungsexponent (zwischen 1,4 und 2 bei Metallen)

Zeitfestigkeitsgerade (High Cycle Fatigue, HCF)

Der Zeitfestigkeitsbereich ist durch eine Gerade mit der Neigung k, in Abhängigkeit vom Werkstoff, der Kerbschärfe etc., im doppellogarithmischen Wöhler-Diagramm (Bild 27.10) gekennzeichnet. In Abhängigkeit von der Größe der Spannungsamplitude können die Werkstoffe und Bauteile eine gewisse Lastamplitude überstehen (ca. 10^4 bis 10^6 Schwingspiele). Der Versuch wird durch Bruch oder Rissbildung als mögliches Ausfallkriterium beendet.

Die mathematische Formulierung der Zeitfestigkeitsgeraden kann durch folgende Gleichung von Basquin (siehe Lit.) erfolgen:

$$N_b = N_G \left(\frac{\sigma_D}{\sigma_a}\right)^k \quad \text{für alle } \sigma \geq \sigma_D \tag{27.59}$$

$$N_b = 0 \quad \text{für alle } \sigma < \sigma_D$$

mit

N_b = Bruchschwingzahl,
N_G = Eckschwingzahl, Grenzlastspielzahl,
σ_D = der Eckspielzahl entsprechende Spannungsamplitude, Dauerschwingfestigkeit,
σ_a = Spannungsamplitude und
k = Steigung der Zeitfestigkeitsgerade ($k = \tan\alpha$ = Neigungswinkel).

Die vorangegangene Gleichung wird auch als Originalform der Miner-Regeln bezeichnet, sie geht davon aus, dass eine Beanspruchung unterhalb der Dauerfestigkeit keinen Einfluss auf die Lebensdauer bewirkt.

Dauerfestigkeit (Very High Cycle Fatigue, VHCF)

Der Dauerfestigkeitsbereich charakterisiert im Wöhler-Diagramm den Bereich unterhalb des Dauerschwingbereiches $\sigma < \sigma_D$ und oberhalb der Grenzlastspielzahl N_G und $N > N_G$ (ca. 10^6 bis 10^8 Schwingspiele). Der Bereich der Dauerfestigkeit lässt sich prinzipiell durch drei weitere Modellvorstellungen bezüglich des Ausfallverhaltens charakterisieren (Bild 27.11).

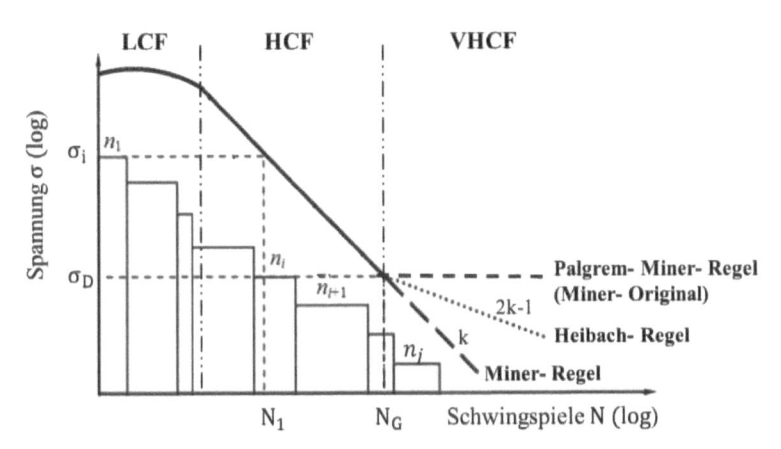

Bild 27.11 Wöhlerlinie nach Wolters et al. (siehe Lit.) modifiziert

Modell 1: Elementare Miner-Regel

Die Zeitfestigkeitsgerade mit der Neigung k wird weiter fortgeführt. Das heißt, es existiert keine Dauerfestigkeit. Diese sogenannte Elementare Miner-Regel (siehe Lit.), Theil (siehe Lit.) und andere, berücksichtigt alle Schwingspiele, die zu einer Schädigung führen, also auch unterhalb der Eckschwingspielzahl (Bild 27.11). Bei dieser Modellvorstellung wird die Lebensdauer unterschätzt. Eine Anwendung erfolgt deshalb prinzipiell in sicherheitskritischen Bereichen.

Modell 2: Palmgrem-Miner-Regel (Miner-Original)

Bei dieser Modellvorstellung ist der Bereich der Dauerfestigkeit durch eine Gerade gekennzeichnet (Bild 27.11). Allgemein wird die Lebensdauer in diesem Bereich als überschätzt angesehen und sollte ohne Anpassung nicht angewendet werden.

Modell 3: Heibach-Regel

Heibach (siehe Lit.) schlägt aufgrund der Unterschätzung der Lebensdauer (Modell 1) und Überschätzung (Modell 2) eine Halbierung der beiden Modellvorstellungen vor, d. h. einen $2k - 1$- Verlauf ab N_G entsprechend folgender Gleichung:

$$N_H = \frac{\sum_{i=1}^{j} n_i}{\sum_{i=1}^{j-1} \frac{n_i}{N_i} \cdot \left(\frac{\sigma_{ai}}{\sigma_D}\right)^k + \sum_{i=1}^{j} \left(\frac{\sigma_{ai}}{\sigma_D}\right)^{2k-1}} \qquad (27.60)$$

Diese Modellvorstellung hat sich bei vielen Anwendungsfällen als opportun herausgestellt. Erwähnt sei in diesem Zusammenhang auch das Modell von Zenner und Liu (siehe Lit.), welches praktisch jedoch kaum angewendet wird.

27.2.5 Hochbeschleunigte Testmethoden

HALT (Highly Accelerated Life Test) und HASS (Highly Accelerated Stress Screen) als wichtigste hochbeschleunigte Zuverlässigkeitstests verfolgen das Ziel, während des Entwicklungsprozesses Produktmängel in kurzer Zeit, kostengünstig und mit wenigen Prototypen zu identifizieren (HALT) und im Kontext der Serienproduktion mittels Screening-Verfahren Produktschwächen (Gut-Schlecht-Prüfung) vor der Auslieferung der gefertigten Produkte zu erkennen (HASS).

Der HALT-Test wurde in den 1980er-Jahren, siehe Hillmann (siehe Lit.), in den USA propagiert und eingeführt und wird gegenwärtig in vielen industriellen Bereichen wie Luftfahrtindustrie, Automobilindustrie, Telekommunikation und Medizintechnik unter anderem zur Absicherung der Zuverlässigkeit und Robustheit, vorwiegend bei elektronischen und mechatronischen Baugruppen und Systemen, erfolgreich angewendet.

HALT-Methode

HALT wird in speziellen HALT-Kammern durchgeführt, in denen die Prüflinge durch eine stufenweise Erhöhung der Temperatur (Kälte, Wärme), Temperaturwechsel, Vibration, Beschleunigung und deren Kombinationen sowie entsprechend den Anforderungen durch Feuchtigkeit und Staub etc. über die jeweiligen Funktionsgrenzen hinaus steigenden Belastungen ausgesetzt werden, bis entsprechende Ausfälle und Zerstörungen stattfinden.

Im Gegensatz zum Umwelt- und Belastungstest ist HALT kein Pass/Fail-Test (Tabelle 27.1).

Tabelle 27.1 Vergleich zwischen konventioneller Prüfung und HALT (Thierbach, siehe Lit.)

Konventionelle Prüfung	HALT
überprüft, ob das Produkt die Spezifikationen erfüllt	Belastung des Produkts über die Spezifikationen hinaus, bis Schwachstellen auftreten
	Bestimmung von Funktions- und Zerstörungsgrenzen
Test abgestimmt auf ein spezielles Produkt	allgemeiner Test
Test ist erfolgreich, wenn Produkt keinen Ausfall aufweist.	Test ist erfolgreich, wenn Fehler entdeckt (und behoben) sind.
Pass/Fail-Test	**Kein Pass/Fail-Test**

Unterschiedlicher Zweck, unterschiedliche Methode, unterschiedliche Prüfanlage. HALT ersetzt nicht „klassische" Umwelt- und Zulassungstests – Ergebnisse sind schwer vergleichbar.

Die während des Tests ermittelten Betriebsbelastungs- und Zerstörungsgrenzen (Bild 27.12) werden anschließend im Kontext einer sorgfältigen Ursachen- und Fehleranalyse der Ausfälle und in Bezug auf eine Feldrelevanz in enger Zusammenarbeit mit dem Produktentwickler untersucht und dokumentiert.

27.2 Beschleunigte Lebensdauertests

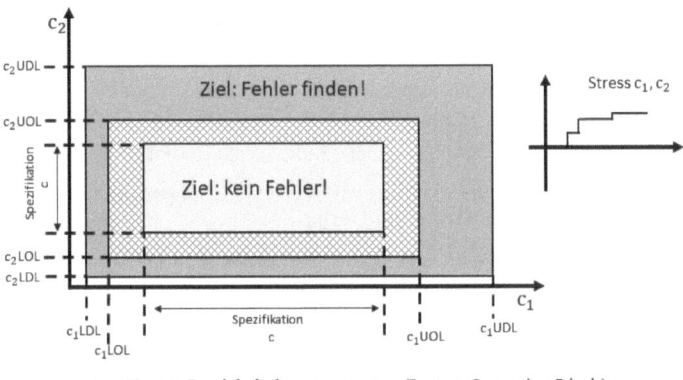

[Diagramm mit Achsen c_2 und c_1, Darstellung von Spezifikation, Betriebs- und Zerstörungsgrenzen, Ziel: Fehler finden / kein Fehler, Stress c_1, c_2]

LOL = Untere Betriebsbelastungsgrenze (Lower Operating Limit),
UOL = Obere Betriebsbelastungsgrenze (Upper Operating Limit),
LDL = Untere Zerstörungsgrenze (Lower Destruct Limit),
UDL = Obere Zerstörungsgrenze (Upper Destruct Limit),
FLT = Fundamentale technologische Grenzen (Fundamental Limit of Technology).

Bild 27.12 HALT-Test (aus Meyna/Pauli, siehe Lit.)

Aufgrund der in der Regel geringen Anzahl der Prüflinge (2 bis 15) und kurzer Durchlaufzeit (2 bis 5 Tage) (Thierbach, siehe Lit.) ist es nicht immer möglich, alle zuverlässigkeits- und sicherheitsrelevanten Fehler, Fehlerbilder, Schwachstellen, Grenzen, Ursachen etc. vollständig zu erfassen und zu verifizieren.

Ungeachtet dessen stellt HALT innerhalb der Produktentwicklung einen wichtigen Baustein zur Produktverbesserung, Steigerung der Zuverlässigkeit, Robustheit etc. dar. Erforderliche Änderungen im Design können somit kurzfristig und kostengünstig erfolgen.

Des Weiteren liefern die Ergebnisse von HALT die relevanten Parameter und Grenzwerte (Bild 27.13) für den HASS-Test zur Ermittlung fehlerhafter Produkte während der Serienproduktion.

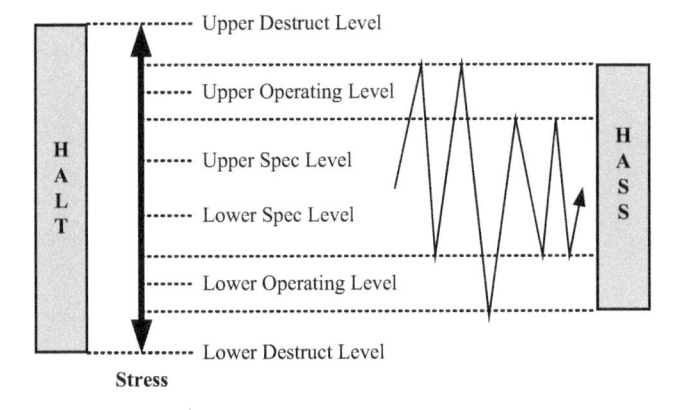

[Diagramm HALT/HASS mit Stufen: Upper Destruct Level, Upper Operating Level, Upper Spec Level, Lower Spec Level, Lower Operating Level, Lower Destruct Level; Achse: Stress]

Bild 27.13 Vorgehen HALT- und HASS-Test (aus Meyna/Pauli, siehe Lit.)

HASS-Methode

Die Zielsetzung des HASS-Tests besteht primär in der Verbesserung der Qualität der Produkte während der Serienproduktion durch Erkennen und Aussortieren fehlerhafter Produkte vor der Auslieferung an den Kunden mittels Stress-Screening. Dabei werden die Produkte über die Spezifikationsgrenzen hinaus einer Belastungs-Reihenuntersuchung unterzogen (DIN 62506) mit dem Ziel, latente Produktmängel zu erkennen, Produkte auszusortieren und nachzubehandeln oder ganz auszumustern.

HASS ist im Gegensatz zu HALT ein Pass/Fail-Test. Das heißt, durch den Test muss zwingend eine Vorschädigung der Prüflinge mit Folgen für die Lebensdauer im Feld für die als gut getesteten Produkte vermieden werden. Das Belastungsniveau muss dementsprechend sorgfältig anhand der HALT- Ergebnisse festgelegt werden, sodass die guten Produkte, im Gegensatz zu den schlechten, den Test zerstörungsfrei überleben und nicht vorgeschädigt werden.

Ist aufgrund einer hohen Produktstückzahl eine 100-%-Prüfung nicht möglich, so kann die Prüfung anhand einer Stichprobe (Highly Accelerated Stress Audit, HASA) erfolgen.

Wie schon bei HALT ist auch bei HASS eine gute Testplanung, Ursachenanalyse der Ergebnisse, Dokumentation etc. und schlussendlich eine Validierung und Verifizierung unerlässlich, um so eine bessere Koinzidenz zu Feldausfällen zu erzielen. Nicht zuletzt ist es deshalb empfehlenswert, Algorithmen des Machine Learning zu implizieren.

28 Felddatenanalyse

■ 28.1 Allgemeine Einführung

Produktbeobachtung und Produktbeobachtungspflicht zählen zu den wichtigsten Pflichten gleichermaßen für Hersteller wie Zulieferer über die gesamte Lebensdauer eines Produkts. Sieht der Gesetzgeber primär die Haftung für Schäden an Personen oder Sachen (§ 823 Abs. 1, Produkthaftungsgesetz, BGB), so bilden Felddaten und deren Analyse die zentrale Wissensbasis über die Produkteigenschaften im Kontext von deren Nutzung während der gesamten Lebensdauer.

Diese Wissensbasis ist gleichermaßen für den Hersteller und Zulieferer der Dreh- und Angelpunkt für die Positionierung eines Produkts im globalen Marktgeschehen. Aus diesen Gründen zählt vonseiten des Herstellers wie Zulieferers eine detaillierte Felddatenerfassung und Analyse zu den wichtigsten Erkenntnissen aller mit dem Produkt zusammenhängenden Prozesse. Standen früher Produktbeanstandungen im Fokus, so ist heute der Terminus Felddaten umfassender und bezieht sich auf alle Daten, die im Zusammenhang mit dem Produkt im Felde erfasst werden bzw. erfassbar sind. Bild 28.1 zeigt eine mögliche Rubrizierung.

Aus Bild 28.1 geht hervor, dass neben der klassischen Produktbeanstandung weitere wichtige Daten im Rahmen der Produktnutzung und insbesondere der Produktbewertung durch den Kunden in eine Datenbank eines Unternehmens bzw. Zulieferers eingepflegt werden sollten. Dabei ist das Datenmanagement (siehe Kapitel 6) von zentraler Bedeutung. Nur geprüfte und valide Daten bilden bekanntlich die Qualität einer nachfolgenden Felddatenauswertung. Dabei erfolgt das Datenmanagement und die Felddatenauswertung Tool-unterstützt.

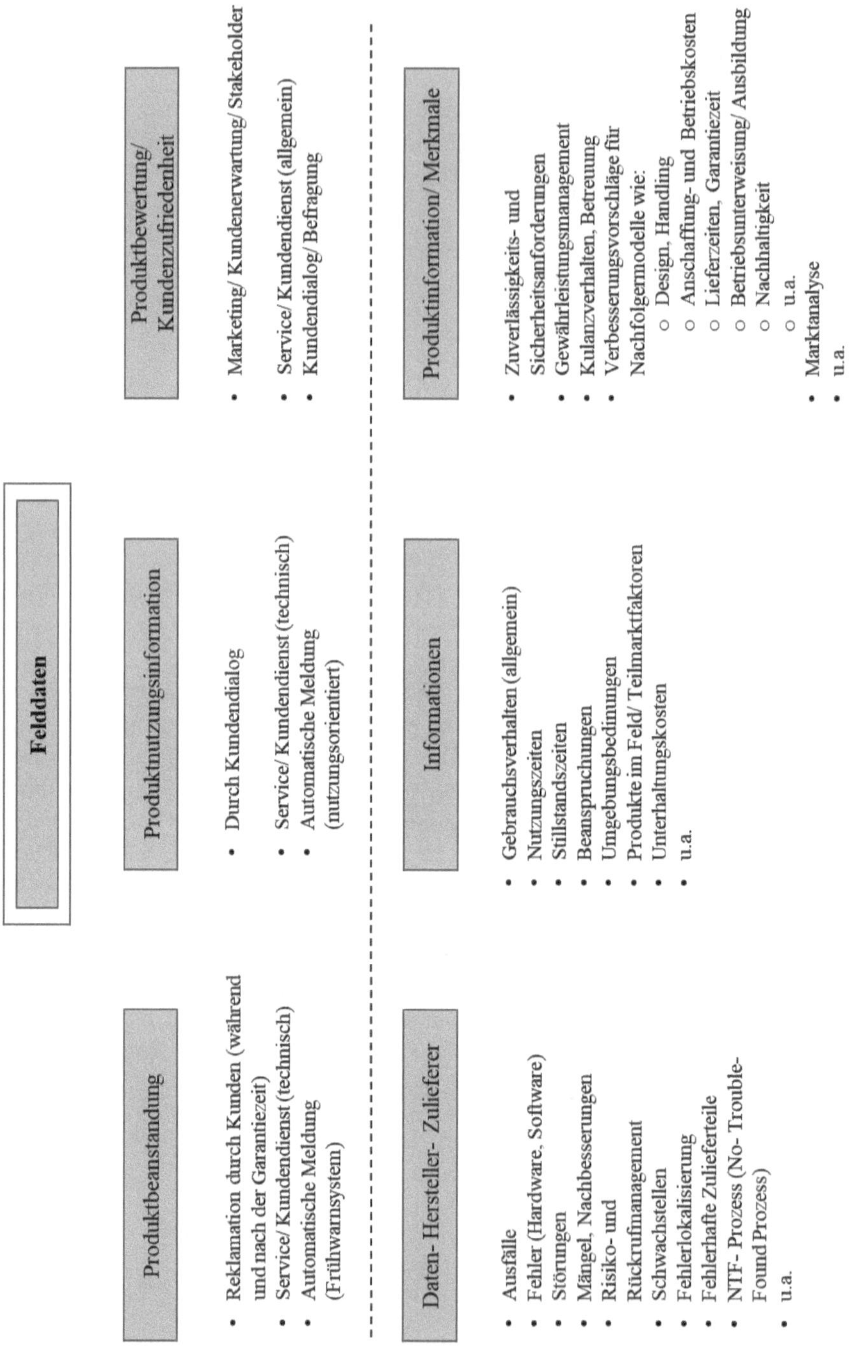

28 Felddatenanalyse

Felddaten

Produktbeanstandung
- Reklamation durch Kunden (während und nach der Garantiezeit)
- Service/ Kundendienst (technisch)
- Automatische Meldung (Frühwarnsystem)

Produktnutzungsinformation
- Durch Kundendialog
- Service/ Kundendienst (technisch)
- Automatische Meldung (nutzungsorientiert)

Produktbewertung/ Kundenzufriedenheit
- Marketing/ Kundenerwartung/ Stakeholder
- Service/ Kundendienst (allgemein)
- Kundendialog/ Befragung

Daten- Hersteller- Zulieferer
- Ausfälle
- Fehler (Hardware, Software)
- Störungen
- Mängel, Nachbesserungen
- Risiko- und Rückrufmanagement
- Schwachstellen
- Fehlerlokalisierung
- Fehlerhafte Zulieferteile
- NTF- Prozess (No- Trouble- Found Prozess)
- u.a.

Informationen
- Gebrauchsverhalten (allgemein)
- Nutzungszeiten
- Stillstandszeiten
- Beanspruchungen
- Umgebungsbedingungen
- Produkte im Feld/ Teilmarktfaktoren
- Unterhaltungskosten
- u.a.

Produktinformation/ Merkmale
- Zuverlässigkeits- und Sicherheitsanforderungen
- Gewährleistungsmanagement
- Kulanzverhalten, Betreuung
- Verbesserungsvorschläge für Nachfolgermodelle wie:
  - Design, Handling
  - Anschaffung- und Betriebskosten
  - Lieferzeiten, Garantiezeit
  - Betriebsunterweisung/ Ausbildung
  - Nachhaltigkeit
  - u.a.
- Marktanalyse
- u.a.

Bild 28.1 Felddatenquellen

28.1 Allgemeine Einführung

Die Felddatenauswertung erfolgt einerseits über stochastische Modellierungen, wie sie grundsätzlich in diesem Werk dargestellt sind, und andererseits durch deterministische Ansätze im Kontext wissensbasierter Bewertungen. Bild 28.2 zeigt eine mögliche Rubrizierung.

Deterministische, stochastische, wissensbasierte Felddatenanalyse und Bewertung

Qualitätsmanagement (allg.)
- Kundenzufriedenheit und Erwartung
  - Produkte, Prozesse, Dienstleistungen, Nachhaltigkeit, Entsorgung, kreativoptimieren, in Kontext firmenspezifischer und normativ Standards (z.B. EFQM, ISO 9001)
  - u.a.

Qualitätsmanagement (reaktiv)
- Schadteilanalyse
  - Entwicklungsfehler
  - Produktionsfehler
  - Zulieferfehler
  - Gewährleistungsmanagement
  - Frühwarnsystem
  - Kostenmanagement
  - u.a.
- Zuverlässigkeits- und Sicherheitsanalyse
  - Zuverlässigkeitskenngrößen
  - Sicherheitskenngrößen
  - Risikoanalyse
  - Rückrufmanagement
  - u.a.

Qualitätsmanagement (präventiv)
- Prognose
  - Zuverlässigkeitsprognose
  - Serienersatzbedarf
  - Wartungsintervalle
  - Komponentenaustausch (opt.)
  - Garantieverlängerung
  - Gewährleistungsmanagement
  - u.a.

Integration in den Produktentwicklungsprozess, Qualitätsmanagement- Modelle, Produkte, Dienstleistungen, Prozesse

Unternehmensziele Leitbild

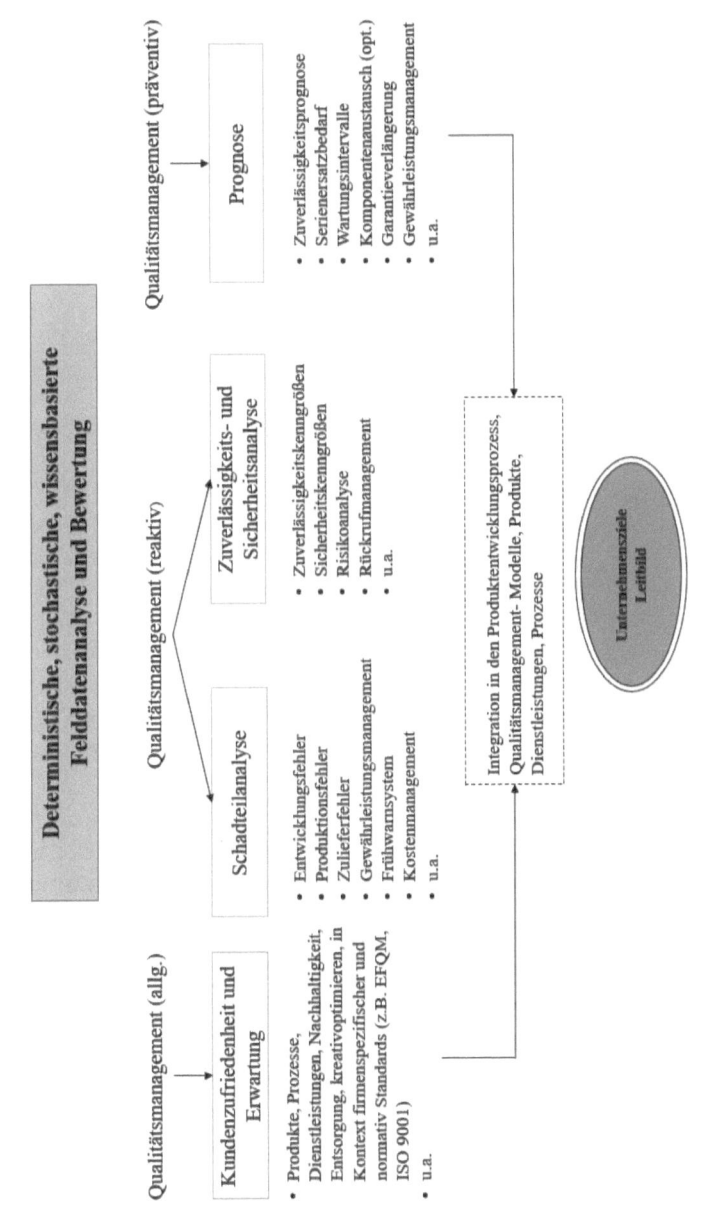

Bild 28.2 Felddatenanalyse und Bewertung

Wie aus Bild 28.2 hervorgeht, steht im Fokus das allgemeine Qualitätsmanagement mit der Kundenzufriedenheit. Das reaktive Qualitätsmanagement ist durch die Schadensanalyse sowie Zuverlässigkeits- und Sicherheitsanalyse gekennzeichnet, hat großen Einfluss auf die Kundenzufriedenheit und ist eng verknüpft mit dem entsprechenden Kostenmanagement. Eine frühzeitige Erkennung der Beanstandungen und deren zeitlicher Verläufe über die Produktionsmonate z. B. mittels Schichtliniendiagrammen, wie in der Automobilindustrie üblich, kann hier hilfreich sein (siehe Abschnitt 28.2). Nicht zuletzt bildet ein präventives Qualitätsmanagement z. B. unter Nutzung von Prognosemodellen eine wichtige Stütze zur Minimierung der reaktiven Qualitätsmaßnahmen (Abschnitt 28.3).

Die vorangehend dargelegten Facetten der Felddatenerfassung und Analyse können nur einen Einblick in diese komplexe Thematik wiedergeben und erheben keinen Anspruch auf Vollständigkeit. Dies bezieht sich auch auf die nachfolgenden Abschnitte, die lediglich Teilbereiche behandeln. Für weitere Ausführungen zur Felddatenanalyse und zum Gewährleistungsmanagement siehe unter anderem Edler 2001, Delonga 2007, Ungerman 2009, Schreiner 2012, Günes et al. 2018 und Bosch-Gruppe 2021.

■ 28.2 Schichtliniendiagramme und Beanstandungsverläufe

Schichtliniendiagramme sind eine speziell in der Automobilindustrie weit verbreitete Methode, um Schwankungen innerhalb der Produktion zu visualisieren und gegebenenfalls schnell auf Veränderungen und Trends reagieren zu können. Sie sind daher häufig Bestandteil einer Produktbeobachtungsstrategie und werden auch vermehrt bei Gewährleistungsthemen und Rückrufen herangezogen. Ein typisches Schichtliniendiagramm ist in Bild 28.3 dargestellt.

Aus Bild 28.3 ist direkt ersichtlich, dass es Monate auf der x-Achse gibt, die sich bezüglich des Ausfallanteils von den anderen deutlich unterscheiden. Dabei ist der Schichtlinienabstand gleichbleibend und beträgt im vorliegenden Fall 3 MIS (MIS: Month in Service). Der deutsche Name Schichtliniendiagramm ist allerdings nicht gut gewählt. Der englische Name Isochronous Diagrams (dt. Isochronen-Diagramme) gibt deutlich besser wieder, welche Theorie hinter dieser Methode steckt: Linien zu Ausfallanteilen mit gleicher Zeit im Feldeinsatz. In Bild 28.3 ist z. B. die schwarze Linie die 12-MIS-Linie, also der kumulierte Ausfallanteil (Ausfallwahrscheinlichkeit) für den jeweiligen Produktionsmonat, bei dem die ausgefallenen Einheiten maximal 12 Monate im Feldeinsatz waren.

Die Isochronen werden hierbei üblicherweise über die Produktionsmonate aufgetragen. Rein theoretisch, bei konstant gleichem Ausfallverhalten über die Produktionsmonate ohne Störgrößen und nach genügend langer Zeit, wären alle Isochronen Geraden (Bild 28.4).

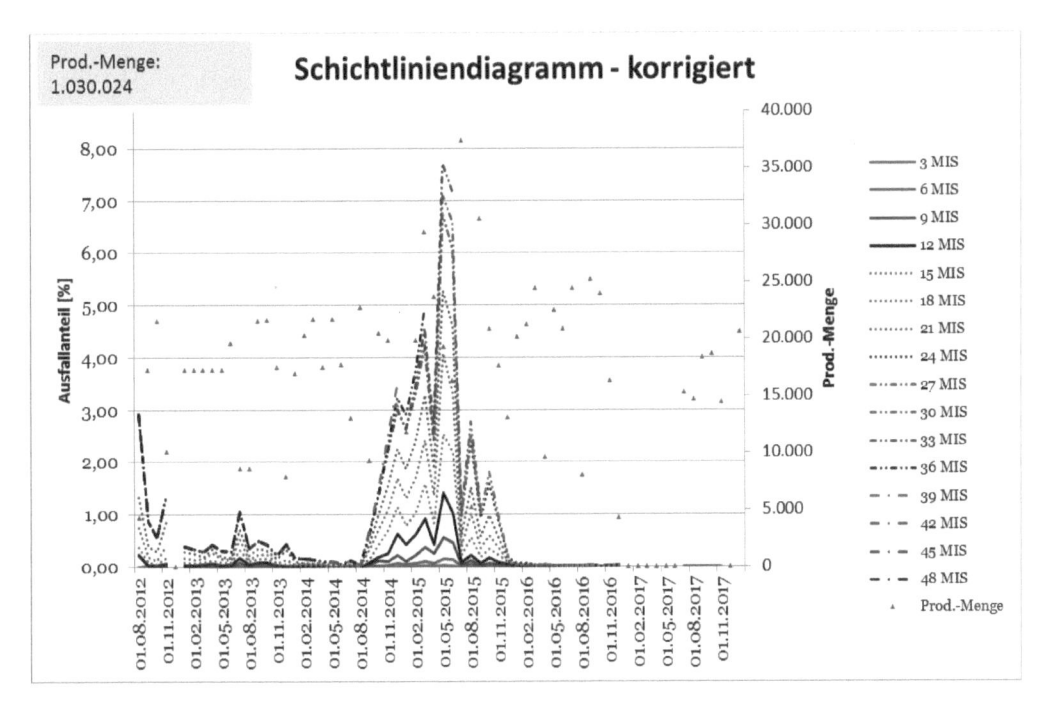

Bild 28.3 Typisches Schichtliniendiagramm

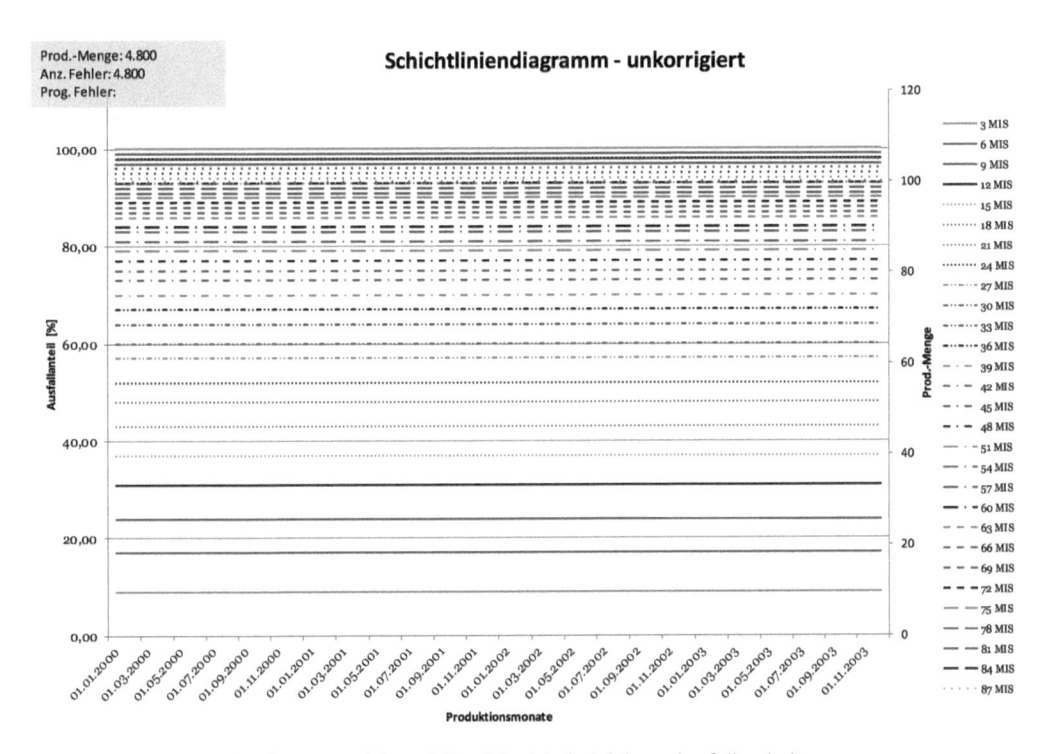

Bild 28.4 Schichtliniendiagramm (ohne Störgrößen) bei gleichem Ausfallverhalten

Berücksichtigung von Einflussfaktoren

Allerdings gibt es schon zu Beginn den zeitlichen Versatz durch unterschiedliche Produktionsmonate und damit zum Betrachtungszeitpunkt unterschiedliches Wissen zu generieren. Bild 28.5 zeigt eine übliche Matrix für Schichtliniendiagramme.

	1 MIS	2 MIS	3 MIS	4 MIS	5 MIS	6 MIS	7 MIS	8 MIS	9 MIS	10 MIS	11 MIS	12 MIS
01.01.2000	1 %	2 %	3 %	4 %	5 %	6 %	7 %	8 %	9 %	10 %	11 %	12 %
01.02.2000	1 %	2 %	3 %	4 %	5 %	6 %	7 %	8 %	9 %	10 %	11 %	
01.03.2000	1 %	2 %	3 %	4 %	5 %	6 %	7 %	8 %	9 %	10 %		
01.04.2000	1 %	2 %	3 %	4 %	5 %	6 %	7 %	8 %	9 %			
01.05.2020	1 %	2 %	3 %	4 %	5 %	6 %	7 %	8 %				

Bild 28.5 Matrix für Schichtliniendiagramme

Die freibleibenden Felder sind in der Regel die MIS-Zeiten, die noch nicht beobachtbar waren und folglich „die Zukunft" darstellen. Für viele Analysen, wie z. B. die Bestimmung möglicher zukünftiger Reklamationsmengen, ist die Prognose dieser Felder ein wichtiges Analyseziel (siehe hierzu den Verlauf der Isochronen im Bild 28.6).

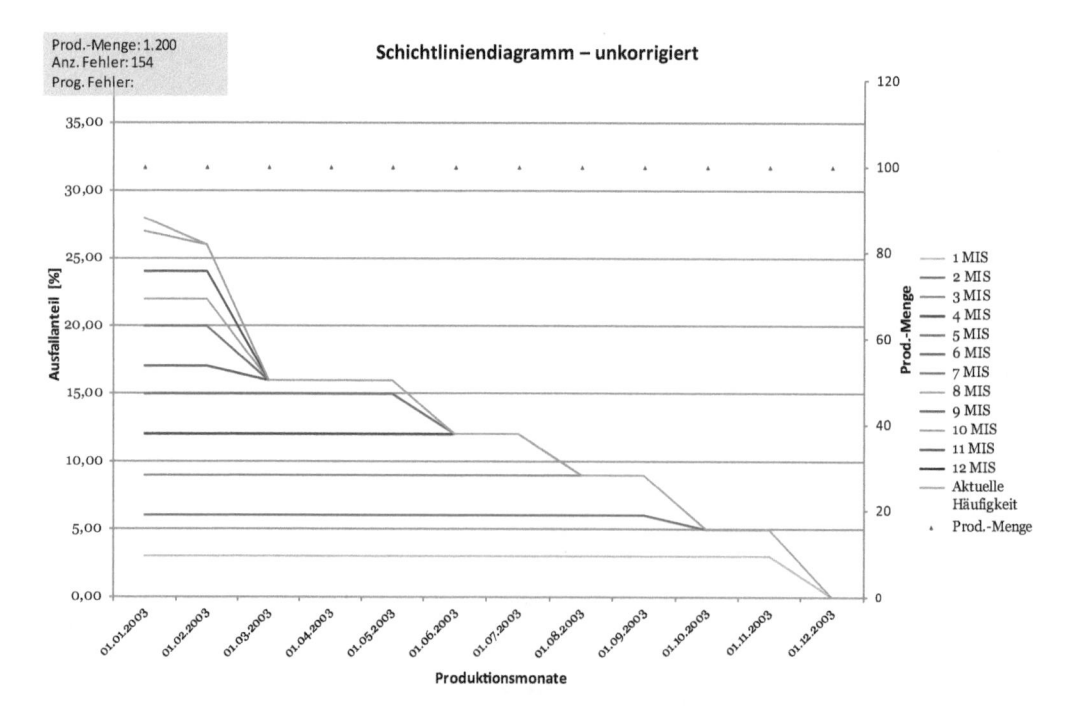

Bild 28.6 Verlauf der Isochronen für die Bestimmung zukünftiger Reklamationsmengen

Des Weiteren können aber auch andere Effekte die Datenlage verzerren. Typische Themen sind hier z. B. der Zulassungsverzug bei Fahrzeugen (also die Zeit zwischen Produktion des Fahrzeugs und dem Start der eigentlichen Feldbelastung mit der Zulassung) oder der Reparaturverzug (also die Zeit zwischen initialer Erfassung der Reklamation und endgültigem Eintrag der Reklamation nach Feststellung der Ursache und des Verursachers), siehe hierzu auch Abschnitt 28.3. Insbesondere wenn zeitnahe Betrachtungen durchgeführt werden, können derartige Verzerrungen massiv Einfluss auf das Analyseergebnis bewirken.

In Bild 28.7 sind beispielhaft zwei mögliche zeitliche Verzüge und deren Einfluss auf den Gesamtverzug dargestellt. Der Kaufverzug beträgt für das 90-%-Quantil ca. 40 Tage und damit mehr als einen Monat. Das heißt, unter der Annahme, dass heute die Datenabfrage stattgefunden hat, ist zu berücksichtigen, dass ein Großteil der Fertigung der letzten 40 Tage sich noch gar nicht im Feldeinsatz befindet. Sollte es aus dieser Menge einen Ausfall gegeben haben, so muss die Bezugsmenge (also die im Feld befindliche Menge) nach unten und damit der Ausfallanteil zur Berechnung nach oben korrigiert werden.

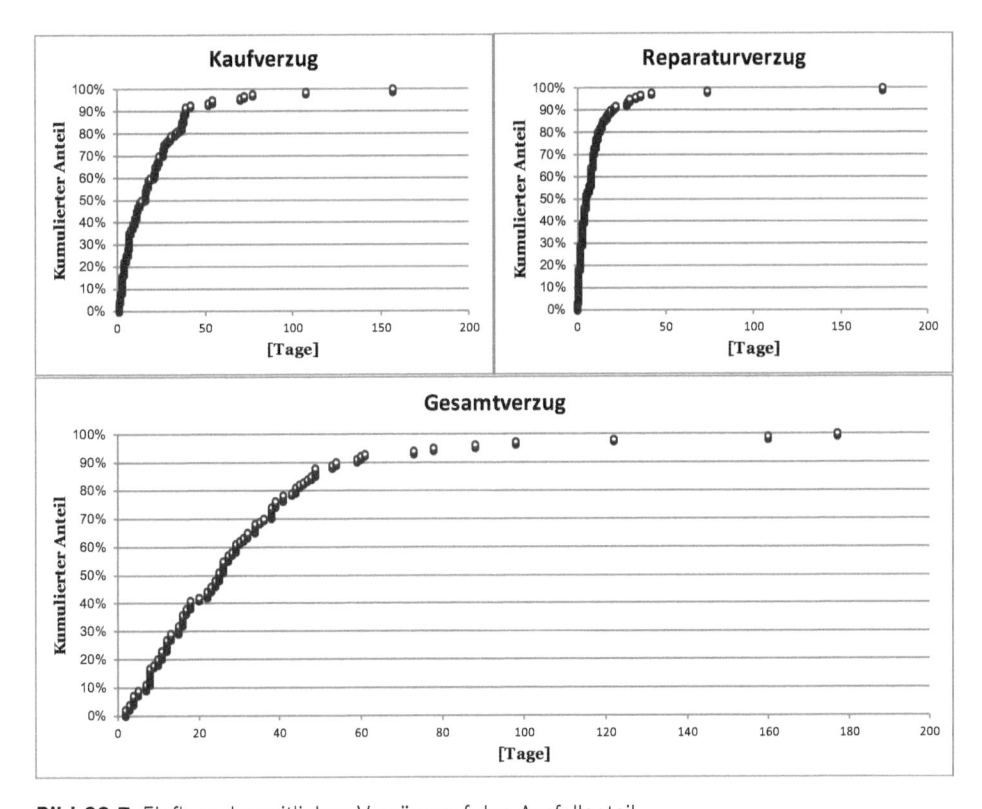

Bild 28.7 Einfluss der zeitlichen Verzüge auf den Ausfallanteil

Das heißt, je größer die zeitlichen Verzüge sind, desto stärker ist ihr Einfluss auf das Analyseergebnis. So liegen z. B. die typischen 90-%-Quantile für den Zulassungsverzug im Bereich der Automobilindustrie in der Größenordnung zwischen 20 Tagen und 150 Tagen! Generell kann jedoch festgehalten werden, dass ein großer Vorteil von Isochronen-Diagrammen darin besteht, dass Auffälligkeiten und das Ausfallverhalten schnell visualisierbar sind.

Ablauf für die Erstellung eines Schichtliniendiagramms

Der Ablauf für die Erstellung eines Schichtliniendiagramms gestaltet sich wie folgt (siehe Tabelle 28.1):

- **Schritt 1:** Berechnung der kumulierten Ausfallanteile zu den Zeiten im Feld
- **Schritt 2:** Darstellung der Ausfallanteile je Produktionsmonat (mit isochronen Abständen, im Beispiel Tabelle 28.1 wurden 3-MIS-Abstände zugrunde gelegt)
- **Schritt 3:** Nachfolgend werden alle Punkte gleicher Zeit (z. B. alle 3-MIS-Punkte) miteinander verbunden, um Unterschiede schnell sichtbar zu machen. Da dies für alle betrachteten Monate dann die gleiche Zeit im Feldeinsatz ist, lässt sich die Qualität rein optisch sehr schnell vergleichen.
- **Schritt 4** zeigt das implizite Ergebnis, d. h. die Darstellung der Ausfallwahrscheinlichkeit $F(t)$ bezogen auf die Zeit im Feld (MIS).

Wie aus der Isochronen-Darstellung in Tabelle 28.1 ersichtlich wird, kann bereits optisch sehr gut auf das Ausfallverhalten geschlossen werden (siehe „implizites Ergebnis"), wobei die berechneten Werte je Produktionsmonat in ein Ausfallanteil/Zeit- im Feld-Diagramm übertragen werden.

Tabelle 28.1 Schritte zur Erstellung eines Schichtliniendiagramms

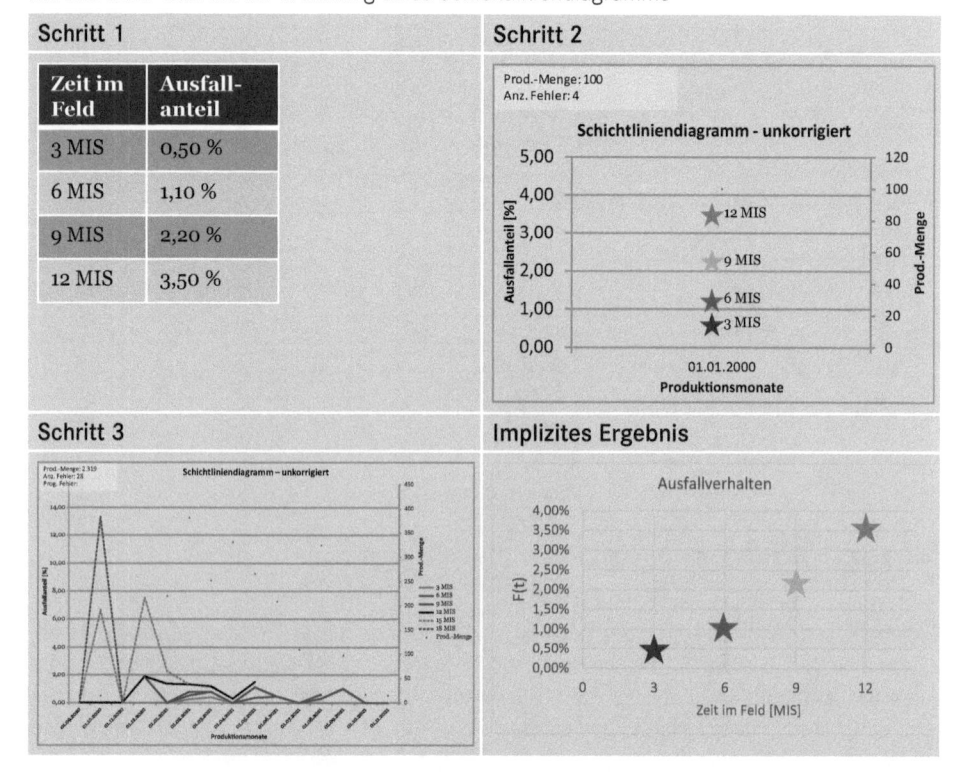

Schritt 1		Schritt 2
Zeit im Feld	**Ausfallanteil**	
3 MIS	0,50 %	
6 MIS	1,10 %	
9 MIS	2,20 %	
12 MIS	3,50 %	

Schritt 3	Implizites Ergebnis

Wird z. B. eine Weibull-Verteilung (siehe Abschnitt 10.1.2) unterstellt, so kann schnell bestimmt werden, ob es sich beim Ausfallverhalten um ein Früh- oder Verschleißausfallverhalten handelt. Stellt man sich die Punkte des impliziten Ergebnisses aus Tabelle 28.1 durch eine Weibull-Verteilung angepasst vor, so ergibt sich eine linksgekrümmte Kurve, die nur mit einem $\delta > 1$ (Verschleißausfälle) dargestellt werden kann. Generell gilt daher im Isochronen-Diagramm (Schritt 2): Steigen die Abstände mit zunehmender MIS, so handelt es sich um ein Verschleißverhalten. Nehmen die Abstände mit zunehmender MIS ab, so handelt es sich um ein Frühausfallverhalten. Diese Regel kann allerdings nur bei einer Isochronen-Darstellung zugrunde gelegt werden.

Häufig finden sich andere Darstellungen (z. B. 1 MIS, 3 MIS, 6 MIS, 9 MIS, 12 MIS, 18 MIS, 24 MIS, …), bei denen die Isochronen-Darstellung unterbrochen ist. Der Vergleich der Produktionsmonate untereinander ist bezüglich des Ausfallanteils und Auffälligkeiten dennoch weiterhin möglich. Eine visuelle schnelle Bestimmung des Ausfallverhaltens als wichtige implizite Information ist dann allerdings nicht bzw. nur noch eingeschränkt möglich.

Schichtliniendiagramme zur Beurteilung der Qualität

In Bild 28.8 findet sich ein Beispiel für typische Schichtlinien zur Beurteilung der Produktqualität. Wie aus Bild 28.8 ersichtlich, war die generelle Produktqualität nicht zufriedenstellend.

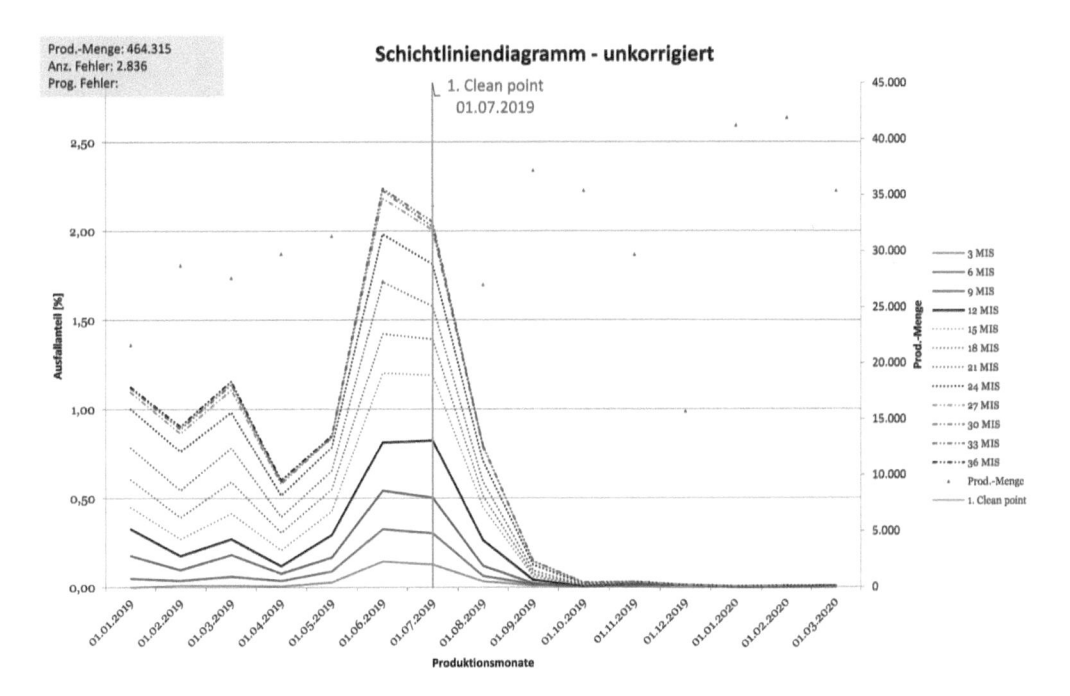

Bild 28.8 Beispiel zur Bewertung der Produktqualität durch Schichtlinien

Mit Beginn von 06/2019 gab es darüber hinaus eine deutliche Verschlechterung der Produktqualität, die sehr schnell im Rahmen der Produktion bemerkt und abgestellt wurde.

Die erarbeitete Abstellmaßnahme (Clean Point) wurde ab 07/2019 sukzessive eingeführt. Ab 08/2019 ist die Wirksamkeit der Maßnahme zu beobachten und damit der Clean Point als bestätigt anerkannt.

Beanstandungsverläufe

Generell sollten zu Schichtliniendiagrammen auch die zugehörigen Beanstandungsverläufe mit ermittelt werden. Beanstandungsverläufe zeigen die im jeweiligen Kalendermonat eingegangenen Beanstandungen. Beanstandungsverläufe können mit ihren zusätzlichen Informationen helfen, den generellen Verlauf und damit auch die Ursachen der Beanstandungen besser zu verstehen.

In Bild 28.9 ist ein beispielhafter Beanstandungsverlauf (nicht kumuliert) dargestellt.

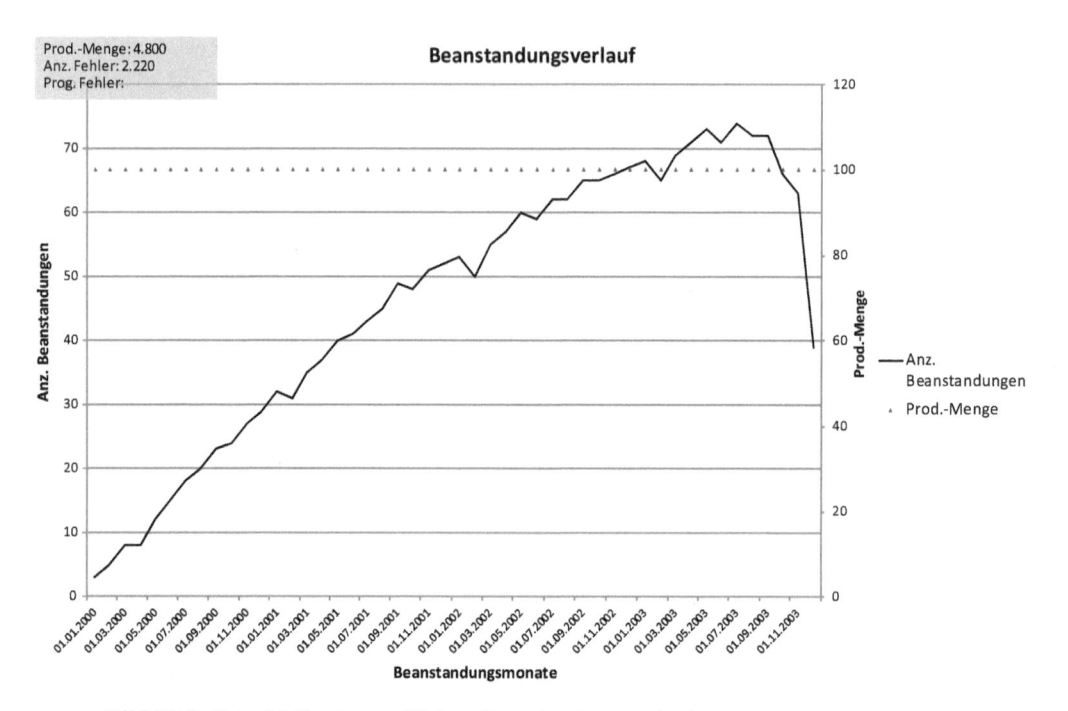

Bild 28.9 Beispiel für einen zeitlichen Beanstandungsverlauf

Beanstandungsverläufe können unter anderem auch dabei unterstützen z. B. saisonale Auffälligkeiten aufzuzeigen. Beispiele hierfür sind Wärmeschäden am Armaturenträger eines Pkw, die üblicherweise im Sommer verstärkt auftauchen, oder Ausfälle der Heizungsanlage, die eigentlich nur im Winter wahrgenommen werden.

Mitunter lässt sich auch über die Beanstandungsverläufe zeigen, dass eine Service-Maßnahme ausgegeben wurde und folglich vermehrt Schäden erfasst wurden. Darüber hinaus können die Beanstandungsverläufe durch das Qualitätsmanagement auch dazu genutzt werden, zukünftige Beanstandungen abzuschätzen und anhand dieser Informationen Kapazitätsplanungen, die z. B. zur Befundung benötigt werden, durchzuführen.

Bild 28.10 zeigt beispielhaft den zugehörigen Beanstandungsverlauf zur Darstellung der Schichtlinien in Bild 28.8. Wie aus Bild 28.10 ersichtlich, ist eine deutliche Zunahme der Beanstandungen ab 05/2019 und die kontinuierliche Abnahme seit 11/2020 zu verzeichnen. Generelle saisonale Auffälligkeiten können hingegen nicht beobachtet werden, was mit dem Ausfallbild kumuliert.

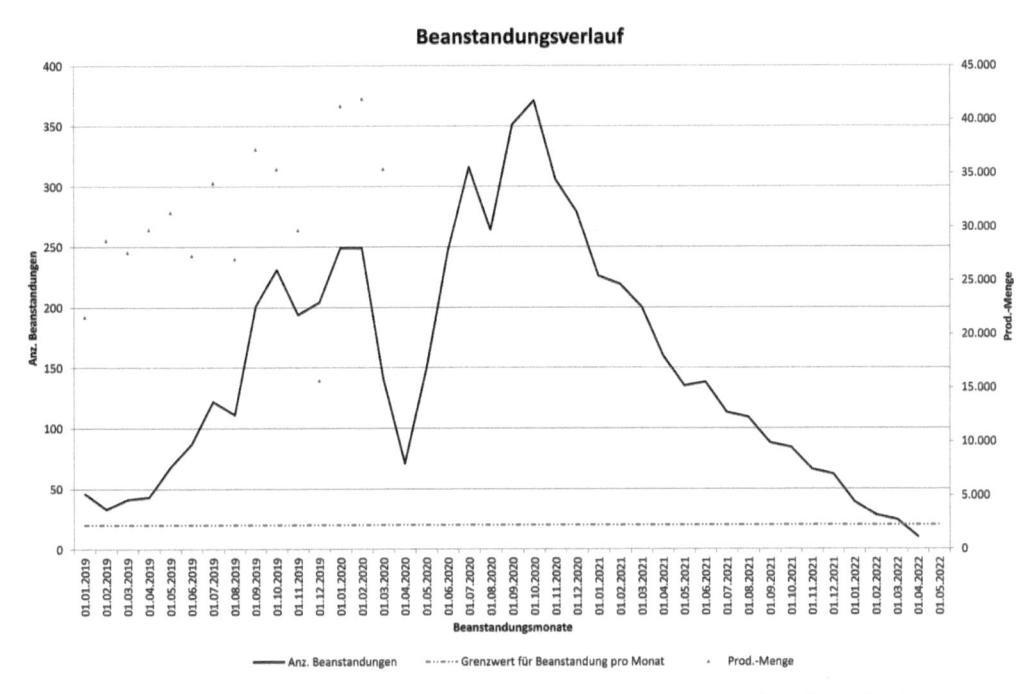

Bild 28.10 Beispiel Beanstandungsverlauf für ein bestimmtes Produkt mit einer Garantiezeit von 24 Monaten

Da die Gewährleistungszeit für das zugrunde gelegte Produkt 24 Monate beträgt und der letzte gezeigte Produktionsmonat 03/2020 ist, ist auch der baldige Auslauf der Reklamationen (bis auf einige wenige Fälle, bedingt durch die zuvor genannten zeitlichen Verzüge) nach dem letzten gezeigten Monat zu erwarten.

Interessant im Beanstandungsverlauf in Bild 28.10 ist, dass der erste Corona-Lockdown, der im März 2020 verabschiedet wurde und anfänglich sehr harte Konsequenzen für viele Unternehmen hatte, hier sehr deutlich beobachtet werden kann. So konnten einige Fahrzeugneubesitzer aufgrund der angeordneten Kontaktbeschränkungen in den Service-Werkstätten ihre Fahrzeuge nicht oder nur sehr eingeschränkt reklamieren und erst zu einem späteren Zeitpunkt eine erforderliche Reparatur durchführen lassen.

Wie das Beispiel zeigt, besteht die Aufgabe des Qualitätsmanagements darin, auch solche Besonderheiten der Beanstandungsverläufe ständig zu hinterfragen und neu zu interpretieren. Nur so können Fehleinschätzungen vermieden werden.

■ 28.3 Zuverlässigkeitsprognosen für mechatronische Systeme in Kraftfahrzeugen bei nicht vollständigen Daten

Zuverlässigkeitsprognosen sind allgemein, wie in diesem Buch dargestellt, unter Einbeziehung der Verfügbarkeit, Wartbarkeit und Lebensdauerkosten ein wesentlicher Bestandteil über alle Produktphasen, wie Planung, Entwicklung, Produktion und Anwendung und Entsorgung (Bild 28.11). Dabei sollte mit jedem Produktfortschritt ein Zuverlässigkeitswachstum als Analyseergebnis der Zuverlässigkeitsprognose zu verzeichnen sein, d. h., der Trichter der statistischen Unsicherheit muss kleiner werden.

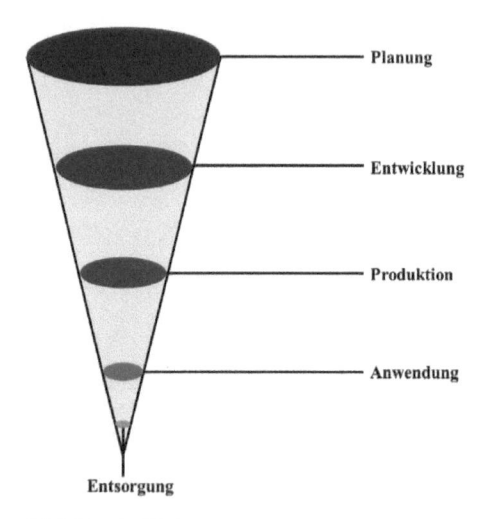

Bild 28.11 Trichter der statistischen Unsicherheit

Wie aus Bild 28.11 hervorgeht, bildet die Nutzungsphase mit ihren in der Regel vielfältigen, über die Jahre gewonnenen Produkteigenschaften die reale Wissensbasis hinsichtlich der Lebensdauermerkmale und damit der Zuverlässigkeit eines Produkts. Dabei ist bekanntlich das Lebensdauerverhalten sehr stark durch die Nutzung des Produkts durch den Anwender geprägt. So wird beispielsweise die Lebensdauer eines Relais primär durch die Schalthäufigkeit begrenzt.

28.3.1 Zuverlässigkeitsprognosen für Systeme im Kraftfahrzeug während der Nutzungsphase

Es liegt auf der Hand, dass die Betriebsdauer während der Nutzung (und nicht die Kalenderzeit) eines Kraftfahrzeugs einen wesentlichen Einfluss auf die Lebensdauer der verbauten Komponenten und Baugruppen ausübt. Problematisch ist jedoch, dass die Ausfälle im

Kontext der Betriebsdauer lediglich während der zeitlich begrenzten Garantiezeit erfasst werden und in der Regel nicht darüber hinaus.

Für den Fahrzeughersteller und dessen Zulieferer besteht allerdings ein großes Interesse daran, das Ausfallgeschehen auch über die Garantiezeit hinaus zu kennen, um so z. B.

- den Bedarf für die zurzeit 15-jährige Nachlieferfrist zu kalkulieren,
- den Serienersatzbedarf und die Endbevorratungsmenge festzulegen,
- eine Verifizierung der Garantiekosten im Kontext einer möglichen Garantiezeitverlängerung zu ermitteln,
- eine Eruierung kritischer Bauteile und Baugruppen vorzunehmen, um durch frühzeitigen Austausch Rückrufe zu vermeiden
- und anderes.

Des Weiteren bilden die aufgrund des Ausfallgeschehens ermittelten Zuverlässigkeitskenngrößen nicht nur die Wissensbasis für die vorangehend genannten Produktmerkmale, sondern auch für Nachfolgerprodukte und Neuentwicklungen.

Das Ausfallverhalten im Kontext der Betriebszeit von Komponenten und Baugruppen im Kraftfahrzeug wird, wie zuvor erwähnt, in der Regel nur während der Garantiezeit erfasst. Wie umfangreiche Untersuchungen gezeigt haben, kann dies aber auch indirekt - besonders bei mechatronischen Systemen - über die Fahrleistung validiert werden.

Nachfolgende Ausführungen zur Entwicklung eines Zuverlässigkeitsprognosemodells für mechatronische Systeme im Kraftfahrzeug bei unvollständigen Daten basieren primär auf den Arbeiten von Pauli, der hierzu Pionierarbeit geleistet hat (Pauli 1997; Pauli, Meyna 2000; Pauli 2001 und andere, siehe Lit.).

Aufbauend auf den Arbeiten von Pauli erfolgten Weiterentwicklungen durch die Arbeiten von Meyer 2003, Meyer/Meyna/Pauli 2003, Grodzicki 2002, Meyer/Meyna/Pauli 2003, Braasch et al. 2007, Braasch/Meyna 2008 und Braasch et al. 2009 (siehe Lit.).

Bild 28.12 zeigt den prinzipiellen Ablauf einer Zuverlässigkeitsprognose.

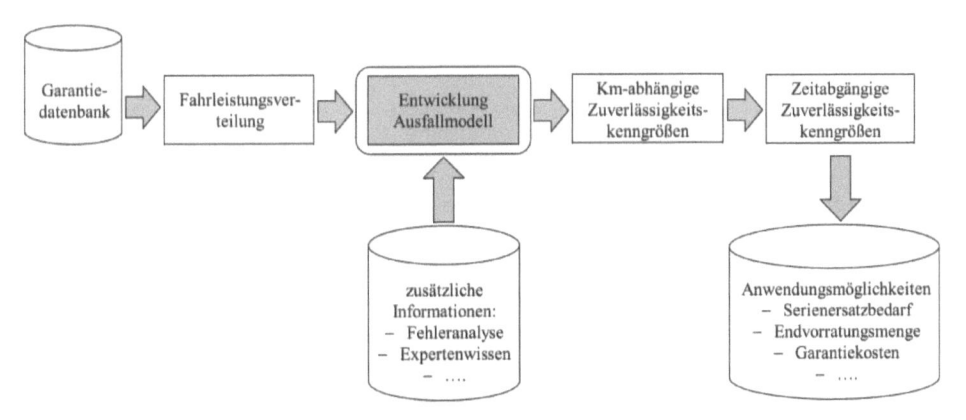

Bild 28.12 Ablauf einer Zuverlässigkeitsprognose (Meyer 2003, siehe Lit.)

Fahrleistungsprognose

Wie aus Bild 28.12 hervorgeht, wird aus einer Garantiedatenbank zunächst eine Fahrleistungsverteilung als Substitut der Betriebszeit ermittelt. Dabei ist zu berücksichtigen, dass während der Garantiezeit das Fahrverhalten der Nutzer sehr unterschiedlich sein kann. Das heißt, es gibt Wenigfahrer mit einigen Tausend Kilometern bis Vielfahrer mit über 100 Tausend Kilometern. Es ist somit erforderlich, bei größeren Fahrleistungen das Substitut Betriebszeit entsprechend anzupassen, d. h. entsprechend zu verlängern.

Fahrleistungsprognosen und die zugrunde gelegten mathematischen Modellierungen sind komplex und wurden erstmalig von Pauli entwickelt (Pauli 1999, siehe Lit.) und in Meyna/Pauli 2003 und 2010 übernommen. Für weitere Ausführungen hierzu siehe die zuvor genannten Quellen.

Ausfallmodell

Entsprechend Bild 28.12 erfolgt nach der Zugrundelegung einer geeigneten Fahrleistungsverteilung darauf aufbauend die Entwicklung eines geeigneten und genauen Ausfallmodells.

Nachfolgende Ausführungen basieren auf den Arbeiten von Meyer 2003 (siehe Lit.) und wurden in Meyna/Pauli 2010 (siehe Lit.) modifiziert übernommen.

Die Entwicklung (Zugrundelegung) eines geeigneten Ausfallmodells zur Modellierung des Ausfallverhaltens mechatronischer Systeme im Felde ist für die Genauigkeit einer Zuverlässigkeitsprognose von besonderer Bedeutung.

Je nach Aufgabenstellung und gewünschter Genauigkeit der Modellierung werden neben dem schon erläuterten universalen Ausfallmodell, welches das gesamte Ausfallverhalten mit einer einzigen Verteilungsfunktion beschreibt (z. B. Weibull-Verteilung), weitere „Ausfallmodelle" verwendet.

Zu den wichtigsten zählen

- das Mischpopulationsmodell,
- das konkurrierende Ausfallmodell,
- das Teilpopulationsmodell und
- das verallgemeinerte Ausfallmodell.

Eine mathematische Beschreibung und Erläuterung dieser Modelle ist unter anderem in Meyer (siehe Lit.) aufgeführt.

Die Auswahl und Modifizierung eines geeigneten Modells setzt eine entsprechende praktische Erfahrung voraus und sollte sich nicht nur an den eigentlichen Ausfällen der mechatronischen Komponenten orientieren, sondern auch die Fehlerursache, Fehlermechanismen, Populationsfaktoren etc. berücksichtigen.

Bild 28.13 zeigt einen möglichen Entscheidungsprozess für die Wahl und Entwicklung eines praxisgerechten Ausfallmodells. Dabei sollte eine Modellierung immer so „einfach wie möglich und genau wie nötig" sein und nicht zu einem „over-fitting" führen.

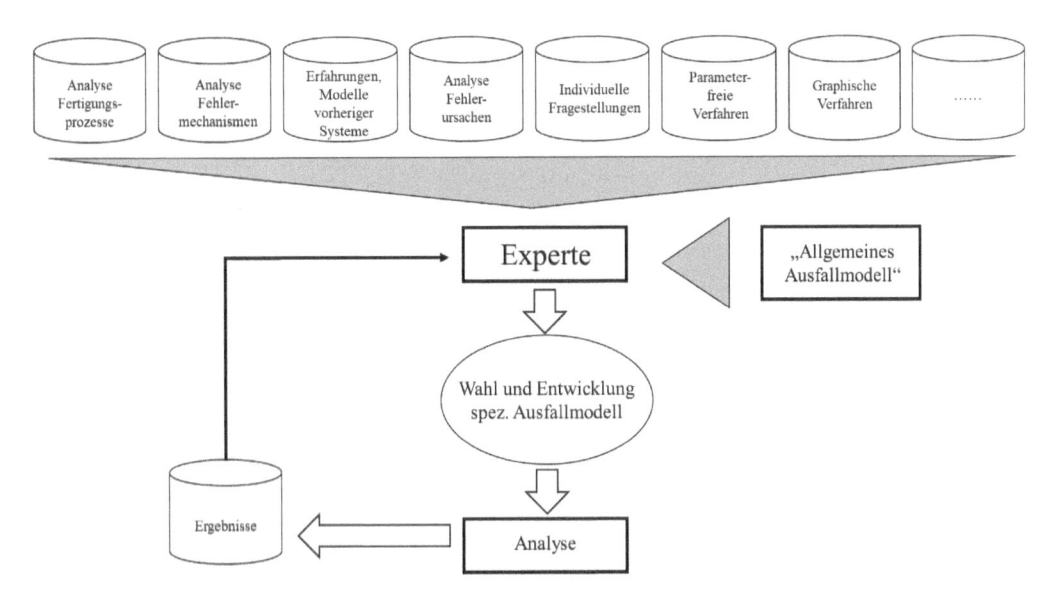

Bild 28.13 Prozess zur Auswahl des Ausfallmodells (Meyer 2003, siehe Lit.)

Bestimmung der Anwärter

Entsprechend dem prinzipiellen Ablauf einer Zuverlässigkeitsprognose (Bild 28.13) sind die nächsten Schritte durch die km- und zeitabhängige Lebensdauerprognose gekennzeichnet. Für die Bestimmung der Anwärter sowie der km- und zeitabhängigen Lebensdauerprognose in Form von Zuverlässigkeitskenngrößen wurde von Pauli in seiner Dissertation (Pauli 1997) ein sehr einfaches, aber wirkungsvolles neues Modell entwickelt, welches sich in vielen Anwendungen als sehr effektiv erwiesen hat.

Nachfolgende Ausführungen basieren auf der textlichen und bildlichen Darstellung aus Meyna/Pauli 2003 und 2010 (siehe Lit.).

Während der Garantiezeit ist das Fahrverhalten sehr unterschiedlich und reicht, wie aufgezeigt, von wenigen Tausend Kilometern bis über 100 000 Kilometer pro Jahr. Die Anzahl der Fahrzeuge, die innerhalb der Garantiezeit eine beliebige, aber fixe Strecke erreicht haben, nimmt also mit wachsender Strecke immer mehr ab und konvergiert gegen null. Somit stellen die Ausfälle, die während der Garantiezeit zu einer vorgegebenen Strecke eingetreten sind, auch nur einen Teil aller Ausfälle dar, die erwartet werden, bis alle Fahrzeuge diese Strecke gefahren haben.

Bei einer Verwendung der Fahrzeuge als Stichprobe, die eine gegebene Strecke mindestens erreicht haben, spiegelt sich deren Anteil an der Gesamtfahrzeugmenge auch in der Anzahl der Ausfälle direkt wider und ist folglich proportional dazu. Treten während der Garantiezeit bei der Strecke s insgesamt $n_g(s)$ Ausfälle auf, so kann die gesuchte, zu erwartende Ausfallanzahl $n_g(s)$ durch

$$n_k(s) = \frac{n_g(s)}{1 - L_g(s)} \qquad (28.1)$$

bestimmt werden. Diese Berechnung erfolgt für alle Strecken s, bei denen Ausfälle aufgetreten sind, wobei die Anteilswerte im Nenner anhand der jährlichen Fahrleistungsverteilung $L_g(s)$ der Garantiezeit bestimmt werden. Ein Vergleich mit bekannten Verfahren zeigt die Güte und Praxistauglichkeit dieses neuen Modells (Fritz/Krolo/Bertsche 2000, siehe Lit.).

Kilometerabhängige Lebensdauerprognosen

Zur Prognose der kilometerabhängigen Lebensdauer wird noch die zugehörige Produktionsmenge n_0 benötigt. Damit kann die empirische Verteilungsfunktion $\tilde{F}_k(s)$ durch sukzessive Kumulation der nach Formel 28.2 ermittelten Ausfallzahlen berechnet werden:

$$\tilde{F}_k(s) = \frac{n_a(s)}{n_0} = \frac{1}{n_0} \cdot \sum_{\varsigma \leq s} n_k(\varsigma) = \frac{1}{n_0} \cdot \sum_{\varsigma \leq s} \frac{n_g(\varsigma)}{1 - L_g(\varsigma)} \tag{28.2}$$

Anschließend erfolgt die Anpassung durch eine theoretische Verteilung $F_k(s)$, z.B. eine Weibull-Verteilung. Dabei können die Verteilungsparameter weder mit der Maximum-Likelihood-Methode noch mit der Momenten-Methode geschätzt werden (siehe Abschnitt 25.4 und Abschnitt 25.6). Zur Anwendung kommt die Methode der kleinsten Quadrate, wozu die lineare Regression geeignete Startwerte liefert (siehe Abschnitt 25.7). Obwohl die Methode der kleinsten Quadrate häufig sehr rechenintensiv ist, lohnt der Mehraufwand gegenüber der linearen Regression. So sinken in der Praxis die Summen der Abweichungsquadrate häufig auf ca. die Hälfte bis ein Viertel, wodurch sich auch die zugehörigen Verteilungsfunktionen und Ausfallraten teilweise deutlich ändern.

Bild 28.14 zeigt die mit „o" markierten Originaldaten aus der Garantiezeit, die empirische Verteilungsfunktion $\tilde{F}_k(s)$ und die optimal angepasste Weibull-Verteilung für die km-abhängige Lebensdauerverteilung $F_k(s)$.

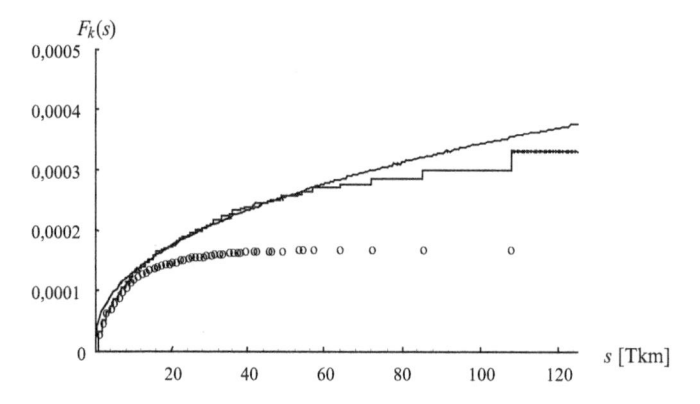

Bild 28.14 Empirische und angepasste Verteilungsfunktion der kilometerabhängigen Lebensdauer $F_k(s)$

Zeitabhängige Lebensdauerprognosen

Zur Prognose der zeitabhängigen Lebensdauer $F(t)$ wird wiederum die jährliche Fahrleistungsverteilung benötigt, um so das unterschiedliche Fahrverhalten zu erfassen:

$$F(t) = \int_0^\infty f_k(s) \cdot \left(1 - L_1(s/t)\right) ds \quad \text{für } t > 0 \tag{28.3}$$

Diese Berechnungsformel ist eine Zusammenfassung eines neu entwickelten und praxisgerechten Prognosemodells und basiert auf den Verteilungen der jährlichen Fahrleistung $L_1(s)$ und der km-abhängigen Lebensdauer mit der Dichte $f_k(s)$. Eine direkte Umrechnung mit dem Mittelwert der Jahresfahrleistung ist nicht sinnvoll, da dies eine zu starke Vereinfachung ist und die Ergebnisse verfälschen kann. In Bild 28.15 ist die zeitabhängige Lebensdauerverteilung $F(t)$ zum vorangegangenen Beispiel dargestellt.

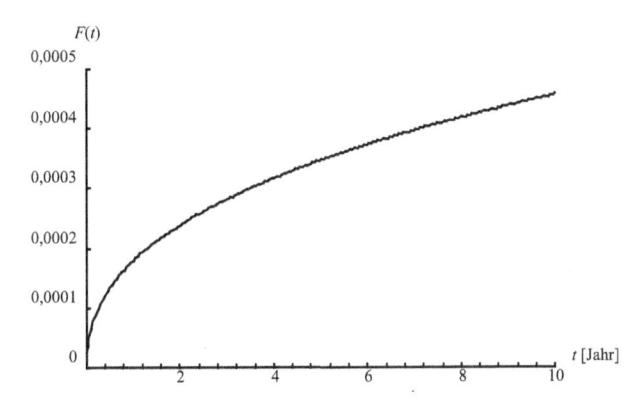

Bild 28.15 Verteilungsfunktion der zeitabhängigen Lebensdauer $F(t)$

Die durch die Integration in Formel 28.3 ermittelte zeitabhängige Lebensdauerverteilung $F(t)$ kann z.B. durch eine Weibull-Verteilung $W(\alpha, \beta)$ approximiert werden. Eine einfache Möglichkeit zur notwendigen Festlegung der beiden Parameter ist die, den Parameter β der km-abhängigen Lebensdauer $F_k(s)$ direkt zu übernehmen, da er das Ausfallverhalten beschreibt. Der andere Parameter α gibt die durchschnittliche Ausfallrate des ersten Jahres und damit das Ausgangsniveau an und kann bestimmt werden durch:

$$\alpha = -\ln\left(1 - F(1)\right) \tag{28.4}$$

Die zugehörige Ausfallrate $h(t)$ errechnet sich zu der schon bekannten Gleichung der Weibull-Verteilung $W(\alpha, \beta)$:

$$h(t) = \alpha \cdot \beta \cdot t^{\beta-1} \quad \text{für } t > 0 \tag{28.5}$$

Bild 28.16 zeigt den typischen Verlauf der zeitabhängigen Ausfallrate $h(t)$ für ein Steuergerät im Kraftfahrzeugeinsatz, wobei die Einheit ppm für „parts per million" steht und somit 10^{-6} entspricht.

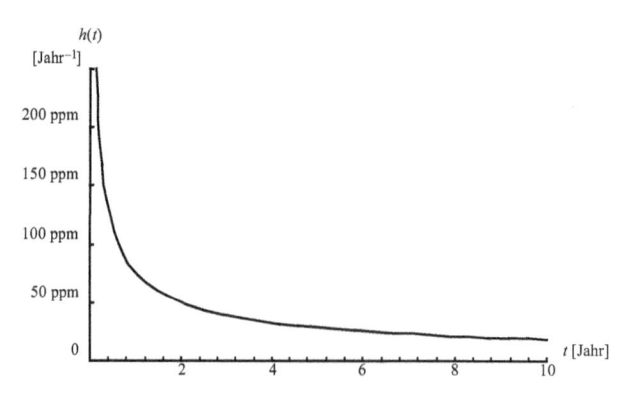

Bild 28.16 Zeitabhängige Ausfallrate $h(t)$

28.3.2 Zuverlässigkeitsprognosen für zeitnahe Garantiedaten

Nachfolgende textliche und bildliche Darstellungen stammen aus der Dissertation von Meyer (Meyer 2003) und wurden in der Monographie von Meyna und Pauli (Meyna/Pauli 2010) modifiziert übernommen. Die zu einem bestimmten Zeitpunkt vorhandenen Garantiedaten enthalten im zeitnahen Fall noch nicht die vollständigen Informationen über das tatsächliche Ausfallverhalten eines Produkts während der Garantiezeit. Diese Informationslücke muss bei einer Zuverlässigkeitsprognose auf Basis von Garantiedaten berücksichtigt werden. Im Folgenden werden die einzelnen zu berücksichtigenden Einflüsse beschrieben und eine Vorgehensweise entwickelt, die es ermöglicht, eine Zuverlässigkeitsprognose dennoch durchzuführen (Meyer/Meyna/Pauli 2003, siehe Lit.).

Im Weiteren werden unter Garantiedaten die Daten verstanden, die zu einem bestimmten Betrachtungszeitpunkt t_B ermittelt wurden. In Bild 28.17 werden die zeitlichen Zusammenhänge für einen Garantiefall verdeutlicht.

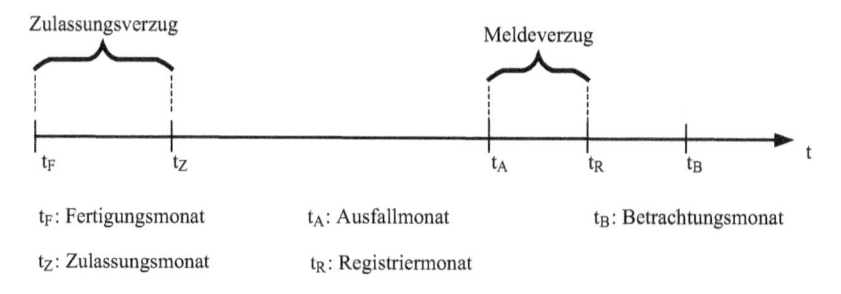

t_F: Fertigungsmonat
t_Z: Zulassungsmonat
t_A: Ausfallmonat
t_R: Registriermonat
t_B: Betrachtungsmonat

Bild 28.17 Zeitliche Zusammenhänge für einen Garantiefall (Meyer 2003, siehe Lit.)

Einfluss Zulassungsverzug

Der Zulassungsverzug beschreibt die Dauer zwischen der Fertigung eines Fahrzeuges und der Zulassung. Der Zulassungsverzug addiert sich aus den Lager-, Transport- und Montagezeiten. Mit der Zulassung des Fahrzeugs beginnt auch die Garantiezeit des Produkts. Es ist daher wichtig, den Anteil der Fahrzeuge zu schätzen, der zu einem bestimmten Zeitpunkt bereits zugelassen ist und sich noch innerhalb der Garantiezeit befindet. Die Garantiedaten enthalten ebenfalls Informationen zum Fertigungs- und Zulassungsmonat der ausgefallenen Produkte. Aus diesen Daten lässt sich die Verteilungsfunktion des Zulassungsverzugs schätzen. Hierzu eignet sich die Lognormalverteilung. Bild 28.18 zeigt die empirische und die theoretische Verteilungsfunktion $F_Z(t)$ des Zulassungsverzugs. Die Parameter der Lognormalverteilung wurden hierbei mit der Maximum-Likelihood-Methode geschätzt.

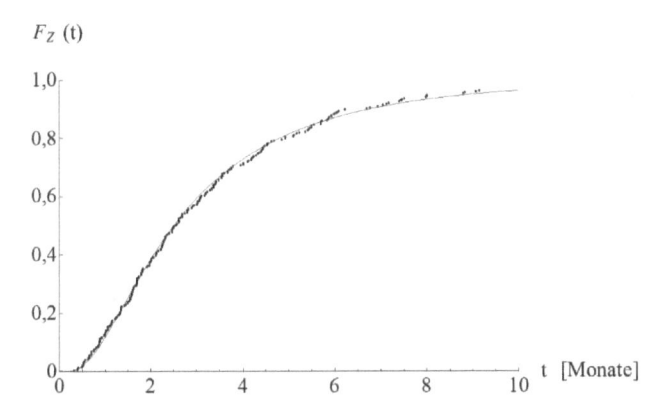

Bild 28.18 Verteilungsfunktion des Zulassungsverzugs

Aus Bild 28.18 lässt sich ablesen, dass beispielsweise innerhalb der ersten vier Monate etwa 70 % der gefertigten Produkte sich in einem zugelassenen Fahrzeug und damit in der Nutzungsphase befinden.

Eine weitere wichtige Größe für die Zuverlässigkeitsprognose ist die Gesamtzahl der Fahrzeuge $n_Z(j)$, die bis zu einem Monat j zugelassen sind. Diese lässt sich mit folgender Gleichung berechnen:

$$n_Z(j) = \sum_{i=1}^{j} n_F(i) \cdot F_Z(j-i+1) \quad \text{für } i \leq j \text{ und } i,j \in N \tag{28.6}$$

mit

$n_F(i)$ = Fertigungsmenge im Monat i
F_Z = Verteilung des Zulassungsverzugs
i = Fertigungsmonat
j = Betrachtungsmonat

Einfluss Meldeverzug

Der Meldeverzug charakterisiert die Zeitspanne zwischen dem Ausfall eines Produkts und der Registrierung dieses Ausfalls in der Garantiedatenbank des Herstellers, d. h. dem Zeitpunkt, ab dem der Ausfall in einer Auswertung der Garantiedaten frühestens erscheint. Die Ursachen für diesen Verzug sind meist organisatorischer Natur.

Mithilfe der bereits bekannten Garantiefälle kann die Verteilungsfunktion $F_M(t)$ des Meldeverzugs für das zu untersuchende Produkt geschätzt werden. Zur Beschreibung des Meldeverzugs eignet sich ebenfalls die Lognormalverteilung, die mithilfe der Maximum-Likelihood-Methode an die empirischen Daten angepasst wird. Bild 28.19 zeigt die empirische und theoretische Verteilungsfunktion des Meldeverzugs.

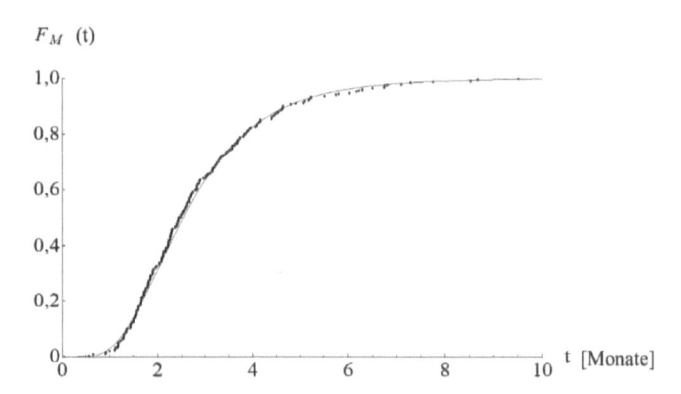

Bild 28.19 Verteilungsfunktion des Meldeverzugs

Mit der ermittelten Verteilungsfunktion lässt sich der Anteil von Ausfällen bestimmen, der nach einer bestimmten Zeit in der Garantiedatenbank erfasst ist. So werden nach 4 Monaten etwa 80 % aller aufgetretenen Garantiefälle in einer Abfrage der Garantiedaten erscheinen. Aufgrund dieses Meldeverzugs müssen die aus der Garantiedatenbank zum Analysezeitpunkt t_B ermittelten Ausfälle korrigiert werden, da diese noch nicht alle real aufgetretenen Ausfälle enthalten. Die Gesamtzahl von Garantiefällen für einen bestimmten Ausfallmonat t_A und eine Fahrstrecke s lässt sich mit folgender Gleichung berechnen:

$$n_{t_A,t_B}(s) = \frac{n_{t_A}(s)}{F_M(t_B - t_A)} \qquad (28.7)$$

mit

$n_{t_A,t_B}(s)$ = korrigierte Ausfallhäufigkeit mit der Fahrstrecke s für Ausfallmonat t_A im Betrachtungsmonat t_B

$n_{t_A}(s)$ = registrierte Ausfälle mit der Fahrstrecke s im Ausfallmonat

$F_M(t_B - t_A)$ = Anteil der Ausfälle, die zum Betrachtungszeitpunkt bereits erfasst sind

Durch Aufsummieren der korrigierten Ausfallhäufigkeiten für eine bestimmten Fahrstrecke s über alle Ausfallmonate t_A ergibt sich die Gesamtzahl $N_M(s)$ der real aufgetretenen Ausfälle mit der entsprechenden Fahrleistung. Es gilt:

$$N_M(s) = \sum_{t_A} n_{t_A,t_B}(s) = \sum_{t_A} \frac{n_{t_A}(s)}{F_M(t_B - t_A)} \qquad (28.8)$$

Korrigierte Berechnung der Anwärter

Bei den herkömmlichen Zuverlässigkeitsprognosemodellen wird zugrunde gelegt, dass alle betrachteten Fertigungsmengen bereits die Garantiezeit absolviert haben. Bei zeitnahen Garantiedaten ist dies jedoch nicht immer der Fall. So kann es sein, dass Produkte aus einem Zulassungsmonat ausfallen, für die die Garantie noch über den Betrachtungszeitpunkt hinaus besteht. Das heißt, die verbleibenden Produkte aus dem gleichen Zulassungsmonat befinden sich noch innerhalb der Garantiezeit. Dies hat Einfluss auf die Berechnung der Anwärter und muss entsprechend berücksichtigt werden. So muss für zeitnahe Garantiedaten bei der Anwärterberechnung die spezifische Fahrleistungsverteilung $L_d(s)$ für den jeweiligen Zulassungsmonat bestimmt werden. Es folgt:

$$L_d(s) = L_G\left(\frac{s \cdot g}{d}\right), d = \min\{t_B - t_Z, g\} \tag{28.9}$$

mit

L_G = Fahrleistungsverteilung für die Garantiezeit
g = Garantiedauer
t_Z = Zulassungsmonat

Auf Basis dieser Umrechnung kann für jeden Zulassungsmonat die Anzahl der km-abhängigen Ausfälle berechnet werden. Es gilt:

$$n_{t_Z,k}(s) = \frac{n_{t_Z}(s)}{1 - L_d(s)} \tag{28.10}$$

mit

$n_{t_Z,k}(s)$ = korrigierte Ausfallhäufigkeit bei der Fahrstrecke s unter Berücksichtigung des Zulassungsmonats t_Z und des Betrachtungsmonats
$n_{t_Z}(s)$ = Ausfälle bei der Fahrstrecke s für den Zulassungsmonat t_Z

Um die Gesamtzahl der Ausfälle für eine Fahrstrecke s bezogen auf alle Zulassungsmonate zu bestimmen, werden die korrigierten Ausfälle für die einzelnen Fahrstrecken addiert. Es folgt:

$$N_k(s) = \sum_{t_Z} n_{t_Z,k}(s) = \sum_{t_Z} \frac{n_{t_Z}(s)}{1 - L_d(s)} \tag{28.11}$$

Gesamtmodell für zeitnahe Garantiedaten

Im Folgenden werden alle zuvor beschriebenen Einflussfaktoren berücksichtigt und in das Zuverlässigkeitsprognosemodell integriert. Die Anzahl von Ausfällen $n_k(s)$, die bei einer bestimmten Fahrstrecke s insgesamt zu erwarten sind, lässt sich mit folgender Summenformel bestimmen:

$$n_k(s) = \sum_{t_Z, t_A} \frac{n_{t_Z, t_A}(s)}{F_M(t_B - t_A) \cdot (1 - L_d(s))} \tag{28.12}$$

mit

n_{t_Z,t_A} = Gesamtzahl Ausfälle bei Fahrstrecke s mit Zulassungsmonat t_Z und Ausfallmonat t_A aus den zeitnahen Garantiedaten

Die Berechnung der empirischen korrigierten Verteilungsfunktion $\tilde{F}_k(s)$ erfolgt durch sukzessive Kumulation der ermittelten Ausfallzahlen bezogen auf die zum Betrachtungszeitpunkt vorhandene Zulassungsmenge n_Z (siehe Formel 28.6):

$$\tilde{F}_k(s) = \frac{1}{n_Z} \sum_{\varsigma \leq s} n_k(\varsigma) = \frac{1}{n_Z} \sum_{\varsigma \leq s} \left(\sum_{t_Z, t_A} \frac{n_{t_Z, t_A}(\varsigma)}{F_M(t_B - t_E) \cdot (1 - L_d(\varsigma))} \right). \tag{28.13}$$

Die weiteren Schritte der Zuverlässigkeitsprognose erfolgen analog zu der in Abschnitt 28.3.1 beschriebenen Vorgehensweise. In Bild 28.20 sind die prognostizierten Weibull-verteilten Ausfallraten für einen elektrischen Motor dargestellt. Die Prognose wurde einmal herkömmlich durchgeführt und zum anderen mithilfe des neu entwickelten Modells. Es lässt sich erkennen, dass die Vernachlässigung der Einflussfaktoren bei zeitnahen Garantiedaten zu erheblichen Abweichungen führt. So wird bei dem Beispiel die Ausfallrate mit der herkömmlichen Methode wesentlich unterschätzt.

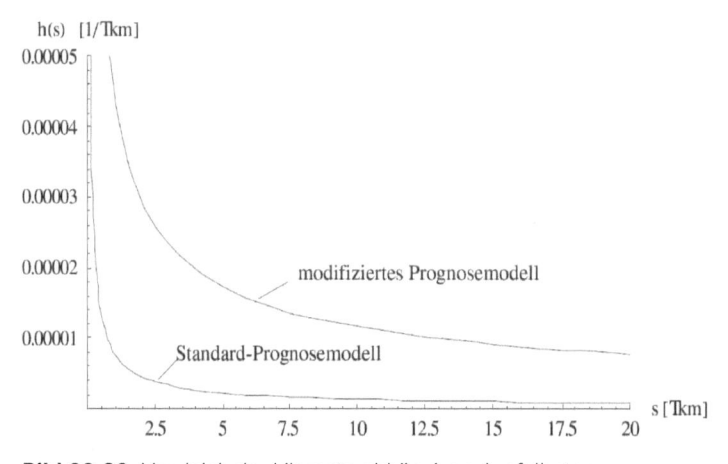

Bild 28.20 Vergleich der kilometerabhängigen Ausfallraten

Um die Güte der entwickelten Methode zu überprüfen, wurden umfangreiche Simulationen durchgeführt (Meyer 2003, siehe Lit.). Hierzu wurden Zufallszahlen einer vorgegebenen Lebensdauerverteilung generiert und anhand einer festgelegten Fahrleistungsverteilung und eines festgelegten Zulassungs- und Meldeverzugs entsprechend zensiert. Die so erzeugten Stichproben konnten mittels verschiedener Schätzverfahren analysiert und mit der zu erwartenden Verteilung verglichen werden. Tabelle 28.2 zeigt die Ergebnisse von 100 Simulationen einer Weibull-Verteilung mit den Parametern α = 0,001 und β = 0,6 zur Beschreibung der km-abhängigen Lebensdauer. Die betrachtete Grundgesamtheit war n_{ges} = 50 000.

Tabelle 28.2 Vergleich Schätzverfahren für simulierte Daten (Weibull-Verteilung α = 0,001, β = 0,6)

Schätz-verfahren	Mittelwert		Standardabweichung		Variationskoeffizient	
	$\bar{\hat{\alpha}}$	$\bar{\hat{\beta}}$	$\sigma(\hat{\alpha})$	$\sigma(\hat{\beta})$	$v(\hat{\alpha})$	$v(\hat{\beta})$
Lineare Regression	0,00109994	0,600659	0,00071529	0,12822	0,650296	0,213466
Kleinste Quadrate	0,0011777	0,606505	0,00087905	0,195552	0,746411	0,322424
Maximum-Likelihood	0,00076142	0,657503	0,00054962	0,0702147	0,715718	0.10679

Die Ergebnisse zeigen, dass im Mittel die lineare Regression die besten Schätzer bei der Analyse der zeitnahen Garantiedaten liefert. Die Methode der kleinsten Quadrate scheint dagegen empfindlicher gegenüber Ausreißern zu sein, was sich auch in einem größeren Variationskoeffizienten widerspiegelt. Die Maximum-Likelihood-Methode ist hier nur der Vollständigkeit wegen berücksichtigt. Sie beruht auf einer Abwandlung des in diesem Buch vorgestellten Verfahrens und soll hier nicht weiter betrachtet werden. Die durchgeführten Simulationen zeigen, dass die entwickelte Vorgehensweise sich gut eignet, um Zuverlässigkeitsprognosen auch bei zeitnahen Garantiedaten durchführen zu können.

Weitere Anwendungsbeispiele finden sich in Pauli 1998, Meyer 2003, Meyna/Pauli 2010, Braasch et al. 2007, Braasch et al. 2009, Braasch 2011 und Schlummer 2012 (siehe Lit.).

Literaturverzeichnis

Abernethy, R. B.: The New Weibull Handbook. Robert B. Abernethy, 536 Oyster Road, North Palm Beach, Florida 33408-4328, 2000

Althaus, D.: Ein praxisorientierter empirischer Ansatz zur Bestimmung des Ausfallverhaltens konventioneller Bremssysteme in Personenkraftwagen. Dissertation. Bergische Universität Wuppertal 2009

Ahrens, D. S.: Vorgehensmodell zur Modellierung, Strukturierung und objektiver Bewertung von Software-Architekturen in der Fahrerassistenz. Dissertation. Technische Universität Dortmund 2016

Artin, E.: Einführung in die Theorie der Gammafunktion. Verlag B. G. Teubner, Leipzig 1931

AUTOSAR: Requirements on E2E Communication Protection. Document Identification No. 651, Classic Platform Release 4.3.1, 2017

Barlow, R. E.; Proschan, F.: Importance of Systems Components and Fault Tree Events. In: Stochastic Processes and their Applications, a journal devoted to the theory of stochastic processes and their applications in science and engineering, Vol. 3, North Holland Publ. Comp. 1975

Barlow, R. E.; Proschan, F.: Mathematical Theory of Reliability. John Wiley & Sons, New York 1965

Barlow, R. E.; Proschan, F.: Statistische Theorie der Zuverlässigkeit. Verlag Harri Deutsch Thun, Frankfurt/Main 1978

Bartneck, C.; Lütge, C.; Wagner, A. R.; Welsh, S.: Ethik in KI und Robotik. Carl Hanser Verlag, München 2019

Basquin O. H.: The exponential law of endurance test. In: Proc ATSM 10, 1910, S. 625 – 630

Bass, L.; Clements, P.; Kasman, R.: Software Architecture in Practice. 3. Auflage. Pearson Education, Upper Saddle River 2013

Bazovsky, I.: Reliability Theory and Practice. Prentice Hall Inc., Englewood Cliffs, New York 1962

Beichelt, F.: Stochastik für Ingenieure. Teubner Verlag, Stuttgart 1995

Beichelt, F.: Stochastische Prozesse für Ingenieure. Springer Fachmedien, Wiesbaden 1997. Ursprünglich erschienen bei Teubner Verlag, Stuttgart 1997

Belyaev, Y. K.; Kahle, W.: Methoden der Wahrscheinlichkeitsrechnung und Statistik bei der Analyse von Zuverlässigkeitsdaten. Teubner Verlag, Stuttgart 2000

Bertsche, B.; Lechner, G.: Zuverlässigkeit im Maschinenbau. 2. Auflage. Springer Verlag, Berlin 1999

Bertsche, B.; Lechner, G.: Zuverlässigkeit im Fahrzeug und Maschinenbau. 3. Auflage. Springer Verlag, Berlin 2004

Bertsche, B.; Göhner, P.; Jensen, U.; Schinköthe, W.; Wunderlich, H.-J.: Zuverlässigkeit mechatronischer Systeme- Grundlagen und Bewertung in frühen Entwicklungsphasen. Springer Verlag, Berlin 2009

Betriebssicherheitsverordnung (BetrSichV): Verordnung über Sicherheit und Gesundheitsschutz bei der Verwendung von Arbeitsmitteln, 2015

Black, J. R.: Electromigration – A Brief Suvey and Some Recent Results. IEEE Transaction on Electronic Devices, 1969

Black, J. R.: Physics of Electromigration. In: Reliability Physics Symposium, 12th Annual, 1974

Bieri, E.: Die Menschlichkeit in unserer technischen Zivilisation. Siemens-Aktiengesellschaft, Berlin 1980

Biewer, B.: Fuzzy-Methoden. Springer Verlag, Berlin 1997

Binfet-Kull, M.: Entwicklung einer Steer-by-Wire-Architektur nach zuverlässigkeits- und sicherheitstechnischen Vorgaben. Dissertation. Bergische Universität Wuppertal 2001

Birnbaum, Z. W.: On the importance of different components in a multicomponent system. In: *Krishnaiah, P. R.:* Multivariate Analysis II. Academic Press, New York 1969

Birolini, A.: Qualität und Zuverlässigkeit technischer Systeme. 3. Auflage. Springer Verlag, Berlin 1991

Bishop, C. M.: Neuronal Networks for Pattern Recognition. Clarendon Press, Oxford 1996

Böhme, G.: Fuzzy-Logic: Eine Einführung in algebraische und logische Grundlagen. Springer Verlag, Berlin 1993

Bölkow, L.: Systemtechnik heißt Verhalten vorhersehen. In: VDI Nachrichten, Nr. 26, 1982

Börcsök, J.: Funktionale Sicherheit – Grundzüge sicherheitstechnischer Systeme. 5. Auflage. Hüthig GmbH & Co KG, Heidelberg 2021

Bothe, H.-H.: Fuzzy-Logic – Einführung in Theorie und Anwendung. 2. Auflage. Springer Verlag, Berlin 1995

Bothe, H.-H.: Neuro-Fuzzy-Methoden. Springer Verlag, Berlin 1998

Bosch-Gruppe: Qualitätsmanagement in der Bosch-Gruppe, Technische Statistik. Auswertung von Felddaten, Nr. 6, Ausgabe 2, 2021

Bowles, J. B.; Pelaez, C. E.: Application of Fuzzy Logic to Reliability Engineering. In: Proceedings of the IEEE, Vol. 83, Nr. 83, 1995

Braasch, A.; Hübner, H.-J.: Analyse von Feldfehlerdaten und deren praktische Anwendung zur Bestimmung von Endbevorratungsmengen. 2. Fachtagung Qualität im Automobil, München, 03. – 04. Juli 2007

Braasch, A.; Specht, M.; Meyna, A.; Hübner, H.-J.: An approach to analysis software failure behavior of automotive telecommunication systems. Tagungsband ESREL '07. Taylor & Francis Group, London 2007

Braasch, A.; Althaus, D.; Meyna, A.: Influence of the mileage distribution on reliability prognosis models. Tagungsband ESREL '08. Taylor & Francis Group, London 2009

Braasch, A.; Althaus, D.; Meyna, A.: Importance of regarding the fiels failure behaviour of automotive components. Tagungsband ESREL '09. Taylor & Francis Group, London 2009

Braasch, A.: Zuverlässigkeitsprognosemodelle im Bereich der mobilen Telekommunikation. Dissertation. Bergische Universität Wuppertal 2011

Braasch, A.; Meyna, A.: Zuverlässigkeitsprognosemodell zur Optimierung der Wirtschaftlichkeit. In: Zeitschrift für die gesamte Wertschöpfungskette Automobilwirtschaft (ZfAW), Nr. 4, FAW Verlag, Bamberg 2008

Brockhaus: Enzyklopädie. 18. Auflage. Mannheim 1993

Brunner, F. J.: Wirtschaftlichkeit industrieller Zuverlässigkeitssicherung. Vieweg Verlag, Wiesbaden 1992

Brunner, F. J.: Japanische Erfolgskonzepte. Carl Hanser Verlag, München 2008

Brunner, F. J.; Wagner, K. W.: Taschenbuch Qualitäts-Management. 4. Auflage. Carl Hanser Verlag. München 2008

BSI Group: Was ist eine Norm? Wie funktionieren Normen? *https://www.bsigroup.com/de-DE/Normen/ Informationen-zu-Normen/Was-ist-eine-Norm* (abgerufen am 17. 01. 2023)

Buchner, B.: Datenschutz im vernetzten Automobil. In: Datenschutz und Datensicherheit -DuD, Vol. 6, 2015

Bundesbeauftragter für den Datenschutz und die Informationsfreiheit: Vernetzte Fahrzeuge - Datenschutz im Auto. Bonn 2020

Bundesdatenschutzgesetz, 2018

Bundesgerichtshof (BGH): Urteil vom 10.03.1987 - VI ZR 144/86

Bundesgerichtshof (BGH): Urteil vom 03.02.2004 - VI ZR 95/03

Bundesgerichtshof (BGH): Urteil vom 16.06.2009 - VI ZR 107/08

Bundesgerichtshof (BGH): Urteil vom 24.05.2013 - V ZR 182/12

Bundesverband Digitaler Wirtschaft (BVDW) e. V.: Connected Cars, Wertschöpfungspotential 2020. Berlin 2016

Bundesverfassungsgericht (BVerfG): 1 BvR 2074/05 und 1 BvR 2054/07. Urteil vom 11.03.2008. Karlsruhe 2008

Bundesverwaltungsgericht (BVerwG): Beschluss vom 08.08.1978 - 2 BvL 8/77

Bundesverwaltungsgericht (BVerwG): Beschluss vom 30.09.1996 - 4 B 175/96

Bürgerliches Gesetzbuch (BGB): § 823 Schadensersatzpflicht. 90. Auflage. Beck-Texte im dtv, 2022

Chinese Standard: Reliability prediction handbook for electronic equipment, GJB/Z 299B-1998

Coffin, L. F.: A study of the effects of cyclic thermal stresses on a ductile metal. In: Trans. ASME, 76(6), 1954, pp. 931–950

Cox, D. R.: Erneuerungstheorie. R. Oldenbourg Verlag, München 1966

D'Agostino, R. B.: Linear Estimation of Weibull Parameters. In: Technometrics, Vol. 13, 1971

Dai, Y.: An application of an artificial neural network to reliability screen classification from noise measurement. In: Microelectronics Reliability, Vol. 33, No. 4, 1993, pp. 451–453

Delonga, M.: Zuverlässigkeitsmanagementsystem auf Basis von Felddaten. Dissertation. Universität Stuttgart 2007

Dessauer, F.: Streit um die Technik. Verlag Josef Knecht, Frankfurt a. M. 1956

destatis.de: Gestorbene: Deutschland, Jahre, Geschlecht, Altersjahre. *https://www-genesis.destatis.de/genesis//online?operation=table&code=12613-0003&bypass=true&levelindex=0&levelid=1614345891960#abreadcrumb* (abgerufen am 17.01.2023)

Deutsche Risikostudie Kernkraftwerke. Herausgegeben vom Bundesminister für Forschung und Technologie, Bonn 1980. Verlag TÜV Rheinland GmbH, Köln 1980

Deutsches Institut für Normung (DIN): DIN - kurz erklärt. 2023. *https://www.din.de/de/ueber-normen-und-standards/basiswissen* (abgerufen am 17.01.2023)

Diestel, R.: Graphentheorie. 3. Auflage. Springer Verlag, Berlin 2006

DIN 50100: Schwingfestigkeitsversuch-Durchführung und Auswertung von zyklischen Versuchen mit konstanter Lastamplitude für metallische Werkstoffproben und Bauteilen. Ausgabe 2016-12 (siehe auch ASTM E66-15, ISO 1099, DIN EN 6072)

DIN 820-1: Normungsarbeit. Ausgabe 2022-12

DIN EN 60300: Zuverlässigkeitsmanagement. Ausgabe 2021

DIN EN 61508: Funktionale Sicherheit sicherheitsbezogener elektrischer/elektronischer/programmierbarer elektrischer Systeme. Ausgabe 2022-02

DIN ISO 10007: Qualitätsmanagement - Leitfaden für Konfigurationsmanagement. Ausgabe 2017

Dodson, B.: Weibull Analysis. In: American Society for Quality (ASQ), Quality Press, Milwaukee 1994

Dold, A.: Implementation of Requirements From ISO 26262 in the Development of E/E Components and Systems - Challenges & Approach. Automotive Electronics and Electrical Systems Forum 2008, Stuttgart

Dombrowski, E.: Einführung in die Zuverlässigkeit elektronischer Geräte und Systeme. AEG-Telefunken, Berlin 1970

Döring, M.: Optimierung und vage Daten im Entwicklungsprozess. Dissertation. Bergische Universität Wuppertal 2003

Dubi, A.: Monte Carlo Applications in Systems Engineering. John Wiley & Sons, New York 2000

Dubois, D.; Prade, H.: Fuzzy Sets and Systems: Theory and Applications. Academic Press, New York 1980

Dugan, J. B.; Watterson, J. W.: Reliability analysis of artificial neural networks. Annual Reliability and Maintainability Symposium, 1991

Ebert, C.; Metzker, E.: Integrierte Entwicklung von Safety- und Security-Anforderunge. In: OBJEKTspektrum, Online Themenspecial Requirements Engineering, 2015

Eckel, G.: Bestimmung des Anfangsverlaufs der Zuverlässigkeitsfunktion von Automobilteilen. In: Qualität und Zuverlässigkeit, Ausgabe 22, Carl Hanser Verlag, München 1977

Edler, A.: Nutzung von Felddaten in der qualitätsgetriebenen Produktentwicklung und im Service. Dissertation. Technische Universität Berlin 2001

Einstein, A.; Born, M.: Briefwechsel 1916–1955. Rowohlt Taschenbuchverlag, Reinbek 1972

Endreß, C.; Petersen, N.: Die Dimensionierung des Sicherheitsbegriffs. In: *Bundeszentrale für Politische Bildung (Hrsg.):* Dossier Innere Sicherheit. Bonn 2012

Ensthaler, J.; Müller, S.; Symantschke, S.: Technologie- und technikorientiertes Unternehmensrecht. In: Betriebs Berater (BB) 2638 (Heft 49), Berlin, 2008

Ericson, C. A.: Fault Tree Analysis – A History. System Safety Conference, 1999

Escobar, L. A.; Meeker, W. Q.: A Review of Accelerated Test Models. In: Statistical Science, Bd. 21, Nr. 4, Institute of Mathematical Statistics, 2006

Etzkorn, J.: Suppliers, SPICE & Beyond – A decade's experience report. VDA Automotive SYS Conference. Berlin 2011

Evans, D. H.: Probability and its Applications for Engineers. Marcel Dekker, New York 1992

Evans, J. W.; Evans, Y. (Hrsg.): Product Integrity and Reliability in Design. Springer Verlag, London 2001

Eyring H.; Lin S. H.; Lin, S. M.: Basic Chemical Kinetics. John Wiley & Sons, New York 1980

Fachtagung Technische Zuverlässigkeit: Entwicklung und Betrieb zuverlässiger Produkte. 26. Fachtagung 2013, Leonberg bei Stuttgart. VDI-Bericht 2210, VDI Verlag, Düsseldorf

Fahrmeir, L.; Künstler, R.; Pigeort, I.; Tutz, G.: Statistik. 6. Auflage. Springer Verlag, Berlin 2007

Fahrmeir, L.; Kneib, T.; Lang, S.: Regressio. Modelle, Methoden und Anwendungen. Springer Verlag, Berlin 2007

Feller, W.: An Introduction to Probability Theory and its Applications. Volume I + II. John Wiley & Sons. New York 1966

Fisher, R. A.; Tippett, L. H. C.: Limiting forms of the frequency distribution of the largest or smallest member of a sample. In: Proceedings of the Cambridge Philosophical Society, Vol. 24, 1928

Ford Motor Company: Potential Failure Mode and Effects Analysis in Design (Design FMEA) and for Manufacturing and Assembly Processes (Process FMEA). Instruction Manual. 1988

Frey, H.: Computerorientierte Methodik der Systemzuverlässigkeits- und Sicherheitsanalyse. Dissertation. ETH-Zürich 1973

Fritz, A.: Berechnung und Monte-Carlo-Simulation der Zuverlässigkeit und Verfügbarkeit technischer Systeme. Dissertation. Universität Stuttgart. Zugleich: Berichte aus dem Institut für Maschinenelemente Nr. 94, 2001

Fritz, A.; Krolo, A.; Bertsche, B.: Analysis of Warranty Data for the Prediction of the Early-Failure Behavior of Automotive Systems. In: Proceeding of ESREL 2000, SARS and SRA-Europe Annual Conference, Edinburgh, 2000

Gaede, K.-W.: Zuverlässigkeit-Mathematische Modelle. Carl Hanser Verlag, München 1977

Gebauer, D. J.: Ein modellbasiertes, graphisch notiertes, integriertes Verfahren zur Bewertung und zum Vergleich von Eletrik/Elektronik-Architekturen. Dissertation. Karlsruher Institut für Technologie (KIT) 2016

Gebhardt, V.; Rieger, G. M.; Mottok, J.; Gießelbach, C.: Funktionale Sicherheit nach ISO 26262. Ein Praxisleitfaden zur Umsetzung. dpunkt Verlag, Heidelberg 2013

Gentle, J. E.: Random Number Generation and Monte Carlo Methods. Springer Verlag, New York 1998

Gladston, S.; Laidler, K. J.; Eyring, H.: The Theory of Rate Processes: The Kinetics of Chemical Reactions, Viscosity, Diffusion and Electromechical Phenomena. McGraw-Hill Book Co. Inc., New York 1941

Glesstone, S.; Laidler, K. J.; Eyring, H.: The Theory of Rate Processess. McGraw-Hill Book Co. Inc., New York 1942

Gnedenko, B. W.: Sur la distribution limite du terme maximum d'une série aléatoire. In: Annals of Mathematics, Vol. 44, 1943

Gnedenko, B. W.; Beljajew, J. K.; Solowjew, A. D.: Mathematische Methoden der Zuverlässigkeitstheorie. Band 1 & 2. Akademie Verlag, Berlin 1968

Gnedenko, B. W.; Pavlov, J.; Ushakov, J.: Statistical Reliability Engineering. John Wiley & Sons, New York 1999

Görke, W.: Zuverlässigkeitsprobleme elektronischer Schaltungen. BI-Taschenbuch 820/820a, Bibliographisches Institut, Mannheim, 1969

Graf, U.; Henning, H. J.; Stange, K.; Wilrich, P.-T.: Formeln und Tabellen der angewandten mathematischen Statistik. 3. Auflage. Springer Verlag, Berlin 1987

Grande, M.: 100 Minuten für Anforderungsmanagement. Springer Verlag, Berlin 2011

Grapentin, J.: Vertragsschluss und vertragliches Verschulden beim Einsatz von Künstlicher Intelligenz und Softwareagenten. Dissertation. Universität Hamburg 2018

Green, A. E.; Bourne, A. J.: Reliability Technology. John Wiley & Sons, New York 1977

Greenberg, A.: After Jeep Hack, Chrysler Recalls 1.4M Vehicles for Bug Fix. Wired.de, 24. Juli 2015. https://www.wired.com/2015/07/jeep-hack-chrysler-recalls-1-4m-vehicles-bug-fix (abgerufen am 17.01.2023)

Greenberg, A.: Hackers Remotely Kill a Jeep on the Highway – With Me in It. Wired.de, 21. Juli 2015. https://www.wired.com/2015/07/hackers-remotely-kill-jeep-highway (abgerufen am 17.01.2023)

Groß, K.: Entwicklung einer Schädigungsfunktion zur Prognose der Sicherheit alternder Klebverbindungen in Abhängigkeit von Temperatur, Feuchtigkeit und mechanischer Belastung. Dissertation. Universität Kaiserslautern 2019

Günes, M.; Hamdan, M.; Klug, M.: Gewährleistungsmanagement. Carl Hanser Verlag, München 2018

Gumbel, E. J.: Statistics of Extremes. Columbia University Press, New York 1958

Haasl, D. F.: Advanced Concepts in Fault Tree Analysis. Safety Symposium, Seattle, WA, 1965

Haibach, E.: Betriebsfestigkeit. VDI Verlag, Düsseldorf 1989

Haibach, E.: Betriebsfestigkeit-Verfahren und Daten zur Bauteilberechnung. 3. Auflage. Springer Verlag, Berlin 2006

Haibach, E.: Modifizierte lineare Schadensakkumulationshypothese zur Berücksichtigung des Dauerfestigkeitsabfalls mit fortschreitender Schädigung. In: Technische Mitteilungen, Nr. TM 50/70, Labor für Betriebsfestigkeit, Darmstadt 1970

Han, S.-O.: Varianzbasierte Sensitivitätsanalyse als Beitrag zur Bewertung der Zuverlässigkeit adaptronischer Struktursysteme. Dissertation. Technische Universität Darmstadt 2011

Handwerkskammer für München und Oberbayern: Normen und technische Regeln – Zusammenhänge, Begriffe und Bedeutung. 2011

Hannach, T.: Ermittlung von Lebensdauergleichungen vom Coffin-Manson- und Morrowtyp für bleihaltige und bleifreie Weichlote durch Kombination von FE und Experiment. Dissertation. Technische Universität Berlin 2009

Harari, Y. N.: Homo Deus. Eine Geschichte von Morgen. C. H. Beck, Frankfurt 2017

Hartung, M.: Verfahren zur Erhöhung der Zuverlässigkeit und Verlängerung der Lebensdauer elektronischer Baugruppen durch dynamische Belastungsreduzierung während des Betriebes. Dissertation. Universität Rostock 2017

Härtler, G.: Statistische Methoden für die Zuverlässigkeitsanalyse. VEB Verlag Technik, Berlin 1983

Hartzell, A. L.; da Silva, M. G.; Shea, H. R.: MEMS Reliability. Springer Verlag, New York Dordrecht Heidelberg London 2011

Hauschild, J.; Meyna, A.: Monte Carlo Simulation for Automotive Applications under Real Conditions. In: Proceedings of ESREL, pp. 815–820, Gdynia-Sopot-Gdańsk, 2005

Hauschild, J.; Meyna, A.: Monte Carlo Techniques for Modelling & Analysing the Reliability and Safety of Modern Automotive Applications. In: Proceedings of ESREL, pp. 695–702, Estoril, 2006

Hauschild, J.; Meyna, A.: Die gewichtete Monte Carlo Simulation und ihre Anwendung im Bereich der Zuverlässigkeits- und Sicherheitsanalyse. VDI-Bericht 1984, Tagungsband TTZ. VDI Verlag, Düsseldorf 2007

Hauschild, J.: Beitrag zur Modellierung stochastischer Prozesse in der Sicherheits- und Zuverlässigkeitstechnik mittels Monte-Carlo-Simulation unter Berücksichtigung dynamischer Systemänderungen. Dissertation. Bergische Universität Wuppertal 2007

Hauschild, J.; Kazeminia, A.; Braasch, A.: Reliability prediction for automotive components using Real-Parameter Genetic Algorithm. Tagungsband ESREL '08. Taylor & Francis Group, London 2008

Haykin, S.: Neuronal Networks. A comprehensive Fundation. Macmillan College Publishing Company, New York 1994

Health and Safety Executive (HSE): Guidence health and safety at work. Liverpool 2003

Hebb, D.: The organization of behavior. John Wiley & Sons, New York 1949

Heidtmann, K.: Zuverlässigkeitsbewertung technischer Systeme. Teubner Verlag, Stuttgart 1997

Heinrich, J.; Müller, J.-S.; Plinke, F.; Horeis, T. F.; Decke, H.: State based availability analysis of hard- and software architectures using Monte Carlo Simulation under consideration of different failure modes and degradation models. Proceedings of the 29th European Safety and Reliability Conference. Research Publishing, Singapore 2019

Heinrich, J.; Plinke, F.; Braasch, A.: Zuverlässigkeitstechnische Absicherung automatisierter Verkehrssysteme mittels „fail-operational"-fähiger Bordnetzarchitekturen. Tagung „Automatisiertes Fahren", München 2019

Heitmann, P.: Beitrag zur Zuverlässigkeitsanalyse komplexer Systeme bei Ungewissheit am Beispiel eines autonom fahrenden Fahrzeuges. Dissertation. Bergische Universität Wuppertal 2004

Heise, W.; Halder, R.: Einführung in die Kombinatorik. In: *Heinhold, J. (Hrsg.):* Reihe: Mathematische Grundlagen für Mathematiker, Physiker und Ingenieure. Carl Hanser Verlag, München 1976

Hillenbrand, M.: Funktionale Sicherheit nach ISO 26262 in der Konzeptphase der Entwicklung von Elektrik/Elektronik Architekturen von Fahrzeugen. Dissertation. Karlsruher Institut für Technologie (KIT) 2011

Helmig, E.: ISO 26262 Funktionale Sicherheit in Personenfahrzeugen: Zur Verantwortlichkeit der Funktionalen Sicherheitsmanager. In: Zeitschrift zum Innovations- und Technikrecht (InTeR), 1/13, Deutscher Fachverlag GmbH, Frankfurt a. M. 2013

Hilbert, D.: Grundlagen der Geometrie. 8. Auflage. Teubner Verlag, Stuttgart 1956

Hillman, C.: White Paper: Why HALT is not HALT. 2012

Höfle-Isphording, U.: Zuverlässigkeitsrechnung. Springer Verlag, Berlin 1978

Höhn, H.; Sechser, B.; Dussa-Zieger, K.; Messnarz, R.: Software Engineering nach Automotive SPICE: Entwicklungsprozesse in der Praxis. Ein Continental-Projekt auf dem Weg zu Level 3. dpunkt Verlag, Heidelberg 2009

Hollander, M.; Proschan, F.: Testing to determine the underlying distribution using randomly censored data. In: Biometrics, 35, 1979, pp. 393 – 401

Horeis, T. F.; Heinrich, J.; Plinke, F.: A self-adapting reconfiguration process for the failure management of highly automated vehicles. In: Proceedings of the 32nd European Safety and Reliability Conference. Research Publishing, Singapore 2022

Howard, R. A.: Dynamik Probabilistic Systems. Volume I: Markov Models, Volume II: Semi-Markov- and Decision Processes. John Wiley & Sons, New York 1971

ISO/IEC/IEEE 12207: Systems and software engineering – software life cycle processes. 2017

ISO/IEC/IEEE 15288: System and software engineering – life cycle processes. 2015

ISO/PAS 21448:2022: Road vehicles – Safety of the intended functionality. 2022

IATF 16949: Qualitätsmanagement der Automobilindustrie. International Automotive Task Force (IATF), 15. September 2018

Jäger, T. A.: Zur Sicherheitsproblematik technologischer Entwicklungen. In: Qualität und Zuverlässigkeit, QZ, Heft 1, Carl Hanser Verlag, München 1974

Johnson, L. G.: The statistical treatment of fatigue experiments. Elsevier Publishing Company, Amsterdam/London/New York 1964

Jung, Ch.: Introduction in ISO WD 26262, ISO TC22 SC3 WG16 Functional Safety. 2006

Jung, Ch.: ISO CD 26262-Stand des Erreichten, Inhalte, Ausblicke. Tagung „Risikomanagement in der Automobilindustrie", 20. – 21. November 2008, Chiemsee. Tagungsband TÜV SÜD Akademie, München 2008

Jungnickel, D.: Graphen, Netzwerke und Algorithmen. 3. Auflage. B. Wissenschaftsverlag, Berlin 1994

Kain, T.; Horeis, T. F.; Heinrich, J.; Tompits, H.; Mehlhorn, M. A.: Ein Ansatz zur Wiederherstellung ausgefallener Hardwarekomponenten in Fail-Operational Architekturen (A Hardware Redundancy-Recovery Approach for Fail-Operational Architectures). Tagung „Technische Zuverlässigkeit", Leonberg 2021

Kaderali, F.; Poguntke, W.: Graphen Algorithmen Netze. Vieweg Verlag, Wiesbaden 1995

Kamarinopoulos, L.: Direkte und gewichtete Simulationsmethoden zur Zuverlässigkeitsuntersuchung technischer Systeme. Dissertation. Technische Universität Berlin 1972

Kamarinopoulos, L.: Ein Verfahren zur Berücksichtigung des Einflusses von Unsicherheiten der Komponentendaten auf die Zuverlässigkeitsmerkmale des Gesamtsystems. Institut für Kerntechnik, TU Berlin, Berlin 1976

Kandel, E. R.; Schwatz, J.; Jessel, Th.: Neurowissenschaften: Eine Einführung. Spektrum, Akademie Verlag, Heidelberg 1995

Kaplan, E.; Meyer, P.: Nonparametric estimation from incomplete observations. In: Journal of the American Statistical Association, No. 53, 1958

Kaufmann, A.; Grochko, D.; Cruon, R.: Mathematical Models for the study of the Reliability of Systems. Academic Press, New York 1977

Kinast, K.; Kühnl, C.: Telematik und Bordelektronik – Erhebung und Nutzung von Daten zum Fahrverhalten. In: Neue Juristische Wochenschrift (NJW), Vol. 67, Nr. 42, 2014

Klauda, M.: Automotive Safety and Security aus Sicht eines Zulieferers. Automotive – Safety & Security, Gesellschaft für Informatik, Bonn 2012

Kleppmann, W.: Taschenbuch Versuchsplanung. 6. Auflage. Carl Hanser Verlag, München 2009

Köchel, P.: Zuverlässigkeit technischer Systeme. VEB Fachbuchverlag, Leipzig 1983

Knepper, R.: Der Sicherheits- und Zuverlässigkeitsprozess in der zivilen Luftfahrtindustrie. VDI-Bericht 1546. VDI Verlag, Düsseldorf 2000

Knepper, R.: Die Anwendung der Semi-Markoff- und verwandten Prozesse als sicherheits- und zuverlässigkeitstechnisches Analyseverfahren zur quantitativen Bewertung technischer Systeme. Dissertation. Bergische Universität Wuppertal 1989. Zugleich: VDI-Fortschrittsberichte, Reihe 8, Nr. 198, VDI Verlag, Düsseldorf 1989

Knepper, R.; Meyna, A.; Peters, O.H.: Entwicklung und Implementierung eines Verfahrens zur Berechnung Semi-Markoffscher und verwandter Prozesse in der Sicherheitstechnik. Endbericht zum DFG-Projekt. Universität-Gesamthochschule Wuppertal 1987

Köck, D.: Lebensdauer von Optokopplern. Würth Elektronik, Waldenburg 2021

Kohlas, J.: Zuverlässigkeit und Verfügbarkeit. Teubner Verlag, Stuttgart 1987

Kuhlmann, A.: Einführung in die Sicherheitswissenschaft. Friedrich Vieweg & Sohn/Verlag TÜV Rheinland, Köln 1981

Kurczveil, T.: Technische Zuverlässigkeit: Bereitstellung von Zuverlässigkeitsdaten. Vorlesungsunterlagen TU Braunschweig, Institut für Verkehrssicherheit und Automatisierungstechnik. Braunschweig 2018

Kommission Arbeitsschutz und Normung: Rechtsprechung zu technischen Normen und normenähnlichen Dokumenten hinsichtlich ihrer Bedeutung für Sicherheit und Gesundheitsschutz, 2016

Konrad, E.: Zur Geschichte der Künstlichen Intelligenz in der Bundesrepublik Deutschland. Springer Verlag, Berlin 1998

Korzenietz, P.: Entwicklung einer funktionalen Redundanzstruktur für Assistenzsysteme zur energetischen Optimierung des Fahrzeugbetriebs. Dissertation. TU Darmstadt 2017

Labeau. P.E.: Monte Carlo Estimation of the Marginal Distributions in a Problem of Probabilistic Dynamics. In: Reliability Engineering and System Safety, Vol. 52, 1996, pp. 65 – 75

Lawless, J.F.: Statistical Models and Methods for Lifetime Data. John Wiley & Sons, New York 1982

Lees, F.P.: Loss Prevention in the Process Industries. Butterworths Verlag, London 1980

Lewis, E.E.: Monte Carlo Reliability Estimation. In: Proceedings of the International Conference on Mathematics and Computation 1, 1995, pp. 94 – 102

Lienig, J; Jerke, G.: Elektromigration. In: Elektronik, Jahrgang 110, Carl Hanser Verlag, München 2002

Liu, J.; Zenner, H.: Berechnung von Bauteilwöhlerlinien unter Berücksichtigung der statistischen und spannungsmechanischen Stützziffer. In: Materialwissenschaft und Werkstofftechnik, Nr. 26, 1995

Liu, M.C.; Kuo, W.; Sastri, T.: An exploratory study of a neural network approach for reliability data analysis. In: Quality and Reliability Engineering International, Vol. 11, 1995, pp. 107 – 112

Loebich, M.: How can vehicles manufacturers fit into the new connected car ecosystem? BearingPoint.com, 2023. *https://www.bearingpoint.com/en/our-success/thought-leadership/how-can-vehicle-manufacturers-fit-into-the-new-connected-car-ecosystem* (abgerufen am 17.01.2023)

Lorens, C.S.: Flow Graphs for the modeling and analysis of linear Systems. McGraw-Hill Bock Co. Inc., New York 1964

Lukasiewicz, J.: Aristotele's syllogistic: From the standpoint of modern formal logic. 2nd Edition. Clarendon Press, Oxford 1957

Lux, J.; Koblinger, L.: Monte Carlo particle transport methods: neutron and photon calculations. CRC Press, Boca Raton 1991

Luxhoj, J.T.; Shyur, H.-J.: Comparison of proportional hazards models and neuronal networks for reliability estimation. In: Journal of Intelligent Manufacturing, 8, 1997

Magility.com: Connected Cars – Zahlen, Fakten und Statistiken. 18. Mai 2018. *https://www.magility.com/connected-cars-zahlen-fakten-und-statistiken* (abgerufen am 17.01.2023)

Mamdani, E. H.; Assilian, S.: An experiment in linguistic synthesis with a fuzzy logic controller. In: International Journal of Man-Machine Studies, 7, 1975, pp. 1–13

Mann, N. R.; Schafer, R. E.; Singpurwalla, N. D.: Methods for Statistical Analysis of Reliability and Life Data. John Wiley & Sons, New York 1974

Manson, S. S.: Behaviour of materials under conditions of thermal stress. NACA Report No. 1170. U.S. Government Printing Office, Washington, D.C., 1954

Manson, S. S.: Fatigue: A Complex Subject – Some Simple Approximations. In: Experimental Mechanics, Band 5, Nr.7, Springer Journal, 1965

Marinell, G.; Steckel-Berger, G.: Einführung in die Bayes-Statistik – Optimaler Stichprobenumfang. R. Oldenbourg Verlag, München 1995

Marseguerra, M.; Zio, E.; Devought, J.; Labeau, P. E.: A Concept Paper on dynamic reliability via Monte Carlo Simulation. In: Mathematics and Computers in Simulation, 47, 1998, pp. 371–382

Martz, H. F.; Walter, Ray A.: Bayesian Reliability Analysis. John Wiley & Sons. New York 1982

Mason, S. J.: Feedback-Theory: Some Properties of Signal Flow Graphs. In: Proceedings of the Institute of Radio Engineers, Vol. 41, 1953

Mason, S. J.: Feedback-Theory – Further Properties of Signal Flow Graphs. Technical Report 303 of the Research Laboratory of Electronics. Massachusetts Institute of Technology, Cambridge, Massachusetts, 1955

MBB (Hrsg.): Technische Zuverlässigkeit. 3. Auflage. Springer Verlag, Berlin 1986

McCormick, N. J.: Reliability and Risk Analysis. Academic Press, New York 1981

McCulloch, W. S.; Pitts, W.: A Logical Calculus of the Ideas Immanent in Nervous Activity. In: Bulletin of Mathematical Biophysics, Vol. 5, 1943, pp. 115–133

McCandless, D.: Information is Beautiful: The Information Atlas. Collins, London 2012

McPherson, J. W.: Reliability Physics and Engineering: Time To Failure Modeling. Springer Verlag. New York/Dordrecht/Heidelberg/London 2010

Meadows, D. H.: Thinking in Systems. A Primer. Earthscan, London 2008

Meeker, W. Q.; Escobar, L. A.: Statistical Methods for Reliability Data. John Wiley & Sons, New York 1998

Meissner, F.; Shirokinskiy, K.; Alexander, M.: Computer on wheels – Disruption in Automotive Electronics and Semiconductors. Studie. Roland Berger GmbH 2020

Metropolis, N.; Ulam, S.: The Monte Carlo Method. In: Journal of the American Statistical Association, 44, 1949

Metz, P.: Automotive SPICE Capability Level 2 und 3 in der Praxis. Prozessspezifische Interpretationsvorschläge. dpunkt Verlag, Heidelberg 2016

Meyer, M.: Methoden zur Analyse von Garantiedaten für die Sicherheits- und Zuverlässigkeitsprognose von Komponenten und Baugruppen im Kraftfahrzeug. Dissertation. Bergische Universität Wuppertal 2003

Meyer, M.; Meyna, A.; Pauli, B.: Zuverlässigkeitsprognose für Kfz-Komponenten bei zeitnahen Garantiedaten. In: Automobiltechnische Zeitschrift (ATZ), Heft 3, Vieweg Verlag, Wiesbaden 2003

Meyer, M.; Meyna, A.; Pauli, B., Grodzicki, P.: Reliability Predicition for Automotive Components in Field Use. SAE Technical Paper 2002-01-2241, Society of Automotive Engineers Inc., Warrendale PA, USA, 2002

Meyna, A.: Einführung in die Sicherheitstheorie. Carl Hanser Verlag, München 1982

Meyna, A.: Zuverlässigkeitsbewertung zukunftsorientierter Technologien. Vieweg Verlag, Wiesbaden 1994

Meyna, A.; Heinrich, J.: Risikobewertung unterschiedlicher Umsetzungsszenarien des Überführens eines automatisch gesteuerten Fahrzeugs in den „risikominimalen Zustand". Forschungsprojekt FE 82.0570/2012. BAST, Bergische Gladbach 2016.

Meyna, A.; Knepper, R.: Analysemöglichkeiten Regenerativer Prozesse mit einigen Nicht-Regenerationszuständen am Beispiel eines Seriensystems mit Speichereinheit. Teil 1 in Automatisierungstechnik 37 (1989) 7. Teil 2 in Automatisierungstechnik 37 (1989)

Meyna, A.; Pauli, B.: Zuverlässigkeitstechnik: Quantitative Bewertungsverfahren. 2. Auflage. Carl Hanser Verlag. München 2010

Middendorf, A.: Lebensdauerprognostik unter Berücksichtigung realer Belastungen am Beispiel von Bondverbindungen bei thermomechanischen Wechselbeanspruchungen. Dissertation. Technische Universität Berlin 2010

Military Handbook 217 Rev. F (Notice 2): Reliability Prediction of Electronic Equipment. US Department of Defense, 1995

Miner, M. A.: Cumulative Damange in Fatigue. In: Journal of Applied Mechanics, Vol. 67, A159 – A164, 1945

Mishra, S.; Pecht, M.: Remaining Life Prediction of Electronic Products Using Life Consumption Monitoring Approach. In: Proceedings International Symposium on Microelectronics, IMAPS, Denver 2002

Misra, K. B.: Reliability Analysis and Prediction. Elsevier, Amsterdam 1992

Misra, K. B.; Soman, K. P.: Multi State Fault Tree Analysis Using Fuzzy Probability Vectors and Resolution Identy. In: *Onisawa, T.; Kacprzyk, J.:* Reliability and Safety Analyse under Fuzziness. Physika Verlag, Heidelberg 1995

Misra, K. B.: Reliability Analysis and Prediction: A Methodology Oriented Treatment. Elsevier Science Ltd., Amsterdam/Oxford/New York/Tokyo 1992

Misra, K. B.; Weber, G. G.: A new method for fuzzy fault tree analysis. In: Microelectronics Reliability, Vol. 29, No. 2, Pergamon Press, Great Britain, 1989, pp. 195–216

Misra, K. B.; Weber, G. G.: Use of fuzzy set theory for level-1 studies in probabilistic risk assessment. In: Fuzzy Sets and Systems, Vol. 37, Elsevier Science Publishers B. V., North-Holland, 1990, pp. 139 – 160

Modarres, M.; Kaminskiy, M.; Krivtsov, V.: Reliability Engineering and Risk Analysis. Marcel Dekker, New York 1999

Mohr, P. M.: Technische Normen und freier Warenverkehr in der EWG. In: Kölner Schriften zum Europarecht, Bd. 38, Köln 1988

Monjan, D.: Rechnersysteme. Vorlesung WS 1995/96. Lehrstuhl für Rechnersysteme, TU-Chemnitz-Zwickau, Fakultät für Informatik

Müller, M.; Hörmann, K.; Dittman, L.; Zimmer, J.: Automotive SPICE in der Praxis. Interpretationshilfe für Anwender und Assessoren. 2. Auflage. dpunkt Verlag, Heidelberg 2016

Nauck, D.; Klawonn, F.; Kruse, R.: Neuronale Netze und Fuzzy-Systeme. Vieweg Verlag, Wiesbaden 1994

Nelson, W.: A Bibliography of Accelerated Test Plans. In: IEEE Transactions on Reliability, Vol. 54, No. 2, 2005

Nelson, W.: Applied Life Data Analysis. John Wiley & Sons, New York 1982

Nelson, W.: Accelerated Testing: Statistical Models, Test Plans, and Data Analyses. John Wiley & Sons, New York 1990

Neumann, K.: Operations-Research-Verfahren III: Graphentheorie; Netzplantechnik. Carl Hanser Verlag, München 1975

Nietzsche, F.: Also sprach Zarathustra. Band 1/2, 1883. Band 3, Verlag Schmeitzner, Chemnitz 1884. Band 4, Verlag Neumann, Leipzig 1891

O'Connor, P.: Zuverlässigkeitstechnik. Grundlagen und Anwendungen. VCH Verlagsgesellschaft, Weinheim 1990

Offshore & Onshore Reliability Data (OREDA): https://www.oreda.com/more-details

Oszwald, F.: Dynamische Rekonfigurationsmethodik für zuverlässige, echtzeitfähige Eingebettete Systeme in Automotive. Dissertation. Karlsruher Institut für Technologie (KIT) 2021

Page, L. B.; Perry, J. E.: Reliability of Networks of Three State Devices. In: Microelectronics and Reliability, Vol. 27, No. 1, 1987

Palgren, A.: Die Lebensdauer von Kugellagern. In: Zeitschrift des Vereins Deutscher Ingenieure (VDI), Vol. 68, No. 14, 1924, S. 339 – 341

Palmgren, A.: Grundlagen der Wälzlagertechnik. Franckh'sche Verlagshandlung, Stuttgart 1950

Pao, Y. H.: Adaptive Pattern Recognition and Neuronal Networks. Addison-Wesley Verlag, Reading/Boston 1989

Pauli, B.: Risikobewertung (Teil 1): Eine statistische Methode zur Erkennung des Ausfallverhaltens von Kfz-Komponenten im Feldeinsatz. In: Automobiltechnische Zeitschrift (ATZ), Nr. 103, Vieweg Verlag, Wiesbaden 2001

Pauli, B.: Risikobewertung (Teil 2): Statistische Risikoabschätzung in Abhängigkeit des Ausfallverhaltens von Kfz-Komponenten. Automobiltechnische Zeitschrift (ATZ), Heft 4 und Heft 6, Vieweg Verlag, Wiesbaden 2001

Pauli, B.: Zusammenhänge zwischen Reliability, Safety und Security. In: Automobiltechnische Zeitschrift (ATZ), Vol. 12, Springer Fachmedien GmbH, Wiesbaden 2017

Pauli, B.: Zuverlässigkeitsprognosen für elektronische Steuerungsgeräte in Kraftfahrzeugen. Dissertation. Bergische Universität Wuppertal 1997. Zugleich: Shaker Verlag, Aachen

Pauli, B.; Meyna, A.: Zuverlässigkeitsprognosen für Kfz-Komponenten bei unvollständigen Daten. In: Automobiltechnische Zeitschrift (ATZ), Nr. 102, Vieweg Verlag, Wiesbaden 2000

Pearson, E. S.; Hartley, H. O.: Biometrika tables for statisticians, I, II. Cambridge University Press, Cambridge 1970

Peck, D. S.: Comprehensive Model for Humidity Testing Correlation. 3646 Highland St., Allentown, PAA 18204, IEEE/IRPS, 1986

Peláez, E.; Bowles, J. B.: Using Fuzzy Logic for System Criticality Analysis. Proceedings of the Annual Reliability and Maintainability Symposium, 1994, pp. 449 – 455

Peters, O.; Meyna, A.: Handbuch der Sicherheitstechnik. Band 1 und 2. Carl Hanser Verlag. München 1985 und 1986.

Pham, H. (Hrsg.): Handbook of Reliability Engineering. Springer Verlag, Berlin 2003

Pieruschka, E.: Principles of Reliability. Prentice-Hall, Inc., Englewood Cliffs, New York, 1963

Planck, M.: Dynamische und stochastische Gesetzmäßigkeit. Rede gehalten bei der Feier zum Gedächtnis des Stifters der Berliner Frierich-Wilhelm-Universität (03. 08. 1914). Verlag von Johann Ambrosius Barth, Leipzig 2014

Plinke, F.; Braasch, A.; Althaus, D.; Meyna, A.: Anwendung der Monte-Carlo-Simulation zur Bestimmung der Zuverlässigkeit komplexer Systeme in der frühen Entwicklungsphase basierend auf Blockschaltbildern am Beispiel eines Bremssystems. 25. Fachtagung Technische Zuverlässigkeit 2011, Leonberg. Veröffentlicht in: Entwicklung und Betrieb zuverlässiger Produkte, VDI-Berichte 2146, VDI Verlag GmbH, Düsseldorf 2011

Plinke, F.: Beitrag zur Weiterentwicklung der zuverlässigkeitstechnischen Sensitivitäts- und Ausfallanalyse mittels Monte-Carlo-Simulation. Dissertation. Bergische Universität Wuppertal 2015

Plinke, F.; Althaus, D.; Horeis, T. F.: State-based safety and availability analysis of redundant autonomous driving applications in complex hard- and software architectures. 3rd VDA Automotive SYS Conference, Shanghai, 2020

Plinke, F.; Heinrich, J.; Horeis, T. F.; Müller, J.-S.; Decke, H.: Reliability methods and procedures for failure management and system reconfiguration in safety critical autonomous driving applications. In: Proceedings of the 30th European Safety and Reliability Conference, Research Publishing, Singapore, 2020

Produkthaftungsgesetz (ProdHaftG): §1 Haftung. Berlin, Stand 2017

Ratzinger, J.: Sicherheit im Aspekt der Sozialethik. III. GfS-Sommer-Symposium, 25.–27. Mai 1981, München

Raue, S.: Systemorientierung in der modellbasierten modularen E/E-Architekturentwicklung. Dissertation. Universität Tübingen 2018

Ravichandran, N.: Stochastic Methods in Reliability Theory. John Wiley & Sons, New York 1990

Reichelt, C.: Rechnerische Ermittlung der Kenngrößen der Weibull-Verteilung. In: Fortschritt-Berichte VDI, Reihe 1, Nr. 56, VDI Verlag, Düsseldorf 1978

Reinschke, K.: Zuverlässigkeit von Systemen. Band 1 und 2. Verlag Technik, Berlin 1973

Reinschke, K.; Usakov, I. A.: Zuverlässigkeitsstrukturen. R. Oldenbourg Verlag, München 1988

Reuschlaw Legal Consultants. Berlin 2017. https://www.reuschlaw.de

Rinne, H.; Mittag, H.-J.: Statistische Methoden der Qualitätssicherung. Carl Hanser Verlag, München 1989

Robert Bosch GmbH: Bosch Autoelektrik und Autoelektronik: Bordnetze, Sensoren und elektronische Systeme. 5. Auflage. Vieweg Verlag, Wiesbaden 2010

Robert Bosch GmbH: Qualitätsmanagement in der Bosch-Gruppe. Technische Statistik Nr. 6. Auswertung von Felddaten. Ausgabe 3.2021

Rojas, R.: Theorie der neuronalen Netze. Eine systematische Einführung. Springer Verlag, Berlin 1993

Rosenblatt, F.: The perceptron: A probalistic model for information storage and organization in the brain. In: Psychological Review, Vol. 65, 1958, pp. 386–408

Ross, H. L.: Funktionale Sicherheit im Automobil. Carl Hanser Verlag, München 2014

Rumelhart, D. E.; Hinton, G. E.; Williams, R. J.: Learning representations by back-propagating errors. In: Nature, Vol. 323, 1986

Schäufelle, J.; Zurowka, T.: Automotive Software Engineering. Grundlagen, Prozesse, Methoden und Werkzeuge effizient einsetzen. 3. Auflage. Vieweg Verlag, Wiesbaden 2006

Schenkelberg, F.: The Eyring Model for Accelerated Testing. Accendo Reliability – Illuminated Reliability Engineering Knowledge. https://accendoreliability.com/eyring-model (abgerufen am 16.01.2023)

Schilling, S. J.: Beitrag zur dynamischen Fehlerbaumanalyse ohne Modulbildung und zustandsbasierte Erweiterungen. Dissertation. Bergische Universität Wuppertal 2009

Schlummer, M.; Meyna. A.: Risikoanalyse in der Automobilindustrie. In: Zeitschrift für die gesamte Wertschöpfungskette Automobilwirtschaft (ZfAW), 10. Jahrgang (2007), Heft Nr. 2, FAW Verlag, Bamberg

Schlummer, M.: Beitrag zur Entwicklung einer alternativen Vorgehensweise für eine Proven-in-Use Argumentation in der Automobilindustrie. Dissertation. Bergische Universität Wuppertal 2012

Schneeweiss, W. G.: Die Fehlerbaummethode. Lilole Verlag, Hagen 1999

Schneeweiss, W. G.: Boolean Functions with Engineering Applications and Computer Programs. Springer Verlag, Berlin 1989

Schneeweiss, W. G.: Zuverlässigkeitstechnik: von den Komponenten zum System. 2. Auflage. Datakontext Verlag, Köln 1992

Scholz, D.: Flugzeugsysteme. In: *Horst, P.; Rossow, C.; Wolf, K. (Hrsg.):* Handbuch der Luftfahrzeugtechnik. Carl Hanser Verlag. München 2014 (siehe auch Skript zur Vorlesung „Flugzeugsysteme", Hochschule für Angewandte Wissenschaften Hamburg, 2013)

Schreiner, M.: Stochastische Modellierung des Gewährleistungsrisikos in der Automobilzuliefererindustrie. Dissertation. Technische Universität Graz 2012

Schrüfer, E.: Zuverlässigkeit von Meß- und Automatisierungseinrichtungen. Carl Hanser Verlag, München 1984

Schultz, W.; Gottesfeld, S.: Frequently asked questions about PEM reliability. Conference Paper, Florida LOG '98 with PEM Consortium Conference, 06.–07. Februar 1998

Schwab, F.: Symphonie der Steuerung. https://www.porsche.com/germany/aboutporsche/christophorus magazine/archive/370/articleoverview/article07 (abgerufen am 17.01.2023)

Schweizerischer Verband der Strassen- und Verkehrsfachleute (VSS): Zürich, Schweiz

Schweizerischer Verband der Strassen- und Verkehrsfachleute (VSS): Normung und Recht – der rechtliche Status von Normen. 2013

Sejnowski, T. J.: The book of Hebb. In: Neuron, No. 24, pp. 773–776, 1999

Seraphin, M.: Neuronale Netze und Fuzzy-Logik. Franzis Verlag, München 1996

Shannon, C. E.: A Mathematical Theory of Communication. In: Bell System Technical Journal, Vol. 27, pp. 379–423 & 623–656, 1948

Shoomann, M. L.: Probabilistic Reliability: An Engineering Approach. Robert E. Krieger Publishing Company, Malabar, Florida, 1990

Sinha, S. K.: Reliability and Life Testing. John Wiley & Sons, New York 1986

Smirnov, F.: Design and Evaluation of Ethernet-based E/E Architectures for Latency- and Safety-critical Applications. Dissertation. Universität Erlangen-Nürnberg 2016

Society of Automotive Engineers, Inc. (SAE) (Hrsg.): Automotiv Electronic Reliability Handbook. Warrendale, Pensylvania, 1987

Society of Automotive Engineers, Inc. (SAE): Aerospace Recommended Practice (ARP 4761 Safety Assessment Processes). Major Revision. 2018

Soman, K. P.; Misra, K. B.: Fuzzy fault tree analysis using resolution identity. In: The Journal of Fuzzy Mathematics, Vol. 1, 1993, pp. 193–212

Steinbuch, K.: Zur Akzeptanz von Risiken in der modernen Zivilisation. I. GfS-Sommer-Symposium. Gesamthochschule Wuppertal 1979

Steinkühler, S.: Die zunehmende Bedeutung der Erprobungsklausel in der Schadenabwicklung. In: VersicherungsPraxis, 4/2010

Störmer, H.: Mathematische Theorie der Zuverlässigkeit. R. Oldenbourg Verlag, München 1970

Störmer, H.: Semi-Markoff-Prozeß mit endlichen vielen Zuständen. Springer Verlag. Berlin 1970

Strasser, F.; Eherer, C.; Ptzer, H.; Wolf, M.: Synergetic Safety and Security Engineering – Improving Efficiency and Dependability. 8th escar Embedded Security in Cars conference 2010

Spengler, O.: Der Mensch und die Technik. C. H. Beck'sche Verlagsbuchhandlung, München 1931

Suliman, M.; Manzoul, M. A.: Neuronal Network Realization of Markov Reliability and Fault-Tolerance Models. In: Microelectronics Reliability, Vol. 31, No. 1, 1991, pp. 141–147

Tanaka, H.; Fan, L. T.; Lai, F. S.; Toguchi, K.: Fault Tree Analysis by Fuzzy Probability. In: IEEE Transactions on Reliability, Vol. 32, No. 5, 1983

Telcordia: Reliability Prediction Procedure for Electronic Equipment. Ericsson Information Superstore, Document Number SR-332, March 2016, Stockholm

Theil, N.: Einfluss von Überlasten auf die Langzeitfestigkeit. Dissertation. Montanuniversität Leoben 2016

Thierbach, R.: HALT – Highly Accelerated Life Test. Vortrag. Technische Universität Dresden, 01. Juni 2008

Traeger, D. H.: Einführung in die Fuzzy-Logic. Teubner Verlag, Stuttgart 1994

Trivadi, K. S.: Probability & Statistics with Reliability Queuing, and Computer Science Applications. Prentice Hall, New York, 1982.

Uhrig, R. E.: Artificial neural networks and potential applications to nuclear power plants. Conference on Structural Machanics in Reactor Technology, Stuttgart 1993

Ungermann, J.: Zuverlässigkeitsnachweis und Zuverlässigkeitsentwicklung in der Gesamtfahrzeugerprobung. Dissertation. ETH Zürich 2009

Ushakov, J. A.: Handbook of Reliability Engineering. John Wiley & Sons, New York 1994

Vajen, H.: Untersuchung des Einflusses praxisnaher Erprobungsbedingungen auf die Schwingfestigkeit von Bauteilen des Common-Rail-Dieseleinspritzsystems. Dissertation. Universität Stuttgart 2014

van Mahnen, J.: Beitrag zur neuronalen Schätzung von Verteilungsparametern in der technischen Zuverlässigkeit. Dissertation. Universität Wuppertal 1998. Zugleich: Fortschritt-Berichte VDI, Reihe 20, Rechnergestützte Verfahren, Nr. 269, VDI Verlag, Düsseldorf 1998

Vajen, H.: Untersuchung des Einflusses praxisnaher Erprobungsbedingungen auf die Schwingfestigkeit von Bauteilen des Common-Rail-Dieseleinspritzsystem. Dissertation. Universität Stuttgart 2014

VDMA 66413: Funktionale Sicherheit – Universelle Datenbasis für sicherheitsbezogene Kennwerte von Komponenten oder Teilen von Steuerungen. Verband Deutscher Maschinen- und Anlagebau 2012

VDMA 4315-1: Turbomaschinen und Generatoren – Anwendung der Prinzipien der Funktionalen Sicherheit – Teil 1: Verfahren zur Ermittlung der notwendigen Risikoreduktion. Verband Deutscher Maschinen- und Anlagebau 2013.

Verband der Automobilindustrie e. V. (VDA): Qualitätsmanagement in der Automobilindustrie. Band 3, Teil 2: Zuverlässigkeitssicherung bei Automobilherstellern und Lieferanten – Zuverlässigkeits-Methoden und Hilfsmittel. 4. Auflage. Berlin 2016.

Verband der Automobilindustrie e. V. (VDA): VDA Auto Jahresbericht 2008. Frankfurt a. M. 2008.

Verband der Automobilindustrie e. V. (VDA): Zuverlässigkeitssicherung bei Automobilherstellung und Lieferanten. Teil 1: Zuverlässigkeitsmanagement

Verband der Automobilindustrie e. V. (VDA): Zuverlässigkeitssicherung bei Automobilherstellung und Lieferanten. Teil 2: Zuverlässigkeits-Methoden und -Hilfsmittel. 3. Auflage. Frankfurt a. M. 2000

Verband der Automobilindustrie e. V. (VDA): VDA-Empfehlung 702, Situationskatalog E-Parameter nach ISO 26262-3. Berlin 2015

Verband der Automobilindustrie e. V. (VDA): Automotive SPICE – Process Reference Model & Process Assessment Model. Version 3.1. Berlin 2017

Verband der Automobilindustrie e. V. (VDA): Automotive SPICE Guidelines – Process assessment using Automotive SPICE in the development of software-based systems. 1st edition. 2017

Verband der Automobilindustrie e. V. (VDA): Automotive SPICE for Cybersecurity. Part I: Process Reference and Assessment Model for Cybersecurity Engineering. Part II: Rating Guidelines on Process Performance (Level 1) for Cybersecurity Engineering. 2021

Verband der Automobilindustrie e. V. (VDA): Reifegradabsicherung für Neuteile. 3. Auflage. Juni 2022

Verband der Automobilindustrie e. V. (VDA): VDA-Empfehlung 702: Situationskatalog E-Parameter nach ISO 26262-3. 2015

Verein Deutscher Ingenieure (VDI): Fachausschuss Zuverlässigkeit und Qualitätskontrolle (heute VDI-Fachbereich Sicherheit und Zuverlässigkeit), Düsseldorf 1964

Verein Deutscher Ingenieure (VDI): VDI-Handbuch Technische Zuverlässigkeit. VDI Verlag, Düsseldorf, Richtlinien ab 1977

Verein Deutscher Ingenieure (VDI): Das Qualitätsmerkmal „Technische Sicherheit" – Denkansatz und Leitfaden. VDI Verlag, Düsseldorf 2016

Verband Deutscher Maschinen- und Anlagebau (VDMA): Leitfaden – Funktionale Sicherheit, Safety Integrity Level: Armaturen und Armaturenantriebe. 2009

Viswanadham, P.; Singh, P.: Failure Modes and Mechanics in Electronic Packages. Chapman & Hall, New York 1997

Vogel, O.; Mehlig, U.; Neumann, T.; Arnold, I.; Chughtai, A.; Völter, M.; Zdun, U.: Software-Architektur. 2. Auflage. Spektrum Akademischer Verlag, Heidelberg 2009

Vogt, M.: Schädigungsgrad von Kfz-Komponenten mit spontanem Ausfallmechanismus. In: Automobiltechnische Zeitschrift (ATZ), Ausgabe 10/2003, Springer Verlag, Berlin 2003

Völkel, O.: Neues Verständnis der Technikklauseln und ihr Verhältnis zu den technischen Normen. Dissertation. Universität Wien 2009

Völzgen, H.: Stochastische Netzwerkverfahren und deren Anwendungen. Verlag Walter de Gruyter & Co., Berlin 1971

von der Beek, M.: Deployment of logical and technical architectures for automotive system. In: Sofware and System Modeling, Springer Verlag, 2007

Vowinkel, B.: Maschine mit Bewusstsein. Wohin führt die künstliche Intelligenz? John Wiley & Sons, Weinheim 2006

Wald, A.: Sequential analysis. John Wiley & Sons, New York 1947

Weibull, W.: A statistical Distribution Function of Wide Applicability. In: Journal of Applied Mechanics, Vol. 18, No. 3, 1951

Werbos, P.J.: Beyond regression: New tools for prediction and analysis in the behavioural science. Havard University, Cambridge 1974

Wolf, J.; Müller, P.: Sicherheit und Leistung durch ASIL-D-AUTOSAR-Basissoftware. In: HANSER automotive, 7-8, Carl Hanser Verlag, München 2016

Woltereck, M.; Hauschild, J.; Meyna, A.: Dynamic Reliability Analysis for Automotive Applications. Proceedings of ESREL 2004, Berlin 2004, pp. 185–197

Wolters, K.; Söffker, D.: An approach to affect probability of failure by changed operation modes. Proceedings of ESREL 2005, Gdansk, Polen, 2005

Zadeh, L.: Fuzzy Sets. In: Information and Control, Vol. 8, 1965, pp. 338–353

Zell, A.: Simulation neuronaler Netze. R. Oldenbourg Verlag, München 2000

Zell, A. et al.: SNNS User Manual. Version 4.2. Universität Stuttgart, Universität Tübingen, 1999

Zenner, H.; Liu J.: Vorschlag zur Verbesserung der Lebensdauerabschätzung nach dem Nennspannungskonzept. In: Konstruktion, Vol. 44, VDI Verlag, Düsseldorf 1992

Zimmermann, H.-J.: Fuzzy-Logic. 3 Bände. R. Oldenbourg Verlag, München 2002

Zimmermann, H.-J.: Operation Research, 2. Auflage. Vieweg + Teubner, Wiesbaden 2008

Zio, E.: The monte carlo simulation method for system reliability and risk analysis. Springer Verlag (Springer series in reliability engineering), London 2013

Anhang A

Tabelle A.1 Relevante Standards für den Bereich *Safety*

ID	Titel	Ausgabe	Art
DIN EN 61508-1-7 (VDE 0803-1-7)	Funktionale Sicherheit sicherheitsbezogener elektrischer/elektronischer/programmierbarer elektronischer Systeme	2011-02	Norm
	Diese Normenreihe bestehend aus 7 Teilen beschreibt einen allgemeinen Lösungsweg für alle Tätigkeiten während des Sicherheitslebenszyklus für Systeme, die aus elektrischen und/oder elektronischen und/oder programmierbaren elektronischen (E/E/PE) Elementen bestehen und die eingesetzt werden, um Sicherheitsfunktionen auszuführen. Dieser allgemeine Lösungsweg wurde gewählt, um ein sinnvolles und konsistentes technisches Verfahren für alle elektrischen Sicherheitssysteme zu entwickeln.		
VdS 3166	Funktionale Sicherheit nach DIN EN 61508 (VDE 0803) im Hinblick auf Brandmeldeanlagen - Merkblatt zur Schadenverhütung	2012-06	Technische Regel
	Das Dokument verdeutlicht die Unterschiede zwischen den speziellen Anforderungen für Brandmeldeanlagen und dem allgemeinen Ansatz der DIN EN 61508.		
DIN EN 61511-1 (VDE 0810-1)	Funktionale Sicherheit - PLT-Sicherheitseinrichtungen für die Prozessindustrie - Teil 1: Allgemeines, Begriffe, Anforderungen an Systeme, Hardware und Anwendungsprogrammierung	2019-02	Norm
	Umfasst Anforderungen an die Spezifikation, den Entwurf, die Installation, den Betrieb und die Instandhaltung einer PLT-Sicherheitseinrichtung, sodass der Prozess in einen sicheren Zustand versetzt oder in einem sicheren Zustand gehalten werden kann.		
DIN EN 61511-2 (VDE 0810-2)	Funktionale Sicherheit - PLT-Sicherheitseinrichtungen für die Prozessindustrie - Teil 2: Anleitungen zur Anwendung von IEC 61511-1	2019-02	Norm
	Beinhaltet eine Anleitung zur Spezifikation, zum Entwurf, zur Installation, zum Betrieb und zur Instandhaltung von in Teil 1 festgelegten PLT-Sicherheitsfunktionen und den zugehörigen PLT-Sicherheitseinrichtungen.		

Tabelle A.1 Relevante Standards für den Bereich *Safety (Fortsetzung)*

ID	Titel	Ausgabe	Art
DIN EN 50402 (VDE 0400-70)	Elektrische Geräte für die Detektion und Messung von brennbaren oder toxischen Gasen und Dämpfen oder Sauerstoff – Anforderungen an die funktionale Sicherheit von Gaswarnsystemen	2018-01	Norm
	Diese Norm gilt für ortsfeste Gaswarnsysteme zur Detektion und Messung von brennbaren oder toxischen Gasen oder Dämpfen oder Sauerstoff. Sie umfasst Geräte, die zur zuverlässigen Messung einer Gaskonzentration vorgesehen sind und ein Ausgangssignal (Alarm und/oder Messwertsignal) abgeben, um vor einer möglichen Gefahr zu warnen. Die Norm enthält Angaben zu Kriterien für Zuverlässigkeit, Fehlertoleranz und Vermeidung systematischer Fehler, welche z. B. Anforderungen an die Entwicklungsprozesse und Verfahren sowie während der Entwicklung gewählte Diagnosemaßnahmen konkretisieren. Diese Norm führt zu einer Einstufung des Gaswarnsystems in Form einer SIL-Fähigkeit und von damit verbundenen Hardwareausfallraten.		
ISO 13577	Industrial furnaces and associated processing equipment – Safety	2014–2016	Norm
	Die Normenreihe, bestehend aus vier Teilen, beschreibt Sicherheitsanforderungen an Industrieöfen und die zugehörigen Prozesseinrichtungen.		
DIN EN 61513 (VDE 0491-2)	Kernkraftwerke – Leittechnik für Systeme mit sicherheitstechnischer Bedeutung – Allgemeine Systemanforderungen	2013-09	Norm
	Diese Norm gilt für die Leittechnik neuer Kernkraftwerke und für die Erneuerung oder Verbesserung der Leittechnik in Betrieb befindlicher Anlagen. Sie enthält Anforderungen an leittechnische Systeme und Geräte, die für die Ausführung sicherheitstechnisch wichtiger leittechnischer Funktionen in Kernkraftwerken eingesetzt werden.		
DIN EN 60601-1 (VDE 0750-1)	Medizinische elektrische Geräte – Teil 1: Allgemeine Festlegungen für die Sicherheit einschließlich der wesentlichen Leistungsmerkmale	2013-12	Norm
	Diese Norm gilt für die Sicherheit von medizinischen elektrischen Systemen. Es werden Festlegungen für die Sicherheit beschrieben, die notwendig sind, um den Patienten, den Anwender und die Umgebung zu schützen.		
DIN EN 62304 (VDE 07050-101)	Medizingeräte-Software – Software-Lebenszyklus-Prozesse	2016-10	Norm
	Diese Norm definiert Anforderungen an den Lebenszyklus von Medizinprodukte-Software. Die Zusammenstellung von Prozessen, Aktivitäten und Aufgaben, die darin beschrieben werden, legt einen allgemeinen Rahmen für Lebenszyklus-Prozesse von Medizinprodukte-Software fest. Diese Norm gilt für die Entwicklung und Wartung von Medizinprodukte-Software, wenn die Software selbst ein Medizinprodukt ist oder wenn die Software ein eingebetteter oder integraler Bestandteil des fertigen Medizinprodukts ist.		

ID	Titel	Ausgabe	Art
DIN EN 50126-1 (VDE 0115-103)	Bahnanwendungen – Spezifikation und Nachweis von Zuverlässigkeit, Verfügbarkeit, Instandhaltbarkeit und Sicherheit (RAMS) – Teil 1: Generischer RAMS-Prozess	2018-10	Norm
	Diese Norm stellt den Bahnunternehmen und der Bahnindustrie sowie ihren Zulieferern in der Europäischen Gemeinschaft ein Verfahren zur konsequenten Anwendung eines Managements für Zuverlässigkeit, Verfügbarkeit, Instandhaltbarkeit und Sicherheit, abgekürzt als „RAMS", zur Verfügung. Die Prozesse für die Spezifikation und den Nachweis der Erfüllung der RAMS-Anforderungen sind der Eckstein dieser Norm.		
DIN EN 50126-2 (VDE 0115-103)	Bahnanwendungen – Spezifikation und Nachweis von Zuverlässigkeit, Verfügbarkeit, Instandhaltbarkeit und Sicherheit (RAMS) – Teil 2: Systembezogene Sicherheitsmethodik	2018-10	Norm
	Diese Norm liefert Anleitung und Methoden, die den in Teil 1 beschriebenen Sicherheitsmanagement-prozess unterstützen. Es wird ein Prozess zur Lenkung von RAMS, der auf dem System-Lebenszyklus und den darin enthaltenen Anforderungen beruht sowie einem systematischen Prozess, der an den Typ und die Größe des zu betrachtenden Systems angepasst werden kann, zur Festlegung von Anforderungen an RAMS und zum Nachweis, dass diese Anforderungen erreicht werden, definiert.		
DIN EN 50128 (VDE 0831-128)	Bahnanwendungen – Telekommunikationstechnik, Signaltechnik und Datenverarbeitungssysteme – Software für Eisenbahnsteuerungs- und Überwachungssysteme	2012-03	Norm
	Diese Norm beschreibt eine Reihe von Anforderungen, denen die Entwicklung, Bereitstellung und Wartung von sicherheitsrelevanter Software für Eisenbahnsteuerungs- und Überwachungsanwendungen entsprechen muss. Es werden Anforderungen hinsichtlich der Organisationsstruktur, der Beziehung zwischen Organisationen und der Aufteilung von Verantwortlichkeiten derjenigen festgelegt, die in Entwicklungs-, Bereitstellungs- und Wartungsmaßnahmen eingebunden sind.		
DIN EN 50129 (VDE 0831-129)	Bahnanwendungen – Telekommunikationstechnik, Signaltechnik und Datenverarbeitungssysteme – Sicherheitsbezogene elektronische Systeme für Signaltechnik	2019-06	Norm
	Diese Norm ist anwendbar auf sicherheitsrelevante elektronische Systeme (einschließlich Teilsysteme und Einrichtungen) für Eisenbahnsignalanwendungen. Sie ist gedacht für die Anwendung auf alle sicherheitsrelevanten Eisenbahnsignalsysteme, -Teilsysteme und -Einrichtungen. Sie basiert allerdings auf den identifizierten Sicherheitsanforderungen, wie sie aufgrund der in DIN EN 50126-1 definierten Gefährdungsanalyse- und Risikobewertungsprozesse notwendig sind.		

Tabelle A.1 Relevante Standards für den Bereich *Safety (Fortsetzung)*

ID	Titel	Ausgabe	Art
DIN EN 50159 (VDE 0831-159)	Bahnanwendungen – Telekommunikationstechnik, Signaltechnik und Datenverarbeitungssysteme – Sicherheitsrelevante Kommunikation in Übertragungssystemen	2011-04	Norm
	Diese Norm ist für sicherheitsrelevante elektronische Systeme anwendbar, die zu digitalen Kommunikationszwecken ein Übertragungssystem benutzen, das nicht notwendigerweise für sicherheitsrelevante Anwendungen entworfen worden ist und das unter der Kontrolle des Designers ist und während des Lebenszyklus unveränderlich bleibt oder teilweise unbekannt ist und auch nicht unveränderlich bleibt, bei dem jedoch nicht autorisierter Zugriff ausgeschlossen werden kann, oder nicht unter Kontrolle des Designers ist und nicht autorisierter Zugriff auch berücksichtigt werden muss. Diese Norm liefert die grundlegenden Anforderungen, die für die sicherheitsrelevante Kommunikation zwischen den an ein Übertragungssystem angeschlossenen, sicherheitsrelevanten Einrichtungen benötigt werden.		
SIRF	Sicherheitsregelung Fahrzeug – Methode zum Festlegen und Nachweisen sicherheitsbezogener Anforderungen und Bewertung der Risiken im Rahmen der Umsetzung der CSM-RA und der EN 50126	2020-01	Standard
	Die Sicherheitsrichtlinie regelt seit 2011 die Nachweisführung im Bereich „Funktionale Sicherheit in Eisenbahnfahrzeugen". Sie beschreibt eine im Eisenbahnsektor für den Anwendungsbereich Fahrzeuge abgestimmte Methodik zum Nachweis der funktionalen Sicherheit für Schienenfahrzeuge, die auf dem öffentlichen Eisenbahnnetz in Deutschland verkehren sollen. Die Methodik wird vornehmlich für die Nachweisführung im Rahmen von Inbetriebnahmegenehmigungsverfahren von Fahrzeugen angewendet.		
DIN EN 60335-1 (VDE 0700-1)	Sicherheit elektrischer Geräte für den Hausgebrauch und ähnliche Zwecke – Teil 1: Allgemeine Anforderungen	2020-08	Norm
	Diese Norm behandelt die Sicherheit elektrischer Geräte und Maschinen für den Bereich der häuslichen Umgebung und für die gewerbliche Nutzung. Ihre Bemessungsspannung beträgt nicht mehr als 250 V bei einphasigen Geräten und Maschinen und 480 V bei anderen Geräten und Maschinen. Batteriebetriebene Geräte und andere mit Gleichstrom betriebene Geräte fallen in den Anwendungsbereich dieser Norm.		

ID	Titel	Ausgabe	Art
DIN EN 62061 (VDE 0113-50)	Sicherheit von Maschinen – Funktionale Sicherheit sicherheitsbezogener elektrischer, elektronischer und programmierbarer elektronischer Steuerungssysteme	2016-05	Norm
Diese Norm enthält neben den Anforderungen für die Auswahl und den Entwurf eines sicherheitsbezogenen elektrischen, elektronischen und programmierbaren elektronischen Steuerungssystems (SRECS) einen informativen Anhang mit einem qualitativen Ansatz zur Risikoabschätzung und Festsetzung des Sicherheits-Integritätslevels, der auf sicherheitsbezogene Steuerungsfunktionen für Maschinen angewendet werden kann. Dabei wird ein maschinen-sektorspezifischer Rahmen für die funktionale Sicherheit eines SRECS von Maschinen bereitgestellt. Die Norm behandelt nur diejenigen Aspekte des Sicherheitslebenszyklus, die in Bezug zur Zuweisung der Sicherheitsanforderungen bis hin zur Validierung der Sicherheit stehen.			
DIN EN ISO 13851	Sicherheit von Maschinen – Zweihandschaltungen – Funktionelle Aspekte und Gestaltungsleitsätze	2019-11	Norm
Diese Norm legt die Sicherheitsanforderungen einer Zweihandschaltung und die Abhängigkeit des Ausgangssignals von der manuellen Bedienung der Stellteile fest, wobei nicht definiert wird, mit welchen Maschinen Zweihandschaltungen angewendet werden.			
DIN EN ISO 13849-1	Sicherheit von Maschinen – Sicherheitsbezogene Teile von Steuerungen – Teil 1: Allgemeine Gestaltungsleitsätze	2016-06	Norm
Diese Norm stellt Sicherheitsanforderungen und einen Leitfaden für die Prinzipien der Gestaltung und Integration sicherheitsbezogener Teile von Steuerungen ungeachtet der verwendeten Technologie und Energie (elektrisch, hydraulisch, pneumatisch, mechanisch) bereit. Für diese Teile werden spezielle Eigenschaften einschließlich des Perfomance Level festgelegt, die zur Ausführung der entsprechenden Sicherheitsfunktionen erforderlich sind.			
DIN EN ISO 13849-2	Sicherheit von Maschinen – Sicherheitsbezogene Teile von Steuerungen – Teil 2: Validierung	2013-02	Norm
Diese Norm legt in Übereinstimmung mit Teil 1 die Vorgehensweisen und Bedingungen fest, die bei der Validierung durch Analyse und Prüfung zu befolgen sind für die vorgesehenen Sicherheitsfunktionen, die ausgeführten Kategorien und den erreichten Performance Level der sicherheitsbezogenen Teile der Steuerung bei Anwendung der durch den Konstrukteur vorgesehenen sinnvollen Gestaltung.			
DIN EN ISO 10218-1	Industrieroboter – Sicherheitsanforderungen – Teil 1: Roboter	2012-01	Norm
Diese Norm gilt für Industrieroboter, d.h. automatisch gesteuerte, frei programmierbare Mehrzweck-Manipulatoren, die in drei oder mehr Achsen programmierbar sind und zur Verwendung in der Automatisierungstechnik entweder an einem festen Ort oder beweglich angeordnet sind. Sie beschreibt Anforderungen und gibt Anleitung für inhärent sichere Konstruktion, Schutzmaßnahmen und die Benutzerinformation. Es werden grundlegende Gefährdungen durch Roboter und die Beseitigung oder hinreichende Verringerung der damit verbundenen Risiken beschrieben.			

Tabelle A.1 Relevante Standards für den Bereich *Safety (Fortsetzung)*

ID	Titel	Ausgabe	Art
DIN EN ISO 10218-2	Industrieroboter – Sicherheitsanforderungen – Teil 2: Robotersysteme und Integration	2012-06	Norm
	Diese Norm gibt Anweisungen, wie die Sicherheit bei der Integration und dem Einbau von Industrierobotern sichergestellt werden kann.		
DIN EN ISO 13482	Roboter und Robotikgeräte – Sicherheitsanforderungen für persönliche Assistenzroboter	2014-11	Norm
	Diese Norm legt Anforderungen und Anleitungen für eine inhärent sichere Konstruktion, Schutzmaßnahmen und die Benutzerinformation zur Anwendung von persönlichen Assistenzrobotern fest. Dies gilt insbesondere im Hinblick auf mobile Roboterassistenten, bewegungsunterstützende Roboter und Personenbeförderungsroboter. Diese Roboter führen gewöhnlich Aufgaben aus, die die Lebensqualität der vorgesehenen Benutzer unabhängig von deren Alter oder Fähigkeiten verbessern. Die Norm stellt signifikante Gefährdungen vor und beschreibt, wie mit diesen Gefährdungen bei jedem der persönlichen Assistenzrobotertypen umzugehen ist.		
ISO 26262	Road vehicles – Functional safety	2018-12	Norm
	Die Normenreihe, bestehend aus zwölf Teilen, behandelt die Funktionale Sicherheit bei sicherheitsrelevanten E/E-Systemen in Straßenfahrzeugen (ausgenommen Mopeds). Hierfür wird ein automotiver Sicherheitslebenszyklus vorgestellt, welcher alle relevanten Phasen aufzeigt, an welche die Normenreihe entsprechende Anforderungen stellt.		
ISO 21448	Road vehicles – Safety of the intended functionality	2021-01	Standard
	Diese Norm, zum gegenwärtigen Zeitpunkt im DIS-Status, bietet Anleitungen zu den anwendbaren Design-, Verifizierungs- und Validierungsmaßnahmen, die zur Erreichung der Sicherheit der beabsichtigten Funktionalität (SOTIF) bei Straßenfahrzeugen erforderlich sind. Sie soll bei beabsichtigten Funktionen angewendet werden, bei denen ein angemessenes Situationsbewusstsein für die Sicherheit von entscheidender Bedeutung ist und bei denen dieses Situationsbewusstsein von komplexen Sensoren und Verarbeitungsalgorithmen abgeleitet wird, insbesondere bei Notfallinterventions- und Fahrerassistenzsystemen mit den Stufen 1 bis 5 gemäß Automatisierungsskala gemäß dem OICA/SAE-Standard J3016.		
ISO 21266-1	Road vehicles – Compressed gaseous hydrogen (CGH2) and hydrogen/natural gas blends fuel systems – Part 1: Safety requirements	2018-10	Norm
	Die Norm spezifiziert die minimalen Sicherheitsanforderungen für die Funktionalität von bordeigenen Wasserstoff- und Wasserstoff/Erdgas-Antrieben.		

ID	Titel	Ausgabe	Art
ISO 6469	Electrically propelled road vehicles – Safety specifications	2015-09	Norm
Diese Normenreihe besteht aus vier Teilen und spezifiziert Sicherheitsanforderungen für wiederaufladbare Energiespeichersysteme, Anforderungen an die Betriebssicherheit für elektrisch angetriebene Straßenfahrzeuge zum Schutz von Personen innerhalb und außerhalb des Fahrzeugs, elektrische Sicherheitsanforderungen an Stromkreise der Spannungsklasse B von elektrischen Antriebssystemen und leitend verbundenen elektrischen Hilfssystemen von elektrisch angetriebenen Straßenfahrzeugen sowie Anforderungen an die elektrische Sicherheit für solche Fahrzeuge nach einem Unfall.			
ISO 13063	Electrically propelled mopeds and motorcycles – Safety specifications	2012-09	Norm
Diese Norm spezifiziert Anforderungen an Mittel der Funktionalen Sicherheit sowie an den Schutz vor elektrischem Schlag und an wiederaufladbare bordeigene Energiespeichersysteme (max. Arbeitsspannung von 1000 V a.c. oder 1500 V d.c.) für den Antrieb jeder Art von elektrisch angetriebenen Mopeds und Motorrädern bei Verwendung unter normalen Bedingungen.			
ISO 25119	Tractors and machinery for agriculture and forestry – Safety-related parts of control systems	2018-10	Norm
Die Normenreihe, bestehend aus vier Teilen, legt einen Ansatz für alle Sicherheitslebenszyklusaktivitäten bezüglich des Designs, der Entwicklung und der Bewertung dar von sicherheitsbezogenen Systemen bestehend aus E/E/PE-Komponenten in land- und forstwirtschaftlichen Traktoren, selbstfahrenden Aufsitzmaschinen sowie Anbau-, Aufsattel- und Anhängemaschinen für landwirtschaftliche Geräte. Sie ist außerdem anwendbar auf kommunale Geräte. Die Normenteile behandeln dabei allgemeine Grundsätze, die Konzeptphase, die Serienentwicklung hinsichtlich Hardware und Software sowie die Fertigung, den Betrieb, Modifikationen und unterstützende Prozesse.			
Eine entsprechende Veröffentlichung der Normenreihe als DIN EN ISO ist derzeit in Erarbeitung.			
DIN EN ISO 18497	Landwirtschaftliche Maschinen und Traktoren – Sicherheit hochautomatisierter Maschinen – Konstruktionsgrundsätze	2019-08	Norm
Diese Norm legt Sicherheitsanforderungen und Verfahren zu deren Überprüfung für den hochautomatisierten Betrieb von landwirtschaftlichen Traktoren, Traktor-Geräte-Kombinationen, Geräten und selbstfahrenden Maschinen bei deren Einsatz im freien Feld fest. Es werden signifikante Gefährdungen, Gefährdungssituationen und -ereignisse behandelt, die für solche Maschinen relevant sind, wenn sie bestimmungsgemäß und bei einem vom Hersteller vorhersehbaren Fehlgebrauch bei normalem Betrieb und Wartung eingesetzt werden.			
DIN ISO 19014	Erdbaumaschinen – Funktionale Sicherheit	2019-06	Norm
Die Normenreihe, bestehend aus drei Teilen (zwei weitere sind derzeit in Erarbeitung), adressiert Systeme aller Energiearten, welche für die Funktionale Sicherheit in Erdbaumaschinen eingesetzt werden. Die Normenteile behandeln dabei eine Methodik zur Bestimmung der sicherheitsbezogenen Teile der Steuerung und deren Leistungsanforderungen. Weiterhin werden Umwelt- und Prüfanforderungen an die E/E-Komponenten gestellt sowie allgemeine Grundsätze festgelegt für Anforderungen an die Software-Entwicklung und Signalübertragung.			

Tabelle A.1 Relevante Standards für den Bereich *Safety (Fortsetzung)*

ID	Titel	Ausgabe	Art
DO 178C/ED-12B	Software considerations in airborne systems and equipment certification	2012-01	Standard
\multicolumn{4}{}			

ID	Titel	Ausgabe	Art
DO 178C/ED-12B	Software considerations in airborne systems and equipment certification	2012-01	Standard

Dieser Standard der RTCA (engl. Radio Technical Commission for Aeronautics) behandelt die Softwareentwicklung im sicherheitskritischen Sektor der Luftfahrt. Er wurde für Europa komplett von der EUROCAE übernommen und trägt dort den Namen ED-12B. DO 178B (DO 178C hat dies übernommen) führte das grundlegende Konzept des Design Assurance Level (DAL) ein, worüber die Strenge definiert wird, welche während des Designsicherstellungsprozesses anzuwenden ist. Je höher der DAL, desto mehr Aktivitäten und Ziele müssen durchgeführt und erfüllt werden, da bei einem Ausfall oder einer Fehlfunktion der betrachteten Software entsprechend schwerwiegendere Folgen für das gesamte Flugzeug zu erwarten sind.

ID	Titel	Ausgabe	Art
DO 254/ED-80	Design assurance guidance for airborne electronic hardware	2000-04	Standard

Dieser Standard der RTCA stellt Leitlinien zur Qualitätssicherung bei der Entwicklung von elektronischer Hardware zur Gewährleistung einer sicheren Funktion im sicherheitskritischen Sektor der Luftfahrt zur Verfügung, wobei die elektronische Hardware in simple und komplexe Kategorien eingeteilt wird.

ID	Titel	Ausgabe	Art
ISO 11077	Aircraft ground equipment – De-icers – Functional requirements	2014-06	Norm

Diese Norm spezifiziert allgemeine funktionale, Leistungs- und Sicherheitsanforderungen an selbstfahrende Luftfahrt-Bodengeräte im Sinne eines Enteisers von Flugzeugen.

ID	Titel	Ausgabe	Art
ISO 15845	Aircraft ground equipment – Boarding vehicle for persons with reduced mobility – Functional and safety requirements	2014-12	Norm

Diese Norm spezifiziert die minimalen funktionalen und Sicherheitsanforderungen für geschlossene selbstfahrende Fahrzeuge zum Transportieren und Ein- und Aussteigen von Personen mit eingeschränkter Mobilität auf oder vom Haupt- oder Oberdeck von zivilen Hauptverkehrsflugzeugen, mit denen diese Personen als Passagier reisen.

ID	Titel	Ausgabe	Art
ISO 27470	Aircraft ground equipment – Upper deck catering vehicle – Functional requirements	2011-03	Norm

Diese Norm spezifiziert die minimalen funktionalen, Leistungs- und Sicherheitsanforderungen an Catering-Fahrzeuge, die in der Lage sind, Ausrüstung und Zubehör für Borddienste in oder aus dem Oberdeck von Flugzeugen mit sehr großer Kapazität sowie in oder aus dem Hauptdeck dieser oder anderer Flugzeugtypen zu transportieren und zu be- oder entladen.

ID	Titel	Ausgabe	Art
ISO 12056	Aircraft – Self-propelled passenger stairs for large capacity aircraft – Functional requirements	1996-08	Norm

Diese Norm spezifiziert funktionale, Leistungs- und Sicherheitsanforderungen für selbstfahrende Passagiertreppen, die für den Zugang zur Kabine aller im internationalen zivilen Luftverkehr üblicherweise verwendeten Flugzeugtypen dienen.

ID	Titel	Ausgabe	Art
ISO 10841	Aircraft – Catering vehicle for large capacity aircraft – Functional requirements	1996-06	Norm
Diese Norm spezifiziert funktionale, Leistungs- und Sicherheitsanforderungen für Fahrzeuge, die mit einer anhebbaren Transporterkarosserie ausgestattet sind, die zum Be- und Entladen von Catering-Ausrüstung und -Zubehör für alle Flugzeugtypen mit großer Kapazität im internationalen zivilen Luftverkehr verwendet werden.			
ISO 14300-2	Space systems – Programme management – Part 2: Product assurance	2011-09	Norm
Diese Norm ist bestimmt für die Anwendung bei der Produktsicherheit in Raumfahrtprogrammen, -projekten und -anwendungen. Es werden die Richtlinien, Ziele, Grundsätze und Anforderungen für die Produktsicherheit bezüglich der Einrichtung und Implementierung von Produktsicherheitsprogrammen für Raumfahrtprogramme definiert. Diese umfassen die Definition, das Design, die Entwicklung, die Produktion und den Betrieb von Raumfahrtprodukten einschließlich der Entsorgung.			
ISO 14620-1	Space systems – Safety requirements – Part 1: System safety	2018-09	Norm
Diese Norm definiert das Sicherheitsprogramm und technische Sicherheitsanforderungen, die implementiert werden, um die Sicherheitsrichtlinien der ISO 14300-2 einzuhalten. Dabei steht der Schutz des Flug- und Bodenpersonals, der Trägerrakete, der zugehörigen Nutzlasten, der Bodenausrüstung, der breiten Öffentlichkeit, des öffentlichen und privaten Eigentums sowie der Umwelt vor den mit Raumfahrtsystemen verbundenen Gefahren im Fokus.			
VDA 11-008	Sicherheit von automatischen Förderanlagen	2016-01	Standard
In dieser Empfehlung werden die unterschiedlichen automatischen Förderanlagen, die in der Automobilindustrie zum Einsatz kommen, definiert und die notwendigen Schutzmaßnahmen spezifiziert.			
DIN EN 61326-3-1 (VDE 0843-20-3-1)	Elektrische Mess-, Steuer-, Regel- und Laborgeräte – EMV-Anforderungen – Teil 3-1: Störfestigkeitsanforderungen für sicherheitsbezogene Systeme und für Geräte, die für sicherheitsbezogene Funktionen vorgesehen sind (Funktionale Sicherheit) – Allgemeine industrielle Anwendungen	2018-04	Norm
Diese Norm legt zusätzlich zu den Anforderungen aus Teil 1 Anforderungen für Systeme und Geräte fest, die in industriellen Anwendungen für das Ausführen von IEC-61508-entsprechenden Sicherheitsfunktionen vorgesehen sind. Dies schließt Forderungen nach konstruktiven Maßnahmen ein, die das System tolerant gegen elektromagnetische Störgrößen machen. Um gefährliche Ausfälle aufgrund elektromagnetischer Störungen zu vermeiden, sind als eine systematische Maßnahme erhöhte Störfestigkeits-Prüfpegel definiert.			

Tabelle A.2 Relevante Standards für den Bereich *Security*

ID	Titel	Ausgabe	Art
ISO/SAE 21434	Road vehicles – Cybersecurity engineering	2020-02	Norm
Diese Norm befindet sich derzeit noch in der Erarbeitung und hat den DIS-Status. Dieser Standard existiert in Kooperation zwischen der ISO und der SAE. Neben Europa und den USA sind dabei auch Länder aus dem asiatischen Raum, wie Südkorea, Japan und China, beteiligt. Die Norm soll zum einen eine gemeinsame und einheitliche Terminologie für das Cyber Security Engineering in der Automobilindustrie schaffen. Es sollen Mindestanforderungen an die erforderlichen Prozesse und Aktivitäten definiert werden, wobei die Produktentwicklungsebenen System, Hardware und Software betrachtet werden. Ziel ist es, einen strukturierten Prozess für alle Parteien im Wertschöpfungsprozess zu etablieren und das Thema Security bereits im Design-Prozess fest zu verankern. Diese Norm soll den Standard SAE J3061 ersetzen.			
SAE J3061	Cybersecurity Guidebook for Cyber-Physical Vehicle Systems	2016-01	Standard
Dieser Standard stellt einen Praxisleitfaden für die Cyber-Sicherheit von Fahrzeugen dar. Es wird ein Rahmen über den gesamten Lebenszyklus hinweg zur Verfügung gestellt, der bei der Absicherung eines Produktes verwendet werden kann. Weiterhin wird ein Überblick über entsprechende Methoden der Cyber-Security gegeben. Das Zusammenwirken von Cyber-Security und Funktionaler Sicherheit wird an vielen Stellen thematisiert			
ISO/TR 4804	Road vehicles – Safety and cybersecurity for automated driving systems – Design, verification and validation	2020-12	Technischer Bereich
Das Dokument stellt Schritte zur Entwicklung und Validierung automatisierter Fahrsysteme basierend auf grundlegenden Sicherheitsprinzipien vor, die aus weltweit verfügbaren Veröffentlichungen abgeleitet wurden. Die Inhalte sind anwendbar auf Fahrzeuge mit Merkmalen der Stufen 3 und 4 gemäß Automatisierungsskala gemäß dem OICA/SAE-Standard J3016. Weiterhin werden Überlegungen zur Cybersicherheit skizziert, die sich mit den Sicherheitszielen automatisierter Fahrsysteme überschneiden.			
DIN EN ISO/IEC 27001	Informationstechnik – Sicherheitsverfahren – Informationssicherheitsmanagementsysteme – Anforderungen	2017-05	Norm
Diese Norm legt Anforderungen an Informationssicherheits-Managementsysteme in Bezug auf die allgemeinen Geschäftsrisiken einer Organisation fest, wobei sie für alle Organisationsarten anwendbar ist.			
ISO/IEC 27005	Information technology – Security techniques – Information security risk management	2018-07	Norm
Die Norm stellt Richtlinien für das Management von Informationssicherheitsrisiken bei allen Arten von Organisationen zur Verfügung. Dabei werden die in ISO/IEC 27001 spezifizierten allgemeinen Konzepte unterstützt.			
VDA-Empfehlung	Empfehlung Informationssicherheit – VDA ISA und TISAX	2020-08	Empfehlung
Diese Empfehlung des VDA richtet sich an Unternehmen, die an der Wertschöpfungskette der Automobilindustrie beteiligt sind, die Informationssicherheit auf Basis des VDA-Information-Security-Assessment-(ISA)-Katalogs zu etablieren, welcher auf der ISO/IEC 27001 basiert.			

ID	Titel	Ausgabe	Art
VDA ISA 5.0	VDA ISA Katalog Version 5.0	2020-08	Standard
\multicolumn{4}{l|}{Dieser ISA-Fragenkatalog stellt den Branchenstandard in der Automobilindustrie für Informationssicherheits-Assessments dar. Der VDA ISA Katalog ist Grundlage für das Branchenmodell TISAX (Trusted Information Security Assessment Exchange), über das eine unternehmensübergreifende Anerkennung von Assessment-Ergebnissen gewährleistet wird.}			
ECE-155	Cyber Security and Cyber Security Management System	2020-04	Verordnung
\multicolumn{4}{l|}{Die Arbeitsgruppe WP.29 der UNECE hat Regelungen zur Cybersicherheit und für sogenannte Cyber-Security-Management-Systeme (CSMS) veröffentlicht. Die neuen Regularien gelten nicht nur für Pkw, sondern auch für Transporter, Lkw, Busse, leichte vierrädrige Fahrzeuge, wenn sie mit automatisierten Fahrfunktionen ab Stufe 3 ausgestattet sind, sowie Anhänger, wenn sie mit mindestens einem elektronischen Steuergerät ausgestattet sind. Die Erfüllung der Vorschrift der UNECE WP.29 ist für die Hersteller von Fahrzeugen verbindlich und Voraussetzung für die internationale Zulassung im Rahmen der Typengenehmigung.}			
WP.29-182-05	Proposal for the Interpretation Document for UN Regulation No. [155] on uniform provisions concerning the approval of vehicles with regards to cyber security and cyber security management system	2020-11	-
\multicolumn{4}{l|}{Das Dokument stellt Interpretationshilfen der Arbeitsgruppe WP.29 der UNECE zur Verfügung bezüglich der Vorschriften der ECE-155.}			
VDA ACSMS	Automotive Cybersecurity Managementsystem Audit	2020-12	Standard
\multicolumn{4}{l|}{Der VDA-Band definiert den Fragenkatalog und das Bewertungsschema, das bei der Auditierung des CSMS sowohl der OEMs als auch der Vertragspartner zur Anwendung kommen kann. Das Cyber-Security-Assessment für die Typgenehmigung ist hier nicht Betrachtungsgegenstand.}			
DO 356 A/ ED-203 A	Airworthiness security methods and considerations	2018-06	Standard
\multicolumn{4}{l|}{Dieser Leitfaden der RTCA enthält Methoden und Überlegungen zur Sicherstellung der Lufttüchtigkeit während des Lebenszyklus der Entwicklung von Luftfahrzeugen von der Projektinitiierung bis zur Zulassung.}			
CLC/TS 50701	Railway application – Cybersecurity	2021-07	Standard
\multicolumn{4}{l|}{Dieser Standard bietet Eisenbahnbetreibern, Systemintegratoren und Produktlieferanten Anleitungen und Spezifikationen zum Management der Cybersicherheit im Kontext des RAMS-Lebenszyklusprozesses gemäß EN 50126-1. Es wird dabei auf die Umsetzung eines konsistenten Ansatzes für das Management der Sicherheit der Eisenbahnsysteme abgezielt. Die Inhalte gelten für die Bereiche Kommunikation, Signalisierung und Verarbeitung, für Fahrzeuge und für ortsfeste Anlagen. Das Dokument enthält Verweise auf Modelle und Konzepte, aus denen Anforderungen und Empfehlungen abgeleitet werden können und die geeignet sind, sicherzustellen, dass das Restrisiko aus Sicherheitsbedrohungen vom Eisenbahnsystemverantwortlichen identifiziert, überwacht und auf einem akzeptablen Niveau gesteuert wird.}			

Tabelle A.2 Relevante Standards für den Bereich *Security (Fortsetzung)*

ID	Titel	Ausgabe	Art
DNVGL-RP-0496	Cyber security resilience management for ships and mobile offshore units in operation	2016-09	Standard
Diese Guideline der Schiffsklassifikationsgesellschaft DNV (Det Norske Veritas) enthält empfohlene Praxis zur Behandlung von Cybersicherheitsbedrohungen für maritime Land- und Schiffssysteme.			
DIN CEN ISO/ TR 22100-4	Sicherheit von Maschinen – Zusammenhang mit ISO 12100 – Teil 4: Leitlinien für Maschinenhersteller zur Berücksichtigung der damit verbundenen IT-Sicherheits-(Cybersicherheits-)Aspekte	2020-12	Technischer Bericht
Das Dokument enthält Hinweise und wichtige Informationen an Maschinenhersteller zur Identifizierung und Bewältigung von IT-Sicherheitsbedrohungen, die die Sicherheit von Maschinen beeinflussen können, und gibt Anleitungen dazu, ohne jedoch genaue Festlegungen zur Behandlung von IT-Sicherheitsaspekten zur Verfügung zu stellen. Das Umgehen oder unwirksam-Machen von risikomindernden Maßnahmen durch physische Manipulation wird nicht behandelt.			
ISO/TR 22100-5	Safety of machinery – Relationship with ISO 12100 – Part 5: Implications of artificial intelligence machine learning	2021-01	Technischer Bericht
Das Dokument befasst sich damit, wie maschinelles Lernen mit künstlicher Intelligenz die Sicherheit von Maschinen und maschinellen Systemen beeinflussen kann. Es wird beschrieben, wie Gefahren bewertet werden können, die mit Anwendungen von KI und maschinellem Lernen in Maschinen oder Maschinensystemen verbunden sind.			
DIN EN IEC 62645	Kernkraftwerke – Leittechnische und elektrische Systeme – Anforderungen an die Cybersicherheit	2021-03	Norm
Die Norm zeigt Wege und Anforderungen für das Erstellen eines IT-Sicherheitsplans auf. Dabei werden Ziele, Rollen und Verantwortlichkeiten, Vorgehensweisen und Prozeduren sowie die Dokumentation dargestellt. Die Norm befasst sich speziell mit Anforderungen für die IT-Sicherheitsplanung von rechnerbasierten Leittechniksystemen und -teilsystemen sowie Entwicklungsprozessen von Systemen, um die Auswirkung von Angriffen gegen rechnerbasierte Systeme zu vermeiden und/oder zu minimieren.			
VdS 3836	Cyber-Sicherheit für Systeme und Komponenten der Brandschutz- und Sicherheitstechnik – Anforderungen	2019-12	Technische Regel
Die Richtlinie betrachtet aktuelle Risikobedingungen des „Internet of Things" und regelt die Informationssicherheit von Brandschutz- und Sicherheitstechnik.			

ID	Titel	Ausgabe	Art
VDI/VDE 2206	Entwicklung mechatronischer und cyber-physischer Systeme	2021-12	Standard
Diese Richtlinie stellt ein erweitertes V-Modell für die Strukturierung des Entwicklungsprozesses bei mechatronischen und cyber-physischen Systemen zur Verfügung und beschreibt detailliert alle Schritte von der Anforderungserhebung bis zur Übergabe an die Nutzung. Die Richtlinie wendet sich an alle am Entwicklungsprozess von mechatronischen oder cyber-physischen Systemen Beteiligten. Das betrifft nicht nur die Entwicklung, sondern auch die Fertigung, die strategische Produktplanung, das Marketing und den Vertrieb. Durch die Darstellung der sachlogischen Zusammenhänge und Wechselwirkungen werden die notwendigen Grundlagen zur erfolgreichen Entwicklung komplexer technischer Systeme vermittelt.			
IEC TR 63069	Industrial-process measurement, control and automation – Framework for functional safety and security	2019-05	Technischer Bericht
Das Dokument stellt Anleitungen dafür zur Verfügung, wie die verschiedenen Teile der Normenreihen IEC 61508 und IEC 62443 gemeinsam anzuwenden sind im Bereich der industriellen Prozessmessung, -steuerung und -automatisierung.			
NE 153	Automation Security 2020 – Design, Implementierung und Betrieb industrieller Automatisierungssysteme	2015-06	Standard
Das Dokument definiert einige grundsätzliche Anforderungen für zukünftige Automatisierungslösungen, um den Risiken und Bedrohungen durch Angriffe mit entsprechenden IT-Security-Maßnahmen zu begegnen.			
DIN EN IEC 62443 (VDE 0802)	IT-Sicherheit für industrielle Automatisierungssysteme	2018-10	Standard
Diese Normenreihe beschäftigt sich mit der Cyber-Security in der Industrieautomatisierung, wobei ein ganzheitlicher Ansatz für Betreiber, Integratoren und Hersteller verfolgt wird			

Tabelle A.3 Relevante Standards für den Bereich *Reliability*

ID	Titel	Ausgabe	Art
DIN EN 60300-1	Zuverlässigkeitsmanagement – Teil 1: Leitfaden für Management und Anwendung	2015-01	Norm

Dieser Teil der Normenreihe DIN EN 60300 beschreibt die in einer Organisation am Management der Zuverlässigkeit beteiligten Prozesse und beschreibt ein Rahmenwerk für das Management der zuverlässigkeitsbezogenen Tätigkeiten zum Erreichen der Zuverlässigkeitsziele.

ID	Titel	Ausgabe	Art
DIN EN 60300-2	Zuverlässigkeitsmanagement – Teil 2: Leitfaden zum Zuverlässigkeitsmanagement	2004-10	Norm

Dieser Teil der Normenreihe DIN EN 60300 enthält Anleitungen zum Zuverlässigkeitsmanagement. Er ergänzt das Leitdokument zum Zuverlässigkeitsmanagement IEC 60300-1, indem für ein weites Produktspektrum anwendbare Prozesse und Methoden benannt und Bezüge hergestellt werden. Die vorliegende Norm verknüpft die Schritte des Managementprozesses mit den dazugehörenden Zuverlässigkeitsnormen und unterstützt so die ständige Verbesserung.

ID	Titel	Ausgabe	Art
DIN EN 60300-3-	Zuverlässigkeitsmanagement – Teil 3-1: Anwendungsleitfaden – Verfahren zur Analyse der Zuverlässigkeit – Leitfaden zur Methodik	2005-05	Norm

Dieser Teil der Reihe DIN EN 60300 enthält einen allgemeinen Überblick über die üblicherweise verwendeten Verfahren zur Analyse der Zuverlässigkeit. Die jeweils übliche Methodik, deren Vor- und Nachteile, benötigte Eingabedaten und sonstige Bedingungen für die Verwendung der verschiedenen Techniken werden beschrieben. Diese Norm ist eine Einführung in ausgewählte Verfahren und stellt die für die Auswahl der geeignetsten Analyseverfahren benötigten Informationen bereit.

ID	Titel	Ausgabe	Art
DIN EN 60300-3-2	Zuverlässigkeitsmanagement – Teil 3-2: Anwendungsleitfaden – Erfassung von Zuverlässigkeitsdaten im Betrieb	2005-08	Norm

Dieser Teil der Reihe DIN EN 60300 enthält Anleitungen zum Erfassen von Zuverlässigkeitsdaten von im Betrieb befindlichen Einheiten. Er behandelt in allgemeiner Weise die praktischen Gesichtspunkte der Datenerfassung und ihrer Darstellung und geht kurz auf die damit verbundenen Themen der Datenanalyse und Darstellung der Analyseergebnisse ein.

ID	Titel	Ausgabe	Art
DIN EN 60300-3-3	Zuverlässigkeitsmanagement – Teil 3-3: Anwendungsleitfaden – Lebenszykluskosten	2005-03	Norm

Dieser Teil der Reihe DIN EN 60300 gibt eine allgemeine Einführung in die Ermittlung der Lebenszykluskosten und deckt alle Anwendungsbereiche ab. Obwohl zu den Lebenszykluskosten viele Elemente beitragen, werden insbesondere diejenigen Kosten beleuchtet, die mit der Zuverlässigkeit des Produkts zusammenhängen. Zu diesem Teil existiert außerdem ein Norm-Entwurf aus dem Jahr 2014.

ID	Titel	Ausgabe	Art
DIN EN 60300-3-4	Zuverlässigkeitsmanagement – Teil 3-4: Anwendungsleitfaden – Anleitung zum Festlegen von Zuverlässigkeitsanforderungen	2008-06	Norm

Dieser Norm-Entwurf leitet zur Festlegung der geforderten Zuverlässigkeitsmerkmale in Spezifikationen an und legt die Verfahren und die Kriterien ihrer Verifizierung und Validierung fest. Diese Anleitung umfasst insbesondere die folgenden Punkte:

Empfehlungen zur Festlegung quantitativer und qualitativer Anforderungen an die Funktionsfähigkeit, die Instandhaltbarkeit, die Verfügbarkeit und die Unterstützbarkeit

Empfehlungen für Käufer eines Systems zur Sicherstellung, dass die festgelegten Anforderungen von den Lieferanten erfüllt werden

Empfehlungen für Lieferanten, um ihnen zu helfen, den Anforderungen der Käufer zu genügen

Zu diesem Teil existiert außerdem ein Norm-Entwurf aus dem Jahr 2018.

ID	Titel	Ausgabe	Art
DIN EN 60300-3-10	Zuverlässigkeitsmanagement – Teil 3-10: Anwendungsleitfaden – Instandhaltbarkeit und Unterstützbarkeit	2015-01	Norm-Entwurf

Dieser Norm-Entwurf beinhaltet eine Einführung in die in Zusammenhang stehenden Zuverlässigkeitsmerkmale Instandhaltbarkeit und Unterstützbarkeit. Seine Inhalte können zu jedem Zeitpunkt im Lebenslauf einer Einheit verwendet werden, um das Planen und Realisieren von Programmen für Instandhaltbarkeit und Unterstützbarkeit zu steuern, die auf das Erreichen angestrebter wirtschaftlicher Leistungsfähigkeit gerichtet sind.

Zu diesem Teil existiert außerdem ein Norm-Entwurf aus dem Jahr 2015.

ID	Titel	Ausgabe	Art
DIN EN 60300-3-11 (VDE 0050-5)	Zuverlässigkeitsmanagement – Teil 3-11: Anwendungsleitfaden – Auf die Funktionsfähigkeit bezogene Instandhaltung	2010-05	Norm

Dieser Teil der Reihe DIN EN 60300 stellt Leitlinien für die Entwicklung von Grundsätzen des Ausfallmanagements von Geräten und Strukturen unter Benutzung von Analysemethoden der auf die Funktionsfähigkeit bezogenen Instandhaltung auf.

ID	Titel	Ausgabe	Art
DIN EN 60300-3-12	Zuverlässigkeitsmanagement – Teil 3-12: Anwendungsleitfaden – Integrierte logistische Unterstützung	2011-08	Norm

Dieser Teil der Reihe DIN EN 60300 ist ein Anwendungsleitfaden zur Errichtung eines Managementsystems für die integrierte logistische Unterstützung. Diese Norm ist für einen weiten Bereich von Herstellern einschließlich großen bis hin zu kleinen Unternehmen bestimmt, die konkurrenzfähige Qualitätsprodukte anbieten wollen, die sowohl für den Käufer als auch für den Lieferanten über den gesamten Produktlebenslauf optimiert sind.

ID	Titel	Ausgabe	Art
DIN EN 60300-3-14	Zuverlässigkeitsmanagement – Teil 3-14: Anwendungsleitfaden – Instandhaltung und Instandhaltungsunterstützung	2004-12	Norm

Dieser Teil der Reihe DIN EN 60300 beschreibt ein Grundgerüst für die Instandhaltung und Instandhaltungsunterstützung sowie die verschiedenen allgemeinen Verfahren, die als Mindestanforderung anzuwenden sind. Diese Norm dient dem Zweck, in allgemeiner Form die Managementverfahren, Prozesse und Techniken in Bezug auf die Instandhaltung und Instandhaltungsunterstützung zu skizzieren, die erforderlich sind, um eine hinreichende Zuverlässigkeit zu erzielen, die den Anforderungen des Kunden entspricht.

Tabelle A.3 Relevante Standards für den Bereich *Reliability (Fortsetzung)*

ID	Titel	Ausgabe	Art
DIN EN 60300-3-15	Zuverlässigkeitsmanagement – Teil 3-15: Anwendungsleitfaden – Technische Realisierung der Systemzuverlässigkeit	2010-05	Norm
In diesem Teil der Reihe DIN EN 60300 wird zur technischen Realisierung der Systemzuverlässigkeit angeleitet und ein Prozess beschrieben, wie die Systemzuverlässigkeit während des Lebenszyklus realisiert werden kann. Die hier betrachteten einzelnen technischen Prozesse werden durch eine Abfolge zugehöriger Prozesstätigkeiten ergänzt, damit die Zielsetzungen jeder einzelnen Stufe im Systemlebenszyklus erreicht werden können.			
DIN EN 60300-3-16	Zuverlässigkeitsmanagement – Teil 3-16: Anwendungsleitfaden – Anleitung zur Spezifikation der Dienstleistungen für die Instandhaltungsunterstützung	2009-04	Norm
In diesem Teil der Reihe DIN EN 60300 wird der Rahmen für die Spezifikation von Dienstleistungen beschrieben bezüglich der Instandhaltungsunterstützung von Produkten, Systemen und Anlagen, die in der Betriebs- und Instandhaltungsphase durchgeführt werden.			
DIN 40041	Zuverlässigkeit – Begriffe	1990-12	Norm
Die Norm, welche in allen Bereichen der Technik anwendbar ist, dient der Vereinheitlichung der in der Zuverlässigkeitssicherung verwendeten Begriffe und damit der Verständigung auf diesem Gebiet.			
DIN EN 61164	Zuverlässigkeitswachstum – Statistische Prüf- und Schätzverfahren	2004-11	Norm
Diese Norm enthält Modelle und numerische Verfahren zur Bewertung des Zuverlässigkeitswachstums auf Grundlage der Ausfalldaten, die in einem Programm für das Zuverlässigkeitswachstum erhalten wurden. Diese Verfahren behandeln Wachstum, Schätzung und Vertrauensbereiche für die Produktzuverlässigkeit und Anpassungsprüfung.			
DIN EN 61709	Elektrische Bauelemente – Zuverlässigkeit – Referenzbedingungen für Ausfallraten und Beanspruchungsmodelle zur Umrechnung	2012-01	Norm
Diese Norm gibt eine Anleitung dafür, wie Ausfallratendaten für die Zuverlässigkeitsvorhersage von elektrischen Bauelementen in Geräten eingesetzt werden können. Die Referenzbedingungen sind numerische Werte von Beanspruchungen, die typischerweise für Bauelemente in der Mehrzahl der Anwendungen beobachtet werden. Die bei Referenzbedingungen angegebenen Ausfallraten ermöglichen realistische Zuverlässigkeitsvorhersagen, die in der frühen Entwicklungsphase durchgeführt werden. Die in dieser Norm beschriebenen Beanspruchungsmodelle sind generisch und können, wenn notwendig, als Basis für die Umrechnung der Ausfallratendaten von diesen Referenzbedingungen zu den tatsächlichen Betriebsbedingungen verwendet werden. Zu dieser Norm existiert außerdem ein Norm-Entwurf aus dem Jahr 2015.			

ID	Titel	Ausgabe	Art
VDI 4007	Zuverlässigkeitsziele – Ermittlung, Überprüfung, Festlegung, Nachweis	2012-06	Standard

Die Richtlinie beschreibt die erforderlichen Prozesse zur Ermittlung der Zuverlässigkeitsziele für Produkte und Projekte. Sie berücksichtigt die Anforderungen der Organisation, der Kunden, des Stands der Technik und hoheitlicher Regelungen sowohl für die Teilziele als auch für das Gesamtziel. Sie ist die Anleitung zu möglichen Vorgehensweisen für die Ermittlung, Überprüfung, Festlegung und den Nachweis von Zuverlässigkeitszielen.

ID	Titel	Ausgabe	Art
VDI 4009	Zuverlässigkeitstests	–	Standard

Die Richtlinie, die sich aktuell im Entwurfsstatus befindet, soll die Vorgehensweise zur Identifikation von Zuverlässigkeitsschwachstellen, zur Feststellung der aktuellen Zuverlässigkeitskenngrößen und zum Nachweis der Erfüllung der Zuverlässigkeits- und Qualifizierungsziele mithilfe von Zuverlässigkeitstests beschreiben. Die Richtlinie wird eine Einordnung der Zuverlässigkeitstests in den Entwicklungsprozess, eine Abgrenzung zu anderen Tests und Verfahren sowie Hinweise für erforderliche Voraussetzungen beinhalten. Darüber hinaus wird ein Überblick über verschiedene Zuverlässigkeitstestgruppen und Normen dargestellt.

ID	Titel	Ausgabe	Art
VDI 4010	Zuverlässigkeitsverbesserung in der Produktnutzungsphase	2017-10	Standard

Die Richtlinie dient als Leitfaden für Unternehmen zur Zuverlässigkeitsverbesserung von Produkten in der Betriebsphase. Sie gibt eine Anleitung zur Planung, Lenkung, Durchführung und Kontrolle der Zuverlässigkeitsverbesserung und bietet eine strukturierte Anleitung, ein Praxisbeispiel und ein vorbereitetes Formblatt zur wirksamen und nachhaltigen Umsetzung der Aufgabenstellung.

ID	Titel	Ausgabe	Art
VDI 4011	Softwarezuverlässigkeit	2021-02	Standard

Die Anwendung der Richtlinie hilft dabei, die Softwarezuverlässigkeit planbarer und greifbarer zu machen. Sie ist branchenübergreifend anwendbar und für alle Domänen gültig und bezieht sich nicht ausschließlich auf eingebettete Systeme.

ID	Titel	Ausgabe	Art
VDI 4486	Zuverlässigkeit in der Intralogistik – Leistungsverfügbarkeit	2012-03	Standard

Die Richtlinie beschreibt ein alternatives Verfahren für die Bestimmung der Verfügbarkeit von Materialflusssystemen. Dabei erfolgt eine Abkehr von der Berechnung einer relativen Verfügbarkeit auf Basis des Verhältnisses zwischen nutzbarer zu gesamter Einsatzzeit der miteinander verknüpften Elemente eines Materialflusssystems. Vielmehr steht die Funktion respektive die Leistungserbringung des Materialflusssystems im Vordergrund.

ID	Titel	Ausgabe	Art
VDA 3-1	VDA Band 3 Teil 1 – Zuverlässigkeitssicherung bei Automobilherstellern und Lieferanten – Zuverlässigkeitsmanagement	2019	Standard

Dieser VDA-Band beschreibt das Zuverlässigkeitsmanagement über die Lebenszeit eines Produktes. Er wendet sich besonders an Manager und Projektverantwortliche, die für die Einbindung der Zuverlässigkeitsmethoden in die Phasen des Projektablaufes Sorge tragen müssen.

Tabelle A.3 Relevante Standards für den Bereich *Reliability (Fortsetzung)*

ID	Titel	Ausgabe	Art
VDA 3-2	VDA Band 3 Teil 2 – Zuverlässigkeitssicherung bei Automobilherstellern und Lieferanten – Zuverlässigkeits-Methoden und -Hilfsmittel	2016	Standard
	Dieser VDA-Band erläutert Zuverlässigkeitsmethoden und -hilfsmittel und gibt den Anwendern Beispiele aus der Praxis an die Hand, die bei der täglichen Arbeit genutzt werden können.		
VDA 3-3	VDA Band 3 Teil 3 – Zuverlässigkeitssicherung bei Automobilherstellern und Lieferanten – Case Studies im ZUV-Regelkreis	2018	Standard
	Dieser VDA-Band ist entstanden, um eine praxisorientierte Einführung in das Thema Zuverlässigkeitstechnik zu ermöglichen, und dient als Ergänzung zum Band 3 Teil 1 und Band 3 Teil 2. Anhand von zentralen Leitfragen sowie einem durchgängigen fiktiven Beispiel (Radlager) wird ein übersichtlicher Einstieg in die Zuverlässigkeitsarbeit im Produktlebenszyklus der Automobil- und Zuliefererindustrie geboten. Zusätzliche rein fiktive Sonderbeispiele ermöglichen eine vertiefte Auseinandersetzung mit der Thematik.		
NE 93	Nachweis der sicherheitstechnischen Zuverlässigkeit von PLT-Sicherheitseinrichtungen durch Betriebserfahrung	2016-01	Standard
	Diese Empfehlung beschreibt eine Vorgehensweise zur Erfassung und Analyse von Zuverlässigkeitskenndaten und weiteren Informationen, die zur Ermittlung eines zu quantifizierenden Ausfallwertes von PLT-Sicherheitseinrichtungen und zur Unterstützung des Nachweises der Betriebsbewährtheit genutzt werden können.		

Anhang B

$$\phi(u) = \frac{1}{\sqrt{2\pi}} \cdot \int_{-\infty}^{u} e^{-\frac{\tau^2}{2}} d\tau$$

$$\phi(u) = 1 - \phi(-u)$$

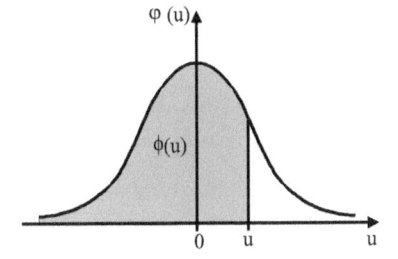

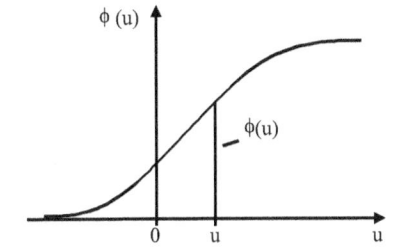

Tabelle B.1 Summenfunktion der standardisierten Normalverteilung

u	$\phi(u)$	$1 - \phi(u)$	u	$\phi(u)$	$1 - \phi(u)$
0,00	0,5000	0,5000	0,40	0,6554	0,3446
0,01	0,5040	0,4960	0,41	0,6591	0,3409
0,02	0,5080	0,4920	0,42	0,6628	0,3372
0,03	0,5120	0,4880	0,43	0,6664	0,3336
0,04	0,5160	0,4840	0,44	0,6700	0,3300
0,05	0,5199	0,4801	0,45	0,6736	0,3264
0,06	0,5239	0,4761	0,46	0,6772	0,3228
0,07	0,5279	0,4721	0,47	0,6808	0,3192
0,08	0,5319	0,4681	0,48	0,6844	0,3156
0,09	0,5359	0,4641	0,49	0,6879	0,3121
0,10	0,5398	0,4602	0,50	0,6915	0,3085
0,11	0,5438	0,4562	0,51	0,6950	0,3050
0,12	0,5478	0,4522	0,52	0,6985	0,3015
0,13	0,5517	0,4483	0,53	0,7019	0,2981

Tabelle B.1 Summenfunktion der standardisierten Normalverteilung *(Fortsetzung)*

u	φ(u)	1 − φ(u)	u	φ(u)	1 − φ(u)
0,14	0,5557	0,4443	0,54	0,7054	0,2946
0,15	0,5596	0,4404	0,55	0,7088	0,2912
0,16	0,5636	0,4364	0,56	0,7123	0,2877
0,17	0,5675	0,4325	0,57	0,7157	0,2843
0,18	0,5714	0,4286	0,58	0,7190	0,2810
0,19	0,5753	0,4247	0,59	0,7224	0,2776
0,20	0,5793	0,4207	0,60	0,7257	0,2743
0,21	0,5832	0,4168	0,61	0,7291	0,2709
0,22	0,5871	0,4129	0,62	0,7324	0,2676
0,23	0,5910	0,4090	0,63	0,7357	0,2643
0,24	0,5948	0,4052	0,64	0,7389	0,2611
0,25	0,5987	0,4013	0,65	0,7422	0,2578
0,26	0,6026	0,3974	0,66	0,7454	0,2546
0,27	0,6064	0,3936	0,67	0,7486	0,2514
0,28	0,6103	0,3897	0,68	0,7517	0,2483
0,29	0,6141	0,3859	0,69	0,7549	0,2451
0,30	0,6179	0,3821	0,70	0,7580	0,2420
0,31	0,6217	0,3783	0,71	0,7611	0,2389
0,32	0,6255	0,3745	0,72	0,7642	0,2358
0,33	0,6293	0,3707	0,73	0,7673	0,2327
0,34	0,6331	0,3669	0,74	0,7704	0,2296
0,35	0,6368	0,3632	0,75	0,7734	0,2266
0,36	0,6406	0,3594	0,76	0,7764	0,2236
0,37	0,6443	0,3557	0,77	0,7794	0,2206
0,38	0,6480	0,3520	0,78	0,7823	0,2177
0,39	0,6517	0,3483	0,79	0,7852	0,2148
0,80	0,7881	0,2119	1,35	0,9115	0,0885
0,81	0,7910	0,2090	1,36	0,9131	0,0869
0,82	0,7939	0,2061	1,37	0,9147	0,0853
0,83	0,7967	0,2033	1,38	0,9162	0,0838
0,84	0,7995	0,2005	1,39	0,9177	0,0823
0,85	0,8023	0,1977	1,40	0,9192	0,0808
0,86	0,8051	0,1949	1,41	0,9207	0,0793
0,87	0,8078	0,1922	1,42	0,9222	0,0778
0,88	0,8106	0,1894	1,43	0,9236	0,0764
0,89	0,8133	0,1867	1,44	0,9251	0,0749
0,90	0,8159	0,1841	1,45	0,9265	0,0735

u	φ(u)	1 − φ(u)	u	φ(u)	1 − φ(u)
0,91	0,8186	0,1814	1,46	0,9279	0,0721
0,92	0,8212	0,1788	1,47	0,9292	0,0708
0,93	0,8238	0,1762	1,48	0,9306	0,0694
0,94	0,8264	0,1736	1,49	0,9319	0,0681
0,95	0,8289	0,1711	1,50	0,9332	0,0668
0,96	0,8315	0,1685	1,51	0,9345	0,0655
0,97	0,8340	0,1660	1,52	0,9357	0,0643
0,98	0,8365	0,1635	1,53	0,9370	0,0630
0,99	0,8389	0,1611	1,54	0,9382	0,0618
1,00	0,8413	0,1587	1,55	0,9394	0,0606
1,01	0,8438	0,1562	1,56	0,9406	0,0594
1,02	0,8461	0,1539	1,57	0,9418	0,0582
1,03	0,8485	0,1515	1,58	0,9429	0,0571
1,04	0,8508	0,1492	1,59	0,9441	0,0559
1,05	0,8531	0,1469	1,60	0,9452	0,0548
1,06	0,8554	0,1446	1,61	0,9463	0,0537
1,07	0,8577	0,1423	1,62	0,9474	0,0526
1,08	0,8599	0,1401	1,63	0,9484	0,0516
1,09	0,8621	0,1379	1,64	0,9495	0,0505
1,10	0,8643	0,1357	1,65	0,9505	0,0495
1,11	0,8665	0,1335	1,66	0,9515	0,0485
1,12	0,8686	0,1314	1,67	0,9525	0,0475
1,13	0,8708	0,1292	1,68	0,9535	0,0465
1,14	0,8729	0,1271	1,69	0,9545	0,0455
1,15	0,8749	0,1251	1,70	0,9554	0,0446
1,16	0,8770	0,1230	1,71	0,9564	0,0436
1,17	0,8790	0,1210	1,72	0,9573	0,0427
1,18	0,8810	0,1190	1,73	0,9582	0,0418
1,19	0,8830	0,1170	1,74	0,9591	0,0409
1,20	0,8849	0,1151	1,75	0,9599	0,0401
1,21	0,8869	0,1131	1,76	0,9608	0,0392
1,22	0,8888	0,1112	1,77	0,9616	0,0384
1,23	0,8907	0,1093	1,78	0,9625	0,0375
1,24	0,8925	0,1075	1,79	0,9633	0,0367
1,25	0,8944	0,1056	1,80	0,9641	0,0359
1,26	0,8962	0,1038	1,81	0,9649	0,0351
1,27	0,8980	0,1020	1,82	0,9656	0,0344
1,28	0,8997	0,1003	1,83	0,9664	0,0336

Tabelle B.1 Summenfunktion der standardisierten Normalverteilung *(Fortsetzung)*

u	$\phi(u)$	$1-\phi(u)$	u	$\phi(u)$	$1-\phi(u)$
1,29	0,9015	0,0985	1,84	0,9671	0,0329
1,30	0,9032	0,0968	1,85	0,9678	0,0322
1,31	0,9049	0,0951	1,86	0,9686	0,0314
1,32	0,9066	0,0934	1,87	0,9693	0,0307
1,33	0,9082	0,0918	1,88	0,9699	0,0301
1,34	0,9099	0,0901	1,89	0,9706	0,0294
1,90	0,9713	0,0287	2,40	0,9918	0,0082
1,91	0,9719	0,0281	2,41	0,9920	0,0080
1,92	0,9726	0,0274	2,42	0,9922	0,0078
1,93	0,9732	0,0268	2,43	0,9925	0,0075
1,94	0,9738	0,0262	2,44	0,9927	0,0073
1,95	0,9744	0,0256	2,45	0,9929	0,0071
1,96	0,9750	0,0250	2,46	0,9931	0,0069
1,97	0,9756	0,0244	2,47	0,9932	0,0068
1,98	0,9761	0,0239	2,48	0,9934	0,0066
1,99	0,9767	0,0233	2,49	0,9936	0,0064
2,00	0,9772	0,0228	2,50	0,9938	0,0062
2,01	0,9778	0,0222	2,51	0,9940	0,0060
2,02	0,9783	0,0217	2,52	0,9941	0,0059
2,03	0,9788	0,0212	2,53	0,9943	0,0057
2,04	0,9793	0,0207	2,54	0,9945	0,0055
2,05	0,9798	0,0202	2,55	0,9946	0,0054
2,06	0,9803	0,0197	2,56	0,9948	0,0052
2,07	0,9808	0,0192	2,57	0,9949	0,0051
2,08	0,9812	0,0188	2,58	0,9951	0,0049
2,09	0,9817	0,0183	2,59	0,9952	0,0048
2,10	0,9821	0,0179	2,60	0,9953	0,0047
2,11	0,9826	0,0174	2,61	0,9955	0,0045
2,12	0,9830	0,0170	2,62	0,9956	0,0044
2,13	0,9834	0,0166	2,63	0,9957	0,0043
2,14	0,9838	0,0162	2,64	0,9959	0,0041
2,15	0,9842	0,0158	2,65	0,9960	0,0040
2,16	0,9846	0,0154	2,66	0,9961	0,0039
2,17	0,9850	0,0150	2,67	0,9962	0,0038
2,18	0,9854	0,0146	2,68	0,9963	0,0037
2,19	0,9857	0,0143	2,69	0,9964	0,0036
2,20	0,9861	0,0139	2,70	0,9965	0,0035

u	φ(u)	1 − φ(u)	u	φ(u)	1 − φ(u)
2,21	0,9864	0,0136	2,71	0,9966	0,0034
2,22	0,9868	0,0132	2,72	0,9967	0,0033
2,23	0,9871	0,0129	2,73	0,9968	0,0032
2,24	0,9875	0,0125	2,74	0,9969	0,0031
2,25	0,9878	0,0122	2,75	0,9970	0,0030
2,26	0,9881	0,0119	2,76	0,9971	0,0029
2,27	0,9884	0,0116	2,77	0,9972	0,0028
2,28	0,9887	0,0113	2,78	0,9973	0,0027
2,29	0,9890	0,0110	2,79	0,9974	0,0026
2,30	0,9893	0,0107	2,80	0,9974	0,0026
2,31	0,9896	0,0104	2,81	0,9975	0,0025
2,32	0,9898	0,0102	2,82	0,9976	0,0024
2,33	0,9901	0,0099	2,83	0,9977	0,0023
2,34	0,9904	0,0096	2,84	0,9977	0,0023
2,35	0,9906	0,0094	2,85	0,9978	0,0022
2,36	0,9909	0,0091	2,86	0,9979	0,0021
2,37	0,9911	0,0089	2,87	0,9979	0,0021
2,38	0,9913	0,0087	2,88	0,9980	0,0020
2,39	0,9916	0,0084	2,89	0,9981	0,0019
2,90	0,9981	0,0019	3,40	0,9997	0,0003
2,91	0,9982	0,0018	3,41	0,9997	0,0003
2,92	0,9983	0,0017	3,42	0,9997	0,0003
2,93	0,9983	0,0017	3,43	0,9997	0,0003
2,94	0,9984	0,0016	3,44	0,9997	0,0003
2,95	0,9984	0,0016	3,45	0,9997	0,0003
2,96	0,9985	0,0015	3,46	0,9997	0,0003
2,97	0,9985	0,0015	3,47	0,9997	0,0003
2,98	0,9986	0,0014	3,48	0,9997	0,0003
2,99	0,9986	0,0014	3,49	0,9998	0,0002
3,00	0,9987	0,0013	3,50	0,9998	0,0002
3,01	0,9987	0,0013	3,51	0,9998	0,0002
3,02	0,9987	0,0013	3,52	0,9998	0,0002
3,03	0,9988	0,0012	3,53	0,9998	0,0002
3,04	0,9988	0,0012	3,54	0,9998	0,0002
3,05	0,9989	0,0011	3,55	0,9998	0,0002
3,06	0,9989	0,0011	3,56	0,9998	0,0002
3,07	0,9989	0,0011	3,57	0,9998	0,0002
3,08	0,9990	0,0010	3,58	0,9998	0,0002

Tabelle B.1 Summenfunktion der standardisierten Normalverteilung *(Fortsetzung)*

u	$\phi(u)$	$1 - \phi(u)$	u	$\phi(u)$	$1 - \phi(u)$
3,09	0,9990	0,0010	3,59	0,9998	0,0002
3,10	0,9990	0,0010	3,60	0,9998	0,0002
3,11	0,9991	0,0009	3,61	0,9998	0,0002
3,12	0,9991	0,0009	3,62	0,9999	0,0001
3,13	0,9991	0,0009	3,63	0,9999	0,0001
3,14	0,9992	0,0008	3,64	0,9999	0,0001
3,15	0,9992	0,0008	3,65	0,9999	0,0001
3,16	0,9992	0,0008	3,66	0,9999	0,0001
3,17	0,9992	0,0008	3,67	0,9999	0,0001
3,18	0,9993	0,0007	3,68	0,9999	0,0001
3,19	0,9993	0,0007	3,69	0,9999	0,0001
3,20	0,9993	0,0007	3,70	0,9999	0,0001
3,21	0,9993	0,0007	3,71	0,9999	0,0001
3,22	0,9994	0,0006	3,72	0,9999	0,0001
3,23	0,9994	0,0006	3,73	0,9999	0,0001
3,24	0,9994	0,0006	3,74	0,9999	0,0001
3,25	0,9994	0,0006	3,75	0,9999	0,0001
3,26	0,9994	0,0006	3,76	0,9999	0,0001
3,27	0,9995	0,0005	3,77	0,9999	0,0001
3,28	0,9995	0,0005	3,78	0,9999	0,0001
3,29	0,9995	0,0005	3,79	0,9999	0,0001
3,30	0,9995	0,0005	3,80	0,9999	0,0001
3,31	0,9995	0,0005	3,81	0,9999	0,0001
3,32	0,9995	0,0005	3,82	0,9999	0,0001
3,33	0,9996	0,0004	3,83	0,9999	0,0001
3,34	0,9996	0,0004	3,84	0,9999	0,0001
3,35	0,9996	0,0004	3,85	0,9999	0,0001
3,36	0,9996	0,0004	3,86	0,9999	0,0001
3,37	0,9996	0,0004	3,87	0,9999	0,0001
3,38	0,9996	0,0004	3,88	0,9999	0,0001
3,39	0,9997	0,0003	3,89	0,9999	0,0001
			3,90	1,0000	0,0000

Anhang C

Tabelle C.1 Inverse standardisierte Normalverteilung

$\phi(u)$	u	$\phi(u)$	u
0,0010	−3,0902	0,5000	0,0000
0,0020	−2,8782	0,5500	0,1257
0,0030	−2,7478	0,6000	0,2533
0,0040	−2,6521	0,6500	0,3853
0,0050	−2,5758	0,7000	0,5244
0,0060	−2,5121	0,7500	0,6745
0,0070	−2,4573	0,8000	0,8416
0,0080	−2,4089	0,8500	1,0364
0,0090	−2,3656	**0,9000**	**1,2816**
0,0100	−2,3263	0,9050	1,3106
0,0150	−2,1701	0,9100	1,3408
0,0200	−2,0537	0,9150	1,3722
0,0250	−1,9600	0,9200	1,4051
0,0300	−1,8808	0,9250	1,4395
0,0350	−1,8119	0,9300	1,4758
0,0400	−1,7507	0,9350	1,5141
0,0450	−1,6954	0,9400	1,5548
0,0500	−1,6449	0,9450	1,5982
0,0550	−1,5982	**0,9500**	**1,6449**
0,0600	−1,5548	0,9550	1,6954
0,0650	−1,5141	0,9600	1,7507
0,0700	−1,4758	0,9650	1,8119
0,0750	−1,4395	0,9700	1,8808
0,0800	−1,4051	**0,9750**	**1,9600**
0,0850	−1,3722	0,9800	2,0537
0,0900	−1,3408	0,9850	2,1701

Tabelle C.1 Inverse standardisierte Normalverteilung *(Fortsetzung)*

$\phi(u)$	u	$\phi(u)$	u
0,0950	−1,3106	**0,9900**	**2,3263**
0,1000	−1,2816	0,9910	2,3656
0,1500	−1,0364	0,9920	2,4089
0,2000	−0,8416	0,9930	2,4573
0,2500	−0,6745	0,9940	2,5121
0,3000	−0,5244	**0,9950**	**2,5758**
0,3500	−0,3853	0,9960	2,6521
0,4000	−0,2533	0,9970	2,7478
0,4500	−0,1257	0,9980	2,8782
0,5000	0,0000	**0,9990**	**3,0902**

Anhang D

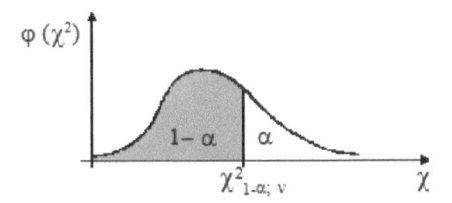

Für $v > 30$ gilt die Näherung

$$\chi^2_{1-\alpha;v} \approx \frac{1}{2}\left(\sqrt{2v-1}+u_{1-\alpha}\right)^2$$

Tabelle D.1 Quantile $\chi^2_{1-\alpha;v}$ der χ^2-Verteilung zur Wahrscheinlichkeit $1-\alpha$ (0,001 bis 0,5) in Abhängigkeit vom Freiheitsgrad v

v	Wahrscheinlichkeit $1-\alpha$								v
	0,001	0,005	0,01	0,025	0,05	0,10	0,25	0,5	
1	0,000	0,000	0,000	0,001	0,003	0,016	0,102	0,455	1
2	0,002	0,010	0,020	0,051	0,103	0,211	0,575	1,39	2
3	0,024	0,072	0,115	0,216	0,352	0,584	1,21	2,37	3
4	0,091	0,207	0,297	0,484	0,711	1,06	1,92	3,36	4
5	0,210	0,412	0,554	0,831	1,15	1,61	2,67	4,35	5
6	0,381	0,676	0,872	1,24	1,64	2,20	3,45	5,35	6
7	0,598	0,989	1,24	1,69	2,17	2,83	4,25	6,35	7
8	0,857	1,34	1,65	2,18	2,73	3,49	5,07	7,34	8
9	1,15	1,74	2,09	2,70	3,33	4,17	5,90	8,34	9
10	1,48	2,16	2,56	3,25	3,94	4,87	6,74	9,34	10
11	1,83	2,60	3,05	3,82	4,58	5,58	7,58	10,3	11
12	2,21	3,07	3,57	4,40	5,23	6,30	8,44	11,3	12
13	2,62	3,57	4,11	5,01	5,89	7,04	9,30	12,3	13
14	3,04	4,08	4,66	5,63	6,57	7,79	10,2	13,3	14
15	3,48	4,60	5,23	6,26	7,26	8,55	11,0	14,3	15

Tabelle D.1 Quantile $\chi^2_{1-\alpha;\nu}$ der χ^2-Verteilung zur Wahrscheinlichkeit $1 - \alpha$ (0,001 bis 0,5) in Abhängigkeit vom Freiheitsgrad ν *(Fortsetzung)*

ν	Wahrscheinlichkeit $1 - \alpha$								ν
	0,001	0,005	0,01	0,025	0,05	0,10	0,25	0,5	
16	3,94	5,14	5,81	6,91	7,96	9,31	11,9	15,3	16
17	4,42	5,70	6,41	7,56	8,67	10,1	12,8	16,3	17
18	4,91	6,27	7,02	8,23	9,39	10,9	13,7	17,3	18
19	5,41	6,84	7,63	8,91	10,1	11,7	14,6	18,3	19
20	5,92	7,43	8,26	9,59	10,9	12,4	15,5	19,3	20
21	6,45	8,03	8,90	10,3	11,6	13,2	16,3	20,3	21
22	6,98	8,64	9,54	11,0	12,3	14,0	17,2	21,3	22
23	7,53	9,26	10,2	11,7	13,1	14,8	18,1	22,3	23
24	8,09	9,89	10,9	12,4	13,8	15,7	19,0	23,3	24
25	8,65	10,5	11,5	13,1	14,6	16,5	19,9	24,3	25
26	9,22	11,2	12,2	13,8	15,4	17,3	20,8	25,3	26
27	9,80	11,8	12,9	14,6	16,2	18,1	21,7	26,3	27
28	10,4	12,5	13,6	15,3	16,9	18,9	22,7	27,3	28
29	11,0	13,1	14,3	16,0	17,7	19,8	23,6	28,3	29
30	11,6	13,8	15,0	16,8	18,5	20,6	24,5	29,3	30
40	17,9	20,7	22,2	24,4	26,5	29,1	33,7	39,3	40
50	24,7	28,0	29,7	32,4	34,8	37,7	42,9	49,3	50
60	31,7	35,5	37,5	40,5	43,2	46,5	52,3	58,3	60
70	39,0	43,3	45,4	48,8	51,7	55,3	61,7	69,3	70
80	46,5	51,2	53,5	57,2	60,4	64,3	71,1	79,3	80
90	54,2	59,2	61,8	65,6	69,1	73,3	80,6	89,3	90
100	61,9	67,3	70,1	74,2	77,9	82,4	90,1	99,3	100

Tabelle D.2 Quantile $\chi^2_{1-\alpha;\,v}$ der χ^2-Verteilung zur Wahrscheinlichkeit $1-\alpha$ (0,5 bis 0,999) in Abhängigkeit vom Freiheitsgrad v

v	Wahrscheinlichkeit $1-\alpha$								v
	0,5	0,75	0,90	0,95	0,975	0,99	0,995	0,999	
1	0,455	1,32	2,71	3,84	5,02	6,64	7,88	10,8	1
2	1,39	2,77	4,61	5,99	7,38	9,21	10,6	13,8	2
3	2,37	4,11	6,25	7,82	9,35	11,3	12,8	16,3	3
4	3,36	5,39	7,78	9,49	11,1	13,3	14,9	18,5	4
5	4,35	6,63	9,24	11,1	12,8	15,1	16,8	20,5	5
6	5,35	7,84	10,6	12,6	14,4	16,8	18,5	22,5	6
7	6,35	9,04	12,0	14,1	16,0	18,5	20,3	24,3	7
8	7,34	10,2	13,4	15,5	17,5	20,1	22,0	26,1	8
9	8,34	11,4	14,7	16,9	19,0	21,7	23,6	27,9	9
10	9,34	12,5	16,0	18,3	20,5	23,2	25,2	29,6	10
11	10,3	13,7	17,3	19,7	21,9	24,7	26,8	31,3	11
12	11,3	14,8	18,5	21,0	23,3	26,2	28,3	32,9	12
13	12,3	16,0	19,8	22,4	24,7	27,7	29,8	34,5	13
14	13,3	17,1	21,1	23,7	26,1	29,1	31,3	36,1	14
15	14,3	18,2	22,3	25,0	27,5	30,6	32,8	37,7	15
16	15,3	19,4	23,5	26,3	28,8	32,0	34,3	39,3	16
17	16,3	20,5	24,8	27,6	30,2	33,4	35,7	40,8	17
18	17,3	21,6	26,0	28,9	31,5	34,8	37,2	42,3	18
19	18,3	22,7	27,2	30,1	32,9	36,2	38,6	43,8	19
20	19,3	23,8	28,4	31,4	34,2	37,6	40,0	45,3	20
21	20,3	24,9	29,6	32,7	35,5	38,9	41,4	46,8	21
22	21,3	26,0	30,8	33,9	36,8	40,3	42,8	48,3	22
23	22,3	27,1	32,0	35,2	38,1	41,6	44,2	49,7	23
24	23,3	28,2	33,2	36,4	39,4	43,0	45,6	51,2	24
25	24,3	29,3	34,4	37,7	40,6	44,3	46,9	52,6	25
26	25,3	30,4	35,6	38,9	41,9	45,6	48,3	54,1	26
27	26,3	31,5	36,7	40,1	43,2	47,0	49,6	55,5	27
28	27,3	32,6	37,9	41,3	44,5	48,3	51,0	56,9	28
29	28,3	33,7	39,1	42,6	45,7	49,6	52,3	58,3	29
30	29,3	34,8	40,3	43,8	47,0	50,9	53,7	59,7	30
40	39,3	45,6	51,8	55,8	59,3	63,7	66,8	73,4	40
50	49,3	56,3	63,2	67,5	71,4	76,2	79,5	86,7	50
60	59,3	67,0	74,4	79,1	83,3	88,4	92,0	99,6	60
70	69,3	77,6	85,5	90,5	95,0	100,4	104,2	112,3	70
80	79,3	88,1	96,6	101,9	106,6	112,3	116,3	124,8	80
90	89,3	98,6	107,6	113,1	118,1	124,1	128,3	137,2	90
100	99,3	109,1	118,5	124,3	129,6	135,8	140,2	149,4	100

Anhang E

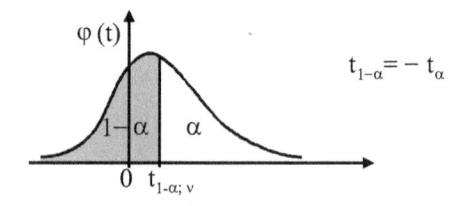

$\varphi(t)$

$t_{1-\alpha} = -t_\alpha$

$1-\alpha$ | α

$0 \quad t_{1-\alpha;\nu}$

Tabelle E.1 Quantile $t_{1-\alpha;\nu}$ der t-Verteilung zur statistischen Sicherheit $1-\alpha$ im Abhängigkeit vom Freiheitsgrad ν (einseitige Abgrenzung)

ν	Statistische Sicherheit $1-\alpha$						ν
	0,90	0,95	0,975	0,99	0,995	0,999	
1	3,078	6,314	12,71	31,82	63,66	318,3	1
2	1,886	2,920	4,303	6,965	9,925	22,33	2
3	1,638	2,353	3,182	4,541	5,841	10,21	3
4	1,533	2,132	2,776	3,747	4,604	7,173	4
5	1,476	2,015	2,571	3,365	4,032	5,893	5
6	1,440	1,943	2,447	3,143	3,707	5,208	6
7	1,415	1,895	2,365	2,998	3,499	4,785	7
8	1,397	1,860	2,306	2,896	3,355	4,501	8
9	1,383	1,833	2,262	2,821	3,250	4,297	9
10	1,372	1,812	2,228	2,764	3,169	4,144	10
11	1,363	1,796	2,201	2,718	3,106	4,025	11
12	1,356	1,782	2,179	2,681	3,055	3,930	12
13	1,350	1,771	2,160	2,650	3,012	3,852	13
14	1,345	1,761	2,145	2,624	2,977	3,787	14
15	1,341	1,753	2,131	2,602	2,947	3,733	15

v	Statistische Sicherheit $1 - \alpha$						v
	0,90	0,95	0,975	0,99	0,995	0,999	
16	1,337	1,746	2,120	2,583	2,921	3,686	16
17	1,333	1,740	2,110	2,567	2,898	3,646	17
18	1,330	1,734	2,101	2,552	2,878	3,610	18
19	1,328	1,729	2,093	2,539	2,861	3,579	19
20	1,325	1,725	2,086	2,528	2,845	3,552	20
21	1,323	1,721	2,080	2,518	2,831	3,527	21
22	1,321	1,717	2,074	2,508	2,819	3,505	22
23	1,319	1,714	2,069	2,500	2,807	3,485	23
24	1,318	1,711	2,064	2,592	2,797	3,467	24
25	1,316	1,708	2,060	2,485	2,787	3,450	25
26	1,315	1,706	2,056	2,479	2,779	3,435	26
27	1,314	1,703	2,052	2,473	2,771	3,421	27
28	1,313	1,701	2,048	2,467	2,763	3,408	28
29	1,311	1,699	2,045	2,462	2,756	3,396	29
30	1,310	1,697	2,042	2,457	2,750	3,385	30
40	1,303	1,684	2,021	2,443	2,704	3,307	40
50	1,299	1,676	2,009	2,403	2,678	3,261	50
60	1,296	1,671	2,000	2,390	2,660	3,232	60
70	1,294	1,667	1,994	2,381	2,648	3,211	70
80	1,292	1,664	1,990	2,374	2,639	3,195	80
90	1,291	1,662	1,987	2,368	2,632	3,183	90
100	1,290	1,660	1,984	2,364	2,626	3,174	100
200	1,286	1,652	1,972	2,345	2,601	3,131	200
500	1,283	1,648	1,965	2,334	2,586	3,107	500
∞	1,282	1,645	1,960	2,326	2,576	3,090	∞

$t_{1-(\alpha/2)} = -t_{\alpha/2}$

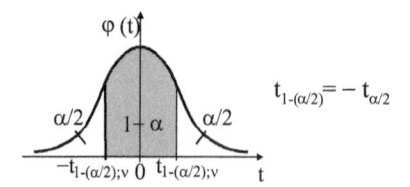

Tabelle E.2 Quantile $t_{1-(\alpha/2);\,v}$ der t-Verteilung zur statistischen Sicherheit $1 - \alpha$ im Abhängigkeit vom Freiheitsgrad v (zweiseitige Abgrenzung)

v	Statistische Sicherheit $1 - \alpha$							v
	0,80	0,90	0,95	0,98	0,99	0,998	0,999	
1	3,078	6,314	12,71	31,82	63,66	318,3	636,6	1
2	1,886	2,920	4,303	6,965	9,925	22,33	31,60	2
3	1,638	2,353	3,182	4,541	5,841	10,21	12,92	3
4	1,533	2,132	2,776	3,747	4,604	7,173	8,610	4
5	1,476	2,015	2,571	3,365	4,032	5,893	6,869	5
6	1,440	1,943	2,447	3,143	3,707	5,208	5,959	6
7	1,415	1,895	2,365	2,998	3,499	4,785	5,408	7
8	1,397	1,860	2,306	2,896	3,355	4,501	5,041	8
9	1,383	1,833	2,262	2,821	3,250	4,297	4,781	9
10	1,372	1,812	2,228	2,764	3,169	4,144	4,587	10
11	1,363	1,796	2,201	2,718	3,106	4,025	4,437	11
12	1,356	1,782	2,179	2,681	3,055	3,930	4,318	12
13	1,350	1,771	2,160	2,650	3,012	3,852	4,221	13
14	1,345	1,761	2,145	2,624	2,977	3,787	4,140	14
15	1,341	1,753	2,131	2,602	2,947	3,733	4,073	15
16	1,337	1,746	2,120	2,583	2,921	3,686	4,015	16
17	1,333	1,740	2,110	2,567	2,898	3,646	3,965	17
18	1,330	1,734	2,101	2,552	2,878	3,610	3,992	18
19	1,328	1,729	2,093	2,539	2,861	3,579	3,883	19
20	1,325	1,725	2,086	2,528	2,845	3,552	3,850	20
21	1,323	1,721	2,080	2,518	2,831	3,327	3,819	21
22	1,321	1,717	2,074	2,508	2,819	3,505	3,792	22
23	1,319	1,714	2,069	2,500	2,807	3,485	3,768	23
24	1,318	1,711	2,064	2,492	2,797	3,467	3,745	24
25	1,316	1,708	2,060	2,485	2,787	3,450	3,725	25

v	Statistische Sicherheit $1 - \alpha$							v
	0,80	0,90	0,95	0,98	0,99	0,998	0,999	
26	1,315	1,706	2,056	2,479	2,779	3,435	3,707	26
27	1,314	1,703	2,052	2,473	2,771	3,421	3,690	27
28	1,313	1,701	2,048	2,467	2,763	3,408	3,674	28
29	1,311	1,699	2,045	2,462	2,756	3,396	3,659	29
30	1,310	1,697	2,042	2,457	2,750	3,385	3,646	30
40	1,303	1,684	2,021	2,423	2,704	3,307	3,551	40
50	1,299	1676	2,009	2,403	2,678	3,261	3,496	50
60	1,296	1,671	2,000	2,390	2,660	3,232	3,460	60
80	1,292	1,664	1,990	2,374	2,639	3,195	3,416	80
100	1,290	1,660	1,984	2,364	2,626	3,174	3,390	100
200	1,286	1,652	1,972	2,345	2,601	3,131	3,340	200
500	1,283	1,648	1,965	2,334	2,586	3,107	3,310	500
∞	1,282	1,645	1,960	2,326	2,576	3,090	3,291	∞

Index

Symbole

2v3-System
- Sicherheitsbetrachtung 259

σ-Algebra 120

A

Abbreviated Injury Scale (AIS) 82
Ablauf einer Zuverlässigkeitsprognose 605
Abnahmeprüfung
- attributive 560
- messende 560
- zählende 560

Abnahmerisiko 562
Abweichungsquadrat 548
Accelerated Life Test 583
Acceleration Factor 584
Acceptable Quality Level 565
Advanced Product Quality Planning 51
Akkumulierte Lebensdauer 525
Allgemeine Erlang-Verteilung 174
Alternativhypothese 547f., 554
Analyse von Fehlern gemeinsamer Ursachen 62
Änderungsmanagement 94
Anerkennungsverfahren 22
Anforderungsmanagement 91
Annahmekennlinienbereich 563
Annahmewahrscheinlichkeit 561
Annehmbare Qualitätslage 565
Anpassungstest 547
- Fehlentscheidungen 547
- nach Kolmogorov-Smirnov 542
- Vergleich 559
- verteilungs- und parameterfrei 547
Anwärter
- Bestimmung der 607
- korrigierte Berechnung der 612

Anzahl der Klassen 549
Approximation 498
- der Binomialverteilung durch die Normalverteilung 499
- der Binomialverteilung durch die Poisson-Verteilung 498
- der hypergeometrischen Verteilung durch die Normalverteilung 500
- der hypergeometrischen Verteilung durch eine Binomialverteilung 498
- der Poisson-Verteilung durch eine Normalverteilung 499

AQL-Wert 565
Arithmetische Mittel 151
Arrhenius-Modell 583
ASIL 85
ASIL-Ermittlung nach ISO 26262 85
Assoziativgesetz 119
Asymptotische Extremwertverteilung 184
asymptotisch effizient 506
Attributive Abnahmeprüfung 560
Attributiver Prüfplan 560
Ausfalldichte 142
- Erlang-Verteilung 173
- Exponentialverteilung 160
- Normalverteilung 177
- Weibull-Verteilung 165
Ausfälle während des Tests 572
Ausfallfunktion
- Definition 303
- Negativlogik 302
Ausfallmodell 606
Ausfallrate 142, 544
- Erlang-Verteilung 173
- Exponentialverteilung 160
- kumulative 578
- logarithmische Normalverteilung 180
- Normalverteilung 178
- Weibull-Verteilung 165

Ausfallratenangaben 202
Ausfallratendatenhandbücher 204
Ausfallratenmodelle 201, 207
Ausfallsteilheit 164, 542
Ausfallwahrscheinlichkeit 126, 141, 542
Ausfallzustände 273
Ausgangshypothese 562
Ausgangswert
- Weibull-Verteilung 164
Ausgleichsgerade 542
Aussagesicherheit 510
Auswahlsatz 492
Automotive SPICE 96
Automotive-SPICE-Prozessreferenzmodell 97
AUTOSAR
- Architektur 106
- Requirements 107
Axiomsystem von Kolmogorov 121

B

B 10-Wert 544
Backpropagation-Algorithmus 475 f.
Backpropagation-Regel 475
backward-net 472
Badewannenkurve 165, 201
Barlow-Proschan-Importanz
- Definition 322
Bayes
- Satz von 127
Bayes-Statistik 128
Bedienungstheorie 172
Bedingte Lebenserwartung 144
Bedingte Überlebenswahrscheinlichkeit
- Exponentialverteilung 162
Bedingte Wahrscheinlichkeit 124
Belastung-Belastbarkeit-Diagramm 108
Berechnung der Zugehörigkeitsgrade 355
Bernoulli
- Satz von 504
Bernoullische Versuche 190
Bernoulli-Verteilung 190
Beschleunigter Lebensdauertest 583
Beschleunigungsfaktor 584
Besetzungszahlen 548
Bestandungsverläufe 602
Betriebssicherheit 36
Betriebszeit
- kumulative 525
Binomialprüfplan 564
Binomialverteilung 190
- Likelihood-Schätzer 520
Black-Gleichung 585

Boolesche Algebra 119
- Absorptionsgesetze 281
- Assoziativgesetz 280
- Axiome 280
- Begriffe und Regeln 275
- De Morgansche Gesetze 281
- Distributivgesetz 280
- Einführung von Wahrscheinlichkeiten 297
- Grundverknüpfungen 277
- Idempotenzgesetze 281
- Kommutativgesetz 280
- Postulate 280
- Shannonsche Zerlegung 290
Boolesche Funktion 231, 275
- ausgezeichnete disjunktive Normalform 286
- ausgezeichnete konjunktive Normalform 288
- disjunktive Normalform 284
- kanonische Darstellung 284
- konjunktive Normalform 284
- Maxterm 278
- Minterm 279
- reelle Variablen 292
- Systemfunktion 294
Boolesche Grundverknüpfung
- Venn-Diagramm 280
Boolesche Modellbildung 275
BOTTOM-UP-Algorithmus 310
Bruchschwingspielzahl 586
Brückenkonfiguration 239
Buffonsches Nadelproblem 421

C

Charakteristische Lebensdauer 164, 542
Chi^2-Verteilung 193
Chi-Quadrat-Anpassungstest 542, 547
Codex der Haftung 4
Coffin-Manson-Gleichung 588
Common Cause Analysis (CCA) 62
Confirmation Measures 90

D

Data Mining 14
Datenschutz 105
Dauerfestigkeit 589
Dauerschwingversuch nach Wöhler 586
Decreasing Failure Rate 210
Decreasing Failure Rate Average 212
Deep Learning 14
Deep Neural Network 15
Defuzzifizierung 331, 343, 357
Degradierte Zustände 273

Dehnungs-Wöhlerlinie 588
Delta-Regel 474
De Morgansche Gesetze
- Boolesche Algebra 281
De Morgansche Regel 119
Derating 254
Design for Reliability 113
Design-Zielzahlen 113
Determinismus 8, 10
DFRA-Verteilung 212
DFR-Verteilung 210
DGQ
- Formblatt zur Weibull-Verteilung 544
Dichte
- hypergeometrische Verteilung 196
- logarithmische Normalverteilung 180
diehard-test 428
Direkte Monte-Carlo-Simulation 431, 440
Diskreter Markov-Prozess
- lineare Flussgraphen 453
Diskrete Verteilungsfunktion 130
Diskrete Zufallsgrößen 129
Dispersion 135
Distributivgesetz 119
Dokumentationsmanagement 95
Durchschnittswert 151
Dynamische Zuverlässigkeitstheorie 422

E

Echtzeit-Nutzungsdaten 102
E/E/S-Architekturen 273
E/E/S-Systeme 269
Effizienz 506
Einfachregression 536
Elektrik/Elektronik/Software-Architekturen 273
Elektrik/Elektronik/Software-Systeme 269
Elementare Miner-Regel 589
Empirische Ausfalldichte 150
Empirische Ausfallrate 150
Empirische Ausfallwahrscheinlichkeit 150
Empirischer Erwartungswert 151
Empirische Standardabweichung 151
Empirische Varianz 151
Empirische Zuverlässigkeitskenngrößen 150
Endliche Menge 118
Endlichkeitskorrekturfaktor 197, 492
End-of-Life-Test 581
Entwicklungssatz von Shannon 290
EOL-Test 581
Ereignisablaufanalyse 327
Erfolgslauf 569

Erlang-Verteilung
- allgemeine 174
- Ausfalldichte 173
- Ausfallrate 173
- Erwartungswert 173
- spezielle 172
- Varianz 173
- Verteilungsfunktion 172
Erneuerungsprozesse 371
Erneuerungstheorie 172
Erwartungstreue Schätzfunktion 506
Erwartungswert 133, 144, 491, 505, 548, 577
- der Betriebszeit 395
- der Reparaturzeit 395
- Erlang-Verteilung 173
- Exponentialverteilung 161
- hypergeometrische Verteilung 197
- logarithmische Normalverteilung 180
- Weibull-Verteilung 165
Erweiterungsprinzip 340
event accident process 327
event flow 327
event tree 327
Explainable Artificial Intelligence 15
Exponentialverteilung 160
- Ausfalldichte 160
- Ausfallrate 160
- bedingte Überlebenswahrscheinlichkeit 162
- Erwartungswert 161
- Momentenschätzer 534
- Verteilungsfunktion 160
Expositionswahrscheinlichkeit
- Einstufung nach ISO 26262 83
Extremwertverteilung 184
- Weibull-Verteilung 186
Eyring-Modell 584

F

Fahrleistungsprognose 606
Fail Operational 274
Failure Modes and Effects Analysis (FMEA) 62
Failures in Time 203
Failures per Million Hours 203
Farmer-Diagramm 158
Fault Tree Analysis (FTA) 62
Federal Aviation Regulations 63
Feedforward-Modell 473
feedforward-net 472
Fehler
- 1. Art 547, 562
- 2. Art 547, 562
Fehlerbaumanalyse (FBA) 62, 123, 299

Fehlerbaumauswertung
- quantitative 306
Fehlerbaumdarstellung 230
Fehlermöglichkeits- und Einflussanalyse (FMEA) 62
Fehlertoleranz 274
Felddaten 102, 593
Felddatenanalyse 596
Felddatenauswertung 595
Felddatenerfassung 593
Felddatenquellen 594
FIT-Werte 203
Flussgraphentheorie 458
Folgeprüfung 566
Formblatt zur Weibull-Verteilung (DGQ) 544
Fraktionale Importanz
- Definition 321
Fréchet-Verteilung 186
Free-Flight-Schätzer 434
Freigabeprozess 53
Freiheitsgrad 548
Frontloading 108
Frühausfälle
- Weibull-Verteilung 165
Functional Hazard Assessment (FHA) 62, 65
Funktionale Sicherheit 55
- Management 78
- Straßenfahrzeuge 74
Funktionale Sicherheitsanforderung (FSA) 86
- nach ISO 26262 86
Funktionales Sicherheitskonzept (FSK) 86
Funktionsrisikoanalyse 65
Fuzzifizierung 331, 342, 351
Fuzzifizierungsprozess 351, 363
Fuzzy-Ausfallraten 363
Fuzzy Control 330
Fuzzy-Ereignisbaumanalyse 365
Fuzzy-Fehlerbaumanalyse 357, 362
Fuzzy-Fehlermöglichkeiten 358
Fuzzy-Inferenz 342
Fuzzy-Intervall 358, 363
Fuzzy-Logik 330
- Anwendung bei der FMEA 348
Fuzzy-Markov-Analyse 365
Fuzzy-Menge 332
Fuzzy-Modell 358
Fuzzy-Relation 336 f.
fuzzy sets 330
Fuzzy-System 331
Fuzzy-Wahrscheinlichkeiten 358

G

Gammaverteilung 173
Garantie 19
Garantiedaten
- Gesamtmodell für zeitnahe 613
Gefahr 6 f.
Gefährdungsanalyse 62, 65
- Luftfahrtindustrie 65
Gefährdungsanalyse und Risikobeurteilung
- nach ISO 26262 81
Gefährdungsbeurteilung
- Luftfahrtindustrie 65
Gefährdungshaftung 18
Gefährdungsidentifikation 81
Gefahren- und Risikoanalyse 81
Gefährliche Zustände 273
Generelle Ausfallratenmodelle 213
Generische Norm 31
Geometrische Wahrscheinlichkeit 121
Gesamtmodell für zeitnahe Garantiedaten 613
Gesamtsicherheitsmanagement 78
Gesetz der großen Zahlen 498, 502
- schwaches 502
- starkes 502
Gestutzte Stichprobe 524
Gewährleistung 17, 19
Gewährleistungsmanagement 23, 46, 596
Gewichtete Maximum-Mittelwert-Methode 345
Gewichtete Monte-Carlo-Simulation 435, 437
- zur Varianzreduktion 440
- zur Varianz- und Zeitreduktion 441
Graphentheorie 444
- Adjazensliste 447
- Adjazensmatrix 446
- bewertete Graphen 447
- Euler-Weg 446
- gerichteter Graph 445
- Grad eines Graphen 445
- Grundbegriffe 445
- Hamilton-Kreis 446
- Kante 445
- Pfad 446
- Schleife 445
- Weg 446
- Zyklus 446
Grenzkurve 542
Grenzwertsatz 178, 498
- zentraler 501
Grenzwertsatz von de Moivre und Laplace 500
Gumbel-Verteilung 186
Gütekriterien 428
Gut-Schlecht-Prüfung 560, 590

H

Haftung 18
Haftungsanspruch 17f.
HALT-Methode 590
HALT-Test 590
HASS-Methode 592
HASS-Test 592
Häufigkeitssummenlinie 542
Hazard Analysis and Risk Assessment (HARA) 81
Hebbsche Lernregel 474
Heibach-Regel 589
Heiße Redundanz 126
Herstellerrisiko 562
High Cycle Fatigue (HCF) 588
Highly Accelerated Life Test (HALT) 590
Highly Accelerated Stress Audit 592
Highly Accerated Stress Screen (HASS) 590
H-Matrix 386
Hochbeschleunigte Testmethoden 590
Homogener Markov-Prozess 369
Humankompatibilismus 11
Hypergeometrische Verteilung 195
- Dichte 196
- Erwartungswert 197
- Varianz 197
Hypergeometrisch-verteilte Zufallsgröße 196
Hypothesenprüfung 562

I

IEC 61508 58
IFRA-Verteilung 212
IFR-Verteilung 207
Importance Sampling 424
Importanz
- marginale 252
Importanzkenngrößen 315
Increasing Failure Rate 207
Increasing Failure Rate Average 212
Indeterminismus 9f.
Indifferente Qualitätslage 565
Indifferent Quality Level 565
Induktionsschluss 505
Induktive Zuverlässigkeits- und Sicherheitsanalyse 327
Industriespezifische Norm 31
Inferenz 331
Inferenzprozess 355
Inhomogener Markov-Prozess 369, 375
Inklusions-Exklusions-Methode 308
Instandsetzungsdichte 154
Instandsetzungsrate 154
Instandsetzungswahrscheinlichkeit 154
Instandsetzungszeit 155
Institut für Qualitäts- und Zuverlässigkeitsmanagement GmbH (IQZ) XVII
Intervallarithmetik 340, 358
Intervallschätzung 505
Inverse Rangzahl 578
Inversionsmethode 429
IQL-Wert 565
Irrtumswahrscheinlichkeit 507, 549, 553, 562
- 2. Art 549
Isochronen 596
Isochronen-Darstellung 600
Isochronous Diagrams 596
Item Definition 80

J

Joint Aviation Requirements 63

K

Kalte Reserve 172
Karnaugh-Veitch-Diagramm 282
Kilometerabhängige Lebensdauerprognosen 608
Klassen
- Anzahl der 549
Klassenbesetzung 549
Klassenunterteilung 549
Klassenwahrscheinlichkeit 549
Kolmogorov-Smirnov-Test 552
Kolmogorov-Smirnov-Verteilung 554
Kommutativgesetz 119
Konfidenzintervall 505, 507f.
- für den Erwartungswert 508
- für den Mittelwert 508
- für die Varianz 512
Konfigurationsmanagement 95
Kongruenzgenerator
- linearer 426
- nicht-linearer 426
Konnektische Modelle 466
Konstruktions-FMEA 67
Kontrollierbarkeit der Einstufung
- nach ISO 26262 84
Konvergenz 435
Kovarianz 537
Kumulative Ausfallrate 578
Kumulative Betriebszeit 525
Kundencluster 112
Kundenrisiko 562

Künstliche Intelligenz 11
Kurzzeitfestigkeit 588
Kybernetik 10

L

Lagerhaltungsmodelle 193
Laplace-Transformation 398
- algebraische Gleichungen 400
- Grenzwertsätze 401
- Zustandsgleichungen 398
Larson-Nomogramm 573
Last-Event-Schätzer (LES) 434
Latin-Hypercube-Sampling 431
Lebensdauer
- akkumulierte 525
- charakteristische 542
Lebensdauerprognose
- kilometerabhängige 608
- zeitabhängige 609
Lebensdauertest
- beschleunigter 583
Leere Menge 118
Lernverfahren 473
Lieferantenrisiko 562
Likelihood-Funktion 517
Likelihood-Schätzer
- Binomialverteilung 520
- Exponentialverteilung 521
- Lognormalverteilung 521
- Poisson-Verteilung 520
- Weibull-Verteilung 521
Lineare Flussgraphen 447
- Anwendung auf diskrete Markov-Prozesse 453
- Eintrittswahrscheinlichkeit 457
- elementare Rechenregeln 447
- Ergodensatz 457
- Erwartungswert 457
- homogene diskrete Markov-Prozesse 454
- Mason-Formel 450
- Regeln für die graphische Darstellung stetiger homogener Markov-Prozesse 459
- stetiger Markov-Prozess 458
Lineare Regression 537
Lineare Schadensakkumulationshypothese 587
Logarithmische Normalverteilung
- Ausfallrate 180
- Dichte 180
- Erwartungswert 180
- Median 181
- Modus 181
- Überlebenswahrscheinlichkeit 180
- Varianz 180
Logarithmisch normalverteilte Zufallsgröße 179
Lognormalverteilung
- Likelihood-Schätzer 521
- Momentenschätzer 536
Lognormal-Verteilung 179
Low Cycle Fatigue (LCF) 588

M

Machine Learning 14, 592
Majoritätsredundanz 256 f.
Marginale Importanz
- Definition 318
Markov-Bedingungen 368 f.
Markov-Kette 381
- Ergodensatz 389
- homogen absorbierende 385
- Verallgemeinerung 405
- Zerlegung 385
Markov-Prozess 62, 366, 369
- diskreter (lineare Flussgraphen) 453
- homogener 369, 375
- inhomogener 369, 375
- mit diskretem Parameterbereich und endlich vielen Zuständen (Markov-Kette) 380
- mit kontinuierlichem Parameterraum und diskretem Zustandsraum 392
- stetige Eintrittswahrscheinlichkeit 460
- stetig mittlere Aufenthaltsdauer 459
- stetig stationäre Wahrscheinlichkeit 460
Markovsche Erneuerungsprozesse 405
Markovsche Modellbildung 380
Markovsches Modell 366
Markovsche Zeitbedingung 369, 376
Markovsche Zustandsbedingung 369
Marktanalysen 110
Maximale Abweichung 555
Maximum-Likelihood-Methode 517, 524
Maximum-Mittelwert-Methode 343
Max-Min-Komposition 339
Max-Min-Methode 355
Maxterm 288
Mean of Maximum 343
Mean Time Between Failures 161, 395
Mean Time To Danger 414
Mean Time To Failure 161
Mean Time To Repair 155, 395
Mean Time To System Failure 414
Median 138, 577
- logarithmische Normalverteilung 181
Mehrheitsentscheider 257

Mehrheitsentscheidungssystem 257
Meldeverzug
– Einfluss 611
Mengenalgebra 117
Merkmalsausprägungen 548
Messende Abnahmeprüfung 560
Methode der kleinsten Quadrate 517, 537
Methode der relevanten System-
 komponente 240
Methodenvergleich 223, 226
– Aggregierbarkeit 224
– analytische Sensitivität 224
– Anwendbarkeit auf komplexe Systeme 223
– empirische und diskrete Verteilungs-
 funktionen 224
– funktionale Sensitivität 224
– Nachvollziehbarkeit 225
– Rückverfolgbarkeit 225
– strukturelle Sensitivität 224
Miner-Original 589
Miner-Regel 587
Minimalpfad
– Definition 303
Minimalschnitt
– Algorithmus 310
– Definition 305
Minimalschnitte 123
Minterm 286
Mittelwert 134
– arithmetischer 489, 544
– empirischer 489
Mittlere quadratische Fehler 505
Modalwert 140, 577
Modell „Ziehen mit Zurücklegung" 513
Modell „Ziehen ohne Zurücklegung" 491, 513
Modus 140
– logarithmische Normalverteilung 181
Momente 134
Momentenmethode 517, 532
Momentenschätzer
– Exponentialverteilung 534
– Lognormalverteilung 536
– Weibull-Verteilung 536
Monotonieeigenschaft 295
Monte-Carlo-Simulation
– gewichtete 435, 437
– gewichtete, zur Varianzreduktion 440
– gewichtete, zur Varianz- und Zeit-
 reduktion 441
Monte-Carlo-Simulation (MCS) 421
Motorad-Sicherheitsintegritätslevel
 (MSIL) 86
Multiple Zensierung 578

Multiplikationssatz 126
multiply censored data 578
Musterklassifizierung 53
mvn-System 256
– adaptives 257f.
– einfaches 257f.
– einfache Zuverlässigkeit 258

N

Nachweis-Zielzahlen 114
Negativlogik 302
Neigungsgerade 544
Neuronale Netze 14, 466
– Aktivierungsfunktion 469
– Arbeitsweise 473
– Aufbau 472
– bestärkendes Lernen 473
– biologisches Paradigma 467
– Fehlerfunktion 475
– Grundlagen 467
– künstliches Neuron 468
– Netzwerktopologien 472
– Propagierungsfunktion 468
– überwachtes Lernen 473
– unüberwachtes Lernen 473
Neuronale Schätzung
– Verteilungsparameter 477
Neuronale Zuverlässigkeitsprognose 481
Nicht ausschließende Ereignisse 122
Nicht-Boolesche Modelle 366
Nichtlineare Regression 537
Nicht-Regenerativer Prozess 379
Nichtverfügbarkeit 155, 390
Nomenklatur zuverlässigkeits- und sicherheits-
 technischer Grundgrößen 157
Norm 26, 30
Normalverteilte Zufallsgröße 177
Normalverteilung 176
– Ausfalldichte 177
– Ausfallrate 178
– Likelihood-Schätzer 521
– standardisierte 177
No-Trouble-Found-Prozess 24
Nullhypothese 547ff., 553f., 562
Nutzungsdaten 101
– aggregierte 102
nvn-System 257, 262
– Sicherheitsbetrachtung 262
– Zuverlässigkeitsbetrachtung 262

O

Oberes Quartil 138
O.C.-Kurve 561
Operationscharakteristik 561

P

Palmgrem-Miner-Regel 589
Palmgren-Miner-Modell 587f.
Paradigma der Sicherheits- und Zuverlässigkeitstechnik 8
Parallel-Seriensystem
- bei zwei Ausfallarten 247
- Überlebenswahrscheinlichkeit 237
Parallelsystem 232
- bei zwei Ausfallarten 245
- marginale Importanz 253
- Zuverlässigkeitskenngrößen 233
Pass/Fail-Test 592
Peck-Modell 585
Perzeptron-Lernregel 474
Poincarésche Gleichung 123
Poincaréscher Algorithmus 308
Poisson-Prozess 193
Poissonsche Sequentialverhältnis 567
Poisson-Verteilung 193
- Likelihood-Schätzer 520
- Verteilungsdichte 193
- Verteilungsfunktion 193
Positivlogik 302
Predictor 536
Preliminary System Safety Analysis (PSSA) 62
Prinzipieller Ablauf einer Fuzzy-Anwendung 341
Probabilistisch-determinierte Methoden 225
Probabilistisch-nicht-determinierte Methoden 225
Production Part Approval Process 54
Produktbeobachtungspflicht 18
Produktentstehungsprozess (PEP) 39, 41
Produkthaftungsgesetz 18
Produktionsprozess und Produktfreigabe 54
Produktlebenszyklus 40
Produzentenhaftung 18
Profilerstellung 113
Prognosemodelle 596
Propagierungsregeln 473
Proven-in-Use 581
Prozess-FMEA 67
Prüfgröße 548
- maximale Differenz 552
Prüfplan 563
Prüfplanung 194

Prüfquotient 552
Punktschätzung 505

Q

Qualitätslage
- annehmbare 565
- indifferente 565
- rückzuweisende 565
Qualitätsmanagement 596
Qualitätssicherung 165
Quantil 138, 549

R

Ranggrößenverteilung 576
Rangzahl 575
- inverse 578
Redundanz
- aktive 257
- Begriffsdefinition 255
- diversitäre 257
- Grundprinzipien 256
- homogene 257
- passive 256
Redundanzstrategien 274
Referenzmarktprinzip 21
Regeln der Technik 28
Regel von der totalen Wahrscheinlichkeit 126
Regenerativer Prozess
- mit einigen Nicht-Regenerationszuständen 377
Regenerativer stochastischer Prozess 366
Regressant 536
Regressionsanalyse 536
Regressionsfunktion 536
Regressionsgerade 537
Regressionskoeffizienten 537
Regressor 536
Reifegradabsicherung (RGA) 51f.
Rejectable Quality Level 565
Relative Entropie 256
Reliability 31, 36
Reliability Block Diagram 230
Reparatur 153
Reparaturrate 154
Repräsentationsschluss 505
Residuen 537
Restlebensdauer 144
Restrisiko 61
Risiko 6, 158
- Equipment Under Control (EUC) 61
- tolerierbares 61

Risikoanalyse
- nach ISO 26262 81
Risikoaversion 6
Risikobeurteilung 81
Risikodefinition 61
Risikograph 61
Risikomanagement 46
Risikominderung
- nach DIN EN 61508 61
Risikoparameter 61
Risikopotential 17
Risikoprioritätszahl (RPZ)
- Ablaufdiagramm 67
Risikoreduzierung 61
Risikoreduzierung und ASIL
- nach ISO 26262 85
Rohdatenerfassung 101
RQL-Wert 565
Rückwärtsgekoppelte Netze 472
Rückzuweisende Qualitätslage 565

S

Sachmängelhaftung 19
Safety 31, 33
Safety Case 80
Safety-Manager 79
Satz von Bayes 127
Satz von Bernoulli 504
Schadensakkumulationshypothese
- lineare 587
Schadensausmaß
- Einstufung nach ISO 26262 82
Schadensersatz 20
Schadteilanalyse 24
Schaltredundanz 172
Schätzfunktionen
- Eigenschaften von 505
- erwartungstreue 506
Schätzintervall 505
Schichtliniendiagramm 596
- Ablauf für die Erstellung 600
- Matrix für 598
- zur Beurteilung der Qualität 601
Schiefe 135
Schwaches Gesetz der großen Zahlen 502
Schwerpunktmethode 344
Screening-Verfahren 590
Security 31, 33
Semi-Markov-Prozess 376, 405
- absorbierender 412
- Anfangsverteilung 406
- Anzahl der Zustände 406

- Charakterisierbarkeit 406
- Definition und Grundbegriffe 405
- diskreter 405
- Einteilung 405
- ergodischer 416
- ergodischer (Grundbegriffe) 416
- Grundgrößen 407
- kontinuierlicher 405
- mittlere bedingte Verweildauer 416
- mittlere Rückkehrzeit 417
- mittlere Verweildauer 417
- Sonderfälle 405
- Vorteile 408
- Zeit bis zum Ausgangszustand 417
- Zeit bis zur Absorption 414
Semi-Markov-Übergangswahrscheinlichkeit 406
- Eigenschaften 408
- Ermittlung 407
Sequentialprüfung 561, 566 f.
Sequentialtest 194
Seriensystem 232
- bei zwei Ausfallarten 244
- marginale Importanz 252
- Zuverlässigkeitskenngrößen 232
Shannon
- Entwicklungssatz von 290
Shannonsche Zerlegung
- Boolesche Algebra 290
Sicherheit 6, 31
- Begriffsdefinition 55
Sicherheitsanforderungen
- Hierachie nach ISO 26262 88
Sicherheitsgrundnorm IEC 61508 58
Sicherheitsintegritätslevel Automotive (ASIL) 85
Sicherheitsintegritätslevel (SIL) 60
Sicherheitskenngrößen 156
Sicherheitslebenszyklus 59, 78
- von Straßenfahrzeugen nach ISO 26262 77
Sicherheitsmanagement 79
Sicherheitsmechanismen
- nach ISO 26262 87
Sicherheitsprozess
- Wechselwirkungen in der Luftfahrtindustrie 70
Sicherheitstechnischer Prozess 55
- in der Luftfahrtindustrie 62
Sicherheitswissenschaft 10
Sicherheitsziel
- in der Luftfahrtindustrie 65
- nach ISO 26262 86
Situationsanalyse 81

Spannungsamplitude 586
Spezielle Erlang-Verteilung 172
Spezifikationsprozess
– in der Luftfahrtindustrie 70 f.
Standard 30
Standardabweichung 135, 544
– des arithmetischen Mittels 490
Standardisierte Normalverteilung 177
standby-redundancy 172
Standby-System 265, 376
– Berücksichtigung des Schalters 267
– Sicherheitsbetrachtung 268
– Zuverlässigkeitsbetrachtung 266
Stand der Technik 20, 28
Stand von Wissenschaft und Technik 21, 29
Starkes Gesetz der großen Zahlen 502
Statistische Schätzung von Parametern 505
Statistische Sicherheit 507
Stetige Zufallsgröße 129
Stichprobe 21
– gestutzte 524
– mit Zurücklegung 195
– ohne Zurücklegung 195
– zensierte 524
Stichprobenumfang 548
– Bestimmung 513
Stichprobenverteilung 489
– der Mittelwerte bei unbekannter Varianz 494
– der Varianz 493
– des Mittelwertes 489
– des Quotienten zweier Varianzen 497
– für die Differenz und Summe zweier arithmetischer Mittelwerte 495
Stirlingsche Formel 191
Stochastik 366
stochastisch abhängig 370
Stochastische Prozesse
– anwendungsspezifische Beurteilungskriterien 369
– Beurteilungskriterien 368, 371
– definitionsspezifische Beurteilungskriterien 368
– Einteilung 367
– Klassifizierungen 371
– mit diskretem Zustandsraum und endlich vielen Zuständen 368
– mit kontinuierlichem Parameterraum 368
– Regenerationspunkte 369
– Regenerationszustand 369
Stochastische Prozesstypen
– Analysemöglichkeiten (Beispiel) 373
Störfallablaufanalyse 327

Stratified-Sampling 431
Stress-Screening 592
Streuung 135, 490
Strukturelle Importanz
– Definition 315
Student-Verteilung 422
Subsystem 270
Success Run 569
Success-Run-Test 570, 581
Sudden-Death 574
Suffizienz 506
System
– Begriffsdefinition 269 f.
Systemarchitektur 272
System-FMEA 67
– Bewertungszahlen 68
Systemfunktion
– Monotonieeigenschaft 294
– Negativlogik 295
– Positivlogik 295, 302
Systemkomponente
– Methode der relevanten 240
System Safety Analysis (SSA) 62
Systemsicherheitsanalyse 62
Systemunverfügbarkeit 326
Systemverfügbarkeit 324

T

Technische Norm 26
Technische Regel 28
Technische Sicherheit 32
Technische Sicherheitsanforderungen (TSA) 87
Technisches Sicherheitskonzept (TSK)
– nach ISO 26262 87
Technisches System 271
– Definition 270
Teilmenge 118
Testentscheidung
– Hinweise 549
Testgröße 549
Teststrategie 572
Test- und Prüfplanung 560
TOP-DOWN-Algorithmus 308, 310
Totale Wahrscheinlichkeit
– Regel von der 126
Trinomial-Verteilung 576
Tschebyscheffsche Ungleichung 502
Typ-II-Zensierung 525
Typ-I-Zensierung 524

U

Übergangswahrscheinlichkeit 380
Überlebenswahrscheinlichkeit 141
- infolge Kurzschluss und Unterbrechung für beliebige Strukturen (Netzwerke) 250
- logarithmische Normalverteilung 180
Überwachungsstrategien 274
Unabhängige Ereignisse 126
Unendliche Menge 118
Unscharfe Logik 330
Unsicherheitsband 542
Unterbeanspruchung 254
Unteres Quartil 138
Unternehmenskultur 41
Unverfügbarkeit 155
Use Cases 112
User Experience 110

V

Validationsprozess
- in der Luftfahrtindustrie 72
Variablenprüfplan 560
Variablenprüfung 560
Varianz 135, 144, 505, 537
- bekannt 508 f.
- empirische 489
- Erlang-Verteilung 173
- hypergeometrische Verteilung 197
- logarithmische Normalverteilung 180
- unbekannt 508, 511
- Weibull-Verteilung 166
Venn-Diagramm 118
Verarbeitungsregeln 354
Vereinigungsmenge 118
Verfügbarkeit 155, 390
- stationäre 324, 395
Vergleichersystem 262
Verifikationsprozess
- in der Luftfahrtindustrie 73
Verkettung von Fuzzy-Relationen 338
Verknüpfung unscharfer Mengen 334
Verknüpfung von Fuzzy-Relationen 338
Verschleißerscheinungen
- Weibull-Verteilung 165
Versicherungsschutz 23
Verteilungsdichte 131
- Poisson-Verteilung 193
Verteilungsfunktion 129
- Erlang-Verteilung 172
- Exponentialverteilung 160
- Poisson-Verteilung 193

Verteilungstest 539
Vertrauensbereich 505, 541
Vertrauensgrenzen 542
Vertrauensintervall 507, 526
Vertrauenspunkte 542
Verwerfungsmethode 429
Very High Cycle Fatigue (VHCF) 589
V-Modell 88
Vorläufige Systemsicherheitsanalyse (VSSA) 62
Vorwärtsgerichtete Netze 472
Vorwissen und Test 581
Voter 257

W

Wahrscheinlichkeit 121
Wahrscheinlichkeitsdichte 131
Wahrscheinlichkeitsnetz 539
- Konstruktion 539
- Weibull-Verteilung 540
Wahrscheinlichkeitsraum 122
Waldsche Sequentialprüfung 566
Waldsches Sequentialverhältnis 567
Wartung 153
Wartungsfaktor 155
Weibull-Papier 165
Weibull-Schätzung
- Likelihood-Schätzer 521
Weibull-verteilte Zufallsgröße 164
Weibull-Verteilung 164
- Ausfalldichte 165
- Ausfallrate 165
- Ausgangswert 164
- Erwartungswert 165
- Extremwertverteilung 186
- Frühausfälle 165
- Momentenschätzer 536
- Varianz 166
- Verschleißerscheinungen 165
- Wahrscheinlichkeitsnetz 540
- Zufallsausfälle 165
„Wenn-Dann"-Regeln 354
Widrow-Hoff-Regel 474
Wirtschaftlichkeit (Zuverlässigkeitsziele) 48
Wissenspyramide 100
Wöhler-Diagramm 586
Wöhler-Versuch 586

Y

Yatessche Stetigkeitskorrektur 549

Z

Zahlen-Daten-Fakten (ZDF) 100
Zählende Abnahmeprüfung 560
Zeitabhängige Lebensdauerprognose 609
Zeitfestigkeitsgerade 588
Zeitlich Schwankungen der Ausfallrate 214
Zeitraffende Prüfung 584
Zensierte Stichprobe 524
Zentraler Grenzwertsatz 178, 501
Zentralmoment 134
Zentralwert 544
Zufälliges Ereignis 120
Zufallsausfälle
- Weibull-Verteilung 165
Zufallsgröße 129
Zufallsvariable 129
Zufallszahlen 425
Zufallszahlengenerator 425
- deterministischer 425
- nicht deterministischer 425
Zugehörigkeitsfunktion 331
Zugehörigkeitsgrade 330, 332
- Berechnung der 355
Zulassungsverzug
- Einfluss 610
Zustände
- transiente 384
- unwesentliche 384
Zustandsdiagramm 231
Zustandsgleichungen 392
Zustandsklasse 383
- absorbierende 384
- ergodische 384

Zustandsmenge
- irreduzible 384
- rekurrente 384
- unzerlegbare 384
- wiederkehrende 384
Zustandswahrscheinlichkeit 380
Zuverlässigkeit 36
Zuverlässigkeitsanalyse
- analytische Ebene 221
- Funktionsebene 220
- Nutzungs- und Belastungsebene 222
- Strukturebene 220
Zuverlässigkeitsbewertung
- mit Hilfe der Graphentheorie 444
Zuverlässigkeits-Blockschaltbild 230
Zuverlässigkeitsfunktion 141
Zuverlässigkeitskenngrößen 141, 153
- reparierbarer Systeme 153
Zuverlässigkeitsmanagement 41, 46
- präventiv 42
- reaktiv 46
Zuverlässigkeitsprognose 46, 604
- für zeitnahe Garantiedaten 610
Zuverlässigkeitsprognosemodell
- für mechatronische Systeme im Kraftfahrzeug bei unvollständigen Daten 605
Zuverlässigkeitsprozess 39
Zuverlässigkeitswachstum 41, 44, 604
Zuverlässigkeitsziele 48